LÜSE JIANZHU SHEJI

绿色建筑设计

李继业　刘经强　郗忠梅　编著

U0364075

化学工业出版社

·北京·

图书在版编目（CIP）数据

绿色建筑设计/李继业，刘经强，郗忠梅等编著. —北京：
化学工业出版社，2015.1
ISBN 978-7-122-22414-9

Ⅰ.①绿…　Ⅱ.①李…②刘…③郗…　Ⅲ.①生态建筑-建
筑设计　Ⅳ.①TU201.5

中国版本图书馆 CIP 数据核字（2014）第 279793 号

责任编辑：刘兴春　孙　浩　　　　　　　　　　　装帧设计：韩　飞
责任校对：陶燕华

出版发行：化学工业出版社（北京市东城区青年湖南街 13 号　邮政编码 100011）
印　　装：三河市延风印装厂
787mm×1092mm　1/16　印张 38½　字数 1021 千字　2015 年 3 月北京第 1 版第 1 次印刷

购书咨询：010-64518888（传真：010-64519686）　售后服务：010-64518899
网　　址：http://www.cip.com.cn

定　　价：148.00 元

建筑活动是人类对自然资源、环境影响最大的活动之一。 我国正处于经济快速发展阶段，资源消耗总量逐年迅速增长，因此必须牢固树立和认真落实科学发展观，坚持可持续发展理念，大力发展绿色建筑。 发展绿色建筑应贯彻执行节约资源和保护环境的国家技术经济政策。 中国推行绿色建筑的客观条件与发达国家存在差异，坚持发展中国特色的绿色建筑是当务之急，从规划设计阶段入手，追求本土、低耗、精细化是中国绿色建筑发展的方向。

面对能源危机、生态危机和温室效应，走可持续发展道路已经成为全球共同面临的紧迫任务。 作为能耗占全部能耗将近 1/3 的建筑业，也很早将可持续发展列入核心发展目标。 绿色建筑正是在这种环境下应运而生。 绿色建筑源于建筑对环境问题的响应，最早从 20 世纪 60 年代的太阳能建筑、节能建筑开始。 随着人们对全球生态环境的普遍关注和可持续发展思想的广泛深入，建筑的响应从能源方面扩展到全面审视建筑活动对全球生态环境、周边生态环境和居住者所生活的环境所造成的影响；同时开始审视建筑的"全寿命周期"内的影响，包括原材料开采、运输与加工、建造、建筑运行、维修、改造和拆除等各个环节。

中国现有建筑的总面积约 $550 \times 10^8 m^2$，未来中国城乡每年新建建筑面积约 $20 \times 10^8 m^2$。 建筑需用大量的土地，在建造和使用过程中直接消耗的能源占全国总能耗接近 30%，加上建材的生产能耗 16.7%，约占全国总能耗的 46.7%，这一比例还在不断提高。 在可以饮用的水资源中，建筑用水占 80% 左右，使用钢材占全国用钢量的 30%，水泥占 25%。 在环境总体污染中，与建筑有关的空气污染、光污染、电磁污染等就占了 34%，建筑垃圾占垃圾总量的 40%。 在城镇化快速发展时期，我国建筑业面临着巨大的资源与环境压力。 发展绿色建筑已引起全世界范围的关注，是建筑业当前最具挑战性的课题，是世界各国环境问题的有效解决途径，也成为我国今后建筑业发展的必然趋势。

我们根据现代化城市道路规划设计的先进经验，依据现行国家关于城市道路设计规范和相关标准，编著了这本《绿色建筑设计》。 本书具有内容丰富、技术先进、实用性强等特点，作为高等学校市政工程、土木工程、园林规划、房屋建筑、建筑装饰设计等专业学生的专业课教材，也可作为房建、市政工程部门绿色建筑设计与施工技术人员的技术工具书，还可以作为相关专业研究生的参考资料。

本书由李继业、刘经强、郗忠梅编著，李海豹、李海燕、王沛、刘凯、胡志强、刘春成、王庆泽参加部分内容的编著。 李继业负责全书的规划与统稿，刘经强负责全书的资料收集，郗忠梅负责全书插图。 具体分工为：刘经强编著第一章、第十二章；郗忠梅编著第二章、第十章；李海豹编著第三章、第四章；李海燕编著第五章、第十三章；王沛编著第六章；刘凯编著第七章；胡志强编著第八章；刘春成编著第九章；王庆泽编著第十一章。

本书在编著过程中，我们参考了大量的技术文献和书籍，在此向这些作者深表谢意；同时得到有关单位的大力支持，在此也表示感谢。

由于编著者水平所限，不足和疏漏之处在所难免，敬请有关专家、学者和广大读者给予批评指正。

编著者

2014 年 11 月

目录
CONTENTS

第一章

绿色建筑概论

党的十七大报告将节约资源和保护环境作为我国的基本国策，建设资源节约型、环境友好型社会成为"十一五"规划的重要内容，其中大力发展绿色节能建筑成为国家节能战略的重要组成部分。党的十八届三中全会指出："紧紧围绕建设美丽中国深化生态文明体制改革，加快建立生态文明制度，健全国土空间开发、资源节约利用、生态环境保护的体制机制，推动形成人与自然和谐发展现代化建设新格局。""建设生态文明，必须建立系统完整的生态文明制度体系，用制度保护生态环境。要健全自然资源资产产权制度和用途管制制度，划定生态保护红线，实行资源有偿使用制度和生态补偿制度，改革生态环境保护管理体制。"

国内外经济发展的实践证明，绿色建筑是生态文明建设的重要组成部分，大力发展绿色建筑是有效促进资源节约与环境保护的重要途径，是保障和改善民生的有效手段，是促进实现城乡建设模式转型升级的必然要求。

第一节　绿色建筑基本知识

回顾人类的建筑发展史，从最初用来遮风避雨、抵御恶劣自然环境的掩蔽场所，发展到现代化城市的高楼大厦，在人们享受现代文明生活的同时，人类社会正面临着一系列重大环境与发展问题的严重挑战，人口剧增、资源匮乏、环境污染、气候变异和生态破坏等问题，严重威胁着人类的生存和发展。在严峻的现实面前，人们逐渐认识到建筑带来的人与自然的矛盾，以及建筑活动对环境产生的不良影响。建筑能否重新回归自然，实现建筑与自然的和谐，发展"绿色建筑"也因此而应运而生。

一、绿色建筑的基本概念

众所周知，建筑物在其规划、设计、建造、使用、改建、拆除的整个生命周期内，需要消耗大量的资源和能源，同时还会造成严重的环境污染问题。据统计，建筑物在其建造和使用的过程中，大约需消耗全球资源的 50%，产生的污染物约占污染物总量的 34%。对于全球资源环境方面面临的种种严峻现实，社会和经济可持续发展问题，必然成为全社会关注的焦点。绿色建筑正是遵循保护地球环境、节约有限资源、确保人居环境质量等一些可持续发展的基本原则，由西方发达国家于 20 世纪 70 年代率先提出的一种新型建筑理念。从这个意义上讲，绿色建筑也可称为可持续建筑。

（一）绿色建筑的不同理论

在国际范围内，绿色建筑的概念目前尚无统一而明确的定义。由于各国的经济发展水平、地理位置、人均资源、科学技术等条件不同，各国的专家学者对于绿色建筑的定义和内涵的理解也不尽相同，存在着一定的差异，对于"绿色建筑"都有各自的理解。

艾默里·罗文斯在《东西方观念的融合：可持续发展建筑的整体设计》一文中，做出了对绿色建筑的相关阐述，"绿色建筑不仅仅关注的物质上的创造，而且还包括经济、文化交流和精神上的创造"，"绿色设计远远超过了热能的损失、自然的采光通风等因素，它已延伸到寻求整个自然和人类社区的许多方面"。

克劳里·丹尼尔斯在《生态建筑技术》一书中，对绿色建筑进行如下定义："绿色建筑是通过有效地管理自然资源，创造对于环境友善的、节约能源的建筑。它使得主动和被动地利用太阳能成为必需，并在生产、应用和处理材料等过程中尽可能减少对自然资源（如水、空气等）的危害。"对于绿色建筑的这一简洁概括，在当时具有一定的代表性。

英国建筑设备研究与信息协会（BSRIA）指出，一个有利于人们健康的绿色建筑，其建造和管理应基于高效的资源利用和生态效益的原则。美国加利福尼亚环境保护协会（Cal/EPA）指出：绿色建筑也称为可持续建筑，是一种在设计、修建、装修或在生态和资源方面有回收利用价值的建筑形式。

根据联合国21世纪议程，可持续发展应具有环境、社会和经济三个方面的内容。国际上对可持续建筑的概念，从最初的低能耗、零能耗建筑，到后来的能效建筑、环境友好建筑，再到近年来的绿色建筑和生态建筑，有着各种各样的提法。从以上我们可以归纳出：低能耗、零能耗建筑属于可持续建筑发展的第一阶段，能效建筑、环境友好建筑应属于可持续建筑发展的第二阶段，绿色建筑和生态建筑应属于可持续建筑发展的第三阶段。

近年来，绿色建筑和生态建筑这两个词语已被广泛应用于建筑领域中，多数人认为这二者之间的差别甚小，但实际上存在一定的差异。绿色建筑与居住者的健康和居住环境紧密相连，其主要考虑建筑所产生的环境因素；而生态建筑则侧重于生态平衡和生态系统的研究，其主要考虑建筑中的生态因素。特别要注意的是，绿色建筑综合了能源问题学健康舒适相关的一些生态问题，但这不是简单的加法，因此绿色建筑需要采用一种整体的思维的和集成的方法去解决问题，必须全面而综合地进行考虑。

我国在国家标准《绿色建筑技术导则》和《绿色建筑评价标准》中，将绿色建筑明确定义为"在建筑的全寿命周期内，最大限度地节约资源（节能、节地、节水、节材）、保护环境和减少污染，为人们提供健康、适用和高效的使用空间，与自然和谐共生的建筑。"建筑的全寿命周期是指包括建筑的物料生产、规划、设计、施工、运营维护、回用和处理的全过程。

由于绿色建筑所践行的是生态文明和科学发展观，不仅其内涵和外延是极其丰富的，而且是在随着人类文明进程不断发展的，因此追寻一个所谓世界公认和统一的绿色建筑概念是没有实际意义的。事实上，绿色建筑和其他许多概念一样，人们可以从不同的时空和不同的角度来理解绿色建筑的本质特征。

绿色建筑概念有狭义和广义之分。以狭义来说，绿色建筑是在其设计、建造及使用过程中节能、节水、节地、节材和环保的建筑。绿色建筑是人类与自然环境协同发展、和谐共进，并能使人类可持续发展的文化，它包括持续农业、生态工程、绿色企业，也包括了有绿色象征意义的生态意识、生态哲学、环境美学、生态艺术、生态旅游、生态教育及生态伦理学等诸多方面。由此可见，除了绿色建筑以外，节能建筑、可持续发展建筑、生态建筑也可以看成是和绿色建筑相同的概念，而智能建筑、节能建筑可视应用绿色建筑理念的一项综合性工程，或者将智能建筑、节能建筑作为绿色建筑不可缺少的一部分。

根据我国的基本国情和绿色建筑发展的趋势，广义的绿色建筑应当是指为人类提供一个健康、舒适的工作、居住、活动的空间，同时实现最高效率地利用能源、最低限度地影响环境的建筑物。其内涵既通过高新技术的研发和先进适用技术的综合集成，极大地减少建筑对不可再生资源的消耗和对生态环境的污染，并为使用者提供健康、舒适、与自然和谐的工作及生活环境。

当然，国内外还有很多关于绿色建筑的观点，但归纳起来，绿色建筑就是让我们应用环境回馈和资源效率的集成思维去设计和建造建筑。绿色建筑有利于资源节约（包括提高能源效率、利用可再生能源、水资源保护等），它的建造和使用充分考虑其对环境的影响和废弃物最低化；它致力于创建一个健康舒适的人居环境，致力于降低建筑使用和维护费用；它从建筑及其构件的生命周期出发，考虑建筑的性能和对经济及环境的影响。

（二）绿色建筑的基本内涵

根据国内外对绿色建筑的理解，绿色建筑的基本内涵可归纳为：减轻建筑对环境的负荷人，即节约能源及资源；提供安全、健康、舒适性良好的生活空间；与自然环境亲和，做到人及建筑与环境的和谐共处、永续发展。概括地说，绿色建筑应具备"节约环保、健康舒适、自然和谐"3个基本内涵。

1. 节约环保

绿色建筑的节约环保就是要求人们在建造和使用建筑物的全过程中，最大限度地节约资源、保护环境、维护生态和减少污染，将因人类对建筑物的构建和使用活动所造成的对自然资源与环境的负荷和影响降到最低限度，使之置于生态恢复和再造的能力范围之内。

随着人民生活水平的提高，建筑能耗将呈现持续迅速增长的趋势，加剧我国能源资源供应与经济社会发展的矛盾，最终导致全社会的能源短缺。降低建筑能耗，实施建筑节能，对于促进能源资源节约和合理利用，缓解我国的能源供应与经济社会发展的矛盾，有着举足轻重的作用，也是保障国家资源安全、保护环境、提高人民群众生活质量、贯彻落实科学发展观的一项重要举措。因此，如何降低建筑能源消耗，提高能源利用效率，实施建筑节能，是我国可持续发展亟待研究解决的重大课题。

我们通常把按照节能设计标准进行设计和建造，使其在使用过程中能够降低能耗的建筑称为节能建筑。节约能源及资源是绿色建筑的重要组成内容，这就是说，绿色建筑要求同时必须是节能建筑，但节能建筑并不能简单地等同于绿色建筑。

2. 健康舒适

住宅是人类生存、发展和进化的基地，人类一生约有2/3时间在住宅内渡过，住宅生活环境品质的高低对人的发展及对城市社会经济的发展产生极大的影响。《雅典宪章》精辟地指出：居住是城市的四大基本功能之一，一个健康、文明、舒适的住宅环境是城市其他功能有效发挥的前提和基础。在满足住房面积要求同时，人们对室内舒适度的要求也越来越高。冬季希望有温暖舒适的居所，而夏季则渴望凉爽宜人的空间。现代科技的发展满足了人们的需求，新型的采暖设备、空调设备充斥着市场，选用各种设备来改善居住热环境已成主流。

人们越来越重视住宅的健康要素，绿色建筑有4个基本要素，即适用性、安全性、舒适性和健康性。适用性和安全性属于第一层次，随着国民经济的发展和人民生活水平的提高，对住宅建设提出更高层次的要求，即舒适性和健康性。健康是发展生产力的第一要素，保障全体国民应有的健康水平是国家发展的基础。健康性和舒适性是关联的。健康性是以舒适性为基础，是舒适性的发展。提升健康要素，在于推动从健康的角度研究住宅，以适应住宅转向舒适、健康型的发展需要。提升健康要素，也必然会促进其他要素的进步。

3. 自然和谐

人类发展史实际上是人类与大自然的共同发展关系史。表现在人与自然的关系上，强调

"天人调谐"，人是大自然和谐整体的一部分，又是一个能动的主体，人必须改造自然又顺应自然，与自然圆融无间、共生共荣，山川秀美、四时润泽才能物产丰富、人杰地灵。人类与自然的关系越是相互协调，社会发展的速度也就越快。近年来，人类迫切地认识到环境问题的重要性，把环境问题作为可持续发展的关键。环境的恶化将导致人类生存环境的恶化，威胁人类社会的发展，不解决好环境问题就不可能持续发展，更谈不上国富民强，社会进步。

绿色建筑的自然和谐就是要求人们在构建和使用建筑物的全过程中，亲近、关爱和呵护人与建筑物所处的自然生态环境，将认识世界、适应世界、关爱世界和改造世界，自然和谐与相安无事有机地统一起来，做到人、建筑与自然和谐共生。只有这样，才能兼顾与协调经济效益、社会效益和环境效益，才能实现国民经济、人类社会和生态环境可持续发展。

二、绿色建筑的基本要素

在我国《绿色建筑技术导则》中指出：绿色建筑指标体系由节地与室外环境、节能与能源利用、节水与水资源利用、节材与材料资源、室内环境质量和运营管理六类指标组成。这六类指标涵盖了绿色建筑的基本要素，包含了建筑物全寿命周期内的规划设计、施工、运营管理及回收各阶段的评定指标的子系统。

根据我国具体的情况和绿色建筑的本质内涵，绿色建筑的基本要素具体包括耐久适用、节约环保、健康舒适、安全可靠、自然和谐、低耗高效、绿色文明、科技先导等方面。

（一）耐久适用

任何绿色建筑都是消耗较大的资源修建而成的，必须具有一定的使用年限和使用功能，因此耐久适用性是对绿色建筑最基本的要求之一。耐久性是指在正常运行维护和不需要进行大修的条件下，绿色建筑物的使用寿命满足一定的设计使用年限要求，在使用过程中不发生严重的风化、老化、衰减、失真、腐蚀和锈蚀等。

适用性是指在正常使用的条件下，绿色建筑物的使用功能和工作性能满足于建造时的设计年限的使用要求，在使用过程中不发生影响正常使用的过大变形、过大振幅、过大裂缝、过大衰变、过大失真、过大腐蚀和过大锈蚀等；同时也适合于在一定条件下的改造使用要求。

（二）节约环保

在数千年发展文明史中，人类最大化地利用地球资源，却常常忽略科学、合理地利用资源。特别是近百年来，工业化快速发展，人类涉足的疆域迅速扩张，上天、入地、下海梦想实现的同时资源过度消耗和环境正遭受严重破坏：油荒、电荒、气荒、粮荒，世界经济发展陷入资源匮乏的窘境；海洋污染、大气污染、土壤污染、水污染、环境污染，破坏了人类引以为荣的发展成果；极端气候事件不断发生，地质灾害高发频发，威胁着人类的生命财产安全。珍惜地球资源，转变发展方式，已经成为地球人面对的共同命题。

在我国现行标准《绿色建筑评价标准》中，把"四节一环保"作为绿色建筑评价的标准，即把节能、节地、节水、节材和保护环境作为绿色建筑的基本特征之一，这是一个全方位、全过程的节约环保概念，也是人、建筑与环境生态共存的基本要求。

除了物质资源方面有形的节约外，还有时空资源等方面所体现的无形节约。如绿色建筑要求建筑物的场地交通要做到组织合理，选址和建筑物出入口的设置方便人们充分利用公共交通网络，到达公共交通站点的步行距离较短等。这不单是一种人性化的设计问题，也是一个时空资源节约的设计问题。这就要求绿色建筑物的设计者，在设计中要全方位全过程地进行通盘的综合整体考虑。如良好的室内空气环境条件，可以使人类减少 $10\%\sim15\%$ 的得病率，并使人的精神状况和工作心情得到改善，工作效率大幅度提高，这也是另一种节约的意义。

（三）健康舒适

健康舒适建筑的核心是人、环境和建筑物。健康舒适建筑的目标是全面提高人居环境品质，满足居住环境的健康性、自然性、环保性、亲和性和舒适性，保障人民健康实现人文、社会效益和环境效益的统一。健康舒适建筑的目的是一切从居住者出发满足居住者生理、心理和社会等多层次的需求，使居住者生活在舒适、卫生、安全和文明的居住环境中。

健康舒适是随着人类社会的进步和人们生活品质的不断追求而逐渐为人们所重视的，这也是绿色建筑的另一基本特征，其核心主要是体现"以人为本"。目的是在有限的空间里为居者提供健康舒适的活动环境，全面提高人居生活和工作环境品质，满足人们生理、心理、健康和卫生等方面的多种需求，这是一个综合的整体的系统概念。健康舒适住宅是一个系统工程涉及到人们生活中的方方面面。它既不是简单的高投入，更不是表面上的美观、漂亮，而是要处处从使用者的需要出发，从生活出发，真正做到以人为本。

（四）安全可靠

安全可靠是对绿色建筑的另一基本特征，也是人们对作为生活工作活动场所最基本的要求之一。因此，对于建筑物有人也认为：人类建造建筑物的目的就在于寻求生存与发展的"庇护"，这也充分反映了人们对建筑物建造者的人性与爱心和责任感与使命感的内心诉求。这不仅是经历过 2008 年"5.12"四川汶川大地震劫难的人们对此发自内心的呐喊，而且也是所有建筑物设计、施工和使用者的愿望。

安全可靠的实质是崇尚生命与健康。所谓安全可靠是指绿色建筑在正常设计、正常施工、正常使用和正常维护的条件，能够经受各种可能出现的作用和环境条件，并对有可能发生的偶然作用和环境异变，仍能保持必需的整体稳定性和规定的工作性能，不致于发生连续性的倒塌和整体失效。对绿色建筑安全可靠的要求，必须贯穿于建筑生命的全过程中，不仅在设计中要全面考虑建筑物的安全可靠，而且还要将其有关注意事项向相关人员予以事先说明和告知，使建筑在其生命周期内具有良好的安全可靠性及其保障措施。

绿色建筑的安全可靠性不仅是对建筑结构本体的要求，而且也是对绿色建筑作为一个多元绿色化物性载体的综合、整体和系统性的要求，同时还包括对建筑设施设备及其环境等安全可靠性要求，如消防、安防、人防、管道、水电和卫生等方面的安全可靠。2008 年北京奥委会的所有场馆建设，都融有世界上最先进的绿色建筑安全可靠的设计理念和元素。

（五）自然和谐

人类为了更好地生存和发展，总是要不断地否定自然界的自然状态，并改变它；而自然界又竭力地否定人，力求恢复到自然状态。人与自然之间这种否定与反否定，改变与反改变的关系，实际上就是作用与反作用的关系，如果对这两种"作用"的关系处理得不好，特别是自然对人的反作用在很大程度上存在自发性，这种自发性极易造成人与自然之间失衡。

由于人类改造自然的社会实践活动的作用具有双重性，既有积极的一面又有消极的一面，如果人类能够正确地认识到自然规律，恰当地把握住人类与自然的关系，就能不断地取得改造自然的成果，增强人类对自然的适应能力，提高人类认识自然和改造自然的能力；如果在对自然界更深层次的本质联系尚未认识到，人类与自然一定层次上的某种联系尚未把握住的情况下，改造自然，其结果要么自然内部的平衡被破坏，要么人类社会的平衡被破坏，要么人与自然的关系被破坏，因而受自然的报复也就在所难免。

自然和谐是绿色建筑的又一本质特征。这一本质特征实际上就是我国传统的"天人合一"的唯物辩证法思想是美学特征在建筑领域里的反映。"天人合一"是中国古代的一种政治哲学思想，最早起源于春秋战国时期，经过董仲舒等学者的阐述，由宋明理学总结并明确提出。其基本思想是人类的政治、伦理等社会现象是自然的直接反映。《中华思想大辞典》中指出："主张天人合一，强调天与人的和谐一致是中国古代哲学的主要基调。"

"天人合一"构成了世界万物和人类社会中最根本、最核心、最本质的矛盾的对立统一体。季羡林先生对其解释为：天，就是大自然；人，就是人类；合，就是互相理解，结成友谊。实质上，天代表着自然物质环境，人代表着认识与改造自然物质环境的思想和行为主体，合是矛盾的联系、运动变化和发展，是矛盾相互依存的根本属性。人与自然的关系是一种辩证和谐的对立统一关系，以天与人作为宇宙万物矛盾运动的代表，最透彻地表现了宇宙的原貌和历史的变迁。

自然和谐，天人一致，宇宙自然是大天地，人则是一个小天地。天人相应、天人相通，人和自然在本质上是相通和对应的。如果没有人，一切矛盾运动均无从觉察，根本谈不到矛盾；如果没有天，一切矛盾运动均失去产生、存在和发展的载体；唯有人可以认识和运用万物的矛盾，唯有天可以成为人们认识和运用矛盾的物质资源。人类为了永续自身的可持续发展，就必须使人类的各种活动，包括建筑活动的结果和产物，必须与自然和谐共生。绿色建筑就是要求人类的建筑活动要顺应自然规律，做到人及其建筑与自然和谐共生。

自然和谐同时也是美学的基本特性。只有自然和谐，才有真正的美可言；真正的美就是自然，美就是和谐。共同的理想信念是维系和谐社会的精神纽带，共同的文化精神是促进社会和谐发展的内在动力，而共同的审美理想是营造艺术生态和谐环境的思想灵魂。我国2010年上海世博会中国馆的设计，既体现出"城市发展中的中华智慧"这一主题，又反映了我国自然和谐与天人合一的和谐世界观，同时也表现出中国传统的文化内涵，并且蕴含了独特的中国元素，系统地展示了以"和谐"为核心的中华智慧，成为上海目前独一无二标志性建筑群体，是绿色建筑自然和谐的设计理念和元素完美应用的范例。

（六）低耗高效

低耗高效是绿色建筑最基本的特征之一，这是体现绿色建筑全方位、全过程的低耗高效概念，是从两个不同的方面来满足两型社会（资源节约型和环境友好型）建设的基本要求。资源节约型社会是指全社会都采取有利于资源节约的生产、生活、消费方式，强调节能、节水、节地、节材等，在生产、流通、消费领域采取综合性措施提高资源利用效率，以最小的资源消耗获得最大的经济和社会效益，以实现社会的可持续发展，最终实现科学发展。

环境友好型社会是指全社会都采取有利于环境保护的生产方式、生活方式和消费方式，侧重强调防治环境污染和生态破坏，以环境承载力为基础、以遵循自然规律为准则、以绿色科技为动力，倡导环境文化和生态文明，构建经济、社会、环境协调发展的社会体系，实现经济社会可持续发展。建设生态文明，实质上就是要建设以资源环境承载力为基础、以自然规律为准则、以可持续发展为目标的资源节约型、环境友好型社会。

绿色建筑要求建筑物在设计理念、技术应用和运行管理等环节上，对于低耗高效予以充分的体现和反映，因地制宜和实事求是地使建筑物在采暖、空调、通风、采光、照明、太阳能、用水、用电、用气等方面，在降低需求的同时，高效地利用所需的资源。2008年北京奥运会的许多场馆，如柔道跆拳道馆（即北京科技大学体育馆）等，就充分融合了绿色建筑低耗高效的设计理念和技术元素。

（七）绿色文明

绿色文明就是能够持续满足人们幸福感的文明。绿色文明是一种新型的社会文明，是人类可持续发展必然选择的文明形态。也是一种人文精神，体现着时代精神与文化。它既反对人类中心主义，又反对自然中心主义，而是以人类社会与自然界相互作用，保持动态平衡为中心，强调人与自然的整体、和谐地双赢式发展。

绿色文明主要包括绿色经济、绿色文化、绿色政治三个方面的内容。绿色经济是绿色文明的基础，绿色文化是绿色文明的制高点，绿色政治是绿色文明的保障。绿色经济核心是发展绿色生产力，创造绿色GDP，重点是节能减排，环境保护、资源的可持续利用。绿色文化核心是让全民养成绿色的生活方式与工作方式，绿色文明需要绿色公民来创造，只有绝大部分地球人都成为绿色公民，绿色文明才可能成为不朽的文明。绿色政治就是能够为人民谋幸福和社会持续稳定的政治，可以避免暴力冲突的政治。

如果我们把农业文明称之为"黄色文明"，把工业文明称之为"黑色文明"，那么生态文明就是"绿色文明"。生态是指生物之间及生物学环境之间的相互关系与存在状态，亦即自然生态。自然生态有着自在自为、新陈代谢、发展消亡和恢复再造的发展规律。人类社会认识和掌握了这些规律，把自然生态纳入到人类可以适应和改造的范围之内，这就形成了人类文明。生态文明就是人类遵循人、社会与自然和谐这一客观规律而取得的物质与精神成果的总和，是指以人与自然、人与人、人与社会和谐共生、良性循环、全面发展、持续繁荣为基本宗旨的文化伦理形态。

绿色文明的发展目标是自然生态环境平衡、人类生态环境平衡、人类与自然生态环境综合平衡、可持续的财富积累和可持续的幸福生活，而不是以破坏自然生态环境和人类生态环境为代价的物欲横流。由此可见，绿色文明必然是绿色建筑的基本特征之一。绿色文明是2008年北京奥运会"绿色奥运、科技奥运和人文奥运"的三大主题之一，奥运会的所有场馆就充分融合了绿色建筑绿色文明的设计理念和技术元素。

（八）科技先导

国内外城市发展的实践充分证明，现代化的绿色建筑是新技术、新工艺和新材料的综合体，是高新建筑科学技术的结晶。因此，科技先导是绿色建筑的又一基本特征，也是一个体现绿色建筑全面、全方位和全过程的概念。

绿色建筑是建筑节能、建筑环保、建筑智能化和绿色建材等一系列高新技术因地制宜、实事求是和经济合理的综合整体化集成，绝不是所谓的高新科技的简单堆砌和概念炒作。科技先导强调的是要将人类成功的科技成果恰到好处地应用于绿色建筑，也就是追求各种科学技术成果在最大限度地发挥自身优势的同时，使绿色建筑系统作为一个综合有机整体的运行效率和效果最优化。

我们对绿色建筑进行设计和评价时，不仅要看它运用了多少先进的科技成果，而且还要看它对科技成果的综合应用程度和整体效果。例如国家体育场"鸟巢"和国家游泳中心"水立方"的内部结构等，就充分融合了绿色建筑科技先导的设计理念和技术元素。

三、绿色建筑与科学发展观

科学发展观已成为全人类的共识，是人类社会发展的必然选择，是我国经济发展的基本国策，是我国经济社会发展的根本指导思想，标志着中国共产党对于社会主义建设规律、社会发展规律、共产党执政规律的认识达到了新的高度，标志着马克思主义的中国化达到了新的高度和阶段，指明了进一步推动我国经济改革与发展的思路和战略，对建筑和房地产业的可持续发展具有根本的指导意义。

（一）科学发展观的基本内涵

胡锦涛同志提出"坚持以人为本，树立全面、协调、可持续的发展观，促进经济社会和人的全面发展"。按照"统筹城乡发展、统筹区域发展、统筹经济社会发展、统筹人与自然和谐发展、统筹国内发展和对外开放"的要求，树立新型的科学发展观。科学发展观，第一要义是发展，核心是以人为本，基本要求是全面协调可持续，根本方法是统筹兼顾。

以科学发展观统领我国绿色建筑的发展，就是将可持续发展理念引入建筑领域，在建筑运行过程中，节约资源、保护环境、提高效率，为人们提供健康、高效、清洁、舒适的室内环境，达到居住环境和自然环境的协调统一，在最大程度上满足可持续发展的要求。

（二）科学发展观的必然要求

科学发展观绝不只是单纯发展模式的转变。科学发展观追求的是包括思想与制度在内的政治、经济、社会、文化各个领域可持续发展的整体变革和发展。根据我国的基本国情，学习实践科学发展观的要务之一是推进生态文明建设。推进生态文明建设就必须大力发展绿色建筑，这是科学发展观对建筑和房地产业的必然要求。

生态文明是科学发展观的重要文化内涵。生态文明是人类文明发展继农业文明、工业文明之后又一崭新的文明形态，是对前两种文明的优秀成果继承和其缺陷的深刻反思。生态文明建设是人们在改造客观物质世界的同时，不断克服改造过程中的负面效应，积极改善和优化人与自然、人与人的关系，建设有序的生态运行机制和良好的生态环境。生态文明是人类在发展物质文明过程中保护和改善生态环境的成果，它表现为人与自然和谐程度的进步和人们生态文明观念的增强。

绿色建筑是生态文明建设的重要内容，生态文明建设是学习实践科学发展观的重要组成部分，因此，发展绿色建筑的过程本质上是一个生态文明建设和学习实践科学发展观的过程。对生态文明与科学发展观之间的关系，一般应从两个方面理解：一方面，科学发展的第一要义是发展，核心是以人为本。生态文明的提出，正是体现了以人为本，另一方面，我们的发展必须走文明发展的道路，无论是从人与自然的和谐、环境的保护，还是从资源的节约利用上，无论是从发展的质量，还是从发展的可持续性来讲，都必须走生态文明这条路。提高到文明的高度，是科学发展观在这方面的升华。

（三）科学发展观是绿色建筑发展的指导思想

根据我国现代化建设的实践证明，坚持科学发展观，是绿色建筑发展的必然要求。绿色建筑应当在有效使用资源和能源的条件下，充分利用现有的市政基础设施和自然环境条件，多采用有益于环境的材料，提供舒适的室内环境，最大限度地减少建筑废料和家庭废料，形成人与自然环境的和谐统一。根据调整经济结构和转变经济增长方式的要求，结合城市发展质量和效率，大力发展节能省地型住宅与公共建筑；同时，注重生态环保，促进循环利用，优化生活环境质量，提高生活环境质量。

努力发展智能建筑、节能建筑、生态环境、新型建材等技术，不仅是对中国的智能与绿色建筑发展有着积极的促进作用，而且对全球的可持续发展也将产生深远的影响。我国建筑节能分为两个阶段的目标：第一阶段目标是到 2010 年，全面启动建筑节能和推广绿色建筑，平均节能率达 50%，目前已经基本实现；第二阶段目标是到 2020 年，进一步提高建筑节能，平均节能率达 65%，东部地区甚至可以达到更高的标准。大力促进建筑节能，切实降低单位能耗成本，不仅是我国经济自身发展的要求，更是全世界共同发展的迫切需要。

展望未来，我国城市化进程将迎来快速发展，绿色建筑将会迎来大发展时代。随着绿色建筑理念的不断深入和《绿色建筑设计规范》的实施，绿色建筑正在为越来越多的人接受。未来，仍然需要以科学发展观统领我国绿色建筑的发展。只有坚持和运用科学发展观，才能把握绿色建筑的发展方向，更好地指导绿色建筑的实践，加快绿色建筑的发展。大力宣传绿色建筑理念，全力推进绿色建筑实践，不断加大资金投入，逐步建立长效机制，努力走出一条以科学发展观为指导的具有中国特色的绿色建筑发展之路。

四、我国发展绿色建筑的建议

经济发展与绿色建筑的发展将互为推动，中国经济的可持续发展依赖于包括建筑在内的各行业的可持续转型，而绿色建筑的有效推动也是以经济发展为基础的，没有经济的发展、人民生活水平的提高，绿色建筑作为一种更高的要求，只能停留在人们的理想之中。应当注意我国绿色建筑的发展将是一个循序渐进的过程，其中弯路不可避免，但只要以实践为依托，在实践中总结经验，发展理论和技术，绿色建筑将成为建筑发展的主流。

（1）完善绿色建筑法规体系　完善《节约能源法》、《可再生能源法》、《民用建筑节能条例》等法律法规的配套措施，提出推进绿色建筑的各项法律要求，建立起规划设计阶段的绿色建筑专项审查制度、竣工验收阶段的绿色建筑专项验收制度等；修订《建筑法》，建立符合绿色建筑标准要求的部品材料及设备的市场准入制度，促进建设行业绿色转型；指导各地健全绿色建筑地方性法规，建立符合地方特点的推进绿色建筑的法规体系。

（2）构建全寿命周期的标准体系　修订《绿色建筑评价标准》、《绿色建筑技术导则》等标准规范，完善绿色建筑规划、设计、施工、监理、检测、竣工验收、维护、使用、拆除等各环节的标准；建立既有建筑的绿色改造评价标准体系；修订《夏热冬暖地区居住建筑节能设计标准》，提出绿色建筑技术要求，率先在夏热冬暖地区实现推广绿色建筑的突破；指导各省级住房城乡建设部门编制绿色建筑标准规范、施工图集、工法等。

（3）出台强制推广与激励先进相结合的绿色建筑政策　以政府投资的建筑为突破口，包括保障性住房、廉租房、公益性学校、医院、博物馆等建筑，规定必须达到绿色建筑标准要求，起到引领示范作用；在部分有积极性、有工作基础的地方试点，强制推广绿色建筑标准，要求新开发的城市新区新建建筑必须全部满足绿色建筑技术标准要求，将发展绿色建筑纳入各级政府节能减排考核体系；大力推进供热计量收费制度，加快供热体制改革；研究出台绿色建筑财税激励政策，制定财政资金扶持鼓励绿色生态小城镇与绿色生态示范城区建设的实施方案，研究鼓励绿色建筑发展的税收优惠政策。

（4）进一步扩大绿色建筑示范　争取利用中央财政资金的引导作用，组织实施绿色建筑相关的示范工程。一是单体绿色建筑的示范，组织实施"低能耗建筑与绿色建筑"、"农村农房节能改造"、"农村中小学可再生能源建筑应用"等示范；二是城区或小城镇的区域性示范，开展"可再生能源建筑应用城市"、"低碳生态城建设"、"园林城市"等示范；三是单项技术的应用示范，如"太阳能屋顶计划"、"新型节能材料与结构体系应用"等示范。

（5）研究完善绿色建筑产品技术支持体系　编制《绿色建筑技术产品推广目录》，建立健全绿色建筑科技成果推广应用机制，加快成果转化，支撑绿色建筑发展；组织绿色建筑技术研究，在绿色建筑共性关键技术、技术集成创新等领域取得突破，引导发展适合国情且具有自主知识产权的绿色建筑新材料、新技术、新体系。加强国际合作，积极引进、消化、吸收国际先进理念和技术，增强自主创新能力。

（6）大力推进绿色建筑相关产业及服务业发展　建设绿色建筑材料、产品、设备产业化基地，形成与之相应的市场环境、投融资机制，带动绿色建材、节能环保和可再生能源等产业的发展；培育和扶持绿色建筑服务业的发展，加强人员队伍培训，建立从业人员的资格认证制度，推行绿色建筑检测、评价认证制度。

（7）提升全社会对绿色建筑的认识　建立绿色建筑理念传播、新技术新产品展示、教育培训基地，宣传绿色建筑的理论基础、设计理念和技术策略，促进绿色建筑的推广应用；利用报纸、电视、网络等媒体普及绿色建筑知识，提高人们对绿色建筑的正确认识，树立节约意识和正确的消费观，形成良好的社会氛围。

　　总之，我国正处于城镇化快速推进与发展的重要战略机遇期，绿色建筑对于应对气候变化、扩大内需、促进经济结构调整和新兴产业发展、转变城镇发展方式都具有重要的意义。因此，我们应抓住这一历史性机遇，大力发展绿色建筑，为促进我国建筑节能减排和改善建筑人居环境不断做出新的贡献。

第二节　绿色建筑设计概论

　　在全球气候急剧变化的挑战面前，绿色建筑是最重要的应对领域；在实现到 2020 年我国单位国内生产总值二氧化碳排放比 2005 年下降 40%～45% 目标的征途上，绿色建筑肩负着重任；在建设低碳生态城市的进程中，绿色建筑将做出重大贡献。从这个意义上说，我们为推广绿色建筑所做的一切努力，将无愧于现代，也必将无愧于后人。

　　建筑作为城市的重要构成要素，同时也反映出城市文化和历史。重要的标志性建筑是一个城市的象征，它的好坏对一个城市的形象有着很大影响。所以在建筑方案设计时不仅要关注建筑物本身，而且还应关注其是否与周围环境相协调。城市规划是城市建设的总纲，建筑设计是落实城市规划的重要步骤，建成的建筑物是构成城市的主要物质基础，绿色建筑设计必须在城市规划的指导下进行，才能促进城市经济、社会的和谐、健康发展，发达国家的经验表明，发展绿色建筑必须关注建筑全寿命周期的绿色化，首先就是要从源头抓起，这个源头最重要的就是绿色建筑的规划设计阶段。绿色建筑不同于传统建筑，因而绿色建筑的设计内容和设计原则，也不同于传统建筑的设计内容和设计原则。

一、绿色建筑设计内容与原则

（一）绿色建筑设计内容

　　所谓绿色化和人性化建筑设计理念，就是按照生态文明和科学发展观的要求，体现可持续发展的精神和设计观念。绿色化要求设计反映出绿色建筑本身的基本要素，人性化则要求以人为本体现建筑以人为核心的基本要素。人性化设计是指在设计过程当中，根据人的行为习惯、人体的生理结构、人的心理情况、人的思维方式等等，在原有设计基本功能和性能的基础上，对建筑产品进行优化，使用者觉得非常方便、舒适。

　　人性化设计是在建筑物的设计中，对人的心理生理需求和精神追求的尊重和满足，是设计中的人文关怀，也是对人性的一种尊重。人性化设计理念强调的是将人的因素和诉求融入到建筑的全寿命周期中，体现人、自然和建筑三者之间高度的和谐统一，如尊重和反映人的生理、心理、精神、卫生、健康、舒适、文化、传统、习俗、信仰和爱好等方面的需求。

　　由此可见，绿色建筑的设计内容远多于传统建筑的设计内容。绿色建筑的设计是一种全面、全过程、全方位、联系、变化、发展、动态和多元绿色化的设计过程，是一个就总体目标而言，按照轻重缓急和时空上的次序先后，不断地发现问题、提出问题、分析问题、分解具体问题、找出与具体问题密切相关的影响要素及其相互关系，针对具体问题制定具体的设计目标，围绕总体的和具体的设计目标进行综合的整体构思、创意与设计。根据目前我国绿色建筑发展的实际情况，一般来说，绿色建筑设计的内容主要概括为：综合设计、整体设计和创新设计 3 个方面。

1. 绿色建筑的综合设计

　　所谓绿色建筑的综合设计是指技术经济绿色一体化综合设计，就是以绿色化设计理念为中心，在满足国家现行法律法规和相关标准的前提下，在进行技上的先进可行和经济的实用合理的综合分析的基础之上，结合国家现行有关绿色建筑标准，按照绿色建筑的各方面的要求，对建筑所进行的包括空间形态与生态环境、功能与性能、构造与材料、设施与设备、施工与建设、运行与维护等方面内容在内的一体化综合设计。

在进行绿色建筑的综合设计时，要注意考虑以下方面：①进行绿色建筑设计要考虑到居住环境的气候条件；②进行绿色建筑设计要考虑到应用环保节能材料和高新施工技术；③绿色建筑是追求自然、建筑和人三者之间和谐统一；④以可持续发展为目标，发展绿色建筑。

绿色建筑是随着人类赖以生存的自然界，不断濒临失衡的危险现状所寻求的理智战略，它告诫人们必须重建人与自然有机和谐的统一体，实现社会经济与自然生态高水平的协调发展，建立人与自然共生共息、生态与经济共繁荣的持续发展的文明关系。

2. 绿色建筑的整体设计

所谓绿色建筑的整体设计是指全面全程动态人性化的整体设计，就是在进行建筑综合设计的同时，以人性化设计理念为核心把建筑当作一个全寿命周期的有机整体来看待，把人与建筑置于整个生态环境之中，对建筑进行的包括节地与室外环境、节能与能源利用、节水与水资源利用、节材与绿色材料资源利用、室内环境质量和运营管理等方面内容在内的人性化整体设计。

整体设计对绿色建筑至关重要，必须考虑当地的气候、经济、文化等多种因素，从 6 个技术策略入手：①首先要有合理的选址与规划，尽量保护原有的生态系统，减少对周边环境的影响，并且充分考虑自然通风、日照、交通等因素；②要实现资源的高效循环利用，尽量使用再生资源；③尽可能采取太阳能、风能、地热、生物能等自然能源；④尽量减少废水、废气、固体废物的排放，采用生态技术实现废物的无害化和资源化处理，以回收利用；⑤控制室内空气中各种化学污染物质的含量，保证室内通风、日照条件良好；⑥绿色建筑的建筑功能要具备灵活性、适应性和易于维护等特点。

3. 绿色建筑的创新设计

所谓绿色建筑的创新设计是指具体求实个性化创新设计，就是在进行综合设计和整体设计的同时，以创新型设计理论为指导，把每一个建筑项目都作为独一无二的生命有机体来对待，因地制宜、因时制宜、实事求是和灵活多样地对具体建筑进行具体分析，并进行个性化创新设计。创新是以新思维、新发明和新描述为特征的一种概念化过程，创新是设计的灵魂，没有创新就谈不上真正的设计，创新是建筑及其设计充满生机与活力永不枯竭的动力和源泉。

为了鼓励绿色建筑创新设计，我国设立了"绿色建筑创新奖"，在《全国绿色建筑创新奖实施细则》中规范申报绿色建筑创新奖的项目应在设计、技术和施工及运营管理等方面具有突出的创新性。主要包括以下几个方面：①绿色建筑的技术选择和采取的措施具有创新性，有利于解决绿色建筑发展中的热点、难点和关键问题；②绿色建筑不同技术之间有很好的协调和衔接，综合效果和总体技术水平、技术经济指标达到领先水平；③对推动绿色建筑技术进步，引导绿色建筑健康发展具有较强的示范作用和推广应用价值；④建筑艺术与节能、节水、通风设计、生态环境等绿色建筑技术能很好地结合，具有良好的建筑艺术形式，能够推动绿色建筑在艺术形式上的创新发展；⑤具有较好的经济效益、社会效益和环境效益。

（二）绿色建筑设计原则

1. 绿色建筑设计应遵循的总则

绿色建筑是综合运用当代建筑学、生态学及其他技术科学的成果，把住宅建造成一个小的生态系统，为居住者提供生机盎然、自然气息深厚、方便舒适并节省能源、没有污染的居住环境。绿色建筑是指能充分利用环境自然资源，并以不破坏环境基本生态为目的而建造的一种住宅，所以，生态专家们一般又称其为环境共生建筑。绿色建筑不仅有利于小环境及大环境的保护，而且将十分有益于人类的健康。

(1) 坚持建筑业可持续发展的原则　规范绿色建筑的设计，大力发展绿色建筑的根本目的，是为了贯彻执行节约资源和保护环境的国家技术经济政策，推进建筑业的可持续发展，造福于千秋万代。建筑活动是人类对自然资源、环境影响最大的活动之一。我国正处于经济快速发展阶段，资源消耗总量逐年迅速增长。因此，必须牢固树立和认真落实科学发展观，坚持可持续发展理念，大力发展绿色建筑。

发展绿色建筑应贯彻执行节约资源和保护环境的国家技术经济政策。实事求是地讲，我国在推行绿色建筑的客观条件方面与发达国家存在很大的差距，坚持发展中国特色的绿色建筑是当务之急，从规划设计阶段入手，追求本土、低耗、精细化，是中国绿色建筑发展的方向。制定《绿色建筑设计规范》的目的是规范和指导绿色建筑的设计，推进我国的建筑业可持续发展。

(2) 绿色建筑设计适用新建、改建和扩建工程　绿色建筑设计不仅适用于新建工程绿色建筑的设计，同时也适用于改建和扩建工程绿色建筑的设计。城市的发展是一个不断更新和变化的动态过程，在这种新陈代谢的过程中，如何对待现存的旧建筑成为了亟待解决的问题。其中包括列入国家历史遗址保护名单的旧建筑，还包括大量存在的虽然仍处于设计寿命期，但功能、设施、外观已不能满足当前需要，根据法规条例得不到保护的一般性旧建筑。随着城市的发展日趋成熟与饱和，如何在已有的限制条件下为旧建筑注入新的生命力，完成旧建筑的重生成为近几年来关注的热点问题。

城市化要进行大规模建设是一个永恒的课题　对城市旧建筑进行必要的改造，是城市发展的具体方式之一。世界城市发展的历史表明，任何国家城市建设大体都经历3个发展阶段，即大规模和新建阶段、新建与维修改造并重阶段，以及主要对旧建筑更新改造再利用阶段。工程实践充分证明，旧建筑的改建和扩建不仅有利于充分发掘旧建筑的价值、节约资源，而且还可以减少对环境的污染。在我国旧建筑的改造具有很大的市场，绿色建筑的理念应当应用到旧建筑的改造中去。

(3) 绿色建筑设计必须统筹考虑综合效益　对于绿色建筑必须考虑到在其全寿命周期内，节能、节地、节水、节材、保护环境、满足建筑功能之间的辩证关系，体现经济效益、社会效益和环境效益的统一。建筑从最初的规划设计到随后的施工、运营、更新改造及最终的拆除，形成一个时间较长的寿命周期。关注建筑的整个寿命周期，意味着不仅在规划设计阶段充分考虑并利用环境因素，而且确保施工过程中对环境的影响最低，运营阶段能为人们提供健康、舒适、低耗、无害的活动空间，拆除后又对环境危害降到最低。绿色建筑要求在建筑的整个寿命周期内，最大限度地节能、节地、节水、节材与保护环境，同时满足建筑功能。

工程实践证明，以上这些方面有时是彼此矛盾的，如为片面追求小区景观而过多地用水，为达到节能单项指标而过多地消耗材料，这些都是不符合绿色建筑理念的；而降低建筑的功能要求、降低适用性，虽然消耗资源少，也不是绿色建筑所提倡的。节能、节地、节水、节材、保护环境及建筑功能之间的矛盾，必须放在建筑全寿命周期内统筹考虑与正确处理，同时还应重视信息技术、智能技术和绿色建筑的新技术、新产品、新材料与新工艺的应用。绿色建筑最终应能体现出经济效益、社会效益和环境效益的统一。

（4）必须符合国家其他相关标准的规定 绿色建筑的设计除了必须应符合《绿色建筑设计规范》外，还应当符合国家现行有关标准的规定。由于在建筑工程设计中各组成部分和不同的功能，均已经颁布了很多具体规范和标准，在《绿色建筑设计规范》中不可能包括对建筑的全部要求，因此，符合国家的法律法规与其他相关标准是进行绿色建筑设计的必要条件。

在《绿色建筑设计规范》中未全部涵盖通常建筑物所应有的功能和性能要求，而是着重提出与绿色建筑性能相关的内容，主要包括节能、节地、节水、节材与保护环境等方面。因此建筑方面的有些基本要求，如结构安全、防火安全等要求，并未列《绿色建筑设计规范》中。所以设计时除应符合本规范要求外，还应符合国家现行的有关标准的规定。

2. 绿色建筑设计的基本原则

（1）坚持整体及环境优化的原则 建筑应作为一个开放体系与其环境构成一个有机系统，设计要追求最佳环境效益。建筑要体现对自然环境和社会生态环境的关心和尊重，主要表现在保持当地文脉，保护历史人文景观，重视建筑场地对地形、地势的利用，加强建筑对当地技术、材料的利用，加强绿化，减少环境污染，用独特的美学艺术让建筑体现时代精神。

（2）应用环保节能材料和高新技术原则 绿色建筑是一个能积极地与环境相互作用的、智能的、可调节系统。因此，它要求建筑外层的材料和结构，一方面作为能源转换的界面，需要收集、转换自然能源，并且防止能源的流失；另一方面，外层必须具备调节气候的能力，以消除、减缓、甚至改变气候的波动，使室内气候趋于稳定，而实现这一理想，在很大程度上必须有赖于未来高新技术在建筑中的广泛运用。

① 绿色建筑合理使用建筑材料、就地取材（主要是木材），尽量使用对人体健康影响较小的建筑材料，包括无放射、低挥发、低活性材料；另外，对涂料、胶水、黏合剂、地板砖、地毯、木板和绝缘物的选择，除了要考虑性能优良外，还开始强调没有毒性物质的释放。

② 注重对外墙保温节能材料的使用。外墙保温节能材料属于保温绝热材料，仅就一般的居民采暖的空调而言，通过使用绝热维护材料，可在现有的基础上节能 $50\% \sim 80\%$。

③ 绿色建筑主张太阳能等可再生能源的利用。例如，利用空调冷凝热作为生活热水的辅助热源，利用太阳能和地热能产生的热水作为日常生活用热水。利用太阳能光电系统来支持日常生活用电。绿色建筑应体现对能源的节省，尽可能利用可再生能源，如太阳能、风能等，加大智能化设计，广泛利用电子通讯和信息技术，要有预见性地研究建筑与社会发展的互动关系，做到近期规划与长远规划结合，为扩建和建造留有余地。

（3）创造健康舒适环境的原则。绿色建筑应保证建筑的适用性，体现对用户即人的关心，增强用户与自然环境沟通，让人们在健康、舒适、充满活力的建筑中生活和工作。主要体现在创造良好的通风对流环境，增加建筑的采光系数，保证室内一定的温、湿度，创造良好的视觉环境及声环境，建立立体绿化系统净化环境等。

二、绿色建筑设计的基本要求

我国是一个人均资源短缺的国家，每年的新房建设中有 80% 为高耗能建筑，因此，目前我国的建筑能耗已成为国民经济的巨大负担。如何实现资源的可持续利用成为急需解决的问题。随着社会的发展，人类面临着人口剧增、资源过度消耗、气候变暖、环境污染和生态被破坏等问题的威胁。在严峻的形势面前，对快速发展的城市建设而言，按照绿色建筑设计的基本要求、实施绿色建筑设计非常重要。

（一）绿色建筑设计的功能要求

建筑功能是指建筑物的使用要求，如居住、饮食、娱乐、会议等各种活动对建筑的基本要求，这是决定建筑形式、建筑各房间的大小、相互间联系方式等的基本因素。构成建筑物的基本要素是建筑功能、建筑的物质技术条件和建筑的艺术形象。其中建筑功能是三个要素中最重要的一个，建筑功能是人们建造房屋的具体目的和使用要求的综合体现。

绿色建筑设计实践证明，满足建筑物的使用功能要求，为人们的生产生活提供安全舒适的环境，是绿色建筑设计的首要任务。例如在设计绿色住宅建筑时，首先要考虑满足居住的基本需要，保证房间的日照和通风，合理安排卧室、起居室、客厅、厨房和卫生间等的布局，同时还要考虑到住宅周边的交通、绿化、活动场地、环境卫生等诸方面的要求。

（二）绿色建筑设计的技术要求

现代建筑业的发展，离不开节能、环保、安全、耐久、外观新颖等方面设计因素，绿色建筑作为一种崭新的设计思维和模式，应当根据绿色建筑设计的技术要求，提供给使用者有益健康的建筑环境，并最大限度地保护环境，减少建造和使用中各种资源消耗。

绿色建筑设计的基本技术要求，包括正确选用建筑材料，根据建筑物平面布局和空间组合的特点，采用当今先进的技术措施，选取合理的结构和施工方案，使建筑物建造方便、坚固耐用。例如在设计建造大跨度公共建筑时采用的钢网架结构，在取得较好外观效果的同时，也可获得大型公共建筑所需的建筑空间尺度。

（三）绿色建筑设计的经济要求

建筑物从规划设计到使用拆除，均是一个经济和物质生产的过程，需要投入大量的人力、物力和资金。在进行建筑规划、设计和施工过程中，应尽量做到因地制宜、因时制宜，尽量选用本地的建筑材料和资源，做到节省劳动力、建筑材料和建设资金。设计和施工需要制定详细的计划和核算造价，讲求经济效益。建筑物建造所要求的功能、措施要符合国家现行标准，使其具有良好的经济效益。

建筑设计的经济合理性是建筑设计中应遵循的一项基本原则，也是在建筑设计中要同时达到的目标之一。由于可用资源的有限性，要求建设投资的合理分配和高效性。这就要求建筑设计工作者要根据社会生产力的发展水平、国家的经济发展状况、人民生活的现状和建筑功能的要求等因素，确定建筑的合理投入和建造所要达到的建设标准，力求在建筑设计中做到以最小的资金投入去获得最大的使用效益。

（四）绿色建筑设计的美观要求

建筑是人类创造的最值得自豪的文明成果之一，在一切与人类物质生活有直接关系的产品中，建筑是最早进入艺术行列的一种。人类自从开始按照生活的使用要求建造房屋以来，就对建筑产生了审美的观念。每一种建筑的风格的形式，都是人类为表达某种特定的生存理念及满足精神慰藉和审美诉求而创造出来的。建筑审美建筑是人类社会最早出现的艺术门类之一，建筑中的美学问题也是人们最早讨论的美学课题之一。

建筑被称为"凝固的音符"，充满创意灵感的建筑设计作品，是一座城市的文化象征，是人类物质文明和精神文明的双重体现，在满足建筑基本使用功能的同时，还需要考虑满足人们的审美需求。绿色建筑设计则要求设计者努力创造出实用与美观相结合的产品，使建筑不仅符合最基本的使用功能的要求，而且还应尽可能具有雕塑美、结构美、装饰美、诗意美。

（五）绿色建筑设计的环境要求

自 20 世纪 80 年代以来，伴随着国际建筑设计的潮流，人居环境建筑科学营运而生，并逐渐发展成为一门综合性的学科群。人居环境与社会以及社会群里中的每一个个体息息相关，人作为人居环境中的主题，所以在建筑设计的过程中，应该从"以人为本"的理念为出发点和宗旨，将人的需求放在首位。

人居环境的不断发展变化，也要求我们在建筑设计的过程中，除了要尊重和尽可能满足人的需求以外，还要时刻注重与自然、文化、生态相互适应，以达到人与环境的全面融合，让人在舒适的人居环境中快乐工作、感知生活，在人性化的设计中享受健康生活。

建筑是规划设计中的一个重要单元，建筑设计应符合上级规划提出的基本要求。绿色建筑设计不应孤立考虑，应与基地周边的环境相结合，如现有道路的走向、周边建筑形状和特色、拟建建筑的形态和特色等，使得新建的绿色建筑与周边环境协调一致，构成具有良好环境景观空间效应的室外环境。

三、绿色建筑设计的基本程序

绿色建筑设计的发展是实现科学发展观，提高质量和效率的必然结果。并为中国的建筑行业及人类可持续发展做出重要贡献。随着大量国际先进技术的引进，绿色建筑设计对未来建筑发展将起到主导作用。发展绿色建筑设计逐渐为人们认识和理解。绿色建筑设计贯穿了传统工程项目设计的各个阶段，从前期可研性报告、方案设计、初步设计一直到施工图设计，及施工协调和总结等各个阶段，均应结合实际项目要求，最大化的实现绿色建筑设计。

根据我国住房和城乡建设部颁布的《中国基本建设程序的若干规定》和《建筑工程项目的设计原则》中的有关内容，结合《绿色建筑设计规范》（2013 年征求意见稿）和《绿色建筑评价标准》（GB/T 50375—2006）中的相关要求，绿色建筑设计程序基本上可归纳为七大阶段性的工作内容。

（一）项目委托和设计前期的研究

绿色建筑工程项目的委托和设计前期的研究，是工程设计程序中的最初阶段。通常情况下，业主将绿色建筑设计项目委托给设计单位后，由建筑师组织协助业主进行工程项目的现场调查研究工作。其主要的工作内容是根据业主的要求条件和意图，制定出建筑设计任务书。设计任务书是确定工程项目和建设方案的基本文件，是设计工作的指令性文件，也是编制设计文件的主要依据。

绿色建筑工程项目的设计任务书，主要包括以下几方面的内容：①建筑基本功能的要求和绿色建筑设计的要求；②建筑规模、使用和运行管理的要求；③基地周边的自然环境条件；④基地的现状条件、给排水、电力、煤气等市政条件和交通条件；⑤绿色建筑能源综合利用的条件；⑥建筑防火和抗震等专业要求的条件；⑦区域性的社会人文、地理、气候等条件；⑧绿色建筑工程的建设周期和投资估算；⑨经济利益和施工技术水平等要求的条件；⑩工程项目所在地材料资源的条件。

根据绿色建筑设计任务书的要求，首先设计单位对绿色建筑设计项目进行正式立项，然后建筑师和设计师同业主对绿色建筑设计任务书中的要求，详细地进行各方面的调查和分析，按照建筑设计法规的相关规定，以及我国关于绿色建筑的相关要求，对拟建项目进行针对性的可行性研究，在归纳总结出研究报告后，方可进入下阶段的设计工作。

（二）项目方案设计阶段

根据业主的要求和绿色建筑设计任务书，建筑师要构思出多个设计方案草图提供给业主，针对每个设计方案的优缺点、可行性和绿色建筑性能与业主反复商讨，最终确定出一个既能满足业主要求又符合建筑法规相关规定的设计方案，并通过建筑 CAD 制图、绘制建筑效果图和建筑模型等表现手段，提供给业主设计成果图。业主再把方案设计图和资料呈报给当地的城市规划管理局等有关部门进行审批确认。

项目方案设计是设计中的重要阶段，它是一个极富有创造性的设计阶段，同时也是一个十分复杂的问题，它涉及到设计者的知识水平、经验、灵感和想象力等。方案设计图主要包括以下几方面的内容：①建筑设计方案说明书和建筑技术经济指标；②方案设计的总平面图；③建筑各层平面图及主要立面图、剖面图；④方案设计的建筑效果图和建筑模型；⑤各专业的设计说明书和专业设备技术标准；⑥拟建工程项目的估算书。

（三）工程初步设计阶段

工程初步设计是指根据批准的项目可行性研究报告和设计基础资料，设计部门对建设项目进行深入研究，对项目建设内容进行具体设计。方案设计图经过有关部门的审查通过后，建筑师应根据审批的意见建议和业主提出的新要求，参考《绿色建筑评价标准》中的相关内容，对方案设计的内容进行相关的修改和调整，同时着手组织各技术专业的设计配合工作。

在项目设计组安排就绪后，建筑师同各专业的设计人员对设计技术方面的内容进行反复探讨和研究，并在相互提供各专业的技术设计要求和条件后，进行初步设计的制图工作。初步设计图属于设计阶段的图纸，对细节要求不是很高，但是要表达清楚工程项目的范围、内容等，主要包括以下几方面的内容：①初步设计建筑说明书；②初步设计建筑总平面图；③建筑各层平面图、立面图和剖面图；④特殊部位的构造节点大样图；⑤与建筑有关各专业的平面布置图、技术系统图和设计说明书；⑥拟建工程项目的概算书。

对于大型和复杂的绿色建筑工程项目，在初步设计完成后，进入下阶段的设计工作之前，需要进行技术设计工作，即需要增加技术设计阶段。对于大部分的建筑工程项目，初步设计还需要再次呈报当地的建设主管部门及有关部门进行审批确认。在我国标准的建筑设计程序中，阶段性的审查报批是不可缺少的重要环节，如审批未通过或在设计图中仍存在着技术问题，设计单位将无法进入下一阶段的设计工作。

（四）施工图设计阶段

根据绿色建筑初步设计的审查意见建议和业主新的要求条件，设计单位的设计人员对初步设计的内容应进行必要的修改和调整，在设计原则和设计技术等方面，如果各专业之间不存在太大的问题，可以着手准备进行详细的实施设计工作，即施工图设计。

施工图设计是工程设计的一个重要阶段。这一阶段主要通过图纸，把设计者的意图和全部设计结果表达出来，作为工程施工的依据，它是工程设计和施工的桥梁。施工图设计主要包括以下几方面内容：

1. 建筑设计施工图

建筑设计施工图主要包括：①建筑施工图说明书、材料用量表和经济技术指标；②建筑总平面图和绿化庭院配置设计图；③各层平面图、立面图和剖面图；④节点大样图和局部平面详图；⑤单元平面详图和特殊部位详图；⑥建筑门窗立面图和门窗表。

2. 结构设计施工图

结构设计施工图主要包括：①结构设计说明和施工构造作法；②结构设计计算书；③结构设计施工详图。

3. 给排水、暖通设计施工图

给排水、暖通设计施工图主要包括：①给排水、暖通设计施工图设计说明和设备明细表；②给排水、暖通施工图设计计算书；③给排水、暖通设计系统图；④消防、煤气等特殊专业的施工设计系统图。

4. 强弱电设计施工图

强弱电设计施工图主要包括：①强弱电施工图设计说明和设备明细表；②强弱电施工图设计计算书；③强弱电施工设计系统图；④智能化管理系统和消防安全等专业施工设计系统图。

5. 绿色建筑工程预算书

绿色建筑工程各专业的施工图设计完成后，业主再次呈报给当地的建设主管部门及有关部门进行审批，获得通过并取得施工许可资格后，开始着手组织施工单位的工程投标工作，中标的施工单位根据承包合同中的规定，进入现场进行施工前的准备。

（五）施工现场的服务和配合

在工程施工的准备过程中，建筑师和各专业设计师首先要向施工单位进行技术交底，对施工设计图、施工要求和构造作法进行详细说明。然后根据工程的施工特点、技术水平和重点难点，施工单位可对设计人员提出合理化建议和意见，设计单位根据实际可对施工图的设计内容进行局部调整和修改，通常采用现场变更单的方式来解决图纸中设计不完善的问题。另外，建筑师和各专业设计师按照施工进度，应不定期地到现场对施工单位进行指导和查验，从而达到绿色建筑工程施工现场服务和配合的效果。

（六）竣工验收和工程回访

建设工程项目的竣工验收，是全面考核建设工作，检查是否符合设计要求和工程质量的重要环节，对促进建设项目及时投产，发挥投资效果，总结建设经验有重要作用。建设工程项目竣工验收后，虽然通过了交工前的各种检验，但由于影响建筑产品质量稳定性的因素很多，仍然可能存在着一些质量问题或者隐患，而这些问题只有在产品的使用过程中才能逐渐暴露出来。因此，进行工程回访工作是十分必要的。

依照国家建设法规的相关规定，在绿色建筑施工完成后，建设单位会同设计、施工、设备供应单位及工程质量监督部门，对该项目是否符合规划设计要求以及建筑施工和设备安装质量进行全面检验，取得竣工合格资料、数据和凭证。工程在获得验收合格后，建筑工程方可正式投入使用。在使用阶段过程中，设计单位要对项目工程进行多次回访，并在建筑物使用一年后再次进行总回访，目的是听取业主和使用者对设计和施工等技术方面的意见和建议，为今后进行绿色建筑工程的设计积累宝贵经验，使建筑师和设计师的设计水平得到提高，这样才能完善建筑设计程序的整个过程。

（七）绿色建筑评价标识的申请

按照《绿色建筑评价标准》进行设计和施工的项目，在项目完成后可申请"绿色建筑评价标识"。绿色建筑评价标识是绿色建筑标识评价是住房和城乡建设部主导并管理的绿色建筑评审工作。住房和城乡建设部授权机构依据《绿色建筑评价标准》和《绿色建筑评价技术细则（试行）》，按照《绿色建筑评价标识管理办法（试行）》，确定是否符合国家规定的绿色建筑各项标准。

绿色建筑标识评价有着严格的标准和严谨的评价流程。评审合格的项目将获颁发绿色建筑证书和标志。绿色建筑评价标识分为"绿色建筑设计评价标识"和"绿色建筑评价标识"，分别用于对处于规划设计阶段和运行使用阶段的住宅建筑和公共建筑，"绿色建筑设计评价标识"有效期为 2 年，"绿色建筑评价标识"有效期为 3 年。

实施绿色建筑评价标识能推动我国《绿色建筑评价标准》的实施。该评价标识工作经过官方认可具有唯一性。绿色建筑评价标识的开展填补了我国绿色建筑评价工作的空白，使我国告别了以国外标准来评价国内建筑的历史，在我国绿色建筑发展史上揭开了崭新的一页。

为了进一步加强和规范绿色建筑评价工作，引导绿色建筑健康发展，由建设部科技发展促进中心与绿色建筑专委会共同组织成立的绿色建筑评价标识管理办公室（以下简称"绿建办"）于 2008 年 4 月 14 日正式成立。"绿建办"设在建设部科技发展促进中心，成员单位有中国建筑科学研究院、上海建筑科学研究院、深圳建筑科学研究院、清华大学、同济大学等。"绿建办"主要负责绿色建筑评价标识的管理工作，受理三星级绿色建筑评价标识，指导一星级、二星级绿色建筑评价标识活动。

住房和城乡建设部委托具备条件的地方住房和城乡建设管理部门，开展所辖地区一星级和二星级绿色建筑评价标识工作。受委托的地方住房和城乡建设管理部门，组成地方绿色建筑评价标识管理机构，具体负责所辖地区一星级和二星级绿色建筑评价标识工作。地方绿色建筑评价标识管理机构的职责包括：组织一星级和二星级绿色建筑评价标识的申报、专业评价和专家评审工作，并将评价标识工作情况及相关材料办"绿建办"备案，接受"绿建办"的监督和管理。

绿色建筑评价标识的评价工作程序主要包括以下几个方面。

① "绿建办"在住房和城乡建设部网站（http：//www.mohurd.gov.cn）上发布绿色建筑评价标识申报通知，申报单位可根据通知要求进行申报。

② "绿建办"或地方绿色建筑评价标识管理机构负责对申报材料进行形式审查，审查合格后进行专业评价及专家评审，评价和评审完成后由住房和城乡建设部对评审结果进行审定和公示，并公布获得星级的项目。

③ 住房和城乡建设部向获得三星级"绿色建筑评价标识"的建筑和单位颁发绿色建筑评价标识证书和标志（挂牌）；向获得三星级"绿色建筑设计评价标识"的建筑和单位颁发绿色建筑评价标识证书和标志（挂牌）。

④ 受委托的地方住房和城乡建设管理部门，向获得一星级和二星级"绿色建筑评价标识"的建筑和单位颁发绿色建筑评价标识证书和标志（挂牌）；向获得一星级和二星级"绿色建筑设计评价标识"的建筑和单位颁发绿色建筑评价标识证书和标志（挂牌）。

⑤ "绿建办"和地方绿色建筑评价标识管理机构，每年不定期、分批开展评价标识活动。绿色建筑评价标识流程如图 1-1 所示。

四、绿色建筑设计的深度要求

设计深度是设计图纸的深浅程度，在某种角度上，也可代表工程设计的水平高低。为加强对建筑工程设计文件编制工作的管理，保证各阶段设计文件的质量和完整性。于 2000 年颁布的国务院第 279 号令《建设工程质量管理条例》和第 293 号令《建设工程勘察设计管理条例》，是当前我国各类建筑和工程设计必须遵守的法律法规。

为了保障建筑工程设计相关法律条文进一步得到贯彻和实施，确保建筑工程设计质量和深度，住房和城乡建设部（原建设部）于 2003 年组织编写了《建筑工程设计文件编制深度规定》，并于 2003 年 6 月 1 日起实施，为编制高质量的建筑工程设计文件提出了具体要求。

绿色建筑工程设计我国还处于起步阶段，很多人对于"绿色建筑"的内涵仍不完全理解，如何将"绿色建筑"从一个研究中的概念转化为实际建筑项目，成为设计工作者值得深入探讨的课题。因此在设计过程中就更需要统一深度，必须符合国家现行规范中的要求，以

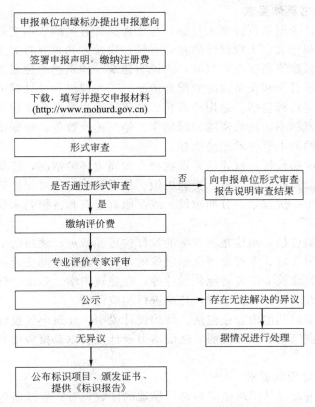

图 1-1 绿色建筑评价标识流程

保证绿色建筑设计的质量和完整性，将"绿色化"真正深入到工程实践中。

在一般情况下，绿色建筑的设计过程可分为三个阶段，即方案设计阶段、初步设计阶段和施工图设计阶段。按照要求，方案设计文件的深度应满足编制初步设计文件的需要；对于投标方案，设计文件的深度应满足标书的要求。初步设计文件，应满足编制施工图设计文件的需要。施工图设计文件，应满足设备材料采购、非标准设备制作和施工的需要。对于将工程项目分别发包给几个设计单位或实施设计分包的情况，设计文件相互关联处的深度，应当满足各承包或分包单位设计的需要。

此外，在进行绿色建筑设计过程中，还应因地制宜地正确选用国家、行业和地方建筑标准设计，并在设计文件的图纸目录或施工图设计说明中注明被应用图集的名称。如果需要重复利用其他工程的设计图纸，应详细了解原设计图利用的条件和内容，并根据实际情况进行必要的修改，以满足新建工程项目的需要。

（一）方案设计阶段的深度要求

1. 方案设计阶段的一般要求

（1）绿色建筑方案设计文件主要应包括设计说明书、总平面图以及建筑设计图纸、设计委托或设计合同中规定的透视图、效果图、鸟瞰图、建筑模型等。

（2）方案设计文件的编排顺序为：封面（写明项目名称、编制单位、编制年月）；扉页（写明编制单位法定代表人、技术总负责人、项目总负责人的姓名，并经上述人员签署或授权盖章）；设计文件目录；设计说明书；设计图纸。其中投标方案还应按照标书要求进行密封或隐盖编制单位和扉页。

2. 方案设计说明书具体要求

（1）绿色建筑设计依据及设计要求包括：与工程设计有关的依据文件的名称和文号；设计所采用的主要法规和标准；工程设计的基础资料；建设方和政府有关主管部门对项目设计的要求；当城市规划对建筑高度有限制时，应说明建筑、构筑物的控制高度；委托设计的内容和范围，包括功能项目和和设备设施的配套情况；工程规模和设计标准等。

（2）主要技术经济指标包括：总用地面积、总建筑面积及各分项建筑面积、建筑基底总面积、绿地总面积、容积率、建筑密度、绿地率、停车泊位数等。根据不同的建筑功能，还应表述能反映工程规模的主要技术经济指标。

（3）总平面设计说明包括：概述场地现状特点和周边环境情况，详尽阐述总体方案的构思意图和布局特点，以及在竖向设计、交通组织、景观绿化、环境保护等方面所采取的具体措施；此外应提出关于一次规划、分期建设，以及原有建筑和古树名木保留、利用、改造等方面的总体设想。

（4）建筑设计说明包括：阐述建筑方案的设计构思和特点；建筑的平面和竖向构成；建筑的功能布局和各种出入口、垂直交通运输设施的布置；建筑内部交通组织、防火设计和安全疏散设计；无障碍、建筑节能和智能化设计等；在建筑声学、热工、建筑防护、电磁波屏蔽以及人防地下室等方面有特殊要求时，还应进行相应说明。

（5）设计说明书中的其他内容还包括：结构设计说明、建筑电气设计说明、给水排水设计说明、采暖通风与空气调节设计说明、热能动力设计说明以及投资估算编制说明和投资估算表等。

3. 方案设计中设计图纸要求

（1）绿色建筑总平面设计图纸主要包括：场地的区域位置；场地所包括范围；场地内及四邻环境的反映；场地内拟建道路、停车场、广场、绿地及建筑物的布置，并表示出主要建筑物与用地界线及相邻建筑物之间的距离；拟建主要建筑物的名称、出入口位置、层数与设计标高，以及地形复杂时主要道路、广场的控制标高；指北针或风玫瑰图、比例尺。

除以上所包括的内容外，根据需要还应绘制下列反映方案特性的分析图：功能分区、空间组合及景观分析、交通分析、地形分析、绿地布置、日照分析、通风情况、分期建设等。

（2）绿色建筑的建筑设计图纸主要包括平面图、立面图、剖面图及表现图。

① 平面图。建筑平面图简称为平面图，是将新建建筑物或构筑物的墙、门窗、楼梯、地面及内部功能布局等建筑情况，以水平投影方法和相应的图例所组成的图纸。

平面图主要包括：平面的总尺寸、开间，进深尺寸或柱网尺寸；各主要使用房间的名称；结构受力体系中的柱网、承重墙位置；各楼层地面标高、屋面标高；室内停车场的停车位和行车线路；底层平面图应标明剖切线位置和编号，并应标示指北针；必要时绘制主要用房的放大平面和室内布置；图纸名称及比例尺。

② 立面图。建筑立面图简称为立面图，是在与建筑物立面平行的铅垂投影面上所做的投影图。其中反映主要出入口或比较显著地反映出房屋外貌特征的立面图称为正立面图，其余的立面图相应称为背立面图，侧立面图。

立面图主要包括：体现建筑造型的特点，选择绘制一、二个有代表性的立面；各主要部位和最高点的标高或主体建筑的总高度；当与相邻建筑有直接关系时，应绘制相邻或原有建筑的局部立面图；图纸名称及比例尺。

③ 剖面图。建筑剖面图简称为剖面图，是假想用一个或多个垂直于外墙轴线的铅垂剖切面，将房屋剖开所得的投影图。剖面图用以表示房屋内部的结构或构造形式、分层情况和各部位的联系、材料及其高度等，是与平面图、立面图相互配合的不可缺少的重要图样。

剖面图主要包括：剖面应剖在高变和层数不同、空间关系比较复杂的部位；各层标高及室外地面标高，室外地面至建筑檐口（女儿墙）的总高度；如果遇到有高度控制时，还应标明最高点的标高；图纸名称及比例尺。

④ 表现图。建筑表现图简称为效果图，是在工程建筑、装饰施工之前，通过计算机建模渲染而成的图纸，把施工后的实际效果用真实和直观的视图表现出来，让大家能够一目了然地看到施工后的实际效果。方案设计应根据合同约定提供外立面表现图或建筑造型的透视图或鸟瞰图。

（二）初步设计阶段的深度要求

1. 初步设计阶段的一般要求

（1）绿色建筑初步设计文件主要包括：设计说明书（包括设计总说明、各专业设计说明），有关专业的设计图纸，工程概算书。

（2）绿色建筑初步文件的编排顺序为封面、扉页、设计文件目录、设计说明书、设计图纸及工程概算书，其中设计图纸和工程概算书可根据实际需要单独成册。

2. 初步设计总说明具体要求

（1）绿色建筑初步设计的主要依据包括：设计中贯彻国家政策、法规；政府有关主管部门批准的文件，可行性研究报告、立项书、方案文件等的文号或名称；工程所在地区的气象、地理条件、建设场地的工程地质条件；公用设施和交通运输条件；规划、用地、环保、绿化、消防、人防、抗震等要求和依据资料；建设单位提供的有关使用要求或生产工艺等资料。

（2）绿色建筑工程项目的建设规模和设计范围包括：工程的设计规模及项目组成；计划分期建设情况；承担的设计范围与分工。

（3）设计指导思想和设计特点主要包括采用新技术、新材料、新设备和新结构的情况；环境保护、防火安全、交通组织、用地分配、建筑节能、安全保护、人防设计、抗震设防等方面的主要设计原则。根据绿色建筑工程的使用功能要求，还应对工程总体布局和设计选用标准进行综合叙述。

（4）绿色建筑工程的总指标主要包括总用地面积、总建筑面积和其他相关的技术经济指标。

3. 初步设计总平面要求

在绿色建筑工程初步设计阶段，其总平面专业的设计文件主要包括：设计说明书、设计图纸，根据合同约定的工程鸟瞰图或建筑模型等。

（1）设计说明书的主要内容 在初步设计阶段的设计说明书中应主要包括设计依据及基础资料、建筑场地概述、总平面布置、工程竖向设计、工程交通组织、主要技术经济指标。

① 设计依据及基础资料。简述方案设计依据资料及批示中与本专业有关的主要内容；有关主管部门对本工程批示的规划许可技术条件，以及对总平面布局、周围环境、空间处理、交通组织、环境保护、文物保护、分期建设、防洪排涝等方面的特殊要求；本工程地形图所采用的坐标、高程系统等。

② 建筑场地概述。主要应说明建筑场地所在地的名称及在城市中的具体位置；概述场地地形地貌；描述场地内原有的建筑物、构筑物，以及对它们保留和拆除的情况；简述与总平面设计有关的自然因素。

③ 总平面布置。主要说明如何因地制宜，根据地形、地质、日照、通风、防火、防洪、

卫生、交通、环境保护等要求布置建筑物、构筑物，使它们既满足使用功能、城市规划要求，也符合技术经济合理性的要求；说明功能分区原则、远近期结合的意图、发展用地的考虑；说明室外空间的组织及其四周环境的关系；说明环境景观设计和绿地布置等。

④ 工程竖向设计。主要说明绿色建筑竖向设计的依据；说明竖向布置方式，地表雨水的排除方式等；根据需要还应注明初步平整时土方工程量。

⑤ 工程交通组织。主要说明人流和车流的组织，出入口、停车场（库）的布置及停车数量的确定；消防车道及高层建筑消防补救场地的布置；说明道路的主要设计技术条件等。

⑥ 主要技术经济指标。绿色建筑技术经济指标主要包括总建筑面积、总用地面积、建筑基底面积、道路广场总面积、绿地总面积、容积率、建筑密度、绿地率、小汽车停泊位数、自行车停放的数量等。

（2）设计图纸包括的内容　根据工程需要应绘制总平面图和竖向布置图。

① 总平面图。绿色建筑工程初步设计总平面图主要包括：保留的地形和地物；测量坐标网、坐标值、场地范围的测量坐标、道路红线、建筑红线及构筑物的位置、名称、层数、建筑间距；建筑物、构筑物的位置，其中主要建筑物、构筑物应标注坐标、名称及层数；道路、广场的主要坐标，停车场及停车位，消防道路及高层建筑消防补救场地的布置，必要时绘制交通流线示意；绿化、景观及休闲设施的布置示意；指北针或风玫瑰图；主要技术经济指标表；其他需要的说明。

② 竖向布置图。绿色建筑工程初步设计竖向布置图主要包括：场地范围的测量坐标值；场地四邻的道路、地面、水面，及其关键性标高；保留的地形、地物；建筑物、构筑物的名称、主要建筑物和构筑物的室内外设计标高；主要道路、广场的起点、变化点、转折点和终点的设计标高，以及场地的控制性标高；用箭头或等高线表示地面坡向，并表示出护坡、挡土墙、排水沟等；指北针及其他说明。

4. 初步设计相关具体要求

为保障绿色建筑设计方案的深度要求，除总体层面的各项要求之外，初步设计阶段的方案成果还应包含以下具体内容：①建筑专业设计文件；②结构专业设计文件；③建筑电气专业设计文件；④给水排水专业设计文件；⑤采暖通风与空气调节专业设计文件；⑥热能动力专业设计文件；⑦绿色建筑工程设计概算。

（三）施工图设计阶段的深度要求

1. 施工图设计阶段的一般要求

（1）施工图设计文件包括：合同要求所涉及的所有专业的设计图纸、图纸总封面以及合同要求的工程预算书。对于方案设计后直接进入施工图设计的项目，如果合同中未要求编制工程预算书，施工图设计文件应包括工程概算书。

（2）图纸总封面应标明的内容有：项目名称；编制单位名称；项目的设计编号；设计阶段；编制单位法定代表人、技术总负责人和项目总负责人的姓名及其授权；编制时间。

2. 施工图设计阶段总平面要求

绿色建筑工程在施工图设计阶段，总平面专业设计文件主要应包括图纸目录、设计说明、设计图纸、设计计算书等内容。图纸目录应先列出新绘制的图纸，然后列出选用的标准图和重复利用图。一般工程的设计说明分别写在有关图纸上。

总之，归纳起来施工图设计阶段的总平面图纸主要包括：①总平面布置图；②竖向布置图；③土方图；④管道综合图；⑤绿化及建筑小品布置图；⑥道路横断面、路面结构、挡土墙、护坡、排水沟、池壁、广场、运动场地、活动场地、停车场地面等详图；⑦供内部使用的计算书。

3. 施工图设计的相关具体要求

在绿色建筑设计方案中，施工图的内容、深度、质量直接关系到建筑工程的"绿色化"水平，同时也是能直接指导绿色建筑施工的各类图纸。

除总体层面的各项要求之外，施工图设计阶段的方案成果还应包含以下具体内容：①建筑专业设计文件；②结构专业设计文件；③建筑电气专业设计文件；④给水排水专业设计文件；⑤采暖通风与空气调节专业设计文件；⑥热能动力专业设计文件；⑦绿色建筑投资预算。

五、绿色建筑设计的基本规定

（1）绿色建筑设计应综合考虑建筑全寿命周期的技术与经济特性，采用有利于促进建筑与环境可持续发展的场地、建筑形式、技术、设备和材料。绿色建筑是在全寿命周期内兼顾资源节约与环境保护的建筑，绿色建筑设计应追求在建筑全寿命周期内，技术经济的合理和效益的最大化。为此，需要从建筑全寿命周期的各个阶段综合评估建筑场地、建筑规模、建筑形式、建筑技术与投资之间的相互影响，综合考虑安全、耐久、经济、美观、健康等因素，比较、选择最适宜的建筑形式、技术、设备和材料。过度追求形式或奢华的配置都不是绿色理念。

（2）绿色建筑设计应体现共享、平衡、集成的理念。规划、建筑、结构、给水排水、暖通空调、电气与智能化、经济等各专业应紧密配合。绿色建筑设计过程中应以共享、平衡为核心，通过优化流程、增加内涵、创新方法实现集成设计，全面审视、综合权衡设计中每个环节涉及的内容，以集成工作模式为业主、工程师和项目其他关系人创造共享平台，使技术资源得到高效利用。绿色建筑的共享有两个方面的内涵：一是建筑设计的共享，建筑设计是共享参与权的过程，设计的全过程要体现权利和资源的共享，关系人共同参与设计；二是建筑本身的共享，建筑本是一个共享平台，设计的结果是要使建筑本身为人与人、人与自然、物质与精神、现在与未来的共享提供一个有效、经济的交流平台。

实现共享的基本方法是平衡，没有平衡的共享可能会造成混乱。平衡是绿色建筑设计的根本，是需求、资源、环境、经济等因素之间的综合选择。要求建筑师在建筑设计时改变传统设计思想，全面引入绿色理念，结合建筑所在地的特定气候、环境、经济和社会等多方面的因素，并将其融合在设计方法中。集成包括集成的工作模式和技术体系。集成工作模式衔接业主、使用者和设计师，共享设计需求、设计手法和设计理念。不同专业的设计师通过调研、讨论、交流的方式在设计全过程捕捉和理解业主和（或）使用者的需求，共同完成创作和设计，同时达到技术体系的优化和集成。

绿色建筑设计强调全过程控制，各专业在项目的每个阶段都应参与讨论、设计与研究。绿色建筑设计强调以定量化分析与评估为前提，提倡在规划设计阶段进行如场地自然生态系统、自然通风、日照与自然采光、围护结构节能、声环境优化等多种技术策略的定量化分析与评估。定量化分析往往需要通过计算机模拟、现场检测或模型实验等手段来完成，这样就增加了对各类设计人员特别是建筑师的专业要求，传统的专业分工的设计模式已经不能适应绿色建筑的设计要求。因此，绿色建筑设计是对现有设计管理和运作模式的创造性变革，是具备综合专业技能的人员、团队或专业咨询机构的共同参与，并充分体现信息技术成果的过程。绿色建筑设计并不忽视建筑学的内涵，尤为强调从方案设计入手，将绿色设计策略与建筑的表现力相结合，重视与周边建筑和景观环境的协调以及对环境的贡献，避免沉闷单调或忽视地域性和艺术性的设计。

（3）绿色建筑设计应遵循因地制宜的原则，结合建筑所在地域的气候、资源、生态环境、经济、人文等特点进行。我国不同地区的气候、地理环境、自然资源、经济发展与社会习俗等都有着很大的差异。绿色建筑设计应注重地域性，因地制宜、实事求是，充分考虑建筑所在地域的气候、资源、自然环境、经济、文化等特点，考虑各类技术的适用性，特别是技术的本土适宜性。因此，必须注重研究地域、气候和经济等特点，因地制宜、因势利导地控制各类不利因素，有效利用对建筑和人的有利因素，以实现极具地域特色的绿色建筑设计。

（4）方案设计阶段应进行绿色建筑设计策划。建筑设计是建筑全寿命周期中最重要的阶段之一，它主导了后续建筑活动对环境的影响和资源的消耗，方案设计阶段又是设计的首要环节，对后续设计具有主导作用。如果在设计的后期才开始绿色建筑设计，很容易陷入简单的产品和技术的堆砌，并不得不以高成本、低效益作为代价。设计策划是对建筑设计进行定义的阶段，是发现并提出问题的阶段，而建筑设计就是解决策划所提问题并确定设计方案的阶段。所以设计策划是研究建设项目的设计依据，策划的结论规定或论证了项目的设计规模、性质、内容和尺度；不同的策划结论，会对同样项目带来不同的设计思想甚至空间内容，甚至建成之后会引发人们在使用方式、价值观念、经济模式上的变更以及新文化的创造。因此，在建筑设计之前进行建筑策划是很有必要的。在设计的前期进行绿色建筑策划，可以通过统筹考虑项目自身的特点和绿色建筑的理念，在对各种技术方案进行技术经济性的统筹对比和优化的基础上，达到合理控制成本、实现各项指标的目的。

（5）方案和初步设计阶段的设计文件应有绿色建筑设计专篇，施工图设计文件中应注明对绿色建筑施工与建筑运营管理的技术要求。在方案和初步设计阶段的设计文件中，通过绿色建筑设计专篇对采用的各项技术进行比较系统的分析与总结；在施工图设计文件中注明对项目施工与运营管理的要求和注意事项，会引导设计人员、施工人员以及使用者关注设计成果在项目的施工、运营管理阶段的有效落实。绿色建筑设计专篇中一般应包括以下内容：①工程的绿色目标与主要策略；②符合的绿色施工的工艺要求；③确保运行达到设计的绿色目标的建筑使用说明书。

（6）绿色建筑设计应在设计理念、方法、技术应用等方面进行创新。随着建筑技术的不断发展，绿色建筑的实现手段更趋多样化，层出不穷的新技术和适宜技术促进了绿色建筑综合效益的提高，包括经济效益、社会效益和环境效益。因此，在提高建筑经济效益、社会效益和环境效益的前提下，绿色建筑鼓励结合项目特征在设计方法、新技术利用与系统整合等方面进行创新设计，如：①有条件时，优先采用被动式技术手段实现设计目标；②各专业宜利用现代信息技术协同设计；③通过精细化设计提升常规技术与产品的功能；④新技术应用应进行适宜性分析；⑤设计阶段宜定量分析并预测建筑建成后的运行状况，并设置监测系统。当然，在设计创新的同时，应保证建筑整体功能的合理落实，同时确保结构、消防等基本安全要求。

六、绿色建筑发展趋势和原则

国民经济的高速发展给建筑业以巨大的市场空间，同时建筑业对国民经济的贡献也越来越大。有关资料表明，全社会50%以上固定资产投资要通过建筑业才能形成新的生产能力或使用价值，建筑业增加值约占国内生产总值的7%。建筑业的技术进步和节地节能节水节材水平，在很大程度上影响并决定着我国经济增长方式的转变和未来国民经济整体发展的速度与质量。建筑业接纳了农村近1/3的富余劳动力就业。更为重要的是，建筑业在相当一些地区成为本地财政的支柱性力量，税收贡献突出，为地方经济的发展和就业做出了重要贡献。因此，建筑业已经成为我国国民经济的重要支柱产业。

经济高速增长给我们带来就业、财富的同时，也给我们带来了巨大的生态环境危机。能源危机、生态危机、温室效应等能源和环境问题正在影响着我们的地球和生活，走可持续发展道路已成为全球共同面临的紧迫任务，作为能耗占全部能耗1/3的建筑业，很早就将可持续发展列入核心发展目标，绿色建筑在这种环境下应运而生。

20世纪60年代，有关专家把生态经济学和建筑学合并为 Arology，提出了著名的生态建筑（绿色建筑）的理念，20世纪70年代，两次世界能源危机，兴起了建筑界的节能设计运动，太阳能、潜层地热、风能、节能维护结构等技术相继涌现，同时也引发了"低能源建筑"、"诱导式太阳能住宅"、"生态建筑"、"风土建筑"的热潮。最近更是在地球环境危机声中，产生"生命周期评估"、"CO_2减量"、"生物多样性设计"等全面性的地球环保设计理念。绿色建筑由早期的被动式建筑、高效节能建筑，发展到如今的健康建筑、可持续建筑。绿色建筑研究发展的基本脉络可以概括为：从长期存在的地域性建筑或是气候设计，到能源危机后的以被动太阳能设计为代表的节能建筑，再延展到以追求自然系统原则为诉求的生态建筑，到如今的可持续发展绿色建筑，从而促进了社会进步、文明和经济发展的程度。

我国正处于工业化、城镇化的加速发展时期，现有建筑总面积400多亿平方米，预计到2020年还将新增建筑面积约300亿平方米。建筑业的物质消耗占全国物质消耗总量的15%左右，直接消耗的能源占全国总能耗接近30%，建筑用水占可饮用水资源的80%左右，建材生产、与建筑活动有关的光污染、空气污染、电磁污染占全部污染的34%，建筑垃圾占垃圾总量的40%。中国建筑业正面临着巨大的资源和环境压力，通过发展节约能源、资源、环保的绿色建筑，来减少建筑能源消耗和温室气体排放对于解决中国能源问题和改善环境有着重要意义。

近年来，中国高度重视建筑业的环境问题、积极推动绿色建筑的发展，2006年5月，中国首次制定科技中长期战略发展规划，确定60项战略发展项目，"绿色建筑"即为其中之一。同年10月，"绿色建筑"作为城镇化发展的重要内容列于"十一五"规划。2008年10月发布的"中国应对气候变化的政策与行动"中提出"积极推广节能省地环保型建筑和绿色建筑，新建建筑严格执行强制性节能标准，加快既有建筑节能改造"。随着国家高度重视，中国绿色建筑标准也渐成体系，2006年6月1日，《绿色建筑评价标准》正式颁布实施，2007年月，绿色建筑评价标识工作正式启动，2008年10月1日，《民用建筑节能条例》和《公共机构节能条例》。标准和条例的完善进一步推动了绿色建筑的发展。

由于建筑行业是能耗、用水、占地和造成环境污染、生态失衡的大户，因此，只有减少甚至消除建筑给生态环境带来的负面影响，经济、社会可持续发展才能成为可能。所以，经济可持续发展、人与自然和谐共处需要节能、节地、节水、节材的绿色建筑，需要生态建筑和可持续发展建筑。中国既有建筑量大面广、能耗高、具有巨大的节能潜力，因此，在中国发展绿色建筑是一项意义重大而十分迫切的任务。借鉴国际先进经验，执行适合我国国情的绿色建筑评价标准，反映建筑领域可持续发展理念，对积极引导人力发展绿色建筑，促进节能省地型住宅和公共建筑的发展，具由十分重要的意义。绿色建筑顺应时代发展的潮流和社会民生的需求，是建筑节能的进一步拓展和优化。绿色建筑在中国的兴起，既顺应了世界经济增长方式转变的潮流，又是中国建立创新型国家的必然组成部分，具有非常广阔的发展前景。在未来一段时期内，绿色建筑势必成为我国建筑领域的发展方向。

绿色建筑并不是指一般意义的立体绿化、屋顶花园，而是代表一种概念或象征，指建筑对环境无害，能充分利用环境自然资源，并且在不破坏环境基本生态平衡条件下建造的一种建筑，又可称为可持续发展建筑、生态建筑、回归大自然建筑、节能环保建筑等。而且绿色建筑的室内布局十分合理，尽量减少使用合成材料，充分利用阳光，节省能源，为居住者创造一种接近自然的感觉。还要以人、建筑和自然环境的协调发展为目标，在利用天然条件和人工手段创造良好、健康的居住环境的同时，尽可能地控制和减少对自然环境的使用和破坏，充分体现向大自然的索取和回报之间的平衡。

发展是人类社会永恒的主题。自从 20 世纪 90 年代联合国在环保大会上提出"可持续发展"口号后，"可持续发展"战略越来越受到人们的关注，在社会发展中得到了广泛的宣传和应用，在建筑领域也掀起了一股"绿色建筑"热潮。所谓"绿色建筑"就是一种象征着节能、环保、健康、高效的人居环境，以生态学的科学原理指导建筑实践，创造出人工与自然相互协调、良性循环、有机统一的建筑空间环境，它是满足人类生存和发展要求的现代化理想建筑。绿色建筑设计应该从中国国情出发。

绿色建筑设计应该从中国国情出发。建筑行业资源消耗巨大，建筑物在建造和使用过程中，需要消耗大量的自然资源，同时增加环境负荷。我国的消费增长速度惊人，资源再生率也远低于发达国家。我国各地区在气候、地理环境、自然资源、经济社会发展水平与民俗方面都存在巨大差异。而我国正处于工业化和城镇化的加速发展阶段，因此在我国发展绿色建筑，是一项意义重大而又紧迫的任务。

① 坚持低耗发展的原则。即中国的基本国情坚持以低耗为核心发展我国的绿色建筑。绿色建筑的本质是在建筑活动的全生命周期内，在减少资源的消耗和提高资源的利用效率的前提下，建设健康环保的人居环境。为此，我们可以从两方面着手：一方面以示范城市和示范项目为代表，在经济许可的范围内，鼓励采取新技术、新设备、新材料和新工艺，在减少资源使用的同时提高资源的使用效率；另一方面，要迅速在最大份额的中低端市场推行以减少使用。合理使用资源为主要策略的低成本路线，即现阶段中国绿色建筑应以低耗为核心。

② 坚持适当技术原则，强调"整体设计"思想。适当技术原则的内涵，所谓适当技术就是尽量采用符合当地产业，设备、材料和劳动水准的技术，因地制宜，积极适应建筑物所在地的环境条件，保持当地的文脉和传统。如某科技大学在陕北黄土高原所发展的现代窑洞住宅设计，利用最简单的玻璃温室、浮力通风、太阳能热水器和天窗采光等技术，不但使窑洞居住环境大为改观，甚至使采暖能源节约了 60% 以上。

③ 全局和整体设计的原则。全局和整体设计就是要从全球环境和资源出发，应用经济可行的各种技术和建筑材料，构筑建筑全寿命周期的绿色建筑体系。如何在设计之中应用高技术和优质的材料，就是要应用寿命周期评价方法予以权衡，现在欧美应用的高技术绿色设计方法往往和智能建筑设计相结合，智能建筑是使用户发挥最高效率、低保养成本和最有效的管理建筑本身的资源，这与绿色设计的理念是一致的。绿色建筑在设计过程中，必须针对其各个构成要素，确定相应的设计原则和设计目标。同时，这些构成要素又是设计人要具体操作的对象。在绿色建筑设计体系中，对设计原则的分析和把握具有重要的实践意义。

④ 整体及环境优化原则。建筑应作为一个开放体系与其环境构成一个有机系统，设计要追求最佳环境效益。建筑要体现对自然环境和社会生态环境的关心和尊重，主要表现在保持当地文脉，保护历史人文景观，重视建筑场地对地形、地势的利用，加强建筑对当地技术、材料的利用，加强绿化，减少环境污染，用独特的美学艺术让建筑体现时代精神。简单高效发展的原则。绿色建筑应体现对能源的节省，尽可能利用可再生能源，如太阳能、风能等，加大智能化设计，广泛利用电子通讯和信息技术，要有预见性地研究建筑与社会发展的互动关系，做到近期规划与长远规划结合，为扩建和建造留有余地。

⑤ 健康舒适的设计原则。绿色建筑应保证建筑的适用性，体现对用户即人的关心，增强用户与自然环境沟通，让人们在健康、舒适、充满活力的建筑中生活和工作。主要体现在

创造良好的通风对流环境，增加建筑的采光系数，保证室内一定的温度、湿度，创造良好的视觉环境及声环境，建立立体绿化系统净化环境等。

⑥ 整体环境的设计原则。所谓整体环境设计，不是针对某一个建筑，而是建立在一定区域范围内，从城市总体规划要求出发，从场地的基本条件、地形地貌、地质水文、气候条件、动植物生长状况等方面分析设计的可行性和经济性，进行综合分析、整体设计。

通过以上所述可知，绿色建筑是指为人类提供一个健康、舒适的工作、居住、活动的空间，同时实现最高效率地利用能源、最低限度地影响环境的建筑物。其内涵既通过高新技术的研发和先进适用技术的综合集成，极大地减少建筑对不可再生资源的消耗和对生态环境的污染，并为使用者提供健康、舒适、与自然和谐的工作及生活环境。城市生态建筑在国际上有着广泛的影响，不少发达国家根据各自的特点进行了实践示范。通过精妙的总体设计，结合自然通风、自然采光、太阳能利用、地热利用、中水利用、绿色建材和智能控制等高新技术，充分展示了绿色建筑的魅力和广阔的发展前景。

第三节　国内外绿色建筑概况

随着人类的文明、社会的进步、科技的发展以及对住房的需求，房屋建设正在如火如荼的建设当中，而以牺牲环境、生态和可持续发展为代价的传统建筑和房地产业已经走到尽头。发展绿色建筑的过程本质上是一个生态文明建设和学习实践科学发展观的过程。其目的和作用在于实现与促进人、建筑和自然三者之间高度的和谐统一；经济效益、社会效益和环境效益三者之间充分的协调一致；国民经济、人类社会和生态环境又好又快地可持续发展。

国内外经济发展的历程告诉人们：21世纪是人类由"黑色文明"过渡到"绿色文明"的新时期，在尊重传统建筑的基础上，提倡与自然共生的绿色建筑将成为21世纪建筑的主题。

一、我国绿色建筑基本情况

我国在改革开放之前，长期实行计划经济。建筑领域在许多方面都处于"吃大锅饭"的状态，建筑生产中只强调速度、不重视质量，只注意继承传统、不注意厉行节约，使我国建筑能耗较高、浪费很大。特别是我国原来家庭住房自有率高、技术含量较低、生产方式粗放、生产效率较低、施工污染严重，这些都影响我国绿色建筑的发展乃至可持续发展。

根据以上所述，大力发展绿色建筑意义重大，推进绿色建筑的发展是建设事业走科技含量高、经济效益好、资源消耗低、环境污染少、人力资源优势得到充分发挥的新型工业化道路的重要举措；是贯彻坚持以人为本，树立全面、协调、可持续的发展观，促进经济社会和全面发展的科学发展观的具体体现；是按照减量化、再利用、资源化的原则，搞好资源综合利用，建设节约型社会的必然要求；是实现建设事业健康、协调、可持续发展的重大战略性工作。

《中共中央关于制定国民经济和社会发展第十一个五年规划的建议》中指出："坚持开发节约并重、节约优先，按照减量化、再利用、资源化的原则，大力推进节能节水节地节材，加强资源综合利用，完善再生资源回收利用体系，全面推行清洁生产，形成低收入、低消耗、低排放和高效率的节约型增长方式。推进绿色建筑是发展节能省地型住宅和公共建筑的具体实践"。

《中共中央关于制定国民经济和社会发展第十二个五年规划的建议》中又指出："坚持把建设资源节约型、环境友好型社会作为加快转变经济发展方式的重要着力点。深入贯彻节约资源和保护环境基本国策，节约能源，降低温室气体排放强度，发展循环经济，推广低碳技术，积极应对气候变化，促进经济社会发展与人口资源环境相协调，走可持续发展之路"。

现代意义上的绿色建筑在我国起步较晚，但发展速度还是比较快的。和世界其他国家绿色建筑的发展情况基本相同，我国现代意义上的绿色建筑发展大致可分为3个阶段：1986～1995年为探索起步阶段；1996～2005年为研究发展阶段；2006年至今为全面推广阶段。

（一）探索起步阶段

我国发展现代意义上的绿色建筑是从建筑节能开始的，这是根据我国的基本国情决定的。以我国1986年颁布实行的《民用建筑节能设计标准（采暖居住建筑部分）》为标志，我国正式启动建筑节能工作。节能是绿色建筑的重要组成内容和基本要素，《民用建筑节能设计标准（采暖居住建筑部分）》的贯彻实施，标志着我国开始了绿色建筑的探索起步阶段。我国建筑节能作为绿色建筑的核心内容和突破口，通过科技项目和示范工程来带动绿色建筑的起步和推进，对促进我国绿色建筑的发展起到良好的作用。

在1986～1995年的10年间，我国根据实际情况，学习国外先进经验，先后颁布实行了许多与绿色建筑要求有关的法律、法规、标准、规范和政策，如《民用建筑设计通则》、《中华人民共和国城市规划法》、《城市居住区规划设计规范》、《民用建筑节能设计标准（采暖居住建筑部分）》等。同时，我国实施和实践了许多举世瞩目的绿色建筑项目和工程，其中长江三峡水利枢纽工程是最典型绿色建筑之一。

长江三峡水利枢纽工程是世界上最大的水利枢纽工程，是治理和开发长江的关键性骨干工程。它具有防洪、发电、航运等综合效益。防洪兴建三峡工程的首要目标是防洪，可有效地控制长江上游洪水。经三峡水库调蓄，可使荆江河段防洪标准由现在的约10年一遇提高到100年一遇。发电三峡水电站总装机容量1820万千瓦，年平均发电量846.8亿千瓦时。它将对华东、华中和华南地区的经济发展和减少环境污染起到重大的作用。

（二）研究发展阶段

随着20世90年代国际社会对可持续发展思想的广泛认同和世界绿色建筑的发展，以及我国绿色建筑实践的不断深入，绿色建筑的理念在我国开始变得逐渐清晰，受到各级政府和民众的极大关注，也成为科技工作者的重点研究内容。1996年，国家自然科学基金会正式将"绿色建筑体系研究"列为我国"九五"计划重点资助研究课题。这标志着我国的绿色建筑事业由探索起步阶段正式进入研究发展阶段。

从1996～2005年的10年间，我国绿色建筑在研究中发展，以研究促发展，以发展带动研究。在绿色建筑的研究中，我国进一步完善和颁布实行了许多与绿色建筑要求有关的法律、法规、标准、规范和政策，如《中华人民共和国建筑法》、《中华人民共和国节约能源法》、《住宅建筑规范》和《住宅性能评定技术标准》等。国家各有关政府部门、科研单位、高等院校等加大了研究投入，进行了更为广泛的绿色建筑、生态建筑和健康住宅方面的理论和技术研究。

通过不懈的努力和奋斗，我国在绿色建筑研究方面取得可喜的成果和进步。如建设部和科技部组织实施了国家"十五"科技攻关计划项目"绿色建筑关键技术研究"，重点研究了我国的绿色建筑评价标准和技术导则，开发了符合绿色建筑标准的具有自主知识产权的关键技术和成套设备，并通过系统的技术集成和工程示范，形成了我国绿色建筑核心技术的研究开发基地和自主创新体系，在更大的范围内进行了许多宝贵的工程实践，取得了举世公认的伟大成就。特别值得引人注目的是以"绿色奥运、科技奥运、人文奥运"为主题的31个奥运场馆和中国国家大剧院等一大批国家重点工程项目的建设，极大地推动和促进了我国绿色建筑事业的发展，为我国全面推广绿色建筑奠定了坚实基础。同时，我国设立了"全国绿色建筑创新奖"，拉开了我国全面推广绿色建筑的序幕。

（三）全面推广阶段

2006 年，我国在《国家中长期科学和技术发展规划纲要》中提出，"重点研究开发绿色建筑设计技术，建筑节能技术与设备，可再生能源装置与建筑一体化应用技术，精致建造和绿色建筑施工技术与装备，节能建材与绿色建材，建筑节能技术标准"，把绿色建筑及其相关的技术被列为重点领域及其优先主题，作为国家发展目标纳入国家中长期科学和技术发展的总体部署。随后，我国颁布实行了第一部《绿色建筑评价标准》，这标志着我国的绿色建筑事业已经由研究发展阶段步入全面推广阶段。

2007 年，国家启动了"绿色建筑示范工程"、"低能耗建筑示范工程"和"可再生能源与建筑集成技术应用示范工程"，发布了《中国应对气候变化的政策与行动白皮书》，强调要积极推广节能省地环保型建筑和绿色建筑，新建的建筑严格执行强制性节能标准，加快既有建筑节能改造。

2008 年 3 月，中国城市科学研究会绿色建筑与建筑节能专业委员会成立，这是研究适合我国国情的绿色建筑与建筑节能的理论与技术集成系统、协助政府推动我国绿色建筑发展的学术团体。2008 年 4 月，中国绿色建筑评价标识管理办公室成立，主要负责绿色建筑评价标识的管理工作，受理三星级绿色建筑的评价标识，指导一、二星级绿色建筑评价标识活动。

2009 年，我国再次成功地举办了"第五届国际智能、绿色建筑与建筑节能大会暨新技术与产品博览会"，大会的主题是"贯彻落实科学发展观，加快推进建筑节能"。前四届大会的主题分别是：第一届为"智能建筑、绿色住宅、领先技术、持续发展"；第二届为"绿色、智能-通向节能省地型建筑的捷径"；第三届为"推广绿色建筑—从建材、结构到评价标准的整体创新"；第四届为"推广绿色建筑，促进节能减排"。

2011 年 12 月 1 日，中华人民共和国住房和城乡建设部发出通知："全面推进绿色建筑发展。一是明确'十二五'期间绿色建筑发展目标、重点工作和保障措施等。二是研究出台促进绿色建筑发展的政策。三是继续完善绿色建筑标准体系，制（修）订绿色建筑相关工程建设和产品标准，研究制定绿色建筑工程定额。编制绿色建筑区域规划建设指标体系、技术导则和标准体系。鼓励地方制定更加严格的绿色建筑标准。四是开展绿色建筑相关示范。"

二、美国绿色建筑基本情况

美国的绿色建筑发展始于 20 世纪 60 年代，大致经历了以下 4 个阶段：1960～1969 年为绿色建筑的萌芽阶段；1970～1980 年为绿色建筑的探索阶段；1981～2000 年为绿色建筑的形成阶段；2000 年以来为绿色建筑的迅速发展阶段。

（一）萌芽阶段

20 世纪 60 年代，随着世界环保运动的兴起，从对环境保护方面的关注开始，美国的绿色建筑进入萌芽阶段，绿色建筑运动开始萌动。

1962 年，美国海洋生物学家蕾切尔·卡逊，她用一本薄薄的《寂静的春天》开启了人类的环保时代，给人类的生态环境意识和可持续发展意识产生了深刻的影响。对于人类所处的环境和发展趋势，她在书中高瞻远瞩地指出："我们正站在两条道路的交叉口上。归根结底，要靠我们自己做出选择"。

此后，美国成立了"美国环保协会"，颁布了《国家环境政策法》（NEPA）。《国家环境政策法》既是防止环境污染的规制法，又是把行政机关的有关环境的行政决定过程在一般公众面前进一步明确化的具有积极意义的法律。

实际上绿色建筑的概念与我们已经有 50 多年的历史，早在 1960 年时，美国的一位建筑师提出了生态建筑的概念，一直到 1969 美国的一位建筑师出版了设计结合自然的书，这本书开始了全球生态建筑学的新学科的诞生，绿色建筑的初期理念开始形成。

（二）探索阶段

进入 20 世纪 70 年代，美国制定了许多至今仍在起作用的划时代的环境法规，开始领跑世界环境保护运动，同时进行了绿色建筑理念和知识体系的探索，并成立美国国家环境保护局（EPA，简称美国环保局）。这是美国联邦政府的一个独立行政机构，主要负责维护自然环境和保护人类健康不受环境危害影响。EPA 由美国总统尼克松提议设立，在获国会批准后于 1970 年 12 月 2 日成立并开始运行，并促成了 1972 年联合国第一次人类环境会议的召开。由此，每年的 4 月 22 日被定为"世界地球日"。

随后，美国相继颁布了大气清洁法（CLEAN AIR ACT）、水清洁法（CLEAN WATEH ACT）和安全饮用水法（SAFE DRINK WATEH ACT），对全球环保运动的兴起到了积极的促进作用。促使 1986 年 21 国签署了《关于保护臭氧层的维也纳公约》，1987 年 24 国签署了《关于消耗臭氧层物质（ODS）的蒙特利尔议定书》。到 2002 年 11 月议定书第十四次缔约方大会，已有 142 个缔约方的代表及一些国际组织和非政府组织观察员与会，世界各国对环境和气候问题均引起足够的重视。

（三）形成阶段

20 世纪 90 年代，建筑业增加值占美国 GDP 的 8.3%，是美国经济的支柱产业之一。美国的建筑和建筑业消费了全国 48% 能源、76% 的电力、50% 的原材料，并且产生 27% 的碳排放、40% 的废弃物。因此，美国联邦、州和地方政府，非政府组织以至普通民众，对建筑节能和发展绿色建筑的重要性和紧迫性均有非常深刻的认识。美国的绿色建筑进入形成阶段，绿色建筑的组织、理论和实践都得到一定的发展，形成了良好的绿色建筑发展的社会氛围。

1993 年，成立了美国绿色建筑协会（USGBC），这是世界上较早推动绿色的建筑的组织之一，也是随着国际环保浪潮而产生的，发布了《绿色建筑评价标准体系》（LEED）。其宗旨是整合建筑业各机构、推动绿色建筑的可持续发展、引导绿色建筑的市场机制、推广并教育建筑业主、建筑师、建造师的绿色实践。至 1999 年，其会员发展到近 300 个。2000 年的前夕在美国成立了世界绿色建筑协会（WGBC）。

（四）迅速发展阶段

2000 年以后，美国的绿色建筑步入一个迅速发展的阶段，与此相适应，美国建筑节能的发展也经历了从早期的强调建筑的密闭性以节约能源的建筑，逐步发展到包括节能、环保、健康等内涵的绿色建筑。绿色建筑的组织、理论、实践和社会参与程度都呈现出空前的局面，取得了令人可喜的业绩。到 2009 年 6 月，美国绿色建筑协会（USGBC）会员已突破 20000 个。

从 2002 年起，美国每年举行一次绿色建筑国际博览会，目前已经成为全球规模最大的绿色建筑国际博览会之一。2009 年，《绿色建筑评价标准体系》（LEED3.0）版推出，全美 50 个州和全球 90 多个国家或地区已有 35000 多个项目，超过 $4.5 \times 10^8 \, m^2$ 建筑面积，通过了《绿色建筑评价标准体系》论证。

2009年1月25日，美国政府在白宫发布的《经济振兴计划进度报告》中强调，要对200万所美国住宅和75%的联邦建筑物进行翻新，提高其建筑节能水平。这说明在深受金融危机之苦、亟待经济恢复重建之际，正值美国面临重重困难的时候，美国政府毅然将绿色建筑的产业变革作为美国经济振兴的重心之一，表明美国政府对走绿色建筑之路、再创美国辉煌的决心和信心。同年4月，建于1931年的美国纽约地标性建筑帝国大厦，投资5亿美元进行翻新和绿色化改造。经过节能改造后，帝国大厦的能耗将降低38%，每年将减少440万美元的能源开支。帝国大厦的率先垂范无疑将为全社会的绿色化改造提供可借鉴的样本。

目前，美国已有10个城市采用了基于《绿色建筑评价标准体系》（LEED）要求的法规，还有几十个城市已设定了自己的绿色标准。5个州有绿色建筑法，20个市政府设定了关于强制开发商建造更多节能和环保项目的法令，另外还有17个城市有关于绿色建筑的决议案，还有14个市有相关的行政命令。由此可见，美国的绿色建筑当之无愧地处于世界领先地位，其市场化运作和全社会参与机制等成功经验值得我们学习和借鉴。

三、英国绿色建筑基本情况

能源危机和环境恶化正在成为威胁人类生活质量的两个最主要因素。欧洲各国在环境保护及节约能源方面做出了成功的探索，具体的实践集中在绿色建筑和绿色交通方面。英国作为欧洲地区建筑活动最为繁荣的国家，是世界上环保立法最早的国家之一。至1947年，以《都市改善法》为标志，英国门国家环保法开始形成，标志着英国环境保护的基本法律体系构架已经建立。经1990年的修改，英国的环境保护法律由以污染治理为主转为以污染预防为主，其环保状况得到进一步的改善。

在大力提倡和发展绿色建筑的背景下，为了推动绿色建筑的实践和发展，英国"建筑研究所"（BRE）于1990年率先制订了世界上第一个绿色建筑评估体系"建筑研究所环境评估法"（BREEAM）。后几经修改完善，不仅对英国乃至对世界绿色建筑实践和发展都产生了十分积极的影响，被荷兰等国家或地区直接或参考引用。

2007年，英国成立了"英国绿色建筑委员会"（UK-GBC）。2009年，英国、美国和澳大利亚联合，以图共同创立一个国际性的绿色建筑评估体系标准，使绿色建筑在塑造未来低碳发展方向方面发挥更加重要的作用。2013年，英国绿色建筑委员会成立了一个新的工作小组，以推动非住宅建筑中零碳概念的定义和实施。2008年，英国工党政府曾出台政策指出，自2019年起，所有新建非住宅建筑都实施零碳标准；以确保到2050年实现减少英国全国80%碳排放的目标。

在近30年内涌现出一批绿色建筑的探索者。英国的绿色建筑师们在绿色建筑的实践方面也是多样性的，主要涵盖了绿色住宅、绿色社区、绿色办公建筑、绿色商业建筑、绿色校园建筑等。典型的绿色建筑作品有格林威治新千年村（绿色住宅）、Findhorn生态社区（绿色社区）、Doxford International Business Park（绿色办公建筑）、Sainsbury超级市场（绿色商业建筑）、诺丁汉大学Jubilee新校园（绿色校园建筑）等。

四、日本绿色建筑基本情况

日本是世界上最早提倡环保意识的国家之一，但其绿色建筑的规模化发展，大致始于20世纪90年代中后期，至今仅有十几年的历史。由于日本政府和社会各界的高度重视，绿色建筑在日本得到快速发展，受到世界各国的极大关注和很高评价。

日本绿色建筑领域的经验主要是政府积极介入、非政府团体推进、设计与技术研发、规范评价体系等。

（一）政府积极介入

首先是国家立法机关和政府通过法律和法规等形式积极介入，以推进住宅的节能环保设计和应用。法律法规与政策制定和推进的主体，主要包括国土交通省、环境省、经济产业省等机关，以及各都道府县等地方自治体。由于政府的积极介入，能排出各种干扰和困难，使绿色建筑的推广非常顺利和迅速。

日本政府早在 1979 年 6 月就颁布了《关于能源合理化使用的法律》，该法律旨在对应与国内外能源相关的经济与社会环境的变化，保证有效利用燃料资源，采取必要的措施促进工厂、运输、建筑物及机械器具的能源合理化使用，并综合推进其他能源合理化使用，为国民经济的健全发展做出贡献。该法律后经两次修订和完善。

（二）非政府团体推进

日本绿色建筑的快速发展，非政府团体的积极推进具有很大功劳。日本的其他社会组织都积极参与和推进绿色建筑发展，如"财团法人建筑环境节省能源机构"、"环境共生住宅推进协会"、"产业环境管理协会"等组织，均积极参与认定、评价、普及、表彰建筑节能和绿色建筑环保事业。

此外，在日本还有各种民间非政府团体（NGO）和非营利团体（NPO）等，它们制定各种认定、认证制度，不断淘汰污染和高能耗的产品，提高和促进企业产品的节能和环保性能、如在日本知名度较高的"优良住宅部品制度"，大大推动了日本建筑与住宅的工业化水平的提高，有效地促进了住宅部品体系的建立，以及建筑材料与制品的更新换代。

住宅部品是构成住宅建筑的组成部分，是住宅建筑中的一个独立单元，它具有规定的功能。按照住宅建筑的各个部位和功能要求，将住宅进行部品部件化的分解，使其在工厂内制作加工成半成品（即部件化），运至施工现场，达到在工程现场组装简捷、施工迅速，并保证部品安装就位后，能确保其规定的技术要求和质量要求，发挥其功能作用。

（三）设计与技术研发

近年来，日本在建筑节能方面已经取得了非常显著的效果，在保持同样生活水平的情况下，以每户为计算单位的生活能耗量，日本仅为英国、法国、瑞典的 50% 和美国的 30% 左右，成为世界上能源利用效率最高的国家之一。

最近，日本提出了"建筑节能与环境共存设计"的概念，所谓建筑的环境共存设计，就是建筑设计时必须把长寿命、与自然共存、节能、节省资源与能源的再循环等因素考虑进去，以保护人类赖以生存的地球环境，构筑大家参与的"环境行动"的氛围；同时，对住宅也提出了类似的概念——"环境共生住宅"，并把这些因素和要求作为法规列入地球环境-建筑的法规中。对以上这些要素和要求以法律法规的形式予以明确，并注重节能技术的研究和开发，如在新建的房屋中广泛采用隔热材料、反射玻璃、双层窗户等；围护结构的传热系数控制非常严格；对全玻璃幕墙建筑，多利用技术技巧达到节能标准等。

（四）规范评价体系

在可持续发展观的大潮流背景下，2001 年 4 月，日本国内由企业、政府、学者联合成立了"建筑物综合环境评价研究委员会"，并合作开展了项目研究，最终开发出"建筑物综合环境性能评价体系"。

"建筑物综合环境性能评价体系"（CASBEE）主要是建筑物综合环境性能评价方法以各种用途、规模的建筑物作为评价对象，从"环境效率"定义出发进行评价，试图评价建筑物在限定的环境性能下通过措施降低环境负荷的效果。

CASBEE 将评估体系分为 Q（建筑环境性能、质量）与 LR（建筑环境负荷的减少）。建筑环境性能、质量包括：Q1——室内环境；Q2——服务性能；Q3——室外环境。LR 建筑环境负荷主要包括：LR1——能源；LR2——资源、材料；LR3——建筑用地外环境。其每个项目都含有若干小项。

CASBEE 采用 5 分评价制。满足最低要求评为 1；达到一般水平评为 3 分，数依次递增。参评项目最终的 Q 或 LR 得分，为各个子项得分乘以其对应权重系数的结果之和，得出 SQ 与 SLR。评分结果显示在细目表中，接着可计算出建筑物的环境性能效率，即 Bee 值。Bee 值越高表明该建筑物的可持续性越强。

现在世界上最完整、最全面的评估体系，是日本的 CASBEE 绿色建筑评估体系。相对于其他评估体系的进步之处有以下两点。

（1）封闭体系的概念，即假想封闭边界的概念，也可认为是场地内或场地外；场地内是通过建筑设计可以控制的区域，场地外是通过建筑设计无法控制的区域，对假想封闭边界之外仅用评价建筑的存在对城市环境的负面影响。

（2）采用评价中的效率概念，即评分中并非已能源的绝对使用量最为衡量指标，而是采用投入与产出比例，评价结果更为客观。

五、其他国家绿色建筑基本情况

（一）荷兰的绿色可持续建筑概况

绿色可持续建筑突出强调节能、节水、节地、治理污染，注重人、环境和建筑的协调统一，已成为当今建筑业发展的国际大趋势。可持续建筑在荷兰的发展，是一个从政策到现实的过程。荷兰的"绿色"住房大量采用新技术、新系统，新系统对建筑业带来更多的是节能、环保、高效的建筑材料和施工方法，而且在太阳能利用和雨水收集，地下储能、减少破坏自然资源等方面都有独到之处。

1973 年的能源危机迫使荷兰政府制定了第一个能源政策，自 20 世纪 90 年代以来，一系列有关建筑的政策措施出台。1974 年荷兰开始将节约能源作为社会经济的一个重要发展目标；1987 年提出的可持续建筑主要包括材料最大程度上的循环利用、能源高效利用和提升品质等内容。

1995 年后荷兰住房部根据需要，制定了可持续建筑计划和"分级跨越"概念，将绿色建筑由一种概念变为建筑项目中的必须流程。该计划的目标就是使绿色建筑作为标准，在建筑的各个步骤都必须得以体现。

1997 年实施了第二个可持续建筑的发展计划。这包括政府对可持续建筑发展的一揽子计划，如住房、管理、商业和工业建筑、城市开发、道路建设和土木工程等。随后可持续和节能示范建筑由荷兰公共住房实验指导小组和相关部门推出，到 1997 年有 50 个项目获得了认证，这样就使得对可持续建筑持怀疑态度的人可以用自己的眼睛去观察。

2004 年，荷兰的可持续建筑进入了一个新的发展时期，可持续发展和绿色建筑的要求在建筑领域强制实施。政府对知识转化、市政规划、消费者宣传和能源利用等方面均加大了力度。荷兰最典型的绿色可持续建筑为银行总部办公楼，整个建筑装有自动百叶窗、热回收系统和数据型气候湿热调节器，楼内的照明设备能自动进行调节，有效提高使用率。

（二）澳大利亚绿色建筑发展概况

澳大利亚作为英联邦国家，其绿色建筑理论与实践紧随英国之后，也是世界上最早提倡环保意识的国家之一。澳大利亚的绿色建筑发展主要有两个方面的倾向：一方面是继续使用常规适宜的手段，在城市的外围对绿色建筑进行实践，其主要思路包括利用建筑的自然通风来调节室内空气质量，利用自然遮阳手段来减少对于主动性能源的摄入；另一方面是针对城市内部的一些大型现代建筑，不排斥使用某些新的高技术含量的适宜技术。

1999 年，澳大利亚发布了国内第一个较为全面的绿色建筑评估体系（AB-GRS），主要针对建筑能耗及温室气体排放做评估，它通过对参评建筑打星值而评定其对环境影响的等级。进入 21 世纪以来，澳大利亚推出了一套更加全面、更加完善的国家级绿色建筑评估体系，主要包括三种评估体系：第一种是建筑温室效益评估（ABGR），第二种是澳大利亚国家建筑环境评估，第三种是绿色星级认证。

ABGR 评估是澳大利亚第一个对商业性建筑温室气体排放和能源消耗水平的评价，它通过对建筑本身的能源消耗的控制来缓解温室气体排放量。澳大利亚签署了温室气体减排监督议定书，确定了要达到的二氧化碳温室气体减排指标。为此，他们于 1999 年研究开发了这样一个评估体系。这个评估体系开始是由可持续能源部和一些建筑领域、开发领域的专业人士共同开发、管理的，现在作为整个澳洲政府对能源有效利用法案的组成部分，适用于澳大利亚所有的商业性建筑。ABGR 评估是通过对既有建筑的运行能耗进行计量测算，从而评估其对温室气体排放的影响，按照基准指标采用 1～5 星级来标示出每平方米建筑二氧化碳的排放量。评估是针对建筑物 12 个月的实际数据进行的，包括能耗量、运行时间、净使用面积、使用人员数量和计算机数量等。

NABERS 评估是以性能为基础的等级评估体系，对既有建筑在运行过程中的整体环境影响进行衡量。NABERS 评估属于一种后评估，即通过建筑的运行过程实际积累的数据来评估。NABERS 评估体系由两部分组成：①办公建筑，对既有商用办公建筑进行等级评定；②住宅建筑，对住宅进行特定地区住宅平均水平的比较。评估的建筑星级等级越高，实际环境性能越好。目前，NABERS 评估体系有关办公建筑包含了能源和温室气体评估、水评估、垃圾和废弃物评估和室内环境评估。具体评价指标分类为三个方面：一是建筑对较大范围环境的影响，包含能源使用和温室气体排放、水资源的使用、废弃物排放和处理、交通、制冷剂使用；二是建筑对使用者的影响，包含室内环境质量、用户满意程度；三是建筑对当地环境的影响，包含雨水排放、雨水污染、污水排放、自然景观多样性。NABERS 评估由澳大利亚新南威尔士州环境与气候变化署负责管理运行，受 NABERS 全国指导委员会监督。全国指导委员会由联邦和州政府部门代表组成。由获得 NABERS 评估资格的注册评估师具体承担项目评估。

绿色星级认证是由澳大利亚绿色建筑委员会开发并实施的绿色建筑等级评估体系。该评估体系对建筑项目的现场选址、设计、施工建造和维护对环境造成的影响后果进行评估。评估涉及 9 个方面的指标：管理、室内环境质量、能源、交通、水、材料、土地使用和生态、排放和创新。每一项指标由分值表示其达到的绿色星级目标的水平。采用环境加权系数计算总分。全澳大利亚各地区加权系数有变化，反映出各地区各不相同的环境关注点：4 星，45～59 分，表示"最佳实践"；5 星，60～74 分，表示"澳大利亚最佳"；6 星，75～100 分，表示"世界领先"。

NABERS 评估与绿色星级认证之间的不同在于：NABERS 评估主要是通过对既有建筑过去 12 个月的运行数据来评估其对环境的实际影响，而绿色星级认证主要是对新建建筑的设计特征进行评估，挖掘潜能，以减少对环境的影响。项目开发和设计人员可以利用绿色星级认证提供的软件工具进行设计方案自我评估，指导绿色建筑的设计建造。

第四节 绿色建筑的发展趋势

有关专家分析并预言:全球建筑市场价值约 7.5 万亿美元,占全球 GDP 的 13.4%。预计到 2020 年,其价值将达到 12.7 万亿美元,接下来的十年里将增长 70%。到 2020 年,建筑业将占全球 GDP 的 14.6%。未来 10 年,全球新兴市场的建筑业规模将扩大 1 倍,达到 6.7 万亿美元。到 2015 年,全球将出现 23 座人口超过 1000 万的特大城市,这将极大地推动建筑业全球化,并为传统建造商之间的战略整合提供机会。

近十多年来,我国建筑行业高速发展,建筑行业总产值从 2001 年的 15362 亿元上升到 2012 年的 135303 亿元,涨幅将近 9 倍,而建筑行业的高速发展也带动了相关产业的发展,大幅提高了我国的综合国力和人民的生活水平,为全国建设小康社会提供了广阔的空间。中国作为最大的发展中国家,2013 年的建筑市场规模接近 10 万亿元人民币,2015 年将达到 12 万亿元人民币。

从长远来看,未来 50 年,中国城市化率将提高到 76% 以上,城市对整个国民经济的贡献率将达到 95% 以上。都市圈、城市群、城市带和中心城市的发展预示了中国城市化进程的高速起飞,也预示了建筑业更广阔的市场即将到来。据智研咨询资料不完全统计,2013 年至 2020 年,中国建筑业将增长 130%。其中,2018 年中国将超过美国成为全球最大的建筑市场,占全球建筑业总产值的 19.1%。绿色建筑市场前景广阔,在 2020 年前,中国用于节能建筑项目的投资至少是 1.5 万亿元。我国建筑节能蓝图蕴含着对绿色节能材料和绿色建筑技术数万亿元的商机。

第二章

不同气候区域绿色建筑设计特点

　　建筑物在环境中不是一个孤立物体，它与周围的环境构成了一个整体，相互影响。伴随着一系列面临能源紧缺和环境恶化问题的产生，节能减排被提上日程，越来越多的建筑师意识到，在改善人们生活条件的同时，还应该更加关注人类的整体生存环境，并提出了充分利用气候条件的设计思路，以推动建筑设计的进步。如何采用适应气候环境的绿色建筑设计的方法，为绿色建筑设计的发展提供新的思路，从客观上缓解环境破坏和能源消耗，是摆在建筑师和设计师面前一项重要任务。

第一节　严寒地区绿色建筑设计特点

　　严寒地区的气候特征一般是夏天凉爽舒适，冬天平均温度低于−10℃，一年中近半年多的时间处于低温、寒风、冰雪覆盖之下；地理特征是位于高纬度区域，纬度在 40°以上，主要分布于北半球区域。我国北方城镇多数处于严寒地区范围。

　　根据我国有关资料统计显示，我国北方城镇民用建筑面积为 $65×10^8 m^2$，每年仅消耗标准煤 $1.3×10^8 t$，用于采暖的能耗占我国各类建筑能耗的 36%。如果按 2013 年每吨煤的平均价格为 600 元计算，北方城镇每年用于采暖的费用支出约为 7800 亿元，如此巨大的能耗投资必然影响和制约了严寒地区的经济发展。

一、我国严寒地区主要气候特征

　　我国严寒地区地处长城以北、新疆北部、青藏高原北部，包括我国建筑气候区划的Ⅰ区全部、Ⅵ区中的ⅥA、ⅥB 和Ⅶ区中的ⅦA、ⅦB、ⅦC。

　　具体地讲，我国的严寒地区包括黑龙江、吉林全境，辽宁大部，内蒙古中部、西部和北部，陕西、山西、河北、北京北部的部分地区，青海大部，西藏大部，甘肃大部，新疆南部部分地区。严寒地区主要具有如下气候特点：

　　(1) 冬季漫长严寒，年日平均气温低于或等于 5℃ 的日数为 144～294 天，1 月份的平均气温为 −31～−10℃。

　　(2) 夏季区内各地气候有所不同。Ⅰ区夏季短促凉爽，7 月平均气温低于 25℃；ⅥA、ⅥB 区凉爽无夏，7 月平均气温低于 18℃；ⅦA 区夏季干热，为北疆炎热中心，日平均气温高于或等于 25℃ 的日数可达 72 天；ⅦB 区夏季凉爽，较为湿润；ⅦC 区夏季较热；ⅦA、ⅦB、ⅦC 区的平均气温为 18～28℃，山地偏低，盆地偏高。

　　(3) 气温年较差大。Ⅰ区为 30～50℃；ⅥA、ⅥB 区为 16～30℃；ⅦA、ⅦB、ⅦC 为 18～28℃。

　　(4) 气温日较差大。年平均气温日较差为 10～18℃。其中Ⅰ区 3～5 月平均气温日较差最大，可达 25～30℃。

（5）极端最低气温很低。普遍低于−35℃，黑龙江漠河曾有全国最低气温为−52.3℃。

（6）极端最高气温区内各地差异很大。Ⅰ区为 19～43℃；ⅥA、ⅥB 区为 22～35℃；ⅦA、ⅦB、ⅦC 为 37～44℃。山地明显偏低，盆地非常高。

（7）年平均相对湿度为 30%～70%，区内各地差异很大。西部偏干燥，东部偏湿润。最冷月平均相对湿度：Ⅰ区为 40%～80%；ⅥA、ⅥB 区为 20%～60%；ⅦA、ⅦB、ⅦC 区为 50%～80%。最热月平均相对湿度：Ⅰ区为 50%～90%；ⅥA、ⅥB 区为 30%～80%；ⅦA、ⅦB、ⅦC 区为 30%～60%。

（8）年降水量较少，多在 500mm 以下，区内各地差异很大。Ⅰ区为 200～800mm，雨量多集中在 6～8 月；ⅥA、ⅥB 区为 20～900mm，该区干湿季分明，全年降水多集中在 5～9 月或 4～10 月，约占全年降水总量的 80%～90%，降水强度很小，极少有暴雨出现；ⅦA、ⅦB、ⅦC 为 10～600mm，是我国降水最少的地区，降水量主要集中在 6～8 月，约占全年降水总量的 60%～70%，山地降水量年际变化小，盆地变化大。

（9）太阳辐射量大，日照非常丰富。Ⅰ区年太阳总辐射照度为 140～200W/m²，年日照时数为 2100～3100h，年日照百分率为 50%～70%，12 月～翌年 2 月偏高，可达 60%～70%；ⅥA、ⅥB 区年太阳总辐射照度为 180～260W/m²，年日照时数为 1600～3600h，年日照百分率为 40%～80%，柴达木盆地为全国最高，可超过 80%；ⅦA、ⅦB、ⅦC 区年太阳总辐射照度为 170～230W/m²，年日照时数为 2600～3400h，年日照百分率为 60%～70%。

（10）每年 2 月西部地区多偏北风，北部、东部多偏北风和偏西风，中南部多偏南风；6～8 月东部多偏东风和东北风，其余地区多为偏南风；年平均风速为 2～6m/s，冬季平均风速为 1～5m/s，夏季平均风速为 2～7m/s。

（11）冻土深度大。最大冻土深度一般在 1m 以上，个别地方最大冻土深度可达 4m。

（12）积雪比较厚。最大积雪厚度一般为 10～60cm，个别地方最大积雪厚度可达 90cm。

二、严寒地区绿色建筑设计要点

绿色建筑能提高使用的舒适性，节约资源和降低建造和使用过程中的能耗，并降低环境负荷，对于提高建筑的经济效益，解决能源危机，实现人类社会的可持续发展有着重要意义，广大建筑工作者一定要在建筑设计中掌握绿色建筑设计的要点，贯彻环保节能的设计理念，实现良好的经济效益和环境效益。

根据绿色建筑的发展趋势和我国的实际情况，绿色建设设计应在满足建筑功能、造型等基本需求条件下，注重不同气候特征的地域性，尊重不同民族的习俗，考虑节能、节地、节水、节材、保护环境和减少污染，为人们提供健康、适用、高效和舒适的使用空间，与自然和谐共生的建筑。

严寒地区绿色建筑的设计，除应满足传统建筑的一般要求，以及《绿色建筑技术导则》和《绿色建筑评价标准》的要求外，还应注意结合严寒地区的气候特点、自然资源条件进行设计。在其具体设计中，应根据气候条件合理布置建筑、控制体型参数、平面布局宜紧凑、平面形状宜规整、功能分区兼顾环境分区、合理设计入口、围护结构注意保温节能设计。

（一）根据气候条件合理布置建筑

1. 充分利用天然的太阳能

太阳能是一种永不枯竭的洁净能源，太阳辐射是自然气候形成的自然因素，也是建筑外部热条件的主要因素。建筑物周围或室内有阳性照射，就会受到太阳辐射能的作用。在严寒地区的冬季，太阳辐射是天然、环保、廉价的热源，因此建筑基地应选在能够充分吸收阳光的地方，争取扩大室内日照的时间和日照的面积，尽可能多地利用太阳能。不仅有利于节约能源，而且能够改善室内卫生条件，有益于人类的身体健康。

严寒地区建筑冬季利用太阳能，主要依靠垂直南墙面上接收的太阳辐照量。冬季的太阳角低，光线相对于南墙的入射角较小，为直射阳光，不但可以透射窗户直接进入建筑物内，而且辐照量也比地平面上要大。我国严寒地区太阳能资源非常丰富，太阳辐射量较大。在冬季，争取太阳辐射是利用天热源、进行建筑节能，将是绿色建筑设计的重要内容。

(1) 建筑布局 严寒地区建筑群体布局除应考虑周边环境、局部气候特征、建筑用地条件、群体组合和空间环境等因素，保持建筑及其环境对大自然的亲和性，体现人和自然和谐融洽的生态原则。尤其应着重注意考虑利用太阳能，重视对阳光、空气、水及自然风的组织利用，以达到充分利用可再生能源及减少严寒的气候对建筑物能耗影响的目的。

(2) 建筑朝向 建筑物朝向应以当地气候条件为依据，同时要考虑局地气候特征。研究结果表明，同样的多层住宅（层数、轮廓尺寸、围护结构、窗墙面积比等均相同），东西向比南北向的建筑物能耗要增加 5.5% 左右。以哈尔滨市为例，冬季 1 月各朝向墙面上接受的太阳辐射照度，以南向最高为 3095W/(m² · d)，而在东西向为 1193W/(m² · d)，北向为 673W/(m² · d)。严寒地区以选择南向、南偏西、东向为最佳。

此外，确定建筑物的朝向还应考虑利用当地地形、地貌等地理环境，充分考虑城市道路系统、小区规划结构、建筑组群的关系以及建筑用地条件，有利于节约建筑用地。从长期实践经验来看，南向是严寒地区较为适宜的建筑朝向。但在进行建筑设计时，建筑朝向受各方面条件的制约，不可能全部采用南向。这就应结合各种设计条件，因地制宜地确定合理建筑朝向的范围，以满足绿色建筑充分利用太阳能的要求。

(3) 建筑间距 决定建筑间距的因素很多，如日照、通风、防视线干扰等，显然建筑间距越大越好，但考虑到我国土地资源紧张的实际情况及土地利用的经济性问题，无限加大建筑间距是不实际的。根据严寒地区所处地理位置与气候状况以及居住区规划实践表明：在严寒地区，只要满足日照要求，其他要求基本都能达到。因此，严寒地区确定建筑间距，应主要以满足日照要求为基础，综合考虑采光、通风、消防、管线埋设与空间环境等要求。

2. 注重不同季节防风和通风

在炎热的夏季，自然风能加强热的传导和对流，有利于建筑的通风散热，便于夏季的房间及围护结构散热和改善室内空气的品质；在寒冷的冬季，自然风则增加冷风对建筑的渗透，增力日围护结构的散热量，增加建筑的采暖能耗。在严寒地区由于建筑布局不合理，往往会造成居住区局部风速过大，不仅严重影响居民冬季的户外活动，同时也对建筑节能产生不利影响，增加建筑的冷风渗透，降低室内热环境的质量。因此，对于严寒地区的建筑，做好冬季的防风是非常必要的。根据工程实践经验，严寒地区建筑冬季防风的具体措施如下。

(1) 在选择建筑基地时，应避免过冷和过强的风 一般来说，建筑基地不宜选在山顶、山脊处，这些地方的风速往往很大；更要注意避开隘口地形，在这种地形条件下，气流向隘口集中，会形成风的急流、流线密集，风速成倍增长，形成风口。

(2) 建筑总体布局有利于冬季避风 建筑长轴应避免与当地冬季主导风向正交，或尽量减少冬季主导风向与建筑物长边的入射角度，以避开冬季寒流风向，争取不使建筑大面积外表朝向冬季主导风向。

工程设计实践证明，不同的建筑布置形式对风速有明显的影响；在平行于主导风向的行列式布置的建筑小区内，由于产生狭管效应，风速比无建筑地区增加 15%~30%；在周边式布置的小区内，风速则减少 40%~60%。因此，在冬季风较强的严寒地区，可考虑使建筑围合，选择周边式的建筑布局（见图 2-1），同时应合理地选择建筑布局的开口方向和位置，避免形成局地疾风。这种布置形式形成近乎封闭的空间，具有一定的空地面积，便于组织公共绿化休息园地，组成的院落比较完整。对于多风沙的地区，可以阻挡风沙及减少院内的积雪，这是一种有利于减少冷风对建筑作用的组合形式。周边布置的形式还有利于节约用地，但是这种布置形式有相当一部分房间的朝向比较差。

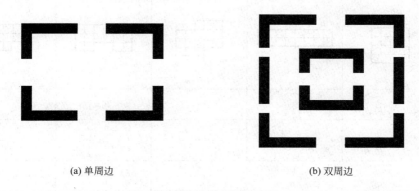

(a) 单周边　　　　　　　　　　　　　　　　(b) 双周边

图 2-1　周边式布置基本形式

（二）设计中严格控制体形系数

建筑体形系数是影响建筑物耗热量指标的重要因素之一，是居住建筑节能设计一个重要指标。严寒地区绿色建筑的体形设计，不仅要考虑建筑物的外部形象，更应注意建筑与环境的关系，尽可能减少建筑对环境的影响，促进建筑节能及减少二氧化碳的排放。因此，建筑体形应在满足建筑功能与美观的基础上，尽可能降低体形系数。

所谓建筑体形系数，在现行标准《严寒和寒冷地区居住建筑节能设计标准》（JGJ 26—2010）中已有明确的定义：建筑物与室外大气接触的外表面积与其所包围的体积的比值，实质上是指单位建筑体积所分摊到的外表面积。由于通过围护结构的传热耗热量与传热面积成正比，所以建筑体形系数与建筑物的节能有直接关系；体形系数越大，说明同样建筑体积的外表面积越大，单位建筑空间的散热面积越大，建筑能耗就越高，对建筑节能越不利；反之，体形系数越小，建筑物耗热量必然也比较小。

当建筑物各部分围护结构传热系数和窗墙面积比不变时，建筑物耗热量指标是随着建筑体形系数的增长而线性增长。有资料表明，体形系数每增大 0.01，能耗指标约增加 2.5%。以沈阳地区为例，在节能率为 50% 的情况下，当建筑体形系数≤0.3 时，其外墙平均传热系数为 $0.68W/(m^2 \cdot K)$，屋面传热系数为 $0.60W/(m^2 \cdot K)$；当体形系数大于 0.3 时，其外墙平均传热系数为 $0.56W/(m^2 \cdot K)$，屋面传热系数为 $0.50W/(m^2 \cdot K)$。由此可见，体形系数是影响建筑能耗最重要的因素，从降低建筑能耗的角度出发，应将体形系数控制在一个较低的水平。

（三）建筑平面布局和形状的要求

建筑平面布局是进行建筑规划和设计的重要内容，对于建筑节能等均具有很大影响。严寒地区绿色建筑更应当从全面的角度，对建筑功能、使用、适用、防寒、保温、经济、环境、美观等方面，进行通盘考虑建筑平面布局的整体效果。

测试结果充分表明，建筑平面形状对建筑能耗的影响非常大，因为平面形状决定了相同建筑底面积下建筑外表面积。相同建筑底面积下，建筑外表面的增加，意味着建筑由室内向室外行散热面积的增加。假设各种平面形式的底面积相同，建筑高度为 H，此时的建筑平面形状与建筑能耗的关系如表 2-1 所列。

表 2-1　建筑平面形状与建筑能耗的关系

平面形状					
平面周长	$16a$	$20a$	$18a$	$20a$	$18a$
体形系数	$\dfrac{1}{a}+\dfrac{1}{H}$	$\dfrac{5}{4a}+\dfrac{1}{H}$	$\dfrac{9}{8a}+\dfrac{1}{H}$	$\dfrac{5}{4a}+\dfrac{1}{H}$	$\dfrac{9}{8a}+\dfrac{1}{H}$
增加	0	$\dfrac{1}{4a}$	$\dfrac{1}{8a}$	$\dfrac{1}{4a}$	$\dfrac{1}{8a}$

从表 2-1 中可以看出，平面形状为正方形的建筑周长最小、体形系数最小。如果不考虑太阳辐射，且各面的平均有效传热系数相同时，正方形是最佳的平面形式。但当各面的平均有效传热系数不同、且考虑建筑在白日将获得大量太阳能时，综合建筑的得热和散热分析，则传热系数相对较小、获得太阳辐射是最多的一面应作为建筑的长边，此时平面形状为正方形不再是建筑节能的最佳平面形状。

通过工程实测证明，平面凹凸过多、进深较小的建筑物，其散热面比较大，对于建筑节能不利。因此，严寒地区绿色建筑应在满足建筑功能、美观等其他需求的基础上，尽可能做到紧凑平面布局，规整平面形状，加大平面进深。

（四）功能分区要兼顾热环境分区

当今社会对绿色建筑功能布局的最基本的要求，可以概括为合理性、经济性、安全性、人性化等方面，它们也是衡量功能分区设计优劣的重要标准。对于建筑功能分区的设计方法的讨论，主要立足于对传统的功能划分方式的一般方法的归纳和总结，分为功能分析和空间布局两部分。空间布局在满足功能合理的前提下，还应进行热环境的合理分区。

建筑中不同房间的使用要求及人在其中的活动状况各不相同，因而，对这些房间室内热环境的需求也不相同。在进行具体设计中，应根据使用者对热环境的需求而合理分区，即将热环境质量要求相近的房间最好相对集中布置。这种布置方式，既有利于对不同区域分别进行控制，又可将对热环境质量要求较低的房间（如卫生间、楼梯间、储藏室等）集中布置在平面中温度相对较低的区域，把对热环境质量要求较高的房间集中布置在平面中温度较高的区域，从而实现对热能利用的最优化。

严寒地区冬季北向房间基本得不到日照，是建筑保温最不利的房间；与此同时，南向房间因白天可以获得大量的太阳辐射，导致在同样的供暖条件下同一建筑内立了生两个高低不同的温度区间。在进行建筑空间布局中，很显然应把主要活动使用的房间布置于南向区间，而将阶段性使用的辅助房间布置于北向区间。这样，不仅在白天可以获得充分的日照，而且可节省为提高整个建筑室温而需要的能源。辅助房间由于使用时间短，对温度要求比较低，置于北侧并不影响其使用效果，可以说位于北向的辅助空间形成了建筑外部与主要使用房间之间的"缓冲区",从而构成南向主要使用房间的防寒空间,使南向主要使用房间在严寒地区的冬季也能获得舒适的热环境。

(五)科学合理地设计建筑物入口

建筑入口是建筑物的主要开口之一,它是指包括外门在内的整个外入口空间,是人与物出入的地方。严寒地区的冬季,建筑的入口成为唯一开口部位。伴随着入口频繁的开启势必会带入大量的冷空气。因此,对入口的设计应以减小对流热损失为主要目标。在入口的设计中,应当既不使室外的冷空气直接吹入建筑中,又要最大限度地防止建筑室内热量的散失。

1. 入口位置与朝向

入口在建筑中的位置是设计中的关键,应结合建筑平面的总体布局确定。建筑入口是建筑物的枢纽,它是连接室内外空间的桥梁,是室内外的过渡空间,是使用频率最高的部位。它既是室内外空间相互渗透的"眼",也是建筑的"进风口",其特殊的位置及功能决定它在整个建筑节能中的地位。

严寒地区建筑入口的朝向应避开当地冬季的主导风向,以减少建筑外冷风的渗透,同时又要考虑创造良好的热工环境。因此,在满足建筑基本功能要求的基础上,应根据建筑物周围风速分布来布置建筑入口,从而减少建筑的冷风渗透和建筑能耗。

2. 节能入口的形式

从建筑节能的角度出发,严寒地区建筑入口的设计,主要应注意采取防止冷风渗透及保温的措施。根据工程实践经验,可以采用设置门斗和挡风门廊。

(1)门斗　门斗是指在建筑物出入口设置的起分隔、挡风、御寒等作用的建筑过渡空间,它可以改善建筑入口处的热工环境。首先,门斗本身形成室内外的过渡空间,其墙体与其空间具有很好的保温功能;其次,它能避免冷风直接吹入建筑室内,减少风压作用下形成空气流动而损失室内热量。由于门斗的设置,能够大大减弱了风力,但是门斗外门的位置与开启方向对于气流的流动有很大的影响。外门的位置对入口热环境的影响与气流的关系,如图2-2所示。

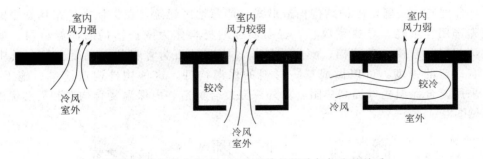

图2-2　外门的位置对入口热环境的影响与气流的关系

此外,门的开启方向与风的流向角度不同,所起到的作用也不相同,例如,当风的流向与门扇的方向平行时,门扇具有导风的作用;当风的流向与门扇垂直或成一定角度时,门扇具有挡风的作用,并以垂直时的挡风作用为最大。外门的开启方向对入口气流的影响,如图2-3所示。因此,设计门斗时应根据当地冬季主导风向,确定外门在门斗中的位置和朝向以及外门的开启方向,以达到使冷风向室内渗透最小的目的。

(2)挡风门廊　挡风门廊是指屋门前的廊子,是一种适于冬季主导风向与入口成一定角度的建筑，很显然，其角度越小挡风效果越好。挡风门廊示意如图 2-4 所示。

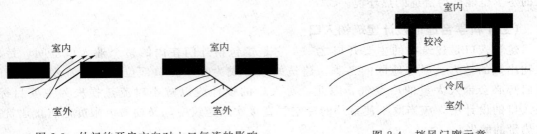

图 2-3 外门的开启方向对入口气流的影响   图 2-4 挡风门廊示意

此外，在风速较大的区域以及建筑的迎风面，建筑应做好防止冷风渗透的措施。例如，在迎风面上应尽量少设置门窗，严格控制窗墙的面积比，以防止冷风通过门窗口或其他孔隙进行室内，因冷风渗透而降低室内热环境质量。

（六）注重围护结构保温节能设计

建筑物所处地区的气候对其影响甚大。气温直接决定着建筑围护结构热工性能计算，以及采暖和空调负荷计算中使用的各项气候参数，从而也决定着建筑物外围护结构保温或隔热设计，决定着建筑室内通风或空调的设计等，建筑设计只有同当地气候条件相适应，才能避免使用中出现的不合理和能源浪费现象。工程实践表明，严寒地区建筑物的围护结构，不仅要满足强度、防水、防潮、防火、抗震等方面的基本要求，而且还要满足保温防寒的要求。

建筑保温是严寒地区绿色建筑设计中最重要的内容之一。严寒地区建筑中空调和采暖的很大一部分负荷，是由于围护结构传热而造成的，冬季采暖设备的运行是为了补偿通过建筑围护结构由室内传到外界的热量。围护结构保温隔热的性能如何，直接影响到建筑能耗的多少。由此可见，对建筑围护结构进行节能保温设计，将降低空调或采暖设备的负荷，减小设备的容量或缩短设备的运行时间，既节省日常运行费用和能源，又可使室内温度满足设计要求，从而改善建筑的热舒适性，这是绿色建筑设计极其重要的方面。

（1）合理选材及确定围护结构构造形式　严寒地区建筑，在保证围护结构安全的前提下，优先选用容重轻、导热系数小、轻质高强的材料作为围护结构的保温材料，如聚苯乙烯泡沫塑料、岩棉、玻璃棉、膨胀珍珠岩、膨胀蛭石为骨料的轻混凝土等；其中轻混凝土具有一定的强度，可以做成单一材料的保温构件，这种构件构造简单、施工方便。也可以采用复合保温构件提高热阻，如外保温复合构造、内保温复合构造和夹芯保温复合构造（见图2-5）。

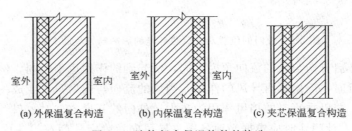

(a) 外保温复合构造　　(b) 内保温复合构造　　(c) 夹芯保温复合构造

图 2-5　墙体复合保温构件的构造

采用复合墙体时首选外保温构造，但是不排除内保温及夹芯墙的应用。由于内保温墙体中结构层与保温层之间的构造界面容易结露，因此采用内保温时，应在围护结构内适当位置设置隔气层，以防止墙体内部受潮。

（2）加强围护结构的防潮防水构造　围护结构内部受潮、受水会使多孔的保温材料充满水分，导热系数提高，降低围护材料的保温效果。在低温下，水分在冰点以下冰晶，进一步降低保温能力，并因冻融交替而造成冻害，严重影响建筑物的安全和耐久性。为防止构件受潮受水，除应采取排水措施外，在靠近水、水蒸气一侧应设置防水层、隔气层和防潮层。组合构件一般在受潮一侧布置密实材料层。

（3）避免出现热桥　在外围护构件中，由于结构要求，经常设有导热系数较大的嵌入构件，如外墙中的钢筋混凝土梁和柱、过梁、圈梁、阳台板、雨棚板、挑檐板等。这些部位的保温性能都比主体部分差，热量容易从这些部位传递出去，形成热桥。为了避免和减轻热桥的影响，首先应避免嵌入构件内外贯通，其次应对这些部位采取局部保温措施，如增设保温材料等，以切断热桥。

（4）防止冷风渗透　空气渗透可由室内外温度差（热压）引起，也可由风压引起。为避免冷空气渗入和热空气直接散失，应尽量减少外围护结构构件的缝隙，如墙体砌筑砂浆饱满，改进门窗构造，提高安装质量，缝隙采取适当的构造措施等。提高门窗气密性的主要方法有：①采用密封材料及密闭措施加强框和墙之间、扇与扇之间、窗扇与玻璃之间的密封；②采用大窗扇，扩大单块玻璃面积以减少门窗缝隙；同时合理减少可开窗扇的面积，在满足夏季通风的条件下，扩大固定窗扇的面积。

（5）合理缩小门窗洞口面积　窗的传热系数远远大于墙的传热系数，所以窗户面积越大，建筑传热耗热量也越大。严寒地区建筑应在满足室内采光和通风的前提下，合理限定窗面积的大小，这对降低建筑能耗是非常必要的；门洞的大小尺寸，直接影响着入口处的热工环境，门洞的尺寸越大，冷风的侵入量越大，就越不利于节能。从这个意义上讲，门洞的尺寸应越小越好。但是外入口的功能又要求门洞应具有一定大的尺寸，以满足疏散及日常使用要求。所以，门洞的大小应该是在满足使用功能的前提下，尽可能地缩小尺寸，以达到节能要求。

（6）合理设计建筑首层地面　在围护结构中，地面的热工质量对人体健康的影响较大，目前严寒地区大量应用的普通水泥地面具有坚固耐久、整体性强、造价较低、施工方便等优点，但是其热工性能较差，存在着"凉"的缺点。根据实际测量发现：在温度为23℃的普通水泥地面上的失热量，可等于温度为18℃木地面的失热量。

第二节　寒冷地区绿色建筑设计特点

我国寒冷地区绿色建筑的设计问题，是在可持续发展的大背景下的一项具有实际意义的研究课题；随着全球气候变暖、城市热岛的影响，这一地区的空调普及率急剧增加，空调能耗逐年上升；以及人们对生活环境质量要求的大幅度提高。如何遵循绿色建筑思想，根据寒冷地区的气候特点，从绿色建筑的设计开始，全方位寻求满足寒冷地区绿色建筑设计各方面要求的问题亟待解决。

一、寒冷地区的主要气候特征

寒冷地区地处我国长城以南，秦岭、淮河以北，新疆南部，青藏高原南部。寒冷地区主要包括天津、山东、宁夏全境，北京、河北、山西、陕西大部，辽宁南部，甘肃中东部，河南、江苏、安徽北部，以及新疆南部、青藏高原南部、西藏东南部、青海南部、四川西部的部分地区。

寒冷地区气候的主要特征是：冬季漫长而寒冷，经常出现寒冷天气，近几年倒春寒现象比较常见；夏季短暂而温暖，气温年较差特别大；降水主要以夏季为主，因蒸发微弱，相对湿度比较高。其具体的气候特点如下。

(1) 冬季时间较长且寒冷干燥，年日平均气温低于或等于 5 的日数为 90～270 天。Ⅱ区 1 月平均气温为 10～0℃；ⅦC 区 1 月平均气温为 −15～−2℃；ⅦD 区 1 月平均气温为 −20～−5℃。

(2) 夏季区内各地的气候差异比较大。Ⅱ区的平原地区较炎热湿润，高原地区夏季较凉爽，7 月平均气温为 18～28℃，年日平均气温高于或少于 25℃ 的日数少于 80 天；年最高气温高于或等于 35℃ 的日数约为 10～20 天。ⅦC 区凉爽无夏，7 月平均气温低于 18℃。ⅦD 区夏季干热，吐鲁番盆地夏季酷热，7 月平均气温为 18～33℃，年日平均气温高于或少于 25℃ 的日数约为 120 天；年最高气温高于或等于 35℃ 的日数约为 97 天。

(3) 气温年较差较大。Ⅱ区气温年较差可达 26～34℃；ⅦC 区气温年较差可达 11～20℃；ⅦD 区气温年较差可达 31～42℃。

(4) 年平均气温日较差较大。Ⅱ区年平均气温日较差可达 7～15℃；ⅦC 区年平均气温日较差可达 9～17℃；ⅦD 区年平均气温日较差可达 12～16℃。

(5) 极端最低气温比较低。Ⅱ区极端最低气温为 −13～−35℃；ⅦC 区极端最低气温为 −12～−30℃；ⅦD 区极端最低气温为 −21～−32℃。

(6) 极端最高气温比较低。Ⅱ区极端最高气温为 34～43℃；ⅦC 区极端最高气温为 24～37℃；ⅦD 区极端最高气温为 40～47℃。

(7) 年平均相对湿度为 50%～70%。年降雨日数为 60～100 天，年降水量为 300～1000mm，日最大降水量多数为 200～300mm，个别地方的日最大降水量超过 500mm。

(8) 年太阳总辐射照度为 150～190W/m²，年日照时数为 2000～2800h，年日照百分率为 40%～60%。

(9) 东部广大地区 12 月～翌年 2 月多偏北风，6～8 月多偏南风，陕西北部常年多西南风；陕西、甘肃中部多偏东风；年平均风速为 1～4m/s，3～5 月平均风速最大，一般为 2～5m/s。

(10) 年大风日数为 5～25 天，局部地区达 50 天以上；年沙暴日数为 1～10 天，北部地区偏多；年降雪日数一般在 15 天以下，年积雪为 10～40 天，最大积雪深度为 10～30cm；最大冻土深度小于 1.2m；年冰雹日数一般在 5 天以下；年雷暴日数为 20～40 天。

(11) ⅦC 区冬季寒冷，夏季较热；年降水量小于 200mm，空气干燥，风速偏大，多大风和风沙天气；日照丰富；最大冻土深土为 1.5～2.5m。

二、绿色建筑设计的基本原则

严寒地区的绿色建筑设计应综合加以考虑，一般可将绿色建筑设计原则概括为协同性、地域性、高效性、自然性、健康性、经济性、进化性 7 个原则。

(1) 协同性原则　其一，绿色建筑是其与外界环境共同构成的系统，具有系统的功能和特征，构成系统的各相关要素需要关联耦合、协同作用以实现其高效、可持续、最优化地实施和运营。其二，绿色建筑是在建筑运行的全生命周期过程中、多学科领域交叉、跨越多层级尺度范畴、涉及众多相关主体、硬科学与软科学共同支撑的系统工程。

（2）地域性原则　绿色建筑设计应密切结合所在地域的自然地理气候条件、资源条件、经济状况和人文特质，分析、总结和吸纳地与传统建筑应对资源和环境的设计、建设和运行策略，因地制宜地制定与地域特征紧密相关的绿色建筑评价标准、设计标准和技术导则，选择匹配的对策、方法和技术。

（3）高效性原则　绿色建筑设计应着力提高在建筑全生命周期中对资源和能源的利用效率，以减少对土地资源、水资源以及不可再生资源和能源的消耗，减少污染排放和垃圾生成量，降低环境干扰。例如采用创新的结构体系、可再利用或可循环再生的材料系统、高效率的建筑设备与部品等。

（4）自然性原则　该原则强调在建筑外部环境设计、建设与使用过程中应加强对原生生态系统的保护，避免和减少对生态系统的干扰和破坏，尽可能保持原有生态基质、廊道、斑块的连续性；对受损和退化生态系统采取生态修复和重建的措施；对于在建设过程中造成生态系统破坏的情况，采取生态补偿的措施。

（5）健康性原则　绿色建筑设计应通过对建筑室外环境营造和室内环境调控，构建有益于人的生理舒适健康的建筑热、声、光和空气质量环境，以及有益于人的心理健康的空间场所和氛围。

（6）经济性原则　基于对建筑全生命周期运行费用的估算，以及评估设计方案的投入和产出，绿色建筑设计应提出有利于成本控制的具有经济运营现实可操作性的优化方案；进而，根据具体项目的经济条件和要求选用技术措施，在优先采用被动式技术的前提下，实现主动式技术与被动式技术的相互补偿和协同运行。

（7）进化性原则　在绿色建筑设计中充分考虑各相关方法与技术更新、持续进化的可能性，并采用弹性的、对未来发展变化具有动态适应性的策略，在设计中为后续技术系统的升级换代和新型设施的添加应用留有操作接口和载体，并能保障新系统与原有设施的协同运行。也可称作弹性原则、适应性原则等。

三、寒冷地区绿色建筑设计要点

从气候类型和建筑基本要求方面，寒冷地区绿色建筑与严寒地区的设计要求和设计手法基本相同，一般情况下寒冷地区可以直接套用严寒地区的绿色建筑。除应满足传统建筑的一般要求，以及《绿色建筑技求导则》和《绿色建筑评价标准》中的要求外，还应注意结合寒冷地区的气候特点、自然资源条件进行设计，具体设计应考虑以下几个方面。

（一）建筑节能设计方面

寒冷地区绿色建筑在建筑节能设计方面考虑的问题，应符合表 2-2 中的要求。

表 2-2　寒冷地区绿色建筑在建筑节能设计方面考虑的问题

项目	Ⅱ区	ⅥC区	ⅦD区
规划设计及平面布局	总体规划、单体设计应满足冬季日照并防御寒风的要求，主要房间宜避免西晒	总体规划、单体设计应注意防寒风与风沙	总体规划、单体设计应注意防寒风与风沙，争取冬季日照为主
体形系数要求	应减小体形系数	应减小体形系数	应减小体形系数
建筑物冬季保温要求	应满足防寒、保温、防冻等要求	应充分满足防寒、保温、防冻等要求	应充分满足防寒、保温、防冻等要求
建筑物夏季防热要求	部分地区应兼顾防热，ⅡA区应考虑夏季防热，ⅡB区可不考虑	无	应兼顾夏季防热，特别是吐鲁番盆地，应注意隔热、降温，外围护结构宜厚重

续表

项目	Ⅱ区	ⅦC区	ⅦD区
构造设计的热桥影响	应考虑	应考虑	应考虑
构造设计的防潮、防雨要求	注意防潮、防暴雨,沿海地带还应注意防盐雾侵蚀	无	无
建筑的气密性要求	加强冬季密闭性,且兼顾夏季通风	加强冬季密闭性	加强冬季密闭性
太阳能利用	应考虑	应考虑	应考虑
气候因素对结构设计的影响	结构上应考虑气温年较差大、大风的不利影响	结构上应注意大风的不利作用	结构上应考虑气温年较差和日较差均大以及大风等不利作用
冻土影响	无	地基及地下管道应考虑冻土的影响	无
建筑物防雷措施	宜有防冰雹和防雷措施	无	无
施工时注意事项	应考虑冬季寒冷期较长和夏季多暴雨的特点	应注意冬季严寒的特点	应注意冬季低温、干燥多风沙以及温差大的特点

建筑围护结构节能设计,例如建筑体形系数、窗墙面积比、围护结构热工性能、外窗气密性、屋顶透视部分面积比等,达到国家和地方节能设计标准的规定,是保证建筑节能的关键,在绿色建筑中更应当严格执行。

由于我国寒冷地区有一定地域气候差异,各地的经济发达水平也很不平衡,节能设计的标准在各地也有一定差异;此外,公共建筑和住宅建筑在节能特点上也存在差别,因此建筑体形系数、窗墙面积比、外围护结构热工性能、外窗气密性、屋顶透明部分面积比的规定限值应参照各地以及建筑类型的要求。

鼓励绿色建筑的围护结构比国家和地方规定的节能标准更高,这些建筑在设计时应利用软件模拟分析的方法计算其节能率,以便判断其是否可以达到国家现行标准《绿色建筑评价标准》中优选项的规定。

（二）根据气候条件合理布局方面

寒冷地区绿色建筑设计时应综合考虑场地内外建筑日照、自然通风与噪声要求等方面,在设计中仅孤立地考虑形体因素本身是不够的,需要与其他因素综合考虑,才有可能处理好节能、节地、节水、节材等问题。建筑形体的设计应充分利用场地的自然条件,综合考虑建筑的朝向、间距、开窗位置和比例等因素,使建筑获得良好的日照、通风、采光和视野。在规划与建筑单体设计时,宜通过场地日照、通风、噪声等模拟分析确定最佳的建筑形体。

1. 精心设计建筑布局和朝向

工程测试充分证明,单体建筑物的三维尺寸及形状对周围的风环境影响很大。从建筑节能的角度考虑,应创造有利的建筑形态来降低风速,减少建筑能耗热损失;同时,从避免冬季季风对建筑物侵入来考虑,应减小风向与建筑物长边的入射角度。建筑物高度、长度的变化对局部气流和风环境也有较大的影响。进行建筑单体设计时,在场地风环境分析的基础上,宜通过调整建筑物的长宽高比例,使建筑物迎风面压力合理分布,避免在背风面形成涡旋区。建筑物长度对气流的影响如图2-6所示;建筑物高度对气流的影响如图2-7所示。

在进行建筑物单体设计中应利用计算机对日通模拟分析,以建筑周边场地以及既有建筑为边界前提条件,确定满足建筑物最低日照标准的最大形体与高度,并结合建筑节能和经济

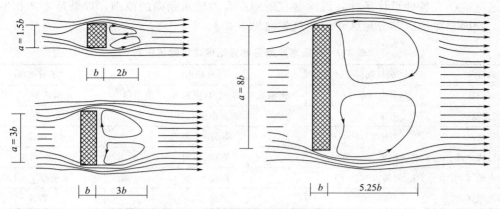

图 2-6　建筑物长度对气流的影响

成本权衡分析。

　　在确定建筑物的最小间距时，要保证室内要有一定的日照量。建筑物的朝向对建筑节能也有很大影响，从建筑节能的角度考虑，建筑物应首先选择长方形体形，南北朝向。同体积不同体形获得的太阳辐射量也是有很大差异白。朝向既与日照有关，也与当地的主导风向有关，因为主导风直接影响冬季住宅室内的热损耗与夏季室内的自然通风。同体积不同体形建筑获得太阳辐射量的比较如图 2-8 所示。

　　寒冷地区建筑朝向的选择，涉及当地气候条件、地理环境、建筑用地情况等，

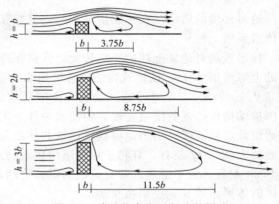

图 2-7　建筑物高度对气流的影响

设计时必须全面考虑。应根据建筑所在地区气候条件的不同，采用最佳朝向或接近最佳朝向。当建筑处于不利朝向时，应进行补偿设计。

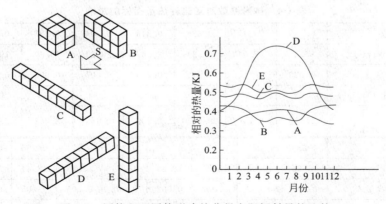

图 2-8　同体积不同体形建筑获得太阳辐射量的比较

　　寒冷地区朝向选择的总原则是：在节约用地的前提下，要满足冬季能争取较多的日照，夏季避免过多的日照，并有利于自然通风的要求。从长期实践经验来看，南向是全国各地区都较为适宜的建筑朝向。但在建筑设计时建筑朝向受各方面条件的制约，不可能都采用南

向。这就应结合各种设计条件，因地制宜地确定合理建筑朝向的范围，以满足生产和生活的要求。我国寒冷地区部分地区建议建筑朝向见表 2-3。

表 2-3　我国寒冷地区部分地区建议建筑朝向

地区	最佳朝向	适宜朝向	不宜朝向
北京地区	南至南偏东 30°	南偏东 45°范围内，南偏西 35°范围内	北偏西 30°~60°
石家庄地区	南偏东 15°	南至南偏东 30°	西
太原地区	南偏东 15°	南偏东至东	西北
呼和浩特地区	南至南偏东、南至南偏西	东南、西南	北、西北
济南地区	南、南偏东 10°~15°	南偏东 30°	北偏西 5°~10°
郑州地区	南偏东 15°	南偏东 25°	西北

2. 严格控制建筑体形系数

寒冷地区绿色建筑的设计与严寒地区基本相同，更应注重建筑与环境的关系，尽可能减少建筑对环境的影响。在一般情况下，建筑应在满足建筑功能与美观的基础上尽可能降低建筑体形系数。

体形系数对建筑能耗的影响较大，依据寒冷地区的气候条件，建筑物体形系数在 0.3 的基础上每增加 0.01，该建筑物能耗约增加 2.4%~2.8%；每减少 0.01，该建筑物能耗约增加 2.0%~3.0%。如寒冷地区建筑的体形系数放宽，围护结构传热系数限值将会变小，使得围护结构传热系数限值在现有的技术条件下实现的难度增大，同时投入的成本太大。

设计经验证明，适当地将低层建筑的体形系数放大到 0.52 左右，将 4~8 层建筑的体形系数放大到 0.33 左右，有利于控制居住建筑的总体能耗。高层建筑的体形系数一般宜控制在 0.23 左右。为了给建筑师更灵活的设计空间，当建筑层数大于或等于 14 层时，可将寒冷地区的体形系数放宽控制在 0.26。

以北京地区为例，通过计算典型多层建筑模型的耗热量指标，来研究体形系数对居住建筑耗热量指标的影响。体形系数对建筑耗热量指标的影响见表 2-4，其中改变体形系数是通过增减建筑模型的层数而得到的。

表 2-4　体形系数对建筑耗热量指标的影响

体形系数	0.366	0.341	0.324	0.313	0.304	0.297	0.291	0.287
耗热量指标/(W/m²)	23.24	22.04	21.24	20.67	20.24	19.90	19.64	19.42
体形系数减少量	0.025	0.017	0.011	0.009	0.007	0.006	0.004	0.004
耗热量指标减少量/(W/m²)	1.20	0.80	0.57	0.43	0.34	0.26	0.22	0.18
体形系数减少 0.01，耗热量减少百分比	2.1%	2.1%	2.4%	2.3%	2.4%	2.2%	2.8%	2.3%
体形系数	0.283	0.280	0.277	0.275	0.273	0.271	0.266	0.261	0.258
耗热量指标/(W/m²)	19.24	19.08	18.95	18.84	18.74	18.65	18.44	18.20	18.04
体形系数减少量	0.003	0.003	0.002	0.002	0.002	0.005	0.005	0.003	—
耗热量指标减少量/(W/m²)	0.16	0.13	0.11	0.10	0.09	0.21	0.24	0.16	—
体形系数减少 0.01，耗热量减少百分比	2.8%	2.3%	2.9%	2.7%	2.4%	2.3%	2.6%	2.9%	平均值 2.5%

从表 2-4 中的数据可以看出：建筑的耗热量指标随着体形系数的减小而减小，并且体形

系数每减少 0.01，建筑的耗热量指标的减少在 2.1%～2.9% 范围内，平均减少 2.5%。通过对数据的拟合发现，建筑的耗热量指标与体形系数的线性关系较强。建筑的耗热量指标与体形系数的关系如图 2-9 所示。

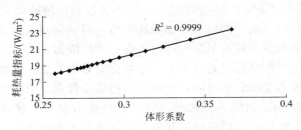

图 2-9　建筑的耗热量指标与体形系数的关系

如果所设计的建筑一旦超过规定的体形系数时，则要求提高建筑围护结构的保温性能，并进行围护结构热工性能的权衡判断，审查建筑物的采暖能耗是否能控制在规定的范围内。

3. 合理确定建筑物窗墙面积比

窗墙面积比是指某一朝向的外窗（包括透明幕墙）总面积，与同朝向墙面总面积（包括窗面积在内）之比，简称窗墙比。窗墙面积比的确定要综合考虑多方面的因素，其中最主要的是不同地区冬、夏季日照情况、季风影响、室外空气温度、室内采光设计标准以及外窗开窗面积与建筑能耗等因素。一般普通窗户的保温隔热性能比外墙差很多，窗墙面积比越大，采暖和空调能耗也越大。因此，从降低建筑能耗的角度出发，必须限制窗墙面积比。在一般情况下，应以满足室内采光要求作为窗墙面积比的确定原则。

寒冷地区人们无论是在过渡季节还是在冬、夏两季，普遍都有开窗加强房间通风的习惯。一是通过自然通风后，将室内污浊的空气排出，室外新鲜空气进入室内，从而可以改善室内空气品质；二是夏季在阴雨降温或夜间，室外的气候凉爽宜人，加强房间通风能带走室内余热和积蓄冷量，可以减少空调运行时的能耗，这就需要较大的窗墙面积比。

根据寒冷地区的设计经验，参考近年小康住宅小区的调查情况和北京、天津等地标准的规定，建筑的窗墙面积比一般宜控制在 0.35 以内；如果窗的热工性能较好，窗墙面积比可以适当提高。寒冷地区的中部和东部，冬季一般室外平均风速都大于 2.5m/s，西部冬季室外气温比严寒地区偏高 3～7℃，室外的风速比较小，尤其是夏季夜间静风率高，如果南北向的窗墙面积比相对过大，则不利于夏季穿堂风的形式。

另外，如果窗口的面积过小，容易造成室内采光不足。西部冬季平均日照率不大于25%，这一地区增大南部窗口冬天太阳辐射所提供的热量，对室内采暖的作用有限，经过DOE-2 程序计算和工程实测，单位面积的北部窗热损失明显大于南部窗。如果窗口面积太小，所增加的室内照明用电能耗，将超过节约的采暖能耗。因此，寒冷地区西部进行围护结构节能设计时，不宜过分地依靠减少建筑窗墙面积比，而重点是提高窗的热工性能。

近年来，寒冷地区居住建筑的窗墙面积比有越来越大的趋势，这是因为商品住宅的购买者大部分希望自己的住宅更加通透明亮。考虑到临街建筑立面美观的需要，窗墙面积比适当大些是允许的。但当窗墙面积比超过规定值时，应首先考虑减小窗户（含阳台透明部分）的传热系数，如采用单框双玻璃或中空玻璃窗，并加强夏季活动遮阳，其次可考虑减小外墙的传热系数。

大量的调查和测试表明，太阳辐射通过窗进入室内的热量是造成夏季室内过热的主要原因，日本、美国、欧洲以及中国香港等国家和地区，都把提高窗的热工性能和阳光控制作为夏季防热、住宅节能的重点，而且建筑普遍在窗外安装有遮阳措施。在我国的很多寒冷地区现有的窗户普遍为合金窗，其传热系数大，空气渗透严重，而且大多数建筑无遮阳措施。因此，应对窗的热工性能和窗墙面积比做出明确的规定。

寒冷地区的夏季太阳辐射西（东）向最大，不同朝向墙面太阳辐射强度的峰值，以西（东）向墙面最高，西南（东南）向墙面次之，西北（东北）向墙面又次之，北向墙面为最小。因此，要严格控制西（东）向的窗墙面积比限值，尽量做到东西向不开窗是合理的。

对外窗的传热系数和窗户的遮阳辐射透过率进行严格限制，是寒冷地区建筑节能设计的特点之一。在放宽窗墙面积比限值的情况下，必须提高对外窗热工性能的要求，才能真正实现建筑节能的目标。技术经济分析表明，提高外窗的热工性能，所需要的资金并不多，每平方米建筑面积约 10~20 元，比提高外墙热工性能的资金效益高 3 倍以上。同时，放宽窗墙面积比，提高外窗热工性能，给建筑师和开发商可提供更大的灵活性，更好地满足人们追求住宅通透明亮的要求。

测试资料表明，门窗是建筑立面隔声的薄弱环节，是建筑设计中应引起重视的问题。应综合立面造型、外界噪声情况、采光通风要求等确定窗口的大小。在一般情况下，只要能满足规定的采光、通风要求，门窗的尺寸应尽量减小。建筑师在立面设计中常采用通长带形窗，但往往到施工完毕才发现由于带形窗横跨相邻房间，噪声不能完全阻断造成互相影响，因此要做好此处的隔声构造设计。由于噪声传播具有方向性，所以将开加方向避开噪声源形成锯齿状、波浪状窗也可以减少噪声的传入。

寒冷地区住宅的南向的房间大多数为起居室、主卧室和客厅，常常开设尺寸比较大的窗户，夏季透过窗户进入室内的太阳辐射热构成了空调负荷的主要部分。因此，部分寒冷地区建筑的南向外窗（包括阳台的透明部分），宜设置水平遮阳或活动式遮阳。在南向窗的上部设置水平外遮阳，夏季可减少太阳辐射热进入室内，冬季由于太阳高度角比较小，对进入室内的太阳辐射影响不大。有条件的最好在南向窗设置卷帘式或百叶窗式的外遮阳。东西向窗也需要设置遮阳，但由于太阳高升西落时其角度比较低，设置在窗口上部的水平遮阳几乎不起遮阳作用，宜设置展开或关闭后可以全部遮蔽窗户的活动式遮阳。

冬夏两季透过窗户进入室内的太阳辐射，对降低建筑能耗和保证室内环境的舒适性所起的作用是截然相反的。活动式外遮阳容易兼顾冬夏两季室内对阳光的不同需求，所以设置活动式外遮阳更加合理。窗外侧的卷帘、百叶窗等就属于"展开或关闭后可以全部遮蔽窗户的活动式遮阳"，虽然其造价比一般固定式的遮阳高一些，但遮阳效果比较好，适宜冬夏两季使用，是值得提倡应用的一种遮阳方式。

值得引起注意的是：现在有些地方对建筑体形过于追求形式新异，结果造成结构不合理、空间浪费或构造过于复杂等情况，引起建造材料大量增加或运行费用过高。为片面追求美观而以较大资源消耗为代价，不符合绿色建筑的基本要求。在进行门窗具体设计中，应严格控制造型要素中没有功能作用的装饰构件的应用，以降低门窗的工程投资。

（三）围护结构保温节能设计方面

在建筑围护结构的门窗、墙体、屋面、地面四大围护部件中，其中门窗的绝热性最差，是影响室内热环境和建筑节能的主要因素。就我国目前典型的围护部件而言，门窗的能耗约占建筑围护部件总能耗 40%~50%。在建筑围护结构中，墙体在采暖能耗中所占的比例最大，约占总能耗的 32.1%~36.2%，因此，如何改善建筑围护结构的保温性能成为重中之重。

建筑保温是寒冷地区绿色建筑设计十分重要的内容之一。寒冷地区建筑中空调和采暖的很大一部分负荷，是由于围护结构传热造成的，冬季采暖设备的运行是为了补偿通过建筑围护结构由室内传到外界的热量。围护结构保温隔热性能的好坏，直接影响到建筑能耗的多少。对围护结构进行保温节能设计，将降低空调或采暖设备的负荷，减小设备的容量或缩短设备的运行时间，这样既节省日常运行费用、节省能源，又可使室内温度满足设计要求，改善建筑室内的热舒适性，这也是绿色建筑设计的一个重要方面。寒冷地区建筑围护结构不仅要满足强度、防潮、防水、防火等基本要求，而且还应考虑保温节能方面的要求。

从建筑节能的角度出发，寒冷地区的居住建筑不应设置凸窗。但建筑节能并不是居住建筑设计所要考虑的唯一因素，因此在设置凸窗时，凸窗的保温性能必须予以保证，否则不仅造成能源浪费，而且寒冷地区冬季室内外温差较大，凸窗很容易发生结露现象，影响房间的正常使用。

通过数值模拟分析，住房和城乡建设部标准定额研究所，对不同保温情况下的凸窗热桥部位的温度场分布进行比较，并在建筑节能标准中强调指出：要求建筑构造部位的潜在热工缺陷及热桥部位必须加强，进而采取相关的技术措施，以保证最终的围护结构的热工性能。

第三节 夏热冬冷地区绿色建筑设计特点

夏热冬冷地区涉及长江流域 16 个省、自治区、直辖市，因为处于我国南、北方交界区域，兼有寒冷地区与炎热地区的气候特点。夏季炎热，太阳辐射强；而冬季则较为阴冷，雨量多，全年相对湿度较大，气候条件相对较差。因此，夏热冬冷地区一直也是绿色建筑与建筑节能实施的难点。很多专家也指出：夏热冬冷区域是经济比较发达的地区，也是我国整个建筑行业非常关注的地区，如何在这一地区同时解决好居住舒适与科技节能两大问题，对建筑设计、技术以及技术系统而言是一个艰巨的挑战。

一、我国夏热冬冷地区绿色建筑概述

（一）夏热冬冷地区的主按建筑气候特点

按照建筑气候分区来划分，夏热冬冷地区包括上海、浙江、江苏、安徽、江西、湖北、湖南、重庆、四川、贵州省市的大部分，以及河南、陕西、甘肃南部，福建、广东、广西北部，共涉及 16 个省、市、自治区，该地区面积约 180 万平方公里，约有 4 亿人口，是中国人口最密集、经济发展速度较快的地区。

该地区最热月平均气温为 25～30℃，平均相对湿度为 80% 左右，炎热潮湿是夏季的基本气候特点。夏季，连续晴天气温较高，太平洋副热带高压从中国东部沿海登陆，沿长江向西扩展，直到四川的泸州、宜宾之间，笼罩着整个夏热冬冷地区时间长达 7～40 天。这是夏季最恶劣的天气过程，最高气温可达 40℃ 以上，最低气温也超过 28℃，全天无凉爽时刻，白天日照强、气温高、风速大、热风横行，所到之处如同火炉，空气升温，物体表面发烫。夜间，静风率高，不能带走白天积蓄的热量，气温和物体表面温度仍然很高。重庆、南京、武汉、长沙等城市的"火炉"之称由此而来。

夏热冬冷地区的夏季也有舒适的时候，那就是晴雨相间的天气过程。一般晴 2～3 天后降雨 1～2 天，在这种天气过程中，尽管晴天的最高气温可达 35℃ 左右，但夜间的气温可以降到 24℃ 以下；雨前虽然有短暂的闷湿感，但下雨后很快就会过去，在降雨和雨后初晴时空气清爽宜人，感到非常舒适。

夏热冬冷地区的夏季也有常见的持续阴雨天气过程。这种天气过程可持续 5～20 天，也是夏季一种不舒适的天气过程。在这种天气过程中，尽管天空云层较厚、日照较弱，气温最高为 32℃ 左右，但昼夜温差仅有 3～5℃，尤其是空气湿度大、气压低、相对湿度持续保持在 80％ 以上，不仅使人感到非常闷热难受，而且使室内细菌迅速繁殖。长江下游夏初的梅雨季节就是这种天气过程。

夏热冬冷地区最冷月平均气温为 0～10℃，平均相对湿度 80％ 左右。冬季气温虽然比北方高，但日照率远远低于北方，北方冬季的日照率大多数都超过 60％。夏热冬冷地区由东到西，冬季日照率急剧减小；东部上海、南京日照率为 40％ 左右；中部武汉、长沙约 30％～40％；西部大部分约 20％，其中重庆只有 15％，贵州遵义只有 10％，四川盆地只有 15％～20％。整个冬天阴沉，雨雪连绵，几乎不见阳光。该地区冬季基本的气候特点是阴凉潮湿。

夏热冬冷地区冬夏两季都非常潮湿，相对湿度都在 80％ 左右，但造成冬夏两季潮湿的基本原因并不相同。夏季潮湿是因为空气中水蒸气的含量太高造成的；冬季潮湿则是空气温度较低且日照严重不足造成的。

（二）该地区居民生活习惯和室内舒适性

夏热冬冷地区居民的生活习惯是在夏季与过渡季节开窗进行自然通风，冬季主要采用太阳能被动采暖。在过渡季节和夏季非极端气温时，这样的生活习惯可以保证一定的室内热舒适性和室内空气质量。但是在冬、夏两季极端气温条件下，如果不采用采暖或空调系统，室内的热环境甚至不能满足基本的居住条件，更谈不上居住的舒适性。

我国夏热冬冷地区人多地广，区域经济发达，对国家国民经济意义重大；由于该区域"冬冷"与"夏热"的两难矛盾气候，使绿色建筑技术的选择应用上具有北方严寒地区与南方炎热地区所没有的难度与复杂性。

在夏季晴热高温的天气中，该地区室内气温超过 30℃，有的甚至高达 36℃ 以上，使人感到非常闷热；冬季室内外温差只有 1～4℃，室内非常阴冷，温度达不到规定卫生标准的下限（12℃），整个冬季平均室温只有 8.5℃，人在室内会感到寒气逼人。此外，冬夏两季比较大的相对湿度，也严重影响室内热舒适性，在夏季梅雨季节和冬季阴雨天，室内闷湿感或阴冷感都非常强烈。

近年来，随着经济发展和居民生活水平的提高，加上气候发生较大的改变，人们也不断地改善着夏热冬冷地区的室内热舒适性。从 20 世纪 90 年代开始，电暖气、空调设备迅速在该地区普及；据有关资料报道，2006 年上海、重庆、武汉等大城市，家庭空调拥有率已超过 90％；各大中城市的各类公共建筑均安装空调设施。建筑室内的热舒适性开始明显改善，但随之而来的采暖空调能耗急剧上升。

从以上所述可知，由于夏热冬冷地区气候特征，冬季和夏季部分时间段内，室内舒适度能够基本满足人们的生活要求。夏热冬冷地区的建筑形成了"朝阳-遮阳"、"通风-避风"的特点。该地区居民的习惯在通过自然通风、遮阳、引入阳光等方法满足舒适度的情况下，尽量少启用空调和采暖系统。同时，由于建筑功能、室内热环境的要求不同，从而形成室内热环境有不同的要求，对主动式改善室内热环境设备的运行、管理需求差异也是很大的。

二、夏热冬冷地区绿色建筑设计总体思路

随着能源危机的日益严重以及建筑耗能和环境问题的日渐突出，可持续发展的思想已成为人类的共识。21 世纪人类共同的主题是可持续发展，生态、节能建筑越来越受到重视。夏热冬冷地区绿色建筑设计的总体思路，就是使绿色生态建筑贯彻落实可持续科学发展观，加快建设资源节约型、环境友好型社会，促进经济发展和人口资源、环境相协调。

（一）绿色建筑的规划设计

绿色建筑规划设计是指在规划设计当中充分考虑建筑与外部环境的关系，以绿色建筑作为指导规划设计的主要原则，充分利用自然资源，实现从总体上为绿色建筑创造先决条件。在以往的规划设计中，设计人考虑的往往是容积率、日照间距、空间形态，以及建筑与周边环境协调等问题，而很少从绿色建筑的的角度来指导设计，绿色建筑设计只有在单体方案设计阶段才有所重视，从而产生了许多单体设计难以解决的问题。所以，提倡绿色建筑设计首先应该重视整体的规划设计。

夏热冬冷地区绿色建筑规划设计的内容很多，一般主要包括建筑位置的选址、规划总平面布置、建筑朝向的确定、建筑物日照问题、地下空间的利用、绿化环境的设计、水环境的设计、风环境的设计、建筑节能与绿色能源、绿色能源利用与优化等。

1. 建筑位置的选址

生态建筑学把自然生态视为一个具体建筑结构和对人类产生影响力的有机系统，因而在建筑规划选址时应考虑其自然生态环境的结构功能和对人类的种种影响，从而合理利用、调整改造和顺应其建筑生态环境，这样既可以"得山川之灵气，受日月之精华"，也可以陶冶情操，颐养浩然之气。因此，建筑选址是绿色建筑规划设计中的一项重要内容。

建筑所处位置的地形地貌将直接影响建筑的日照、采光和通风，从而影响室内外热环境和建筑耗热。绿色建筑的选址、规划、设计和建设，应充分考虑建筑所处的地理气候环境，以保护自然水系、湿地、山脊、沟壑和优良植被丛落为原则，有效地防止地质和气象灾害的影响，同时应尊重和发掘本地区的建筑文化内涵，建设具有本地区地域文化特色的建筑。

传统建筑的选址通常涉及"风水"的概念，重视地表、地势、地气、土壤、方向和朝向。夏热冬冷地区的传统名居常常依山面水而建，充分利用山体阻挡冬季的北风、水面冷却夏季南来的季风，在建筑选址时已经因地制宜地满足了日照、采暖、通风、给水、排的需求。

在通常情况下，建筑的位置宜选择良好的地形和环境，如向阳的平地和山坡上，并且尽量减少冬季冷气流的影响。随着城乡建筑大规模的快速发展，在规划设计阶段对建筑选址的可操作范围越来越小，规划设计阶段的绿色建筑理念更多的是根据场地周边的地形地貌，因地制宜地通过区域总平面布置、朝向设置、区域景观营造等来实现。

2. 规划总平面布置

建筑规划总平面布置应在城市总体规划、各类详细规划和专项规划的基础上，根据生产流程、防火、安全、卫生、施工等要求，结合内外交通、场地的自然条件、建设顺序以及远期发展等，经过技术经济比较确定。

在考虑建设区域总平面布置时，应尽可能利用并保护原有地形地貌，这样既可以减少场地平整的工程量，也可以减少对原有生态环境景观的破坏。场地规划应考虑建筑布局对场地室外风、光、热、声等环境因素的影响，考虑建筑周围对建筑与建筑之间的自然环境、人工环境的综合设计布局，考虑建筑开发活动对当地生态系统的影响。

建筑群的位置、分布、外形、间距、高度以及道路的不同走向，对风向、风速、日照、采光等有明显的影响，考虑建筑总平面布置时，应尽量将建筑体量、角度、间距、道路走向等因素合理进行组合，以期充分利用自然通风和日照。

3. 建筑朝向的确定

建筑朝向是指建筑物多数采光窗的朝向，在建筑单元内一般指主要活动室主采光窗的朝向。对于夏热冬冷地区的建筑来说，建筑朝向问题至关重要，它不但影响室内行采光和建筑节能，而且影响建筑的通风和舒适度。好的规划方位可以使建筑更多的房间朝南，充分利用冬季太阳辐射热，降低采暖的能耗；也可以减少建筑东西向的房间，减弱夏季太阳辐射热的影响，降低制冷的能耗。

建筑最佳朝向一般取决于日照和通风两个主要因素。对于日照而言，南北朝向是最有利的建筑朝向。从建筑单体夏季自然通风的角度看，建筑的长边最好与夏季主导风方向垂直；从建筑群体通风的角度看，建筑的长边与夏季主导风方向垂直将影响后排建筑的夏季通风；因此建筑规划朝向与夏季主导季风方向，一般应控制在 $30°\sim60°$ 之间。实际设计时可以先根据日照和太阳入射角确定建筑朝向范围后，再按当地季风的主导方向进行优化。优化时应从建筑群整体通风效果来考虑，使建筑物的迎风面与季风主导方向形成一定的角度，保证各建筑都有比较满意的通风效果；这样也可以使室内的有效自然通风区域更大，效果会更好。

建筑的主朝向宜选择本地区最佳朝向或接近最佳朝向，尽量避免东西向的日晒。朝向选择的原则是冬季能获得足够的日照并避开主导风向，夏季能利用自然通风和遮阳措施来防止太阳辐射。然而，建筑的朝向、方位的确定和建筑总平面设计是比较复杂的，必须综合多方面的因素，尤其是公共建筑受到社会历史文化、地形地貌、城市规划、交通道路、自然环境等条件的制约，要想使建筑物的朝向对夏季防晒和冬季保温都很理想是比较困难的。因此，只能权衡各个因素之间的得失轻重，选择出这一地区建筑的最佳朝向和较好朝向。

通过多方面的因素分析、优化建筑的规划设计，在确定建筑朝向时，应采用这个地区建筑最佳朝向或适宜朝向，尽量避免东西向的日晒。根据有关资料，总结我国夏热冬冷地区节能设计实践，不同气候主要城市的最佳、适宜和不宜建筑朝向见表 2-5。

表 2-5 我国夏热冬冷地区主要城市建筑朝向选择

城市名称	建筑最佳朝向	建筑适宜朝向	建筑不宜朝向
上海	南向—南偏东 15°	南偏东 30°—南偏西 15°	北、西北
南京	南向—南偏东 15°	南偏东 25°—南偏西 10°	西、北
杭州	南向—南偏东 10°～15°	南偏东 30°—南偏西 5°	西、北
合肥	南向—南偏东 5°～15°	南偏东 15°—南偏西 5°	西
武汉	南偏东 10°—南偏西 10°	南偏东 20°—南偏西 15°	西、西北
长沙	南向—南偏东 10°	南偏东 15°—南偏西 10°	西、西北
南昌	南向—南偏东 15°	南偏东 25°—南偏西 10°	西、西北
重庆	南偏东 10°—南偏西 10°	南偏东 30°—南偏西 20°	西、东
成都	南偏东 20°—南偏西 30°	南偏东 40°—南偏西 45°	西、东

4. 建筑物日照问题

建筑物日照是根据阳光直射原理和日照标准，研究日照和建筑的关系以及日照在建筑中的应用，是建筑光学中的重要课题。研究建筑日照的目的是充分利用阳光以满足室内光环境和卫生要求，同时防止室内过热。建筑物有充分的日照时间和良好的日照质量，不仅是建筑物冬季充分获得太阳热量的前提，而且也是使用者身体健康和心理健康的需求，这对于冬季日照偏少的夏热冬冷地区尤其重要。

建筑日照时间和质量主要取决于总体规划布局，即建筑的朝向和建筑的间距。较大的建筑间距可以使建筑物获得较好的日照，但与节地要求相矛盾。因此，在总平面设计时，要合理布置建筑物的位置和朝向，使其达到良好的日照和建筑间距的最优组合，例如建筑群采取交叉错排行列式，利用斜向日照和山墙空间日照等。从建筑群的竖向布局来说，前排建筑采用斜屋面或把较低的建筑布置在较高建筑的阳面方向都能够缩小建筑的间距；在建筑单体设计中，也可以采用退层处理、合理降低层等方法达到日照改善的目的。

当建筑区的总平面布置不规则、建筑体形和立面复杂、条式住宅长度超过50m、高层点式住宅布置过密时，建筑日照间距系数难以作为设计标准，必须用计算机进行严格的模拟计算。由于现在不封闭阳台和大落地窗的不断涌现，根据不同的窗台标高未模拟分析建筑外墙各个部位的日照情况，精确求解出无法得到直接日照的地点和时间，分析是否会影响室内采光也非常重要。因此，在容积率已经确定的情况下，利用计算机对建筑群和单体建筑进行日照模拟分析，可以对不满足日照要求的区域提出改进建议，提出控制建筑的采光照度和日照小时数的方案。

5. 地下空间的利用

从建筑空间环境和使用特征角度看，地下空间具有温度稳定性、隔离性（防风尘、隔噪声、减震、遮光等）、防护性和抗震性等特征。同时，在地面空间紧缺的情况下，成为保护地面自然风貌和人文历史景观的有效手段。如果能充分利用地下空间的优势，得到满意的建筑功能和环境质量的和谐统一，开发利用地下空间对于夏热冬冷地区的建筑来说，其积极的作用是不言而喻的。

建筑形式是建筑理念的外在表现。近几年可持续发展思想在各个领域的不断深化，建筑师从整体区域的角度着手，更加重视建筑作为环境的一部分而对其产生的互动影响。城市发展已经和正在证明，以高层建筑和高架道路为标志的城市向上部发展，都有一定的负面作用，不是扩展城市空间的最佳选择。而城市地下空间在扩大城市空间容量和提高城市环境质量方面，有着广阔的发展前景。基于现代空间手法的灵活运用和技术措施的有力保证，城市高层建筑刻意地开发利用地下部分，以尊重建筑环境，创造令人耳目一新的内部与外部和上部与下部空间，成为城市高层建筑的一种发展趋势。

建筑规划设计实践证明，合理设计建筑物的地下空间，是改善建筑结构受力状况、节约建设用地的有效措施。在规划设计和后期的建筑单体设计中，可结合拟建现场的实际情况（如地形地貌、地下水位高低等），合理规划并设计地下空间，用于车库、设备用房和仓储等。

6. 绿化环境的设计

21世纪的最大特征就是追求高质量的生活，其中最重要的内容是清洁的环境，生态的、健康的、开敞的空间，舒适的城市和良好的视觉效果。社会条件的不断变化和自然的依存关系．形成了新的居住风格。同时，人类及其周围环境对居住生活产生了根本的影响。居住区绿化是居住环境中分布最广泛，使用率最高的部分．也是城市生态系统中影响最大、最接近居民的自然环境。

绿化是绿色建筑的重要组成内容，对建筑环境与微气候条件起着十分重要的作用，它能调节气温、调节碳氧平衡、减弱城市温室和热岛效应、减轻大气污染、降低噪声、净化空气和水质、遮阳隔热，是改善区域气候、改善室内热环境、降低建筑能耗的有效措施。建筑环境绿化具有良好的调节气温和增加空气湿度的效应，这主要是因为植物具有遮阳、减低风速和蒸腾的作用。树林的树叶面积大约是树林种植面积的75倍；草地上草叶面积大约是草地面积的25～35倍。这些比绿化面积大几十倍的叶面面积，都是起蒸腾作用和光合作用的。所以，就起到了吸收太阳辐射热、降低空气温度的作用。

建筑环境绿化必须考虑植物物种的多样性，植物配置必须从空间上建立复层分布，形成乔、灌、花、草、藤合理立体绿化的空间层次，将有利于提高植物群落的光合作用能力和生态效益。植被绿化的物种多样性有利于充分利用阳光、水分、土壤和肥力，形成一个和谐、有序、稳定、优美、长期共存的复层、混交的植物群落。这种有空间层次、厚度的植物群落所形成的丰富色彩，自然能引来各种鸟类、昆虫及其他动物形成新的食物链，成为生态系统中能量转化和物质循环的生物链，从而产生最大的生态效益，真正达到生态系统的平衡和生物资源的多种性。

夏热冬冷地区生态绿化及小区景观环境，应从建筑的周边整体环境考虑，并反映出小区所处的城市人文自然景观、地形地貌、水体状况、植被种类、建筑形式及社区功能等特色，使生态小区景观绿化体现出自然环境与人文环境的融合。

夏热冬冷地区的植被种类丰富多样。植被在夏季能够直接反射太阳辐射，并通过光合作用大量吸收辐射热，蒸腾作用也能吸收掉一部分热量。此外，合适的绿化植物可以提高遮阳效果，降低微环境的温度；冬季阳光又会透过稀疏的枝条射入室内。墙壁的垂直绿化和屋顶绿化，可以有效阻隔室外的辐射热；合适的树木高度和排列组合，可以疏导地面通风气流。总之，建筑区域内的合理绿化可以降低气温、调节空气的湿度、疏导通风气流，从而可有效地调节微气候环境，改善室内外的空气舒适度。夏热冬冷地区传统民居中就常常种植高大落叶番和藤蔓植物，调节庭院微气候，夏季引导通风，为建筑提供遮阳。

在绿化环境设计中，主要应做到以下几个方面：①在规划中要尽可能提高绿地率；②绿化要选用适应当地气候、土壤、耐候性强、病虫害少、对人体无害的乡土植物；③铺装场地上尽可能多种植树木，减少硬质地面直接暴露面积；④低层和多层建筑的墙壁，宜栽种攀藤植物，进行垂直绿化；⑤将乔木、灌木、草坪合理搭配，形成多层次的竖向立体绿化布置形式；⑥在建筑物需要遮阳部位的南侧或东西侧，可配置树冠高大的落叶树，北侧宜以耐阴常绿乔木为木，尽量乔灌木结合，形成绿化屏障；⑦绿化灌溉用水应尽量利用回收的雨水。

7. 水环境的设计

水环境的生态系统影响着城市的各个方面，它不仅为城市提供了水源，而且为城市水安全提供了基础，水生物种的多样性为城市发展提供了丰富的资源，自然水系的优美环境为居民提供了休憩的场所，为了维持水环境与城市间的良性关系，城市水环境就有了实践的意义。

水环境设计的视野不能仅仅的局限于景观学单方面分析。而是从整体规划、建筑景观、环境学、生物学、水力学，进行多学科的交叉分析。从更加宏观的角度整体的去看待问题，从更根本、更理性的角度去思考问题，从更加科学的思考方式去寻找解决问题的途径，在感性与理性、科学与技术的反复的磨合与碰撞中，寻找解决问题的最佳的途径。

夏热冬冷地区建筑的水环境设计，主要包括给排水、景观用水、其他用水和节约用水四部分，提高建筑水环境的质量，是有效利用水资源的技术保证。强调绿色建筑生态小区水环境的安全、卫生、有效供水，污水处理与回收利用，已成为开发新水源的重要途径之一，这是绿色建筑的重要组成内容，其目的是节约用水和提高水循环利用率。

在炎热的夏季水体的蒸发会吸收部分热量，水体也具有一定的热稳定性，会造成昼夜水体和周边区域空气温差的波动，从而导致两者之间产生热风压，形成空气的流动，这样可以缓解热岛效应。

夏热冬冷地区降雨充沛的区域，在进行区域水环境景观规划时，可以结合绿地设计和雨水回收利用设计，设置适当的喷泉、水池、水面和露天游泳池，利于在夏季降低室外环境温度，调节空气湿度，形成良好的局部小气候环境。

在进行绿色建筑设计时，要求其给水系统的设计必须首先在小区内的管网布置上，符合《建筑给排水设计规范》（GB 50015—2009）、《城市居住区规划设计规范》（GB 50180—2006）和《住宅设计规范》（GB 50096—2011）中有关室内给水系统的设计规定，保证给水系统的水质、水压、水量均具有有效的保障措施，并符合《生活饮用水卫生标准》（GB

5749—2006）中的规定。提高人们对节水重要性的认识，呼唤全社会对节水的关注，禁止使用国家明令淘汰的用水器具，采用节水器具、节水技术与设备。

在进行水系统规划设计时，应重点考虑以下内容：①当地政府对节水的要求、该地区水资源状况、该地区气象资料、地质条件及市政设施等情况；②用水定额的确定、用水量估算及水量平衡问题；③给排水系统设中方案与技术措施；④采用的节水器具、设备和系统的技术措施；⑤污水处理方法与技术措施；⑥雨水及再生水等非传统水资源利用方案的论证、确定和设计计算与说明；⑦制定水系统规划方案是绿色建筑给排水设计的必要环节，是设计者确定设计思路和设计方案的可行性论证过程。

8. 雨水收集与利用

我国是一个水资源严重短缺的国家，人均水资源量仅为世界人均占有量的1/4，而且我国水资源分布存在显著时空不均。作为缺水地区不能坐等外源调水，应充分开发和回收利用当地一切可能的水资源，其中城市雨水就是长期忽视的一种水资源。通过雨水的合理收集与利用，补充地下水源，削减城市洪峰流量，有效控制地面水体的污染，对改善城市的生态环境、缓解水资源紧张的局面有重要的现实意义。

雨水收集利用是指针对因建筑屋顶、路面硬化导致区域内径流量增加而采取的对雨水进行就地收集、入渗、储存、处理、利用等措施。雨水收集利用主要包括收集、储存和净化后的直接利用；利用各种人工或自然水体、池塘、湿地或低洼地对雨水径流实施调蓄、净化和利用，改善城市水环境和生态环境；通过各种人工或自然渗透设施使雨水渗入地下，补充地下水资源。夏热冬冷地区的雨水收集与利用，即利用屋面回收的雨水，道路采用透水地面回收的雨水，经过一定的处理后，用作冲厕、冲洗汽车、庭院绿化浇灌等。

当前雨水收集利用在美、欧、日等发达国家已是非常重视的产业，已经形成了完善的体系。这些国家制定了一系列有关雨水利用的法律法规；建立了完善的屋顶蓄水和由入渗池、井、草地、透水地面组成的地表回灌系统；收集的雨水主要用于洗车、浇庭院、洗衣服、冲厕和回灌地下水。我国城市雨水利用起步较晚，目前主要在缺水地区有一些小型、局部的非标准性应用。大中城市的雨水利用基本处于探索与研究阶段，但已显示出良好的发展势头。

目前我国对城市雨水的利用率仍然很低，与发达国家相比，可开发利用的潜力很大。在目前水资源紧张、水污染加重、城市生态环境恶化的情况下，城市雨水作为补充水源加以开发利用，势在必行。

9. 风环境的设计

随着城市发展规模的不断扩大，高层建筑大量涌现，建筑室外风环境越来越受到人们的重视，建筑产生的再生风环境成为城市环境问题的一个重要方面。不良的风环境会影响人们室外活动的舒适度，而且在恶劣的大风条件下会加大住区居民出行的危险性。研究住区风环境，解决当前居住区存在的风环境问题对提高人们生活的舒适性，保持健康、安全的风环境有着重要的帮助，更是以低碳经济、建筑节能为目的的可持续发展理念的需要。目前，许多国家已经立法，要求建筑在设计阶段必须给出建筑物建成后风环境的影响评价。

经过多年的设计实践，对于夏热冬冷地区加强夏季自然通风，改善区域风环境的一些具体做法主要有科学进行总平面布置、适当调整建筑物间距、采取错列式布局方式、采用计算机进行模拟等。

（1）科学进行总平面布置　一般宜将较低的建筑布置在东南例，或夏季主导风向的迎风面，且自南向北对不同高度的建筑进行阶梯式布置，这样不仅在夏季可以加强南向季风的自然通风，而且在冬季可以遮蔽寒冷的北风。后排建筑高于前排建筑较多时，后排建筑迎风面可以使部分空气流下行，从而改善低层部分自然通风。

当采用穿堂通风时，要满足下列要求：①使进风窗迎向主导风向，排风窗背向主导风向；②通过建筑造型或窗口设计等措施加强自然通风；③当由两个和两个以上房间共同组成穿堂通风时，房间的气流流通面积宜大于进、排风窗的面积；④由一套住房共同组成穿堂通风时，卧室和起居室应为进风房间，厨房和卫生间应为排风房间；⑤进行建筑造型、窗口设计时，应使厨房和卫生间窗口的空气动力系数小于其他房间窗口的空气动力系数；⑥利用穿堂风进行自然通风的建筑，其迎风面与夏季最多风向宜成 60°～90°，且不应小于 45°。

当采用单侧通风时，要有强化措施使单面外墙窗口出现不同的风压分布，同时增大室内外温差下的热压作用。进、排风口的空气动力系数差值增大，可以加强风压作用；增加窗口的高度可加强热压作用。

当无法采用穿堂通风而采用单侧通风时，应当满足以下要求：①通风窗所在外窗与主导风向夹角宜为 45°～60°；②应通过窗口及窗户设计，在同一窗口上形成面积相近的下部进风区和上部进风区，并宜通过增加窗口高度以增大进、排风区的空气动力系数差值；③窗户设计应使进风气流深入房间中；④窗口设计应防止其他房间的排气进入本房间；宜利用室外风驱散房间排气气流。

此外，建设区城总平面布置中各方向的建筑外形对通风也有影响。因此，南面临街不宜采用过长的条式多层（特别是条式高层）；东、西临街宜采用点式或条式低层（作为商业网点等非居住用途），不宜采用条式或高层，避免出现建筑单体的朝向不好而影响进风的缺陷；北面临街的建筑可采用较长的条式多层或高层，这样不仅可以提高容积率，而且也不影响日照间距。总之，总平面布置不应封闭夏季主导风向的入风口。

（2）适当调整建筑物间距　建筑间距是指两栋建筑物外墙之间的水平距离，城市规划特别是在详细规划中对建筑间距有很严格的要求。一般而言，建筑间距越大，自然通风效果就越好。在进行建筑组团中，如果条件许可，能结合绿地的设置，适当加大部分建筑间距，形成组团绿地，可以较好地改善地下风侧建筑的通风效果。实践证明，建筑间距越大，接受日照的时间也越长，这对于夏热冬冷地区建筑的冬季采光和太阳辐射有利。

建筑间距主要是根据日照、通风、采光、防止噪声和视线干扰、防火、防震、绿化、管线埋设、建筑布局形式以及节约用地，综合考虑确定。住宅的布置，通常以满足日照要求作为确定建筑间距的主要依据。现行国家标准《建筑设计防火规范》（GB 50016—2006）中规定：多层建筑之间的建筑左右间距最少为 6m，多层与高层建筑之间为 9m，高层建筑之间的间距为 13m。这是强制性规定，必须严格执行。

（3）采取错列式布局方式　我国建筑群平面规划设计传统的习惯是"横平竖直"的行列式布局，这种布局方式道路布设方便、外观整齐划一、整体非常美观、比较节省用地，但其室外空气流主要沿着楼间山墙和道路形成畅通的路线运动，山墙间和道路上的通风得到加强，但建筑室内的自然通风效果被削弱。

通过科学分析发现，在进行优化日照环境时，建筑间距系数和建筑朝向密切相关，不同的间距系数需要不同的建筑朝向。通过权衡和比较，有关专家提出了日照环境设计的优先原则，利用此原则对不同间距系数下的建筑日照环境进行了分析，并得出结论：合理的建筑布局可以补充建筑底层日照时间的不足，其中横向错列式布局和纵向错列式布局对改善日照环境较为有利。

如果采取错列式布置，使山墙间和道路上的空气流通而不畅，下风方向的建筑直接面对空气流，室内的通风效果自然会好一些。工程实践充分证明，错列式布局方式都可以得到速度适中且比较均匀的风场分布，具有较多的风速舒适区域；此外，这种布局方式可以使部分建筑利用山墙间的空间，在冬季更多地接收到日照。

（4）采用计算机进行模拟　计算机模拟是在科学研究中常采用的一种技术，特别是在科学试验环节，利用计算机模拟是非常有效的。所谓计算机模拟就是用计算机来模仿真实的事物，用一个模型（物理的-实物模拟；数学的-计算机模拟）来模拟真实的系统，对系统的内部结构、外界影响、功能、行为等进行实验，通过实验使系统达到优良的性能，从而获得良好的经济效益和社会效益。

利用计算机对风环境的数值进行模拟和优化，是一种先进、科学的手段。其计算结果可以以形象、直观的方式展示，通过定性的流场图和动画，了解小区内气流流动的情况，也可以通过定量的分析对不同建筑布局方案，进行比较、选择和优化，最终使区域内室外风环境和室内自然通风更合理。

10. 建筑节能与绿色能源

（1）建筑节能　绿色建筑的建筑节能应当是全面的建筑节能。全面的建筑节能，就是建筑全寿命过程中每一个环节节能的总和，是指建筑在选址、规划、设计、建造和使用过程中，通过采用节能型的建筑材料、产品和设备，执行建筑节能标准，加强建筑物所使用的节能设备的运行管理，合理设计建筑围护结构的热工性能，提高采暖、制冷、照明、通风、给排水和管道系统的运行效率，以及利用可再生能源，在保证建筑物使用功能和室内热环境质量的前提下，降低建筑能源消耗，合理、有效地利用能源。

城市建筑使用的能耗主要是空调采暖、电气照明、电气设备能耗。当前各种空调、电气、照明的设备品种繁多、各具特色，但采用这些设备时都受到能源结构形式、环境条件、工程状况等多种因素的影响和制约，为此必须客观全面地对能源进行分析对比后确定。当具有电、城市供热、天然气、城市煤气等两种以上能源时，可采用几种能源合理搭配作为空调、家用电器、照明设备的能源。通过技术经济比较后采用复合能源方式，运用能源的峰谷、季节差价进行设备选型，提高能源的一次能效。

夏热冬冷地区大部分属于长江流域，具有丰富的水资源，水源热泵是一种以低位热能作为能源的中小型热泵机组，水源热泵是利用地球水所储藏的太阳能资源作为冷、热源，进行转换的空调技术。水源热泵可分为地源热泵和水环热泵。地源热泵包括地下水热泵、地表水（江、河、湖、海）热泵、土壤源热泵；利用自来水的水源热泵习惯上被称为水环热泵。

建筑节能是建筑可持续发展的需要，它包含利用自然资源，创造"高舒适、低能耗"建筑的各个方面，是生态住宅的核心和重要组成部分。它不仅涉及建筑与建筑围护结构的热工设计和采暖空调设备的选择，而且也与小区的总体规划、建筑布局与建设设计及环境绿化等有密切的关系。我国现阶段提出的建筑节能指标，就是通过建筑和建筑围护结构的热工节能设计和采暖空调的节能设计及设备的优选，使住宅建筑在较为舒适的热环境条件下，比没有进行建筑节能设计的相同住宅建筑在同样热环境条件下节省相应的能耗。

随着人民生活质量的提高和社会经济的发展，人们对热环境的要求越来越高，室内采暖制冷的能耗必然也越来越大，建筑节能就显得更加重要，其标准也会相应提高。我国制订了《夏热冬冷地区住宅建筑节能设计标准》（JGJ 134—2010），作为建设部行业标准的实施细则。编制这些标准的宗旨，是通过建筑与建筑热工节能设计及暖通空调设计，采取有效的节能措施，在保证室内热环境舒适的前提下，将采暖和空调能耗控制在规定的范围，实现建筑节能。

当具有天然气、城市煤气等能源时，通过技术经济比较后，采用燃烧设备的燃烧效率和能耗指标均应符合国家及地方现行有关标准的要求，这样有利于运行费用的降低，能取得良好的经济效益。城市的能源结构如果是几种共存，空调也可适应城市的多元化能源结构，运用能源的峰谷、季节差价进行设备选型，提高能源的一次能效，可使用户得到实惠。当采用天然气和城市煤气等能源时，其有关大气环境的污染排放标准应符合国家及地方现行规定。

（2）太阳能利用设计　太阳能是人类取之不尽、用之不竭的可再生能源，也是非常清洁能源，不产生任何环境污染。人们常采用光热转换、光电转换和光化学转换这三种形式来充分有效地利用太阳能。目前，在我国的夏热冬冷地区建筑已经广泛利用太阳能，利用的方式有被动式和主动式两种。

被动式利用太阳能是指直接利用太阳辐射的能量使其室内冬季最低温度升高，夏季则利用太阳辐射形成的热压进行自然通风。最便捷的被动式太阳能就是冬季使阳光透过窗户照入室内并设置一定的储热体，来调整室内的温度；在进行建筑节能设计时，也可结合封闭南向阳台和顶部的露台设置日光间，在日光间内放置储热体及保温板系统。

主动式利用太阳能是指通过一定的装置，将太阳能转化为人们日吊生活中所需的热能和电能。目前，太阳能热水系统在夏热冬冷地区已经得到广泛的应用。主动式利用太阳能的建筑在设计时，要把太阳能装置和建筑有机地结合起来，即从建筑设计开始就将太阳能系统包含的所有内容，作为建筑不可缺少的设计元素和建筑构件加以考虑，巧妙地将太阳能系统的各个部件融入建筑之中，这也是绿色建筑所提倡的设计思路。

11. 绿色能源利用与优化

绿色能源也称为清洁能源，是环境保护和良好生态系统的象征和代名词。它可分为狭义和广义两种概念。狭义的绿色能源是指可再生能源，如水能、生物能、太阳能、风能、地热能和海洋能。绿色能源在消耗之后可以恢复补充，很少产生污染。广义的绿色能源则包括在能源的生产及其消费过程中，选用对生态环境低污染或无污染的能源，如天然气、清洁煤和核能等。

提倡可再生能源的利用，目的是鼓励采用太阳能、地热能、生物能等清洁及可再生能源在小区建设中的应用，是建设资源节约型的"高舒适、低能耗"住宅不可缺少的重要组成部分。

根据国内外的实践经验，在进行绿色能源利用与优化中应特别注意以下方面：①有条件的地区应尽量使用太阳能热水系统。太阳能集热系统装置应与建筑物设计相协调，系统的管道布置应与住宅的给水设施配套，系统中的管道、阀门等配件应选用寿命长、抗老化、耐锈蚀的产品，同时要便于维护管理。②有条件的小区应鼓励采用太阳能制冷系统。建筑及环境宜采用被动蒸发冷却技术，改善小区的热环境。③采用户式中央空调的别墅、高档住宅宜采用地源或水源热泵系统，利用地热能、水资源等绿色能源。④地热能、水资源的利用应符合本地区环境保护的规定，做到合理开发利用。

（二）绿色建筑单体设计

我国正处于工业化、城镇化、信息化和农业现代化快速发展的历史时期，人口、资源、环境的压力日益凸显。为探索可持续发展的城镇化道路，在党中央、国务院的直接指导下，我国先后在天津、上海、深圳、青岛、无锡等地开展了生态城区规划建设，并启动了一批绿色建筑示范工程。建设绿色生态城区、加快发展绿色建筑，不仅是转变我国建筑业发展方式和城乡建设模式的重大问题，也直接关系群众的切身利益和国家的长远利益。

夏热冬冷地区绿色建筑单体设计是绿色建筑设计中的重要组成，设计内容主要包括建筑平面设计、体形系数控制、日照与采光设计、围护结构设计等。

1. 建筑平面设计

建筑平面设计是建筑设计中不可缺少的组成部分，既是为营造建筑实体提供依据，也是一种艺术创作过程；既要考虑人们的物质生活需要，又要考虑人们的精神生活要求。合理的建筑平面设计应符合传统的生活习惯，有利于组织夏季穿堂风的形成，冬季被动太阳能采暖及自然采光。例如，居住建筑在户型规划设计时，应注意平面布局要紧凑、实用；空间利用应合理充分、见光、通风。必须保证使一套住房内主要的房间在夏季有流畅的穿堂风，卧室和起居室一般为进风房间，厨房和卫生间为排风房间，满足不同空间的空气品质要求。住宅的阳台能起到夏季遮阳和引导通风的作用；如果把西、南立面的阳台封闭起来，可以形成室内外热交换过渡空间。如将电梯、楼梯、管道井、设备房和辅助用房等布置在建筑物的南侧或两侧，可以有效阻挡夏季太阳辐射；与之相连的房间不仅可以减少冷消耗，同时可以减少大量的热量损失。

为更加科学地确定建筑平面设计的合理性，在进行建筑平面设计前，应采用计算机模拟技术，对日照和区域风环境进行辅助设计和分析，然后可继续用计算机对具体的建筑、建筑的某个特定房间进行日照、采光、自然通风模拟分析，从而改进和完善建筑平面设计。

2. 体形系数控制

体形系数是指建筑物与室外大气接触的外表面积与其所包围的体积的比值。空间布局紧凑的建筑体形系数较小，建筑体形复杂、凹凸面过多的低层、多层及塔式高层住宅等空间布局分散的建筑外表面积和体形系数较大。对于相同体积的建筑物，其体形系数越大，说明单位建筑空间的热散失面积越高。因此，出于建筑节能方面的考虑，在进行建筑设计时应尽量控制建筑物的体形系数，尽量减少立面不必要的凹凸变化。但是，如果建筑物出于造型和美观的需要，必须采用较大的体形系数时，应尽量增加围护结构的热阻。

在具体选择建筑节能体形时需考虑多种因素，如冬季气温、日照辐射量与照度、建筑朝向和局部风环境状况等，权衡建筑物获得热量和散失热量的具体情况。在一般情况下控制体形系数的方法有：加大建筑体量，增加长度与进深；体形变化尽可能少，尽量使建筑物规整；设置合理的层数和层高；单独的点式建筑尽可能少用或尽量拼接，以减少外墙的暴露面。

3. 日照与采光设计

根据现行国家标准《城市居住区规划设计规范》（GB 50180—2006）中的规定，"住宅间距，应以满足日照要求为基础，综合考虑采光、通风、消防、防震、管线埋设、避免视线干扰等要求确定"，并应使用日照软件模拟进行日照和采光分析，控制建筑间的间距是为了保证建筑的日照时间。按计算，夏热冬冷地区建筑的最佳日照间距是1.2倍邻边南向建筑的高度。

不同类型的建筑（如住宅、医院、学校、商场等）设计规范都对日照有具体明确的规定，设计时应根据不同气候区的特点执行相应的规范、国家和地方的法规。在进行日照与采光设计时，应充分利用自然采光，房间的有效采光面积和采光系数，除应当符合国家现行标准《民用建筑设计通则》（GB 50352—2005）和《建筑采光设计标准》（GB/T 50033—2001）的要求外，还应符合下列要求：①居住建筑的公共空间宜自然采光，其采光系数不宜低于0.5%；②办公、宾馆类建筑75%以上的主要功能空间室内采光系数，不宜低于《建筑采光设计标准》（GB/T 50033—2001）中的要求；③地下空间宜自然采光，其采光系数不宜低于0.5%；④利用自然采光时应避免产生眩光；⑤设置遮阳措施时应满足日照和采光的标准要求。

《民用建筑设计通则》（GB 50352—2005）和《建筑采光设计标准》（GB/T 50033—2001）中规定了各类建筑房间的采光系数最低值。一般情况下住宅各房间的采光系数与窗墙面积比密切相关，因此可利用窗墙面积比的大小调节室内自然采光。房间采光效果还与当地的天空条件有关，在《建筑采光设计标准》（GB/T 50033—2001）中，根据年平均总照度的大小，将我国分为 5 类光气候区，每类光气候区有不同的光气候系数 K，K 值小说明当地的天空比较"亮"，因此在达到同样的采光效果时，窗墙面积比可以小一些，反之应当大一些。

4. 围护结构设计

围护结构是指建筑及房间各面的围挡物，如门、窗、墙等能够有效地抵御不利环境的影响。根据在建筑物中的位置，围护结构分为外围护结构和内围护结构。外围护结构包括外墙、屋顶、侧窗、外门等，用以抵御风雨、温度变化、太阳辐射等，其应具有保温、隔热、隔声、防水、防潮、耐火、耐久等性能。内围护结构如隔墙、楼板和内门窗等，起分隔室内空间作用，其应具有隔声、隔视线以及某些特殊要求的性能。通常所说的围护结构是指外墙和屋顶等外围护结构。

围护结构分透明和不透明两部分，不透明维护结构有墙、屋顶和楼板等，透明围护结构有窗户、天窗和阳台门等。建筑外围护结构与室外空气直接接触，如果其具有良好的保温隔热性能，可以减少室内和室外的热量交换，从而减少所需要提供的采暖和制冷能量。

（1）建筑外墙　夏热冬冷地区面对冬季主导风向的外墙，表面冷空气流速大，单位面积散热量高于其他三个方向的外墙。因此，在设计外墙保温隔热构造时，宜加强其保温性能，提高其传热阻，才能使外墙达到保温隔热的要求。要使外墙取得良好的保温隔热效果，主要有设计合适的外墙保温构造、选用传热系数小且蓄热能力强的墙体材料两个途径。

① 建筑常用的外墙保温构造为外墙外保温。外保温与内保温相比，保温隔热效果和室内热稳定性更好，也有利于保护主体结构。常见的外墙外保温种类有聚苯颗粒保温砂浆、粘贴泡沫塑料保温板、现场喷涂或浇注聚氨酯硬泡、保温装饰板等。其中聚苯颗粒保温砂浆由于保温效果偏低、质量不易控制等原因，现在使用量逐渐减少。

② 自保温不仅能使围护结构的围护和保温的功能合二为一，而且基本上能与建筑同寿命；随着很多高性能的、本地化的新型墙体材料（如江河淤泥烧结节能砖、蒸压轻质加气混凝土砌块、页岩模数多孔砖、自保温混凝土砌块等）的出现，外墙采用自保温形式的设计越来越多，使外墙的施工更加简单。

（2）屋面　根据实测资料证明，冬季屋面散热在围护结构热量总损失中占有相当的比例，屋面对于屋顶室内温度的影响最显著，因此有必要对屋顶的保温隔热性能给予足够的重视。夏季来自太阳的强烈辐射又会造成顶层房间过热，使用于制冷的能耗加大。在夏热冬冷地区，由于屋面夏季防热是主要任务，因此对屋面隔热要求较高。

根据工程实践经验，要想得到理想的屋面保温隔热性能，一般可综合采取以下措施：①选用合适的保温材料，其导热系数、热惰性指标应满足标准要求；②采用架空形保温屋面或倒置式屋面等；③采用屋顶绿化屋面、蓄水屋面、浅色坡屋面等；④采用通风屋顶、阁楼屋顶和吊顶屋顶等。

（3）外门窗、玻璃幕墙　外门窗、玻璃幕墙暴露于大气之中，是建筑物与外界热交换、热传导最活跃、最敏感的部位。在冬季，其保温性能和气密性能对采暖能耗有很大影响，是墙体热量损失的 5～6 倍；在夏季，大量的热辐射直接进入室内，大大提高了制冷能耗。因此，外门窗和玻璃幕墙的设计是外围护结构设计的关键部位。

相关资料表明，夏热冬冷地区，窗户辐射传导热占空调总能耗的 30%，冬季占采暖能耗 21%，因此外墙门窗的保温隔热性能对建筑节能是非常重要的。根据工程实践经验，减少外门窗和玻璃幕墙能耗的设计，可以从以下几个方面着手。

① 合理控制窗墙面积比，尽量少用飘窗。综合考虑建筑采光、通风、冬季被动采暖的

需要，从地区气候、建筑朝向和房间功能等方面，合理控制窗墙面积比。如北墙窗，应在满足居室采光环境质量要求和自然通气的条件下，适当减少窗墙面积比，其传热阻要求也可适当提高，减少冬季的热量损失；南墙窗在选择合适玻璃层数及采取有效措施减少热耗的前提下，可适当增加窗墙面积比，这样更有利于冬季日照采暖。在一般情况下，不能随意开设落地窗、飘窗、多角窗、低窗台等。

② 选择热工性能和气密性能良好的窗户。夏热冬冷地区的外门窗是能耗的主要部位，设计时必须加强门窗的气密性及保温性能，尽量减少空气渗透带来的能量消耗，选用热工性能好的塑钢或木材等断热型材作门窗框，选用热工性能好的玻璃。

窗户良好的热工性能来源于型材和玻璃。常用的型材种类主要有断桥隔热铝合金、PVC塑料、铝木复合型材等；常用的玻璃种类主要有普通中空玻璃、Low-E玻璃、中空玻璃、真空玻璃等。一般而言，平开窗的气密性能优于推拉窗。

③ 合理设计建筑遮阳。在夏热冬冷地区，遮阳对降低太阳辐射、削弱眩光、降低建筑能耗，提高室内居住舒适性和视觉舒适性有显著的效果。建筑遮阳的种类有窗口遮阳、屋面遮阳、墙面遮阳、绿化遮阳等形式。在这几组遮阳措施中，窗口是无疑是最重要的。因此，夏热冬冷地区的南、东、西窗都应进行建筑遮阳设计。

建筑遮阳技术由来已久、形式多样。夏热冬冷地区的传统建筑常采用藤蔓植物、深凹窗、外廊、阳台、挑檐、遮阳板等遮阳措施。建筑遮阳设计首选外遮阳，其隔热效果远好于内遮阳。如果采用固定式建筑构件遮阳时，可以借鉴传统民居中常见外挑的屋檐和檐廊设计，辅以计算机模拟技术，做到冬季满足日照、夏季遮阳隔热。活动式外遮阳设施夏季隔热效果好，冬季可以根据需要进行关闭，也可以兼顾冬季日照和夏季遮阳的需求。

第四节　夏热冬暖地区绿色建筑设计特点

夏热冬暖地区位于我国南岭以南，在北纬27°以南、东经97°以东部分地区，包括海南全境、广东大部、广西大部、福建南部、云南西南部和元江河谷地区，以及香港、澳门与台湾。夏热冬暖地区与建筑气候区划图中的区完全一致。

一、夏热冬暖地区的气候特征

夏热冬暖地区气候特点是冬季暖和，夏季漫长，海洋暖湿气流使得空气湿度大，太阳辐射强烈，平均气温高。该地区的绿色建筑节能设计以改善夏季室内热环境，强调自然通风，减少空调用电为主。建筑外墙、屋顶和外窗三大围护结构的隔热、遮阳、室内的通风设计是绿色建筑节能设计的重点。夏热冬暖地区具体的气候特征如下。

（1）夏热冬暖地区大多数是热带和亚热带季风海洋性气候，最明显的气候特征是长夏无冬、温高湿重。夏季时间长、温度高，一般夏季会从4月持续至10月，大部分地区一年中约半年的气温保持在10℃以上。气温年较差和日较差均比较小；雨量丰沛，多热带风暴和台风袭击，易有大风暴雨天气；太阳高度角大，日照较少，太阳辐射强烈。

（2）夏热冬暖地区很多城市具有显著的高温高湿气候特征，其中以珠江流域为湿热的中心。以广州为夏热冬暖地区典型代表城市，夏热冬暖地区1月的平均气温高于10℃，7月的平均气温为25～29℃，极端最高气温为40℃，个别可达42.5℃；气温年较差为7～19℃，年平均气温日较差为5～12℃；年日平均气温高于或等于25℃的日数为100～200天。

（3）夏热冬暖地区年平均相对湿度为80%左右，四季变化不太大；年降雨日数为120～200天，年降水量大多在1500～2000mm，是我国降水量最多的地区；年暴雨日数为5～20

天，几乎每月均可发生，主要集中在 4～10 月，暴雨强度比较大，台湾地区尤甚。1963 年 9 月 11 日台湾百新遭受台风袭击，日雨量达到 1248mm；1967 年 10 月 17 日，受台风影响，宜兰新察的日雨量达到 1672mm，17～19 日 3 天总降雨量为 2749mm，这是我国最大的暴雨记录。

（4）在夏热冬暖地区，夏季太阳高度角大，日照时间长，但是年太阳总辐射照度仅为 130～170W/m²，在我国属于较少的地区之一，年日照时数大多在 1500～2600h，年日照百分率为 35%～50%，一般 12 月～翌年 5 月偏低。

（5）夏热冬暖地区 10 月～翌年 3 月普遍盛行东北风和东风，4～9 月大多盛行东南风和西南风，年平均风速为 1～4m/s，沿海岛屿的风速显著偏大，台湾海峡平均风速在全国最大，可达 7m/s 以上。受海洋的影响较大，临海地区尤其如此。白天的风速较大，由海洋吹向陆地；夜间的风速略小，从陆地吹向海洋。

（6）夏热冬暖地区年大风的日数各地相差悬殊，内陆大部分地区全年不足 5 天，沿海为 10～25 天，岛屿可达 75～100 天，个别可超过 150 天；年雷暴日数为 20～120 天，西部偏多，东部偏少。

（7）夏热冬暖地区的气候区可分为ⅣA 区和ⅣB 区。这两个气候区的气候特征值如下：ⅣA 区 30 年一遇的最大风速大于 25m/s；年平均气温高，气温年较差很小，部分地区终年皆夏。ⅣB 区 30 年一遇的最大风速大于 25m/s；12 月～翌年 2 月有寒潮影响，广东和广西北部最低气温可降至－7℃以下，西部云南的河谷地区，4～9 月炎热湿润多雨；10 月～翌年 3 月干燥凉爽，无热带风暴和台风的影响；部分地区夜晚降温剧烈，气温日差比较大，有时可达到 20～30℃。

根据上述夏热冬暖地区的气候特征，其绿色建筑基本要求应符合下列规定：①建筑物必须充分满足夏季防热、通风、防雨要求，冬季可以不考虑防寒和保温。②总体规划、单体设计和构造处理宜开敞通透，充分利用自然通风；建筑物应避免西晒，宜设置遮阳设施；应注意防暴雨、防洪、防潮、防雷击；夏季施工应有防高温和防暴雨措施。ⅣA 区建筑物还应注意防热带风暴和台风、暴雨袭击及盐雾侵蚀。ⅣB 区内云南的河谷地区建筑物还应注意屋面及墙体抗裂。

二、夏热冬暖地区绿色建筑的背景

发展绿色建筑是 21 世纪全球建筑可持续发展的大势所趋，也是我国今后城市建设的重点。我国夏热冬暖地区绿色建筑起步较晚，在全国范围从规划、法规、技术、标准和设计等方面推进"绿色建筑行动"的大形势下，夏热冬暖地区更应该抓住机遇，总结经验，推进夏热冬暖地区绿色建筑适宜技术及法规的全面发展。

（一）相关的建筑节能规范

夏热冬暖地区的热环境较差，高温高湿的气候特点使创造建筑室内舒适宜人的环境非常困难。一方面高温持续时间长、温度波动幅度比较小；另一方面高温高湿的气候组合，严重影响人们的工作和生活，很多情况只好通过降低节奏来应对这种气候。

实际上，在空调技术和设备出现以前，并没有行之有效的方法能将夏热冬冷地区炎热潮湿的气温降低，无法使室内的热环境达到舒适的要求。随着空调技术和设备的出现，人们对生活舒适性的渴求及经济实力的提升，促使空调迅速推广和普及。夏热冬暖地区的建筑能耗因而达到非常惊人的程度。

据有关部门统计，夏热冬暖地区每年空调使用期 5～9 个月，约 150 天。以广州地区为例，广州的空调普及率按面积算，约占 70%，每百户城市居民家庭拥有空调器数量为 173.5 台。空调能耗指标接近 60W/m²。每年 6～9 月，广州的建筑空调耗电量约占全市总用电量的 40%，平均建筑能耗占全市总能耗的 30% 以上。

建筑节能是绿色建筑的重要组成内容。我国从 20 世纪 80 年代起，从居住建筑到公共建筑，从新建建筑节能到既有建筑节能改造，民用建筑的节能工作逐步开展。目前，夏热冬暖地区执行的建筑节能设计规范或标准主要有：《民用建筑热工节能设计规范》（GB 50176—1993）、《夏热冬暖地区居住建筑节能设计标准》（JGJ 75—2003）、《建筑照明设计标准》（GB 50034—2004）和《公共建筑节能设计标准》（GB50189—2005）等。

由于夏热冬暖地区具有夏热冬暖的气候特点，这个地区建筑节能的实施比其他地区要晚，在许多建筑节能设计方法和规律上，还需要得到进一步的研究和探讨。对于绿色建筑设立的相关政策法规还不够完备，有些地方的政府和群众，对于绿色建筑的重要性和紧迫性还缺乏足够的认识，管理机构不够健全，不仅缺乏必要的绿色建筑经济鼓励政策，而且缺少配套完善的建筑节能法律法规的支撑。

（二）该地区传统建筑的特征

夏热冬暖地区的传统建筑建造时，没有现代空调制冷技术可用，完全依靠被动式的建筑设计手段，充分利用当地自然环境资源与气候资源来保证室内的热舒适。为适应当地高温高湿的气候，形成了独具特色的地方建筑风格与技术体系。在建筑选址、规划、单体设计和围护结构构造做法等方面，具有丰富的气候适应性经验和技术。如比较重视通风遮阳，室内层高比较高，建筑屋顶和外墙采用的重质材料居多，外墙采用 240mm 厚的黏土实心砖墙和黏土空心砖墙，屋面采用一定形式的隔热，如大阶砖通风屋面等，可起到良好的隔热效果。

传统建筑在选址和布局的过程中，充分考虑复杂的地形、可利用的季风、水路风和山谷风等，在实现良好景观的同时，也利用周围水体及绿化进行降温。前高后低的围合，不仅有利于夏季通风，而且可阻挡冬季寒风。夏热冬暖地区的传统建筑非常重视自然通风，借此形成各种独特的建筑语言和空间组合方式，廊道、天井、冷巷、中庭、镂空墙、通风窗和隔栅等被有效合理运用，可以达到良好的通风效果。另外，室内层高较高也是该地区传统建筑的显著特点；大小适宜的窗户，大量的各种遮阳设施，使建筑的光影变化形成强烈的韵律感，创造出特有的建筑美学效果。

（三）该地区绿色建筑发展的难点

与发达国家相比，我国的绿色建筑发展时间较晚，无论是理念还是技术实践与国际标准还有很大的差距。虽然目前发展势头良好，在政策制度、评价标准、创新技术研究上都取得了一定的成果，各地也出现了一批示范项目，但我国绿色建筑发展总体上仍处于起步阶段，特别是夏热冬暖地区发展不平衡、总量规模比较小，现有的绿色建筑项目主要集中在沿海地区、经济发达地区以及大城市。目前，推动建筑节能、发展绿色建筑已成为社会共识，但绿色建筑的推广仍存在很多困难。

（1）新建建筑设计缺乏绿色意识　在新建建筑的规划设计过程中，会受到多方面条件的约束，如用地条件、地形地貌、气候条件、功能要求和商业利益等。建筑师在这些因素的影响下，很难考虑和重视绿色建筑设计，有时甚至会忽略建筑的一些基本要求，如建筑朝向、通风和采光等。在商业开发中由于经济利益的驱使，往往会过于强调规划容积率，导致建筑群体组合难以保证充分的自然通风，也很难顾及如何改善室内热环境、如何防止建筑西晒、如何利用太阳能与风能等可再生能源。

尤其是在商业房地产开发中，由于片面重视建筑的景观效果，建筑的窗墙面积比越来越大，甚至大量使用飘窗台，并且也未充分考虑遮阳，结果带来严重的阳光辐射，使室内的光热环境较差。与此同时，窗户的可开启面相对较小，通风效果也较差。总体来说，在新建建筑的设计过程中，由于各方面因素的影响以及建筑师绿色建筑意识淡薄等原因，发展绿色建筑的道路依然任重道远。

（2）既有建筑绿色改造数量大、难度高　在20世纪70年代，由于片面强调节约工程造价，在夏热冬暖地区建筑的外墙普遍采用180mm厚黏土实心砖墙或空心大板，其热工性能显然不满足国家热工设计规范的要求。所用的建筑材料热工性能普遍偏低；墙体使用的黏土实心砖不仅生产能耗高、自重大，而且热工性能较差；钢窗或早期所用的铝合金窗的气密性和水密性均不佳；选用的单层平板玻璃的保温隔热性能更差。

另外，近年来，这个地区大多数建筑的女儿墙增高，通风屋面起不到通风隔热的作用，片面强调容积率，提高建筑密度自然通风难以实现；外窗很少考虑遮阳，甚至推崇飘窗台。结果导致室内热环境较差。一般而言，这一地区的建筑的热工性能普遍较差，在冬季没有良好的保温性能和气密性，这一地区冬季的室内热舒适度不佳。

从总体上来说，我国的夏热冬暖地区既有建筑多数是传统建筑，这些既有建筑的热工性能普遍较差，在冬季没有良好的保温，夏季没有足够的通风隔热，室内的热舒适改善完全依靠风扇、空调等设备进行调控。在我国，由于历史和自然条件的原因，夏热冬暖地区的既有建筑改造设计还没有引起充分的重视，很多地区对这项工作还未全面展开。

三、夏热冬暖地区绿色建筑的设计目标与策略

如今社会的能源和环境问题日益严峻，威胁着人类的生存，发展绿色建筑已经成为了一种社会共识。夏热冬暖地区由于其特殊的气候特征，在发展绿色建筑上具有很高的设计要求。

（一）夏热冬暖地区绿色建筑设计的基本目标

在我国《绿色建筑行动方案》中指出，为节约能源资源和保护环境，在"十二五"期间，我国将实施城镇新建建筑严格落实强制性节能标准，并对既有建筑节能改造为主要内容的一系列绿色建筑任务。为完成"十二五"期间新建绿色建筑10亿平方米，2015年城镇新建建筑中绿色建筑的比例达到20%的目标，我国将切实抓好新建建筑节能工作。

在《绿色建筑行动方案》中，从科学规划城乡建设、发展城镇绿色建筑、建设绿色农房、落实建筑节能强制性标准4个方面提出了绿色建筑的具体任务。要完成《绿色建筑行动方案》中提出奋斗目标，夏热冬暖地区和夏热冬冷地区任重道远，需要下大力气才能实现。

建筑的建成环境对于自然界存在着一个依存关系。在进行绿色建筑设计时，必须体现出一种适应地域气候特点和保护自然环境的理念。气候和地域条件原本就是影响建筑设计的重要因素，建筑师应针对各种不同气候地域的特点，进行适应于气候的绿色建筑设计。夏热冬暖地区的绿色建筑设计，在以人为本考虑人的需求前提下，尽量减少建筑对自然环境施加的影响，促进建筑对自然环境产生积极作用，使之与生物圈的生态系统融为一体。

在进行夏热冬暖地区绿色建筑设计时，应当着重考虑以下几个方面。

（1）正确对待舒适性　居住舒适性是人的心理普遍追求的目标，是由多层次多因素构成的，包括功能上的方便、生理上的和谐以及心理上的愉快和舒畅。其内容主要涉及足够的居住面积、完善的设施、良好的物理条件（隔声、隔热、保暖、光照和通风状况等）等因素。

正确对待建筑的舒适性是将设计与气候、地域和人体舒适感受结合起来，把设计的出发点定位为满足人体舒适要求，以自然的方式而不是机械空调的方式满足人们的舒适感。因为

恒定的温度、湿度舒适标准，并不是人们最舒适的感受，空调设计依据的舒适标准过于敏感，忽视了人们可以随着温度的冷暖变化的生物属性。事实上，人们接受的舒适温度并不是一个定值，而是处于一个区间范围中。人体本来就具备对于自然环境变化的适应性，完全依赖机械空调形成的"恒温恒湿"环境不仅不利于节能，而且也不利于满足人对建筑舒适的基本需求。

（2）加强遮阳与通风　为了削减夏热冬暖地区湿热气候的不利影响，应采取措施增加建筑的遮阳和通风。在夏热冬暖地区，外遮阳是最有效的节能措施，适当的通风则是通过建筑设计达到带走湿气的重要手段。尽管遮阳与通风在夏热冬暖地区的传统建筑中得到了大量的运用，但对于当代的绿色建筑设计而言，这两种方法仍然值得重新借鉴与提升。如何通过控制太阳直射光线达到遮阳的效果，1957 年，维克多·奥戈雅和阿拉代尔·奥戈雅兄弟出版了名为《太阳光控制和遮荫设备》一书，研究了很多建筑师的设计，并从科学的角度进行了总结归纳，非常值得借口。

我国对于夏热冬暖地区居住建筑已经有具体规定，明确了在不同窗墙比时外窗的"综合遮阳系数"限值。"综合遮阳系数"是考虑窗本身和窗口的建筑外遮阳装置综合遮阳效果的一个系数，其值为窗本身的遮阳系数与窗口的建筑外遮阳系数的乘积。夏热冬暖地区居住建筑外窗的综合遮阳系数限值见表 2-6。

表 2-6　夏热冬暖地区居住建筑外窗的综合遮阳系数限值

外墙太阳辐射吸收系数≤0.80	外窗的综合遮阳系数(S_w)				
	平均窗墙面积比 $C_M \leq 0.25$	平均窗墙面积比 $0.25 < C_M \leq 0.30$	平均窗墙面积比 $0.30 < C_M \leq 0.35$	平均窗墙面积比 $0.35 < C_M \leq 0.40$	平均窗墙面积比 $0.40 < C_M \leq 0.45$
$K \leq 2.0, D \geq 3.0$	≤0.60	≤0.50	≤0.40	≤0.40	≤0.30
$K \leq 1.5, D \geq 3.0$	≤0.80	≤0.70	≤0.60	≤0.50	≤0.40
$K \leq 1.0, D \geq 2.5$ 或 $K \leq 0.7$	≤0.90	≤0.80	≤0.70	≤0.60	≤0.50

注：表中 K 为传热系数，D 为热惰性指标。

由于夏热冬暖地区很多地方都处于湿热气候的控制下，因此建筑设计中的通风设计就显得至关重要。通过建筑群体的组合、形体的控制、门窗洞口的综合设计，可以形成良好的通风效果。在进行通风设计中，建筑群体和单体都要注意通风，而夏热冬暖地区的建筑遮阳构件设计，还要协调解决采光、通风、隔热、散热等问题。这是因为遮阳构件的遮阳问题与窗户的采光及通风之间存在着一定的矛盾。遮阳格不仅会遮挡阳光，还可能影响建筑周围的局部风压，使之出现较大的变化，更可能影响建筑内部形成良好的自然通风效果。如果根据当地的主导风向特点来设计遮阳板，使遮阳板兼作引风装置，这样就能增加建筑进风口风压，有效调节室内的通风量，从而达到遮阳和自然通风的目的。

（3）空调的节能设计　由于夏热冬暖地区具有高温高湿的显著气候特点，加上目前建筑设计还不能根本解决室内热环境舒适性问题，所以该地区的建筑成为极需要空调的区域，这也意味着这个地区的空调节能潜力巨大，空调节能设计是夏热冬暖地区在建筑节能方面的一项重要内容。

实现空调节能主要有两个方面：一方面要提高空调系统自身的使用效率；另一方面确定合理的建筑体形与优化外围结构方案。这是进行空调节能设计必须注意和重视的问题。

（二）被动技术与主动技术相结合的思路

技术的选择是否正确决定绿色建筑的设计水平。绿色技术一般包括主动技术与被动技术两种，在满足人的舒适度基本需要的前提下，被动技术的目标是尽量减少能源设备装机容量，主要依靠自然力量和条件来有效地弥补主动技术的不足，或者提高主动技术的效率，这种设计理念应贯通整个建筑构思的整合过程。针对夏热冬暖地区的现状和存在问题，应采用被动技术与主动技术相互配合的方式进行绿色建筑设计。

被动技术与主动技术相结合的绿色建筑设计理念，关注高温高湿的气候特点与各类建筑类型，在建筑的平面布局、空间形体、围护结果等各个设计环节中，采用恰当的建筑节能技术措施，从而实现提高建筑中能源利用率，达到降低建筑能耗的目的。工程实践充分证明，主动技术可以降低建筑的能耗，我们更应提倡因地制宜的主动技术，而不是简单地、机械地叠加各种绿色技术和设备。

（三）创造与自然和谐相处绿色美学艺术

2004年9月，我国在党的十六届四中全会上提出了构建社会主义"和谐社会"的崇高目标，并深刻阐述了社会主义和谐社会的基本特征："我们所要建设的社会主义和谐社会，应该是民主法治、公平正义、诚信友爱、充满活力、安定有序、人与自然和谐相处的社会"。我们必须自觉地树立起生态意识，站在社会、经济可持续发展和环境与生存的高度，深入思考人与自然的关系，无论如何不能破坏自然生态环境，要永远保持人与自然和谐，实现绿色经济、绿色环境、绿色文化，才能真正步入"和谐社会"。

美学艺术则是人类文明进步的思想基础，人类伴随着文明的演进，使自然科学和人文科学结缘互补、自然生态和美学艺术结缘互补，为认识和掌握人与自然和谐提供了审美理念。人类通过美学艺术对自然生态的再现，在形象创造和鉴赏中让生命力超越现实生存，体悟深沉而丰富的人性，实现对自由精神和完美境界的追求，从而不断净化灵魂、陶冶情操、升华人格、提高素养。因此，可以说自然哺育了人类，繁殖了艺术，形成了美学，万物在其上面生存游动，它是天地间最明澈的镜子，同时也映着人类欲望灵魂的倒影，唤起人类对大自然最美好最纯挚的感情，对自然之美的爱和对人类自身的反思。

国内外绿色建筑设计的实践证明，通过合理的绿色建筑设计可以营造具有热湿气候特点的建筑美学效果，并不需要追求怪诞的建筑造型与建筑美学效果，更要注意不要受"新、奇、特"视觉冲击的影响，而需要将绿色建筑设计回归到建筑与环境和谐的本源上。通过改变人类自身的生活方式和思维方式，减少对自然不合理的索取，以此来实现人与自然、人与人、人与社的和谐相处。

四、夏热冬暖地区绿色建筑设计的技术策略

随着我国经济的飞速发展，建筑行业已经成为衡量一个国家国民经济的重要组成部分，现代建筑中的绿色化也越来越受人们的关注。面对夏热冬暖地区具有高温高湿的气候特点的现状，绿色建筑已经成为未来建业发展的必然趋势。这就给夏热冬暖地区的设计者提出了一个难题，那就是如何在满足高标准的同时制定出与自然和谐相处的绿色建筑设计策略。

（一）绿色建筑设计技术策略的选择

当前，绿色建筑在中国的发展方兴未艾，绿色建筑理念在业内引起越来越大的反响，大家对发展绿色建筑的必要性和意义也有了深刻的理解。同时也应该看到，绿色建筑在中国的兴起还面临着很多的困难和障碍，我们必须正视这些困难和障碍，找到适合的发展方向。绿色建筑设计技术策略的选择，一定要从因地制宜的原则出发，要注意总结和继承前人成功的经验，并将其传承和提高。

1. 学习传统建筑的绿色建筑技术

绿色建筑是现实世界中最能够体现人类追求可持续发展理想并付诸行动的一个举措，它

所倡导人、建筑和环境和谐相处与我国传统文化提倡的"天人合一"相吻合，今日的绿色建筑已经成为一个综合了自然环境、社会文化、经济技术等多层面问题的复合概念。可以说绿色建筑承载着人类追求文明进步的崇高理想，承载着人类与地球和谐相处而幸福地生活繁衍的美好愿望，是真正符合可持续发展思想和理念的建筑，代表人类建筑发展方向。

我国的夏热冬暖地区是人口密集、经济发达、城市集中、人杰地灵的区域，这个地区有着千年以上的建筑历史，古人在建筑如何适应夏热冬暖气候上体现出极大的智慧。在进行当代绿色建筑设计中，其建筑类型、形态与材料构造的发展，使得很多过去的技术策略难以直接运用，因此，如何借鉴传统绿色技术，并将其转化为现代建筑技术至关重要。传统建筑中值得借鉴的绿色建筑技术手段见表 2-7。

表 2-7　传统建筑中值得借鉴的绿色建筑技术手段

类别	建筑技术	作用
建筑空间形态	借鉴冷巷、骑楼的空间组织，产生自身阴影，供建筑之间的庭院或巷道形成"荫凉"的区域，这些荫凉区域同时为人们提供了舒适的开放空间	增加自然通风
建筑单体造型	借鉴风兜等造型方式来有效组织自然通风；同时，可以考虑学习传统建筑窗框、门边均用石材收边处理的方法进行防潮；借助于这些技术手段形成相应的造型特色	增加自然通风 加强防潮加固 形成有地域特色的造型
建筑材料构造	在现有的生产条件允许的情况下，可以使用一定数量的传统材料和当地建筑材料	形成微气候调节 富有文化传统特色

2. 采用适宜的绿色建筑设计技术

夏热冬暖地区绿色建筑设计所选择的技术策略，不仅应具有适应性和整体性，且具有极强的可操作性。既能学习、借鉴和提升传统建筑中有价值的绿色技术，又能利用当代发展的绿色建筑模拟工具，有针对性地选择先进设备。夏热冬暖地区绿色建筑设计技术策略见表 2-8。

表 2-8　夏热冬暖地区绿色建筑设计技术策略

项目	推荐采用	应采用，应慎重审核	不推荐采用
被动技术	利用建筑布局加热自然通风和自然采光，避免太阳的直接照射	—	
	利用建筑形体形成自遮阳体系，充分利用建筑相互关系和建筑自身构件来产生阴影，减少屋顶和墙面得热，可将主要的采光窗设置于阴影之中形成自遮阳洞口		
	建筑表皮采用综合的遮阳技术，根据建筑的朝向来合理设计		
	在建筑群体、建筑单体及构件里形成有效、合理的自然通风		
	在建筑单与周边环境里引入绿色植物		
主动技术	合理的空调优化技术：应根据建筑类型考虑空调使用的必要性与合理性，并理性选择空调的类型	可再生能源使用（如太阳能、地热能技术）	双层玻璃幕墙技术
	雨水、中水等综合水系统管理		
	设置能源审计监测设备		

值得注意的是，上述两种基本的设计技术在实际应用过程中，是可以综合加以运用的：一方面要充分发挥被动技术的在节能方面的优势；另一方面则不断探讨对可再生能源利用的主动式节能措施，取代现有的对不可再生能源依赖的常规模式。

（二）绿色建筑设计的被动技术策略

绿色建筑从设计和建造上往往分为主动技术策略和被动技术策略两种基本的方法。主动技术策略依赖于设备技术，设备的制造技术不断进步，不断更新轮换；而被动技术策略依赖于建筑本体的设计手法，伴随着建筑全生命周期，所以绿色建筑更应当强调建筑本身的被动设计手法的运用。绿色建筑设计的被动技术策略主要包括绿色建筑的总体布局、建筑外围护结构的优化、不同朝向及部位遮阳措施、组织有效的自然通风等。

1. 绿色建筑的总体布局

绿色建筑设计的被动技术首先应关注的是建筑选址及空间布局。在建筑规划设计中应特别注意太阳辐射问题，在夏季及过渡季节要充分有效利用自然通风，并且还要适当考虑冬季防止冷风渗透，以保证室内的热环境舒适度。

建筑应选择避风基址进行建造，同时顺应夏季的主导风向以尽可能获取自然通风。由于冬夏两季主导风向不同，建筑群体的选址和规划布局则需要协调，在防风和通风之间要取得平衡。不同地区的建筑最佳朝向不完全一致，应根据当地气候条件等的实际情况进行确定，如广州市的建筑最佳朝向是东南向。

建筑规划的总体布局还需要营造良好的室外热环境。借助于相应的模拟软件，可以在建筑规划阶段实时有效地指导设计。在传统的建筑规划设计中，外部环境设计主要是从规划的硬性指标要求、建筑的功能空间需求及景观绿化的布置等方面加以考虑，因此很难保证获得良好的室外热环境。随着计算机技术的进步，利用计算机辅助过程控制的绿色建筑设计有效地解决了这个问题，使外部热环境达到比较理想的要求。

2. 建筑外围护结构的优化

在建筑外围护结构中，墙体所占比重最大，冬季通过墙体散失的热量，约为建筑总散热量的 20%，夏季通过外墙体吸收的热量，约为建筑总吸热的 30%，因而外墙体的保温隔热设计相当重要。由于以前我国建筑围护结构的保温隔热水平差，采暖系统的热效率低，我国单位建筑面积采暖能耗为气候条件相近的发达国家的 3 倍左右。

从某种角度上讲，建筑外围护结构是气候环境的过滤装置。在夏热冬暖地区的湿热气候条件下，建筑的外围护结构显然有别于温带气候的"密闭表皮"的设计方法，建筑立面通过设置适当的开口获取自然通风，并结合合理的遮阳设计躲避强烈的日照，同时还能有效地防止雨水进入室内。这种建筑的外围护结构更像是一层可以呼吸、自我调节的生物表皮。

应当引起注意的是，夏热冬暖地区的建筑窗墙面积比也需要进行控制，大面积的开窗会使得更多的太阳辐射进入室内，造成室内热环境不舒适。马来西亚著名生态建筑设计师杨经文根据自己的研究成果提出建议：夏热冬暖地区绿色建筑的开窗面积不宜超过 50%。

3. 不同朝向及部位遮阳措施

在夏热冬暖地区，墙面、窗户与屋顶都是建筑物吸收热量的关键部位。由于全年降雨量大、降雨持续时间长、雨量非常充沛，因此在屋顶采用绿化植被遮阳措施具备良好的天然条件。通过屋面进行遮阳处理，不仅可以减少太阳的辐射热量，而且还可以减小因屋面温度过高而造成对室内热环境的不利影响。目前采用的种植屋面措施，既能够遮阳隔热，还可以通过光合作用消耗或转化部分能量。

此外，建筑的各部分围护结构均可以通过建筑遮阳的构造手段，运用材料构或与日照光线成某一有利的角度，达到阻断直射阳光透过玻璃进入室内，与防止阳光过分照射和防止对建筑围护结构加热升温，遮阳还可以防止直射阳光造成的强烈眩光和室内过热。正是因为遮阳在夏热冬暖地区具有这样的重要作用，所以这个地区的建筑往往呈现出相应的美学效果。大小适宜的窗户，综合交错的遮阳片，变化强烈的光影效果，特殊的气候特征赋予夏热冬暖地区的建筑以独特的风格与生动的表情。

岭南建筑大师夏昌世教授，把德国的严谨、精致、讲究实效、有机、实在与中国园林自由、灵活的特点相结合，形成自己独特的风格。他的主要设计作品有：华南工学院图书馆、行政办公楼、教学楼及校园规划，广州文化公园水产馆，中山医学院医院大楼、教学楼群和实验室等，湛江海员俱乐部，海南亚热带研究所专家楼，武汉三所新建高等院校设计，鼎湖山教工疗养所，桂林风景区规划与设计，广西医学院设计等。在这些建筑设计中，他分析了围护结构的墙、窗与太阳高度角之间的关系，然后根据实际设计相应的遮阳系统，有效地解决了建筑通风和防水等问题；采用双层屋面的整体遮阳系统对建筑屋顶进行设计，他的一系列遮阳技术被称为"夏氏遮阳"。

和其他地区一样，夏热冬暖地区建筑的各个朝向的遮阳方式有所不同。南面窗采取遮阳措施是非常必要的，不同纬度地区的太阳高度角不同，南向遮阳可以采用水平式或综合式，遮阳板的尺寸要根据建筑所处的地理经纬度、遮阳时的太阳高度角、方位角等因素确定水平遮阳的尺寸。夏热冬暖地区东西向窗的遮阳，当太阳高度角降低，水平遮阳对阳光的遮挡难以发挥作用时，可以采用垂直方式遮阳。由于夏热冬暖地区夏季主导风为东南风，所以采用垂直遮阳能有效引导东南风进入室内。此外，对于东西立面可采用可调节遮阳，选择和调整太阳光的强弱和视野，使用更为灵活。

随着科学技术的进步和智能化普及，建筑遮阳将会具备完善的智能控制系统。智能化建筑遮阳更加便于操作，达到最有效的建筑节能。位于深圳大梅沙的万科中心，由美国建筑师斯蒂文·霍尔和我国建筑师李虎共同设计完成。其遮阳系统包括固定与可调节两大类型，风格简洁统一，遮阳系统形成了建筑设计的重要特色，其主要特点是：建筑和景观体现和融合了多个新的可持续发展方向，通过中水系统运作将水池温度冷却而形成微观气候环境；建筑屋面是绿化花园和太阳能板，材料使用为当地材料和可再生的竹材；大楼的玻璃幕墙能透过外在多孔百叶设计，以阻挡强光及风力。该建筑创建了一个可渗透的微气候公共休憩景观。

4. 组织有效的自然通风

在总体建筑群规划和单体建筑的设计中，应根据建筑功能要求和气候情况，改善建筑的外环境，其中包括冬季防风、夏季及过渡季节促进自然通风，以及夏季室外热岛效应的控制，同时合理地确定建筑朝向、平面形状、空间布局、外观体形、建筑间距、建筑层高，及对建筑周围环境进行绿化设计，改善建筑的微气候环境，最大限度地减少建筑物能耗量，从而获得理想的建筑节能效果。

5. 采用立体绿化的措施

绿化是夏热冬暖地区一种重要的设计元素，它可以为建筑作品带来清新和美观。立体绿化是指充分利用不同的立地条件，选择攀缘植物及其他植物栽植并依附或者铺贴于各种构筑物及其他空间结构上的绿化方式。夏热冬暖地区建筑的立体绿化，就是在各类建筑物和构筑物的立面、屋顶、地下和上部空间进行多层次、多功能的绿化，以改善局部气候和生态环境、拓展城市绿化空间、美化城市景观。

建筑立体绿化是在建筑与绿化之间建立一种平衡，因此在进行设计时应追求绿化与建筑的整体统一。马来西亚著名建筑师杨经文先生坚持在高层建筑中引入绿化设计系统，他设计的高层建筑（如梅纳拉大厦），空中庭院中的植物是从楼的一侧护坡开始，沿着高层建筑的外表面螺旋上升，从而形成了连续的立体绿化空间。

（三）绿色建筑设计的主动技术策略

主动式技术策略是主动利用能源并进行能量转化的设计方法，如电能转换为热能、太阳能能转换为电能等。通过主动的方式来改善室内舒适度，并满足建筑的正常运营。常见的主动式设计是通过暖通空调设备，达到创造良好的建筑室内环境。这种主动式设计有带来能耗较大、环境污染问题的出现。这也是我国目前建筑所面临的主要问题。

随着技术的发展，被动式和主动式设计方法的界定发生了很大变化，主要体现在主动式设计的进步，通过高技术的设计手段和措施达到节能的目的，即以各种非常规能源的采集、储存、使用装置等组成完善的强制能源系统来部分取代常规能源的使用。绿色建筑设计的主动技术策略主要包括：有效降低空调的能耗、充分应用可再生能源、综合进行水系统管理。

1. 有效降低空调的能耗

为了创造舒适的室内空调环境，必须消耗大量的能源。暖通空调能耗是建筑能耗中的大户。据统计，在发达国家中暖通空调能耗占建筑能耗的 65%，以建筑能耗占总能耗的 35.6% 计算，暖通空调能耗占总能耗的比例竟高达 22.75%，由此可见空调能耗是建筑能耗的主要组成部分，建筑节能工作的重点应该是暖通空调的节能。

首先通过合理的节能建筑设计，增加建筑围护结构的保温隔热性能，提高空调、采暖设备能效比的节能措施，建立建筑节能设计标准体系，初步形成相应的法规体系和建筑节能的技术支撑体系。

工程实践充分证明，改善建筑围护结构，如外墙、屋顶和门窗的保温隔热性能，可以直接有效地减少建筑物的冷热负荷，是建筑设计上的重要节能措施。在经济性和可行性允许的前提下，可以采用新型墙体材料。由于不同季节对外窗性能要求不一样，因此门窗的节能设计更加显得十分重要，一般可以主要从减少渗透量、降低传热量和减少太阳辐射三个方面进行。归纳起来，针对门窗的节能措施主要包括 5 个方面：尽量减少门窗面积；设置遮阳设施；提高门窗的气密性；尽量使用新型保温节能门窗；合理控制窗墙面积比。

2. 充分应用可再生能源

可再生能源是指在自然界中可以不断再生、永续利用的能源，具有取之不尽，用之不竭的特点，主要包括太阳能、风能、水能、生物质能、地热能和海洋能等，这些能源在自然界可以循环再生。我国除了水能的可开发装机容量和年发电量均居世界首位外，太阳能、风能和生物质能等各种可再生能源资源也非常丰富。

目前，太阳能、地热能和风能都开始应用于建筑之中，并出现了一些操作性较强的技术。但是，在我国的夏热冬暖地区，其太阳能辐射资源并非充沛，而且阳光照射的时间也不稳定，加上可再生能源发电储能设备以及并网政策尚不完备，如何在建筑中充分利用可再生资源，如采用太阳能光伏发电系统、探索太阳能一体建筑，还需要进一步试验和研究；对于地热能与风能在建筑中的应用，也需要做到因地制宜，不可强求千篇一律。

3. 综合进行水系统管理

夏热冬暖地区雨量非常充沛、易形成洪涝灾害和产生热岛效应，如何通过多种生态手段规划雨水管理，改善闷热潮湿的环境，减轻暴雨对市政排水管网的压力，这是给绿色建筑的设计和建造者提出的一个新问题。雨水利用是一种综合考虑雨水径流污染控制、城市防洪以及生态环境的改善等要求，建立包括屋面雨水集蓄系统、雨水截污与渗透系统、生态小区雨水利用系统等。经过近些年的实践，我国在雨水利用方面取得了一些成功的做法：如结合景观湖进行雨水收集，所收集雨水作为人工湖蒸发补充用水；道路、停车场等采用植草砖形成可渗透地面，将雨水渗入土壤补充地下水；步行道和单行道采用透水材料铺设；针对不同性质的区域采取不同的雨水收集方式。

中水回用，就是把生活污水（或城市污水）或工业废水经过深度技术处理，去除各种杂质，去除污染水体的有毒、有害物质及某些重金属离子，进而消毒灭菌，其水体无色、无味、水质清澈透明，且达到国家规定的杂用水标准或相关规定。与天然的雨水资源相比，中水回用具有水量比较稳定、基本不受时间和气候影响的优点。中水回用广泛应用于企业生产或居民生活。适用于宾馆、饭店、居民小区、公寓楼宇、学校、医院、工厂区域、机关部队等单位的浇洒绿地、洒扫卫生、冲洗路、站、台、库，景观用水，消防补给水、水冷却循环补充水、冲车用水等。

第五节　温和地区绿色建筑设计特点

我国绿色建筑标准目前已涵盖民用建筑的公共建筑与居住建筑，且气候区已覆盖严寒、寒冷地区、夏热冬冷地区和夏热冬暖地区。但是长期以来，我们只重视了上述地区的绿地建筑设计标准制定和实施工作，却忽视了温和地区绿色建筑标准的制定工作，甚至有些专家也认为温和地区不需要搞绿色建筑，这种认识是十分错误的。

据有关资料报道，根据 2012 年绿色建筑标识项目评价的统计数据，夏热冬冷地区绿色建筑标识项目 176 项，占比 45%；夏热冬暖地区绿色建筑标识项目 78 项，占比 25%；寒冷地区绿色建筑标识项目 114 项，占比 29%，严寒地区绿色建筑标识项目 20 项，占比 5%，温和地区绿色建筑标识项目 1 项，占比 0.3%。由此可见，温和地区绿色建筑设计应大力加强。

一、温和地区建筑气候的特点

（一）温和地区的定义

1. 《建筑气候区划标准》中对温和地区的定义

根据现行的《建筑气候区划标准》（GB 50178—1993）中的规定，对我国 7 个主要建筑气候区划的特征描述，温和地区建筑气候的类型应属于第Ⅴ区划。该地区立体气候特征明显，大部分地区冬温夏凉，干湿季分明；常年有雷暴、多雾，气温的年较差偏小，日较差偏大，日照较少，太阳辐射强烈，部分地区冬季气温偏低；该地区建筑气候特征值应符合下列条件：

（1）1 月平均气温为 0～13℃，冬季强寒潮可造成气温大幅度下降，昆明最低气温曾降至−7.8℃；7 月平均气温为 18～25℃，极端最高气温一般低于 40℃，个别地方可达 42℃；气温年较差为 12～20℃；由于干湿季节的不同影响，部分地区的最热月在 5、6 月份；年日平均气温低于或等于 5℃ 的日数为 0～90 天。

（2）年平均相对湿度为 60%～80%；年降雨日数为 100～200 天，年降水量为 600～2000mm；该区有干季（风季）与湿季（雨季）之分，湿季在 5～10 月，雨量集中，湿度偏高；干季在 11 月至翌年 4 月，湿度偏低，风速偏大；6～8 月多南到西南风；12 月至翌年 2 月东部多东南风，西部多西南风；年平均风速为 1～3m/s。

（3）年太阳总辐射照度为日 140～200W/m²；年日照时数 1200～2600h，年日照百分率为 30%～60%。

2. 《民用建筑热工设计规范》中对温和地区的定义

在《民用建筑热工设计规范》（GB 50176—1993）中温和地区的划分标准是：最冷月平均温度为 0～13℃，最热月平均温度为 18～25℃，辅助划分指标平均温度小于或等于 5℃ 的天数为 0～90 天。我国属于温和地区的区域有云南省大部分地区、四川省、西昌市和贵州省部分地区。

（二）温和地区建筑气候的特点

（1）气候条件比较舒适，通风条件比较优越。温和地区的气温总体上讲，冬季温暖、夏季凉爽，年平均湿度不大，全年空气质量良好，但昼夜温差较大。以云南昆明为例，最冷月平均气温为 7.5℃，最热月平均气温为 19.7℃，全年空气平均湿度为 74%，最冷月平均湿度为 66%，最热月平均湿度为 82%，全年空气均处于优良状态。2007 年主城区空气质量日均值达标率为 100%；全年以西南风为主，夏季室外平均风速为 2.0m/s，冬季室外平均风速为 1.8m/s。因此，自然通风应作为温和地区建筑夏季降温的主要手段。

（2）太阳辐射资源比较丰富。温和地区太阳辐射的特点是：全年总量大、夏季强、冬季足。以云南昆明为例，全年晴天比较多，日照数年均为 2445.6h，日照率达到 56%；终年太阳投射角度大，年均总辐射量达 54.3J/m²，其中雨季为 26.29J/m²，干季为 28.01J/m²，两季之间变化比较小。丰富的太阳能资源为温和地区发展太阳能与建筑相结合的绿色建筑提供了非常有利的条件。

根据冬夏两季太阳辐射的特点，温和地区夏季需要防止建筑物获得过多的太阳辐射，最直接有效的方法是设置遮阳；冬季则相反，需要为建筑物争取更多的阳光，应充分利用阳光进行自然采暖或者太阳能采暖加以辅助。基于温和地区气候舒适、太阳辐射资源丰富的条件，自然通风和阳光调节是最适合于该地区的绿色建筑设计策略，低能耗、生态性强且与太阳能结合是温和地区绿色建筑设计的最大特点。

二、温和地区绿色建筑的阳光调节

阳光调节作为一种绿色建筑节能的设计方法，在温和地区是非常适合的。阳光调节的功能可以通过确定建筑朝向和设置遮阳设施来实现。根据绿色建筑设计实践，阳光调节的措施主要包括：建筑的总平面布置、建筑单体构造形式、遮阳及建筑室内外环境优化等。

根据温和地区的气候特征，其绿色建筑阳光调节主要是指：夏季做好建筑物的阳光遮蔽，冬季尽可能争取更多的阳光。

（一）温和地区建筑布局与自然采光的协调

随着社会的进步，当人们的物质生活日益得到满足时，就会把大量精力转向生活质量上。绿色生态空间可以满足人们对生活质量的需求，已经得到广泛的认可。实践证明，自然采光绿色无害，已被作为节能环保的重要内容，并应用于建筑物设计及构件中。自然采光是建筑设计中的非常重要的组成元素，不仅会影响建筑物的内部空间品质，而且能够减少建筑物照明造成的能源损耗，节约资源，节约成本。

1. 温和地区建筑的最佳朝向

温和地区建筑朝向的选择应有利于自然采用，同时还要考虑到自然通风的需求，将采光朝向和通风朝向综合一起进行考虑。我国的温和地区大部分处于低纬度高原地区，距离北回归线很近；大部分地区海拔偏高，日照时间比同纬度其他城市相对长，空气洁净度也较好。在晴天的条件下，太阳紫外线辐射很强。

根据当地居住习惯和相关研究表明，在温和地区，南向的建筑能获得较好的采光和日照条件。以云南昆明为例，当地的居住习惯是喜好南北朝向的住宅，尽量避免西向，主要居室朝南布置；由测定的日照与建筑物的关系可知，温和地区如果考虑墙的日照时间和室内的日照面积，建筑物的朝向以正南、南偏东 30°、南偏西 30°的朝向为最佳；东南向、西南向的建筑物能接受较多的太阳辐射；而正东向的建筑物上午日照很强烈，朝西向的建筑物下午受到的日照比较强烈。

2. 有利于自然采光的建筑间距

经过实际测量可知，影响建筑物得到阳光的最大因素是前方建筑与后方建筑之间的距离，建筑物间距的大小会直接影响到后方建筑获得阳光的能力，因此建筑物需要获得足够阳光时，就必须与其他建筑间留有足够的距离。

日照的最基本目的是满足室内卫生和光线的需要，因此在有关规范中提出了衡量日照效果的最低限度，即日照标准作为日照设计依据，只有满足了日照标准，才能进一步对建筑进行采光优化。例如，云南昆明地区采用的是日照间距系数为 0.9～1.0 的标准，即日照间距 $D=(0.9～1.0)H$，H 为建筑设计高度。在这个基础上才能对建筑的自然采光进行优化。

这里需要引起注意的是：满足了日照间距并不意味着建筑就能获得良好的自然采光，有可能实际上为获得良好自然采光的建筑间距是大于日照间距 D 的，国内的一些研究在利用软件对建筑物日照情况进行模拟发现，当建筑平面不规则、体形复杂、条式住宅超过 50m、高层点式建筑布置过密时，日照间距系数是难以作为标准的；相反，一般有良好自然采光的建筑都能满足日照标准，因此在确定建筑间距时不应单纯地只满足日照间距，还应考虑到建筑是否能获得比较良好的自然采光。

对于建筑实际的采光情况，可利用建筑光环境模拟软件来进行模拟，常见的 ECOTECT、RADIANCE 等。这些软件可以对建筑的实际日照条件进行模拟，帮助建筑师分析建筑物采光情况，从而确定更为合适的建筑间距。温和地区的建筑在确定建筑间距时，除了需要注意以上问题外，还要考虑到此时的建筑间距是否有利于建筑进行自然通风。在温和地区最好的建筑间距应当是：能让建筑在获得良好的自然采光的同时又有利于建筑组织起良好的自然通风。

（二）温和地区夏季的阳光调节

温和地区的夏季虽然气候不太炎热，但是由于太阳辐射很强，阳光直射下的温度比较高，且阳光中有较高的紫外线，对人体有一定的危害，因此在夏季还需要对阳光进行调节。夏季阳光调节的主要任务是避免阳光直接照射以及防止过多的阳光进入室内。避免阳光直接照射以及防止过多的阳光进入室内最直接的方法就是设置遮阳设施。

在温和地区，建筑中需要设置遮阳设施的部位主要是门、窗及屋顶。

1. 门与窗的遮阳

在我国的温和地区，东南向、西南向的建筑物接收太阳辐射较多；而正东向的建筑物上午日照较强；朝西向的建筑物下午受到的日照比较强烈，所以建筑中位于这四个朝向的门窗均需要设置遮阳。对于温和地区，由于全年的太阳高度角都比较大，所以建筑宜采用水平可调式遮阳或者水平遮阳结合百叶的方式。根据各地区的实际情况，合理地选择水平遮阳并确定尺寸后，夏季太阳高度角较大时，能够有效地挡住从窗口上方投射进入室内的阳光；冬季太阳高度角较小时，阳光可以直接射入室内，不会被遮阳设施遮挡；如果采用水平遮阳加隔栅的方式，不但使遮阳的阳光调节能力更强，而且有利于组织自然通风。普通水平遮阳和水平遮阳加隔栅遮阳调节能力对比如图 2-10 所示，一般水平遮阳与留槽式水平遮阳如图 2-11 所示。

2. 屋顶的遮阳

温和地区夏季太阳辐射比较强烈，太阳高度角大，在阳光直接照射下温度很高，建筑的屋顶在阳光的直接照射下，如果不设置任何遮阳或隔热措施，位于顶层房间内的温度会非常高。因此，温和地区建筑屋顶也是需要设置遮阳的地方。

屋顶遮阳可以通过屋顶遮阳构架来实现，它可以实现通过供屋面植被生长所需的适量太阳光照的同时，遮挡住过量的太阳辐射，降低屋顶的热流强度，还可以延长雨水自然蒸发的时间，从而延长屋顶植物自然生长周期，有利于屋面植被的生长。这种方式是将绿色植物与建筑有机地结合在一起，不仅显示了建筑与自然的协调性，而且与园林城市的特点相符合，

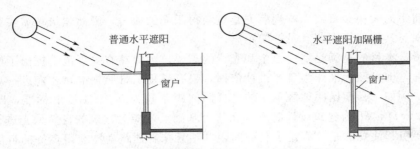

图 2-10　普通水平遮阳和水平遮阳加隔栅遮阳调节能力对比

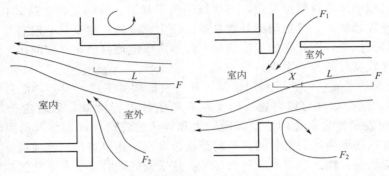

图 2-11　一般水平遮阳与留槽式水平遮阳

充分体现出绿色建筑的"环境友好"特性。另外，还可以在建筑的屋顶设置隔热层，然后在屋面上铺设太阳能集热板，将太阳能集热板作为一种特殊的遮阳设施，这样不仅挡住了阳光的直接照射，还充分利用了太阳能资源，也是绿色建筑"环境友好"特性的充分体现。

（三）温和地区冬季的阳光调节

温和地区冬季阳光调节的主要任务非常明确，就是让尽可能多的阳光进入室内，利用太阳辐射所带有的热量提高室内的温度，以改善室内的热环境。温和地区冬季阳光调节的主要措施有主朝向上集中开窗、对窗和门进行保温、设置附加阳光间。

1. 主朝向上集中开窗

在建筑选取了最佳朝向为主朝向的基础上，应在主朝向和其对朝向上集中开窗开门，使在冬季有尽可能多的阳光进入室内，从而可以提高室内的温度。以云南昆明地区为例，建筑朝向以正南、南偏东 30°、南偏西 30° 的朝向为最佳，当建筑选取以上朝向时，是可以在主朝向上集中开窗的。有关研究资料表明，在昆明地区西南方向和东南方向之间的竖直墙面夏季接收的太阳辐射少而冬季接收的太阳辐射量多。为了防止夏季过多的太阳辐射，此朝向上的窗和门应设置加格栅的水平遮阳或可调式水平遮阳。昆明地区 4 个季节代表日在不同方位上墙面接收到的太阳辐射量如图 2-12 所示。

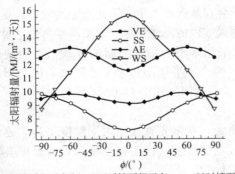

$\phi=0$时墙面朝正南方，$\phi=90$时墙面朝正东，$\phi=-90$时墙面朝正西
VE—vernal equinox(春分)，SS—summer solstice(夏至)，
AE—autumnal equinox(秋分)，WS—winter solstice(冬至)

图 2-12　昆明地区 4 个季节代表日在不同方位上墙面接收到的太阳辐射量

2. 对窗和门进行保温

测试结果表明，外窗和外门处通常都

是容易产生热桥和冷桥的地方，即热量损失最多的地方。在温和地区，冬季晴朗的白天空气比较温暖，夜间和阴雨天时气温比较低，但在冬季不管是夜晚和阴雨雪还是温暖晴朗的白天，室内的气温均高于室外的气温。

有关研究资料表明，昆明地区的冬季，在各种天气状况下，其日均气温和平均最低气温室外均低于室内。因此温和地区的建筑为防止冬季在窗和门处产生热桥，造成较大的室内热量损失，就需要在窗和门处采取一定的保温和隔热措施。

3. 设置附加阳光间

研究结果表明，温和地区冬季南向房间依靠被动技术，基本可以解决室内采暖问题，且采用直接受益式被动技术的室内热环境要优于附加阳光间式；在太阳辐射较强，室外空气温度不是很低的情况下，直接受益式较为合理；而在太阳辐射较弱，室外空气温度比较低的情况下，应该优先选择附加阳光间式。

由于温和地区冬季太阳辐射量比较充足，因此适宜冬季被动式太阳能采暖，其中附加阳光间是一种比较适合温和地区的太阳能采暖的手段。如在云南的昆明地区，住宅一般都会在向阳侧设置阳台或者安装大面积的落地窗并加以遮阳设施进行调节。这样不仅在冬季可获得尽可能多的阳光，而且在夏季利用遮阳可防止阳光直接射入室内。其实这种做法就是利用附加阳光间在冬季能大面积采光的供暖特点，并利用设置遮阳解决了附加阳光间在夏季带入过多热量的缺点。

三、温和地区绿色建筑自然通风设计

自然通风是利用建筑物内外空气的温度差引起的热压或风力造成的风压来促使空气流动而进行的通风换气，是一种既环保又经济的通风方式。采用自然通风取代空调制冷技术至少具有两方面的意义：一是实现了被动式制冷，自然通风可在不消耗不可再生能源情况下降低室内温度，带走潮湿污浊的空气，改善室内热环境；二是可提供新鲜、清洁的自然空气，有利于人体的生理和心理健康。

自然通风作为一种绿色资源，不但能够疏通空气气流、传递热量，为室内提供新鲜空气，创造舒适、健康的室内环境，而且在当今能源危机的背景下，风还能转化为其他形式的能量，为人类所利用。由此可见，在温和地区的自然通风与阳光调节一样，也是一种与该地区气候条件相适应的绿色建筑节能设计方法。

实践也充分证明，建筑内部的通风条件如何，是决定人们健康、舒适的重要因素。通风可以使室内的空气得到不断更新，在室内产生气流从而对人体健康产生直接的影响；通风还能通过对室内温度、湿度及内表面温度的影响，对人体健康产生间接的影响。

1. 建筑布局要有利于自然通风的朝向

自然通风是利用自然资源来改变室内环境状态的一种纯"天然"的建筑环境调节手段，合理的自然通风组织可有效调节建筑室内的气流效果、温度分布，对改变室内热环境的满意度可以起到明显的效果。由于自然通风的实现是一种依赖于建筑设计的被动式方法，因此其应用效果很大程度上依赖于建筑的朝向、平面布局等设计效果。良好的建筑设计有助于增强室内自然通风的效果，同样，建筑设计上的差异，也会给建筑通风效果产生较大的影响。

在温和地区选择建筑物的朝向时，应尽量为自然通风创造条件，因此应按地区的主导风向、风速等气象资料来指导建筑布局，并且还应综合考虑自然采光的需求。例如，某建筑有利通风的朝向虽然是西晒比较严重的朝向，但是在温和地区仍然可以将这个朝向作为建筑朝向。这是因为虽然夏季此朝向的太阳辐射比较强烈，但室外空气的温度并不太高，在二者的共同作用下致使室外综合温度并不高，这就意味着决定外围护结构传热温差小，所以通过围护结果传入室内的热量并不多。这也可解释为什么温和地区虽然室外艳阳高照，太阳辐射十分强烈，但是室内却比较凉爽。如果在此朝向上采取遮阳措施，就可以改善西晒的问题。另一方面，由于有良好的通风可以进一步带走传入室内的热量，这样非但不会因为西晒而造成过多的热量进入到室内，而还可以创造良好的通风条件。

2. 有利于居住建筑自然通风的建筑间距

由于建筑间距对于建筑群的自然通风有很大的影响，因此要根据风向投射角对室内风环境的影响来选择合理的建筑间距。在温和地区，应结合地区的日照间距和主导风向资料确定合理的建筑间距，具体做法是首先满足日照间距，然后再满足通风间距。当通风间距小于日照间距时，应按照日照间距来确定建筑间距；当通风间距大于日照间距时，可按照通风间距来确定建筑间距。

除了通风和日照的影响因素外，节约用地也是绿色建筑确定建筑间距时必须遵守的原则。如云南的昆明地区，为满足"冬至"最少能获得 1h 的日照要求，采用了日照间距系数为 0.9～1.0 的标准，即日照间距为 0.9～1.0 倍的建筑计算高度 H。考虑到为获得良好的室内通风条件，选择风的投射角在 45 左右较为适合，据此，建筑通风间距以 $(1.3～1.5)H$ 为宜。

分析日照间距和通风间距的关系可知，一般情况通风间距大于日照间距，因此温和地区的居住建筑间距通常可按通风间距来确定。需要注意的是，对于高层建筑是不能单纯地按日照间距和通风间距来确定建筑间距的，因为 $(1.3～1.5)H$ 对于高层建筑来说，是一个非常大且不能达到的建筑间距，在现实情况中采用这种间距明显是不可行的。这样就需要从建筑的其他设计方面入手解决这个问题，如利用建筑的各种平面布局和空间布局来实现高层建筑通风和日照的要求。

3. 采用有利于自然通风的建筑平面布局

绿色建筑的规划设计证明，建筑的布局方式不仅会影响建筑通风的效果，而且关系到土地是否节约的问题。有时候通风间距比较大，按其确定的建筑间距必然偏大，这就势必造成土地占用量过多与节约用地原则相矛盾。如果能利用建筑平面布局，就可以在一定程度上解决这一矛盾。例如，采用错列式的平面布局，相当于加大了前后建筑之间的距离。因此，当建筑采用错列式布局时，可以适当缩小前后建筑之间的距离，这样既保证了建筑通风的要求，又节约了建设用地。常见建筑的平面布局有并列式和错列式两种，在温和地区，从自然通风的角度来看，建筑物的平面布局以错列式为宜。建筑的并列式平面布局如图 2-13 所示，建筑的错列式平面布局如图 2-14 所示。

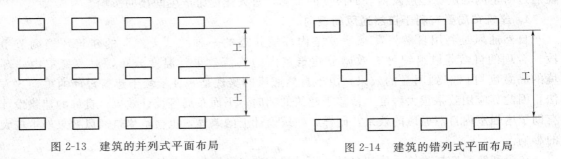

图 2-13　建筑的并列式平面布局　　　　　　　图 2-14　建筑的错列式平面布局

4. 采用有利于自然通风的建筑空间布局

温和地区的建筑在空间布置上也要注意为自然通风创造条件，合理地利用建筑地形，做

到"前低后高"和有规律的"高低错落"的处
理方式。例如，利用向阳的坡地是建筑顺其地
形高低排列一幢比一幢高，在平坦的地面上建
筑应采取"前低后高"的排列方式，使建筑从
前向后逐渐加高。也可以采用建筑之间"高低
错落"的建筑群体排列，使高的建筑和较低的
建筑错开布置。这些布置方式，使建筑之间挡
风少，尽量不影响后面建筑的自然通风和视

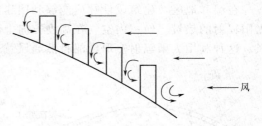

图 2-15　建筑高低错落的空间布局

线，同时也减少建筑之间的距离，可以达到节省土地的目的。建筑高低错落的空间布局如图
2-15 所示。

四、温和地区太阳能与建筑一体化设计

能源问题已经成为制约世界经济快速增长的一个主要问题，不可再生能源的日益枯竭，
将会导致世界性能源危机。作为能源消耗的大户，建筑领域的能源改革就显得更加重要。国
外建筑界在太阳能一体化设计方面已经走在了前面，随着西方先进科学技术和文化的传入，
加上国内外人员的交流和项目的合作等，都会对我国在太阳能建筑一体化设计方面产生影响
和良好的示范作用，使我国的太阳能建筑一体化设计创造新的途径。

当今，我国建筑太阳能一体化发展已经迈出了巨大的步伐，在光热转换、光电转换等一
体化设计领域有了长足的进步，随着国内相关激励机制和政策的逐步完善，将会有更加光明
的前景。但是，我国太阳能建筑一体化设计领域还存在着投资、开发利用、商业产业化、设
备运行与维护工作，以及产品、设备在建筑中的推广使用问题等诸多需要改进的制约因素。
如何学习国外先进的节能设计方法，再结合我国具体的地理及气候因素，研究出适合我国国
情的太阳能一体化建筑设计方法，设计出更加节能的建筑，对中国的建筑界产生推波助澜的
影响，确实是值得我们认真研究的问题。

1. 太阳能集热构件与建筑的结合

国内外绿色建筑设计告诉我们，太阳能与建筑结合是太阳热水器发展的必然途径，这是
一个长期的战略任务，也是太阳能产业发展的方向。在太阳能与建筑一体化的设计中，太阳
能集热器是关键的构件，但是它的整体式安装或整齐排放对建筑外观形象具有一定的负面影
响，所以要实现建筑与太阳能结合的一个前提是：将太阳能系统的各个部件融入建筑之中，
使之成为建筑的一部分，太阳能建筑一体化才能真正地实现。

工程实践证明，在进行太阳能集热构件与建筑结合设计时应注意：第一，太阳能利用与
建筑的理想结合方式，应当是集热器与储热器分体放置，集热器应视为建筑的一部分，嵌入
建筑结构中，与建筑融为一体，储热器应置于相对隐蔽的室内阁楼、楼梯间或地下室内；第
二，除了集热器与建筑浑然一体外，还必须顾及系统的良好循环和工作效率等问题；第三，
未来太阳能集热器的尺寸、色彩，除了与建筑外观相协调外，应做到标准化、系列化，方便
产品的大规模推广应用、更新及维修。

2. 太阳能通风技术与建筑的结合

实际工程检测证明，温和地区全年室外空气状态参数比较理想，太阳辐射强度比较大，
为实现太阳能通风提供了良好的基础。在夏季，通过太阳能通风将室外凉爽的空气引入室
内，可以使室内空气降温和除湿；在冬季，中午和下午室外温度较高时，利用太阳能通风将
室外温暖的空气引入室内，可以起到供暖的作用，同时由于空气的流动改善了室内的空气
质量。

在温和地区，建筑设计师应能够利用建筑的各种形式和构件作为太阳能集热构件，吸收太阳辐射的热量，使室内空气在高度方向上产生不均匀的温度场造成热压，从而形成自然通风。这种利用太阳辐射热形成的自然通风就是太阳能热压通风。

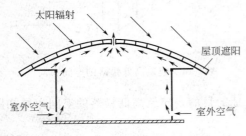

图2-16　太阳能通风示意

在一般情况下，如果建筑物属于高大空间且竖直方向有直接与屋顶相通的结构，是很容易实现太阳能通风的，如建筑的中庭和飞机场候机厅。如果在屋顶铺设有一定吸热特性的遮阳设施，那么遮阳设施吸热后将热量传给屋顶，使建筑上部的空气受热上升，此时在屋顶处开口则受热的空气将从孔口处排走；同时在建筑的底部井口，将会有室外空气不断进入补充被排走的室内空气，从而形成自然通风。太阳能通风示意如图2-16所示。如果将特殊的遮阳设施设置为太阳能集热板则可以进一步利用太阳能，作为太阳能热水系统或者太阳能光伏发电系统的集热设备。

3. 太阳能热水系统与建筑的结合

我国太阳能与建筑一体化最普遍的形式，是太阳能热水系统与建筑的集成。太阳能热水系统是利用太阳能集热器，收集太阳辐射能把水加热的一种装置，是目前太阳热能应用发展中最具经济价值、技术最成熟且已商业化的一项应用产品。太阳能热水系统的分类以加热循环方式可分为自然循环式太阳能热水器、强制循环式太阳能热水系统、储置式太阳能热水器三种。

目前，太阳能热水系统是国家大力推广的可再生能源技术，在我国已经涌现出很多关于太阳能热水系统方面的研究理论和成果，并且很多技术已经比较成熟，这些理论和技术在有条件的地区普及太阳能热水系统奠定了良好的基础。温和地区作为一个拥有丰富太阳能资源的地区，一直都在大力发展太阳能热水系统，并取得了一定的成果。例如在云南省太阳能热水器得到大范围的推广应用，当地政府明确规定：新建建筑项目中，11层以下的居住建筑和24m以下设置热水系统的公共建筑，必须配置太阳能热水系统。由此可见，将太阳能热水系统技术集成于建筑之中，已经成为该地区建筑设计中的重要组成部分。

太阳能热水系统与建筑结合，主要包括外观上的协调、结构上的集成、管线的布置和系统运行等方面。

（1）外观上的协调　在外观上实现太阳能热水系统与建筑的完美结合、合理布置太阳能集热器。无论在屋面、阳台或在墙面上，都要使太阳能集热器成为建筑的一部分，实现两者的协调和统一。

（2）结构上的集成　在结构上要妥善解决太阳能热水系统的安装问题，确保建筑物的承重、防水等功能不受影响，使太阳能集热器具有抵御强风、暴雪、冰雹、雷电等的能力。

（3）管线的布置　合理布置太阳能循环管路以及冷热水供应管路，尽量减少热水管路的长度，并在建筑上事先预留出所有管路的接口和通道。

（4）系统运行　在系统运行方面，要求系统可靠、稳定、安全、易于安装、检修和维护，合理解决太阳能与辅助能源加热设备的匹配，尽可能实现系统的智能化和自动控制。

第三章

绿色建筑设计有关规范

当今，人类社会面临着两大问题能源短缺和环境恶化，而这两者又相互紧密联系，由此带来的异常的气候变化，已成为21世纪全球经济社会发展所面临的巨大挑战，也是摆在世界各国人民面前的一个重大课题。我国是一个能源消耗大国，而建筑能源消耗量已占社会能源总消耗量的1/4左右，随着我国城市化和房地产业的高速发展，在环境保护、资源利用、能源供应等方面的压力日益增大。要实现全面建设小康社会和经济社会可持续发展的战略目标，发展节能与绿色建筑刻不容缓。

第一节　绿色住宅建筑设计有关规范

自改革开放以来，我国政府对发展绿色建筑给予高度重视，近年来陆续制定并提出了若干发展绿色建筑的重大决策，在"十一五"规划纲要中提出"万元GPD能耗降低20％和主要污染物排放减少10％"的奋斗目标，在"十二五"规划纲要中提出了"建设资源节约型、环境友好型社会"宏伟规划。树立全面、协调、可持续的科学发展观，在建筑领域里将传统高消耗型发展模式转向高效生态型发展模式，即坚定不移地走建筑绿色之路，是我国乃至世界建筑的必然发展趋势。

中国绿色建筑发展的具体目标是大力推动新建住宅和公共建筑严格实施节能50％设计标准，直辖市及有条件地区实施节能65％标准。绿色建筑推进现阶段以加大新建建筑节能为主要突破口，同时推进既有建筑改造。到2020年，新建建筑对不可再生资源的总消耗比2010年再下降20％。

近年来，我国一直都在促进绿色建筑的推广。从立法方面，全国人民代表大会及其常务委员会制定了《中华人民共和国城乡规划法》、《中华人民共和国能源法》、《中华人民共和国节约能源法》、《中华人民共和国可再生能源法》等15项与绿色建筑内容相关的行政法规；发布了《关于加快发展循环经济的若干意见》、《关于做好建设资源节约型社会近期工作的通知》、《关于发展节能省地型住宅和公共建筑的通知》、《节能中长期规划》等法规性文件。

在先后公布的《中国生态住宅技术评估手册》(2001年)、《绿色奥运建筑评估体系》(2003年)、《绿色建筑评价标准》(2006年)和《绿色建筑评价标识管理办法》(2007年)之后，我国终于建立起一套完整的评价标准体系，基本结束了我国依赖国外标准进行绿色建筑评价的历史。同时政府出台诸多规范从各方面支持绿色建筑设计和评价，为指导绿色建筑设计和支撑绿色建筑评价标准提供了广泛的支持，对熟练掌握绿色建筑设计方法有极其重要的作用。

为尽快推进绿色建筑广泛发展，我国学习有关国家的经验和做法，已经制定出一些的经济激励政策，主要有以下几方面。

首先，住房和城乡建设部设立了全国绿色建筑创新奖。绿色建筑奖创新分为工程类项目奖和技术与产品类项目奖。工程类项目奖包括绿色建筑创新综合奖项目、智能建筑创新专项奖项目和节能建筑创新专项奖项目；技术与产品类项目奖是指应用于绿色建筑工程中具有重大创新、效果突出的新技术、新产品、新工艺。目前，已经成功评审并发布了两届绿色建筑创新奖。

其次，建立了推进可再生能源在建筑中规模化应用的经济激励政策。财政部设立了可再生能源专项资金，专项资金里有一部分是鼓励可再生能源在建筑中规模化的应用，财政部和建设部颁布了《可再生能源在建筑中应用的指导意见》、《可再生能源在建筑中规模化应用的实施方案》以及《可再生能源在建筑中规模化应用的资金管理办法》。

第三，住房和城乡建设部会同财政部出台了以鼓励建立大型公共建筑和政府办公建筑节能体系的资金管理办法，办法里明确了鼓励高耗能政府办公建筑和大型公共建筑进行节能改造的国家贴息政策。此外，我国政府正在加快研究确定发展绿色建筑的战略目标、发规划、技术经济政策；研究国家推进实施的鼓励和扶持政策；研究利用市场机制和国家特殊的财政鼓励政策相结合的推广政策；综合运用财政、税收、投资、信贷、价格、收费、土地等经济手段，逐步构建推进绿色建筑的产业结构。

一、绿色住宅建筑设计有关规范

我国已初步建立了国家和地方绿色建筑标准体系。已发布与绿色建筑有关的《民用建筑热工设计规范》；《民用建筑节能设计标准（采暖居住建筑部分）》；《夏热冬冷地区居住建筑设计节能标准》；《绿色建筑评价技术细则（试行）》；《建筑节能工程施工质量验收规范》等数十项技术标准与技术规范。相关的绿色建筑评估体系成果还有：《绿色奥运建筑评估体系》、《中国生态住宅技术评估手册》等。在技术导则方面，2005 年中国第一部《绿色建筑技术导则》发行；2007 年建设部下发了《绿色施工导则》，确定了绿色施工的原则、总体框架、要点、新技术设备材料工艺和应用示范工程。

在制度建设方面，建立了绿色建筑评价标识制度。为规范绿色建筑评价工作，引导绿色建筑健康发展，建设部发布了《绿色建筑评价标识管理办法》及《绿色建筑评价技术细则》，启动了我国绿色建筑评价工作，结束了我国依赖国外标准进行绿色建筑评价的历史；建立了建筑门窗节能性能标识制度，为保证建筑门窗产品的节能性能，规范市场秩序，促进建筑节能技术进步，提高建筑物的能源利用效率，推进建筑门窗节能性能标识试点工作，建设部制定了《建筑门窗节能性能标识试点工作管理办法》；研究建立建筑能效测评与标识制度。住房和城乡建设部制定了《建筑能效测评与标识技术导则》、《建筑能效测评与标识管理办法》，建筑能效标识，是按照建筑节能有关标准和技术要求，对建筑物用能系统效率和能源消耗量，以信息标识的形式进行明示的活动。

在监督检查方面，2006 年 11 月 28 日至 12 月 16 日，住房和城乡建设部组织开展了全国建筑节能和城镇供热体制改革专项检查考核。内容包括全国 30 个省、自治区（除西藏外）、直辖市，5 个计划单列市，26 个省会（自治区首府）城市，26 个地级城市建设主管部门贯彻落实国家建筑节能和城镇供热体制改革相关政策法规、技术标准及结合本地实际推进建筑节能工作的情况，以及抽查的 610 个工程项目执行节能强制性标准的情况。2007 年底，再次开展建设领域节能减排专项监督检查。节能减排专项监督检查主要包括建筑节能专项检查、供热体制改革专项检查、城市污水处理厂专项检查和生活垃圾处理设施运行管理专项检查。

在绿色建筑的科技创新方面，也取得了一系列成绩。我国是世界上较大的建筑材料和建筑设备的出口国，玻璃、门窗、空调制冷设备、保温和装修材料中的许多产品都在国际市场份额中占据领先位置。通过发展绿色建筑，可以培育出一批与节能、节水、节材相关的新技术、新产品，一些关键产品通过技术创新可以较大幅度地提高技术、产品的附加值，实现我国建设行业关联产业出口产品由劳动力成本优势向高技术优势的转型。

工程实践充分证明，绿色住宅建筑设计是一门涉及面非常广泛的学科，其脱胎于普通的住宅建筑设计，又融入了绿色生态的理念，在绿色建筑具体规划和设计中，可以参考传统建筑的相关规范，但不能笼统地照搬应用，必须经过绿色理念的筛检，挑选与绿色建筑有关的标准和条例，充分利用好相关规范中的已有成果，有效地指导绿色建筑的设计和评价。与绿色住宅建筑设计有关的规范归纳于表 3-1 之中，可供绿色住宅建筑设计中参考和应用。

表 3-1 绿色住宅相关的规范体系

标准代码	规范名称	施行日期	主编单位	备注
JGJ/T229	《民用建筑绿色设计规范》	2011 年 10 月 1 日	住房和城乡建设部	绿色建筑与节能建筑设计标准
JGJ 26	《严寒和寒冷地区居住建筑节能设计标准》	2010 年 8 月 1 日	住房和城乡建设部	
JGJ 75	《夏热冬暖地区居住建筑节能设计标准》	2013 年 4 月 1 日	住房和城乡建设部	
JGJ 134	《夏热冬冷地区居住建筑节能设计标准》	2010 年 8 月 1 日	住房和城乡建设部	
GB 50180	《城市居住区规划设计规范》(2002 年修改版)	2002 年 4 月 1 日	原建设部	节地与室内环境
GB/T 50536	《城市园林绿化评价标准》	2010 年 12 月 1 日	城市建设研究院等	
GB 3096	《声环境质量标准》	2008 年 10 月 1 日	国家环境保护局	
GB 50189	《公共建筑节能设计标准》	2005 年 7 月 1 日	中国建筑科学研究院环境工程研究所	节能与能源利用
GB 18580	《室内装饰装修材料 人造板及其制品中甲醛释放限量》	2002 年 1 月 1 日	中国林业科学研究院木材工业研究所	节约材料与材料运用
GB 18581	《室内装饰装修材料 溶剂型木器涂料中有害物质限量》	2010 年 6 月 1 日	中国化工建设总公司等	
GB 18582	《室内装饰装修材料 内墙涂料中有害物质限量》	2008 年 10 月 1 日	国家质检总局等	
GB 18583	《室内装饰装修材料 胶黏剂中有害物质限量》	2009 年 9 月 1 日	国家质检总局等	
GB 18584	《室内装饰装修材料 木家具中有害物质限量》	2002 年 7 月 1 日	全国家具标准化中心等	
GB 18585	《室内装饰装修材料 壁纸中有害物质限量》	2002 年 1 月 1 日	中国制浆造纸研究院等	
GB 18586	《室内装饰装修材料 聚氯乙烯卷材地板中有害物质限量》	2002 年 1 月 1 日	轻工业塑料加工应用研究所等	
GB 18587	《室内装饰装修材料 地毯、地毯衬垫及地毯用胶黏剂中有害物质释放限量》	2002 年 1 月 1 日	天津市地毯研究所等	
GB 18588	《混凝土外加剂中释放氨限量》	2002 年 1 月 1 日	中国建筑科学研究院环境工程研究所	
GB 6566	《建筑材料放射性核素限量》	2011 年 7 月 1 日	国家质检总局	
GB/T 50033	《建筑采光设计标准》	2013 年 5 月 1 日	中国建筑科学研究院	室内环境质量
GB 50176	《民用建筑热工设计规范》	1993 年 10 月 1 日	原建设部	
GB 50325	《民用建筑工程室内环境污染控制规范》	2011 年 6 月 1 日	国家质检总局等	
GB 50118	《民用建筑隔声设计规范》	2011 年 6 月 1 日		
CJ/T 174	《居住区智能化系统配置与技术要求》	2003 年 12 月 1 日		运营管理
物业管理部门通过 ISO14001 环境管理体系论证				

二、节地与室外环境相关的规范

在进行绿色建筑的设计中，节地与室外环境相关的规范主要有：《城市居住区规划设计规范》（GB 50180—2002）和《声环境质量标准》（GB 3096—2008）等。

（一）《城市居住区规划设计规范》（GB 50180—2002）

《城市居住区规划设计规范》是在总结新中国成立以来，已建居住区规划与建设经验的基础上，吸取国外城市居住区规划设计的做法为确保居民基本的居住生活环境，经济、合理、有效地使用土地和空间，提高居住区的规划设计质量而制定的。

《城市居住区规划设计规范》中规定，在进行居住区的规划设计时，主要应遵循下列基本原则。

（1）符合城市总体规划的要求；符合统一规划、合理布局、因地制宜、综合开发、配套建设的原则。

（2）综合考虑所在城市的性质、社会经济、气候、民族、习俗和传统风貌等地方特点和规划用地周围的环境条件，充分利用规划用地内有保留价值的河湖水域、地形地物、植被、道路、建筑物与构筑物等，并将基纳入规划。

（3）适应居民的活动规律，综合考虑日照、采光、通风、防灾、配建设施及管理要求，创造安全、卫生、方便、舒适和优美的居住生活环境。

（4）居住区的规划设计和建设应以人为本，方便居民的生活和有利身体健康，并为老年人、残疾人的生活和社会活动提供条件。

（5）为工业化生产、机械化施工和建筑群体、空间环境多样化创造条件；为商品化经营、社会化管理及分期实施创造条件。

（6）城市居民区的规划设计要提高其科学性、适用性、先进性和可比性，充分考虑社会效益、经济效益和环境效益三方面的综合效益。

（7）绿色建筑的设计必须满足规范中有关住宅建筑日照、绿地标准及合理配套公共服务设施等方面的要求。

（二）《声环境质量标准》（GB 3096—2008）

1. 声环境功能区的类型划分

《声环境质量标准》是为了贯彻《中华人民共和国环境噪声污染防治法》，防治噪声污染，保障城乡居民正常生活、工作和学习的声环境质量而制定的。按区域的使用功能特点和环境质量要求，声环境功能区分为以下五种类型。

0类声环境功能区：指康复疗养区等特别需要安静的区域。

1类声环境功能区：指以居民住宅、医疗卫生、文化教育、科研设计、行政办公为主要功能，需要保持安静的区域。

2类声环境功能区：指以商业金融、集市贸易为主要功能，或者居住、商业、工业混杂，需要维护住宅安静的区域。

3类声环境功能区：指以工业生产、仓储物流为主要功能，需要防止工业噪声对周围环境产生严重影响的区域。

4类声环境功能区：指交通干线两侧一定距离之内，需要防止交通噪声对周围环境产生严重影响的区域，包括4a类和4b类两种类型。4a类为高速公路、一级公路、二级公路、城市快速路、城市主干路、城市次干路、城市轨道交通（地面段）、内河航道两侧区域；4b类为铁路干线两侧区域。

在进行绿色建筑设计时，应根据不同类别的居住区，对场地周边的噪声现状进行检测，并对规划实施后的环境噪声进行预测，使不同类别住宅环境噪声限值符合《声环境质量标准》（GB 3096—2008）中的规定。不同类别住宅环境噪声限值见表 3-2。

表 3-2　不同类别住宅环境噪声限值　　　　　　　　　　　　　　单位：dB

类别		昼间	夜间
0		50	40
1		55	45
2		60	50
3		65	55
4	4a	70	55
	4b	70	60

2. 声环境功能区的划分要求

（1）城市声环境功能区划分。城市区域应按照《城市区域环境噪声适用区划分技术规范》（GB/T 15190—1994）中的规定划分声环境功能区，分别执行本标准规定的 0、1、2、3、4 类声环境功能区环境噪声限值。

（2）乡村声环境功能的确定。乡村区域一般不划分声环境功能区，根据环境管理的需要，县级以上人民政府环境保护行政主管部门可按以下要求确定乡村区域适用的声环境质量要求：①位于乡村的康复疗养区执行 0 类声环境功能区要求；②村庄原则上执行 1 类声环境功能区要求，工业活动较多的村庄以及有交通干线经过的村庄（指执行 4 类声环境功能区要求以外的地区）可局部或全部执行 2 类声环境功能区要求；③集镇执行 2 类声环境功能区要求；④独立于村庄、集镇之外的工业、仓储集中区执行 3 类声环境功能区要求；⑤位于交通干线两侧一定距离内的噪声敏感建筑物执行 4 类声环境功能区要求。

三、节能与能源利用相关规范

建筑本身就是能源消耗大户，同时对环境也有重大影响。据有关统计，全球有 50% 的能源用于建筑，同时人类从自然界所获得的 50% 以上的物质原料也是用来建造各类建筑及其附属设施。节约能源是当今世界的一种重要社会意识，是指尽可能地减少能源的消耗、增加能源的利用率的一系列行为。

按照世界能源委员会 1979 年提出的节约能源定义是：采取技术上可行、经济上合理、环境和社会可接受的一切措施，来提高能源资源的利用效率。在我国颁布的《中华人民共和国节约能源法》中指出：节约能源是指加强用能管理，采取技术上可行、经济上合理以及环境和社会可以承受的措施，从能源生产到消费的各个环节，降低消耗、减少损失和污染物排放、制止浪费，有效、合理地利用能源。同时还指出"节约资源是我国的基本国策。国家实施节约与开发并举、把节约放在首位的能源发展战略"。

我国现行的节能与能源利用方面的相关规范，主要包含了《公共建筑节能设计标准》（GB 50189—2005），该设计标准的制定是为了实现国家节约能源和保护环境的战略，贯彻有关政策和法规，改善办公建筑的热环境，提高暖通空调系统的能源利用效率。在《公共建筑节能设计标准》中明确提出："按本标准进行的建筑节能设计，在保证相同的室内环境参数条件下，与未采取节能措施前相比，全年采暖、通风、空气调节和照明的总能耗应减少50%。公共建筑的照明节能设计应符合国家现行标准《建筑照明设计标准》（GB 50034—

2004）的有关规定"。

对于用电驱动的集中空调系统，冷源的能耗是空调系统能耗的主体，因此，冷源的能源效率对节省能源至关重要。其中性能系数、能效比是反映冷源能源效率的主要指标之一，在《公共建筑节能设计标准》中的 5.4.5 和 5.4.8 条，涉及了制冷系统控制的相关标准，其条文中强制性规定了冷水（热泵）机组制冷性能系数（COP）限值和单元式空气调节机组能效比（EER）限值，对于采用集中空调系统的居民小区，或者设计阶段已完成户式中央空调系统设计的住宅，其冷源能效的要求应等同于公共建筑的规定。在进行绿色建筑的设计中，相关方面必须符合表 3-3、表 3-4 中所列数据。

表 3-3　冷水（热泵）机组制冷性能系数（COP）限值

类　型		额定制冷量/kW	性能指数
水冷	活塞式/涡旋式	＜528	3.80
		528～1163	4.00
		＞1163	4.20
	螺杆式	＜528	4.10
		528～1163	4.30
		＞1163	4.60
	离心式	＜528	4.40
		528～1163	4.70
		＞1163	5.10
风冷或蒸发冷却	活塞式/涡旋式	≤50	2.40
		＞50	2.60
	螺杆式	≤50	2.60
		＞50	2.80

表 3-4　单元式空气调节机组能效比（EER）限值

类　型		能效比
风冷式	不接风管	2.60
	接风管	2.30
水冷式	不接风管	3.00
	接风管	2.70

党的十八大提出把环境保护、节约优先、保护优先、自然发展、低碳发展等作为以后工作重点，形成节约资源和保护环境的空间格局、产业结构、生产方式、生活方式，从源头上扭转生态环境恶化趋势，为人民创造良好生产生活环境，为全球生态安全做出贡献。为确保建筑节能实现提出奋斗目标，在我国编制的《"十二五"建筑节能专项规划》强调指出以下几个节能要求。

一是提高建筑能效标准。严寒、寒冷地区，夏热冬冷地区要将建筑能效水平提高到"三步"建筑节能标准，有条件的地方要执行更高水平的建筑节能标准和绿色建筑标准，力争到2015 年，北京、天津等北方地区一线城市全部执行更高水平节能标准。

二是严格执行工程建设节能强制性标准，着力提高施工阶段建筑节能标准的执行率，加大对地级、县级地区执行建筑节能标准的监管和稽查力度，对不符合节能减排有关法律法规和强制性标准的工程建设项目，不予发放建设工程规划许可证，不得通过施工图审查，不得发放施工许可证。

三是建立行政审批责任制和问责制，按照"谁审批、谁监督、谁负责"的原则，对不按规定予以审批的，依法追究有关人员的责任。要加强施工阶段监管和稽查，确保工程质量和安全。

四是大力推广绿色设计、绿色施工，广泛采用自然通风、遮阳等被动技术，抑制高耗能建筑建设，引导新建建筑由节能为主向绿色建筑"四节一环保"的发展方向转变。

四、节材与材料资源利用相关规范

根据现行国家标准《绿色建筑评价标准》（GB/T 50378—2006）所给的定义，绿色建筑是指在建筑的全寿命周期内，最大限度地节约资源（节能、节地、节水、节材）、保护环境和减少污染，为人们提供健康、适用和高效的使用空间，与自然和谐共生的建筑。由此可见，节材与材料资源利是绿色建筑的重要组成内容。随着绿色建筑的迅速推广应用，节材技术与材料资源利用越来越受到人们的重视了，同时也是促进建筑行业可持发展的有效途径，通过绿色节材技术与材料资源利用技术，能够在最大限度地节约资源减少对外排放及资源再利用，在保证施工质量的基础之上节约能源、消减污染，最终实现绿色施工体系。

建筑装饰装修材料主要包括石材、人造板及其制品、建筑涂料、溶剂型木器涂料、胶黏剂、木制家具、壁纸、聚氯乙烯卷材、地毯、地毯衬垫及地毯胶黏剂等。装饰装修材料中的有害物质是指甲醛、挥发性有机化合物（VOCs）、苯、甲苯和二甲苯以及游离甲苯二异氰酸酯及放射性核素等。绿色住宅建筑所用的建筑材料和装饰装修材料中的有害物质含量必须符合下列标准的要求：《室内装饰装修材料　人造板及其制品中甲醛释放限量》、《室内装饰装修材料　溶剂型木器涂料中有害物质限量》、《室内装饰装修材料　内墙涂料中有害物质限量》、《室内装饰装修材料　胶黏剂中有害物质限量》、《室内装饰装修材料　木家具中有害物质限量》、《室内装饰装修材料　壁纸中有害物质限量》、《室内装饰装修材料　聚氯乙烯卷材地板中有害物质限量》、《室内装饰装修材料　地毯、地毯衬垫及地毯用胶黏剂中有害物质释放限量》、《混凝土外加剂中释放氨限量》、《建筑材料放射性核素限量》。

（一）室内装饰装修材料人造板及其制品中甲醛释放限量

人造板及其制品是采用甲醛系胶黏剂与木质材料复合加工而成的产品，是室内装饰装修的主要材料，也是家具和包装的重要原材料。人造板及其制品中都会含有一定量的甲醛，当甲醛释放量超过一定指标时会对人体健康产生影响和危害。因此，在《室内装饰装修材料　人造板及其制品中甲醛释放限量》中，对各类人造板及其制品中的甲醛含量提出了释放限量、试验方法、使用范围和限量标志等（见表3-5）。

表3-5　人造板及其制品中的甲醛释放量、试验方法及限量值

产品名称	试验方法	限量值	使用范围	限量标志
中密度纤维板、高密度纤维板、刨花板、定向刨花板等	穿孔萃取法	≤9mg/100g	可直接用于室内	E_1
		≤30mg/100g	必须饰面处理后可用于室内	E_2
胶合板、装饰单板贴面胶合板、细木工板	干燥器法	≤0.15mg/L	可直接用于室内	E_1
		≤5.0mg/L	必须饰面处理后可用于室内	E_2
饰面人造板（包括浸渍纸层压木质地板、实木复合地板、竹地板、浸渍胶膜饰面人造板等）	气候箱法	≤0.012mg/m³	可用于室内	E_1
	干燥器法	≤0.15mg/L		

A. 仲裁时采用气候箱法；B. E_1 为可直接用于室内的人造板；C. E_2 为必须饰面处理后可用于室内的人造板

绿色住宅建筑的设计和施工所用的人造板及其制品，必须符合表 3-5 中所标识的限制量，且设计成果和已建成建筑必须拥有由国家认证认可监督管理委员会授权的具有资质的第三方检验机构出具的产品检验报告。

（二）室内装饰装修材料溶剂型木器涂料中有害物质限量

溶剂型木器涂料是指涂敷于物体表面与基体材料很好黏结并形成完整而坚韧保护膜的物体。溶剂型木器涂料是由石油溶剂、甲苯、二甲苯、醋酸丁酯、环己酮等作为溶剂，以合成树脂为基料，配合组剂、颜料等经分散、研磨而成的。

溶剂型木器涂料的漆膜硬度高，具有耐磨性、耐腐蚀性、耐低温、溶解力强、挥发速度适中等特点，是目前建筑业常用的装饰装修材料。溶剂型木器涂料种类繁多，常用的有聚氨酯漆、硝基、醇酸、酚醛。其中，聚氨酯漆在市场上称为"PU 聚酯漆"，涂膜坚硬耐磨、附着力强、耐热性好，是当前室内装饰装修和家具涂装上用量最大的品种；硝基漆的施工简便、干燥快、易修补，家具厂常用于家具表面涂装。

在《室内装饰装修材料　溶剂型木器涂料中有害物质限量》中，主要规定了室内装饰装修用硝基涂类、聚氨酯漆类和醇酸漆类木器涂料中对人体有害物质的允许限值的技术要求、试验方法、检验规则、包装标志、安全涂装及防护等内容。适用于以有机物作为溶剂的木器涂料，其他树脂类型和其他用途的室内装饰装修用溶剂型涂料可参照使用。木器涂料中有害物质限量应符合表 3-6 中的规定。

表 3-6　木器涂料中有害物质限量

项目	限量值		
	硝基漆类	聚氨酯漆类	醇酸漆类
挥发性有机化合物（VOCs）/（mg/m³）	720	光泽（60°）≥80,580 光泽（60°）<80,670	500
苯/（mg/m³）	≤0.30	≤0.30	≤0.30
甲苯和二甲苯总和/（mg/m³）	≤30	≤30	≤5
游离甲苯二异氰酸酯（TDI）/（mg/m³）	—	≤0.40	—
重金属（限色漆）/（mg/kg）	可溶性铅		≤90
	可溶性镉		≤75
	可溶性铬		≤60
	可溶性汞		≤60

注：1. 按产品规定的配比和稀释比例混合后测定。如稀释剂的使用量为某一范围时，应按照推荐的最大稀释量稀释后进行测定；2. 如产品规定了稀释比例或产品由双组分或多组分组成时，应分别测定稀释剂和各组分中的含量，再按产品规定的配比计算混合后涂料中的总量。如稀释剂的使用量为某一范围时，应按照推荐的最大稀释量进行计算；3. 如聚氨酯漆类规定了稀释比例或由双组分或多组分组成时，应先测定固化剂（含甲苯二异氰酸酯预聚体）中的含量，再按产品规定的配比计算混合后涂料中的含量。如稀释剂的使用量为某一范围时，应按照推荐的最小稀释量进行计算。

绿色住宅建筑的设计和施工所用的溶剂型木器涂料，必须符合表 3-6 中所标识的限制量和控制标准，且设计成果和已建成建筑必须拥有由国家认证认可监督管理委员会授权的具有资质的第三方检验机构出具的产品检验报告。

（三）室内装饰装修材料内墙涂料中有害物质限量

内墙涂料是用于内墙和顶棚的一种装饰涂料，它的主要功能是装饰及保护内墙的墙面及顶棚，使其整洁美观，让人处于平静、舒适的居住环境中。但是，涂料是现代社会中的第二大污染源。因此，人们越来越重视涂料对环境的污染问题。内墙涂料在施工以及使用过程中能够造成室内空气质量下降以及有可能影响人体健康的有害物质主要为挥发性有机化合物、游离甲醛、可溶性铅、镉、铬和汞等重金属，以及苯、甲苯和二甲苯。

在《室内装饰装修材料　内墙涂料中有害物质限量》中，主要规定了室内装饰装修用的内墙涂料对人体有害物质容许限值的技术要求、试验方法、检验规则、包装标志、安全涂装及防护等内容。适用于室内装饰装修用水性墙面涂料有害物质限量应符合表3-7中的规定。

表3-7　内墙涂料中有害物质限量

项目		限量值	
		水性墙面涂料①	水性墙面腻子②
挥发性有机化合物含量（VOCs）		≤120g/L	≤15g/kg
苯、甲苯、乙苯、二甲苯总和/（mg/kg）		≤300	
游离甲醛/（mg/kg）		≤100	
可溶性重金属/（mg/kg）≤	铅 Pb	90	
	镉 Cd	75	
	铬 Cr	60	
	汞 Hg	60	

　① 涂料产品所有项目均不考虑稀释配比。② 膏状腻子所有项目均不考虑稀释配比，粉状的腻子除了可溶性重金属项目直接测试粉体外，其余3项按产品规定的配比将粉体与水或胶黏剂等其他液体混合后测试。如配比为某一范围时，应按照水用量最小、胶黏剂等其他液体用量最大的配比混合后测试。

绿色住宅建筑的设计和施工所用的内墙涂料，必须符合表3-7中所标识的限制量，且设计成果和已建成建筑必须拥有由国家认证认可监督管理委员会授权的具有资质的第三方检验机构出具的产品检验报告。

（四）室内装饰装修材料胶黏剂中有害物质限量

胶黏剂是指通过界面的黏附和内聚等作用，能使两种或两种以上的制件或材料连接在一起的天然的或合成的、有机的或无机的一类物质，统称为胶黏剂。建筑上常用的胶黏剂主要由黏结物质、固化剂、增韧剂、稀释剂、填料和改性剂，按照一定的比例配制而成。

（1）黏结物质　黏结物质也称黏料，它是胶黏剂中的基本组分，起黏结作用。其性质决定了胶黏剂的性能、用途和使用条件。一般多用各种树脂、橡胶类及天然高分子化合物作为黏结物质。

（2）固化剂　固化剂是促使黏结物质通过化学反应加快固化的组分。有的胶黏剂中的树脂（如环氧树脂）若不加固化剂，其本身不能变成坚硬的固体。固化剂也是胶黏剂的主要组分，其性质和用量对胶黏剂的性能起着重要的作用。

（3）增韧剂　增韧剂是为了改善黏结层的韧性、提高其抗冲击强度的组分。常用的增韧剂有邻苯二甲酸二丁酯和邻苯二甲酸二辛酯等。

（4）稀释剂　稀释剂又称溶剂，主要起降低胶黏剂黏度的作用，以便于操作、提高胶黏剂的湿润性和流动性。常用的稀释剂有机溶剂有丙酮、苯和甲苯等。

（5）填料　填料在胶黏剂中不发生一般不参与化学反应，它能使胶黏剂的稠度增加、热膨胀系数降低、收缩性减少、抗冲击强度和机械强度提高。常用的填料有滑石粉、石棉粉和铝粉等。

（6）改性剂　改性剂是为了改善胶黏剂的某一方面性能，以满足特殊要求而加入的一些组分，如为增加胶接强度，可加入适量的偶联剂，另外还可以加入防腐剂、防霉剂、阻燃剂和稳定剂等。

在《室内装饰装修材料 胶黏剂中有害物质限量》中，规定了室内建筑装饰装修所用胶黏剂中有害物质限量及其试验方法。适用于室内建筑装饰装修所用胶黏剂。溶剂型胶黏剂和水基型胶黏剂中有害物质限量值分别见表3-8和表3-9。

表3-8　溶剂型胶黏剂中有害物质限量值

项目	限量指标	
	橡胶类胶黏剂	聚氨酯类胶黏剂
游离甲醛/(g/kg)	≤0.5	—
苯/(g/kg)	—	≤5
甲苯＋二甲苯/(g/kg)	—	≤200
甲苯二异氰酸酯/(g/kg)	—	≤10
总挥发性有机物/(g/kg)	—	≤750

表3-9　水基型胶黏剂中有害物质限量值

项目	限量指标				
	缩甲醛类胶黏剂	聚乙酸乙烯酯胶黏剂	橡胶类胶黏剂	聚氨酯类胶黏剂	其他种类胶黏剂
游离甲醛/(g/kg)	≤1	≤1	≤1	—	≤1
苯/(g/kg)	≤0.2				
甲苯＋二甲苯/(g/kg)	≤10				
总挥发性有机化合物/(g/kg)	≤50				

绿色住宅建筑的设计和施工所用的胶黏剂，必须符合表3-8和表3-9中所标识的限制量，且设计成果和已建成建筑必须拥有由国家认证认可监督管理委员会授权的具有资质的第三方检验机构出具的产品检验报告。

（五）室内装饰装修材料木家具中有害物质限量

家具是人们日常生活中不可缺少的大宗消费品，由于家具制造时使用的原材料良莠不齐，劣质原材料造成挥发性有害物质超标，不仅严重影响了人们的生活质量，而且危害人们的身体健康。研究挥发性有害物质科学合理的检测技术，规定人体可接受的有害物质限量值，以达到有效控制的目的，是目前我国乃至全世界家具行业、科研机构关注的热点。

根据我国室内检测的结果表明，需要控制的木家具产品主要是指以木质材料为主的木制卧房家具、木制办公家具、厨房家具、木制框和其他木制类家具。为了降低木质家具中有害物质的含量，可以从以下几个方面进行控制：使用达到国家现行标准的人造板材；强化家具的生产工艺和质量管理；选择使用无甲醛或低甲醛的胶黏剂；采用氨气等措施处理人造板材。

在《室内装饰装修材料 木家具中有害物质限量》中，对于室内装饰装修用的木家具，其甲醛释放量和重金属含量有明确要求。因此，木家具中有害物质限量，应当符合表3-10中的规定。

表 3-10　木家具中有害物质限量

项目	限制量	
甲醛释放量/(mg/L)	≤1.5	
可溶性重金属/(mg/kg)	可溶性铅	≤90
	可溶性镉	≤75
	可溶性铬	≤60
	可溶性汞	≤60

　　绿色住宅建筑的设计和施工所用的木家具，必须符合表 3-10 中所标识的限制量，且设计成果和已建成建筑必须拥有由国家认证认可监督管理委员会授权的具有资质的第三方检验机构出具的产品检验报告。

（六）室内装饰装修材料壁纸中有害物质限量

　　壁纸也称为墙纸，这是一种应用相当广泛的室内装饰材料。因为壁纸具有色彩多样、图案丰富、豪华气派、安全环保、施工方便、价格适宜等多种其他室内装饰材料所无法比拟的特点，所以在欧美、东南亚、日本等发达国家和地区得到相当程度的普及。

　　据调查了解，英国、法国、意大利、美国等国的室内装饰墙纸普及率达到了 90% 以上，在日本的普及率达到 100%。壁纸的表现形式非常丰富，为适应不同的空间或场所、不同的兴趣爱好以及不同的价格层次，壁纸也有多种类型以供选择。

　　室内装饰装修所用的壁纸，主要以纸作为基材，通过胶黏剂粘贴于墙面或顶棚上的装饰材料，不包括墙毡及其他类似的墙挂。在《室内装饰装修材料　壁纸中有害物质限量》中，规定了壁纸中的重金属（或其他）元素、氯乙烯单体和甲醛三种有害物质的限量。壁纸中有害物质的限量值应符合表 3-11 中的规定。

表 3-11　壁纸中有害物质的限量值

有害物质名称		限量值/(mg/kg)	有害物质名称		限量值/(mg/kg)
重金属（或其他）元素	钡	≤1000	重金属（或其他）元素	砷	≤8
	镉	≤25		汞	≤20
	铬	≤60		硒	≤165
	铅	≤90		锑	≤20
氯乙烯单体		≤1.0	甲醛		≤120

　　绿色住宅建筑的设计和施工所用的壁纸，必须符合表 3-11 中所标识的限制量，且设计成果和已建成建筑必须拥有由国家认证认可监督管理委员会授权的具有资质的第三方检验机构出具的产品检验报告。

（七）室内装饰装修材料聚氯乙烯卷材地板中有害物质限量

　　根据现行国家标准《聚氯乙烯卷材地板　第 1 部分：带基材的聚氯乙烯卷材地板》(GB/T 11982.1—2005) 中的规定，聚氯乙烯卷材地板是指以聚氯乙烯树脂为主要原料，并加入适当的助剂，在片状连续的基材上，经涂敷工艺生产的卷材地板。

　　在《室内装饰装修材料　聚氯乙烯卷材地板中有害物质限量》中，主要规定了聚氯乙烯卷材地板（也称聚氯乙烯地板革）中的聚氯乙烯单体、可溶性镉和其他挥发物的限量、试验方法、抽样和检验规则。适用于聚氯乙烯树脂为主要原料，并加入适当的助剂，用涂敷、压延、复合工艺生产的发泡或不发泡的、有基材或无基材的聚氯乙烯卷材地板，也适用于聚氯乙烯复合铺炕革、聚氯乙烯车用地板。聚氯乙烯卷材地板中有害物质限量应符合表 3-12 中的规定。

表 3-12　聚氯乙烯卷材地板中有害物质限量

项目	发泡类卷材地板中挥发物的限量/(mg/kg)		非发泡类卷材地板中挥发物的限量/(mg/kg)	
	玻璃纤维基材	其他基材	玻璃纤维基材	其他基材
聚氯乙烯卷材地板	≤75	≤35	≤40	≤10

　　绿色住宅建筑的设计和施工所用的聚氯乙烯卷材地板，必须符合表 3-12 中所标识的限制量，且设计成果和已建成建筑必须拥有由国家认证认可监督管理委员会授权的具有资质的第三方检验机构出具的产品检验报告。

（八）室内装饰装修材料地毯、地毯衬垫及地毯用胶黏剂中有害物质释放限量

　　地毯是以棉、麻、毛、丝、草等天然纤维或化学合成纤维类原料，经手工或机械工艺进行编结、栽绒或纺织而成的地面敷设物。它是世界范围内具有悠久历史传统的工艺美术品类之一，适用于覆盖住宅、宾馆、体育馆、展览厅、车辆、船舶、飞机等的地面，具有减少噪声、隔热和装饰效果。

　　地毯衬垫是以天然胶为主要原料制成。它能增强地毯厚度及弹性，具有隔声、隔热、防潮、散潮的作用，使地毯不容易吸尘，延长地毯的使用寿命，提高装饰档次，目前已广泛应用于宾馆、写字楼等高级建筑。再生海绵地毯衬垫是目前国内外广泛使用的机织地毯最佳衬垫，是美国等发达国家广泛采用的地毯衬垫，我国生产的新一代绿色环保型再生海绵地毯衬垫，全面满足了地毯铺设更高舒适感、更环保和更长使用寿命的需要。

　　在《室内装饰装修材料地毯、地毯衬垫及地毯用胶黏剂中有害物质释放限量》中，主要规定了地毯、地毯衬垫及地毯用胶黏剂中有害物质释放限量、测试方法及检验规则，适用于生产或销售的地毯、地毯衬垫及地毯胶黏剂。要保持绿色住宅环境，就必须注意如地毯之类的装饰用品，保证这些产品的环保性，也是建设绿色建筑的重要保障之一。地毯有害物质释放限量见表 3-13，地毯衬垫有害物质释放限量见表 3-14，地毯 1/2°胶黏剂有害物质释放限量见表 3-15。

表 3-13　地毯有害物质释放限量

有害物质测试项目	限量/[mg/(m²·h)]	
	A 级（环保型产品）	B 级（有害物质释放限量合格产品）
总挥发性有机化合物（TVOC）	≤0.500	≤0.600
甲醛	≤0.500	≤0.500
苯乙烯	≤0.400	≤0.500
4-苯基环己烯	≤0.500	≤0.500

表 3-14　地毯衬垫有害物质释放限量

有害物质测试项目	限量/[mg/(m²·h)]	
	A 级（环保型产品）	B 级（有害物质释放限量合格产品）
总挥发性有机化合物（TVOC）	≤1.000	≤1.200
甲醛	≤0.500	≤0.500
苯乙烯	≤0.030	≤0.030
4-苯基环己烯	≤0.500	≤0.500

表 3-15　地毯胶黏剂有害物质释放限量

有害物质测试项目	限量/[mg/(m² · h)]	
	A级（环保型产品）	B级（有害物质释放限量合格产品）
总挥发性有机化合物（TVOC）	≤10.000	≤12.000
甲醛	≤0.500	≤0.500
2-苯基己醇	≤3.000	≤3.500

　　绿色住宅建筑的设计和施工所用的地毯、地毯衬垫及地毯用胶黏剂，必须分别符合表3-13～表3-15中所标识的限制量，且设计成果和已建成建筑必须拥有由国家认证认可监督管理委员会授权的具有资质的第三方检验机构出具的产品检验报告。

（九）混凝土外加剂中释放氨限量

　　混凝土外加剂是指为改善和调节混凝土的性能而掺加的物质。混凝土外加剂在工程中的应用越来越受到重视，外加剂的添加对改善混凝土的性能起到一定的作用，但外加剂的选用、添加方法及适应性将严重影响其发展。混凝土外加剂的掺量一般不大于水泥质量的5%。混凝土外加剂产品的质量必须符合国家标准《混凝土外加剂》（GB 8076—2008）的规定。

　　施工单位在冬季混凝土施工过程中，为了能使混凝土在负温下硬化，并在规定时间内达到足够防冻强度，很可能掺加尿素等氨类物质的防冻剂，这些氨类物质在使用过程中逐渐以氨气的形式释放出来。氨气是一种十分难闻的异味，对人体健康的损害与接触水平有关，当室内空气中每立方米含有0.3mg时，就感觉有异味和不适；每立方米含有0.6mg时，可引起眼结膜刺激；每立方米含有1.5mg时可引起呼吸道黏膜刺激、咳嗽、流泪等不良反应；当更高浓度时，还可引起头晕、头痛、恶心、胸闷、气喘和肝脏等多系统的损害。

　　在《混凝土外加剂中释放氨限量》中，主要规定了混凝土外加剂中释放氨的限量，适用于各类具有室内使用功能的建筑用、能释放氨的混凝土外加剂，但不适用桥梁、公路及其室外工程用混凝土外加剂。根据我国现行规范的要求，混凝土外加剂中释放氨的量不得高于0.10%（质量分数）。这对保证绿色住宅建筑室内舒适健康的居住环境是至关重要的。

　　绿色住宅建筑使用的混凝土所释放的氨的量必须低于国家标准，合理地选择适宜的建筑材料，且设计成果和已建成建筑必须拥有由国家认证认可监督管理委员会授权的具有资质的第三方检验机构出具的产品检验报告。

（十）建筑材料放射性核素限量

　　随着我国经济水平的迅猛上升，人们越来越对生活的质量有讲究了，尤其是居住的环境。过去人们不太讲究或者说忽视生活环境中天然放射性核素污染，现在也开始日益关注了。我们知道，建筑物内放射性污染主要来源于宇宙射线、贯穿建筑物的室外辐射、建筑装修材料中天然放射性核素的辐射等。对于居住而言，大部分室外辐射被建筑物屏蔽，而室内辐射却是很难免的，建筑装修材料既是屏蔽体又是室内放射性污染的主要来源。

　　根据试验结果表明，室内环境放射性大多来源于装饰过程中大量使用的石材、墙地砖、陶瓷洁具类建材产品，其中最大的辐射隐患来自石材。我国石材按放射性高低被分为A、B、C三类，只有A类可用于室内装修。天然石材中花岗石放射性超标现象严重，尤其是印度红、枫叶红、杜鹃红、英国棕、孔雀绿等，因此应谨慎选择红色、绿色或带有红色大斑点的花岗石品种。同时，天然石材不宜在室内大量使用，尤其不要在卧室、儿童房中使用。

　　在《建筑材料放射性核素限量》中，主要规定了建筑材料中天然放射性核素镭-226、钍-232、钾-40 放射性比活度的限量和试验方法，适用于建造各类建筑物所使用的无机非金属类建筑材料，包括掺工业废渣的建筑材料。现在所用的建筑材料或多或少都带有一些放射性，按照规范正确地选择建筑材料是十分重要的。建筑材料放射性核素限量值应符合表3-16中的规定。

表 3-16　建筑材料放射性核素限量值

名称	项目	限量值
建筑材料放射性元素的含量	装修材料	A 类装修材料装修材料中天然放射性核素镭-226、钍-232 和钾-40 的放射性比活度同时满足内照射指数 $IR_a \leq 1.0$ 和外照射指数 $I_\gamma \leq 1.3$ 要求的为 A 类装修材料。A 类装修材料产销与使用范围不受限制
		B 类装修材料不满足 A 类装修材料要求但同时满足内照射指数 $IR_a \leq 1.3$ 和外照射指数 $I_\gamma \leq 1.9$ 要求的为 B 类装修材料。B 类装修材料不可用于 I 类民用建筑的内饰面，但可用于 I 类民用建筑的外饰面及其他一切建筑物的内、外饰面
		C 类装修材料：不满足 A、B 类装修材料要求，但满足外照射指数 $I_\gamma \leq 2.8$ 要求的为 C 类装修材料。C 类装修材料只可用于建筑物的外饰面及室外其他用途

绿色住宅建筑使用的建筑材料的放射性量必须低于国家标准，合理地选择适宜的建筑材料，且设计成果和已建成建筑必须拥有由国家认证认可监督管理委员会授权的具有资质的第三方检验机构出具的产品检验报告。

五、建筑室内环境质量要求

在经历了 18 世纪工业革命带来的"煤烟型污染"和 19 世纪石油和汽车工业带来的"光化学烟雾污染"之后，现代人正经历以"室内环境污染"为标志的第三污染时期。室内污染物可能达数千种之多，室内污染也被称为现代城市的特殊灾害；国际上已经把室内空气污染列为对公众健康危害最大的环境因素。

当前我国环境污染已经超过了警戒线，尤其是空气、水、碳尘、辐射和有毒物质时刻侵害着我们的健康，室内环境的污染更为严重；据中国消费者协会统计，近年来投诉重点已经从质量投诉逐步转向室内环境污染投诉。国家卫生、建设和环保部门最近进行过一次室内装饰材料抽查，结果发现具有毒气污染的材料占 68%，这些装饰材料会挥发出 300 多种挥发性有机化合物，如甲醛、三氯乙烯、苯、二甲苯等，容易引发各种疾病。建筑物自身也可能成为室内空气的污染源。另有一种室内空气污染的隐患－空调，它在现代生活中日益普及，造成人体、房间和空调机最后在室内形成一个封闭的循环系统，极容易使细菌、病毒、霉菌等微生物大量繁衍。

室内环境包括居室、写字楼、办公室、交通工具、文化娱乐体育场所、医院病房、学校幼儿园教室活动室、饭店旅馆宾馆等场所。所有室内环境质量的优劣与健康均有密切的关系。家居环境是家庭团聚、休息、学习和家务劳动的人为小环境。家居环境卫生条件的好坏，直接影响着居民的发病率和死亡率。近年来室内环境保护越来越受到人们的重视，但有很多人还没有意识到室内环境质量对健康的影响。城市居民每天在室内工作、学习和生活的时间占全天时间的 90% 左右，因此，居室环境与人类健康和儿童生长发育的关系极为密切。

室内环境是人们接触最频繁、最密切的环境之一，其质量的优劣直接影响着人们的身体健康、生活与工作质量。室内环境污染可引起病态建筑物综合征（SBS）、与建筑物有关的疾病（BRI），还会导致呼吸道疾病、机体非特异免疫机能下降、慢性中毒，以及引发婴幼儿白血病、哮喘病、先天性异常、心脏疾病、智力发育等。近年来，室内环境污染事件频频发生，不仅仅体现在化学污染物、微生物和放射性等方面，室内不合格用水所致的中毒或疾病也时有发生；同时，还有许多被忽视的有害因素，如电磁辐射、噪声、光污染等。

截至目前，虽然我国室内环境质量相关标准多达 24 项，常用的如《民用建筑工程室内环境污染控制规范》、《室内空气质量标准》、《建筑采光设计标准》、《民用建筑隔声设计规确》、等。但这些标准和规范的制定多数是针对室内空气质量，忽视了电磁辐射、噪声、光污染及室内用水等有害因素；同时，限制参数、限量值、配套检测技术等方面均存在一些问题，特别是化学污染物的限制参数，远远落后于室内环境污染实际。

（一）民用建筑工程室内环境污染控制规范

《民用建筑工程室内环境污染控制规范》（GB 50325—2010）的制定，为了预防和控制民用建筑工程中建筑材料和装修材料产生的室内环境污染，保障公众健康，维护公共利益，做到技术先进、经济合理，确保安全适用。本规范适用于新建、扩建和改建的民用建筑工程室内环境污染控制，不适用于工业建筑工程、仓储性建筑工程、构筑物和有特殊净化卫生要求的房间。

本规范所称室内环境污染系指由建筑材料和装修材料产生的室内环境污染。民用建筑工程交付使用后，非建筑装修材料产生的室内环境污染，不属于本规范控制范围。规范中控制的室内环境污染物有氡、甲醛、氨、苯和总挥发性有机化合物（TVOC）5 类空气污染物，并对它们的活度、浓度提出了控制要求和措施。绿色建筑对于以上这些规定是必须满足的。

（二）建筑采光设计标准

建筑采光是指为获得良好的光照环境，节约能源，在建筑外围护结构（墙、屋顶）上布置各种形式采光口（窗口）而采取的措施。采光口按其所在位置，可分为侧窗和天窗两种。根据建筑功能和视觉工作的要求，选择合理的采光方式，确定采光口面积和窗口布置形式，创造良好的室内光环境是建筑采光的主要任务。

采光标准是建筑采光设计的依据。制定《建筑采光设计标准》是为了在建筑采光设计中，能够将国家的技术经济政策运用到实处，充分利用天然光，创造良好光环境和节约能源。最新修改的《建筑采光设计标准》(GB 50033—2013)，主要适用于利用天然采光的居住、公共和工业建筑的新建工程，也适用于改建和扩建工程的采光设计。

在《建筑采光设计标准》（GB 50033—2013）中，对住宅建筑、教育建筑、医疗建筑、办公建筑、图书馆建筑等的采光系数标准值均有具体规定。对于绿色建筑必须满足各类建筑的采光系数标准值。居住建筑采光系数标准值见表 3-17。

表 3-17　居住建筑采光系数标准值

采光等级	房间名称	侧面采光	
		采光系数标准值/%	室内天然光照度标准值/lx
Ⅳ	起居室、卧室、厨房、书房	2.0	300
Ⅴ	卫生间、过道、楼梯间、餐厅	1.0	150

绿色住宅建筑的采光除了必须满足表 3-17 中的规定数值外，还应做到技术先进、经济合理，有利于生产、工作、学习、生活和保护视力。

（三）室内空气质量标准

近 30 多年来，有关室内空气污染问题的研究发展很快，围绕着这一主题颁布的标准、法规、政策，以及对人体健康影响和危险度的评价、建筑物通风设计、空气净化等问题正成为当今研究的热点。因此，创造优良的室内环境已是人类文明的共同愿望。在长期的实践和总结中，逐渐构成了比较科学的室内环境质量控制和评价体系，建立了相对比较完备的法律、法规，制定了室内环境中相关污染物的卫生标准，形成了一门比较独立的学科。

随着室内空气中的各种污染物浓度不断增加和聚积，室内人群接触有害化学物质的机会和剂量超过正常情况，严重影响室内人群的身体健康和生活质量。因此，各国根据本地区的具体情况，制定了相应的室内环境中污染物控制标准和评价方法。

经过多年的实践和总结，我国在室内环境污染和质量控制方面积累了丰富经验，制定了许多有的规范和标准。如《室内空气质量标准》（GB/T 18883—2002）、《民用建筑工程室内环境污染控制规范》（GB 50325—2010）、《建筑材料放射性核素限定》（GB 6566—2010）和《室内装饰装修材料有害物质限量》10项标准等，共同构成了我国一个比较完整的室内环境污染控制和评价体系。

在现行国家标准《室内空气质量标准》（GB/T 18883—2002）中，从物理性、化学性、生物性、放射性四个参数类别、19个检测指标对室内空气质量进行控制。既要控制影响室内空气质量的环境因素，还要控制家具、电器及生活、办公、人群自身等产生的污染物，装饰装修材料产生的污染物，以及室外环境对室内环境的影响。

总之，《室内空气质量标准》（GB/T 18883—2002）控制的内容，表现为对生产、工作及生活活动中的室内空气质量进行多方位、多角度的全面控制。室内空气质量标准应符合表3-18中的要求。

表 3-18　室内空气质量标准

序号	参数类别	参数名称	参数单位	标准值	备注
1	物理性	温度	℃	22～28	夏季空调
				16～24	冬季采暖
2		相对湿度	%	40～80	夏季空调
				30～60	冬季采暖
3		空气流速	m/s	0.30	夏季空调
				0.20	冬季采暖
4		新风量	$m^3/(h·人)$	30[①]	—
5	化学性	二氧化硫（SO_2）	mg/m^3	0.50	1h均值
6		二氧化氮（NO_2）	mg/m^3	0.24	1h均值
7		一氧化碳（CO）	mg/m^3	10	1h均值
8		二氧化碳（CO_2）	%	0.10	日平均值
9		氨（NH_3）	mg/m^3	0.20	1h均值
10		臭氧（O_3）	mg/m^3	0.16	1h均值
11		甲醛（HCHO）	mg/m^3	0.10	1h均值
12		苯（C_6H_6）	mg/m^3	0.11	1h均值
13		甲苯（C_7H_8）	mg/m^3	0.20	1h均值
14		二甲苯（C_8H_{10}）	mg/m^3	0.20	1h均值
15		苯并[a]芘 B(a)P	mg/m^3	1.0	日平均值
16		可吸入颗粒（PM_{10}）	mg/m^3	0.15	日平均值
17		总挥发性有机化合物（TVOC）	mg/m^3	0.60	8h均值

序号	参数类别	参数名称	参数单位	标准值	备注
18	生物性	细菌总数	cfu/m³	2500	依据仪器定②
19	放射性	氡 Rn	Bq/m³	400	年平均值(行动水平③)

① 新风量要求≥标准值，除温度、相对湿度外的其他参数要求≤标准值；② 见《室内空气质量标准》中的附录 D；③ 达到此水平建议采取干预行动，以降低室内氡浓度。

（四）民用建筑隔声设计规范

建筑隔声是指随着现代城市的发展，噪声源的增加，建筑物的密集，高强度轻质材料的使用，对建筑物进行有效的隔声防护措施。建筑隔声除了要考虑建筑物内人们活动所引起的声音干扰外，还要考虑建筑物外交通运输、工商业活动等噪声传入所造成的干扰。

现行国家标准《民用建筑隔声设计规范》是为提高民用建筑的使用功能，保证室内有良好的声环境而制定的。适用于全国城镇新建、扩建和改建的住宅、学校、医院及旅馆等四类建筑中主要用房的隔声减噪设计。其中，住宅建筑的设计原则也适用于集体宿舍，但集体宿舍的设计标准应较住宅降低一级。

在《民用建筑隔声设计规范》（GB 50118—2010）中规定，隔声减噪设计标准等级，应按建筑物实际使用要求确定，分特级、一级、二级、三级，共四个等级。民用建筑隔声减噪设计除执行本规范的规定外，有关隔声标准的评价量，应执行国家现行标准《建筑隔声评价标准》，并应符合国家现行的有关设计标准、规范的规定。

作为绿色建筑既要考虑创造一个良好的室内环境，又要考虑资源的节约，不可片面地追求隔声的高性能。绿色住宅的卧室、起居室（厅）的允许噪声级应符合表 3-19 中的规定。

表 3-19　卧室、起居室（厅）的允许噪声级

普通要求的房间	允许噪声级（A 声级）/dB		高要求的房间	允许噪声级（A 声级）/dB	
	昼间	夜间		昼间	夜间
卧室	≤45	≤37	卧室	≤40	≤30
起居室(厅)	≤45		起居室(厅)	≤40	

分户构件空气声隔声标准应符合表 3-20 中的规定，房间之间空气声隔声标准应符合表 3-21 中的规定，分户楼板撞击声隔声标准应符合表 3-22 中的规定。

表 3-20　分户构件空气声隔声标准

构件名称	空气声隔声单值评价量+频谱修正量/dB		构件名称	空气声隔声单值评价量+频谱修正量/dB	
分户墙分户楼板	计权隔声量＋粉红噪声频谱修正量	＞45	分计住宅和非居住用途空间楼板	计权隔声量＋交通噪声频谱修正量	＞51

表 3-21　房间之间空气声隔声标准

房间名称	空气声隔声单值评价量＋频谱修正量/dB	
卧室、起居室(厅)与邻户房间之间	计权标准化声压级差＋粉红噪声频谱修正量	＞45
住宅和非居住用途空间分隔楼板上下的房间之间	计权标准化声压级差＋交通噪声频谱修正量	＞51

表 3-22　分户楼板撞击声隔声标准

构件名称	撞击声隔声单值评价量/dB	
卧室、起居室(厅)的分户楼板	计权规范化撞击声压级(实验室测量)	<75
	计权标准化撞击声压级(现场测量)	≤75

六、居住区智能化系统配置与技术要求

智能化的主要基础是智能科学技术，智能科学技术是信息科学技术、计算机科学技术、控制科学技术、生命科学技术等多学科交叉融合的新兴领域。随着人们生活水平的不断提高和科学技术的快速发展，人们对居住环境的要求也越来越高，居住区智能化已成为当前建筑的发展趋势。当前信息技术在建筑中的应用，既符合居住区智能化的趋势又恰好可以满足人们的需要。

居住区智能化系统的建设应在合理控制造价和执行国家建设标准的基础上，采用现代信息技术、网络技术与控制技术。满足住户与物业管理方面的需求。居住区智能化系统的建设应贯彻总体设计、分步实施的原则。应考虑居住区的节能、生态与环保。特别是与建筑结构相关部分，如管线、设备与电子产品安装等设计与施工应满足今后发展的需求。

在《居住区智能化系统配置与技术要求》(CJ/T 174—2003)中，提出了居住区智能化系统的建设的基本配置与可选配置，是开发商选用智能化系统的依据本标准规定了居住区智能化系统配置与技术要求等内容，主要包括定义、技术分类、建设要求、技术要求、安全防范子系统、管理与监控子系统和通信网络子系统等。本标准适用于新建居住区智能化系统的建设，已建的居住区进行智能化系统的建设仅作为参考。可作为房地产开发商建设智能化居住区选择系统与子系统的技术依据。

七、ISO 14001 环境管理体系认证

ISO 14001 认证全称是 ISO 14001 环境管理体系认证，是指依据 ISO14001 标准由第三方认证机构实施的合格评定活动。ISO 14001 是由国际标准化组织发布的一份标准，是 ISO 14000 族标准中的一份标准，该标准于 1996 年进行首次发布，2004 年分别由 ISO 国际标准化组织对该标准进行了修订，目前最新版本为 ISO 14001—2004。

ISO 14001 认证适用于任何组织，包括企业，事业及相关政府单位，通过认证后可证明该组织在环境管理方面达到了国际水平，能够确保对企业各过程、产品及活动中的各类污染物控制达到相关要求，有助于企业树立良好的社会形象。

ISO 14001 环境管理体系是环境管理标准，主要包括环境管理体系、环境审核、环境标志、全寿命周期分析等内容，旨在指导各类组织取得表现正确的环境行为。物业管理部门通过 ISO 14001 环境管理体系认证，是提高环境管理水平的需要，从而达到节约能源，降低消耗，减少环保支出，降低成本的目的，可以减少由于污染事故或违反法律、法规所造成的环境风险。具体地讲 ISO 14001 环境管理体系具有如下作用。

(1) 节能降耗，降低成本　ISO 14001 标准要求对企业生产全过程进行有效控制，体现清洁生产的思想，从最初的设计到最终的产品及服务都考虑减少污染的产生、排放和对环境的影响，能源、资源和原材料的节约、废物的回收利用等环境因素。通过设计目标、指标、

管理方案以及运行控制对重要环境因素进行控制，有效地促进减少污染、节约资源和能源，有效地利用原材料和回收利用废旧物资，减少或完全避免污染物超标排放费的交纳和行政性罚款，节省支出，降低成本，获得显著的经济效益。

（2）提高企业的管理水平　ISO 14001 是关于环境管理方面的一个体系标准，它是融合世界上许多发达国家在环境管理方面的经验于一身，而形成的一套完整的、科学的、操作性强的体系标准，作为一个有效的手段和方法，该标准在企业原有管理机制的基础上建立一个系统的管理机制，这个新的管理机制不但提高环境管理水平，而且促进企业整体管理水平的提高，完善组织的管理体系，增添无限生机和活力。

（3）塑造良好的企业形象　通过 ISO 14001 环境管理体系认证，以此向外界展示其实力和对环境保护的态度。树立良好的环境行为公众形象，改善与相关部门和周边群众的关系，增加组织的凝聚力，同时满足顾客环保要求，提高企业形象，降低环境风险。

（4）在国际贸易中冲破绿色壁垒　市场压力首先来自于国际市场的竞争，目前国际贸易中对环保标准包括对 ISO 14001 证书的要求越来越多，获取认证证书，就等于取得一张国际贸易的"绿色通行证"，可以获取国际贸易准入，避免非关税贸易壁垒，创造长远发展的条件，在市场竞争中占有优势。

（5）有利于企业良性和长期发展　我国目前已对通过 ISO 14001 标准认证的企业在环保贷款、环保产品认证、评选先进单位或创一流企业等方面给予优惠鼓励政策，企业通过获取认证证书，不但顺应国内外在环保方面越来越高的要求，不受国内外在环保方面的制约，而且增加了企业获得优惠信贷和保险政策机会，有效地促进企业环境与经济的协调与持续发展。

第二节　绿色公共建筑设计有关规范

随着全球环境问题的日益严峻和人们对其关注日益加深，人们逐步意识到人类文明的高速发展不能以牺牲环境为代价，也认识到保护地球环境、节约资源的重要性，而建筑业作为耗用自然资源最多的产业必须走可持续发展之路。在我国，随着国民经济的快速发展，公共建筑高能耗的问题日益突出，尤其是大型公共建筑更是能耗大户，其节能力度直接影响我国建筑节能整体目标的实现。

国内外实践经验证明，以可持续发展为基本理念的绿色公共建筑体系不同于以往传统的公共建筑体系，它已经超越了单纯的环境保护，被作为一种"社会-经济-环境"复合的生态系统，这就决定了绿色公共建筑的设计是一项复杂的系统工程，而对绿色公共建筑设计体系的研究是建筑业可持续发展的重要环节。

一、绿色公共建筑设计相关规范体系

国内外工程实践充分证明，绿色公共建筑设计是一门涉及面广泛和比较深奥的学科，其脱胎于普通的公共建筑设计，又融入了绿色生态的理念，在绿色建筑具体规划和设计中，可以参考传统公共建筑的相关规范，但不能笼统地照搬应用，必须经过绿色理念的筛检，挑选与绿色建筑有关的标准和条例，充分利用好相关规范中的已有成果，有效地指导绿色建筑的设计和评价。与绿色公共建筑设计有关的规范归纳于表 3-23 之中，可供绿色住宅建筑设计中参考和应用。

表 3-23　绿色住宅相关的规范体系

标准代码	规范名称	施行日期	主编单位	备注
JGJ/T229	《民用建筑绿色设计规范》	2011 年 10 月 1 日	住房和城乡建设部	绿色建筑与节能建筑设计标准
JGJ 26	《严寒和寒冷地区居住建筑节能设计标准》	2010 年 8 月 1 日	住房和城乡建设部	
JGJ 75	《夏热冬暖地区居住建筑节能设计标准》	2013 年 4 月 1 日	住房和城乡建设部	
JGJ 134	《夏热冬冷地区居住建筑节能设计标准》	2010 年 8 月 1 日	住房和城乡建设部	
GB 50180	《城市居住区规划设计规范》（2002 年修改版）	2002 年 4 月 1 日	原建设部	节地与室内环境
GB/T 50536	《城市园林绿化评价标准》	2010 年 12 月 1 日	城市建设研究院等	
GB 3096	《声环境质量标准》	2008 年 10 月 1 日	国家环境保护局	
GB 50189	《公共建筑节能设计标准》	2005 年 7 月 1 日	中国建筑科学研究院环境工程研究所	节能与能源利用
GB 50034	《建筑照明设计标准》	2004 年 12 月 1 日	原建设部	
GB/T 7106	《建筑外门窗气密、水密、抗风压性能分级及检测方法》	2009 年 3 月 1 日	住房和城乡建设部	
GB 18580	《室内装饰装修材料　人造板及其制品中甲醛释放限量》	2002 年 1 月 1 日	中国林业科学研究院木材工业研究所	节约材料与材料运用
GB 18581	《室内装饰装修材料　溶剂型木器涂料中有害物质限量》	2010 年 6 月 1 日	中国化工建设总公司等	
GB 18582	《室内装饰装修材料　内墙涂料中有害物质限量》	2008 年 10 月 1 日	国家质检总局等	
GB 18583	《室内装饰装修材料　胶黏剂中有害物质限量》	2009 年 9 月 1 日	国家质检总局等	
GB 18584	《室内装饰装修材料　木家具中有害物质限量》	2002 年 7 月 1 日	全国家具标准化中心等	
GB 18585	《室内装饰装修材料　壁纸中有害物质限量》	2002 年 1 月 1 日	中国制浆造纸研究院等	
GB 18586	《室内装饰装修材料　聚氯乙烯卷材地板中有害物质限量》	2002 年 1 月 1 日	轻工业塑料加工应用研究所等	
GB 18587	《室内装饰装修材料　地毯、地毯衬垫及地毯用胶黏剂中有害物质释放限量》	2002 年 1 月 1 日	天津市地毯研究所等	
GB 18588	《混凝土外加剂中释放氨限量》	2002 年 1 月 1 日	建筑科学研究院	
GB 6566	《建筑材料放射性核素限量》	2011 年 7 月 1 日	国家质检总局	
GB/T 50033	《建筑采光设计标准》	2013 年 5 月 1 日	中国建筑科学研究院	室内环境质量
GB 50176	《民用建筑热工设计规范》	1993 年 10 月 1 日	原建设部	
GB 50325	《民用建筑工程室内环境污染控制规范》	2011 年 6 月 1 日	国家质检总局等	
GB 50118	《民用建筑隔声设计规范》	2011 年 6 月 1 日	住房和城乡建设部	
GB/T 18883	《室内空气质量标准》	2003 年 3 月 1 日	国家质检总局等	
GB 19210	《空调通风系统清洗规范》	2003 年 6 月 30 日	标准化研究院	运营管理
物业管理部门通过 ISO14001 环境管理体系论证				

二、节地与室外环境相关的规范

节地与室外环境相关的规范主要涉及有《声环境质量标准》（GB 3096—2008），是为了贯彻《中华人民共和国环境噪声污染防治法》，防治噪声污染，保障城乡居民正常生活、工作和学习的声环境质量而制定的。对于公共建筑而言，应根据其类型划分，分别满足《声环境质量标准》（GB 3096—2008）中规定的环境噪声标准。对于交通干线两侧区域，尽管满足了区域环境噪声的要求：白天≤70dB（A），夜间≤55dB（A），并不意味着临街的公共建筑的室内就能安静，仍需要在围护结构（如临街外窗）采取隔声措施。

按区域的使用功能特点和环境质量要求，声环境分为以下5种标准类型：0类标准适用于疗养区、高级别墅区、高级宾馆区等特别需要安静的区域；1类标准适用于居住、文教机关为主的区域。商业、工业混杂区；2类标准适用于居住、商业、工业混杂区；3类标准适用于工业区；4类标准适用于城市中的道路交通干线两侧区域，穿越城区的内河航道两侧区域。穿越城区的铁路主、次干线两侧区域的背景噪声（指不通过列车时的噪声水平）限值也执行该类标准。

在进行绿色建筑设计时，应根据不同类别的居住区，对场地周边的噪声现状进行检测，并对规划实施后的环境噪声进行预测，使不同类别住宅环境噪声限值符合《声环境质量标准》（GB 3096—2008）中的规定。

三、节能与能源利用相关规范

（一）公共建筑节能设计标准

为了鼓励建筑师在绿色建筑方面的创造，绿色公共建筑中围护结构的热工性能评判，不对单个部件（如体形系数、外墙传热系数、窗墙面积比、幕墙遮阳系数、遮阳方式等）进行强制性规定，仅考虑其整体的热工性能，即采用《公共建筑节能设计标准》（GB 50189—2005）中的围护结构热工性能权衡判断法进行评判。在进行绿色建筑的设计中，相关方面必须符合表3-3、表3-4中所列数据。

（二）建筑照明设计标准

《建筑照明设计标准》（GB 50034—2013）是为了在建筑照明设计中，贯彻国家的法律、法规和技术经济政策，符合建筑功能，有利于生产、工作、学习、生活和身心健康，做到技术先进、经济合理、使用安全、维护管理方便，实施绿色照明而制定的。绿色照明是指节约能源、保护环境，有益于提高人们生产、工作、学习效率和生活质量，保护身心健康的照明。本标准适用于新建、改建和扩建以及二次装修的居住、公共和工业建筑的照明设计。建筑照明设计除应遵守本标准外，尚应符合国家现行有关标准和规范的规定。

根据《建筑照明设计标准》（GB 50034—2013）中规定，选择的照明灯具、镇流器、发光二极管电子控制器必须通过国家强制性产品认证。强制性产品认证制度，是国家为保护广大消费者人身和动植物生命安全，保护环境、保护国家安全，依照法律法规实施的一种产品合格评定制度，它要求产品必须符合国家标准和技术法规。强制性产品认证，是通过制定强制性产品认证的产品目录和实施强制性产品认证程序，对列入《目录》中的产品实施强制性的检测和审核。凡列入强制性产品认证目录内的产品，没有获得指定认证机构的认证证书，没有按规定加施认证标志，一律不得进口、不得出厂销售和在经营服务场所使用。

进行建筑照明设计时，首先，在满足眩光限制和配光要求条件下，应选用效率或效能高的灯具，并应尽可能采用分区域分时段控制的节能手段。荧光灯灯具的效率应符合表3-24中的规定，紧凑型荧光灯、小功率金属卤化物灯筒灯灯具的效率应符合表3-25中的规定。

表 3-24　荧光灯灯具的效率

灯具出口光形式	开敞式	保护罩（玻璃或塑料）		格栅
		透明	棱镜	
灯具效率/%	75	70	55	65

表 3-25　紧凑型荧光灯、小功率金属卤化物灯筒灯灯具的效率

灯具出口光形式	开敞式	保护罩	格栅
灯具效率/%	55	50	45

其次，除了在保证照明质量的前提下尽量减小照明功率密度（LPD）外，为节约电能源建议采用自动控制照明方式，如随着室外天然光的变化自动调节人工照明照度；办公室采用人体感应或静动感应等方式自动开关灯；旅馆的门厅、电梯大堂和客房层走廊等场所，采用夜间定时降低照度的自动调光装置；大中型建筑物按具体条件采用集中或集散的、多功能或单一功能的照明自动控制系统。

（三）建筑外门窗气密、水密、抗风压性能分级及检测方法

气密性是建筑门窗的主要物理性能，是指门窗在正常关闭状态时，阻止空气等渗透的能力，以单位开启缝长空气渗透量［$m^3/(m·h)$］和单位面积空气渗透量［$m^3/(m^2·h)$］作为分级指标。考虑到建筑外门窗的气密性能对整体建筑节能的影响，我国现行建筑节能设计标准《严寒和寒冷地区居住建筑节能设计标准》（JGJ 26—2010）、《夏热冬冷地区居住建筑节能设计标准》（JGJ 134—2010）、《夏热冬暖地区居住建筑节能设计标准》（JGJ 75—2003）及《公共建筑节能设计标准》（GB 50189—2005）中都对建筑外门窗的气密性做了具体的规定。

绿色建筑最重要的一环就是保证建筑满足节能的设计要求，抵御夏季和冬季室外空气过多地向室内渗透，对建筑外门窗的气密、水密和抗风压性能有较高的要求。在进行绿色公共建筑设计时，其气密性能不应低于现行国家标准《建筑外门窗气密、水密、抗风压性能分级及检测方法》（GB/T 7106—2008）中 6 级的要求，即在 10Pa 压差下，每小时每米缝隙的空气渗透量在 $0.5\sim1.5m^3$ 之间和每小时每平方米面积的空气渗透量在 $1.5\sim4.5m^3$ 之间。

四、节水与水资源利用相关规范

水是生命之源，是人类赖以生存与发展的基本物质，是维持生命的不可替代的自然资源。没有水，就没有人类，更没有社会。在我国许多地区水资源严重短缺。但是，由于人们节水意识淡薄，就造成了水资源严重浪费的现状。如何摆脱水资源危机的困扰、实现水资源可持续利用，实践证明节水就是行之有效的措施。公共建筑是用水大户，开展节水与水资源利用具有重要意义用于公共建筑节水与水资源利用方面的相关规范主要是：《建筑给水排水设计规范》（GB 50015—2003）（2009 年版）、《建筑中水设计规范》（GB 50336—2002）等。

（一）建筑给水排水设计规范

《建筑给水排水设计规范》是为保证建筑给水排水设计质量，使设计符合安全、卫生、适用、经济等基本要求而制订的。主要适用于居住小区、公共建筑区、民用建筑给水排水设计，亦适用于工业建筑生活给水排水和厂房屋面雨水排水设计。

绿色公共建筑给水排水系统的规划设计要符合《建筑给水排水设计规范》的规定。在节水方面做到卫生器具和配件应符合现行行业标准《节水型生活用水器具》的有关要求。公共场所的卫生间洗手盆宜采用感应式水嘴或自闭式水嘴等限流节水装置。公共场所的卫生间的小便器宜采用感应式或延时自闭式冲洗阀。生活饮用水系统的水质应符合现行国家标准《生活饮用水卫生标准》的要求。当采用中水为生活杂用水时，生活杂用水系统的水质应符合现行国家标准《城市污水再生利用城市杂用水水质》的要求。

根据《建筑给水排水设计规范》中的规定，绿色公共建筑给水排水系统，要优先采用节

能的供水系数，管材、管道附件及设备等供水设施的选取和运行，不能对供水造成二次污染。应设有完善的污水收集和污水排放等设施，靠近或市政排水管网的公共建筑，其生活污水可排入市政污水管网与城市污水集中处理；远离或不能接入市政排水系统的污水，应进行单独处理，还要设有完善的污水处理设施；处理后排放附近受纳水体，其水质应达到国家相关排放标准。小区给水系统设计应综合利用各种水资源，宜实行分质供水，充分利用再生水、雨水等非传统水源；优先采用循环和重复利用给水系统。

（二）建筑中水设计规范

随着城市建设和工业的发展，用水量特别是工业用水量急剧增加，大量污废水的排放严重污染了环境和水源，造成水资源不足，水质日益恶化；新水源的开发工程又相当艰巨。面对这种情况，立足本地区、本部门的水资源，污水回用是缓解缺水的切实可行的有效措施。中水是由上水（给水）和下水（排水）派生出来的，是指各种排水经过物理、化学或生物处理，达到规定的水质标准，可在生活、市政、环境等范围内杂用的非饮用水，如用来冲洗便器、冲洗汽车、绿化和浇洒道路等。因其标准低于生活饮用水水质标准，所以称为中水。

将使用过的受到污染的水处理后再次利用，既减少了污水的外排量、减轻了城市排水系统的负荷，又可以有效地利用和节约淡水资源，减少了对水环境的污染，具有明显的社会效益、环境效益和经济效益。建筑中水系统是建筑物或建筑小区的功能配套设施之一，主要由中水原水收集系统、处理系统和中水供水系统三部分组成。

《建筑中水设计规范》（GB 50336—2002）是为实现城镇污、废水资源化，节约用水，治理污染，保护环境，使建筑中水工程设计做到安全适用、经济合理、技术先进而制订的。本规范适用于各类民用建筑和建筑小区的新建、改建和扩建的中水工程设计。工业建筑中生活污水回用的中水工程设计，可参照本规范执行。

《建筑中水设计规范》中规定：①凡不符合国家标准《污水综合排放标准》要求的排水均应进行处理利用。②在缺水的城市和地区，必须贯彻以节水、治污、环境为先为重的原则，在建筑和建筑小区建设时，对于用水量大、排水对环境有污染的建筑，应按照本规范的规定，并结合当地有关规定配套建设中水设施。③中水设施应与主体工程同时设计，同时施工，同时使用。④中水工程设计，应根据可用水源的水质、水量和中水用途，合理确定中水水源、系统型式、处理工艺和规模。⑤建筑中水工程设计必须确保使用安全，严禁中水进入生活饮用水给水系统。⑥建筑中水设计除执行本规范外，尚应符合现行的《室外给水设计规范》、《室外排水设计规范》、《建筑给水排水设计规范》、《污水回用设计规范》等国家有关标准、规范的规定。

（1）用于城市杂用水的水质标准。再生水用厕所便器冲洗、城市绿化、车辆冲洗、道路清扫、消防及建筑施工等城市杂用时，其水质应符合现行国家标准《城市污水再生利用城市杂用水水质》（GB/T 18920—2002）中的规定。城市杂用水的水质标准见表 3-26。

表 3-26　城市杂用水的水质标准

序号	项目	厕所冲洗	道路清扫	消防用水	城市绿化	车辆冲洗	建筑施工
1	pH 值	6.0～9.0					
2	色度/度	≤30					
3	嗅	无不快感					
4	浊度（NTU）	≤5	≤10	≤10	≤10	≤5	≤20
5	溶解性总固体/（mg/L）	≤1500	≤1500	≤1500	≤1000	≤1000	—

序号	项目	厕所冲洗	道路清扫	消防用水	城市绿化	车辆冲洗	建筑施工
6	五日生化需氧量(BOD$_5$)/(mg/L)	≤10	≤15	≤15	≤20	≤10	≤15
7	氨氮/(mg/L)	≤10	≤10	≤10	≤20	≤10	≤20
8	阴离子表面活性剂/(mg/L)	≤1.0	≤1.0	≤1.0	≤1.0	≤0.5	≤1.0
9	铁/(mg/L)	≤0.3	—	—	—	≤0.3	—
10	锰/(mg/L)	≤0.1	—	—	—	≤0.1	—
11	溶解氧/(mg/L)	≥1.0					
12	总余氯/(mg/L)	接触30min后≥1.0,管网末端≥0.2					
13	总大肠菌群/(个/L)	≤3					

（2）用于景观环境用水的水质标准。当再生水作为景观环境用水时，其水质应符合现行国家标准《城市污水再生利用　景观环境用水水质》（GB/T 18921—2002）中的规定，具体规定见表 3-27。对于以大城市污水为水源的再生水，除应满足表 3-27 中的各项指标外，其化学毒理学指标还应符合《城市污水再生利用　景观环境用水水质》（GB/T 18921—2002）中规定的选择控制项目最高允许排放浓度。

表 3-27　景观环境用水的再生水水质标准　　　　　　　单位：mg/L

序号	项目	观赏性景观环境用水			娱乐性景观环境用水		
		河道类	湖泊类	水景类	河道类	湖泊类	水景类
1	基本要求	无飘浮物,无令人不愉快的嗅和味					
2	pH 值	6.0～9.0					
3	五日生化需氧量(BOD$_5$)	≤10	≤6		≤6		
4	悬浮物(SS)	≤20	≤10		—		
5	浊度 NTU	—			≤5.0		
6	溶解氧	≥1.5			≥2.0		
7	总磷(以 P 计)	≤1.0	≤0.5		≤1.0	≤0.5	
8	总氮	≤15			≤15		
9	氨氮(以 N 计)	≤5			≤5		
10	粪大肠菌群数/(个/L)	≤10000	≤2000		≤500		不得检出
11	余氯	≥0.05					
12	色度/度	≤30					
13	石油类	≤1.0					
14	阴离子表面活性剂	≤0.5					

注：1. 对于需要通过管道输送再生水的非现场回用情况采用加氯消毒方式；而对于现场回用情况不限制消毒方式。

2. 若使用未经过除磷脱氮的再生水作为景观环境用水，鼓励使用本标准的各方在回用地点积极探索通过人工培养具有观赏价值水生植物的方法，使景观水体的氮磷满足表 3-27 中的要求，使再生水中的水生植物经济合理。

3. 余氯：即指氯接触时间不应低于 30min 的余氯，对于非加氯消毒方式无此项要求。

五、节材与材料资源利用相关规范

建筑装饰装修材料中的有害物质以及石材和用工业废渣生产的建筑装饰装修材料中的放射性物质会对人体健康造成损害。为了防止有毒的建筑装饰材料对人体健康的危害，国家质量监督检验检疫总局、国家标准化管理委员会修订的《室内装饰装修材料有害物质限量》10项强制性国家标准。这10项强制性国家标准，基本上规范了室内装饰装修材料中氨、甲醛、挥发性有机化合物（VOCs）、苯、甲苯、二甲苯、游离甲苯二异氰酸酯（DTI）、氯乙烯单体、苯乙烯单体和可溶性铅、镉、铬、汞、砷等有害元素的限量指标。

绿色公共建筑所用的建筑材料和装饰装修材料中的有害物质含量，必须符合下列现行国家标准的要求：《室内装饰装修材料　人造板及其制品中甲醛释放限量》、《室内装饰装修材料　溶剂型木器涂料中有害物质限量》、《室内装饰装修材料　内墙涂料中有害物质限量》、《室内装饰装修材料　胶黏剂中有害物质限量》、《室内装饰装修材料　木家具中有害物质限量》、《室内装饰装修材料　壁纸中有害物质限量》、《室内装饰装修材料　聚氯乙烯卷材地板中有害物质限量》、《室内装饰装修材料　地毯、地毯衬垫及地毯用胶黏剂中有害物质释放限量》、《混凝土外加剂中释放氨限量》、《建筑材料放射性核素限量》。以上各种材料中有害物质限量可参见表3-5～表3-16。

六、公共建筑的运营管理

绿色建筑在建筑的生命期内，最大限度地保护环境、节约资源（节能、节水、节地、节材）和减少污染，为人们提供健康、适用和高效地使用的空间。绿色建筑将环保技术、节能技术、信息技术、控制技术渗透入人们的生活与工作，用最新的理念、最先进的技术去解决生态节能与居住舒适度问题，使建筑物与自然环境共同构成和谐的有机系统。

绿色公共建筑的运营管理，主要包括控制项、一般项、优选项和创新项。

（1）控制项　①制定并实施节能、节水等资源节约与绿化、环保等相关的管理制度。②建筑运行过程中无不达标废弃、废水排放。③分类收集和处理废弃物，且收集和处理过程中无二次污染。

（2）一般项　①建筑施工兼顾土方平衡和施工道路等设施在运营过程中的施工。②建筑工程资料和设备系统的运行数据完备。③物业管理部门通过ISO 14001环境管理体系认证。④管道的设置便于维修、改造和更换。⑤对集中空调风系统按照《空调通风系统清洗规范》规定进行定期检查和清洗，同时按照本市集中空调通风系统卫生管理的有关规定进行管理。⑥建筑智能化系统定位合理，信息网络系统功能完善，符合《智能建筑设计标准》的要求。⑦建筑通风、空调、照明等设备自动监控系统技术合理，系统高效运营。⑧建筑耗电、冷热量等实行计量收费。⑨利用雨水或再生水时，自行或委托具有水质监测资质单位对水质定期检测。

（3）优选项　①采用节能综合管理系统，对建筑能耗和用能部门实施科学监管。②具有并实施资源管理激励机制，管理业绩与节约资源、提高经济效益挂钩。

（4）创新项　在保护自然资源和生态环境、节能、节材、节水、节地、减少环境污染与智能化系统建设等方面，有较为突出的，因地制宜的设计，采用创新性强且使用效果突出的新技术、新材料、新产品、新工艺，可产生明显的经济效益、社会效益和环境效益。

第三节　建筑工程绿色施工评价标准

建筑工程绿色施工是指工程建设中，在保证质量、安全等基本要求的前提下，通过科学管理和技术进步，最大限度地节约资源与减少对环境负面影响的施工活动，实现环境保护、节能与能源利用、节材与材料资源利用、节水与水资源利用、节地与土地资源保护（以下简称"四节一环保"）。

在现行国家标准《建筑工程绿色施工评价标准》（GB 50640—2010）中，对建筑工程绿色施工基本要求、绿色施工评价与等级划分、环境保护评价指标、节材与材料资源利用评价指标、节水与水资源利用评价指标、节能与能源利用评价指标、节地与土地资源保护评价指标、评价方法、评价组织和程序等均有具体的要求。

一、建筑工程绿色施工基本要求

（1）实施绿色施工，开工前应进行绿色施工总体策划，制定绿色施工实施方案和"节能、节地、节水、节材和环境保护"目标，实施目标管理。

（2）实施绿色施工，应对施工策划、材料采购、现场施工、工程验收等各阶段进行控制，加强对整个施工过程的管理和监督。

（3）实施绿色施工，应注重"四新"（新技术、新材料、新产品、新工艺）的研究和推广应用。

（4）凡发生以下情况的项目，不得进行绿色施工评价：①施工中发生塌方、泥浆外溢；因施工导致周围建筑物、构筑物开裂；施工扰民等情况并造成严重社会影响；②施工过程中发生死亡事故；③发生质量事故，造成严重影响。

二、绿色施工评价与等级划分

（1）绿色施工评价指标体系由施工管理、环境保护、节材与材料资源利用、节水与水资源利用、节能与能源利用、节地与施工用地保护六类指标组成。每类指标包括控制项、一般项与优选项。

（2）绿色施工评价　以一个施工项目为对象，分为施工过程评价、施工阶段评价、单位工程评价三个层次。单位工程划分为地基与基础、主体结构（含屋面）、装饰装修与安装三个施工阶段，每个施工阶段又按时间段或形象进度划分为若干个施工过程。群体工程或面积较大分段流水施工的项目，在同一时间内两个或三个施工阶段同时施工，可按照工程量较大的原则划分施工阶段。

（3）施工过程、施工阶段和单位工程评价均可按照满足本标准的程度，划分为基本绿色、绿色、满意绿色三个等级。

（4）绿色施工过程评价方法及等级划分　①控制项全部符合要求。②各类指标中的一般项满分为100分（见《建筑工程绿色施工评价标准》附录A表A.1～6），按满足要求程度逐项评定得分（最低为0分，最高为该项应得分），然后计算一般项合计得分，如有不发生项，按实际发生项评定实际得分［(实际得分和/应得分和)×100］。③每类指标中的优选项满分为20分（见本标准附录A表A.1～6），按实际发生项满足要求的程度逐项评定加分（最低为0分，最高为该项应加分），然后计算优选项合计加分。④该类指标合计得分＝一般项合计得分＋优选项合计加分。⑤该过程评价总分为六类指标合计得分总和。6评价总分≥360分时，评价为基本绿色；评价总分≥450分时，评价为绿色；评价总分≥540分时，评价为满意绿色。

（5）施工阶段绿色施工评价　①施工阶段绿色施工评价在该阶段施工基本完成并在过程评价的基础上进行。施工阶段评价包括现场评价和复核过程评价档案资料两个部分。②现场评价按（4）进行。③当现场评价为基本绿色，该阶段所有过程评价结果均为基本绿色以上，该施工阶段评价为基本绿色。④当现场评价为绿色，该阶段所有过程评价结果50%为绿色以上，且所有过程评价总分平均≥450分，该施工阶段评价为绿色；5当现场评价为满意绿色，该施工阶段所有过程评价结果50%为满意绿色，且所有过程评价总分平均≥540分，可评价为满意绿色。注：按本条 4、5 款确定评价等级时，当不完全满足本款条件时，按下一等级条件确定评价等级，依此类推。

（6）单位工程绿色施工评价 ①单位工程绿色施工评价在竣工交验后进行。②单位工程评价主要汇总、复核施工阶段评价资料。③当单位工程只有一个施工阶段时（如单独的装饰或安装工程等），施工阶段评价等级即为单位工程评价等级。④当单位工程含有两个施工阶段时，按以下条件确定评价等级：a. 一个施工阶段评价为满意绿色，另一个施工阶段评价为绿色以上，单位工程评价为满意绿色；b. 一个施工阶段评价为绿色以上，另一个施工阶段评价为基本绿色以上且该阶段所有过程评价总分平均≥420 分时，单位工程评价为绿色；c. 两个施工阶段均评价为基本绿色以上，达不到本款 a、b 项规定条件的，单位工程评价为基本绿色。⑤当单位工程含有三个施工阶段时，按以下条件确定评价等级：a. 三个施工阶段中有两个评价为满意绿色，其中主体阶段必须为满意绿色，另一个为绿色以上时，单位工程评价为满意绿色。b. 三个施工阶段中有两个评价为绿色以上，其中主体阶段必须为绿色以上，另一个施工阶段为基本绿色以上且该施工阶段所有过程评价总分≥420 分时，该单位工程评价为绿色。c. 三个施工阶段均评价为基本绿色以上，达不到本款 a、b 项规定条件的，单位工程评价为基本绿色。

（7）绿色施工评价组织 ①施工过程评价由项目经理组织相关人员（亦可聘请外部相关人员参加）进行评价，填写评价记录，收集相关证明资料，并建立评价档案。②施工过程评价按时间段或工程形象进度控制评价频率。每个阶段至少评价 2 次；阶段工期超过一个月的，每月评价一次。③施工阶段和单位工程评价，应由公司（直营公司）组织相关人员进行评价。

三、绿色工程施工的评价指标

绿色建筑是指为人类提供一个健康、舒适的活动空间，同时最高效率地利用能源、最低限度地影响环境的建筑物，其目标是为人类提供健康、舒适、高效的工作、居住、活动的空间，同时尽可能地节约能源和资源，减少对自然和生态环境的影响。绿色施工作为在建筑业落实可持续发展战略的重要手段和关键环节，已经为越来越多的业内人士所了解。但是我国到目前为止仍没有专门的针对绿色施工的评价体系，缺乏确定的标准来衡量施工企业的绿色施工水平，对绿色施工的推广和管理造成了障碍。

（一）绿色工程施工管理

1. 绿色工程施工管理控制项

（1）建立以项目经理为第一责任人的绿色施工领导小组；并明确绿色施工管理员。

（2）明确绿色施工管理控制目标，并分解到各阶段和相关管理人员。

（3）编制绿色施工专项方案，或在施工组织设计中独立成章，方案中"四节一环保"内容齐全，按企业规定进行审批。

（4）分别设定"四节一环保"控制指标，定期进行计量、核算、对比分析，并有预防与纠正措施。

（5）采取有效形式对绿色施工作宣传，营造绿色施工氛围；定期对相关人员进行绿色施工知识培训，增强绿色施工意识。

（6）按照《建筑工程绿色施工评价标准》中的要求，定期进行绿色施工自我评价，并留有相关记录。

2. 绿色工程施工管理一般项

（1）结合绿色施工目标分解，制订绿色施工考核指标和绿色施工的激励和处罚制度。

（2）贯彻《职业健康安全管理体系规范》、《环境管理体系　要求及使用指南》，并按照本企业《项目管理手册》（MS03）"职业健康安全管理"和"环境、CI与文明施工管理"要求运行。

（3）项目审批立项为本企业"绿色施工示范工程"，并按规定组织实施。

（4）针对绿色施工管理或"四节一环保"内容开展QC小组攻关活动，提高绿色施工管理和技术水平。

（5）签订分包合同时，将"四节一环保"指标纳入合同条款，进行计量和考核。

3. 绿色工程施工管理优选项

（1）结合工程特点，立项开展有关绿色施工方面新技术、新设备、新材料、新工艺的开发和推广应用技术研究，并取得阶段性成果。

（2）项目审批立项为省、部级"绿色施工示范工程"，并按有关规定实施。

（二）绿色工程环境保护

1. 绿色工程环境保护控制项

（1）运送土方、建筑垃圾、建筑材料、机具设备等，不污损场外道路。

（2）回收有毒有害废弃物，并交有资质的单位处理；施工现场严禁焚烧各类废弃物。

（3）针对不同的污水，设置沉淀池、隔油池、化粪池等设施，无堵塞、渗漏、溢出等现象发生。

（4）建筑垃圾应按有关规定分类收集存放，不可再利用的及时清运。

（5）生活垃圾设置封闭式垃圾容器，并应及时将其清运。

（6）保护施工场地内及周边各种地下设施，保证各类管道、管线、建筑物、构筑物安全运行。

（7）在施工过程中一旦发现文物，必须立即停止施工，保护好施工现场，通报文物部门并协助处理。

2. 绿色工程环境保护一般项

（1）作业区土方施工过程，目测扬尘高度不大于 1.5m，不扩散到场区外；结构、安装、装饰阶段，目测扬尘高度不大于 0.5m。现场非作业区目测无扬尘。

（2）现场噪声排放不得超过国家标准《建筑施工场界噪声限值》的规定；在禁令时间内停止产生噪声的施工作业；不发生对施工噪声的合理投诉。

（3）采取措施避免或减少光污染，不发生对光污染的合理投诉。

（4）施工现场污水排放应符合当地有关规定。

（5）基坑降水时，采取有效措施减少抽取地下水。

（6）在缺水地区或地下水位持续下降地区或当基坑开挖抽水量大于 $50 \times 10^4 \mathrm{m}^3$ 时，应采取地下水回灌措施。

（7）对有毒化学品、油料等材料储存地，机械设备漏油、油料使用等应采取有效隔离措施，做好渗漏液的收集和处理。

（8）采取有效技术措施，保护地表环境，防止土壤侵蚀、流失。

（9）采取有效技术措施，加强建筑垃圾的回收再利用，实现建筑垃圾减量化。

（10）避让、保护施工场区及周边的古树名木，确实需要迁移的，协助相关部门处理。

（11）石材、陶瓷等建筑材料应具有放射性检测报告，并且符合国家标准《建筑材料放射性核素限量》中的规定。

（12）民用建筑工程验收时，进行室内环境污染浓度检测，检测结果应符合《民用建筑工程室内环境污染控制规范》的规定。

3. 绿色工程环境保护优选项

（1）在施工场界四周隔挡高度位置测得的大气总悬浮颗粒物（TSP）月平均浓度与城市背景值的差值不大于 0.08mg/m³。

（2）建筑垃圾的再利用和回收率达到 30%；建筑物拆除产生的废弃物再利用和回收率大于 40%；碎石类、土石方类建筑垃圾，再利用率大于 50%。

（三）节材与材料资源利用

1. 节材与材料资源利用控制项

（1）根据施工进度、库存情况等合理安排材料的采购、进场时间和批次，减少库存。

（2）材料运输工具适宜，装卸方法得当，防止遗撒和损坏。

（3）现场材料堆放有序，储存环境适宜，措施得当；保管制度健全，责任落实。

（4）在绿色工程施工中，应做法预留、预埋应与结构施工同步。

2. 节材与材料资源利用一般项

（1）主要材料损耗率比定额损耗率降低 30%。

（2）采用管线综合平衡技术，优化管线路径，避免预留、预埋遗漏。

（3）工程施工尽量做到就地取材，施工现场 500km 以内生产的建筑材料用量占建筑材料总用量 70% 以上。

（4）推广使用高强度钢材和高性能混凝土，减少资源消耗。

（5）使用预拌混凝土；当现场搅拌时，应使用散装水泥。

（6）大型结构件采用工厂制作，采用合理的安装方案，减少措施费和材料用量。

（7）大型结构件、大型设备、砌体材料等应一次就位卸货，避免或减少二次搬运。

（8）门窗、屋面、外墙等围护结构选用耐候性、耐久性、密封性、隔音性、保温隔热性、防水性等性能良好的材料，选择合理的节点构造和施工工艺，应符合《建筑节能工程施工质量验收规范》的规定。

（9）在正式施工前，应对贴面类块材进行总体排版策划，最大限度地减少废料的数量。

（10）各类油漆及黏结剂随用随开启，不用时及时封闭。

（11）木制品及木装饰用料、玻璃等各类板材应在工厂采购或定制。

（12）采用非木质的新材料或人造板材代替木质板材。

（13）采用定型钢模、钢框竹胶板代替木模板，用定型钢龙骨多层胶合板模板体系代替木方龙骨多层胶合板模板体系。

（14）高层建筑采用整体提升或分段悬挑外脚手架。

（15）临时用房、临时围挡材料的可重复使用率达到 70%。

（16）选用耐用、维护与拆卸方便的周转材料；采用工具式模板、钢制大模板和早拆支撑体系，提高模板、脚手架周转次数。

3. 节材与材料资源利用优选项

（1）推广使用预拌砂浆或干混砂浆。

（2）使用专业加工与配送的成型钢筋。

（3）现场临时道路和地面硬化采用可周转使用的块材铺设。

（4）住宅工程推广菜单式装修，交付成品工程。

（四）节水与水资源利用

1. 节水与水资源利用控制项

（1）施工现场供水管网根据用水量设计布置，管径合理、管路简捷。采取有效措施杜绝管网和用水器具的漏损。

（2）在非传统水源和现场循环再利用水的使用过程中，采取有效的水质检测与卫生保障措施，防止对人体健康、工程质量以及周围环境产生不良影响。

2. 节水与水资源利用一般项

（1）在绿色工程的施工过程中，对于混凝土养护应采取有效的节水措施。

（2）为实现工程施工中的节约用水，应分别对生活用水与工程用水进行计量管理。

（3）生活用水节水器具配置比率达到 50% 以上。

（4）处于基坑降水阶段的工地，采用地下水作为搅拌、养护、冲洗和部分生活用水。

（5）根据我国的实际情况，万元产值用水量指标控制在 10t 以内。

3. 节水与水资源利用优选项

（1）建立雨水、中水或可再利用水的收集利用系统。

（2）有条件的工地，采用中水和其他可利用水资源搅拌、养护混凝土，施工中非传统水源和循环水的再利用量大于 30%。

（五）节能与能源利用

1. 节能与能源利用控制项

（1）严禁使用国家、行业、地方政府明令淘汰的施工设备、机具和产品。

（2）选择功率与负载相匹配的施工机械设备，避免大功率施工设备长时间低负载运行。

2. 节能与能源利用一般项

（1）万元产值耗电量指标控制在 100kW·h 以内。

（2）做好机械设备维修保养工作，使机械设备保持低耗、高效状态，并完善施工设备的管理档案。

（3）合理布置施工临时供电线路，优化线路路径，做到距离短、线损小。

（4）施工临时设施布置与设计，应充分结合日照和风向等自然条件，采用自然采光和通风；南方地区可根据需要在其外墙窗口设置遮阳设施。

（5）施工现场办公和生活的临时设施，在围护墙体、屋面、门窗等部位，使用保温隔热性能指标好的节能材料。

（6）施工设备统筹部署，合理安排，做到机具资源共享和充分利用。

（7）照明设计以满足最低照度为原则，不得超过最低照度的 20%；走道、卫生间应采用声控、光控等节能照明灯具。

（8）办公和生活用房合理配置采暖设施、空调、风扇数量，并控制使用时间。

3. 节能与能源利用优选项

（1）燃油机械设备使用节能型油料添加剂。

（2）优先选用国家或行业推荐的节能、高效、环保的施工设备和机具；逐步采用节电型机械设备。

（3）施工现场公共区域照明，采用节能照明灯具的比率大于 80%。

（六）节地与施工用地保护

1. 节地与施工用地保护控制项

（1）根据施工规模及现场条件等因素合理确定临时设施，临时设施占地面积按用地指标所需的最低面积设计。平面布置合理、紧凑，在满足环境、职业健康与安全及文明施工要求的前提下，尽量减少临时设施占地面积。

（2）施工现场搅拌站、仓库、加工厂、作业棚、材料堆场等布置应考虑最大限度地缩短运输距离，尽量靠近已有交通线路或即将修建的正式或临时交通线路。

2. 节地与施工用地保护一般项

（1）在禁止使用黏土实心砖的地区，不使用黏土实心砖，限制使用黏土空心砖；在不禁止使用黏土实心砖地区限制使用。以保护土地。

（2）施工现场道路按照永久道路和临时道路相结合的原则布置。施工现场内尽量形成环形通路，减少道路占用土地。

（3）红线外临时占地应尽量使用荒地、废地，少占用农田和耕地。工程完工后，及时恢复。

（4）利用和保护施工用地范围内原有绿色植被，对施工周期较长的现场，可按建筑永久绿化的要求，安排场地新建绿化。

（5）施工总平面布置做到科学合理，充分利用原有建筑物、构筑物、道路、管线为施工生产服务。

3. 节地与施工用地保护优选项

（1）采用分期进行施工的工程，临时设施布置应注意远近期相结合，减少和避免重复建设占地。

（2）对深基坑施工方案进行优化，减少土方开挖和回填量，最大限度地减少对土地的扰动，保护周边自然生态环境。

第四章

绿色建筑设计要素

　　信息时代的到来，知识经济和循环经济的发展，人们对现代化的向往与追求，赋予绿色节能建筑无穷魅力，发掘绿色建筑设计的巨大潜力却又是时代对建筑师的要求。绿色建筑设计是生态建筑设计，它是绿色节能建筑的基础和关键。在可持续发展和开放建筑的原则下，绿色建筑设计指导思想应遵循现代开放、端庄朴实、简洁流畅、动态亲民的建筑形象，从选址到格局，从朝向到风向，从平面到竖向，从间距到界面，从单体到群体，都应当充分体现出绿色的理念。

　　国内工程实践证明，在倡导和谐社会的今天，怎样抓住绿色建筑设计要素，有效运用各种设计要素，使人类的居住环境体现出空间环境、生态环境、文化环境、景观环境、社交环境、健身环境等多重环境的整合效应，使人居环境品质更加舒适、优美、洁净，建造出更多节能并且能够改善人居环境的绿色建筑就显得尤为重要。

第一节　绿色建筑室内外环境设计

　　绿色建筑是日渐兴起的一种自然、和谐、健康的建筑理念。意在寻求自然、建筑和人三者之间的和谐统一，即在"以人为本"的基础上，利用自然条件和人工手段来创造一个有利于人们舒适、健康的生活环境，同时又要控制对于自然资源的使用，实现自然索取与回报之间的平衡。因此，现在所说的绿色建筑，不仅要能提供安全舒适的室内环境，同时应具有与自然环境相和谐的良好的建筑外部环境。

　　室内外环境设计是建筑设计的深化，是绿色建筑设计中的重要组成部分。随着社会进步和人民生活水平的提高，建筑室内外环境设计，在人们的生活中越来越重要，在人类文明发展至今天的现代社会中，人类已不再是只简单地满足于物质功能的需要，而是更多地需求是精神上的满足，所以在室内外环境设计中，我们必须一切围绕着人们更高的需求来进行设计，这就包括物质需求和精神需求。具体的室内外环境设计要素主要包括：对建造所用材料的控制、对室内有害物质的控制、对室内热环境的控制、对建筑室内隔声的设计、对室内采光与照明设计、对室外绿地设计要求等。

一、对建造所用材料的控制

　　建筑物采用传统建筑材料建造，不仅耗费大量的自然资源，而且产生很多环境问题。例如，大量产生的建筑废料，装修材料引起的室内空气污染，会导致一系列的建筑物综合征等。随着人们环保意识的提高，人们越来越重视建筑材料引起的建筑室内外空气污染的问题。工程实践充分证明，绿色建筑在材料的使用上考虑两个要素：一是将自然资源的消耗降到最低；二是为建筑用户创造一个健康、舒适和无害的空间。

通过在材料的选择过程中进行寿命周期分析和比较常规的标准（如费用、美观、性能、可获得性、规范和厂家的保证等），尽量减少自然资源的消耗。绿色建筑提倡使用可再生和可循环的天然材料，同时尽量减少含甲醛、苯、重金属等有害物质的材料的使用；和人造材料相比，天然材料含有较少的有毒物质，并且更加节能。只有当大量使用无污染节能的环保材料时，我们建造的建筑才具有可持续性。同时，还应该大力发展高强高性能材料；以及进行垃圾分类收集、分类处理；有机物的生物处理；尽可能地减少建筑废弃物的排放和空气污染物的产生，实现资源的可持续发展。

二、对室内有害物质的控制

现代人平均有 $60\%\sim80\%$ 的时间生活和工作在室内。室内空气质量的好坏直接影响着人们的生活质量和身体健康，与室内空气污染有直接关系的疾病，已经成为社会普遍关注的热点，也成为绿色建筑设计的重点。认识和分析常见的室内污染物，采取有效措施对有害物质进行控制，将其危害防患于未然，这对提高人类生活质量有着重要的意义。

室内环境质量受到多方面的影响和污染，其污染物质的种类很多，大致可以分为三大类：第一类为物理性污染，包括噪声、光辐射、电磁辐射、放射性污染等，主要来源于室外及室内的电器设备；第二类为化学性污染，包括建筑装饰装修材料及家具制品中释放的具有挥发性的化合物，数量多达几十种，其中以甲醛、苯、氡、氨等室内有害气体的危害尤为严重；第三类为生物性污染，主要有螨虫、白蚁及其他细菌等，主要来自地毯、毛毯、木制品及结构主体等。其中甲醛、氨气、氡气、苯和放射性物质等，不仅是目前室内环境污染物的主要来源，而且也是对室内污染物的控制重点。

绿色建筑在设计中对污染源要进行控制，尽量使用国家认证的环保型材料，提倡合理使用自然通风，这样不仅可以节省更多的能源，更有利于室内空气品质的提高。要求在建筑物建成后通过环保验收，有条件的建筑可设置污染监控系统，确保建筑物内空气质量达到人体所需要的健康标准。

室内污染监控系统应能够将所采集到的有关信息传输至计算机或监控平台，实现对公共场所空气质量的采集、数据存储、实时报警、历史数据的分析、统计、处理和调节控制等功能，保障室内空气质量良好。对室内空气的控制，可采用室内空气检测仪。

三、对室内热环境的控制

室内热环境又称室内气候，由室内空气温度、空气湿度、气流和热辐射四种参数综合形成，以人体舒适感进行评价的一种室内环境。影响室内热环境的因素主要包括室内空气温度、空气湿度、气流速度以及人体与周围环境之间的辐射换热。根据室内热环境的性质，房屋的种类大体可分为两大类：一类是以满足人体需要为主的，如住宅、教室、办公室等；另一类是满足生产工艺或科学试验要求的，如恒温恒湿车间、冷藏库、试验室、温室等。

适宜的室内热环境是指室内适当，使人体易于保持热平衡从而感到舒适的室内环境条件。热舒适的室内环境有利于人的身心健康，进而可提高学习、工作效率；而当人处于过冷或过热的环境中，则会因不适应引起疾病，影响人体健康乃至危及生命。在进行绿色建筑设计时，必须注意空气温度、湿度、气流速度以及环境热辐射对建筑室内的影响。对于室内热环境可用专门的仪器进行监控。

四、对建筑室内隔声的设计

建筑室内隔声是指随着现代城市的发展，噪声源的增加，建筑物的密集，高强度轻质材料的使用，对建筑物进行有效的隔声防护措施。建筑隔声除了要考虑建筑物内人们活动所引起的声音干扰外，还要考虑建筑物外交通运输、工商业活动等噪声传入所造成的干扰。

建筑隔声包括空气声隔声和结构隔声两个方面。所谓空气声是指经空气传播或透过建筑构件传至室内的声音；如人们的谈笑声、收音机声、交通噪声等。所谓结构声是指机电设备、地面或地下车辆以及打桩、楼板上的走动等所造成的振动，经地面或建筑构件传至室内而辐射出的声音。在建筑物内空气声和结构声是可以互相转化的。因为空气声的振动能够迫使构件产生振动成为结构声，而结构声辐射出声音时，也就成为空气声。

室内背景噪声水平是影响室内环境质量的重要因素之一。尽管室内噪声通常与室内空气质量和热舒适度相比，对人体的影响不是显得非常重要，但其危害也是多方面的，例如可引起耳部不适、降低工作效率、损害心血管、引起神经系统紊乱，严重的甚至影响听力和视力等，必须引起足够的重视。建筑隔声设计的内容主要包括选定合适隔声量、采取合理的布局、采用隔声结构和材料、采取有效的隔振措施。

（1）选定合适隔声量　对特殊的建筑物（如音乐厅、录音室、测听室）的构件，可按其内部容许的噪声级和外部噪声级的大小来确定所需构件的隔声量。对普通住宅、办公室、学校等建筑，由于受材料、投资和使用条件等因素的限制，选取围护结构隔声量，就要综合各种因素，确定一个最佳数值。通常可用居住建筑隔声标准所规定的隔声量。

（2）采取合理的布局　在进行隔声设计时，最好不用特殊的隔声构造，而是利用一般的构件和合理布局来满足隔声要求。如在设计住宅时，厨房、厕所的位置要远离邻户的卧室、起居室；对于剧院、音乐厅等则可用休息厅、门厅等形成声锁来满足隔声的要求。为了减少隔声设计的复杂性和投资额，在建筑物内应该尽可能将噪声源集中起来，使之远离需要安静的房间。

（3）采用隔声结构和材料　某些需要特别安静的房间，如录音棚、广播室、声学实验室等，可采用双层围护结构或其他特殊构造，保证室内的安静。在普通建筑物内，若采用轻质构件，则常用双层构造，才能满足隔声要求。对于楼板撞击声，通常采用弹性或阻尼材料来做面层或垫层，或在楼板下增设分离式吊顶等，以减少干扰。

（4）采取有效的隔振措施　建筑物内如有电机等设备，除了利用周围墙板隔声外，还必须在其基础和管道与建筑物的联结处，安设隔振装置。如有通风管道，还要在管道的进风和出风段内加设消声装置。

五、对室内采光与照明设计

就人的视觉来说，没有光也就没有一切。在室内设计中，光不仅是为满足人们视觉功能的需要，而且是一个重要的美学因素。光可以形成空间、改变空间或者破坏空间，它直接影响到人对物体大小、形状、质地和色彩的感知。近几年来的研究证明，光还影响细胞的再生长、激素的产生、腺体的分泌以及如体温、身体的活动和食物的消耗等的生理节奏。因此，室内照明是室内设计的重要组成部分之一，在设计之初就应该加以考虑。

室内采光主要由自然光源和人工光源两种。自然采光最大缺点就是不稳定和难以达到所要求的室内照度均匀度。在建筑的高窗位置采取反光板、折光棱镜玻璃等措施，不仅可以将更多的自然光线引入室内，而且可以改善室内自然采光形成照度的均匀性和稳定性。

由于现代人经常处在繁忙的生活节奏中，所以真正白天在居室的时间非常少，在居室的多数时间的夜里，而且可能由于房型和房间的朝向的问题，房间更多的时间都可能受不到自然光照，所以室内设计人工光源是必不可少的。《建筑照明设计规范》在进行室内照明设计时，主要应注意以下设计要点。

（1）室内灯光设计先要考虑为人服务，还要考虑各个空间的亮度。起居室是人们经常活动的空间，所以室内灯光要亮点；卧室是休息的地方，亮度要求不太高；餐厅要综合考虑，一般需要中等的亮度，但桌面上的亮度应适当提高；厨房要有足够的亮度，而且宜设置局部照明；卫生间要求一般，而如果有特殊要求，应配置局部照明。书房则以功能性为主要考虑，为了减轻长时间阅读所造成的眼睛疲劳，应考虑色温较接近早晨和太阳光不闪的照明。

（2）设计灯光还要考虑不同房间的照明形式，是采用整体照明（普照式）还是有采用局部照明（集中式）或者是采用混合照明（辅助照明）。

（3）设计灯光要根据室内家具、陈设、摆设，以及墙面来设置，整体与局部照明结合使用，同时考虑功能和效果。

（4）设计灯光要结合家具的色彩和明度：①各个房间的灯光设计既要统一，又要各自营造出不同的气氛；②结合家具设计灯光，可加强空间感和立体感，从而突出家具的造型。

（5）设计灯光也要根据采用的装潢材料以及材料表面的肌理，考虑好照明角度，尽可能突出中心，同时注意避免对人造成眩光与阴影。

根据《中华人民共和国国民经济和社会发展第十二个五年规划纲要》、《"十二五"节能减排综合性工作方案》和住房城乡建设事业"十二五"规划的有关要求，为推进全国城市绿色照明工作，提高城市照明节能管理水平，住房城乡建设部最近颁布了新的国家标准《建筑照明设计标准》（GB 50034—2013），并于2014年6月1日开始实施。

《建筑照明设计标准》（GB 50034—2013）的制定将有利于城乡建筑的照明情况得到很大的改观，也为城乡建筑照明未来的发展指明了方向。依据标准的相关条例，对于绿色建筑照明设计今后的发展将起到巨大的促进作用，也为照明行业的相关企业和具体执行者提供了法律依据和标准尺度，对绿色建筑照明设计和照明企业生产起到了具体的规范作用。

六、对室外绿地的设计要求

对于各类城市室外的绿地而言，如何合理有效地促进城市室外绿地建设，改善城市环境的生态和景观，保证城市绿地符合适用、经济、安全、健康、环保、美观、防护等基本要求，确保绿色建筑室外绿地设计质量，这些问题的解决，都需要贯彻人与自然和谐共存、可持续发展、经济合理等基本原则，创造良好生态和景观效果，协调并促进人的身心健康。

室外绿地设计的经验证明，将室外绿地空间进行室内生活化设计，在居住区空间环境设计中引入和借鉴室内生活化设计的方法，能够表现出对人的关怀，使绿地空间更具有亲切感和生活感，主要是借鉴室内设计顶面、侧面、底面的手法，使人们在室外休闲环境中获得室内的感受，如立在室外环境中的一堵墙，可创造出两个微妙的空间——向阳空间和阴面空间。三个垂直方向的围合会有明显的向心感或居中感，在室外开放空间中，适当的围合使人具有室内体验的坐憩空间，是受人欢迎和适于停驻的环境，同时，还可以利用柱廊、花架、模结构的遮阳伞等，创造一系列具有人体尺度和领域感的虚拟空间，营造富有室内生活气息的室外休闲空间环境。

为加强对居住区绿地设计质量技术指导和监督，提高城市居住区绿化设计质量和水平，我国先后颁布了《城市居住区规划设计规范》（GB 50180—2006）、《公园设计规范》（CJJ 42—1992）、《城市道路绿化规划与设计规范》（CJJ 75—1997）、《城市绿地设计规范》（GB 50420—2007）等法规和标准，对室外绿地设计提出了具体标准和要求。

"人均公共绿地指标"是居住区内构建适应不同居住对象游憩活动空间的前提条件，也是适应居民日常不同层次的游憩活动需要、优化住区空间环境、提升环境质量的基本条件。为此，根据《城市居住区规划设计规范》（GB 50180—2006）中的相关规定及住区规模，一般以居住小区居多的情况下，应满足"人均公共绿地指标不低于$1m^2$"的要求。

根据《城市居住区规划设计规范》（GB 50180—2006）中的规定，对于居住区的绿地设计应符合下列具体要求。

（1）居住区内绿地，应包括公共绿地、宅旁绿地、配套公建所属绿地和道路绿地等。

（2）住区内绿地应符合下列规定：①一切可绿化的用地均应绿化，并宜发展垂直绿化；②宅间绿地应精心规划与设计；宅间绿地面积的计算办法应符合《城市居住区规划设计规范》第 11 章中有关规定；③绿地率：新区建设不应低于 30%；旧区改造不宜低于 25%。

（3）居住区内的绿地规划，应根据居住区的规划组织结构类型、不同的布局方式、环境特点及用地的具体条件，采用集中与分散相结合，点、线、面相结合的绿地系统。并宜保留和利用规划或改造范围内的已有树木和绿地。

（4）居住区内的公共绿地，应根据居住区不同的规划组织结构类型，设置相应的中心公共绿地。

第二节　绿色建筑健康舒适性设计

中国作为建筑业大国，被国际建筑界称之为"世界上最大的建筑工地"。我国现有建筑总面积 400 多亿平方米，预计到 2020 年还将新增建筑面积约 $300 \times 10^8 \, m^2$，作为世界上耗能第一大户的建筑业，推进绿色建筑是近年来建筑发展的一个基本趋势，也是建设资源节约型、环境友好型社会的重要环节。

关于绿色建筑的提法众多，国际上尚无一致的意见，范围的界定也存在差异，我国《绿色建筑评价标准》将其定义为："在建筑的全寿命周期内，最大限度地节约资源（节能、节地、节水、节材）、保护环境和减少污染，为人类提供健康、适用和高效的适用空间，与自然和谐共生的建筑"。由此可知，我国的绿色建筑主要包涵了以下 3 个方面的特征。

（1）绿色建筑是节约环保的　最大限度地节约资源、保护环境、呵护生态和减少污染，将因人类对建筑物的构建和使用活动所造成的对地球资源与环境的负荷和影响降到最低。

（2）绿色建筑是健康舒适的　使用的装修材料和建筑材料应为绿色天然无污染的无害产品，且可以保持室内温度、湿度适宜以及空气的清新，适合人类居住，利于人体健康，为人们营造了一个适于居住的生存空间。

（3）绿色建筑是回归自然的　亲近、关爱与呵护人与建筑物所处的自然生态环境，追求自然、建筑和人三者之间和谐统一。

发达国家的经验证明，真正的绿色建筑不仅要能提供舒适而有安全的室内环境，同时应具有与自然环境相和谐的良好的建筑外部环境。在进行绿色建筑规划设计和施工时，不仅要考虑到当地气候、建筑形态、使用方工、设施状况、营建过程、建筑材料、使用管理对外部环境的影响，以及是否具有舒适、健康的内部环境，同时还要考虑投资人、用户、设计、安装、运行、维修人员的利害关系。

换言之，可持久的设计、良好的环境及受益的用户三者之间应该有平衡的、良性的互动关系，达到最优化的绿化效果。绿色建筑正是以这一观点为出发点，平衡及协调内外环境及用户之间不同的需求与不同的能源依赖程度，从而达成建筑与环境的自然融和。

随着我国建设小康社会的全面展开，必将促进绿色住宅建设的快速发展。随着居住品质的不断提高，人们更加注重住宅的舒适性和健康性。因此，如何从规划设计入手来提高住宅的居住品质，达到人们期望的舒适性和健康性要求，主要从以下几个方面着重设计。

一、建筑规划设计注重利用大环境资源

在绿色建筑的规划设计中，合理利用大环境资源和充分节约能源，是可持续发展战略的重要组成部分，是当代中国建筑和世界建筑的发展方向。真正的绿色建筑要实现资源的循环。要改变单向的灭失性的资源利用方式，尽量加以回收利用；要实现资源的优化合理配置，应该依靠梯度消费，减少空置资源，抑制过度消费，做到物显所值、物尽其用。

对于绿色建筑的规划设计，主要从以下方面进行重点考虑。

（1）全面系统进行绿色建筑的规划设计 要把单纯的建筑设计变为包括建筑、环境、资源利用等方面的综合性规划设计，甚至也要把绿色建筑的施工建造过程包括在整体设计中。因此，建筑师面临的不再是单一建筑功能和美学问题，环境科学和生态科学的理论将成为建筑师知识结构的重要组成部分。建筑师的定义也将发生质的变革，建筑师将会是建筑学家、环境学家和生态学家的综合体。

（2）能源利用的创新 利用低品质能源（如太阳能、风能）进行建筑整体性或基础性调温；高品质能源（如电能等）来进行局部性、精细性调温，将成为绿色建筑设计的通则。这样的结构，不仅可以做到节能，而且可以降低建造成本。建筑节能不仅要着眼于减少能源的使用，也必须考虑尽量采用低品质（低能值转换率）的能源。

（3）在绿色建筑的建设过程中，应尽可能维持原有场地的地形地貌，这样既可以减少用于场地平整所带来建设投资的增加，减少施工的工程量，也避免了因场地建设对原有生态环境景观的破坏。场地内有价值的树木、水塘、水系不但具有较高的生态价值，而且是传承场地所在区域历史文脉的重要载体，也是该区域重要的景观标志。因此，应根据《城市绿化条例》等国家相关规定予以保护。当因建设开发确需改造场地内地形、地貌、水系、植被等环境状况时，在工程结束后，鼓励建设方采取相应的场地环境恢复措施，减少对原有场地环境的改变，避免因土地过度开发而造成对城市整体环境的破坏。

（4）绿色建筑建设地点的确定，是决定绿色建筑外部大环境是否安全的重要前提 众所周知，洪灾、泥石流等自然灾害，对建筑场地会造成毁灭性破坏。据有关资料显示，主要存在于土壤和石材中的氡是无色无味的致癌物质，会对人体产生极大伤害。电磁辐射无色无味无形，可以穿透包括人体在内的多种物质，人体如果长期暴露在超过安全的辐射剂量下，细胞就会被大面积杀伤或杀死，并产生多种疾病。

二、具有完善的生活配套设施体系

回顾住宅建筑的发展历史，如今已经发生根本性的变化。第一代、第二代住宅只是简单地解决基本的居住问题，更多的是追求生存空间的数量；第三代、第四代住宅已逐渐过渡到追求生活空间的质量和住宅产品的品质；发展到第五代住宅已开始着眼于环境，追求生存空间的生态、文化环境。

当今时代，绿色住宅建筑生态环境的问题已得到高度的重视，人们更加渴望回归自然，使人与自然能够和谐相处，生态文化型住宅正是在满足人们物质生活的基础上，更加关注人们的精神需要和生活方便，要求住宅具有完善的生活配套设施体系。

（一）绿色住宅建筑必备的要素

（1）总体规划注重利用自然、地理、文化、交通、社会等大环境资源，并使小区与城市空间、用地环境有良好的协调。

（2）小区整体布局注重阳光、空气、绿地等生态环境。有赏心悦目的楼房空间，每户都能享受的精致庭院，人车分流的安全通道，富有文化内涵的供人们交往、休闲、健身的活动

场所。

（3）科学、合理地设计和分配住宅户型，力求户户有良好的朝向、景观及通风的环境，降低楼电梯服务数，尽量减少户间干扰。

（4）户型大小符合国家制定的居住标准要求，以多元化的户型适应消费者日益增长的个性化住房需求，并能以灵活的户型结构适应消费者家庭阶段性改变所导致的布局调整，使住房具有较长使用期。

（5）能合理安排户内的厨房、卫生间、洗衣间、储藏室、工人房、服务性阳台等功能性空间，并能妥善解决电气供应、油烟排放、空气调节、垃圾收集等问题。

（6）有分层次的绿化体系。结合自身及周边的自然环境，既有外围大区域的绿色景观，又有小区内的绿色庭院，以及户内的生态性阳台与庭院。

（7）有更加完善的生活配套设施体系。小区内有超市、菜场、美容美发等生活配套设施，有会所、学校、书店、网吧等文体、教育性配套设施，还要有医疗、保健等健康保护设施。

（8）有节能环保的设施体系。尽可能安装环保、节能设备，减少噪声、污水等对环境的污染，净化居住环境。

（9）有良好的智能化体系。可通过计算机系统与宽带网络对安全、通信、视听、资讯等方面进行全方位的物业管理，使住户的生活更加现代化。

（10）有与消费者消费观念相匹配的清新、明快，富有时代感的建筑外观及风貌。

（二）《城市居住区规划设计规范》要求

住宅区配套公共服务设施，是满足居民基本的物质和精神生活所需的设施，也是保证居民生活品质不可缺少的重要组成部分。根据现行国家标准《城市居住区规划设计规范》（GB 50180—2006）中规定，在进行绿色建筑规划设计时，对生活配套设施体系着重应考虑以下方面。

（1）居住区公共服务设施（也称配套公建），应包括教育、医疗卫生、文化、体育、商业服务、金融邮电、社区服务、市政公用和行政管理及其他九类设施。

（2）综合考虑所在城市的性质、社会经济、气候、民族、习俗和传统风貌等地方特点和规划用地周围的环境条件，充分利用规划用地内有保留价值的河湖水域、地形地物、植被、道路、建筑物与构筑物等，并将其纳入规划。

（3）适应居民的活动规律，综合考虑日照、采光、通风、防灾、配建设施及管理要求，创造安全、卫生、方便、舒适和优美的居住生活环境。

（4）为老年人、残疾人的生活和社会活动提供条件；为工业化生产、机械化施工和建筑群体、空间环境多样化创造条件；为商品化经营、社会化管理及分期实施创造条件。

三、绿色建筑应具有多样化住宅户型

随着国民经济的不断发展，住宅建设速度不断加快，人们的生活水平也在不断提高，不仅体现在住宅面积和数量的增长上，而且体现在住宅的性能和居住环境质量上，实现了从满足"住得下"的温饱阶段、"分得开"向"住得舒适"的小康阶段的飞跃，市场消费对住宅的品质甚至是细节提出了更高的要求。

住宅设计必须变革、创新，必须满足各种各样的消费人群，用最符合人性的空间来塑造住宅建筑，使人在居住过程中能得到良好的身心感受，真正做到"以人为本"、"以人为核心"，这就需要设计人员对住宅户型进行深入的调查和研究。家用电器的普遍化、智能化、大众化、家务社会化、人口老龄化以及"双休日"制度的实行等，使得整个社会居民的闲暇时间显著增加。

由于工作制度的改变，使居民有更多的时间待在家中，在家进行休闲娱乐活动的需求增多，因此对居住环境提出了更高的要求。如果提供的住宅户型能满足居民基本的生活需求的同时，更能满足他们休闲娱乐活动的需求以及其自我实现的需求，对居住在集合性住宅中的居民来说是非常重要的。特别是由于信息技术的飞速发展，网络的兴起，改变了人们的生活观念，人们的生活方式日趋多样化，对于户型的要求也变得越来越多样化，因而对于户型多样化设计的研究也就越发地显得急迫。

根据我国城乡居民的基本情况，住宅应针对不同经济收入、结构类型、生活模式、不同职业、文化层次、社会地位的家庭提供相应的住宅套型。同时，从尊重人性出发，对某些家庭（如老龄人和残疾人）还需提供特殊的套型，设计时应考虑无障碍设施等。当老龄人集居时，还应提供医务、文化活动、就餐以及急救等服务性设施。

四、建筑功能的多样化和适应性

所谓建筑功能是指建筑在物质方面和精神方面的具体使用要求，也是人们设计和建造建筑达到的目的。不同的功能要求产生了不同的建筑类型，如工厂为了生产，住宅为了居住、生活和休息，学校为了学习，影剧院为了文化娱乐，商店为了商品交易等等。随着社会的不断发展和物质文化生活水平的提高，建筑功能将日益复杂化、多样化和适应性。

创建社会主义和谐社会，一个重要基础就是人民能够安居乐业。党和政府把住宅建设看成是社会主义制度优越性的具体体现，指出提高人民生活水平主要的将是居住水平上的提高。

（一）住宅的功能分区要合理

住宅的使用功能一般有如下几个分区：①公共活动区，如客厅、餐厅、门厅等；②私密休息区，如卧室、书室、保姆房等；③辅助区，如厨房、卫生间、储藏室、健身房、阳台等。这些分区，在平面设计上应正确处理这三个功能区的关系，使之使用合理而不相互干扰。

住宅的功能分区主要根据使用对象，使用性质及使用时间的不同而采取的住宅内部空间的组织形式，以减少相互的干扰和影响，家庭成员的户内活动可概括地划分为：公共性和私密性、洁净和污浊、动态和静态，这些不同内容、不同属性的活动，应在各自行为空间内进行，使之互不干扰，达到生活上的舒适性和健康性。

在一般情况下，公共活动区应靠近入口处，私密休息区应设在住宅内部，公私、动静分区应明确，使用应方便。总之，一个优秀的住宅设计，既要以人的居住、休息、娱乐等方面的需要为中心，也要注重温馨、舒适，符合健康居住的理念。

（二）住宅小区规划设计合理

随着社会主义市场经济的不断发展，住宅产业已成为我国经济发展的重要支柱型产业之一，城市住宅仍然是居民关注的重点话题，而住宅小区规划又是带动住宅产业发展的龙头，其水平如何直接反映着居民的住宅环境是否提高。因此，搞好住宅小区规划不但能为城市居民营造出高质量的住宅生活环境，而且能有效地满足广大居民的生活需求，同时房地产开发企业能获得良好的经济效益、社会效益和环境效益，并促进住宅产业进一步发展。

掌握好住宅小区规划设计中的关键要求，是搞好住宅小区规划的首要条件。对住宅小区环境规划设计的要求是，任何一个住宅小区建成投入使用后，便形成了一个"小社会"。它不仅仅是一个物质环境，同时还是一个社会环境。所以，在规划设计住宅小区时首先必须考虑住宅小区的环境规划，运用现代科学技术将环境美融合在一起考虑，为住宅小区的居民着想，并从使用、卫生、安全、经济、美观、适用几个方面满足要求。

住宅小区规划设计应适应不同地区，不同人口组成和不同收入居民家庭的要求，住宅小区内要选择适合当地特点、设计合理、造型多样、舒适美观的住宅类型；为方便小区居民生活，规划中要合理确定小区公共服务设施的项目、规模及其分布方式，做到公共服务设施项目齐全，设备先进，布点适当，与住宅联系方便；为适应经济的增长和人民群众物质生活水平的提高，规划中应合理确定小区道路走向及道路断面形式，步行与车行互不干扰，并且还应根据住宅小区居民的需求，合理确定停车场地的指标及布局；此外，规划还应合理组织小区居民室外休息活动场地和公共绿地，创造宜人的居住生活环境。

五、建筑室内空间的可改性

住宅方式、公共建筑规模、家庭人员和结构是不断变化的，生活水平和科学技术也在不断提高，因此，绿色住宅具有可改性是客观的需要，也是符合可持续发展的原则。可改性首先需要有大空间的结构体系来保证，例如大柱网的框架结构和板柱结构、大开间的剪力墙结构；其次应有可拆装的分隔体和可灵活布置的设备与管线。

结构体系常受施工技术与装备的制约，需因地制宜来选择，一般可选用结构不太复杂，而又可适当分隔的结构体系。轻质分隔墙虽已有较多产品，但要达到住户自己动手，既易拆卸又能安装还需进一步研究其组合的节点构造。住宅的可改性最难的是管线的再调整，采用架空地板或吊顶都需较大的经济投入。厨房卫生间是设备众多和管线集中的地方，可采用管井和设备管道墙等，使之能达到灵活性和可改性的需要。对于公共空间可以采取灵活的隔断，使大空间具有较大的可塑性。

第三节　绿色建筑安全可靠性设计

绿色建筑工程作为一种特殊的产品，除了具有一般产品共有的质量特性，如性能、寿命、可靠性、安全性、经济性等满足社会需要的使用价值及其属性外，还具有特定的内涵，如与环境的协调性、节地、节水、节材等。概括地讲，绿色建筑工程质量的基本特性主要表现在以下6个方面。

（1）适用性　即建筑工程具备的功能，是指建筑工程满足使用目的的各种性能。包括：理化性能，结构性能，使用性能，外观性能等。

（2）耐久性　即建筑工程的使用寿命，是指工程在规定的条件下，满足规定功能要求使用的年限，也就是工程竣工后的合理使用寿命周期。

（3）安全性　安全性是指建筑工程建成后在使用过程中保证结构安全、保证人身和环境免受危害的程度。

（4）可靠性　可靠性是指建筑工程在规定的时间和规定的条件下完成规定功能的能力。

（5）经济性　经济性是指建筑工程从规划、勘察、设计、施工到整个产品使用寿命周期内的成本和消耗的费用。

（6）与环境的协调性　与环境的协调性是指建筑工程与其周围生态环境协调，与所在地区经济环境协调以及与周围已建工程相协调，以适应可持续发展的要求。

上述6个方面的质量特性彼此之间是相互依存的，总体而言，适用、耐久、安全、可靠、经济、与环境适应性，都是必须达到的基本要求，缺一不可。安全性和可靠性是绿色建筑工程最基本的特征，其实质是以人为本，对人的安全和健康负责。

一、确保选址安全的设计措施

在现行国家标准《绿色建筑评价标准》（GB/T 50378—2006）中规定，绿色建筑建设地点的确定，是决定绿色建筑外部大环境是否安全的重要前提。建筑工程设计的首要条件是对绿色建筑的选址和危险源的避让提出要求。

众所周知，洪灾、泥石流等自然灾害，对建筑场地会造成毁灭性破坏。据有关资料显示，主要存在于土壤和石材中的氡是无色无味的致癌物质，会对人体产生极大伤害。电磁辐射对人体有两种影响：一是电磁波的热效应，当人体吸收到一定量的时候就会出现高温生理反应，最后导致神经衰弱、白细胞减少等病变；二是电磁波的非热效应，当电磁波长时间作用于人体时，就会出现如心率、血压等生理改变和失眠、健忘等生理反应，对孕妇及胎儿的影响较大，后果严重者可以导致胎儿畸形或者流产。

电磁辐射无色无味无形，可以穿透包括人体在内的多种物质，人体如果长期暴露在超过安全的辐射剂量下，细胞就会被大面积杀伤或杀死，并产生多种疾病。能制造电磁辐射污染的污染源很多，如电视广播发射塔、雷达站、通信发射台、变电站，高压电线等。此外，如油库、煤气站、有毒物质车间等均有发生火灾、爆炸和毒气泄漏的可能。

为此，建筑在选址的过程中必须考虑到现状基地上的情况，最好仔细查看历史上相当长一段时间的情况，有无地质灾害的发生；其次，经过实勘测地质条件，准确评价能适合的建筑高度。总而言之，绿色建筑选址必须符合国家相关的安全规定。

二、确保建筑安全的设计措施

从事建筑结构设计的基本目的是在一定的经济条件下，赋予结构以适当的安全度，使结构在预定的使用期限内，能满足所预期的各种功能要求，一般来说，建筑结构必须满足的功能要求是：能承受在正常施工和使用时可能出现的各种作用，且在偶发事件中，仍能保持必须的整体稳定性，即建筑结构需具有的安全性；在正常使用时具有良好的工作性能，即建筑结构需具有的适用性；在正常维护下具有足够的耐久性。因此可知安全性、适用性和耐久性是评价一个建筑结构可靠（或安全）与否的标志，总称为结构的可靠性。

建筑结构安全直接影响建筑物的安全，结构不安全会导致墙体开裂、构件破坏、建筑物倾斜等，严重时甚至发生倒塌事故。因此，在进行建筑工程设计时，应注意采用以下确保建筑安全的设计措施。

（一）建筑设计必须与结构设计相结合

建筑设计与结构设计是整个建筑设计过程中的两个最重要的环节，对整个建筑物的外观效果、结构稳定方面起着至关重要的作用。但是，在实际设计中有一种不正确的倾向，少数建筑设计师把结构设计摆在从属地位，并要求结构必须服从建筑，应以建筑为主。许多建筑设计师强调创作的美观、新颖、标新立异，强调创作的最大自由度，然而有些创新的建筑方案在结构上很不合理，甚至根本无法实现，这无疑给建筑结构的安全带来隐患。

（二）合理确定建筑工程的设计安全度

结构设计安全度的高低，是国家经济和资源状况、社会财富积累程度以及设计施工技术水平与材料质量水准的综合反映。确定工程的安全度在一定程度上需以概率和统计为基础，但更多的须依靠经验、工程判断及综合考虑。

与国际上一些通用标准相比，我国混凝土结构规范设定的安全度水平偏低，个别的偏低较多。这体现在涉及结构安全度的各个环节中，如我国混凝土结构设计规范取用的荷载值比国外低，材料强度值比国外高，估计结构承载力所用计算公式的安全富裕度低于国外，甚至在个别情况下偏于不安全，对结构的构造规定又远比国外要求低。

（三）对建筑工程要进行防火防爆设计

建筑消防设计市建筑设计中一个重要组成部分，关系到人民生命财产安全，应该引起建筑师和全社会的足够重视。下面从防火分区和安全疏散两方面来讨论。

1. 建筑的防火分区问题

在《建筑设计防火规范》（GB 50016—2012）中规定了厂房的防火分区，其中有一点需要注意，即厂房的防火分区是和该厂房的耐火等级、最多允许层数及占地面积有关。虽然《建筑设计防火规范》中规定封闭楼梯间的门为双向弹簧门就可以了，但作为划分防火分区用的封闭楼梯间门至少应设乙级防火门。因为开敞的楼梯间也是开口部位，是火灾纵向蔓延的途径之一，也应按上下连通层作为一个防火分区计算面积。

2. 安全疏散设计问题

很多大型商业建筑在消防安全疏散设计中存在的问题，诸如首层中部疏散楼梯无法直通室外、中庭回廊容易滞留人员、首层疏散距离超过规范要求等。商业建筑卖场的疏散距离应执行《建筑设计防火规范》中（不论采用任何形式的楼梯间，房间内最远一点到房门的距离不应超过袋形走道两侧或尽端的房间从房门到外部出口或楼梯间的最大距离）的规定，即22m，如再设有自动喷水灭火系统其疏散距离再增加 25％，为 27.5m。但如果在商业建筑的卖场每家店铺均设有到顶的隔断墙，并设有安全疏散通道，疏散通道两侧的隔墙耐火极限 ≥1h（非燃材料），房间隔墙耐火极限 t>0.5h（非燃材料），则房间门通过安全疏散通道到疏散出口的距离适用 40m 和 22m 的规定等。

三、考虑建筑结构的耐久性

完善建筑结构的耐久性与安全性，是建筑结构工程设计顺利健康发展的基本要求，充分体现在建筑结构的使用寿命和使用安全及建筑的整体经济性等方面。在我国建筑结构设计中，结构耐久性不足已成为最现实的一个安全问题。现在主要存在这样的倾向：设计中考虑强度较多，而考虑耐久性较少；重视强度极限状态，而不重视使用极限状态；重视新建筑的建造，而不重视旧建筑的维护。所谓真正的建筑结构"安全"，应包括保证人员财产不受损失和保证结构功能的正常运行，以及保证结构有修复的可能，即所谓的"强度"、"功能"和"可修复"三原则。

我国建筑工程结构的设计与施工规范，重点放在各种荷载作用下的结构强度要求，而对环境因素作用（如气候、冻融等大气侵蚀以及工程周围水、土中有害化学介质侵蚀等）下的耐久性要求则相对考虑较少。混凝土结构因钢筋锈蚀或混凝土腐蚀导致的结构安全事故，其严重程度已远大于因结构构件承载力安全水准设置偏低所带来的危害。因此，建筑结构的耐久性问题必须引起足够的重视。

四、增加建筑施工安全生产执行力

《建设工程安全生产管理条例》第三条规定："建设工程安全生产管理，坚持安全第一、预防为主的方针。"第四条规定："建设单位、勘察单位、设计单位、施工单位、工程监理单位及其他与建设工程安全生产有关的单位，必须遵守安全生产法律、法规的规定，保证建设工程安全生产，依法承担建设工程安全生产责任。"这些规定要求建筑工程在整个建设过程中，所有单位和人员都必须增加建筑施工过程的安全生产执行力。

　　所谓安全生产执行力，指的是贯彻战略意图，完成预定安全目标的操作能力，这是把企业安全规划转化成为实践、成果的关键。安全生产执行力包含完成安全任务的意愿，完成安全任务的能力，完成安全任务的程度。强化安全生产执行力，主要应注意以下几个方面。

1. 完善施工安全生产管理制度

　　制度是一个标准而并不是一张网，仅凭制度创造不出效益，一个不能生发制度文化的制度，不可能衍生尽责意识，如何将强制性的制度升华到文化层面，使员工普遍认知、认可、接受，以达到自觉自发自动按照制度要求规范其行为，完成他律到自律的转化，是构建制度文化真正内涵。完善建筑施工企业安全生产管理制度，是提升安全生产执行力的基础。没有完善的安全生产管理制度，在施工中就会遇到这样那样的问题，找不到相应的人员去落实，容易造成安全管理的缺位。因此，只有完善安全生产管理制度，将相应职责落实每一个人，让所有都知道自己的职责与义务，这样才能为下一步提高安全生产执行力提供依据。

2. 加强建筑工程的安全生产沟通

　　在施工管理工作上，一定要把安全工作放在施工管理工作中的首位，加强对建设工程安全生产管理工作，加强建筑工程安全生产沟通都是非常必要的。工程实践充分证明，有效的建筑工程安全生产沟通，即将相关的安全生产知识有效地传达到每一个人，可以通过安全生产培训、安全宣传、安全会议等手段进行沟通。通过建筑工程安全生产沟通，群策群力、集思广益，可以在执行中分清战略的条条框框，适合的才是最好的。通过自上而下形成的合力，使建筑施工企业将安全生产的规定执行更顺利。

3. 反馈是建筑工程安全生产的保障

　　安全生产执行力的好坏，只有经过信息反馈才能对其进行评价，反馈是安全生产执行力的保障。通过反馈才能了解安全生产的执行情况，找出执行中出现的漏洞，及时加以纠正和弥补，保证安全生产执行力的有效进行。通过施工现场的检查，可以验证安全生产执行力的情况。建筑安全生产工作可以通过 PDCA 的管理模式来运行，通过计划—实施—检查（反馈）—纠正的过程，不断循环修正错漏环节，进一步完善安全生产执行力。

4. 将建筑工程安全生产形成激励机制

　　所谓激励机制，就是组织通过设计适当的外部奖酬形式和工作环境，以一定的行为规范和惩罚性措施，借助信息沟通来激发、引导、保持和归化组织成员的行为，以有效的实现组织及其成员个人目标的系统活动。有效的激励机制有利促进其安全生产执行力的进行。同样对于建筑施工企业从业人员，激励对于他们来说是莫大的鼓舞。激励有助于安全生产工作的顺利进行，有助于提高安全生产执行力。

　　通过物质奖励与精神奖励的结合，对在安全生产工作中认真履行职责的人员，给予其一定的物质奖励，并在一定范围内给予通报表扬，鼓励其继续为安全生产工作而努力，同时，让其他人员看到积极参与安全管理工作、认真履行安全职责、坚决执行安全生产规章制度可以得到奖励，激励其他人员向优秀者学习。这样就形成了一个有效的激励机制，这种激励机制一定程度上促进了安全生产执行力的顺利进行。

五、建筑运营过程的可靠性保障措施

　　建筑工程在运营的过程中，不可避免地会出现建筑物本体损害、线路老化及有害气体排放等，如何保证建筑工程在运营过程的安全与绿色化，是绿色建筑工程的重要内容之一。建筑工程运营过程的可靠性保障措施，具体包括以下几个方面。

　　（1）物业管理公司应制定节能、节水、节地、节材与绿化管理制度，并严格按照管理制度实施。节能管理制度主要包括节能管理模式、收费模式等；节水管理制度主要包括梯级用水原则、节水方案等；节地管理制度主要包括如何科学布局、合理利用土地；节材管理制度主要包括建筑、设备、系统的维护制度及耗材管理制度等；绿化管理制度主要包括绿化用水的使用及计量、各种杀虫剂、除草剂、化肥、农药等化学药品的规范使用等。

（2）在建筑工程的运营过程中，会产生大量的废水和废气，对室内外环境产生一定的影响。为此，需要通过选用先进、适用的设备和材料或其他方式，通过合理的技术措施和排放管理手段，杜绝建筑工程运营中废水和废气的不达标排放。

（3）由于建筑工程中设备、管道的使用寿命普遍短于建筑结构的寿命，因此各种设备、管道的布置应方便将来的维修、改造和更换。在一般情况下，可通过将管井设置在公共部位等措施，减少对用户的干扰。属公共使用功能的设备、管道应设置在公共部位，以便于日常的维修与更换。

（4）为确保建筑工程安全、高效运营，应根据现行国家标准《智能建筑设计标准》（GB/T 50314—2006）和《智能建筑工程质量验收规范》（GB 50339—2003）中的规定，设置合理、完善的建筑信息网络系统，能顺利支持通信和计算机网的应用，并且运行安可靠。

第四节　绿色建筑耐久适用性设计

在现行国家标准《建筑结构可靠度设计统一标准》（GB 50068—2001）中，对结构可靠性的定义为：结构在规定的时间内，在规定的条件下，完成预定功能的能力。其中，规定时间是指结构的设计使用年限，规定的条件是指正常设计、正常施工、正常使用和正常维护，而预定功能则指结构的安全性、适用性和耐久性。

耐久适用性是对绿色建筑工程最基本的要求之一。耐久性是材料抵抗自身和自然环境双重因素长期破坏作用的能力，绿色建筑工程的耐久性是指在正常运行维护和不需要进行大修的条件下，绿色建筑物的使用寿命满足一定的设计使用年限要求，并且不发生严重的风化、老化、衰减、失真、腐蚀和锈蚀等。适用性是指结构在正常使用条件下能满足预定使用功能要求的能力，绿色建筑工程的适用性是指在正常运行维护和不需要进行大修的条件下，绿色建筑物的功能和工作性能满足建造时的设计年限的使用要求等。

一、建筑材料的可循环使用设计

现代建筑是能源及材料消耗的重要组成部分，随着地球环境的日益恶化和资源日益减少，保持建筑材料的可持续发展，提高建筑资源的综合利用率已成为社会普遍关注的课题。欧美等发达国家对建筑材料资源的保护与可循环利用问题意识较早，已开展大量的研究与广泛的实践，如传统建筑材料的可循环利用、一般废弃物在建筑中的可循环利用、新型可循环建筑材料的应用等，且大多数由政府主导，以"自上而下"的方式形成对建筑资源保护比较一致的社会认同。目前，我国对建筑材料资源可循环利用的研究已取得突破性成绩，但仍存在技术及社会认同等方面的不足，与发达国家相比在该领域还存在差距。

环境质量的急剧恶化和不可再生资源的迅速减少，对人类的生存与发展构成严重的威胁，可持续发展的思想和材料资源行循环利用在这样的大背景下应运而生。这些年来我国城市建设繁荣的背后，暗藏着巨大的浪费，同时存在着材料资源短缺，循环利用率低的现状，因此，加强建筑材料的循环利用成为当务之急。

我国的现状是幅员辽阔、人口众多，纯天然建筑材料难以满足建设的需求。建筑结构材料不能像日本及西欧国家那样过分强调纯天然制品。对传统的量大面广的建筑材料，应主要强调进行生态环境化的替代和改造，如加强二次资源综合利用、提高材料的事循环利用率等，有必要时禁止采用瓷砖对大型建筑物进行外表面装修等。

我国制定的《建材工业"十二五"发展规划》中指出："十二五"时期是全面建设小康社会的关键时期，国民经济仍将保持平稳较快增长。建材工业既面临着发展机遇，也面临着更大挑战。战略性新兴产业和绿色建筑的发展，对建材工业提出了更高要求。培育和发展新材料产业，对无机非金属新材料品种、质量、性能等均提出了新的要求。推广绿色建筑也促使材料向安全、环保、节能等方向发展，进一步增强抗震减灾、防火保温、舒适环保等新的功能，同时在生产和使用全生命周期内减少对资源的消耗和对环境的影响。

根据我国的实际情况，未来建材工业总的发展原则应该是：具有健康、安全、环保的基本特征，具有轻质、高强、耐用、多功能的优良技术性能和美学功能，还必须符合节能、节地、利废三个条件。今后，我国的建材工业要坚持绿色发展的道路，加强节能减排和资源综合利用，大力发展循环经济，推进清洁生产，着力开发集安全、环保、节能于一体的绿色建筑材料，促进建材工业向绿色功能产业转变。

二、充分利用尚可使用的旧建筑

在现行国家标准《绿色建筑评价标准》（GB/T 50378—2006）中要求，"充分利用尚可使用的旧建筑，有利于物尽其用、节约资源。'尚可使用的旧建筑'系指建筑质量能保证使用安全的旧建筑，或通过少量改造加固后能保证使用安全的旧建筑。对旧建筑的利用，可根据规划要求保留或改变其原有使用性质，并纳入规划建设项目。"工程实践证明，充分利用尚可使用的旧建筑，不仅是节约建筑用地的重要措施之一，而且也是防止大拆乱建的控制条件。

在充分利用尚可使用的旧建筑方面，北京798艺术区取得了显著的社会效益和经济效益。在对原有的历史文化遗产进行保护的前提下，原有的工业厂房被重新定义、设计和改造，带来了对建筑和生活方式的全新诠释。798艺术区的旧建筑利用的成功经验，给我们提出了一个全新的建筑观，即建筑不再被看作为一个静止的、一成不变的非生命体，而是看作一个能够进行新陈代谢的生命体。它能够通过自我更新而完成自我调整、自我发展，由此而适应外界新的需求，解决使用过程中的新问题。这种充分利用尚可利用资源的发展方式是绿色建筑"四节"的最好体现。

我国现在正处于工业转型期，工业旧厂房的改造再利用显得越来越迫切，在绿色建筑的理念中重点突出了对产业类历史建筑保护和再利用进行系统而有明确针对性的研究总结。因此，在中国特定的城市化历史背景下，构筑产业类历史建筑及地段保护性改造再利用的理论架构，经由实践层面的物质性实证研究，提出具有技术针对性的改造设计方法，无疑具有重要的理论意义和极富现实价值的应用前景。

三、绿色建筑工程的适应性设计

我国的城市住宅正经历着从增加建造数量到提高居住质量的战略转移，提高住宅的设计水平和适应性是实现这个转变的关键。住宅适应性设计是指即在保持住宅基本结构不变的前提下，通过提高住宅的功能适应能力，来满足居住者不同的和变化的居住需要。

对绿色建筑设计手法的确定，首先考虑的是绿色建筑的地域气候适应性。对绿色建筑而言，气候作为重要的环境因素，深深地影响着地域建筑文化的形成，因此，气候、阳光、温度等自然地理条件将无可置疑地成为建筑设计的一个基本出发点，通过建筑朝向、剖面形式、平面布局、体量造型、空间组织和细部设计的确定，表达出它对所处自然环境的一种被动的、低能耗的正确反应。

适应性运用于绿色建筑设计，是以一种顺应自然、与自然合作的友善态度和面向未来的超越精神，合理地协调建筑与人、建筑与社会、建筑与生物、建筑与自然环境的关系。在时代不停发展过程中，建筑要适应人们陆续提出的使用需求，这在设计之初、使用过程以及经营管理中是必须注意的。保证建筑的耐久性和适应性，要做到以下两个方面：一是保证建筑的使用功能并不与建筑形式挂死，不会因为丧失建筑原功能而使建筑被废弃；二是不断运用新技术、新能源改造建筑，使之能不断地满足人们生活的新需求。

第五节　绿色建筑节约环保型设计

党的十八大提出，坚持节约资源和保护环境的基本国策，这充分体现了党和政府对节约资源和保护生态环境的认识已升华到新的高度，赋予了新的思想内涵。节约资源是保护生态环境的根本之策。要节约集约利用资源，推动资源利用方式根本转变，加强全过程节约管理，大幅降低能源、水、土地消耗强度，提高利用效率和效益。推动能源生产和消费革命，控制能源消费总量，加强节能降耗，支持节能低碳产业和新能源、可再生能源发展，确保国家能源安全。加强水源地保护和用水总量管理，推进水循环利用，建设节水型社会。严守耕地保护红线，严格土地用途管制。加强矿产资源勘查、保护、合理开发。发展循环经济，促进生产、流通、消费过程的减量化、再利用、资源化。

良好的生态环境是人和社会持续发展的根本基础。要实施重大生态修复工程，增强生态产品生产能力，推进荒漠化、石漠化、水土流失综合治理，扩大森林、湖泊、湿地面积，保护生物多样性。加快水利建设，增强城乡防洪抗旱排涝能力。加强防灾减灾体系建设，提高气象、地质、地震灾害防御能力。坚持预防为主、综合治理，以解决损害群众健康突出环境问题为重点，强化水、大气、土壤等污染防治。坚持共同但有区别的责任原则、公平原则、各自能力原则，同国际社会一道积极应对全球气候变化。

近年来的实践证明，节约环保是绿色建筑工程的基本特征之一。这是一个全方位、全过程的节约环保的概念，主要包括用地、用能、用水、用材等的节约与环境保护，这也是人、建筑与环境生态共存和节约环保型社会建设的基本要求。

一、建筑用地节约设计

土地是关系国计民生的重要战略资源，耕地是广大农民赖以生存的基础。我国土地资源总量丰富但人均缺少，随着经济的发展和人口的增加，土地资源的形势将越来越严峻。城市住宅建设不可避免地占用大量土地，而土地问题也往往成为城市发展的制约因素，如何在城市建设设计中贯彻节约用地理念，采取什么样的措施来实现节约用地，是摆在每个城市建设设计者面前的关键性问题，而这一问题在设计中经常被忽略或重视程度不够。

《绿色建筑评价技术细则》中明确指出：在建设过程中应尽可能维持原有场地的地形地貌，减少用于场地平整所带来的建设投资，减少施工工程量，避免因场地建设对原有生态环境与景观的破坏。场地内有价值的树木、水塘、水系不但具有较高的生态价值，而且是传承场地所在区域历史文脉的重要载体，也是该区域重要的景观标志。因此，应根据《城市绿化条例》等国家相关规定予以保护。当建设开发确需改造场地内的地形、地貌、水系、植被等环境状况时，在工程结束后，建设方应采取相应的场地环境恢复措施，减少对原有场地环境的改变，避免因土地过度开发而造成对城市整体环境的破坏。

要坚持城市建设的可持续发展，就必须加强对城市建设项目用地的科学管理，在项目的前期工作中采取各种有效措施对城市建设用地进行合理控制，不但有利于城市建设的全面发展，加快城市化建设步伐，更具有实现全社会全面、协调、可持续发展的深远意义。

二、建筑节能方面设计

建筑节能是指在建筑材料生产、房屋建筑和构筑物施工及使用过程中，满足同等需要或达到相同目的的条件下，尽可能降低能耗。发展节能建筑是近些年来关注的方向和重点。建筑节能实质上是利用自然规律和周围自然环境条件，改善区域环境微气候，从而实现节约建筑能耗。建筑节能设计主要包括两个方面内容：一是节约，即提高供暖（空调）系统的效率和减少建筑本身所散失的能源；二是开发，即开发利用新的能源。

建筑节能具体指在建筑物的规划、设计、新建（改建、扩建）、改造和使用过程中，执行节能标准，采用节能型的技术、工艺、设备、材料和产品，提高保温隔热性能和采暖供热、空调制冷制热系统效率，加强建筑物用能系统的运行管理，利用可再生能源，在保证室内热环境质量的前提下，增大室内外能量交换热阻，以减少供热系统、空调制冷制热、照明、热水供应因大量热消耗而产生的能耗。

建筑节能是关系到我国建设低碳经济、完成节能减排目标、保持经济可持续发展的重要环节之一。要想做好建筑节能工作、完成各项指标，我们需要认真规划、强力推进，踏踏实实地从细节抓起。全面的建筑节能是一项系统工程，必须由国家立法、政府主导，对建筑节能作出全面的、明确的政策规定，并由政府相关部门按照国家的节能政策，制定全面的建筑节能标准；要真正做到全面的建筑节能，还须由设计、施工、各级监督管理部门、开发商、运行管理部门、用户等各个环节，严格按照国家节能政策和节能标准的规定，全面贯彻执行各项节能措施，从而使每一位公民真正树立起全面的建筑节能观，将建筑节能真正落到实处。

（一）减少能源的散发

就减少建筑本身能量的散失而言，首先要采用高效、经济的保温材料和先进的构造技术，来有效地提高建筑围护结构的整体保温、密闭性能；其次，为了保证良好的室内卫生条件，既要有较好的通风，又要设计配备能量回收系统。主要包括从外窗、遮阳系统、外围护墙及节能新风系统四个方面进行设计。

1. 外窗节能设计

外窗是建筑外围护结构中的开口部位，它具有采光、通风、日照、视野等功能。在冬季，窗户通过采光将太阳发出的大量光能引入室内，提高室内的温度，不仅使室内具有充足的光线，还为用户提供舒适、健康的室内环境，提高生活质量。在这种情况下，窗户作为一种得热构件，是窗户利用太阳能改善室内热舒适的一种方式，是建筑节能的体现。

另一方面，建筑外窗是能耗大的构件。窗户是轻质薄壁结构，是建筑保温、隔热的薄弱环节。通常情况下，窗户的能耗主要存在于通过空气渗透、温差传热和辐射热三种途径实现热量交换的过程中。空气渗透是通过外窗开启部分的密封缝隙处渗透入室内的空气通过对流交换所带来的能量损失；温差传热是由于室内外的温差作用，通过窗框和窗玻璃的热传导所带来的能量损失；辐射热是通过采光玻璃的辐射所带来的能量损失。在外窗节能设计中，必须认真对待以上三种热量损失。

2. 遮阳系统设计

遮阳从古到今一直是建筑物的重要组成部分，特别是 21 世纪的今天，玻璃幕墙成为了主流建筑的亮丽外衣，由于玻璃表面换热性强、热透射率高，对室内热条件有极大的影响，所以遮阳特别是外遮阳所起到的节能作用，显得越来越突出。建筑遮阳与建筑所在的地理位置的气候和日照状况密不可分，日照变化和日温差变化的存在，使建筑室内在午间需要遮阳，而早晚需要接受阳光照射。

来自太阳的热辐射作用主要从两个途径进入室内影响我们的热舒适：一是透过窗户进入室内并被室内表面所吸收，产生了加热的效果；二是被建筑的外围护结构表面吸收，其中又有一部分热量通过建筑围护结构的热传导逐渐进入室内。即使建筑外墙、屋顶和门窗的隔热和蓄热作用在一定程度上稳定了室内的温度变化，但透过窗户进入室内的日照还是对室温有直接而重要的影响。所以，建筑遮阳的目的在于阻断直射阳光透过玻璃进入室内，防止阳光过分照射和加热建筑围护结构，防止直射阳光造成的强烈眩光。

在所有的被动式节能措施中，建筑遮阳也许是最为立竿见影的有效方法。传统的建筑遮阳构造，一般都安装在侧窗、屋顶天窗、中庭玻璃顶，类型有平板式遮阳板、布幔、格栅、绿化植被等，随着建筑的发展，幕墙产品的更新换代，外遮阳系统也在功能上和外观上不断地创新，从形式上划分为水平式遮阳、垂直式遮阳、综合式遮阳和挡板式遮阳四类。

3. 外围护墙设计

建筑外围护墙是绿色建筑重要的一个部分，它不仅仅对建筑有支撑和围护的作用，而且还发挥着隔绝外界冷热空气，保证室内气温稳定的作用。因此，建筑外围护墙体对于建筑的节能发挥着重要的作用。绿色建筑越来越多地深入到社会生活的各个方面，从建筑设计本身考虑，建筑的形态、建筑方位、空间的设计、建筑外表面的材料种类、材料构造、材料色彩等，是目前绿色建筑设计研究的主要内容，而其中建筑外围护结构保温和隔热设计是节能设计的重点，也是节能设计中最有效的、最适合我国普遍采用的方法。

节能住宅分为外保温墙体和内保温墙体两种。目前，在实际工程采用较多的是外保温墙体。工程实践证明，外保温墙体不仅具有施工方便、保护主体结构、保温层不受室外气候侵蚀等优点，同时具有避免产生热桥、保温效率高等优越性。另外，外保温墙体还有减少保温材料内部结露的可能性、增加室内的使用面积、房间的热惰性比较好、室内墙面二次装修和设备安装不受限制、墙体结构温度应力较小等特点。

4. 节能新风系统

在节能建筑中，由于外窗具有良好的呼吸与隔热的作用，外围护结构具有良好的密封性和保温性，使得人为设计室内新风和污浊空气的走向成为舒适性中必须重点考虑的一个问题。目前比较流行的下送上排式的节能新风系统，就能较好地解决这个问题。新风系统是根据在密闭的室内一侧用专用设备向室内送新风，再从另一侧由专用设备向室外排出，在室内会形成"新风流动场"的原理，从而满足室内新风换气的需要。

新风系统是由风机、进风口、排风口及各种管道和接头组成。安装在吊顶内的风机通过管道与一系列的排风口相连，风机启动后，使室内形成负压，室内受污染的空气经排风口及风机排往室外，室外新鲜空气便经安装在窗框上方（窗框与墙体之间）的进风口进入室内，从而使室内人员可呼吸到高品质的新鲜空气。

（二）绿色建筑新能源的使用

当今随着社会经济的大跨度发展，人类社会的不断进步。能源的消耗、浪费越来越严重。新能源的开发利用就成为国际社会发展的迫切要求。对于人类所必不可少的居住建筑，新能源更是追之若鹜。新能源建筑不仅能节省资源、降低造价，更是能降低环境的污染，保持人类社会的生态平衡，这是绿色建筑发展的新方向。

能源是人类生存与发展的重要基础，经济的发展依赖于能源的发展。当今能源问题已经成为全世界共同关注的问题，能源短缺成为制约经济发展的重要因素。建筑从建材生产，建筑施工直到建筑物的使用无时不在消耗着能源，资料统计表明欧美等发达国家的建筑能耗占到全国总能耗的 1/3 左右，我国也占到 25% 以上。因此在建筑中推广节能技术势在必行。面对资源环境制约的严峻挑战，建筑节能减排将是一项长期而艰巨的任务，也是一项重要而紧迫的现实工作，这同时也为新能源建筑应用提供了广阔的发展空间，丰富的资源优势和先进的产业优势将为新能源建筑应用带来得天独厚的优势。

推进新能源建筑应用是顺应低碳经济发展趋势的必然选择。为应对日趋严峻的环境污染和能源危机，世界各国纷纷加快调整产业结构，寻求节能、高效、低污染、可持续发展的方式。以提高能源利用效率和转变能源结构为核心的低碳经济，逐步替代传统的高能耗发展模式，以"低排放、高能效、高效率"为特征的低碳城市建设，已引起高度关注。推进建筑节能、发展绿色建筑、促进建筑向高效绿色型转变，发展新能源建筑应用是必然选择。

在节约不可再生能源的同时，人类还在寻求开发利用新能源以适应人口增加和能源枯竭的现实，这是历史赋予现代人的使命，而新能源有效地开发利用必定要以高科技为依托。如开发利用太阳能、风能、潮汐能、水力、地热及其他可再生的自然界能源，必须借助于先进的技术手段，并且要不断地完善和提高，以达到更有效地利用这些能源。如人们在建筑上不仅能利用太阳能采暖，太阳能热水器还能将太阳能转化为电能，并且将光电产品与建筑构件合为一体，如光电屋面板、光电外墙板、光电遮阳板、光电窗间墙、光电天窗以及光电玻璃幕墙等，使耗能变成产能。

三、建筑用水节约设计

据有关资料显示我国人均水资源占有量仅仅相当于世界人均水平的 1/4，居于世界 110 位，被列为世界 13 个贫水国之一，建筑给排水设计对于保障我国居民用水，提高水资源的利用率具有一定的现实意义。但是，目前社会对于建筑给排水设计的节能、节水问题，重视度仍然不够，还普遍存在认识上的偏差。在实际设计中经常会出现，各种不合理的设计，进而造成了巨大的能源浪费和经济浪费。因此，建筑给排水设计人员只有不断的增强节能意识，将节水任务放在设计工作的重要位置上，才能保证高效的能源应用，实现可持续发展。

冷却水宜循环利用，提高水的重复利用率。在水源条件许可的情况下，可采用江水、河水、湖泊水、海水、地下水等作为循环冷却水。在绿化、道路浇洒、汽车冲洗、地面冲洗用水中，尽量采用非生活饮用水，可采用雨水、中水等杂排水，并对冲洗用水回收利用。消防水池尽可能与游泳池、水景合用，做到一水多用、重复利用、循环使用，并设置水处理装置。在条件许可情况下设置合用消防水箱，以减少消防水箱的清洗用水。

我国是一个严重缺水的国家，解决水资源短缺的主要办法有节水、蓄水和调水三种，而节水是三者中最可行和最经济的。节水主要有总量控制和再生利用两种手段。中水利用则是再生利用的主要形式，是缓解城市水资源紧缺的有效途径，是开源节流的重要措施，是解决水资源短缺的最有效途径，是缺水城市势在必行的重大决策。中水也称为再生水，是指污水经适当处理后，达到一定的水质指标，满足某种使用要求，可以进行有益使用的水。和海水淡化、跨流域调水相比，中水具有明显的优势。从经济的角度看，中水的成本最低；从环保的角度看，污水再生利用有助于改善生态环境，实现水生态的良性循环。

现代城市雨水资源化是一种新型的多目标综合性技术，是在城市排水规划过程中通过规划和设计，采取相应的工程措施，将汛期雨水蓄积起来并作为一种可用资源的过程。它不仅可以增加城市水源，在一定程度上缓解水资源的供需矛盾，还有助于实现节水、水资源涵养与保护、控制城市水土流失。雨水利用是城市水资源利用中重要的节水措施，具有保护城市生态环境和增进社会经济效益等多方面的意义。

四、建筑材料节约设计

近年来，随着资源的日益减少和环境的不断恶化，材料和能源消耗量巨大的现代建筑面临的一个首要问题，是如何实现建筑材料的可持续发展，社会关注的一大课题是提高资源和能源的综合利用率。随着我国城市化进程的不断加快，我国的环境和资源正承受着越来越大的压力。根据有关资料，每年我国生产的多种建筑材料要消耗大量能源和资源，与此同时还要排放大量二氧化硫和二氧化碳等有害气体和各类粉尘。

目前我国的建筑垃圾处理问题、资源循环利用问题和资源短缺问题尤为严重。大拆大建现在多数城市建设中非常严重，建筑使用寿命低的问题更加突出。在经济发达的国家在这方面比我们看得更远，在20世纪末就对节约建筑材料方面进行了大量研究，研究成果也在实践中得到广泛应用，社会普遍认同资源节约型建筑是一种可持续发展的环境观。比较成功的节约建材的经验主要有合理采用地方性建筑材料、应用新型可循环建筑材料、实现废弃材料的资源化利用等。

近年来，我国绿色建筑的实践充分证明，为片面追求美观而以巨大的资源消耗为代价，不符合绿色建筑中"节材"的基本理念。在绿色建筑的设计中应控制造型要素中没有功能作用的装饰构件的应用。其次，在建筑工程的施工过程中，应最大限度利用建设用地内拆除的或其他渠道收集得到的旧建筑的材料，以及建筑施工和场地清理时产生的废弃物等，延长这些材料的使用期，达到节约原材料、减少废物量、降低工程投资、减少由更新所需材料的生产及运输对环境产生不良影响的目的。

第六节　绿色建筑自然和谐性设计

绿色建筑在全球的发展，方兴未艾、星火燎原，其节能减排、可持续发展与自然和谐共生的卓越特性，使各国政府不竭余力的推动和推广绿色建筑的发展，也为世界贡献了一座座经典的建筑作品，其中很多都已成为著名的旅游景点，用实例向世人展示了绿色建筑的魅力。

绿色建筑是指在建筑的全寿命周期内，最大限度地节约资源（节能、节地、节水、节材）、保护环境和减少污染，为人们提供健康、适用和高效的使用空间，与自然和谐共生的建筑。

所谓"绿色建筑"的"绿色"，并不是指一般意义的立体绿化、屋顶花园，而是代表一种先进的概念或现代的象征。绿色建筑是指建筑对环境无害，能充分利用环境自然资源，并且在不破坏环境基本生态平衡条件下建造的一种建筑，又可称为可持续发展建筑、生态建筑、回归大自然建筑、节能环保建筑等。

人与自然的关系主要表现在两个方面：一是人类对自然的影响与作用，包括从自然界索取资源与空间，享受生态系统提供的服务功能，向环境排放废弃物；二是自然对人类的影响与反作用，包括资源环境对人类生存发展的制约，自然灾害、环境污染与生态退化对人类的负面影响。由于社会的发展，使得人与自然从统一走向对立，由此造成了生态危机。因此，要想实现人与自然的和谐发展，必须正视自然的价值，理解自然，改变我们的发展观，逐步完善有利于人与自然和谐的生态制度，构建美好的生态文化，从而构建人与自然的和谐环境。人类活动的各个领域和人类生活的各个方面都与生态环境发生着某种联系，因此，我们要从多层次多角度方面来构建人与自然的和谐发展。

随着社会不断进步与发展，人们对生活工作空间的要求也越来越高。在当今建筑技术条件下，营造一个满足使用需要的、完全由人工控制的舒适的建筑空间已并非难事。但是，建筑物使用过程中大量的能源消耗和由此产生的对生态环境的不良影响，以及众多建筑空间所表现的自我封闭和与自然环境缺乏沟通的缺陷，都成为建筑设计中亟待解决的问题。人类为了永续自身的可持续发展，就必须使其各种活动，包括建筑活动及其产生结果和产物与自然和谐共生。

　　建筑作为人类不可缺少的活动，旨在满足人的物质和精神需求，寓含着人类活动的各种意义。由此可见，建筑与自然的关系实质上也是人与自然关系的体现。自然和谐性是建筑的一个重要的属性，它表示人、建筑、自然三者之间的共生、持续、平衡的关系。正因为自然和谐性，建筑以及人的活动才能与自然息息相关，才能以联系的姿态融入自然。这种属性是可持续精神的直接体现，对当代建筑的发展具有积极的意义。

　　世界著名的建筑大师长谷川逸子，就是从建筑设计的角度构建人、建筑与自然和谐的典范。自然是她建筑设计的永恒主题。"建筑本身是人工的产物，是一种破坏后的建立，是破坏自然的一种行为。"而这种破坏又无可避免的发生，于是"这项工作的实质就是怎样去建立一个破坏自然后的又一个自然，这是建筑设计的出发点，因为只有自然对人类永远是最合适的。"而她的建筑设计准则则是：关于自然的建筑化观点用高科技的细部设计手段来表达自然和天地万物，从而蕴涵着对当代世界的灵活观点。

第七节　绿色建筑低耗高效性设计

　　据有关部门统计，我国 400 多亿平方米的城乡建筑中，有 98％为高耗能建筑，新建的建筑群中有 95％为高耗能建筑。人们在享受现代建筑文明和城市文明带来的快乐和满足的同时，也逐步意识到建筑给人类与自然所造成破坏的严重性，因此，建设资源节约型、环境友好型社会的要求，对于我国来讲就变得尤为重要。

　　为了实现现代建筑能重新回归自然、亲和自然，实现人与自然和谐共生的意愿，专家和学者们提出了"绿色建筑"的概念，并且以低耗高效为主导的绿色建筑在实现上述目标的过程中，受到越来越多人的关注，随着低耗高效建筑节能技术的完善，以及绿色建筑评价体系的推广，低耗高效的绿色建筑时代已经悄然来临。

　　有关专家也认为："绿色建筑"是为人类提供健康、舒适的工作、居住、活动空间，同时最高效率地利用能源、最低限度地影响环境的建筑物。其中建筑节能是绿色建筑的核心内容，建筑节能的主要内容是尽量减少能源、资源消耗，减少对环境的破坏，并尽可能采用有利于提高居住品质的新技术、新材料。

　　所谓建筑能耗，国内外习惯上理解为使用能耗，即建筑物使用过程中用于供暖、通风、空调、照明、家用电器、输送、动力、烹饪、给排水和热水供应等的能耗。在经济发达国家，建筑能耗约占总能耗的 30％～40％。这一比例的高低反映了一个国家的经济发展和人民生活水平。我国是最大的发展中国家，建筑能耗约占全国总能耗的 11.7％，而北方工区供暖就占了其中 80％。上海是我国经济最发达的地区之一，虽然该地区没有大面积的集中供暖，但根据有关专家的估算，上海的建筑能耗约占总能耗的 13.2％。随着我国的经济腾飞和气候变化，这一比例正不断攀升。

　　合理地利用能源、提高能源利用率、节约建筑能源是我国的基本国策，绿色建筑节能是指提高建筑使用过程中的能源效率。对于能耗与服务的关系，美国伯克利加州大学的 Alan Meier 用一幅坐标图很形象地说明了这种关系，如图 4-1 所示。图中的斜线称为服务曲线。

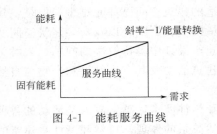

图 4-1　能耗服务曲线

很明显，需求越大，提供的服务越多能耗量也就越大。而斜线的斜率的倒数，就是能量转换效率。如果人们试图保持原来的能耗量来满足更大的需求，唯一的办法是减少使服务曲线的斜率，即提高能源利用率。因此，设计人员和物业管理人员的责任就是提高能量效率，尽量使服务曲线平坦一些，而不是去抑制需求，降低服务质量。

在绿色建筑低耗高效性设计方面，可以采取如下技术措施。

一、确定绿色建筑工程的合理建筑朝向

建筑朝向的选择涉及到当地气候条件、地理环境、建筑用地情况等必须全面考虑。选择建筑朝向的总原则是：在节约用地的前提下，要满足冬季能争取较多的日照，夏季避免过多的日照，并有利于自然通风的要求。从长期实践经验来看，南向是全国各地区都较为适宜的建筑朝向。但在建筑设计时，建筑朝向受各方面条件的制约不可能都采用南向。这就应结合各种设计条件，因地制宜地确定合理建筑朝向的范围，以满足生产和生活的要求。

工程实践证明，住宅建筑的体形、朝向、楼距、窗墙面积比、窗户的遮阳措施等，不仅影响住宅的外在质量，同时也影响住宅的通风、采光和节能等方面的内在质量。作为绿色建筑应该提倡建筑师充分利用场地的有利条件，尽量避免不利因素，在确定合理建筑朝向方面进行精心设计。

在确定建筑朝向时，应当考虑以下几个因素：要有利于日照、天然采光、自然通风；要结合场地实际条件；要符合城市规划设计的要求；要有利于建筑节能；要避免环境噪音、视线干扰；要与周围环境相协调，有利于取得较好的景观朝向。

二、设计有利于节能的建筑平面和体型

建筑设计的节能意义包括建筑方案设计过程中遵循建筑节能思想，使建筑方案确立节能的意识和概念，其中建筑体形和平面形状特征设计的节能效应是重要的控制对象，是建筑节能的有效途径。现代生活和生产对能量的巨大需求与能源相对短缺之间日益尖锐的矛盾促进世界范围内节能运动的不断展开。

对于绿色建筑来说，"节约能源，提高能源利用系数"已经成为各行各业追求的一个重要目标，建筑行业也不例外。节能建筑方案设计有特定的原理和概念，其中建筑平面特征的控制是建筑节能研究的一个重要方面。

建筑体形是建筑作为实物存在必不可少的直接形象和形状，所包容的空间是功能的载体，除满足一定文化背景的美学要求外，其丰富的内涵令建筑师神往。然而，建筑平面体形选择所产生的节能效应，及由此产生的指导原则和要求却常被人们忽视。我们应该研究不同体形对建筑节能的影响，确定一定的建筑体形节能控制的法则和规律。

体积系数是目前常用的建筑体形控制指标之一，以体积系数来描述，物理意义是指围合建筑物室内单位体积所需建筑围护结构的面积。从节能建筑原理来讲，是用尽量小的建筑外表面积来围合尽量大的建筑内部单位体积。体积系数越小则意味着外墙面积越小，也就是能量流失途径越少，越具节能意义。

在体积相同的条件下，建筑物外表面面积越大，采暖制冷的负荷越大，测试结果表明：体积系数每增加 0.01，建筑能耗将增加 2.5%。因此，要采取合理的体积系数。我国有关规范对体积系数作了界限，居住建筑或类似建筑，以体积系数等于 0.3 为限值，当体积系数小

于 0.3 时，对建筑节能带来有益的帮助，能为今后建筑实施节能目标提供有利条件。

三、重视建筑用能系统和设备优化选择

为使绿色建筑达到低耗高效的要求，必须对所有用能系统和设备进行节能设计和选择，这是绿色建筑实现节能的关键和基础。例如，对于集中采暖或空调系统的住宅，冷、热水（风）是靠水泵和风机输送到用户，如果水泵和风机选型不当，不仅不能满足供暖的功能要求，而且其能耗在整个采暖空调系统中占有相当的比例。

在现行国家标准《公共建筑节能设计标准》（GB 50189—2005）中，对于绿色建筑所有用能系统和设备进行节能设计和选择有明确的规定，可参照以下规定执行。

（1）空气调节风系统的作用半径不宜过大。风机的单位风量耗功率（W_s）应按《公共建筑节能设计标准》中的式（5.3.26）计算，并不应大于表 4-1 中的规定。

表 4-1　风机的单位风量耗功率限值　　　　　单位：W/（m³/h）

系统型式	办公建筑		商业、旅馆建筑	
	粗效过滤	粗、中效过滤	粗效过滤	粗、中效过滤
两管制定风量系统	0.42	0.48	0.46	0.52
四管制定风量系统	0.47	0.53	0.51	0.58
两管制变风量系统	0.58	0.64	0.62	0.68
四管制变风量系统	0.63	0.69	0.67	0.74
普通机械通风系统	0.32			

注：1. 普通机械通风系统中不包括厨房等需要特定过滤装置的房间的通风系统；2. 严寒地区增设预热盘管时，单位风量耗功率可增加 0.035W/（m³·h）；3. 当空气调节机组内采用湿膜加湿方法时，单位风量耗功率可增加 0.053W/（m³·h）。

（2）空气调节冷热水系统的输送能效比（ER）应按《公共建筑节能设计标准》中的式（5.3.27）计算，且不应大于表 4-2 中的规定值。

表 4-2　空气调节冷热水系统的最大输送能效比（ER）

管道类别	两管制热水管道			四管制热水管道	空调冷水管道
	严寒地区	寒冷地区/夏热冬冷地区	夏热冬暖地区		
ER	0.00577	0.00433	0.00865	0.00673	0.0241

注：两管制热水管道系统中的输送能效比值，不适用于采用直燃式冷热水机组作为热源的空气调节热水系统。

（3）集中热水采暖系统热水循环水泵的耗电输热比（HER），应符合《公共建筑节能设计标准》中的要求。

四、重视建筑日照调节和建筑照明节能

随着人类对能源可持续使用理念的日趋重视，如何使用尽可能少的能源而获得最佳的使用效果已成为各个能源使用领域内越来越关注的问题。照明是人类使用能源最多的领域之一，如何在照明这一领域内实现使用最少的能源而获得最佳的照明效果无疑是一个具有重大理论意义和应用价值的课题。绿色照明的概念也就在此基础上提出来了，并成为照明设计领域内十分重要的研究课题。

现行的照明设计主要考虑被照面上照度、眩光、均匀度、阴影、稳定性和闪烁等照明技术问题，而健康照明设计不仅要考虑这些问题，而且还要处理好紫外辐射、光谱组成、光

色、色温等对人的生理和心理的作用。为了实现健康照明，除了研究健康照明设计方法和尽可能做到技术与艺术的统一外，还要研究健康照明概念、原理，并且要充分利用现代科学技术的新成果，不断研究出高品质新光源，同时要开发出采光和照明新材料、新系统，充分利用天然光，节约能源，保护环境，使人们身心健康。

在住宅建筑的建筑能耗中，照明能耗占了相当大的比例，因此要注意照明节能。考虑到住宅建筑的特殊性，套内空间的照明受居住者个人行为的控制，一般不宜过多干预，因此不涉及套内空间的照明。住宅公共场所和部位的照明主要受设计和物业管理的控制，作为绿色建筑必须强调公共场所和部位的照明节能问题。因此，在公共场所和部位应采用高效光源和灯具，采取可靠的节能控制措施，并特别注意增加公共场所的自然采光。有关专家测算，如果全国所有的商场、会议中心等公共场所白天全部采用自然光照明，可以节约用电量约 $820 \times 10^8 \, \mathrm{kW \cdot h}$，即使其中只有 10% 做到这一点，每年仍可节电 $82 \times 10^8 \, \mathrm{kW \cdot h}$，相应减排二氧化碳 $787 \times 10^4 \, \mathrm{t}$。

在我国现代社会的构建和发展中，环保节能理念已逐渐深入人心，各行业、各领域都加强了对于节能技术的研究和应用。在我国民用建筑建设中，电气照明的技术发展必须坚持环保、安全、高效的趋势，进而才能满足现代社会及我国建筑行业的长期发展要求。

五、采用资源消耗和环境影响小的结构

人和自然和谐相处，是构建和谐社会的一个重要和基础性的组成部分，也是贯彻落实科学发展观的一个组成部分。要解决好经济发展和保护环境之间的矛盾，最主要的关键是要全面贯彻落实科学发展观。实现人与自然的和谐发展，首先要科学认识自然，尊重自然规律，恩格斯早就警告过我们，不要再做那些可能引起大自然惩罚的蠢事。以牺牲生态和环境，过度消耗资源为代价来发展，这是一种粗放型经济的发展模式的主要表现。绿色建筑追求的是资源消耗少、环境影响最小的情况下求发展。

目前，我国住宅建筑结构体系主要有砖混凝土预制板混合结构、现浇混凝土框架剪力墙结构和混凝土框架结构，轻钢结构近年来也有一定发展。就全国范围而言，砖－混凝土预制板混合结构仍占主要地位，约占整个建筑结构体系的 70%，钢结构建筑所占的比重还不到 5%。绿色建筑应从节约资源和环境保护的要求出发，在保证安全、耐久的前提下，尽量选用资源消耗和环境影响小的建筑结构体系，主要包括钢结构体系、砌体结构体系及木结构、预制混凝土结构体系。

砖混结构、钢筋混凝土结构体系所用材料在生产过程中大量使用黏土、石灰石等不可再生资源，对资源的消耗很大，同时会排放大量 CO_2 等污染物。钢铁、铝材的循环利用性好，而且回收处理后仍可再利用。含工业废弃物制作的建筑砌块自重轻，不可再生资源消耗小，同时可形成工业废弃物的资源化循环利用体系。

六、按照国家规定充分利用可再生资源

人口、资源、环境已成为 21 世纪世界各国经济和社会发展难以解决的三大突出问题，而核心是资源问题，特别是不可再生资源的可持续利用问题。目前，我国经济发展进入非常关键的调整时期，能源资源尤其是不可再生资源是中国完成全面建设小康社会和社会经济可持续发展的重要物质基础。近些年来，中国经济经历快速强劲发展，对不可再生资源的需求也越发急切，伴随着经济快速发展不断暴露出对不可再生资源需求的压力。实现不可再生资源的可持续利用是我国经济持续快速发展的战略课题。

我国对于充分利用可再生资源非常重视，在《可再生能源发展"十二五"规划》中强调

指出："可再生能源是能源体系的重要组成部分，具有资源分布广、开发潜力大、环境影响小、可永续利用的特点，是有利于人与自然和谐发展的能源资源。当前，开发利用可再生能源已成为世界各国保障能源安全、加强环境保护、应对气候变化的重要措施。随着经济社会的发展，我国能源需求持续增长，能源资源和环境问题日益突出，加快开发利用可再生能源已成为我国应对日益严峻的能源环境问题的必由之路。"

在《中华人民共和国可再生能源法》中的第二条指出："本法所称可再生能源，是指风能、太阳能、水能、生物质能、地热能、海洋能等非化石能源"。第十二条指出："国家将可再生能源开发利用的科学技术研究和产业化发展列为科技发展与高技术产业发展的优先领域，纳入国家科技发展规划和高技术产业发展规划，并安排资金支持可再生能源开发利用的科学技术研究、应用示范和产业化发展，促进可再生能源开发利用的技术进步，降低可再生能源产品的生产成本，提高产品质量。"第十七条指出："国家鼓励单位和个人安装和使用太阳能热水系统、太阳能供热采暖和制冷系统、太阳能光伏发电系统等太阳能利用系统。"

根据目前我国再生能源在建筑中的实际应用情况，比较成熟的是太阳能热利用。太阳能热利用就是用太阳能集热器将太阳辐射能收集起来，通过与物质的相互作用转换成热能加以利用。目前，太阳能热利用主要分为两个层次：一是太阳能的中低温应用，包括太阳能热水器、太阳能采暖、太阳能干燥、太阳能工业预热等低于100℃的太阳能热利用领域；二是太阳能中高温应用，包括太阳能工业加热、太阳能空调制冷、太阳能光热发电等高于100℃以上的太阳能热利用领域。太阳能热水器与人民的日常生活密切相关，其产品具有环保、节能、安全、经济等特点，太阳能热水器的迅速发展将成为我国太阳能热利用的"主力军"。

七、物业公司采取严格的管理运营措施

在绿色建筑日常的运行过程中，要想实现建筑节能高效的目标，必须采取严格的管理措施，这是建筑节能的制度保障。物业管理公司是专门从事地上永久性建筑物、附属设备、各项设施及相关场地和周围环境的专业化管理的，为业主和非业主使用人提供良好的生活或工作环境的，具有独立法人资格的经济实体。

在国务院颁布的《物业管理条例》第二条中指出："本条例所称物业管理，是指业主通过选聘物业服务企业，由业主和物业服务企业按照物业服务合同约定，对房屋及配套的设施设备和相关场地进行维修、养护、管理，维护物业管理区域内的环境卫生和相关秩序的活动。"这条规定既明确了物业管理企业的性质，也明确了物业管理企业的职责。

物业管理企业在实现建筑节能方面，应根据所管理范围的实际情况，提交节能、节水、节地、节材与绿化管理制度，并说明实施效果。在一般情况下，节能管理制度主要包括：业主和物业共同制定节能管理模式；分户、分类的计量与收费；建立物业内部的节能管理机制；节能指标达到设计要求的措施等。

第八节　绿色建筑绿色文明性设计

人类文明的第一次浪潮，是以农业文明为核心的黄色文明；人类文明的第二次浪潮，是以工业文明为核心的黑色文明；人类文明的第三次浪潮，是以信息文明为核心的蓝色文明；人类文明的第四次浪潮，是以社会绿色文明为核心的文明。绿色文明就是能够持续满足人们幸福感的文明。任何文明都是为了满足人们的幸福感，而绿色文明的最大特征就是能够持续满足人们的幸福感，持续提升人们的幸福指数。

绿色文明是一种新型的社会文明，是人类可持续发展必然选择的文明形态，也是一种人

文精神，体现着时代精神与文化。绿色文明既反对人类中心主义，又反对自然中心主义，而是以人类社会与自然界相互作用，保持动态平衡为中心，强调人与自然的整体、和谐地双赢式发展。它是继黄色文明、黑色文明和蓝色文明之后，人类对未来社会的新追求。

21世纪是呼唤绿色文明的世纪。绿色文明包括绿色生产、生活、工作和消费方式，其本质是一种社会需求。这种需求是全面的，不是单一的。它一方面是要在自然生态系统中获得物质和能量；另一方面是要满足人类持久的自身的生理、生活和精神消费的生态需求与文化需求。以经济、社会、自然协调发展的生态文明。

绿色建筑外部要强调与周边环境相融合，和谐一致、动静互补，做到保护自然生态环境。舒适和健康的生活环境，建筑内部不得使用对人体有害的建筑材料和装修材料。室内的空气保持清新，温度和湿度适当，使居住者感觉良好，身心健康。倡导绿色文明建筑设计，不仅对中国自身发展有深远的影响，而且也是中华民族面对全球日益严峻的生态环境危机，向全世界作出的庄严承诺。绿色文明建筑设计，主要应注意保护生态环境和利用绿色能源。

一、保护生态环境

保护生态环境是人类有意识地保护自然生态资源并使其得到合理的利用，防止自然生态环境受到污染和破坏；对受到污染和破坏的生态环境必须做好综合的治理，以创造出适合于人类生活、工作的生态环境。生态环境保护是指人类为解决现实的或潜在的生态环境问题，协调人类与生态环境的关系，保障经济社会的持续发展而采取的各种行动的总称。

改革开放以来，党和政府越来越重视生态环境的保护，并采取一系列措施进行保护和改善，使一些地区的生态环境明显好转。主要表现在：植树造林，防治沙漠化，水土保持，国土整治，草原建设，及天然林资源的保护等，并逐步完善了环境保护的法制建设，取得了一定的成绩。虽然，我国在环境保护方面取得了一定成效，但全国生态环境状况仍然面临严峻形势，问题依旧大于成绩。目前，随着我国城市化的快速发展，生态环境总体上还在恶化，治理能力远远赶不上破坏速度，生态环境破坏的程度在加剧，危害在加重，生态赤字逐渐扩大。

保护生态环境和可持续发展是人类生存和发展面临的新课题，人类正在跨入生态文明的时代。保护生态环境已经成为中国社会新的发展理念和执政理念；保护生态环境已经成为中国特色社会主义现代化建设进程中的关键因素。在进行城市规划和设计中，我们要用保护环境、保护资源、保护生态平衡的可持续发展思想，指导绿色建筑的规划设计、施工和管理等，尽可能减少对环境和生态系统的负面影响。

二、利用绿色能源

绿色能源也称为清洁能源，是环境保护和良好生态系统的象征和代名词。它可分为狭义和广义两种概念。狭义的绿色能源是指可再生能源，如水能、生物能、太阳能、风能、地热能和海洋能。这些能源消耗之后可以恢复补充，很少产生污染。广义的绿色能源则包括在能源的生产及其消费过程中，选用对生态环境低污染或无污染的能源，如天然气、清洁煤和核能等。

绿色能源不仅包括可再生能源，如太阳能、风能、水能、生物质能、海洋能等；还包括应用科技变废为宝的能源，如秸秆、垃圾等新型能源。人们常常提到的绿色能源，如太阳能、氢能、风能等，但另一类绿色能源，就是绿色植物提供的燃料，也称为绿色能源，又称为生物能源或物质能源。其实，绿色能源是一种古老的能源，千万年来，人类的祖先都是伐树、砍柴烧饭、取暖、生息繁衍。这样生存的后果是给自然生态平衡带来了严重的破坏。沉痛的历史教训告诉我们，利用生物能源，维持人类的生存，甚至造福于人类，必须按照自然规律办事，既要利用它，又要保护发展它，使自然生态系统保持良性循环。

近年来，国内在应用地源热泵方面发展较快。2005年，建设部将地源热泵技术列为建筑业十项推广新技术之一；2005年，建设部、国家质检总局联合发布国家标准《地源热泵系统工程技术规范》，2006年1月1日实施；2006年，国家财政部、建设部发布《关于推进可再生能源在建筑中应用的实施意见》，建立专项基金，对国家级地源热泵示范项目提供财政补贴；2007年，地源热泵示范城市项目开始启动。

地源热泵是利用地球表面浅层水源（如地下水、河流和湖泊）和土壤源中吸收的太阳能和地热能，并采用热泵原理，由水源热泵机组、地能采集系统、室内系统和控制系统组成的，既可供热又可制冷的高效节能空调系统。地源热泵已成功利用地下水、江河湖水、水库水、海水、城市中水、工业尾水、坑道水等各类水资源以及土壤源作为地源热泵的冷、热源。根据地能采集系统的不同，地源热泵系统分为地埋管、地下水和地表水3种形式。

2009年6月1日，《地源热泵系统工程技术规范》修订版正式发布实施。使地源热泵系统的设计、安装、运行、维护等各个方面均变得有章可循，地源热泵的推广应用时机已成熟。相比2005年版的规范，修订版更趋于完善合理，补充了地源热泵工作的缺失部分，将地下工况考虑到地源热泵实施细则中来，降低了工程失误系数，为科学应用管理地源热泵系统提供了坚实的保证，成为正确指导地埋管地源热泵系统设计应用的行为准则。

在《绿色建筑评价标准》中第4.2.9条规定的"可再生能源的使用量占建筑总能耗的比例大于5％"，可以用以下指标来进行判断：①如果小区中有25％以上的住户采用太阳能热水器提供住户大部分生活热水，判定满足该条文要求；②小区中有25％的住户采用地源热泵系统，判定满足该条文要求；③小区中有50％的住户采用地热水直接采暖，判定满足该条文要求。

第九节　绿色建筑综合整体创新设计

绿色建筑是指为人们提供健康、舒适、安全的居住、工作和活动的空间，同时在建筑全生命周期中实现高效率地利用资源、最低限度地影响环境的建筑物。绿色建筑是以节约能源、有效利用资源的方式，建造低环境负荷情况下安全、健康、高效及舒适的居住空间，达到人及建筑与环境共生共荣、永续发展。绿色建筑最终的目标是以"绿色建筑"为基础进而扩展至"绿色社区"、"绿色城市"层面，达到促进建筑、人、城市与环境和谐发展的目标。

绿色建筑的综合整体创新设计，是指将建筑科技创新、建筑概念创新、建筑材料创新与周边环境结合在一起进行设计。重点在于建筑科技创新，利用科学技术的手段，在可持续发展的前提下，满足人类日益发展的使用需求，同时与环境和谐共处，利用一切手法和技术，使建筑满足健康舒适、安全可靠、耐久适用、节约环保、自然和谐和低耗高效等特点。

由此可见，发展绿色建筑必然伴随着一系列前所未有的综合整体创新设计活动。绿色建筑在中国的兴起，既是形势所迫，顺应世界经济增长方式转变潮流的重要战略转型，又是应运而生，是我国建立创新型国家的必然组成部分。

一、基于环境的设计创新

理想的建筑应该协调于自然成为环境中的一个有机组成部分。一个环境无论以建筑为主体还是以景观为主体只有两者完美协调才能形成令人愉快、舒适的外部空间。为了达到这一目的建筑师与景观设计师进行了大量的、创造性的构思与实践，从不同的角度、不同的侧面和不同的层次对建筑与环境之间的关系进行了研究与探讨。

建筑与环境之间良好关系的形成不仅需要有明确、合理的目的而且有赖于妥当的方法论与诚实的建筑实践的完美组合。建筑实践是一个受各种因素影响与制约的繁琐、复杂的过程。在设计的初期阶段能否圆满解决建筑与环境之间的关系，将直接影响建筑环境的实现。建筑与其周围环境有着千丝万缕的联系，这种联系也许是协调的，也许是对立的。它也可能反映在建筑的结构、材料、色彩上，也可能通过建筑的形态特征表现出其所处环境的历史、文脉和源流。

建筑自身的形态及构成直接影响着其周围的环境。如果建筑的外表或形态不能够恰当地表现所在地域的文化特征或者与周围环境发生严重的冲突，那么它就很难与自然保持良好的协调关系。但是，所谓建筑与环境的协调关系，并不意味着建筑必须被动地屈从于自然、与周围环境保持妥协的关系。有些时候建筑的形态与所在的环境处于某种对立的状态。但是这种对立并非从根本上对其周围环境加以否定，而是通过与局部环境之间形成的对立，在更高的层次上达到与环境整体更加完美的和谐。

建筑环境的设计创新，就是要求建筑师通过类比的手法，把主体建筑设计与环境景观设计有机地结合在一起。将环境景观元素渗透到建筑形体和建筑空间当中，以动态的建筑空间和形式、模糊边界的手法，形成功能交织、有机相连的整体，从而实现空间的持续变化和形态交集。将建筑的内部、外部直至城市空间，看作是城市意象的不同，但又是连续的片段，通过独具匠心的切割与连接，使建筑物和城市景观融为一体。

二、基于文化的设计创新

建筑是人类重要的文化载体之一，它以"文化纪念碑"的形式成为文化的象征，记载着不同民族、不同地域、不同习俗的文化，尤其是记载着伦理文化的演变历程。建筑设计是人类物质文明与精神文明相互结合的产物，建筑是体现传统文化的重要载体，中国传统文化对我国建筑设计具有潜移默化的影响，但是在现阶段随着一些错误思想的冲击，传统文化在建筑设计中的运用需要进一步创新发展。

受中国改革开放政策的影响，中国的传统文化逐渐受到外来文化的冲击，建筑行业受外来文化和市场经济发展的影响，逐渐忽视中国传统建筑文化，盲目崇拜欧式的建筑设计风格，导致很多城市市政建设中出现了一些与本地区建筑风格完全不同建筑物出现，破坏了原先城市建筑物的整体性，为此，相关部门有必要对中国传统建筑风格进行分析研究，促进中国传统文化在建筑设计中的创新和发展，不断设计出具有中国特色的建筑。

现代建筑的混沌理论认为：自然不仅是人类生存的物质空间环境，更是人类精神依托之所在。对于自然地貌的理解，由于地域文化的不同而显示出极大的不同，从而造就了如此众多风格各异的建筑形态和空间，让人们在品味中联想到当地的文化传统与艺术特色。设计展示其独特文化底蕴的观演建筑，离不开地域文化原创性这一精神原点。引发人们在不同文化背景下的共鸣，引导他们参与其中，获得其独特的文化体验。

三、基于科技的设计创新

当今时代，人类社会步入了一个科技创新不断涌现的重要时期，也步入了一个经济结构加快调整的重要时期。持续不断的新科技革命及其带来的科学技术的重大发现发明和广泛应用，推动世界范围内生产力、生产方式、生活方式和经济社会发展观，发生了前所未有的深刻变革，也引起全球生产要素流动和产业转移加快，经济格局、利益格局和安全格局发生了前所未有的重大变化。

　　自 20 世纪 80 年代以来，我国建筑行业的技术发展经历了探索阶段、推广阶段和成熟阶段，然而，与国际先进技术相比，我国建筑设计的科技创新方面仍存在着许多问题，造成这些问题的原因是多方面的，我国建筑业只有采取各种有效措施，不断加强建筑设计的科技创新，才能增强自身的竞争力。

　　科技创新不足、创新体系不健全，制约着绿色建筑可持续发展的实施。我国科学技术创新能力，尤其是原始创新能力不足的状况日益突出和尖锐，已经成为影响我国绿色建筑科学技术发展乃至可持续发展的重大问题。因此，加强绿色建筑科技创新，推进国家可持续发展科技创新体系的建设，是促进我国可持续发展战略实施的当务之急。

第五章

常见各种类型绿色建筑设计

绿色建筑是指为人类提供一个健康、舒适的工作、居住、活动的空间，同时实现最高效率地利用能源、最低限度地影响环境的建筑物。其内涵既通过高新技术的研发和先进适用技术的综合集成，极大地减少建筑对不可再生资源的消耗和对生态环境的污染，并为使用者提供健康、舒适、与自然和谐的工作及生活环境。

绿色建筑是综合运用当代建筑学、生态学及其他技术科学的成果，把各类建筑建造成一个小的生态系统，为居住者提供生机盎然、自然气息深厚、方便舒适并节省能源、没有污染的居住环境。绿色建筑是指能充分利用环境自然资源，并以不破坏环境基本生态为目的而建造的一种建筑，所以，生态专家们一般又称其为环境共生建筑。绿色建筑不仅有利于小环境及大环境的保护，而且十分有益于人类的健康。

第一节　绿色居住建筑设计

近几年，我国住宅市场发展迅速，住宅设计从生存型逐步向功能型、舒适型转变，开始出现体现人文关怀、节能环保、科技创新理念的住宅。绿色生态住宅充分利用环境自然资源，以有益于生态、健康、节能为宗旨，确保生态系统的良性循环，确保居住者在身体上、精神上、社会上完全处于良好的状态。因此，绿色生态住宅设计和施工是当今建筑业极为关注的热点问题，也是建筑业实施可持续发展的一个关键环节。

一、绿色居住建筑的节地与空间利用

（一）居住建筑用地的规划设计

1. 居住建筑的用地控制

居住建筑的选址首先考虑没有地质灾害和洪水淹没危险的安全地方，尽可能的选在废地上（荒地、坡地、不适宜耕种土地等），减少耕地占用。周边的空气、土壤、水体等不应对人体造成危害，确保卫生安全。居住区在设计过程中，要综合考虑套型、朝向、布置方式、间距、用地条件、层数与密度、绿地和空间环境等因素，来集约化使用土地，实现突出均好性、多样性和协调性。

2. 居住建筑的密度控制

居住建筑用地对人口毛密度、建筑面积毛密度（容积率）、绿地率进行合理的控制，达到合理的标准。

3. 群体组合和空间环境控制

在对居住区进行规划与设计时，要全面考虑公建与住宅布局、路网结构、绿地系统、群

体组合及空间环境等的内在关系，设计成一个相对独立和完善的整体。

合理组织人流、车流，小区内的供电、给排水、燃气、供热、电信、路灯等管线宜结合小区道路构架进行地下埋设，配建公共服务内设施及与居住人口规模相对应的公共服务活动中心，方便经营、使用和社会化服务。绿化景观设计注重景观和空间的完整性，应做到集中与分散结合、观赏与实用结合，环境设计应为邻里交往提供不同层次的交往空间。

4. 居住建筑朝向与日照控制

居住建筑间距，以满足日照要求为基础，综合考虑地形、采光、通风、消防、防震、管线埋设、避免视线干扰等因素。建筑的日照要求一般情况下通过与前面建筑的合理间距进行调节，如果不能通过正面的日照满足建筑物的日照标准，在对居住建筑的日照间距进行设计时不能影响周边相邻的其他建筑的合法权益（主要包括建筑建筑物退让、容积率、高度等）。各地的居住建筑日照标准应按国家及当地的有关规范、标准等要求执行。一般应满足以下条件。

（1）当居住建筑为非正南北朝向时，住宅正面间距应按地方城市规划行政主管部门确定的日照标准不同方位的间距折减系数换算。

（2）应充分利用地形地貌的变化所产生的场地高差、条式与点式住宅建筑的形体组合以及住宅建筑高度的高低搭配等，合理进行住宅布置，有效控制居住建筑间距，提高土地使用效率。

5. 地下与半地下空间控制

地下或半地下空间的利用与地面建筑、人防工程、地下交通、管网及其他地下构筑物统筹规划、合理安排。同一街区内公共建筑的地下或半地下空间应按规划进行互通设计。充分利用地下或半地下空间做地下或半地下机动车停车库（或用做设备用房等），地下或半地下机动停车位达到整个小区停车位的80%以上。

配建的自行车库，采用地下或半地下形式，部分公建（服务、健身娱乐、环卫等）宜利用地下或半地下空间，地下空间结合具体的停车数量要求、设备用房特点、机械式停车库、工程地质条件以及成本控制等因素，考虑设置单层或多层地下室。

6. 公共服务设施控制

城市新建设的居住区要根据国家和地方的相关规定，同步安排医疗卫生、教育、商业服务、文化体育、金融邮电、市政公用、社区服务和行政管理等公共服务设施用地，为小区内的居民提供必要的公共活动空间。居住区公共服务设施的配建水平，必须与居住人口规模相对应，并与住宅同步规划、同步建设、同时投入使用。社区中心宜采用综合体的形式集中布置，形成中心用地。社区中心设置内容及标准见表5-1。

表5-1　社区中心设置内容及标准

社区中心等级	设置内容	服务半径/m	服务人口/人	建筑面积/m²	用地面积/m²
居住社区级中心	文化娱乐、体育、行政管理与社区服务、社会福利与保障、医疗卫生、商业金融服务、邮政电信、其他	400～500	30000	30000～40000	26000～35000
基层社区级中心	文化娱乐、体育、行政管理与社区服务、社会福利与保障、医疗卫生、商业金融服务、其他	200～250	5000～10000	2000～2700	1800～2500

7. 居住建筑竖向控制

小区规划要结合地形地貌合理设计，尽可能保留基地形态和原有植被，减少土方工程量。地处山坡或高差较大基地的住宅，可采用垂直等高线等形式合理布局住宅，有效减小住宅日照间距，提高土地使用效率。小区内对外联系道路的高程应与城市道路标高相衔接。

（二）居住建筑设计的节地

住宅设计要选择合理的单元面宽和进深。户均面宽值不宜大于户均面积值的 1/10。住宅套型平面应根据建筑的使用性质、功能、工艺要求合理布局。套内功能分区要符合公私分离、动静分离、洁污分离的要求。功能空间关系紧凑，便能得到充分利用。住宅单体的平面设计力求规整。电梯井道、设备管井、楼梯间等尺寸选择要合理，布置紧凑，最好不要凸出住宅主体外墙过多。套型功能的增量，除了面积适宜外，还要包括房间功能的细化以及相关配置设备的质量，满足现代生活方式和生活质量的提高。

居住建筑的体形设计应适应本地区的气候条件，住宅建筑应具有地方特色和个性、识别性，造型简洁、尺度适宜、色彩明快。住宅建筑配置太阳能热水器设施时，宜采用集中式热水器配置，系统太阳能集热板与屋面坡度应在建筑设计中一体化考虑，以有效降低占地面积。

二、绿色居住建筑的节能与能源利用

建筑本身就是能源消耗大户，同时对环境也有重大影响。据统计，全球有 50% 的能源用于建筑，同时人类从自然界所获得的 50% 以上的物质原料，也是用来建造各类建筑及其附属设施。尽管诸如道路，桥梁，隧道等不能以绿色建筑去衡量，但是居住区等对资源的利用时周而复始的。对于发展中国家而言，由于大量人口涌入城市，对住宅、道路、地下工程、公共设施的需求越来越高，所耗费的能源也越来越多，这与日益匮乏的石油资源，煤资源产生了不可调和的矛盾。

当前，我国正处在经济快速发展时期，人们对高水平的生活的追求越来越强烈，这种消费升级使得人们对建筑的要求越来越高，人均耗能也越来越高，产生的二氧化碳废弃物越来越多，这与全球倡导的保护环境理念相违背。在我国的能耗结构中，建筑占据了大约 1/4；用电结构中，建筑用电也占据了约 1/4。

随着我国城镇化的高速发展，建筑能耗占社会能耗的比重快速增长。据估算，至 2020 年我国建筑能耗将达到 10.89×10^8 t 标准煤，也意味着产生 20×10^8 t 二氧化碳。在我国能源消耗的构成中，住宅建筑的能耗是最主要的消耗形式，其占有的比率是最高的。在当今房地产行业步入成熟期的中国，环保节能型的住宅也越来越受到市场的青睐。因此要如何做好住宅节能，降低其能耗比例，已经成为了建筑行业的头等大事。如何在住宅建筑设计中，更好地利用自然能源，提高住宅建筑中能源利用效率，则是建筑设计师需要探讨的课题。

（一）建筑构造节能系统的设计

1. 规划设计中的节能设计

住宅小区规划应与建筑单体相协调，充分考虑各种宏观因素（如地区、朝向、方位、建筑布局、地形地势等）对单体布局的影响，同时利用所在地区的天然热源、风源等来实现每一栋住宅单体夏季都有充足的迎风面，冬季都有充足的日照，以满足通风、采光与采暖的要求。单体之间的组合对气流的形成具有直接的影响，特别是高层建筑群内部易受到回旋涡流的作用，容易出现死角，不利于室内的自然通风，从而形成不利的小区微气候。

为了营造绿色舒适的小区微环境，应调整好单体之间的组合，使每栋建筑物处于周围建筑物的气流旋涡区之外，避免出现滞流区。另外，绿化和水体可以改善小区的微气候。设计时，应结合住宅小区规划布置绿化和水体，以此进一步改善室内外的物理环境（声、光、热），减少热岛效应，改善局部气候，保证小区内的空气温度、湿度、气流速度和热岛强度等各项指标符合健康舒适和节能要求。

2. 住宅建筑墙体节能设计

墙体是住宅外围护结构的主体，是建筑室内外热交换的主要介质。建筑节能中有约25％是通过外墙的保温隔热性能来实现的。因此，墙体的设计是不容忽略的一个方面。外墙除了应具有基本的承重、安全围护等功能外，还应考虑选用保温隔热性能好的墙体材料，对传热性好的墙体或墙体中传热性好的部位应加设保温隔热层。

目前，国内对外墙保温材料的选用进行了严格的控制。常用的几种外墙材料中，保温隔热性能较好的是烧结多孔砖和加气混凝土砌块以及复合墙体，复合墙体保温隔热宜选用外墙外保温。外保温的绝热材料是连续外包的，能有效隔断具有热桥作用的混凝土梁、柱等，而产生"断桥"作用，达到预期的节能降耗效果。另外，也可以利用植物来调节气温。在日照强烈的墙面，种植植物来吸收太阳热量，减少传入室内的热源。据报道，在建筑物的西面墙上种植爬墙虎，若植被遮蔽为90％的状况下，外墙表面温度可降低8.2℃，并有利于吸尘和消声，减少温室效应。

3. 住宅建筑屋面的节能设计

在建筑物受太阳辐射的各个外表面中，屋面是接受太阳辐射时间最长的部位，因此受辐射的热也是最多的，相当于东西向墙体的2～3倍，所以它的保温隔热也显得尤为重要。保温隔热的材料宜选用密度大、热导率小、憎水或吸水率较小的材料。采用倒置式屋面将憎水性保温材料设于防水层上，可有效防止传统屋面构造中因防水层老化而影响建筑保温隔热及防水效果的问题。此种方法施工简易，可广泛采用。

另外，利用屋顶种植花卉、灌木等植物形成生态型屋面，既可阻挡热源，减少温室气体的排放，达到保温隔热的效果；又可美化环境，改善城市气候，做到一举两得。土壤热导率小，有很好的热惰性，不随大气气温骤然升高或下降而大幅波动，有利于屋面的保温隔热。同时，在屋面蓄水，形成蓄水型屋面，也是屋面节能的有效措施。利用水蒸发可带走大量的热，从而有效减弱屋面的传热量和降低屋面温度。此外，采用平、坡屋顶结合的构造形式，在屋面保温隔热层上做架空层，通过空气流通来散热也是个不错的办法。

4. 住宅建筑门窗的节能设计

外门窗是传热的重要渠道，它既是太阳辐射的得热部件，又是主要的失热部件，传热系数约为墙体的3～4倍，是节能的重点部位。合理确定窗墙面积比是节能的重要措施之一。对于住宅设计应尽量少做落地窗、飘窗等。外墙门窗设计除满足自然通风外，设计中应该强调东西南北向开窗有别，不同功能房间开窗有别。面对冬季主导风向的立面，应尽量减少开窗面积。设置外窗部位，应提高外窗的密封性能；选用好的窗型和门窗配件；提高窗框的隔热性能，减少窗框的外露面积；采用保温隔热性能好的玻璃。

根据国内外大量应用经验证实，住宅建筑采用双层玻璃塑钢窗比较经济，也是较好的选择。外门窗除了采光，通常也是建筑自然通风的渠道。所以，外门窗的开启也是夏季通风节能的必要条件。夏季迎风面可作为主要的开窗部位，引进自然风，增加夏季的渗透通风。同时，外门窗的设计应减少冬季寒风的渗透，有利于室内保温，改善生活环境的舒适度。对于向阳的地方，可采用凹式开窗设计，外加遮阳板及镀有特种金属的热反射窗帘，这种设计既美观又兼有较好的遮阳效果。

5. 住宅建筑楼地面节能设计

住宅建筑楼地面节能设计，可根据底面不接触室外空气的层间楼板、底面接触室外空气的架空或外挑楼板以及底层地面,采用不同的节能技术。层间楼板可以采取保温层直接设置在楼板上表面或楼板底面,也可以采取铺设木龙骨或无木龙骨的实铺木地板。底面接触室外空气的架空或外挑楼板宜采用外保温系统。接触土壤的房屋地面,也应做保温层。

6. 住宅建筑管道节能设计

(1) 设备管线与结构体分离技术 住宅结构墙体与设备管线的使用寿命是不同的,根据工程经验表明,结构主体部分的使用年限一般为 50 年以上,管道设备的使用年限一般为 10～30 年。精装修住宅能够实现在不损伤结构墙体的前提下进行内装修施工,即结构墙体与设备管线分离技术。

2014 年 1 月 3 日,绿地集团联合中国房地产业协会、中国建筑设计研究院发布中国首个绿地"百年宅"产品,此产品借鉴了日本的先进工业化集成技术和居住模式,以空间创新和技术创新赋予住宅全新概念。它改变了传统内装将各种管线埋设于结构墙体、楼板内的做法,通过采用 SI 分离工法,如墙体与管线分离、轻钢龙骨隔墙等干式技术,保证结构与设备管线维护和更换的便利性。

(2) 干式地暖技术的应用 干式地暖系统有如下优点:①本实用新型在导热层和隔热槽之间形成的隔热腔用空气阻隔了热量向下传递,防止热量损失,可减少热量损失达 60% 以上,并且使得回水的温度得以提高,供水温差小;②相对传统地暖,节能 25%～30%,在热水 45℃ 情况下,正常房间能保持 22℃ 左右;③解决了传统工艺中的混凝土过重问题。传统方法重达 25kg/m³,干式地暖不到 1kg/m³;④解决了传统工艺中的结构增加厚度太高的问题。传统方法增高 8～10cm,干式地暖仅增高 2～3cm;⑤本实用新型将暖水管扣压在保温层凹槽内,从而将暖水管有效的保护起来,使得暖水管几乎不承受外部压力,有效增加了水管的寿命。

(3) 水管的敷设技术 排水管道可敷设在架空地板内,采暖管道、给水管道、生活热水管道,可敷设在架空地板内或吊顶内,也可在局部墙内进行敷设。管道铺设在顶棚内立体如图 5-1 所示,管道铺设在地板内立体如图 5-2 所示。

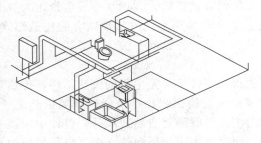

图 5-1 管道铺设在顶棚内立体

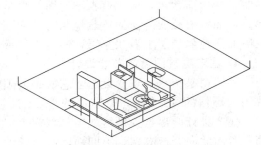

图 5-2 管道铺设在地板内立体

(4) 风管的敷设技术 风管就是用于空气输送和分布的管道系统,也称为新风换气系统。新风换气系统又称房屋呼吸系统,是一种改善室内空气质量的产品,将室外新鲜空气过滤引入室内同时,把室内不新鲜的空气排出,通过 24h 不间断循环,保证室内空气清新、洁净与富氧。由于新风换气系统会占用室内较多的吊顶空间,因此需要室内装修设计协调换气系统与吊顶位置、高度的关系,并充分考虑换气管线路径、所需换气量和墙体开口的位置等,在保证换气效果的同时兼顾室内的美观精致。

(5) 遮阳节能技术 建筑遮阳设计是建筑设计的重要组成部分,对节约建筑能耗、改善室内光环境和夏季室内热舒适度有着重要的意义。建筑遮阳技术具有提高人居热环境质量和可持续性节能的功效,既适用于自然通风建筑也适用于空调建筑,节能效果可达 24% 左右。

（二）电气与设备节能系统的设计

电气与设备节能设计的目的是为了降低建筑电能消耗，以达到节能环保的目的，但并不是以牺牲建筑物功能作为代价，也不是盲目地增加能设计，必须要建立在满足必要能源供给的基础上，通过优化配电设计提高电能的合理利用。可行性是考虑项目实行的实际经济效益，充分比较节能所增加的投资与节能所获得的回报之间的关系，合理应用节能设备、节能材料和节能技术。节能性是电气与设备节能设计的根本目的，电气节能设计必须要能够减少或消除无关的电能消耗，如输送线路电能消耗、电气设备不必要电能消耗等。

建筑电气系统主要包括供配电系统、照明系统、建筑智能控制技术三个方面，电气节能设计可以将这三个方面作为切入点进行。

1. 供配电系统节能技术

居民住宅区供配电系统的节能，主要通过降低供电线路和供电设备的损耗来实现。在设计和建设供配电系统时，通过合理选择变电所的位置、正确地确定线缆的路径、截面和敷设方法，采用集中或就地补偿的方式，提高系统的功率等，降低供电线路的电能损耗；采用低能耗材料或工艺制成的节能环保的电气设备，降低供电设备的电能损耗；对冰蓄冷等季节性负荷，采用专用变压器供电方式，以达到经济适用、高效节能的目的。在供配电系统节能方面，一般可采用紧凑型箱式变电站供电技术、节能环保型配电变压器技术、变电所计算机监控技术等。

（1）紧凑型箱式变电站供电技术　紧凑型箱式变电站是一种高压开关设备、配电变压器和低压配电装置，按一定接线方案排成一体的工厂预制户内、户外紧凑式配电设备，即将高压受电、变压器降压、低压配电等功能有机地组合在一起，安装在一个防潮、防锈、防尘、防鼠、防火、防盗、隔热、全封闭、可移动的钢结构箱体内，机电一体化，全封闭运行，特别适用于城网建设与改造，主要适用于住宅小区、城市公用变、繁华闹市、施工电源等，用户可根据不同的使用条件、负荷等级选择箱式变电站。

（2）节能环保型配电变压器技术　2011年，《国家电网公司第一批重点推广新技术目录》中指出，新增配电变压器应采用节能型变压器，推广应用S13以上型号节能型变压器不低于25%，农村和纯居民供电配电变压器优先采用调容变压器不低于10%和非晶合金变压器不低于15%。2011年后，新型节能变压器的使用比例以每年5%的速度逐年递增。2012年起，新增配电变压器全部使用节能型配电变压器，推动节能型环保型配电变压器的广泛应用。

配电变压器的损耗可分为空载损耗和负载损耗。城市居民住宅区一年四季、每日早中晚的负载率各不相同，所以在住宅小区选用低空载损耗的配电变压器，具有比较现实的建筑节能意义。

（3）变电所计算机监控技术　变电所计算机监控技术是利用现代自动化技术、电子技术、通信技术、计算机及网络技术与电力设备相结合，将配电网在正常及事故情况下的监测、控制、计量和供电部门的工作管理有机地融合在一起。完成调度端遥测、遥信、遥控、遥调四遥功能。改进供电质量，力求供电最为安全、可靠、方便、灵活，经济，变配电管理更为有效，从而改善供电质量，提高服务水平，减少运行费用。

近年来，变电所计算机监控技术得到了迅速的发展，但为更好的保证计算机监控系统性能的安全可靠、运行稳定，还应提高变电所的抗电磁干扰能力。另外，要根据运行数据分析、研究不同类型的变电所、变压器的运行状况和节能成效，对今后居民住宅区的供配电系统建设提供实践经验。

2. 照明系统节能技术

照明系统是建筑重要电能消耗之一，其节能设计应当在保证视觉要求和照明质量的前提下进行，可采用减少照明光能损失提高光能利用的方法。如选择高光效光源、选用高性能电气附件、选用合理照明方式、优化照明控制方式等。不同的场所对照明度、视觉性、功率、密度都有不同的要求，在电气节能设计时需要满足照明质量要求，如一般场所采用高效发光荧光灯，大型车间、体育场等采用高压钠灯。应当选用性能优异能耗较低的用电附件，如电子镇流器、电子触发器、电子变压器、节能电感镇流器等，应当根据实际需要选用。

（1）照明器具节能技术　在选择照明方式时，应当充分利用自然光与电气照明的优化组合，少用一般照明，多采用灵活照明系统。在满足照明质量的前提下，宜选高效电光源，对居民住宅、配套车库等公共建筑推广使用紧凑型荧光灯、T8荧光灯和金属卤化物灯，有条件时，应采用更节能的T5荧光灯。延时开关通常分为触摸式、声控式和红外感应式等类型，在居住区内常用于走廊、楼道、地下室、洗手间等场所的自动照明，这是简单、安全、有效的节能电器。在照明控制方面，也应当采用节能型开关，如分区控制灯光、增加开关点、采用可调光开关、采用节电开关、光控开关、声控开关等。

（2）居住区景观照明节能技术　居住区景观照明节能与选用的光源，灯具和控制系统，照明标准、照明方式以及后期照明设施维护与管理等多个因素密切相关。应大力推广高光效节电新技术、新产品，特别是优先选择通过认证的高效节能产品，鼓励使用太阳能照明、风能照明等绿色源照明，努力降低城市照明电耗，综合考虑影响照明节能的各个因素，从而达到最大限度地节能照明用电之目的。

① 智能控制技术。采用光控、时控、程控等智能控制方式，对居住区景观照明设施进行分区或分组集中控制，设置平日、假日、重大节日等，以及夜间不同时段的开、关灯控制模式，在满足夜景效果设计要求的同时，达到节能的效果。

② 高效节能照明光源和灯具的应用，应优先选择通过认证的高效节能产品，鼓励使用太阳能照明、风能照明等绿色能源；积极推广金属卤化物灯、半导体发光二极管（LED）、T8/T5Ó≪光灯、紧凑型荧光灯等高效照明光源产品，配合使用光效和利用系数高的灯具，从而达到节能的效果。

（3）绿色节能照明技术　绿色照明是指通过科学的照明设计，采用效率高，寿命长，安全和性能稳定的照明电器产品，从而改善人们工作、学习、生活、商业的条件和质量，创造一个高效、舒适、经济、有益的环境并充分体现现代照明文化的照明。

① LED照明技术，也称为发光二极管照明技术，它是利用固体半导体芯片作为发光材料的技术。LED光源具有全固体、冷光源、体积小、高光效、无频闪、耗电小、响应小等特点，是新一代节能环保光源；但LED灯具存在光通量较小、与自然光的色温有差距、价格比较高等缺点。另外，由大功率颗粒组成的LED灯具指向性很强，PN结（P型半导体和N型半导体的交界面附近的过渡区称为PN结）温升比较高，对灯具散热的要求高，由于在技术上的限制，大功率LED灯具的光衰很严重，有的产品半年的光衰可达50％左右。

② 电磁感应灯照明技术。电磁感应灯又称为无极放电灯，这类灯没有电极，依据电磁感应和气体放电的基本原理发光；也没有电丝，具有10万小时的高使用寿命，并且不必进行维护；显色性指数大于80，宽色温为2700～6500K，具有80lm/W的高光效，也具有可靠的瞬间启动性能，同时低热量输出，适用于道路、车库等场所的照明。

3. 照明的智能控制技术

随着社会的快速进步，人们希望生活的更加舒适，充分地享受生活。在传统的理念中，越舒适的生活意味着能源的消耗越大。智能化照明是随计算机、传感器、通信、网络与自动控制技术而发展起来的综合技术，正以惊人的速度向各个专业领域渗透。智能化是任何电子产品必然的发展方向之一。智能照明控制技术的发展可以使照明更加省电、节能、使用更便捷，在需要的时间给需要的地方以最舒适和高效的照明，提升照明环境质量。智能化照明更是使照明进一步走向绿色和可持续发展的重要方向。

（1）智能化的能源管理技术　能源智能化管理技术就是运用地理信息系统、遥感、遥测、网络、通信、数据存储、微电子、多媒体等高新技术，对照明进行能源管理所需的各种信息，以数字化形式自动采集、整合、储存、管理、交流和再现，对能源管理功能机制进行动态监测，通过网络化、电子化、数字化手段实现能源信息的合理利用。

智能化能源管理系统是通过居住区智能控制系统与家庭智能交互式控制系统的有机组合，以可再生能源为主、传统能源为辅，将产能负荷与耗能负荷合理调配，减少投入方面的浪费，降低运行的消耗，合理利用自然资源，保护生态环境，以实现智能化控制、网络化管理、高效节能、公平结算的目标。

（2）建筑设备智能监控技术　在我国的现行国家标准《智能建筑设计标准》（GB/T 50314—2000）中对"智能建筑"定义为："它是以建筑为平台，兼备建筑设备、办公自动化及通信网络系统，集结构、系统、服务、管理及它们之间的最优化组合，向人们提供一个安全、高效、舒适、便利的建筑环境。"由此可见，建筑设备智能监控技术是智能建筑中不可缺少的重要组成部分。

建筑设备智能监控技术是采用计算机技术、网络通信技术对居住区内的电力、照明、空调通风、给排水、电梯等机电设备或系统进行集中监视、控制及管理，以保证这些设备安全可靠地运行。按照建筑设备类别和使用功能的不同，可将其划分为供配电监控子系统、照明设备监控子系统，以及电梯、暖通空调、给排水设备和公共交通管理监控子系统等。

（3）变频控制技术　变频调速控制技术在20世纪80年代刚刚引进我国时，被称为"3V"技术，即变频、调压、调速。变频调速控制技术是运用技术手段，来改变电力设备的供电频率，进而达到控制设备输出功率的目的。我国能源利用效率低下，主要原因是粗放型经济增长方式，结构不合理、技术装备落后、管理水平低。采用变频器对机械设备进行转速控制，对节约能源、提高经济效益具有重要意义。

变频传动调速的特点是：在不改变原有设备的情况下，实现无级调速，以满足传动机械的要求；变频器具有软启和软停的功能，可以避免启动电流冲击对电网的不良影响，在减少电源容量的同时，还可以减少机械惯动量，减少机械的损耗；不受电源频率的影响，可以开环、闭环手动/自动控制；在机械低速运转时，定转矩输出、低速过载能力较好；电机的功率因数随着转速增高、功率增大而提高，使用效果比较好。

（三）建筑给排水节能系统的设计

建筑给排水节能系统的设计，关键是如何做到节省热能和动力能。热能节省的主要控制因素有：减少热水损耗量，提高加热设备的加热效率，减少热水管道长度并压缩管径，增加管道保温效率，避免管道敷设在低温环境区，太阳能利用和冷却水废热回收利用等。动力能节省的主要控制因素有：高效或节约用水，叠压供水和合理竖向分区供水，减少管网的局部阻力损失，提高水泵的日常运行效率，抑制最不利点的自由水头等。

1. 给排水系统的概念与特点

能源和水资源的节省，是给排水系统的设计和运行管理中必须考虑的两大课题。在给排水系统中，能源节省和水资源的节省有时相伴出现，有时又相互冲突。如节水冲洗水箱大便器，在节水的同时，还减少了水泵的耗能，具有节能效果；器具延时自闭式冲洗阀，在节水的同时，却增加了所需的最低工作压力，使水泵的扬程增加，综合耗能是节省还是增加，需要分析比较。再比如设置中水系统，必然要增加能耗，但有节水功效。

节能和节水不是同一个概念，各自有独立的含义，二者不能相互取代。即使供水系统中的节能和节水效果同时相伴出现时，节能也是具有独立而确切含义的。比如有的热水系统的节水器具又同时具有节能效果，节能效果主要是通过用水量的减少，而给水排水节省耗热量和提升水的动力能耗体现出来的。

给排水系统的能耗，主要是指维持给排水系统日常运行的能源消耗，包括：①水加热需要的热能，如生活热水和开水的加热；②水提升需要的动力能，如加压供水、排水和维持水循环。在住宅建筑中的给排水系统节能，即是指热能耗和动力能耗的节省。

2. 住宅小区生活给水加压技术

根据城市住宅小区供水的经验，对于市政自来水无法直接供给的用户，可以采用集中变频加压、分户计量的方式供水。小区生活给水加压系统可采用水池＋水泵变频加压、管网叠压＋水泵变频加压、变频射流辅助加压三种供水技术。为避免用户直接从管网抽水造成管网压力过大波动，多数城市供水管理部门采用水池＋水泵变频加压、变频射流辅助加压供水技术。在通常情况下，可采用变频射流辅助加压供水技术。

（1）水池＋水泵变频加压供水技术　当城市管网的水压不能满足用户的供水压力时，就必须采用水泵进行加压。通常，通过市政给水管经浮球阀向贮水池注水，用水泵从贮水池抽水经变频加压后，再向各用户供水。在此供水系统中虽然水泵变频可节约部分电能，但是不论城市管网水压有多大，在城市给水管网向储水池补水的过程中，都会白白浪费城市给水管网的压能。

（2）变频射流辅助加压供水技术　目前，高层建筑生活用水的二次加压供水方式以水泵加高位水箱联合供水以及变频调速供水方式较多，水泵与高位水箱的联合供水方式操作简单，一次性投资小，但水泵处于工频工作状态，高峰用水贮水池补水时对城市管网的水压水量具有一定的影响，而且还容易在储水池及高位水箱中造成二次污染。

变频调速供水技术是近年来在二次加压供水中采用较多的一种，这种方式解决了水泵的软启动，自动化程度高，二次污染的机会相对较小，从理论上讲具有一定的节能效果。其工作原理是：当小区用水处于低谷时，市政给水通过射流装置既向水泵供水又向水箱供水，水箱注满时进水浮球阀自动关闭，此时市政给水压力得到充分利用，且市政给水管网压力也不会产生变化；当小区用水处于高峰时，水箱中的水通过射流装置与市政给水共同向水泵供水，此时市政给水压力仅利用50％左右，且市政给水管网的压力变化很小。

3. 高层建筑给水系统分区技术

在城市化进程步伐不断加快的过程中，新建高层住宅小区不断增加，人们对供水质量的要求也越来越高。城市市政供水管网压力已不能满足所有用户的要求，调高市政供水管网压力会大大增加运行成本，同时高压区市政供水管网事故率及漏失率也会相应增高，所以应在每个不能满足水压要求的居住小区采取给水系统分区技术。

高层建筑给水系统分区是给排水设计人员必须面对的技术问题之一。《建筑给水排水设计规范》（GB 50015—2009）中要求："各分区最低卫生器具配水点处静水压力不宜大于0.45MPa，住宅入户管供水压力不应大于0.35MPa"；《住宅设计规范》（GB 50096—2011）要求："入户管的供水压力不应大于0.35MPa"；《民用建筑节水设计标准》（GB 50555—2010）中要求："各分区最低卫生器具配水点处的静水压不宜大于0.45MPa，且分区内低层部分应设减压设施保证各用水点处供水压力不大于0.20MPa"。

在进行给水系统分区设计中，应严格按上述要求控制各用水点处的水压，在满足卫生器具给水配件额定流量要求的条件下，尽量选用较低值，以达到节水节能的目的。住宅入户管水表前的供水静压力不宜大于 0.20MPa，对于水压大于 0.30MPa 的入户管，应设置可调试的减压阀。

（四）暖通空调节能系统的设计

随着人们生活水平的提高，暖通空调的应用日益普及，大大改善了人们的生产生活环境，空调系统及相关设备已成为人们日常生活的一部分，空调在营造舒适环境的同时，也在消耗大量的能源，为了创造一个舒适的人居环境，建筑舒适性空调系统得以广泛应用。

随着人均建筑面积的不断增大，暖通空调系统的广泛应用，用于暖通空调系统的能耗必将进一步增大，这势必会使能源供求矛盾的进一步激化。节能是世界各国的共同目标，而在建筑工程中实现暖通空调系统的节能是当前建筑界追求的目标。

1. 建筑节能的设计指标

（1）冬季采暖室内热环境设计指标：①卧室、起居室室内设计温度为 16～18℃；②换气次数为 1.0 次/h；③人员经常活动范围内的风速不大于 0.4m/s。

（2）夏季空调室内热环境设计指标：①卧室、起居室室内设计温度为 26～28℃；②换气次数为 1.0 次/h；③人员经常活动范围内的风速不大于 0.5m/s。

（3）空调系统的新风量，不应大于 20m³/（h·人）。

（4）通过采用增强建筑围护结构保温隔热性能和提高采暖、空调设备能效比节能措施，在保证相同的室内热环境指标的前提下，与未采用节能措施之前相比，居住建筑的采暖、空调能耗一般应节约 50% 左右。

2. 建筑住宅的通风技术

建筑通风的目的是提供人们呼吸用的新鲜空气或在夏季降低室内温度。空调技术的产生与成熟，使人们可以在一个完全封闭的空间内创造出一个独立的小气候，但空调并不是万能的，它在现代建筑中的广泛使用所带来的负面影响已经引起了人们的警惕。住宅通风采用建筑自然通风、置换通风相结合技术是减少使用空调负面影响的有效方法之一。住户平时采用自然通风，空调季节使用置换通风系统换气，对人体而言，通风可减少"空调病"和各种通过空气传播的疾病的发病率。

（1）自然通风　自然通风是一种利用自然能量改善室内热环境的简单通风方式，常用于夏季和过渡季节建筑物室内通风、换气及降温。通过有效利用风压来产生自然通风，因此首先要求建筑物有较理想的外部风速。为此，建筑设计应着重考虑以下问题：建筑的朝向和间距、建筑群的布局、建筑平面和剖面形式、开口面积与位置、门窗装置的方法及通风的构造措施等。

（2）置换通风　置换通风是一种新的通风方式。这种送风方式与传统的混合通风方式相比较，可使室内工作区得到较高的空气品质、较高的热舒适性并具有较高的通风效率。在建筑、工艺及装饰条件许可且技术经济比较合理的情况下可设置置换通风。

在采用置换通风时，新鲜空气直接从房间底部送入人员活动区，然后在房间顶部排出室外。整个室内气流分层流动，在垂直方向上形成室内温度和浓度梯度。置换通风应采用可变新风比的方案。置换通风有中央式通风系统和智能微循环通风系统两种方式，通常采用智能微循环通风系统。

① 中央通风系统。中央通风系统的使用，不仅可取代家庭的纱窗，使建筑更美观、高层住户更安全、防止房屋受潮发霉，从而保证建筑物的寿命。中央式通风系统主要由新风主机、自平衡式排风口、进风口、通风管道网组成一套独立的新风换气系统。通过位于卫生间

吊顶或储藏室内的新风主机，彻底将室内的污浊空气持续从上部排出，新鲜空气经过滤由客厅、卧室、书房下部等地方不断送入，使密闭空间内的室气得到充分的更新。

② 智能微循环通风系统。智能微循环通风系统主要由进风口、排风口和风机三个部分组成。功能性区域（厨房、卫生间、浴室等）的排风口与风机相连，不断地将室内污浊空气排出室外，利用负压由生活区域（客厅、卧室、餐厅、书房等）的进风口补充新风进入，并根据室内空气的污染程度、人员的活动和数量、室内的温度和湿度等自动调节通风量，不用人工操作。智能微循环通风系统可以在排除室内污染空气的同时，减少由于通风而引起的热量或冷量的损失。

3. 住宅采暖空调节能技术

随着我国现代化建设步伐的不断加快和人民生活水平的不断提高，住宅采暖空调在为人们提供舒适的工作和生活环境的同时，也已成了建筑能耗的大户。在建筑能耗占总能耗比例不断增加的现状下，建筑中采暖空调节能已成为节能领域中的一个研究重点和热点。

在城市热网供热范围内，采暖热源应优先采用城市热网，在有条件时，也可采用电、热、冷联供系统。应创造有利条件，积极利用自然界的可再生能源，如太阳能、水能、风能、地热能、生物能、潮汐能等。

(1) 住宅采暖空调节能设备选择　住宅小区的采暖、空调设备，优先采用符合国家现行标准规定的节能型采暖、空调产品。小区装修房配套的采暖、空调设备为家用空气源热泵空调器，空调额定工况下能效比大于2.3，采暖额定工况下能效比大于1.9。在一般情况下，小区普通住宅装修房配套分体式空气调节器，高级住宅及别墅装修房配套家用（商用）中央空气调节器。

(2) 采暖、空调和通风节能设计要点　根据现行标准《夏热冬冷地区居住建筑节能设计标准》（JGJ 134—2010）中的规定，在进行采暖、空调和通风节能设计时应注意以下要点。

① 居住建筑采暖、空调方式及其设备的选择，应根据当地资源情况，经技术经济分析，及用户对设备运行费用的承担能力综合考虑确定。

② 居住建筑当采用集中采暖、空调时，应设计分室（户）温度控制及分户热（冷）量计量设施。采暖系统其他节能设计应符合现行行业标准《严寒和寒冷地区居住建筑节能设计标准》（JGJ 26—2010）中的有关规定。集中空调系统设计应符合现行国家标准《公共建筑节能设计标准》（GB 50189—2005）中的有关规定。

③ 一般情况下，居住建筑采暖不宜采用直接电热式采暖设备。

④ 居住建筑进行夏季空调、冬季采暖时，宜采用电驱动的热泵型空调器（机组），或燃气（油）、蒸汽或热水驱动的吸收式冷（热）水机组，或采用低温地板辐射采暖方式，或采用燃气（油、其他燃料）的采暖炉采暖等。

⑤ 居住建筑采用燃气为能源的家用采暖设备或系统时，燃气采暖器的热效率应符合国家现行有关标准中的规定值。

⑥ 居住建筑采用分散式（户式）空气调节器（机）进行空调（及采暖）时，其能效比、性能系数应符合国家现行有关标准中的规定值。居住建筑采用集中采暖空调时，作为集中供冷（热）源的机组，其性能系数应符合现行有关标准中的规定值。

⑦ 具备地面水资源（如江河、湖水等），有适合水源热泵运行温度的废水等水源条件时，居住建筑采暖空调设备宜采用水源热泵。当采用地下井水为水源时，应确保有回灌措施，确保水源不被污染，并应符合当地有关规定；具备可供地热源热泵机组埋管用的土壤面积时，宜采用埋管式地热源热泵。

⑧ 居住建筑采暖、空调设备，应优先采用符合国家现行标准规定的节能型采暖、空调产品。

⑨ 应鼓励在居住建筑小区采用热、电、冷联产技术，以及在住宅建筑中采用太阳能、地热等可再生能源。

⑩ 未设置集中空调、采暖的居住建筑，在设计统一的分体空调器室外机安放搁板时，应充分考虑其位置有利于空调器夏季排放热量、冬季吸收热量，并应防止对室内产生热污染及噪声污染。

⑪ 居住建筑通风设计应处理好室内气流组织，提高通风效率。厨房、卫生间应安装局部机械排风装置。对采用采暖、空调设备的居住建筑，可采用机械换气装置（热量回收装置）。

4. 住宅采暖系统的设计

寒冷地区的电力生产主要依靠火力发电，火力发电的平均热电转换效率约为 33%，再加上输配效率约为 90%，采用电散热器、电暖风机、电热水炉等电热直接供暖，是能源的低效率应用，远远低于建筑节能要求的燃煤、燃油或燃气锅炉供暖系统的能源综合效率，更低于热电联合供暖的能源综合效率。

（1）热媒输配系统的设计　热媒输配系统的设计应注意以下要点。

① 供水及回水干管的环路应均匀布置，各共用立管的负荷宜基本相近。

② 供水及回水干管优先设置在地下层的空间，当住宅建筑没有地下层，供水及回水干管可置于半通行管沟内。

③ 热媒输配系统的设计的符合住宅平面布置和户外公用空间的特点。

④ 一对立管可以仅连接每层一个户内系统，也可连接每层一个以上的户内系统。同一对立管宜连接负荷相近的户内系统。

⑤ 除每层设置热媒集配装置连接各户的系统，一对其用立管连接的户内系统，一般不宜多于 40 个。

⑥ 热媒输配系统设计应当采取防止垂直失调的措施，宜采用下分式双管系统。

⑦ 共用立管接向户内系统分支管上，应设置具有锁闭和调节功能的阀门。

⑧ 共用立管宜设置在户外，并与锁闭调节阀门和户用热量表组合设置于可锁封的管井或小室内。

⑨ 户用热量表设置于户内时，锁闭调节阀门和热量显示装置应在户外设置。

⑩ 下分式双管立管的顶点，应设置集气和排气装置，下部应设置泄水装置。

⑪ 氧化铁会对热计量装置的磁性元件形成不利影响，管径较小的供水及回水干管、共用立管，有条件宜采用热镀锌钢管螺纹连接。

⑫ 供水及回水干管和共用立管，至户内系统接点前，不论设置于任何空间，均应采用高效保温材料加强保温。

（2）户内采暖系统的节能设计　长期以来，我国城市住宅室内采暖系统设计基本上都采用单管垂直系统的方案进行设计。这种设计方案有许多优点：系统简单、施工方便、造价较低等，但是也存在一定缺陷，主要是不便于用户进行局部调节，因而造成能源的浪费。随着能源结构的变化及节能和物业管理的要求，这一缺陷越来越明显，使得此种供暖系统不得不被逐步替代。

随着市场经济的发展，"热"也是商品的观点逐步被人们所认识和接受，传统的落后的按建筑面积结算收费的方法，既不科学又不合理，已不能适应社会主义市场经济体制的要求，必须进行按热量计量收费的改革。因此户内采暖系统的节能设计应注意以下要点。

① 分户热计量的分户独立系统，应能确保居住者可自主实施分室温度的调节和控制，实现按需配热的要求。

② 双管式和放射双管式系统，每一组散热器上设置高阻手动调节阀或自力式两通恒温阀。

③ 水平串联单管跨越式系统，每一组散热器上设置高阻手动调节阀或自力式三通恒温阀。

④ 地板辐射供暖系统的主要房间，应分别设置分支路。热媒集配装置的每一分支路，均应设置调节控制阀门，调节阀采用自动调节和手动调节均可。

⑤ 当冬夏结合采用户式空调系统时，空调器的温控器应具备供冷或供暖的转换功能。

⑥ 调节阀是频繁操作的部件，要选用耐用的产品，确保能灵活调节和在频繁调节的条件不出现外漏。

（五）住宅新能源利用系统设计

能源是人类生存与发展的重要基础，经济的发展依赖于能源的发展。当今能源问题已经成为全世界共同关注的问题，能源短缺成为制约经济发展的重要因素。住宅建筑充分利用新能源也成为大势所趋。新能源和可再生能源的概念是1981年联合国在肯尼亚首都内罗毕召开的能源会议上确定的。它不同于目前使用的传统能源，具有丰富的来源，几乎是取之不尽，用之不竭，并且对环境的污染很小，是一种与生态环境相协调的清洁能源。

随着新能源需求的不断增加，地球上不能再生能源的资源将进一步的减少直至枯竭，为了社会的发展和人类的进步，在提高能源的使用效率，节约能源的同时还必须要开发和利用绿色环保并可再生的新能源。根据专家预测，到2080年，全球可再生新能源的用量发展占能源总用量的50%以上，成为未来能源结构的主要部分，采用新能源是保护生态环境，走可持续发展道路的重要措施。

1. 太阳能光伏发电技术

太阳能光伏发电技术就是将太阳光辐射能通过光伏效应直接转换为电能。太阳能光伏发电系统主要由太阳能电池组件（阵列）、控制器、蓄电池、逆变器和用户负载等组成。目前，居住区内的太阳能发电系统分为三种类型：并网式光伏发电系统、离网式光伏发电系统和建筑一体化发电系统。应用光伏系统的地区，年日照辐射量不宜低于4200MJ，年日照时数不宜低于1400h。

（1）并网式光伏发电系统　并网太阳能光伏发电系统是由光伏电池方阵并网逆变器组成，不经过蓄电池储能，通过并网逆变器直接将电能输入公共电网。并网太阳能光伏发电系统相比离网太阳能光伏发电系统省掉了蓄电池储能和释放的过程，减少了其中的能量消耗，节约了占地空间，还降低了配置成本。值得申明的是，并网太阳能光伏发电系统很大一部分用于政府电网和发达国家节能的案件中。并网太阳能发电是太阳能光伏发电的发展方向，是21世纪极具潜力的能源利用技术。

（2）离网式光伏发电系统　离网型太阳能发电系统利用太阳能电池板在有光照的情况下将太阳能转换为电能，通过太阳能充放电控制器给负载供电，同时给蓄电池充电；在阴天气或者无光照时，通过太阳能充放电控制器由蓄电池组给直流负载供电，同时蓄电池还要直接给独立逆变器供电，通过独立逆变器逆变成交流电，给交流负载供电。离网型太阳能发电系统被广泛应用于偏僻山区、无电区、海岛、通讯基站等应用场所。系统一般由太阳电池组件组成的光伏方阵、太阳能充放电控制器、蓄电池组、离网型逆变器、直流负载和交流负载等构成。

（3）建筑一体化发电系统 光伏建筑一体化，是应用太阳能发电的一种新概念，简单地讲就是将太阳能光伏发电方阵安装在建筑的围护结构外表面来提供电力。根据光伏方阵与建筑结合的方式不同，光伏建筑一体化可分为两大类：一类是光伏方阵与建筑的结合；另一类是光伏方阵与建筑的集成。在这两种方式中，光伏方阵与建筑的结合是一种常用的形式，特别是与建筑屋面的结合。由于光伏方阵与建筑的结合不占用额外的地面空间，是光伏发电系统在城市中广泛应用的最佳安装方式，因而备受关注。

2. 太阳能热水技术

太阳能热水技术是利用太阳能热水器将太阳光能转化为热能，将水从低温度加热到高温度，以满足人们在生活、生产中的热水使用。太阳能热水器按结构形式分为真空管式太阳能热水器和平板式太阳能热水器，真空管式太阳能热水器为主，占据国内 95％ 的市场份额。真空管式家用太阳能热水器是由集热管、储水箱及支架等相关附件组成，把太阳能转换成热能主要依靠集热管。集热管利用热水上浮冷水下沉的原理，使水产生微循环而达到所需热水。

（1）太阳能建筑一体化热水技术要求 太阳能建筑一体化热水技术，应满足下列要求：①太阳能集热器本身整体性好、故障率低、使用寿命长；②在一般情况下，储水箱与集热器尽量分开布置；③设备及系统在零度以下运行不会出现冻损；④系统智能化运行，确保运行中优先使用太阳能，尽量少用电能；⑤集热器与建筑的结合，除满足建筑外观的要求外，还应确保集热器本身及其与建筑的结合部位不出现渗漏。

（2）太阳能热水器选型及安装部位 按照太阳能热水器的储水箱与集热器是否集成一体，一般可分为一体式和分体式两大类，采用何种类型应根据建筑类别、建筑一体化要求及初期投资情况等因素，经技术经济比较后确定。在一般情况下，6 层及 6 层以下的普通建筑采用一体式太阳能热水器，高级住宅或别墅采用分体式太阳能热水器。集热器安装位置根据太阳能热水器与建筑一体化要求，可安装在屋面、阳台等部位。一般情况下集热器均采用 U 形管式真空管集热器。

3. 被动式太阳能利用

一般在利用太阳能的建筑中，太阳能利用分为两种方式：一种是被动式太阳能；另一种是主动式太阳能。所谓被动式太阳能，是指利用太阳能提供室内供热，而无需其他机械装置提供能源，被动式太阳能系统依靠传导、对流和辐射等自然热转换的过程，实现对太阳能的收集、储藏、分配和控制，而主动式太阳能与被动式太阳能正好相反，它是利用机械装置来收集、储藏、分配和控制太阳能热量的方法，如太阳能光电板式发电机、太阳能热水器等。

被动式太阳能房是指不依靠任何机械动力，通过建筑围护结构本身完成吸热－蓄热－放热过程，从而实现太阳能采暖的目的房屋，一般而言，可以直接让阳光透过窗户进入采暖的房间，或者先照射在集热部件上，然后通过空气循环将太阳能的热量送入室内。被动式太阳能房设计应注意以下要点。

（1）太阳能被动式利用应与建筑设计紧密结合，其技术手段应根据地区气候特点和建筑设计要求而不同，被动式太阳能建筑设计应在适应自然环境的同时，尽可能地利用自然环境的潜能，并应分析室外气象条件、建筑结构形式和相应的控制方法对利用效果的影响，同时综合考虑冬季采暖供热和夏季通风降温的可能，并协调两者的矛盾。

（2）被动式太阳能的利用可以有效地节约建筑能耗，应掌握建筑地区气候特点，明确应当控制的气候因素；研究控制每种气候因素的技术方法；结合建筑设计提出太阳能被动式利用方案，并综合各种技术进行可行性分析；结合室外气候的特点，确定全年运行条件下的整体控制和使用策略。

4. 空气源热泵热水技术

随着经济的快速发展与人们生活水平的提高，生活热水已成为人们生活的必需品，然而传统的热水（包括电热水器、燃油热水器、燃气热水器）具有能耗大、费用高、污染严重等缺点；太阳能热水器虽说节能环保，但其运行又受到气象条件的制约。与此相比，空气源热泵热水器作为一种以空气为低温热源，经电能做功从低温侧吸收热量来加热生活用水，热水通过循环系统直接送入用户，以此作为热水供应或利用风机盘管来进行小面积采暖。

空气源热泵热水器是按照"逆卡诺"原理工作的。由压缩机－冷凝器－膨胀阀－蒸发机等组成一个循环，冷媒在压缩机的作用下，在系统内不断循环，冷媒在－20℃以下的环境中是液态，当其运行到蒸发器后，利用风扇的强制换热，从空气中吸取了热量后转变成气态，进入冷凝器后释放出高温热量加热水，同时自己冷却并转化为液态，冷媒通过这样不断的循环实现了用空气中的低温热量转变为高温热量将水加热至60℃。

空气源热泵热水技术与太阳能热水技术相比，具有占地比较少、便于安装调控等优点；与地源热泵相比，它不受水、土资源的限制。该技术主要用于小区别墅及配套公共建筑的生活用水系统，或作为太阳能热水系统的辅助热源，其设计要求如下：①优先采用性能系数（COP）高的空气源热泵热水机组，COP全年应平均达到3.0～3.5；②机组应具有先进可靠的融霜控制技术，融霜所需时间总和不超过运行周期时间的20%；③空气源热泵热水系统中应配备合适的、保温性能良好的储热水箱，且热泵出水温度不超过50℃。

5. 地源热泵系统技术

现行国家标准《地源热泵系统工程技术规范》（GB 50366—2005）中规定：只要是以岩土体、地下水或地表水为低温热源，由水源热泵机组、地热能交换系统、建筑物内系统组成的供热空调系统，统称为地源热泵系统。地源热泵系统根据地热能交换系统形式的不同，分为地埋管地源热泵系统（简称地埋管系统）、地下水地源热泵系统（简称地下水系统）和地表水地源热泵系统（简称地表水系统）。

（1）地源热泵的技术特点　地源热泵供暖（冷）系统通过吸收大地的能量，包括土壤、地下水等天然能源，冬季从大地吸收热量，夏季向大地放出热量，再由热泵机组向建筑物供冷供热，是一种利用可再生能源的高效节能、无污染的既可供暖又可制冷的新型空调系统，可广泛应用于别墅中，它具有以下几个特点。

①与锅炉、燃料供热系统相比，地源热泵具有明显的优势。锅炉供热只能将90%～98%的电能或70%～90%的燃料内能转化为热量，供用户使用，因此地源热泵要比电锅炉加热节省2/3以上的电能，比燃料锅炉节省1/2以上的能量，由于地源热泵的热源温度全年较为稳定，其制冷、制热系数可达4.5～5.0，与传统的空气源热泵相比，要高出40%左右，其运行费用为普通中央空调的40%～50%。另外，地能温度较恒定的特性，使得热泵机组运行更稳定，保证了系统的高效性和经济性。

②地源热泵空调主机与大地交换能量，大大地节省运转成本。据估计，设计安装良好的地源热泵，平均来说可以节约用户30%～40%的供热制冷空调的运行费用。

③地源热泵空调系统可供暖、空调，还可供生活热水，一机多用，一套系统可以替换原来的锅炉加空调的2套装置或系统，更适合于别墅住宅的采暖空调。

④可以实现自动运行，地源热泵空调机组由于工况稳定，所以可以设计简单系统，部件较少，机组运行简单可靠，维护费用低；自动控制程度高，可无人值守；此外，机组使用寿命长，均在20年以上。

⑤ 由于地源热泵系统的供冷、供热更为平稳，降低了停、开机的频率和空气过热和过冷的峰值。

最近几年，地下水源热泵系统在我国得到了迅速发展。但是，应用这种地下水热泵系统也受到许多限制。首先，这种系统需要有丰富和稳定的地下水资源作为先决条件。因此在决定采用地下水热泵系统之前，一定要做详细的水文地质调查，并先打勘测井，以获取地下温度、地下水深度、水质和出水量等数据。

地下水热泵系统的经济性与地下水层的深度有很大的关系。如果地下水位较低，不仅成井的费用增加，运行中水泵的耗电将大大降低系统的效率。此外，虽然理论上抽取的地下水将回灌到地下水层，但目前国内地下水回灌技术还不成熟，在很多地质条件下回灌的速度大大低于抽水的速度，从地下抽出来的水经过换热器后很难再被全部回灌到含水层内，造成地下水资源的流失。因此，在国外对于地下水热泵的应用已逐渐减少。

据相关数据信息显示，地源热泵系统的初期投资相对其他供暖方式要高 6～8 倍，但其供暖时，能量 70% 以上来自浅层地能，可比锅炉节省 70% 以上的能源和 40%～60% 运行费用。根据国外的实践经验，由于地源热泵运行费用较低，增加的初期投资在 4～10 年内可以收回。地源热泵系统在整个服务周期内的平均费用要低于传统的供暖方式。

（2）地源热泵的设计要点

① 在水温适宜、水量充足稳定、水质较好、开采方便且不会造成地质灾害，以及得到当地水资源行政管理部门认可的条件下，建筑空调系统的冷、热源可优先选用地下水地源热泵系统。

② 地下水换热系统应根据水文地质勘测资料进行设计，地下水被开发利用后，应采取可靠的回灌措施，将利用过的地下水全部回灌到同一含水层，并不得污染地下水。同时，热源井的设计应符合现行国家标准《供水管井技术规范》（GB 50296—1999）中的规定。

③ 选择的地下水地源热泵机组性能，应符合现行国家标准《水源热泵机组》（GB/T 19409—2003）中的相关规定。且还应满足地下水地源热泵系统运行参数的要求。

④ 当有合适的浅层地热能源，且经过技术经济比较可以利用时，可以采用地埋管地源热泵系统。

⑤ 地埋管换热系统设计应进行全年动态负荷计算，最小计算周期不得小于 1 年，在此计算周期内，地源热泵系统总释热量与其总吸热量相平衡。

⑥ 选择的地埋管地源热泵机组的性能，应符合现行国家标准《水源热泵机组》（GB/T 19409—2003）中的相关规定，并且还应满足地埋管地源热泵系统运行参数的要求。

三、绿色居住建筑的节水与水资源利用

节水与水资源是实现绿色建筑的关键指标之一。建筑节水和水资源利用，需要统筹考虑各种用水用途的具体情况，合理科学地使用水资源，减少水的浪费，将使用过的废水经过再生净化得以回用，通过减少用量、梯级用水、循环用水、雨水利用等措施提高水资源的综合利用效率。绿色居住建筑的节水与水资源主要包括分质供水系统、节水设备系统、中水回用系统、雨水利用系统等。

（一）分质供水系统

根据当地水资源的状况，因地制宜地制定节水规划方案。分质供水是指以自来水为原水，把自来水中生活用水和直接饮用水分开，另设管网，实现饮用水和生活用水分质、分流，满足优质优用、低质低用的要求。

绿色建筑设计 ◂◂

按照优质优用、低质低用的原则，居住小区一般设置两套供水系统，即生活给水和消防给水系统，水源采用市政自来水。有条件的小区也可设置景观和绿化及道路冲洗给水系统，水源采用中水及收集、处理后的雨水。

（二）节水设备系统

节水设备为符合质量、安全和环保要求，提高用水效率，减少水使用量的机械设备和储存设备的统称。节水设备系统包括：变频调速技术及减压阀降压技术、建筑用节水卫生器具。

1. 变频调速技术及减压阀降压技术

居民小区加压供水系统，采用变频调速技术及在6层及6层以上建筑物需要调压的进户管上加装可调试减压阀，以控制卫生器具因超压出流而造成的水量浪费。根据研究结果表明，当配水点处静水压力大于0.15MPa时，水龙头流出的水量明显上升。高层分区给水系统最低卫生器具配水点处静水压力大于0.15MPa时，宜采取减压措施。

2. 建筑用节水卫生器具

实测结果表明，一套好设备能够对水资源节约产生非常大作用，选用的卫生器具节水性能直接影响着整个建筑节水效果。在选择节水型卫生器具时，要考虑价格因素和使用对象外，还要考察其节水性能优劣。大力推广使用节水型卫生器具是建筑节水一个重要方面。在选择节水卫生器具时，主要应注意以下几个方面。

（1）配套公共建筑采用延时自闭式水龙头和光电控制式水龙头。延时自闭式水龙头在出水一定时间后自动关闭，这样可避免长流水现象，出水时间也可在一定范围内进行调节。

（2）住宅建筑采用瓷芯节水龙头和充气水龙头代替普通水龙头。在水压相同的条件下，节水龙头比普通水龙头有更好的节水效果，节水量一般在20%～30%之间。

（3）住宅建筑中宜采用容量为6L的水箱或两档冲洗水箱节水型坐便器。

（4）采用节水型淋浴喷头。通常用的淋浴喷头每分钟喷水20L，而节水型喷头则每分钟只需要9L水左右，节约了一半水量。

（三）中水回用系统

中水回用系统是指在建筑面积大于20000m²的居住小区设置中水回用站，对收集的生活污水进行深度处理，处理后的水质达到国家现行标准《城市杂用水水质标准》（GB/T 18920—2002）的要求。中水可作为小区绿化浇灌、道路冲洗、景观水体补水的备用水源。中水回用处理常用的方法有：生物处理法、物理化学处理法、膜分离技术、膜生物反应器技术等。

1. 中水处理工艺流程选择

对于中水处理流程选择的一般原则是：当以洗漱、沐浴或地面冲洗等优质杂排水为中水水源时，一般采用物理化学法为主的处理工艺即可满足回用的要求。当主要以厨房厕所冲洗水等生活污水为中水水源时，一般采用生化法为主或生化、物化相结合的处理工艺。

2. 中水处理规划设计要点

（1）中水处理工程设计，应根据可用原水的水质、水量和中水用途，进行水量平衡和技术经济分析，合理确定中水水源、系统形式、处理工艺和工程规模。

（2）小区中水水源的选择要依据水量平衡和经济技术比较确定，并应优先选择水量充裕稳定、污染物浓度低、水质处理难度小、安全性好且居民易接受的中水水源。当采用雨水作为中水水源补充时，应有可靠的调贮量和超量溢流排放设施。

（3）建筑中水工程的设计，必须确保使用、维修安全，中水处理必须设置消毒设施，严

156

禁中水进入生活饮用水系统。

（4）在条件允许的情况下，小区中水处理站一般应按规划要求独立设置，处理构筑物宜为地下式或封闭式。

（四）雨水利用系统

城市雨水利用是一种新型的多目标综合性技术，可以实现节水、水资源涵养与保护、控制城市水土流失和水涝、减少水污染和改善城市生态环境等目标。小区雨水利用主要有两种形式：屋面雨水利用系统、小区雨水综合利用系统。收集处理后的雨水水质，应符合国家现行标准《城市杂用水水质标准》（GB/T 18920—2002）的要求。

城市雨水利用系统的规划设计应注意以下要点。

（1）低成本增加雨水供给　合理规划地表与屋面雨水径流途径，最大限度降低地表的径流，采用多种渗透措施增加雨水的渗透量。合理设计小区的雨水排放设施，将原有的单纯排放改为排放与收集相结合的新型体系。

（2）选择简单实用自动化程度高的低成本雨水处理工艺　在一般情况下，雨水利用系统可采用如下工艺：小区雨水—初期径流弃流—储水池沉淀—粗过滤—膜过滤—紫外线消毒—雨水清水池。

（3）提高雨水使用效率　采用循序的给水方式，即设有景观水池的小区其绿化及道路冲洗给水由景观水提供，消耗的景观水再由处理后的雨水供给。小区的绿化浇灌宜采用微灌、喷灌和滴灌等节水措施。

四、绿色居住建筑的节材与材料资源利用

为了贯彻执行节约资源和保护环境的国家技术经济政策，推进资源可持续利用，规范绿色建筑的评价，我国颁布了《绿色建筑评价标准》（GB/T 50378—2006），该评价体系共有六类指标，其中节材与材料资源利用是绿色建筑设计中的一项重要指标。工程实践证明，建筑节材与材料资源利用可通过建筑结构、建筑材料、建筑技术、建筑施工、废弃材料再生循环利用、住宅产业化六个方面来实现。

（一）建筑结构系统

建筑结构是指在建筑物或构筑物中，由建筑材料做成用来承受各种荷载或者作用，以起骨架作用的空间受力体系。建筑结构因所用的建筑材料不同，可分为混凝土结构、砌体结构、钢结构、轻型钢结构、木结构和组合结构等。

住宅结构体系的选择必须符合地方经济发展水平和材料供应状况，选用的结构形式应有利于减轻建筑物或构筑物的自重，尽量构成较大的空间，便于进行灵活分隔布置。

（二）建筑材料系统

建筑材料是各类建筑装饰工程的物质基础，在一般情况下，材料费用占工程总投资的60％左右。建筑材料发展史证明，建筑材料的发展赋予建筑物以时代的特性和风格；建筑设计理论不断进步和施工技术革新，不但受到建筑材料发展的制约，同时也受到其发展的推动。工程实践充分证明，建筑材料的性能、规格、品种、质量等，不仅直接影响工程的质量、装饰效果、使用功能和使用寿命，而且直接关系到工程造价、人身健康、经济效益和社会效益。

绿色住宅建筑的建筑材料系统，主要包括建筑材料的选择和材料资源利用技术。

1. 建筑材料的选择

（1）实现建材本地化　由于材料费用占工程总投资的比例很高，为降低绿色住宅建筑的

工程造价，在条件允许的情况下，尽量实现建材本地化。施工现场 500km 以内企业生产的建筑材料重量，应占所用建筑材料总重量的 70% 以上。

（2）可再循环使用材料　可再循环建筑材料是指如果原貌形态的建筑材料或制品不能直接回用在建筑工程中，但可经过破碎、回炉等工艺加工形成再生原材料，用于替代传统形式的原生原材料生产出新的建筑材料，如钢筋、钢材、铜、铝合金型材、玻璃等。在保证安全和不污染环境的前提下，可再循环使用材料的使用重量应占所用建筑材料总重量的 10% 以上。

2. 材料资源利用技术

（1）建筑结构材料　建筑结构材料包括木材、竹材、石材、水泥、混凝土、金属、砖瓦、陶瓷、玻璃、工程塑料、复合材料等。绿色住宅建筑提倡应用的结构材料主要有高强混凝土、高性能混凝土和高强钢筋等。

① 高强混凝土。随着建筑业的飞速发展，提高工程结构混凝土的强度，已成为当今世界各国土木建筑工程界普遍重视的课题，它既是混凝土技术发展的主攻方向之一，也是节省能源、资源的重要技术措施之一。绿色住宅建筑采用高强混凝土，可有效节省混凝土用量、减小构件截面尺寸、扩大建筑物使用空间，主要适用于大跨度建筑和高层建筑。

② 高性能混凝土。高性能混凝土是根据混凝土的耐久性要求而设计的一种新型高技术混凝土。工程实践证明，高性能混凝土不仅具有优良的工作性、较好的体积稳定性和很高的耐久性，而且具有显著的技术经济、社会和环境效益。绿色住宅建筑采用高性能混凝土，可有效提高混凝土的密实度和耐久性，延长建筑物的使用寿命，主要适用于高层建筑和承受恶劣环境条件的住宅。

③ 高强钢筋。高强钢筋是指钢筋混凝土用和预应力钢筋混凝土用钢材，其横截面为圆形，有时为带有圆角的方形，主要包括光圆钢筋、带肋钢筋、扭转钢筋。高强钢筋强度高、韧性好，具有明显的技术经济性能优势，我国对 6 层以上的住宅大力推广使用 HRB400 及其以上的高强钢筋。

（2）新型墙体材料　新型墙体材料一般具有保温、隔热、轻质、高强、节土、节能、利废、保护环境、改善建筑功能、增加房屋使用面积等一系列优点，其中相当一部分品种属于绿色建材。绿色住宅建筑采用新型墙体材料，主要应注意如下事项。

① 绿色住宅建筑的墙体应采用非黏土砖和新型砌块取代传统的黏土砖，大力推广砌块应用技术和加气混凝土应用技术。外围护砌块应具有良好的防水、防冲刷性能，并具备与外饰面材料有可靠的黏结性能。

② 墙板材料。绿色住宅建筑所采用的墙板材料，应满足环保、轻质、隔声、隔热、占空间小、布置灵活、施工方便、抗震性能好等方面的要求。

（3）保温隔热材料　建筑节能是关系到我国建设低碳经济、完成节能减排目标、保持经济可持续发展的重要环节之一，在建筑工程设计中选用保温隔热材料，是确保实现建筑节能的重要技术措施。绿色住宅建筑所采用的保温隔热材料，应符合下列要求。

① 绿色住宅建筑所采用的保温隔热材料应具有抗冻、耐水、防火、耐热、耐腐蚀等特性，并具有一定的强度。

② 对应在住宅的屋面、外墙等设置保温隔热的部位，应全面使用高效节能、耐久性好的保温隔热材料。

③ 外墙保温隔热材料推广应用聚苯乙烯泡沫塑料、泡沫玻璃、膨胀珍珠岩、纳米陶瓷微珠保温隔热涂料；屋面保温隔热材料推广应用挤塑泡沫板、聚氨酯泡沫塑料等。

（4）建筑防水材料　建筑防水材料是建筑产品的一项重要功能，是关系到建筑物的使用价值、使用条件及卫生条件，影响到人们的生产活动、工作生活质量，对保证工程质量具有重要的地位。绿色住宅建筑所采用的建筑防水材料，应符合下列要求。

① 绿色住宅建筑所用的建筑防水材料，应满足节能、节材和环保的要求。

② 绿色住宅建筑所采的建筑防水材料，应具有良好的耐水性、抗裂性、温度适应性、耐老化性和可施工性。

（5）新型可回收利用管材　新型可回收利用管材包括铜质管材、聚乙烯管材、聚丙烯管材，其中铜质管材的运用极为广泛。铜管具备坚固、耐腐蚀的特性使得铜管成为最佳的供水管道，在所有住宅商品房的供热、制冷管道安装的首选都是铜管。

（三）建筑技术系统

绿色住宅建筑的建筑技术系统，主要包括土建和装修设计一体化技术、工业化集成式装修技术。

1. 土建和装修设计一体化技术

土建和装修设计一体化技术是指从规划设计、建筑设计、施工图设计等环节统筹考虑土建与装修的施工步骤和程序，坚持专业化设计和施工，可以避免"二次装修"不适用、不经济、不安全、不节材、不环保等弊端。

土建和装修设计一体化设计施工的前提，是要求建筑师进行土建和装修的一体化设计。土建设计方案确定后，装修设计单位就应提前介入，针对住宅套内的平面布置、设备及管线的位置，提出相应的装修设计方案，两个设计方案相互补充完善并进行调整。设计方案中重点解决土建、设备与装修的衔接问题，解决界面的联系，真正达到装修的标准化、模数化、通用化，为装修的工业化生产打下基础，改变土建、装修相互脱节的局面，使室内空间更加趋于合理。

土建和装修设计一体化设计与施工，可以事先统一进行建筑构件上的孔洞预留和装修面层固定件的预埋，这样可避免在装修施工阶段对已有建筑构件的打凿、穿孔，既保证了结构的安全性，又减少施工噪声和建筑垃圾；可以保证建筑师在建筑设计阶段，尽可能依据最终装修面层材料的尺寸调整建筑物的尺度，最大限度地保证装修面层材料使用整料，减少边角部分的材料浪费，实现节约材料、节省施工时间和减少能量消耗，并降低装修施工劳动强度。

2. 工业化集成式装修技术

工业化集成式装修技术是指装修部品工厂批量生产，成套供应，现场组装。减少现场手工作业，达到省时、省工、省材，保证质量的目的。

工业化集成式装修技术使居住建筑工程建设向工业化生产、装配化施工转变。在土建工程施工时，门窗、窗套、窗台板、壁橱门、窗柜，甚至整个厨房、卫生间部件均从工厂流水线上完成。每套卫浴产品中，除了坐便器、浴缸等设备外，底盘、墙板、天花板、灯具等一应俱全，在一般情况下，一天就可以完成一个 $5m^2$ 左右的卫生间装修工作。

采用工业化集成式装修，要做到材料（地面、墙面、顶棚、管线等）的集成和部品（厨房、卫生间、隔断隔墙、木制品等）的集成。

（四）建筑施工系统

建筑施工是指工程建设实施阶段的生产活动，是各类建筑物的建造过程，也可以说是把设计图纸上的各种线条，在指定的地点，变成实物的过程，它包括基础工程施工、主体结构施工、屋面工程施工、装饰工程施工和辅助工程施工等。

1. 建筑施工技术

绿色建筑住宅工程的建筑施工技术，主要包括高效钢筋应用技术、无黏结预应力混凝土技术、粗直径钢筋直螺纹机械连接技术等。绿色住宅工程主要建筑施工技术见表 5-2。

表 5-2　绿色住宅工程主要建筑施工技术

技术类型	技术性能	主要特点	使用推广情况
高效钢筋应用技术	HRB400 级钢筋是目前国内重点推广应用的新钢种之一，主要包含 20MnSiV、20MnSiNb 和 20MnTi 三个品种	直径 12mm 以下的小直径 HRB400 级钢筋没有明显的屈服点，使用时应防止表面严重擦伤，且钢筋的弯曲度应满足现行标准的规定	目前在国内得到越来越多的应用
无黏结预应力混凝土技术	由单根钢绞线涂抹建筑油脂外包塑料管组成，可像普通钢筋一样配置于混凝土结构内，待混凝土硬化达到一定强度后，通过张拉预应力筋并采用专用锚具将张拉力永久锚固在结构中	用较小的结构高度实现大跨度跨越，可在保证净空的条件下显著降低层高，从而降低总建筑高度，节省材料和造价；在高层大面积楼盖中采用该技术可提高结构性能、简化梁板施工工艺、加快施工速度、降低工程造价	在混凝土楼盖结构中应用比较多
粗直径钢筋直螺纹机械连接技术	直螺纹机械连接技术，包括镦粗直螺纹和滚轧直螺纹两种方式	质量稳定，性能可靠，接头可达到行业标准Ⅰ、Ⅱ级的要求；现场可提前预制，连接作业施工方便、快捷	技术已比较成熟，使用经验比较丰富

2. 模板及脚手架技术

（1）模板　模板工程是钢筋混凝土结构工程的重要组成部分，特别是在现浇钢筋混凝土结构施工中占有非常重要的地位。模板是新浇筑混凝土结构或构件成型的模型，使硬化后的混凝土具有设计所要求的形状和尺寸；支撑部分是保证模板的形状和位置，并承受模板和新浇筑混凝土的重量及施工荷载。绿色建筑住宅工程施工所用的模板，要满足以下各项要求。

① 模板要保证结构和构件各部分的形状、尺寸及相互间位置的正确性，接缝要严密，不得出现漏浆。

② 模板要具有足够的强度、刚度及稳定性，以保证在混凝土自重、施工荷载及混凝土侧压力的作用下，不破坏、不变形。

③ 模板要构造简单、模数化、装拆方便，且能多次重复使用，以降低混凝土工程的造价。

④ 施工中尽量少用木模板，多采用钢模板和竹模板，延长模板寿命。并做到统一管理、集中堆放，提高生产效益。

（2）脚手架　脚手架是建筑工程及其他土木工程施工中不可缺少的空中作业临时设施，无论是结构施工还是室内外装饰施工以及设备安装及使用中的养护维修，都需要根据实际情况选择和搭设脚手架。工程实践证明，脚手架不仅对工程的施工进度、工程质量、工程造价有直接影响，而且对企业的经济效益和施工人员的人身安全更具有重要影响。

脚手架是土木建筑工程施工中不可缺少的重要设施，是为保证高处作业安全、顺利进行施工而搭设的工作平台或作业通道，绿色建筑住宅工程施工所用的脚手架，应注意以下几个方面。

① 脚手架各部件要有足够的强度，能安全地承受上部的施工荷载和自重，要有足够的坚固性和稳定性，不得发生变形、倾斜和摇晃现象。

② 脚手架尽量做到就地取材，并要构造简单、装拆方便、损耗较小，且能多次重复使用，以降低工程的造价。

③ 拆除的脚手杆或配件，应分类堆放并及时进行保养，以便下一个工程使用。

（五）废弃材料再生循环利用系统

在建筑住宅工程中废弃材料占有相当大的比重。面对我国经济飞速增长与资源相对不足的尖锐矛盾，加强废弃材料的管理，实现废弃材料循环再利用的产业化，深入开发其潜在价值，是防止材料资源再流失、环境再污染的首要任务，是推进有中国特色的循环经济实践和发展的重要环节，最终为社会的可持续发展提供必要的保证。

废弃材料再生循环利用系统主要包括工业废渣利用技术、生物质新材料利用技术、一般废弃物再生利用技术、建筑废弃物再利用技术。

1. 工业废渣利用技术

工业废渣是指工业生产过程中排放的固体废物。我国工业废渣在土木建筑材料中的应用，其重点是发展冶金渣、粉煤灰和煤矸石三大工业废渣的综合利用。利用火山渣、沸石、页岩等资源和冶金渣、粉煤灰、煤矸石等工业废渣，可以生产建筑砌块、非黏土砖等新型墙体材料；利用煤矸石、矿渣、粉煤灰、磷石膏等工业废渣可以制造保温隔声隔热材料，发展各种轻质、高强、多功能墙体材料；利用粉煤灰水泥，促进粉煤灰等废弃物在预拌混凝土和预拌砂浆中的综合利用；利用尾矿废石、钢渣、矿渣等固体废物制成的人工砂可代替天然砂。

2. 生物质新材料利用技术

随着经济的高速发展，人们生活水平的提高，废弃植物纤维材料的处理将会成为一个严重的问题。从保护自然资源、节省能源和保护环境，特别是从材料科学的角度来看，材料和环境有着密切联系和相互作用的关系，材料是否具有良好的"环境协调性"，具体表现在无污染、废物量减少、可循环使用、节约能源、节省资源等。因此，如何充分有效地处理并利用废弃植物纤维，合理利用植物纤维资源，防治污染，改善环境，使这一课题研究具有十分重要的意义。

生物质能源的有效利用，是一项"功在当代，利在子孙"的新型能源利用技术。废弃植物纤维（农作物秸秆、废弃木质材料、废弃竹材等）在绿色住宅建筑工程材料中的应用技术，是采用廉价的废弃植物纤维作为主要原材料之一，主要包括开发研究绿色环保型植物纤维增强水泥基建筑材料及其应用综合技术，推广利用农作物废弃的木质纤维（如植物纤维稻草、农作物秸秆等）生产的轻质墙板和其他性能优良的复合材料。

3. 一般废弃物再生利用技术

一般废弃物再生利用技术，是指废旧木材、废塑料和废纸等材料的再生利用技术。将回收的废旧木材压合生产为成品板材，将回收的废塑料制品生产为建筑保温材料和建筑构件。

废弃塑料是城市固废中含能量最高的一种，每千克塑料含能量 15.62～17.88MJ，随意抛弃塑料就等于抛弃了有价值的能源，再生利用都是对废弃塑料资源化的途径。目前，随着人们环保意识的增强和各种废塑料资源化技术的快速发展，选择适合我国实情的废塑料综合利用技术，既可回收资源、节约能源，又能减轻环境污染，普遍被认为是一种根治"白色污染"、颇具前途的事业。

20世纪90年代，德国、意大利、加拿大、日本等国相继开展了废旧木材回收利用，废旧木材成为重要的资源得到广泛应用。据专家测算，包括旧家具、旧房改造拆下的废木料、一次性木制品、建筑工程废弃木料、老枯朽木等城市废旧木材，我国城市每年产生废旧木材约8500万吨。目前，我国木材综合利用率仅为63%，有些废旧木材虽然得到回收，也往往好坏不分，直接运到小木材加工厂或做烧柴，造成大量废旧木材高值低用。抓紧制定鼓励废旧木材回收利用的政策措施，建立废旧木材回收利用体系已成为当务之急。

4. 建筑废弃物再利用技术

在建筑物开发之生命周期各阶段，包括建材原料开采、建材制造、施工建造、日常使用、拆除废弃等，皆对环境造成相当严重的污染。这些废弃物如果没有妥善的处理，最后往往与都市废弃物同时进入都市废弃物处理系统，造成废弃物处理体系的超荷负担。因此，如果能将其妥善利用将可提供作为建筑或公共工程所需之材料，此对于减少天然资源消耗及推动绿色建筑理念将有积极作用。

建筑废弃物再利用技术，就是分类处理建筑施工、旧建筑拆除和场地清理时产生的固体废弃物，将其中可再利用材料、可再循环材料回收和再利用。废钢筋、废铁丝和各种废钢配件等金属，处理后可再加工成各种规格的金属材料。在保证性能和环保的基础上，推广使用废木制成的木芯板、三夹板等建筑装饰材料。砖、石、混凝土等废料经过破碎后，可以代替天然砂，用于砌筑砂浆、抹灰砂浆、混凝土垫层等。骨料再生技术，在满足使用性能的前提下，推广使用和利用建筑废弃物再生骨料制作的混凝土砌块、水泥制品和配制再生混凝土。

（六）住宅产业化系统

住宅产业化就是利用现代科学技术，先进的管理方法和工业化的生产方式去全面改造传统的住宅产业，使住宅建筑工业生产和技术符合时代的发展需求。就是住宅的生产方式（或者是技术手段），是运用现代工业手段和现代工业组织，对住宅工业化生产的各个阶段的各个生产要素通过技术手段集成和系统的整合，达到建筑的标准化，构件生产工厂化，住宅部品系列化，现场施工装配化，土建装修一体化，生产经营社会化，形成有序的工厂的流水作业，从而提高质量，提高效率，提高寿命，降低成本，降低能耗。住宅建设产业化的核心是提高住宅建设工业化水平，满足新世纪现代住宅建设的需求。住宅产业化的核心目标是提高住宅的性能。

1. 住宅建筑标准化

住宅建筑标准化是当前住宅建筑设计的重要趋势，住宅标准化设计相比传统的设计方法具有节约社会资源、降低开发成本等方面的优势，既能满足人们的基本住宅需要，又能保持建筑风格的统一，营造一个良好的人居环境。

住宅建筑标准化包括住宅设计的标准化、建筑体系的定型化、建体部品的通用化和系列化。住宅建筑标准化就是在住宅设计中采用标准的设计方案、建筑体系和部品，按照一定的模数标准规范住宅构件和产品，形成标准化、系列化的住宅部品，减少住宅设计中的随意性，从而可简化施工手段。因此，住宅建筑标准化的关键在于建筑体系的定型化和住宅部品的通用化和系列化。

2. 住宅建筑工业化

住宅建筑工业化其实就是住宅的生产方式或技术手段，是运用现代工业手段和现代工业组织，对住宅工业化生产的各个阶段的各个生产要素通过技术手段集成和系统的整合，达到建筑的标准化，构件生产工厂化，住宅部品系列化，现场施工装配化，土建装修一体化，生产经营社会化，形成有序的工厂的流水作业，从而达到提高工程质量、提高施工效率、提高使用寿命、降低工程成本，降低建筑能耗的目的。

对于我国住宅生产的工业化，一是建立符合中国国情的住宅建筑标准化体系，实现住宅部品、构配件的标准化、模数化和通用化，并具备系列化的开发、生产和供应能力；二是实现新型的、工业化的建筑结构体系的广泛应用，使建筑结构体系朝着安全、环保、节能和可持续发展的方向发展；三是要通过集约化的组织将住宅及其构建、部品纳入工厂预制，实现大规模、工厂化生产；四是形成现场施工的技术服务体系，采用机械化的现场集成配制，替代传统的"湿作业"。

（1）建筑工业化的基本特征　设计标准化是指在一定时期内，采用共通性的条件，有统一的模式要求，技术上成熟，经济上合理，适用范围比较广泛的设计。它是工程建设标准化的一个重要措施，是组织现代化工程建设的重要手段。

① 设计标准化。设计标准化是实现建筑工业化的前提条件，它是将房屋的构配件或某一类型的房屋采取标准化设计，以便与建筑产品能进行批量生产。

② 构件工厂化。构件工厂化是实现建筑工业化的重要手段，它是将房屋的构配件由现场转入工厂制造，以提高建筑物的施工速度并保证产品的质量。

③ 施工机械化。建设工程采用机械施工，不仅可以代替笨重的体力劳动，减轻工人劳动强度，而且能节省大量人力物力，提高效率，降低施工成本，加快施工进度，确保工程质量。衡量施工机械化水平的主要标志是，机械化程度、机械装备率、设备完好率和设备利用率等。

④ 管理科学化。施工管理中的施工技术管理、质量管理以及生产要素管理是施工管理的主要方面，处理好三者之间的关系以及解决好三个方面中的任何一方面，都是在施工中面临的重要问题。施工组织管理科学化是实现建筑工业化的重要保证，它是将建筑工程中的各个环节、相互之间的矛盾，通过统一的、科学的组织管理来加以协调，避免出现混乱，以达到缩短工期，保证工程质量，提高投资效益的目的。

绿色住宅工业化的建筑体系包括专用体系和通用体系，要推广先进适用的成套建筑技术体系，重点解决标准化、系列化、配套化的技术问题，使其所构成的体系有利于标准化、工业化生产和机械化施工，形成系统、相互配套、符合产业现代化发展方向的完整体系。

（2）住宅建筑工业化技术系统　近年来，我国住宅建筑飞速发展，其建造和使用对资源的占用和消耗都非常巨大。与国外发达国家相比，我国住宅建筑存在住宅建造周期长、施工质量差、能源及原材料消耗大、程度尤其是工业化程度低等问题，迫切需要采取工业化手段来提高住宅建设的质量和效率。因此，开发符合产业化发展要求，工厂化和标准化程度高，施工速度快，节能省地，经济性好的新型工业化技术体系，已经成为我国目前推进建筑工业化发展的一项重要工作。住宅建筑工业化技术系统，主要包括建筑部品集成技术、工厂化建造技术、装配式施工技术等。

① 建筑部品集成技术。纵观国内住宅的发展，基本上是一种粗放型的生产模式，缺乏对住宅的舒适性、节能、保温、隔热以及各种厨房、卫生间设备管线等深入细致的研究，加之工业化水平低，建筑材料、建筑部品尚未形成系列化、规模化；部品的配套性、通用性差，生产规模小；成套技术集成度低，住宅产业的技术研发、推广和应用还主要以单项技术或产品为主，缺乏有效集成和整合等。

以上这些问题得不到解决，也难以推动住宅产业现代化的发展。这就必然涉及到如何建立我国的住宅产业现代化集成体系。从技术发展的角度讲，随着各种住宅新技术的层出不穷，促使许多技术成为独立的专业，如住宅的智能化设计、节能设计、室内装修设计、厨卫设计都已完全专业化。因此，专业化的细分也促使了住宅技术必须向集成化方向发展。

② 工厂化建造技术。建筑工厂化建造技术在是一套新的建造技术，在优化传统建筑建造技术的基础上，这项技术成为一套成熟的建造技术。目前该技术已经成功应用于几十万平方米的各类大中型工程中，在行业中实现了技术产业化。该技术改变了传统建造方式，生产的住宅构配件具有造价较低、质量优良、施工速度快、抗震性能好的综合优势。建筑工厂化建造技术，把建筑构件的工厂制造与工地现浇进行最优化结合。

住宅产业化的重要标志之一，就是彻底改变传统的劳动密集型的建造方式，实现工厂化制造房屋。这种方式是将大量施工现场的手工湿作业在车间生产线上完成，车间的生产指令来自设计的专用数据，以计算机控制的方式完成精确生产。很明显，工厂化制造将从根本上解决传统施工方式，避免单纯依靠手工技能来保证施工质量。

③ 装配式施工技术。为推进住宅建筑的创新、转型发展，切实转变城市建设模式和建筑业发展方式，建设资源节约型和环境友好型城市，根据《国务院办公厅关于转发发展改革委住房城乡建设部绿色建筑行动方案的通知》等文件要求，积极开展和推进装配式建筑。

装配式施工技术是房屋产品质量的决定环节，技术关键是提高技术工人以及施工管理者的专业素质，应建立技术工人以及施工管理者完善的培训体系，不断提高这些人员的新技术水平。随着我国"十二五"计划中对建筑工业化住宅产业化要求的提出，装配式结构的建筑工程已在我国很多城市大量出现。

五、绿色居住建筑的环境保护体系

绿色居住建筑体系是基于生态系统良性循环原则，以"绿色"经济为基础，"绿色"社会为内涵，"绿色"技术为支撑，"绿色"环境为标志建立的一种新型建筑体系。在研究上，它将自然、人和建筑物纳入统一研究视野，不仅研究人的生活、生产和建筑物的形态，而且也研究人赖以生存的自然发展规律，研究人、自然与建筑的相互关系。在目标上，它追求人、建筑和自然三者的协调和平衡发展。在方法上，它主张"设计追随自然"。在技术上，它提倡应用可促进生态系统良性循环、不污染环境、节能和节水的建筑技术。绿色建筑所代表的是高效率、环境好而又可持续发展的建筑，自身适应地方生态而又不破坏地方生态的建筑。

（一）绿色居住建筑室外环境保护系统

绿色居住建筑室外环境保护系统，主要包括水体保护技术、绿化种植技术、防止污染技术、垃圾收运处理技术等方面。

1. 水体保护技术

水是人类社会赖以生存的物质基础，是人类生存、城市发展和国家经济建设的重要生命线。绿色居住建筑室外环境保护系统，应当确保居住区水景的水质满足景观性和功能性白要求，起到调节小区环境湿度和温度的作用。对于室外环境的水体可采用物理、化学方法进行处理，防止水体变质和富营养化发生；也可利用水生动植物净化水体，达到动植物的互生互养，保持水体的生态平衡。

2. 绿化种植技术

（1）居住小区园林绿化应与周围城市环境相适应、协调，小区建筑布置与绿化系统应留有视廊，绿化景观与小区的建筑风格相一致。

（2）居住小区的绿化景观应结合原有地形地貌进行，应综合考虑土方平衡。

（3）选择适应当地气候条件的树木花草进行生态种植，禁止随意移植古树名木。采用先进的种植技术和防病虫害技术，提高植物的成活率。

（4）屋顶绿化。选择适于屋顶平台栽植的花草、灌木，植于分层营养种植土上，增大绿化覆盖率，起到清洁空气、调节小气候的作用。

（5）垂直绿化。利用檐、墙、杆、栏等栽植藤本植物、攀缘植物和垂吊植物，达到防护、绿化和美化的效果，垂直绿化具有占地少、见效快、绿化率高等特点。

3. 防止污染技术

居住小区防止污染技术，主要包括防止居住区内光污染、防止室内外空气污染。

（1）防止居住区内光污染　住宅及居住小区配套的公共建筑，不宜使用大面积玻璃幕墙，小区夜间照明不宜过亮。小区交通道路设置应合理，光污染严重的地段，应设置屏障，种植树木，减少光污染的强度。

（2）防止室内外空气污染　防止室内外空气污染可采取如下措施：①必须对建筑场地土壤中氡浓度进行测定；②室内外所用建筑材料和装修材料，必须符合环保要求，应大量采用绿色建材，防止放射性物质对人体的不良影响。

4. 垃圾收运处理技术

随着全球人口的不断增长和城市规模的不断扩大，垃圾的收集和处理已经成为当前全球城市共同面临的问题。多年来，传统的手工垃圾收集运输方式所引发的土地资源占用、异味恶臭、噪声污染以及病菌滋生、二次污染等众多问题，已经无法满足现代人对环境及卫生的要求。

（1）垃圾袋装分类收集　随着城市化进程的不断推进，城市生活垃圾对环境造成的污染逐渐加剧，为了使生存环境不受污染的危害，要对垃圾进行分类收集和管理，无害化处理，减少垃圾的二次污染，我国是发展中国家，地大物博，人均资源占有量小，要持续发展就需要加强资源的回收循环利用，实行垃圾袋装化分类收集是减少垃圾和减少污染的有效途径。居住小区在主要道路及公共场所均匀配置分类垃圾废物箱，其间距一般应小于80m；垃圾废物箱应是防雨、密闭的容器，采用耐腐蚀材料制作，要防止污染，有利于清洁和环保。

（2）提倡垃圾就地减量化处理，推广应用有机垃圾生化处理技术　随着社会经济的快速发展和城市化进程的加快，城市人口数量不断增长，城市生产生活过程中产生的垃圾也日益增多。与日俱增的城市垃圾量与有限的垃圾处理能力形成极大反差，已成为制约城市发展的主要因素之一。垃圾减量化处理变得尤为重要，并将成为城市管理、环境管理的新模式。

有机垃圾生化处理的原理，是通过微生物相关菌群及分泌的各种生物酶，将生活垃圾中的碳水化合物、蛋白质与脂肪等高分子化合物经复杂的生化反应，逐步分解为各类低分子化合物，如 CO_2、NH_3、酒精、有机酸等，这些物资再经分解全部从垃圾处理槽中蒸发排出，从而使垃圾处理达到减量化、无害化目标。

（二）绿色居住建筑室内环境保护系统

自然环境本身就是一个生态循环的系统，作为生态建筑的室内环境首先在于其系统循环的良性化，这是室内环境绿色设计的基本点。绿色居住建筑室内环境保护系统，主要包括污染物控制技术、噪声控制技术、通风和温湿度控制技术等。

1. 污染物控制技术

（1）对居住建筑室内的污染物控制，必须遵守国家安全卫生和环境保护的有关规定，选用低毒性、低污染的建筑材料和装饰材料。

（2）无机非金属建筑材料和装饰材料的放射性指标限量必须符合现行标准规定。人造板及饰面人造木板，必须测定其游离甲醛的含量或游离甲醛的释放量。

2. 噪声控制技术

防止居住区及室内噪声污染可采取如下措施。

（1）在居住区设计和建设中，对交通、设备、施工、商业、娱乐和生活噪声，必须采取防噪、消声等成套技术，有效地进行综合治理，防止影响居民正常生活。

（2）居民区户外环境噪声必须符合下列规定：昼间不大于55dB(A)，夜间不大于45dB(A)。

（3）居民区室内环境噪声必须符合下列规定：在关窗状态下，起居室、卧室、书房的噪声昼间不大于45dB(A)，夜间不大于35dB(A)；楼板和分户墙的空气声计权隔声量≥45dB，楼板计权标准化撞击声声压级≥70dB；门户的空气声计权隔声量≥30dB；外窗的空气声计权隔声量≥25dB，沿街时≥30dB。

（4）优化总体规划设计，减少住区组团出入口数量，避免车辆横穿居住区，加强对居住区的交通管理。

（5）室内隔声降噪措施　提高门窗的隔声性能，采用双层窗或中空玻璃窗等；分户墙宜采用隔声效果好的复合结构填充墙，楼板宜采用浮筑式楼面隔声；户式中央空调主机安装，必须进行隔声降噪处理。

3. 通风和温湿度控制技术

住宅内普遍存在一些特殊的空气污染源，因此有必要采取换气措施将污染物质排放到室外，并从室外吸收新鲜的空气来稀释这些污染物质的浓度，从而将室内的污染物质浓度控制在容许范围之内。

换气可分为自然换气和机械换气两种方法，机械通风调节可采用微量置换新风、集中管道新风、地埋管通风等技术。

第二节　绿色办公建筑设计

绿色办公建筑是指在办公建筑的全寿命周期内，最大限度地节约资源（节能、节地、节水、节材）、保护环境和减少污染，为办公人员提供健康、适用和高效的使用空间，与自然和谐共生的办公建筑。随着我国绿色建筑评价标识制度的实施，行业内外基本达成共识，需对建筑进行分门别类的评价，首当其冲的建筑类型就是办公类建筑。其主要原因有以下几种。一是办公建筑作为公共建筑的重要组成部分，普遍属于高能耗建筑，且能耗水平差别大。调研数据显示，商业办公楼能耗强度差异非常大，每年能耗平均值为 $90.52kW \cdot h/(m^2 \cdot a)$，最高能耗约为最低能耗的 32 倍；大型政府办公建筑能耗平均值为 $79.61kW \cdot h/(m^2 \cdot a)$，最高能耗约为最低能耗的 10 倍。建立绿色办公建筑设计标准来规范我国办公建筑可以产生很好的节能减排效果。二是办公类建筑，尤其是大型政府办公建筑社会影响大，如政府办公楼追求大面积、高造价的前广场，豪华的玻璃幕墙，夸张的廊柱，对材料和土地资源浪费严重，对社会产生了较为严重的负面影响，这说明通过绿色办公建筑设计在规范办公类建筑，可到良好的示范带头作用。

一、绿色生态办公建筑的使用特点

研究推广办公建筑的绿色生态技术，应首先需要明确办公建筑的自身特点，在使用功能上具有什么具体要求，以便针对其特点做出相应的设计策略。办公建筑是除住宅建筑之外的另一大类建筑。人们要居住，满足生活的基本要求；要工作来谋生并实现自己的社会价值，要参与文化娱乐活动满足精神需求。生活和工作是人生两大重要内容，由此可见办公建筑是非常重要的。

在繁若星辰的民用建筑群体中，办公建筑以其端庄新颖的立面形象、自然朴实的建筑风格、实用经济的平面布局、素雅严谨的室内空间而耸立于建筑之林。虽然办公建筑有着共同的空间和平面特征，但根据使用性质、功能要求、投资渠道、建设规模和建筑高度的不同大致分为政府办公建筑、科研办公建筑、教育办公建筑、企业办公建筑、金融办公建筑、租赁办公建筑、公寓办公建筑和多功能办公建筑等几种类型。归纳起来，办公建筑有以下特点。

（一）空间的规律性

不管是小空间的办公模式，还是大空间的办公模式，其空间模式基本上都是由基本单元组成，基本单元重复排列，相互渗透相互交融，有机联系使工作交流通畅，总的来说，其空间要适于个人操作与团队协作。

（二）立面的统一性

空间的重复排列自然导致办公建筑立面造型上的单元重复及韵律感。办公空间对于自然光线和通风的高质量需求，使得建筑立面必然会有大量有规律的外窗，其围护结构必然暴露于自然之中和自然亲密接触，而不是与自然隔绝。

（三）耗能大且集中

现代办公建筑的使用特征是使用人员相对比较密集、使用人群相对比较稳定、使用时间相对比较规律。这三种特征必然导致在"工作时间"中能耗较大。其内部能耗均发生在这个时间段，对周边环境的影响也集中体现在这一时间段。有关统计资料表明，办公建筑全年使用时间约为 $200\sim250$ 天，每天工作时间为 $8h$，设备全年运行时间为 $1600\sim2000h$。

绿色生态办公建筑设计目前还没有现成的公式可以套用，更不能把生态当做插件插入建筑设计，亦不应把绿色当作一种标签。好的绿色生态办公建筑设计，需要设计师以现代绿色生态的理念，利用办公建筑的使用特点，有效地将生态环保融入设计之中。

二、绿色生态办公建筑的设计

（一）绿色生态办公建筑的设计理念

传统的办公高层建筑由于设计时缺乏较先进的绿色生态可持续发展的设计理念，导致建筑物大多呈现高能耗，高污染的公共办公环境，因此，现代大型办公高层建筑设计应具备以下设计理念。

1. 健康舒适的环境

随着时代的发展和技术的进步，人们对生活和工作环境的品质要求也逐步提高，关注建筑功能的健康舒适性，以改善人们的生活工作环境，提高人们的生命质量成为建筑智能化的主要发展方向。高质量和高效率建筑环境的创造，始终应当是建筑创作的目标。当代建筑学、生态学及其他科学技术成果的综合，为建筑创作提供了新的设计思维。

健康舒适的环境概念是指：优良的空气质量，优良的温湿度环境，优良的光、视线环境，优良的声环境；应对的建筑设计方法：使用对人体健康无害的材料，减少 VOCs（挥发性有机化合物）的使用，对危害人体健康的有害辐射、电波、气体的有效抑制，充足的空调换气，对环境温湿度的自动控制，充足合理的桌面照度，防止建筑间的对视以及室内尴尬通视，建筑防噪声干扰，吸声材料的应用等。

2. 自然资源的运用

办公建筑设计中运用自然资源体系的目的是为了最大限度地获取和利用自然采光和通风，创造一个健康、舒适的人工环境。阳光和空气始终是人类赖以生存的物质条件。但照明和空调人工技术的普及和发展，使得自然体系的运用受到忽视，同时也对建筑环境产生了负面的影响。人们如果长期处于人工环境中易出现"病态建筑综合征"及"建筑关联症"，如疲劳、头痛、全身不适、皮肤及黏膜干燥等。因此，在现代办公建筑中应注重自然采光和自然通风与高新技术手段的结合。自然通风可利用现代空气动力学原理，采用风压与热压及二者结合等多种途径实现；在自然采光方面，保证良好的光环境同时，为避免直射眩光和过量的辐射热，可采取多种创新方式。

3. 建筑自我调节设计理念

从建筑的"生命周期"来看，从决策过程→设计过程→建造过程→使用过程→拆除过程，表现出类似生命体那样的产生、生长、成熟和衰亡的过程。同所有生命体一样，建筑应当具备自我调节和组织能力以利于自身整体功能的完善。这种自调节一方面是指建筑具有调节自身采光、通风、温度和湿度等的能力，另一方面建筑又应具有自我净化能力尽量减少自身污染物的排放，包括污水、废气、噪声等。

（二）绿色生态办公建筑的设计要点

绿色生态办公建筑的设计要点可概括为：①减少能源、资源、材料的需求，将被动式设计融入建筑设计之中，尽可能利用可再生能源（如太阳能、风能、地热能），以减少对于传统能源的消耗，减少碳排放；②改善围护结构的热工性能，以创造相对可控的舒适室内环境，减少能量的损失；③合理巧妙地利用自然因素（如场地、朝向、风及雨水等），营造健康生态适宜的室内外环境；④采取各种有效技术措施，提高办公建筑的能源利用效率；⑤减少不可再生或不可循环资源和材料的消耗。

以上是绿色生态办公建筑的 5 个突出设计要点，设计要点往往能够成为激发设计的因素，而一些不利条件也能成为有利条件。根据绿色生态办公建筑的设计实践，在具体设计中应考虑以下方面。

1. 采光与遮阳塑造光环境

"朝八晚五"是典型的办公建筑上班族的习惯，这就说明办公建筑通常是在白天使用的，它是最应当充分利用自然光线采光的场所。自然采光设计是绿色办公建筑设计中非常重要的组成部分，因为自然采光不仅可以提高视觉舒适度，有益于人们的身心健康和办公效率，而且还能够节约照明能耗。采光过多，特别是我国南方炎热地区的夏季，容易造成室内过热，对人们的工作都有不利的影响，同时还会增加能耗；采光过少，虽然节省能耗，但不容易达到室内照度值。因此如何控制与防止采光不利的影响是建筑采光与遮挡设计应考虑的问题。

人工照明的减少显然意味着能耗的减少，设计时应充分采用自然光线，并利用智能化的手段实现人工照明和自然采光的互动。在必须采用人工照明时，不仅应避免照度不足，也要避免过度照明带来能源浪费。为满足不同工作对于照度的要求，办公空间比较有效且节能的人工照明方式是一般照明与局部照明相结合。另外，使用高效能的灯具和节能灯，也可以大大降低办公建筑中电费的开支。

为了降低空调能耗和办公室眩光，往往需要在建筑物的南向和东西向设置遮阳装置。但是，不恰当的遮阳设计反而会造成冬季采暖能耗和照明能耗的上升。因此，外窗遮阳方案的确定，应通过动态调整的方法，综合考虑照明能耗和空调能耗，最终得到最佳外遮阳方案。外遮阳设计流程见图 5-3。

此外，在尽可能利用自然光的同时，办公空间的采光设计还需要注意防止眩光的产生。

2. 空间与室内舒适度

随着人们生活水平的提高，人们越来越关心所处空间与室内环境舒适与否。因此，如何科学地设计空间与室内环境舒适程度，是一个值得研究的领域。影响舒适度的因素主要有温度、湿度、风、采光及辐射等，这些气候因子之间存在一定的相关性。例如，在改善通风情况的同时也会降低室内的温度和湿度。因此，不能孤立地分析这些气候因子，否则会造成技术的堆砌。办公空间的设计应结合不同功能空间对舒适度的要求进行。

当前，比较常见的办公空间模式有细胞式和开放空间式。细胞式适合小空间办公，细胞式的办公室沿着轮廓线排列，通常为两排，最多为三排，这种办公空间的私密性相对较强，

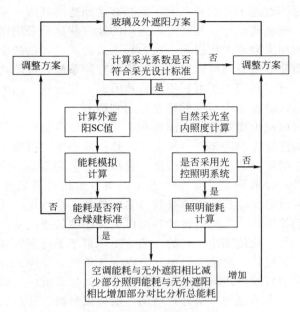

图 5-3　外遮阳设计流程

但空间受局限而灵活性不强，细胞式办公空间可以容纳较多的员工，但是它过于重视经济效益而缺乏对员工的关怀。

绿色办公建筑设计的核心内容，不仅是对环境的保护，同时也是对使用者的关怀，在为当代人营造美好生活环境的同时，不应以牺牲后代的资源和环境为代价。建筑的空间、形体、材料与构造、设备系统的设计等各个方面，都对节能和创造舒适的室内环境起到一定的作用。

实测数据充分显示，3m 高的办公室其沿外立面 7.5m 范围内的空间采光和通风比较好。建筑进深不超过建筑层高的 5 倍、且不超过 14m 时，可以充分利用"穿堂风"进行双面通风。因此，在进行建筑设计中，可以将对采光需求较高的空间设置于建筑外围和上层，对进深较大的建筑应使用风压和热压相结合的通风形式。

对建筑空间的划分还可以采用温度分区法，即将主要空间设置于南面或东南面，充分利用太阳能，保持室内有较高的温度，把对热环境要求较低的辅助性房间（如走廊、卫生间、设备用房、过厅等）布置在比较容易散的北面，并适当减少北墙的开窗面积。

办公建筑内部空间可以分为舒适区和缓冲区两种温区。办公室和会议室为舒适区的范畴，这个区域的通风可以由机械控制，温度总是保持在舒适的工作温度。中厅和周边的走廊等空间可以充当缓冲区，这个区域可以不设置专门的通风系统和直接下温度调节系统，因此温度的变动相对会大一些。在冬季，舒适区由使用能源的系统进行加温，而对缓冲区不进行加温。但是缓冲区可以由太阳日照被动得到热量，再加上舒适区的散热，也不会感到寒冷。在夏季，只要保证恰当的遮阳避免直接日照，缓冲区也不会太热。实践证明，缓冲区的设置同时避免了建筑内外的温差过大造成人的免疫力降低。

3. 被动式设计与表皮

被动式设计是指顺应自然界的阳光、风力、气温、湿度的自然原理，尽量不依赖常规能源的消耗，以规划、设计、环境配置的设计手法来改善和创造舒适的室内环境。被动式的设计定义并不完全意味着放弃主动系统，而是在迈向设计低能耗的道路上和主动系统共同结合来为低耗能、高舒适的目标服务。被动式的室内设计策略也不完全是设计单体的一些设计策略，也包括群体设计时不通过主动能源系统，就能够达到适用舒适、降低能耗、环境友好的设计策略。实践证明，被动式设计在凡是可以运用的地方就尽量采用这种设计方式。

由于办公建筑的使用多数集中在白天，这为利用被动式设计创造生态绿色的办公环境提供了良好的条件，从而使室内空间可以尽量少的依赖空调系统。被动式设计由被动式太阳能设计起源，实际上我们可以利用一切可利用的自然因素，如日照、风力、温度、湿度的日变化和季节变化，使得建筑通过表皮与气候相互作用和调节。

紧凑的建筑结构可以减少建筑物的表面面积，从而可以降低建筑的热量损失。建筑的围护结构应当具有良好的绝缘性和密闭性，从而实现热桥最小化。门窗的设计不单是一个立面形式的问题，而是应根据房间的尺度，对通风、光线和热量的需求，确定其位置、方向、大小和形式。窗户既要考虑接收阳光，又要考虑可以调节遮挡过量阳光，组织良好的通风系统，适当的遮阳系统可以阻止建筑在夏季吸收过多的热量。自然光的使用可以降低照明用电量，中央控制系统自动控制各个系统的运转，可以优化能源的使用率。

玻璃幕墙在工程上的广泛使用给人们的生活、工作带来了许多好处，但是相应也带来了一些问题：大量的能源消耗，一定的光污染，室内空气质量下降等。针对普通玻璃幕墙存在的上述问题，一个全新的幕墙型式——环保型节能呼吸式幕墙就应运而生。这是一种特别的幕墙结构，它指的是在一个传统的幕墙外在增加一层玻璃幕墙。通过通风设备的开关可使双层幕墙中间进入或逸出空气，开窗后房间可进行自然通风，幕墙中间的遮阳系统可减少气候的影响，且并不妨碍玻璃幕墙的外观。这种新型的呼吸式玻璃幕墙，欧美发达国家在20世纪80年代已开始建造，国内在20世纪90年代才小面积试用，现在已大面积用于办公建筑中。

双层呼吸式幕墙在办公建筑受到广泛应用主要原因有：①美学上使建筑更加通透，这种玻璃幕墙比较适合于现代办公；②办公内部空间的环境得到改善，工作效率会大大提升；③即使办公建筑处于闹市地段，也能较好地阻隔噪声；④采光效果良好，且能降低能源消耗。

屋顶和建筑外立面都具有多重功能。它不仅具有遮挡和绝缘的作用，还能通风、采光、遮阳、收集雨水和太阳能集热、发电、种植植物。办公建筑的屋顶多数基本由钢筋混凝土板、水蒸气扩散层、保温层、聚合材料的屋顶膜和屋顶环保系统组成。屋顶环保系统有种植屋面、蓄水屋面、架空通风屋面等。

4. 系统与能源效率

目前，办公楼建筑主要存在以下问题：①常规能源利用效率较低，可再生能源利用不充分；②无组织新风和不合理的新风的使用导致能耗增加；③冷热源系统方式不合理、冷冻机选型偏大、运行维护不当；④输配电系统由于运行时间比较长，控制调节效果差，从而导致电耗较高；⑤照明及办公设备用电存在普遍的浪费现象。因此，在优化建筑围护结构和降低冷热负荷的基础上，应提高冷热源的运行效率，降低输配电系统的电耗，使空调及通风系统合理运行，降低照明和其他设备的电耗，这一系列无成本、低成本可以有效地降低建筑能耗。针对办公建筑存在的以上问题，需要制定一系列指标，分项约束建筑物的围护结构、采光性能、空气处理方式、冷热源方式、输配电系统、照明系统和再生资源利用率。

办公建筑是为人类办公活动而建，人群是室内环境的主要影响者。办公空间有潜在的高使用率和办公机器得热，人体散热和机器散热这两部分内在热辐射不容忽视。实践证明，这两部分得热加上日照辐射热、地热及建筑物的高密闭性，就可为建筑提供充足的热量。当然，密封良好的建筑一般都应有较好的通风系统，室内通风不良不仅危及建筑结构，而且对人的健康危害很大。为了保证低能耗，建筑要控制通风量，但每小时每立方的室内应至少有

40%左右的新风量。在夏季，室内产生的热量加上太阳辐射量吸收，会使房间内的温度过高，因此夏季要做好遮阳措施，避免额外太阳热量吸收，并利用夏季夜间自然通风以提供白天的舒适度。

热回收是利用建筑通风换气中的进、排风之间的空气焓差，达到能量回收的目的，这部分能量往往至少占30%以上。实践证明，新风与排气组成热回收系统，是废气利用、节约能源的有效措施。太阳能和地热能取之不尽、清洁安全，是理想的可再生能源。我国的太阳能资源比较丰富，理论上的储存相当于每年17000亿吨标准煤。太阳能光电光热系统与建筑一体化设计，如果可以和墙体、屋面结合起来，既能够提供建筑本身所需电能和热能，又可以减少占地面积。地热系统是利用地层深处的热水或蒸汽进行供热，并可利用地层一定深度恒定的温度，对进入室内的新风进行冬季预热或夏季预冷。

5. 挖掘水利用的潜力

据水利部统计20世纪90年代以来，我国城市缺水范围不断扩大，缺水程度不断加剧，全国670座建制城市中有400座不同程度的缺水，110座严重缺水。正常年份全国城市缺水60亿万立方米。面对缺水的现状，节约用水已成为我国的基本国策。建筑节水对于建设节水型社会具有重要的作用。办公建筑的用水是城市用水的重要组成部分，主要体现在使用人数和使用频率上，主要包括饮用水、生活用水、冲厕水及比例较小的厨房用水。

挖掘水利用的潜力效果如何，对于绿色办公建筑对节水与水资源利用的评价主要包括：水系统、节水措施和非传统水源利用3个方面。

（1）水系统　①制定水资源规划方案，统筹、综合利用各种水资源；设置合理、完善的供水、排水系统；②根据用水特点合理确定热水供应系统形式。

（2）节水措施　①采取有效措施避免管网漏损；②卫生器具均采用节水器具；③给水管道系统应避免出现超压出流现象；④用水设备采用节水设备或节水措施；⑤绿化灌溉采用喷灌、微喷灌和滴灌等高效节水灌溉方式；⑥采用冷却塔节水措施、节水型冷却塔设备或节水冷却技术；⑦分户、分用途设置水表。

（3）非传统水源利用　①使用非传统水源时，采取用水安全保障措施，且不对人体健康与周围环境产生不良影响；②景观用水不采用市政供水和自备地下水井供水；③项目周边有市政再生水利用条件时，非传统水源利用率不低于40%，项目周边无市政再生水利用条件时，非传统水源利用率不低于15%；④项目周边有市政再生水利用条件时，再生水利用率不低于30%；项目周边无市政再生水利用条件时，再生水利用率不低于10%；⑤雨水回用率不低于40%。

6. 再生建筑材料利用

建筑材料是建筑业的物质基础，在国民经济中占有重要地位。建筑材料量大面广，在其生产与应用过程中都与人类的生活和工作息息相关，在它的寿命周期的各个环节中，从原料的开采、选择，到产品的制备、使用、废弃以及回收利用，无不显示出它们与资源、能源和环境有着密切而广泛的关系。因此，建筑材料很容易对人类的生存环境、健康安全造成损害和威胁。如果我们在发展建筑材料同时能坚持走可持续发展的道路，坚持再生材料的充足利用，建筑材料必将阔步迈向新时代，为人类创造健康、舒适、美观的生存与工作空间，为社会节约更多的资源和能源。

现行国家标准《绿色建筑评价标准》中明确要求，在保证性能的前提下，使用以废弃物为原料生产的建筑材料，其用量占同类建筑材料的比例不低于30%。对于公共建筑所用的建筑材料，可考虑采用的废弃物建筑材料，包括利用建筑废弃物再生骨料制作的混凝土砌块、水泥制品和配制再生混凝土；利用工业废弃物等原料制作的水泥、混凝土、墙体材料、保温材料等建筑材料。

办公建筑以简洁为宜，尽可能使用再生建筑材料，使用的材料应经久耐用、维护成本低、减少装修，甚至管道系统、管件和电缆等均可外露，便于检修。减少装修的另一个优点是可以减少空气的污染。为了营造一个良好环境的室内空间，同时还要较好的保护室外环境，在建筑内部不要使用任何施工用溶剂型化学品及含有其他有害物质的材料或产品。为了保证室内空气环境，应对现场达标性进行监测。现场监理人员应定期对材料进行检查，收集标签和产品数据表，并安排有关人员对其进行检查。

7. 绿色办公建筑的整体设计

实现绿色办公建筑要分三个层面：第一层面，在建筑的场址选择与规划阶段考虑节能，包括场地设计和建筑群总体布局，这一层面对于建筑节能的影响最大，它的方案决策会影响以后各个层面；第二层面，在建筑设计阶段考虑节能，包括通过单体建筑的朝向和体型选择、被动式自然资源利用等手段，减少建筑采暖、降温和采光等方面的能耗需求。这一阶段的决策失当最终会使建筑机械设备耗能成倍增加；第三层面，建筑外围护结构节能和机械设备本身节能。节能建筑三层面考虑的典型问题见表5-3。

表5-3 节能建筑三层面考虑的典型问题

层面层次		采暖	降温	照明
第一层面 选址与规划		地理位置	地理位置	地形地貌
		保温与日照	防晒与遮阳	光气候
		冬季通风	夏季通风	对天空的遮挡状况
第二层面 建筑主体设计	基本建筑设计	体形系数	遮阳措施	窗户
		保温	室外色彩	玻璃种类
		冷风渗透	隔热	内部装修
		被动式采暖	被动式降温	昼光照明
	被动式自然资源利用	直接受益	通风降温	天窗
		特隆布保温墙体	蒸发降温	高侧窗
		日光间	辐射降温	反光板
第三层面 机械设计		加热设备	降温设备	电灯
		锅炉	制冷机	灯泡
		管道	管道	灯具
		燃料	散热器	灯具位置

值得注意的是公共建筑的生态设计不是建筑设计的附加物，不应将其割裂看待。目前普遍的一个误区是建筑设计完成后，再把生态设计作为一个组件安装上去。按照绿色建筑的设计要求，从建筑设计之初就应当考虑生态的因素，并以此作为出发点，衍生出一套适合当地气候特点的建筑设计方案。

8. 绿色办公建筑低碳三要素

绿色建筑的三要素，即保护环境减少污染，节约资源和能源，创造一个健康安全、适用和经济的活动空间，从产业链到生态链创造一个"天人合一"的环境，已渐渐得到人们的共识。绿色办公建筑低碳三要素，即减少建筑能源的需求、降低灰色能源的消耗、利用替代和可再生能源。

（1）减少建筑能源的需求　公共建筑的整个寿命周期建造、使用、拆除各个阶段都要消耗能源。建筑的经济效益主要通过建筑的建设成本、建筑整个寿命周期内的运用与维护成本、建筑寿命周期结束时拆除和材料处理成本，以及建筑设计功能增加的相对值进行评价。从设计初期就应将能源的概念引入，这样可以降低整个建筑寿命周期内的各项成本。

总的来讲，降低建筑能源需求最有效的方法是进行"被动式设计"。例如，根据太阳、风向和基地环境来调整建筑的朝向；最大限度地利用自然采光，以减少人工照明电能消耗；提高建筑的保温隔热性能，以减少冬季热损失和夏季多余的热；利用蓄热性能好的墙体或楼板，以获得建筑内部空间的热稳定性；夏季利用遮阳设施来控制太阳辐射，降低室内的温度；合理利用自然通风，来净化室内空气并降低建筑温度；利用具有热回收性能的机械通风装置。

（2）降低灰色能源的消耗　在制造和运输建筑材料的过程中会消耗大量能源，在建筑物建造的过程中也同样消耗大量能源，将以上所消耗的能源称之为"灰色能源"，这类能源比起建筑中使用的供热制冷能源来讲是隐性的消耗。当显性能源消耗降低时，隐性能源的消耗比例自然升高。

由于灰色能源消耗占有相当的比重，所以要想真正地实现可持续发展，就不能忽视灰色能源的消耗。在一些生态建筑的整个寿命周期，它的灰色能源消耗近乎占总能耗的50%。所以，尽量使用当地建筑材料，减少运输过程中的能源消耗，施工中减少对建筑材料的浪费，从而可减少灰色能源的消耗以及温室气体的排放。

（3）利用替代和可再生能源　太阳能可以用来产生热能和电能。太阳能光电板技术发展非常迅速，如今其成本已经大大降低，对于大力推广应用提供了良好条件。太阳能集热器是一种有效利用太阳能的途径，目前主要用来为用户提供热水。地热能也是一种不容忽视的能源，由于地表一定深度后其温度相对恒定，且土壤的蓄热性能比较好，所以利用水或空气与土壤的热交换，既能够在冬季供热也可在夏季制冷，同时冬季供热时能够为夏季蓄冷，夏季制冷时又为冬季蓄热。此外，生物质燃料的利用能够替代传统的矿物燃料，可以降低二氧化碳的排放量。

第三节　绿色教育建筑设计

建筑本身就是对文化的一种阐释，而绿色文化教育建筑最能反映一个城市的文化素养、风貌和品位，也与城市文化发展的历程休戚相关。

一、文化教育建筑概述

文化是指生物在其发展过程中逐步积累起来的跟自身生活相关的知识或经验，是其适应自然或周围环境的体现，是其认识自身与其他生物的体现。不同的人对"文化"有不同的定义，广义上的文化包括文字、语言、建筑、饮食、工具、技能、知识、习俗、艺术等。

（一）文化教育建筑的发展

文化在汉语中实际是"人文教化"的简称。前提是有"人"才有文化，意即文化是讨论人类社会的专属语；"文"是基础和工具，包括语言和/或文字；"教化"是这个词的真正重心所在：作为名词的"教化"是人群精神活动和物质活动的共同规范，作为动词的"教化"是共同规范产生、传承、传播及得到认同的过程和手段。

文化教育类建筑的历史几乎和人类文明史一样悠久，在古埃及人和苏东美人的神庙和宫殿中，就存放了各种文字记录的泥板或莎草纸，这就是图书馆的前身。在古希腊各种类型的文化教育建筑几乎全部出现，如剧场、博物馆、图书馆、讲堂等。

文化教育建筑是大型公共建筑中的一种，在古代科学技术水平比较落后的情况下，很少有主动式设备调节室内的气候，要解决结构、采光、保温、通风等诸多问题难度很大，只有财力人力雄厚的达官贵族才有实力建造这样的建筑。今天，文化教育建筑的发展水平已经成为衡量个城市或地区发达程度的重要因素，如澳大利亚悉尼歌剧院、法国卢浮宫博物馆、北京国家大剧院等，这些文化建筑都已成为所在城市的标志性建筑。

从总量上来说，文化教育建筑相对居住、办公和商业建筑要少得多，相应的占地、耗能、污染排放也小得多，但是不能忽视文化教育建筑的社会意义。居住建筑的使用者是特定的目标人群，而文化教育建筑的使用者十分广泛，有时很可能牵涉各类人员，因此具有极强的示范效应。这些建筑不仅满足各自的功能，还扮演着教育民众的角色。通过这些建筑，可以对民众接受绿色低碳理念起到潜移默化的效果，这是普通的大量民用建筑所不能代替的。

（二）文化教育建筑的特点

文化教育建筑又可分为文化类建筑和教育类建筑。文化类建筑是供人欣赏各种艺术作品或表演的建筑，主要包括博览建筑和观演建筑。博览建筑包括美术馆、博物馆、各类主题的展馆，观演建筑包括歌剧院、舞剧院、戏院、电影院等。教育类建筑则是进行教育活动的建筑，如图书馆、教学楼、讲堂等。

普通民用建筑的绿色设计手法，如减小建筑体形系数、利用建筑朝向加强自然采光和通风、设置建筑外遮阳、采用新型保温墙体门窗和空调设备等，对于文化教育建筑同样适用。文化教育机构中非教学功能的建筑，可以划归各自对应的建筑类型，如学校的宿舍属于居住类建筑，行政楼则属于办公类建筑，其绿色设计参见相应章节的内容。

特定的文化教育建筑又具有诸多的自身特点，并对建筑的空间、功能都有相应的特殊要求，因此在设计中需要针对这些特点采用相应的绿色设计对策。首先大多数文化教育建筑都具有空间大、人流量多的特点，尤其是在某些高峰时段，例如教学楼课间休息、影剧院散场、特殊节事的主题展览等，瞬时的人流量极大。较高的人流量疏散要求使得这类建筑不宜向高空发展，只能通过增大占地面积实现疏散的要求。同时大量的人流量也需要较大的交通面积，从而会造成较高的能耗。应在充分利用有限土地资源的同时，尽量通过自然手段，节约人工照明和空调的使用。

文化教育建筑的另一个特点是建筑功能往往会对光照有较特殊的要求。博物馆和美术馆的展厅需要避免直射光，以避免眩光影响观看的效果；教室需要充足的照度，同时又要避免黑板的眩光；剧场由于剧情的变化，需要迅速改变不同效果的光环境；图书馆的阅览区需要充足的照明，而储藏书籍的区域又要避免直射光线损害图书。如果较多依赖人工照明解决光线问题，必然造成能耗的增加。文化教育建筑除了上述共同特点外，不同类型的文化教育建筑又有各自独特的设计要求。

（1）博览建筑的特点　博览建筑主要包括博物馆、美术馆等，除了有较高的光环境要求外，对室内温度、湿度也有较高的要求，以便较好的保护展品。根据展览对象的不同，还会对展品的储运有特殊的空间要求，如古生物博物馆需要高空间，航空博物馆需要大跨度空间，遗址博物馆需要满足本体保护环境的空间等。同时，博览建筑通常需要一定的室外展览区域，这对于场地设计提出了较高的要求。

（2）观演建筑的特点　观演建筑主要包括歌剧院、舞剧院、戏剧院、影剧院、音乐厅和会堂等，这类建筑厅堂空间大，人员比较集中，由于特殊的功能要求，室内环境更多依靠人工照明和机械通风，大量人员集中在一个大空间内，再加上演出项目的要求，对室内热环境和声环境都提出了较高的要求。

（3）图书馆建筑的特点　在图书馆建筑中，书籍的阅读和存放对光线的要求有很大不同。图书的阅览需要充足的光照，同时书籍的保护又要求尽量避免阳光照射，不同的要求使得图书馆的采光和遮阳设计相对复杂。书库的温湿度调节是另一个需要重点考虑的问题，和美术藏品类似，书库需要有良好的防潮、防火、防虫、防霉条件，以满足长期保存大量纸质书籍的要求。

（4）教育建筑的特点　教育建筑是服务于教学功能的建筑，主要包括大、中、小学校的教学楼和实验楼、托儿所、幼儿园等。由于学生观看黑板和屏幕的需要，教室甚至比图书馆的采光要求更高。此外，学生课间活动和疏散需要占据较多的交通空间，这些空间总的使用时间较短，但使用次数频繁，采用人工方式调节物理环境的效率会很低，该空间的设计将直接影响到建筑的舒适度和能耗。

各类文化教育建筑的绿色设计要点如图 5-4 所示。

二、绿色建筑设计的四个层次

任何建筑形式的产生和发展都是社会经济发展过程的物化表现，无不存在时代的烙印并反映时代特征，而一定时期社会经济、政治、思想等的综合作用又影响着建筑设计思想。通常建筑工程设计从规划到施工图设计，一般可分为四个层次：建筑总体布局、建筑空间组织、建筑具体设计和具体材料设备，而绿色建筑则需要考虑节能、节地、节水、节材和环保等几方面的内容。综合来说，在设计的不同层次要重点考虑的问题也有所不同。表 5-4 中显示了各个层次建筑设计面临的主要生态性要求。

表 5-4　各个层次建筑设计面临的主要生态性要求

项目	节能	节地	节水	节材	环保	项目	节能	节地	节水	节材	环保
总体布局	√	√			√	具体设计	√		√	√	
空间组织	√	√				材料设备	√		√	√	√

1. 建筑总体布局

文化教育建筑不同于居住建筑，对建筑的朝向和日照的要求、体形系数控制等方面可以相对自由。在通常情况下，文化教育建筑的总体布局需要重点关注两个问题：一是建筑对于土地的利用效率；二是建筑形体的设计。建筑占地面积越小，绿地面积则越大，对环境的损害越小。由于文化教育建筑很难向高空发展，因此要提高土地利用率，可充分利用地下空间，这样不仅可以减少用地，而且还可以降低能耗。但是，这种布局也会带来一些问题，如地下室通常采光通风条件不佳，容易造成阴暗潮湿的室内环境，而解决这些技术问题往往需

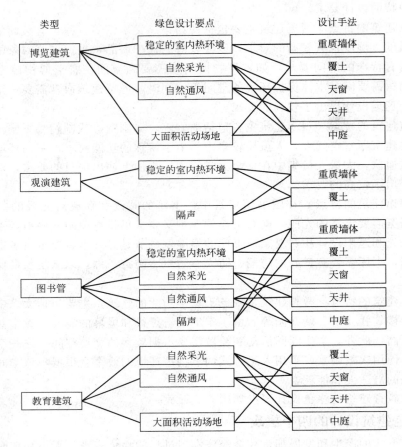

图 5-4　各类文化教育建筑的绿色设计要点

要增加投资，加大建筑的运行费用，这是制约文化教育建筑向地下发展的主要因素。

　　文化教育建筑体形设计的方式，关系到建筑的能耗和通风。集中式的布置方式通过减少散热面积，可降低冬季采暖的能耗，适用北方寒冷气候区域，而南方湿热气候下的建筑，则以分散式布局为宜，通过加强自然通风散热。位于夏热冬冷地区的建筑，既不宜过分分散造成冬季能耗过大，又要考虑建筑外墙有足够的可开启面积夏季通风散热，尤其是对夏季盛行风的利用，对于低层和多层建筑而言，风压通风的效果远好于热压通风的效果，因此采用面向夏季盛行风向的板式形体的建筑自然通风效果优于采用内中庭的集中式形体。

2. 建筑空间组织

　　文化教育建筑的功能相对于居住建筑和办公建筑复杂得多，复杂的功能需要多样化的空间形态，按照绿色建筑设计的要求，组织这些空间的重要性不言而喻。建筑空间组织主要包括功能配置和交通流线组织。功能配置主要是解决功能在空间中的分布问题，从节能与生态的角度来看，不同的空间分布会产生不同的后果。功能—空间—人流量—能耗这四者之间具有正相关性，从结构的合理性角度，小空间设置在建筑的下部，大空间设置在建筑上层比较好，但从节能的角度来看，大空间设置在靠近地面入口区域更合理，解决好这一矛盾是功能配置的一个重要问题。

　　建筑内的不同功能需要通过交通流线串联成一个完整系统，合理的交通流线可以提高建筑的使用效率，进而也可以减少建筑的能耗。在满足功能要求的基础上，原则上应尽量减少纯粹交通功能的面积，例如将主要房间的入口尽量设在短边、适当增加建筑进深减少面宽、结合公共空间设置交通空间等。现代文化教育建筑又往往处于城市基础设施系统之中，因此不仅需要建筑自身形成比较完整的交通流线，而且还要考虑建筑与外部环境交通系统的整合，如直接将地铁人流引入建筑地下空间，将人行天桥人流引入建筑二层空间，将建筑屋顶平台与城市广场整合等。

3. 建筑具体设计

绿色建筑是可持续发展理论具体化的新思潮的新方法。所谓"绿色建筑"是指规划、设计时充分考虑并利用了环境因素，施工过程中对环境的影响最低，运行阶段能为人们提供健康、舒适、低耗、无公害空间，拆除后能回收并重复使用资源，并对环境危害降到最低的建筑。建筑空间布局确定后，还要通过建筑设计加以具体化，建筑设计几乎对绿色建筑的各个方面都有直接影响，其中以节能、节水和节材的关系最为密切。

文化教育建筑作为大型的公共建筑，建筑设计不同于住宅和办公楼，往往倾向于个性化的形式设计，这些个性化的设计需要遵循特定的策略，以实现生态环保的要求。表5-5中列举列了常用绿色文化教育建筑设计策略的生态功效。

表 5-5　常用绿色文化教育建筑设计策略的生态功效

项　　目	节能	节地	节水	节材	环保
减少建筑外表皮不必要的凹凸	√			√	
可按具体功能灵活划分的通用空间		√		√	
充分利用浅层地热资源的设计	√				√
有利于雨水回用的设计		√			√
有利于可再生能源利用的设计	√				√

4. 具体材料设备

建筑材料是构成建筑工程结构物的各种材料之总称。建筑材料是建筑事业不可缺少的物质基础。建筑工程关系到非常广泛的人类活动的领域，涉及生活、生产、医疗、宗教等诸多方面。而所有建筑物或构筑物都是由建筑材料构成，建筑材料的数量、质量、品种、规格、性能、经济性以及纹理、色彩等，都在很大程度上直接影响甚至决定着建筑物的结构形式、功能、适用性、坚固性、耐久性、经济性和艺术性，并在一定程度上影响着建筑材料的运输、存放及使用方式和施工方法。

建筑设计的实现需要具体的物质载体，而材料设备就是这一载体。随着现代科学技术的发展，涌现出大量的新型建筑材料和设备。文化教育建筑在选择材料和设备过程中，需要遵循以下原则。

（1）尽量选择当地的建筑材料和产品　在建筑工程造价中，材料费所占比例很大，建筑材料的费用约占总造价的 $50\% \sim 60\%$。建筑材料的经济性直接影响着建筑物的造价，正确选用建筑材料，对于降低工程造价具有重要的实际意义。因此，在条件允许的情况下，尽量选择当地的建筑材料和产品，这类材料可以节省运费和减少运输造成的浪费，能更好地适应本地的气候条件，用低廉的成本实现较好的性能，同时还可以减少浪费和污染。

（2）尽量选择建筑全寿命运行成本较低的材料和设备　作为一种现代工业产品，建筑的寿命相对比较长，一般在 50～100 年，除非由于人为的原因需要提前拆除。测试结果表明，建筑在运行过程中的能耗远大于材料和设备生产的能耗，因此应尽量选择性能优良、质量可靠、运行成本较低的材料和设备。优质材料虽然生产的成本和损耗高于廉价材料，但运行比较稳定，能量损耗更低，总体来说更利于节能环保。例如采用断热处理的铝合金型材，比普通铝合金型材加工复杂许多，但其节能效果明显，绿色文化教育建筑更应优先考虑采用。

（3）尽量选择可回收再利用的材料和设备　可回收再利用是指的回收利用的概念，包括将使用过的材料转变成新的产品，以防止浪费潜在的可用的材料，降低全新原材料的消耗，降低能源的使用，通过降低传统的垃圾堆放来降低空气污染和水质污染，以及比传统生产更低的温室气体排放量。

规模越大的建筑对材料和设备的需求量越大，而且由于这些建筑所具有的独特性，经常大量采用定制的材料和专用设备，如果这些非标准的材料设备难以在建筑拆除后重复利用将会造成巨大的浪费，并对环境造成严重的威胁。从绿色建筑设计的角度出发，应尽量选择可重复利用的材料和设备。例如混凝土结构虽然成本低廉，但无法重复利用，而钢结构构件虽然造价比较高，但在建筑拆除后可重新作为炼钢原料，更适合于绿色建筑。

（4）尽量选择经过实践检验可靠的材料和设备　随着科学技术的快速发展，各种新型的材料和设备层出不穷，由于这些材料和设备未经过工程实践检验，所以并不是所有的最新就等于最好，很多新技术、新材料、新设备出现时间较短，尚未经过较长时间的实际考验，而建筑寿命又远长于普通工业产品，如果不加选择的采用所谓的新科技，很可能在较短时间内就暴露出质量问题，这时再维修或更新的难度和代价都很大。

三、文化教育建筑的总体布局策略

建筑总体布局策略是指从更加全面的角度，对功能、使用、适用、美观等进行通盘考虑建筑的整体效果。文化教育建筑的总体布局是根据设计任务书和城市规划的要求，对建筑布局、竖向、道路、绿化、管线和环境保护等进行综合考虑。文化教育建筑的总体布局策略，主要包括建筑场地分析和建筑具体布局。

（一）建筑场地分析

建筑场地对于拟建建筑物的影响，一方面表现为空间界面的限定，另一方面也表现为物理环境的限定。这些物理环境主要包括地形、地貌、地质、气候、水文、植被；还有声环境、空气、电磁等环境要素。在进行文化教育建筑设计之初，需要对场地进行实地勘察和分析，以便初步确定适合建设拟建建筑的区域及容量分布。

在建筑物设计过程的早期阶段，建筑物建造场地的地形、地貌、植被、气候、植被等条件都是影响设计决策的重要因素。从提高人的舒适程度和保护能源和资源的角度出发，拟建建筑物应该保持所在地域的本土特征，使房屋建筑的形式及布置与周围的地形相匹配，并同时考虑当地日照、风向和水流流向等因素的影响。场地分析是指研究影响建筑物定位的主要因素、确定建筑物的空间方位，确定建筑物的外观，建立建筑物与周围景观的联系的过程。

建筑场地分析的程序包括：①确定场地的合法用地范围；②确认建筑物的缩进距离和已有的土地使用权；③分析地形和地质条件，确定适于施工和户外活动区域的位置；④标出可能不适于建设房屋的陡坡和缓坡；⑤定出可作为排水区域的土地范围；⑥绘制现有排水结构示意图；⑦确定应予以保留的现存树木和自然植物的位置；⑧绘制现有水文图；⑨绘制气象图；⑩确定通往公共道路和公共交通停车站的可能的路。

（二）建筑具体布局

在初步确定适宜建设场地及容量后，就可进行进一步的建筑布局。文化教育建筑的平面布置有两种基本形状，一种是进深长度受采光因素限制的长条形另一种是进深长度不受采光因素限制的团块形。

长条形平面布局适应于单位面积要求不大而数量相当较多的功能组合，如教室、阅览室、展廊等，进深方向一般保持在 $10\sim20m$ 的范围，面宽方向可自由延长，通常在长度达到一定程度后进行弯折，形成 L 形、口字形、工字形等平面形式，以便提高交通效率。团块形平面布局适应于空间要求较大的功能，如会堂、展厅等。由于这类建筑的进深较大，所以其自然采光和通风能力都较差，需要人工照明和机械设备实现通风换气。

采用长条形平面布局模式，可以更充分的利用自然采光和通风，对于建筑面积在 $500m^2$ 以下的建筑，应尽量选用这种平面布局模式。但这种布局模式需要有充足的场地支持，在现实中城市用地往往没有这么充裕的场地，而且建筑面积超过 $500m^2$ 的单个空间也时常出现，因此团块状平面布局模式反而更为常见。当采取团块形平面布局模式时，为了加强自然采光和通风，可以在剖面上利用不同空间高度的差异形成的高差设置外窗。

四、文化教育建筑的空间组织策略

建筑是一种以形式为主的造型艺术，以空间性为其本质。就建筑功能与建筑空间的关系来说，它们之间是一种相互制约影响的关系。首先，建筑功能是推动建筑发展的原动力，功能要求主导着建筑设计，决定了建筑空间的表现形式，而建筑空间本身也具有相对的独立性，而且随着时代的发展，正是由于人们对形式美的追求，创造出了新的建筑空间，由这些新的空间派生出了新的功能。

（一）文化教育建筑的空间组织功能配置

早在 20 世纪 60 年代初期，美国的教育家和思想家路易斯·康，在建筑设计中首次提出服务与被服务空间的概念。被服务空间也称为主空间，对文化教育建筑来说，主要是指展厅、厅堂、阅览室、教室等；服务空间也称为辅空间，对文化教育建筑来说，主要是指门厅、走廊、楼电梯、洗手间、设备空间等，它们是为主空间提供使用支持的空间。现代文化教育建筑往往是多重功能的复合，将展示、教育、研究相结合，这些功能既有联系又可以自成一体，常用的策略是将多种功能并置，通过交通廊道将它们相互联系起来，这样可以避免单一建筑体量过于庞大，造成室内采光设计困难。

建筑设计通常把服务性的空间布置在核心部位，而将使用功能围绕服务空间布置，这样配置方式交通空间最小，使用效率最高。但对于有些文化教育建筑则不宜采用这种空间组织方式，这是因为一方面文化教育建筑对人员疏散要求较高，需要大面积的交通空间来满足等候和疏散的要求；另一方面从绿色设计的角度来看，将主要功能空间直接对外，也会带来比较高的建筑能耗。通过将主要功能空间布置在核心部位，服务空间布置在其四周，作为与外部气候环境的过渡，可以降低建筑的冷热散失，大大减少建筑能耗。

中国国家大剧院在空间组织方面堪称为世界一流，成功地采用了将主要功能居于核心的功能配置策略。建筑由一座玻璃幕墙壳体将三个主要观演功能空间——歌剧院、音乐厅、戏剧院覆盖其中，三个主功能空间之间的空隙就是交通和服务用空间，这种空间组织方式可以保证无论室外环境变化如何，音乐厅内部的环境都是最稳定，同时暖通的损失也可以降到最低。

（二）文化教育建筑的交通流线组织

根据以上所述，文化教育建筑的交通流线组织面临两大困难：一方面从效率角度出发，交通流线应当越短越好；另一方面文化教育建筑的人员疏散要求很高，需要大面积的交通空间。再结合重要功能宜采用居于核心的配置策略，就产生了一种特有的交通流线组织方式，即坡道组织交通流线，这种组织方式既解决垂直交通问题，又可作为水平疏散廊道。因此，在文化教育建筑中应用较多。

美国著名的建筑师弗兰克·劳埃德·赖特设计的纽约古根海姆美术馆，就采用了环形坡道的交通流线组织方式，并于 1959 年建造成功。随着计算机技术在建筑设计中的广泛应用和建筑施工技术的发展，采用这种组织方式的建筑已层出不穷，如斯蒂文·霍尔设计的芬兰赫尔辛基当代美术馆，凡·贝克和博斯联合工作室设计的梅赛德斯·奔驰博物馆，BIG 建筑事务所设计的上海世博会丹麦国家馆等均采用了坡道组织交通流线方式。

五、文化教育建筑常用设计手法

建筑设计的手法涵盖着多方面的内容，它与文学、绘画及雕塑方面艺术有着截然不同的艺术内涵，如建筑形象所具有的气质，建筑形象的构图方法与视觉效果，以及通过一定的设计手法达到建筑形态的和谐与稳定性等等多方面的内涵。建筑一种文化的象征来讲，建筑设计也就等同于建筑的创造性思维，而对于建筑的创作而言，手法具有重要的作用与内涵，手法能够贯穿建筑设计的构思直到细部处理，这整个的过程都有手法参与其中。

工程实践证明，文化教育建筑与建筑生态性要求直接相关的设计要点可归纳为：稳定的室内热环境、自然采光、自然通风、建筑隔声和适宜的活动场地。针对以上所述文化教育的设计要点，常用的建筑设计手法也可归纳为五种，即重质墙体、覆土、天窗、天井和中庭。文化教育建筑的常用绿色设计手法如图 5-5 所示。

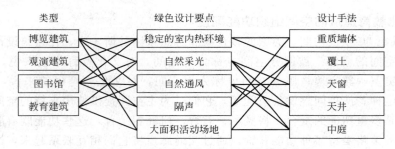

图 5-5 文化教育建筑的常用绿色设计手法

（一）文化教育建筑墙体

墙体是建筑物的重要组成部分，它的作用是承重、围护或分隔空间。文化教育建筑中的展品、图书等的储藏都需要较为严格的室内环境，采用机械通风和空调设施常常是必须的，但完全依赖机械通风和空调，不但所用能耗比较大、维护费用比较高，而且由于某种原因设备停止工作将对藏品造成较大损害。

为了减少对机械设备的依赖，提高围护结构的热惰性可以提高建筑室内的热稳定性。热惰性指标 $D = R \cdot S$，式中 R 为热阻值，与材料的厚度和导热系数有关。材料的厚度越大，其导热系数越小，热阻值 R 越大。S 为材料的蓄热系数，通常容重越大越密实的材料蓄热系数越大，如钢筋混凝土、砂浆等，而保温材料的蓄热系数比较低，因此虽然保温材料的热阻值高，但热惰性指标并不高，而重质混凝土、砖甚至夯土墙体的热惰性较高，可以提高室内空间的热稳定性，同时也可以提高建筑的隔声性能，这对于观演建筑具有重要意义。

许多历史建筑墙体都设计得相当厚重，这些历史建筑虽然已经陈旧，但是热工性能却仍然非常优秀。因此在这些旧建筑改造再利用的项目中，往往会保留建筑的外围结构，而只对内部空间进行重新设计。瑞士建筑师赫佐格和德穆隆设计的德国杜伊斯堡库珀斯穆当代艺术馆就是由这样一座老工业建筑改造而成，建筑师完整保留了原有建筑厚重的外墙体，只是通过拆除内部的部分楼板和墙体达到大空间的使用要求，这些厚重的砖墙很好地实现了文化馆建筑的热工要求。

工程实践证明，采用重质墙体的建筑，显然不如框架结构的室内布置灵活，因此不适用于经常需要变化室内空间分割的建筑。即便是固定室内空间划分的建筑，采用固定厚重墙体也是对设计人员的考验。只有建筑师与各工种的技术人员通力合作协调一致，才能实现建筑的结构、空间的限度、各种设备管线布置的高度统一。

（二）文化教育建筑覆土

面对当今正在迅速恶化和衰减的生态环境，人类社会的飞速发展对生态环境的影响之下，人们对于这种已经不是全新概念的覆土建筑进行了重新认识。认为大力发展和利用地下空间是解决城市问题的最有效途径；并在实践的基础上提出地下空间规划的思路和原则。

覆土建筑的存在由来已久，但多是特定气候、特定地理条件的产物，如我国西北地区大量存在的窑洞。覆土建筑由于埋藏于地下，冬暖夏凉，热舒适性好，同时地表面仍然有绿色植被覆盖，可以将建筑对环境的负面影响降到最小，同时提供大面积的室外活场所。近年来，随着环境的不断恶化，绿色建筑开始引起重视，覆土建筑在历史上就是作为一种有效的抵御恶劣气候的建筑形式，引起了建筑师的关注。覆土建筑在文化教育建筑中得到了发展，覆土建筑以低能耗、节约地面空间、良好的室内气候稳定性等优势，已逐渐得到人们的认可。

古纳尔·比克兹设计的美国密歇根大学法学院图书馆扩建工程，就是完全采用覆土技术的典型案例。原来的图书馆是模仿伦敦法学院的哥特式建筑，占据了一整个街区，只在东南角处有少量可建设场地，常规地面做法难以满足新增功能的要求。为使新建筑不与老建筑发生冲突，并且保留该地区珍贵的绿地景观，建筑师将所有的扩建部分完全布置在地下，地上没有任何突出地面的建筑，只有一组巨大的Ｖ形窗井暗示着地下建筑的存在。该Ｖ形窗井一面是镜子，一面是玻璃，通过反光镜引入自然光线和室外景观，使地下空间的使用者拥有和地面建筑类似的感受。

覆土建筑虽然在节能、节地等方面具有很大的优势，但是存在造价较高、工程复杂、施工困难等缺点，尤其是建筑的防潮、防水、采光、交通、通风等方面都比地面建筑复杂，如果这些问题解决不好，不但不能发挥出覆土建筑的优势，甚至还会对建筑的使用带来更多的问题。根据国内外的设计经验，在一般情况下，相对于全地下的覆土建筑，在山坡地的半地下建筑更为常见。由于覆土建筑需要埋入潮湿的地下，因此通风问题尤为重要，与覆土建筑相配的往往会采用天窗、天井和中庭的设计手法，以解决建筑的通风问题。

（三）文化教育建筑天窗

现代文化教育建筑的发展趋势，在屋顶造型设计方面，已越来越受到建筑师的重视，被称为文化教育建筑的第五立面。各种造型别致的屋顶形式和结合建筑功能设计的屋顶采光天窗，不但使城市风貌焕然一新，同时也丰富了建筑室内空间造型。在建筑中天窗应用由来已久。在文化教育建筑顶部设置采光天窗，可以起到改善和创造屋顶空间的作用，通过不同形式屋顶采光天窗的设置，可以解决室内空间的采光、通风的问题，以及发生火灾后起到及时排烟的作用，也为创造丰富的建筑立面造型起到较好的效果。

文化教育中的博览建筑对于采光往往有着相对严格的要求，为了避免出现眩光，博物馆和美术馆通常不宜采用普通建筑的侧面采光，而天窗在此类建筑中则较为常见。如果建筑采用覆土方式，天窗的重要性更加突出。

文化教育建筑采用天窗的成功工程实例很多。西班牙建筑师拉斐尔·莫尼欧是博物馆设计大师，同时也是运用自然光的大师。他设计的斯德尔摩现代艺术与建筑博物馆，采用了多达 56 个采光天窗。这些天窗引入的光线经漫反射形成了近乎完美的室内光环境，将博物馆的眩光控制在最低程度。美国建筑师约瑟夫·保罗·克莱修斯设计的芝加哥当代艺术博物馆扩建工程，除了采用单元式的方形天窗，还在主展厅设计了 4 组人字形剖面的条形天窗，通过这 4 组条形天窗将光线均匀投射在展厅天棚上，形成良好的室内光环境。芝加哥当代艺术博物馆扩建工程如图 5-6 所示。

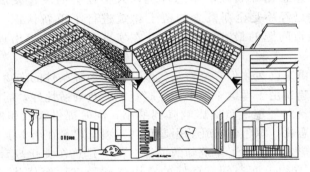

图 5-6　芝加哥当代艺术博物馆扩建工程

工程实践证明，天窗具有采光效率高、可有效避免眩光等优点，但是在高纬度地区，由于冬季的太阳高度角较低，为了进一步提高天窗的采光效率，可以通过设置光线反射板，进一步提高天窗的采光性能。虽然天窗非常适合博物馆和图书馆等建筑的采用，但同时也要注意它的局限性，如天窗只能对建筑顶层采光，不便于进行清洗，开关时很不方便，夏季热辐射较大等。解决以上问题相应的对策是：将天窗设置在共享空间以扩大其采光区域；将玻璃做成带一定的倾角，以便利用雨水自然冲刷掉存留的灰尘；将天窗设计成电动式自动关闭结构；增加天窗的外遮阳设计等。

（四）文化教育建筑天井

天井是指四面有房屋、三面有房屋另一面有围墙或两面有房屋另两面有围墙时中间的空地。文化教育、公共办公、商业建筑及四合院风格的建筑群落，以天井作为设计手段的现象更为常见，在这些建筑中设天井，并不是浪费空间，而是将共享空间、休息空间、交通空间与环境景观及视觉趣味中心的结合，是一种有利的设计手法。

当风在天井上吹过时，气压较低，而天井下的静止空气气压较高，由此产生的气压梯度会带动产生空气流动。如果天井一侧的窗户或者门打开，空气就会流动到天井内，并将热空气带出建筑，达到改善室内空气质量的目的，因此天井也是我国南方地区传统民居的重要设计手段。尤其是对于覆土建筑而言，天井的重要性更高。

工程实践证明，天井除了带动空气流动形成自然通风外，还可以提高建筑的自然采光效率。天井采光不同于天窗的顶面采光，天井仍然是通过侧窗采光，不仅不存在天窗存在的诸多难题，同时又能避免普通侧窗采光的眩光。由于天井的设置会增加建筑的体形系数，增大建筑的散热面，因此在北方寒冷地区使用较少，比较适用于南方湿热气候地区。

由于天井是四面围合的内院，因此要特别注意解决好排水问题。如果天井的地面同时又是下层建筑的屋顶，并且天井还需要承载人群，要保证室内外在同一水平面，同时又要保持良好的排水，需要进行特殊的竖向设计。

（五）文化教育建筑中庭

中庭通常是指建筑内部的庭院空间，其最大的特点是形成具有位于建筑内部的"室外空间"，是建筑设计中营造一种与外部空间既隔离又融合的特有形式，或者说是建筑内部环境分享外部自然环境的一种方式。简单地说，中庭就是一种建筑设计手法，实际上就是在建筑内部增加庭院空间。中庭在不同国家的发展和演变不尽相同，其解释和定义也略有不同。实践证明，建筑中庭的应用可解决地下建筑固有的一些问题，诸如不良的心理反应、外部形象与特征不明显、观景与自然光线的限制、方向感差等。

从结构和功能上来说，中庭也可以被认为是增加了屋顶的天井，因此可以通过设计取得与天井类似的热压通风效果。同时由于中庭不受风霜雨雪的影响，因此成为各类型公共建筑设计中的重要手法。由于玻璃中庭的温度效应，因此中庭相对天井在北方寒冷地区运用较多，而在南方湿热地区的运用则受到一定限制。

中庭在文化教育建筑中的应用比较高，最典型的是英国建筑师迈克尔·霍普金斯设计的英国诺丁汉大学朱比利校区，他在整个建筑中大量采用了中庭的设计手法，这些中庭不仅提高了教学楼的采光效率，降低了建筑能耗，而且也为学生提供了课间活动的空间。

在公共建筑中的中庭高度都比较高，一般在两层以上，采光是其设计的重点和难点。为保证中庭下部的光照，在设计中往往需要设计大面积的天窗。建筑师对于中庭温室效应在夏季的负面影响必须予以足够重视，否则中庭夏季的空调降温将耗费大量的电能，从而大大增加建筑的运行费用。一般来说，可以采取以下技术措施加以解决：一是增加活动的外遮阳，减少夏季直射阳光的照射；二是拔高中庭，增大热压差，顶部增设通风器，利用通风尽快将热量带出建筑，从而减少热辐射对下部使用空间的影响。

综合以上五种不同的设计手法，基本上就可以应对文化教育类建筑在设计中的重点和难点。但是需要强调的是现实中的建筑往往是集成上述多种功能的综合性文化建筑，如现代化的文化中心、科技活动中心等，因此建筑师需要综合采取多种手段以应对相应的问题。

六、文化教育建筑的材料与设备

绿色文化教育建筑所用的建筑材料与设备，必须符合我国《绿色建筑评价标准》及有关现行标准中的要求。

（一）文化教育建筑的材料

目前，国内外对于现代建筑的建造都提倡应用绿色建材。绿色建材又称生态建材、环保建材和健康建材，是指健康型、环保型、安全型的建筑材料，在国际上也称为"健康建材"或"环保建材"。绿色建材不是指单独的建材产品，而是对建材"健康、环保、安全"品性的评价，它注重建材对人体健康和环保所造成的影响及安全防火性能。绿色建材具有消磁、消声、调光、调温、隔热、防火、抗静电的性能，并具有调节人体机能的特种新型功能建筑材料。

文化教育建筑选用的建筑材料，一方面应满足建筑自身功能要求，由于其建筑规模较大，经常出现较大的空间，因此低自重、高强度的新型材料被大量采用；另一方面这类建筑又要体现文化内涵，因此有悠久历史的传统建筑材料（如砖、石、木材等）也被广泛使用。从对建筑材料的要求来说，文化教育建筑的限制是比较少的，因此，建筑师在设计中应尽量采用绿色建筑材料，以符合节约自然资源的时代要求。

所谓绿色建筑材料是指采用清洁生产技术，不用或少用天然资源和能源，大量使用工农业或城市固态废弃物生产的无毒害、无污染、无放射性，达到使用周期后可回收利用，有利于环境保护和人体健康的建筑材料。绿色建材的定义围绕原料采用、产品制造、使用和废弃物处理 4 个环节，并实现对地球环境负荷最小和有利于人类健康两大目标，达到"健康、环保、安全及质量优良"的目的。

文化教育所用的绿色建筑材料应具有以下基本特征：①生产原料尽可能少用或不用天然资源，大量使用工业固体废物；②采用低能耗制造工艺和无污染环境的生产技术；③材料产品在运输过程中污染很小；④产品的使用是以改善生产环境、提高生活质量为宗旨（如抗菌、节能等）；⑤产品可循环利用或回收利用，无污染环境的废弃物。

（二）文化教育建筑的设备

文化教育建筑为了满足使用者的需要，以及提供卫生，安全而舒适的生活和工作环境，要求在建筑物内设置完善的给水、排水、供热、通风、空气调节、燃气、供电等设备系统。设置在建筑物内的设备系统，必然要求与建筑、结构及生活需求、其他功能要求等相互协调，才能发挥建筑物应有的功能，并提高建筑物的使用质量，避免产生环境污染，高效地发挥建筑物的生产和生活服务作用，因此，建筑设备是文化教育建筑不可缺少的组成部分。

工程实践证明，由于文化教育建筑对室内物理环境具有较高的要求，如果单纯依靠自然采光和通风，很难完全满足建筑的要求，而对于机械设备的依赖又会造成较高的能耗，大幅度增加建筑运行的费用，因此选择合适的设备解决方案至关重要。文化教育建筑的设备主要涉及：建筑的地源热泵系统、热湿独立控制新风系统、大空间局部热湿环境控制、文化教育建筑照明系统、光伏建筑一体化设计、文化教育建筑节水设备等。

1. 建筑的地源热泵系统

地源热泵是利用浅层地能进行供热制冷的新型能源利用技术，热泵是利用逆卡诺循环原理转移冷量和热量的设备。地源热泵系统是利用浅层地能进行供热制冷的新型能源利用技术的环保能源利用系统。地源热泵系统通常是转移地下土壤中热量或者冷量到所需要的地方，还利用了地下土壤巨大的蓄热蓄冷能力，冬季地源把热量从地下土壤中转移到建筑物内，夏季再把地下的冷量转移到建筑物内，一个年度形成一个冷热循环系统，从而很容易实现节能减排的功能。地源热泵系统尤其适用于同时需要进行采暖制冷的建筑，由于地源热泵仅是冷热源的提供方式，对暖通的末端设备没有要求，因此其适应性很强。地源热泵系统在文化教育建筑的适应性方面应考虑以下问题。

（1）受制于场地条件，场地过于拥挤、建筑容积率过高的项目，会遇到埋管空间不足的困难，因此地源热泵不适用高层和超高层建筑。文化教育建筑由于层数有限，容积率不会过高，一般不存在这一问题。

（2）地源热泵不能长期连续运行，因为土壤不像空气散热速度快，如果连续运行会造成土壤持续升温或降温，最终导致热泵机组效率下降甚至停机，因此不适用于火车站、宾馆等需要全天运行的建筑，文化教育建筑多数是白天使用、夜间关闭或使用很少，所以一般也不存在这一问题。

（3）中央空调系统的调节是个技术难题，地源热泵也不例外，虽然可以采用大小机组合、变频等技术手段，但最低功率只能低至满负荷功率的 10%，一旦运行就必须持续一段工作时间，这一点相对分体式空调或 VRV 空调机组是很大的劣势，对于冷热量需求不稳定、空间少而多、频繁开关机的建筑（如住宅等），这一问题更加突出，文化教育建筑的使用时段相对固定，冷热量相对比较稳定，调节问题就不是很突出。

根据以上所述，地源热泵系统是非常适合用于文化教育建筑。我国上海世博会的世博轴建筑就是利用黄浦江的天然水源和地源提供全部空调能源，将水源热泵和地源热泵作为空调系统的冷热源，可以省去冷却塔补充水，从而大幅度提高空调的制冷效果。

2. 热湿独立控制新风系统

目前，空调工程中常用的除湿方法基本上是冷冻除湿，这种除湿方法首先将空气温度降低到露点以下，除去空气中的水分后再通过加热将空气温度回升，由此带来冷热抵消的高能耗。此外，为了达到除湿要求的低露点，要求制冷设备产生较低的温度，使得设备的制冷效率低，因而也导致较高的能耗。

溶液除湿方式能够将除湿从降温中独立出来，溶液除湿方式的工作原理是利用溶液经过降温后表面蒸汽分压力很低、不易结晶、稳定度高、高吸水性的特点，再通过特殊设计的喷淋装置中与湿空气充分接触完成热湿的交换，从而大量吸收空气中的水分。溶液除湿技术相对传统除湿方式具有以下显著优势：节能效率可达 40% 左右，净化灭菌95% 以上，空气温湿度可独立调节。这种除湿方式不仅能够保证室内环境质量，而且还能降低空调能耗。

为了保证室内的空气质量，需要有足够的新风，随之而来的新风负荷是空调系统高能耗的又一原因。为了降低能耗，在文化教育建筑设备层的进口处安装"逆流式热回收器"，新风机组可实现全热回收效率超过 80% 的高效热回收，在充分利用排风中的余热同时，又可以保证新风不被污染。

3. 大空间局部热湿环境控制

传统的中央空调系统通常采用顶棚送风的方式，送风气流与室内空气的充分混合，由吊顶送出的空气吸收室内产生的热湿负荷并稀释污染物，从而使空间内所有区域的温度和湿度基本一致。文化教育建筑多数为较大空间，尤其是剧场、会堂、展厅等，它们的空间高度很大，而使用者只集中在靠近地面的高度，传统中央空调为了局部区域的舒适度，却要对整个空间进行采暖或制冷，这种控制方式不仅效率低、效果差，而且对室内的空气质量改善不佳。

针对以上存在的问题，20 世纪 60 年代德国首先出现了地板送风的概念。地板送风的送风口一般与地面平齐设置，地面需架空，下部空间用作布置送风管或直接用作送风静压箱，送风通过地板送风口进入室内，与室内空气发生热质交换后从房间上部的出风口排出。20世纪 70 年代以来，欧洲开始应用到办公楼建筑。特别是 20 世纪 80 年代中期，英国伦敦的 Lloyd's 大楼和中国香港汇丰银行采用下送风空调系统的成功，引起各国空调技术界的关注。

就冷热源设备和空气处理设备而言，地板送风系统与传统的上送风空调系统是相似的。地板送风系统主要的不同在于：它是从地板下部空间送风；供冷时的送风温度较高；在同一大空间内可以形成不同的局部气候环境；室内气流分布为从地板至顶棚的下送上回气流模式。地板送风主要具有如下优点：①这种送风方式便于建筑物的重新装修和现有建筑的翻新改造；②使用者既能控制风量也能控制出风的方向，很明显地提高局部气候环境舒适度的控制；③有利于从使用空间中排除余热、余湿和污染物，从而保证工作区较高的换气效率和空气质量；④节能效果非常明显，据推算地板送风系统的能耗是传统空调系统能耗的34%。

4. 文化教育建筑照明系统

根据文化教育建筑的功能要求和结构特点，其对光照的要求比居住、公共建筑要高，不仅对照度有较高的要求，而且对显色性也有较高的要求。城市道路上常用的白炽灯和卤钨灯虽然显色性很好，但是由于其能效不佳正逐渐被淘汰。荧光灯的能效比以上两种高得多，但是需要配套镇流器，设备的体积比较大，同时显色性不好，适于普通教室和办公用房的照明。三基色荧光灯的显色指数可达88%，比普通荧光灯提高20%，发光效率提高30%，适用场合更为广泛，目前正在逐渐取代普通荧光灯。

试验结果表明，比荧光灯更先进的是发光二极管（LED）灯具。近年来大功率LED灯具发展十分迅速，相比较传统光源，LED灯具具有发光效率高、显色性好、响应速度快、使用寿命长等特点，但是价格昂贵，在不能大面积推广使用的情况下，可用于建筑的重点区域，例如展览馆的展品照明。

由美国RTKL建筑有限公司和北京市建筑设计研究院合做设计的中国电影博物馆，是目前世界上最大的国家级电影专业博物馆，整个博物馆设有20个主题展厅，为配合电影光影变幻的主题，展厅需要各种色彩的照明以烘托展览的内容。室内设计大量运用了LED光源照明，不仅可以满足丰富的色彩效果要求，而且整个系统的能耗很低，取得良好的照明和经济效果。

5. 光伏建筑一体化设计

据有关统计资料显示，我国的建筑耗能占社会总体耗能量的40%，而且继续保持增长趋势。我国既有城乡建筑99%属于高耗能建筑。国内外多年实践和研究证明，解决传统的能源替代问题根本方法在于可再生能源的利用，虽然可再生能源的种类繁多，如地热、风能、潮汐能、太阳能、生物质能等，但至今真正可大规模用于建筑的只有太阳能，将太阳能光伏发电组件安装在建筑的围护结构外表面，大力推广光伏建筑一体化将实现建筑耗能向建筑产能转变。据有关部门估计，2010～2020年间我国将新增建筑面积约220亿平方米，可用于安装光电玻璃幕墙的建筑面积达40多亿平方米。由此可见，光伏建筑一体化具有广阔的发展前景。针对光伏发电与文化教育的适用性问题进行如下分析。

（1）太阳能由于能量密度较低，需要大面积无遮挡的区域安装光电板，高密度高容积率的建筑可提供的屋顶面积很小，因此不适用于此类建筑。而文化教育建筑占地面积较大而层数不高，可以提供足够的屋顶面积，非常适合安装光伏发电板。

（2）由于天气有晴有阴的原因，太阳能发电不够稳定，需要并网回输到公共电网才能最大限度的发挥功效，如果是远离城市的建筑受输电线路的影响较难实现。而文化教育建筑往往建在基础设施良好人口稠密的地区，并网回输到公共电网的难度较小。

（3）目前光伏发电板的价格仍然比较高，虽然各国政府纷纷出台补贴政策，支持这种绿色能源的开发利用，而且依靠后期发电足以回收初期投资，但一次性投资的经济压力仍然是很大的。而文化教育建筑多数是由政府或由财力雄厚的机构投资建设，对成本的敏感性相对较低，因此实现光伏建筑一体化的阻力比较小。

光伏建筑一体化建筑在我国已成功推广应用。由中国工程院院士崔愷主持设计的北京首都博物馆，吸取了中国传统大屋顶挑檐的形式特征，大面积的屋顶向建筑四个方向出挑，几乎覆盖整个场地。超大面积的平屋顶为光伏发电板安装提供了良好的平台，整个屋顶设计安装了 5000m² 的光伏发电组件，峰值发电功率可达 300kW。同济大学建筑设计研究院设计的上海世博会主题馆，顶部覆盖有面积约 26000m² 的多晶硅太阳能光伏发电组件，装机容量达到 2825kW，是目前世界上单体面积最大的太阳能屋顶。

为了快速推广太阳能光伏建筑一体化，我国政府主管部门先后发出《关于加快推进太阳能光电建筑应用的实施意见》、《太阳能光电建筑应用财政补助资金管理暂行办法》及《关于加强金太阳示范工程和太阳能光电建筑应用示范工程建设管理的通知》等一系列文件。特别在最近发出的《关于组织实施 2012 年度太阳能光电建筑应用示范的通知》中指出："依托博物馆、科技馆、体育馆、会展中心、机场航站楼、车站等建筑项目，应用一体化程度高的建材型、构件型光伏组件，光伏系统与建筑工程同步设计、同步施工，达到光伏系统与建筑的良好结合。建筑本体应达到国家或地方建筑节能标准。"这为文化教育建筑实现光伏建筑一体化指明了方向。

6. 文化教育建筑节水设备

建筑节水设备大致包括雨水回收、中水回收和节水洁具三类。雨水收集可分为屋面雨水收集和地面雨水收集两大部分，屋面雨水收集可以通过屋面雨水排水管将雨水收集到一些储存设备内。地面雨水收集可以通过增加地面植被、改进地面硬化方法和增加地面雨水渗透系统来实现。文化教育建筑一般屋顶面积较大，有条件的情况下应尽量设置雨水回收设施。

中水是指城市污水或生活污水经处理后达到一定水质标准，可在一定范围内重复使用的非饮用水，这类水可以用于冲洗厕所、灌溉园林和农田、冲刷城市道路、洗车、城市喷泉、冷却设备补充用水等。如果设置了中水系统，则生活污水就可达到零排放，雨水进入雨水收集系统，最终只有城市污水排放，这样管道铺设量可以减少 50% 左右。但是，对于文化教育建筑来说，生活污水的产生量很小，为其设置单独配套的中水处理系统是极不经济的，更合理的办法是建设独立的管线到区域的中水处理中心，由更高一级的处理设施进行中水处理。

第四节　绿色医院建筑设计

社会的快速发展带来生态和人文环境的破坏，导致危害人类健康、引发疾病，同时促进了医院建设规模的不断扩大，绿色医院建筑正是在能源与环境危机和新医疗需求的双重作用下诞生的。我国现行行业标准《绿色医院建筑评价标准》（CSUS/GBC 2—2011）中定义，绿色医院建筑是指在建筑的全寿命周期内，最大限度地节约资源（节能、节地、节水、节材）、保护环境和减少污染，提供健康、适用和高效的使用空间，并与自然和谐共生的医院建筑。《绿色医院建筑评价标准》，从规划、建筑本体设计、设备系统、医院环境等四方面反映绿色医院设计的侧重点所在。

医院是维系人类健康、延续人类生命的场所，医院特殊的服务救治功能对环境健康有更高的要求，而功能的特殊性又增加了医院系统与环境的复杂关联。而且随着时代的发展，医院的相关系统因素还在不断地扩大、演化越来越复杂，经济体制改革、医学模式的发展以及技术革命等，都深刻地影响着医院建筑的功能和形态构成。目前，医院建筑已经成为了民用建筑中最复杂的一种建筑类型，它融入了医学科学、建筑科学、人文科学、生物医学工程、卫生工程、医院管理、工程管理等多个学科领域的内容，是一门综合的系统工程。

一、绿色医院建筑的概述

绿色医院的概念在最近几年才开始在我国流行开来的。国内学者在 1997 年就医院的发展方向提出了"绿色医院"的说法，但那主要是就医院建成之后与人的关系上进行的讨论，没有涉及到医院建筑在其整个寿命周期内对环境的影响。随着人们对绿色建筑认识水平的不断加深，对绿色医院也有了更加立体更加深刻的认识。

（一）绿色医院建筑的基本内涵

"绿色医院"是一个整体的概念，它既涵盖了绿色建筑、绿色医疗、绿色管理，也包括了整个医院规划、设计、建造过程和医疗技术手段、医患关系及医院管理等诸多软环境的建设问题，跨越了医院全生命周期。绿色医院建筑是绿色医院的重要组成部分，是建设"绿色医院"的初始点和切入点，是绿色医院运行的基础和保障。

国内外绿色医院建设的实践证明，绿色医院建筑是一个发展的概念，其内涵涉及绿色建筑思想与医院建筑设计的具体实践，其内容十分广泛而复杂。医院建筑不同其他类型的建筑，这是功能要求复杂、技术要求较高的建筑类型，特别是绿色医院建筑的内涵具有复杂与多义的特征，只有全面正确地理解其内涵，才能在医院建设中贯彻绿色理念，使其具有可持续发展的生命力。绿色医院建筑的基本内涵主要包括以下几个方面。

（1）对资源和能源的科学保护与利用，关注资源、节约能源的绿色思想，要求医院建筑不再局限于建筑的区域和单体，更要有利于全球生态环境的改善。医院建筑物在全寿命周期中应当最低限度地占有和消耗地球资源，最高效率地使用能源，最低限度地产生废弃物，最少排放有害环境的物质。

（2）要对自然环境尊重和融合，创造良好的室内外空间环境，提高室内外空间的环境质量，营造更接近自然的空间环境，运用阳光、清新空气、绿色植物等元素，使之成为与自然共生、融入人居生态系统的健康医疗环境，满足人类医疗功能需求、心理需求的建筑物。

（3）医院建筑本体具有较强的生命力，包括使用功能的适应性与建筑空间的可变性，以适应现代医疗技术的更新和生命需求的变化，在较长的演进历程中可持续发展。新时期的绿色医院建筑要求，不仅能够维持短期的健康，还应能够满足其长远的发展，为医院建筑注入动态健康的理念。

（二）绿色医院建筑的设计层次

现代化绿色建筑的设计，一般从建筑全寿命周期出发，考虑建筑对环境的影响。一个设计合理的绿色医院，可以从以下三个层次进行分析。

（1）保护医院接触人员的健康　医院的室内空气对医院的患者、医务人员、探视者和访客等都有着重要的影响。良好的医院环境可以帮助患者更快地恢复，减少住院的时间，减轻患者的负担，也可以提高医院病床的使用次数，增加医院接待能力。另外良好的医院环境还可以提高医务人员的工作效率。

（2）保护周围社区的健康　相比普通的居住建筑，医院建筑对环境的影响更大。主要体现在医院的单位能耗水平更好，此外，在医疗过程中产生的医疗废弃物都是有毒的化学制品，这些化合物对周围社区的健康有着巨大的影响。

（3）保护全球环境和自然资源　在全球化的今天，建在上海一个弄堂里的房子所需的材料可能有来自意大利的石材也可能有来自英国的涂料。建筑似乎也越来越全球化，失去了往日的那种地方特色和民族色彩。这对经济的全球化是一个不错的消息，意味着中国的大量廉价的材料可以走向发达国家的市场，只是中国不得不承受着环境破坏的巨大疼痛。所以环保主义者站在全球环保事业的角度，更愿意建筑的业主就近采用合适的建材。

二、绿色医院建筑的设计原则与理念

绿色建筑是人类对自身所处的环境存在的危机做出的积极反应，绿色建筑体现了建筑、自然和人的高层次的协调。在医院建筑的设计和施工过程中，把新时期蓬勃发展的绿色思想与关注健康的医院建筑相结合，提出医院建筑绿色化的概念，这是医院建筑与环境发展的共同要求，代表了医院建筑的未来发展方向。

由于我国建筑业发展落后，医院建筑设计方面的专门研究起步较晚，底子薄，理论散，加之目前我国仍然缺乏从事医院建筑研究和创作的专门机构，致使许多医院建筑设计存在着盲目性，科技含量低，新的医院规划设计或多或少地停留在较为落后的观念上，或是盲目照搬照抄国外已有的、甚至是过时的建筑模式，而针对我国具体情况的研究却比较少，暴露出了不少问题。我国医院建筑绿色化正处于发展繁荣期的历史阶段，如何结合对现阶段我国医院建筑绿色化影响因素的分析，预测我国医院建筑绿色化的发展，提出我国医院建筑绿色化的设计理念和设计原则，这是绿色医院建筑设计和建造者的一项重要任务。

（一）绿色医院建筑的自然原则

绿色医院建筑应当是规模合理、运作高效、可持续发展的建筑。尊重环境，关注生态，与自然协调共存是其设计的基本点。绿色医院建筑要与建筑所在地区的自然条件和生态环境相协调，抛弃传统的"人类中心论"的错误观念，将人和建筑都看成自然环境的一部分。人类对待自然环境的态度变破坏为尊重，变掠夺为珍惜，变对立为共存，只有这样才能实现绿色医院建筑的可持续发展。绿色医院建筑的自然原则主要体现在以下 3 个方面。

（1）利用自然资源　随着我国经济社会的持续快速发展，能源严重紧缺、资源供应不足、环境压力加大，已经成为全面建设小康社会、加快推进社会主义和谐社会建设的重要制约因素。合理利用自然，是指改变过去掠夺式开发和利用的方式，在不破坏自然的前提下适度地利用自然因素，为建筑创造良好的环境。充分利用太阳能、水资源、地热能、潮汐能、风能等再生能源为建筑服务，科学地进行绿化种植及利用其他无害的自然资源。

（2）消除自然危害　随着科学技术的发展，人类已经有了一定抵御自然灾害的能力。但是，到目前为止，人们还不能有效地预防自然灾害的发生。因此，有效利用科学技术增强全球减灾信息的交流；加强减灾规律和技术的研究，消除自然危害；控制人口增长、保护生态环境和自然资源已成为人类面临的紧迫任务。

人类创造建筑的最初目的是防寒蔽日、躲避野兽，减少自然中有害因素对人的影响。在绿色医院建筑设计中，也要注意防御自然中的不利因素，通过制定防灾规划和应急措施，达到医院建筑的安全性保证，通过做好隔热、防寒、遮蔽直射阳光等构造的设计等，满足建筑防寒、防潮、隔热、保暖等方面的要求，营造宜人的生活环境。对于地域性特征的不利因素，最好的办法是根据当地成功的解决办法，这是人们在长期与恶劣环境斗争过程中形成的一些消耗能量最少、对自然破坏最小的方法，来实现最大的舒适性。

（3）营造自然共生　人类最初是生活在大自然中的一个物种，在人类文明逐渐发展的过程中，人类却与大自然逐渐隔离开来。特别是到了近现代，随着建筑技术和空调技术的发展，人们已经把自己囚禁于人工建筑物之中，与大自然接触越来越少。人类的建筑物不仅占据了大片的地球空间，使很多植物无法生长和生物无法生存，城市的快速发展使自然资源大量消耗，自然环境出现破坏和恶化。然而，人类始终是大自然中的一个物种，脱离大自然、损坏大自然，必将受到大自然的惩罚。现在各种流行的富贵病、空调病等都说明，人们应当接近自然、融入自然，只有这样才能更好地生活在这个地球上。

绿色医院建筑设计一定要符合与自然环境共生的原则，这就要求人们关注建筑本身在自然环境中的地位、人工环境与自然环境的设计质量等问题。值得注意的是，人为建造不是强加于自然，而是融合于自然之中，达到与自然共生的目标。建筑师应顺应时代的要求转变传统的设计理念，实施建筑环保战略，使用绿色健康建筑材料，减少建筑垃圾及噪声污染，并尽可能考虑到对再生能源（太阳能、风能、地热能等）的利用。

（二）绿色医院建筑的人本原则

人类根据功能的要求不同建造各种类型的建筑，因此建筑是为人类服务的，以人为本、尊重人类是绿色医院建筑设计的一个重要原则。绿色医院建筑对人类的尊重，不仅局限于对患者的尊重，而且关系到对医护人员的爱护，以及给予探视人员足够的关怀。

在绿色医院建筑的设计和建造过程中，节能环保不能以降低生活质量、牺牲人的健康和降低舒适性为代价。尊重自然，保护环境，都应当建立在满足人类正常的物质环境需求的基础上，对人类健康、舒适的追求，必须放在与保护环境同等重要的地位。各种建筑的一个重要的目的是为人类生活提供健康、舒适的生活环境，创造优美的外部空间，改善室内的环境品质，提高生活的舒适度，降低对环境的污染，满足人们生理和心理的需求。

建筑设计以人为本的原则，实际上就是采用人性化设计。人性化设计是绿色建筑中体现人本原则、展开人文关怀的重要方面。绿色医院建筑是为了人们的健康服务的，其特殊性更使得在设计中强调"以人为本"的设计理念更加重要。在绿色医院建筑设计中主要包含以下几个方面。

（1）基于人体工程学原理　人体工程学是第二次世界大战后发展起来的一门新学科。它以人为研究的对象，以实测、统计、分析为基本的研究方法。具体到产品上来，也就是在产品的设计和制造方面，完全按照人体的生理解剖功能量身定做，更加有益于人体的身心健康。基于人体工程学原理，就是在医院建筑设计中，从人体舒适度的角度出发，创造舒适的室外空间环境，营造理想的医院内部微气候环境，尽量借助阳光、自然通风等自然方式，调节建筑内部的温度、湿度和气流。

（2）以行为学、心理学和社会学为出发点　行为学是研究人类行为规律的科学，心理学是一门研究人类及动物的心理现象、精神功能和行为的科学，社会学是一门利用经验考察与批判分析来研究人类社会结构与活动的学科，它们都与建筑设计有密切的联系。因此，在绿色医院建筑的设计和建造过程中，要以行为学、心理学和社会学为出发点，考虑人们的心理健康和生理健康的需求，并创造良好的健康的环境。

（3）提高建筑空间使用的自主性　建筑空间的不同使用者很可能根据实际需要，对自己的建筑空间环境进行适当调整，在进行建筑结构的设计时就应当考虑到这一点，以便满足不同使用者不断变化的使用要求。

（4）在绿色医院建筑的人性化设计中，不能忽略建筑所在地的地域文化、风俗特征和生活习惯，要从使用者的角度考虑人们的需要。每一个地方都有其特有的地域文化，新建筑的建筑风格与规模要和四周环境保持协调，保持历史文化与景观的连续性。只有全面考虑到地域差异，才能做出适合当地人使用的建筑。

（三）绿色医院建筑的效益原则

医院建筑设计的效益原则，实际上就是要考虑资源和能源的节约与有效利用。资源和能源的节约与有效利用，是绿色医院建筑设计中表现最为突出的一个方面。只有实现建筑的高效节约，才能有效减少对自然环境的影响和破坏，实现真正的绿色和可持续发展。资源和能源的节约与有效利用的设计，其具体内容和技术途径主要体现在以下 3 个方面。

（1）实施建筑节能策略　建筑节能是指在建筑的设计、建造和使用中，合理使用和有效利用能源，不断提高能源利用效率。因此，建筑节能就是要在保证和提高建筑舒适度的条件下，科学设计建筑，合理使用能源，不断提高能源利用效率。

　　具体讲，实施建筑节能策略包括设计节能、建造节能和使用节能 3 个方面。设计节能主要是指在建筑的设计过程中考虑节能，如建筑总体布局、结构选型、围护结构、材料选择等方面，考虑如何减少资源、能源的利用；建造节能主要是指在建筑建造过程中，通过合理有效的施工组织，减少材料和人力资源的浪费，以及旧建筑材料的回收利用等；使用节能主要是指在建筑使用过程中，合理管理能源的使用，减少能源的浪费，如加强自然通风、减少空调的使用等，使建筑走向生态化和智能化的道路。

　　（2）充分利用新能源和可再生能源，提高能源的利用率　　新能源是指以新技术为基础，系统开发和利用的能源。当代新能源是指太阳能、风能、地热能、海洋能、生物质能和氢能等。它们的共同特点是资源丰富、可以再生、没有污染或很少污染。研究和开发清洁而又用之不竭的新能源，是 21 世纪发展的首要任务，将为人类可持续发展作出贡献。可再生能源是指在自然界中可以不断再生、永续利用的能源，具有取之不尽、用之不竭的特点。可再生能源对环境无害或危害极小，而且资源分布广泛，适宜就地开发利用。

　　充分利用新能源和可再生能源，提高能源的利用率，这是绿色建筑的重要标志之一。如在城市能源供应系统中利用天然气代替煤炭，不仅可以大大提高能源的利用率，而且可以减少对环境的污染。新的城市供热系统，与城市工业、发电业等合作，不仅可以增加能源综合利用效率，而且从整体上也提高能源利用率。

　　（3）密切结合当地的地域环境特征　　在建筑基地分析与城市规划设计阶段，应从地域的具体条件出发，优化设计目标，寻求一种综合成本与环境负荷的方案，以最小的代价获得绿色建筑的最大效益。绿色医院建筑应充分利用建筑场地周边的自然条件，尽量保留和合理利用现有适宜的地形、地貌、植被和自然水系。在建筑的选址、朝向、布局、形态、规模等方面，充分考虑当地的气候特征和生态环境。在与自然的协调设计中，最为突出的是建筑被动式气候设计和因地制宜的地方场所设计。此外，还要考虑到建筑的绿色环保方面的设计。

　　资源、能源的节约与有效利用方面的设计，要求设计人员要建立体系化节能的概念，从建筑设计到建筑使用全面控制能源的消耗，所有使用的能源都应当向清洁健康或者可循环再生方向发展，以避免形成更大的资源浪费和环境污染。

　　绿色医院建筑的高效节能设计原则，主要是针对医院建筑功能运营方面的经济性要求而采取的设计策略，它的根本思想是通过医院建筑设计充分利用各种资源，包括社会资源（人力、物力、财力等）和自然资源（物质资源、能源等），这从另一个角度来说也就是节约资源，从而实现医院建筑与社会和自然的共生。绿色医院建筑具体的设计范围非常广泛，从前期投资、规模定位、建筑布局，到流线设计和具体的空间选择，直到建筑的解体再利用，这整个过程中都包含高效节约的设计内容。

（四）绿色医院建筑的系统原则

　　绿色医院建筑设计的系统原则，实际上是指在医院的设计中要立足整体进行考虑，应当将医院建筑与周围环境看成一个整体，以系统的角度去分析、规划和具体设计，最终使医院建筑实现绿色化的目标。

1. 绿色医院建筑设计的三个层面

　　广义的绿色建筑设计应从以下 3 个层面展开。

　　（1）建筑所在区域和城市层面　　在这一层面要全面了解城市的自然环境、地质特点和生态状况，并将其作为城市建设和发展的指导，完成重大项目建设环境报告的制定与审批，做到根据生态原则来规划土地的利用和开发建设。同时，协调好城市内部结构与外部环境的关系，在城市总体规划的基础上，使土地的利用方式、强度、功能配置等，与自然生态系统相适应，完善城市的生态系统，做好城市的综合减排和综合防灾工作。

（2）建设用地层面　建设用地指建造建筑物、构筑物的土地，建设用地按使用方式分为：商业服务用地、工矿仓储用地、公用设施用地、公共建筑用地、住宅用地、交通运输用地、水利设施用地以及特殊用地等。这一层面的主要内容是与区域和城市层面对城市整体环境所确立的框架相接续，研究城市改造和更新过程中的复合生态问题，在四维时空框架内整合城市机能，化解城市功能需求和生态网络完整性之间的各种矛盾。

（3）建筑单体层面　建筑单体是相对于建筑群而说的，建筑群中每一个独立的建筑物均可称为单体建筑，建筑单体设计是指对单体建筑的设计，包括该单体的建筑图、结构图、给排水、采暖及通风、电气设计等方面。这一层面的主要内容是处理局部与整体的关系、协调建筑与自然要素的关系，利用并强化自然要素。此层面就是将绿色建筑的理论落实到具体建筑中，从建筑布局、能源利用、材料选择等方面结合具体条件，选择适当的技术路线，创造宜人的生活环境。

2. 绿色医院建筑设计中常见矛盾

绿色医院建筑是可持续发展的建筑，绿色设计与可持续发展战略具有共同的新型伦理观，它关注代内全体成员的利益，也关注代际间的历时性利益。然而实现操作中的种种利益，总是与具体时段内的具体角色组群相对应。有意或无意间，局部利益时常损伤整体利益，一时性利益提前支取了后续时段的利益。这种新型伦理观的核心就是整体性，是各种利益的整体平衡。基于这一观点，绿色医院建筑的设计在实际操作中需要处理以下常见的矛盾。

（1）整体利益与局部利益的矛盾　从绿色医院建筑环境的角度看，任何封闭环境不可能单独达到理想的目标，必须与周围环境协同发展、互利互惠，实现优势互补，共同达到绿色节能的目标。否则，相互之间的制约将形成建筑和城市绿色化的瓶颈。因此，在绿色医院建筑设计中，必须注重对整体效益的把握，局部利益必须服从于整体利益。绿色医院建筑设计是面向社会、面向自然的设计，只有从大的环境整体上的实现才是真正的实现。

（2）长期利益与短期利益的矛盾　当代利益相对于后代利益而言是短期利益，从可持续发展的角度考虑，不能为了当代人的利益而损害后代人的利益。在绿色医院建筑的设计、建造和使用过程中，都必须站在历史的高度，用长远的眼光看待一切问题，做到短期利益服从于长期利益，实现建筑在整个生命周期中的效益最大化。

总之，绿色医院建筑要真正实现绿色化，就必须掌握其特定目标的调整和侧重，对目标体系进行优化。绿色医院建筑的目标体系优化，是指在满足特定的各种约束条件（如经济状况、地域气候特征、技术条件、文化传统等）前提下，合理地对各分项目标的内涵及重要度进行调整和组合，在自然、人本、效益、系统四大原则的框架内，获得现实可行的最佳方案。绿色医院建筑所包含的四个设计原则，各有其侧重点和指向特征，但它们彼此之间存在着相互交叉的地方，在进行设计时必须相互融合，统筹考虑。

三、绿色医院建筑的设计策略

面对当前能源紧张和环境的恶化，绿色建筑已成为建筑未来的发展方向。医院作为保障人民生命健康的前沿阵地，也应在节能减排、控制污染、保护环境方面走在前列。现代医院建筑已不再是简单生硬的问诊、治疗空间，人们对其有着更高的要求，采用正确的绿色医院建筑的设计策略，将是绿色医院建筑一个新兴的发展方向，是未来的发展趋势。

绿色应体现在医院建筑总体规划、设计、布局、流程、安全保障以及建筑中的绿色建材设施设备和节能环保技术产品的使用上。要达到绿色化的标准，医院建筑与普通建筑的区别在于，医院建筑要注重医疗的功能；在采取绿色建筑技术时要考虑安全性、可靠性。对待医生、病人这种特殊的群体，建筑的功能也应具有特殊性，环保的要求更高，对废弃物的处理、水处理的要求更为严格。医院建筑能耗大、废弃物多，给环境造成了负担。尊重自然、生态优化是绿色医院建筑的基本内涵，我们应该将可持续发展战略运用在医院建筑的设计上，充分地利用自然资源，使建筑以低耗高效的方式运行。

（一）可持续发展的总体策划

随着我国医疗体制的更新和医疗技术的不断进步，医院的功能日趋完善，医院的建设标准逐步提高，主要体现在新功能科室增多、病人对医疗条件要求提高、新型医疗设备不断涌现、就医环境和工作环境改善等方面。绿色医院建筑的设计理念，要体现在该类建筑建设的全过程，可持续发展的总体策划是贯彻设计原则和实现设计思想的关键。

绿色医院建筑的可持续发展的总体策划，主要体现在规模定位与发展策划、功能布局与长期发展、节约资源与降低能耗等方面。

1. 规模定位与发展策划

医院建筑的高效节约设计，首先要根据城市发展规划对医院进行合理的规模定位，这是医院是否能良好运营的基础。如果规模定位不当，将造成医院自身作用不能充分发挥和严重的资源浪费。正确处理现状与发展、需要与可能的关系，结合城市建筑规划和卫生事业发展规划，合理确定医院的发展规划目标，有效地对建设用地进行控制，体现规划的系统性、滚动性与可持续发展，实现社会效益、经济效益与环境效益的统一。

随着城市规模和人口的迅速增长，医院的规模必然也越来越大，应根据就医环境、医院等级等方面，合理地确定医院建筑的规模。如果规模过大则会造成医护人员、就医者较多，管理、交通等方面突显问题；如果规模过小则资源利用不充分，医疗设施很难设置齐全。随着人们对健康的重视和就医要求的提高，医院的建设逐渐从量的需求，转化为质的提高。我国医院建设规模的确定，不能臆想或片面追求大规模和形式气派，需要综合考虑多方面因素，注重宏观规划与实践相结合，在综合分析的基础上做出合理的决策。

医院建设要制定出可行的实施方案，主要考虑的内容是医院在未来整体医疗网络中的准确定位、投资决策、项目分期计划等，它是各方面关联因素的综合决策过程。在这个阶段，需要医院管理者及工艺设备的专业相关人员密切参与配合，这些人员的早期介入有利于进行信息的沟通交流，尽可能避免土建完工后建筑空间与使用需求之间的矛盾，造成重新返工而产生极大的浪费现象。医院统筹规划方案的制订应具有一定的超前性，医院建筑的使用需求在始终不停的变化之中，对于新建的医院建筑其使用寿命可达 50 年左右，医疗设备和家具可以进行多次更新，但建筑的结构框架与空间形态却不易改动，因此，建筑设计人员应当与医院有关人员共同策划、权衡利弊，根据经济效益确定不同的投资模式。

根据我国的实际情况，医院的建设首先确定规模统一规划，分期或者一次实现进行，全程整体控制是比较有效与合理的发展模式。在医院建筑分期更新建设中，应当通过适当的规划保证医院功能可以正常运营，把医院改扩建带来的负面影响减至最小，实现经济效益与建设协调统一进行。医院建设的前期策划是一个实际调查与科学决策的过程，它有助于医院建筑设计人员树立整体动态的科学思维，在调查及与医院相关人员的交流等过程中，提高对医疗工作特性的认识，奠定坚实的设计工作基础，使持续发展的具体设计可以更顺利地进行。

在医院建筑的设计前期，要认真细致地做好规划和工艺设计，这样可以最大限度地节省资源。在早期的规划中，要将绿色的理念贯穿在科室的设计中，充分考虑医疗功能指标、空间指标、技术指标。建设项目前期设计的程度往往决定了建设过程的开展程度，认真细致的前期准备可以很大程度地节省能源。

2. 功能布局与长期发展

随着医疗技术的不断进步、医疗设备的不断更新、医院功能的不断完善，医院建筑提供的不仅是满足当前单纯的疾病治疗空间和场所，而应当注意到远期的发展和变化，为功能的延续提供必要的支持和充分的预测，灵活的功能空间布局为不断变化的功能需求提供物质基础。随着医疗模式的不断变化，医院建筑的形式也发生变化，一方面是源于医疗本身的变化，另一方面医院建筑中存在着大量的不断更新的设备、装置。

绿色医院建筑显著的特征之一就是远近期相结合，具备较强的应变能力。医院的功能在不断地发生改变时，医院建筑也要相应地做出调整。在一定范围内，当医院的功能寿命发生改变时，建筑可以通过对内部空间调整产生应变能力，以满足医院功能的变化，保证医院建筑的灵活性和可变性，真正做到以"不变"应"万变"，真正实现节约、长效型设计。

（1）弹性化的空间布局　医院建筑结构空间的应变性是对建筑布局应变性的进一步深化，从空间变化的角度来看，可以分为调节型应变和扩展型应变两种。调节型应变是指保持医院自身规模和建筑面积不变，通过内部空间的调整来满足变化的需求；扩展型应变主要是指通过扩大原有医院规模面积来满足变化的需求。这两种方式的选择是通过对建筑原有的条件的分析和对比而决定的。在具体设计过程中，绿色医院建筑应当兼有调节型应变和扩展型应变的特征，这样才能具有最大限度的灵活性应变，适应可持续发展的需要。

工程实践证明，调节型应变在结构体系和整体空间面积不变的条件下就可以实现，非常简便易行，能够大大地提高效率、节省资源。要实现医院的调节型应变，关键是在建筑空间内设置一定的灵活空间，以便用于远期的发展，而调节型应变要求空间具有匀质化的特征，以使空间更容易被置换转移和实现功能转换融合，即要求医院空间具有较好的调整适应度。因此在进行医院建筑空间设计时，应适当转变原有固定空间的设计模式，并考虑医院不同功能空间之间的交融和渗透，寻求空间的流动和综合利用。

实际上医院建筑空间的使用并不是完全单一的，如门诊空间就是一个复杂的综合功能的空间，可以通过一定的景观、绿化、屏风、地面铺装、高低变化等软隔断进行空间分隔，并可依据功能使用的情况变化而不断调整，医院候诊空间、科室相近的门诊空间等，也可采用类似的方法来实现空间更大的应变性。因此，灵活空间的设置可以依据近似功能空间整合的方式进行，如医院护理单元病房空间标准化处理，既有利于医护人员加深对环境的熟悉程度，从而提高其工作效率，同时也有利于空间的灵活适应性。

扩展型应变主要是通过增加建筑面积来实现，其关键是保证新旧功能空间的统一协调。扩展型应变包括水平方向扩展和竖直方向扩展两个方面。医院的水平方向扩展需要两个基本条件：一方面要预留足够的发展用地，考虑适当留宽建筑物间距，避免因扩展而可能造成的日照遮挡等不利影响；另一方面使医院功能相对集中，便于与新建筑的功能空间衔接，考虑前期功能区的统一规划等。

医院的竖直方向扩展一般不打乱医院建筑总体组合方式，其最显著的优点是节约土地，特别适用于用地紧张，原有建筑趋于饱和的医院建设。其缺点在于竖直方向扩展需要结构、交通和设备等竖直方向发展的预留，而在平时的医院运营中它们不能充分发挥作用，容易造成一定的资源浪费。如果医院近期有扩建的可能，是一种较好的应变手段，或者可以采取竖向预留空间暂做他用，待需要时通过调整使用用途的方式进行扩展。

（2）可生长设计模式　医院建筑是具有社会属性的公共建筑，但又与常规的公共建筑有所不同。由于其功能具有特殊性，使用频率较高，发展变化较快，功能的迅速发展变化，大大缩短了建筑的有效使用寿命，如果医院建筑缺乏与之适应的自我生长发展模式，很快就会被废弃，造成巨大的浪费。从发展的角度讲，建筑限制了医疗模式的更新和发展；从建筑能源角度讲，不断地新建会造成巨大的浪费，因此在医院建筑的设计中，应充分考虑到建筑的可生长发展。

建筑的可生长性主要是从两个层面考虑：一是为了适应医学模式的发展，满足医院建筑的可持续发展，而不断地在建筑结构、建筑形式和总体布局上进行探索变化，即"质"变；二是建筑基于各种原因的扩建，即"量"变。医疗建筑的可生长是为了适应疾病结构的变化和医疗技术的进步发展，延长建筑的使用寿命是绿色建筑的设计重点之一。无论是建筑的质变还是量变，关键是建筑的前期规划准备和基础条件，医院应当预留足够的发展空间，建筑空间也应便于分隔，体现生长型绿色医院建筑的优越性和可持续性。

3. 节约资源与降低能耗

我国社会科学院的《社会蓝皮书》中指出，当前城镇化进入新一轮的快速发展期，到2013年年底，我国城镇化水平已经超过54％，按目前的增长速度，估计到2018年将达到60％。城市迅速发展扩大不可避免带来许多现实问题，如城市发展理念不符合一般的城市可持续发展规律，城市中心区的建筑密度过高，城市建设用地异常紧张，公共设施不完善，城市道路低密度化等问题。其中对建筑设计影响最大的是建设用地的紧张，高密度必然造成对环境的影响和破坏，因此随着我国功能部门的分化和医院规模的扩大，为了节约土地资源，节省人力、物力、能源的消耗，医院建筑在规划布局上相应地缩短了流线，出现了整合集中化的趋向，原有医院建筑典型的"工"字形、"王"字形的布局，已经不能满足新时期医院发展的需要，其建筑形态进一步趋于集中化，最明显的特征就是大型网络式布局医院的出现以及许多高层医院建筑的不断产生。

纵观医院建筑绿色化的发展历程，医院建筑经历了从分散到集中的演变，它反映了绿色医院建筑的发展趋势。应当注意到医院建筑的集中化、分散化交替的发展模式，是螺旋上升的发展方式，当前我们所倡导的医院建筑分散化，不是简单地回归到以前传统的布局及分区方式，而是结合了现代医疗模式的变化发展，更为高效、便捷、人性化的布局形式，做到集约与分散的合理搭配，力求实现医院建筑的真正绿色化设计。

在医院建设费用提高的同时，医院的能耗也在大幅度增加，已经成为建筑能耗最大的公共建筑之一。绿色医院的建设必须考虑到建筑寿命周期的能耗，从建筑的建造开始到使用运营，都要做到尽量减少能耗。医院的能耗增加不仅使医院的日常支出增大、医疗费用提高，而且使目前卫生保健资金投入与产出之间的差距越来越大，加剧了地区供能的矛盾与医院用能的安全。建筑节能和可持续设计思想是绿色医院建筑的基础，应充分利用建筑场地周边的自然条件，尽量保留与合理利用现有适宜的地形、地貌、植被和自然水系，尽可能减少对自然环境的负面影响，减少对生态环境的破坏。

为了减少医院建筑在使用过程中的能耗，真正达到建筑与环境共生，尽量采用耐久性能及适应性强的建筑材料，从而延长建筑物的整个使用寿命，同时充分利用清洁、可再生的自然能源，如太阳能、风能、水体资源、草地绿化等，来代替以往旧的不可再生能源，提供建筑使用所需的能源，大大减轻建筑能耗对传统资源的压力，提高能源的利用效率，同时也降低环境的污染，减小建筑对有限资源的依赖，让建筑变成一个自给自足的绿色循环系统。

（二）自然生态的环境设计

自然生态环境设计是一个复杂的系统工程，是从宏观到微观全方位的生态环境保护和建设过程，它的目标是营造一个节材、节能、环保、高效、舒适、健康的环境。自然生态环境设计涉及生态城市的建设，生态住区和生态园区的建设，以及各类生态建筑的建设。自然生态环境设计应从宏观到微观贯穿城市建设的全过程，在各设计阶段中都有具体的建设目标。

绿色医院建筑自然生态环境设计的内容主要包括营造生态化绿色环境、融入自然的室内空间、构建人性化空间环境。

1. 营造生态化绿色环境

生态环境是指影响人类生存与发展的水资源、土地资源、生物资源以及气候资源数量与质量的总称，是关系到社会和经济持续发展的复合生态系统。生态环境问题是指人类为其自身生存和发展，在利用和改造自然的过程中，对自然环境破坏和污染所产生的危害人类生存的各种负反馈效应。

与自然和谐共存是绿色建筑的一个重要特征，拥有良好绿色空间是绿色医院建筑必备的条件。营造自然生态的空间环境，既可以屏蔽危害、调节微气候、改善空气质量，还可以为患者提供修身养性、交往娱乐的休闲空间，有利于病人的治疗康复。热爱自然、追求自然是人类的本性，庭院化设计是绿色医院建筑的标志之一，是指运用庭院设计的理念和手法来营造医院环境。空间设计庭院化不论是对医患者的生理还是心理都十分有益，对病人的康复有很大的帮助。注意医院绿化环境的修饰，是提高医院建筑景观环境质量的重要手段。例如采用室内盆栽、适地种植、中庭绿化、墙面绿化、阳台绿化、屋顶绿化等，都能为医患者提供赏心悦目、充满生机的景观环境，达到有利治疗、促进康复的目的。医院的周围环境是建筑实体的延伸，应当使其与主体建筑相得益彰，成为绿色医院中一道亮丽的生态与人文景观。医院建筑的环境绿化设计，应根据建筑的使用功能和形态进行合理的配置，达到视觉与使用均佳的效果。

综合医院入口广场是医院区域内主要的室外空间，具有人流量太、流线复杂等特点，此处的景观与绿化设计应简洁清晰，起到组织人流和划分空间的作用。广场中央可布置装饰性草坪、花台、花坛、喷泉、水池、雕塑等，形成一种开敞、明快的格调，特别是水池、喷泉、雕塑的组合，水流喷出，水花四溅，并结合彩色灯光的配合，增加景观的美感。如果医院广场相对较小，可根据实际情况布置简单的草坪、花坛、盆花等，起到分隔空间、点缀景观的作用。广场周围环境的布置，要注意乔木、灌木、矮篱、色带、季节性花卉、草坪等相结合，充分显示出植物的高低错落布置、具有明显的季节性特点，充分体现尺度亲切、景色优美、视觉清新的医疗环境。

医院的住院部周围或相邻处应设有较大的庭院和绿化空间，为医患者提供良好的康复休闲环境及优美的视觉景观。住院部周围的场地绿化组织方式有两种：规划式布局方式和自然式布局方式。规划式布局方式常在绿地的中心部分设置整形的小广场内布置花坛、水池、喷泉等作为中心景观，广场内并设置坐椅、亭、架等休息设施；自然式布局方式则充分利用原有地形、山坡、水体等，自然流畅的道路穿插其间，园内的路旁、水边、坡地上可设置少量的园林建筑，重在展现祥和美好的生存空间，衬托出环境的轻松和闲逸。在植物布置方面应充分体现出植物的季相变化，植物的种类应尽量丰富，并适合当地的气候条件，常绿树和落叶树、乔木和灌木比例得当，使医患人员能感受到四季的更替及景色的变化。

医院的室外环境应有较明确的分区与界定，以满足不同人群的使用，创造安全、较高品质的空间环境。为了避免普通病人与传染病人的交叉感染，应设置为不同病人服务的绿化空间，并在绿地之间设一定宽度的绿化隔离带。绿化隔离带应以常绿树及杀菌力强的树种为主，以充分发挥植物杀菌、防护作用，并在适当的区域设置为医护人员提供休息空间和景观环境。

2. 融入自然的室内空间

随着居住环境不断受到重视，室内设计也开始被人们密切关注。室内设计与自然的和谐更是成为一个长期引人审视，不断探索，永无止境而又令人向往的追求。室内设计渴望与自然沟通，人在生活环境中渴望与自然沟通、联系，这是人的生理与心理的必需。如何才能让我们的室内设计更好地融入自然，如何使我们与时俱进的人工巧作与生生不息的自然生机两者达到完美的和谐统一，这是绿色医院设计人员必须引起高度重视的问题。

室内空间的绿色化是近年来医院设计的重要趋势之一。我国的医院建筑规模和人流量均比较大，室内空间需要较大的尺度和宽敞的公共空间。绿色医院建筑的内部景观环境设计，一个方面要注重空间形态的公共化。随着医疗技术的进步，其建筑内部的使用功能也日趋复合化。为适应这种变化，医院建筑的空间形态应更充分地表现出公共建筑所具有的美感，中庭和医院内街的形态是医院建筑空间形态公共化的典型方法。不同的手法表达了丰富的空间形式，为服务功能提供了场所，也为使用者提供了熟悉方便的空间环境，为消除心理压力、缓解焦躁情绪起到积极的作用，同时表达了医院建筑不仅为病人服务，同时也为健康人服务。

内部环境的绿色设计另一个方面体现在室内景观自然化。人对于健康的渴望在患者身上表现得尤为强烈，室内的绿化布置、阳光的引入是医院建筑空间环境设计的重要方面。建筑中的公共空间中应综合运用艺术表现手法和技术措施，创造良好的自然采光与通风，并配之相应的植物，可以将适宜的植物引进室内，形成室内外空间相连接的因素，从而达到内外空间的过渡，既可以提供优美的空间环境，又可以改善室内环境质量，有效防止交叉感染。

在比较私密的治疗空间内，更要注重阳光的引入和视线的引导，借助绿色设计增加空间的开阔感和变化，使室内有限的空间得以延伸和扩大，让患者尽量感受阳光和外面的世界，体验生活的美好和生命的意义，有助于治疗与康复。也可以利用一些通透感强的建筑界面将室外局部景色透入室内，让室外的绿化环境延伸到室内空间。通过室内外相互渗透和交融，使人在室内就犹如置于山水花木之中，做到最大限度地与自然和谐共生。

3. 构建人性化空间环境

人性化的医院空间环境设计是基于病人对医疗环境的需求而进行的建筑处理，通过建筑的手段给医院空间环境注入一些情感的因素，从而软化高技术医疗设备及医院严肃气氛给人带来的冷漠与恐惧的心理。无论从医院室内环境还是室外环境的创造来看，使医院建筑趋向艺术化、庭园化，是人性化的医院空间环境的具体表现的两个方面。

建筑中渗透着人们的审美情感，绿色医院建筑的意义更多地是以情感的符号加以体现。建筑的色彩、造型是因人而异的情感符号，对空间形态、色彩的感知是人们主观认识的能动发挥，形成对生存环境的综合认知。因此，通过医院建筑的人性化设计表达情感更能张扬主体的生命力。医院的室内空间是人与建筑直接对话亲密接触的场所，室内空间的感受将直接决定人对建筑的认识，他们需要的是带有美感的空间，而创造美感则需要精通美的原则。

从人性化设计思想出发，对绿色医院室内空间引入家居化的设计，是体现人文关怀的有效措施。家居化设计从日常活动场所中汲取设计元素，结合医院本身的功能特点进行设计，以期最大限度地满足患者的生理、心理和社会行为的需求，使医院环境成为让人精神振奋或给人情绪安慰的空间。通过建筑设计的手段给医院空间环境注入一些情感因素，从而淡化医疗设备及医院氛围给人带来冷漠与恐惧的心理。在绿色医院设计时，必须"以人为本"，尽量满足医患人员的需求，为医院室内提供一个高品质的医疗空间环境。人性化的医疗环境包括安全舒适的物理环境和美观明快的心理环境。首先要在采光、通风、温湿度控制、洁净度保证、噪声控制、无障碍设计等方面综合运用先进的技术，满足不同使用功能空间的物理要求；其次是在空间形态、色彩、材质等方面引入现代的设计理念，创造丰富的空间环境。

在进行绿色医院设计时，除了需要对标志性予以考虑外，还应注意视觉、知觉给人带来的影响。例如儿童观察室和儿童保健门诊，应装饰为儿童健康乐园，采用欢快的蓝色，配以色彩斑斓的卡通画，对消除孩子的恐惧感具有积极的作用；妇科及妇产科门诊采用温暖的红色，配以温馨的小装饰，使前来就诊的孕产妇从思想上消除紧张和恐惧，使人感到平安、舒适和信任。除了对颜色本身的设计外，还需要对光环境予以充分重视，只有良好的光环境，建筑色彩才能完美的展示，才能为使用者提供一个愉悦欢快的医院环境。

总之，人性化的医院空间环境设计的目的，就是创造一个冬暖夏凉、四季如春、动静相宜、分合随意、使用方便、富有特色的公共空间。

（三）复合多元的功能设置

医院的建筑形态，主要取决于医学及医疗水平、地区医疗需求、医院运营机制及建筑标准等要素。在一个地区、一个时期内，构成的以上要素具有一定的稳定性，然而医院建筑形态必然随着时间的推移而发生变化，在时空坐标上呈现为动态构成的趋势。由于构成要素具有相对稳定性，在医院建成运营后的一段时期内能够满足基本的医疗功能要求，通常将这一期限称为医院的功能寿命，也可称为医院建筑的形变周期。如超过这个期限，医院建筑就将发生功能和形态的变化，医院建筑的发展过程就是由一个稳定走向新的稳定的过程。绿色医院建筑的特征是具有较长的寿命周期，其功能和形态的变化应与需求同步。

绿色医院建筑的复合多元的功能设置，主要包括医院自身的功能完善、针对社会需求的功能复合、新医学模式下的功能扩展。

1. 医院自身的功能完善

医院功能的复合化程度直接影响到医院建筑外部形态和内部空间。随着城市化的快速发展，医院的经营效益逐渐增加，很多医院开始走向创立品牌、突出特色的发展道路。随着医疗服务范围的扩展，医院建筑规模的扩大而产生功能复合化的形态日益明显。医疗功能的复合化，即融了门诊、住院、医技、科研、教学、办公为一体，形成有较大规模的医院综合体。例如日本东京圣路加国际医院，是由教学设施医疗区、超高层公寓和写字楼三个街区组成的综合医疗城。

现代绿色综合医院呈现出"大而全"的显著特征，除了包括综合医院常规的功能外，还容纳了越来越多的其他辅助功能。这类大型综合医院多采用集中式布局，有利于节约用地和缩短流程，可以减少就诊和救治的时间，有利于提高效率。这类医院设计的重点在于解决复杂的功能关系，设置明确的功能分区，构建清晰的流线和空间领域，同时还要处理好大型建筑体量与城市建设的关系。

2. 针对社会需求的功能复合

随着社会经济的快速发展和人民生活水平的逐渐提高，人们的健康观念不断更新，健康意识不断增强，对医院的现有功能提出新的需求。现代绿色医院面对的服务对象不单纯是病患，而是包括很多健康人群。在综合医院中增设健康体检中心、健康咨询中心、健康教育指导、日常保健等功能，是现代绿色医院服务全社会的显著特征之一。

截止 2013 年底，我国现有老龄人口已超过 1.6 亿，且每年以近 800 万的速度增加。最新统计数据显示，中国人口正在进入老龄化，有关专家预测，到 2050 年，中国老龄人口将达到总人口的 1/3。老年人口的快速增加，特别是 80 岁以上的高龄老人和失能老人年均 100 万的增长速度，对老年人的生活照料、康复护理、医疗保健、精神文化等需求日益凸显。

国内外实践证明，将康复功能纳入医院建筑是近年来解决"老龄化"社会问题的有效措施，在不同规模的医疗设施中解决医疗救治与老人看护康复功能相结合的问题，很好地体现了社会福利和全民保健的效能。这类医疗设施不仅要注重医疗救治的及时性，还要更加关注治疗的舒适性和建筑环境的品质。

3. 新医学模式下的功能扩展

早在 20 世纪 70 年代，美国精神病学家和内科专家恩格尔就提出了"生物－心理－社会"新医学模式概念。他明确指出：为了理解疾病的本质和提供合理的医疗卫生保健，新医学模式除了生物学观点外，还必须考虑人的心理和人与环境的关系。由此可见，新医学模式是对生物医学模式的超越，但不是取代和否定现有的医学体系。

目前，新医学模式更关注人的心理需求，医院的运行理念从"医治疾病"转化为"医治患者"。特别强调对于整体医疗环境的建设，为患者提供完善的辅助医疗空间和安定、舒适的医疗环境，即使不能完全治愈患者，也可通过良好的整体医疗环境建立较好的心态和战胜疾病的意志，从而更好的配合医院的治疗，得到一定程度的康复。

国内外许多绿色医院在骨科病房设置了功能康复室，患者在完成手术治疗后，在专家的指导下进行肢体行功能的康复治疗，有效地提高了患者的治愈率。在儿科病区设置泡泡浴治疗室，一方面作为脑瘫或其他脑损伤患儿的辅助治疗手段，另一方面作为正常儿童的保健和智力潜能开发，使医疗和保健有机结合，为儿童提供周到全面的治疗和健康保健服务。许多医院的妇产科病房设置宾馆式的家庭室、孕妇训练室等。

（四）先进集约的技术应用

随着我国经济的快速发展，我国绿色建筑在经济发展中也日益进步，伴随着绿色建筑的发展，在绿色建筑施工中，各种先进的施工技术层出不穷，也为我国绿色建筑工程的建设创造有利条件，也为我国的经济发展起到了至关重要的作用。在先进的技术指导下，建筑施工行业不仅有效地解决了我国建筑行业在传统施工技术上所存在的问题，还推动了我国绿色建筑的高速发展。

1. 保护环境和高效节能设计

人类生存环境的恶化与能源的匮乏，使人们越来越重视环保与节能的重要性。建筑的环保与节能是绿色建筑设计的宗旨。随着科学技术的进步与经济的发展，在建筑设计中，除了通过原有的基本技术手段实现环保与节能外，大量现代先进技术的运用，可使能源得到更高效的利用。在绿色医院的设计中，主要通过空调系统、污水处理、智能技术、新型建筑材料等方面，进行保护环境和高效节能设计。

（1）保护环境设计　防止污染使医院正常运营，这是绿色医院设计中的一项重要内容，需要采用综合多种建筑技术加以保障。应用于污染控制的环境工程技术设计，应立足现行相关标准体系和技术设备水平，充分了解使用需求，以人为本、全面分析、积极探索，采取切实有效的技术措施，从专业方面严格控制交叉感染，严格防止污染环境，建立严格、科学的卫生安全管理体系，为医院建筑提供安全可靠的使用环境。医院在保护环境、防止污染方面可采取以下技术措施。

① 控制给排水系统污染。医院的给排水系统是现代医疗机构的重要设施。医院的给水系统主要体现在医院正常的使用水和饮用水供应，排水系统主要体现在医院各部分的污水和废水的排放。院区内的给排水系统及消防应根据医院最终建设规模，规划设计好室内外生活、消防给水管网和污水、雨水排水管网，污水和雨水管网应采用分流制。

医院的给水、排水各功能区域应自成体系、分路供水，特别要避开毒物污染区。位于半污染区和污染区的管道宜暗装，严禁给水管道与大便器（槽）直接相连，也不应以普通阀门控制冲洗。因为医院的消防各区是相连的，如果消防与给水合用，很容易造成交叉污染，所以消防和给水系统应分别设置。如果供水采用高位水箱，水箱必须设在清洁区，水箱的通气管不得进入其他房间，并严禁与排水系统的通气管和通气道相连。排至排水明沟或设有喇叭口的排水管时，管口应高于沟沿或喇叭口顶，且在溢水管出口处应设防虫网罩。医护人员使用的洗手盆、洗脸盆、便器等，均应采用非手动开关，最好采用感应开关。

地漏应设置在经常从地面排水的场所，存水弯水封应经常有水补充，否则很容易造成管道内污浊空气进入室内，污染室内环境。除了淋浴、拖布池等必须设置地漏外，其他用水点尽可能不设地漏。诊室、各类实验室等处不在同一房间内的卫生器具不得共用存水弯，否则可能导致排水管的连接互相串通，产生交叉污染和病菌传染。各区、各房间应防止横向和竖向的窜气而出现交叉感染。

排水系统应根据具体情况分区自成体系，并实现污水废水分流；空调凝结水应有组织排放，并用专门容器收集处理或排入污染区的卫生间地漏或洗手池中；污水必须经过消毒灭菌处理，也可根据需要和实际情况采用热辐射及放射线等方法处理，达到国家现行的排放标准，其他处理视具体状况综合确定。污水处理站根据具体条件设在隔离区边缘地段，以便于管理与定期化验。污水处理系统宜采用全封闭结构，对排放的气体应进行消毒和除臭，以消除气溶胶大分子携带病原微生物对空气的污染。

② 医疗垃圾污染的处理。医疗垃圾是指接触了病人血液、肉体等由医院生产出的污染性垃圾，如使用过的针管，针头等一次性输液器、废纱布等。据国家卫生部门的医疗检测报告表明，一般由综合医院排出的垃圾可能受到各种病菌的污染，有的垃圾还带有大量乙肝病毒。此外，垃圾中的有机物不仅滋生蚊蝇，造成疾病的传播，并且在腐败分解时生成多种有害物质污染大气、危害人体健康。因此医疗垃圾具有空间污染、急性传染和潜伏性污染等特征，其病毒、病菌的危害性是普通生活垃圾的若干倍，如果处理不当，将造成水体、大气、土壤的污染及对人体的直接危害，甚至成为疫病流行的源头。

医疗垃圾的随意堆放会污染大气环境，随意填埋会污染地下水源，随意焚烧会产生强烈的致癌物质。因此，医疗垃圾基本没有回收再利用的价值。医疗垃圾一般可采取就地消毒后就地焚烧的处理方法，垃圾焚烧炉为封闭式，应设在院区的下风向，在烟囱最大落地浓度范围内不应有居民区。如果医院就地焚烧会产生污染环境问题，可由特制垃圾车送往城市垃圾场的专用有害垃圾焚烧炉焚烧。为彻底堵塞病毒存活的可能，根据医院的污水特点及环保部门的有关制度与法规，在产生地进行杀菌处理，最好采用垃圾焚烧的方法。

③ 绿色医院建筑的空调系统设计应采用生物洁净技术。绿色医院采暖通风需考虑空气洁净度控制和医疗空间的正负压控制的问题。现行规范规定负压病房应考虑正负压转换平时应与应急时期相结合。负压隔离病房、手术室、ICU采用全新直流式空调系统时，应考虑在没有空气传播病菌时期有回风的可能性以节省医院的运转费用。因此，在隔离病房的采暖通风的设计和施工中，应考虑优先选用相关的新技术、新设备。

生物洁净室即洁净室空气中悬浮微生物控制在规定值内的限定空间，医院的手术室则属于生物洁净室。生物洁净室的设计最关键问题是选择合理的净化方式，常用的净化气流组织方式，可分为层流洁净式、乱流洁净式和复合洁净式三大类。其中复合洁净式为将乱流洁净式及层流洁净式予以复合或并用，可提供局部超洁净之空气，在实际中采用比较少。层流洁净式要比乱流洁净式造价高，平时运行费用较大，选用时应慎重考虑。层流洁净式又可分为水平层流和垂直层流，在使用上水平层流多于垂直层流，其优点是造价较经济，并易于改建。

（2）医院智能化设计 智能化医院功能复杂，科技含量高，其设计涉及建筑学、护理学、卫生学、生物学、工程学等很多领域，加之医学发展快，与各种现代的高新技术相互渗透和结合，都影响医院功能布局的设计。如何进行医院的智能化设计工作，已成为医疗卫生部门、建筑设计部门共同面临的急切解决的课题。

智能化医院建设的目的是为了满足医疗现代化、建筑智能化、病房家庭化，其核心是建筑智能化，没有建筑智能化，就难以实现医疗现代化和病房家庭化需求。将目前国内外先进的计算机技术、通信技术、网络技术、信息技术、自动化控制技术以及办公自动化技术等运用在医院中，是实现建筑智能化的前提和基础，在提供温馨、舒适的就医和工作环境的前提下，减少管理人员、降低能量消耗、实现安全可靠运行、提高服务的响应速度，使建成后的医院高效、稳定的运营，从而体现出医院智能化的优势。

智能化医院的设计，首先应从认识医院的使用功能和特点出发。医院不同于宾馆、办公楼、商住楼等。它是"以病人为中心"实施医院服务的特殊场所，医院的主要特点如下：①人员密集、流量非常大；②设备密集，物流量大，医院医疗设备和其他设备的品种与数量之多，也是普通楼宇无法比拟的；③信息密集、流通复杂。

医院的运行管理是复杂的，既有人的管理，又有物的管理。人的管理既包括对病员的管理，又包括对医护人员的管理。对物的管理更是多元化，包括药品、医用材料等。医院管理信息流通是多渠道的，有行政管理信息的流通渠道，也有医疗管理信息的流通渠道。智能化医院与普通医院不同。智能化医院是在通常的医院大楼设计中增加了部分或全部智能医院的"智能"功能，是智能医院中的特殊类别。智能医院通常由通信自动化、办公自动化、楼宇自动化三大系统组成，并将这三大系统的功能结合起来，从而实现系统的集成。

网络工程是指按计划进行的以工程化的思想、方式、方法，设计、研发和解决网络系统问题的工程。网络工程对于绿色医院建筑的建设具有重要的意义。现代化的医疗手段、高科技的办公条件和便捷的网络渠道，都为医院的高效运营提供至关重要的支持。网络工程使医院各科室职能部门形成网络办公程序，利用网络的便捷性开展工作，使各项工作更加快捷和实用。网络工程在医院的门诊和体验中心已广泛应用，电子流程使患者得到安全、快捷、无误的服务，最后的诊治结果也可以通过网络来进行查询。

2. 集成现代医疗技术的应用

医疗技术是指医疗机构及其医务人员以诊断和治疗疾病为目的，对疾病作出判断和消除疾病、缓解病情、减轻痛苦、改善功能、延长生命、帮助患者恢复健康而采取的诊断、治疗措施。医疗技术是随着科学进步而不断发展的。在20世纪中期，医院的医疗技术以普通的X光和临床生化检验为主，随后相继出现了CT、自动生化检验、超声、激光、核医学、磁共振和加速器等诊断治疗设备，并且它们的更新周期越来越短，另外人工肾、ICU、生物洁净病房等特殊治疗科室也相继出现。

医疗技术的进步带来医疗功能的扩展，为疑难疾病的诊断和治疗开辟了新的途径，也为医院建筑设计提出了新的要求。例如核医学部、一体化手术部、高洁净度病房等，都需要合理的空间布局和先进的建筑技术来提供保障，医疗设备和治疗方式的变化必然影响医院建筑的形态改变。

远程医疗是指通过计算机技术、通信技术与多媒体技术，同医疗技术相结合，旨在提高诊断与医疗水平、降低医疗开支、满足广大人民群众保健需求的一项全新的医疗服务。目前，远程医疗技术已经从最初的电视监护、电话远程诊断发展到利用高速网络进行数字、图像、语音的综合传输，并且实现了实时的语音和高清晰图像的交流，为现代医学的应用提供了更广阔的发展空间。

远程医疗包括远程医疗会诊、远程医学教育、建立多媒体医疗保健咨询系统等。远程医疗会诊在医学专家和病人之间建立起全新的联系，使病人在原地、原医院即可接受远地专家的会诊并在其指导下进行治疗和护理，可以节约医生和病人大量时间和金钱。远程医疗运用计算机、通信、医疗技术与设备，通过数据、文字、语音和图像资料的远距离传送，实现专家与病人、专家与医务人员之间异地"面对面"的会诊。远程医疗不仅仅是医疗或临床问题，还包括通讯网络、数据库等各方面问题，并且需要把它们集成到网络系统中。

随着人口压力的增加、社会经济的高速发展和医疗技术的日新月异，现代化医院的规划与设计面临着前所未有的挑战和机遇。如何建设既符合医疗工作要求，又满足医疗流程优化需要，兼具良好的灵活性的医院，适应医疗行业和医疗科技的飞速发展，已经成为中国医院、卫生部门和建设单位的迫切课题。进入21世纪后，世界性的生态环境破坏和能源匮乏的形势十分严峻，而对于耗能巨大、功能复杂的医院建筑，实现其绿色化已成为急需解决的世界问题。我国绿色医院建筑设计研究已进入繁盛期，正与世界各国共同携手努力实现绿色、生态、可持续发展的医院建筑。

第五节　绿色体育建筑设计

自改革开放以来，我国的经济和城市化高速发展，城市人口的剧增和人民生活水平不断提高，对于体育建筑的需求正在逐渐增长。1995年《中华人民共和国体育法》和《全民健身计划纲要》的颁布实施，以及北京29届奥运会的成功举行，极大地促进了全国范围内体育建筑的发展。为保证体育建筑的设计质量，使之符合使用功能、安全、卫生、技术、经济及体育工艺等方面的基本要求，制定了《体育建筑设计规范》（JGJ 23—2003），为绿色体育建筑的设计提供了技术依据。

一、体育建筑的基本概述

体育建筑作为体育事业和体育产业发展的重要物质基础，得到了国家和各级政府的高度重视，其中一个重要体现是对体育设施的投入不断加大，使体育建筑的发展处于一个快速增长期，有力地推动了体育事业和体育产业的发展。体育建筑的发展规模和水平是一个国家经济发展水平和社会文明程度的重要标志，体育建筑是体育事业发展的物质基础，是普及群众体育运动，提高竞技体育水平的关键因素。随着我国改革开放的深入，生产方式和生活方式的急速转型，人们价值观念的深刻转变，人们对体育文化、体育休闲、体育健身的需求大大增强。

体育场馆是进行运动训练、运动竞赛及身体锻炼的专业性场所。它是为了满足运动训练、运动竞赛及大众体育消费需要而专门修建的各类运动场所的总称。体育场馆主要包括对社会公众开放并提供各类服务的体育场、体育馆、游泳馆，体育教学训练所需的田径棚、风雨操场、运动场及其他各类室内外场地、群众体育健身娱乐休闲活动所需的体育俱乐部、健身房、体操房和其他简易的健身娱乐场地等。体育场馆建设一方面改善了当地体育发展和条件，另一方面对提升城市形象，扩大城市的知名度，带动地方社会经济发挥了重要作用。

现行行业标准《体育建筑设计规范》（JGJ 23—2003）中指出，体育建筑是指"为体育竞技、体育教学、体育训练和健身娱乐活动之用的建筑物"，是人民日常工作生活中必不可缺少的设施，是人民生活品质高低的标志之一。体育建筑具有占地面积大、建设规模大、建筑跨度大、建筑空间大、建筑能耗大和建筑功能大等特点。

（1）占地面积大　由于体育建筑不仅本身体量大，而且运动和竞技场所也需要很大的面积，因此需要较大的用地才能满足体育建筑平面布置，其中体育场如满足足球、田径等比赛项目，则还需要额外设置配套的室外练习场。作为大量人流聚散场所，在很短时间内大量的观众进出场馆是体育建筑的另一特点，这就需要足够的用地和空间，以满足人员集散、停车、各种人流和车流等交通流线组织的需求。目前新建的市级及市级以上的体育设施，多数以体育中心（公园）的方式进行建设，包括体育场、体育馆、游泳馆及相关的配套训练设施，最小占地规模也要在 30hm^2 左右，个别规模大的体育中心（公园）占地可达 100hm^2。例如济南奥体中心包括一个 6 万人体育场、一个一万人体育馆、一个 4000 人游泳馆、一个 4000 人网球场以及一些室外运动场地，占地面积约 81hm^2。

（2）建设规模大　体育建筑作为体育教育、竞技运动、身体锻炼和体育娱乐等活动之用的建筑，包括建筑物和场地设施等。体育建筑在满足全民健身需要的同时，主要的建设目标是满足观众观看体育赛事活动的需要。根据其地区属性、赛事等级，观众规模从数千人至数万人不等，建筑面积从数万平方米至数万平方米。例如悉尼奥运会主体育场，观众人数最多达到 11 万人；北京奥运会主体育场，观众人数最多达到 9 万人，建设规模近 25 万平方米。由于体育建筑具有大空间的特征，与办公楼、旅馆等公共建筑相比，相同建筑面积，体育建筑的空间体量会更大。

（3）建筑跨度大　一般来说，体育建筑由比赛场地、运动员用房和管理用房三部分组成。如体育馆比赛场地最小尺寸一般要满足篮球比赛的需要，长宽尺寸约为 38m×20m，在比赛场地四周设置少则数千，多则过万的观众坐席区，而且整个比赛大厅要求观众视线无遮挡，不可能设置承重构件，所以体育建筑通常需要采用大跨度的空间结构形式。例如南京奥林匹克体育中心，其体育场跨越东西看台上空的变断面三角桁架梁跨度达到 372m；2000 年悉尼奥运会的主体育场也是奥运会历史上最大的室外体育场，体育场跨度足够四架波音 747 客机并排停放。

（4）建筑空间大　体育馆是指室内进行体育比赛和体育锻炼的建筑。体育馆按使用性质可分为比赛馆和练习馆两类；按体育项目可分为篮球馆、冰球馆、田径馆等；按体积规模可分为大、中、小型，一般按观众席位多少划分，我国现把观众席超过 8000 个的称为大型体育馆，少于 3000 个的称为小型体育馆，介于两者之间的称为中型体育馆。

体育馆平面布置应严格按照各项国际标准，如网球、排球赛场净高不低于 12m，一般适应国际比赛的体育馆室内高度不低于 15m。对于大型的体育馆，观众数量大、坐席比较多、坐席排数多，有的需要设置 2~3 层观众坐席才能满足使用要求，进一步增加了平面尺寸及建筑室内净高。例如国家体育馆观众人数达 1.8 万人，比赛大厅平面尺寸为 145m×114m，观众看台最后一排标高 26m，比赛场地净空平均为 33m 左右。

（5）建筑能耗大　广义建筑能耗是指从建筑材料制造、建筑施工，一直到建筑使用的全过程能耗。狭义的建筑能耗，即建筑的运行能耗，它是建筑能耗中的主导部分。体育建筑能耗是公共建筑中最大的，尤其是体育馆、游泳馆作为体育建筑中典型的大型公共建筑，其体量和空间均比较大，在很大程度上依靠机械通风、空调及人工照明，不可避免地具有高能耗的特点。其能源消耗主要体现在空调系统与照明系统，空调制冷采暖和照明的能耗约占总能耗的 80%，单位建筑面积的能耗约是普通居住建筑的 10 倍，由此可见，其节能潜力巨大。

（6）建筑功能大　体育建筑根据体育赛事不同的要求，大型体育建筑可以划分为以下八个功能区：场馆运营区、观众区、赛事管理区、运动员及随队官员区、贵宾及官员区、赞助商区、新闻媒体区、安保区。在每个分区之间，既要相互结合，共同构成一个完整的建筑，又要求相互独立、互不干扰。

二、体育建筑绿色环保的必要性

绿色环保型建筑能耗低、能效高、污染少，最低限度地使用不可再生资源，合理使用可再生资源。其建筑设计构想为：在设计方法上力求做到自然与人的协调，要有所发现，有所创造，有所前进。使技术转向更有效、更清洁、零排放，尽可能减少能源和其他资源消耗。为共同的发展创造出优美和谐的绿色家园，建筑设计人员要有环境保护的意识；在建筑材料的使用上，尽量做到节约能源、变废为宝；绿色环保型建筑是人类与自然和谐相处的产物，是人类文明的标志，是人类保护自己赖以生存环境的明智的选择。

近些年来，由于 CO_2 的过度排放，人类赖以生存的地球环境正发生着巨大变化，全球气候变暖、海平面上升、自然灾害频发等诸多问题，已经直接影响到人们的生活和生存，减少 CO_2 排放量已被全世界所共知，低碳建筑这个建筑领域的新词汇正是在这样的背景下诞生的，并已成为绿色建筑重要的组成部分。低碳建筑是指在建筑材料与设备制造、施工建造和建筑物使用的整个生命周期内，减少化石能源的使用，提高能效，降低二氧化碳排放量。目前低碳建筑已逐渐成为国际建筑界的主流趋势。

体育建筑是城市中的主要标志性建筑，是城市发展的重要节点。从某种意义上讲，一个城市全球化的象征不仅仅是高楼林立、交通发达、财富云集，这个城市体育设施的建筑规模、是否齐全，以及体育商圈所提供的多种文化交融平台的大小，同样是城市国际化进程的体现。体育商圈是以大型体育场馆为中心，开展体育竞赛、体育表演、体育休闲等活动，形成以体育为核心的娱乐、购物、办公、商务、旅游等多功能的综合性体育商务中心。所以体育建筑是城市经济发展的要求，是城市建设的重要组成部分，从项目规划选择建设地址，到外观造型、文化传承以及新材料、新技术等，不论是城市的管理者，还是普通市民都给予了高度关注，体育建筑往往会成为地区建筑水平集成，地区建筑的典范。所以，在体育建筑中大力提倡绿色设计，对于提高民众的绿色意识，引导带动其他建筑的绿色建筑设计，具有一定的示范和推动作用。

奥运会作为世界各国的最大体育盛会，对社会和经济具有巨大的影响力，使其成为新理念、新科技的综合体。悉尼和北京奥运会成功的经验已经预示出，绿色概念及可持续发展将是现代体育建筑迈向 21 世纪的重要主题之一。体育馆本身具有体量大、能耗高等特点，在当前强调"绿色"与"低碳"的大背景下，必须对绿色环保与节能减排问题重点加以考虑，尽可能使用成熟的绿色与低碳技术，实现可持续发展。合理有效地利用土地、科学的环境质量评价、广泛使用太阳能等绿色清洁能源、雨水收集、中水回用、绿色建材、自然通风与采光、空间的灵活性等，都是绿色体育建筑的重要内容，也是未来体育建筑的发展方向。

三、体育建筑的绿色设计

绿色建筑顺应时代发展的潮流和社会民生的需求，是建筑节能的进一步拓展和优化。绿色建筑在中国的兴起，既是形势所迫，顺应世界经济增长方式转变潮流的重要战略转型，又是我国建立创新型国家的必然组成部分，日益体现出越来越旺盛的生命力，具有非常广阔的发展前景。目前我国建筑的绿色设计正处在起步时期，在体育建筑规划设计阶段引入绿色理念，对于体育建筑的可持续发展具有重大意义。体育建筑的绿色设计主要包括建筑选址、场地规划设计、交通规划、绿化设计、建筑设计、赛后利用等方面。

1. 体育建筑的选址

随着人民生活水平和健康意识的不断提高，在解决了基本的温饱问题后，人们不可避免的会出现更多的文化娱乐和体育诉求。特别是在 2003 年，国务院公布了《公共文化体育设施条例》后，将体育设施的建设纳入国民经济和社会发展计划，体育建筑逐渐成为城市建设中重要的公共配套设施，成为人们日常工作和生活中的重要组成部分。"十二五"规划是全民健身重要时期，《全民健身计划（2011～2015 年）》提出"深入贯彻落实科学发展观，坚持体育事业公益性，逐步完善符合国情、比较完整、覆盖城乡、可持续的全民健身公共服务体系"。

由于体育建筑具有规模巨大、功能复杂、短时间内聚散人员众多等特点，所以体育建筑的选址事关重大，是体育建筑绿色设计的重要内容。在进行体育建筑选址时，既要考虑城市总体规划要求，又要兼顾其自身特点，保证选址符合城市的总体发展，满足赛事活动的顺利进行，确保体育建筑的赛后利用，实现体育建筑的可持续发展。工程实践充分证明，体育建筑的选址涉及政治、经济、文化、城市规划、工程建设等各方面因素，必须在一定的区域环境内落实，不仅要考虑城市自身的经济发展，其战略布局还与其所处的整个区域有关。

（1）体育建筑选址的类型　根据国内外体育建筑的选址经验，体育建筑选址有三种可能性，即选址在城市区域、在城市边缘区域、在远离城市区域，这三种选址各具有不同的优势和缺陷。

① 选址在城市区域。体育建筑用地周边为城市建成区，如北京工人体育馆、广州天河体育中心等。城市建成区是一个实际开发建设起来的集中连片的、市政公用设施和公共设施基本具备的地区，以及分散的若干个已经成片开发建设起来，市政公用设施和公共设施基本具备的地区。这个区域城市综合环境、消费人群、交通市政等设施相对成熟，在体育建筑举行赛事及大型活动非常便于观众的参加，同时也非常有利于平时的赛后利用。但是举行赛事及大型活动时，对城市交通干扰比较大，甚至会出现交通拥堵，影响城市的正常秩序。

② 在城市边缘区域。体育建筑的用地处于城市建成区与郊区之间，如北京奥林匹克公园、济南奥林匹克体育中心等。城市边缘区是"一种在土地利用、社会和人口特征等方面发生变化的地带，它位于连片建成区和郊区以及具有几乎完全没有非农业住宅、非农业占地和非农业土地利用的纯农业腹地之间的土地利用转换地区"。这个区域城市综合环境、消费人群、交通市政等设施比较成熟，在体育建筑举行赛事及大型活动比较便于观众的参加，对城市交通干扰比较小，同时也有利于平时的赛后利用。目前国内大多数体育中心均选址在城市边缘区域。但是城市边缘区域与郊区或城市中心区相比，大多数城市边缘地区人口密度较低，缺少规划引导和基础设施

③ 在远离城市区域。体育建筑的用地远离城市建成区，距离城市中心有较远的路程，如悉尼奥运会主场馆等。在这个区域的体育建筑举行赛事及大型活动，空气质量非常好，对城市干扰非常小，便于赛事的组织和进行，但交通不太便利，也不便于赛后利用。

（2）体育建筑选址注意事项　城市体育场馆建设对城市起到的拓展或更新作用，与其选址具有直接关联。选址不仅会影响体育场馆在赛事时期的利用，更对赛后的利用产生至关重要的影响。如果选址不当，不能适应城市的发展，就会加重原有城市空间的压力，甚至成为城市的负担，对城市发展起到消极作用。因此，体育建筑的选址还应注意如下事项。

① 为保证体育建筑赛时、赛后的使用，节约建设投入以及日常运营费用，体育建筑用地周边应具备较好的市政和交通条件。对于大型体育中心，其建设用地宜选择在城市边缘区，临近城市主干道和城市轨道交通，该区域应具备一定的城市氛围同时又交通便利，这样一方面能够保证大型赛事活动人员的快速疏散，同时对整个城市的影响较小，另一方面又能在一定程度上为体育设施的赛后利用提供便利条件。

② 体育建筑选址除了要重点考虑上述的赛后利用外，还要满足国家和地方关于土地开发与规划选址相关的法律、法规、规范的要求，符合城市长期规划的要求，要综合考虑土地资源、市政交通、防灾减灾、环境污染、文物保护、节能环保、现有设施利用等多方面因素，体现可持续发展的原则，达到城市、建筑与环境有机地结合。

③ 体育建筑应选择在具有适宜的工程地质条件和自然灾害影响小的场地上进行建设，

建设用地应位于 200 年一遇洪水水位之上，或者临近可靠的防洪设施；应尽量避开地质断裂带等对建筑抗震不利以及易产生泥石流、滑坡等自然灾害的区域。

④ 体育建筑的建设用地应远离污染区域，用地周边的大气质量、电磁辐射以及土壤中的氡浓度，均应符合国家有关规范的要求。如利用原有工业用地作为体育建筑的建设用地，还应进行土壤化学污染检测评估，并对其进行土壤改良，使其满足国家有关规范的要求。

2. 场地规划设计

建筑的场地规划设计是一个涉及社会、文化、技术、美学等诸多方面的重要领域，尽管我国现行涉及场地设计的规范比较齐全，但在实际的规划建设中却时常被忽略。场地规划设计是城市规划和建筑设计领域中十分重要的一环，是营造良好城市空间环境的重要途径。

体育建筑占地面积大，场地内设施比较多，各种交通流线复杂，景观环境要求较高。与其他建筑类型相比，体育建筑的场地设计有其自身特点，在体育建筑整体设计中占有相当的分量，是体育建筑设计中不容忽视的重要环节。工程实践证明，在体育建筑场地规划设计中，存在较多可进行绿色设计的内容，合理的规划不仅影响到体育建筑的外环境，而且更是建筑节能的基础。在体育建筑的规划阶段，就应当从节能角度进行考虑，合理利用风、光、水、植物等自然要素，创造有利体育建筑节能的区域小气候。

体育建筑场地规划设计中的节能技术措施很多，如结合当地的气候条件，选择最佳的建筑朝向和间距可获得更多的日照，保证冬季适量的阳光射入体育建筑室内，并避开冬季寒冷的北风；在夏季尽量减少太阳的直射，并保证具有良好的通风。可利用建筑布局和人工微地形营造、优化体育场馆周边环境质量。在环境设计中，可在建筑的上风向设置大面积水面、树林，夏季降低自然风的温度，增加空气中含氧量和负离子浓度，提高新风质量、减轻能源负荷，为自然通风的利用创造条件；冬季可降低寒风的强度，减少建筑的热损失。在不影响防洪的前提下，建筑可适当下沉，并与覆土相结合，以改善建筑保温隔热性能。运用下沉庭院、天井、内部道路等，为建筑最大限度采用自然通风和自然采光创造条件。

在进行体育建筑场地规划设计时，应掌握以下要点。

(1) 根据场地内外的环境，科学合理地进行规划布局　在满足功能使用、城市景观和规划条件要求的前提下，建筑应尽量紧凑布局，提高设施使用效率，节约土地资源。如深圳市深圳湾体育中心一体化的设计，将体育场、体育馆、游泳馆置于一个白色的巨型网格状钢结构屋面之下，形成一个完整的建筑。线条柔美的屋顶犹如孕育破茧而出冲向世界的运动健儿的孵化器，构思新颖，造型独特，与"鸟巢"的设计手法有异曲同工之妙。不仅是深圳的新地标，更代表了深圳市的城市形象，承载着深远的社会意义和浓厚的深圳情结。深圳市深圳湾体育中心的场地规划设计，既创造了独特的城市景观，又最大限度地节约了土地资源。

(2) 在体育建筑的场地规划设计中，应尽量根据实际的地形地势进行设计　维持场地原有地形地貌的自然特征，因地制宜，避免产生巨大的土石方施工，可以减少工程的施工工期和工程投资。如充分利用山坡设计观众看台，利用场地内地势高差实现观众与其他人群和机动车互不交叉、人车分流等。根据景观规划，保留场内大树、古树、名树等现状绿化，如果确实需要清除，应采取保护性移植，不得大砍大伐，施工后要采取场地环境恢复措施，减少因建设开发而引起的环境变化。

(3) 体育建筑场地内绿化率不应低于当地规划部门的要求，并在此基础上尽量提高；减少大面积草坪，提高乔木的覆盖率；采取雨洪利用、雨水收集、透水地面等措施，保护场地及周围原有水环境，建成后场地保水率与原有土地保水率之比应不小于 0.8，以保证雨水渗透对地下水的补给，提高建设用地的生态价值，维持生态平衡，保护生物多样性。

（4）优化室外环境设计、有效配置绿化及水景，采用反射率小的地面铺装材料和屋面材料，最好将一定比例的平屋面设计成植被屋面，减少场地内地面的硬化、铺装和建筑物的热容量。提高夏季室外的热舒适度，努力减少热岛效应。

（5）优化体育建筑布局，保证场地内良好的风环境，保证舒适的室外活动空间和室内良好的自然通风条件，减少气流对区域微环境和建筑本身的不利影响，对场地风环境进行典型气象条件下的模拟预测，优化规划设计方案，避免在场地内局部出现旋涡和死角，从而保证室内有效的自然通风。

（6）尽量减少对周围居住建筑冬季日照的不利影响，保证公共活动区域和绿地大寒日不小于60％的区域获得日照，为公共区域中的硬质地面和不透水地面提供适当的遮阳设施。

（7）在总平面规划设计中，需要对环境噪声进行预测分析，保证体育建筑环境噪声达到国家标准，对产生噪声的建筑物及对噪声敏感的建筑物合理布局，并采用适当的隔离或降噪措施，减少噪声的干扰。

3. 交通规划

由于体育建筑在举办体育赛事及大型活动时，在短时间内将有大量人员进出，这就需要更多方便的城市交通设施，以满足众多人员集散要求。体育设施周边的城市交通应以发展公共交通系统为主，尽量减少对自备汽车的依赖，实现节约能耗、减少污染。在条件允许的情况下，力争乘坐车辆进出体育设施的人员使用周边各种公共交通系统的比例达到60％左右。

体育设施用地内停车场应遵循节约土地资源的原则，结合体育设施使用中的实际情况，采取分散与集中、地上与地下相结合的方式设置，减少因停车场地的设置对环境的不利影响，地面停车比例不宜超过总停车量的30％。

4. 绿化设计

绿化是城市绿地系统中的重要组成部分，是改善城市生态环境中的重要环节，随着人们物质生活水平的日益提高，人们对体育建筑绿化、美化的要求及欣赏水平也越来越高。因此，体育场馆的绿化应从其绿化的作用出发，遵循绿化规划原则，使体育场馆的环境适应现代建筑，并满足体育场馆功能需求。

绿化设计是绿色体育建筑设计中的重要组成部分，是体育建筑绿色化的重要标志。在进行规划建设中，要根据实际情况进行科学规划设计，尤其是对用地内原有绿地与树木应尽量保护和利用，尽量减少对场地及周边原有绿地的功能和形态的改变。对建设用地中已有的名木及成材树木，应尽量采取原地保护措施，确实无法原地保留的名木和成材树木，宜采用异地栽种的方式保护。

通过对体育建筑场地的合理规划设计，保证建设用地的绿化率达到或高于国家及地方规定的标准。体育场馆建设用地中绿地的配置与分布合理，创造舒适、健康的微气候环境。绿化植物的选择应满足地方化、多样化的原则，乔木、灌木、草坪和花卉应合理搭配，并以乔木为主。在可能的情况下，应考虑设置垂直绿化和屋顶绿化。垂直绿化是指充分利用不同的立地条件，选择攀缘植物及其他植物栽植并依附或者铺贴于各种构筑物及其他空间结构上的绿化方式；屋顶绿化是一种特殊的绿化形式，它是以建筑物顶部平台为依托，进行蓄水、覆土并营造园林景观的一种空间绿化美化形式。垂直绿化和屋顶绿化不仅可以有效地增加绿化面积，美化环境，创造和周边环境更为和谐的城市景观，还可以提高建筑外围结构的保温性能，减少城市热岛效应，从而降低建筑能耗。

5. 建筑设计

建筑设计是指建筑物在建造之前，设计者按照建设任务，把施工过程和使用过程中所存在的或可能发生的问题，事先作好通盘的设想，拟定好解决这些问题的办法、方案，用图纸和文件表达出来。可以作为备料、施工组织工作和各工种在制作、建造工作中互相配合协作的共同依据。便于整个工程得以在预定的投资限额范围内，按照周密考虑的预定方案，统一步调，顺利进行，并使建成的建筑物充分满足使用者和社会所期望的各种要求。

体育建筑的建筑设计是整个建设过程中的关键环节，建筑设计的质量决定着建筑物的规模、等级、功能、美观、安全、寿命和造价等方面。因此，在建筑设计中应掌握以下要点。

（1）科学确定体育建筑的功能定位，包括建筑的规模和体育赛事等级　根据确的功能定位、建筑规模和赛事等级，合理设计观众席位和比赛、热身的场地。目前国内大多数体育场馆在大部分时间均以全民健身和大型活动为主，这样就应根据场馆的实际情况，合理地配置固定和活动坐席的比例，学校及社区的中小型体育场馆宜以活动坐席为主。

当建设基地为坡地时，可充分利用现有的地形地势，将看台顺应地形布置，也可采用下沉式建筑布局或覆土的建筑形式，这样可减小建筑规模，削减无效的空间，并大大降低外围护结构能耗。观众坐席应尽量增加活动坐席的比例，一方面可提供更大的场地，满足全民健身、大型活动的需要；另一方面可以降低建设资金投入和长期运营维护费用。

（2）进行单座容积的科学确定　体育场馆的单座容积是指体育馆观众厅容积与观众坐席数的比值。单座容积容数值高就意味着观众厅容积大。观众厅容积大必然会增加空调负荷，加大室内热工损耗，并造成室内混响时间过长；如果观众厅容积过低，则会造成室内空间过于压抑。一般体育馆单座容积宜控制在 $10 \sim 20 \mathrm{m}^3$ 之间。

6. 赛后利用

体育建筑与其他类型的建筑相比，具有功能需求比较复杂、集中使用人数多、使用频率普遍较低、闲置时间较长等特点，是一种建筑工艺相对复杂、结构技术难度较大、技术设备及网络系统要求高、建设投资大、回报周期长的建筑类型。如果建筑使用年限以 50 年计，体育建筑一次性建设投资仅占其全寿命周期投入的 20% 左右，大量的资金投入使用在建筑长期维护和折旧上。

根据国内外多年的管理经验，结合体育建筑本身的使用性质和特点，体育建筑在运营中解决自身的经济平衡是非常平衡的，尤其是对于体育产业不够发达的地区，体育建筑的日常维护存在着很大问题，是一个值得探讨和解决的问题。对于体育设施只为赛事而建设，而不考虑赛后利用是片面的。我国大多数体育场馆使用效率偏低，长时间闲置必然会造成资金和社会资源的浪费，不符合社会利用和经济利益。赛后利用是指体育场馆在全寿命周期内的整体运营使用，旨在实现利用效率最大化、经济效益和社会效益最大化。所以，结合赛后利用的模式，明确体育场馆功能定位，增加赛后利用设施，提高建筑在使用中的灵活性，是体育建筑绿色设计的重要内容。

发达国家的体育场馆建设和利用起步早，对体育场馆赛后利用积累了丰富的经验，可以供我们研究和借鉴。国外体育场馆的赛后利用是多方面的，如多功能设计、减少非收益空间、设置大量的餐饮小卖、休息厅和辅助房间的多种使用，充分考虑赛后的休闲、娱乐、健身等使用功能和对外经营需要，提高其利用率，协调竞技体育与社会体育并行发展的问题，使之不仅用于比赛、训练，而且能向广大群众开放，充分发挥社会效益和经济效益。

国外体育场馆十分重视功能设计，不局限于短期的比赛，更重视平时的充分利用。功能设计的优劣直接关系到场馆效益的好坏和生命力的强弱。国外比较有特色的体育场馆可以分为两类：一类是大型的综合商业体育中心，通常这类体育场馆规模庞大，其内部空间不只是体育场加商店的组合体，而是更偏重休闲和娱乐功能，消费者和使用者从这个体育中心里能够享受到从居住到购物到参加体育运动的一系列活动，可以进行类似主题夏令营之类的旅游、商务洽谈，甚至可以作为一个休闲度假的场所；另一类是纯粹体育活动性质的多功能体育场馆。这类体育场馆规模较小，仅满足体育比赛和日常简单的体育运动的需求，从场馆设计就考虑赛后利用的问题，如减少固定座椅，增加活动座椅，既满足大型比赛的需要，又能在赛后保持一定空间的利用率，增加经济效益，还充分考虑到通风、采光等自然资源的利用，尽量减少赛后灯光和冷暖设施的耗电。

以上两类场馆各有千秋、各有利弊。再具体到局部设计当中采用移动坐席、升降幕布、活动隔断。用移动坐席扩大活动空间，消除单一比赛或训练所带来的结构方面的缺陷；用升降幕布或活动隔断依据参赛人数和各类项目将场馆分割成大小不同的场地，使建筑空间具有可变性，令使用功能多样化，为赛后利用和市场运作创造良好条件。另外，国外在体育馆管理模式上受市场经济影响较大，同我国有很大的差别。西方发达国家的职业联赛开展比较广泛，确立了"以体养体"的根本经营模式。以上国外体育场馆赛后利用的具体措施都是值得我们认真学习和借鉴的丰富经验。

（1）体育场馆赛后利用的策略　为了促进体育产业蓬勃发展，使体育设施走向良性循环的道路，应从资金筹措、市场运作、多种经营等方面，积极探索体育建筑建设和管理的模式。体育建筑的赛后利用是建筑师和经营管理者共同关注的问题，借鉴国内外成功经验，考虑我国各地的具体情况，对体育场馆赛后利用应采取不同的策略。

对于体育产业比较发达的地区，赛事活动频繁的体育场馆，应以体育赛事作为赛后利用的基本出发点；对于体育产业欠发达的地区，体育场馆应围绕体育主题，形成以体育产业为中心的赛后利用模式，将大型赛事、活动与多种经营相结合，形成以大型赛事活动为主的、服务大众的全民健身娱乐休闲场所。

体育建筑赛后利用要因地制宜，充分考虑人口规模、规划选址、地区经济发展状况、区域特色；充分考虑到我国幅员辽阔，气候各异的特点，选择适宜的运动项目；要因人制宜，充分研究建筑所处人文环境的特点，了解人们的需求，赛后利用具体方案设置做到有的放矢。因此，在体育建筑功能使用方面，要结合具体情况，避免功能单一化，并要强调建筑使用的人性化和灵活性。在紧紧围绕体育产业运营和开发的同时，结合社会经济活动的需求变化，适时开展相关产业的业务拓展，做到赛后利用可进行多元化经营。

（2）体育场馆赛后利用的方式　借鉴国内外体育场馆赛后利用的成功经验，考虑地区的具体情况，体育建筑按照平时使用的侧重点不同，一般可分为专业型利用、综合型利用和全民健身型利用三大类。

①　专业型利用。专业型体育场馆是指以单一赛事（项目）为主的体育建筑，在赛后利用中可以发挥其专业场地、专业器材、专业人员的专业优势和权威效应，承接相应的职业联赛，比较典型的案例就是美国第一大职业篮球联赛（NBA），也是公认的世界上最高水平的篮球赛事。我国的专业型体育场馆也很多，如北京五棵松篮球馆、北京射击中心、北京自行车馆、天津泰达体育馆（足球专业场）、首钢体育馆（BBA主馆）等。这类体育场馆赛后利用成功的关键在于具有专业性，这样易于形成一部分相对较为固定的比赛项目和消费人群，可以带来比较稳定的收益。

②　综合型利用。综合型体育场馆是指集比赛、观演、展示、集会、演讲等功能为一体的体育建筑。在体育产业欠发达地区的大中型体育场馆中，为了使体育场馆在经营中得到有效利用，大多数为综合性的体育场馆。此类型体育场馆的赛后利用要充分利用自身大空间和多功能的特点，发挥地区性建筑的优势，围绕体育主题，将体育赛事、大型活动、展示与多种经营相结合，形成以体育赛事活动为主的、服务大众的全民健身娱乐休闲场所。

综合型的体育场馆建设，尤其是永久设施的建设要按照赛后利用的总体需求进行设计，并尽可能通过设置临时设施及局部改造等方式，满足专业比赛的需要。尽量做到"以体育赛事活动及全民健身为主导，商业服务设施为辅，并为体育赛事活动及全民健身服务"的赛后利用原则。

③ 全民健身型利用。国务院关于印发全民健身计划（2011～2015 年）的通知中指出："全民健身关系人民群众身体健康和生活幸福，是综合国力和社会文明进步的重要标志，是社会主义精神文明建设的重要内容，是全面建设小康社会的重要组成部分。到 2015 年，城乡居民体育健身意识进一步增强，参加体育锻炼的人数显著增加，身体素质明显提高，形成覆盖城乡比较健全的全民健身公共服务体系。"由此可见，兴建全民健身型体育场馆十分必要。

对于建设规模不大，又缺少专业性赛事活动的小型体育场馆，开辟为全民健身的场所，无疑是最稳妥又经济的赛后利用方案，通过场地的多功能布置，可以分时段或季节变化使用功能，甚至可以采取俱乐部的会员制，提升体育场馆赛后利用的档次，以便保证体育场馆的顺利运营和日常维护费用。

四、体育建筑的各种绿色技术

北京以"绿色奥运、科技奥运、人文奥运"的鲜明旗帜，赢得了 2008 年第 29 届奥林匹克运动会的举办权，中国体育事业和体育建筑迎来了历史上难得的发展契机。我国体育建筑设计在建筑结构、造型、功能和技术等方面，积累了丰富的经验取得了令人瞩目的成果，形成了比较完整的体育建筑设计体系。"绿色奥运"的概念为我国体育建筑设计理念、绿色技术措施等方面提出了新的课题。"绿色体育建筑"它以传统体育建筑设计体系为基础，以各种绿色技术为手段，吸收"绿色建筑"设计思想中的合理成分，对自然资源和能源利用、环境、气候、功能可持续等方面进行特别关注，体现了绿色建筑可持续发展的科学理念。

（一）自然通风与自然采光

随着空调和照明技术的不断发展，自然通风与自然采光的利用曾一度被建筑师忽视，但能源危机、封闭式空调所带来的室内空气品质差，以及疾病传播等问题的出现，使自然通风与自然采光重新得到人们的重视。合理利用自然通风与自然采光，可以减少能源的消耗，改善室内空气品质和光环境的舒适度，满足人们对舒适健康室内环境的需求。根据我国的实际情况，多数体育场馆在大量时段内主要是全民健身活动，与赛时相比其对于室内光环境和热工环境的要求较低，为了减少建筑能耗，体育场馆应尽量设置自然通风与自然采光的条件。

1. 体育场馆自然通风

自然通风是一种具有很大潜力的通风方式，它具有节能、改善室内热舒适性和提高室内空气品质的优点，是人类历史上长期赖以调节室内环境的原始手段。在空调技术得以普及，机械通风广泛应用的今天，迫于节约能源、保持良好的室内空气品质的双重压力下，全球的科学家开始重新审视自然通风技术。自然通风在实现原理上有利用风压、利用热压、风压与热压相结合以及机械辅助通风等几种形式。

采用自然通风取代空调制冷技术至少具有两方面的意义：一是实现了被动式制冷，自然通风可在不消耗不可再生能源情况下降低室内温度，改善室内热环境；二是可提供新鲜、清洁的自然空气，带走潮湿污浊的空气，有利于人体的生理和心理健康。

现代人类对自然通风的利用已经不同于以前开窗、开门通风，而是综合利用室内外条件来实现。如根据建筑周围环境、建筑布局、建筑构造、太阳辐射、气候、室内热源等，来组织和诱导自然通风。在建筑构造上，通过中庭、双层幕墙、风塔、门窗、屋顶等构件的优化设计来实现良好的自然通风效果。工程实践证明，将干燥、清新的室外空气引入体育建筑室内部，可以消除余热和余湿，能有效降低空调系统的负荷、省电节能，而且占地面积小、投资少，运行费用低，同时大大提高了室内的空气品质，在体育建筑中已被广泛采用。

由于体育建筑的体量大，可利用建筑内部空气的热压差（即"烟囱效应"）来实现建筑的自然通风。利用体育建筑外墙开启窗扇、建筑物内部上下贯穿的竖向空腔（如楼梯间、拔风井道等）满足自然风进风的要求；在建筑上部结合屋面、天窗以及侧高窗设置排风口，将污浊的热空气从室内排出。室内外的温差和进出风口的高差越大，则自然通风的作用越明显。

由于体育场馆的通风路径比较长，对风能损失较大，单纯依靠自然的风压、热压，往往不足以实现良好的自然通风。而对于恶劣的室外环境，直接自然通风还会继续将室外污浊的空气和噪声带入室内，不利于人体的健康。在这种情况下，可以采用机械辅助方式自然通风系统。这种通风系统有一套完整的空气循环通道，辅以符合生态理念的空气预处理手段，并借助一定的机械方式来加速体育场馆内通风。北京奥林匹克网球中心、日本长野综合体育馆都采用这种方式。

随着体育场馆新型结构和施工技术的发展，这类建筑利用自然通风的限度不断被扩展，最具有代表性的即是活动屋盖的应用，它能根据天气条件灵活调节屋面的开合，通过屋顶的开启和闭合对室内补充新鲜空气，调节体育场馆室内微气候，在利用自然通风的同时也为体育场馆提供了自然采光，大大降低了使用机械通风及人工照明的能耗。但是，大中型体育场馆活动屋盖的设计和维护复杂，初期投资和日常运行费用高，其经济效益并不理想。目前此技术在美国和日本应用较多，我国还极少应用。

体育建筑是较为特殊的公共建筑类型，其规划、环境、建筑设计都有自身的特点，自然通风系统只有有效结合这些特点，并对自然通风技术进行充分考虑，才能产生相应的、有效的通风解决方案。针对体育建筑的特殊性，自然通风的应用策略需密切结合当地的气象条件和环境特点，根据体育场馆的不同使用功能和使用阶段确定。竞赛型的体育建筑以机械通风为主，可应用自然通风的原理，增加通风的"绿色"环节，应用能量回收技术，节省采暖能耗等策略。全民健身型体育建筑则应以自然风为主、机械通风为辅，可以采取扩大通风口面积、优化通风路径等手段，同时应考虑不同季节、不同空间性质及昼夜差别，采用不同的通风策略。此外，利用计算流体力学的手段来辅助和优化建筑的通风设计也比较成熟。

2. 体育场馆自然采光

光是建筑空间得以呈现、空间活动得以进行的必要条件之一。尽管目前人工光已经普遍应用于建筑室内照明，但是自然光仍然具有人工照明无法替代的优势：①人眼在自然环境中辨认能力强、舒适度好，不易引起视觉疲劳，有利于视觉健康；②通过自然采光的亮度强弱变化、光影的移动，在室内生活的人们可以感知昼夜的更替和四季的循环，有利于心理健康；③充分利用自然光有利于建筑节能。另外，在建筑设计中，通过自然光的光影变化，可以塑造出不同的效果。

当前，全世界的平均照明用电已占总发电量的 $10\%\sim20\%$，而我国也已占到了 $10\%\sim12\%$。对新建筑预先进行采光设计和对既有建筑进行采光、照明方面的改造，是当前我国建筑节能工作的重点之一。工程实践证明，利用自然采光不仅可以改善室内照明条件，而且可以减少大量的人工照明能耗，从而达到建筑节能的目的。

体育场馆体量大、照明要求高，如果单纯采用人工照明方式，不但消耗巨大电能，其产生的散热问题同时也增大了室内空调负荷，合理有效地利用自然光，尤其是非正式比赛和全民健身的情况下，可以有效地减少照明用电和空调能耗。虽然自然采光在建筑节能方面有许多优势，但在已建的体育场馆中自然采光技术却未得到充分应用，这主要由两方面因素所造成的：体育场馆的正式比赛和大型活动的情况下，由于电视转播方面的需要，通常采用人工照明，对于已设置自然采光的体育场馆，还需要采取遮光措施。屋面构造比较复杂，设置采光天窗易增加漏水隐患，同时因采光方式选用不当，还会产生严重的眩光、照度不均等问题，影响体育建筑的赛后利用。

体育场馆目前常用的自然采光方式，主要包括高侧面采光和顶部采光两种。顶部采光又可分为利用天窗、透明屋面材料、光导管及活动屋盖采光四种方式。对于体育馆，优先选择屋顶采光方式，采光区域宜集中在比赛区域的上空，并应均匀布置，采光区域面积的控制应综合考虑各种因素，以满足平时全民健身及日常维护不需人工照明的要求。屋顶采光的面积应适宜，如果面积选择过大，虽然可以提高比赛大厅内平时采光效果，但会相应增加建筑能耗，增大白天比赛及大型活动时遮光的难度。根据设计经验和使用效果，采光区域面积宜控制在20%以内（屋顶采光区域面积与屋顶面积比值），同时还应符合现行国家标准《公共建筑节能设计规范》（GB 50189—2005）的要求。

体育建筑对自然采光产生的眩光等不利光环境更加敏感，建筑设计人员应引起特别注意。所谓眩光是指视野中由于不适宜亮度分布，或在空间或时间上存在极端的亮度对比，以致引起视觉不舒适和降低物体可见度的视觉条件。眩光不仅在生理上影响人眼视觉能力，还会在心理上产生不良影响和负面情绪。在进行体育建筑自然采光设计时，应通过采光窗的设置、漫射采光材料等技术手段加以避免。

对于大多数常见的室内体育项目而言，屋顶采光区域宜沿比赛、训练场地的长轴方向设置，采光材料通常选用彩釉玻璃、磨砂玻璃、透光率较低的单层聚碳酸酯板、中空聚碳酸酯板、PTFE（玻璃纤维）膜、PTFE（乙烯-四氟乙烯共聚物）等。另外，合理地设置遮阳措施，也是控制眩光的有效途径。常规的水平遮阳、垂直遮阳等遮阳方式，都可以有效地解决体育建筑的眩光问题。采用电动开启遮光帘装置，可以在较短时间内实现完全开合，更适用于体育建筑不同使用功能切换时对室内照明环境的控制。

随着科学技术的发展，在建筑中已出现了新型自然采光技术，如光导照明系统。光导照明系统是一种新型照明装置，是通过采光罩高效采集自然光线导入系统内重新分配，再经过特殊制作的导光管传输和强化后由系统底部的漫射装置把自然光均匀高效的照射到任何需要光线的地方，得到由自然光带来的特殊照明效果。光导照明系统与传统的照明系统相比，存在着独特的优点，有着良好发展前景和广阔应用领域，是真正节能、环保、绿色的照明方式。

光导照明系统主要分为采光区、传输区、输出区几个部分。其特点有：①可完全取代白天的电力照明，至少可提供10h的自然光照明，无电能消耗，一次性投资，无需维护，能节约大量能源，经济效益较好；②系统照明光源取自自然光线，光线柔和、均匀、全频谱、无闪烁、无眩光、无污染，并通过采光罩表面的防紫外线涂层，滤除有害的辐射，能最大限度地保护的身心健康。

光导照明系统可以根据功能的需要，通过开关或者小型遥控器，控制遮光片进行旋转，对室内光照度进行任意调节，甚至可以完全关闭。控制装置还可以根据不同场合和不同时间段，与人工照明系统进行工作模式的切换，实现不同工作场合的多种照明工作模式，充分利用自然光，自动调节室内照度，最大限度地节约能源。

（二）体育建筑的遮阳技术

建筑遮阳是建筑节能的一项重要技术措施。建筑遮阳的主要目的是夏季有效减少阳光的辐射，防止阳光过分照射和加热建筑的围护结构，有效地遮阳能改善体育建筑室内的热环境质量，大幅度降低空调的能耗，同时还能防止眩光，从而提高室内舒适度。遮阳和建筑的完美结合，有时还能为体育建筑造型设计起到画龙点睛的作用。

体育建筑遮阳主要应用于建筑外围护结构中透明部分，对太阳光线有控制要求的部位，所以进行建筑遮阳设计、选用遮阳技术时应与外门窗、遮阳设施等同时考虑，进行一体化设计，在技术与构造接口上要事先做好预留。外遮阳从调节方式上可分为固定式和活动式，后者可根据使用要求灵活调节，节能效果更好，但一次性投资和日常维护费用较高，目前在我国尚未得到广泛应用。从布局方式上又可分为水平遮阳和垂直遮阳，水平遮阳方式适用于低纬度、太阳高度角较大地区的夏季遮阳；垂直遮阳适用于遮挡从侧面射来的阳光，可以遮挡太阳高度角较低的光线，一般宜布置在建筑东、西方向。

内遮阳方式在传统的建筑中常采用，它可以防止太阳直接射入室内。内遮阳与外遮阳的区别在于，内遮阳只能遮挡一部分太阳辐射，当阳光照射到窗户上红外线把玻璃加热，可见光和紫外线使遮阳材料温度升高，内遮阳与窗户之间的空气温度也随着不断上升，促使整个室内温度都随之升高，对降低空调的能耗作用不大。外墙遮阳可在夏季防止太阳照射在外墙表面，减小向室内的传热量。外墙的遮阳一般是依靠建筑本身的结构件实现，需要设计人员的巧妙设计，实现立面的有效遮阳效果，也可以通过布置花草、垂直绿化，用植物实现遮阳。

（三）体育建筑的节水措施

水是生命之源、生命之本，是人类赖以生存和发展的最重要的物资资源之一，也是不可缺少、不可替代的特殊资源。当前我国水资源人均量并不丰富，地区分布不均匀，年内变化莫测，年际差别很大，再加上人为污染，使水资源更加紧缺，我国是世界上最缺水的国家之一。各类建筑在开发、维护和使用的过程中，需要消耗大量的水资源，建筑节水刻不容缓。实践证明，大型体育建筑的节水技术，通常包括以下 3 个方面。

1. 雨水和中水开发利用

开辟和有效利用非传统水源是目前节水的热点，非传统水源是指不同于传统地表供水和地下供水的水源，包括再生水、雨水、海水等，利用这些非传统水源可以替代等量的自来水，这样就相当节约传统水源和供水能耗。雨水收集利用技术在世界范围内已经得到广泛的应用，从绿色建筑角度考虑，在西方发达国家的地方法规中，已将该技术作为一种政府行为强制执行。雨水收集利用技术概括为以下三个方面：一是利用建筑屋顶面、广场面集水等手段，进行雨水的收集；二是草地、透水路面的铺装、增加雨水入渗或进行人工回灌，补充地下水资源，减轻城市排水工程的负担；三是利用雨水可解决缺少地区人畜饮水问题。

体育建筑占地面积大、体量大，具有大面积的屋顶、室外聚散广场和绿化，非常适宜采用雨水回收利用及雨水入渗技术。雨水利用是指采用不同方法将体育场馆屋面和广场地面雨水收集起来，经过一定的净化处理后，其水质应符合《城市污水再生利用　城市杂水质》（GB/T 18920—2002）及《建筑与小区雨水利用工程技术规范》（GB 50400—2006）中规定。雨水净化处理工艺应根据径流雨水的水质、水量和处理水质标准来选择。

经收集处理后的雨水，一般可用于体育场馆周围的绿化、草坪灌溉、冲洗地面或道路、洗车、喷泉景观、人工湿地补水、建筑施工等用水，有条件的还可作为冲厕和消防等补充用水。如国家体育馆采用了技术先进的雨洪利用系统，雨水储水池总储量可达 1.2 万立方米，雨水年处理能力达到 5.8 万吨，处理后的雨水主要用于比赛热身场地草坪灌溉、空调水冷却、冲厕、绿化、消防用水等。北京奥林匹克公园中心区建造了一套完整的雨洪利用系统，雨洪利用设计面积达到 97hm²，综合利用率达到 80%，每年补充地下水 32 万立方米，补充水系景观用水 9 万立方米，收集的雨水可提供 5 万立方米的绿化灌溉用水。

中水来源于建筑的生活排水，包括生活污水和生活废水。体育建筑中的生活废水包括冷排水、沐浴排水、盥洗排水等杂排水，一般为优质杂排水。由于体育建筑内设有大量的卫生间、淋浴等用水设施，可供利用的生活废水量尤为可观，这些废水经净化处理后，达到规定的水质标准，则成为中水，可用于冲厕、绿地浇灌、道路清洁、车辆冲洗、建筑施工、景观及可以接受其水质标准的其他用水。如国家游泳中心（水立方），平均每年可以回用雨水 1 万立方米，仅洗浴废水回收利用一项就可实现每年节约用于近 4.5 万吨。此外，还有空调冷凝水的回收利用，适合作为冷却塔的补充水。

2. 采用高效的灌溉方式

体育建筑不仅本身体量较大，而且还具有较大的室外景观绿化，特别是体育场、足球场等室外场地，具有更大面积的自然草皮场，这些室外的绿地和植物需要消耗大量的水进行浇灌维护。在进行绿化灌溉设计时，水源应优先采用地表水、雨水及经过处理后的中水。为减少体育场地绿化维护费用和浇灌用水量，采用高效的灌溉方式是重要技术措施和途径，如采用喷灌方式比地面漫灌方式省水 30%～50%。

实践证明，高效灌溉方式不仅具有节水显著的优势，而且还具有节省人力、省地、适应性强、有利于美化环境和调节小气候等特点。高效节水灌溉技术有喷灌、微灌、滴灌等方式，其中喷灌有固定式、半固定式和喷灌机等；微灌有旋转式、折射式和脉冲式等；滴灌可分为地表滴灌和地下滴灌。对于足球场、橄榄球场等草地运动场地，由于用途和要求的特殊性，草坪灌溉系统的设计、安装及器材的选择，都有别于其他的一般公共绿地，运动场内不能有任何高于草皮地面的障碍物，灌溉系统需采用地埋、自动升降式，系统采用自动控制；喷洒的均匀度要高，以满足草坪的用水要求。国家体育场（鸟巢）的绿化即采用微灌和滴灌方式，体育场草坪设置适度感应探头，能自动智能控制，实现了高效节水。为了减少水的蒸发量和不影响比赛，一般应选在夜间进行灌溉。

3. 选用节水器具和设备

用水量实测表明，应用节水器具在建筑节水措施中是最简单易行的，也是最为明显直接的，对于体育建筑也不例外。节水器具有两层含义：①在较长时间内免除维修，不发生跑、冒、滴、漏等无用耗水现象，是节水的；②设计先进合理、制作精良、使用方便，较传统用水器具设备能明显减少用水量。

一套性能良好的设备对于水资源的节约具有很大的作用，例如普通的淋浴喷头每分钟喷水为 20L，而节水型的喷头每分钟只需约 9L，节水率为 55%。目前在体育场馆中应用的节水器具主要包括：无水小便器、自动冲水大便器、节水龙头、节水冷却器、水温调节器及节水型淋浴喷嘴淋浴器等。其中无水小便器利用化学方法对尿液进行回收利用，回收的尿液无异味，无水小便器的一个滤盒可使用 1 万人次，至少可以节水 30t；节水龙头的节水量可达到 33%～60%；两档节水型虹吸式排水坐便器，其节水量为 20%～30%；水温调节器及节水型淋浴喷嘴淋浴器，其节水量为 50% 左右。这些节水器具的节水效果，都远远超过《绿色建筑评价标准》中"采用节水器具和设备，节水率不低于 8%"的指标要求，是绿色建筑设计中有效可行的节水措施。

除了采用节水器具和设备可以节水外，选用优质管材、阀门也能起到事半功倍的作用。选用符合国家质量标准的管材和阀门，使用低阻力优质阀门和倒流防止器等，可避免因管道锈蚀、阀门的质量问题导致大量的水跑、冒、滴、漏。在大型体育建筑中，为避免饮水的二次污染导致浪费，还可采用末端直饮水处理设备。

（四）体育建筑高效空调系统

随着国家经济建设的迅速发展，我国的国力不断增强，体育事业也随之蓬勃发展，体育健儿在国内外赛场屡创佳绩，广大群众参与健身活动积极性日益高涨。在这种背景下，我国对各类体育设施，特别是体育场馆建设的投入不断加大。体育场馆的高速建设和对场馆内环境要求的提高，对我国建筑暖通行业提出了更高的要求。

体育馆室内空间体积大、人员较密集、空调负荷大、系统初投资大、运行能耗高，所以空调系统的节能仍是体育建筑节能不可忽视的重要部分。体育建筑的空调系统设计，必须充分考虑体育馆使用功能特点及体育建筑本身特性，既要控制合理的初期投资，又要降低空调系统运行能耗。在空调系统设计阶段，正确计算各部分的参数，合理进行空调设备选型，特别避免空调选型过大，这不仅可节约初期投资，也是保证设备能在最佳工况点运行从而节约运行费用的前提。

空调系统节能可分为冷热源及设备系统的节能、空调系统运行节能两个部分。有关统计资料表明，其空调能耗约占建筑能耗的 $50\%\sim60\%$，约占总能耗的 $15\%\sim25\%$。空调能耗由冷热源设备能耗、末端设备能耗和辅助设备能耗三部分组成，其中冷热源设备能耗约占空调能耗的 $50\%\sim60\%$。由此可见，合理选择空调系统的冷热源对建筑节能意义重大。

冷热源及设备系统包括采用热电冷三联供系统、热泵、蓄冷技术、蒸发冷却等技术。对于专业训练型体育建筑，由于需要常年运行，负荷较为稳定，可采用热泵和蓄冷技术。热泵是通过动力驱动做功，从低温环境（热源）中取热，将其温度提升，再送到高温环境（热汇）中放热的装置。可在夏季为空调提供冷源或在冬季为建筑采暖提供热源，是利用可再生能源的有效途径之一。根据热源类型，热泵可分为地源热泵、水源热泵和空气源热泵。

蓄冷技术是一门关于低于环境温度热量的储存和应用技术，是制冷技术的补充和调节，蓄冷技术包括冰蓄冷和水蓄冷两种。冰蓄冷空调是利用夜间低谷负荷电力制冰储存在蓄冰装置中，白天融冰将所储存冷量释放出来，减少电网高峰时段空调用电负荷及空调系统装机容量，它代表着当今世界中央空调的发展方向。水蓄冷空调是利用电网的峰谷电价差，夜间采用冷水机组在水池内蓄冷，白天水池放冷而主机避峰运行的节能空调方式，它具有投资较小，运行可靠，制冷效果好，经济效益明显的特点，每年能节省可观的空调年运行费用，还可实现大温差送水和应急冷源，相对于冰蓄冷系统投资大、调试复杂、推广难度较大来说，水蓄冷具有经济简单的特点，可利用大型建筑本身的消防水池来进行冷量储存，所以水蓄冷技术具有广阔的发展空间和应用前景。

体育建筑中空调系统运行节能，主要是通过调试和科学管理实现，使风机与水泵达到最佳的运行工况，降低风机和水泵能耗。变频技术投资低、节能率高，只要设计合理，运行管理得当，风机和水泵变频投资的回收期一般只需要 $1\sim2$ 年。体育建筑室内空间很大，例如一个万人体育馆，室内空间体积往往会达到 10 万立方米左右，采用常规建筑上送下回空调送风方式，无疑将会造成较大的能源浪费。所以对于体育建筑，从坐椅下送风将是优先选择的空调送风方式。这种送风方式的送风口距离观众很近，能源的利用效率很高，用较少的能耗就能满足观众区的热舒适性和室内空气品质的要求。但是要注意送风的风速不宜过大，一般宜控制在 $0.25m/s$ 以下，送风口均匀布置，必要时在风口前设置均压器来实现送风的均匀性。

（五）体育建筑的可再生能源

为了促进可再生能源的开发利用，增加能源供应，改善能源结构，保障能源安全，保护环境，实现经济社会的可持续发展，2006年1月1日我国开始实施《中华人民共和国可再生能源法》。所谓可再生能源是指风能、太阳能、水能、生物质能、地热能、海洋能等非化石能源。随着国家对可再生能源应用的重视，近几年已建和在建的部分体育建筑，根据所在地的地理位置、气候条件、周边环境等因素，结合体育建筑的规模和功能，因地制宜地采用可再生能源技术。在奥运场馆建筑中，采用地（水）源热泵等技术，实现场馆供能的成功案例，已经充分说明可再生能源的利用在场馆中应用是可行的。

通过工程实践证明，地（水）源热泵等技术在体育场馆中的应用还存在一些需要解决的问题。尽管我国体育产业近几年得到迅速发展，但尚未形成可观的规模效应，已建成的大部分体育建筑依然存在着利用率较低，闲置时间比较长等问题。另外，体育建筑的空调系统有其特有的运行方式，因而在运行管理上与其他公共建筑有明显的区别。目前我国比赛用的体育建筑的空调系统，普遍存在运行时间短、使用效率低、管理意识差等缺点，由此造成了能耗不稳定，变化比较大，不利于地（水）源热泵技术的应用。

为了能够在应用中最大限度地提高可再生能源利用率，要根据体育场馆所在地的气候及水文地质条件、建设规模、投资预算、场馆功能定位等多种因素选用。既要考虑满足正常赛事用能源，又要兼顾赛事空闲期的赛后利用需要，合理配置系统规模。根据全国各地体育场馆使用情况分析，大多数体育场馆为了解决在赛事空闲时期的场馆利用，在场馆规划设计时，除了满足正常体育赛事外，还要满足平时展会、演出、超市、办公等商运营的要求。这样既降低了场馆的闲置率又为经营者增加了商业收入，以保证场馆的正常运行和维护。场馆的商业化运营，必然对暖通空调系统产生需求，增加了系统的运行时间和相应的能耗，可以充分利用地（水）源热泵技术节能减排和降低运行费用的优势，服务于场馆的建设和运营。

1. 地源热泵技术

地源热泵技术是一种利用地下浅层地热资源，既能供热又能制冷的高效节能环保型空调系统。地源热泵通过输入少量的高品位能源（电能），即可实现能量从低温热源向高温热源的转移。在冬季，把土壤中的热量"取"出来，提高温度后供给室内用于采暖；在夏季，把室内的热量"取"出来释放到土壤中去，并且常年能保证地下温度的均衡。

由于较深的土壤层在未受干扰的情况下常年保持恒定的温度，远高于冬季的室外温度，又低于夏季的室内温度，因此土壤源热泵系统可实现采暖和制冷功能，可大量节约能源，减少排放。例如国家体育场利用8000m左右的足球场草皮下的土壤资源，设计了先进的地源热泵冷热源系统，采用2台制冷、热热量分别为750W/台和940W/台的螺杆机，为夏季制冷和冬季采暖提供冷热源，充分利用了可再生能源，达到了节约能源的目的。

2. 水源热泵技术

水源热泵是以水为介质来提取能量实现制热和制冷的一个或一组系统。针对水源热泵机组，就是通过消耗少量高品位能量，将地表水中不可直接利用的低品位热量提取出来，变成可以直接利用的高品位能源的装置。水源热泵是利用太阳能和地热能来制冷、供热，应该说其属热泵中"地源热泵"的一种。水源热泵机组工作原理就是在夏季将建筑物中的热量转移到水源中，由于水源温度低，所以可以高效地带走热量，而冬季，则从水源中提取能量，由热泵原理通过空气或水作为制冷剂提升温度后送到建筑物中。

水源热泵根据对水源的利用方式的不同，可以分为闭式系统和开式系统两种。闭式系统是指在水侧为一组闭式循环的换热盘管，该组盘管一般水平或垂直埋于湖水或海水中，通过与湖水或海水换热来实现能量转移；开式系统是指从地下或地表中抽水后经过换热器直接排放的系统。水源热泵无论是在制热还是制冷过程中均以水为热源和冷却介质，即用切换工质回路来实现制热和制冷的运行。由于水源热泵技术利用地表水作为空调机组的冷热源，所以其具有环保效益显著、效率比较高、节能效果好、应用范围广、能一机多用、自动化程度高、没有任何污染、运行稳定可靠等特点。

水源热泵系统由于抽取地下水资源作为冷热源，除需要钻打抽水井外，还需要有相应的回灌井，以保证地下水资源不被破坏。我国国家体育馆应用了水源热泵系统作为暖通空调补充系统，采用单井抽灌式低位能量采集方式，共设置 3 口冷热源井，单井标准循环水量为 $100m^3/h$。一台热泵主机负责常年制备生活热水，两台热泵主机负责在冬季提供内区制冷负荷，夏季一部分空调再热负荷。从而实现了能源的循环利用，最大限度地节约了常规能源。

通过对已成功运行的地（水）源热泵系统的测算，采用该项技术的暖通空调系统，较常规空调系统具有较高的能效比。经过严格测试及不同地区热泵的应用实例测算，水源热泵系统制热的性能系数在 3.3～4.4 之间，制冷的性能系数在 4.1～5.8 之间；地源热泵系统制热的性能系数在 3.0～4.0 之间，制冷的性能系数在 4.0 以上。水源热泵系统的制热制冷性能系数略高于地源热泵系统，具有相当可观的节能效益。

（六）体育建筑的太阳能利用

太阳能光伏发电系统是根据光生伏特效应原理，利用太阳电池将太阳光能直接转化为电能的一种技术。这种技术的关键元件是太阳能电池，太阳能电池经过串联后进行封装保护可形成大面积的太阳电池组件，再配合上功率控制器等部件就形成了光伏发电系统装置。在建筑中应用太阳能供暖、制冷，可节省大量电力、煤炭等能源，而且不污染环境，在年日照时间长、空气洁净度高、阳光充足而缺乏其他能源的地区，采用太阳能供暖、制冷，尤为有利。我国按各地区接受太阳能总辐射量划分，可分为五类地区，其中一、二、三类地区全年日照时数大于 2000h，这三类地区总面积约占全国总面积的 70%，具有利用太阳能的良好条件，所以我国绝大多数地区的太阳能资源相当丰富，采用太阳能光伏发电系统非常有利。

体育建筑的屋顶面积一般较大，在屋顶上设置太阳能电池板是较好的位置选择。近年来，太阳能光伏建筑集成与并网发电得到快速发展。将建筑物与光伏集成并网发电具有多方面的优点，例如无污染、不需占用土地、降低施工成本、不需要能量储存设备、在用电地点发电可避免输配电损失等，好的集成设备会使建筑物更加洁净、美观，对美化城市也会起到一定作用。我国国家体育馆利用屋面布置了 $1000m^2$ 的太阳能光伏电池板，发电容量为 100kW，所产生的电能主要用于本建筑地下车库的照明用电。在 25 年的寿命周期内，可产生 232 万千瓦时绿色电能，累计节约标准煤达 906t，减排 CO_2 约 2352t。

据有关专家预测，太阳能光伏发电在 21 世纪会占据世界能源消费的重要地位，不但要替代部分常规的能源，而且将成为世界能源供应的主体。预计到 2030 年，可再生能源在总能源结构中将占到 30% 以上，而太阳能光伏发电在世界总电力供应中的比例也将达到 10% 以上；到 2040 年，可再生能源在总能源结构中将占到 50% 以上，而太阳能光伏发电在世界总电力供应中的比例也将达到 20% 以上；到 21 世纪末，可再生能源在总能源结构中将占到 80% 以上，而太阳能发电在世界总电力供应中的比例也将达到 60% 以上。以上这些数据足以显示，太阳能光伏产业的发展前景及其在能源领域重要的战略地位。

太阳能是永不枯竭的绿色优质的可再生能源，除了可利用光伏电池进行光电转换外，还可以进行光热转换，如太阳能热水、太阳能空调等，具有非常广阔的利用前景。例如在北京国奥村，利用建筑屋顶花园，将太阳能集热管设计成为花架构件的组成部分，与屋顶花园浑然一体。6000m² 的太阳能热水系统，在奥运会期间可为 17200 名运动员提供洗浴热水；在奥运会结束后，可满足全区近 2000 户居民的生活热水需求。据测算，该太阳能热水系统年节电约 500 万千瓦时。

第六节　绿色商业建筑设计

随着我国国民经济的快速发展，近些年，我国绿色节能设计在商业建筑当中的实现与应用，对社会和环境影响的日益加深。可持续发展战略的不断完善，绿色节能设计在商业建筑当中的实现与应用对社会和环境影响的日益加深，绿色节能设计概念的产生，对节能的思想造成了巨大的冲击和影响。绿色建筑技术在商业建筑中的应用，有助于设计人员灵活有效的提出优化的建筑的节地、节能、节水及节材的方案，客观全面地把握和认识建筑能耗形势及绿色建筑技术工作的开展方向，并能达到较满意的经济效益与社会效益。

进入 21 世纪以来，商业建筑的类型出现新的变化：一是商业种类逐渐细化，百货商场、专卖店、超级市场、购物中心、便利店、折扣店、杂货店、厂家直销中心等，不同的业态和销售模式产生了不同的商业建筑形式；二是商业朝着集中化、综合化的方向发展，将文化、娱乐、休闲、餐饮等功能引入到商业建筑中来。这两种变化也出现交叉、重叠，专卖店加盟百货商场以提高商品档次，超级市场、折扣店进驻购物中心以满足消费者一站式购物的需求。

商业建筑规模大，人员流动性大，功能比较复杂，每天使用时间较长，全年营业不休息，设备常年运转，而且由于自身功能要求的特殊性，对某些节能措施存在矛盾性，这些都使商业建筑的节能更加复杂。进入商业建筑的消费者对室内舒适性要求不断提高，与此相伴的能源与资源也必然节节攀升；再加上普遍存在对商业建筑节能意识差，片面追求高舒适度，过多采用人工环境，盲目追求高新技术和产品，节能技术利用不够充分，高能耗高排放等问题，都严重制约商业的进一步发展，因此，对商业建筑的绿色节能设计已刻不容缓。

一、绿色商业建筑的规划和环境设计

商业建筑现已成为除居住建筑以外，是最引人注目的、对城市活力和景观影响最大的建筑类型，商业建筑规划设计将面临更广泛的问题。综合性是现代商业建筑的发展趋势，建筑师在设计商业建筑的方式和功能都在发生着改变，不同的策划定位、商业特色和地方人文都影响着商业建筑的模式，这就需要我们不断改进商业的项目产品，打造更加符合商业需求的最佳策划方案和设计作品，最终让投资者和消费者感到持续的价值，让商户感受到持续经营的优越组合空间，让客户感受到购物消费的愉悦，感受到生活和世界的美丽。

随着经济和文化的快速发展，商业建筑呈综合性的发展趋势，商业特色和地方人文都影响着商业建筑的模式，设计合理、合情、合适的商业建筑，能够创造良好的社会效益和经济效益。城市商业中心的形成和发展本质是城市、社会、经济和科技等领域综合作用的产物，新建项目往往是集多种功能于一身，以一个综合体的面貌出现。

（一）商业建筑的选址与规划

商业建筑在其前期规划中，首先要进行深入细致的调查研究，寻求所在区位内缺失的商业内容作为自身产业定位的参考。在进行商业建筑地块的选择时，应当优先考虑基地的环境，物流运输的可达性，交通基础设施、市政管网、电信网络等是否齐全，减少规划初期建设成本，避免重复建设而造成浪费。

在建设场地的规划中，要根据实际合理利用地形条件，尽量不破坏原有的地形地貌，避免对原有自然环境产生不利影响，降低人力、物力和财力的消耗，减少废土和废水等污染物。规划时应充分利用现有的交通资源，在靠近公共交通节点的人流方向设置独立出入口，必要时可与之连接，以增加消费者接触商业建筑的机会与时间，方便消费者购物。

我国多数城市中心区经过长期的经营和发展，各方面的条件都比较完备，基础设施比较齐全，消费者的认知程度较高，逐渐形成比较繁华的商圈，不仅当地的城市经常光顾，外来旅游者也会慕名前来消费。成功的商圈有利于新建商业建筑快速被人们所熟悉，分享整个商圈的客流，而著名的商业建筑也同样可以提升商圈的知名度，增添新的吸引力。

在商圈内各种商业设施的种类繁多，应使它们在商品档次、种类、商业业态上有所区别，避免出现对消费者不正当争夺，从而影响经济效益，造成资源的浪费。国内外著名商圈表明，若干大型商业设施应集中在一定商圈范围内，以便于相互利用客源；但各自间也要保持适度的距离，过分集中将会造成人流局部拥挤，使消费者产生恐惧拥挤回避心理。

（二）商业建筑的环境设计

商业建筑是人们用来进行商品交换和商品交流的公共空间环境，它是现代城市的重要组成部分，也是展示现代城市商业文化、城市风貌与特色的重要场所。如何创造商业环境本身的美好形象，创造经济效益并产生社会影响，吸引市民和顾客的注意力，激发顾客消费欲望并产生购买商品的意图，进而付诸实施，是商业建筑内外环境最重要的设计任务。商业环境的装饰和布置就是达到这个目标极为关键和有效的手段。可见，商业环境的装饰和布置能够创造具有魅力的美好形象，帮助商业环境推销商品，提高商业环境工作人员的效率，显著增强商业环境的企业竞争力。商业建筑内外环境艺术设计的一个重要出发点，就是要最直接、最鲜明地体现商业营销环境的作用和效果，就是要采用各种装饰手段，既为市民和顾客提供一个称心如意的良好购物环境，也为商业环境内的工作人员提供舒适方便的售货场地。

比较理想的商业建筑环境设计，不仅可以给消费者提供舒适的室外休闲环境，而且环境中的树木绿化可以起到阻风、遮阳、导风、调节温湿度等作用。在商业建筑环境设计中，绿化的选择应多采用本土植物，尽量保持原生植被。在植物的配置上应注意乔木、灌木相结合，不同的植物种类相结合，达到四季有景的绿化美化效果。

良好的水生环境不仅可以吸引购物的人流，而且还可以很好地调节室内外热环境，有效地降低建筑能耗。有的商业建筑在广场上设置一些水池或喷泉，达到较好的景观效果。但这种设计形式不宜过多过大，设计时应充分考虑当地的气候和人的行为心理特征。水循环设计要求商业建筑的场地要有涵养水分的能力。场地保水的策略可分为"直接渗透"和"储集渗透"两种，"直接渗透"就是利用土壤的渗水性来保持水分；"储集渗透"则模仿自然水体的模式，先将雨水集中，再低速进行渗透。对于商业建筑来说，"直接渗透"更加适用。另外，硬质铺地在心理上给人的感觉比较生硬，绿化和渗透地面更容易使人接受。

现代商业建筑环境设计的一个新的趋势，就是建筑的内外环境在功能上的综合化，即把购物、餐饮、交往、办公、娱乐、交通等功能综合组成一个中心群体，是现代商业建筑环境设计的又一特点。大中商场和市场、商业街和步行商业街、购物中心和商业广场、商业综合体等四类现代商业建筑，都具有这种特点。功能的综合化则适应了现代消费需求和生活方式，带来了空间的多样化，并增强了活跃、欢快的购物气氛。例如日本福冈建成的博多水城，其建筑面积达 23.6 万平方米，在使用功能上把零售、娱乐、餐饮、办公、住宿等组成为一个城市中的欢乐岛，充分体现了现代购物中心在功能上的综合性特点。中德合资兴建的北京燕莎购物中心、中国国际贸易中心、赛特购物中心、上海商城等均属于这类具有功能综合性特点的现代商业环境，是展示当代中国最高设计水准的商业环境。

二、绿色商业建筑的建筑设计

现代商业建筑设计的目的是让建筑项目产生良好的、持久的经济效益，如果设计人员按照自己的思路闭门造车，那么辛苦设计的建筑项目就没有效益，无疑就会浪费大量的社会资源。建筑设计在商业里面是要实现项目动态的投资回报模式，是完成一件被消费者最终接受和持续使用的建筑产品，坚持绿色化建筑设计是实现绿色商业建筑的关键。

（一）商业建筑的平面设计

商业建筑与其他建筑一样，其建筑朝向的选择是与节能效果密切相关的首要问题。在一般情况下，建筑的南向有充足的光照，商业建筑选择坐北朝南，有利于建筑采光和吸收更多的热量。在寒冷的冬季，接收的太阳辐射可以抵消建筑物外表面向室外散失的热量；在炎热的夏天，南向外表面积过大会导致建筑得热过多，从而会加重空调的负担，在平面设计中可以采用遮阳等措施解决好两者之间的矛盾。

在进行商业建筑平面设计时，应将低能耗、热环境、自然通风、人体舒适度等因素与功能分区统一协调考虑。将占有较大面积的功能空间设置在建筑的端部，设置独立的出入口，几个核心功能区间隔分布，中间以小空间连接，缓解大空间的人流压力。

商业建筑要区分人流和物流，并要细化人流的种类，各种流线尽量做到不要交叉，同时流线不出现遗漏和重复，努力提高运作效率，防止人流过分集中或过分分散引起的能耗利用不均衡。商业建筑的辅助空间（如车房、卫生间、设备间等），热舒适度要求较低，可将它们设置在建筑的西面或西北面，作为室外环境与室内主要功能空间的热缓冲区，降低夏季西晒与冬季冷风侵入对室内热舒适度的影响，同时应将采光良好的南向、东向留给主要功能空间。

（二）商业建筑的造型设计

在城市商业建筑空间环境塑造中，商业建筑的外观造型设计已经成为一种标志。美观大气的商业建筑外观造型设计能为公众提供了一个舒适的、宜人的视觉冲击，是一种人性化设计的体现，从而唤起消费者的购买欲望，一个美观大方的商业建筑会对人们生活空间环境质量的提高产生重要的影响。在进行商业建筑造型设计时，应掌握以下基本原则：

1. 商业性原则

人所共知，商品质量达到一定程度，包装设计在商品竞争中的作用显得极为重要。包装能刺激观看者的视觉，引起顾客的注意，唤起消费欲望，包装还可以使单纯的技术产品附带上文化的属性，并携带着设计者个人艺术倾向，充满人情味，满足人们对艺术的潜在追求。建筑也是一种商品，也要通过吸引顾客的注意力引发消费冲动、实现价值交换。商业社会重要的包装意识和包装手法也同样渗入了建筑领域，流行的建材和建筑式样会被建筑师包装进自己的作品里，成为塑造建筑形象、获取大众认可的重要手段。

2. 整体性原则

商业建筑的外立面造型设计不是孤立存在的，它位于具体的城市区域中，必然与所在区域的城市环境相结合；与城市外部空间环境、交通体系有良好的衔接；体现地域文化、城市文脉和自然因素的特点；与周边建筑环境和区域的统一；符合商业建筑的性格特征、功能组织和建造方式等。在现代城市中，很多商业建筑以满足自身的功能需要为设计的出发点，却极少考虑到建筑造型和城市空间、和其他建筑之间的交流和协调。建筑外观造型要摆脱封闭的形象，要和城市空间有交流，和周边建筑环境相协调。

3. 人性化原则

商业建筑具有人文内涵，基础是贯彻以人为本的人性化设计，一切从人的需要出发，无论是物质的还是精神的，表层的还是深层的，都要满足消费者的各种需求，提供人性化的服务。①形象墙。形象墙对吸引顾客有非常重要的作用，同时有利于商业设施的广告宣传。在设计时，既要注意标志物的式样规格、材料、色彩、安装位置等，还要注意与建筑造型的协调问题，避免失去平衡。②橱窗与广告牌。是一种能够从远距离识别的标志物，是商业建筑重要的特征，有很好的展示宣传功能，对人们有很好的识别性和导向性。

4. 经济性原则

经济是维持商业建筑现实运转的命脉，商业建筑经营的目的也是为了创造经济价值，因此，在大型商业建筑外部造型设计时，也必须遵循经济适用的原则，严格控制成本。外部造型在商业建筑中有重要的位置，并没有直接给该商业建筑带来人气和利润，但它又直接影响商场的经营和利润，因此引起了商业经营者和设计者的高度重视。欧美的不少大型商业中心外观简洁，其装修材料朴实，但是由于设计巧妙，施工精良，也能取得不错的效果。我国有些商业建筑，在外部造型的设计上存在好大喜功、追求气派的不良心态，虽然可收到一定效果，但是浪费了大量的金钱。所以，在商业建筑外部空间的设计中，经济性是一把衡量的戒尺，把握"适度"和"因地制宜"的设计概念非常重要。

（三）商业建筑的中庭设计

商业建筑中的中庭，是商业环境中非营业性的开放空间，它不仅是商业行为、功能的组织者，而且是空间形态多变、内容丰富、室内商业环境的精华部分。商业建筑的中庭具备舒适的休闲环境，结合了游乐活动、文娱设施、文化展示，而成为城市中欢乐愉悦的场所，也是市民休闲生活的重要场所，有"城市大起居室"之称。它为人们提供了休息、交往、观光会晤的空间，同时，可以将人流高效地组织到交通中去。这种室内开放空间具有解决交通集散、综合多种功能、组织环境景观、完善公共设施、提供信息交换的作用。沟通了与消费者的促销渠道，随时随地向人们发出商业的信息与动态，对于提高购物活动的效率以及开发商业价值具有重要意义。

中庭为现代商业建筑空间注入了新的活力。因为中庭空间是商业建筑空间形象的一个精彩高潮，也是创造别致的商业气氛的重要场所。在这里，空间艺术的创造使中庭形成整个商业建筑独特而别具风格的景观中心。中庭作为建筑物体内部带有玻璃顶盖的多层内院，多设置垂直交通工具而成为整个建筑的交通枢纽空间。不同方向的人流在这里交汇、集散。同时，这里也是人们憩息、观赏和交往行为的场所，使中庭形成一个多元化的活动空间。因而中庭不同于一般的室内空间，在尺度、形状、内容等方面也完全改变了传统的室内空间观念。

商业建筑的中庭顶部一般都设有天窗或是采用透光材质的屋顶，可引入室外的自然光，减少人工照明的能耗。夏天，利用烟囱效应将室内有害气体及多余的热量集中，统一排出室外；冬天，利用温室效应将热量留在室内，提高室内的温度。中庭高大的空间也为室内绿化提供了有利条件。合理配置中庭内的植物，可以调节中庭内的湿度，有些植物还具有吸收有害气体和杀菌除尘的作用，另外利用落叶植物不同季节的形态，还能达到调节进入室内太阳辐射的作用。

（四）商业建筑地下空间利用

在城市中的商业建筑处于繁华的中心地带，建筑用地可称为寸土寸金，商家要充分发挥有限土地利用的最大效益，尽量实现土地的立体式开发。目前全国的机动车数量快速剧增，购物过程中的停车问题成为影响消费者购物心情和便捷程度的重要因素。国内外的实践证明，发展地下停车库是解决以上问题的最好方法。

合理利用城市商业建筑的地下空间，发展地下多功能的地下商业是都市商业成熟的标志。尤其是在土地资源日趋紧缺的中国的大城市，科学、有序、理性、有效地开发商业地下空间，这是国际化的发展趋势。现在很多城市的商业建筑利用地下浅层地下空间，发展餐饮、娱乐等商业，而将地下车库布置在更深层的空间里，在获得良好经济效益的同时，也实现了节约用地的目标。

在有条件的情况下，商业建筑还可以将地下空间与地铁等地下公共交通进行连接，借助公共交通的便利资源，使浪费过程变得更加方便快捷，减少搭乘机动车购物时给城市交通带来的压力，达到低碳减排的环境保护目的。

三、商业建筑的空间环境设计

大型商业建筑公共空间是现代城市公共空间中必不可少的组成部分，对大型商业建筑公共空间的设计需在遵循科学原则的基础上，采用适当的设计方法，从整体空间上、界面上和环境上全方位优化展开。大型商业建筑的公共空间是指大型商业建筑中专门用于满足购物者休闲、开展促销等商业活动或其他娱乐社交活动的区域，出入口、广场、步行街、中厅，天桥、露台等等，作为社会化的公共开放空间，可以用于满足购物者的休息，饮食，开展商业活动或其他社会活动。

（一）商业建筑的室内空间设计

城市中的商业环境对于城市社会和市民是极其重要的，它不仅是买卖、经营、购物之所，而且作为城市文化的窗口，成为城市生活的真实写照，它是整个城市生活的重要舞台，传承来自四面八方的信息。商业环境是物流汇集、融资流通之地，是体现竞争的环境，由于它极其富有引力、成为大众的公共交往空间。购物环境中的中庭、庭院、广场、大厅，以及室内商业街道，都是购物环境中非营业性的室内空间。由此可见，商业建筑的室内空间设计是绿色商业建筑设计中的重要内容。

购物者的大部分商业行为都是在商业建筑室内完成的。商业建筑室内空间设计首先要做到吸引消费者的购买欲望，并且在长时间的购物过程中身心都感觉比较舒适。在建筑室内空间的设计中，可以采取室外化的处理手法，即将自然界的绿化引入到室内空间，或者将建筑外立面的装饰手法应用到商业建筑的室内界面上，使室内的环境如同室外的大自然环境。

有些商业建筑承租户更换频率比较高，因此在租赁单元的空间划分上应当尽量规整，各方面条件尽量保持均衡，而且做到室内空间可以灵活拆分与组合，满足不同类型承租户的需求，便于进行能耗的管理。

（二）商业建筑室内材料的选择

装饰材料选择是商业室内空间设计中的重要环节，不同的装饰材料有不同的质感、视觉效果与色彩。在商业建筑室内空间设计中，设计师要根据内部的空间性质，选择适宜材质并充分利用材料质感的视觉效果，创造优雅空间。商业建筑室内装饰材料的选择，首先要突显商业性、时尚性，同时还应重点考虑材料的绿色环保特性。常用材料有木材、石材、金属、玻璃、陶瓷、涂料、织物、墙纸墙布等。

木材在商业空间装修中一般有两个方面的使用：一是用于隐蔽工程和承重工程，如房屋的梁、吊顶用木龙骨、地板龙骨等，常用树种有松木、杉木等；二是用于室内工程及家具制造的主要饰面材料，常用树种有胡桃木、柚木、樱桃木、榉木、枫木等。

石材分天然石材和人造石材两种，天然石材又分花岗岩和大理石两大类。花岗岩外表呈颗粒状，质地坚硬细密，适合做建筑装饰或室内地面，而大理石纹理丰富、色彩多样，质地柔软，在商业空间设计中常用于室内地面和墙面。人造石材分纯亚力克、复合亚克力及聚酯板，与天然石材相比有环保、无毒、无辐射的特点，其可塑性强的特点更能满足设计师天马行空的创意思想。颜色上的丰富多彩，也可满足商业空间不同的设计要求。一般用于厨房台面、窗台板、服务台、酒吧吧台、楼梯扶手等，极少用于地面。

金属材料主要有钢、不锈钢、铝、铜、铁等，钢、不锈钢及铝材具有现代感，而铜较华丽，铁则显得古朴厚重。其中不锈钢在商业空间室内装修中应用非常广泛。铜材在装修中的历史悠久，多被制作铜装饰件、铜浮雕、门框、铜条、铜栏杆及五金配件等。

玻璃在商业空间中的应用是非常广泛的，从外墙窗户或外墙装饰到室内屏风、门、隔断、墙体装饰等都会用到。其中平板玻璃 5～6mm 玻璃主要用于外墙窗户、门等小面积透光造型，7～9mm 玻璃主要用于室内屏风等较大面积且有框架保护的造型中，11～12mm 的平板玻璃用于地弹簧玻璃门和一些隔断。

涂料是含有颜料或不含颜料的化工产品，涂在物体表面起到装饰和防护的作用。可以分为水性漆和油性漆，也可以按成分分为乳胶漆、调和漆、防锈漆等。

瓷砖按工艺和特色可分为釉面砖、通体砖、抛光砖、玻化砖及马赛克等，品种琳琅满目，可根据室内装修要求选用。

墙纸墙布在商业空间装修中广泛应用于墙面、天花板面装饰材料，通过印花、压花、发泡可以仿制许多传统材料的外观，图案和色彩的丰富性是其他墙面装饰材料所不能比拟的。

总之，在商业建筑室内材料的选择上，应避免铺张浪费、奢华之风，用经济、实用、合适的材料创出新颖、绿色、舒适的商业环境。在具体的工程项目中，应当考虑尽量使用本土材料，从而可降低运输及材料成本，减少运输过程中的消耗及污染。

四、商业建筑结构设计中的绿色理念

安全、经济、适用、美观、便于施工是进行建筑结构设计的原则，一个优秀的商业建筑结构设计应该是这五个方面的最佳结合。商业结构设计一般在建筑设计之后，结构设计不能破坏建筑设计，建筑设计不能超出结构设计的能力范围，结构设计决定了建筑设计能否实现。随着社会经济的发展和人们生活水平的提高，对商业建筑工程的绿色设计也提出了更高的要求。而结构设计作为商业建筑工程设计不可分割的一环，必然对工程设计的成败起着重大的影响作用。因此，树立绿色理念、优化结构设计、发展先进计算理论，加强计算机在结构设计中的应用，加快新型建材的研究与应用，使商业建筑结构设计符合绿色化的要求，达到更加安全、适用、经济是当务之急。

商业建筑结构设计中的绿色理念，就是商业建筑要以全生命周期的思维概念去分析考虑，合理选择商业建筑的结构形式与材料。在通常情况下，商业建筑对结构有如下要求：建筑内部空间的自由分割与组合对商业建筑非常重要，在满足结构受力的条件下，结构所占的面积也尽可能的少，以提供更多的使用空间；较短的施工周期，有利于实现建筑的尽早利用；商业建筑还时常需要高、宽、大等特殊空间。

基于以上几点要求的考虑，目前钢结构已成为商业建筑最具有优势的结构形式。钢结构与其他结构相比，在使用功能、设计、施工以及综合经济方面都具有优势，在商业建筑中应用钢结构的优势主要体现在以下几个方面。

（1）建筑风格灵活　大开间设计，室内空间可多方案分割，满足商业店铺的不同需求，并可通过减少柱的截面面积和使用轻质墙板，提高建筑面积使用率，一般有效使用面积提高约 $3\%\sim6\%$。

（2）节能效果好　在商业建筑中应用钢结构，其墙体可采用轻型节能标准化预制墙板代替黏土砖，保温性能好，节能可达到 65%。

（3）钢结构体可充分发挥钢材的延性好、塑性变形能力强，以及优良的抗震抗风性能，从而大大增加了抗强震的能力，提高了住宅的安全可靠性。尤其在遭遇地震、台风灾害的情况下，能够避免建筑物的倒塌性破坏。

（4）建筑总重轻　钢结构体系采用轻质的各种材料，组成高强、防火、防水、绝热、隔音、节能的复合墙体，替代传统的黏土砖和其他笨重的砌体材料。采用轻型钢结构体系，混凝土用量可降低 50%，整体钢结构建筑的重量比混凝土建筑下降 75%。

（5）施工速度快　钢结构采用轻型钢结构体系，不需要现场绑扎钢筋，不需要制作模板，楼板现浇混凝土时，不需要临时支撑，这样，可以大大地加快施工现场的拼装速度。因此，轻型钢结构体系的建设周期，可以比传统结构模式缩短 50% 以上，从而大大缩短投资资金的占用周期，提高资金的使用效率。

（6）环保效果好　钢结构建筑施工时大大减少了砂、石和水泥的用量，所用的材料主要是绿色可回收或降解的材料，在建筑物需要拆除时，大部分材料可以再生或降解，不会产生很多建筑垃圾。

（7）符合建筑产业化和可持续发展的要求　钢结构适宜工厂大批量生产，工业化程度高，并且能将节能、防水、隔热等先进成品集合于一体，将设计、生产、施工一体化，从而提高建筑产业的水平。

综上所述，钢结构是适合创新的结构体系。钢结构可随着人们审美观的不同，使用功能要求的不同，设计各种造型、尺度、空间的新型结构。生产厂家能高精度、高质量、高速度完成，使建筑物达到既美观又经济的效果。

在国外，小型商业建筑也有很多采用木结构形式的。木材在生产加工的过程中，不会产生大量污染，消耗的能量比其他材料也少。木材属于天然材料，给人的亲和力是其他建筑材料无法代替的，对室内湿度也有一定的调节能力，有益于人体的健康。木结构在废弃后，材料基本上可以完全回收。但是选用木结构时应当注意防火、防虫、防腐、耐久等问题。此外，可以将木结构与轻钢结构相结合，集中两种结构的优点，创造舒适环保的室内环境。

五、商业建筑围护结构节能设计

（一）商业建筑外墙与门窗节能

商业建筑是人流集中、利用率高的场所，不仅应当重视外立面的装饰效果，而且在外围护结构的设计上还应注意保温性能的要求。商业建筑的实墙面积所占比例并不多，但西、北向以及非沿街立面实墙面积比较大。目前，商业建筑一般是墙面用干挂石材内贴保温板的传统做法，也有的采用新型保温装饰板，它将保温和装饰功能合二为一，一次安装，施工简便，避免了保温材料与装饰材料不匹配而引起的节能效果不佳，减少了施工中对材料的浪费，节省了人力资源和材料成本。这些保温装饰板可以模仿各种形式的饰面效果，从而避免了对天然石材的大量开采，对保护自然环境非常有利。

由于商业建筑具有展示的要求，其立面一般比较通透、明亮，橱窗等大面积的玻璃材质较多，通透的玻璃幕墙给人以现代时尚的印象，夜晚更能使建筑内部华美的灯光效果获得充分的展现，能够吸引人们的注意。但从节能角度考虑，普通玻璃的保温隔热性能较差，大面积的玻璃幕墙将成为能量损失的通道。要想解决玻璃幕墙的绿色节能问题，首先应当选择合适的节能材料。目前，在商业建筑装饰工程中应用的节能玻璃品种越来越多，最常见的有吸热玻璃、热反射玻璃、中空玻璃、Low-E 玻璃等。

吸热玻璃是能吸收大量红外线辐射能、并保持较高可见光透过率的平板玻璃。生产吸热玻璃的方法有两种：一是在普通钠钙硅酸盐玻璃的原料中加入一定量的有吸热性能的着色剂；二是在平板玻璃表面喷镀一层或多层金属或金属氧化物薄膜而制成。

热反射玻璃是将平板玻璃经过深加工得到的一种新型玻璃制品，既具有较高的热反射能力，又保持平板玻璃良好的透光性，还具有优良的遮光性、隔热性和透气性，可以有效节约室内空调的能源，这种玻璃又称为镀膜玻璃或镜面玻璃。

中空玻璃又称隔热玻璃，是由两层或两层以上的玻璃组合在一起，四周用高强度、高气密性复合胶黏剂将两片或多片玻璃与铝合金框架、橡胶条、玻璃条黏结密封，同时在中间填充干燥的空气或惰性气体，也可以涂以各种颜色和不同性能的薄膜。为确保玻璃原片间空气的干燥度，在框内可放入干燥剂。

Low-E 玻璃为低辐射镀膜玻璃，是相对热反射玻璃而言的，是一种节能性能良好的玻璃。这种玻璃是在表面镀上多层金属或其他化合物组成的膜系产品，其镀膜层具有对可见光高透过及对中远红外线高反射的特性，使其与普通玻璃及传统的建筑用镀膜玻璃相比，具有优异的隔热效果和良好的透光性。

商业建筑与其他建筑一样，影响门窗能量损失的重要因素就是窗墙面积比。商业建筑的门窗面积越大，空调采暖制冷的负荷就越高。商业、产品展示等功能为营造室内环境，更多的是采用人工照明和机械通风，因此这些部分对开窗面积要求并不高。在中庭、门厅、展示等公共部分则往往会大面积的开窗。所以商业建筑门窗要选择节能门窗，夏季要隔热和遮阳，冬季室内要保持一定的温度，采用采暖设备及其他防止冷风入侵的措施，这些都十分必要。

（二）商业建筑屋顶保温隔热

在建筑物受太阳辐射的各个外表面中，屋顶受辐射是最多的。为提高屋面的保温隔热性能，屋面隔热可以选用多种保温隔热技术：保温性隔热成本较低，如聚苯板、隔热板等材料；种植屋面的隔热效果最好，成本也不高，主要能降低"城市热岛"效应，增加城市的生物多样性；改善建筑景观，提升建筑品质，提高建筑的节能效果；屋面蓄水、种植屋面、反射屋面、屋面遮阳、通风等也是不错的隔热措施。

商业建筑一般为多层建筑，占地面积比较大，这必然导致其屋顶的面积也较大。与外墙不同的是，屋顶不仅具有抵御室外恶劣气候的能力，而且还要必须做好防水，并能承受一定的荷载。屋顶与墙体的构造不同，与外界交换的热量也更多，相应的保温隔热要求也比较高。

屋顶开放空间同时具备两个景观要素，即造景和借景。造景即本身通过在屋顶空间上设置较为稳定的人造景观形式作为造景元素供人们观赏；借景即将别处的景观作为自身的观景对象供人们欣赏。屋顶景观设计在现代城市中的影响越来越受到人们的重视它的作用是不可估量的。发掘屋顶的景观潜力，与实用功能相结合，利用绿色节能技术，设置屋顶花园是提高商业建筑屋顶保温隔热性能的有效方法之一，并且可以提高商业建筑的休闲品位。

创建屋顶式花园首先要解决防水和排水问题。及时进行排水不仅可以防止商业建筑屋顶渗漏，而且能够预防屋顶植物烂根死亡。屋顶花园的防水层构造必须具有防根系穿刺的功能，防水层上应铺设良好的排水层，还应注意考虑屋顶花园的最大荷载量，尽量采用轻质材料，树槽和花坛等较重物应设置在承重构件上。屋顶花园在植物的选择上，应以喜光、耐寒、抗旱、抗风、植株较短、根系较浅的灌木为为，一般不要选择高大乔木。

另外，架空屋面、通风屋面等结构形式，也是实现商业建筑屋面保温隔热的良好措施。架空屋面是指采用隔热制品覆盖在屋面防水层上，并架设一定高度的空间，利用空气流动加快散热起到隔热作用。通风屋面是指在屋顶设置通风层，一方面利用通风层的外层遮挡阳光，使屋顶变成两次传热，避免太阳辐射热直接作用在围护结构上；另一方面利用风压和热压的作用，尤其是自然通风，带走进入夹层中的热量，从而减少室外热作用对内表面的影响。

（三）商业建筑的遮阳设计

由于商业建筑要求具有展示商品的功能，所以其采用通透的外表面比较多，为了控制夏季较强阳光对室内的辐射，防止直射阳光造成的眩光，必须根据实际采取一定的遮阳措施。由于建筑物所处的地理环境、窗户朝向，以及建筑立面的要求不同，所采用的遮阳形式也应有所不同。在商业建筑中常用的遮阳形式主要有内遮阳和外遮阳，水平遮阳、垂直遮阳与综合性遮阳，固定遮阳和活动遮阳。

(1) 内遮阳和外遮阳　建筑内遮阳造价低廉，操作和维护都很方便，但它是在太阳光透过玻璃进入到室内后再进行遮挡和反射，部分热量已经滞留室内，从而会引起商场内温度上升。外遮阳可以将阳光与热量一同阻隔在室外，不使阳光和热量直接进入室内。国外有关资料表明，外遮阳通常可以获得10%～24%的节能收益，而用于遮阳的投资不足2%。外遮阳多结合商业建筑造型一同设计，在获得良好节能效果的同时，也可加强建筑立面的装饰感。

(2) 水平遮阳、垂直遮阳与综合性遮阳　测试结果表明，水平遮阳与垂直遮阳对于不同角度的入射阳光有不同的遮挡效果，其中水平遮阳比较适用于商业建筑南向，而从门窗侧面斜射入的太阳光，水平遮阳则很难达到理想的遮阳效果，这就需要采取垂直遮阳。综合性遮阳是将水平遮阳与垂直遮阳进行有机结合，对于太阳高度角不高的斜射阳光效果比较好。

(3) 固定遮阳和活动遮阳　固定遮阳结构比较简单、经济，但只能对固定角度的阳光有良好的遮挡效果，而活动遮阳则可以按照使用者的意愿，根据不同光线、不同角度进行调节。遮阳系统与温感、光感元件结合，能够根据光线强弱与温度高低自动进行调节，使商业建筑室内光环境始终处于较为舒适的状态。

建筑遮阳形式之间存在着交叉和互补。外立面可选用根据光线和温度自动调节的外遮阳系统，然后根据门窗的不同朝向选取具体的构造形式。商业建筑中庭顶部和天窗，可选用半透光材料的内遮阳形式，这样既保证遮阳效果，又可使部分光线进入室内，满足自然采光的需求，还可以适当提高中庭顶部空气温度，加强自然通风效果。

（四）商业建筑空调通风系统节能

随着我国工业化和城镇化的加快发展，能源供需矛盾已经越来越突出。有关统计资料显示，建筑能耗占全国能耗近30%，在公共建筑的全年能耗中，空调制冷与采暖系统的能耗占到50%～60%，这类建筑的节能潜力很大。为了改善建筑的热环境，提高通风与空调系统的能源利用效率，节约能源和保护环境，实现经济的可持续发展，建设部相继颁布了《公共建筑节能设计标准》（GB 50189—2005）和《建筑节能工程施工质量验收规范》（GB 50411—2007），为建筑节能工程的设计、施工和验收提高了依据。

商业建筑的空调与通风系统和公共建筑有很多相似和相通之处，新风耗能占到空调总负荷的很大比例，除了提高空调的能效之外，处理好两者之间的关系，也有利于降低空调的能耗。国内许多城市的建筑实践证明，大型商业建筑是当前我国建筑节能工作的重点，空调系统的能耗高是造成大型商业能耗巨大的主要原因，自动控制是实现空调系统节能运行和工况保证的重要途径。

（五）商业建筑采光照明系统设计

在现代商业空间设计中，光不仅仅起到照明的作用，随着人们对环境氛围的要求越来越高，光所具有的装饰效果被设计师充分运用。在人们的眼中，光有冷暖、颜色之分，经过设计师的精心"裁剪"，使得光有了形状，让光与其他材质充分配合，使商业空间的室内装潢演绎的更加生动。

在对商业空间进行设计时，首先要对空间本身做慎重的考虑，因为所有的建筑空间，不论设计本身存在多少优点，难免在空间划分和利用方面存在一些遗憾，而室内的采光及照明可以对其做扬长避短的再调整，即对空间进行了二次创造。通过对人体工程学进行科学的空间规划，合理的空间选材与造型，比例适当的家具定制，以及采光与照明的利用，实现空间的二次创造。照明在其中更是起到了点睛之笔的作用，往往成为设计成功的关键与否。

有关统计资料表明，商业建筑消耗在采光照明上的能源，一般都占到总能源的30％以上。其中，夏秋季节，照明系统能耗占总能耗的比例为30％～40％；冬春季节，照明系统能耗占总能耗的比例为40％～50％。由此可见商业建筑照明系统节能的潜力很大。

商业空间的采光与照明主要起到创造气氛，加强空间感和立体感等作用。光的亮度和色彩是决定气氛的主要因素。商业空间内部的气氛也由于不同的光色而产生不同的变化。光色最基础的便是冷暖，商业空间室内环境中只用一种色调的光源可达到极为协调的效果，如同单色的渲染，但若想有多层次的变化，则可考虑有冷暖光的同时使用。空间的不同效果，可以通过光的作用充分表现出来。通过利用光的作用，加强主要商品的照明，来吸引顾客的眼球，也可以用来削弱不希望被注意的次要地方，从而进一步使空间得到完善和净化。

商业建筑照明系统主要包括人工照明和自然采光。

1. 商业建筑照明系统的人工照明

商业建筑的人工照明是指为创造商业建筑内外不同场所的光照环境，补充白昼因时间、气候、地点不同造成的采光不足，以满足商业经营的需求，而采取的人为措施。商业建筑照明系统人工照明的主要目的，主要是为了烘托商业气氛，以灯光色彩吸引广大的消费者。大体积容量的商业建筑单纯依靠自然采光很难实现这部分功能，而且商业建筑每日的人流高峰多集中于傍晚和夜间，这个时段也需要使用人工照明。

优质高效的光源是照明的基础，首先发光体发出的光线对人体应该是无害的，其次是使用先进的照明控制技术，使亮度分布比较均匀，并拥有宜人的光色和良好的显色性。人的眼睛在全色光照射下不易感到疲劳，自然光为全色光，选用与自然光近似的光源，也有助于提高顾客对商品的识别性。此外还应控制眩光和阴影。在选择灯具时应选用无频闪的光源，频闪会使人的视觉疲劳，久之导致近视。

商业建筑空间内部灯具的照明形式，根据灯具的照明形式不同可以分为间接照明、半间接照明、直接间接照明、漫射照明、半直接照明、宽光束的直接照明、高度集中光束的下射直接照明等类型。

（1）间接照明是指由于将光源遮蔽而产生间接照明，把90％～100％的光射向顶棚、穹隆或其他表面，从这些表面再反射至室内。当间接照明紧靠顶棚，几乎可以造成无阴影，是最理想的整体照明。

（2）半间接照明是将 60％～90％ 的光线向天棚或墙面上部照射，把天棚作为主要的反射光源，而将 10％～40％ 的光直接照射在工作面上。从天棚反射来的光线趋向于软化阴影和改善亮度比，由于光线直接向下，照明装置的亮度和天棚亮度接近相等。

（3）直接间接照明装置是对地面和天棚提供近于相同的照度，即均为 40％～60％，而周围光线只有很少，这样就必然在直接眩光区的亮度是低的。这是一种同时具有内部和外部反射灯泡的装置，如某些台灯和落地灯能产生直接间接光和漫射光。

（4）漫射照明对所有方向的照明几乎都一样，为了控制眩光的产生，漫射装置圈要大，灯具的瓦数要低。

（5）在半直接照明灯具装置中，有 60％～90％ 的光向下直射到工作面上，而其余 10％～40％ 的光则向上照射，由下射照明软化阴影的百分比很少。

（6）宽光束的直接照明具有强烈的明暗对比，并可造成有趣生动的阴影，由于其光线直射于目的物，如不用反射灯泡则要产生强的眩光。鹅颈灯和导轨式照明属于这一类。

（7）高度集中的光束能够形成光焦点，可用于突出光的效果和强调重点的作用，它可提供在墙上或其他垂直面上充足的照度，但应防止过高的亮度比。

商业建筑可选用的光源主要包括卤钨灯、荧光灯、金卤灯。经过测试比较发现，陶瓷金卤灯在显色性、光效、平均照度、平均寿命等方面都达到较高的水平，在相同照明面积下，不仅功率密度低、用灯量较少、房间总功率小，而且在全寿命周期中产生的污染物与温室气体非常少，是一种理想的环保节能灯具。发光二极管灯（LED）色彩比较丰富，色彩纯度很高，光束不含紫外线，光源不含水银，不存在热辐射，色彩明暗可调，发光方向性强，使用安全可靠，使用寿命长，节能且环保，非常适用于商业建筑。

随着照明系统应用场合的不断变化，应用情况也逐步复杂和丰富多彩，仅靠简单的开关控制已不能完成所需的控制，所以要求照明控制也应随之发展和变化，以满足实际应用的需要。智能照明控制系统是利用先进电磁调压及电子感应技术，对供电进行实时监控与跟踪，自动平滑地调节电路的电压和电流幅度，改善照明电路中不平衡负荷所带来的额外功耗，提高功率因素，降低灯具和线路的工作温度，达到优化供电目的照明控制系统。

随着计算机技术、通信技术、自动控制技术、总线技术、信号检测技术和微电子技术的迅速发展和相互渗透，照明控制技术有了很大的发展，照明进入了智能化控制的时代。实现照明控制系统智能化的主要目的有两个：一是可以提高照明系统的控制和管理水平，减少照明系统的维护成本；二是可以节约能源，减少照明系统的运营成本。选用智能化的照明控制设备与控制系统，同时与商业建筑内的安保、消防等其他智能系统联动，实现商业建筑照明全自动管理，将有效节约各部分的能源和资源。

商业建筑设计是一门高超的艺术，人工照明是其中的重要组成部分，在考虑照明系统节能的同时，不能只满足基本的照明需求，更需要设计人员与相关专业人员合作探讨，创造出既生态、节能、健康，又具有艺术气息的人工照明系统。

2. 商业建筑照明系统的自然采光

商业建筑能源消耗主要由两大部分组成：一是暖通空调系统能源消耗；二是照明系统能源消耗。我国是一个自然光资源充足的国家，充分利用自然光资源，降低照明的能耗，是节约建筑用能，提高建筑能源效率非常有效的途径。自然采光就是将日光引入建筑内部，并且将其按一定方式分配，以提供比人工光源更理想和质量更好的照明。自然采光能够改变光的强度、颜色和视觉，不但可以减少照明用电，还可以营造一个动态的室内环境，形成比人工照明系统更为健康和兴奋的工作环境，开阔视野，放松神经，有益于室内人员的身心健康。

自然采光对于商业建筑来说，不仅在于减少照明的能耗，而且还意味着安全、清洁和健康。在太阳的全光谱照射下，人们的生理与心理都会得到比较愉悦的感觉。阳光可以拉近人与自然的距离，满足人们回归自然的心理需求，还能促进儿童的生长发育，具有较强的杀菌作用，可以增强人体的免疫能力。

自然采光可分为侧窗采光和天窗采光，商业建筑一般多采用天窗采光。天窗采光可以使光线最有效地进入商业建筑的深处，通常多采用平天窗。为保证采光的效果，天窗之间的距离一般控制在室内净高的 1.5 倍，天窗的窗地面积比要综合考虑天窗玻璃的透射率、室内需要的照度以及室内净高等多方面因素，一般可取 5%～10%，特殊情况可取更高值。设计天窗时应注意防止眩光，还要结合一定的遮阳措施，防止太阳辐射过多进入室内。

另外，商业建筑的地下空间在进一步利用后，也对自然光有着一定的要求，但现有的采光系统是很难实现的。近年来，导光管、光导纤维、采光隔板和导光棱镜窗等新型采光方式陆续出现，它们运用光的折射、反射、衍射等物理特性，可以满足这部分空间对阳光的需求。

（六）商业建筑可持续管理模式

1. 商业建筑人流的周期性特点

根据统计资料表明，购物中心的顾客平时的工作与休息，一般都是以一星期为一个周期。购物者的周期性规律决定了商业建筑的人流量，也是以一周为时间循环变化。周一到周五属于工作时间，购物中心的人流量较少，而且多数集中到晚上。从周五开始，购物人流慢慢变多，并持续上升，在周六的下午和晚上达到人流高峰，周日依然保持高位运转，但逐渐开始降低，到周日晚营业结束降至最低点，然后开始新一周的循环。

就每一天的营业情况来说，也同样存在着一定的规律性。一般来说，我国的商业建筑从早晨 9 点开始营业，一直到中午之前这段时间的人流并不太多，从中午开始购物者逐渐增多，到晚上达到一个高潮。不同功能的商业建筑也都存在周期性变化。

最显著的一个周期性特点就是每年的节假日和黄金周。如元旦、春节、五一、十一、清明、中秋、端午等节日，再加上国外的圣诞节、情人节、母亲节、父亲节等，一年中几乎每个月都会有节日，让工作繁忙的人们能够获得更多的休息，并有机会到商业建筑中购买物品，由此催生的假日经济带来了更多的消费机遇。

针对商业建筑存在的以上周期性特点，管理者应用科学的方法合理使用商业建筑，利用自动或手动设施控制不同人流、不同外部条件下的各种设备的运行情况，避免造成能耗浪费或舒适度不高。

2. 商业建筑的节能管理措施

针对商业建筑体量大、能耗多的特点，建立一套智能型的节能监督管理体系，加强对商业建筑节能管理，是实现绿色商业建筑的重要措施。实践充分证明，对各种能耗进行量化管理，直观显示能耗的情况，是商业建筑节能管理中的有效手段。对于独立的承租户进行分户计量，能够精确到户的能耗都应按每户实际用量收取费用，这样有利于提高承租户自身的节能积极性。根据能耗的总量，研究设定平均能耗值，对节能的商户采取鼓励政策。

对于水、电、煤气、热等各种能耗指标，应进行动态监视，并把每种能源按照不同的用途进行细化，准确掌握各部分的能耗情况，根据具体情况进行节能，一旦某个系统出现能耗异常也可以及时发现。管理者应定期对整个商业建筑进行能耗方面的检查，以便及早发现并解决问题。

第七节　绿色纪念性建筑设计

在人类历史的长河中有各式各样的纪念活动。纪念性建筑就是人们运用建筑物或构筑物手段表达精神的一种纪念方式。人类纪念性情感被寄托在具有耐久性的建筑物身上时，建筑就成为纪念性建筑。由此可见纪念性建筑就是人类纪念性情感在建筑或者空间的物化形式。纪念性建筑作为人类寄托情感的物化形式，能让人宁静的反思现实、凝聚国家民族精神、增强自身文化归属感，而这些对于营造社会主义精神文明氛围具有极其现实的意义。

纪念性建筑是供人们瞻仰、纪念和凭吊用的特殊建筑，它是一种高雅的建筑艺术作品，是精神的象征和支柱，优秀的纪念性建筑，它将给人以振奋、鼓励、回忆和精神上的寄托及慰藉。纪念性建筑不仅可以显示城市文化价值的特色，而且是城市历史文化遗产中重要的组成部分。许多历史悠久的纪念性建筑，已成为所在城市的重要标志和重要文物。这些创作的典范值得我们在纪念性建筑设计中加以深层思考与研究。

纪念性建筑可以分为留念性的、历史性的和纪念性的。留念性建筑是指规模较小的诗碑、记事勒石等。历史性建筑包括一些具有重要历史意义而作为文物加以保护的建筑，如故居、会址等。纪念性建筑则为规模较大的或专事兴建的纪念堂馆、陵墓、碑亭、牌坊、凯旋门、纪念性雕塑和纪念苑等。纪念性建筑有庆祝性的、表彰性的、宣传性的、祭祀性的、墓葬性的，也有装饰性的和标志性的。这些纪念性建筑可以是单体建筑，也可以是群体建筑。

一、纪念性建筑的设计构思与理念

建筑设计是指对人们所需要的生产、生活、娱乐和文化空间的创作过程是针对建筑的内系统内部空间以及外系统外部空间进行的一种构思活动是一种城市组织结构的延续活动。建筑设计构思是建筑设计中的一个环节是建筑设计构想三环节立意-构思-表达技巧的中间一环也是承上启下的重要一环。它是在建筑的创作立意确定后围绕立意所展开的积极创作过程。

一个时期的建筑艺术应是这个时期人们审美观念的体现，符合时代要求的建筑形式应令人振奋，并能够引起人思想和情感的撼动。而这种建筑艺术的时代特征并不是随意产生的，它应是对传统艺术的继承和发扬。建筑设计构思的过程是一个充分汇集各种因素包括气候条件、地形条件、人文特征、使用功能等通过分析总结对建筑物进行创作的过程。

构思是建筑设计的源泉，构思是设计创作的灵魂。每个纪念性建筑都通过空间营造和外在的形貌来表达设计者的主观意念，以及特定时代的政治、经济、文化艺术的特征和设计思潮，从而体现纪念性建筑的时代精神。纪念性建筑不同于其他一般建筑，要使建筑体现一定的思想性。从形式和内容上讲，首先应突出它的纪念功能，尤其是通过设计者的思路和创作激情赋予纪念性建筑一定的精神感召力，以及体现被纪念人物或事件的实质。

（一）南京中山陵

在我国现有保存完好、最具震撼力的纪念性建筑杰作，就是由近代著名建筑师吕彦直设计的南京中山陵。在当时的时代背景和政治文化下，设计者以歌颂孙中山先生伟大功绩为主题思想，立意新颖，构思巧妙，寓意深切。中山陵位于南京市东郊钟山风景名胜区内，东毗灵谷寺，西邻明孝陵，整个建筑群依山势而建，由南往北沿中轴线逐渐升高，主要建筑有牌坊、墓道、陵门、石阶、碑亭、祭堂和墓室等，排列在一条中轴线上，体现了中国传统建筑的风格，从空中往下看，像一座平卧在绿绒毯上的"自由钟"。

中山陵各建筑在形体组合、色彩运用、材料表现和细部处理上均取得极好的效果，音乐台、光华亭、流徽榭、仰止亭、藏经楼、行健亭、永丰社、永慕庐、中山书院等建筑众星捧月般环绕在陵墓周围，构成中山陵景区的主要景观，色调和谐统一更增强了庄严的气氛，既有深刻的含意，又有宏伟的气势，且均为建筑名家之杰作，具有极高的艺术价值，被誉为"中国近代建筑史上第一陵"。

（二）周恩来纪念馆

纪念性建筑要具有一定的象征性，因为它是一座永恒的、具有纪念性和艺术性的建筑艺术作品。周恩来总理50多年的革命生涯，同中国共产党的建立、发展、壮大，同我国新民主主义革命的胜利，同我国社会主义革命和建设的历史进程紧密联系在一起。他毫无保留地把全部精力奉献给了党和人民，直到生命的最后一息。他身上集中体现了中国共产党人的高风亮节，在中国人民心中矗立起一座不朽的丰碑。我们缅怀周恩来同志，就是要永远铭记和认真学习周恩来同志的精神，使之不断发扬光大。人们怀念他、敬仰他、悼念他，在江苏淮安建造了"周恩来纪念馆"，以表达人民对他的哀思。

周恩来纪念馆的地址选在伟人的故乡淮安，这里曾经留下他童年时代的足迹。淮安人民怀着对总理敬佩和爱戴的心情，欢迎伟人回到故里，同时决定把周恩来纪念馆的馆址选在历史上中间圈城之中，这里也是城市的南北干道，南为现代城的北边。这里曾是北城墙根，用地水面比较宽广，东西约800m，南北沟400m，大部分为水面，经过填土形成纪念半岛，面积达30000m²。纪念半岛为南北走向，建筑群以轴线对称式布局，长为266.5m，最宽处为96m。纪念半岛正南的对岸为"瞻台"，这既是纪念馆中轴线上的对景，又是城市道路的对景，这样周恩来纪念馆建筑群同淮安市的规划和发展有机结合起来。

周恩来纪念馆的总体布局充分利用了自然水面和水中陆地，精心组织纪念性空间序列，创造出水天一色的视觉效果，体现出周总理伟大、光辉、亲切的形象与博大的胸怀。在纪念馆的设计过程中，设计人员怀着对周总理的崇敬心情，曾对多个设计方案进行精心研究和比较，最后确定以建筑为主题，以简洁、朴素、明朗的处理，显现总理的伟大形象，体现纪念馆作品的性格，表现地方性、民族性和世界性。纪念馆以白色和蔚蓝色为基调，力图创造出纯洁、神圣、宁静的环境气氛，以此体现周总理高贵的人格和精神。

（三）侵华日军南京大屠杀遇难同胞纪念馆

纪念性建筑的构思，它包含了人的感觉、人的感情和人的精神，以及事件与事物留下的痕迹，都会在创作者的构思中产生意义。侵华日军南京大屠杀遇难同胞纪念馆就是这类建筑的典范。该纪念馆坐落在我国南京江东门街418号，纪念馆的所在地，是侵华日军南京大屠杀江东门集体屠杀遗址和遇难者丛葬地。为了悼念遇难者，南京市人民政府于1985年建成这座纪念馆，1995年又进行了扩建。纪念馆占地面积30000m²，建筑面积5000m²。建筑物采用灰白色大理石垒砌而成，气势恢宏，庄严肃穆，是一处以史料、文物、建筑、雕塑、影视等综合手法，全面展示"南京大屠杀"特大惨案的专史陈列馆。该馆正大门左侧镌刻着邓小平手书的"侵华日军南京大屠杀遇难同胞纪念馆"馆名。陈列分广场陈列、遗骨陈列、史料陈列三大部分。

广场陈列由悼念广场、祭奠广场、墓地广场3个外景陈列场所组成。其中悼念广场内有外形如十字架，上部刻南京大屠杀事件发生的时间的标志碑、"倒下的300000人"的抽象雕塑、"古城的灾难"大型组合雕塑及和平鸽等部分组成。祭奠广场有刻有馆名的纪念石壁、郁郁葱葱的松柏和用中英日三国文字镌刻的"遇难者300000"的石壁。墓地广场有鹅卵石、枯树和沿院断垣残壁上的三组大型灰色石刻浮雕及院内道路两旁的17块小型碑雕，部分地记载着南京大屠杀的主要遗址、史实，这是全市各处集体屠杀所立遇难者纪念碑缩影和集中陈列，还有大型石雕母亲像、遇难者名单墙、赎罪碑、绿树、草坪等诸多景观，构成了生与死、悲与愤为主题的纪念性墓地的凄惨景象。

遗骨陈列有外形为棺椁状的遗骨陈列室，这里陈列着该馆1985年建馆时，从纪念馆所在地的江东门"万人坑"中挖出的部分遇难者遗骨。1998年4月以后，又从该馆所在地的江东门"万人坑"内新发掘出208具遇难者遗骨（表层土层中），这批万人坑遗骨经过法医学、医学、考古学、历史学者的严格鉴定，被确认为南京大屠杀遇难者遗骨，是侵华日军南京大屠杀暴行的铁证。前事不忘，后事之师，以史为鉴，开创未来。侵华日军南京大屠杀遇难同胞纪念馆现在已成为国际间祈祷和平与历史文化交流的重要场所；同时也是"全国中小学爱国主义教育基地"、"全国青少年教育基地"和"全国爱国主义教育示范基地"。

二、纪念性建筑的流线与功能组织

工程实践证明，纪念性建筑设计成功的关键之一，是它的建筑流线、功能组织是否畅通无阻，这是直接影响纪念性建筑设计质量的重要因素。

建筑流线是在建筑设计中经常要用到的一个基本概念。建筑流线俗称动线，是指人们在建筑中活动的路线，根据人的行为方式把一定的空间组织起来，通过流线设计分割空间，从而达到划分不同功能区域的目的。它受到建筑使用者的行为和建筑功能的影响，它和建筑空间是相辅相成的关系，由于建筑的多样性和复杂性，建筑流线的组织形式也分为好几种。建筑流线根据人的行为方式把一定的空间组织起来，通过流线设计分割空间，从而达到划分不同功能区域的目的。通过对建筑流线的分析，弄清楚建筑中流线、功能、空间之间的辩证关系，深刻体会人作为建筑的使用主体的感受。我国的南京中山陵、南京雨花台烈士陵园、侵华日军南京大屠杀遇难同胞纪念馆等，在纪念性建筑的流线与功能组织方面均获得成功。

（1）南京中山陵　南京中山陵在建筑流线、功能组织方面是非常成功的，它建有牌坊、墓道、陵门、碑亭、祭堂和墓室，从而形成一系列引人注目的中心，造成瞻仰过程中人的心理、感受、情绪上的逐步加强，最后达到高潮点，创造出紧凑、连续的空间序列，并拥有足够的空间领域，长达数百米的大台阶引导人们的视觉注意力，这些宽大满铺的平缓石级，把孤立的、尺寸较小的个体建筑联成大尺度的整体，恰如其分地创造了伟人陵墓所需要的气势。

（2）南京雨花台烈士陵园　在南京雨花台烈士陵园的设计探讨研究中，考虑传统历史形成的空间及其氛围，是标志地区风格特征之一。南京雨花台烈士纪念群具有强烈的中国传统特色。整个建筑群分为四段：前面是纪念馆和馆前广场，接着是拱桥，中部是喷水池和浮雕，最后是高台之上的纪念塔。

雨花台烈士纪念碑，位于雨花台主峰广场上，由纪念碑、碑廊、地下大厅三部分组成。纪念碑为花岗岩贴面，高42.3m，它是寓意南京1949年4月23日解放。纪念碑由碑额、碑身、碑座三部分构成，碑额似红旗如火炬；碑身正面镌刻邓小平手书的"雨花台烈士纪念碑"八个镏金大字，背面有江苏省人民政府、南京市人民政府撰写、著名书法家武中奇书写的碑文；碑座前立有一尊高 5.5m、重约 5t 以"宁死不屈"为主题的青铜圆雕。

纪念碑的南面是烈士纪念馆。这是一组"U"形两层的白色古典型建筑，长 94m，宽 49m，主堡高 26m，建筑面积达 5900m²。层面为乳白色琉璃瓦，外墙是花岗岩贴面，正门上有邓小平亲笔题写的"雨花台烈士纪念馆"。横额的上方用花岗岩雕琢出日月同辉的图案，象征烈士精神与天地共存，与日月同辉。馆内陈列有 620 件烈士遗物、450 幅珍贵图片和恽代英、邓中夏等 128 位烈士的事迹和文献资料。

雨花台烈士群雕是雨花台风景区的标志建筑，它主题突出，层次分明，上实下虚。那戴着镣铐、蔑视敌人的工人；横眉冷对的知识分子；怒目圆睁的农民；临危不惧的女干部；咬紧牙、抿着嘴的小报童；身陷囹圄、充满胜利希望的女学生；栩栩如生地再现了九位先烈在就义前英勇不屈、视死如归的光辉形象。

烈士的墓群位于西岗的西殉难处，东殉难处建有烈士纪念亭，北殉难处建有赭色花岗岩烈士就义群雕，雕像高 10.3m、长 14.2m，由党的工作者、知识分子、工人、农民、战士、学生等九位烈士形象组成，雕像充分的表现了烈士们临刑前大义凛然、视死如归的浩然正气。在主峰东麓，建立了革命烈士史迹陈列馆，陈列着先烈们的遗像、遗书、遗物等革命文物，供后人参观缅怀。

（3）侵华日军南京大屠杀遇难同胞纪念馆　走进侵华日军南京大屠杀遇难同胞纪念馆，一片荒凉、凄惨的景象印入眼前。沿着环绕的参观路线，一共布置了 13 块纪念石，每块代表一处在南京遇难同胞的掩埋地。当参观者进入纪念馆时，可以感受到一种进入墓室的感觉，具有一种墓冢的象征。高低错落的石墙面，寸草不长的卵石广场、枯树，近 50m 长的浮雕，营造出沉闷、悲惨和凄凉交织的场景，以强烈的纪念氛围激起人们正义、善良的感情，憎恨日本侵略者，探求世界永久和平，寻求人们走向共同的友谊。

三、纪念性建筑的造型艺术设计

不同时期、不同时代的建筑风格，沿着成网的干道向城市四周推开，从城市的骨架、城市的肌理可以寻找城市发展的文脉和城市发展的轨迹。纪念性建筑的造型，是根据它所叙述的人、事件和纪念的级别来进行设计的，它要代表那个时代的特色和文化氛围。因此纪念性建筑应当具有鲜明的思想内容和庄严、朴素的艺术造型，如北京的人民英雄纪念碑，用中国传统的形式反映出中国近百年的革命史和中华民族开创历史新纪元的豪迈气概。

纪念性建筑是时代的一面镜子，它以独特的艺术语言熔铸、反映出一个时代、一个民族的审美追求，建筑艺术在其发展过程中，不断显示出人类所创造的物质精神文明，以其触目的巨大形象，具有四维空间和时代的流动性，讲究空间组合的节律感等，而被誉为"凝固的音乐"、"立体的画"、"无形的诗"和"石头写成的史书"。纪念性建筑的造型艺术是通过建筑群体组织、建筑物的形体、平面布置、立体形式、结构造型、内外空间组合、装修和装饰、色彩、质感等方面的审美处理所形成的一种综合性实用造型艺术。

在纪念性建筑的造型艺术设计方面，南京中山陵是光辉的典范。南京中山陵的建筑形式基本与宫殿式近似，以我国古代宫殿琉璃瓦大屋顶与近代钢架和钢筋混凝土结构技术相结合，建筑采用近代新材料代替了传统的木构架建筑特有的结构构件斗拱的作用，并得以简化，建筑外部造型比例、尺度处理均比较成功，具有一定的形式美，从外观的形象上表达了一种庄严气氛和永垂不朽的精神。在单体建筑中，运用了稳重的构图、纯正的色彩，建筑采用统一的花岗石墙面，深蓝色琉璃瓦屋顶，其质感和色彩在蓝天绿树的相映之下，与传统帝陵的红墙黄瓦相比，具有另一番清高、肃穆、庄严的气氛。

陵门设计成歇山式石建筑，歇山式石建筑是古建筑中造型最优美的一种建筑形式，其特点是屋面的下部有四坡，而上部只有前后两坡，两山封护的山花垂直落在下部的屋面坡上。陵门造型为五间三拱门，顶盖蓝色琉璃瓦，而主体建筑祭堂用新材料、新技术，借用旧形式加以革新。平面近似方形，出四个角室，构成外观四个坚实的柱墩子，有很强的力度感。重檐歇山蓝琉璃瓦顶，赋予建筑形象一定的壮观和特色，祭堂内部以黑色花岗石立柱和黑色大理石护墙，衬托中部孙中山汉白玉的坐像，从而构成宁静、肃穆的效果。

　　建筑群造型古朴淡雅，色彩和谐，端庄而丰富，它既不是传统法式的再现，又不完全脱离传统的韵味，它是中国古典建筑艺术与近代建筑技术的结晶，也为中国近代建筑和建筑师的创作开辟出一条新路，它的成功是新中国第一代建筑师的骄傲。

第六章

绿色建筑节水设计与技术

当代科学技术进步和社会生产力的高速发展，加速了人类文明的进程，与此同时，人类社会也面临着一系列重大环境与发展问题的严重挑战。人口剧增、资源过度消耗、气候变异、环境污染和生态破坏等问题威胁着人类的生存和发展。我们在城市建设规划设计中，一定要重新考虑人与自然的关系，尊重自然生态规律，遵循党中央提出的"要大力发展节能省地型住宅，全面推广节能技术，制定并强制执行节能、节材、节水标准，按照减量化、再利用、资源化的原则，搞好资源综合利用，实现经济社会的可持续发展"，坚持走资源节约型和环境友好型的可持续发展道路，从每一栋建筑、每一个社区、每一个城市做起，让越来越多的绿色建筑、绿色社区、绿色城市构成我国未来希望的发展前景。

第一节　用水规划与供排水系统

随着国民经济的快速发展，可持续发展战略日益得到人们的共识，成为人类进行社会生产活动、建设以及生活的战略目标。可持续发展住宅也随之在国内外提出并迅速发展起来，相继出现"绿色小区"、"生态小区"、"绿色住宅"、"健康住宅"等概念，成为住宅产业追求的目标。随着人民生活水平的不断提高，人们对精神生活、文化艺术的要求也随之增强，形成了目前各类城市各种广场、公共空间等休闲环境的社会氛围；在居住区的建设中也应运而生了多种强调文化内涵与环境品质的各种住区，尤其是各种亲水、水景楼盘，更是得到了广大消费者的青睐，受到了社会的追捧。

据有关统计数据显示，在我国目前的销售楼盘中，南方地区的水景楼盘比例普遍在20％以上，北方地区的水景楼盘比例普遍在10％以上。水乃生命之源，居宅之灵。水之灵秀水之意韵，在于亲水、融水、并透过水的律动、水的缠绕，使水岸的居者感悟其灵秀、其意韵，朦胧间仿佛始终置身其畔，这便是"亲水"之魅力所在。

水有调节气候、温度、湿度的作用，可以优化小区内的自然环境，无论是湖泊、江河还是喷泉、泳池，都给都市中的住户以无限的浪漫享受。古代的风水说强调以得水之地为上等，有山水环抱之地为风水宝地。仁者乐山，智者乐水，当前，水景楼盘的开发已在大江南北流行。国内的水景住宅设计最早受新加坡等地的影响，在祖国大陆首先由广州开风气之先，然后蔓延到深圳、上海、北京等地。可以说，在很多地区和城市水景楼盘已成为比例最高的特色或主题楼盘。

水景楼盘的水环境给人们带来舒适享受的同时，也或多或少加剧了城市水资源的紧张。一些城市住宅小区的实际情况可以看到，有些水景观由于过多消耗水资源而不得不变成旱地景观，有些住宅区的水景更是由于用水不能获得城市财政支持，因无人买单而成了尴尬的摆设。即便是侥幸得以留存下来的水景，大多数也存在严重浪费水资源的现象，忽视水景综合的绿色、节能效应的问题。这些问题都是与可持续发展的观念背道而驰。

以人为本是水景住宅的高境界，好的水景住宅设计应达到人与自然的融合境界，追求人与自然的共生共荣，以及人与人的和睦相处，只有能达到这种效果的设计，才是好的规划设计。此外水景住宅设计一定要因地制宜，以自然为主，人造的水景一定要考虑日常维护和费用，不要一哄而上，要实事求是。要充分利用好的地形地貌。

在我国多数的普通住宅中，水的供给和消耗是线性的，形成了一种低利用效率的转化，即：自来水—用户—污水排放，雨水—屋面—地面径流—排放。为了改善这种资源低效率利用的状况，绿色住宅小区的水资源应实现高效循环运转，对原来线性的"供给—排放"模式进行技术改进，增加必要的储存和处理设施，使其形成绿色住宅小区"供给—排放—储存—处理—回用"的水环境系统。绿色生态住宅小区水环境系统流程如图 6-1 所示。

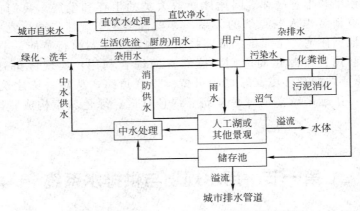

图 6-1　绿色生态住宅小区水环境系统流程

一、住宅水景设计存在的问题

（一）没有很好体现"以人为本"的思想

人一般都喜欢水，和水保持着较近的距离。当距离很近的时候人可以接触到水，用身体的各个部位感受水的亲切，水的气味、水雾、水温都直接刺激着人，让人感到兴奋。当距离较远的时候人们可以通过视觉感受到水的存在，被吸引到水边，实现近距离接触；有时候，水景设置得较为隐蔽，但是可以通过水声来吸引人。

由于人的亲水性，在居住区里，应该缩短人和水面的距离，在较为安全的情况下，也可以让人融入到水景中。人们喜欢立于水面，直接接触到水，小孩子喜欢在浅水中嬉水，涉足水中尽情玩乐。在特殊的情况下，人们可以潜入水中，身临其境，欣赏水下环境的魅力等。

现在居住区中水往往只是一种摆设，没有很好地从景观、人文及人的使用方面去进行设计和建设。有些水景在岸边围以高高的围墙，有些则以铁栅栏拦住了人们亲水的通道，这些做法违背"以人为本"的设计宗旨。

（二）忽视对雨水的利用

我国是一个淡水资源十分短缺的国家，人均水资源拥有量仅占世界平均水平的 1/4，是世界上 13 个最贫水的国家之一，珍惜水资源对我们就显得尤为重要。然而现实生活中，我们一方面对降落在屋顶、铺装地面、道路上的雨水，任其直接进入城市排水管网而白白流走。不但造成了水资源的巨大浪费，还会使地下水得不到及时、有效、充分的补给，在雨水泛滥的季节，还会加大城市泄洪负担和增加洪灾发生的概率等一系列负面影响。

另一方面，却在城市水景、小区水景的水池中大量注入取自城市给水管网的淡水资源，不但会使运营成本大幅上升，还会对城市其他的用水单位和个人增添更大的用水负担与压力。

资源浪费与我国缺水程度之间存在的这种强烈反差，使得充分利用雨水成为一个迫切需要解决的问题。

（三）大批量的硬质地面铺装

为营造清澈见底的水景环境，配合铺设地砖的构图要求，开发商常选用大批量的硬质地砖，对水景基底进行硬质化处理。硬质地砖的采用，严重制约了水体的流动性、渗透性以及自净能力，使水景变为大面积、单调的静水水域，变成一池毫无生气的死水（游泳池就是典型的硬质地面铺装）。

常言道，流水而不腐，如此大面积、缺乏流动的水域，时间一长，很容易呈现富营养化状态，即在适宜的温度与光照条件下，容易繁殖大量的细菌和藻类物质，使水体腐败、变质并且发臭；加上硬质地面对水体渗透性与自净功能的限制，使得水景完全依赖于人工清洗和水源的补充，这项工作强度大、频率高，对水的消耗量也大得惊人，无形中就会加大物管费用，让住户支付这笔昂贵的开销，或因无力支付款项而出现"一年清、二年黄、三年臭"的水体景观。

有时，开发商为了配合水体布局和造型的需要，对水体的驳岸也进行硬质化处理，选用一些观赏性强、造价较高的单一材料（大理石、花岗石），将水体围合，形成一道高耸的"长城"，将游人拒以千里之外，这种人工化的驳岸设计，不但丧失了驳岸原始的美感和柔度，还剥夺、扼杀和阻断了人们亲水的本性。

（四）大量空置的水景设施

伴随水景设计，会附带添置一些奢侈品，如喷泉、雕塑，甚至结合游泳池等一起布置，这些奢侈品的设置往往又离不开水景喷头、灯光照明等一系列点缀设施，由于这些设施运营成本、维修费用高昂，且更换又较频繁，一些开发商为节省成本，减少开支，大多任其荒废、闲置，致使设计优美、造型别致的水体景观，仅展现出大片平静的水域，更有甚者直接暴露一个干涸无水的枯池和其下排列无数的管网、水景喷头；另一方面，由于人们的使用频率不高，故小区出现空荡荡无水的游泳池。不但未创造出别致、具有人气的景观休闲场所，反而因规划的水域面不支持人的活动，而出现居民的活动范围大为减少的局面。

（五）设计雷同，不重创新

许多设计师在对居住区进行设计时，没有把居住区放在一个特定的范围内，没有考虑到小区的周边环境，这样就使得许多水景住宅与周围环境格格不入，成为一个孤岛。就拿上海苏州河、黄浦江沿岸的众多楼盘来说，由于大多位于上海的市中心区域，开发商为了追求更多的获利，许多住宅建筑都是小高层和高层，有的甚至是超高层，这就使得原本并不宽阔的河道显得更加狭小，如果从高层往下看苏州河会像一条水沟。

决策人或业主往往把某地自认为好的作品作为范本，不以模仿为耻，宁愿相信现成的也不愿接受新的方案构想。同时信息时代极大地开阔了我们的视野，各类景观设计精品选接踵出版，景观设计师不出家门即可获取国内外相关信息和发展动态。对成功作品的学习以及对新材料新技术的应用，难免使各地的景观趋于雷同，产生建筑设计的"特色危机"。

二、建筑节水的意义和措施

能源是发展国民经济的重要物质基础，也是制约国民经济的一个重要因素，我国和世界上绝大多数国家一样面临着能源危机，而在加强能源建设的同时，最大限度地提高能源的利用效率，大力降低能耗也已经越来越得到重视。近年来，我国城市生活用水量呈逐年递增趋势。城市生活用水由居民用水和公共建筑用水等组成，其用水过程绝大部分是在建筑中完成的。因此，要想节约城市生活用水必须搞好建筑节水。建筑节水有三层含义：一是减少浪费用水量；二是水资源的使用效率；三是有效防止泄漏。

（一）建筑节水的意义

目前，对于城市生活用水的大多数用户来讲，对水资源紧缺的严峻形势认识不足，对水的需求急速增长的现状认识不够。因此，需要向全社会广泛宣传节水的重要性、必要性和紧迫性。使群众认识到"水荒"已经到来，真正做到人人高度重视，个个动手节水。同时，还要通过利用经济杠杆促进节水。如实行"超定额累进加价制度"、采用阶梯式或季节式水价等措施，充分发挥价格杠杆的作用，促进节水措施的实施。

（二）建筑节水的措施

建筑节水是一个系统工程，是在满足用水要求的前提下，采取先进措施，提高水的有效利用率，因此有效利用水资源，达到建筑节水的目的，应从下面几个方面入手。

1. 大力推广使用节水型用水器具

在建筑物中，配水装置和卫生设备是建筑给排水系统的重要组成部分，也是水的最终使用单元，它们节水性能的好坏，直接影响着建筑节水工作的成效，因而大力推广使用节水器具是实现建筑节水的重要手段和途径。节水型用水器具主要包括如下。

（1）节水型便器冲洗设备　在家庭生活用水量中，便器冲洗水量占全天用水量的30%～40%，因此研制推广节水型便器冲洗设备对建筑节水来说意义重大。在保证排水系统正常工作的情况下，可以使用小容量器具代替大容量器具，起到节约冲水量的目的。目前，在公共场所或非居住建筑内小便槽多采用多孔管，虽然每分钟或每次冲洗水量不大，但冲洗时间是时刻延续的，从而造成的无用耗水量很大，因此应逐步淘汰这种多孔管式小便槽，而采用延时自闭冲洗阀式小便斗或自动感应冲洗小便斗等节水型冲洗设备。

（2）节水型水龙头　水龙头遍及住宅、公共建筑、工厂车间等，是使用最频繁的配水装置，也是最常见的浪费水的部件。传统的水龙头在水压较高时，流量大、水花飞溅，水的有效利用率低，而且橡胶垫易磨损，使用稍久，常会漏水。而陶瓷阀芯节水龙头采用陶瓷片作为密封材料，具有硬度高、密闭性好等特点，无效用水时间短，有明显的节水作用。另外，自闭式水龙头、感应式水龙头等均可起到节水的作用。

（3）节水型淋浴设施　公共浴室淋浴采用双管供应，因不易调节，增加了无用耗水量，而采用单管恒温供水，一般可节水10%～15%；若采用踏板阀，做到人离水停，一般可节水15%～20%。在学校公共浴室采用浴室淋浴智能IC卡控制系统可节水30%以上。

2. 完善城市管网供应系统

（1）加强管网维护，减少跑冒滴漏　在建筑给水管网系统中，跑、冒、滴、漏现象较为普遍，造成了水资源的严重浪费。造成这种现象的原因当中，一方面是与管材、施工的质量有关系，这就需要在施工过程中，加强管理，严把质量关；另一方面是由于管道使用年限长，受酸、碱的腐蚀和其他机械损伤而导致漏水。因此，提高管材、附件和施工质量，在日常使用中，加强管网的检查与维护，严格控制跑、冒、滴、漏，也是节约建筑用水的一种途径。

(2) 减少系统超压出流造成的隐性水量浪费 当给水配件阀前压力大于流出水头时，给水配件在单位时间内的出水量超过额定流量的现象，称为超压出流现象。给水配件超压出流，不但会破坏给水系统中水量的正常分配，而且超出额定流量的那部分流量未产生正常的使用效益，是浪费的流量。这种流量不易引起人们的注意，因此把它称作"隐形"水量浪费。所以，在设计中合理限定配水点的水压是解决这个问题的关键所在。在给水系统中合理分区与配置减压装置是将水压控制在限值要求内、减少超压出流的技术保障。合理的分区主要是根据建筑物的用水点、高度等诸多因素和实际情况所决定的，而对于设置减压装置主要是在合理分区后通过计算水压来设置的。常用的做法主要有设置减压阀、设置减压孔板或节流塞减压孔板、采用节水水龙头。

(3) 完善热水供应循环系统 随着人们生活水平的提高，小区集中热水供应系统的应用也得到了充分的发展。大多数集中热水供应系统存在严重的浪费现象，主要体现在开启热水装置后，不能及时获得满足使用温度的热水，而是要放掉部分冷水之后才能正常使用，这部分冷水未产生应有的使用效益，因此称之为无效冷水。这种水流的浪费现象是设计、施工、管理等多方面原因造成的。如在设计中未考虑热水循环系统多环路阻力的平衡，使远离加热设备的环路中水温下降等原因。修订后的《建筑给水排水设计规范》提出了两种循环方式，即立管、干管循环和支管、立管、干管循环，取消了干管循环，强调了循环系统均应保证立管和干管中热水的循环，对节水、节能有着重要作用。因此，新建建筑集中热水供应系统在选择循环方式时需综合考虑节水效果与工程成本，尽可能减小乃至消除无效冷水的浪费。

3. 推广使用优质给水管材、水表

采用优质给水管材。由于镀锌钢管易受腐蚀，造成水质污染，一些发达国家和地区已明确规定普通镀锌钢管不再用于生活给水管网。在建筑给水中，目前有铜管、不锈钢管、聚氯乙烯管、聚丁烯管、铝塑复合管等新型管材可以取代镀锌钢管。塑料管与镀锌钢管相比，在经济上具有一定优势。钢管和不锈钢管虽然造价较高，但使用年限长，还可用于热水系统。应根据建筑和给水性质，选择合适的优质给水管材。

采用优质水表。水表是法定的计量仪表，其计量值是供水部门向用户收费的凭据，若水表质量低劣，计量不准，不但直接影响供水部门或用户的经济利益，还会使控制水资源严重透支，利用经济杠杆调整水价和采取用户计划用水，节约获奖、浪费受罚等节水措施因缺乏正确的依据，而不能顺利实施。此外，水表还是进行合理用水分析和水量平衡测试必不可少的仪表。水量平衡测试是用水单位对本单位用水体系进行实际测试，根据其输入水量和输出水量之间的平衡关系进行分析的工作。合理设置水表不仅是计量收费的依据，也是合理用水分析和水量平衡测试必不可少的仪表。

水量平衡测试是指对用户的用水体系进行实际测试，确定其用水参数的水量值，并根据其输入水量与输出水量之间的平衡关系，分析用水合理程度的工作。定期开展水量平衡测试和用水分析工作，对合理制订用水计划、加强用水管理、发现漏水隐患、实现节约用水，有着十分重要的作用。合理设置水表是开展水量平衡测试工作的基础。

4. 积极采取废水利用措施

(1) 建立中水回用系统 中水来源于建筑生活排水，包括人们日常生活中排除的生活污水和生活废水。生活废水包括冷却排水、沐浴排水、盥洗排水、洗衣排水及厨房排水等杂排水。不含厨房排水的杂排水称为杂质排水。中水指的是各种排水经过处理后，达到规定水质标准，可在生活、市政、环境等范围内杂用的非饮用水。我国的建筑排水量中生活废水所占份额住宅为 69%，宾馆和饭店为 87%，办公楼为 40%，如果收集起来经过净化处理成为中水，用作建筑杂用水和城市杂用水，如冲厕所、道路清扫、城市绿化、车辆冲洗、建筑施工、消防等杂用，从而代替出等量的自来水，这样相当于增加了城市的供水量。

建筑中水工程是节约用水的好措施，既保护了环境，又极大地提高了水资源的利用效率。从长远看，在水资源缺乏的情况下，中水利用势在必行。它是实现污水资源化、节约水资源的有力措施，是今后节约用水发展的必然方向。

（2）建立雨水回用系统　在倡导可持续发展、绿色建筑及水资源短缺的今天，雨水回用也成为我们设计人员的重要课题。现阶段雨水回用主要为三个方面：调蓄排放、地面雨水入渗、回收利用屋面雨水。雨水回用系统是作为节约用水，倡导绿色建筑的重要措施。

综上所述，对于节约用水来说，培养人们的节约水资源意识和国家利用经济杠杆调节都是非常重要的。但对于我们设计人员来说，优化合理设计给排水系统、积极倡导采用节水器具，以及采取各种节水措施和技术是我们义不容辞的责任。而可持续发展及绿色建筑的战略方针，为各种新型节水器具的开发和节水技术的发展，在建筑节水市场提供了广阔的发展前景。

5. 增强节水意识，落实节水措施

随着人类对自然干预行为的增加，自然水体遭到日益严重的污染，可供直接取用的优质水源日显短缺，缺水已是各国面临的一个现实的世界性危机。我国淡水资源人均占有量仅 2.545m³，不足世界人均值的 1/4。水资源是我国十分短缺的自然资源之一，必须备加重视。对水资源的认识要实现"三个转变"，即由过去一般性资源认识向战略性资源认识的转变，由过去粗放型经营方式向集约型经营方式的转变，由过去主要依靠增量解决资源短缺向更加重视节约和替代转变。核心是提高用水效率，减少无用水耗。无用耗水量是对水资源的巨大浪费，会给十分紧张的城市供水带来更大困难。

三、制定合理的用水规划

编制城市用水规划是城市建设和发展十分重要的基础工作，是做好城市用水工作、建设节水型城市的重要保障和前提。用水规划坚持以人为本，树立全面、协调、可持续的发展观，促进经济社会和人的全面发展。

在制定合理的用水规划时，要根据国家和地方有关节水的方针和政策，贯彻"绿色住宅"、"生态城市"、"健康小区"等发展战略，结合当地的经济、社会发展情况和自然资源条件，提出"十二五"开发、利用、节约、保护水资源的基本依据，通过政府调控、市场运作和公众参与，实现水资源的合理开发、科学配置和高效利用，保障城市用水安全，有效控制城市用水量的增长，把城市发展对水的需求控制在合理的范围内，确保城市经济与社会、城市与生态的可持续发展。

（一）城市用水规划编制的原则

（1）可持续发展原则　可持续发展是一种"既满足当代人的需要，又不对子孙后代发展能力造成损害的发展"。1992 年世界环境与发展大会以后，可持续发展作为一种新的发展观被绝大多数国家所接受。无论是发达国家还是发展中国家，大家都认识到：可持续发展关系到人类的生存、关系到经济的长期发展、关系到社会的安全繁荣。人口、资源、生态环境和经济社会相互协调、持续发展是人类社会历经磨难之后的明智选择。

（2）系统协调原则　城市用水节水涉及到水资源开发、城市供水、用户用水、用水成本、节水政策、污水处理、水环境保护等方面（或称为子系统）。在这个系统中，各个系统

既相互联系、又相互独立。系统协调原则，就是协调理顺各子系统、各要素之间的关系，使他们协同进化趋利避害，通过各子系统的综合作用，解决水资源的开发、利用、保护，解决水资源对人类社会可持续发展的制约问题。

（3）经济有效原则 经济有效的重要标志就是使水资源开发利用的外部性内在化，即价格反映水资源及其服务的"真实"成本。经济有效原则要求进一步理顺水务（水资源开发、供水、排水、污水处理、回用等）价格，实施"优质优价、谁投资谁受益、多投资多收益"，从而激发经济当事人对污水回用工程的投入。

（4）保障用水安全原则 保障用水安全涉及水量和水质，节水不能以牺牲用水者的用水质量为代价，也不能以牺牲环境和生态为代价。

（二）住宅小区水环境规划

1. 规划的必要性及重要性

水环境规划是绿色住宅小区规划的重要内容之一。水环境在住宅小区中占有重要地位，在住宅内要有室内给水排水系统，以供给合格的用水和及时通畅的排水。住宅小区内要有室外给水排水系统、雨水系统。现在人们常说的亲水型住宅，在小区内还必须有景观水体，以及水景等娱乐或观赏性水面。大面积的绿地及区内道路也需要用水来养护与浇洒。这些系统和设施是保证住宅小区有一个优美、清洁、舒适环境的重要物质条件。

以可持续发展战略为指导思想，依照《中国生态住宅技术评估手册》中的指标体系及要求，根据小区建筑总体规划方案，结合当地自然条件和水环境状况，全面统一规划住宅小区内各种水系统，提出小区水环境总体规划方案，充分发挥各系统的功能，使其相互连接、协调与补充，并对水环境工程进行初步的效益分析，是实现以合理的投资达到最好的住区水环境的经济效益、社会效益及环境效益的重要手段，也是生态住宅水环境工程设计与建设的重要依据。

2. 规划的目的与原则

（1）强调水环境规划的整体性 统一考虑小区用水规划以及水量平衡，和各水系统间的协调、联系，以合理的投入获得水环境最佳的经济效益及环境效益。

（2）水资源的可持续利用 充分利用小区内及周边的各种水资源，保证小区有足够的不同用途的供水量，以及本着低质水低用、高质水高用的原则分质供水，做到水资源的再生及循环利用。

（3）努力保护水环境 尽量减少向小区自身及周围环境排放的水污染负荷，保护小区的水环境，通过小区水的生态循环，达到提高小区水环境质量及提供优良居住条件的目的。

（4）以先进科学技术为先导 规划中应积极稳妥地采用先进、成熟的水处理工艺、技术和装备，以保证生态住宅水环境工程的实施及长期的使用及运行。

（5）具有较强的可操作性 密切结合项目的具体情况，从水环境总体规划到各系统的规划设计，均应具有较强的可操作性，是水环境工程实施的重要技术依据和基础。

3. 水环境规划的主要内容

依据《中国生态住宅技术评估手册》的要求及指标体系，水环境规划应包括以下几个主要内容。

（1）用水规划及水量平衡 用水量规划是制定小区水环境规划的基础。根据小区各用水点特点及对用水的要求，估算不同用水点的用水量，以及评估其需的用水水质。通过水量平衡得出小区每日所需供应的自来水水量、生活污水排放量、中水系统规模及回用目标、景观水体补水量、水质的保证措施、及补水来源等，并估算出小区节水率及污水回用率，为提出小区水环境总体规划方案打下可靠的基础。

（2）水环境规划方案　在分别对小区给排水系统、污水处理及回用系统、雨水回用及利用系统、景观及绿化用水补水方式，以及节水器具与设施进行规划与设计后，最终提出小区水环境总体规划方案。

（3）规划方案的效益分析　小区水环境规划应具有经济合理性、技术先进性和建设可实施性。因此，必须对提出的水环境总体规划方案进行技术经济分析，最后确定最佳方案。

① 方案的经济指标估算。其中包括项目投资（元/m²）与运营管理费用［元/(m²·年)］的估算。

② 方案的经济效益分析。a. 节水，估算出项目的节水率、回用率等。节水率(%)＝（节约自来水水量/总用水量）×100%，污水回用率(%)＝（回用的污水量/产生的污水总量）×100%；b. 利用中水带来的效益。其中包括用户使用中水节约的水费［元/(年·户)］；物业管理因使用中水得益（万元/年）；c. 项目的总运行费用及总收益之比（万元/年）。

③ 环境效益方案对周围环境的影响，因兴建水环境工程而减少排放的污水量及污染负荷。

④ 施工及维护管理的难易程度。

⑤ 招标项目特点及其他比较因素等，如污水"零排放"带来的效益等。

（三）制定水环境规划前的几个关键问题

（1）基础资料的收集及现场环境调查分析与评价是制定规划的基础

① 小区所在地的自然条件、地理位置、地势特点、水环境现状、防洪要求、市政设施现状及规划发展情况等是制定水环境规划的基础资料。

② 小区建筑总体规划方案，特别是规划的主要经济技术指标，是水环境规划方案制定的一个重要依据。水环境规划思路应与总体规划中水的部分一致，当制定水环境规划时如有专业的特殊要求，应及时与总体规划讨论、协调。

③ 小区所在地各种水资源调查与评估是进行小区水量平衡的重要条件，只有清楚地了解了水资源状况，才能根据其水量及水质来规划是否可以使用以及如何利用。

④ 了解小区景观水体的规划设计，在水环境规划中才能合理的评估其水量及水质的保证措施，一般均属小区水环境规划中的重要目标。

（2）确定适当的规划目标及水质标准，是规划能否实施的关键

① 规划目标。为将小区建成节水、减污、健康、舒适以及优美环境的生态住宅小区，规划者根据建筑总体规划并结合小区客观条件、在小区建成及居民入住前能达到的水环境质量及水平，以及提出需实施的相应工程设施。规划目标应具有经济合理性及较强的可实施性。

水环境规划目标一般包括：小区用水水量及水质安全可靠，景观及绿化用水的水量及水质保障，污水处理及利用，雨水合理利用及节水措施等。

② 与规划目标相应的水质标准。为达到水环境的规划目标，水环境工程设施必须达到国家或地方制定的相应的水质标准，如《生活饮用水水质卫生标准》（GB 5749—2006）、《饮用净水水质标准》（CJ 94—2005）、《城镇污水处理厂污染物排放标准》（GB 18918—2002）、《城市污水再生利用　城市杂用水水质》（GB/T 18920—2002）《城市污水再生利用　景观环境用水水质》（GB/T 18921—2002）、《建筑中水设计规范》（GB 50336—2002）等。

（3）科学选定用水定额是规划的先决条件

① 用水定额及选取参照有关设计手册及规范，生态住宅小区用水定额应包括：居民生活用水定额、公共建筑用水定额、浇洒道路用水定额及绿化用水定额等。用水定额应根据小区所在地区、城市规模、气候条件、水资源状况、小区建筑级别及特点、卫生器具及设施水平以及生活习惯等因素综合考虑选取。科学合理的选取居民生活用水定额及小区公共建设用水定额，是小区用水规划的基础。可根据用水定额规划出小区的总用水量。

② 生活给水量分配比及选定。参照有关设计手册及规范，选取住宅内各用水点，如厕所、厨房、沐浴、盥洗、洗衣等的用水分配率。它的选取为制定用水规划时确定可用的中水水源的水量，以及根据用水量可估算出生活污水排放量等。

四、绿色建筑的给水系统

绿色建筑不是只有鲜花绿草、喷泉水池、绿化得好的楼盘，而是指以节约能源、环境保护、减少污染为理念，通过设计与自然和谐共生的建筑及配套设施，为居民提供健康、适用和高效的生活空间的楼盘。在设计这类建筑的给水系统时，对水资源的节约和最大化利用应该成为一种自觉的追求。

（一）建筑给水系统的定义和分类

建筑给水是将符合水质标准的水送至生活、生产和消防给水系统的各点用水点，满足水量和水压的要求。建筑给水系统是将城镇给水管网（或自备水源，如蓄水池）中的水引入一幢建筑或一个建筑群体供人们生活、生产和消防之用，并满足各类用水对水质、水量和水压要求的冷水供应系统。室内给水系统按其供水水质不同分为生活饮用水系统、直饮水系统和杂用水系统。按其用途不同可分为生活给水系统、生产给水系统和消防给水系统。

（1）生活给水系统　生活给水一般是指卫生间盥洗，冲洗卫生器具，沐浴，洗衣，厨房洗涤，烹调用水和浇洒道路、广场，清扫，冲洗汽车及绿化等用水。生活用水的水质，应符合国家规定的现行饮用水水质标准。生活用水按其水温和水质的不同又分为冷水系统、饮水系统和热水系统。

① 冷水系统。一般将直接用城市自来水或其他自备水源作为生活用水的给水系统时，称之为冷水系统。

② 饮水系统。当人们有喝生水的习惯，需要提高饮用水水质标准时，在旅馆的卫生间、厨房或高级公寓、高级住宅的厨房，常需设置单独的"饮用水"管道系统。其用水经过深度处理和再消毒后供应，以确保饮水卫生。经深度处理的饮用水成本较高，因此，为了降低成本和节约用水，可采用分质供水的办法，而独立设"饮用水"系统。饮用水系统又分为开水和冷饮水系统等。

③ 热水系统。在生活给水系统的用水户中，如卫生间、洗衣房和厨房等要求供应一定温度的热水，需要单独设置管道系统，即热水系统。

（2）生产给水系统　供给生产设备冷却、原料和产品的洗涤，以及各类产品制造过程中所需的生产用水。生产用水应根据生产工艺要求，提供所需的水质、水量和水压。生产给水系统对于水质的要求不一，应根据生产设备和工艺要求而确定。有的水可以重复循环使用。

目前，生产给水的定义范围有所扩大，城市自来水公司带有经营性质的商业用水也称为生产用水，实际上将水资源作业水工业的原料，相应提高生产用水的费用，对于保护水资源、限制对水资源的浪费非常有益，也有利于合理利用水资源和可持续发展。

（3）消防给水系统　供给消防设施的给水系统称为消防给水系统。消防给水系统包括消火栓给水系统、自动喷水灭火系统、水幕系统、水喷雾灭火系统等。给水系统的作用是用于灭火和控火，即扑灭火灾和控制火灾蔓延。在小型或不重要的建筑中，可以与生活给水系统合并，但在公共建筑、高房建筑和重要建筑中，必须与生活给水系统分开单独设置。消防用水对水质要求不高，但必须按照《建筑设计防火规范》（GB 50016—2006）中的规定，保证足够的水量和水压。

以上 3 类给水系统可以独立设置，也可根据实际条件和需要组合成同时供应不同用途水量的生活—消防、生产—消防、生活—生产—消防等共用给水系统，或进一步按供水用途的不同和系统功能的差异分为饮用水给水系统、杂用水给水系统（中水系统）、消火栓给水系统、自动喷水灭火系统和循环或重复使用的生产给水系统等。

建筑给水设计的任务是选择适用、经济、合理、安全、先进、最佳的给水系统，将水从室外给水管网输送到卫生器具的给水配件、生产工艺的用水设备和消防给水系统的灭火设施，并向用户提供水质符合标准、水量满足要求、水压保证足够的生活、生产和消防用水。

（二）室内给水系统的组成

在一般情况下室内给水系统主要由引入管、给水管网、给水附件、给水设备、配水设施和计量仪表等组成。

（1）引入管　由室外管网（小区本身管网或城市市政管网）与建筑内部管网相连接的管段称为引入管。如果该建筑物的水量为独立计量时，在引入管段应装设水表和阀门。

（2）给水管网　给水管网是指将水输送到建筑内部各个用水点的管道，由水平干管（总干管）、立管（竖管）、支管（配水管）、分支管（配水支管）组成。

（3）给水附件　给水附件是指用以控制调节系统内水的流向、流量、压力，保证给水系统安全运行的附件，按其作用不同又分为调节附件、控制附件、安全附件。给水附件主要包括给水管路上的阀门（包括闸阀、蝶阀、球阀、减压阀、止回阀、浮球阀、液压阀、液压控制阀、泄压阀、排气阀、泄水阀等）、水锤消除器、多功能水泵控制阀、过滤器、减压孔板等管路附件，用以控制和调节水流。消防给水系统的附件主要包括水泵接合器、报警阀组、水流指示器、信号阀门和末端试水装置等。

（4）给水设备　给水设备是指给水系统中用于升压、稳压、储水和调节的设备。当室外给水管网的水压不足，或者室外给水管网的水量不足，或者建筑给水对水压恒定、对水质或对用水安全有一定要求时，需要设置升压或储水设备。升压和储水设备有水箱、水泵、储水池、吸水井、吸水罐、气压给水设备等。

（5）配水设施　配水设施也称为用水设施，是将给水系统中的水放出用于生活、生产和消防的设施。生活、生产和消防给水系统及其管网的终端即为配水设施。生活给水系统的配水设施主要指卫生器具的给水配件，如水龙头；生产给水系统的配水设施主要指与生产工艺有关的用水设备；消防给水系统的配水设施主要指室内消火栓、消防软管卷盘、自动喷水灭火系统的喷头等。

（6）计量仪表　计量、显示给水系统中的水量、流量、压力、温度、水位等的仪表统称为给水计量仪表，如水表、流量计、压力计、真空计、温度计、水位计等。采用计量仪表是绿色建筑对节水的一项重要措施进户管、总干管上应装设水表，在其前后装设阀门、旁通管和泄水阀门等附件，并设置在水表井内，以便计量建筑物的总用水量，又可称为水表节点。

（三）给水管道布置形式和布置要求

1. 给水管道的布置形式

给水管道的布置按供水可靠度不同可分为枝状和环状两种形式。前者单向供水，供水安全可靠性较差，但节省管材，工程造价低；后者管道相互连通，双向供水，供水安全可靠性较好，但管线较长，工程造价较高。一般建筑内给水管网宜采用枝状布置。

按水平干管位置不同可分为上行下给、下行上给和中分式三种形式。上行下给供水方式的干管设在顶层顶棚下、吊顶内或技术夹层中，由上向下供水，适用于设置高位水箱的建筑；下行上给供水方式的干管埋地、设在底层或地下室中，由下向上供水，适用于利用市政管网直接供水或增压设备位于底层，但不设高位水箱的建筑；中分式的干管设在中间技术夹层或某中间层的吊顶内，由中间向上、下两个方向供水，适用于屋顶用作露天茶座、舞厅并设有中间技术夹层的高层建筑。在同一幢建筑的给水管网也可同时兼有以上两种形式。

2. 给水管道的布置要求

给水管道布置是否合理，直接关系到给水系统的工程投资、运行费用、供水可靠性、安装维护、操作使用，甚至会影响到生产和建筑物的使用。因此，在进行给水管道布置时，不仅需要与供暖、通风、燃气、电力、通信等其他管线的布置相互协调，而且还要重点考虑以下几个因素。

（1）保证供水安全，力求经济合理 在进行给水管道布置时，应力求管线的长度最短，尽可能呈直线走向，并与墙、梁、柱平行敷设。室内生活给水管道宜布置成枝状管网，单向供水。为减少工程量，降低造价，缩短管网向最不利点输水的管道长度，减少管道水头损失，节省运行费用，给水管道布置时应力求长度最短，当建筑物内卫生器具布置不均匀时，引入管应从建筑物用水量最大处引入；当建筑物内卫生器具布置比较均匀时，引入管应从建筑物中部引入。给水干管、立管应尽量靠近用水量最大设备处，以减少管道传输流量，使大口径管道长度最短。

当建筑物不允许间断供水或者室内消火栓总数在 10 个以上时，引入管要设置两条或两条以上，并应由城市管网的不同侧引入，在室内将管道连接成环状或贯通状双向供水。如不可能时可由单侧引入，但两根引入管间距不得小于 15m，并应在接管点间设置阀门。如条件不可能满足，可采取设储水池（箱）或增设第二水源等安全供水措施。给水干管应尽可能靠近不允许间断供水的用水点，以提高供水可靠性。

（2）保证管道安全，便于安装维修 当给水管道采用埋地敷设时，应当避免被重物压坏或被设备震坏；不允许管道穿过设备的基础，在特殊情况下必须穿过时，应同有关专业人员协商处理；工厂车间内的给水管道架空布置时，不允许把管道布置在遇水能引起爆炸、燃烧或损坏的原料、产品和设备上面；为了防止管道腐蚀，管道不允许布置在烟道、风道和排水沟内，不允许穿过大、小便槽。当立管位于小便槽端部不大于 0.5m 时，在小便槽端部应有建筑隔断措施。

室内给水管道也不宜穿过伸缩缝、沉降缝，如果确实需穿过，应对管道采取保护措施。常用的措施有软性接头法、活动支架法和螺纹弯头法。软性接头法即用橡胶软管或金属波纹管连接伸缩缝、沉降缝两边的管道；活动支架法为沉降缝两侧设支架，使管道只能垂直位移，以适应沉降、伸缩的应力；螺纹弯头法，在建筑沉降过程中，面边的沉降差由螺纹弯头的旋转来补偿，适用于小管径的管道。

在进行给水管道布置时，其周围要留有一定的空间，以满足和维修的要求，给水管道与其他管道和建筑结构最小净距应符合表 6-1 中的要求。需要进入检修的管道井，其通道直径不宜小于 0.6m。

（3）不影响生产安全和建筑物的使用　为了避免给水管道渗漏，造成配电间电气设备故障或短路，管道不能从配电间通过；不能布置在妨碍生产操作和交通运输的地方；不允许穿过橱窗、壁柜、吊柜和木装修处。

表 6-1　给水管道与其他管道和建筑结构最小净距　　　　　单位：mm

给水管道		室内墙面	地沟壁和其他管道	梁、柱、设备	排水管		备注
					水平净距	垂直净距	
引入管		—	—	—	1000	150	在排水管上方
横干管		100	100	50(无焊缝)	500	150	在排水管上方
立管管径	<32	25					
	32～50	35					
	75～100	50	—	—	—	—	—
	125～150	60					

3. 给水管道的防护方法

一个合格的饮用水水质输送到用户家，除了治水厂的作用外，输水管道也是十分重要的保障方面。为了保证给水管道在较长时限内正常使用，除应加强维护管理外，在布置和敷设过程中还需要采取以下防护措施。

（1）防腐　无论是明设或者暗设的金属管道都要采取防腐措施。通常防腐的做法首先对管道除锈，使之露出金属本体光泽，然后在管外壁刷防腐涂料。明设的焊接钢管和铸铁管外刷防锈漆一道，银粉面漆两道；镀锌钢管外刷银粉面漆两道；暗设和入地管道均要刷沥青漆两道。防腐层应采用具有耐压强、良好的防水性、绝缘性和化学稳定性，能与管道牢固黏结的材料，如沥青防腐层，即在管道外壁涂刷底漆后，再涂刷沥青面层，然后外边再包上玻璃纤维布。对管道外壁所做的防腐层数，可以根据具体防腐要求确定。

当铸铁管埋于地下时，其外表一律要涂刷沥青防腐，暴露于空气的部分可刷防锈漆及银粉。工业上用于输送酸、碱液体的管道，除了应采用耐酸碱、耐腐蚀的管道外，也可将钢筋或铸铁管的内壁涂衬防腐材料。

（2）防冻、防露　对设在最低温度低于 0℃ 以下场所的给水管道和设备，如寒冷地区屋顶水箱、冬季不采暖的房间、地下厅、过道等处的管道，应当在涂刷底漆后进行保温防冻处理，保温层的外壳应密封防渗。非结冻地区的室外明设给水管道也应设置保温层，以防止管道受阳光照射后管内水温发生较大变化。

在环境温度较高、空气温度较大的房间（如厨房、洗衣房、某些生产车间）当管道内水温低于环境温度时，管道及设备的外壁可能产生凝结水，会引起管道或设备腐蚀，甚至损坏墙面，影响使用及环境卫生，导致建筑装饰物和室内物品受到损害，必须采取防结露措施，如做防潮绝缘层。防结露保温层的计算和构造按照现行的《设备及管道制冷技术通则》执行。

（3）防振　当管道中水流速度过大，在启闭水龙头时，阀门易出现水锤现象，而引起管道、附件振动，不但会损坏管道附件造成漏水，还会产生噪声，所以在设计时应控制管道的水流速度，在系统中应尽量减少使用电磁阀或速闭型水栓。在住宅建筑进户管的阀门后，可以装设可曲挠橡胶接头进行隔振，并可在管道支架、管卡内用橡胶衬垫等减振材料，以减少振动和噪声的扩散影响。

（4）**防高温**　塑料给水管道不得布置在灶台上边缘；明设的塑料给水立管距灶台边缘不得小于 0.40m，距燃气热水器边缘不得小于 0.20m。塑料给水管道不得与水加热器或热水炉直接连接，应有不小于 0.40m 的金属管段过渡。

给水管道因水温变化而引起的伸缩，必须予以补偿。塑料管的线膨胀系数是钢管的 7～10 倍，必须予以足够的重视。伸缩补偿装置应按直线长度、管材的线膨胀系数、环境温度和水温变化、管道节点允许位移量等因素计算确定。

（5）**防渗漏**　管道出现渗漏，不仅浪费水资源，影响管道正常供水，而且还会严重影响建筑，造成建筑的污染或损坏。特别是在湿陷性的黄土地区，埋地管道出现漏水将会造成土壤湿陷，严重影响建筑基础的安全稳固性。防渗漏的主要措施是避免将管道布置在易受外力损坏的位置，或采取必要的保护措施，避免管道直接承受外力。在管道设计和施工中，要健全质量管理制度，加强对管材质量和施工质量的检查监督。在湿陷性黄土地区，可将埋地管道敷设在防水性能良好的检漏管沟内，一旦出现渗漏，水可沿沟排至检漏井内，以便于及时发现和检修。管径较小的管道，也可敷设在检漏套管内。

五、绿色建筑的排水系统

绿色建筑是指在建筑物全寿命周期内，通过合理建设规划、方案优化设计以及完善的运行维护措施，最大限度地节约能源资源（节能、节地、节水、节材）、保护环境减少污染，进而为居民营造一个健康、适用、高效适用的宜居环境，且与自然和谐共存发展的绿色环境建筑。绿色建筑打破了传统建筑建设理念，将可持续稳定发展等理念引入到建筑行业中，且必将成为未来建筑建设发展的主要趋势。

给排水专业节能在整个绿色建筑节能工程中占据非常重要的地位，也就是说建筑给排水的节能设计方案是否经济可行、节能措施是否到位等，是确保绿色建筑功能正常高效发挥的重要关键性因素，作为从事建筑给排水设计工作的专业人员而言，除了要结合工程实际情况，设计出能够满足基本功能的设计方案外，还应充分认识到给排水节能方案的优化设计对实现绿色建筑的重要作用，使建筑的给排水系统真正达到绿色建筑节水的要求。

（一）城市的排水制度

在城市整个建设中，需要建设一整套的工程设施，有组织地排除并处理雨水、废水和污水，这项工程设施称为排水系统。城市中的雨水、污水和废水是采用一个管渠系统排除，还是采用两个或两个以上各自独立的管渠系统排除，通常称为排水体制，也称为排水制度。城市排水制度可分为分流制和合流制。

1. 合流制排水系统

将生活污水、工业废水和雨水混合在同一管渠内排除的系统称为合流制排水系统。最早出现的合流制排水系统，是将拟排除的混合污水不经任何处理直接就近排入天然水体，国内外很多老城市都是采用这种合流制排水系统。但这种排水形式污水未经处理就排放，会对环境卫生造成严重的危害，使受纳水体遭受严重污染。

现在城市排水常采用的是截流式合流制排水系统，如图 6-2 所示。这种排水系统是在临河岸边建造一条截流干管，同时在合流干管与截流干管相交前或相交处设置溢流井，并在截流干管下游设置污水处理厂。在晴天和初期降雨时所有污水都送至污水处理厂，将污水处理后再排入水体；随着降雨量的增加，雨水径流也随之增加，当混合污水的流量超过截流干管的输水能力后，就有部分混合污水经溢流井溢出，直接排入水体。

截流式合流制排水系统比直排式大大前进一步，但仍有部分混合污水未经处理就直接排放，从而使水体遭受污染，这是截流式合流制排水系统仍存在的不足。国内外在改造老城市合流制排水系统时通常采用这种方式。

2. 分流制排水系统

分流制排水系统是将生活污水、工业废水和雨水分别在两个或两个以上各自独立的管渠排除的系统，如图6-3所示。排除生活污水、城市污水或工业废水的系统称为污水排水系统；排除雨水的系统称为雨水排水系统。

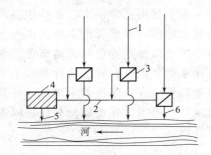

图 6-2　截流式合流制排水系统
1—合流干管；2—截流主干管；3—溢流井；
4—污水处理厂；5—出水口；6—溢流出水口

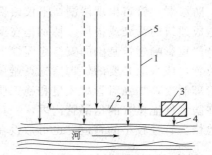

图 6-3　分流制排水系统示意
1—污水干管；2—污水主干管；3—污水
处理厂；4—出水口；5—雨水干管

根据排除雨水的方式，分流制排水系统又分为完全分流制和不完全分流制两种排水系统：①完全分流制，是指具有设置完善的污水排水系统和雨水排水系统的一种形式；②不完全分流制，是指具有完善的污水排水系统，雨水沿着天然地面、街道的边沟、明沟来排泄，待城市进一步发展时再修建雨水排水系统，使其转变成完全分流制排水系统。

工业企业废污水的成分和性质往往是很复杂的，不但与生活污水不宜混合，而且彼此之间也不宜混合，否则将造成污水和污泥处理复杂化，并对污水的重复利用和回收有用物质造成很大困难。因此，在多数情况下，应采用分质分流、清污分流的几种管道系统分别进行排除。如果生产废污水的水质满足《污水排入城市下水道水质标准》（CJ 343—2010）中的要求，可将生产废污水和生活污水用同一管道系统排放，否则生产废污水不许直接排放，应在车间附近设置局部处理设施进行处理。

（二）城市排水体制选择

合理地选择排水体制，是城市排水系统规划和设计中一个十分重要的问题。它不仅从根本上影响排水系统的设计、施工、维护管理，而且对城市规划和环境保护影响深远，同时也影响排水工程的总投资、初期投资和经营费用。当前，城市环境保护是一个非常重要的问题，因此，一般来说，排水系统体制的选择应在满足环境保护的需要的前提下，根据城市的具体条件，通过技术经济比较确定在选择中应注意以下方面。

1. 环境保护方面的要求

截流式合流制排水系统，同时汇集了部分雨水输送到污水处理厂处理，特别是初期的雨水带有较多的悬浮物，其污染程度有时接近于生活污水，这对保护水体是有利的。但另一方面，暴雨时通过溢流并将部分生活污水、工业废水泄入水体，周期性地给水体带来一定程度的污染，这对保护水体是不利的。对于分流制排水系统，将城市污水全部送到污水处理厂处理，但初期雨水径流未经处理直接排入水体是其不足之处。

从环境卫生方面分析，究竟采用何种体制比较有利，要根据当地具体条件分析比较才能确定。一般情况下，截流式合流制排水系统对保护环境卫生、防止水体污染，不如分流制排水系统。由于分流制排水系统比较灵活，较易适应发展的需要，通常能符合城市卫生要求，目前得到广泛应用。

2. 基建投资方面的要求

合流制排水只需要一套管渠系统，大大减少了管渠的总长度。据有关资料统计，一般合流制管渠的长度比分流制管渠长度减少 30%～40%，而断面尺寸两者基本相同，因此合流制排水管渠的造价，一般要比分流制低 20%～40%。虽然合流制泵站和污水厂的造价通常比分流制高，但由于管渠工程造价在排水系统工程总造价中占 70%～80%，所以，分流制的工程总造价一般比合流制高。

从节省初期投资的角度考虑，可以初期先建污水排除系统，而缓建雨水排除系统，节省初期投资费用，这样施工期限短、发挥效益快，随着城市的发展，再逐步建造雨水管渠。分流制排水系统有利于分期建设。

3. 维护管理方面的要求

工程实践证明：合流制排水管渠可以利用雨天剧增的流量来冲刷管渠中的沉积物，维护管理比较简单，可降低管渠的维护管理费用。但是，对于泵站与污水处理厂来说，由于设备容量大，晴天和雨天流入污水厂的水量、水质变化大，从而使泵站与污水厂的运行管理复杂，增加运行费用。分流制流入水厂的水量、水质变化要比合流制小，有利于污水处理、利用和运行管理。

4. 工程施工方面的要求

工程施工这是城市排水系统必须考虑的一个重要因素。合流制管线非常单一，可以减少与其他地下管线、构筑物的交叉，管渠施工比较简单，对于人口稠密、街道狭窄、地下设施较多的市区更为突出。

总之，排水体制的选择，应根据城市总体规划、环境保护要求、当地自然条件、水体排放条件、城市污水量、水质情况、城市原有排水设施和经济技术实力等综合考虑，通过技术经济比较决定。新建城市的新建区一般宜采用分流制和不完全分流制；老城区合流制排水系统宜改造为截流式合流制。在干旱地区和少雨地区的城市也可采用完全合流制。

（三）城市雨水管道系统布置的原则

雨水管渠布置的主要任务，是要使雨水能够顺利地从建筑物、工厂车间、工厂区、居民区等处排泄出去，既不影响生产，又不影响正常生活，达到经济合理的要求。在布置中应遵循以下原则。

（1）充分利用地形条件，就近排入水体 雨水径流的水质与它流过的地面情况有关，一般来说，除初期雨水杂质较多外，其后的雨小还是比较清洁的，可以直接排入水体，不致破坏环境卫生，也不会降低水体的经济价值。因此，在规划雨水管线时，首先按地形划分排水区域，再进行管线布置。

根据分散和直接的原则，雨水管渠布置一般宜采用正交式布置，这样可保证雨水管渠以最短的路线、较小的管径把雨水就近排入水体。

（2）尽量避免设置雨水泵站 由于暴雨形成的径流量大，雨水泵站的投资也很大，但雨水泵站在一年中运转时间很短、利用率很低。因此，在进行雨水管渠布置时，应尽可能利用地形，使雨水靠重力流排入水体，而不设置泵站。但在某些地势平坦、区域较大或受潮汐严重影响的城市，不得不设置雨水泵站的情况下，要把经过泵站排泄的雨水径流量减小到最小限度。

（3）结合街区及道路规划布置雨水管渠 街区内部的地形、道路布置和建筑物布置，是确定街区内部雨水地面径流分配的主要因素。街区内的地面径流可沿着街、巷两侧的边沟排除。

道路通常是街区内地面径流的集中地，所以道路边沟最好低于相邻街区地面的标高。应当尽量利用道路两侧边沟排除地面径流，在每一集水流域的起端 $100\sim200\,\mathrm{m}$ 可以不设置雨水管渠。

雨水管渠常常是沿街道铺设，但干管（渠）不宜设在交通量大的干道下，以免出现积水时影响交通。雨水干管（渠）应设在排水区的低处道路下。干管（渠）在道路横断面上的位置，最好位于人行道下或慢车道下，以便进行检修和管理。

（4）结合城市的竖向规划　城市用地竖向规划的主要任务之一，就是研究在规划城市各部分高度时，如何合理地利用地形条件，使整个流域内的地面径流能在最短时间内，沿最短距离流到街道，并沿街道边沟排入最近的雨水管渠或天然水体。

（5）合理地开辟水体　规划中应利用城市中的洼地和池塘，或有计划地开挖一些池塘，以便储存因暴雨量大时，雨水管渠不能排除径流量，减小管渠的断面，节省工程投资。同时，所开辟的水体也可作为游览、娱乐的景点，在缺水地区还可用于市区农田的灌溉。

（6）在街道两侧设置雨水口，是为了使街道边沟的雨小通畅地排水雨水管渠，而不至于漫过路面。街道两旁雨水口的间距，主要取决于街道纵坡、路面积水情况以及雨水口的进水量，一般为 $30\sim80\,\mathrm{m}$。街道交叉口处雨水口设置与路面的倾斜方向有关。

第二节　污水再利用系统与雨水系统

城市排水按照来源和性质可分为生活污水、工业废水和降水（雨水和雪水），而城市污水是排入城市排水管道的生活污水和工业废水的总称。城市污水通常是指排入城市排水管道系统的生活污水和工业废水的混合物。在压力容器合流制排水系统中，还可能包括截流入城市合流制排水管道系统的雨水。

城市污水实际上是一种混合污水，其性质变化很大，随着各种污水的混合比例和工业废水中污染物质的特性不同而异。城市污水需经过处理后才能排入天然水体、灌溉农田或再利用。在城市和工业企业中，应当有组织地、及时地排除上述废水和雨水，否则可能污染和破坏环境，甚至形成环境公害，影响人们的生活和生产乃至于威胁到人身健康。

一、污水再利用系统

随着人类对水的需求量逐年增加，同时水体的污染不断加剧，加上地区性的水资源分布不均和周期性的干旱，导致淡水资源在水质、水量两个方面都呈现出越来越尖锐的供需矛盾。特别是由于需水量的急剧增加和水质不断化，目前有许多国家面临着水资源短缺的危机，严重影响人类的生存和发展，这是已经引起多数国家重视的问题。

（一）污水再生利用概述

面对世界性的水资源危机，人类在开发、利用和保护水资源的过程中，寻找出三条解决水危机的主要途径：第一，推行清洁生产，改变生产结构，革新生产工艺及设备，调整传统的用水方式，强化计划用水管理，改革现行的水价政策，提高水的重复利用率，采取多种节水方法，做到最大限度地节约用水，可以缓解用水矛盾；第二，根据我国的南方水丰、北方干旱的特点，因地制宜进行远距离跨区域调水，以丰补缺，改变水资源分布不均的自然状况；第三，大力推广污水再生利用，许多发达国家将污水经过处理后作为一种新水源，用于工业、农业、生活及环境等用水，使之成为水资源的一个重要组成部分。

国内外水资源开发利用实践证明，为了缓和水资源日益尖锐的供需矛盾，迎接水资源的严峻挑战，将污水进行资源化，已成为合理利用、节约水资源的重要途径。污水的再生利用是开源节流、减轻水体污染程度、改善环境、解决缺水问题的有效措施之一。

在中华人民共和国行业标准《再生水回用分类标准》中对再生水有明确规定，污废水经过二级处理和深度处理后供作回用的水，当二级处理出水满足特定回用要求，并已经得到回用时，二级处理出水也称为再生水。在中华人民共和国行业标准《再生水水质标准》中对再生水也有明确规定，对经过或未经过污水处理厂处理的集纳雨水、工业排水、生活排水进行适当处理，达到规定的水质标准，可以被再次利用的水，称为再生水。

在一般情况下，污水经过适当处理后，达到一定的水质标准，满足某种使用要求，可以进行有益使用的水，则称为"再生水"，生产再生水的水处理厂称为再生水厂，其处理技术与工艺可称为再生处理技术与再生处理工艺。再生水可供给工农业生产、城市生活、河道景观等处低质用水。因此，我们所讲的再生水，强调的是再生利用，是指将本来应当排放的水，经过必要的水质转变或调整，达到某种再利用的标准。

污水回用所提供的新水源可以通过"资源代替"，即用再生水替代可饮用水用于非饮用目标，从而节省宝贵的可饮水，缓解工业和农业争水以及工业与城市用水的矛盾，实现"优质水优用，低质水低用"的原则，在很大程度上减轻或避免了远距离引水输水和高价购买水源的问题，有利于及时控制由于过量开采地下水引起的地面沉降和水质下降等环境地质问题，同时也减少了污水排放量，起到保护水环境、促进生态良性循环的作用。

再生水可以作为水源回用于生活、农业、工业、生态等方面。国外许多国家很早就开始对再生水进行了研究，并在实践中广泛应用。作为缓解水危机的重要途径，日本早在1962年就开始进行污水回用的研究，20世纪70年代已初见规模。20世纪90年代，在日本在全国范围内进行了污水回用的调查研究与工艺设计，对污水田用在日本的可行性进行深入研究和工程示范，在严重缺少的地区广泛推广污水回用技术，使日本的各类取水量逐年减少。

美国也是世界上采用污水再生利用的国家之一，20世纪70年代初开始大规模建设污水处理厂，随后即开始污水回用，城市污水经过再生处理后，作为灌溉用水、工艺用水、景观用水、工业冷却水、锅炉补水、回灌地下水和娱乐养鱼等多种用途，其灌溉用水占总回用的60%，工业用水占总回用量的30%，其他方面用水占总回用量的10%。

除日本和美国外，俄罗斯、印度、西欧、以色列、南非和纳米比亚等国和地区也早已广泛开展污水回用。例如纳米比亚于1968年建起了世界上第一个再生饮用水工厂，日产水量达 $6200m^3$，水质达到世界卫生组织和美国环保局公布的标准；以色列早在20世纪60年代，就把污水回用列为一项国家政策，目前以色列的100%生活污水和72%城市污水都得到了回用，其中42%用于农业灌溉，30%用于地下水回灌，其余用于工业及城市建设等。

我国于20世纪50年代开始采用污水灌溉的方式回用农业，但由于技术原因，污水未经严格处理，致使农田受到一定程度污染。到了20世纪80年代中期，我国才开始真正对污水处理进行深入研究，污水回用才逐渐扩展到农业和城市的许多行业。20世纪80年代末期，随着我国大部分城市危机的频频出现和污水回用技术趋于成熟，再生水用于工农业和城市生活的研究与实践才得以迅速发展。国内外实践表明，污水回用措施是缓和水危机的重要措施，既能节水又能减轻环境污染，环境效益、经济效益和社会效益却非常显著。

随着国家政策的大力推进，我国污水处理得到空前发展，污水利用率得到逐步提高，但目前仍存在认识、水价、资金及管理等问题。随着污水再生处理技术的不断发展，应用经验的日益丰富，管理水平的不断提高，再生水生产成本不断下降，污水回用逐渐成为缓解水资源短缺的重要措施之一，应用范围也会越来越广。

（二）再生水的利用类型

不同用水的目的对再生水水质要求各不相同，因此只要污水再生后能达到相应的水质标准，就能够用于该用水目的。如新加坡的"新水"工程所处理的回用水，在色度、浊度、有机物、微生物等各方面的指标均优于城市的自来水，原则上可以包括饮用在内的各种用途。但对于多数国家一般来说，污水再生利用主要针对直接饮用以外的用水目的。参照国内外水资源再生利用的实践经验，再生水的利用途径可以分为：城市杂用水、工业回用水、农业回用水、景观与环境回用水、地下水回灌用水、饮用水源扩充用水6类。

在中华人民共和国行业标准《再生水回用分类标准》（征求意见稿）中规定，再生水回用分类的原则意在用最简捷的分类覆盖城镇回用水所有可能的用途，同时有利于城镇回用水的综合利用。《再生水回用分类标准》中主要以再生水回用用途分类，不与现行的水质标准和以后陆续制定的水质标准一一对应。

在中华人民共和国国家标准《城市污水再行利用分类》（GB/T 18919—2002）中，规定了城市污水经再生处理后，可以用作工业用水，农、林、牧、渔用水，城市杂用水，环境用水，补充水源水等，城市污水再生利用类型见表6-2。

1. 用于工业的用水

再生水在工业中的用途十分广泛，其主要用作：①循环冷却系统的补充水，这是用于工业再生水用量最大的用水；②直流冷却系统的用水，包括水泵、压缩机和轴承的冷却、涡轮机的冷却以及直接接触（如熄焦）冷凝等；③工艺用水，包括溶料、蒸煮、漂洗、水力开采、水力输送、增湿、稀释、选矿、油田回灌等；④洗涤用水，包括冲渣、冲灰、消烟除尘、清洗等；锅炉用水，包括低压和中压锅炉的补给水；⑤产品用水，包括浆料、化工制剂、涂料等；⑥杂用水，包括厂区绿化、浇洒道路、消防用水等。

工业是用水的主要用水大户，一般可占城市供水量的80%左右，很显然再生水是工业用水中的主要组成。如电力工业的冷却水占总水量的99.0%，石油工业的冷却水占总水量的90.1%，化学工业的冷却水占总水量的87.5%，冶金工业的冷却水占总水量的85.4%。这些冷却水的用水虽然很大，但对水质的要求并不高，用再生水完全符合标准，可以节省大量的新鲜水。因此，工业用水中的冷却水是城市污水再生利用的主要对象。

2. 用于农林牧渔用水

在水资源的利用中，农业灌溉用水占的比例最大。在我国的总用水量中，农业用水约占70%，而在干旱的北方地区，农业用水约占80%。因此，农业节水对缓解缺水地区水资源不足的作用最大，而污水处理水的农业回用，也是各国最为重视的回用方式。以色列全国污水处理总量的46%用于农田灌溉，对发展农业生产起到非常重要的作用。美国虽然水资源丰富，但在干旱缺少、地下水超采严重的加利福尼亚州、佛罗里达州、德克萨斯州，也非常重视污水处理水的农业回水，三个州的农业灌溉回用水量分别达到了 $57×10^4 m^3/d$、$34×10^4 m^3/d$ 和 $110×10^4 m^3/d$。

实践充分证明，食用作物和非食用作物灌溉、林地灌溉、牧业和渔业，更是自然界的用水大户。将城市污水处理后用于农业灌溉，一方面可以供给作物需要的水分，减少农业对新

表 6-2　城市污水再生利用类型

序号	分类	利用范围	利用示例
1	农、林、牧、渔用水	农田灌溉	种子与育种、粮食与饲料作物、经济作物
		造林育苗	种子、苗木、苗圃、观赏植物
		畜牧养殖	畜牧、家畜、家禽
		水产养殖	淡水养殖、水上植物
2	城市杂用水	城市绿化	公共绿地、住宅小区绿化
		冲刷用水	厕所便器冲洗
		道路清扫	城市道路冲洗及喷洒
		车辆冲洗	各种车辆冲洗
		建筑施工	施工场地清扫、浇洒、灰尘抑制、混凝土制备与养护、施工中的混凝土构件和建筑物的冲洗
		消防用水	消火栓、消防水炮
3	工业用水	冷却用水	直流式、循环式冷却水
		洗涤用水	冲渣、冲灰、消烟除尘、清洗
		锅炉用水	中压和低压锅炉用水
		工艺用水	溶料、水浴、蒸煮、水力开采、水力输送
		产品用水	浆料、化工制剂、涂料
4	环境用水	娱乐性景观环境用水	娱乐性景观河道、景观湖泊及水景
		观赏性景观环境用水	观赏性景观河道、景观湖泊及水景
		湿地环境用水	恢复自然湿地、营造人工湿地
5	补充水源水	补充地表水	河流、湖泊、渠道
		补充地下水	水源补给、防止海水入侵、防止地面沉降

鲜水的消耗；另一方面，再生水中含有氮、磷、钾和有机物，有利于农作物的生长，达到节水、增产的目的。

再生水用于农林牧渔时，应按照不同的水质要求，安排好再生水的使用，避免对使用对象（如土壤、作物）和地下水带来不良影响，以便取得多方面的经济效益、环境效益和社会效益。

3. 用于城市杂用水

再生水在城市用水中的用途十分广泛，也是再生水的重要利用途径。在城市中再生水主要可作为生活杂用水和部分市政用水，包括居民住宅楼、公用建筑等冲洗厕所、车辆洗刷、城市绿化、道路清扫、建筑施工用水和消防用水等。

从现代化城市杂用水发展趋势来看，城市绿化用水通常是城市再生水利用的重点。有关资料表明，在美国的很多大中城市中，普通家庭的室内用水和室外用水的水量之比为1:3.6，其中室外用水主要是用于花园的绿化。如果能普及自来水和杂用水分别供水的"双管道供水系统"，则住宅区自来水的用量可减少78%。

我国的住宅区绿化用水比例，虽然没有美国那样高，但近年的统计资料也表明，在一些新开发的"生态小区",绿化率有的高达 40%～50%。在这种情况下,绿化用水可占居民区用水总量的 30% 以上。由此可见,通过再生水的城市杂用水节约水资源,是未来现代化城市发展的重要方向。

在一般情况下,大型公共建筑和新建住宅小区,比较容易采用生活污水就地处理、就地回用的"中水工程";再生水用于城市杂用时,应考虑供水范围不能过度分散,最好以大型风景区、公园、苗圃、城市森林公园为回用对象,从再生水输送的经济性出发,绿地浇灌和湖泊河道的景观用水宜综合考虑,常采用河渠进行输水;冲洗车辆用水、建筑施工用水和浇洒道路用水,应设置集中取水点。

4. 用于环境用水

为了满足缺水地区对娱乐性水环境的需要,可以将再生水用于娱乐性景观环境用水、观赏性景观环境用水,也可以用于湿地环境用水。景观环境用水是指满足景观需要的环境用水,即用于营造城市景观水体和各种水景构筑物的水的总称。

娱乐性景观环境用水是指人体非全身性接触的景观环境用水,包括设有娱乐设施的景观河道、景观湖泊及其他娱乐性景观用水。观赏性景观环境用水是指人体非全身性接触的景观环境用水,包括不设有娱乐设施的景观河道、景观湖泊及其他娱乐性景观用水。湿地环境用水主要是用于恢复天然湿地、营造人工湿地。上述所有的水体可以由再生水组成,也可以由部分再生水组成,另一部分由天然水或自来水组成。

当完全使用再生水时,景观河道类水体的水力停留时间一般宜在 5 天以内。完全使用再生水作为景观湖泊类水体,在水温超过 25℃ 时,其水体静止停留时间一般不宜超过 3 天;而在水温不超过 25℃ 时,则可适当延长水体静止停留时间,冬季延长水体静止停留时间可达 30 天左右。当加设水体表面类装置增强水面扰动时,可酌情延长河道类水体水的停留时间和湖泊类水体静止停留时间。由再生水组成的以上两类景观水体中的水生动物、植物仅可观赏,千万不得食用;含有再生水的景观水体,不得应用于游泳、洗浴、饮用和生活洗涤,以防止产生中毒和污染,危害人的健康和正常生活。

5. 用于补充水源用水

针对世界性水资源紧缺的局面,尤其是地下水超采产生沉陷的危机和海水入侵,可以有计划地将再生水通过井孔、沟渠、池塘等水工构筑物,从地面渗入或注入地下补给地下水,增加地下水资源。再生水进行地下回灌是扩大再生用途的最有益的一种方式,其主要表现在以下几个方面。

(1) 地下回灌可以减轻地下水开采与补给的不平衡,减少或防止地下水位下降,水力拦截海水及苦咸水的入渗,控制或防止地面沉降及预防地震,还可以大大加快被污染地下水的稀释和净化过程。

(2) 在水资源严重紧缺的情况下,可以将地下含水层作为储水池,把再生水灌入地下含水层中,这样可扩大地下水资源的储存量。

(3) 根据水文地质调查和勘探可知,地下水是按照一定方向流动的,在地下补给再生水后,利用地下流场可以实现再生水的异地取用。

(4) 地下回灌是一种再生水间接回用的方法,也是一种处理污水的方法。在再生水回灌的过程中,再生水通过土壤的渗透能获得进一步的处理,最后与地下水混合成为一体。

实践充分证明,再生水回灌地下的关键,是如何防止地下水资源的污染。回灌水在被抽取利用前,应在地下停留足够的时间,以进一步杀灭病原微生物,保证再生水的卫生安全。采用地表回灌的方式进行回灌,回灌水在被抽取利用前,应在地下停留 6 个月以上;采用井灌的方式进行回灌,回灌水在被抽取利用前,应在地下停留 12 个月以上。

在河道上游地区，城市的污水经过再生处理后可排入水体，然后成为下游或当地的饮用水源。目前世界上普遍采用这种方法利用再生水，如法国的塞纳河、德国的鲁尔河、美国的俄亥俄河等，这些河道中的再生水量的比例为 $13\% \sim 82\%$；在干旱地区每逢特枯水年，再生水在河道中所占的比例更大。人工地下水回灌也是以色列国家供水系统的重要组成部分，目前的年回灌水量已超过 $8000 \times 10^4 \, m^3$，对这样一个严重缺水国家的供水保障起到非常重要的作用。

我国山东省即墨市的田横岛，将生活污水处理后回灌入地下，经过土壤含水层处理后可作为饮用水源，经检测和抽样化验，其各项水质指标均符合我国饮用水的标准，从而解决了岛上水资源严重不足的问题，是国内再生水地下水回灌的成功范例。

（三）再生水的水质标准

在水资源日趋紧缺的今天，再生水利用已经成为实现水生态良性循环的有效途径。然而，据了解，我国再生水利用率仅占污水处理量的 10% 左右，与发达国家 70% 的利用率相比，还有相当大的差距。有专家预计，如果我国能达到发展国家的水平，每年将近有 $150 \times 10^8 \, m^3$ 的再生水资源可以得到开发利用。专家指出，目前的关键是需要解决再生水的水质水量难以满足用户需求，未能形成合理的市场价格体系等问题。其中，目前国内再生水的水质水量很难满足用户回用的需要，这是制约再生水利用推广的重要原因之一。

城市污水再生利用的最大障碍是其水质问题。因此，作为给水排水、环境科学与工程领域的技术人员，在研究污水再生利用问题时，首先必须明确的就是污水的特点及其处理去除特性。一般来说，污水中的污染物主要包括悬浮固体物（SS）、有机物（COD 或 BOD）、营养盐（氮、磷等）、病原微生物（细菌、病毒）、金属离子、微量有机化合物等，污水处理或回用处理的目的，就是通过不同的处理单元或处理单元的组合，将这些污染物从水中去除，使处理水达到一定使用目的的水质要求。

根据再生水使用用途的不同，对其的水质标准要求也不同，应分别符合相应的水质标准。当再生水用于多种用途时，其水质标准应按照最高要求确定。对于向服务区域内多用户供水的再生水厂，可按照用水量最大的用户的水质标准确定；个别对水质要求更高的用户，可自行补充处理，直至达到所要求的水质标准。为广泛推广应用再生水，我国及时颁布了不同用途的再生水水质国家标准，主要包括《城市污水再生利用　工业用水水质》（GB/T 19923—2005）、《城市污水再生利用　城市杂用水水质》（GB/T 18920—2002）、《城市污水再生利用　景观环境用水水质》（GB/T 18921—2002）、《城市污水再生利用　地下水回灌水质》（GB/T 19772—2005）、《城市污水再生利用　农田灌溉用水水质》（GB/T 20922—2007）等。

1. 用于工业再生水的水质标准

将再生水用于工业时，其水质应符合现行国家标准《城市污水再生利用　工业用水水质》（GB/T 19923—2005）中规定的"基本控制项目及指标限值"，再生水用作工业用水水源的水质标准见表 6-3。对于以城市污水作为水源的再生水，除了应当满足表 6-3 中的各项指标外，其化学毒理学指标还应符合《城镇污水处理厂污染物排放标准》（GB 18918—2002）中"一类污染物"和"选择控制项目"各项指标限值的规定。

（1）用作冷却水的水质标准　再生水用于工业，其利用面最广、利用量最大的是冷却水。冷却水系统常遇到结垢、腐蚀、生物增长、污垢、发泡等问题。水中残留的有机物会引起细菌生长，形成污垢、腐蚀、发泡；氨的存在影响水中余氯的含量，很容易产生腐蚀，造成细菌的繁殖；钙、镁、铁、硅等易造成结垢；水中较高的溶解于水中总固体含量（TDS），由于提高了水的导电性而促使腐蚀加剧。因此，必须对用作冷却水的再生水水质加以控制。

表 6-3　再生水用作工业用水水源的水质标准

序号	控制项目	冷却用水		洗涤用水	锅炉补给水	工艺与产品用水
		直流冷却水	敞开式循环冷却水系统的补充水			
1	pH 值	6.5~9.0	6.5~8.5	5.5~9.0	6.5~8.5	6.5~8.5
2	固体悬浮物(SS)/(mg/L)	≤30	—	≤30	—	—
3	浊度/NTU	—	≤5	—	≤5	≤5
4	色度/度	≤30	≤30	≤30	≤30	≤30
5	生化需氧量(BOD$_5$)/(mg/L)	≤30	≤10	≤30	≤10	≤10
6	化学需氧量(COD$_{Cr}$)/(mg/L)	—	≤60	—	≤60	≤60
7	铁/(mg/L)	—	≤0.3	≤0.3	≤0.3	≤0.3
8	锰/(mg/L)	—	≤0.1	≤0.1	≤0.1	≤0.1
9	氯离子/(mg/L)	≤250	≤250	≤250	≤250	≤250
10	二氧化硅(SiO$_2$)/(mg/L)	≤50	≤50	—	≤30	≤30
11	总硬度(以 CaCO$_3$ 计)/(mg/L)	≤450	≤450	≤450	≤450	≤450
12	总碱度(以 CaCO$_3$ 计)/(mg/L)	≤350	≤350	≤350	≤350	≤350
13	硫酸盐/(mg/L)	≤600	≤250	≤250	≤250	≤250
14	氨氮(以 N 计)/(mg/L)	—	≤10①	—	≤10	≤10
15	总磷(以 P 计)/(mg/L)	—	≤1	—	≤1	≤1
16	溶解性总固体/(mg/L)	≤1000	≤1000	≤100	≤1000	≤1000
17	石油类/(mg/L)	—	≤1	—	≤1	≤1
18	阴离子表面活性剂/(mg/L)	—	≤0.5	—	≤0.5	≤0.5
19	余氯/(mg/L)	≤0.05	≤0.05	≤0.05	≤0.05	≤0.05
20	粪大肠菌群/(个/L)	≤2000	≤2000	≤2000	≤2000	≤2000

　① 当敞开式循环冷却水系统换热器为铜质时，循环冷却系统中循环水的氨氮指标应小于 1mg/L。

　　再生水用作工业冷却用水和洗涤用水时，一般达到表 6-3 中所列的控制指标后可以直接使用，必要时也可对再生水进行补充处理或与新鲜水混合使用。

　　(2) 用作工艺和产品用水的水质标准　实践证明，不同行业、不同工艺以及不同工序的工艺用水水质差别很大。因此，再生水用作工艺与产品用水的水源时，在达到表 6-3 中所列的控制指标后，还应根据生产工艺或不同产品的具体情况，通过再生利用试验或者相似经验证明可行时，工业用户可以直接使用；当表 6-3 中所列的水质不能满足供水水质指标要求，而又无再生利用经验可以借鉴时，则需要对再生水做补充处理试验，直至达到相关工艺与产品的供水水质指标要求。

　　(3) 用作锅炉用水的水质标准　锅炉用水的水质如何，是锅炉安全经济和正常运行的重要因素。采用质量良好的锅炉用水和搞好锅炉水质处理工作，直接关系到锅炉安全经济运行和使用寿命长短。锅炉在运行中由于取样、排污、泄漏等要损失掉一部分水，而且生产回水被污染不能回收利用，或无蒸汽回水时，都必须补充符合水质要求的水，这部分水叫补给水。补给水是锅炉给水中除去一定量的生产回收外，补充供给的那一部分。因为锅炉给水有一定的质量要求，所以补给水一般都要经过适当的处理。当锅炉没有生产回水时，补给水就等于给水。

再生水用作锅炉补给水水源时，达到表 6-3 中所列的控制指标后还不能直接补给锅炉的工况，对水源水应再进行软化、除盐等处理，直至满足锅炉相应工况时的水质标准。根据我国现行的标准，对于低压锅炉，其所用水的水质应达到《行业锅炉水质》（GB/T 1576—2008）的要求；对于中压锅炉，其所用水的水质应达到《火力发电机组及蒸汽动力设备水汽质量标准》（GB/T 12145—2008）的要求；对于热水热力网和热采锅炉，其所用水的水质应达到相关行业标准。

2. 用于农业再生水的水质标准

农业用水指用于灌溉和农村牲畜的用水。农业是我国的用水大户，农业灌溉用水量受用水水平、气候、土壤、作物、耕作方法、灌溉技术以及渠系利用系数等因素的影响，存在明显的地域差异。由于各地水源条件、作物品种、耕植面积不同，用水量也不尽相同。中国农业年用水约 $3826 \times 10^8 \, m^3$，其中灌溉用水约占 91.1%，占全社会总用水量的 68.7% 左右。将水质合格的城市再生水回用农业灌溉，不仅可有效避免因污水灌溉对农业环境和农产品造成的污染，而且对农业可持续发展、社会主义新农村建设及维护人民身体健康都具有十分重要的意义。

为了缓解我国农业用水与其他用水的矛盾，保障农业生态健康和农产品质量安全，当将再生水用于农业灌溉时，其水质应符合现行国家标准《城市污水再生利用 农田灌溉用水水质》（GB/T 20922—2007）中的要求，其规定了城市污水再处理后用于农田灌溉的"基本控制项目及水质指标最大限值"（见表 6-4）和"选择控制项目及水质指标最大限值"（见表 6-5）。

表 6-4　基本控制项目及水质指标最大限值　　　　单位：mg/L

序号	基本控制项目	灌溉作物类型			
		纤维作物	旱地谷物油料作物	水田谷物	露地蔬菜
1	生化需氧量（BOD₅）	100	80	60	40
2	化学需氧量（CODcr）	200	180	150	100
3	固体悬浮物（SS）	100	90	80	60
4	溶解氧（DO）	—	—	≥0.5	≥0.5
5	pH 值	5.5～8.5	5.5～8.5	5.5～8.5	5.5～8.5
6	溶解性总固体（TDS）	非盐碱地地区 1000,盐碱地地区 2000			1000
7	氯化物	350	350	350	350
8	硫化物	1.0	1.0	1.0	1.0
9	余氯	1.5	1.5	1.0	1.0
10	石油类	10	10	5.0	1.0
11	挥发酚	1.0	1.0	1.0	1.0
12	阴离子活性剂（LAS）	8.0	8.0	5.0	5.0
13	汞	0.001	0.001	0.001	0.001
14	镉	0.01	0.01	0.01	0.01
15	砷	0.10	0.10	0.05	0.05

续表

序号	基本控制项目	灌溉作物类型			
		纤维作物	旱地谷物 油料作物	水田谷物	露地蔬菜
16	铬（六价）	0.10	0.10	0.10	0.10
17	铅	0.20	0.20	0.20	0.20
18	粪大肠菌群个数/（个/L）	4000	4000	4000	2000
19	蛔虫卵数/（个/L）	2	2	2	2

表 6-5 选择控制项目及水质指标最大限值　　　　　　　　单位：mg/L

序号	选择控制项目	水质指标最大限值	序号	选择控制项目	水质指标最大限值
1	铍	0.002	10	锌	2.0
2	钴	1.0	11	硼	1.0
3	铜	1.0	12	矾	0.1
4	氟化物	2.0	13	氰化物	0.5
5	铁	1.5	14	三氯乙醛	0.5
6	锰	0.3	15	丙烯醛	0.5
7	钼	0.5	16	甲醛	1.0
8	镍	0.1	17	苯	2.5
9	硒	0.02			

（1）再生水用于农田灌溉的水质要求　对城市再生水灌溉农田的水质要求，主要基于以下原则。

① 利用城市再生水灌溉农田，应当不会对公众健康造成危害，也不应明显影响农作物的正常生长和产量。

② 与我国农田灌溉水质标准、地表水水质标准等相关水质标准相衔接，同时充分考虑再生水农田灌溉的特性。由于我国城镇污水收集系统中除生活污水外，还含有部分工业废水，制定的城市再生水灌溉农田的控制指标，应比国家农田灌溉水质标准更为严格。

③ 由于不同的作物对水质有不同的要求，应根据实际灌溉作物的类型，对再生水的水质要求进行调整。

④ 应适时、适量地进行灌溉，不对农产品、土壤肥力性状、理化性质及地下水造成不良的影响。

在《城市污水再生利用　农田灌溉用水水质》（GB/T 20922—2007）中还规定，灌溉纤维作物、旱地谷物时要求城市污水达到一级强化处理的水质；灌溉水田谷物、露地蔬菜作物时要求城市污水达到二级处理的水质。进行农田灌溉时，在输水过程中主渠道应有防渗措施，防止污染地下水；最近灌溉取水点的水质应符合本标准的规定。另外，在利用城市再生水灌溉农田之前，各地应根据当地的气候条件、作物种植种类和土壤类别进行灌溉试验，以便确定适合当地的灌溉制度。

（2）再生水用于渔业的水质要求　当再生水用于渔业时，水质应满足现行国家标准《渔业水质标准》（GB 11607—1989）中的要求。渔业水质标准见表 6-6，表中的各项标准数值系指单项测定最高允许值。

表 6-6　渔业水质标准　　　　　　　　　　　　　　　　　　　　　　单位：mg/L

序号	项目	标准值	序号	项目	标准值
1	溶解氧	连续 24h 中，16h 以上必须大于 5，其余任何时候不得低于 3，对于鲑科鱼类栖息水域冰封期其余任何时候不得低于 4	18	悬浮物质	人为增加的量不得超过 10，而且悬浮物质沉积于底部后，不得对鱼、虾、贝类产生有害的影响
2	色、臭、味	不得使鱼、虾、贝、藻类带有异色、异臭、异味	19	总大肠菌群	不超过 5000 个/L(贝类养殖水质不超过 500 个/L)
3	漂浮物质	水面不得出现明显油膜或浮沫	20	生化需氧量(5 天、20℃)	不超过 5，冰封期不超过 3
4	pH 值	淡水 6.5～8.5，海水 7.0～8.5	21	汞	≤0.0005
5	镉	≤0.005	22	铅	≤0.05
6	铬	≤0.1	23	铜	≤0.01
7	锌	≤0.1	24	镍	≤0.005
8	砷	≤0.05	25	氰化物	≤0.005
9	硫化物	≤0.2	26	氟化物(以 F⁻ 计)	≤1.0
10	非离子氨	≤0.02	27	凯氏氮	≤0.05
11	挥发性酚	≤0.005	28	黄磷	≤0.001
12	石油类	≤0.05	29	丙烯腈	≤0.5
13	丙烯醛	≤0.02	30	六六六(丙体)	≤0.002
14	滴滴涕	≤0.001	31	马拉硫磷	≤0.005
15	五氯酸钠	≤0.01	32	乐果	≤0.1
16	甲胺磷	≤1.0	33	甲基对硫磷	≤0.005
17	呋喃丹	≤0.01			

3. 用于城市杂用水的水质标准

　　再生水用厕所便器冲洗、城市绿化、车辆冲洗、道路清扫、消防及建筑施工等城市杂用时，其水质应符合现行国家标准《城市污水再生利用　城市杂用水水质》（GB/T 18920—2002）中的规定。城市杂用水的水质标准见表 6-7。

表 6-7　城市杂用水的水质标准

序号	项目	厕所冲洗	道路清扫	消防用水	城市绿化	车辆冲洗	建筑施工
1	pH 值	6.0～9.0					
2	色度/度	30					
3	嗅	无不快感					
4	浊度/NTU	≤5	≤10	≤10	≤10	≤5	≤20
5	溶解性总固体/(mg/L)	≤1500	≤1500	≤1500	≤1000	≤1000	—
6	五日生化需氧量(BOD₅)/(mg/L)	≤10	≤15	≤15	≤20	≤10	≤15
7	氨氮/(mg/L)	≤10	≤10	≤10	≤20	≤10	≤20
8	阴离子表面活性剂/(mg/L)	≤1.0	≤1.0	≤1.0	≤1.0	≤0.5	≤1.0
9	铁/(mg/L)	≤0.3	—	—	—	≤0.3	—
10	锰/(mg/L)	≤0.1	—	—	—	≤0.1	—

续表

序号	项目	厕所冲洗	道路清扫	消防用水	城市绿化	车辆冲洗	建筑施工
11	溶解氧/(mg/L)	≥1.0					
12	总余氯/(mg/L)	接触30min后≥1.0,管网末端≥0.2					
13	总大肠菌群/(个/L)	3					

4. 用于景观环境用水的水质标准

当再生水作为景观环境用水时，其水质应符合现行国家标准《城市污水再生利用 景观环境用水水质》（GB/T 18921—2002）中的规定，具体规定见表6-8。对于以大城市污水为水源的再生水，除应满足表6-8中的各项指标外，其化学毒理学指标还应符合《城市污水再生利用 景观环境用水水质》（GB/T 18921—2002）中规定的选择控制项目最高允许排放浓度。

表 6-8 景观环境用水的再生水水质标准

序号	项目	观赏性景观环境用水			娱乐性景观环境用水		
		河道类	湖泊类	水景类	河道类	湖泊类	水景类
1	基本要求	无飘浮物,无令人不愉快的嗅和味					
2	pH 值	6.0~9.0					
3	五日生化需氧量(BOD₅)/(mg/L)	≤10	≤6		≤6		
4	悬浮物(SS)	≤20	≤10		—		
5	浊度/NTU	—			≤5.0		
6	溶解氧/(mg/L)	≥1.5			≥2.0		
7	总磷(以 P 计)/(mg/L)	≤1.0	≤0.5		≤1.0	≤0.5	
8	总氮/(mg/L)	≤15			≤15		
9	氨氮(以 N 计)/(mg/L)	≤5			≤5		
10	粪大肠菌群数/(个/L)	≤10000	≤2000		≤500		不得检出
11	余氯/(mg/L)	≥0.05					
12	色度/度	≤30					
13	石油类/(mg/L)	≤1.0					
14	阴离子表面活性剂/(mg/L)	≤0.5					

注：1. 对于需要通过管道输送再生水的非现场回用情况采用加氯消毒方式；而对于现场回用情况不限制消毒方式。

2. 若使用未经过除磷脱氮的再生水作为景观环境用水，鼓励使用本标准的各方在回用地点积极探索通过人工培养具有观赏价值水生植物的方法，使景观水体的氮磷满足表6-8中的要求，使再生水中的水生植物经济合理。

3. 余氯：即指氯接触时间不应低于30min的余氯，对于非加氯消毒方式无此项要求。

5. 用于地下水回灌水的水质标准

城市污水再生水进行地下水回灌时，应在各级地下水饮用水源保护区外。为了防止对地下水污染，地下回灌水的水质必须满足一定的要求，地下回灌水的水质因回灌地区的水文地质条件、回灌方式、回用用途不同而有所不同。发达国家和发展中国家，由于经济技术条件、公众健康水平和社会政治因素的限制及差异，所制订的回灌水水质标准也不尽相同。

我国颁布了国家标准《城市污水再生利用 地下水回灌水质》（GB/T 19772—2005），规定了地下回灌水水质的"基本控制项目及限值"和"选择控制项目及限值"，其具体标准见表6-9和表6-10。

表 6-9　城市污水再生水地下水回灌基本控制项目及限值

序号	基本控制项目	单位	地表回灌	井灌
1	色度	稀释倍数	30	15
2	浊度	NTU	10	5
3	pH 值	—	6.5~8.5	6.5~8.5
4	总硬度（以 $CaCO_3$ 计）	mg/L	450	450
5	溶解性总固体	mg/L	1000	1000
6	硫酸盐	mg/L	250	250
7	氯化物	mg/L	250	250
8	挥发性酚类（以苯酚计）	mg/L	0.5	0.002
9	阴离子表面活性剂	mg/L	0.3	0.3
10	化学需氧量（COD）	mg/L	40	15
11	五日生化需氧量（BOD_5）　　　≤	mg/L	10	4
12	硝酸盐（以 N 计）	mg/L	15	15
13	亚硝酸盐（以 N 计）	mg/L	0.02	0.02
14	氨氮（以 N 计）	mg/L	1.0	0.2
15	总磷（以 P 计）	mg/L	1.0	1.0
16	动植物油	mg/L	0.5	0.03
17	石油类	mg/L	0.5	0.05
18	氰化物	mg/L	0.05	0.05
19	硫化物	mg/L	0.2	0.2
20	氟化物	mg/L	1.0	1.0
21	粪大肠菌群数	个/L	1000	3

回灌水在被抽取利用前，应在地下停留足够的时间，以进一步杀死病原微生物，保证卫生安全。采用地表回灌方式进行回灌，应在地下停留 6 个月以上；采用井灌方式进行回灌，应在地下停留 12 个月以上。

利用城市污水再生水进行地下水回灌，应根据回灌区的水文地质条件确定回灌方式。当采用地表回灌时，表层黏性土的厚度不宜小于 1m，如果小于 1m，则按井灌要求执行。在进行回灌前，应对回灌水源的基本控制项目和选择控制项目进行全面的检测，确定选择控制项目，满足现行国家标准《城市污水再生利用　地下水回灌水质》（GB/T 19772—2005）中的规定后方可进行回灌。

（四）污水量计算与预测

城市排水系统污水量的计算与预测工作，是城市排水系统规划和建设的基础，也是进行污水处理和再生水生产的重要数量。为了执行我国城市排水系统相关规划规范体系，兼顾规划的动态性，加强污水量计算与预测模型的建立是十分必要。计算和预测污水量的目的主要是为了确定和规划污水处理量及再生水资源量。

1. 城市污水量计算与预测

城市污水量主要包括城市生活污水量和工业废水量。在通常情况下，大型企业的工业废

表 6-10　城市污水再生水地下水回灌选择控制项目及限值

序号	选择控制项目	限值	序号	选择控制项目	限值
1	总汞	0.001	27	三氯乙烯	0.07
2	烷基汞	不得检出	28	四氯乙烯	0.04
3	总镉	0.01	29	苯	0.01
4	六价铬	0.05	30	甲苯	0.7
5	总砷	0.05	31	二甲苯	0.5
6	总铅	0.05	32	乙苯	0.3
7	总镍	0.05	33	氯苯	0.3
8	总铍	0.0002	34	1.4-二氯苯	0.3
9	总银	0.05	35	1.2-二氯苯	1.0
10	总铜	1.0	36	硝基氯苯	0.05
11	总锌	1.0	37	2.4-二硝基氯苯	0.5
12	总锰	0.1	38	2.4-二氯苯酚	0.093
13	总铁	0.3	39	2.4.6-三氯苯酚	0.2
14	总钡	1.0	40	邻苯二甲酸二丁酯	0.003
15	苯并[a]芘	0.00001	41	邻苯二甲酸二(2-乙基己基)酯	0.008
16	总硒	0.01	42	丙烯腈	0.1
17	甲醛	0.9	43	滴滴涕	0.001
18	苯胺	0.1	44	六六六	0.005
19	硝基苯	0.017	45	六氯苯	0.05
20	马拉硫等	0.05	46	七氯	0.0004
21	乐果	0.08	47	林丹	0.002
22	对硫磷	0.003	48	三氯乙醛	0.01
23	甲基对硫磷	0.002	49	丙烯醛	0.1
24	五氯酚	0.009	50	硼	0.5
25	三氯甲烷	0.06	51	总 α 放射性	0.1
26	四氯化碳	0.002	52	总 β 放射性	1.0

注：除第 51、52 项的单位为 Bq/L 外，其余项的单位均为 mg/L。

水由企业单独处理和排放。进入城市排水管网的工业废水，有的未经过处理，有的经过初步处理，不同的城市污水，其工业污水所占的比例差别较大。城市污水量的预测，可以采用污水排放系数法、用水量定额法、产污系数法、趋势分析法等。

（1）污水排放系数法　污水排放系数是指在一定的计量时间内（年）污水排放量与用水量之比值。在计算城市污水量时，可以用城市综合用水量乘以污水排放系数来计算，污水排放系数一般用 α 表示。城市综合生活污水量等于城市综合用水量乘以城市综合生活排放系数；城市工业废水排放量等于城市工业废水排放量乘以城市工业废水排放系数，或由城市污水量减去城市综合生活污水量。城市日平均污水量可按式（6-1）计算：

$$Q_C = Q_G \alpha \tag{6-1}$$

式中，Q_C 为城市日平均污水量，$10^4\,m^3/d$；Q_G 为城市日平均用水量，$10^4\,m^3/d$；α 为城市污水分类排放系数。

　　城市综合用水量即城市供水总量，包括综合生活用水量（包括居民生活用水量和公共建筑用水量）、工业企业生产和工作人员生活用水量、消防用水量、浇洒道路和绿地用水量、未预见用水量及管网漏失水量。工业用水量为工业新鲜水用水量，或称为工业补充水量，不包括重复利用水量。

　　污水排放系数应根据城市供水量、排水量的统计资料分析确定。影响城市分类污水排放系数大小的主要因素有建筑室内排水设施的完善程度，工业行业的生产工艺、设备及技术、管理水平，城市排水设施普及率等。当缺少城市供水量、排水量的统计资料时，可参考表6-11所列范围选择。

表6-11　城市污水分类排放系数

城市污水分类	污水排放系数
城市污水	0.70～0.80
城市综合生活污水	0.80～0.90
城市工业废水	0.70～0.90

　　注：工业废水排放系数不含石油、天然气开采业和煤炭与其他矿采选业以及电力蒸汽热水产供业废水排放系数，其数据应根据厂、矿区的气候、水文地质条件和废水利用、排放方式确定。

　　（2）用水量定额法　用水量定额为在正常使用的情况下每人每天的用水量指标。城市综合用水量定额为城市居民日常生活用水量、公共建筑用水量和中小企业用水量之和除以人口数所得到的人均用水量。用水量定额法是在现有用水量定额的基础上，根据当地国民经济和社会发展、城市总体规划和水资源充沛程度，考虑产业结构调整及采取相应节水措施后，参照国家有关标准规范，确定预测年的人均综合用水量定额，再根据预测年人口数、污水排放系数，预测城市的污水量。同理，可以采用综合生活用水量定额对综合生活污水量进行预测。

　　城市综合生活污水包括居民日常生活产生的污水和办公楼、学校、医疗卫生部门、文化娱乐场所、体育运动场馆、宾馆饭店以及各种商业服务业等公共建筑产生的污水。综合生活污水量根据综合生活用水量定量，可采用式(6-2)进行计算：

$$Q_L = 0.365A \cdot F \cdot \alpha \tag{6-2}$$

　　式中，Q_L 为预定年综合生活污水量，$10^4 m^3/a$；A 为预测年的人口总数，10^4 人；F 为预测年综合生活用水量定额，L·d/人；0.365 为单位换算系数；α 为城市综合污水排放系数。

　　确定预测年的综合生活用水量定额，应充分考虑社会经济发展带来的居民生活质量提供所引起的用水量增加和水资助短缺、节水力度加大带来的用水量减少，并考虑地区、气候的差异。一般可以参照现行国家标准《室外给水设计规范》（GB 50013—2006）及各地区制定的用水量定额确定。

　　（3）产污系数法　工业废水量的计算方法很多，常用的方法是根据万元产值产污量或单位产品产污量以及工业万元产值或产品产量，计算和预测工业废水量。万元产值产生的废水量一般称为产污系数，行业和产品不同，产污系数也不同。根据万元产值排污量或单位产品排污量，可用式(6-3)计算废水量。

$$Q_I = DG \tag{6-3}$$

　　式中，Q_I 为预测年份工业废水量，m^3/a；D 为预测年工业产值/产品数量，元/产品数量计量单位；G 为预测年万元产值产污量/单供产品产污量，$(m^3/元)/(m^3/产品单位)$。

　　如果某行业的工艺比较成熟，未来以增加水重复利用率为主要节水方案，则可按式

（6-4）计算工业废水量。

$$Q_1 = DG_0(1-p_2)/(1-p_1) \tag{6-4}$$

式中，G_0 为现状年万元产值工业废水量，m^3/元；p_2、p_1 分别为预测年和现状年工业用水循环利用率，%；其余符号的意义同式(6-3)。

（4）趋势分析法　根据逐年实际统计资料，应用数理统计方法或数学模型法分析污水量变化趋势，对未来某年污水量进行预测的方法称为趋势分析法。趋势分析法可以分别对生活污水量和工人废水量进行预测，也可以对总污水量进行预测。但是，预测中需要考虑到产业结构调整及节水力度等因素，加以必要的分析和调整。

2. 小区中水工程水量计算

小区中水工程指城市居住小区内日常所产生的各种排水（如生活排水、冷却水及雨水等）经过适当处理后，回用于居住小区内作为杂用水的供水系统。中水即再生水，是指污水经适当处理后，达到一定的水质指标，满足某种使用要求，可以进行有益使用的水。从经济的角度看，中水的成本最低，从环保的角度看，污水再生利用有助于改善生态环境，实现水生态的良性循环。中水主要用来冲厕所、冲洗车辆、绿化和浇洒道路等。

小区杂用水的用水量决定中水工程的供水量，而小区中水系统原水量取决于小区污废水的产生量，二者之间的关系决定补给水量或排入城市排水管网的水量。中水工程需要在水量平衡的基础上，合理确定中水处理系统的规模和处理方法。水量平价是指中水的原水水量、中水处理水量、中水用水量和补给水量之间，通过计算调整达到平衡一致，使得原水收集、水质处理和中水供应等部分有机结合，中水系统能在中水原水产生量和中水用水量逐时变化的情况下协调运作。

（1）小区中水系统水源

中水原水的水源种类。小区中水系统以小区的排水为水源。根据污染程度的轻重，小区排水中可以作为中水原水的水源，主要包括以下6类。

① 冷却水。冷却水主要是空调机房冷却循环系统排放的污水，这类污水具有水温较高、污染较轻的特点。

② 沐浴排水。沐浴排水主要是淋浴和浴盆排放的污水，这类水有机物浓度和悬浮物浓度都比较低，但皂液含量比较高。

③ 盥洗排水。盥洗排水是洗脸盆、洗手盆和盥洗槽排放的污水，其水质与沐浴排水相近，但悬浮物浓度比较高。

④ 洗衣排水。洗衣排水指洗水房的排水，其水质与盥洗排水相近，但水中洗涤剂的含量比较高。

⑤ 厨房排水。厨房排水主要包括厨房、食堂和餐厅在进行炊事活动中排放的污水，有机物浓度、浊度和油脂含量均比较高。

⑥ 厕所排水。厕所排水指大便器和小便器排放的污水，这类水有机物浓度、悬浮物浓度和细菌含量均比较高。

（2）中水系统原水水源组合　小区或建筑中水水源主要根据其内部作为中水原水的排水量及中水供水量，同时考虑到水源不同造成水质差异而增加的水处理费用和补充水费用，综合分析后加以确定。通常，中水系统的原水水源有以下三种组合。

① 优质杂排水。优质杂排水包括冷却排水、沐浴排水、盥洗排水和洗水排水。这类水的特点是有机物和悬浮物浓度低、水质比较好、易于处理、处理费用低。

② 杂排水。杂排水包括优质杂排水和厨房排水，这类水的特点是有机物和悬浮物浓度高、水质比较好、处理费用比优质杂排水高。

③ 生活排水。生活排水包括杂排水和厕所排水，这类水的特点是有机物和悬浮物浓度很高、水质比较差、处理工艺复杂、处理费用高。

中水原水应优先选用优质杂排水，如果水量不满足，则考虑选用杂排水和生活排水，但应根据补充水的条件，如有无雨水或其他水源，对增加较差水质的原水和采用补充水二者进行经济技术分析后确定。

（3）小区水量平衡计算。小区水量平衡计算可采用下列步骤。

① 确定各类建筑物内厕所、厨房、沐浴、盥洗、洗水及绿化、浇洒等用水量，当无实测资料时，可按表 6-12 中的数值进行估算。

表 6-12　各类建筑物生活给水量及百分率

类别	住宅		宾馆、饭店		办公楼	
	水量/[L/(人·d)]	百分率/%	水量/[L/(人·d)]	百分率/%	水量/[L/(人·d)]	百分率/%
厕所	40~60	31~32	50~80	13~19	15~20	60~66
厨房	30~40	21~23				
淋浴	40~60	31~32	300	71~79		
盥洗	20~30	15	30~40	8~10	10	34~40
总计	130~190	100	380~420	100	25~30	100

注：洗衣用水量可根据实际情况确定。

② 初步确定中水的供水对象，计算中水用水量。中水用水量可用式（6-5）计算：

$$Q' = \sum q'_i \qquad (6-5)$$

式中，Q' 为中水用水总量，m^3/d；q'_i 为各建筑物中各类中水的用水量，m^3/d。

③ 计算中水处理水量。中水的处理水量可用式（6-6）计算：

$$Q_1 = (1+n)Q' \qquad (6-6)$$

式中，Q_1 为中水处理水量，m^3/d；n 为中水处理系统自耗水系数，一般取 0.10~0.15。

④ 可集流的中水原水量。初步确定中水原水集流对象，用式（6-7）计算可集流的中水原水量。

$$Q = \sum q_i \qquad (6-7)$$

式中，Q 为可集流的中水原水总量，m^3/d；q_i 为各种可集流的中水原水量，可按给水量的 80%~90% 计算，其余 10%~20% 为不可集流水量，m^3/d。

（4）计算溢流量或补给水量。溢流量或补给水量可按式（6-8）计算。

$$Q_2 = |Q - Q_1| \qquad (6-8)$$

式中，Q_2 为当 $Q > Q_1$ 时，为溢流不处理的中水原水流量，m^3/d；当 $Q < Q_1$ 时，为补给的水量，需要考虑其他水源，可采用以下 3 种方案。

① 增加厨房排水作为中水原水，重复第④步骤，但进入中水处理系统的水质发生变化，需调整水处理工艺。

② 采用自来水作为补给水，此时中水系统处理水量为 Q，补充水量 Q'_2 可以用式（6-9）计算：

$$Q'_2 = Q_1 - Q/(1+n) \qquad (6-9)$$

③ 采用雨水等水源进行补给。究竟采取何种补给水方案，应根据具体情况，对以上 3 种方案的基建投资和运行成本，以及未来水资源的变化趋势进行充分的分析。

考虑到集流水量和中水用水量的不稳定性，通常比较可集流的中水原水量与中水处理水量，并按式（6-10）计算中水系统的安全系数。

$$\alpha = (Q - Q_1)/Q_1 \times 100\% \qquad (6\text{-}10)$$

式中，α 为中水系统安全系数，一般取 10%～15%；其他符号意义同上。

进行水量平衡计算的同时，绘制水量平衡图。在水量平衡图中，应注明给水量、排水量、集流水量、不可集流水量、中水供水量、溢流水量和补给水量。水量平衡图制订的过程，实际上就是对集流的中水原水项目和中水供水项目增减调整过程。

经过计算和调整，确定各部分的水量，并将它们之间的关系和数值用框图、线条和数字表示出来，使人一目了然。水量平衡图并没有规定的形式，以清楚表达水量平衡值关系为准则，能从图中明显看出设计范围中各种水量的来龙去脉，各量值及相互关系，水的合理分配及综合利用情况为目的。

（五）污水再生处理技术

我国在《"十二五"全国城镇污水处理及再生利用设施建设规划》中提出："十二五"期间，全国规划建设污水再生利用设施规模 $2676 \times 10^4 \, m^3/d$。其中，东部地区 $1258 \times 10^4 \, m^3/d$，中部地区 $706 \times 10^4 \, m^3/d$，西部地区 $712 \times 10^4 \, m^3/d$。全部建成后，我国城镇污水再生利用设施总规模接近 $4000 \times 10^4 \, m^3/d$，其中设市城市超过 $3000 \times 10^4 \, m^3/d$，有效缓解用水矛盾，城镇污水再生利用已经提升到了政策高度。

在我国的城市污水处理技术政策中，提倡各类规模的污水处理设施按照经济合理和卫生安全的原则，实行污水再生利用。发展再生水在农业灌溉、绿地浇灌、城市杂用、生态恢复和工业冷却等方面的利用。城市污水再生利用，应根据用户需求和用途，合理确定用水的水量和水质。污水再生利用，可选用混凝、过滤、消毒或自然净化等深度处理技术。因此，缺水城市和水环境污染严重的地区，在规划建设远距离调水之前应积极实施城市污水再生利用工程，同时做好非投资性或低投资性的节水减污工作。

污水再生利用需要有相应的水质作为保障。实践证明，进水水质水量特性和出水水质标准的确定，是城市污水再生处理工艺选择的关键环节，也是我国当前城市污水处理工程设计中存在的薄弱环节。污水再生处理技术发展很快，按照机理不同可分为物理法、化学法、为理化学法和生物法等。由于污水中成分比较复杂，单一的某种水处理技术达不到再生水水质的要求，因此通常污水再生处理需要采取多种技术的组合。

目前，污水再生利用可分为两大类。一类是以城市污水为水源，经过处理后回用。如果再生水厂进水直接为城市污水，则再生处理工艺包括常规二级处理和深度处理。如果再生水厂进水以城市常规污水处理厂的出水为水源，则仅需深度处理，即进一步去除污水中常规处理所不能完全去除的杂质。另一类是工业废水、厂区生活污水以及小区生活污水作为污水再生系统的原水，就地处理后满足工业用水或生活杂用水的要求。污水再失处理技术与工艺的选择，应根据原水的性质、水量和水质以及再生水水质标准，选择经济有效的适用技术，并经过多方案的技术经济比较后确定。

1. 污水常用处理方法

随着现代城市对环保、生态社会的急切要求，已经在城市规划和建设中体现出来。城市污水的排放严重影响了城市环保、生态社会的进程。所以城市污水的处理已经成为了迫切需要解决的问题。

污水处理系指为使污水经过一定方法处理后，达到设定的某些标准，排入水体、排入某一水体或再次使用等的采取的某些措施或者方法等。现代污水处理技术，按照处理程度不同划分，可以分为一级处理、二级处理和三级处理。

整个过程为通过粗格栅的原污水经过污水提升泵提升后，经过格栅或者筛滤器，之后进入沉砂池，经过砂水分离的污水进入初次沉淀池，以上为一级处理（即物理处理），初沉池的出水进入生物处理设备，有活性污泥法和生物膜法（其中活性污泥法的反应器有曝气池、氧化沟等，生物膜法包括生物滤池、生物转盘、生物接触氧化法和生物流化床），生物处理设备的出水进入二次沉淀池，在二次沉淀池中的沉淀过程为二级处理，二次沉淀池的出水经过消毒排放或者进入三级处理。

一级处理，主要去除污水中呈悬浮状态的固体污染物质，物理处理法大部分只能完成一级处理的要求。经过一级处理的污水，BOD 一般可去除 30％ 左右，达不到排放标准。一级处理属于二级处理的预处理。

二级处理，主要去除污水中呈胶体和溶解状态的有机污染物质（BOD、COD 物质），去除率可达 90％ 以上，使有机污染物达到排放标准。

三级处理，进一步处理难降解的有机物、氮和磷等能够导致水体富营养化的可溶性无机物等。主要方法有生物脱氮除磷法、混凝沉淀法、砂滤法、活性炭吸附法、离子交换法和电渗分析法等。

在中水回用和污水集中处理回用工艺中，针对原水中不同种类和性质的污染物，一般常采用以下不同的处理方法。

（1）去除水中的大块漂浮物、悬浮物、油脂和毛发等　在生活污水中常含有一些漂浮物、悬浮物、油脂和毛发等，这些污染物可以采用格栅、格网、初沉池、油水分离器和毛发聚集器等作为前期处理设施，以保障后续设备及处理单元的正常运行，并减少污染物的负荷。

（2）去除污水中的有机物、无机物等　根据污染物组分和浓度特点，可以采用活性污泥、生物接触氧化、生物过滤、膜生物反应等生物处理技术；氧化塘、氧化沟、生态塘、人工湿地等生态处理技术；混凝沉淀、气浮等物理化学处理技术；化学沉淀、化学氧化（氯、二氧化氯、次氯酸钠、臭氧氧化）等化学处理技术。

（3）去除水中残余的有机物、悬浮物、氮磷营养物、溶解固体及细菌等　为了满足污水再生利用对再生水水质的各种要求，常常需要进行深度处理，进一步去除水中剩余的超过再生水水质标准的组分，可采用混凝沉淀、过滤、活性炭吸附、消毒等措施，去除水中的有机物、悬浮物、氮磷营养物、溶解固体及细菌等；采用反渗透等技术去除水中的溶解固体；采用浮石吸附、生物氧化还原、化学氧化还原、化学沉淀等措施，去除水中的氮、磷营养物质。

再生水厂可以由已建成的污水厂改建或扩建，增加深度处理设备来实现，也可以在新建污水处理厂中包括再生处理部分；或建设仅含有深度处理工艺的再生水厂。

2. 污水再生处理工艺

为了规范污水再生处理的生产工艺，2012 年 12 月，住房和城乡建设部发布了《城镇污水再生利用技术指南（试行）》，该指南是由中国科学院生态环境研究中心、清华大学、天津中水公司、北京城市排水集团有限责任公司、天津大学、天津工业大学、天津城市建设学院以及住建部城镇水务管理办公室在以下背景下共同编制。

在《城镇污水再生利用技术指南（试行）》中，提出了污水再生利用技术路线，主要包括以下内容：有关技术路线主要有四方面的内容，其中包括城镇污水再利用的基本原则、再生水利用需求分析、规划布局以及单元技术选择。

（1）基本原则　对于基本原则来说，核心问题是，城镇污水再利用的规划应以系统的调研和现状为基础。其规模与布局应根据城镇自身特点和客观需求确定。应用原则应优先用于需求量大、水质要求相对较低等途径。

（2）再生水利用需求分析　进行再生水需求分析时，要充分考虑现状分析，包括水源、排放与处理情况、生产、使用等方面的分析。而对水质水量需求分析，则要依据不同用途来进行。

（3）规划布局　再生处理设施规模和技术的选择，不仅要满足近期需求，同时也要兼顾远期需求。城镇污水处理厂的建设应充分考虑再生利用的需求。而再生处理、储存、输配设施布局，则应综合考虑水源和用户分布。

（4）单元技术选择　单元技术选择包含 2 个核心问题：①不同利用途径应重点关注的再生水水质指标；②污水再生利用主要单元技术功能和特点。城镇污水再生利用主要途径包括工业、景观环境、绿地灌溉、农田灌溉、城市杂用和地下水回灌。

再生水水质的具体要求，分别详见有关国家标准《城市污水再生利用　工业用水水质》（GB/T 19923—2005）、《城市污水再生利用　景观环境用水水质》（GB/T 18921—2002）、《城市污水再生利用　绿地灌溉水质》（GB/T 25499—2010）、《城市污水再生利用　农田灌溉用水水质》（GB 20922—2007）、《城市污水再生利用　城市杂用水水质》（GB/T 18920—2002）、《城市污水再生利用　地下水回灌水质》（GB/T 19772—2005）。

城市污水再生处理工艺应根据处理规模、水质特性、再生水用途及当地的实际情况和要求，经全面技术经济比较后优选确定。工艺选择的主要技术经济指标包括再生处理单位水量投资、再生处理单位水量电耗和成本、占地面积、运行性能可靠性、管理维护难易程度、总体经济与社会效益等。

污水再生处理技术是污水再生利用的核心，再生水厂的处理工艺，应通过试验和参考实际经验，根据再生水的水质标准，经技术经济比较确定。选择工艺的原则和依据如下：①满足再生水水质要求，保证安全供水；②用于生活杂用水和与人接触的其他用途时，应确保卫生上安全可靠；③采用单元技术优化组合，工艺简单可靠；④运行成本低，占用地较少；⑤运行稳定，易于管理。

根据国内外污水回用工程的实践，以城市污水为水源的再生水厂一般采用下列基本工艺：城市污水—二级处理—混凝、沉淀（澄清、气浮）—过滤—消毒—再生水。

当对再生水水质要求较高时，可在深度处理工艺中增加活性炭吸附、臭氧—活性炭、脱氨、离子交换、超滤、纳滤、反渗透、膜—生物反应器、曝气生物滤池、臭氧氧化、自然净化系统等单元技术，或者几种单元技术的组合。随着再生利用范围的扩大，优质再生水将成为今后发展的方向，深度处理技术，特别是膜技术的迅速发展，展现了污水再生利用的广阔前景，再生水补给给水水源也将会变为现实，污水再生的基本工艺也会随着发生改变。

为了保证再生水的供水水质，二级处理部分运行应安全、稳定，并应考虑低温和冲击负荷的影响。同时，为了改善二级处理后的水质，减轻深度处理的负担，有条件的应采用具有脱氮除磷功能的二级处理工艺。

城市污水处理二级出水进行混凝沉淀和过滤的处理效率和目标水质，可参见表 6-13；城市污水深度处理单元过程去除效率，可参见表 6-14。

（六）污水回用经济分析

水资源短缺已成为社会发展的主要限制因素。污水再生回用是解决水资源短缺的有效途径，它不仅具有经济效益，还具有显著的社会效益和环境效益。经济分析是污水再生回用可行性研究的重要组成部分，是方案优选和决定项目经济是否可行的基础。

表 6-13 城市污水处理二级出水进行混凝沉淀和过滤的处理效率和目标水质

项目	处理效率			目标水质 /(mg/L)
	混凝沉淀	过滤	综合	
浊度	50%～60%	30%～50%	70%～80%	3～5（度）
SS	40%～50%	40%～60%	70%～80%	5～10
BOD_5	30%～50%	35%～50%	60%～70%	5～10
COD_{Cr}	25%～35%	15%～25%	35%～45%	40～75
总氮	5%～15%	5%～15%	10%～20%	—
总磷	40%～60%	30%～40%	60%～80%	1.0
铁	40%～60%	40%～60%	60%～80%	0.3

表 6-14 城市污水深度处理单元过程去除效率

项目	活性炭吸附	氨吹脱	离子交换	折点加氯	反渗透	臭氧氧化
BOD_5	40%～60%	—	25%～50%		≥50%	20%～30%
COD_{Cr}	40%～60%	20%～30%	25%～50%		≥50%	≥50%
SS	60%～70%		≥50%		≥50%	
氨氮	30%～40%	≥50%	≥50%	≥50%	≥50%	
总磷	80%～90%				≥50%	
色度	70%～80%				≥50%	≥70%
浊度	70%～80%				≥50%	

国内外污水回用实践证明，污水再生利用将污水作为水资源的一部分，不仅可以使水资源得到充分的利用，而且可以减少对环境的污染，从持续发展的观点来讲，污水再生利用具体极高的经济性。污水再生利用的经济性，应从减少环境污染和节约水资源两个方面考虑，污水再生利用的收益应包括减少污染的收益和回收水价值的收益。

1. 污染损失的概念

水资源是人类生存和发展的重要资源，随着人口的增长和经济的飞速发展，水资源已由原来的"供过于求"逐渐变为"供不应求"，已经出现水资源影响社会发展的危机。由于对水资源需求量的急剧增长，水资源不再是"取之不尽、用之不竭"的自然资源，它已转化为难以替代的经济资源，成为影响国民经济持续、快速、健康发展的"瓶颈"。

水资源本身所具有的价值，是水资源所有者所有权在经济上的体现。水资源的价值，即水资源本身的价值，是水资源使用者为了获得水资源使用权需要支付给水资源所有者的一定货币额，它体现了水资源所有者与使用者之间的经济关系，是水资源有偿使用的具体表现，是对水资源所有者因水资源资产付出的一种补偿，是维持水资源持续供给的最基本前提，是所有权在经济上得以体现的具体结果。

水资源使用过程的实践证明，水资源的价值不仅表现在水资源本身具有的价值，而且它参与生产生活所能创造的价值，因此，水资源污染所造成的损失包括以下 2 个方面。

（1）水资源污染本身产生的损失 水资源本身的损失，即由于水源受到污染，水体功能下降而引起的水资源财富自身折损。

水资源是水量和水质的高度协调统一，水质是水资源价值的重要表现，对水资源财富的影响具有非常重要的作用。水质与水资源功能是紧密联系在一起的，不同功能的用水（如生活用水、工业用水、农业灌溉、水产养殖、航运、景观用水、其他用水等）所体现的价值有很大差别，它们对国民经济的贡献也有很大的差异。因此，水资源的水质是决定其财富价值的主要参数。

（2）水资源污染直接或间接损失　水资源污染所引发的直接或间接损失，即由于使用被污染的水源所造成的各种损失，这是水资源的重要损失组成部分。

水资源在社会发展中是一种有限的重要财富，它的浪费与损失意味着水资源财富的耗减与折损。建立这种新观念，对于彻底改变传统的价值观念、建立节水型社会、加强水资源管理是十分必要的。

2. 水资源价值的重大作用

（1）水资源价值是水资源可持续利用关键　水资源危机的加剧，大大地促进了水资源高效持续利用的研究，经过深入理论探讨和实践总结，有识之士渐渐地意识到水资源价值是持续利用水资源的关键之一。尽管国内外对此没有明确论述，但在一系列文件中不同程度地予以确认，如1992年联合国环境和发展大会通过的《21世纪议程》中指出：不合理的资源定价方法导致了资源市场价格的严重扭曲，表现为自然资源无价、资源产品低价以及资源需求的过度膨胀；我们的目标是在自然资源使用分配中引入市场机制，实行"使用者付费"经济原则，以促进采取有益于环境方式开发自然资源，利用经济手段和市场刺激，使其成为法律手段的重要补充……为此必须建立和完善资源有偿使用和转让制度，研究、鼓励和采用自然资源定价和资源开发技术……通过需求管理、供给管理及价格机制实现资源有效分配。

我国的水资源价值理论长期受"水资源是取之不尽，用之不竭"的传统价值观念影响，水资源价格严重背离水资源价值，造成了水资源长期被无偿地开发利用，不仅造成了巨大的珍贵水资源浪费和对水资源非持续开发利用，同时对人类的生存及国民经济的健康发展产生了严重的威胁。尽管近几年来对此有所认识，采取了相应的行政或法律手段扭转，但是，由于对水资源价值作用缺乏足够的认识，致使所采取的措施缺乏广泛的经济社会基础，最终结果是政府干预行为过于集中和强硬，市场行为和经济杠杆的作用又过于薄弱，导致期望与现实相差甚远。

有关专家曾对水资源代际均衡调控进行量化研究，结果表明，水资源价值对水资源代际转移具有重要影响，由此进一步证明，水资源价值在持续利用水资源过程中具有重要的地位，它是水资源持续利用关键内容之一，进而构成持续发展战略的重要组成部分。

（2）水资源价值是水资源宏观管理的关键　水资源管理手段是多样的，其中对水资源进行核算并且将其纳入到国民经济核算体系之中的宏观管理，是一种最有效的手段之一。之所以如此论断，这是由国民经济核算的功能所决定的。

国民经济核算是指对一定范围和一定时间的人力、物力、财力资源与利用所进行的计量；对生产、分配、交换、消费所进行的计量；对经济运行中所形成的总量、速度、比例、效益所进行的计量。其主要功能体现在它是衡量社会发展的"四大系统"，即社会经济发展的测量系统、科学管理和决策的信息系统、社会经济运行的报警系统和国际经济技术交流的语言系统。由于无论是西方的 SNA（System of National Accounts）国民经济核算体系，还是我国现行的 MPS（System of aterial Products alances）国民经济核算体系，皆未包括水资源等资源环境部分，由此导致严重的后果：水资源等资源环境的变化，在国民账户中没有得到反映，一方面经济的不断增长，另一方面资源环境资产不断减少，形成经济增长过程中的"资源空心化"现象，其实质就是以消耗资源推动国民经济发展的"泡沫式"的虚假繁荣。

可以预计，随着经济的高速发展，对水资源等资源环境的消耗速度日益增大，最终会到某一时刻水资源等资源环境的消耗难以满足经济发展的需求，经济的发展达到阈值，人类的生存也受到威胁。然而，可怕的是，这一切在现行的国民账户中均没有得到体现，致使决策建立在忽视水资源等自然资源存在的基础上，其结果是，决策更加失误，后果难以想象。大量的实例充分地说明了这一点。例如，1970-1989 年 20 年间，哥斯达黎加的森林资源、土壤资源和渔业资源三个方面的损失累计超过 14 亿美元，比该国一年的国民生产总值还要高。由此可见，对水资源等资源核算对国民经济核算体系具有冲击性影响。

水资源核算是构成自然资源核算体系不可分割的一部分，由于它本身所具有的特性，其核算比较复杂，它既包括水资源实物量核算、价值量核算，同时又包括水资源水质核算，实物量核算和水质核算相对而言比较容易，它建立在大量的统计基础和监测基础之上，而水资源价值量核算相对复杂，并且比前者更重要，是水资源核算的关键，价值提供了一种通用的比较手段，从此决定了水资源价值在水资源宏观管理中所处的地位。

（3）水资源价值是社会主义市场经济的需要　随着社会主义市场经济的逐步建立和完善，水利走向市场已成为一种必然。我国法律规定，水资源等自然资源归国家或集体所有。仅从法律条文上来看，水资源具有明确的所有权。从实践上来看，由于客观上存在着水资源所有权与经营权、使用权的分离，导致了资源产权的模糊，产生了一系列问题。

现代产权经济学认为，随着经济的发展，资源稀缺性和需求无限增长矛盾日益尖锐，争夺稀缺资源已成为必然，由此而产生的冲突是不可避免的。合理的产权制度就是明确界定资源的所有权和使用权，以及在资源使用中获益、受益、受损的边界和补偿原则，并规定产权交易的原则以及保护产权所有者利益等。产权制度对资源配置具有根本的影响，它是影响资源配置的决定性因素。

我国的水资源等自然资源产权制度经历了两个阶段：第一阶段主要类型是公有制基础上的工资契约关系和集体分成的契约关系，其实质属于多层代理经营关系，在此种制度下，经营、使用者不能独享自然资源增值收益，也不承担自然资源衰减所造成的损失，因而缺乏保护自然资源、节约资源激励机制；第二阶段主要形式为公有制基础上的定额契约关系和准企业分成契约关系，它只是引进了承包、租赁等机制。由于经营者、使用者利益眼前化、短期化，加之资源投资回收周期长，常常出现水资源等自然资源的超采或滥采，形成资源质量下降和数量的早衰。

上述两种产权制度与持续发展的战略思想存在一定距离，不适应社会主义市场经济的需要，必须进行改革。其中以下两个方面很重要：一是严格界定自然资源产权权能界限，使产权主体人格化，产权清晰明确；二是水资源等自然资源交易逐步市场化，这样不仅减小资源交易成本，而且通过市场价格机制的自动调节作用，使资源得到合理配置和有效利用，保证经济得到最大限度的发展。

水资源等自然资源市场交易，必须具有完善的市场基础，其中，合理地确定水资源价值是交易的基础和关键。同时由于水资源是一种极其特殊的自然资源，涉及面广、应用广泛，是生命保障系统重要组成部分，是不可替代的物质，因此确立水资源价值更富有具有现实性，如何在市场经济条件下确立水资源价值，成为水资源适应市场经济发展必须解决的重要问题。

（4）水资源价值是水资源经济管理核心内容　长期以来，我国的水资源被无偿或低价使用，事实上水资源所有权被废除或削弱，不仅刺激了水资源开发利用，同时缺乏有效的水资源保护措施，造成水资源的浪费与水环境的恶化。我国的水价演变历史可以说是无价或低价的历史，建国初期到 1965 年，水资源被无偿使用；1965 年水利部制定了《水利工程水费征收使用和管理试行办法》，该办法未考虑供水成本；1985 年国务院颁布了《水利工程水费核定、计收和管理办法》，规定供水成本包括运行费、大修费、折旧费以及其他按规定应计入成本费用，这里也未包括水资源本身价值。1988年水法颁布实施后，各地先后依法征收了水资源费，水资源有偿使用实现了，但是价格太低，而且计算方法也不规范，节水成效没有充分地发挥，同时也造成了水利部门财务严重困难。

实际上，水资源价值在水资源管理中占有重要地位，它不仅是水利经济循环连接者，也是水利经济与其他部门经济的连接的纽带；通过水资源价值可以掌握水利经济运动规律，反映国家水利产业政策及调整水利产业与其他产业经济关系，合理分配水利产业既得利益。适宜的水资源价值不仅能够促进节约用水，提高用水效率，实现水资源在各部门间有效配置，而且对地区间水资源合理调配都具有重要意义。

目前，水资源供需矛盾在我国各地表现程度不同，"开源节流"是解决矛盾的关键。如何"开源节流"，这是一篇很大的文章，它涉及诸多方面，其中充分地发挥经济杠杆的调节作用，具有很大的潜力可挖，科学的水资源价值体系能够使各方的利益得到协调，水资源配置得到最佳状态。

可以预见，随着对水资源价值认识的深入和不断实践，水资源价值作用必将得到充分地发挥，水资源市场发育更加完善，它对水资源高效持续利用的影响越来越显现，水资源配置将从单一的传统计划经济体制向在政府宏观指导下由市场配置的双重机制转变，这对缓解水资源供需矛盾、提高水资源利用效率具有重要的意义。

3. 污水处理程度与污水再生收益的关系

污水再生利用系统应在技术上是可行的，在经济上是适宜的，在水价上是有竞争力的。污水利用的意义不仅仅是获得直接的经济效益，更重要的是环境效益、社会效益和经济效益的统一。因此，应从环境效益、社会效益和经济效益统一的角度出发，结合现实经济状况对污水利用进行投入和产出的综合分析，才能对污水再生利用的经济性给以正确的评价。

对于某一个城市或流域，污水利用带来的收益包括：①节约等量新鲜水而节省的水资源费；②节水可以增国家财政收入；③节省城市给水设施的建设和运行焚用；④节省城市排水设施的建设和运行费用；⑤减少污染带来的水资源财富损失。

对于某一个污水再生利用单位，污水利用带来的收益包括：①节约等量新鲜水而带来的直接经济效益，为城市供水水价或水资源费与水处理费用之和；②可以免交排污费用；③可以扣除的污水二级处理费用。

在通常情况下，开展污水再生利用的单位，往往只看到本单位直接的经济利益，并不去考虑能够产生的社会效益和环境效益，认为只有污水再生处理的成本等于或小于上述三项之和，才具有经济可行性。很显然，决定这一关键数量关系的是供水水价和排污费两项指标。因此，推行污水再生利用必须有合理的供水水价和健全的管理体制作保证，政府应合理确定自来水费和排污费指标，加强水资源经济杠杆的作用，以合理的政策法规来促进污水再生设施的建设。如果将服务营业单位的用水水价提高到一个合适的水平，再生水回用将会明显占有经济上的优势。这样，不仅从经济上考虑使用再生水是经济合理的，而且体现出环境效益和社会效益。

（七）污水再利用的对策

水资源短缺和生态环境恶化，各地区供水与需水之间也相对不平衡，已成为制约一些地方可持续发展的主要问题。为解决以上这些矛盾，除了需要进行合理的社会经济布局，调整城市产业结构和用水结构，改变水的用途和供水方向以外，污水再利用也是一种简单易行的解决办法。污水再利用替代优质水源，可解决用水与供水不平衡的矛盾，同时也能减轻环境污染，促进生态良性循环。

实践充分证明，将污水作为一种资源，经过处理后用于工农业生产和城市生活，既减少新鲜水的用量消耗，又能使环境免受污染，其环境、社会和经济效益非常显著。根据我国实际情况，一些水资源短缺且经济发达的城市，未来的用水战略中应将再生水回用和城市污水集中处理利用列为节水的重点。

对于新规划的城市和新建工业基地，在进行规划建设时，应充分考虑污水再生利用设施的建设，从本地区本行业发展的长远利益出发，以经济效益和环境效益为目标，选择适宜的污水再生处理工艺，提出合理的利用措施和利用数量。

应深入推进中水设施建设，在新建小区、办公楼、服务行业及其他高耗水工程中采用污水回用，有条件的城市和地区应合理布局、统一规划，考虑污水集中处理后用于工农业生产和城市杂用，做到再生水综合利用。

国内外实践经验证明，要实现污水的再生利用，必须解决以下关键性的问题。

（1）为顺利实现污水的再生利用，在《中华人民共和国水法》和《中华人民共和国水污染防治法》的基础上，根据各地区的实际情况，建立污水再生利用的法律法规体系和各项具体政策。

（2）为顺利实现污水的再生利用，建立集中统一的水管理机构，对水资源、供水系统、排水系统和水环境污染进行统一规划与管理。

（3）从治理水污染和开发污水资源相统一的观点出发，调整城市原来的总体规划，建立一个综合协调的、可持续发展的水资源总体规划，协调好城市的水资源、供水系统、排水系统、水污染控制、城市防洪、河湖以及工业、农业、水产、航运等规划，做到以供定需、分质供水、优质优用、重复利用，使水资源得到科学有效的利用与保护，使有限的水资源发挥最大的效益，确保污水再生利用规划的实施。

（4）建立合理的水价体系，为推行再生水的应用，必要时取消国家补贴，大力发展水工业，使供水和排水部门实行企业化经营，促进污水再生利用的实施。

（5）大力加强污水再生利用的宣传工作，提高人们对污水也是资源的认识，并从经济上体现低质水低价、高质水高价，使人们改变原来用水的观念，在生产和生活中逐渐认识到污水再生利用的必要性。

（6）严格控制工业废水的排放，抓紧对工业污染源的治理，搞好工业废水的预处理，排入城市排水管网的水质，必须符合现行行业标准《污水排入城市下水道水质标准》（CJ 343—2010）中的规定，以保证城市污水处理厂的稳健运行和再生水的水质。

（7）污染物排放总量控制方法自20世纪70年代末由日本提出后，在日本、美国等发达国家得到广泛应用，并取得了良好的效果。20世纪90年代中期后，我国开始推行污染物排放总量控制措施。污染物排放总量控制是将某一控制区域作为一个完整的系统，采取措施将排入这一区域内地污染物总量控制在一定数量之内，以满足该区域的环境质量要求。严格在河道和流域中实施污染物的总量控制，可以有利于开展再生水的间接利用。

二、雨水利用系统

雨水利用是一种综合考虑雨水径流污染控制、城市防洪以及生态环境的改善等要求，建立包括雨水收集系统、雨水截污与渗透系统、生态小区雨水利用系统等，将雨水用作喷洒路面、灌溉绿地、蓄水冲厕等城市杂用水的技术手段。

雨水收集系统，就是将雨水根据需求进行收集后，并经过对收集的雨水进行处理后达到符合设计使用标准的系统。目前多数由弃流过滤系统、蓄水系统、净化系统组成。雨水收集系统根据雨水源不同，可分为屋顶雨水和地面雨水两类。屋顶雨水相对干净，杂质、泥沙及其他污染物少，可通过弃流和简单过滤后，直接排入蓄水系统，进行处理后使用。地面雨水杂质多，污染物源复杂，应当在弃流和粗略过滤后，还必须进行沉淀才能排入蓄水系统。

（一）雨水利用概念

雨水收集利用是指针对因建筑屋顶、路面硬化导致区域内径流量增加而采取的对雨水进行就地收集、入渗、储存、处理、利用等措施。主要包括收集、储存和净化后的直接利用；利用各种人工或自然水体、池塘、湿地或低洼地对雨水径流实施调蓄、净化和利用，改善城市水环境和生态环境；通过各种人工或自然渗透设施使雨水渗入地下，补充地下水资源。

我国是一个水资源严重短缺的国家，人均水资源量仅为世界人均占有量的 1/4，而且我国水资源分布存在显著时空不均。因此近年我国为缓解北方严重缺水的局面正着手进行南水北调工程，该项目工程量大、工期长。作为缺水地区不能坐等外源调水，应充分开发和回收利用当地一切可能的水资源，其中城市雨水就是长期忽视的一种水资源。通过雨水的合理收集与利用，补充地下水源，削减城市洪峰流量，有效控制地面水体的污染，对改善城市的生态环境、缓解水资源紧张的局面有重要的现实意义。

当前雨水收集利用在美、欧、日等发达国家已是非常重视的产业，已经形成了完善的体系。这些国家制定了一系列有关雨水利用的法律法规；建立了完善的屋顶蓄水和由入渗池、井、草地、透水地面组成的地表回灌系统；收集的雨水主要用于洗车、浇庭院、洗衣服、冲厕和回灌地下水。

中国城市雨水利用起步较晚，目前主要在缺水地区有一些小型、局部的非标准性应用。比较典型的有山东的长岛县、大连的獐子岛和浙江省舟山市葫芦岛等雨水集流利用工程。大中城市的雨水利用基本处于探索与研究阶段，但已显示出良好的发展势头。北京、上海、大连、哈尔滨、西安等许多城市相继开展研究。

目前我国对城市雨水的利用率仍然很低，与发达国家相比，可开发利用的潜力很大。在目前水资源紧张、水污染加重、城市生态环境恶化的情况下，城市雨水作为补充水源加以开发利用，势在必行。

（二）雨水利用的意义

在全国水资源普遍短缺的情况下，开展城市雨水利用具有重要的现实意义，城市雨水利用是可持续发展理念的具体运用。

1. 城市雨水利用是节约和开源的有效途径

把城市雨水作为中水回用系统的辅助水源。收集的雨水通过雨水管道直接送到污水处理厂，净化为生活用水，用于消防、洗车、冲厕、基建、浇灌草坪等，将饮用水和其他用水分开，做到水尽其用。城市雨水利用将缓解城市水资源短缺的压力，有效节约城市水资源，加大城市水资源可利用量，提高城市水资源承载能力。据有关专家预测，我国城市雨水利用潜力很大。城市雨水利用不仅是就地开源的有效途径之一，而且也是 21 世纪城市水资源可持续利用的一个有效途径。

2. 城市雨水利用有利于城市生态环境的改善

城市雨水利用可以减少城市径流量，有效控制城市雨水径流污染和防治城市水土资源流失；增加对城市雨水资源的开发利用，地表河流、湖泊及地下水等水体的用水量相对减少，有利于维持河、湖（地）、地下水源等天然水体的正常生态环境用水量；同时，利用雨水补给地下水源可维持正常的地下水位，从而使区域大气水、地表水、土壤水和地下水"四水"之间正常的水分循环和水量转换体系得到明显的改善，自然界水循环得以恢复。

3. 城市雨水利用有利于减轻城市洪涝灾害的压力

实际监测充分证明：减少暴雨期间城市地表径流量，可以有效缓解城市洪涝灾害；增加城市绿地面积，利用城市草坪、绿地容蓄暴雨，可以滞纳削减暴雨洪峰；利用城市不透水面收集雨水，减少城市径流量，减缓城市径流速度，减缓暴雨水的汇流时间，滞蓄雨水，错滞洪峰；有效利用城市洼地和水体进行调蓄城市雨水，这些措施将会有利于减轻城市洪涝灾害的压力，减少城市排水系统在暴雨期间的排水压力。

4. 城市雨水利用有显著的经济效益和社会效益

城市雨水利用的经济效益主要体现在以下几方面。

（1）国内外实践证明，雨水利用的替代效益非常显著，将雨水就地收集利用，可以大大减少城市地面径流量，可以减轻城市暴雨时排水管网的排水压力，减轻污水处理厂的负荷，提高污水处理厂的处理效率。同时，也减少由政府投入的用于大型污水处理厂、收集污水管线和扩建排洪设施的资金。

（2）城市雨水利用可以替换城市自来水用于生态环境用水和其他用水，可以大大节省城市引水、净水的边际费用，节约城市水资源，提高水资源利用效率，减少因为缺水而造成的社会经济损失，保障城市水资源可持续利用和城市可持续发展。

（3）雨水利用可以形成良好的产业前景，能形成新的经济增长点。这一点已经在国外得到证实，例如德国在城市雨水设备开发与商业化方面都做了大量的系统研究和设备定型生产，并已经形成产业化生产。

我国城市雨水利用刚刚开始，但是城市雨水利用潜力很大，据有关专家预测，到2030年我国城市雨水利用量将达 $1177.7 \times 10^8 \mathrm{m}^3$。城市雨水利用将得到快速发展，届时雨水利用设备将会吸引大量的资本，形成一个吸引资本的新产业。

随着水资源可持续利用理念逐渐被人们接受，我国的治水思路也发生了变化。人们逐渐地认识到：城市雨水利用符合城市水资源可持续开发利用的要求，充分利用城市雨水资源是人类与洪水和谐共处的重要手段。治水方式开始从工程水利向资源水利转变，从防御、控制洪水到利用洪水资源转变，实现人与洪水和谐共处。以水资源的可持续利用支持经济社会的可持续发展，实现人与自然和谐相处。

城市雨水利用是在城市范围内，有目的地采用各种措施对雨水资源的保护和利用，主要包括收集、储存和净化后的直接利用；利用各种人工或自然水体、池塘、湿地或低洼地对雨水径流实施调蓄、净化和利用，改善城市水环境和生态环境；通过各种人工或自然渗透设施使雨水渗入地下，补充地下水资源。

21世纪，人类要树立自然与适应自然相结合的思想，从一味追求以工程手段战胜洪水，转变为以最小的投入换取最大的经济效益、社会效益和环境效益。这就是把暴雨洪水既看作是必须抓紧防治的一种自然灾害，又看作是宝贵的可利用资源；把对洪水的"重限制，轻适应"、"重防治，轻利用"，转变为既防治又利用，既限制又适应的治水方略上来。

环境资源保护及可持续发展是新世纪人类面临的共同课题。雨水资源的有效收集与利用是贯彻可持续发展战略的具体体现。城市雨水利用体系的建立和完善是个系统工程，它需要政府政策法规的引导，需要规划设计人员的技术支持，需要城市市政管理部门的维护管理。当然，更需要民众的广泛理解与支持。我们有理由相信，通过各级政府部门的引导和专家学者的积极参与，推动民众教育，"善待雨水、造福人类"这一生态理念一定会在我国深入人心。

（三）国内外城市雨水利用现状

在国外，德国和日本等一些发达国家，城市雨水的资源化和雨水的收集利用已有较长的历史，其经验和方法，对我国大部分城市特别是对那些严重缺水的城市很有借鉴意义。我国城市雨水利用起步较晚，目前主要在缺水地区有一些小型、局部的非标准性应用。

1. 国外城市雨水利用情况

雨水作为一种极有价值的水资源，早已引起德国、日本等国家的重视。国际雨水收集利用协会（IRCSA）自成立以来，不断地促进国际间的交流与合作，两年一度的交流大会使各国之间的雨水利用技术和信息能够很快地传播。网络技术的发展也为雨水利用技术的国际化提供了很好的平台。其中，发展较快的是德国和日本等国家，德国雨水利用技术已经从第二代向第三代过渡，其第三代雨水利用技术的特征就是设备的集成化，各项雨水利用技术已达到了世界领先水平。

（1）德国的雨水利用　德国的城市雨水利用方式有三种。一是屋面雨水集蓄系统，集下来的雨水主要用于家庭、公共场所和企业的非饮用水。二是雨水截污与渗透系统。道路雨水通过下水道排入沿途大型蓄水池或通过渗透补充地下水。德国城市街道雨水管道口均设有截污挂篮，以拦截雨水径流携带的污染物。三是生态小区雨水利用系统。小区沿着排水道建有渗透浅沟，表面植有草皮，供雨水径流流过时下渗。超过渗透能力的雨水则进入雨水池或人工湿地，作为水景或继续下渗。

另外，德国还制订了一系列有关雨水利用的法律法规，对雨水利用给予支持。如目前德国在新建小区之前，无论是工业、商业还是居民小区，均要设计雨水利用设施，若无雨水利用措施，政府将征收雨水排放设施费和雨水排放费等。

（2）日本的雨水利用　日本于1963年开始兴建滞洪和储蓄雨水的蓄洪池，还将蓄洪池的雨水用作喷洒路面、灌溉绿地等城市杂用水。这些设施大多建在地下，以充分利用地下空间。而建在地上的也尽可能满足多种用途，如在调洪池内修建运动场，雨季用来蓄洪，平时用作运动场。近年来，各种雨水入渗设施在日本也得到迅速发展，包括渗井、渗沟、渗池等，这些设施占地面积小，可因地制宜地修建在楼前屋后。日本于1992年颁布了"第二代城市下水总体规划"，正式将雨水渗沟、渗塘及透水地面作为城市总体规划的组成部分，要求新建和改建的大型公共建筑群必须设置雨水就地下渗设施。日本"降雨蓄存及渗滤技术协会"经模拟试验得出：在使用合流制雨水管道系统的地区，合理配置各种入渗设施的设置密度，强化雨水入渗，使降雨以 $5mm/h$ 的速率入渗地下，可使该地区每年排出的 BOD 总量减少 50%。

因而，通过制定一系列有关雨水利用的法律、法规和不断地开发研制，国外发达国家的城市雨水利用技术逐步成熟起来，建立了完善的屋顶蓄水系统和由入渗、井、草地、透水地面等组成的地表回灌系统；将收集的雨水用于冲洗厕所、洗车、浇洒庭院、洗衣和回灌地下水等；从不同程度上实现了雨水的利用。

2. 我国城市雨水利用情况

我国城市雨水利用虽具有悠久的历史，而真正意义上的城市雨水利用的研究与应用却从20世纪80年代开始，并于20世纪90年代发展起来。但总的来说技术还较落后，缺乏系统性，更缺少法律、法规保障体系。20世纪90年代以后，我国特大城市的一些建筑物已建有雨水收集系统，但是没有处理和回用系统。比较典型的有山东的长岛县、大连的獐子岛和浙江省舟山市葫芦岛等雨水集流利用工程。

我国大中城市的雨水利用基本处于探索与研究阶段，北京、上海、大连、哈尔滨、西安等许多城市相继开展研究，已显示出良好的发展势头。由于缺水形势严峻，北京市开展的步伐较快。北京市水利局和德国埃森大学的示范小区雨水利用合作项目于2000年开始启动；北京市政设计院开始立项编制雨水利用设计指南；北京市政府66号令（2000年12月1日）

中也明确要求开展市区的雨水利用工程等。因此，北京市的城市雨水利用已进入示范与实践阶段，可望成为我国城市雨水利用技术的龙头。通过一批示范工程，争取用较短的时间带动整个领域的发展，实现城市雨水利用的标准化和产业化，从而加快我国城市雨水利用的步伐。

（四）城市雨水利用技术

在第十届国际雨水利用大会上就表明，今后城市雨水利用技术发展的一个突出特点就是它的国际化与集成化。各国的雨水利用技术发展的程度因重视程度不同而参差不齐。成熟的雨水利用技术从屋面雨水的收集、截污、储存、过滤、渗透、提升、回用到控制都有一系列的定型产品和组装式成套设备。对于雨水的利用工程可分为雨水的收集、雨水的处理和雨水的供应三个部分。

1. 雨水的收集

雨水的收集利用，广义的范围内，包括了大型水库的建设，河川径流的取用等。雨水收集的方式有许多种型式，例如屋顶集水、地面径流集水、截水网等。其收集效率会随着收集面材质、气象条件（日照、温度、湿度、风力等）以及降雨时间的长短、降雨强度等因素而有所差异。

建筑工程中的雨水收集有三种方式：如果建筑物屋顶硬化，雨水应该集中引入绿地、透水路面，或引入储水设施蓄存；如果是地面硬化的庭院、广场、人行道等，应该首先选用透水材料铺装或建设汇流设施，将雨水引入透水区域或储水设施中；如果地面是城市主干道等基础设施，应该结合沿线绿化灌溉建设雨水利用设施。此外，居民小区也将安装简单的雨水收集和利用设施，雨水通过这些设施收集到一起，经过简单的过滤处理，就可以用来建设观赏水景、浇灌小区内绿地、冲刷路面，或供小区居民洗车和冲洗马桶，这样不但节约了大量自来水，还可以为居民节省大量水费。

2. 雨水的处理

雨水收集后的处理过程，与一般的水处理过程相似，唯一不同的是雨水的水质明显的比一般回收水的水质好，依据试验研究显示，雨水除了 pH 值较低（平均约为 5.6）以外，初期降雨所带入的收集面污染物或泥沙，是最大的问题所在。而一般的污染物（如树叶等）可经由筛网筛除，泥沙则可经由沉淀及过滤的处理过程加以去除。这些设备的组合与处理容量需在经济与集水区条件考量下来调整其大小。

雨水的处理方法与装置则主要取决于：①采取集水的方式；②雨水取用目的与处理水质的目标；③收集雨水的面积与雨水流量；④城市建设规划与其他相关的条件；⑤经济能力与管理维护条件。

屋顶集水一般以下述程序来处理所收集的雨水：集水→筛选→沉淀→砂滤→停留槽→消毒（视情况而定）→处理水槽（供水槽）雨水的处理设备包括有筛网槽以及两个沉淀槽。沉淀槽下方则设有清洗排泥管，用来方便槽底淤泥的清洗排除，维持沉淀槽的循环使用。

3. 雨水的供应

雨水的使用应根据实际情况而确定，在未经过妥善处理前（如消毒等），一般建议用于替代不与人体接触的用水（如卫生用水、洗车用水、浇灌花木用水等）为主。也可将所收集下来的雨水，经处理与储存的过程后，用水泵将雨水提升至顶楼的水塔，供厕所的冲洗使用。另外，如与人接触的用水，仍以自来水供应。雨水除了可以作为街道厕所冲洗用水外，也可作为其他用水如空调冷却水、消防用水、洗车用水、花草浇灌、景观用水、道路清洗等均可使用；此外，也可以经处理消毒后供居民饮用。

通常利用雨水贮留渗透的场所一般为公园、绿地、庭院、停车场、建筑物、运动场和道路等。雨水回收利用的主要措施是结合降水特点及地形、地质条件，采用雨水渗透利用方案，设计出一种从"高花坛"、低绿地到"浅沟渗渠渗透"逐级下渗雨水的利用模式。采用的渗透设施有渗透池、渗透管、渗透井、透水性铺盖、浸透侧沟、调节池和绿地等。还可直接在城市一些的建筑物上设计收集雨水的设施，将收集到的雨水用于消防、植树、洗车、冲洗厕所和冷却水补给等，经处理后的水质较好也可以供居民饮用。

第三节　绿化与景观用水系统

城市绿化是国土绿化的重要组成部分。由于城市的地位和作用，决定了城市绿化具有特殊的重要意义。一个现代化的城市，必须具备良好的生态环境。维持生态系统的良性循环，缓解和消除污染，改善生态环境，除了采用必要的工程设施以外，最有效的途径就是大力植树造林、栽花种草，提高城市绿化的覆盖率，发挥绿色植被对环境的调控功能。

在城市中植树造林、种草种花，把一定的地面（空间）覆盖或者是装点起来，这就是城市绿化。城市绿化是栽种植物以改善城市环境的活动。城市绿化作为城市生态系统中的还原组织，具有受到外来干扰和破坏而恢复原状的能力，就是通常所说的城市生态系统的还原功能。城市生态系统具有还原功能的主要原因是由于城市中绿化生态环境的作用。

城市景观是指景观功能在人类聚居环境中固有的和所创造的自然景观美，它可使城市具有自然景观艺术，使人们在城市生活中具有舒适感和愉快感。城市景观是建筑学中一门范围宽泛、很综合又难以准确定义的专业。城市是一个复杂的有机体，房屋建筑应当是它构成的主体，并有建筑以外的空间环境相辅，两者合起来称为城市景观。

城市的景观是建筑物外的一切，人工的、自然的，是人们工作和休闲用的空间环境。它要求舒适、安全而更具观赏性。建筑有明显的技术性、经济性和对城市的直接作用。景观更具社会性、时间性和间接作用。建筑对城市常表现为强势、刚硬，景观常表现为弱势、柔韧。历史证明：世界上称得起优美的城市多半是建筑和景观和谐地统一，刚柔相济，相辅相成。有多样丰富的优美的城市空间和景观环境，让人们生活在其中感到舒适、愉快，得益健康，并有着丰富的物质生活和精神生活内涵。

工程实践充分证明，在进行城市绿化和城市景观的设计和管理中，两者都会消耗一定的水，是城市用水中的重要组成部分。城市绿化和城市景观用水的功能不同，其对水的要求也不相同。

一、城市绿化用水的要求

（一）城市绿地给水设计要求

在现行国家标准《城市绿地设计规范》（GB 50420—2007）中，对于城市绿地给水设计中应符合下列要求。

（1）给水设计用水量应根据各类设施的生活用水、消防用水、浇洒道路和绿化用水、水景补水、管网渗漏水和未预见用水等确定总体用水量。

（2）当城市绿地内天然水或中水的水量和水质能满足绿化灌溉要求时，应当首选天然水或中水，以实现节省水资源、减少绿地灌溉费用的目的。

（3）绿地内生活给水系统不得与其他给水系统连接，确需连接时应有生活给水系统防回流污染的措施。

278

（4）绿化灌溉给水管网从地面算起最小服务水压应为 0.10MPa，当绿地内有堆山和地势较高处需供水，或所选用的灌溉喷头和洒水栓有特定压力要求时，其最小服务水压应按实际要求计算。

（5）绿化用的给水管宜随地形敷设，在管路系统高凸处应设自动排气阀，在管路系统低凹处应设泄水阀。

（6）景观水池应设有补水管、放空管和溢水管。当补水管的水源为自来水时，应有防止给水管被回流污染的措施。

（二）城市绿化用水的要求

（1）为充分利用再生水，用相关的政策对市政供水用于浇灌进行有效限制或禁止使用，并尽可能使用收集的雨水、废水或经过小区处理的废水。

（2）为使城市绿化用水达到浇灌的要求和保护环境，水中余氯的含量不低于 0.5mg/L 或更高，以清除臭味、黏膜及细菌。

（3）用于城市绿化的水，其水质应达到《城市污水再生利用　城市杂用水质》（GB/T 18920—2002）中灌溉水的标准。

（4）当绿地采用喷灌时，水中的悬浮物（SS）应小于 30mg/L，以防止喷头堵塞。

二、城市水景观的作用与用水要求

（一）城市水景的主要作用

（1）水景的塑造作用　水景的塑造作用即利用水的外在特性，使其被人的感观感知，产生一系列的审美效应，来参与水空间景观的塑造。如水形善变，可以充分利用地形取得"成雷"、"成雪"、"成练"和"非烟非雾，出入不定"的景致。利用水中倒影扩大空间，达到"小中见大"的效果。而水的光影变化更增添了空间景观恍惚迷离的气氛。另外，可以借助水声，增添空间的情趣，满足人们的心理要求。

（2）水景意境表达作用　水景意境表达作用即利用水的丰富内在特性来表达空间的意境。在我国传统的园林中，水边的景点常借水的隐喻象征来表达意境，众多与水相关的传说、诗篇、楹联、山水画等又为意境的表达提供了无穷的素材。拙政园倒影楼取意温庭筠"鸟飞天外斜阳路，人过桥边倒影来"诗句，楼与相连的波形廊共同构成富有特色的临水建筑。网师园的濯缨水阁，借《孟子》"沧浪之水清兮，可以濯吾缨，沧浪之水浊兮，可以濯吾足"之语意，表达出"举世皆浊我独清"和"出污泥而不染"的清高意境。

（3）心理媒介作用　心理媒介作用即利用水体特性作为诱发联想和暗示空间的停顿、转折的媒介，同时还具有联结时空的纽带作用和净化心灵的效果。利用水体产生联想，可使有限的空间在心理上得以延续，产生景有限而意无穷之感。如园林中一溪一涧，可使人联想道自然界中的大江大河。连续的水线常用来暗示空间的延伸，而水井、喷泉则用来暗示空间的停顿或轴线的变换。

（4）水的纽带作用　水的纽带作用即能使人突破时空距离，产生亲临其境之感。"君住长江头，我住长江尾"，依靠"共饮长江水"而产生近在咫尺之感，水成为联系"君"与"我"感情的纽带。身临长江古战场，面对拍岩惊涛，想到周郎赤壁，水又起到缩短时间距离的作用。清澈的水体还具有净化心灵的效果，这在寺庙园林中运用极广。如无锡梅园有洗心泉，杭州玉泉寺有洗心亭，凭槛而坐，俯瞰游鱼，尽得"鱼乐人亦乐，泉清心共清"的情趣。

（5）空间界面功能　水体同时具有空间界面的功能，在空间序列、组织方面发挥着多种作用。

① 衬景作用。作为底界面的水体，起到衬景作用。它多建立在形的反衬和色彩的对比上。大面积单一平静的水面，可衬托别的景物，使之成为视觉中心。

② 发散作用。由于水体具有光影不定性及镜面反射效应，故当它占据一定宽广度时，舒展的水面将有效地扩大了视野，产生空旷辽阔的效果。如北海公园辽阔的水面配合随意布置的建筑，创造以旷景为特征的空间环境。

③ 引导作用。水体具有良好的引导作用，潺潺的水声以及闪烁的光影，常激发人们"寻源"心理，进而引导人们发现隐蔽的空间。如杭州的灵隐寺，利用溪流"导游"，涧中顺应地势设有三处跌水，哗哗水声及隔溪而筑的摩崖石刻，把游人一步步引向目的地。

④ 联系作用。人们常利用水体的连续性，使之成为空间的联结要素。在城市和建筑空间中，水起到了良好的统一和组织作用。

⑤ 分隔作用。水体亦能造成可望而不可及之感，随着水体宽度的增加，其实际分隔功能亦愈明显。

⑥ 收敛作用。处于其他景物包围中的水体，常构成视觉中心，起到视线收敛作用。如西湖阮公墩。

（二）城市景观用水的要求

随着人们对居住环境要求的不断提高，居住区的环境景观已成为关注的热点。其中水景以其独特多样的形式成为建筑景观设计的重要组成部分。比如，水景住宅成了众多希望从现代都市回归亲水自然环境的人们的要求。水景观是以水为主体，是水景观与人类社会审美过程、文化活动等双向作用的产物，是在人类文明进化过程中所产生的一定地域内的水景观客体与有关它的观念形态和有形实体的完美统一。

水景观一般分为自然水景观和人工水景观。自然水景观包括江河、湖泊、瀑布、泉溪等风景资源。人工水景观是指从与水相关的活动、或者旅游开发的角度进行分析，从主要与水相关的旅游开发角度所营造建设的景观。主要有仿自然式水景、园林式水景、泳池式水景、装饰式水景等。城市中的水景观一般是人工水景观，城市建筑水体景观在建筑外环境运用中按其形态特征可分为静水、流水、落水、喷泉。

为确保城市水景观用水的质量，在进行景观用水设计中应符合下列要求。

（1）根据居住小区的地形特点，提出科学、合理、美观的小区水景规划方案，规划方案要注意与城市总体规划一致、与小区的绿化、交通等相协调。

（2）为实现水资源可持续利用，景观用水应设置循环系统，并应结合中水系统进行优化设计，以保证景观用水的水质。

（3）景观用水的水质应达到《再生水回用于景观水体的水质标准》（CJ/T 95—2000）和《地表水环境质量标准》（GB 3838—2002）中的标准，同时，为了保护水生动物，避免藻类繁殖，水体应保持清澈、无毒、无臭，不含有致病菌。为此，当再生水用作景观用水时需要进行脱氧以及去除营养物的处理。

《城镇排水与污水处理条例》（以下简称条例），已经 2013 年 9 月 18 日国务院第 24 次常务会议通过，自 2014 年 1 月 1 日起施行。《条例》中坚持防治城镇水污染与促进资源综合利用并重，要求新区建设应当实行雨水、污水分流，雨污合流地区应当结合城镇排水与污水处理规划要求，进行改造。在雨污分流地区，不得将污水排入雨水管网。《条例》中还明确规定，新建、改建、扩建市政基础设施工程应当配套建设雨水收集利用设施，增加绿地、砂石地面、可渗透路面和自然地面对雨水的滞渗能力。《条例》鼓励城镇污水处理再生利用，规定再生水纳入水资源统一配置，工业生产、城市绿化、道路清扫、车辆冲洗、建筑施工以及生态景观等，应当优先使用再生水。

多年来，城镇排水与污水处理领域一直缺少一部国家层面专门的法律法规，随着《城镇排水与污水处理条例》的出台，我国城镇排水与污水处理与水景观用水将有法可依。这充分证明，我国许多城市面临水环境恶化、逢雨必涝的问题，要解决这些问题，必须实现城市水系统的健康循环，而切入点就是规范的城镇排水以及污水的深度处理和利用。

第四节　节水器具与绿色管材

水资源短缺和水污染加剧是当前影响我国可持续发展的主要因素之一。中国水资源人均占有量仅为世界人均占有量的 1/4，有关数据显示中国有 420 个缺水城市，其中 110 个城市存在严重的缺水问题。建筑水系统不仅仅涉及建筑内外的给水排水系统、设施等，还涉及与生态环境相关的人工水环境系统，包括人工水体与景观绿化用水等。节水是实现绿色建筑的关键指标之一。建筑节水和水资源利用需要统筹考虑各种用水用途的具体情况，合理科学地使用水资源，减少水的浪费，将使用过的废水经过再生净化得以回用，通过减少用量、梯级用水、循环用水、雨水利用等措施提高水资源的综合利用效率。

水是人类生存和发展不可替代的资源，随着社会经济的发展用水量的不断增加，水环境的不断恶化，水资源紧缺已成为世界各国共同关注的全球性问题。发展"污水处理回用"以实现"水资源的可持续利用"已被明确写入"国民经济和社会发展第十个五年计划纲要中"。中水回用、雨水利用使资源利用效率得到提高，生态环境得到改善，而建筑节水技术是在公共建筑和住宅建筑中，采用一系列可行的措施，合理分配用水，利用节水设备和节水器具节约用水，提高全民节约用水意识，推动整个社会生产发展。

一、节水器具的选用

采用节水器具具有显著的节水效果，是绿色建筑节水设计不可缺少的重要方面，在绿色住宅水环境设计时应注意以下方面。

所有用水器具应优先选用原国家经济贸易委员会 2001 年第 5 号公告《当前国家鼓励发展的节水设备》（产品）目录中，和建设部第 218 号"关于发布《建设部推广应用和限制禁止使用技术》"公告中，公布的节水设备、器材和器具。对采用产业化装修的住宅建筑，住宅套内也应采用节水器具。所有用水器具应满足《节水型生活用水器具》（CJ 164—2002）及《节水型产品通用技术条件》（GB/T 18870—2011）的要求。

（1）住宅类建筑可选用以下节水器具。①节水龙头：加气节水龙头、陶瓷阀芯水龙头、停水自动关闭水龙头等。②坐便器：压力流防臭、压力流冲击式 6L 直排便器、3L/6L 两挡节水型虹吸式排水坐便器及 6L 以下直排式节水型坐便器或感应式节水型坐便器，缺水地区可选用带洗手水龙头的水箱坐便器。③节水淋浴器：水温调节器、节水型淋浴喷嘴等。④节水型电器：节水洗衣机，洗碗机等。

（2）办公、商场类公共建筑可选用以下节水器具：①可选用光电感应式等延时自动关闭水龙头、停水自动关闭水龙头；②可选用感应式或脚踏式高效节水型小便器和两挡式坐便器，缺水地区可选用免冲洗水小便器；③极度缺水地区可选用真空节水技术。

（3）宾馆类公共建筑可选用以下节水器具：①客房可选用陶瓷阀芯、停水自动关闭水龙头；两挡式节水型坐便器；水温调节器、节水型淋浴头等节水淋浴装置；②公用洗手间可选用延时自动关闭、停水自动关闭水龙头；感应式或脚踏式高效节水型小便器和蹲便器，缺水地区可选用免冲洗水小便器；③厨房可选用加气式节水龙头、节水型洗碗机等节水器具；④洗衣房可选用高效节水洗衣机；⑤冷却塔选择满足《节水型产品技术条件与管理通则》要求的产品。

（4）用水家用电器（包括洗衣机和洗碗机等）应使用节水型的家用电器。比如，洗衣机的额定洗涤水量与额定洗涤容量之比，应当符合《家用电动洗衣机》（GB/T 4288—2003）中的要求。

（5）大力推广节水型水龙头。水龙头是应用范围最广、数量最多的一种盥洗洗涤用水器具，目前开发研制的节水型水龙头有延时自动关闭水龙头，手压、脚踏、肘动式水龙头，停水自动关闭水龙头，节水水龙头等，这些节水型水龙头都有较好的节水效果。在日本各城市普遍推广节水阀（节水皮垫），曾在一些城市水道局的有关窗口负责赠送。水龙头若配此种阀芯，安装后一般可节水 50% 以上，具有低噪声、保障卫生的优点，是世界上最先进的给水系统。

二、节水设施的选用

《中华人民共和国水法》中的第八条规定："国家厉行节约用水，大力推行节约用水措施，推广节约用水新技术、新工艺，发展节水型工业、农业和服务业，建立节水型社会。"第五十二条规定："城市人民政府应当因地制宜采取有效措施，推广节水型生活用水器具，降低城市供水管网漏失率，提高生活用水效率。"第五十三条规定："新建、扩建、改建建设项目，应当制订节水措施方案，配套建设节水设施。节水设施应当与主体工程同时设计、同时施工、同时投产。"由此可见，厉行节约用水、推广节水设备是时代的要求，是法律赋予每位公民的职责，必须按照水法的规定去做。

节水设施即为符合质量、安全和环保要求，提高用水效率，减少水使用量的机械设备和储存设备的统称。国内某项发明专利曾介绍：一种廉价的节水设施与方法，是把洗涤池、储水箱、过滤管、液压式压管、便器等进行构造与连接，其特点如下。

把洗涤池和浴澡地基过水池提高并高出储水箱，再用过滤器进行连接，这种采用落差原理的方式，可以在没有动力和人为因素的情况下，能够将使用过的水自动流经过滤器成为清洁水并储入储水箱内。储水箱内有一根可产生压强的液压式压管，伸出储水箱并延伸至洗涤池。这种采用液压式原理的方式，可以在设有动中和人为往返提水困扰的情报下，实现循环地把过滤后的水再次加以利用的目的。

储水箱与便器连通，便器不再与自来水管连通。这种不直接使用自来水，而只使用已多次使用过的又经过滤的清洁水冲便、拖地的方式，可以得到使用的是清洁水，但又不支付自来水费的效果，从而实现水的最大使用价值。

以上这种节水设施可使水多次重复过滤使用，能满足大部分清洗物的多次清洗用水及冲便、拖地的用水。不仅整个设计和施工的造价极其低廉，而且可以使住宅楼的水消耗量降至为现在住宅楼水消耗量的 1/3～1/4。因此，除了在绿色住宅小区大规模运用国家所规定的节水设施外，其他优秀的节水设施和方法也应当推广。

在《游泳场所卫生标准》（GB 9667—1996）中规定："循环净化给水系统，是指将使用过的游泳池池水，按规定的流量和流速从池内抽出，经过滤净化使池水澄清并经消毒杀菌处理后，符合相关水质标准后，再送回游泳池内重复使用的系统。"在进行游泳池设计和施工时应符合《游泳场所卫生标准》中的要求，建设和使用技术先进的游泳池循环水处理设备，禁止采用浪费水资源和不卫生的换水方式。

三、绿色管材的选用

目前，科学技术飞速发展，生活质量不断提高，国家大力提倡绿色环保。未来几年中环保产品必将成为一个时尚，自我保健意识也不断增强，"健康"和"安全"成了现代人最为关注的两大主题。因此，被称为绿色的食品卫生软管，管材的聚乙烯、聚丙烯、聚丁烯和铝塑复合软管等，越来越受到追求健康和时尚生活的现代都市人的青睐。

（一）绿色管材的特征与种类

日常生活中，饮用水的水质及水管的安全性是人们关注的焦点。金属软管有四大致命弱点：易生锈、易腐蚀、易渗漏、易结垢。镀锌钢管被腐蚀后将滋生各种微生物，污染管道中的自来水。这些受污染的自来水中携带的细菌像无形的杀手，时时威胁着人们的健康。近10多年来，一些发达国家已先后立法或建立行业规章，禁止使用镀锌钢管作为饮水输送管，并提出全面使用以绿色管道为主体的不生锈、无腐蚀、无渗漏、无结垢的优质管材。

绿色管材具有安全可靠性、经济性、卫生性、节能和可持续发展5大特征，只有能够很好地满足这些原则的管材才是真正的绿色管材。具体地讲，绿色管材应具备如下特征：①材料本身是环境友好型的，不含环境污染物（无铅、无聚氯乙烯、无环境荷尔蒙等），可无数次再生；②具有很高的耐腐蚀性和强度，可靠耐用，长寿命、低维护、寿命周期成本低（在建筑物使用寿命期内综合成本低）；③材料本身安全卫生，可保持水质纯净，对人体健康没有任何影响；④大大降低水管的渗漏率，节约水资源；⑤具有优越的流通性和较好的保温性能，节约能源，减少输水中的能耗和热能损失，同时满足以上条件的材料才称得上是真正的绿色管材。

据有关建材专家介绍，我国生产的绿色管材主要有聚乙烯管（PE）、聚丙烯管（PP）、聚丁烯管（PB）及铝塑复合管（PAP），这些管材80％以上用于建筑给水和辐射采暖。相对于其他塑料管材，其更适合用作室内小口径供水管、辐射采暖和地板采暖、室内低压燃气用管等。在绿色住宅小区的规划设计中，应当全面使用以塑料管为主体的优质绿色管材。

（二）绿色管材安装注意事项

1. 水压试验

新型塑料管材，由于重量轻，可弯曲，管材连接容易，便于切断，因而常由非专业操作工人安装，但往往安装后只作通水试验，很少进行水压试验，一旦城市供水管网水压波动，就容易造成漏水。现在许多居室装修常选择水管暗装，但暗装水管如果不做水压试验则隐患更大，发生渗漏需要破坏墙体表面才能维修。

2. 膨胀补偿

新型塑料管材的膨胀系数较钢管大，用于输送热水时需留意膨胀伸缩而做出足够的补偿裕度。工程用户在图纸设计时常有考虑，不易发生问题，但居室装修用户中常有热水管因受膨胀而导致漏水的事件发生。

3. 防冻措施

给水管道做保温防护，在我国北方地区已深入人心，也很受重视；目前出现受冻漏水现象的大多在华东地区的安徽、江苏、浙江等省，这些地方属于冬季非采暖地区，一般不结冰，但若碰上十年一遇的结冻，往往因为遗漏保温措施而冻坏水管。

4. 配套使用

目前因为相关行业的产品标准有些正在编写尚未发布，也出现过某些产品质量水准不一致现象，尤其是配套新型塑料管材的附件（如管道接头、阀门等）的产品质量更加良莠不齐，这些都会导致漏水、渗水事故的发生。因此，提请开发商和业主在施工中，切记购买同一品牌的管与配件。

　　总而言之，要建立良好的绿色建筑的水环境，就必须合理地规划和建设小区的水环境，提供安全、有效的供水系统以及污水处理和回用系统，实现水资源可持续利用。还应建立完善的给水系统，保证供水水质符合不同功能的卫生要求，做到水量稳定、水压可靠。还应建立完善的排水系统，确保排污畅通且不会污染环境。当雨水或生活污水经处理后回用作为生活杂用水等各种用途时，水质应达到国家规定的相应标准，以保障回用水的安全和适用。

第七章

绿色建筑声环境设计与技术

目前，和谐、人性化的居住环境和可持续发展的绿色生态环境，已成为城市和社会发展的主要方向。近年来，绿色建筑相关指标的提出为绿色生态居住环境的发展指明了方向。随着城市的发展，城市噪声污染问题日趋严重。声环境作为绿色建筑的重要指标之一，越来越受到社会的重视。城市的高速发展，城镇市民生活水平的不断提高，使得人们对生活环境质量的要求也越来越高，在这一发展态势下住宅内部和住区整体声环境的优劣，逐渐成为消费者购房选择中重点关注的问题之一。

第一节　声环境范畴及声学模拟技术

随着近代工业的快速发展，对于环境的污染也随之产生，噪声污染就是环境污染中的其中一种，已经成为对人类的一大危害。噪声污染与水污染、大气污染、固体废弃物污染，被看作是世界上范围内的环境问题。物理上噪声是声源做无规则振动发出的声音，从环保的角度上，凡是影响人们正常的学习、生活、工作和休息等的一切声音均称为噪声。

一、建筑及环境声学的范畴

噪声污染在人们的日常生活中，不仅影响工作和学习的效率，而且影响人类的身体健康。随着人们对室内环境的要求的提高，建筑声环境的优化设计也变为绿色建筑设计中的重要内容。在日常生活中人们可以听到谈话、鸟鸣、音乐、泉水叮咚、歌声等；但也能听到吵闹、机器轰鸣、车辆的轰鸣等噪声。人们可以听到的声音都属于声环境范畴。声环境设计是专门研究如何为建筑使用者创造一个合适的声音环境。

建筑声环境也称为建筑声学，是建筑空间环境控制学的一个分支，它研究主要内容有室内厅堂的音质和噪声控制。对于现代绿色建筑，建筑声学面临很多新问题，其中在声环境方面有以下几个方面：剧院、演讲厅、音乐厅、电影院、多功能厅和大容积非演出性厅堂的室内声环境设计；开敞式办公房间的噪声控制；采用轻质材料的建筑的隔声问题；建筑室内空调设备、机械设备、电器设备等产生的噪声控制；室外环境噪声对室内的影响。

建筑及环境声学实际上在古希腊的建筑设计中已经提及，古希腊建筑声学与艺术的结合是西方建筑艺术史上一颗璀璨的明珠，诞生之初就显示出无穷的魅力，其影响更是贯穿古今。恩格斯指出："没有希腊的艺术和科学，没有奴隶制，就没有罗马帝国。没有希腊文化和罗马帝国所奠定的基础，就没有现代化的欧洲。"希腊建筑声学与艺术不仅对于欧洲，乃至对全世界的发展，都有着十分重要的作用。

近代建筑及环境声学正式始于 19 世纪末 20 世纪初，其涉及一系列与建筑室内外声学环境有关的问题，主要包括房间声学、建筑隔声、环境声学、声学材料等方面。

（一）房间声学

房间声学也称为室内声学，是研究室内声音的传播和听闻效果的学科，是建筑声学的重要组成部分。其目的是为室内音质设计提供理论依据和方法。声音在室内的传播与房间的形状、尺寸、构造和吸声材料布置有关；听闻效果则反映人们的主观感受，对不同用途的房间有不同的评价标准。

室内声学属于建筑声学的范畴，室内声学是在研究分析某些房间的室内声学处理中逐渐完善并建立起来的。对于绿色建筑的室内声学，既考虑音乐厅、剧场、歌剧院、讲堂、录音室、教室等声学空间的声学设计，也要考虑餐厅、图书馆、体育馆、购物中心等非声学空间的声学设计。

（二）建筑隔声

1. 建筑隔声的概念

建筑隔声是指随着现代城市的发展，噪声源的增加，建筑物的密集，高强度轻质材料的使用，对建筑物进行有效的隔声防护措施。建筑隔声除了要考虑建筑物内人们活动所引起的声音干扰外，还要考虑建筑物外交通运输、工商业活动等噪声传入所造成的干扰。

建筑隔声包括空气声隔声和结构隔声两个方面。所谓空气声，是指经空气传播或透过建筑构件传至室内的声音；如人们的谈笑声、收音机声、交通噪声等。所谓结构声，是指机电设备、地面或地下车辆以及打桩、楼板上的走动等所造成的振动，经地面或建筑构件传至室内而辐射出的声音。在建筑物内空气声和结构声是可以互相转化的。因为空气声的振动能够迫使构件产生振动成为结构声，而结构声辐射出声音时，也就成为空气声。减少空气声的传递要从减少或阻止空气的振动入手，而减少结构声的传递则必须采取隔振或阻尼的办法。

2. 建筑隔声的设计

（1）选定合适的隔声量　对特殊的建筑物（如音乐厅、录音室、测听室）的构件，可按其内部容许的噪声级和外部噪声级的大小来确定所需构件的隔声量。对普通住宅、办公室、学校等建筑，由于受材料、投资和使用条件等因素的限制，选取围护结构隔声量，就要综合各种因素，确定一个最佳数值。通常可用居住建筑隔声标准所规定的隔声量。

（2）采取合理的布局　在进行隔声设计时，最好不用特殊的隔声构造，而是利用一般的构件和合理布局来满足建筑隔声的要求。如在设计住宅时，厨房、厕所的位置要远离邻户的卧室、起居室。对于剧院、音乐厅等则可用休息厅、门厅等形成声锁，来满足隔声的要求。为了减少隔声设计的复杂性和投资额，在建筑物内应该尽可能将噪声源集中起来，使之远离需要安静的房间。

（3）采用隔声结构和隔声材料　某些需要特别安静的房间，如录音棚、广播室、声学实验室等，可采用双层围护结构或其他特殊构造，保证室内的安静。在普通建筑物内，若采用轻质构件，则常用双层构造，才能满足隔声要求。对于楼板撞击声，通常采用弹性或阻尼材料来做面层或垫层，或在楼板下增设分离式吊顶等，以减少干扰。

（4）采取隔振措施　建筑物内如有电机等设备，除了利用周围墙板隔声外，还必须在其基础和管道与建筑物的联结处，安设隔振装置。如有通风管道，还要在管道的进风和出风段内加设消声装置。

（三）环境声学

1. 环境声学的概念

环境声学是环境物理学的一个分支学科，主要研究声环境及其同人类活动的相互作用。

人类生活的环境里有各种声波，其中有的是用来传递信息和进行社会活动的，是人们需要的；有的会影响人的工作和休息，甚至危害人体的健康，是人们不需要的，称为噪声。

为了改善人类的声环境，保证语言清晰可懂，音乐优美动听。从 20 世纪初开始，人们对建筑物内的音质问题进行研究，促进了建筑声学的形成和发展。20 世纪 50 年代以来，随着工业生产、交通运输的迅猛发展，城市人口急剧增长，噪声源也越来越多，所产生的噪声也越来越强，造成人类生活环境的噪声污染日益严重。因此，不仅要在建筑物内改善音质，而且要在建筑物内和在建筑物外的一定的空间范围内控制噪声，防止噪声的危害。

这些问题的研究涉及物理学、生理学、心理学、生物学、医学、建筑学、音乐、通信、法学、管理科学等许多学科，经过长期的科学研究，成果逐渐汇聚起来，从而形成了一门综合性的科学——环境声学。在 1974 年召开的第八届国际声学会议上，环境声学这一术语被正式使用。

2. 环境声学的内容

在绿色建筑的声环境设计中，环境声学主要是研究声音的产生、传播和接收，及其对人体产生的生理、心理效应；研究改善和控制声环境质量的技术和管理措施。

声是一种波动现象，它在传播过程中，遇到障碍物会产生反射和衍射现象，在不均匀的媒质中或由一种媒质进入另一种媒质时，也会发生折射和透射现象。声波在媒质中传播，由于媒质的吸收作用等会随传播距离增加而衰减。对于声的这些认识，是改善和控制声环境的理论基础。

在噪声控制中，首先是降低噪声源的辐射。工业、交通运输业可选用低噪声的生产设备和生产工艺，或是改变噪声源的运动方式（如用阻尼隔振等措施降低固体发声体的振动，用减少涡流、降低流速等措施降低液体和气体声源辐射）。

其次是控制噪声的传播，改变声源已经发出的噪声的传播途径，如采用吸声降噪、隔声等措施。再次是采取防护措施，如处在噪声环境中的工人可戴耳塞、耳罩或头盔等护耳器。

噪声控制在技术上虽然已经相当成熟，但是由于现代工业、交通运输业规模很大，要采取噪声控制的企业和场所为数甚多，因此在处理噪声问题时需要综合权衡技术、经济、效果等问题。噪声对人的影响同噪声的声级、频率、连续性、发出的时间有关，而且同收听者的听觉特性、心理、生理状态等因素有关。所以，研究噪声对人的影响，既要研究一般影响，也要研究各种特殊的情况，为制定噪声标准提供依据。

近年来，噪声控制研究受到普遍重视，对声源的发声机理、发声部位和特性，以及振动体和声场的分析和计算，无论在理论方法或实验技术方面都有重大发展，因而有力地促进了噪声控制技术的发展。

剧场、电影院、音乐厅、会议厅等建筑物，是人群聚集进行文化娱乐和社会活动的场所。这些建筑物中的音质问题，既同混响时间有关，也同所谓"声场扩散"有关。音质控制一方面要加强声音传播途径中有效的声反射，使声能量在建筑物内均匀分布和扩散，以保证接收者所收听的直达声有适当的响度；另一方面要采用各种吸声材料或吸声结构，消除建筑物内的不利的声反射、声能集中等现象，并控制混响时间。此外还要降低内部和外部的噪声干扰。

在降低现有噪声的手段方面，空心加气混凝土砌块在国外已广泛使用，在中国发展的微穿孔板在消声管道中也已逐渐推广，在厅堂建筑中也开始使用。最近受到注意的是有源降噪的技术。这种技术虽然是 20 世纪 50 年代的产物，但过去一直未能充分发展。

现在由于电子计算技术的日趋成熟，解决一些技术问题已无困难，所以受到比较广泛的注意。在英国，一个大型加压站的噪声，由于加了一个反声（大小相近，相位相反的声音）系统，而降低 11dB，改善了周围环境。不过现在注意较多的还是小系统，在头盔内使用有源降声可把噪声降低 15～20dB，而且所需费用不高，这方面的研究还正在不断发展。

控制噪声污染已受到国际和一些国家的注意。国际标准化组织已接受 A 分贝为评价噪声的标准，并规定 90dB 为保护人体健康和听力的最高限，这个标准已为世界各国普遍接受。

按照我国标准规定，居住区昼间噪声不得高于 5dB，夜间不得高于 45dB。一般来讲，周围环境噪声达到 70dB，就如同处于闹市中，人会感觉心烦意乱；高于 80dB，如同身处音乐吵闹的酒吧，长时间处在这种环境中会使听力受损；100dB，就像隔壁邻居装修时嗡嗡的电钻声，会感到刺耳，使人头痛、血压升高。对噪声敏感的人群，还可能引发心血管病、神经衰弱、失眠、焦虑、暴躁易怒，甚至做出一些过激行为等。长时间的噪声污染，可能使孕妇流产、早产，影响胎儿听觉器官发育，进而使脑的部分区域受损，影响智力发育。

为了控制城市噪声，城市噪声分区办法已逐渐推行。中国把城市分为六种区，以保证城市居民的安宁。在各种产品的噪声控制方面，各国除了对一般最高噪声采取限制措施外并要求生产者在铭牌上标明噪声指标，以鼓励生产者在降低产品噪声工作中的主动性。

此外，国家和地方环境保护管理部门的督促检查，以及环境声学知识的普及等，也都是对普遍改善声环境工作的重大措施。噪声的污染也能直接引起猝死。2013 年 4 月，世界卫生组织（WHO）和欧洲联盟合作研究中心发布了一份关于噪声对健康影响的全面报告《噪声污染导致的疾病负担》，指出长期处于高噪声的人比正常环境下的人高血压、冠心病、动脉硬化发病率高 2～3 倍，地区噪声每上升 1dB，心血管病的发病率就上升 3%。

WHO 的发现还表明，长期接触交通噪声可能造成了欧洲心脏病人中 3% 的死亡率。瑞士斯德哥尔摩卡罗林斯卡研究所日前的一项研究也发现，与居住在安静地区的人们相比，生活在充满交通噪声道路附近的人们更易患上心肌梗死。

（四）声学材料

人类的生活不能没有声音，但是一个人在绝对安静的环境中保持 3～4h 就会失去理智，但过强的噪声又会对人们的正常生活和身体健康带来影响和危害。因此对噪声的控制在体现现代社会生活舒适度中扮演者很重要的角色。声学材料的运用使得噪声这个难题得到了很好的解决。对噪声的控制一般体现在吸声、隔声和消声中。声学材料中又以吸声材料和吸声结构的运用和发展为代表。

吸声材料和吸声结构的种类很多，吸声材料（或结构）通常按吸声的频率特性可分为：低频吸声材料、中频吸声材料和高频吸声材料三类。按材料本身的构造可分为多孔性吸声材料、共振吸声材料和特殊吸声结构三类。

常用的吸声材料一般包括多孔材料，这种材料本身具有良好的中高频吸收性能，背后留有空气时还能吸收低频，如矿棉、玻璃棉、泡沫塑料、毛毡等。板状材料：吸收低频比较有效主要有胶合板、石棉水泥板、石膏板、硬纸板等。穿孔板：一般吸收中频，与多孔材料结合使用吸收中高频，背后留太空腔还能吸收低频，主要有穿孔胶合板、穿孔石棉水泥板、穿孔石膏板、穿孔金属板等。膜状材料：主要有塑料薄膜、帆布、人造革。柔性材料：内部气泡不穿通，与多孔材料的不同，主要靠共振有选择地吸收中频，主要有海绵和乳胶块等。

吸声材料不仅是吸收减噪比用的材料，而且也是制造隔声罩、阻性消声器或阻抗复合式消声器所不可缺少的。多孔吸声材料的吸收效果较好，是应用最普遍的吸声材料，最初这类材料以麻、棉等有机材料为主，现在则以玻璃棉、岩棉为主。

多孔吸声材料的基本类型可分为以下几种基本类型。

（1）纤维材料　主要为有机纤维材料和无机纤维材料。有机纤维材料包括动物纤维和植物纤维。动物纤维主要有毛毡和纯毛地毯，特点是吸声性能好，装修效果华丽。植物纤维材料主要有木板丝、麻绒、海草、椰子丝等。无机纤维材料是目前多孔吸声材料中运用最普遍的吸声材料。从材质上主要分为玻璃棉、矿棉、无纺织物、环保纤维材料等。其中玻璃棉由于易产生可吸入物，在施工中容易对皮肤产生刺激、环保性较差。在工程中运用较少。玻璃棉价格低吸声效果好，是目前使用最多的吸声材料。

（2）颗粒材料　颗粒材料主要有膨胀珍珠岩吸声砖、陶土吸声砖、珍珠岩吸声装饰板等，此类材料主要优点是防火性能好，安装方便，但吸声效果一般。

（3）泡沫材料　泡沫材料主要有泡沫塑料、聚氨酯泡沫塑料、泡沫玻璃和加气混凝土等这类材料的优点是容易进行形体加工，装饰效果较好，但是这类材料的吸声性能不稳定。

（4）金属材料　金属材料是以金属粉末为原料生产的多孔吸声材料，是近年出现的新型吸声材料。与一般的多孔吸声材料相比金属吸声材料具有金属的强度，适合曲面的吸声处理。

环境噪声的研究关注噪声在户外的传播以及对建筑物的影响，包括温度、湿度、气流对声传播的影响，建筑物及景观因素（如植物的作用、各种类型声屏障等）对降低噪声的有效性等。与以上几个方面都有关的是声学材料的研究，包括材料表面的声吸收、声反射、声扩散，以及材料或构件的隔声等几个方面。随着各种新技术的发展及鉴于各种规范的不同要求，声学材料也成为一个不断发展的声学分支。

建筑及环境声学不仅考虑声音的物理特性，涉及社会、心理等因素的主观评价，也是一个非常重要的方面。有关研究成果表明，声音的物理指标只影响环境噪声评价结果的约1/3，因此，近年来在社会和心理因素对声学评价的影响方面进行了大量的研究，另外，噪声也可引起社会和经济方面的问题。随着计算机技术及测试技术的发展，一系列计算机声学模拟模型及缩尺模型技术有了长足的发展。

二、房间声学计算机模拟

建筑声学科学测定结果分析表明，许多声学问题不能由直接的解析计算得出，因此计算机模拟得到了广泛应用。随着计算机技术的日益发展，软件模拟成为室内声学设计的主要分析手段之一，近些年计算机模拟技术在室内声学领域得到了越来越广泛的应用。房间声学的计算机模拟始于20世纪60年代，这些技术直到今天还在不断地发展进步，有关的模拟技术包括虚声源法、声线法、声束法、辐射法、有限元法和边界元法等。

虚声源法把反射界面当作一面镜子，从而创造虚声源，是一种依赖于接收点位置的算法。反射声可看作从对应的虚拟声源处发出到达接收点，各虚拟声源强度根据其对应的壁面尺寸及吸声系数进行修正，需对每个虚拟声源进行"可见性"检验，虚拟声源对于接收点可能会是"不可见"的，这是由于它与接收点间的传播路径可能会被房间的其他壁面阻挡。利用计算机将"可见"的虚拟声源，所对应的反射声叠加进接收点的反射声图中，由此可计算出指定位置处的声学信息。虚声源法的一个缺点是由于重复反射导致虚声源不断增加，从而减慢了反射计算的速度。另外，检查虚声源是否在接收点处也非常费时。

声线法可以认为一条声线是球面波从一个无限小的孔洞透射出的一小部分，也可以认为是从一个点发射出来的。声线法创造出一束声线，在房间中不断地反射，并且测试是否到达接收点。粒子追踪法利用同样的原理，但是对接收点处声能的计算方法有所不同。声束是一组声线通过截面不为零的截面形成的，由圆形截面形成圆锥形声束，或多边形截面形成棱锥形声束。

虚声源法和声线法主要是考虑光滑界面上的几何反射，而辐射法对考虑扩散反射界面非常有效。辐射法把房间中的界面分成一些小单元，室内的声音传播被模拟成各个小单元之间的能量交换。每对小单元的能量交换取决于交换因子，此因子在每次声反射时是恒定的，因而辐射法可以大大加快计算速度。虚声源法、声线法和辐射法均仅考虑声能量，适用于空间尺度相对声音波长很大的情况。

有限元法是用有限个单元将连续体离散化，通过对有限个单元作分片插值求解各种力学、物理和声学问题的一种数值方法。边界元法是一种继有限元法之后发展起来的一种新数值方法，与有限元法在连续体域内划分单元的基本思想不同，边界元法是只在定义域的边界上划分单元，用满足控制方程的函数去逼近边界条件。所以边界元法与有限元相比，具有单元个数少，数据准备简单等优点。有限元法和边界元法则考虑声的波动特性，是更精确的算法，已被成功地应用于体积较小的房间内，随着计算速度的不断提高，有限元法和边界元法可以拓展到一些更大的空间，也有希望拓展到城市街道。

除了以上所述的房间声学计算机模拟的基本方法外，还有一些综合的计算机模拟方法。例如用虚声源法或声线法来考虑几何反射，用辐射法考虑扩散反射，或把声波干涉现象加入声能量模拟模型中。

三、环境声学计算机模拟

随着工业、交通事业的快速发展，人们对环保意识和环境质量要求的提高，环境噪声问题已成为一项严重影响人们生活、学习和身心健康的环境问题，各种噪声问题也日益得到重视。因此，在项目建设之前进行环境噪声的预测是十分重要且可行的。

现代城市建设也充分证明，噪声预测对于城市规划具有非常重要的意义。环境声学计算机模拟的模型和方法可分为两类，分别针对大小面积的城市区域。对于比较小的城市区域，较好的方法是利用房间声学中常用的声模拟法。在大面积城市噪声的传播和评价方面，通过大量的基础研究，如地面吸声及气候条件对声传播的影响，已建立了一套比较完整的计算方法并形成了技术规范。

基于这些技术规范的制定，近年来发展了不少相应的大面积噪声预测软件，例如德国的SoundPlan、CadnaA、IMMI、LIMA，法国的 Mithra、GipSynoise，英国的 Noisemap 和丹麦的 Prelictor 等。这些噪声预测软件不仅可绘出噪声分布图，也可与地理信息系统（GIS）结合，预测出受噪声影响的区域和人口数量等。这些软件也都具有通用性，对道路交通噪声、飞机噪声、铁路噪声、工业噪声等主要噪声源的声环境影响都能进行预测。此外还有一些专用的预测软件，如美国联邦航空管理局针对机场噪声推出的 INM，美国联邦公路管理局的公路噪声预测模型等。

SoundPlan 软件自 1986 年由 Braunstein＋Berndt GmbH 软件设计师和咨询专家颁布以来，迅速成为德国户外声学软件的标准，并逐渐成为世界关于噪声预测、制图及评估的领先软件。SoundPlan 是包括墙优化设计、成本核算、工厂内外噪声评估、空气污染评估等的集成软件。目前 SoundPlan 的销售范围已覆盖超过 25 个国家，有 3500 多个用户，是噪声评估界使用最广泛的软件。

CadnaA 是一套用于计算、显示、评估及预测噪声暴露和空气污染影响的软件。不论你的目标是研究工厂、含停车场的市场、新修公路或铁路项目，甚至是整个城镇或市区的噪声，只要引入 CadnaA 一套软件，就可以完成所有的这些任务。在 CadnaA 软件中已经嵌入了所有重要的预测标准，所以对于各种噪声源的预测，如工业噪声源、公路、停车场、铁路，都不需要再增加其他的软件或是额外的成本。CadnaA 的功能全面、操作简单，已成为环境噪声预测领域的领先软件。

以上软件对了解大面积噪声分布情况很有用处，但也存在一些不足之处，如具体到某一街道或某一建筑立面，其精确度常常不满足要求，一个重要的原因是由于计算量的限制，其计算方法进行了大量简化，如在建筑表面与地面之间的多次反射不能被精确地考虑。

四、声学缩尺模型

缩尺模型也就是小比例的模型，一般比真实物体小。缩尺模型实验是将厅堂尺寸按比例缩小后，在其中研究声波传播的物理现象，并由此推断实际厅堂的音质。可用于在建筑设计阶段，比较不同设计方案音质的优劣。

缩尺模型技术发展至今已有 70 多年的历史，该技术广泛地应用于厅堂音质设计和预测方面，具有不可替代的作用。缩尺模型试验优于计算机仿真之处，在于唯有它能对室内声波动效应做出仿真，而计算机模拟仅能在中、高频段，在几何声学的范围内提供较准确的仿真结果。此外，计算机模拟从本质上说是将声学家已知的声学原理输入计算机中，而缩尺模型则可较客观地展示厅堂中发生的实际声物理现象。

与计算机模拟相比，声学缩尺模型的一个显著优势，在于其可以研究许多复杂的声学现象，如声音遇到障碍物时发生的衍射。在一个 $1:n$ 的缩尺模型中，测量出的声传播时间需要被扩大 n 倍，频率也要提高 n 倍，而声级本身将不放大或缩小。在实际测试中，从 $1:2$ 到 $1:100$ 的声学缩尺模型都曾经被成功应用。

声源可以用电火花或者小的扬声器来代替，接收器可以是小的麦克风。主观测试也可以利用缩尺模型进行，其具体的测试方法是：在消声室中录制的干信号可在缩尺模型中通过提高播放速度重放，在缩尺模型中录制的信号可再被放慢速度还原播放。作为模型的材料，虽然理想的状态是准确地模拟边界的声阻抗，但是在实际中一般仅模拟吸声系数。可以采用模型混响室，测量适合模型频率的吸声系数。缩尺模型中存在的一个问题是提高频率后的过量空气吸声。在缩尺模型中加入湿度为 2‰～3‰ 的空气或者氮气，都可以模拟实尺时的空气吸收，过量空气吸声也可以用计算机进行修正。

由于水波、光波与声波之间存在某些物质性质的相似，所以水波和光波模型也可以用来模仿声学现象。因为水波的波速相对比较慢，所以水波模型对于示范特别有用。不过水波只有两个维度，并且能够测量的波长范围相对较小。在房间声学中应用光波模型仅限于高频，这是由于光的波长相对于房间的尺度来说非常小。另外，由于光的速度非常快，用光波模型很难得到反射到达时间或混响时间的相关信息。声音的吸收及扩散可用光的吸收和扩散来模拟，激光可以用来模拟声线。

五、声学模拟技术工程实例

（一）项目概况

1. 项目简介

中山文化艺术中心位于广东省中山市中心区南侧，在中山市主要景观大道兴中道与博爱路的交汇处，西南侧为孙文纪念公园风景区，西北侧为中山市体育场、中山市体育馆，南侧为中山电视台，北侧为中山市主要行政办公区。是集办公、会议、演艺、培训、娱乐、休闲、餐饮、购物为一体的多功能综合性建筑。投入使用后将与四周的公共设施共同构成中山市文化、体育、展览和休闲活动的中心，成为中山城区景观链上的一刻璀璨的明珠。

2. 功能简介

作为广州市中山地区肩负着提高人民文化素质重任的新型文化设施，中山文化艺术中心拥有最先进的舞台设施和最全面的公众功能，内设 1300 余座的综合大剧场和 600 余座的多功能小剧场。其中，大剧场不仅能满足大型歌剧、舞剧、芭蕾舞剧的演出需要，同时也能满足我国戏剧、戏曲等传统剧目的演出的需要，还能满足大型交响乐、综合文艺演出及大型会议或庆典活动的需要；小剧场能满足小型音乐会、时装表演、地方戏演出、中小型会议、展览、新闻发布会、酒会、舞会等不同的功能需要。像中山文化艺术中心这样一座现代化的多功能剧场，这就要求有非常优异的音质效果。

3. 建筑声学设计简介

中山文化艺术中心的声学设计始终把音质效果放在首位，以继承传统剧场的良好品质，而又能满足剧场多功能使用的需求为设计的宗旨。中山文化艺术中心在进行方案设计时，就利用建筑声学原理对建筑的空间体型、体量及观众厅布置作了详细的推敲，以满足产生良好声学效果的必要条件。

为保证建筑声学设计的实际效果，尤其是大剧场声学设计的实际效果，在设计过程中通过计算机仿真模拟技术和比例缩尺模型模拟技术对建筑声学设计的效果进行模拟测试，根据测试结果采取进一步的声学处理措施，以求获得最好实用效果。计算机仿真模测试和比例缩尺模型模拟测试中科院院士吴硕贤教授领衔完成。同时，通过电声的方法来弥补空间声学特性上的不足使整个系统的声学特性更完善。

剧场声学处理：室内造型、装修材料各方面的措施力求符合声音效果，为了更好地保证大剧场多功能使用的音质效果，大剧场的舞台增设了舞台音乐罩和升降乐池。

（二）计算机仿真模拟技术在声学设计中的应用

1. 计算机仿真模拟技术概况

随着软件技术的发展，使用计算机进行声场的模拟研究成为现实。计算机声场模拟分析技术是近年来受到声学界，特别是室内声学和虚拟声学领域普遍关注、且发展很快的一项新技术。通常以声学、数学及信号处理理论数值模拟为基础，利用计算机软、硬件来实现对三维空间声场的模拟和预测。

计算机声场模拟分析技术的原理主要是在计算机中建立剧场的三维数学模型，然后根据需要设定声源点、接收点、声反射要求次数和取定时间，进而分析剧场的平剖面设计的合理性，再通过专用声学软件预测出混响时间特性、声场均匀度、声场分布图及前次反射声序列图等音质指标，并可及时发现有否声学缺陷。大大提高声学设计的科学性和可靠性。

目前常用的有 ODEON 系列软件和 EASE 系列软件。ODEON 为丹麦技术大学研发的声学分析软件。本工程声学计算机仿真模拟采用 ODEON 软件。因 ODEON 的算法比较成熟，很好地将波动声学的计算方法与几何声学有机结合起来，且较之 EASE 更着重于建筑声学。

2. 计算机仿真模拟实际应用

（1）模拟目的与范围　本工程为了确保大剧场建成后具有高水准的音质效果，在设计工程中，应用声学仿真软件 ODEON6.0 对大剧场进行计算机三维声场仿真分析。大剧场室内声场三维计算机仿真模型。仿真分别在有、无音乐罩的情况下进行，以分别模拟大剧场在音乐演出和歌舞剧演出时的声场音质。各界面根据实际情况赋予声学参数，包含 3 个方面：①主要界面一次反射声线所覆盖的区域；②典型受声位置的前次反射声序列（仅考虑镜像反射声，不计及扩散反射的作用）；③主要声场参数。

（2）模拟结果及分析　在仿真模拟过程中，在模型中选取了 24 个典型受声位置，分别位于池座距纵向中心线 1.5m 处的中间座位以及侧座内，并在每个包厢内分别设置一个测点。通过对每个测点的前次反射声序列及反射路径的分析，为音质设计提供了科学依据。

所设计的音乐罩顶板的一次反射声线可均匀地覆盖乐台区域，并将部分声能反射至观众席池座前部区域，既保证了乐师间的相互听闻和音乐的融合，又有效地弥补了池座前区早期反射声缺乏的现象。整个音乐罩的设计可保证将融合后的音乐辐射至观众席。限于篇幅，只选取 R2、R9、R16 等几个典型位置在音乐演出和歌舞剧演出两种情况下的仿真模拟结果进行对比分析。

① 对于歌舞剧演出：a. 各音质参数均落在优选值范围；b. 观众厅各测点均有数量不同的前次反射声到达；c. 池座前区中部座位的初始时延间隙约为 30ms，处于颅腔佳值范围；d. 台口弧形墙体的设计有效地将声能反射至观众席；e. 观众厅吊顶形状设计保证了吊顶的早期反射声覆盖整个观众席，并且台口附近吊顶的形状保证了演员和乐池内乐师的相互听闻，有利于演员与乐队的交流；f. 包厢开口的设计充分考虑了声能的进入，以保证包厢有良好的音质；g. 大剧场无音质缺陷。

② 对于音乐演出：音乐罩的设计保证了乐师间的相互听闻，并有利于音乐的融合。a. 音乐罩有效地隔断了高大的舞台空间，避免声能过多地向舞台空间的逸散，音乐罩的使用可使得融合后的音乐辐射向观众席；b. 音乐罩的使用可使得大剧场的混响时间提高 0.1～0.2s，进一步提高音乐演出的丰满度和混响感；c. 音乐罩采用分段式设计，即分别设置顶板、侧板和后板，可分别移动，方便调节。舞台机械工程师应保证顶板的高度和角度可谓，以便在安装完毕后现场调试，并可根据不同音乐演出的需要进行适当调节。

计算机仿真结果表明，大剧场具有良好的音质。

（三）比例缩尺模型模拟技术在声学设计中的应用

1. 比例缩尺模型模拟技术概况

自塞宾时代起，比例缩尺模型模拟技术就在室内声学中获得应用，但模型比较简单，无法得到定量结果。20 世纪 60 年代，随着模拟理论、测试技术等逐渐发展完善，在进行大量研究和实践后，比例模型模拟技术在客观指标的测量方面已经基本达到了实用化。现在，声源、麦克风、模拟声学材料已经可以和实物对应，仪器的频带也扩展了，混响时间、声压级分布、脉冲响应等常用指标的模拟精度已经满足实用的要求。

比例缩尺模型的原理是相似性原理，根据库特鲁夫的推导，对于 1∶10 的模型来讲，房间尺度缩小 10 倍后，如果波长同样缩短 10 倍，即频率提高 10 倍时，若模型界面上的吸声系数与实际相同，那么对应位置的声压级参量不变，时间参量缩短 10 倍。如 10 倍频率的混响时间为实际频率混响时间的 1/10。比例模型是现阶段所知唯一能够较好模拟室内声场波动特性的实用方法。

2. 实际应用及效果分析

（1）模拟目的　为了确保中山文化艺术中心大剧场建成后具有高水准的音质效果，除了对大剧场进行计算机三维声仿真分析外，我们还于 2005 年 4～5 月间制作了 1∶20 的大剧场声学缩尺模型，并进行了缩尺模型声学试验。本试验主要给出大剧场观众厅部分各测点脉冲响应的初步测试结果以及据此进行的大剧场观众厅声场分析初步结果。本部分工作的目的是检查由大剧场的体型、体量、包厢、侧墙、顶棚各反射界面的形状、角度和尺度所形成的声场有无严重的声学缺陷，获得各代表性座席区的脉冲响应结构，据此对大剧场的声场做出大致的检查和判断，为进一步做必要的设计调整和进行内部声学装修提供科学依据。

(2) 模型的建立　模型依照 1：20 的比例，严格按大剧场的平、剖面设计图制作。先制作大剧场观众厅部分缩尺模型，其观众厅的围护墙体采用 8mm 厚有机玻璃制作，同时用有机玻璃制作乐池、池座地面、包厢的侧面护墙、前部栏板及地面。观众厅舞台口两侧的凸出曲面采用 10mm 厚的 PVC 板制作，顶棚的凸出曲面，则用叠层 PVC 板和 ABS 板制作。有机玻璃和 PVC 板能在相应的高频段反映与之相对应的足尺剧场观众厅硬墙面的声学吸收与反射特性。池座、乐池及包厢的观众席利用 10mm 厚的羊毛毡模拟观众席满场时吸声效果。

3. 声学试验仪器与设备

声源采用电火花发生器。它能产生在高达 50K～100KHz 的噪声频谱和足够的信噪比。接收设备采用丹麦 B&K 公司生产的声学测试分析设备。将 1/8 英寸传声器 B&K4138（频响 6.5～140KHz）与 B&K PULSE 声分析仪连接。该分析仪的高频模块能够分析高达 200KHz 的声信号。将缩尺模型内测量得到的脉冲响用 B&K7841 软件进行分析，考虑空气吸声的补偿，得到足池大剧场的脉冲响声。

4. 模拟结果与分析

在进行测试时，脉冲声源置于舞台中央离大幕线 0.15m 处，声源高度为 0.075m。这相应于实际声源的位置为：离大幕线 3m，高度 1.5m。受声点位置分布于乐池，池座前、后区、池座侧前、侧后区及二层、三层各包厢的中心处，共 25 个测点。

(1) 第一种情况下的测试结果表明如下。

① 观众厅各测点在直达声到达后 50ms 内有较多的早期反射声，可保证各座位区的音质清晰度与丰满度。

② 池座前区中部座位的初始时延间隙为 27ms，处于较佳值范围，这说明观众厅的宽度尚可，不过宽。

③ 观众厅各座位区，包括舞台，均未发现有任何回声干扰。这说明大剧场观众厅均无回声等音质缺陷。

④ 与池座和二层包厢相比，三层包厢的脉冲响应最佳，早期反射声最丰富。这一方面是由于台口墙及侧墙的反射，另一方面，来自天花的早期反射声可以无遮挡地到达三层包厢。

⑤ 三层包厢的早期反射声序列比二层包厢均匀。二层包厢中除第二个和第三个包厢（从台口计包厢的序号）外，其余包厢的早期反射声均表现出在某一小段时间内缺乏反射声的现象，如包厢 1 为 20～27ms，包厢 4 为 17～22ms；包厢 5 为 16～25ms，包厢 6 为 17～25ms。究其原因，主要是二层包厢距顶棚较远，若改善三层包厢底的形状，使其能为二层包厢提供反射声，则会有所改善。

⑥ 池座区域的反射时间序列表明，同一排座席，侧座的早期反射声比中间座席的早期反射声丰富。这是由于侧座靠近侧墙，有更为丰富的来自侧墙的早期反射声。所以，侧座的音质空间感会更好。后排中座侧点在直达声到后 20～52ms 之间，有渐强的反射声出现，这是由于观众厅后墙的反射。在测试中，侧墙和后墙未做任何吸声及扩散处理，所以来自后墙及侧后墙的部分反射声将表现出该现象。在装修设计中，应注意避免出现回声的可能。

针对现阶段测试中表现出的声学现象，在室内装修设计中应注意以下几个方面：①根据混响时间设计的要求，在后墙和侧后墙适当布置部分吸声构造，并注意扩散处理；②应注意侧墙的扩散处理；③在音乐演出时需设置舞台音乐罩。

（2）第二种情况下的测试结果表明如下。除了乐池和部分测点的脉冲响应与不计舞台空间影响时的测试结果有一些区别外，其余测点的脉冲响应结构与第一种情况的结果大致相同，当然由于计入舞台空间的影响，会增加一些小的反射声序列。这表明，对第一种情况的测试结果的分析仍然有效，即尽管计入舞台空间的影响，当在舞台作适当吸声处理后，对观众厅的声场影响不大，观众厅仍然具有良好的音质。从而证明了在舞台空间各界面所作的吸声处理方案是合理可行的。

（3）第三种情况下的测试结果表明如下。加上音乐罩后，会给大剧场的池座、包厢测点增加不同程度的早期反射声系列，使得在演出节目时，座位区能获得既丰满又有足够明晰度的良好音质效果；同时，使得池座的初始延时间隙有所缩短，对于提高音质的亲切度非常有利。从而证明了增加舞台音乐罩的设计方案是合理可行的。

（四）建筑声学处理措施

为使剧场获得更好声音效果，分析了剧场的扩散效果，力求声音能够朝着许多方向发生不规则的反射、折射和衍射，从而在室内均匀的声场。我们在大剧场的顶棚、侧墙与后墙的表面设立了扩散体。根据声波特点，设计采用了不同几何形状和不同材质的扩散体，扩散体的构造均满足了声学要求，与音乐罩形成了完美的声音扩散体系。尤其可贵的是，扩散体的使用与建筑美观要求完美的结合，体现了剧场独特的艺术形式。

本工程主要采用了 MSL 扩散体及新型的 QRD 扩散体。MSL 扩散体为现场加工制作、安装而成；新型的 QRD 扩散体由成品安装而成。

（1）MSL 扩散体

① 本工程 MSL 扩散体构造（自内到外或自上到下）：基层板；玫瑰梨木饰面，表面由一定间距的木饰条构成丰富的线条。

② MLS 扩散体施工要点。本工程室内装修造型复杂，MLS 扩散体制作、安装质量要求比较严格，在施工中应注意以下几点：a. 扩散体材质选择要求具有一定的刚度。b. 加工制作时要精细；宽度和厚度和设计尺寸一致。c. 本工程扩散体体墙面、天花造型丰富，在放线定位时位置要准确，尤其弧形墙面和天花。d. 在安装时要注意扩散结构的位置及方向，基层板安装牢固紧密。

③ 扩散体效果。扩散体系统采用了良好的扩散体，通过施工中严格质量控制，达到了良好的音质效果和美观要求。在剧场内形成了均匀的声场，在各点的声强相同，声波传播呈无规律状态。

（2）活动式音乐罩　同时，为更好地保证大剧场多功能使用的音质效果，大剧场的舞台增设了舞台音乐罩和升降乐池。增设舞台音乐罩的目的主要是为适应自然声音乐演奏的需要。因歌剧演出时，主要通过布景设计，在舞台上产生围合空间来保证音质效果，这主要由舞美设计师解决；而音乐演奏时，则需在舞台上设置活动的音乐罩以隔离舞台、节约自然声能，同时为乐师创造良好的相互听闻条件；以及给观众厅前区提供早期反射声，从而增加亲切感。舞台音乐罩目前有轻型敞开活动式和重型闭合活动式两种。本工程采用后者，理由是尽可能减少自然声能的损失和低频的声吸收。配置方式是顶板和后墙板整体吊置，平时悬吊在舞台上空，侧板为设有轮子推动的拼装单元。

通过计算机仿真模拟技术和比例缩尺模型模拟技术对本工程建筑声学设计的效果进行模拟测试所得的结果，及时有效地对声学设计的效果进行了修正，保证了大剧场的音质效果。计算机仿真模拟技术和比例缩尺模型模拟技术在建筑声学设计过程中所起的巨大作用，有力地推进了这两项技术的应用范围的扩展，为其他相关效果的设计提供了很好的效果测试平台。剧场扩散体系统的应用，音质效果和艺术效果达到完美的结合；通过电声的方法来弥补空间声学特性上的不足，使整个系统的声学特性更完善。在施工中，通过总结了中山文化艺术中心声学技术的实践经验，为类似工程提供可借鉴的经验。

第二节　声环境与建筑环境可持续性

　　建筑环境学主要研究建筑外环境，室内空气品质、室内热湿与气流环境、建筑声环境、建筑光环境等若干部分。在强调可持续发展的今天，建筑环境学面临的两个亟待解决的问题，就是如何协调满足室内环境舒适性与能源消耗和环境保护之间的矛盾，以及如何协调满足人们对住房装修的豪华与情调要求与室内空气环境污染对人体健康的有害影响之间的矛盾。

　　建筑声环境与综合的建筑环境可持续发展之间存在着很多联系，其中包括城市规划、建筑设计、材料选择，以及与社会的可持续发展有密切关系的使用者的声环境主观评价等。建筑的声环境作为建筑环境的一个重要组成部分，理应得到充分的重视。对此，从整体环境建设的角度，提出在城市规划、建筑设计、设备设计、材料选择等各个环节保障声环境质量的技术措施，以确保建筑环境的可持续性。

一、高密度城市环境中的噪声问题

　　城市环境噪声污染是城市四大环境公害之一，是 21 世纪环境污染控制和人们关注的主要问题，也是环境工作者目前研究的主要课题之一。随着全球城市化的快速发展，世界上许多城市的人口密度和建筑密度都在处于持续增长之中。由于各种各样的原因，包括缺乏公众意识和有效的规范，以及建筑噪声控制的难度，在一些发展中国家城市噪声污染愈演愈烈，严重影响城市环境和居民的身心健康。

　　在比较发达的国家，制定相关的规范和采取相应的管理措施，可以减少暴露在非常高噪声级中的人数，而暴露在高噪声级中的人数仍在继续增加，这是实际存在的现象。出现这种现象的原因是：一方面，有些国家采取开发更加安静的车辆、引入车辆噪声排放标准、改进交通系统、使居民进入比较安静的区域等措施，对减少环境噪声起到非常有效的作用；另一方面，一些趋势反而会增加环境噪声的污染，如高噪声设备的使用、更广泛的声源分布、早晨和周末噪声级的增加、交通道路的增加、交通流量的提升、车速的提高等，而这些也随着经济收入和受教育程度同步增加的公众减噪期望。

　　在欧洲，许多国家环境噪声级别经常高于法律限值，主要的原因是噪声污染控制针对新建项目以及道路系统扩建而确定。英国每 10 年左右进行一次全国噪声调查，根据 1999～2001 年的调查结果，住宅等效连续噪声值＜55dB(A)、55～60dB(A)、60～65dB(A)、65～70dB(A) 的百分比为 33％、38％、16％和 13％。在白天 (07:00～23:00) 大约有 54％的英国住宅暴露于超出 55dB(A) 的世界卫生组织为保护人们免受噪声干扰的推荐值；在夜间 (23:00～07:00) 大约有 67％的英国住宅暴露于超出 45dB(A) 的世界卫生组织为保护人们免受噪声干扰的推荐值。有 18％的被调查者认为在 12 个环境问题中，噪声名列前五；有 21％的被调查者反映噪声在一定程度上影响了他们的生活；有 8％的被调查者认为噪声很大程度或完全影响了他们的家庭生活。

　　在我国，根据 2010 年的调查数据，我国的统计的 401 个城市道路交通噪声中，有 1/5

的城市道路交通噪声超标。全国 2/3 的城市居民生活在噪声超标的环境中。据调查，我国有 3390 万人受到交通噪声影响。其中 2700 万人生活在高于 70dB（A）噪声的污染环境中，北京街道旁的平均噪声级达到了 75.6dB（A）。全国大中城市道路两旁一定距离范围内，均有不同程度噪声超标。根据国家公布的数据表明，近年来，由于公路和城市道路交通噪声的影响，我国城市区域声环境约有 11％属重度污染、49％的属中度污染、30％的属轻度污染。

我国城市环境噪声污染的研究起步比较晚。20 世纪 70 年代以前我国噪声研究侧重工业噪声研究领域主要集中在消声、吸声、隔声等方面。20 世纪 70 年代，中国科学院声学研究所等单位，对全国 70 多个城市环境噪声进行了调查，并在此基础上提出了一些评价指标和噪声环境标准。但是，这一时期我国城市环境噪声研究仍停留在普查阶段，噪声治理研究尚处在试点范围，改革开放以来我国的城市环境噪声污染研究步入了快速发展期。

在进行声环境规划策略中，权衡各方面的因素来进行优化设计是非常重要的。试验和研究表明，如果城市结构设计得当，高建筑密度城市亦可达到较低的平均噪声水平。另一个解决高噪声的方法是发展自降噪建筑，自降噪建筑是从建筑物的布局、构造和内部设计等方面采取措施，来降低传至建筑物内的噪声的技术和方法。自降噪建筑的原则和剖面如图 7-1 所示。从图 7-1 中可以看出，如果建筑剖面设计合理，影响最大的直达声可以得到有效的屏蔽。

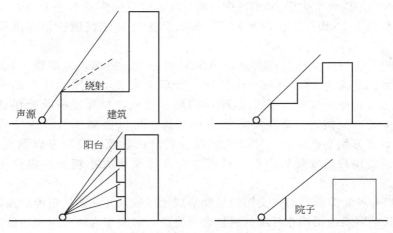

图 7-1　自降噪建筑的原则和剖面

二、用自然手段控制噪声

噪声是声音中的一种。从物理角度看，噪声是由声源做无规则和非周期性振动产生的声音。从环境保护角度看，噪声是指那些人们不需要的、令人厌恶的或对人类生活和工作有妨碍的声音。噪声不仅有其客观的物理特性，还依赖主观感觉的评定。在实际生活中，关键是采用有效而环保的措施对噪声进行控制。

利用各种自然手段来控制噪声，对于总体的可持续发展来说是非常重要的。例如栽种适宜的植物，除了可以满足美观及环境质量方面的要求外，还可以起到降噪的作用。实践证明，植物在城市环境中的降噪作用尤为明显，主要体现在三个方面：声波撞击到植物时，一部分能量被植物吸收而降噪；一部分能量被植物扩散反射而降噪；声波穿过植物后产生声压级而降噪。由于街道或广场均有包括建筑立面和地面在内的边界面，因而存在多重反射，可使植物的吸声效果大大提高。相类似，由于存在多重反射，即便在植被的扩散系数相对较低时，其扩散作用也会比较显著。

研究表明，如果用扩散反射界面来代替几何反射界面，沿街道长度方向的声压级衰减会明显增加，如当声源和接收点的距离为 60m 时，可增加 4~8dB（A）。扩散反射界面也可以使混响时间明显减少 100%~200%。吸声和扩散在降低室外地面对声传播产生的不利影响方面也有一定的作用。就声波穿过植物后声压级的降低而言，虽然在没有建筑物遮挡的室外开敞空间中，乔木和灌木对声传播的影响一般可忽略，除非树木的厚度比较大。然而当有多重反射导致多次声传播时（例如在街道中），植物对声传播的影响要大得多，其作用不可忽视。

测试结果充分表明，在没有建筑物遮挡的室外开敞空间中，具有高度的植被的降噪效果明显优于草地；同时乔木和灌木的排列形式和方向对降噪也有影响，当随机排列时，树干和树枝的散射作用相对比较弱；当整齐有序排列时，其散射作用自然就比较强。另外，如果要想达到较好的声衰减效果，植被的垂直面上最好均匀分布茂密的枝叶。

三、用建筑围护结构进行降噪

在国家现行标准《绿色建筑评价标准》（GB/T 50378—2006）中的第 4.5.3 条指出："对建筑围护结构采取有效的隔声、减噪措施。卧室、起居室的允许噪声级在关窗状态下白天不大于 45dB，夜间不大于 35dB。楼板和分户墙的空气声计权隔声量不小于 45dB，楼板的计权标准化撞击声声压级不大于 70dB。户门的空气声计权隔声量不小于 30dB；外窗的空气声计权隔声量不小于 25dB，沿街时不小于 30dB。"这是对建筑围护结构降噪提出的基本要求。

设计绿色的建筑围护结构，也常常与声学问题有关。例如，双层或多层玻璃的窗户，对于节能和降噪都非常有利。但是，从另外一个角度来说，鼓励采用自然通风是绿色建筑的重要问题之一，敞开窗户又会引起噪声问题。因此，研究发明既能保证自然通风和有效利用自然采光，又能达到降噪要求的窗户系统，可以提高建筑围护结构的总体可持续性。国内外专家分别在被动式、主动式或混合式窗户系数的研制方面做出了许多尝试。其中主动式控制是窗户内安装扬声器，以产生与室外噪声大小相等、相位相反的声音来抵消噪声。

最近开发出一种新型窗，通过交错的玻璃形成通风道，并在通风道内加入微穿孔吸声体来降噪。这种新型窗系统采用非纤维材料且表面光滑，有利于人体健康和通风。另外，该窗户是透明的，不仅对自然光的影响比较小，而且可随意将其安装在建筑立面上。该系统关注居住者对气流的舒适要求，而不仅是最低量的空气交换。

四、用声学材料控制噪声

噪声污染和大气污染、水污染及固体废物污染一起被称作环境方面的四大污染。噪声污染和大气污染、水污染相比有很大的不同。噪声污染是一种物理性污染，它一般只会产生局部的影响，不会造成区域性或全球性的污染；而且噪声污染不会像水污染等会有残留污染物。当噪声源一旦停止发声，噪声污染也随之消失。尽管如此，由于它会对人造成多方面的伤害，噪声问题越来越受到人们的重视，各国政府也正花费大量的人力和物力对噪声污染进行控制和治理。

声学材料作为降低噪声，改善声环境的有效措施，目前已广泛应用在工业企业、城市交通、公共建筑以及媒体传播行业。1992 年，耗资 2.7 亿马克（德国法定货币），刚刚落成的波恩议会大厦由于严重的声聚焦问题而无法使用。中国留德访问学者查雪琴等利用马大猷先生的微穿孔板理论有效地解决了这个问题。微穿孔板作为一种吸声材料，它是由中科院声学所马大猷先生于 1975 年提出，具有设计严格、结构简单、成本低、加工方便并且几乎可以在任何环境下使用等诸多优点，是目前声学材料领域应用较广的一种声学材料。

随着现代工业的发展和城市化进程，轨道交通已成为城市交通的重要组成部分，随之就带来了轨道交通噪声污染问题。使用各种声学材料和结构制成声屏障目前成为降低轨道交通噪声的有效手段。声学材料的广泛应用，使得对声学材料的研制和设计的投入逐渐加大，因此对声学材料的测量的研究也成为目前的热点。

不同的声学材料，包括吸声体、隔声体和扩散体，它们可以具有相似的声学性能，但是它们的可持续性能（如对环境的影响）可能是截然不同的。对于声学材料全寿命周期的分析，不同材质的环境噪声屏障全寿命周期的分析，以及声学材料对于环境影响的评价，将有后面的有关章节中进行介绍。

五、绿色技术的噪声问题

绿色技术是指能减少污染、降低消耗和改善生态的技术体系。绿色技术是由相关知识、能力和物质手段构成的动态系统。这意味着有关保护环境、改造生态的知识、能力或物质手段只是绿色技术的要素，只有这 3 个要素结合在一起，相互作用，才构成现实的绿色技术。环保和生态知识是绿色技术不可缺少的要素，绿色技术创新是环保和生态知识的应用。

绿色技术有四个基本特征。首先，绿色技术不是只指某一单项技术，而是一整套技术。其次，绿色技术具有高度的战略性，它与可持续发展战略密不可分。再次，随着时间的推移和科技的进步，绿色技术本身也在不断变化和发展。最后，绿色技术和高新技术关系密切。

绿色技术的内涵可以概括为：根据环境价值并利用现代科技的全部潜力的无污染技术。绿色技术不是只指一单项的技术，而是一个比较复杂技术群。包括能源技术、材料技术、生物技术、噪声技术、光学技术、污染治理技术、资源回收技术，以及环境监测技术和从源头、过程加以控制的清洁生产技术。

从环境的可持续性角度来说，作为重要可再生能源之一的风力发电具有很多优点，但风力发电场可能引起的噪声是不可忽视的，主要表现为低频噪声。风力发电场噪声主要有两部分，分别是扇片旋转带来的噪声，以及变速箱和电机发出的噪声。强劲的风可以提高发电机的效率，但也会增加噪声级。为避免噪声产生不良影响，风力发电场一般应至少距离居住区 200～400m，距离村店 1000m，距离城镇 2000m。

六、建筑环境声质量与声景的研究

建筑环境声学包括室内声学、噪声控制学及声景学三大部分，主要研究改善人居声环境的理论、技术和方法，目的在于创造适宜的声学空间与环境，使人们能欣赏美好的音乐，聆听令人怡悦的声音，保证听觉信息交流的清晰和安全，屏蔽或减低能使人受到伤害和引起烦扰的噪声。

对于绿色建筑环境不仅应考虑建筑节约能量和资源，同时也应考虑是否具有良好的舒适性，而声舒适（声质量）即为舒适性中的重要组成内容。如果室内或室外空间存在声质量问题，不仅会严重影响人的身心健康，而且改造费用也比较高，对可持续发展产生不可忽视的影响。声质量如何不仅对于声学建筑（如影剧院、音像室、会议室等）有重要的意义，而且在一些声学建筑（如办公楼、商场、购物中心、实验室等）中也具有一定作用，也必须考虑声质量问题。另外，城市公共开放空间的声舒适对于城市的可持续发展也是至关重要的。

声景是指声音意义上的风景，它有别于通常视觉意义上的风景，声景的概念是由Schafer 于 20 世纪 60 年代首次明确提出的。目前，人居声环境的研究已从单纯的基于物理特性描述的噪声控制学，拓展为与社会学、环境心理学、艺术学、生态学等学科交叉，从更广的视野来审视人类对人居声环境的诉求的声景学，这是因为人类的听觉反应及对声环境的需求，仅仅从物理声学所关注的声音的频率、能量及时间、空间等特性来描述是远远不够的，尚需涉及更为复杂的声音的信息内容以及听者所处的历史、社会与地域等背景。

声景学的研究内容包括：对不同地区、不同历史时期及不同建筑空间声景的特点的研究；对有价值的声景的调研和保护；声景的描述、记录与评价及其数据库的建立；以及构建声景的技术手段与方法等。

第三节　声学及噪声标准和规范

建筑声学是研究建筑环境中声音的传播，声音的评价和控制的学科，是建筑物理的组成部分。建筑声学是研究室内声波传输的物理条件和声学处理方法，以保证室内具有良好听闻条件；研究控制建筑物内部和外部一定空间内的噪声干扰和危害。

室内声学的研究方法有几何声学方法、统计声学方法和波动声学方法。当室内几何尺寸比声波波长大得多时，可用几何声学方法研究早期反射声分布以加强直达声，提高声场的均匀性，避免音质缺陷；统计声学方法是从能量的角度，研究在连续声源激发下声能密度的增长、稳定和衰减过程（即混响过程），并给混响时间以确切的定义，使主观评价标准和声学客观量结合起来，为室内声学设计提供科学依据；当室内几何尺寸与声波波长可比时，易出现共振现象，可用波动声学方法研究室内声的简正振动方式和产生条件，以提高小空间内声场的均匀性和频谱特性。

较强的噪声对人的生理与心理会产生不良影响。在日常工作和生活环境中，噪声主要造成听力损失，干扰谈话、思考、休息和睡眠。根据国际标准化组织（ISO）的调查，在噪声级 85dB 和 90dB 的环境中工作 30 年，耳聋的可能性分别为 8％和 18％。在噪声级 70dB 的环境中，谈话就感到困难。对工厂周围居民的调查结果认为，干扰睡眠、休息的噪声级阈值，白天为 50dB，夜间为 45dB。

美国环境保护局（EPA）于 1975 年提出了保护健康和安宁的噪声标准。近年来，中国也提出了环境噪声容许范围：夜间（22 时至次日 6 时）噪声不得超过 30dB，白天（6 时至22 时）不得超过 40dB。

一、国外噪声法规的原则及现状

为了确保人的身心健康和符合绿色建筑的声环境标准，根据各国的实际情况，都制定出相应的环境噪声标准。环境噪声标准是为保护人群健康和生存环境，对噪声容许范围所做出的具体规定。环境噪声标准制定原则是：应以保护人的听力、睡眠休息、交谈思考为依据，应具有先进性、科学性和现实性。环境噪声基本标准是环境噪声标准的基本依据。

世界各国大都参照国际标准化组织（ISO）推荐的基数（例如睡眠 30dB），并根据本国和地方的具体情况而制定。包括不同地区的户外噪声标准和不同使用要求的室内噪声标准，是环境标准中的其中一种。制定这类标准的目的是控制噪声对人的影响，为合理采用噪声控制技术和实施噪声控制立法提供依据。

环境噪声法规主要有两类：一类是对噪声源（如汽车和设备等）的限制；另一类是对接收点（如居住空间等）的允许噪声级。评估环境噪声的影响有两种典型的方法：一种方法是根据绝对噪声级评估；另一种方法是根据由于新的发展而引起的环境噪声的相对增加量评估。第一种方法假设人们有一个不可接受的最大噪声级，而第二种方法则假定人们习惯已存在的声环境，如果噪声的变动相对于现有的噪声级有显著增加，人们会感觉到有变化而抱怨。

现有的噪声规范涉及不同层次，包括城市、城区、农村、全国和全球。世界卫生组织（WHO）依据健康标准制定了社区噪声指导意见，旨在为制定噪声标准提供依据。表 7-1 列出了世界卫生组织（WHO）推荐的一些典型空间的噪声限值。在环境噪声的测量方法方面，国际标准组织（ISO）的 1996 号文件则被普遍采用。值得注意的是，虽然标准的第三部分列出了噪声限度分类及核查噪声是否满足限值过程的指导方针，但并未给出具体的噪声限制值，相反，它默认噪声限值是由地方政府依据这些指南自行制定的。

表 7-1 世界卫生组织（WHO）推荐的一些典型空间的噪声限值

空间类型	对健康的影响	噪声限值/dB	时间段/h	最大噪声限值/dB（快挡测试）
室外生活环境	严重的烦恼度，白天或傍晚 中等的烦恼度，白天或傍晚	55 50	16 16	
住宅室内卧室内	语言清晰度及中等的烦恼度，白天或 傍晚睡眠干扰，夜间	35 30	16 8	45
住宅室内卧室外	睡眠干扰，开窗（室外值）	45	8	60
医院病房室内	睡眠干扰，夜间 睡眠干扰，白天或傍晚	30 30	8 16	40
工业、商业、购物、交通（包括室外）	听力障碍	70	24	110
庆典、节庆、娱乐活动	听力障碍（<5 次/年）	100	4	110

欧洲公共交通发达、城市人口和居住密度大，是世界上环保立法上最完善，最严厉的区域之一，在噪声立法和治理措施方面走在了世界的前沿。近年来，欧洲对环境噪声问题更加高度重视，例如 1996 年在发表的《未来噪声政策绿皮书》，旨在引起对环境噪声的注意。该文件包括欧洲环境噪声情况的详细叙述，也给出了噪声政策的一些方向及实施计划。2002 年推出的欧盟有关环境噪声的评价及管理指导书，涵盖了对噪声预测技术的建议以及噪声数据对公众的公布方法，另外也提出了一个新指标 Lden，即白天—晚间—夜间加平均噪声级，各成员国可对此三个时间段自行规定。

欧洲噪声指引（END）要求欧盟各成员国在 2007 年 6 月 30 日以前，完成对其大城市或者毗邻主要交通干线和主要机场的居民受噪声影响程度的调查与评估，并完成噪声地图的绘制。噪声地图每五年应更新一次。绘制噪声地图的目的在于了解不同地区噪声水平,从而为形成全国性的环境噪声治理战略和制订相关政策提供数据和信息。噪声地图可以结合 GPS,是数字化城市管理手段的重要组成部分。城市的规划与管理者和普通民众可以从三维噪声地图中了解到城市不同角度的噪声现状和未来,甚至可以来聆听模拟噪声。

英国政府高度重视城市噪声的防治,在欧洲起到了带头作用。在新出台的可持续发展住宅规范的评分体系中,声学性能为其中的一项重要指标,在满足建筑声学及噪声规范基本要求的前提下,如果达到更高的标准,则会额外加分。英国现在与城市规划有关的标准是PPG24《规划政策指南》,此文件给出了住宅噪声暴露分类的概念和方法,并给地方政府规划部门在规划系统中如何减少噪声进行具体指导。针对工业噪声的标准主要是《影响住宅和工业混合地区的工业噪声的测定方法》(BS 4142—1997),给出了评估潜在的噪声问题是否会引起附近居民抱怨的步骤。在刚出台的新建筑法规中,噪声也被作为一个重要因素考虑在内。另外,在英国有一种倾向,那就是针对不同建筑类型制定各自的细则规范,便于根据实际情况加以执行,例如近期出台的娱乐场所噪声(扰民)标准和学校建筑声学设计标准。

二、我国声学及噪声标准和规范

随着我国经济和城市化进程的飞速发展,环境噪声污染问题越来越突出,我国对城市环境噪声立法和治理远远落后于经济发展步伐。各级政府部门面临的居民投诉现象越来越普遍与严重,这成为影响和谐社会建设的不利因素。

(一)我国在城市环境噪声治理方面存在问题

随着人民生活水平的提高和环境意识的增强,城市的环境质量相对滞后于人民群众日益增长的环境要求。垃圾围城、机动车污染、噪声扰民、扬尘污染、油烟污染等环境问题突出,有的城市空气质量下降,水源严重受到污染,重大环境污染事件时有发生,直接影响了城市居民的生活环境,甚至影响社会和谐稳定。当前,国内在城市噪声治理上存在几个问题。

(1)在城市环境噪声管理上缺乏统一的规划、清晰的战略目标和有效的治理措施,甚至有的城市政府并没有正确认识和处理好经济发展与环境保护、当前与长远、局部与全局的关系,为了获得经济效益或局部利益,而忽视长远利益,忽视环境保护,甚至不惜以牺牲环境为代价换取经济增长。

(2)先建设后治理的问题突出。由于受到落后意识或投资预算的限制,大多数的基础设施建设项目并没有把交通噪声的配套措施在规划和建设阶段加以考虑。往往是在交通设施建设完成通行后加建隔音设施,占道施工周期长,安全性差。

(3)被动地应对噪声问题。在大多数情况下,政府或交通运营机构只是在遇到居民投诉的路段安装隔声屏,否则,即使噪声严重也不建设。并且,对于道路隔声设施的实际效果和使用寿命不作评估。事实上,许多隔声屏的实际效果形同虚设,甚至加重了对较高楼层的噪声污染。

(4)缺乏标准与效果评估,使许多隔声措施制造了大量的建筑垃圾。由于目前缺乏现行的规范与标准,许多隔声屏由非专业机构设计,规格造型各异,加工安装难度大,维护成本较高。隔声设施施工单位未经过认证,普遍采用小作坊式进行加工,材料品质良莠不齐、偷工减料现象非常严重,完工后又缺乏有效评估。在使用一段时间以后质量显著下降,并且制造了安全隐患。

（二）我国声学及噪声治理方面的标准和规范

近年来，我国政府对环境噪声防治也非常重视，1996 年颁布了《中华人民共和国环境噪声污染防治法》，并明确指出："环境噪声是指在工业生产、建筑施工、交通运输和社会生活中所产生的干扰周围生活环境的声音。""环境噪声污染，是指所产生的环境噪声超过国家规定的环境噪声排放标准，并干扰他人正常生活、工作和学习的现象。"

在具体执行的过程中，我国在环境噪声治理方面的主要标准原来为《城市区域环境噪声标准》（GB 3096—1993），现在已由《声环境质量标标》所代替。目前，我国的现行适用的声环境质量标准是 2008 年颁布的《声环境质量标准》（GB 3096—2008）强制性标准，也是环境噪声标准体系中最重要的标准，并以此为依据，制定了其他各类环境噪声限值标准。

另外，还有与其相应的《城市区域环境噪声测量方法》（GB/T 14623—1993）和《城市区域环境噪声适用区域划分技术规范》（GB/T 15190—1994）。表 7-2 为《声环境质量标准》中规定的环境噪声的限制值。此外，有针对各种噪声的相应标准，例如《机场周围飞机噪声环境标准》及相应的《机场周围飞机噪声测量方法》、《工业企业厂房噪声标准》及相应的《工业企业厂房噪声测量方法》、《建筑施工场界噪声限值》及相应的《建筑施工场界噪声测量方法》等。

表 7-2 《声环境质量标准》中规定的环境噪声的限制值　　　　单位：dB

声环境功能区类别		昼间	夜间
0 类：指康复疗程区等特别需要安静的区域		50	40
1 类：指以居民住宅、医疗卫生、科研设计、文化教育、行政办公为主功能，需要保持安静的区域		55	45
2 类：指以商业金融、集市贸易为主要功能，或者居住、商业、工业混杂，需要维护住宅安静的区域		60	50
3 类：指以工业生产、仓储物流为主要功能，需要防止工业噪声对周围环境产生严重影响的区域		65	55
4 类：指交通干线两侧一定距离之内，需要防止交通噪声对周围环境产生严重影响的区域	4a 类：为高速公路、一级公路、二级公路、城市快速路、城市主干路、城市次干路、城市轨道交通（地面段）、内河河道两侧区域	70	55
	4b 类：为铁路干线两侧区域	70	60

在建筑声学方面我国也有一系列标准和规范，例如《体育馆声学设计及测量规程》、《电影院视听环境技术要求》、《地下铁道车站站台噪声测量》、《公共场所噪声测定方法》、《语言清晰度指数的计算方法》、《剧场、电影院和多用途厅堂建筑声学设计规范》等。隔声也是建筑声学标准和规范的一个重要组成方面，例如《民用建筑隔声设计规范》、《建筑隔声测量规范》、《建筑隔声评价标准》等。在工作场所的听力保护方面，也有相应的标准和规范，例如《声学 职业噪声测量与噪声引起的听力损伤评价》、《声学 关于空气噪声的测量及其对人影响的评价的标准指南》等。另外，声学标准也包括一些基础声学方面的内容，例如《听阈与年龄关系的统计分布》等。

与标准和规范相应的有一系列实验室和现场测量方法和标准，除了以上所涉及的外，也有通用的《建筑和建筑构件隔声测量》，主要包括建筑构件空气隔声的测量、楼板撞击声隔声的测量、小建筑构件空气声隔声的测量等，以及针对特定建筑构件的测试方法，例如《建筑外窗空气声隔声性能分级及检测方法》、《建筑用门空气声隔声性能分级及检测方法》等。

在吸声方面，有《驻波管法吸声系数与声阻抗率测量规范》、《建筑吸声产品的吸声性能分级》等。现场测量的标准有《声屏障声学设计和测量规范》、《消声器现场测量》、《隔声罩的隔声性能测定》等。

针对设备和声源有一系列测试及限值标准，例如针对各种声源的声功率级测试法，包括声压法测定噪声源声功率级、声强法测定噪声源声功率级等；也有针对特定声源的测试法，如《汽车加速行驶车外噪声限值及测量方法》、《铁道机车和动车组司机室噪声限值及测量方法》、《内河航道及港口内船舶辐射噪声的测量》、《家用电器及类似用途器具噪声测试方法》、《纺织机械噪声测试规范》等。

第四节　声学材料全寿命周期的分析

所谓"全寿命周期评价"，对建筑而言，即将材料构件生产，规划与设计，建造与运输，运行与维护，拆除与处理全循环过程中物质能量流动所产生对环境影响的经济效益、社会效益和环境效益综合评价。建筑的一次造价和使用期间操作运行费用、维修费用、更换及改造费用等构成经济学家所称的"全寿命费用"，它很大程度上取决于设计方案的优劣。

建筑产品声学材料的投入与一次造价的比例，随不同时期不同国家不同项目而异，但后期投入始终是非常可观的。建筑师应充分考虑到全寿命周期中各阶段的声学材料投入，及其在全寿命费用中的比重，运用加权平均法综合平衡一次投资与声学材料投入的关系，从整体上降低全寿命周期成本。

由于住宅建筑占整个建筑环境的比例很大，其设计对实现建筑总体的可持续性有重要意义。住宅建筑在声学方面的主要考虑包括室内外噪声的隔绝和不同室内空间的吸声。近年来，英国在建筑规范中对居住建筑方面有很多比较严格的条款。在一定的声学标准下，许多材料具有相似的声学效果，但其可持续性能及其对环境的影响则可能大不相同。

一、面向全寿命周期的绿色建筑设计准则

面向全寿命周期的节能建筑设计也就是以"节能"为核心，符合可持续发展战略与生态原则的绿色设计。因此，应从绿色建筑的高度上、结合节能建筑的具体要求来制定其准则必须同时考虑功能、技术、经济等传统设计因素和节能、生态、环保、健康等可持续设计因素。建筑全寿命周期的节能设计准则如下。

（1）功能适用性准则　功能适用性是面向全寿命周期的节能建筑设计的前提。建筑功能包括基本使用功能、建筑物理性能、视觉艺术效果及室外环境性能，应做到方便实用、灵活可变、高效率、无冗余。

（2）技术先进性准则　技术先进性是面向全寿命周期的节能建筑设计的条件。全寿命周期的节能建筑强调在其全寿命周期中的每一环节采用先进的技术，从技术上保证建筑安全、可靠与高效地实现其各项功能和性能，保证建筑寿命周期全过程具有很好的节能特性。

（3）环境协调性准则　环境协调性是全寿命周期的节能建筑设计中的关键因素，它主要包括节能、生态、环保、健康等内容，设计时应遵守下列原则。

① 能源消耗最少原则。有限度地使用常规能源，尽可能使用太阳能等可再生的绿色能源。在建筑全寿命周期的各个阶段中全方位地采用有效的节能技术，减少能源的使用量，提

高能源效率，使其在全寿命周期中的耗能量最少。

② 资源最佳利用原则。建筑全寿命周期中，尽可能减少不可替代资源的耗费，控制可替代和可维持资源的利用强度，保护资源再生所需的环境条件。尤其要注重节地、节水，充分使用可循环、可重复和可再生材料。

③ 环境负荷最小原则。减轻对自然环境的破坏，减少对环境的污染。建筑全寿命周期中，产生的建筑垃圾、固体与气体污染物、污水等废弃物最少，带来的环境负荷最小。

④ "零损害"原则。建筑全寿命周期中对生产者、直接和间接使用者的损害趋于"零"。生产条件应安全、卫生，使用环境应健康、舒适。尤其要选用无害化、无污染的绿色环保型建材，保证室内环境品质。

（4）经济合理性准则　经济合理性是全寿命周期的节能建筑设计中必须考虑的因素之一，即以最低的寿命周期成本实现必要的功能，获得丰厚的寿命周期经济效益。所谓寿命周期成本是指整个寿命周期过程中所发生的全部费用，包括建设费用、使用维修费用、残值及清理费用等。

以上四条准则是相互联系、相互制约的。只有在设计过程中将功能适用性、技术先进性、环境协调性和经济合理性融合为一个整体，才能创作出面向全寿命周期的节能建筑系统优化设计方案。

二、声学材料全寿命周期的分析方法

在进行声学材料全寿命周期的分析中，一般常使用 ENVEST 软件。ENVEST 是英国第一个在早期设计阶段中对建筑物全寿命周期的环境影响进行评估的软件。它不仅考虑了建筑物在建造过程中消耗材料的环境影响，而且还考虑了整个建筑物在使用期间消耗的所有能源和资源。ENVEST 采用一种被称为"生态点"的单位来衡量建筑物对环境的影响，这就使得设计者可以对不同的设计和方案进行直接的比较。100 生态点相当于一个英国公民在一年内对环境的影响的平均值。通过 ENVEST，设计者可以对建筑物的环境影响进行优化并能得到最优状况下使用的主要建筑材料及其数量。其参数输入分为三部分。

（1）建筑基本数据　软件需要输入的基本数据主要包括地理位置、建筑长度、建筑宽度、层数、层高、建筑面积、外围护墙体的面积、内墙体面积、门的面积、窗墙面积比、地下室空间比例、建筑寿命和人均面积等。

（2）建筑构造和结构　绿色建筑构造和结构主要包括每个建筑构件材料的细节，并考虑建筑构造和结构的维护情况。

（3）建筑设备　绿色建筑主要包括采暖、照明和通风等设备，并考虑这些设备的安装及维护。

ENVEST 软件多用于办公建筑，也可以对其进行一些调整以用于对住宅建筑做相对比较。输出结果考虑了环境影响的各个方面，主要包括气候变化、酸性沉积物、臭氧层破坏、对人有毒气体、低层臭氧生成、对人有毒水、生态毒水、藻类生长、化石燃料消耗、矿物提取、水萃取、废物处理等。最后结果给出各因素计权的总体评价分数，以生态点计算，每个英国公民平均对环境的影响为 100 个生态点。生态点越高表明对环境的影响越大。

利用 ENVEST 软件进行分析分为三个层次进行，包括建筑类型的比较，公寓式住宅不同围护结构的比较，以及单个房间不同装饰材料的比较。

首先，建筑类型比较包括平房、独立式住宅、双拼式住宅、联排式住宅及公寓式住宅等，每种建筑类型的户型相似，都包括起居室、餐厅、厨房、卫生间及三个卧式，以上 5 种建筑类型的相关参数见表 7-3。作为典型建筑外围护墙体材料、砖和石材，均具有相似的降低室外噪声的性能，因而每种住宅类型都对两者进行了比较。开窗率与采光、通风、热损失及噪声等方面均有关，提倡自然通风是绿色建筑的重要手段之一，但是敞开窗户往往会引起室外噪声传入室内的问题，因而每种住宅类型均考虑三种开窗率，主要包括：①典型开窗率，即平房为 15％、独立式住宅为 8％、双拼式住宅为 14％、联排式住宅为 7％、公寓式住宅为 13％；②各种住宅类型的平均开窗率为 10％；③最大开窗率为 20％。

其次，对典型公寓式住宅进行了比较详细的分析，包括不同建筑墙体（砖墙、混凝土墙及玻璃幕墙）、屋顶形式（坡屋顶、平屋顶）及建筑的层数（2～4 层）三个方面。

表 7-3 5 种建筑类型相关计算参数

项　　目		平房	独立式住宅	双拼式住宅 （2 户）	联排式住宅 （12 户）	公寓式住宅 （18 户）
建筑面积/m²		148	132	231	1530	1892
建筑层数		1	2	2	3	3
建筑高度/m		3	6	6	9	9
外墙面积/m²		155	200	258	1244	1775
内墙面积/m²		151	83	249	1811	1831
窗户面积/m²		23	15	36	93	232
开窗率/%		15	8	24	7	13
门的面积(建筑内部)/m²		19	12	29	157	220
开门率(建筑内部)/%		12	14	12	9	12
人均建筑面积/(m²/人)		50	40	40	50	35
结构		柱基础				
外墙	砖墙	205mm 厚砖砌体、13mm 厚水泥砂浆				
	石墙	275mm 厚砂石砌体、13mm 厚水泥砂浆				
内墙		102.5mm 厚砖砌体、13mm 厚水泥砂浆				
地面		225mm 厚混凝土、25mm 厚水泥砂浆				
楼板		150mm 厚预制混凝土楼板、25mm 厚水泥砂浆				
窗户		PVCu 密封塑钢双层玻璃窗				
屋顶		坡屋顶				
地板饰面		尼龙地毯				
墙饰面		涂料				
顶棚饰面		轻质石膏板悬挂在金属骨架上，涂料				

最后，针对两种典型的房间，即起居室和卧室，比较不同建筑材料和构件（墙体、天花板、地板）及其组合情况，这些建筑材料均可达到要求的混响时间和隔声量，但是在对环境的影响上则可能差别很大。其混响时间可用伊林公式来计算。

利用 ENVEST 软件进行分析时，除了特殊注明外，本分析中设定使用自然通风、燃气中央散热器、照明 $10W/m^2$、365 天/年、建筑运行年限为 60 年和最低标准维护费用，此用于分析的建筑位于英国 Thanmes 山谷。生态点的计算分为材料及建造部分的生态点（以下简称内含生态点）及建筑运行过程的生态点（以下简称运行生态点）。

三、建筑类型的生态点比较

表 7-4 中为 5 种建筑类型每平方米建筑面积的生态点比较。就内含生态点而言，排序为联排式住宅（砖 3.57、石 3.70）、公寓式住宅（砖 4.14、石 3.73）、双拼式住宅（砖 4.27、石 4.58）、平房（砖 4.34、石 4.80）、独立式住宅（砖 4.58、石 4.81）。如果从运行生态点来看，排列顺序则不同，平房（砖 12.95、石 13.16）、双拼式住宅（砖 13.48、石 13.67）、独立式住宅（砖 14.82、石 15.48）、公寓式住宅（砖 15.08、石 15.26）、联排式住宅（砖 15.56、石 16.33）。

从表 7-4 中也可以看出，内含生态点与运行生态点的比值为 1:9，说明了运行过程中考虑可持续发展性能的重要性。综合考虑内含生态点与运行生态点的总排序是：平房（砖 17.29、石 17.96）、双拼式住宅（砖 17.75、石 18.25）、联排式住宅（砖 19.13、石 20.03）、公寓式住宅（砖 19.22、石 18.99）、独立式住宅（砖 19.39、石 19.39）。由于输入到 EN-VEST 软件中的不是详细的建筑平面信息，因而上述排列仅是一个粗略的比较。但是总的来说，5 种建筑类型之间的差异并不十分显著。

表 7-4　5 种建筑类型每平方米建筑面积的生态点

内含生态点

项目	平房		独立式住宅		双拼式住宅		联排式住宅		公寓式住宅	
	砖墙	石墙	砖墙	石墙	砖墙	石墙	砖墙	石墙	砖墙	石墙
气候变化	1.29	1.22	1.42	1.14	1.33	1.28	1.13	0.99	1.49	1.10
酸性沉积物	0.25	0.28	0.27	0.28	0.25	0.33	0.21	0.22	0.24	0.23
臭氧层破坏	0.01	0.01	0.01	0.01	0.00	0.00	0.00	0.00	0.01	0.01
对人有害气体	0.24	0.32	0.25	0.35	0.23	0.31	0.19	0.24	0.22	0.26
低层臭氧生成	0.09	0.09	0.08	0.08	0.09	0.09	0.08	0.08	0.05	0.04
对人有毒水	0.02	0.02	0.02	0.02	0.01	0.01	0.01	0.01	0.02	0.01
生态毒水	0.04	0.20	0.05	0.27	0.03	0.23	0.02	0.15	0.04	0.17
藻生长	0.09	0.14	0.09	0.14	0.08	0.13	0.07	0.14	0.09	0.11
化石燃料消耗	0.42	0.39	0.46	0.36	0.43	0.39	0.37	0.32	0.38	0.30
矿物提取	1.11	1.33	1.24	1.41	1.33	1.19	0.94	1.02	0.92	0.93
水萃取	0.04	0.04	0.03	0.03	0.03	0.02	0.02	0.02	0.03	0.02
废物处理	0.75	0.76	0.67	0.73	0.64	0.59	0.53	0.54	0.66	0.56
小计	4.34	4.80	4.58	4.81	4.27	4.58	3.57	3.70	4.14	3.74
排序	4	4	5	5	3	3	1	1	2	2

项目	平房		独立式住宅		双拼式住宅		联排式住宅		公寓式住宅	
	运行生态点									
	砖墙	石墙	砖墙	石墙	砖墙	石墙	砖墙	石墙	砖墙	石墙
气候变化	6.95	7.08	7.98	7.83	7.26	7.38	8.73	8.84	8.12	8.24
酸性沉积物	1.59	1.59	1.77	1.77	1.60	1.61	1.36	1.95	1.78	1.78
臭氧层破坏	0.00	0.00	0.00	0.00	0.00	0.00	0.00	0.00	0.00	0.00
对人有害气体	1.68	1.69	1.88	1.87	1.70	1.71	2.06	2.06	1.88	1.88
低层臭氧生成	0.02	0.02	0.02	0.02	0.02	0.02	0.02	0.02	0.02	0.02
对人有毒水	0.00	0.00	0.00	0.00	0.00	0.00	0.00	0.00	0.00	0.00
生态毒水	0.00	0.00	0.00	0.00	0.00	0.00	0.00	0.00	0.00	0.00
藻生长	0.39	0.40	0.45	0.44	0.41	0.41	0.49	0.49	0.45	0.46
化石燃料消耗	2.14	2.20	2.49	2.42	2.27	2.32	2.72	2.77	2.56	2.61
矿物提取	0.00	0.00	0.00	0.00	0.00	0.00	0.00	0.00	0.00	0.00
水萃取	0.18	0.18	0.23	0.23	0.23	0.23	0.18	0.18	0.26	0.26
废物处理	0.00	0.00	0.00	0.00	0.00	0.00	0.00	0.00	0.00	0.00
小计	12.95	13.16	14.82	14.58	13.48	13.67	15.56	16.33	15.08	15.26
排序	1	1	3	3	2	2	5	5	4	4
总生态点/m²	17.29	17.96	19.39	19.39	17.75	18.25	19.13	20.03	19.22	18.99
总排序	1	1	5	5	2	2	3	3	4	4

从表 7-4 中也可以看出两种外墙材料砖和石的生态点存在一定差异。从内含生态点来看，它们在一些方面存在明显差异，如生态毒水为 80%～85%，藻生长为 20%～35%，对人有毒气体为 13%～28%。总的差别为 4%～11%，5 种建筑类型各有不同。相对而言，外墙材料砖和石在运行生态点的差别很小，约为 1%～4%。考虑总的生态点，两种围护结构材料的差异约在 5% 以内。

总的来讲，各建筑类型采用不同开窗率时的生态点排序与表 7-4 基本类似。当开窗率为 20% 时生态点比开窗率为 10% 时高 3%～4%，但运行生态点要低 8%～13%，这可能是由自然采光和通风带来的影响。

四、公寓式住宅建筑围护结构的比较

对于图 7-2 中的公寓式住宅，首先对 3 种墙体材料进行比较：砖墙（厚 2.5mm）、混凝土墙（厚 105mm）和玻璃幕墙（两层 6mm 厚的玻璃加 100mm 厚空气层）。为方便建筑围护结构比较，调整墙体的厚度以使其隔声量相近。3 种墙体的生态点比较表明，就建造部分的生态点而言，砖墙和混凝土墙基本相近，均比玻璃低 10% 左右。混凝土墙运行过程的生态点最高，比砖墙高 20% 左右。如果仅考虑外墙本身，3 种墙体的生态点存在显著的差异：砖墙为 1192、混凝土为 1297、玻璃幕墙为 1761。应用另一个软件 Ecotect 作进一步分析得出，混凝土墙比砖墙释放的温室效应气体高 38%，且内含能耗高 24%。

对于平屋顶和坡屋顶的比较表明，就内含生态点来看，平屋顶比坡屋顶高约 7%，而就运行生态点来看，两种屋顶形式的差异较小，在 0.3% 左右。平屋顶的主要构造为：150mm 混凝土结构层，上部铺设厚度为 20mm 的沥青，150mm 厚、容重为 80kg/m³ 的岩棉保温隔热层。坡屋顶的主要构造为：人字形木屋架，上铺黏土瓦，150mm 厚的聚氨酯保温隔热层。

建筑层数与城市声环境密切有关，主要表现在声源与接收点距离的变化，以及街道中声传播两个方面。对 2～4 层公寓式住宅的比较表明，不同层数内含生态点的差别均在 3% 以内，运行生态点随着建筑层数的增加而增加，但增加量一般低于 4%。

第八章

绿色建筑景观系统及技术

景观环境设计是一门新兴学科，设计领域的多学科相互交叉、相互融合已成其必然趋势。景观环境学是以建筑、园林、规划为研究理论支撑骨架，探索多学科交叉的设计领域。景观建筑一般是指在风景区、公园、广场等景观场所中出现的抑或本身具有景观标识作用的建筑，其具有景观与观景的双重身份。景观建筑和一般建筑相比，有着与环境、文化结合紧密，生态节能，造型优美，注重观景与景观和谐等多种特征。由于其设计制约因素复杂而广泛，因此较一般建筑敏感，需要丰富的建筑、规划、景观设计和技术等多方面知识结构的良好结合。

第一节　可持续景观设计基本知识

绿色建筑的景观环境设计是一门极为复杂而综合性很强的学科，它不仅与自然科学和技术的问题相关，同时还要与人们的生活和社会文化非常紧密地联系在一起，景观环境设计是人类文化、艺术与历史发展的重要组成部分。景观环境的精神需求，是建立在一定社会需要基础之上的产物，应根据人在某一处所中的情感需求、审美能力、文化水平、地域或民族特征等方面去进行分析和设计，应当使人们身处景观环境之中能够获得多方面的精神满足。

景观环境设计从不同层面可以反射出人类的自然观、环境观。

一、可持续景观设计的构成

可持续发展研究是近年来为各个学科领域所关注的重大课题，随着城市建设规模的不断扩大和乡村的急剧城市化，人的生存空间环境面临着巨大的挑战。高速的发展在带来看似空前繁荣的同时也引发了人与环境的一系列矛盾，城市景观设计作为城市形象设计的重要组成部分，目前用可持续发展的指导思想来探索城市景观设计的未来发展趋向便显得尤其重要和急迫。

按照国际社会所普遍认同的在 1987 年世界环境与发展委员会的报告《我们共同的未来》中对可持续发展所下的定义："可持续发展就是建立在社会、经济、人口、资源、环境相互协调和共同发展的基础上的一种发展"，其核心内容就是"既满足当代人的需求，又不对后代人满足其自身需求的能力构成危害的发展"。

景观环境的构成要素大致可以分为三类：第一类是反映生态的自然要素，主要包括山体、水文、植被等；第二类是人工要素，主要包括人工环境和建构筑物等；第三类是文化要素，它是蕴藏于景观环境之中，长期生成与积淀的结果，其中包括人们对景观环境的感知。绿色景观主要涉及自然和人工环境中的绿色空间，涵盖城市、风景区以及城乡结合区城开敞空间。

可持续景观设计是环境设计学科之中的一个子系统,不论是自然景观的生态维护,还是人工景观的建造设计,都必须顺应整个社会、经济、人口、资源、环境相互协调和共同发展的可持续战略之中,同时景观设计的指导原则也必须定位于即满足于当代人的物质与精神文明的需求,同时更应该为后代的物质与精神文明需求不带来危害和破坏。

(一)景观环境设计的基本概念及其发展过程

景观环境的基本概念是指"在某一区域内创造一个具有形态、形式因素构成的较为独立的,具有一定社会文化内涵及审美价值的景物。"景观环境设计就是为实现这一目的而进行的重要手段和基本保障,景观设计是关于土地的分析、规划、设计、管理、保护和恢复的科学和艺术,它与建筑学、城市规划学共同构成人居环境建设的三大学科。

景观环境设计的研究范围极为广泛,它涵盖了社会、文化、自然、科学、现代科技与艺术等领域。景观环境设计的广泛含义是:"从古至今人类为了适应和改变其生存条件,而有意识地去进行的环境改造活动"。景观环境设计概念发展至今,经历了早期、中期和后期这三个不同的发展过程。我们可以将这一过程归纳和概括为三个发展阶段,即早期的景观环境设计、现代的景观环境设计和生态的景观环境设计。

1. 早期的景观环境设计

早期的景观环境设计是在古代景观环境设计的基础上发展起来的,开始追求景观环境的完美和表达某种意境。例如,在17世纪下半叶,法国的古典主义造园艺术得到极大的发展,其中最具有代表性的人物是昂德雷·勒诺特尔,他为法国国王路易十四设计的凡尔赛花园,已成为古典主义造园艺术中的代表。我国苏州的拙政园始建于明代正德四年(公元1509年),通过园景的营造体现了"秋雨长林,致有爽气。独坐南轩,望隔岸横岗,……,使人悠然有濠濮间趣"的主题。

2. 现代的景观环境设计

随着社会的不断进步,人的生活方式日益丰富,毫不夸张地说,现实世界的每一个角落都已打上了人类活动的烙印。人类生活的环境景观,实际上是人类的欲望在大地上的投影。人类在不断地为实现某种欲望而改造和创造景观,直至其实现了这种欲望后,新的、更高的欲望又引诱他去追求、发明新的技术,采用新的生活和居住方式,从而在大地上写下新的景观。这可以被认为是人类个体和社会进步的轨迹。从田园到花园,到公园,直到高科技企业园,都充分反映了人类在科技进步的帮助下,不断实现自我完善的历程。

现代意义上的景观环境设计,以协调人与自然的相互关系为己任。现代景观环境设计的主要创作对象是人类的家,即整体的人类生态系统,其服务对象是人类和其他物种,强调人类发展和资源及环境的可持续性。例如1989年美籍华人贝聿铭,在法国卢浮宫的庭院喷水池中立起了一个玻璃金字塔,它的地下部分也同时相对应着一个倒立的玻璃金字塔,与地面上的那一部分遥相呼应。

3. 生态的景观环境设计

景观生态学是以景观为对象,以人类和自然协调共生的思想为指导,研究景观在物质、能量和信息交换过程中形成的空间格局、内部功能和各部分的相互关系;探讨其发生、发展的规律,建立景观时空动态模型。当前,生态的景观环境设计是以生态学为基础,遵循自然生态规律与人居环境发展规律。其目的在于利用自然生态规律,达到人与自然、人与社会的和谐共生,提高人类居住、健身、娱乐、美学及科学文化等方面的生活质量。

现代生态景观环境设计,应在首先满足功能性、技术性指标的前提下,强调了设计对文化观念和生活方式的表达，主要表现在以下几个方面：①注重追求城市空间的趣味性。②与地方景观特征和环境特征相呼应，使当地特有的风土文化价值得以保持和张扬。③强调景观道的设置，为行人提供舒适和便利。④强调设施多样化和完整程度，注重使技术的细节在应用中得到鲜明而有趣的表现。⑤重视环境艺术作品的创作实施，使艺术与现实生活的界线变得模糊，从而表达出生活艺术化的理想。

（二）绿色景观设计的相关理论及实践

1. 中国古代建筑"风水"观念

景观环境设计涉及科学、艺术、社会及经济等诸多方面的问题，它们密不可分，相辅相成。只有联合多学科共同研究、分工协作，才能保证一个景观整体生态系统的和谐与稳定，创造出具有合理的使用功能、良好的生态效益和经济效益的高质量的景观。我国古代建筑的选址和建筑空间营造一般运用"风水"学，将人为建构筑物与自然环境巧妙结合。

"风水"实际上就是地理学、地质学、星象学、气象学、景观学、建筑学、生态学以及人体生命信息学等多种学科综合一体的一门自然科学。其宗旨是审慎周密地考察、了解自然环境，顺应自然，有节制地利用和改造自然，创造良好的居住与生存环境，赢得最佳的天时地利与人和，达到"天人合一"的至善境界。用风水理论对现代景观建筑设计进行指导，有利于景观建筑人性化、自然化，为人类提供更好的生活和生存环境。典型的城市风水格局是城市背靠山，前临水，两侧是又有山脉环绕的相对封闭而又完整的空间环境，其实质是强调城市选址与自然环境要素的融合，它所形成的绿色景观系统是完整而连续的系统。

2. 西方城市19世纪末的公园运动

随着工业化大生产导致的人口剧增和环境恶化，在19世纪末，西方城市已开始通过建造城市公园等城市绿色景观系统来解决城市环境问题。早在1853～1868年期间，奥斯曼进行巴黎中心改建的时候，在大刀阔斧改建巴黎城区的同时，也开辟了供市民使用的绿色空间；纽约的中央公园也是在此背景下建造的。

通过建造城市公园来构筑城市绿色景观系统最成功的例子是1880年，美国设计师欧姆斯特德设计的波士顿公园体系，该公园体系突破了美国城市方格网络网格局的限制，以河流、泥滩、荒草地所限定的自然空间为定界依据，利用200～1500英尺宽的带状绿化，将数个公园连成一体，在波士顿中心地区形成了优美、环境宜人的公园体系（Park System），被人称为波士顿的"蓝宝石项链"。

3. 霍华德的花园城市和沙里宁的有机疏散理论

英国新城运动应始于1898年霍华德在他的作品《明天：真正改革的和平途径》里表述的"田园思想"。霍华德先生认为，新城建设应是世纪之交摆脱英国拥挤不堪城市生活的最佳途径。霍华德提出的花园城市模型是：城市的直径不超过2km，其中心是由公共建筑环抱的中央花园，外围是宽阔的林荫大道（内设学校、教堂），加上放射状的林间小径，整个城市鲜花盛开，绿树成荫，人们可以步行到外围的绿化带和农田，花园城市就是一个完善的城市绿色景观系统。在花园城市理论影响下，1944年的大伦敦规划，环绕伦敦形成了一道宽达5英里的绿带。

沙里宁的有机疏散理论是针对大城市发展到一定阶段的向外疏散问题而提出的，他在大赫尔辛基规划方案中，改变了传统的城市集中布局方式，而使其变为既分散又联系的有机体，绿带网络提供城区间的隔离、交通通道，并为城市提供新鲜空气。花园城市理论和有机疏散理论为城市规划的发展、新城的建设和城市景观生态设计产生了深远的影响。1971年莫斯科总体规划采用环状、楔状相结合的绿地系统布局模式，将城市分隔为多中心结构，城市用地外围环绕 10～15km 宽的森林公园带，构成了城市良好的绿色景观和生态系统。

4. 麦克哈格的设计结合自然理论

美国的伊恩·伦诺克斯·麦克哈格在 1971 年出版了《设计结合自然》（Design With Nature），使景观设计师成为当时正处于萌芽状态的环境运动的主导力量。麦克哈格反对传统城市规划中功能分区做法，提出了将景观作为一个系统加以研究，其中包括地质、地形、水文、土地利用、植物、野生动物和气候等，这些决定性的环境要素相互联系、相互作用，共同构成环境整体。

麦克哈格提出在尊重自然规律的基础上，建造与人共享的人造生态系统的思想，并进而提出生态规划的概念，发展了一整套的从土地适应性分析到土地利用的规划方法和技术，即叠加技术（"千层饼"模式）。麦克哈格强调了景观规划应遵从自然固有的价值和自然过程，完善了以环境因子分层分析和地图叠加技术为核心的生态主义规划方法；强调土地利用规划也应遵从自然固有的价值和自然过程，即土地的适宜性，并因此完善了以因子分层分析和地图叠加技术为核上心的规划分析论。

5. 景观生态学理论

景观生态学理论始于 20 世纪 30 年代而兴于 20 世纪 80 年代，景观生态学强调水平过程与景观格局空间的相互关系，把"斑块—廊道—基质"作为分析任何一种景观的模式。景观生态学应用于城市及景观规划中，特别强调维持和恢复景观生态过程及格局的连续性和完整性。

具体地讲，在城市和郊区景观中要维护自然残遗斑块的联系，如残遗山林斑块、水体等自然斑块之间的空间联系，维持城内残遗斑块与作为城市景观背景的自然山地或水系之间的联系。这些空间的联系的主要结构是廊道，如波士顿公园体系中的绿带和莫斯科外围的森林公园带。维护自然与景观格局连续性是构筑城市绿色景观系统的有效方法。城市中的绿色景观可以视为散落在城市中的自然斑块，只有通过建立廊道使其连续并与城市自然生态有机结合才能构成绿色景观系统，实现人类生态环境的可持续发展。北京大学的俞孔坚教授就是运用景观生态学关于景观格局连续性的方法对中山市的绿色景观格局进行了完善。

（三）绿色景观设计的当代内涵

城市绿色景观系统是指城市中的自然生态景观和以绿色开敞空间为主的人工景观共同构成的景观生态系统。在当今城市环境恶化和城市特色贫乏的背景下，通过对城市绿色景观进行系统分析和构筑，来体现城市自然与人工的融合和"以人为本"的城市可持续发展是非常必要的。随着景观生态学原理、生态美学以及可持续发展的观念引入到景观规划设计中，景观设计不再是单纯地营造满足人的活动、构建赏心悦目的户外空间，更在于协调人与环境的持续和谐相处。因此，景观设计的核心在于对土地和景观空间生态系统的干预与调整，借此实现人与自然环境的和谐。

1. 保持人与客观自然因素的和谐状态是景观设计可持续发展思想的核心内容

绿色景观设计的可持续发展思想的核心内容，是探究人与自然的和谐共存的关系。千百年来，人类梦想着在自己的生存环境里能拥有理想的景观，这个"景观"其实就是人们所渴望的一种美好的栖息环境和一种舒适的生存状态。单从"景观"的字面意思，就能看出自然和人类的对话关系，"景"与"观"是自然景色与人的感观的碰撞，是"天人合一"的哲学体现，是审美主体对审美客体的和谐交流和相互映照，也是人与自然相互拥有的一种期盼。

伴随着城市化在全球的推进，我国自 20 世纪 90 年代初开始，各大城市逐步兴起建设城市景观设计和建设的热潮，大量的超耗能和破坏性的城市景观建设正在严重恶化我们的生存环境，严重背离了可持续发展思想的根本宗旨，如果再不进行有效地控制和引导，将会关系到我们人类当前和未来的健康生存问题。中国从古代就形成了原始的景观生态概念，提出"道法自然"，崇尚老子"人法地、地法天、天法道、道法自然"的哲学观念，它反映了中国人传统的朴素生态保护观念。

时至今日，物质高度的发达、科学技术水平突飞猛进，可城市的很多景观设计，却干着破坏人与自然生态平衡的事情，使我们正在面临着更为严峻的人与自然关系危机的现实。所以当前要尽快建立景观设计的生态发展观，设计思想首先要定位于符合城市景观生态设计的发展规律。著名景观设计师俞孔坚博士提出景观设计的生态原理要重点体现在以下3个方面。

（1）尊重传统文化和乡土知识　自然空间中的一草一木，一水一石都是有含意的，是被赋予神灵的。人类之所以生生不息的延续，自然环境之所以四季交替生机盎然，正是因为有着历史文化和乡土知识的滋养。所以，一个适宜于景观环境的生态设计，必须首先应考虑当地人的或是传统文化给予设计的启示。

（2）适应场所自然过程　现代人的需要可能与历史上该场所中的人的需要不尽相同。因此，为场所而设计决不意味着模仿和拘泥于传统的形式。生态设计告诉我们，新的设计形式仍然应以场所的自然过程为依据，依据场所中的阳光、地形、水、风、土壤、植被及能量等。设计的过程就是将这些带有场所特征的自然因素结合在设计之中，从而维护场所的健康。

（3）当地材料、植物和建材的使用，是景观设计生态化的一个重要方面　乡土物种不但最适宜于在当地生长，管理和维护成本最低，还因为物种的消失已成为当代最主要的环境问题。所以保护和利用地方性物种也是时代对景观设计师的伦理要求。

以上3个方面，整体上体现了景观设计的主要生态发展观念，保持了景观设计的人工因素与客观自然因素的和谐与共同发展，倡导了城市景观设计应尽量使其对环境的破坏影响达到最低程度，真正重视环境景观的整体构架系统，维持人与自然景观和人工设计和谐发展，充分体现了既满足当代人的需求，又不对后代人满足其需求的能力构成危害的可持续发展战略概念。

2. 保护有价值的历史文化景观是景观设计可持续发展思想的重要组成部分

当前中国城市的绿色景观设计出现的一个突出问题是有价值的历史景观不断为新的设计潮流所淹没，有些很好的具有历史文脉价值的景观被拆掉或者被整修的不伦不类。出现的这一问题，从根本上违背了可持续发展的思想。在城市景观建设过程中，能否妥善保护有着深厚历史文化沉淀的历史景观，正确处理好保护与发展、传承与更新的关系，将关系着一个国家一个城市建设和发展的成败。

目前有些城市建设乱拆乱建的现象似乎愈演愈烈，一些城市为了政绩工程，把一些上百年的建筑景观好不心疼的一夜之间就拆掉了。要知道有价值的历史景观拆掉了就不能再复原，即使现在有的城市复原一个历史景观，它的"形"是相似的，但是"神态"已经不再具有历史中的文化精神，只是一个假古董而已。中国的景观设计有着悠久的发展历史，从城市雏形的建立到今天城市形态的完善发展，历史景观从广义上讲呈现的是客观自然现象和人工建造状态，反映着极其复杂的自然环境发展和人工建造的进程，在漫长的岁月里留下了城市文明进展和国家深厚文化遗产的烙印。就如同清华大学美术学院郑曙旸先生讲的："有一个原则，就是在任何一个城市发展的时候，你要尽力保证具有一定文物价值的东西，否则这个地球就没有文化了"。景观设计的可持续发展其首要的任务就应该是坚持以人为本，满足人们精神文明的需求，传承和延续中国传统景观设计的审美思想，吸收当时的国内外景观设计的优秀成果，设计出具有可持续发展的具有中国文化特色的城市景观。

3. 绿色景观设计应体现思想、意识和文化的可持续发展观

人类社会的思想、意识和文化的发展是不能割断的，每一个国家和民族都有自己的思想文化发展历史和民族精神。但是，目前我国有很多城市的景观设计，无视地域性的历史特征和文化背景，景观的设计趋于复制化、雷同化，使人感到艺术的个性化被吞没了，试想当你怀着好奇之心走到每一个城市，欢迎你的每一个城市景观是那么相似，你的心情会是如何呢？所以，景观设计的思想、意识、文化的延续是建立在对城市环境原有历史特点和文化个性的深入调查与研究基础上的。

体现思想、意识和文化的可持续发展观主要反映在以下 3 个方面。①具有思想、意识和文化意味的景观设计能让生活其中的人得到归属感、地域感、自豪感和安全感。②在景观环境中体现人们的思想、意识、文化并使之得到延续和发展，有助于保持环境的特色，增强景观的魅力，最终促成更为丰富多彩的公众生活，使人对未来的生活寄予希望和期盼。景观设计中体现的思想、意识、文化能使环境的功能意义得到更好的表达，促使人们产生与之相适宜的行为，使设计的景观与人的活动融为一体，提高人们的审美水平，改善人类的生活品质。③景观设计也是人类思想、意识、文化的综合体现，保持其延续与发展对人类具有重要的可持续发展意义。

二、可持续绿色景观评价体系

可持续绿色景观评价是指运用社会学、美学、心理学、生态学、艺术、当代科技、建筑学、地理学等多门学科和观点，对拟建区域景观环境的现状进行调查与评价，预见拟建地区在其建设和运营中可能给景观环境带来得不利和潜在影响，提出景观环境保护、开发、利用及减缓不利影响措施的评价。可持续绿色景观评价是新兴的一门学科，属于环境评价的一个分枝。最近几十年来，景观环境质量评价的研究取得了显著进展，有调查分析法、景观综合评价指数法、民意测验法和认知评判法。随着一些新学科的创立和计算数据的发展，国内外又提出了多种景色环境质量评价的新方法。

景观是由景观要素有机联系组成的复杂系统，具有独立的功能特性和明显的视觉特征、明确边界、可辨识的地理实体。景观分为自然景观和人造景观。在认识上人们通过视觉、感觉（知觉）对景观产生印象、生理及心理反映，其形成的综合效应是"舒适性"。景观环境质量评价主要是通过评价其视觉质量来实现的。视觉质量是社会环境质量的重要要素，视觉资源（景观资源）已开始取得与其他资源（国土资源、水资源等）同等重要的地位而加以保护及利用。美国于 1969 年颁布的《国家环境政策法》（NEPA）中规定"联邦政府使用所有可能实行的手段来保证所有美国人能安全、富有创造性、健康和审美地享受周围愉悦宜人的环境，保护国家历史、文化、自然遗产（资源），维护保证个人自由选择丰富多彩的环境"。

（一）"LEED 评价体系"对绿色景观的借鉴意义

由美国绿色建筑委员会（USGBC）颁发的 LEED 绿色建筑认证是目前国际上最为先进和具实践性的绿色建筑认证评分体系。该系统将帮助项目小组明确绿色建筑的目标，制订切实可行的设计策略，使项目在能源消耗、室内空气质量、生态、环保等方面，达到国际认证体系 LEED 的指标和标准，为项目今后的用户提供高质量、低维护、健康舒适的办公和居住环境，从而增强项目在市场上的竞争力，使投资商获得丰厚的经济效益和社会效益。

在 LEED 绿色建筑认证中，侧重于在设计中有效地减少环境和住户的负面影响，其内容广泛地涉及五个方面：可持续的场地规划；保护和节约水资源；高效的能源利用和可再生能源的利用；材料和资源问题；室内环境质量。LEED评价体系使过程和最终目的能够更好的结合，正是由于LEED绿色建筑认证的这种量化过程，使得建筑的设计和建造过程更趋于可控制化、可实践性。

尤其是在旧城的更新改造和再生中，其产业用地、废弃用地、旧城历史特色街区的更新与改造，城市改造进入了一个功能提升和环境内涵品质全面完善的历史新阶段。其中对城市原有功能与城市新的发展目标和环境现实的适应性再利用，特别是对一些未充分利用和已废弃的城市土地改造为各类景观用地，则是城市发展阶段面临的一个全新课题。通过对城市中有缺陷空间的积极改造，从而赋予其新的生机和活力，促进该地区的整体协调发展。

将LEED评价体系应用于景观环境建设中，不仅能够对景观进行合理评价，同时对于规划能耗最少、环境负荷最小、资源利用最佳、环境效能最大的城市景观有显著的指导意义。

（二）绿色景观评价体系

城市绿色景观具有社会、经济、生态等多种效益，是建设、保护、改善城市生态环境、实现可持续发展的重要措施。但是随着城市化进程的加快，温室效应、酸雨、粉尘、噪声、有害气体等环境问题也日益突出，人们愈加渴望一个绿色自然和谐的生存环境。目前国内中小城市在城市绿色景观建设方面发展较为缓慢，其绿色景观的规划设计不仅混乱，而且一味追求新、奇、特，完全不符合当地气候特点和人文环境。因此，研究城市绿色景观的规划设计和建立科学的景观评价体系，已成为指导城市绿色景观设计的有效途径和手段，具有重要的理论价值和现实意义。

绿色景观环境的调研与评价，是一个信息采集与分析的过程，对影响景观环境的因素进行定性的确认与评估，并在可行的情况下加以量化，从而引导规划设计与场地环境能够相互适应。景观环境的调查与评价是进行科学规划的重要前提之一。对现有环境资源建立合理评价体系，明确场地适宜性及建设强度，尽可能避免设计过程的主观性和盲目外生，是现代景观设计方法着重解决的问题，也是实现景观资源综合效益最大化以及可持续化的基本前提。

场地适宜性的评价目的最终表现在两个方面：一是针对于环境而言，对现有自然环境、空间形态以及历史人文背景的认知及评价，最大限度地利用环境自身的条件，因势利导，采取相应的规划设计策略；二是就设计而言，针对设计在开发定位、建设规模、使用功能以及空间形态等方面的具体要求，通过评价"环境条件"与"使用要求"之间的耦合性，进一步明确场地的使用价值，通过评审进而科学地去规划场地，在满足游憩与审美的同时实现环境的可持续发展。

由于风景环境中人为影响较少或没有，自然条件对环境起决定作用，因此，对景观环境的研究主要是对其自然因素的分析与评估。而建成环境则不同，它是依据人的使用要求而营造的，较多的反映了人的意志，反映了人对环境的改造过程。但是，任何一处建成环境中或多或少的仍然保留了原有场所的一些固有的自然属性，如地形、地貌、水系乃至植物等。因此建成环境较自然环境更为复杂，其中既反映了原有自然的基底，也反映了人的干预和自然环境之间的交互作用过程，更有人文因素的积淀。由此可见，对建成环境的研究，除了对自然属性的考量之外，还包括对人为因素的分析与评估。

三、集约化景观设计策略

集约化是指在最充分利用一切资源的基础上，更集中合理地运用现代管理与技术，充分发挥人力资源的积极效应，以提高工作效益和效率的一种形式。集约化景观设计就是具有集约化特点的高效益和高效率的一种景观设计。

（一）集约化景观设计体系

绿色景观环境规划设计要遵循资源节约型、环境友好型的发展道路，就必须以最少的用地、最少的用水、适当的资金投入、选择对生态环境最少干扰的景观设计营建模式，以因地制宜为基本准则，使园林绿化与周围建成环境相得益彰，为城市居民提供最高效的生态保障系统。建设节约型景观环境是落实科学发展观的必然要求，是构建资源节约型、环境友好型社会的重要载体，是城市可持续发展的生态基础。

集约型景观不是建设简陋型、粗糙型的城市环境，而是控制投入与产出比，通过因地制宜、物尽其用，营造彰显个性、特色鲜明的景观环境，引导城市景观环境发展模式的转变，实现城市景观生态基础设施量增长方式的可持续发展。建设集约化的城市景观，就是在景观规划设计中充分落实和体现"3R"原则。

"3R"原则即指减量化（Reducing）、再利用（Reusing）和再循环（Recycling）三种原则的简称。其中减量化是指通过适当的方法和手段尽可能减少废弃物的产生和污染排放的过程，它是防止和减少污染最基础的途径；再利用是指尽可能多次以及尽可能多种方式地使用物品，以防止物品过早地成为垃圾；再循环是把废弃物品返回工厂，作为原材料融入到新产品生产之中。这也是走向绿色城市景观的必由之路。

工程实践证明，集约化景观设计的策略主要包括以下方面。

（1）最大限度地发挥生态效益与环境效益　在城市景观环境建设中，通过集约化设计整合既有的资源，充分发挥"集聚"效应和"联动"效应，使生态效益与环境效益充分发挥。

（2）要满足人们合理的物质需求与精神需求　景观环境建纹的主要目的之一就是满足人们生活和精神上的需求，使人们生活在舒适、健康的环境之中。

（3）最大限度地节约自然资源与各种能源　随着经济社会的不断发展，资源消耗日益严重，自然资源面临着巨大的破坏和无序使用，有些已出现严重退化，资源基之出持续减弱。保护生态环境，节约自然资源和合理利用能源，是保证经济、资源、环境的协调发展，确保可持续发展的重点。

（4）提高自然资源与能源的利用率　倡导努力提高自然资源与能源的利用率，对于构筑可持续景观环境实为有效，集约化景观设计就是要求提高自然资源与能源的利用率。

（5）以合理的投入获得最适宜的综合效益　集约化景观设计追求投入与产出比的最大化，即获得的综合效益最适宜。集约化设计不是意味着减少投入和粗制滥造，而是实现能效比最优化的设计。

推动集约化景观规划设计理论与方法的创新，关键要针对长久以来研究过程中普遍存在的主观性、模糊性、随机性等缺陷，还有随之产生的工程造价、养护管理费居高不下和环境效应不高等问题。集约化景观设计体系以当代先进的量化技术为平台，依托数字化叠图技术、GIS技术等数字化设计辅助手段，由环境分析、设计、营造到维护管理，建立全程可控、交互反馈的集约化景观规划设计方法体系，以准确、严谨的指数分析，评测、监控景观规划设计的全程，科学、严肃的界定集约化景观的基本范畴，集约化景观规划设计如何操作，进行集约化景观规划设计要依据怎样的量化技术平台是集约化景观设计的核心问题之一，进而为集约化景观规划设计提供明确、翔实的科学依据，推动其实现思想观念、关键技术、设计方法的整合创新，向"数字化"的景观规划设计体系迈出重要的一步。

集约化景观环境设计方法的研究，以创新集约、环保、科学的景观规划设计方法为目标，以具有中国特色的集约理念所引发的景观环境设计观念重构为契机，探讨集约化景观规划设计的实施路径、适宜策略，及其技术手段，以实现当代景观规划设计的观念创新、理论创新、机制创新、技术创新，进而开创可量化、可比较、可操作的集约化景观数字化设计途径为目的。集约化风景园林设计基本框架图如图8-1所示，集约化风景园林设计基本流程如图8-2所示。

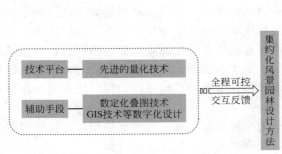

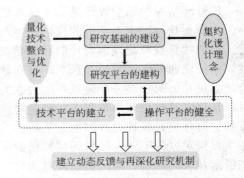

图 8-1　集约化风景园林设计基本框架图　　　　图 8-2　集约化风景园林设计基本流程图

　　景观环境分为风景环境与建成环境两大类。前者是指环境在保护生物多样性的基础上有选择的利用自然资源；后者是指在建成环境内景观资源的整合利用与景观格局结构的优化。风景环境由于人为扰动比较少，其过程大多为纯粹的自然进程，风景环境保护区等大量原生态区域均属于此类，对于此类景观环境应尽可能减少人为干预，尽量避免人工设施，保持其自然过程和状态，不破坏自然系统的自我再生能力，无为而治更合手可持续发展的精神。

　　在风景环境中也会存在一些人为干扰过的环境，由于使用目的的不同，此类环境均不同程度地改变了原有的自然状态。对于这类风景环境，应区分对象所处区位、使用要求的不同，而分别采取相应的措施。或以自然修复为主，恢复其原生状态为目标；或辅以人工改造，优化景观格局，使人为过程有机地融入风景环境中。在建成环境中，人为因素占据主导地位，湖泊、河流、山体等自然环境，更多地以片段的形式存在于"人工设施"之中，生态廊道被城市道路、建筑物等"切断"，从而形成了一个个颇为独立的景观斑块，各个片段彼此较为孤立，缺少联系和沟通。因此，在城市环境建设中，充分利用自然条件，强调构筑自然斑块之间的联系。同时，对景观环境不理想的区段加以梳理和优化，以满足人们物质和精神生活的需求。

　　长期以来，城市景观环境的营造意味着以人为主导，以服务于人为主要目标，往往是在所谓的"尊重自然、利用自然"的幌子下造成不同程度的环境恶化，例如水土流失、地形变化、土壤沙化、水体富营养化、地带性植被消失、物种单一、植物退化等生态隐患。景观环境的营造并未能真正从生态过程角度，来实现资源环境的可持续利用和发展。因此，可持续景观规划设计不应仅仅关注景观表面现象和外在形式，更应研究风景环境与建成环境内在的机制与过程。针对不同场地生态条件的特性展开研究，分析环境本身存在的优劣势，充分利用有利条件，弥补现实不足，使环境整体朝着优化的方向发展。

（二）风景环境规划设计

　　风景环境规划设计是在传统园林理论的基础上，具有建筑、植物、美学、文学等相关专业知识的人士对自然环境进行有意识改造的思维过程和筹划策略。风景环境规划设计就是在一定的地域范围内，运用园林艺术和工程技术手段，通过改造地形、种植植物、营造建筑和布置园路等途径创造美的自然环境和生活、游憩境域的过程。通过风景环境规划设计，使风景环境具有美学欣赏价值、日常使用的功能，并能保证生态可持续发展，在一定程度上体现了当时人类文明的发展程度和价值取向及设计者个人的审美观念。

根据工程实践经验，风景环境规划设计主要包括风景环境保护维护设计和风景环境规划设计策略。

1. 风景环境保护维护设计

风景环境保护维护设计是为了保障景区的可持续发展，维护风景名胜区的生态平衡和自然人文历史景观。生态环境的保护和生态基础设施的维护，是风景环境规划建设的初始和前提。可持续景观环境规划设计的目的是维护自然风景环境生态系统的平衡，保护物种的多样性，保证资源的永续利用。景观环境规划设计应遵循生态优化原则，以生态保护作为风景环境规划设计的第一要务。风景环境为人类提供了生态系统的天然本色，有效的风景环境保护可以保存完整的生态系统和丰富的生物物种及其赖以生存的环境条件，同时还有助于保护和改善生态环境，保护地区的生态平衡。

根据对象的不同，风景环境的保护可以分为两种类型：第一类是保护相对比较稳定的生态群落和空间形态；第二类是针对演替类型，尊重和维护自然的演进过程。

（1）保护地带性生态群落和空间形态　生态群落是不同物种共存的联合体。根据生态群落的稳定性不同，可分为群落的局部稳定性、全局稳定性、相对稳定性和结构稳定性四种类型。稳定的生态群落，对外界环境条件的改变有一定的抵御能力和调节能力。生态群落的结构复杂性决定了物种多样性的复杂性，也由此构成了相应的空间形态。风景环境保护区保护了生物群落的完整，维护了生物群落结构和功能的稳定，同时还能够有效地对特定的风景环境空间形态加以保护。

要切实保护生态群落及其空间形态应当做到以下 2 个方面。①要警惕生态环境的破碎化。尊重场地原有生态格局和功能，保持周围生态系统的多样性和稳定性。对区域的生态因子和物种生态，要进行科学的研究分析，通过合理的景观规划设计，严格限制人为的建设活动，最大限度地减少对原有自然环境的破坏，保护基地内的自然生态环境及其内部的生态环境结构组成，协调基地生态系统以保护良好的生态群落，使其更加健康的发展。②要防止生物入侵对生态群落的危害。生物入侵是指某种生物从原来的分布地区扩散到一个新的地区，在新的地区内，其后代可以繁殖、维持并扩散下去。生物入侵会造成当地地带性物种遭受严重损害或灭绝，使得本地区生物多样性丧失，从而导致原有空间形态遭到破坏。在自然界中，生物入侵的概率很小，绝大多数生物入侵是由于人类活动直接影响或间接影响造成的。

（2）尊重自然演替的进程　演替是指随着时间的推移，生物群落中一些物种侵入，另一些物种消失，群落组成和环境向一定方向产生有顺序的发展变化，称为演替。主要标志为群落在物种组成上发生了变化；或者是在一定区域内一个群落被另一个群落逐步替代的过程。自然演替是指群落进化到一定时期的时候，变异的新生群落容易适应环境的演变，繁殖生很快，往往会代替老的群落而成为环境的主宰。

群落的演替总是由先锋群落向顶极群落转化，沿着顺序阶段向顶极群落的演替为顺向演替。在顺向演替的过程中，群落结构逐渐变得比较复杂。反之，由顶极群落向先锋群落的退化演变成为逆向演替。逆向演替的结果是生态系统的退化，群落结构趋于简单。保护自然的进程，是指在风景环境中对于那些特殊的、有特色的演替类型加以维护的措施。这类演替形式往往具有一定的研究和观赏价值。尊重自然群落的演替规律，减少人为的影响，不应过度改变自然恢复的演替序列，保持其自然特性。

景观环境中大量的人工绿化植物，在减少或排除人为的干预后，同样也具备了自然属性、亚热带、暖温带大量人工林逐渐演替成地带性的针阔叶混交林是最有说服力的案例。以南京的紫金山为例，在经历太平天国、抗日战争等战火后，至民国初年山体植被已毁损大半。为恢复原来的自然景观，人们开始有选择性地种植树木，以马尾松等强阳性树种为主作为先锋树种。随后在近百年的时间里，自然演替的力量与过程逐渐加速，继而是大面积地恢复壳斗科的阔叶树，尤其以落叶树为主。近 30 年来，紫楠等常绿阔叶树随着生长环境的变化，在适宜的温度、湿度、光照的条件下迅速恢复。

（3）科学划分保护等级　党中央、国务院高度重视生态环境保护工作。2000 年，国务院颁布了《全国生态环境保护纲要》，明确了生态环境保护的指导思想、目标和任务，要求开展全国生态功能区划，为经济、社会和环境保护持续健康发展提供科学支持。2005 年，国务院发布了《关于落实科学发展观加强环境保护的决定》，将科学划分生态功能区划和加强环境保护工作作为急需落实的一项重要任务。

① 保护等级的划分。保护原生植物和动物，首先应确定需要重点保护的栖息地斑块，以及有利于物种迁移和基因交换的栖息地廊道。通过对动植物栖息地斑块和廊道的研究与设置，尽可能将人类活动对动植物的影响降到最低点，以保护原有的动植物资源。

为了加强生态环境保护的可操作性和景区建设的管理，将生物多样性保护与生物资源持续利用有效结合，可以将景区划分为生态核心区、生态过渡区、生态修复区和生态边缘区 4 个保护等级。

a. 生态核心区。生态核心区是指生态保护中的生态廊道和景观特色关键，并且具有标志性作用的区域。主要包括重点林区以及动植物栖息的斑块和廊道。这些区域严格控制人为建设与活动，尽可能保持生态系统的自然演替，维护基因和物种的多样性。

生态核心区包含两个层面的内涵：一是核心区要有特质资源，并能合理利用这些资源，在某些领域上勇于先行先试、敢为人先、先人一步，保持地方发展优势的特有本领和可持续发展动力；二是核心区的发展须具创新性，即在传统意义上起到典范、辐射、带动的作用，打生态经济牌，树生态经济样本，以人与自然和谐成为发展的旗帜，达到集聚、扩散、带动效应。

b. 生态过渡区。生态过渡区是指生态保护和景观特色有重要作用的区域，如一部分原生性的生态系统类型和由演替系列所占据的受过干扰的地段，主要包括人工林、山地边缘、大部分农业种植区和水域等。该区域应严格控制建设规模与项目，保护与完善生态系统。

我国是世界上生态脆弱区分布面积最大、脆弱生态类型最多、生态脆弱性表现最明显的国家之一。我国生态脆弱区大多位于生态过渡区和植被交错区，是我国目前生态问题突出、经济相对落后和人民生活贫困区，同时也是我国环境监管的薄弱地区。加强生态脆弱区保护，增强生态环境监管力度，促进生态脆弱区经济发展，有利于维护生态系统的完整性，实现人与自然的和谐发展，是贯彻落实科学发展观，促进经济社会又好又快发展的必然要求。

c. 生态修复区。生态修复区是指生态资源和景观特色需要恢复保护的区域。该区域针对基地现状生态系统的特征，有计划地加以恢复自然生态系统。

所谓生态修复是指对生态系统停止人为干扰，以减轻负荷压力，依靠生态系统的自我调节能力与自组织能力使其向有序的方向进行演化，或者利用生态系统的这种自我恢复能力，辅以人工措施，使遭到破坏的生态系统逐步恢复或使生态系统向良性循环方向发展。生态修复主要指致力于那些在自然突变和人类活动活动影响下受到破坏的自然生态系统的恢复与重建工作，恢复生态系统原本的面貌，如砍伐的森林要重新种植、开垦的林地退耕还林、让动物回到原来的生活环境中。

d. 生态边缘区。生态边缘区是指受外界影响较大，生态因子欠敏感的地带，主要分布在城市郊区及道路边缘地区。该区域可以结合功能要求，适当建设相应的旅游活动区域与服务设施，以满足城市居民到郊外旅游的要求，同时完善城市景观环境。

　　城市生态边缘区是维护城乡生态安全和保障可持续发展的重要区域。在快速城镇化背景下，城市边缘区生态环境面临着城乡建设的巨大威胁。为此，立足于规划的空间资源配置职能，关注边缘区自然环境特征，应当采取生态导向下的城乡空间统筹、建设与非建设用地整合、多目标综合、生态保护与城乡发展兼顾的规划策略。

　　② 生态廊道建设。生态廊道是指具有保护生物多样性、过滤污染物、防止水土流失、防风固沙、调控洪水等多种功能。建立生态廊道是景观生态规划的重要方法，是解决当前人类剧烈活动造成的景观破碎化，以及随之而来的众多环境问题的重要措施。按照生态廊道的主要结构与功能，可将其分为线状生态廊道、带状生态廊道和河流廊道三种类型。

　　生态廊道在城市格局中发挥着积极的综合效益。但是作为非建设用地，城市生态廊道的规划一直缺乏明确的编制导则和管理条例。伴随城市的快速扩张，其对土地的强烈需求加剧了生态廊道的环境承载和控制压力，理论上的绝对保护与现实中的开发利用之间的矛盾日益突出。如何在积极保护城市生态廊道功能有效发挥的前提下，加以科学合理地适度利用，实现可持续发展，是当前规划和管理面临的主要问题。

2. 风景环境规划设计策略

　　随着经济的发展和人们生活水平的提高，人们对精神上的需求越来越大，其中一个重要的方面就是对美好自然环境的享受。风景名胜区的建立正是为社会提供了广阔的游览、观光、休闲、度假、文化教育的空间和场所，使人们能够体验、享受到美好的自然环境同时，也使人们在回归自然的过程中，唤起和培养人们热爱大森林、保护大自然的美好情操，增强了人们自觉保护生态环境的意识。风景名胜区由此成为普及自然科学知识、生态环境知识的一个重要阵地，也是进行爱国主义和革命传统教育的一个重要基地。

　　在我国，风景名胜地很早就见于史载，保留下来的也不少。但现代型的风景名胜区到20世纪初才出现，20世纪70年代末是其发展兴盛的开始，由于缺乏规划设计方面的经验，无成功例子可依据，在风景环境设计中走了不少弯路。经过多年的共同努力，在实践中积累经验，也得益于不断研究和探索，终于逐渐走出一条自己的风景环境规划设计的道路。

　　（1）融入风景环境　在风景环境中，自然因素是占据主导地位的，自然界在其漫长的演化过程中，已经形成了一套自我调节系统，以维持生态平衡，其中土壤、水环境、风、阳光、植被、小气候等诸多因素，在这个系统中起着决定性作用。进行风景环境规划设计，就是通过与自然的对话，在满足其内部生物及环境需求的基础上，融入人为过程，实现满足人们的需求，并使整个生态系统形成良性循环。自然生态形式都具有其自身的合理性，是适应自然发生发展规律的结果。

　　要实现人与自然和谐相处，就必须正确认识人与自然的关系。人类进行一切景观建设，都应从建立正确的人与自然关系出发，真正做到尊重自然，保护自然生态环境，尽可能少对自然环境产生负面影响。人为因素应当秉承最小干预原则，通过最少的外界干预手段，达到最佳的环境营造效果，将人为过程变成自然可以接纳的一部分，以求得与自然环境的有机融合。实现可持续景观规划设计的关键之一，就是将人类对生态平衡系统的负面影响控制在最低程度，将人为因子视为生态系统中的一个生物因素，从而将人的建设活动纳入到生态系统中加以考虑。

　　生态观念与中国传统文化有类似之处。生态学在思想上表现为尊重自然、热爱自然，在方法上表现为整体性和关联性的特点，这与渊远流长的中华文化不谋而合。中国传统文化中的"天、地、人"三者合一观念，正是从环境、人的整体观念去研究问题和解决问题的。在对人尊重的前提下，表现出对自然的热爱和顺应。

　　风景环境的规划设计作为一种人为过程，不可避免地会对自然风景环境产生不同程度的干扰。可持续景观规划设计就是努力通过恰当的设计手段，促进自然系统的物质利用和能量循环，维护和优化场地的自然过程与原有的生态格局，从而增加生物的多样性。实现以生态为目标的景观开发活动，不应与风景环境特质展开竞争或超越其特色，也不应干预自然进程，如野生动物的季节性迁移。确保人为干扰在自然系统的可接受范围之内，不致使生态系统自我演替、自我修复的功能退化。因此，人为设施的建设与营运是否合理，是风景环境可持续的重要决定因素，从项目类型、能源利用，乃至后期管理都是景观设计人员需要认真考虑的问题。

① 生态区内建设项目规划。自然过程的保护和人为地开发，从某种角度上来讲是对立的，人为因素越多干预到自然中，对于原有的自然平衡破坏可能就越大。对于自然环境保护要求较高的地区，应该尽可能选择对场地及周围环境破坏小、没有设施扩张要求而且交通流量小的活动项目。场地设计应该使场地所受到的破坏程度最小，并充分保护原有的自然排水通道和其他重要的自然资源以及对气候条件做出反应。同时，应使景观材料中所蕴含能量最小化，即尽可能使用当地原产、天然的材料。植物种植设计对策应使植物对水、肥料和维护需求最小化，并适度增加景观中的生物量。风景环境中的建设项目要考虑到该项目的循环周期成本，即一个系统、设施或其他产品的总体成本在其规划、设计和建设时就予以考虑。在一个项目的整个可用寿命或其他特定时间段内，要使用经济分析方法计算总体成本。应尽可能在循环周期成本中考虑材料、设施的废弃物因素，避免项目建设的"循环周期"污染。

在安徽省滁州丰乐亭景区的规划设计中，项目建设以修复生态环境为最终目标。在维护原有地块内生态环境的基础上，改善和优化区域内的景观环境，重塑自然和谐的生态景观主题。同时突出以欧阳修为代表的地方历史文化景观特色，以生态优先为原则，结合各个地块的特色，对区域内的地块进行合理的开发和利用。

② 生态区内的能源。可持续景观设计采用的主要能源应为可再生的能源，并以不造成生态破坏的速度进行再生。任何设施开发项目，无论是新建筑，还是现有建筑的修缮或适应性的重新使用，都应该包括改善能源效益和减少建筑物范围内，以及支撑该设施的机械系统所排放的"温室气体"。为了减少架设电路系统时对环境造成的破坏，生态区内尽可能多的采用太阳能、风能等清洁能源，这样既可以减少运营后期的费用支出，又可以减轻对城市能源供应的压力。以沼气为例，这种气体作为一种高效的洁净能源已经在很多地区广泛应用，在生态区内利用沼气作为能源，不仅可以减少对环境的污染，而且还可以使大量的有机垃圾得到再次利用。

③ 废弃物的处理和再利用。在自然系统中，物质和能量的流动是一个由"源—消费—汇"构成的、头尾相接的闭合循环流，因此，大自然没有废弃物。但是在建成环境中，这一流动是单向不闭合的。在人们消费和生产的同时，产生了大量的废弃物，从而造成对水、大气和土壤的污染。可持续的景观是指具有再生能力的景观，作为一个生态系统它应当是持续进化的，并且能为人类提供持续的生态服务。

在进行风景环境建设中，应当最高程度实现资源、养分和副产品的回收，控制废弃物的排放。当人为活动存在时，废弃物的产生也无法避免。对于可回收或再次利用的废弃物，应尽最大可能使能源、养分和水在景观环境中再生，并得到多次利用，使其实现功效最大化，同时也使资源的浪费最小化。通过开发安全的全新腐殖化堆肥和污水处理技术，从而努力利用景观中的绿色垃圾和生活污水资源。对于不可回收的一次性垃圾，一方面加强集中处理，防止对自然过程的破坏；另一方面，通过限制人为活动的数量，减少对生态环境的压力。

（2）优化景观格局　景观格局一般是指其空间格局，即大小和形状各异的景观要素在空间上的排列和组合，包括景观组成单元的类型、数目及空间分布与配置，比如不同类型的斑块可在空间上呈随机型、均匀型或聚集型分布。它是景观异质性的具体体现，又是各种生态过程在不同尺度上作用的结果。随着景观格局、功能和过程研究的深入，格局优化作为景观生态学新的研究领域被提出，但其理论和方法的研究仍然是景观生态学研究的一个难点问题。风景环境的景观格局是景观异质性在空间上的综合反映，是自然过程、人类活动干扰促动下的结果。同时，景观格局反映一定社会形态下人类活动和经济发展的状况。为了有效维持可持续的风景环境资源和区域生态安全，需要对场地进行土地利用方式调整和景观格局的优化。

景观格局优化是景观生态学研究的一个热点问题，它是在景观生态规划、土地科学和计算机技术的基础上提出来的一种优化模式。景观格局优化的前提是首先要假设景观格局对景观中的物质、能量和信息流的产生、变化有着非常显著、强烈的影响，同时这些物质、能量和信息流对景观格局的调整和维持至关重要。景观格局的优化不仅要根据生态因子对景观斑块的类型进行调整，而且还要运用景观生态学的理论和方法对景观的管理方法进行优化，其目的是在合理利用和管理土地等措施下，实现区域的可持续发展，并维持区域内的生态安全。

景观格局优化目标是优化调整景观中不同组分、不同斑块的数量和空间分布格局使各组分达到和谐、有序地改善受威胁或受损的生态功能，提高景观总体生产力和稳定性，实现区域可持续发展。由于景观格局强烈影响景观中能量、物质的交换和流动，反过来景观流的运行过程又会改变现有的景观格局，使系统向更加稳定的自然状态变化，为了保持这种人工干扰下格局的稳定，需要外界的能量来维持，因此，要达到生态、经济和社会综合效益最大的景观格局，经常需要人类的干预和管理。

风景环境的景观格局具有其自身的特点，因此，对其进行优化时需要掌握风景环境的生态特质和自然过程，把自然环境的生态安全格局保护和建设作为景观结构优化的重要过程。自然环境与人工环境均经历了长期演变，是诸多环境要素综合作用的结果。环境要素之间往往相互影响、相互制约。景观规划设计应以统筹与系统化的方式处理，重组环境因子，促使其整体优化，突出环境因子间及其与不同环境间的自然过程为主导，减少对人为过程的依赖。风景环境格局优化主要包括以下方面。

① 基于景观异质性的风景环境格局优化。景观异质性就是景观要素及其属性在空间上的变异性，或者说是景观要素及其属性在空间分布上的不均匀性和复杂性。景观异质性不仅体现在景观的空间结构变化上（空间异质性），而且体现在景观及其组分在时间上的动态变化（时间异质性）。事实上，景观本质上就是一个异质系统，正是因为异质性才形成了景观内部的物质流、能量流、信息流和价值流，从而导致景观的演化、发展和动态平衡。一个景观的结构、功能、性质与地位主要决定于它的时空异质性。异质性是景观的一个根本属性，或者说景观的本质是异质的，异质是绝对的，而同质是相对的。因此，"异质性"是景观的重要内容之一。

在景观格局的优化过程中，人为过程不能破坏自然生态系统的再生能力；通过人为干扰，促进被破坏的自然系统的再生能力恢复。景观异质性有利于风景环境中物种的存在、演替以及整体生态系统的稳定。景观异质性导致景观复杂性与多样性，从而使景观环境生机勃勃，充满活力，趋于稳定。因此，保护和有意识地增加景观的异质性有时是必要的。干扰是增加景观异质性的有效途径，它对于生态群落形成和动态发展具有重要意义。

在风景环境中，各种干扰会产生林隙，林隙的大小、形成年龄、形成方式以及形成木的特征是研究林隙特征的重要参数，林隙形成的频率、面积和强度影响物种多样性。当干扰之间的间隔增加时，由于有更多的时间让物种迁入，生物的多样性会增加。当干扰的频率降低时，生物的多样性则会降低。生物多样性在干扰面积大小和强度为中等时最高，而当干扰处于两者的极端状态时则多样性较低。在风景环境的景观格局优化过程中，最高的多样性只有在中度干扰时才能保持。

实践经验和试验证明，生态群落的林隙、新的演替、斑块的镶嵌是维持和促进生物多样性的必要手段。增加景观异质性的人为措施主要有控制性的火烧、水淹、采伐等。控制性的火烧是一种在森林、农业和草原中的恢复传统技术。这种方式可以改善野生动物的栖息地、控制植被的竞争等。

② 基于边缘效应和生物多样性的风景环境格局优化。在两个或两个不同性质的生态系统（或其他系统）交互作用处，由于某些生态因子（可能是物质、能量、信息、时机或地域）或系统属性的差异和协合作用而引用而引起系统某些组分及行为（如种群密度、生产力和多样性等）的较大变化，称为边缘效应。

边缘地带的生态环境具有以下特征：a. 边缘地带群落结构复杂，某些物种特别活跃，其生产力相对较高；b. 边缘效应以强烈的竞争开始，以和谐共生结束，从而使得各种生物由激烈竞争发展为各司其能，各得其所，相互作用，形成一个多层次、高效率的物质、能量共生网络；c. 边缘地带为生物提供更多的栖息场所和食物来源，有利于异质种群的生存，这种特定的生态环境中生物多样性较高。

边缘效应有其稳定性，按边缘效应性质一般可分为动态边缘和静态边缘两种。动态边缘效应是移动型生态系统边缘，外界有持久的物质、能量输入，此类边缘效应相对稳定，能长期维持其高生产力；静态边缘是相对静止型生态边缘，外界无稳定的物质、能量输入，此类边缘效应是暂时的、不稳定的。

因具有较高生态价值或因特殊的地貌、地质属性而不适于建设用途的非建设用地，它们在客观上构成了界定建设用地单元的边缘环境区，与建设单元之间蕴藏于生态关联的"边缘效应"。在风景环境格局优化中，重组和优化边缘景观格局，对于维护生态环境条件，提高生物多样性具有重要意义。边界形式的复杂程度直接影响边缘效应。因此，通过增加边缘长度、宽度和复杂度来提高其丰富度。

③ 修复生态环境系统。随着科技进步和社会生产力的极大提高，人口剧增、资源过度消耗、环境污染、生态破坏等问题日益突出，生态环境问题成为世界各国普遍关注的一个大问题。跨进新世纪，我国已经进入加快推进社会主义现代化建设的新阶段。加强生态环境建设、优化人居环境，实现可持续发展，已成为我们需要研究的重大课题。

我国是世界上自然生态系统退化和丧失很严重的地区，土地荒漠化、水土流失、沙尘暴、洪水灾害、水体和大气污染、水资源短缺等，已严重威胁我国的社会经济发展和国民利益。为此我国采取了一系列工程措施，如植树造林、自然保护区建设、退耕还林等，但总体上我国的生态环境还是相当严峻。

生态和谐是实现可持续发展的基石。我们必须站在构建和谐社会的高度去考虑生态建设、生态恢复、环境保护问题。构建和谐社会离不开统筹人与自然和谐发展，统筹人与自然和谐发展的基础和纽带是生态建设。加强生态建设是构建社会主义和谐社会极为重要的条件。

所谓生态环境修复是指对生态系统停止人为干扰，以减轻负荷压力，依靠生态系统的自我调节能力与自组织能力使其向有序的方向进行演化，或者利用生态系统的这种自我恢复能力，辅以人工措施，使遭到破坏的生态系统逐步恢复或使生态系统向良性循环方向发展；主要指致力于那些在自然突变和人类活动活动影响下，受到破坏的自然生态系统的恢复与重建工作，恢复生态系统原本的面貌，如砍伐的森林要种植，退耕还林，让动物回到原来的生活环境中。这样，生态环境系统就会得到更好的恢复。

生态环境系统修复的目的是尽可能多地使被破坏的景观恢复其自然的再生能力。因此，生态恢复过程最重要的理念是通过人工调控，促使退化的生态环境系统进入自然的演替过程。自然生态环境的丧失，会引起生物群落结构功能的变化。人工种植生态环境的群落结构与自然恢复生态环境的群落结构相比，具有较大的差异性。因此，生态环境系统修复应以自然修复为主，人工恢复为辅。自然生长可以有效恢复生态环境，但需要的时间比较长。在自然生态环境演替的不同阶段，适当引入适宜性的树种，可以加强生态环境的恢复过程。

（三）建成环境景观设计

1996 年 6 月，在土耳其首都伊斯坦布尔召开的第二届联合国人类住区大会上，确定了《人居议程》，发表了《伊斯坦布尔宣言》，提出城市可持续发展的目标为："将社会经济发展和环境保护相融合，从生态系统承载能力出发改变生产和消费方式、发展政策和生态格局，减少环境压力，促进有效的和持续的自然资源利用。为所有居民，特别是贫困和弱小群组提供健康、安全、殷实的生活环境，减少人居环境的生态痕迹，使其与自然和文化遗产相和谐，同时对国家的可持续发展目标做出贡献。"

我国在《全国资源型城市可持续发展规划》（2013～2020 年）中也指出："资源型城市作为我国重要的能源资源战略保障基地，是国民经济持续健康发展的重要支撑。促进资源型城市可持续发展，是加快转变经济发展方式、实现全面建成小康社会奋斗目标的必然要求，也是促进区域协调发展、统筹推进新型工业化和新型城镇化、维护社会和谐稳定、建设生态文明的重要任务。"

可持续发展是我国重要的发展战略之一，它的核心思想是健康的经济发展应建立在生态持续能力、社会公正和人民积极参与自身发展决策的基础之上，是一种崭新的发展观。由于城市是人类文明的标志，是一个时代的经济、政治、科学、文化、人口、生态环境发展和变化的焦点与结晶，是一国现代文明的重要标志，所以任何国家的可持续发展首先都表现为城市可持续发展。中国要在 21 世纪实施可持续发展战略，首先要实现城市的可持续发展。

建成环境是指为包括大型城市环境在内的人类活动而提供的人造环境，建成环境有别于风景环境，在建成环境中人为因素转为主导，自然要素则屈居次席。随着经济社会的不断发展，有限的土地需承受城市迅速扩张的影响，土地承载量处于超负荷状态，工程建设造成环境污染导致城市河流、湖泊、绿带、景观等自然流通网络受阻，迫使城市中自然状态的土地必须改变形态。同时，大面积的自然山体、河流开发，造成自然绿地消失以及人工设施的无限扩展，即便是增加人工绿地也无法弥补自然绿地消减的损失。自然因子以斑块的形式散落在城市之中，形成孤立的生态环境岛，相互之间缺乏有机的联系，物质流、能量流无法在斑块之间流动和交换，导致斑块的生态环境结构单一，生态系统颇为脆弱。

可持续景观设计理念要求景观设计人员对环境资源理性分析和运用，营造出符合长远效益的景观环境。针对建成环境的生态特征，可以通过 3 种方法来应对不同的环境问题，即景观环境整合化的设计、典型生态环境的恢复、景观设计的生态化途径。

1. 景观环境整合化的设计

现代城市的盲目发展，人工环境的无序膨胀，使人类赖以生存的环境变得遍体鳞伤，失去了以往的和谐与宁静。今天我们要倡导的环境景观设计应遵循以人为本的原则，尊重自然和历史文脉，合理利用资源，对景观环境采取整合化的设计，从而达到可持续发展的目标。

景观环境整合化设计就是统筹环境资源，恢复城市景观格局的整体性和连贯性。景观环境作为一个特定的景观生态系统，包含有多种单一生态系统与各种景观要素。为此，应对景观环境进行优化。首先，加强绿色基质，形成具有较高密度的绿色廊道网络体系；其次，强调景观的自然过程与特征，力求达到环境融入整个城市生态系统，强调绿地景观的自然特性，控制人工建设对绿色斑块的破坏，力求达到自然与城市人文的平衡。

整体化的景观规划设计强调维持与恢复景观生态过程与格局的连续性和完整性，即维护、建立城市中残遗的绿色斑块、自然斑块之间的空间联系。通过人工廊道的建立在各个孤立斑块之间建立起沟通纽带，从而形成较为完善的城市生态结构。建立景观廊道线状联系，可以将孤立的生态环境斑块连接起来，提供物种、群落和生态过程的连续性。建立由郊区深入市中心的楔形绿色廊道，把分散的绿色斑块连接起来。连接度越大，生态系统越平衡。生态廊道的建立还起到了通风引道的作用，将城郊绿地系统形成的新鲜空气输入城市，改善城市中心的环境质量，特别是与盛行风向平行的廊道，其通风作用更加突出。

廊道是景观生态学中的一个概念，指不同于两侧基质的线状或带状景观要素，城市中的道路、河流、各种绿化带、林荫带等都属于廊道。尤其是水系廊道除了作为文化与休闲娱乐的载体外，更重要的是它可以作为景观生态廊道，将环境中的各个绿色斑块联系起来。滨水地带是物种较为丰富的地带，也是多种动物的迁移通道。水系廊道的规划设计首先应设立一定的保护范围来连接水际生态；其次，要贯通各支水系，使以水流为主体的自然能量流、生态流能够畅通连续，从而在景观结构上形成以水系为主体骨架的绿色廊道网络。

作为整合化的设计策略，从更高层面上来讲，是对城市资源环境的统筹协调。它涵盖了构筑物、园林、建筑小品等为主的人工景观和各类自然生态景观构成的城市自然生态系统。前者设计的重点在于处理城市公园、城市广场的景观设计及其他类绿地设计，融生态环境、城市文化、历史传统与现代理念及现代生活要求于一体，能够提高生态效益、景观效应和共享性。而各类自然生态景观的设计，重点在于完善生态基础设施，提高生态效能，构筑安全的生态格局。在进行城市景观规划的过程中，我们不能单纯地追求快速发展，应避免不当的土地使用，有规律地保护自然生态系统，尽量避免产生矛盾和冲击。我们应当在区域范围内进行景观规划，把城市融入更大面积的城郊基质中，使城市景观规划具有更好的连续性和整体性。同时，充分结合边缘区的自然景观特色，营造具有地方特色的城市景观，建立系统的城市景观体系。

建成环境的整合化设计策略应当做到以下两点：一方面，维护城市中的自然生态环境、绿色斑块，使之成为自然水生、湿生及旱生植物的栖息地，使垂直和水平的生态过程得以顺利延续；另一方面，敞开的空间环境，使人们充分体验自然过程。因此，在对以人工生态主体的城市公园设计的过程中，以多元化、多样性，追求景观环境的整体效应，追求植物物种的多样性，并根据环境条件不同处理为廊道或斑块，与周围缘地有机地融合在一起。

可持续发展始终贯穿着"人与自然的和谐、人与人的和谐"这两大主线，并由此出发，去进一步探寻人类活动的理性规则、人与自然的协同进化、人类需求的自控能力、发展轨迹的时空耦合、社会约束的自律程度，以及人类活动的整体效益准则和普遍认同的道德规范等等，通过平衡、自制、优化、协调，最终达到人与自然之间的协同以及人与人之间的公正。可持续发展的实施是以自然为物质基础，以经济为动力牵引，以社会为组织力量，以技术为支撑体系，以环境为约束条件。因此，可持续发展不仅仅是单一的生态、社会或经济问题，而是三者互相影响、互相作用的综合体。一般而言，经济学家往往强调保持和提高人类生活水平，生态学家呼吁人们重视生态系统的适应性及其功能的保持，社会学家则将他们的注意力更多地集中于社会和文化的多样性。

生态城市是城市生态化发展的结果，就是社会和谐、经济高效、生态良性循环，自然环境、城市与人融为一个有机整体，从而形成互惠共生结构的人类住区形式。生态城市的发展目标，是实现人-社会-自然的和谐，包含人与人和谐、人与自然和谐、自然系统和谐三方面内容，其中追求自然系统和谐、人与自然和谐是基础和条件，实现人与人和谐才是生态城市的根本目的。

生态城市是城市发展的最新模式，它的内涵随着社会和科技的发展，不断得到充实和完善。到现在，生态城市的概念已经融合了社会、文化、历史、经济等因素，向更加全面的方向发展，体现的是一种广义的生态观。生态城市与普通意义上的现代城市相比，有着本质的不同。一些专家还指出，和谐性是生态城市的核心。生态城市是关心人、陶冶人、以人为本的聚集地。文化是生态城市最重要的功能，文化个性和文化魅力是生态城市的灵魂。

库里蒂巴市是巴西南部的主要城市，和温哥华、巴黎、罗马、悉尼同时被联合国首批命名为"最适宜人居的城市"，有"世界生态之都"的美誉。库里蒂巴是世界上绿化最好的城市之一，人均绿地面积581m²，是联合国推荐数的4倍，其绿化的独到之处是，自然与人工复合，即使是在闹市的街边也耸立着不少参天大树。它们是在这里土生土长的，树龄有的已经100多年，有的树比城市还古老。特别值得一提的是库里蒂巴的市树——巴拉那松，此树树干通直，华盖如云，远远望去，好似高耸入云的倒张的雨伞，点缀着市内的公园，布满城郊山野。库里蒂巴生态城市建设的主要策略如下。

（1）绿地系统规划　全市大小公园有200多个，全部免费开放。此外，库里蒂巴还有9个森林区。绿地数量大，自然和城市设施形成有机融合。

（2）植物配置合理　库里蒂巴的人工绿化注重地带性树种的选择，重视多样化的树种配置，既考虑到城市美化的视觉效果，也考虑到野生动物的栖息与取食。

（3）工业遗存改造和生态环境恢复　将工业遗存改造城市公共绿地，今日的库里蒂巴在市区和近郊已经没有工矿企业，原有的工厂都已迁至几十公里以外。城近郊原来的矿山，因为破坏生态环境而被停业，把采矿炸开的山沟开辟成公共休闲地，对破损的生态环境进行结构梳理和修复。

巴西库里蒂巴的生态城市建设经验，归结起来就是人类在建设城市的过程中，要充分尊重自然规律，尽量保护自然环境，让人们的活动融于自然、回归自然，这样我们才不至于把城市变成人和自然隔绝的堡垒。

2. 生态城市的主要特点

生态城市的建设是以追求人和自然高度协调发展为目的，以技术进步和人类生态意识加强为推动力，以人尽其才、物尽其用、地尽其利、生态良性循环、经济稳步增长、社会显著进步为特征的一种崭新的城市发展模式。归纳起来，生态城市具有和谐性、高效性、持续性、整体性、区域性和结构合理、关系协调7个特点。

（1）和谐性　生态城市的和谐性，不仅仅反映在人与自然的关系上，人与自然共生共荣，人回归自然，贴近自然，自然融于城市，更重要的在人与人关系上。人类活动促进了经济增长，却没能实现人类自身的同步发展。生态城市是营造满足人类自身进化需求的环境，充满人情味，文化气息浓郁，拥有强有力的互帮互助的群体，富有生机与活力。生态城市不是一个用自然绿色点缀而僵死的人居环境，而是关心人、陶冶人的"爱的器官"。文化是生态城市重要的功能，文化个性和文化魅力是生态城市的灵魂。这种和谐乃是生态城市的核心内容。

（2）高效性　生态城市一改现代工业城市"高能耗"、"非循环"的运行机制，提高一切资源的利用率，物尽其用，地尽其利，人尽其才，各施其能，各得其所，优化配置，物质、能量得到多层次分级利用，物流畅通有序、居住环境优美，废弃物循环再生，各行业各部门之间通过共生关系进行协调。

（3）持续性　生态城市是以可持续发展思想为指导，兼顾不同时期、空间、合理配置资源，公平地满足现代人及后代人在发展和环境方面的需要，不因眼前的利益而"掠夺"的方式促进城市暂时"繁荣"，保证城市社会经济健康、持续、协调发展。

（4）整体性　生态城市不是单单追求环境优美，或自身繁荣，而是兼顾社会、经济和环境三者的效益，不仅仅重视经济发展与生态环境协调，更重视对人类质量的提高，是在整体协调的新秩序下寻求发展。

（5）区域性　生态城市作为城乡的统一体，其本身即为一个区域概念，是建立在区域平衡上的，而且城市之间是互相联系、相互制约的，只有平衡协调的区域，才有平衡协调的生态城市。生态城市是人—自然和谐为价值取向的，就广义而言，要实现这目标，全球必须加强合作，共享技术与资源，形成互惠的网络系统，建立全球生态平衡。广义的要领就是全球概念。

（6）结构合理　一个符合生态规律的生态城市应该是结构合理。合理的土地利用，好的生态环境，充足的绿地系统，完整的基础设施，有效的自然保护。

（7）关系协调　关系协调是指人和自然协调，城乡协调，资源利用和资源更新协调，环境胁迫和环境承载能力协调。

3. 典型生态环境的恢复

生态环境是指由生物群落及非生物自然因素组成的各种生态系统所构成的整体，主要或完全由自然因素形成，并间接地、潜在地、长远地对人类的生存和发展产生影响。生态环境的破坏，最终会导致人类生活环境的恶化。因此，要保护和改善生活环境，就必须保护和改善生态环境。生态环境恢复指通过人工方法，按照自然发展的规律，恢复天然的生态环境系统。它是试图重新创造、引导或加速自然环境演化过程。人类虽然没有能力去恢复出原始的天然生态环境系统，但是可以帮助自然，把一个地区需要的基本植物和动物放到一起，提供基本的恢复条件，然后让它自然演化，恢复物种的生态环境，最后实现生态环境的恢复。

所谓物种的生态环境，是指生物的个体、种群或群落生活地域的环境，包括必需的生存条件和其他对生物起作用的生态因素，也就是指生物存在的变化系列与变化方式。生态环境代表着物种的分布区，如地理的分布、高度、深度等。不同的生态环境意味着生物可以栖息场所的自然空间质的区别。生态环境是具有相同的地形或地理区位的单位空间。

现代城市是脆弱的人工生态系统，它在生态过程中是耗竭性的，需要其他生态系统的支持。随着人工设施的不断增加，环境必然遭到恶化，不可再生资源迅猛减少，加剧了人与自然关系的对立。景观设计作为缓解环境压力的有效途径，如何维持并促进其不断发展已成为当今社会的热门话题。保护城市自然生态环境、资源，使其能永续提供城市人世代生存和发展的物质基础，是当代城市人义不容辞的责任和义务，是城市规划、建设的首要任务和工作重点。只有将环境、生态保护意识融汇到城市规划建设全过程，并积极采取措施加以保证，付诸实施，才能为城市的经济、社会可持续发展奠定基础和创造条件。

典型生态环境的恢复是针对建成环境中的地带性生态环境破损而进行修复的过程。生态环境的恢复包括土壤环境、水环境等基础因子的恢复，以及由此带来的地域性植被、动物等生物的恢复。景观环境的规划设计应当充分了解基地的环境，典型生态环境的恢复应从场地所处的气候带特征入手。一个适合场地的景观环境规划设计，必须先考虑当地整体环境所给予的启示，因地制宜地结合当地的生物气候、地形地貌等条件进行规划设计，充分使用地方材料和植物种类，尽可能保护和利用地方性物种，保证场地和谐的环境特征与生物多样性。

4. 景观设计的生态化途径

"设计"是有意识地塑造物质、能量和过程，来满足预想的需要或欲望，设计是通过物质能流及土地使用来联系自然与文化的纽带。根据有关规定，任何与生态过程相协调，尽量使其对环境的破坏影响达到最小的设计形式都称为生态设计，这种协调意味着设计尊重物种多样性，最少对资源的剥夺，保持营养和水循环，维持植物生境和动物栖息地的质量，以有助于改善人类及生态系统的健康。生态设计不是某个职业或学科所特有的，它是一种与自然相作用和相协调的方式，范围非常广泛。

景观环境的生态化途径从利用、营造、优化三个层面出发，针对设计对象中现有环境要素的不同形成差异化的设计方法。景观设计的生态化途径是通过把握和运用以往城市设计所忽视的自然生态的特点和规律，贯彻整体优先和生态优先原则，力图创造一个人工环境与自然环境和谐共存的、面向可持续发展的理想城市景观环境。

景观生态设计首先应有强烈的生态保护意识，景观的生态设计反映了人类的一个新的梦想，它伴随着工业化的进程和后工业时代的到来而日益清晰，从社会主义运动先驱欧文的新和谐工业村，到霍华德的田园城市和20世纪70年代兴起的生态城市以及可持续城市。这个梦想就是自然与文化、设计的环境与生命的环境，美的形式与生态功能的真正全面地融合，它要让公园不再是孤立的城市中的特定用地，而是让其融入千家万户；它要让自然参与设计；让自然过程伴随人的日常生活；让人们重新感知、体验和关怀自然过程和自然的设计。

在城市发展的过程中，由于各方面条件的限制，不可能保护所有的自然生态环境，但是在其演进更新的同时，根据城市生态的法则，保护好一批典型而有特色的自然生态环境，对保护城市生物多样性和生态多样性、调节城市生态环境具有重要的意义。实践证明，景观设计的生态化途径主要有充分利用和发掘自然潜力、模拟自然的生态环境、生态环境重组与优化。

（1）充分利用和发掘自然潜力　可持续景观建设必须充分利用自然生态为基础。所谓充分利用，一方面是指保护，充分利用的基础首先在于保护。原生态的环境是任何人工生态都不可比拟的，必须采取有效的措施，最大限度地保护自然生态环境。另一方面是提升，提升是在保护的基础上提高和完整，通过工程技术措施维持和提高其生态效益及共享性。充分利用自然生态基础建设生态城市，是生态学原理在城市建设中的具体实践。从实践经验来看，只有充分利用自然生态基础，才能建成真正意义上的生态城市。不论是建设新城还是旧城改造，城市环境中的自然因素是最具地方性的，也是城市特色所在。

全球文化趋同与地域性特征的缺失，使得"千园一面"的雷同现象较为突出。如何发掘地域特色，有效利用好场地特质成为城市景观环境建设的关键点。可持续城市景观环境设计首先是应当做好自然的文章，发掘自然资源的潜力。自然生态环境是城市中的镶嵌斑块，是城市绿地系统的重要组成部分。但是，由于人工设施的建设造成斑块之间的联系甚少，自然斑块的"集聚效应"未能发挥应有的作用。能否有效权衡生态与城市发展的关系，是可持续城市景观环境建设的关键所在。生态观念强调利用环境绝不是单纯地保护，而应当像对待保护文物一样，要积极地、妥当地开发并加以利用。从宏观上来讲，沟通各个散落在城市中和城市边缘的自然斑块，通过绿廊规划以线串面，使城市处于绿色"基质"之上；从微观上来讲，保持自然环境原有的多样性，包括地形、地貌、动植物资源等，使之向着有助于健全城市生态环境系统的方向发展。

国外许多城市在景观环境的建设中，都非常注重利用和发掘自然环境。如法国巴黎塞纳滨河景观带，在很多地段均采用自然式驳岸、缓坡草坪，凸显怡人风景，将自然景观通过河道绿化渗透到城市中，构成了"城市绿楔"。我国南京市的帝豪花园紧邻钟山风景区，建筑充分利用天然的自然景观，与原有景观环境有机融合，使所建花园古树婆娑、碧水荡漾，形成美好、健康、舒适的居住环境。

（2）模拟自然的生态环境　自然生态环境是指存在于人类社会周围的对人类的生存和发展产生直接或间接影响的各种天然形成的物质和能量的总体，是自然界中的生物群体和一定空间环境共同组成的具有一定结构和功能的综合体，且未受人类干扰或人扶持，在一定空间和时间范围内依靠生物及其环境本身的自我调节来维持相对稳定的生态系统。自然有它自己固有的形成和维持的机制，不是一朝一夕出现的，我们应该学它固有的机制，以模拟的手法来建设城市生态环境。

在经济快速发展的今天，城市的扩张的自然环境造成了一定的破坏，景观设计的目的在于弥补出现的这一缺憾，提升城市环境的品质。自然生态环境能够较好为植物提供立地条件和生长环境，模拟自然生态环境是将自然环境中的生态环境特征引入到城市景观建设中来，通过设计者人为的配置，营造土壤环境、水环境等适合植物生长的生态环境条件。"师法自然"是我国传统造园文化的精粹。师法自然是以大自然为师加以效法的意思。师法，是全面的师法自然，科学的方法在于师法自然，科学的发展在于师法自然，科学的对象也在于师法自然，对一切的认识、利用都在于师法自然。在模拟自然的生态环境中，要坚持以人为本、和谐发展的原则，坚持生态优先、师法自然的原则，坚持工程带动、统筹发展的原则，坚持科技兴市、依法治市的原则。

生态学的发展带来了人们对于景观审美态度的转变，20世纪60～70年代，英国兴起了环境运动，在城市环境设计中主张以纯生态的观点加以实施，英国在新城市和居住区景观建设中，提出"生活要接近自然环境"，但由于多方面的原因最终以失败告终。这种现象迫使景观设计者重新审视自己，其结果是重新恢复到传统的住区景象。所谓纯生态方法的环境设计不过是昙花一现。生态学的发展并非是要求我们在自然面前裹足不前、无所适从，而是要求在建设过程中找到某种平衡，纯粹自然在城市环境建设中是根本行不通的，生态问题也不仅是多栽种树木。人们在实践中不断修正思路，景观设计者更多地在探索"生态化"与传统审美认识之间的结合点与平衡点。

生态学是研究生物体与其周围环境（包括非生物环境和生物环境）相互关系的科学。目前已经发展为"研究生物与其环境之间的相互关系的科学"。随着人类活动范围的扩大与多样化，人类与环境的关系问题越来越突出。因此近代生态学研究的范围，除生物个体、种群和生物群落外，已扩大到包括人类社会在内的多种类型生态系统的复合系统。人类面临的人口、资源、环境等几大问题都是生态学的研究内容。

（3）生态环境重组与优化　针对建成环境中某些不具备完整性、系统性的生态环境进行结构优化、提升生态环境品质。生态环境重组与优化目的明确，即为解决生态环境因子中的某些特定问题而采取的措施。生态环境重组与优化主要包括土壤环境和水环境。

① 土壤环境。土壤环境是生态环境的基础，是生物多样性的"工厂"，是动植物生存和生长的载体。微生物在土壤环境中觅食、挖掘、透气、蜕变，它们制造腐殖土。在这个肥沃的土层上所有的生命相互紧扣，但在城市环境中，土壤环境往往由于污染而变得贫瘠，不利于植物的生长。因此，对于城市中的土壤关键在于土壤改良和表土利用。

a. 土壤改良。土壤改良技术主要包括土壤结构改良、盐碱地改良、酸化土壤改良、土壤科学耕作和治理土壤污染。土壤结构改良是通过施用天然土壤改良剂和人工土壤改良剂来促进土壤团粒的形成，改良土壤的结构，提高肥力和固定表土，保护土壤耕层，防止水土流失。盐碱地改良主要是通过脱盐剂技术、盐碱土区旱田的井灌技术、生物改良技术进行土壤改良。酸化土壤改良是控制二氧化碳的排放，制止酸雨发展或对已酸化的土壤添加碳酸钠、消石灰等土壤改良剂，来改善土壤肥力、增加土壤的透水性和透气性。采用免耕技术、深松技术来解决由于耕作方法不当造成的土壤板结和退化问题。土壤重金属污染主要是采取生物措施和改良措施，将土壤中的重金属萃取出来，富集并搬运到植物的可收割部分，或者向受污染的土壤投放改良剂，使重金属发生氧化、还原、沉淀、吸附、抑制和拮抗作用。

b. 表土利用。表土层一般是指土壤剖面的上层，其生物积累作用比较强，含有较多的腐殖质，肥力较高，在实际建设的过程中，人们往往忽视表土的重要性，在挖填土方时，不注意对表土的保护，而是随意将其遗弃。典型生态环境的恢复需要良好的土壤环境，而表土的利用是恢复和增加土壤肥力的重要环节，生态环境恢复要尽量避免采用客土。

② 水环境。水环境是指自然界中水的形成、分布和转化所处空间的环境，是指围绕人群空间及可直接或间接影响人类生活和发展的水体，其正常功能的各种自然因素和有关的社会因素的总体。水环境的恢复在针对某些存在水污染或存在其他不适生长因子的地段加以修复、改良。因此，营造适宜的水环境对于典型生态环境的建构显得尤为重要。根据建成环境中各类不同典型生态环境的要求，有针对性的构筑水环境。

我国著名的常熟沙家浜芦苇荡湿地则是科学利用水环境的典范，该湿地充分利用基地内原有场地元素和本底条件，注重生物多样性的创造，形成一处自然野趣的水乡湿地。景区的设计是在对现状基地大量分析的基础上进行的，无论从路线的组织还是项目活动的安排，都是在对基地特性把握的基础上作出的。通过竖向设计，调整原场地种植滩面宽度，从而形成多层台地，以满足浮水、挺水、沉水等各类湿地植物的生长需求。常熟沙家浜芦苇荡湿地生态环境改造，如图 8-3 所示。

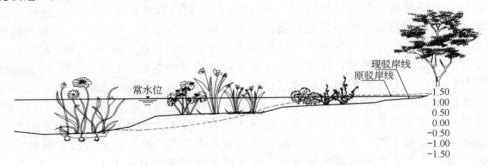

图 8-3　常熟沙家浜芦苇荡湿地生态环境改造

山东省东营黄河口湿地生态旅游区是因 1855 年黄河改道而成，地处渤海与莱州湾的交汇处，黄河千年的流淌与沉淀，在它的入海口成就了中国最广阔、最年轻的湿地生态系统，属于高度特异性旅游资源，具有很强的观赏性。黄河口湿地生态旅游区因其独特的湿地生态环境，得天独厚的自然条件，园内的生物资源非常丰富，有刺槐林 1.2 万公顷，各种生物1917 种，其中水生动物 641 种，属于国家一级保护的有达氏鲟、白鲟两种；这里也是鸟类的栖息地，鸟类主要有丹顶鹤、白头鹤、白鹳、中华秋沙鸭、金雕、白尾海雕等多种一级重点保护鸟类，国家二级保护的鸟类与 30 多种，成为鸟类生活的乐园，是集生态原始旅游、湿地科学考察、鸟类研究于一体的旅游地。世界上独一无二的黄河入海口，在这里可以看到中华民族母亲河入海的景象，观赏到河海交汇的景观，充分体现了黄河口湿地生态园的原生态美。

四、可持续景观的技术途径

可持续景观设计就是人类生态系统的设计，可持续景观的设计本质上是一种基于自然系统自我更新能力的再生设计，其中包括如何尽可能少地干扰和破坏自然系统的自我再生能力，如何尽可能多地使被破坏的景观恢复其自然的再生能力，如何最大限度地借助于自然再生能力而进行最少设计。这样设计所实现的景观便是可持续的景观。

可持续的生态系统要求人类的活动合乎自然环境规律，即对自然环境产生负面影响最小，同时具有能源和成本高效利用的特点。生态的理性规划基于生态法则和自然过程的理性方法，揭示了针对不同的用地情况和人类活动，需要营造出最佳化或最协调的环境，同时还要维持固有生态系统的运行。随着生态学等自然学科的发展，越来越强调景观环境设计系统整合与可持续性，其核心在于全面协调与景观环境中各项生态环境要素，如小气候、日照、土壤、雨水和植被等自然因素，当然也包括人工的建筑、铺装等硬质景观。统筹研究景观环境中的诸要素，进一步实现景观资源的综合效益的最大化及可持续化。

（一）可持续景观生态环境设计

1. 土壤环境的优化

土壤环境是指岩石经过物理、化学、生物的侵蚀和风化作用，以及地貌、气候等诸多因素长期作用下形成的土壤的生态环境。土壤环境由矿物质、动植物残体腐烂分解产生的有机物质，以及水分、空气等固、液、气三相组成。固相（包括原生矿物、次生矿物、有机质和微生物）占土壤总重量的90%～95%；液相（包括水及其可溶物）称为土壤溶液。各地的自然因素和人为因素不同，形成各种不同类型的土壤环境。我国土壤环境存在的问题主要有农田土壤肥力减退、土壤严重流失、草原土壤沙化、局部地区土壤环境被污染破坏等。

景观生态学起源于土地研究，研究对象是土地镶嵌体，以土地利用为主。景观生态学的主要目的之一是理解空间结构影响生态的过程。土地利用规划（包括景观和城市规划与设计）强调人类与自然的协调性，自然保护思想在这一领域日趋重要。因此景观生态学可以为土地利用规划提供一个理论基础，并可以帮助评价和预测规划，设计可能带来的生态后果。景观生态学属于宏观尺度生态空间研究范畴，其理论核心集中表现为空间异质性和生态整体性。土地作为地表自然综合体，是一种特色鲜明的系统整体，具有突出的空间异质性，而生态整体性正是实现土地持续开发利用的有效途径之一。因此，土地可持续利用的研究内容涉及到景观生态学的理论核心。

对于土壤环境的优化主要包括原有地形的利用、基地表土的保存与恢复、人工优化土壤环境等。

（1）原有地形的利用　景观环境规划设计应当充分利用原有的自然地形地貌与水体资源，尽可能减少对生态环境的扰动，尽量做到土方就地平衡，节约建设资金的投入。尊重现场地形条件，顺应地势组织环境景观，将人工的营造与既有的环境条件有机融合，是可持续景观设计的重要原则。对原有地形的利用主要包括以下方面。

① 充分利用原有地形地貌体现和贯彻生态优先的理念。应注重建设环境的原有生态修复和优化，尽可能地发挥原有生态环境的作用，切实维护生态平衡。

② 充分利用原有地形地貌是自然力或人类长期作用的结果，是自然和历史的延续与写照，其空间存在具有一定的合理性及较高的自然景观和历史文化价值，表现出很强的地方性特征和功能性的作用。

③ 充分利用原有地形地貌有利于节约工程建设投资，具有很好的经济性。原有地形形态利用包括地形等高线、坡度、走向的利用，地形现状水体借景和利用，以及现状植被的综合利用等。

（2）基地表土的保存与恢复　在建设项目的施工过程中，开挖和取弃土场势必产生大量的土方，改变了土壤固有的结构，对场地表土产生直接的破坏，将富含腐殖质的表土掩埋，新挖出的土层不适宜栽植。土壤表土是生态系统附着的基础，因此应剥离并保存表土，待工程竣工后，将表土回填至栽植区，用于后期的生态恢复，这样有助于迅速恢复植被，提高栽植的成活率，节约生态恢复的成本，起到事半功倍的效果，具有可观的生态效益和经济效益。

在进行景观环境的基地处理时，注意要充分发挥表层土壤资源的作用。表土是经过漫长的地球生物化学过程形成的适于植物生存的表层土，它对于保护并维持生态环境扮演着一个相当重要的角色。表土中有机质和养分含量最为丰富，通气性和渗水性比较好，不仅为植物生长提供所需养分和微生物的生存环境，而且对于水分的涵养、污染的减轻、微气候的缓和都具有巨大的作用。在自然状态下，经历 100～400 年的植被覆盖才得以 1cm 的表层土，由此可见表土难得与重要性。千万年形成的肥沃表层土是不可再生的资源，一旦被破坏是无法弥补的损失，因此基地表土的保护和再利用是非常重要的。另外，一定地段的表土与下面的心土保持稳定的自然发生层序列，建设中保证表土的回填将有助于保持植被稳定的地下营养空间，有利于植物的生长。

在城市景观环境设计中，应尽量减少土壤的开挖和平整工作量，在不能避免开挖和平整土地的地方，应将填挖区和建筑铺装的表土剥离、储存，用于需要改换土质或塑造地形的绿地中。在景观环境建成后，应当清除建筑垃圾，回填同地段优质表土，以利于地段的绿化。

（3）人工优化土壤环境　为了满足景观环境的生态环境营造，体现多样化的空间体验，需要人为添加种植介质，这就是所谓的人工优化土壤环境。这种人工优化土壤环境的营造并不是单一的"土壤"本身，为了形成不同的生态环境条件，通常需要多种材料的共同构筑。

值得特别注意的是：人工优化土壤环境绝不是对土壤大量进行施肥，不合理的施肥不仅造成土壤、植物养分平衡失调，对植物正常生长与品质构成威胁，也造成肥料的大量浪费，而且更严重的是，植物吸收后残留的肥料随着灌水或降水而产生径流、淋溶或侧渗，其累积效应对土壤和地表水、地下水易造成污染。

2. 水环境的优化

水环境是构成环境的基本要素之一，是人类社会赖以生存和发展的重要场所，也是受人类干扰和破坏最严重的领域。在城市景观环境设计中，根据需要对原来环境进行必要的改造，从而会改变原有的水环境。如景观环境中大量使用硬质不透水材料为铺装面（沥青混凝土、水泥混凝土、石材等），这些铺装均会造成地表水的流失，景观区域内地下水不能补给。沟渠化的河流完全丧失滨河绿带的生态功能。这样，一方面加剧了人工景观环境中的水缺失，导致了土壤环境的恶化；另一方面，则需要大量的人工灌溉来弥补景观环境中水的不足，从而造成水资源和资金的浪费。

在城市景观环境中改善水环境，首先是利用地表水、雨水、地下水，这是一种低成本的方式；其次是对中水的利用，目前仍存在尚未彻底解决的难题，应根据实际情况采用。

（1）地表水和雨水的收集　在所有关于物质和能量的可持续利用中，水资源的节约是景观设计中必须关注的关键问题之一，也是景观设计人员应当重点解决的。由于城市区域地面的大量硬化，这些原本应渗入自然景观区域土壤中的雨水，通常会给河流与径流带来负面的影响。雨水降落在屋顶、道路、广场、停车场等城市硬质铺装上，汇流后的雨水都会将污染物冲入附近的水道中，从而也加速了河水的流动，产生洪水泛滥的可能性也会增大。

由于缺乏相应的管理措施，城市中的水污染和空气污染依然非常严重，世界各国许多城市都面临着这个重大问题。面对我国城市普遍存在水资源短缺、洪涝灾害频繁、水污染严重、水生栖息地遭到严重破坏的现实，景观设计人员可以通过对景观的设计，从减量、再用和再生三个方面来缓解我国的水危机。具体的内容包括：通过选择乡土和耐旱植被，减少灌溉用水；通过将景观设计与雨洪管理相结合来实现雨水的收集和再用，减少旱涝灾害；通过利用生物和土壤的自净能力，减轻水体的污染，恢复水生栖息地，恢复水系统的再生能力等。

可持续的景观环境应当努力寻求雨水平衡的方式，雨水平衡也应当成为所有可持续景观环境设计目标。地表水和雨水的处理方法，要突出将"排放"转为"滞留"，使其能够实现"生态循环"和"再利用"。在自然景观中，雨水降落在地上，经过一段时间与土地自身形成平衡。雨水只有在渗入到地下，并使土壤中的水分饱和后才能成为雨水径流。一块基地的地表面材料决定了成为径流雨水量大小。人工景观的开发会造成可渗水面积的减少，使得雨水径流量增加。不透水材料建造的道路、停车场、广场等阻碍了雨水渗透，从而打破了基地雨水平衡。不当的建设行为会使场地的雨水偏离平衡，不透水的表面会使得雨水无法渗透到土壤中，进而影响到蓄水层和与其相连的河流，从而使这些水体产生污染。

综合的可持续性场地设计技术，可以帮助实现和恢复项目的雨水平衡，它主要强调雨水收集、储存、使用的无动力性。最具有代表性的是荷兰政府于 1977 年强调实施可持续的水管理策略，其重要内容是"还河流以空间"。以默兹河为例，具体包括疏浚河道、挖低与扩大漫滩（结合自然）、退堤，以及拆除现有挡水堰等，其实质是一个大型自然恢复工程，称为生态基础设施，旨在建立全国性的广阔而相连的自然区网络。

改善景观区域内的基底，提高基底的渗透性，主要是指通过建设绿地、透水性铺装、渗透管、渗透井、渗透侧沟等，使地面雨水直接渗入地下，涵养和补充地下水资源，同时也可缓解住区土壤的板结，有利于植物的生长。雨水利用是水资源开发最早的方式。雨水利用将成为解决 21 世纪水资源的重要途径，在国际上已引起广泛重视。日本政府除了采取开源措施和提高水的利用效率、鼓励全社会利用循环水外，对雨水的利用十分重视。早在 1980 年就开始推广雨水储留渗透计划，利用公园、绿地、庭院、建筑物、停车场、运动场等大面积场所，将雨水储留下来。

我国对雨水储留多数是在乡村利用池塘收集、储存雨水。今后不仅将继续加强乡村集雨工程建设，作为园地浇灌、畜牧用水的水源，同时，要大力推进城市集雨工作。城市住宅屋面雨水易收集、水质好，应作为城市雨水利用的重点，以一个占地 $10 \times 10^4 \, m^2$ 的居住区为例，年可蓄纳雨水 $2 \times 10^4 \, m^3$ 左右。经处理的雨水可用做浇灌绿地植物和洗车等，其处理成本仅为自来水的 1/4。

土壤水分入渗是指水分进入土壤的过程，是降水和地面水向土壤水及地下水转化的重要环节。土壤水分入渗过程和渗透能力决定了降雨进程的水分再分配，从而影响坡地地表径流和流域产流及土壤水分状况。因此，研究土壤水分入渗规律是探讨景区流域产流机制的基础和前提。无论是单体建筑还是大型城市，针对不同地域的降水量、土壤渗透性及保水能力，应当严格实行雨洪分流制。首先，尽可能截留雨水、就地进行下渗；其次，通过管、沟将多余的水资源集中进行储存，缓慢地释放到土壤中；再次，在暴雨期超过土壤吸纳能力的雨水可以排到建成区域外。

① 景观环境区域内雨水收集面主要包括屋面、硬质铺装面和绿地三个方面。屋面雨水收集系统的类型与方式有：外收集系统，由檐沟、雨水管组成；内收集系统，由屋面雨水斗和建筑内部的连接管、悬吊管、立管、横管等雨水管道组成。在屋面雨水收集的过程中，可以采用截污滤网、初期雨水弃流装置等控制水质，去除雨水中的颗粒物和污染物。

硬质铺装面（道路、广场、停车场等）雨水收集系统类型与方式有：雨水管、暗渠蓄水，采用重力流的方式收集雨水；明沟截流蓄水，通过明沟砂石截流和周边植被种植，不仅可以起到减缓雨水流速，承接雨水流量的作用，同时，借助生物滞留技术和过滤设施，还能够有效防止受污染的径流和下水道溢出的污染物流入附近的河流。在这些景观区通过竖向设计调整高程，以便顺利地收集雨水，并使雨水经过滤后渗入地下。明沟截流可以降低流速、增加汇集时间、改善透水性、增加动物栖息地、提高生物多样性，并有助于地下水回灌。

② 街道雨洪设施。绿色基础设施是场地雨水管理和治理的一种新方法，在雨水管理和提升水质方面都比传统管道排放的方式有效。采用生态洼地和池塘等典型的绿色基础设施，可以为城市带来多方面的好处。通过道路路牙形成企口收集、过滤雨水，将大量雨水流限制在种植池中，通过雨水分流的策略，减轻下水道荷载压力。避免将雨水径流集中在几个"点"，要将雨水分布到基地各处的场地中。同时考虑到人们集中活动和车辆漏油等污染问题，应避免建筑物、构筑物、停车场上的雨水直接进入管道，而是要让雨水在地面上先流过较浅的通道，通过截污措施后进入雨水井。这样沿路的植被可以过滤水中的污染物，也可以增加地表渗透量。

线性的生态洼地是由一系列种有耐水植物的沟渠组成，通常出现在停车场或者道路沿线，还有一些通过植物和土壤中的天然细菌吸收污染物来提升水质的系统。洼地和池塘都可以在解除洪水威胁之前储存雨水。这些系统当中一些可以用于补给地下水，一些则在停车场的上方，要保持不能渗透。绿色基础设施也可以与周围的环境一起构成宜人的景观，同时提升公众对于雨水管理系统和增强水质的意识。

③ 透水铺装。工程实践证明，透水性铺装材料具有如下生态优点。

a. 缓解城市热岛效应和干热环境。水性铺装由于自身一系列与外部空气及下部透水垫层相连通的多孔构造，雨过天晴以后，透水性铺装下垫层土壤中丰富的毛细水通过太阳辐射作用下的自然蒸发蒸腾作用，吸收大量的显热和潜热，使其地表温度降低，从而有效地缓解了"热岛现象"。

"城市干燥化"是城市热岛效应的连锁反应之一。北方城市在少雨季节常见的风沙起尘现象，究其原因就是地表的湿度及蒸发量减少，空气及地表的湿度过小，空气日益干燥。该现象在缺水的北方城市尤其明显，这些城市如果使用透水性铺装，透水性铺装蒸发的水蒸气会增加空气的湿度，这对于缓解"城市干燥化"也是有利的，该增湿作用可以有效地减少城市地面的起尘及"沙尘暴"危害。

b. 维护城市土壤生态环境的平衡。透水性铺装兼有良好的渗水性及保湿性，它既兼顾了人类活动对于硬化地面的使用要求，又能通过自身性能接近天然草坪和土壤地面的生态优势，以便减轻城市非透水性硬化地面对大自然的破坏程度，透水性铺装地面以下的动植物及微生物的生存空间得到有效的保护，因而很好地体现了"与环境共生"的可持续发展理念。

c. 良好的防洪排水性能。由于自身良好的透水性能的渗水能力，能有效地缓解城市排水系统的泄洪压力，径流曲线平缓，其峰值较低，并且流量也是缓升缓降，这对于城市防洪无疑是有利的。因此，铺装透水性地面不失为城市广场防涝的积极措施。

d. 改善光环境的作用。透水性铺装表面由于孔隙的存在，使得投射到表面上的光线产生扩散反射，因而避免了光滑地砖或石材常出现的由定向反射而造成的眩光，雨天不透水地面聚集的水面同样会产生眩光，这种眩光在夜间的车灯照耀下特别严重，这是造成夜晚雨天行车交通事故多的重要原因之一。透水性铺装由于及时消除表面积水，因而克服了行车"漂滑"、"飞溅"、"夜间眩光"等不透水地面所带来的缺陷，对城市交通安全也是有利的。

e. 具有吸声作用。当声波打在透水性铺装表面上时，声波引起透水性铺装内部小孔或间隙的空气运动，紧靠孔壁表面的空气运动速度较慢，由于摩擦和空气运动的黏滞阻力，一部分声能就转变为热能，从而使声波衰减；同时，小孔中空气和孔壁的热交换引起的热损失，也能使声能衰减。由于城市高层建筑以及高架道路的不断增多，再加上穿过市区的飞机噪声，这些声源较高的噪声，从城市上空投射到透水性铺装表面上，根据上述原理，透水性铺装依靠其特有的吸声降噪机理，对城市声环境起到明显的改善作用。普通的非透水性硬化广场地面只能将声波重新反射，起不到吸声降噪的作用。另一方面，透水性铺装的多孔结构能使在其上行驶车辆的轮胎噪声降低，进而对降低交通噪声也是有利的。透水混凝土的孔隙结构能有效降低路面噪声6～10dB。

f. 环保、优化城市环境。大孔隙率的透水工程材料能吸附城市污染物（如粉尘），减少扬尘污染，对地表污水起过滤作用。而且在雨天可以有效地防止地表径流的情况出现，这样就可以防止垃圾随着地表径流随处漂，到处是脏水的情况。使城市无论是晴天还是雨天都是干干净净的，使城市环境更加环保。

改善景观环境中铺装的透气、透水性，主要是通过透水材料的运用，迅速分解地表径流，使水渗入土壤中，汇入集水设施主要有三种铺装材料。

a. 多孔的铺装面。现浇的透水性铺装面层使用多孔透水混凝土和多孔性柏油材料。多孔性铺装的目的是从生态学上处理车辆的汽油，从排水中除去污染物质，把雨水循环成地下水，分散太阳的热能，让植物根部很好呼吸。但是多孔性柏油的半液体黏合剂堵塞透气孔，会使植物根系呼吸不良，影响植物的生长。多孔透水混凝土因其多孔结构会降低骨料之间的黏结强度，进而降低路面的强度及耐久性等性能，因此必须采用特殊添加剂改善和提高现浇透水面层黏结材料的强度。多孔的铺装面能够增加渗透性，形成一个稳定的、有保护作用的面层。

b. 散装的骨料。如用碎石铺装的路面、停车场等。在一些生态旅游区中，运用碎石作为路面和场地的铺装，由于碎石间有较大的空隙，可以有效提高场地的透水性，减少硬质材料对自然环境地表水流动的阻隔。

c. 块状的材料。用干铺的砌筑方式拼装块状材料，如道板细石混凝土、石板等整体性的块状材料。透水性块状材料面层的透水性通过两个途径实现：一种是透水性的块材本身就有透水性；另一种是完全依靠接缝或块材之间预留孔隙来透水。这种方式中所使用的面层块材本身透水能力很低，如草坪格、草坪砖等。

以上三种常用的地面铺装材料均可以达到透水的目的，其基本原理是通过面层、垫层、基层的孔洞、空隙来实现水的渗透，从而达到渗透水的目的。在技术上应注意区别道路铺装面的荷载状况，分别采用不同的垫层及基层。以上三种方法各有利弊，如透水混凝土整体性较强，其表面色彩、质地变化多，但随着时间的推移，由于灰尘等细小颗粒的填充，透水混凝土的透水率会逐渐降低，最终丧失渗透的功能。相比较而言，散装骨料的适应面较宽，只要妥善处理面层、垫面及垫层的颗粒级配，此种铺装可以适用于任何一种景观环境，具有造价较低、构造简单、施工便捷、易于维护等优点。块状材料透水铺装面主要用于步行道，不适用重荷载碾压，否则会由于压力不均而导致路面塌陷变形。

(2) 中水的处理回用　中水处理回用于景观设计，是当今城市住区环境规划中体现生态与景观相结合一项具有多重意义的课题，对于应对全球性的水资源危机，改善和提高城市环境有着非常重要的价值。中水主要指各种排水经过处理后，达到规定的水质标准，可在生活、市政、环境等范围内杂用的非饮用水。中水的利用，给人们解决城市景观和绿化用水提供了一条新的思路。因为它的水质指标低于生活饮用水的水质标准，但又高于允许排放的污水的水质标准，介于二者之间。利用现有的水资源，发展中水回用工程，用于道路绿化、园林绿地、水系景观，是解决水资源缺乏的有效措施之一。

目前，国内外绝大多数城市的水资源状况是：一方面城市缺水十分严重，一方面城市污水白白流失，既浪费了水资源，又污染了环境。和城市供水量几乎相等的城市污水中，污染杂质仅占 0.1% 左右，其余绝大部分是可再用的清水。污水经过处理可以重复利用，实现水在自然界的良性大循环。污水经过处理回用给城市增加的水量也是惊人的，随着我国居民生活水平的提高，生活污水的排放量超过 414 亿立方米。经估算，城市供水量的 80％变为城市污水排入城市管网中，如果将其收集起来，经再生处理后其中 70％可变为再生水回用于绿化用水、水系景观，替换出等量用水分配在居民生活用水上，从而节约了城市自来水。

世界上，很多国家早已将城市中水回用列入城市规划，并且大量用在园林绿化、水系景观。在欧美的一些国家，污水处理技术高度发达，已经达到了 8 级浊度处理的水平。中水利用十分普遍，标有中水（再生水）字样和标示的管道随处可见，居民每天都可使用中水浇灌住宅的绿地，中水回用已经被居民所接受。目前，全世界的环保人士都在努力，一方面，追求污水的零排放，把环境污染降到最小；另一方面，千方百计扩大中水的利用领域，扩大中水的利用总量，中水已被国际社会认为是第二水源。

经过处理后的中水可用于厕所冲洗、园林灌溉、道路保洁、城市喷泉等。对于淡水资源缺乏，城市供水严重不足的缺水地区，采用中水技术既能节约水源，又能使污水无害化，是防治水污染的重要途径，也是我国目前及将来重点推广的新技术、新工艺。目前，在景观环境运用较广的中水处理技术包括物理技术、生物技术和净水生态环境技术等。

（二）可持续景观种植设计

可持续的环境和发展必须"放眼世界，行于足下"，而景观正是"行于足下"的立足点，是实现可持续环境和地球的一个可操作界面。面对全球环境危机，当代景观设计学义不容辞地将实现可持续环境与发展作为景观设计学的战略主张。景观设计学作为生存艺术的定位，和景观设计学作为协调人地关系领导学科的定位，使其有责任和义务，通过可持续景观的设计，通向地球环境的可持续和人类发展的可持续。

1. 植物景观与可持续发展理念

在自然界中，植物并不是杂乱无章随机地组合在一起的，而是由土壤、水分、温度、光照和风五种生态因子决定其组成群落。环境中各生态因子对植物的影响是综合的，也就是说植物是生活在综合的环境因子中，缺乏某一种因子，或光照、或温度、或水分、或土壤等，植物均不能正常生长。人工营造的植物群落在自然的影响下将产生结构上的变异，只有适应当地自然条件的植物群落才能持久稳定地延续下去。

（1）在提高生活质量的同时保护未来的环境潜力，依靠利息生活而不消耗自然资本。可持续发展要求当代人将环境及积累的资源传递下去。可持续发展的前提是依靠地球自身的资源生存。

（2）设计创作的目的是通过发展和完善的方式使生命得以延续，赋予传统以更强的活力。现代园林是传统园林的优化和拓展，在充分继承传统园林造园手法的基础上，强化了生态、生产、生活的观点，充分体现"可持续发展"、"以人为本"的理念，通过系统的物质循环、能量流动和信息交流，实现多功能性，提高人与自然和谐相处的可居、可观、可游的美好环境。

（3）公众参与在一个景观规划或设计方案的发展过程中尤其重要，因为它对保证社区确立的目标能够通过规划而得以实现非常重要。与此同时，在设计过程中，邀请民众参与，并同时传授相关的知识信息，不仅能够在这个过程中使民众树立环保、生态及可持续发展的意识，在今后的维护和管理中会表现出优势，而且还能提高民众素质，更加深切的体会可持续发展对人类发展的重要意义。

2. 自然界地带性植被的运用

自然界植物的分布具有明显的地带性，不同的区域自然生长的植物种类及其群落类型是不同的。与地带性因素相适应，地带性植被在地理分布上表现出明显的三维空间规律性：因气温的差异，在湿润的大陆东岸，从赤道向极地依次出现热带雨林、亚热带常绿阔叶林、温带夏绿阔叶林、寒温带针叶林、寒带冻原和极地荒漠，称为植被分布的纬度地带性；从沿海到内陆，因水分条件的不同，使植被类型在中纬度地区也出现了森林→草原→荒漠的更替，称为植被相性；从山麓到山顶，由于海拔的升高，出现大致与等高线平行并具有一定垂直幅度的植被带，其有规律的组合排列和顺序更迭，表现出垂直地带性。植被的垂直地带性与水平地带性（纬度地带性与经度地带性的统称）是通过基带相联系的。

景观环境中应用的地带性植被，对光照、土壤、水分适应能力强，植株外形美观、枝叶密集、具有较强扩展能力，能够迅速达到绿化效果，且抗污染能力强，易于粗放管理，种植后不需要经常更换的植物。地带性植物栽植成活率高，造价低廉，常规养护管理费用较低，往往不需要太多管理就生长良好。地带性植物群落还具有抗逆性强的特点，生态保护效果好，在城市中道路、居住区等生态条件相对较差的绿地也能适应生长，从而大大丰富了景观环境的植物配置内容；能疏松土壤、调节地温、增加土壤腐殖质含量，对土壤熟化具有促进作用。

在立地条件适宜地段恢复地带性植物时，应当大量种植演替成熟阶段的物种，首选乡土树种。在营造群体景观时，应注意树形的对比与调和，充分利用枝、干、叶、花、果的植物学特性，建设以高大乔木为主体，具有乔、灌、草、藤复层结构的近自然模式的城市森林，使林地不同高度空间都得到充分利用，形成三维绿化空间，充分发挥空间边缘效应，形成最大的覆盖范围。

实践经验证明，增加植物种类能够提高城市生态系统的稳定性，减少养护成本与使用化学药剂对环境造成的危害。植物的多样化配置主要表现如下。①搭配种植季相变化丰富的植物。许多绿化植物拥有艳丽的色彩。例如鸡爪槭的红叶片十分优美，乌桕和卫矛在秋天则变成深红色。②配置环保和减灾植物，发挥植物净化空气、降低噪声等功能。例如夹竹桃具有很强的抗二氧化硫的作用，宜栽植在散发二氧化硫气体的工厂周围；在易燃的房屋周围种植法国珊瑚，可以起到防火的作用。③配置开花植物。植物的花朵具有极强的观赏性，色彩鲜艳，气味芬芳，能够起到很好的装饰功效。

现代景观设计是指合理安排土地及土地上的物体和空间，为人类创造安全、高效、健康和舒适的环境，协调人与自然的相互关系。与传统造园相比，现代景观规划设计的主要创作对象是大众群体，它为人类和其他物种服务，强调人类发展和资源及环境的可持续，突出植物在设计中的重要作用，充分发挥植物的空间构成功能、美化功能与生态功能。因此，现代景观设计要设计鲜明的视觉形象，营造足够的绿地和绿化，设计建造足够的场地和为大多数人所用的空间设施，使人们通过视觉为主的感受通道，借助于物化了的景观环境形态，在人类的行为心理上引起反应、创造共鸣，即所谓鸟语花香、心旷神怡、触景生情、心驰神往，可见园林植物空间营造具有重要意义。

3. 景观绿化中的群落化栽植

随着人们的环境意识逐步增强，对城市环境的要求越来越高，作为城市景观园林绿化的主要材料—园林植物，其应用形式推陈出新，空间构成丰富多样。而园林绿化观赏效果和艺术水平的高低，在很大程度上取决于园林植物的选择和配置。在现代城市园林绿化中，随着人们审美情趣的逐渐提高，促使园林工作者在园林植物的选择、搭配上多下工夫，模拟自然植物群落种植即是一种新的园林植物配置方式。模拟自然植物群落、恢复地带性植被的运用，可以构建出结构比较稳定、生态保护功能强、养护成本较低、具有良好自我更新能力的植物群落。这种栽植方式不仅能创造清新、自然的绿化景观，而且能够产生保护生物多样性和促进城市生态平衡。

植物群落所营造的是模拟纯自然、原生态的绿化意境，花草相拥、乔灌相衬、高矮相配、颜色相间，富有立体感和美感。植物群落还具有抗逆性强的特点，在城市道路、居住区等生态条件相对较差的地带也能适应生长，这不仅能大大丰富城市绿地的植物配置内容，还能大大促进城市绿化的生态功能。在种植设计中，要注意栽植密度的控制，过密的种植会不利于植物生长，从而影响到景观环境的整体效果。在技术上，应尽量模拟自然界的内在规律进行植物配置和辅助工程设计，避免违背植物生理学、生态学的规律进行强制绿化。植物栽植应当在生态系统允许的范围内，使植物群落乡土化，进入自然的演替过程。如果强制绿化，就会长期受到自然的制约，甚至可能导致灾害，如物种入侵、土地退化、生物多样化降低等。在对生物过程的影响上，可持续景观有助于维持乡土生物的多样性，包括维持乡土栖息地生境的多样性，维护动物、植物和微生物的多样性，使之构成一个健康完整的生物群落；可以避免外来生物种类对本土物种的危害。

在城市绿化中，应该如何模拟自然植物群落、恢复地带性植被，从而最大限度地实现其生态功能，一般可采取如下措施。

① 种植植物应尽可能提高生物多样性水平。应注意的是，生物多样性不是简单的物种集合。植物配置时，既要注重观赏特性对应互补，又要使物种生态习性相适应。

② 运用生态学原理和技术，借鉴地带性植物群落的种类组成、结构特点和演替规律，以植物群落为绿化基本单元，科学而艺术地再现地带性群落特征。顺应自然规律，利用生物修复技术，构建层次繁多、功能多样的植物群落，提高自我维持、更新和发展能力，增强绿地的稳定性和抗逆性，实现人工的低度管理和景观资源的可持续维持与发展。

③ 注重城市绿地系统化，绿地的布局、规模应重视对城市景观结构脆弱和薄弱环节的弥补，考虑功能区、人口密度、绿地服务半径、生态环境状况和防灾等需求进行布局，按需建绿，将人工要素和自然要素有机编织成绿色生态网络。

④ 在恢复地带性植被时，应大量种植演替成熟阶段的物种。首选乡土树种，构建乔、灌、草、宿根花卉复合结构，抚育野生地被。同时，大胆适量种植先锋物种。

生物多样化是指地球上的动物、植物、微生物多样化和它们的遗传及变异，包括遗传多样性、物种多样性和生态多样性。人类离不开生物多样化，因为：一是人类衣食住行所需要资源和生命所需要的营养需要多样化的生物来提供；二是每一种生物生存都要有多种物种来保障；三是人类生存的环境需要多样化的生态系统来提供保障。生物多样化不是简单的物种集合，植物栽植应尽可能提高生物多样化水平。

4. 不同生态环境的栽植方法

在进行绿化植物配置时，要因地制宜、因时制宜，使栽植的植物正常生长，充分发挥其观赏特性，避免为了单纯达到所谓的景观效果而采取违背自然规律的做法。如大面积的人工草坪，不仅使建设和养护管理的成本高，而且由于施肥，当大面积草坪与水体相临时，就难免使水体富营养化，从而带来水环境的恶化。生态位是指一个种群在生态系统中，在时间空间上所占据的位置及其与相关种群之间的功能关系与作用。景观规划设计要充分考虑植物物种的生态位特征，合理选择、配置植物群落。在有限的土地上，根据物种的生态位原理实行乔、灌、藤、草、地被植被及水面相互配置，并且选择各种生活型以及不同高度、颜色、季相变化的植物，充分利用空间资源，建立多层次、多结构、多功能科学的植物群落，构成一个稳定的长期共存的复层混交立体植物群落。

植物种类的选择主要受生态因子的影响，就景观植物栽植而言，一方面是依据基地条件而选择适宜的树种，另一方面是着眼于景观与功能，改善环境条件以栽种某些植物种。树木与环境之间是一种相互适应的关系。以"适地适树"为根本原则，在确保植物成活率的同时，降低造价及日常的养护管理费用。合理控制栽植密度，植物配置的最小间距为 $(A+B)/2=D$。其中 A、B 为相邻两株树木的冠幅，D 为相邻两株树木的间距。复层结构绿化比例，即乔、灌、草配植比例，是直接影响场地绿量、植被、生态效应和景观效应的绿化配置指标。据调查研究，理想的景观环境为 100% 绿化覆盖率，复层植物群落占绿地面积的 $40\%\sim50\%$，群落结构一般为三层以上，主要包括乔木、灌木和地被。

在城市中不同生态环境的栽植方法，主要包括建筑物附近的栽植、湿地环境植物栽植、具有坡度坡面栽植、建筑屋顶植物栽植等。

（1）建筑物附近的栽植　建筑外观的一个重要特征是自然状态，与人工秩序的错综表现，与周边环境的全面结合。但强调建筑与自然环境的融合并不是建筑千篇一律，强调建筑的个性与融合并不矛盾，把握建筑如何来表现个性，强调原创更加强调与自然环境的融合。其中绿化栽植在建筑与周边环境融合中起着重要的调和作用。

在景观环境中，通过种植设计可以形成良好的空间界面，与建筑物形成良好的融合关系。建筑物周边立地条件比较复杂，通常地下部分管线、沟池等占据一定的地下空间。自然生长的植物材料具有两极性，即植物的地下部分与地上部分具有相似性。树木的地下地上部分都在生长，因此地下地上都必须留出足够的营养空间。所以在种植设计时，不仅要考虑列植物地上部分的形态特征，同时也要预测到植物生长过程中其根系的扩大变化，以避免与建筑基础管线产生矛盾。靠近建筑物附近的树木往往根系延伸到建筑室内的地下，一方面会破坏建筑物的基础，另一方面由于树木的根系吸收水分，可引起土壤收缩，从而使室内地面出现裂纹。尤其是重黏土的地基，龟裂现象更为明显。在常见树木中，榆树、杨树、柳树、白蜡等树种容易造成此类现象，因此在进行种植设计时，树木与建筑物必须保持足够的距离。通常应保持与树高同等的距离，最小不得少于树高 2/3 的距离。

（2）湿地环境植物栽植　水生植物根据其生态习性的不同，可以分为挺水植物、浮水植物、沉水植物、沼生植物和水缘植物等 5 种类型。挺水植物常分布于 $0\sim1.5m$ 的浅水处，其中有的种类生长于潮湿的岸边，如芦苇、蒲草、荷花等；浮水植物适宜生长在水深 $0.1\sim0.6m$ 处，如浮萍、水浮莲和凤眼莲等；沉水植物全部位于水下面营固着生活的大形水生植物，如苦草、金鱼藻、黑藻等；沼生植物仅植株的根系及近于基部地方浸没水中的植物，一般生长于沼泽浅水中或地下水位较高的地表，如水稻、菰等；水缘植物生长在水池边，从水深 $0.2m$ 处到水池边的泥中都可以生长。

水生植物尽管种类繁多，但切忌滥用。不同水生植物除了对栽植深度有所不同外，对土壤基质也有相应的要求，在景观的栽植中应注意根据不同的水生植物的生态习性，创造相应的立地条件。另外，还要注意对于不同的地域环境，应采用不同的植物品种进行配置，并以乡土植物品种进行配置为主，尤其是在人工湿地建设时更应把握这个观点。而对于一些新奇的外来植物品种，在进行植物品种配置前，应参考其在本地区或附近地区的生长表现后再行确定，防止盲目配置而造成施工困难和成活率降低。

（3）具有坡度坡面栽植　在景观工程施工过程中，土石方的填挖会形成土石的裸露，造成水土的流失，影响植被的生长，甚至被水冲出而死亡。坡面栽植可以美化环境，涵养土壤和水源，防止水土流失和滑坡，并可以净化空气，具有较好的环保意义。

坡面栽植植物的效果如何，在很大程度上取决于植物种类的选用。根系发达的固土植物在水土保持方面有很好的效果。国内外对这方面的研究很多，采用根系发达的植物进行护坡固土，既可以达到固土保沙、防止水土流失的目的，又可以满足生态环境的需要，还可以进行景观造景，尤其在城市河道护坡方面值得借鉴。坡面护坡固土的植物种类很多，在实际工程中常采用的有沙棘、刺槐、黄檀、紫穗槐、池杉、龙须草、胡枝子、油松、金银花、黄花、常青藤、蔓草等，在长江中下游地区还可以选择芦苇、野茭白等，可以根据该地区的气候选择适宜的植物品种。

按照栽种植物的方法不同可分为栽植法和播种法。播种法主要用于草本植物的绿化，其他植物绿化适用栽植法。播种法按照是否使用机械，又可分为机械播种法和人工播种法；按照播种方式不同，还可以分为点播、条播和撒播。点播即在播行上每隔一定距离开穴播种，点播能保证株距和密度，有利于节省种子；撒播是一种古老而粗放的播种方式，大多用手工操作、简便省工，但种子不易分布均匀，覆土深浅不一；条播是播种的一种方法，即把种子均匀地播成长条，行与行之间保持一定距离。

（4）建筑屋顶植物栽植　屋顶植物栽植作为一种不占用地面土地的绿化形式，其应用越来越广泛。屋顶栽植的价值不仅在于能为城市立体增添绿色，而且能减少建筑屋顶的太阳辐射热、降低城市的热岛效应、改善建筑的小气候环境、改善提高建筑物的热工效能、形成城市的空中绿化系统，对城市环境有一定的改善作用；有实测数据显示，种植屋面与一般屋面相比，还可吸减噪声 30～40dB。

屋顶栽植的技术问题是一个核心问题。对于屋顶绿化来讲，首先要解决的是屋顶的防水问题。不同的屋顶形式需选择不同的构造做法。由于屋顶立地条件不同，屋顶的种植植物不得采用地面的栽植方式。考虑到屋顶栽植存在置换不便的现实问题，因此植物选择上要注意寿命周期，尽量选择寿命较长、置换便利的植物，置换期一般应在 10 年以上。同时，屋顶基质与植物的构成是否合理也需要慎重考虑。在一个大坡度的屋顶上的覆土厚度为 0.5m 左右，如果仅种植草本植物，从设计及绿化方式的选择上是不适当的。

屋顶栽植结构层上进行园林建设，由于排水、蓄水、过滤等功能的需要，屋面种植结构层远比普通自然种植的结构复杂，一般可分为屋面结构层、保温隔热层、防水层、排水层、过滤层、种植层和微喷灌系统等结构组成。①屋面结构层：种植屋面的屋面板最好是现浇钢筋混凝土板，要充分考虑屋顶覆土、植物以及雨雪水荷载。②保温隔热层：可采用聚苯乙烯泡沫板，铺设时要注意上下找平密接。③防水层：屋顶绿化后应绝对避免出现渗漏现象，最好设计成复合防水层。④排水层：设在防水层上，可与屋顶雨水管道相结合，将过多水分排出，以减轻防水层的负担，多用砾石、陶粒等材料。⑤过滤层：过滤层采用自行研制生产的过滤布，其质量为 200～300g/m^2，具备遇压自动冲洗功能，又有防止白蚁、鼠类及害虫破坏的功能。⑥种植层：种植层一般多采用无土基质，以蛭石、珍珠岩、泥炭等与腐殖质、草灰土、沙土配制而成。⑦微喷灌系统：屋面植物灌溉采用定向喷灌系统，管材采用耐腐蚀的铝塑管，喷灌开关控制宜设在建筑顶层室内。

（三）可持续生物群落设计

生物群落指生活在一定的自然区域内，相互之间具有直接或间接关系的各种生物的总和。与种群一样，生物群落也有一系列的基本特征，这些特征不是由组成它的各个种群所能包括的，也就是说，只有在群落总体水平上，这些特征才能显示出来。生物群落的基本特征包括群落中物种的多样性、群落的生长形式（如森林、灌丛、草地、沼泽等）和结构（空间结构、时间组配和种类结构）、优势种（群落中以其体大、数多或活动性强而对群落的特性起决定作用的物种）、相对丰盛度（群落中不同物种的相对比例）、营养结构等。

生物多样性是指在一定时间和一定地区所有生物（动物、植物、微生物）物种及其遗传变异和生态系统的复杂性总称。它包括基因多样性、物种多样性和生态系统多样性三个层次。物种的多样性是生物多样性的关键，它既体现了生物之间及环境之间的复杂关系，又体现了生物资源的丰富性。我们已经知道大约有 200 多万种生物，这些形形色色的生物物种就构成了生物物种的多样性。生物群落与生态系统的概念不同。后者不仅包括生物群落还包括群落所处的非生物环境，把二者作为一个由物质、能量和信息联系起来的整体。因此，生物群落只相当于生态系统中的生物部分。

生物多样性是可持续景观环境的基本特征之一，生物群落也是其中必不可缺少的一环。从生态链角度来讲，动物处于比较高的层次，需要良好的非生物因子和植被的承载。生物群落多样，且存在地域差异。总体而言，城市景观环境中常见的生物群落，可以分为鸟类、鱼类、两栖类和底栖类。景观对于生物群落的恢复与吸引，关键在于其栖息地的营造，通过对生物生态习性的了解，有针对性地进行生态环境创造（如水域的畅通）、植物栽植，从而吸引更多的动物在城市景观环境中安家。

（四）可持续景观材料及能源

景观是各种自然过程的载体，这些过程支持生命的存在和延续，人类需求的满足是建立在健康的景观之上的。因为景观是一个生命的综合体，不断地进行着生长和衰亡的更替，所以，一个健康的景观需要不断地再生。没有景观的再生，就没有景观的可持续。培育健康景观的再生和自我更新能力，恢复大量被破坏的景观的再生和自我更新能力，便是可持续景观设计的核心内容，也是景观设计学的根本的专业目标。

莱尔（Lyle）在《以可持续发展为宗旨的再生设计》一书中指出："生物与非生物最明显区别在于前者能够通过自身的不断更新而持续生存。"他认为，由人设计建造的现代化景观应当具有在当地能量流和物质流范围内持续发展的能力，而只有可再生的景观才可以持续发展，即景观具有生命力。正如树叶凋零，来年又能长出新叶一样，景观的可再生性取决于其自我更新的能力。因此，景观设计必须采用可再生设计，即实现景观中物质与能量循环流动的设计方式。彼得·拉兹（Peter Latz）设计的德国萨尔布吕肯市港口岛公园，保留了原码头上所有的重要遗迹，收集了工业废墟、战争中留下的碎石瓦砾，经过处理后使之与各种自然再生植物相交融；园中的地表水被统一收集，通过一系列净化处理后得到循环利用。公园景观实现了过去与现在、精细与粗糙、人工与自然和谐交融，充分体现了可再生景观理念。

在城市景观规划设计过程中，不可避免地要遇到和处理以上类似的问题。因此，景观设计应当采用可再生设计，即实现景观中物质与能量循环流动的设计方式。绿色生态景观环境设计提倡最大化利用资源和最小化排放废弃物，提倡重复使用和永续利用。景观材料和技术措施的选择对于实现设计目标有重要影响。景观环境中的可再生、可降解材料的运用、废弃物回收利用，以及清洁能源的运用等，是营造可持续景观环境的重要措施，从上述这些措施着手，统筹景观环境因素之间的关系，是构建可持续景观环境的重要保证。

工程实践充分证明，在可持续的景观材料和工程技术方面，从构成景观的基本元素、材料、工程技术等方面来实现景观的可持续，其中主要包括材料和能源的减量、再利用和再生。景观建造和管理过程中的所有材料最终都源自地球上的自然资源，这些资源分为可再生资源（如水、森林、动物等）和不可再生资源（如石油、煤等）。要实现人类生存环境的可持续，必须对不可再生资源加以保护和节约使用。但即使是某些可再生资源，其再生能力也是有限的，因此，在景观环境中对可再生材料的使用也必须体现集约化原则。

景观环境中一直鼓励使用自然材料，如植物材料、石料、土壤和水等，但对于木材、石材为主的天然材料的应用则应慎重。众所周知，石材是一种典型的不可再生材料，大量使用天然石材意味着对于自然界山体的开采与破坏，以损失自然景观换取人工景观，很显然这是不可取的；木材虽然可再生，但它的生长周期很长，尤其是常用的硬杂木，均属于非速生树种，运用这类材料也是对自然环境的破坏。不仅如此，景观环境中使用过的石材与木材，都难以通过工业化的方法加以再生和利用，一旦需要重新改建，大量的石材与木材会成为建筑垃圾而二次污染环境。因此，应注重探索可再生资源作为景观环境材料，金属材料是可再生性极强的一种材料。此类材料具有自重轻、易加工、易安装、施工周期短等优点，因此，应当鼓励钢结构等金属材料使用于景观环境。除此之外，基于景观环境特殊性，全天候、大流量的使用，除了满足可再生性能外，还应注意材料的耐久性，可以长期无需要更换与养护的材料同样是符合可持续原则的。

可持续景观设计不仅是营造满足人们活动、赏心悦目的户外空间，而且更在于协调人与环境和谐相处。可持续景观设计通过对场地生态系统与空间结构的整合，最大限度地借助于基地的潜力，是基于环境自我更新的再生设计。生态系统、空间结构及历史人文背景是场地环境所固有的属性，对其认知是环境评价与调研的主要内容，切实把握场地的特性，从而发挥环境效益，最大限度地节约资源。走向可持续城市景观，必须建立全局意识，从观念到行动面对当前严峻的生态环境状况以及景观规划设计中普遍存在的局部化、片面化倾向，走向可持续景观已经成为人类改善自身生存环境的必然选择。

在设计取向上，不应再把可持续景观设计仅仅视为可供选择的设计方法之一，而应使整体化设计成为统领全局的主导理念，作为设计必须遵循的根本原则；在评价取向上，应转变单纯以美学原则作为景观设计的评判标准，使可持续景观价值观成为最基本的评价准则。同时，可持续景观必须尊重周围生态环境，它所展现的最质朴、原生态的独特形态与人们固有的审美价值在本质上是一致的。

第二节　绿色建筑与景观绿化

21 世纪人类共同的主题是可持续发展。对于城市建筑，亦由传统高消耗型发展模式转向可持续发展的道路，而绿色建筑正是实施这一转变的必由之路。绿色建筑的理念普及，建造和技术的推广，涉及社会的多个层面，需要多种学科的参与。由于建筑周围的景观不仅具有重要的美学价值，还可发挥重要的生态意义和环境保护作用。因此，绿色建筑周边环境景观设计和应用是绿色建筑设计不可或缺的一方面。景观设计作为一种系统策略，整合技术资源，有助于用最少投入和最简单的方式将一个普通住宅转化成低能耗绿色建筑，这也是未来我国绿色建筑的一个发展趋势。

一、绿化与建筑的配置

在一个完整的景观设计当中，绿化与建筑配置是十分重要的一项内容，绿化配置在建筑景观设计中，不仅要能够起到点睛之笔的作用，同时又要协调、不能出现喧宾夺主的情况，因此，建筑景观设计当中的绿化配置必须要合理、严谨。

在绿化与建筑环境景观设计的全过程中，要始终贯穿一种生态化的设计理念，使绿化配置在整体景观设计中显得更加的亲切自然、合理。生态化的原则是根据科学家钱学森提出的"山水城市"构想，使整个外部景观空间生态化一种思维方式。人的本性之一便是回归自然、亲近自然，通过合理的引入景观设计原有的自然界的水、山以及相关的绿化配置，可最大限度地模拟自然的风光，使景观设计的环境生态化，绿化与建筑配置会更加自然的融入其中，使人们感受这个景观设计中的自然生态美。

（一）园林建筑与园林植物配置

1. 园林建筑与园林植物配置的协调

我国历史悠久，文化灿烂，古典园林众多。由于园的主人身份不同以及园林功能和地理位置的差异，导致园林建筑风格各异，所以对植物配置的要求也有所不同。例如，北京大多数为皇家古典园林，为了反映帝王的至高无上、尊严无比的思想，加之宫殿建筑体量庞大、色彩浓重、布局严谨，则选择了侧柏、桧柏、油松、白皮松等树体高大、四季常青、苍劲延年的树种作为基调，来显示帝王的兴旺不衰、万古长青是非常相宜的。苏州园林有很多是代表文人墨客情趣和官僚士绅的私家园林，在思想上体现士大夫清高、风雅的情趣，建筑色彩淡雅，黑灰色的瓦、洁白的墙、栗色的梁柱和栏杆，在建筑分隔的空间中布置园林，因此园林的面积比较小。在地形及植物的配置上力求以小中见大的手法，通过"咫尺山林"再现大自然景色，植物配置充满诗情画意的意境。

2. 建筑屋顶花园的植物配置

屋顶花园不但降温隔热效果优良，而且能美化环境、净化空气，改善局部小气候，还能丰富城市的俯视景观，能补偿建筑物占用的绿化地面，大大提高了城市的绿化覆盖率，是一种值得大力推广的屋面形式。屋顶花园的设计和建造要巧妙利用主体建筑物的屋顶、平台、阳台、窗台、女儿墙和墙面等开辟绿化场地，并使之有园林艺术的感染力。

由于屋顶花园的空间布局受到建筑固有平面的限制和建筑结构承重的制约，与露地造园相比，其设计既复杂又关系到相关工种的协同，建筑设计、建筑构造、建筑结构和水电等工种配合的协调是屋顶花园成败的关键。由此可见，屋顶花园的规划设计是一项难度大、限制多的园林规划设计项目。

屋顶花园可以广泛地理解为在古今建筑物、构筑物、城围、桥梁（立交桥）等的屋顶、露台、天台、阳台或大型人工假山山体上进行造园、种植树木花草的总称。它与露地造园和植物种植的最大区别，在于屋顶花园是把露地造园和种植搬到建筑物上。它的种植土是人工合成土，不与自然大地土壤相连。

屋顶花园的主角是绿化植物，它能够制造氧气、净化空气，调节空气温度和湿度，从而创造出良好的生态环境；它散发的气体特质具有杀菌作用，对人的身心健康十分有利；同时它对建筑物还具有隔热保温、隔声减噪以及保护防水层和层盖结构等多种作用，被誉为"有生命的建筑材料"。

花灌木是建造屋顶花园的主体，应尽量实现四季花卉的搭配。如：春天的榆叶梅、春鹃、迎春花，栀子花、桃花、樱花、贴梗海棠；夏天的紫薇、夏鹃、黄桷兰、含笑、石榴；秋天的海棠、菊花、桂花；冬天的腊梅、茶花、茶梅。草本花可选配瓜叶菊、报春、蔷薇、月季、金盏菊、一串红、一品红等。水生植物有马蹄莲、水竹、荷花、睡莲、菱角、凤眼莲等。

除了考虑花卉的四季搭配外，还要根据季相变化注意树木的选择，视生长条件可选择广玉兰、大栀子、龙柏、黄杨大球、紫叶李、龙爪槐、枇杷、桂花、竹类等常绿植物；多运用观赏价值高、有寓意的树种，如枝叶秀美、叶色红色的鸡爪槭、红楠木、石楠；飘逸典雅的苏铁；枝叶婆娑的丛竹；品行高洁的梅、兰、竹、菊、松等。

在我国北方营造屋顶花园困难较多，冬天严寒，屋顶薄薄的土层很容易冻透，早春的寒风在冻土层解冻前宜将植物吹干，因此这类地区的屋顶花园宜选用抗旱、耐寒的草种、宿根和球根花卉以及乡土花灌木，也可以采用盆栽和桶栽，冬天便于移至室内过冬。

3. 园林建筑其他部位的植物配置

园林中的门是游客游览必经之处，门和墙连接在一起，起到分割空间的作用。充分利用门的造型，以门为框，通过植物配置，与路、水、石、林、花草等进行精细的艺术构思，不但成为一幅精美的景观，而且可以扩大视野、延伸视线。园林中门的应用很多，并有众多的造型，但是优秀的作品却不多。

园林中的窗也可充分利用作为框景的材料，安坐在室内，透过窗框外的植物配置，俨然一幅生动的画面。墙体的正常功能是承重和分隔空间，在园林中利用墙的南面良好的小气候特点，可以引种栽培一些美丽不抗寒的植物，继而发展成为美化墙面的墙园。

（二）建筑环境绿化的特点

建筑环境是城市环境中的重要组成部分。一组优秀的建筑作品，它可树立城市的良好形象，如深圳的帝王大厦、上海的东方明珠电视塔等，好似一幅幅优美的画卷，给人以美感。但硬质景观终究缺乏生气，若在建筑的外部空间合理地配置绿化植物，柔化其生硬且呆板的线条，那就更丰富了建筑的表现力。

建筑环境是包括时间在内的四维空间，建筑物是位置、形态固定不变的实体，而植物则是随季节而变随年龄而异的生物，从而使这个空间随着时间的变化而相应地发生变化。这些变化主要表现在植物的季相演变方面。植物的四季变化与生长发育，不仅使建筑环境在春夏秋冬四季产生丰富多彩的季相变化，同时植物的生长将原有的景观空间不断丰满扩张，形成了"春天繁花盛开，夏季绿树成荫，秋季红果累累，冬季枝干苍劲"的四季景象，因此产生了"春风又绿江南岸"、"霜叶红于二月花"的时间特定景观。随着植物的生长，植物个体也相应地发生变化，有稀疏的枝叶到茂密的树冠，对环境景观产生着重要的影响。

根据植物的季相变化，把不同花期的植物搭配种植，使得同一地点的某一时期，产生某种特有的景观，给人不同的感受。而植物与建筑的配合，也因植物的季相的变化而表现出不同的画面效果。实践充分证明，对建筑环境绿化可带来显著的环境效益。

（1）建筑环境绿化可以直接改善人居环境质量。城市园林绿化是城市中唯一有生命的基础设施，是有效改善城市人居环境、提高广大市民生活质量、促进城市发展的公益事业。面对全面建设小康社会的历史任务，按照建设资源节约型和生态良好型社会的要求，在创建园林城市的基础上，我国又提出了创建"生态园林城市"的目标。建设生态园林城市就是要利用环境生态学原理，规划、建设和管理城市，充分融合社会、文化、生态和经济等因素，进一步完善城市绿地系统，有效防治和处理城市污染和各种废弃物，实施清洁生产、绿色交通、绿色建筑，实现城市生态的良性循环和人居环境的持续改善，促进城市中人与自然的和谐共存，为创造良好的人居环境做出更大的贡献。

据有关统计资料。人的一生中90%以上的活动都与建筑有关，改善建筑环境质量无疑就是改善人居环境质量。绿化与建筑有机结合，实施全方位立体绿化，从室内清新空气到外部建筑绿化外衣，好像给人类的生活环境安装了一台植物过滤器，氧气和负离子的浓度大大提高，病菌和粉尘的含量大幅度减少，噪声被隔离降低，这些都大大提高了生活环境的舒适度，形成了对人更为有利的生活环境。

（2）建筑环境绿化可以大幅度提高城市绿地率。在城市硬质道路和建筑的沙漠里，绿地犹如沙漠中的绿洲，发挥着重要的作用。在绿化空间拓展极其有限，高昂的地价成为城市绿地发展的瓶颈，对于占城市绿地面积50%以上的建筑进行屋顶绿化、墙面绿化及其他形式的绿化，可以充分利用建筑空间，扩大城市的绿地率，从而成为增加城市绿化面积、改善建筑生态环境的一条必经之路。在这方面日本有明文规定，新建筑占地面积只要超过$1000m^2$，屋顶的1/5必须为绿色植物所覆盖，否则开发商就得接受罚款。

近年来，我国在建筑环境绿化方面积累了许多丰富的经验，如充分地把地方文化融入园林景观和园林空间中；结合屋顶对园林植物的影响来选择园林植物；运用不同的造园手法来创造一个源于自然而高于自然的园林景观；以人为本，充分考虑人的心理，人的行为的宗旨，来进行屋顶花园的规划设计等。国内如深圳、重庆、成都、广州、上海、长沙、兰州、武汉等城市，有的已经对屋顶进行了成功的开发。如广州东方宾馆屋顶花园、广州白天鹅宾馆的室内屋顶花园、上海华亭宾馆屋顶花园、重庆沙平大酒家屋顶花园等，有的城市已把城市楼群的屋顶作为新的绿源。

（三）建筑、环境与人之间的关系

建筑、环境与人，这是三位一体的，他们之间的关系是相互依存、相互制约、相互促进发展的，他们之间关系的协调性如何直接影响到人类的生存和发展。适应自然环境的变化，是人类建造建筑物的最直接原因。自然界的长期发展，特别是生物种系的长期进化，是人类得以产生的最直接的生物学前提。在人类发展的过程中，其居住环境也在发生着变化—从森林古猿的树栖生活，到类人猿的穴居生活，直至现代人的摩天大楼，无一不在昭示着建筑、环境与人的密切关系。

人类大规模的无序开发和建设，使其生浩和发展的环境受到破坏，这种破坏越来越困扰着人类的生存，这说明人类在大力发展经济的同时，忽视了建筑、环境与人之间的相互关系。这种违背了人类生存所依赖的基本环境，而单纯地追求经济效益的行为，使人类付出巨大的经济和环境破坏的代价。人类从大自然"报复"的沉痛教训中逐渐觉醒，渴望绿色回归自然已成为人们的普遍愿望。由此可见，建筑、环境与人三者之间的关系必须是协调的，人的生存离不开建筑，建筑的发展必须尊重自然环境，这是全人类已经形成的共识。

绿色植物的代谢可以稀释甚至吸收环境中的有害气体，通过绿色植物的呼吸作用，大气中才能产生游离的氧。事实上，人类生存所需要的全部食物，所有空气中的氧，稳定的地表土和地表水系统，大气候的生成和小气候的改善，都依赖于植物的作用。从科学的角度更确切地讲，所有动物及其进化所产生的人类，都是依赖于植物而生存的，人类和绿色植物是必须相互寄生在一起的。生态适应和协同进化是人类生存与绿化功能的本质联系。

历史经验告诉我们，进行建筑设计必须注重生态环境，必须注重建筑和环境的绿化设计。将绿化融入建筑设计之中，尽可能多地争取绿化面积，充分利用地形地貌种植绿色植被，让人们生活在没有污染的绿色生态环境中，这是我们所肩负的环境责任。

（四）建筑绿化的主要功能

从广义的范畴来讲，凡是与建筑相关的绿化都称为建筑绿化。建筑绿化包括了建筑内外的景观绿化、阳台绿化、屋顶绿化、墙面绿化等一系列的绿化种类。建筑绿化作为城市绿化的重要组成部分，它与平面绿化相结合，是迅速增加城市绿化面积、改善城市环境质量的重要手段，从而使我们身边的生活空间变得更加优美、舒适，为创造各种经济效益和改善城市整体的环境发挥积极作用，并提升城市品牌形象。

1. 植物的生态功能

植物的出现使整个地球变得丰富多彩、生机盎然、生气勃勃的世界。植物界，特别森林、草原是天然的基因库，是自然界留给人类最宝贵的财富，它在护生物多样性（包括物种的多样性，遗传的多样性和生态系统的多样性）起着重大的贡献。植物在生物、地球、化学循环中起着重大的作用。所谓生物地球化学循环，包括水循环、碳循环、氮循环、磷循环、硫循环，通常称为水、气和沉积三大循环。植物是人类生命存在的必不可少的条件，它的变化直接、间接地影响着人类的生存和发展。

经过科学测试证明，植物具有固定二氧化碳、释放氧气、调节光线、减弱噪声、滞尘杀菌、增湿调温、收吸有毒物质、建设城市景观等生态功能，其生态功能的特殊性使得建筑绿化不仅不会产生污染，更不会消耗能源，同时还可以弥补由于建造以及维持建筑的能源耗费，降低由此而导致的环境污染，改善建筑环境的质量，从而为城市建筑生态小环境的改善提供可能性和理论依据。

2. 建筑外环境绿化

随着经济的飞速发展和人民生活水平的不断提高，人们对健康生活、绿色生活方式更加重视，对绿化的认识也有了更深入的理解，越来越注重建筑周围的绿化。公众在追求宽敞、方便的建筑使用空间的同时，也开始注重舒适的建筑外部环境。随着城市化的进程不断加快，人们日益感觉到我们的建筑外环境中真正缺少的是足够的绿色。

建筑外环境指的是建筑周围或建筑与建筑之间的环境，是以建筑构筑空间的方式从人的周围环境中进一步界定而形成的特定环境，与建筑室内环境一样，同是人类最基本的生存活动的环境。大量的工程实践证明，建筑外环境设计是通过对不同环境要素的布局与安排，使人产生不同的情绪和心理反应，从而加深对环境的理解，产生与环境相适应的行为。建筑外环境是一个民族、一个时代的科技与艺术的反映，也是居民的生活方式、意识形态和价值观的真实写照。

建筑外环境绿化是改善建筑环境小气候的重要手段。据测定，$1m^2$ 植物叶面积每日可吸收 15.4g 二氧化碳，释放 10.97g 氧气，释放 1.634g 水，吸收 959.3kJ 热量，可以为环境降温 1℃ 以上。另一方面，植物又是良好的减噪滞尘的屏障，如园林绿化常用门树种广玉兰日滞尘量可达 $7.10g/m^2$；高 1.5m、宽 2.5m 的绿篱，可减少粉尘量 50.8%，减弱噪声 1～2dB（A）。良好的绿化结构还可以加强建筑小环境通风，利用落叶乔木为建筑调节光照。

3. 建筑物立体绿化

随着城区的扩大和城市数量的增加，农田绿地一天天被蚕食。城市将是人类社会的主体，标志着人类从辽阔的森林田野的自然生态环境走入人工环境的城市。城市是人工创造的环境，密集的建筑群，密布的道路网及存车场，都不能吸收水分，雨水直接经由下水道排入河湖，致使城区干燥。城市发出余热的地方多（如住宅、餐馆、工厂等），再加上建筑、道路吸收日光热及机动车散热，使城市成为热岛。据气象部门测定，日本东京、中国北京的气温比前些年升高了 3℃。城市的发展，使地面植被遭到严重破坏，有的甚至是毁灭。人类生产、生活产生的大量污染物形成公害，时刻威胁着人类自身的生存。

最直接的办法是采用立体绿化的办法，从建筑占地中夺回绿化用地，即进行屋顶绿化和垂直绿化。这既不损失绿化面积，又能较好地解决建筑占地和绿化用地的矛盾，从而有效提高绿化率。城市立体绿化是城市绿化的重要形式之一，是改善城市生态环境，丰富城市绿化景观重要而有效的方式。发展立体绿化，能丰富城区园林绿化的空间结构层次和城市立体景观艺术效果，有助于进一步增加城市绿量，减少热岛效应以及吸尘、减少噪声和有害气体等，营造和改善城区生态环境。立体绿化是一种融建筑技术与绿化艺术为一体的综合性现代技术，它使建筑物的空间潜能与绿色植物的多种效益得到完美的结合和充分的发挥，是城市绿化发展的崭新领域，具有广阔的发展前景。

一般而言，城市建筑的立体绿化包括屋顶绿化和墙面绿化两个方面。

屋顶绿化的特点主要如下。

（1）利用空间，经济便捷 长期以来，城市大量闲置的屋面往往未得到充分的利用。合理、经济地利用城市空间环境，始终是城市规划者、建筑者、管理者追求的目标。发展屋顶绿化为此提供了经济便捷地利用城市屋面空间的手段和途径。

（2）形式多样 由于建筑的不同功能与造型，形成了面积不等、高低不一、形状各异的各种屋面。加之新颖多变的绿化布局设计，以及各种植物构成及附属配套设施的使用，形成了类型多样的屋顶绿化体系。从使用功能来看，屋顶绿化可划分成花园苗圃型、棚架型、庭院型、草坪地毯型、立体多层型、经济开发型等多种类型。

（3）环境特殊　屋顶绿化植物生长环境不同于地面绿化，植物生长环境受到诸多因素影响，既有种植土壤厚度有限、风速较大、昼夜温差大等不利影响，也有日照充足等有利因素。

（4）增加了人们的户外活动空间，提供了人与自然、人与人广泛接触的场所。

墙面绿化的特点主要如下。

（1）贴附建筑，不占空间　垂直绿化不同于地面绿化及屋顶绿化，垂直绿化是一种面上的绿化形式，几乎不占地面及屋顶空间，仅贴附于建筑物外表面，形式单一。

（2）造价低廉，管护简便　一般来说，用于垂直绿化的植物具有极强的生命力，易繁殖蔓延，环境适应能力强；对土壤、水、肥等生存环境要求不高且不需要整形修剪，因而，进行垂直绿化造价低廉、管理维护简便。

建筑物绿化使绿化与建筑有机结合在一起，一方面可以直接改善建筑的环境质量，另一方面还可以补偿由建筑物林立导致的绿化量减少，提高整个城市的绿化覆盖率与辐射面。此外，建筑物绿化还了为建筑有效隔热，改善室内环境。据有关测定，夏季墙面绿化与屋顶绿化后，可以为室内降温 1～2℃，冬季可以为室内减少 30％的热量损失。植物的根系可以吸收和存储 50％～90％的雨水，大大减少雨水的流失。据有关测试资料证明，在一个城市中，如果其建筑物的屋顶都能绿化，则城市的二氧化碳排放比没有绿化的减少 85％左右，其绿化的生态效益非常显著。

4. 建筑的室内绿化

城市环境的日趋恶化，使越来越多地依赖于室内加热通风及空调为主体的生活工作环境。由于空调组成的楼宇控制系统是一个封闭的系统，自然通风换气十分困难。据上海市环保产业协会室内环境质量检测中心调查，写字楼内的空气污染程度是室外的 2～5 倍，有的甚至超过 100 倍，空气中的细菌含量高于室外的 60％以上，二氧化碳浓度最高为室外的 3 倍以上。人们长期处于这种室内环境中，极易造成建筑综合征（SBS）的发生。

科学试验证明，一定规模的室内绿化，可以吸收二氧化碳、放出氧化，并吸收室内有毒气体，减少室内病菌的含量。另外，室内绿化还可以引导室内空气对流，增强室内空气的流动。由此可见，室内绿化可以大大提高室内环境舒适度，改善人们的工作环境和居住环境。绿化将自然引进室内，不仅可满足人类向往自然的心理需求，而且成为人们心理健康的一个重要手段。

室内绿化设计是室内设计的一部分，绿色植物不单仅是对室内环境的装饰，而是作为提高环境质量满足人们心理需求不可缺少的因素。室内绿化设计最主要的作用有以下几个方面。

（1）调节气候、净化空气、改善室内生活环境　在现代生活中的人们的生活压力大，节奏快，环境对于人类的影响是巨大的，通过植物本身的性质来起到调节和改善周围环境的作用。植物的光合作用对室内环境的氧气的补充，以及植物的吸热和水分蒸发都对室温和湿度有一定的调节作用，植物还可以吸附空气中的灰尘和其他颗粒物，沉淀空气。

植物自身就具有优美的造型，丰富的色彩，不同的质感等，它所显能给人以蓬勃向上、充满生机的力量，可促使人们热爱自然、热爱生活。不管是在生理还是在心理上都可以通过室内绿化的布置，可把这种自然的美及自然的力量融入到环境中，使环境不仅得到了绿化，而且对人的性情、爱好等都可进行一定的调节，起到陶冶情操、净化心灵的作用，并且不同地域和国家对不同的植物、花卉均赋予了一定的象征和含义。

世界上许多国家都很重视绿色的作用，在一些特殊的场合都会有一些特定的植物，他们所起到的作用也是各不相同的。比如酒店、文化公园、私人别墅等一些比较大的场所，一般都选用一些大型的植物盆栽等。近年的一些酒店大堂也有选用大型的插花来装饰，搭配一些工艺石头和木雕，但总体还是离不开绿色植物作为主体。不少公共场所、旅馆、办公室、餐厅内部空间都布置一定数量的花木。室内绿化多选用热带亚热带常绿、较能耐荫的观叶植物，如室内光照良好，也可栽培开花植物。

（2）分割空间，改善室内空间结构　在空间结构中，有时空间的结构达不到人们想要的完美效果，有时墙体不可以完全的拆除或隔离划分，这是就会利用不同形态，不同大小的绿色植物来改善完美空间。在室内环境美化中，绿化装饰设计对空间的构造也可发挥一定作用。如根据人们生活活动需要，运用成排的植物可将室内空间分为不同区域；攀缘上格架的藤本植物，可以成为分隔空间的绿色屏风，同时又将不同的空间有机地联系起来。

利用室内绿化可以分割空间，形成虚拟的空间，更好地实现其空间功能。此外，室内房间如有难以利用的死角，可以选择适宜的室内观叶植物来填充，以弥补房间的空虚感，还能起到装饰设计作用。室内绿化，不仅种植树木和花草，而且可以设置山石、水池、喷泉及其他园林建筑小品，甚至具有园林的意境。

广州白天鹅宾馆的室内绿化的主题为"故乡水"，以水帘式流泉为主，结合亭、廊、山石、植物，成为一座立意新颖、造型优美的室内庭园。还可以利用绿色植物具有观赏性的特点，通过吸引人们注意力的方式，巧妙、含蓄地对空间起到指引与提示的作用。运用植物本身的大小、高矮可以调整室内空间的比例感，充分提高室内有限空间的利用率。如两厅室之间、厅室与走道之间以及在某些大的厅室内需要分隔成小空间的，如办公室、餐厅、旅店大堂、展厅，此外在某些空间或场地的交界线，如室内外之间、室内地坪高差交界处等，都可用绿化进行分隔。某些有空间分隔作用的围栏，如柱廊之间的围栏、临水建筑的防护栏、多层围廊的围栏等，也均可以结合绿化加以分隔。

室内绿化也可与室外绿化相互渗透，如利用窗台进行攀缘绿化或摆设盆景。室内绿化的形式很多，如在博古架上摆设盆花盆景；以透空隔扇栽种攀缘植物，来分隔空间；以垂吊植物装饰墙面或顶棚等。联系引导空间联系室内外的方法是很多的，如通过铺地由室外延伸到室内，或利用墙面、天棚或踏步的延伸，也都可以起到联系的作用。但是相比之下，都没有利用绿化更鲜明、更亲切、更自然、更惹人注目和喜爱。许多宾馆常利用绿化的延伸联系室内外空间，起到过渡和渗透作用，通过连续的绿化布置，强化室内外空间的联系和统一。绿化在室内的连续布置，从一个空间延伸到另一个空间，特别在空间的转折、过渡、改变方向之处，更能发挥空间的整体效果。

绿化布置的连续和延伸，如果有意识地强化其突出、醒目的效果，那么，通过视线的吸引，就起到了暗示和引导作用。方法一致，作用各异，在设计时应予以细心区别。突出空间的重点作用在大门入口处、楼梯进出口处、交通中心或转折处、走道尽端等，既是交通的要害和关节点，也是空间中的起始点、转折点、中心点、终结点等的重要视觉中心位置，是必须引起人们注意的位置，因此，常放置特别醒目的、更富有装饰效果的、甚至名贵的植物或花卉，使起到强化空间、重点突出的作用。布置在交通中心或尽端靠墙位置的，也常成为厅室的趣味中心而加以特别装点。这里应说明的是，位于交通路线的一切陈设，包括绿化在内，必须以不妨碍交通和紧急疏散时不致成为绊脚石，并按空间大小形状选择相应的植物。如放在狭窄的过道边的植物，不宜选择低矮、枝叶向外扩展的植物，否则，既妨碍交通又会损伤植物，因此应选择与空间更为协调的修长的植物。

（3）装饰设计美化环境　树木花卉以其千姿百态的自然姿态、五彩缤纷的色彩、柔软飘逸的神态、生机勃勃生命，与冷漠、刻板的金属、玻璃制品及建筑几何形体和线条形成强烈的对照。例如，乔木或灌木可以以其柔软的枝叶覆盖室内的大部分空间；蔓藤植物以其修长的枝条，从这一墙面伸展至另一墙面，或由上而下吊垂在墙面、柜、橱、书架上，如一串翡翠般的绿色装饰品，并改变了室内空间，予以一定的柔化和生气。这是其他任何室内装饰、陈设所不能代替的。此外，植物修剪后的人工几何形态，以其特殊色质与建筑在形式上取得协调，在质地上又起到刚柔对比的特殊效果。根据室内环境状况进行绿化布置，不仅仅针对单独的物品和空间的某一部分，而是对整个环境要素进行安排，将个别的、局部的装饰设计组织起来，以取得总体的美化效果。

经过艺术处理，室内绿化装饰设计在形象、色彩等主面使被装饰设计的对象更为妩媚。如室内建筑结构出现的线条刻板、呆滞的形体，经过枝叶花朵的点缀而显得灵动。装饰设计中的色彩常常左右着人们对环境的印象，倘若室内没有枝叶花卉的自然色彩，即使地面、墙壁和家具的颜色再漂亮，仍然缺乏生机。绿叶花枝也可作门窗的景框，使窗外色更好地映入室内，而室内或窗外环境中的不悦目部分则可利用布置的植物将其屏蔽。所以，室内观叶植物对室内的绿化装饰设计作用不可低估。

二、室外绿化体系的构建

根据以上所述可知，绿化不仅可以调节室内外温、湿度，有效降低绿色建筑的能耗，同时还能提高室内外空气质量，降低二氧化碳的浓度，从而提高使用者的健康舒适度，并且能满足使用者亲近自然的心理。因此，绿化是绿色建筑节能、健康舒适、与自然融合的主要措施之一。构建适宜的绿化体系是绿色建筑的一个重要组成部分，在了解植物的生物、生态习性和其他各项功能测定比较的基础上，选择适宜的植物种类和群落类型，提出适宜的绿色建筑室外绿化、室内绿化、屋顶绿化和垂直绿化的构建思路。

室外绿化一般占城市总用地面积的 35％左右，是建筑用地中分布最广、面积最大的空间，其绿地使用率是其他类型绿地的 5～10 倍。城市室外绿化的优劣，直接影响到居民的生活质量和一个城市的生态环境。绿地是决定一个城市环境质量好坏的主要园林绿地类型。实践证明，搞好居住区室外绿化是提高城市环境质量的有效途径。

（一）植物的选择原则

城市绿地的植物配置是休闲绿地绿化景观的主题，它不仅起到保持、改善环境等功能要求，而且还起到美化环境、满足人们游憩的要求。首先要考虑是否符合植物生态要求及功能要求和是否能达到预期的景观效果。园区绿化时植物配置还应该以生态园林的理论为依据，模拟自然生态环境，利用植物生理、生态指标及园林美学原理，进行植物配置，创造复层结构，保持植物群落在空间、时间上的稳定与持久。此外还应考虑到落果少、无飞絮、无刺、无毒、无刺激性的植物。总之，植物的选择应遵循以下原则。

（1）植物的选择首先要满足功能要求，并与山水、建筑等自然环境和人工环境相协调。

（2）植物的配置要以乡土树种为基调树种，选择耐干旱、耐瘠薄、耐水湿和耐盐碱的适宜生物种。

（3）植物配置应注意整体效果，应做到主题突出、层次清楚、具有特色，应避免"宾主不分"、"喧宾夺主"和"主体孤立"等现象，使得设计既统一又有变化，以产生和谐的艺术效果。

（4）植物配置应重视植物的造景特色，具有较好的观赏性。

（5）植物配置还应对各种植物类型和植物比重作出适合的安排，并保持一定的比例。

（二）群落的配置原则

随着时代发展，久居城市的人们对居住环境提出了新的要求，向往回归自然，希望让城市的阳光、空气、水体、树木、花草都披上自然的色彩，绿地的近自然配置将会得到大力提倡。实现这个目标重点在于选择合适的植物，在考虑建筑风格与植物软景的和谐统一的前提下，充分吸收传统园林植物配置中模拟自然的方法，经过艺术加工来提升植物的观赏价值，以充分发挥植物群落生态功能，尽可能创造美观、生态、舒适、经济的生活环境，达到经济效益、社会效益与生态效益的高度统一。

所谓近自然式植物群落配置，一方面是指植物材料本身为近自然状态，尽量避免人工重度修剪和造型，另一方面是指在配置中要避免植物种类单一、株行距整齐划一以及苗木的规格的一致，尽可能模仿自然。通过不同物种的适应、竞争实现植物群落的共生与稳定。这种植物配置形式具有植物群落结构稳定、园林空间丰富多彩、地方特色和风格突出的特点，季相变化明显，随着季节的推移，达到"春可观赏鲜花、夏可遮荫乘凉、秋可赏果观叶"的效果。在进行植物群落的配置设计时，主要应遵循以下原则。

（1）生态性原则　在植物材料的选择发挥出最大的生态效益前提下，树种的搭配、草本花卉的点缀，草坪的衬托选择等必须最大限度地以改善生态环境、提高生态效益为出发点，尽量多地选择和应用乡土树种，创造出稳定的植物群落。

（2）景观性原则　遵循自然规律，充分研究所处地带的地形地貌特征，自然植被类型、自然景观格局和特征特色，在科学合理的基础上，适当增加植物配置的艺术性、趣味性，使之具有人性化和亲近感。

（3）因地制宜原则　充分利用原有地形地貌，用最少的投入、最简单的维护、达到软景设计与风土人情及文化氛围相融合的境界。

（4）可持续发展原则　以自然环境为出发点，遵循生态学原理，在了解植物的生物学特性和生态学习性的基础上，保护、恢复和再造自然环境，在人工环境中努力显现自然。合理布局、科学搭配，使各植物和谐共存、稳定、可持续发展。

（三）适合建筑室外绿化的植物

随着城市环境的恶化，人们逐步地认识到植物在改善环境和保护环境中的重要作用，治理恶化的环境必须依靠植物，在城市建设中植物景观已成为城市活动的基础设施之一。城市园林植物群落是城市生命保障系统的主体，具有重大生态服务和美化等方面的功能，对于实现城市可持续发展战略具有重要的作用。

植物配置是居住区环境建设中的重要一环，这不仅表现在植物对改善生态环境的巨大作用，更表现在其对于美化生活空间所带来的巨大精神价值。植物景观的好坏已经成为居民选择住房的主要考虑因素，因此也成为住房价格高低的重要筹码。

植物具有生命，不同的园林植物具有不同的生态和形态特征。进行植物配置时，要因地制宜，因时制宜，使植物正常生长，充分发挥其观赏特性。

1. 建筑室外绿化的树种选择

（1）要根据当地的气候环境条件配植的树种，特别是在经济和技术条件比较薄弱的地区，尤显重要。以地处亚热带地区为例，最新推荐使用的优良落叶树种，乔木类有无患子、栾树等。耐寒常绿树种，乔木类有山杜英等。

（2）要根据当地的土壤环境条件配植的树种。例如，杜鹃、茶花、红花继木等喜酸性土树种，适于 pH 值为 5.5～6.5、含铁铝成分较多的土质。而黄杨、棕榈、桃叶珊瑚、夹竹桃、枸杞等喜碱性土树种，适于 pH 值为 7.5～8.5、含钙质较多的土质。

（3）根据树种对太阳光照的需求强度，合理安排配植的用地及绿化使用场所。

（4）要根据环保的要求进行配植的树种。在众多的树木之中，有许多不光具有一般绿化、美化环境的作用，而且还具有防风、固沙、防火、杀菌、隔声、吸滞粉尘、阻截有害气体和抗污染等保护和改善环境的作用。因此，在城市园林、绿地、工矿区、居民区配置林木时，我们应该根据各个地区环境保护的实际需要，配置适宜的树木。例如，在工业污染比较大的城市中，在粉尘较多的工厂附近、道路两旁和人口稠密的居民区，应该多配置一些侧柏、桧柏、龙柏，悬铃木等易于吸带粉尘的树木；在排放有害气体的工业区特别是化工区，应该尽量多栽植一些能够吸收或抵抗有害气体能力较强的树木，如广玉兰、海桐、棕榈等树木。

（5）要根据绿地性质进行配置。各街道绿地、庭园绿化中，根据绿地性质，规划设计时选择适当树种。如设计烈士陵园绿化，树木选择常绿树和柏类树，表示烈士英雄"坚强不屈"高尚品德和"万古长青"的纪念寓意。在幼儿园绿化设计，选择低矮和色彩丰富的树木，如红花继木、金叶女贞、十大功劳，由红、黄、绿三色组成，带来活泼、喜庆的气氛；还要考虑不能选择有刺、有毒的树木，如夹竹桃、构骨等树木。

2. 建筑室外绿化功能性植物群落

根据有关研究成果和部分植物资源信息库资料，推荐配置了一些生态功能较好的功能性植物群落，供建筑室外绿化设计参考。

（1）降温增湿效果较好的植物群落　有关专家对不同行道树、藤蔓攀缘植物、草坪绿地及未绿化空旷地温湿度效应进行了测定。测定结果表明：不同行道树、蔓藤植物、草坪绿地及未绿化空旷地的降温增湿效果比较明显，这种差异在很大程度上受绿化树木种类、树冠形态、枝叶特征、林木高、径生长量、绿化栽植密度及郁闭度等多种因子的影响。我国的华东地区降温增湿效果较好的植物群落主要如下。

① 香榧＋柳杉群落。具体的群落组成为：香榧＋柳杉—群落八角金盘＋云锦杜鹃＋山茶—络石＋虎耳草＋铁筷子＋麦冬＋结缕草＋凤尾兰＋薰衣草。

② 广玉兰＋罗汉松群落。具体的群落组成为：广玉兰＋罗汉松—东瀛珊瑚＋雀舌黄杨＋金叶女贞—燕麦草＋金钱蒲＋荷包牡丹＋玉簪＋凤尾兰。

③ 香樟＋悬铃木群落。具体的群落组成为：香樟＋悬铃木—亮叶腊梅＋八角金盘＋红花继木—大吴风草＋贯众＋紫金牛＋姜花＋岩白菜。

（2）能较好改善空气质量的植物群落　有关专家对不同植物群落空气的负离子浓度进行观测研究。研究结果表明：a. 不同群落环境空气中负离子浓度顺序为：阔叶林＞混交林＞草地＞灌丛；b. 一年中不同植物群落空气负离子浓度均为夏、秋季高于冬、春季，且夏季最高，而冬季最低，其中又以阔叶林的空气质量最好。造林能显著提高环境空气中的负离子浓度，而单纯种草效果不明显。我国的华东地区能较好改善空气质量的植物群落主要如下。

① 杨梅＋杜英群落。具体的群落组成为：杨梅＋杜英—山茶＋珊瑚树＋八角金盘—麦冬＋大吴风草＋贯众＋一叶兰。

② 竹群落。具体的群落组成为：刚竹＋毛金竹＋淡竹—麦冬＋贯众＋结缕草＋玉簪。

③ 柳杉＋日本柳杉群落。具体的群落组成为：柳杉＋日本柳杉—珊瑚树＋红花继木＋紫荆—细叶苦草＋麦冬＋紫金牛＋虎耳草。

（3）固碳释氧能力比较强的植物群落　为了提高园林景观中绿地的固碳能力，要选择固碳能力强的园林植物种类，以扩大园林低碳绿地。植物类型的固碳释氧能力大小依次为常绿灌木、落叶乔木、常绿乔木、落叶灌木。所以在园林景观配置中，要增加常绿灌木和落叶乔木的使用比例，并且合理进行搭配，以增加绿地的固碳释氧能力和单位空间的绿色植被，进而改善冬季绿地景观。我国的华东地区固碳释氧能力比较强的植物群落主要如下。

① 广玉兰＋夹竹桃群落。具体的群落组成为：广玉兰＋夹竹桃—云锦杜鹃＋紫荆＋云南黄馨—紫藤＋阔叶十大功劳＋八角金盘＋洒金东瀛珊瑚＋玉簪＋花叶蔓长春花。

② 香樟＋山玉兰群落。具体的群落组成为：香樟＋山玉兰—云南黄馨＋迎春＋大叶黄杨—美国凌霄＋鸢尾＋早熟禾＋八角金盘＋洒金东瀛珊瑚＋玉簪。

③ 含笑＋蚊母群落。具体的群落组成为：含笑＋蚊母—卫矛＋雀舌黄杨＋金叶女贞—洋常春藤＋地锦＋瓶兰＋野牛草＋花叶蔓长春花＋虎耳草。

三、室内绿化体系的构建

随着城市化进程不断加快，城市绿地面积日益减少。为最大限度实现和大自然的亲近，室内绿化成为目前室内装饰的新趋势。室内绿化植物除了能满足人们对自然界的绿色视觉需求外，还可调节室内气温改善室内空气质量陶冶生活情操。室内绿化主要是解决"人—建筑—环境"之间的关系，所以室内绿化的布置上要遵循比例适度、布局合理、色彩、质地与环境相协调的原则。

室内绿化是经过有关人员设计而成的，其出发点是尽可能地满足人的生理、心理乃至潜在的需要。在进行室内植物配置前，首先应对场所的环境进行分析，收集其空间特征、建筑参数、装修状况，以及光照、温度、湿度等，与植物生长密切相关的环境因子等诸多方面的资料是必需的。只有在综合分析这些资料的基础上，才能合理地选用室内绿化植物，达到改善室内环境、提高健康舒适度的目的。

（一）室内绿化植物选择的原则

室内绿化装饰是指按照室内环境的特点，利用以室内观叶植物为主的观赏材料，结合人们的生活需要，对使用的器物和场所进行美化装饰。这种美化装饰是根据人们的物质生活与精神生活的需要出发，配合整个室内环境进行设计、装饰和布置，使室内室外融为一体，体现动和静的结合，达到人、室内环境与大自然的和谐统一，它是传统的建筑装饰的重要突破。居室的主人、条件、环境不同，决定了室内绿化植物选择需遵循一定的原则。

1. 室内绿化植物选择美学原则

美，是室内绿化装饰的重要原则。如果没有美感就根本谈不上装饰。因此，必须依照美学的原理，通过艺术设计，明确主题，合理布局，分清层次，协调形状和色彩，才能收到清新明朗的艺术效果，使绿化布置很自然地与装饰艺术联系在一起。为体现室内绿化装饰的艺术美，必须通过一定的形式，使其体现构图合理、色彩协调、形式谐和。

（1）构图合理 构图是将不同形状、色泽的物体按照美学的观念组成一个和谐的景观。绿化装饰要求构图合理。构图是装饰工作的关键问题，在装饰布置时必须注意两个方面：其一是布置均衡，以保持稳定感和安定感；其二是比例合度，体现真实感和舒适感。

布置均衡包括对称均衡和不对称均衡两种形成。人们在居室绿化装饰时习惯于对称的均衡，如在走道两边、会场两侧等摆上同样品种和同一规格的花卉，显得规则整齐、庄重严肃。与对称均衡相反的是，室内绿化自然式装饰的不对称均衡。如在客厅沙发的一侧摆上一盆较大的植物，另一侧摆上一盆较矮的植物，同时在其近邻花架上摆上一悬垂花卉。这种布置虽然不对称，但却给人以协调感，视觉上认为二者重量相当，仍可视为均衡。这种绿化布置得轻松活泼，富于雅趣。

比例合度，是指植物的形态、规格等要与所摆设的场所大小、位置相配套。例如：空间大的位置可选用大型植株及大叶品种，以利于植物与空间的协调；小型居室或茶几案头只能摆设矮小植株或小盆花木，这样会显得优雅得体。

掌握布置均衡和比例合度这两个基本点，就可有目的地进行室内绿化装饰的构图组织，实现装饰艺术的创作，做到立意明确、构图新颖，组织合理，使室内观叶植物虽在斗室之中，却能"隐现无穷之态，招摇不尽之春"。

（2）色彩协调　色彩感觉是一般美感中最大众的形成。色彩一般包括色相、明度和彩度三个基本要素。色相就是色别，即不同色彩的种类和名称；明度是指色彩的明暗程度；彩度也叫饱和度，即标准色。色彩对人的视觉是一个十分醒目且敏感的因素，在室内绿化装饰艺术中举足轻重的作用。

室内绿化装饰的形式要根据室内的色彩状况而定。如以叶色深沉的室内观叶植物或颜色艳丽的花卉作布置时，背景底色宜用淡色调或亮色调，以突出布置的立体感；居室光线不足、底色较深时，宜选用色彩鲜艳或淡绿色、黄白色的浅色花卉，以便取得理想的衬托效果。陈设的花卉也应与家具色彩相互衬托。如清新淡雅的花卉摆在底色较深的柜台、案头上可以提高花卉色彩的明亮度，使人精神振奋。此外，室内绿化装饰植物色彩的选配还要随季节变化以及布置用途不同而作必要的调整。

（3）形式和谐　植物的姿色形态是室内绿化装饰的第一特性，它将给人以深刻的印象。在进行室内绿化装饰时，要依据各种植物的各自姿色形态，选择合适的摆设形式和位置，同时注意与其他配套的花盆、器具和饰物间搭配谐调，力求做到和谐相宜。如悬垂花卉宜置于高台花架、柜橱或吊挂高处，让其自然悬垂；色彩斑斓的植物宜置于低矮的台架上，以便于欣赏其艳丽的色彩；直立、规则植物宜摆在视线集中的位置；空间较大的中央位置可以摆设丰满、均称的植物，必要时还可采用群体布置，将高大植物与其他矮生品种摆设在一起，以突出布置效果等。

2. 室内绿化植物选择实用原则

室内绿化装饰必须符合功能的要求，要实用，这是室内绿化装饰的另一重要原则。所以要根据绿化布置场所的性质和功能要求，从实际出发，才能做到绿化装饰美学效果与实用效果的高度统一。如书房，是读书和写作的场所，应以摆设清秀典雅的绿色植物为主，以创造一个安宁、优雅、静穆的环境，使人在学习间隙举目张望，让绿色调节视力，缓和疲劳，起镇静悦目的功效，而不宜摆设色彩鲜艳的花卉。

3. 室内绿化植物选择经济原则

室内绿化装饰除要注意美学原则和实用原则外，还要求绿化装饰的方式经济可行，而且能保持长久。设计布置时要根据室内结构、建筑装修和室内配套器物的水平，选配合乎经济水平的档次和格调，使室内"软装修"与"硬装修"相谐调。同时要根据室内环境特点及用途选择相应的室内观叶植物及装饰器物，使装饰效果能保持较长时间。

上述三个原则是室内绿化装饰的基本要求。它们联系密切，不可贪偏颇。如果一项装饰设计美丽动人，但不适于功能需要或费用昂贵，也算不上是一项好的装饰设计方案。

（二）适合室内绿化的植物

花卉是居室绿化植物的主体，它色彩缤纷、四季相异、早晚不同、晴雨有别，又以其各具特色的形态、姿色、风韵和香味给人以生命的气息和动态的美感，满足了人们渴望亲近大自然的需求。我国适宜居室绿化的植物常用的至少有 300 余种，有的枝叶婆娑、绿意盎然，有的花枝摇曳、五彩斑斓，有的姿态万千、趣味无穷，有的清雅俊秀、意味悠长，为人们提供了各式各样的居室绿化材料。归纳起来，适合华东地区绿色建筑室内的绿化植物有以下种类。

1. 适合绿色建筑室内的木本植物

适合华东地区绿色建筑室内的木本植物有：米仔兰、硬枝黄蝉、霸王椰、短穗鱼尾葵、董棕、散尾葵、玳玳、柠檬、螺旋叶变叶木、袖珍椰子、耐阴朱蕉、朱蕉、孔雀木、龙血树、富贵竹、银边富贵竹、假连翘、重瓣狗牙花、番樱桃、高山榕、垂叶榕、琴叶榕、印度橡皮树、酒瓶椰子、茉莉花、轴桐、蒲葵、棍棒椰子、白兰花、九里香、三角椰子、江边刺葵、太平洋棕、奇异皱子棕、国王椰子、棕竹、细叶棕竹、狗牙花、狐尾椰子、美洲苏铁、草莓番石榴、胡椒木等。

2. 适合绿色建筑室内的草本植物

适合华东地区绿色建筑室内的草本植物有铁线蕨、斑马光萼荷、银后亮丝草、尖尾芋、海芋、三色凤梨、菠萝、花烛、银脉爵木、假槟榔、三药槟榔、洒金蜘蛛抱蛋、卵叶蜘蛛抱蛋、佛肚竹、银星秋海棠、铁叶十字秋海棠、花叶水塔花、苏铁蕨、鸳鸯茉莉、旅八蕉、丽叶竹芋、斑叶竹芋、孔雀竹芋、中国文殊兰、花叶万年青、紫鹅绒、幌伞枫、龟背竹、波叶喜林芋、香蕉、白蝶合果芽、巢蕨、银边草、露兜树、西瓜皮椒草、春羽、花叶冷水花、泡叶冷水花、鹿角蕨、崖姜蕨、银脉凤尾蕨、老人须、刺通草、婴儿泪、中国兰、凤梨类、佛甲草、金叶景天等。

3. 适合绿色建筑室内的藤本植物

适合华东地区绿色建筑室内的藤本植物有栎叶粉藤、常春藤、花叶蔓长春花、花叶蔓生椒草、绿萝等。

4. 适合绿色建筑室内的莳养花卉

适合华东地区绿色建筑室内的莳养花卉有一品红、仙客来、西洋报春、大花蕙兰、蝴蝶兰、蒲包花、文心兰、瓜叶菊、比利时杜鹃、菊花、君子兰等。

四、垂直绿化体系的构建

近年来，随着国民经济的快速发展，我国在生态环境建设方面也取得了很大的发展，特别是对于垂直绿化植物的研究，我国已经形成了比较系统的理论，同时垂直绿化植物的实践在我国也取得了巨大的发展和进步。对于垂直绿化体系的构建和植物的选择，这是进行植物垂直绿化的前提，对建筑的垂直绿化也具有十分重要的作用。同时对于垂直绿化植物的应用也是进行植物垂直绿化研究的重要方面。

城市垂直绿化是城市园林绿化的重要组成部分，是城市绿化向空间的延伸和发展，以达到美化、绿化和扩大绿化面积，维护生态为目的。良好的垂直绿化能减少城市热辐射、阻滞尘埃、涵养雨水、增加空气湿度，绿化美化环境，增添城市绿化景观。

城市建筑绿化的实践告诉我们，在一些大城市，如北京、上海以及许多城市的老城区，可绿化用地越来越少，绿化建设不但要在平面上发展，更要充分利用垂直空间挖潜增绿，见缝插绿。其实，在我们许多城市（新兴城市、中小城市）中，都有许许多多可以利用的垂直空间，可以用来发展绿化，可显著增加绿化面积。同时，垂直绿化一样可以充分发挥绿化的美化、生态、隔离等一切功能。

（一）建筑垂直绿化的类型

在城市快速发展的今天，城区土地寸土寸金，住宅小区的楼层越来越高，平面绿地面积越来越小，如何利用有限的土地面积营造更多的绿色、增加绿化总量和绿化覆盖率、提高小区绿化水平，是吸引业主入住的重要条件。垂直绿化可以充分利用空间、在墙壁、阳台、窗台、屋顶、棚架等处栽种攀援植物，增加绿化面积，改善居住环境。垂直绿化植物能起到立体绿化的效果，垂直绿化面积可为占地面积的 5~10 倍。垂直绿化不仅可以弥补平地绿地的不足，丰富绿化景观，还能增加植物景观的层次，同时具有明显的生态效益，如降低空气温度，减少灰尘、噪音等。垂直绿化一般包括阳台、窗台和墙面三种绿化形式。

1. 阳台和窗台绿化

住宅的阳台有开放式和封闭式两种。开放式阳台光照和通风良好，但冬季防风保暖效果较差；封闭式阳台通风效果较差，但冬季防风保暖效果较好。对于阳台和窗台绿化，宜选择半耐阴或耐阴植物，如吊兰、紫鸭跖草、文竹、君子兰等。在阳台内、栏板扶手和窗台上，可放置盆花、盆景，如果在阳台或窗台建造各种类型的种植槽，种植悬垂植物（如云南黄馨、迎春、天门冬等），既可丰富室内的造型，又可增加建筑室内的生气。

窗台和阳台绿化有以下 4 种常见方式：①在阳台上、窗前设置种植槽，种植悬垂的攀援植物或花草；②让植物依附外墙面花架进行环窗或沿栏绿化，从而构成画屏；③在阳台栏面和窗台面上进行绿化；④连接上下阳台进行垂直绿化。

由攀援植物所覆盖的阳台，按照其鲜艳的色泽和特有的装饰风格，必须与城市房屋表面色调相协调，正面朝向街道的建筑绿化要整齐美观，避免出现杂乱无章现象，影响建筑的艺术性和美观性。

2. 建筑墙面的绿化

建筑墙面绿化是指相对于平面绿化，墙面垂直绿化是指以建筑物、土木构筑物等的垂直或接近垂直的立面（如室外墙面、柱面、架面等）为载体的一种建筑空间绿化形式。墙面绿化实际上是利用垂直绿化植物的吸附、缠绕、卷须、钩刺等攀缘特性，依附在各类垂直墙面上，进行快速的生长发育。用吸附类攀缘植物直接攀附墙面，是最常见经济实用的墙面绿化方式，对较粗糙的墙体表面可选择枝叶较粗大的种类，如爬山虎、崖爬藤、薜荔、凌霄等；对表面光滑、细密的墙体表面则可选择枝叶细小、吸附能力强的种类，如络石、小叶扶芳藤、常春藤、绿萝等。除此之外，可在墙面上安装条状或网状支架，供植物进行攀附，使许多卷攀型、棘刺型、缠绕型的植物都可借助支架绿化墙面。

（二）垂直绿化植物选择原则

垂直绿化植物的选择据不完全统计，我国可栽培利用的藤蔓植物有 1000 余种，大多数可以用来进行垂直绿化，一般要选择繁殖容易、养护简单、病虫害少、观赏价值高的种类。按照绿化植物观赏特性的不同，可分为观叶类、观花类、观果类等。

在选择攀缘植物时，要使其能适应各种墙面的高度及朝向的要求。对于高层建筑物应选择生长迅速、藤蔓较长的藤本植物（如爬山虎），使整个建筑立面都能有效地覆盖。对不同朝向的墙面应根据攀缘植物的不同生态习性加以选择，如阳面可选择喜阳光的植物（如凌霄等），阴面可选择耐阴的植物（如常春藤、爬山虎等）。在垂直绿化中最常用的攀缘植物是爬山虎。爬山虎是一种观叶类植物，又名爬墙虎，落叶木质藤本，叶大而密，叶形优美，秋季变为红色或橙红色，适应性强，耐粗放管理，为优良的墙面立体绿化植物。有三叶爬山虎、五叶爬山虎、红三叶爬山虎、粉叶爬山虎等。

在进行墙面绿化时，还应根据墙面颜色的不同而选用不同的垂直绿化植物，以形成色彩的对比。如在白粉墙上以爬山虎为主，可充分显衬出爬山虎的枝姿与叶色的变化，夏季枝叶茂密，叶色翠绿，秋季红叶染墙，风姿绰约，绿化时宜辅以人工固定措施，否则易引起白粉墙灰层剥落。橙黄色的墙面应选择叶色常绿花白繁密的络石等植物加以绿化。泥土墙或不粉饰的砖墙，可用适于攀登墙壁向上生长的气根植物（如爬山虎、络石等），可以不设支架。如果墙体表面粉饰精致，则选用其他墙面绿化植物，并设置一些简单的支架。在某些石块墙面上，可以在石缝中充塞泥土后种植攀缘植物。

垂直绿化植物材料的选择，必须考虑各种习性的攀缘植物对环境条件的不同需要，并根据其观赏效果和功能要求进行设计。垂直绿化的植物要求生命力强、耐旱、耐寒、耐湿和抗虫害。同时植物要具有吸附、缠绕、卷须或刺钓等攀援特性，能够在比较简单的介质上向上生长，从而减少载体的施工难度。植物的种类也要呈现多样化，这样不仅可以打破单调格局，而且还能提高观赏价值。

五、屋顶绿化体系的构建

作为一种特殊的人工绿地，屋顶绿化已成为现代城市构建空间立体绿化体系的新途径、新形式，其经济效益、生态效益十分明显。目前，屋顶绿化在我国仍存在发展不够快、不平衡，建设不规范、质量不高的问题：一是从整体而言，各地对屋顶绿化的认识不高、重视不够、投入不足，有相当一部分地区尚未启动这项工作；二是配套法规、标准等相对缺乏，须健全法规、建立标准、完善配套政策；三是长效管理机制不健全，后期养护管理不到位，屋顶绿化保全率不高；四是建植形式单一、植物种类较少，其观赏性、参与性、生态功能等都有待进一步提高；五是专业教育滞后，从设计、施工建设到养护管理的专业化水平亟待提高。由此可见，屋顶绿化体系的构建非常必要。

（一）努力推进屋顶绿化体系的建设

有序推进屋顶绿化体系的构建需要多方面的努力，有关专家建议应从以下三个方面着手有序推进城市屋顶绿化建设。

（1）深化技术研究 屋顶绿化具有定量指标要求严格、绿化技术要求高的特点，建筑物荷载、防渗、排水等问题如何解决，基质材料、植物种类如何选择，灌溉技术、植物固定技术和绿化养护管理技术如何规范，需要通过科学研究，建立适宜的标准。特别是在紧凑型城市中屋顶绿化如何与城市规划、城市绿地系统规划有效衔接，使屋顶绿化和地上绿化、绿色空间和其他物质空间配合互补，也需要进一步研究。

（2）完善法规政策 在完善法规政策上，一方面，积极引导企事业单位和个人进行屋顶绿化，譬如，如果将屋顶绿化像建筑节能一样采取强制性政策，必定会引起开发商和业主单位的重视；可适时调整建筑拆迁享受土地"增减挂钩"和取得建设用地指标政策，对建筑物、构筑物拆迁实行严格的审批制度，对过早拆迁造成的浪费依法追究；对透明轻质的屋顶高效种植设施，不计控制层数、高度、容积率，不计遮荫，可办理产权证明；对发展屋顶日光室高效生态种植的，可享受既有建筑节能改造、高效农业等方面的税收优惠政策。另一方面，对企事业单位和个人进行屋顶绿化进行规范和约束，譬如，要明令禁止某些危害公共安全的屋顶过度开发行为，落实屋顶绿化区域责任人，建立大风等恶劣天气下的应急预案，防止屋顶坠物伤人。

（3）加大资金投入 政府应积极作为，把屋顶高效种植列入城市规划建设的重要内容，加大财政投入；要通过财政支持，扶持发展以屋顶绿化为主体的屋顶绿色产业；利用政府投资启动"空中造地"示范，建设一批屋顶高效生态种植设施，以成本价出让或租给品牌专业种植公司生产经营；政府部门应示范带头，对有条件的机关部门进行屋顶绿化改造。同时，通过新闻媒体向全社会宣传屋顶绿化的积极意义和良好的生态经济效果，激发广大群众对屋顶绿化的热情。

（二）屋顶绿化植物选择原则

植物成活与生长的好坏决定于其生长的立地条件的优劣。由于屋面自然条件的限制，用于屋面种植的植物材料比地面使用的植物材料要严格。屋顶绿化植物的选择必须从屋顶的环境出发，首先考虑到满足植物生长的基本要求，然后才能考虑到植物配置艺术。

（1）选择耐旱、抗寒性强的矮灌木和草本植物　由于屋顶花园夏季气温高、风大、土层保湿性能差，冬季则保温性差，因而应选择耐干旱、抗寒性强的植物为主。同时，考虑到屋顶的特殊地理环境和承重的要求，应注意多选择矮小的灌木和草本植物，以利于植物的运输、栽种和管理。

（2）选择阳性、耐瘠薄的浅根性植物　屋顶花园大部分地方为全日照直射，光照强度大，植物应尽量选用阳性植物，但在某些特定的小环境中，如花架下面或靠墙边的地方，日照时间较短，可适当选用一些耐荫性的植物种类，屋顶的种植层较薄，为了防止根系对屋顶建筑结构的侵蚀，应尽量选择浅根系及耐瘠薄的植物种类。

（3）选择抗风、不易倒伏、耐积水的植物种类　在屋顶上空风力一般较地面大，特别是雨季或有台风来临时，风雨交加对植物的生存危害最大，加上屋顶种植层薄，土壤的蓄水性能差，一旦下暴雨，易造成短时积水，故应尽可能选择一些抗风、不易倒伏，同时又能耐短时积水的植物。

（4）选择以常绿为主，冬季能露地越冬的植物　营建屋顶花园的目的是增加城市的绿化面积，美化"第五立面"，屋顶花园的植物应尽可能以常绿为主；宜用叶形和株形秀丽的品种，为了使屋顶花园更加绚丽多彩，体现花园的季相变化，还可适当栽植一些色叶树种及布置一些盆栽的时令花卉，使花园四季有花。

（5）尽量选用乡土植物，适当引种绿化新品种　乡土植物对当地的气候有高度的适应性，在环境相对恶劣的屋顶花园，选用乡土植物有事半功倍之效，同时考虑到屋顶花园的面积一般比较小，为了将屋顶花园布置得较为精致，可选用一些观赏价值比较高的新品种，以提高屋顶花园的档次。

（6）尽量选用能够抵抗空气污染并能吸收污染的品种；容易移植成活、耐修剪，生长较慢的品种；并且具有较低的养护管理的要求。

（三）屋顶绿化植物的选择

屋顶绿化植物的选择在全面考虑种植条件、种植土的深度与成分、排水情况、空气污染情况、灌溉条件、养护管理等屋面的实际环境，遵守上述原则的情况下，还要同时要考虑植物本身的体态、色彩效果、质感、成长速度及屋顶绿化的功能需要。对于观赏性要求较高的屋顶绿化，在考虑屋顶气候、植物的生长势态的同时，更要注意四季花卉、乔、灌木及常绿植物的搭配。屋顶绿化中常使用的植物类型及其形式如下。

（1）乔木　屋顶花园在植物配置中，适量选用较小植株的观赏乔木，作为构图重心，为花园的局部中心景物，观赏其树形、树姿、树叶或观赏花和果实。乔木还可以挡风和庇荫。小叶子的树冠能够透射出较为明亮的投影，且叶片在强风中不易受损，通常选择这类树种或名贵奇特的观赏用小乔木。为防止植物根系穿破建筑防水层，优先选择须根发达的树木，不宜选用直根系植物或根系穿刺性较强的树木。

（2）花灌木　花灌木是建造屋顶花园的植物主体。通常是指具有美丽芳香的花朵或有艳丽枝叶和果实的灌木或小乔木。因它们具有种类繁多、开花繁盛、色彩鲜艳、花色丰富、成景快、寿命长、栽培容易、抗逆性强、养护简单等特点，是屋顶绿化的主要美化材料。许多灌木可以很好的栽在花盆中，对于屋顶种植十分有利。

（3）地被植物与宿根花卉　地被植物通常指一些植株低矮、枝叶密集、具有较强扩展能力，能迅速覆盖地面且抗污染能力强、易于粗放管理、种植后不需经常更换的植物。用于覆盖除景点之外的大部分面积。草坪和蕨类是地被植物中采用最广泛的品种，矮化龙柏、紫叶小檗及仙人掌科植物也可。

此外，宿根植物很多是地被覆盖的好品种。地被植物种类繁多，品种丰富，枝、叶、花、果富有变化，色彩万紫千红、季相丰富多样，可以营造多种生态景观。在简式屋顶绿化中常用地被植物进行大面积覆盖。

（4）藤本植物　藤本植物是屋顶绿化上各种棚架、凉廊、栅栏、女儿墙、拱门山石和垂直墙面等的绿化材料。有细长的茎蔓可以攀缘或垂挂在各种墙面上。在提高屋顶绿化质量，丰富景色、美化建筑立面等方面具有独到的功能。

（5）绿篱　绿篱植物是种植区边缘、雕塑喷泉的背景或景点分界处经常栽种的植物。它的存在不仅使种植区还处于有组织的安全的环境中，同时又可以作为独立景点的衬托。但在造园或管理时，切不可使绿篱植物喧宾夺主。按照绿篱所用植物的特点不同，又可分为花篱、果篱、彩叶篱、枝篱、刺篱等。用作绿篱的树种多生长慢，萌芽力强，耐修剪，抗性强。绿篱植物应用广泛，所用植物品种较多。

（6）一年生植物　一年内完成其整个生命周期的植物。一年生花卉管理方便，且整个夏季都能开花，如同一品种成片密植，效果更佳，能使庭园增色不少。多作为其他植物的补充，其花色鲜明，可以活跃周围环境气氛，或作为接连灌木和草本的中间过渡层。一年生植物还可以在花盆、植箱、盒子和悬挂的吊篮中，于在一些小空间中绿化极有价值的选择。一年生花卉多种多样，它们的色彩、高度、形态各不相同，所以首先要考虑本人喜欢哪些植物，其次庭园的环境不同，有阴有阳，供水条件有多有少，管理技术有好有差，根据这些情况可考虑本庭园适合种哪些植物。只有因地制宜才能有好的效果。

（7）抗污染树种　一些污染严重的城市，屋顶绿化需要栽种一些抗污染能力强的植物以帮助净化城市的空气，改善城市的气候。

（8）果树和蔬菜　现代生活崇尚绿色食品，很多国家城市中的屋顶绿化被开发成了绿色的菜园。这种绿化形式不仅可以满足绿化屋顶的要求，而且也可以让人们吃到新鲜的绿色蔬菜，享受到了城市中的"田园生活"。

（四）适合屋顶绿化的具体植物

无论哪种类型的屋顶绿化，选用植物种类时要首先调查当地的自然地理条件和植被特征，选用习性适合的植物材料，确保植物生长特性和观赏价值相对稳定。根据屋面的结构特点、地区气候和植物生态特征，屋顶花园一般应选用比较低矮、根系较浅、耐旱、耐寒、耐瘠薄的植物。

1. 适合屋顶绿化的地被类植物

适合华东地区屋顶绿化的地被类植物有垂盆草、佛甲草、凹草景天、金叶景天、圆叶景天、德国景天、三七景天、八宝景天、筋骨草、葱兰、萱草、金叶过路黄、沿阶草、麦冬、亚菊、百里香、活血丹、丛生福禄考、玉带草、矮蒲苇、玉簪、吉祥草、钓钟柳、菁草、荷兰菊、金鸡菊、蛇鞭菊、鸢尾、石竹、美人蕉、赤胫散、一叶兰、铃兰、羊齿天门冬、火炬花、络石、马蔺、火星花、黄金菊、美女樱、太阳花、紫苏、薄荷、罗勒、鼠尾草、花叶蔓长春花、薰衣草、常春藤类、美国爬山虎、西番莲、忍冬属等。

2. 适合屋顶绿化的小灌木植物

适合华东地区屋顶绿化的小灌木植物有：小叶女贞、女贞、云南黄馨、迷迭香、十大功劳、金钟花、小檗、豪猪刺、南天竹、双荚决明、伞房决明、山茶、珊瑚树、金银木、锦带花、夹竹桃、红端木、棣棠、石榴、胡颓子、结香、木槿、紫薇、金丝桃、大叶黄杨、黄杨、雀舌黄杨、月季、火棘、绣线菊属、海桐、八角金盘、栀子花、贴梗海棠、石楠、茶梅、桂花、腊梅、粉红六道木、醉鱼草、铺地柏、金线柏、罗汉松、凤尾竹等。

第九章

绿色建筑光环境及技术

建筑光环境是建筑环境中的一个非常重要的组成部分。在生产、工作、学习场所，良好的光环境可以振奋人的精神，提高工作效率和产品质量，保障人身安全和视力健康。在娱乐、休息、工作、公共活动场所，光环境的首要作用，在于创造舒适优雅、活泼生动，或庄重严肃的环境气氛，对人的情绪状态、心理感受产生积极的影响。舒适、健康的室内环境需要多方因素的共同努力作用才能实现，作为保证人类日常活动得以正常进行的基本条件，建筑光环境的优劣是评价室内环境质量的重要依据。

建筑室内应具有良好、充分、适宜的光照。舒适的室内光环境不仅可以减少人的视觉疲劳，提高工作效率和劳动生产率，而且对人的身健康特别是对视力健康有直接影响。如果室内光线不足，不仅会使工作效率降低，容易导致事故的发生，而且会造成工作人员视力迅速减退、近视或出现其他眼疾。因此，在建筑物中创造和控制良好的光环境，不仅可以避免以上现象，而且对于绿色建筑节能也有直接影响。

第一节　建筑光环境基本知识

光环境是物理环境中一个组成部分，它和湿环境、热环境、视觉环境等并列。对建筑物来说，光环境是由光照射与其内外空间所形成的环境。因此光环境形成一个系统，包括室外光环境和室内光环境。前者是在室外空间由光照射而形成的环境，其功能是要满足物理、生理（视觉）、心理、美学、社会（电节能、绿色照明）等方面的要求。后者是室内空间由光照射而形成的环境，其功能是要满足物理、生理、心理、人体功效学及美学等方面的要求。

光环境和空间两者之间有着相互依赖、相辅相成的关系。空间中有了光才能发挥视觉功效，才能在空间中辨认人和物体的存在，同时光也以空间为依托显现出它的状态、变化（如控光、滤光、调光、混光、封光等）及表现力。在室内空间中光必须通过材料形成光环境，例如光通过透光、半透光或不透光材料形成相应的光环境。此外，材料表面的颜色、质感、光泽等也会形成相应的光环境。

一、光的性质和度量

建筑光环境的设计和评价离不开定量的分析和说明，需要借助一些物理光度量来描述光源与光环境的特征。在建筑光环境中常用的光度量有光通量、发光强度、照度和亮度等。

（1）光通量　辐射体以电磁辐射的形式向四面八方辐射能量，在单位时间内以电磁辐射的形式向外辐射的能量称为辐射功率或辐射通量（W），相应的辐射通量中能被人眼感觉为光的那部分称为光通量，即在波长 380~780nm 的范围内辐射出的、并被人眼感觉到的辐射通量。光通量是表征光源发光能力的基本量，其单位为流明（lm），例如 100W 普通白炽灯发出 1250lm 的光通量，40W 日光色荧光灯约发出 2400lm 的光通量。光通量是描述光源基本特征的参数之一。

（2）发光强度　光通量只能说明光源的发光能力，并没有表示出光源所发出光通量在空间的分布情况。因此，仅知道光源的光通量是不够的，还必须了解表示光通量在空间分布状况的参数，即光通量的空间密度，称为发光强度。发光强度简称为光强，光强为发光体在给定方向上的发光强度是该发光体在该方向上的立体角元内传输的光通量除以该立体角元所得之商，即单位立体角的光通量。发光强度的符号为 I，单位为坎德拉（cd）。

（3）照度　对于被照面而言，照度是指指物体被照亮的程度，即光源照射在被照物体单位面积上的光通量，它表示被照面上的光通量密度。照度是以垂直面所接受的光通量为标准，若倾斜照射则照度下降。照度的计算方法，有利用系数法、概算曲线法、比功率法和逐点计算法等。保证光环境的光量和光质量的基本条件是照度和亮度。其中照度的均匀度对光环境有着直接的影响，因为它对室内空间中人的行为、活动能产生实际效果，但是以创造光环境的气氛为主时，不应偏重于保持照度的均匀度。

（4）亮度　亮度是表示人对发光体或被照射物体表面的发光或反射光强度实际感受的物理量，亮度和光强这两个量在一般的日常用语中往往被混淆使用。亮度实质上是将某一正在发射光线的表面的明亮程度定量表示出来的量。在光度单位中，亮度是唯一能引起眼睛视觉感的量，亮度的表示符号为 L，单位为尼特（nits）。虽然在光环境设计中经常用照度和照度分布（均匀度）来衡量光环境的优劣，但就视觉过程来说，眼睛并不直接接受照射在物体上的照度作用，而是通过物体的反射或透射，将一定亮度作用于人的眼睛。

二、视觉与光环境

视觉是通过视觉系统的外周感觉器官（眼）接受外界环境中一定波长范围内的电磁波刺激，经中枢有关部分进行编码加工和分析后获得的主观感觉。视觉是人体各种感觉中最重要的一种，据科学测试证明，大约有 87% 的外界信息是人依靠眼睛获得的，并且 75%～90% 的人体活动是由视觉引起的。视觉与触觉等其他感觉不同，后者是单独地感受一个物体的存在，而视觉所感知的是环境的大部分或全部。

良好的光环境是保证视觉功能舒适、有效的基础。在一个良好的光环境中，人们可以不必通过意识的作用强行将注意力集中到所有要看的地方，能够不费力而清楚地看到所有搜索的信息，并与所要求和预期的情况相符合，背景中没有视觉"噪声"（不相关或混乱的视觉信号）干扰注意力。反之，人们就会感到注意力分散和不舒适，直接影响到劳动生产率和视力的健康。

（一）颜色对视觉和心理的影响

颜色同光一样，是构成光环境的要素，颜色问题涉及物理学，生理学，心理学等学科，较为复杂。颜色来源于光，不同的波长组成的光反应了不同的颜色，直接看到的光源的颜色称为表观色。光投射到物体上，物体对光源的光谱辐射有选择地反射或透射对人眼所产生的颜色，感觉称物体色，物体色由物体表面的光谱反射率或透射率和光源的光谱组成共同决定。若用白光照射某一表面，它吸收的白光包含绿光和蓝光，反射红光，这一表面就呈红色，若用蓝光照射同一表面，它将成为黑色，因为光源中没有红光成分，反之，若用红光照射该表面，它将成鲜艳的红色，这个例子充分说明，物体色决定于物体表面的光谱反射率。同时，光源的光谱组成对于显色也是至关重要的。

颜色是正常人一生中一种重要的感受。在工作和学习环境中，需要颜色不仅是因为它的魅力和美丽，还为个人提供正常情绪上的排遣。一个灰色或浅黄色的环境，几乎没有外观的感染力，它趋向于导致人在主观上的不安、内在的紧张和乏味。另一个方面，颜色也可以使人放松、激动和愉快。人的大部分心理上的烦恼都可以归于内心的精神活动，好的颜色刺激可给人的感官以一种振奋的作用，从而从恐怖和忧虑中解脱出来。

良好的建筑光环境离不开颜色的合理设计，颜色对人体产生的心理效果直接影响光环境的质量。色性相近的颜色对个体视觉的影响及产生的心理效应的相互联系、密切相通的性质称为色感的共通性，它是颜色对人体产生心理感受的一般特性。色感的共通性见表9-1。

表 9-1　色感的共通性

心理感受	左趋势	积极色			中性色		消极色			右趋势
明暗感	明亮	白	黄	橙	绿、红	灰	灰	青	紫	黑	黑暗
冷热感	温暖		橙		黄	灰	绿	青	紫		凉爽
胀缩感	膨胀		红	橙	黄	灰	绿	青	紫		收缩
距离感	近		黄	橙	红		绿	青	紫		远
重量感	轻盈	白	黄	橙	红		绿	青	紫	黑	沉重
兴奋感	兴奋	白	红	橙红	黄绿红紫	灰	绿	青绿	紫青	黑	沉重

有实验表明，当手伸到同样温度的热水中时，多数受试者会说染成红色的热水要比染成蓝色的热水温度高。在车间操作的工人，在青蓝色的场所工作13℃时就会感到比较冷，在橙红色的场所工作11℃时还感觉不到冷，这样的主观温差效果最多可达3～4℃。在黑色基底上贴大小相同的6个实心圆，分别是红、橙、黄、绿、青、紫六色，实际看来，红、橙、黄三色的圆有跳出之感觉，而绿、青、紫三色却有缩进之感觉。比如，法国的国旗，将白、红、蓝三色做成30：33：37的比例时才会产生三色等宽的感觉。

明度对轻重感的影响比色相要大，明度高于7的颜色显轻，明度低于4的颜色显重。其原因一是波长对眼睛的影响，二是颜色联想，三是颜色爱好引起的情绪反映，有很多与下面例子类似的情形：同样重量的包装袋，如果采用黑色，搬运工人则觉得比较沉重，但如果采用淡绿色，反而觉得比较轻；吊车和吊灯表面，常采用轻盈的颜色，以有利于众人感到心理上的平衡和稳定。

自然科学家歌德把颜色分为积极色（或主动色）和消极色（或被动色）。主动色能够产生积极的有生命力的和努力进取的态度，而被动色易表现出不安的温柔和向往的情绪。如黄、红等暖色，明快的色调加上高亮度的照明，对人有一种离心作用，即把人的组织器官引向环境，将人的注意力吸引到外部，增加人的激活作用、敏捷性和外向性。这种环境有助于肌肉的运动和机能的发挥，适合于从事手工操作和进行娱乐活动的场所。灰、蓝、绿等冷色调加上低度的照明，对人有一种向心作用，即把热闹从环境引向本人的内心世界，使人精神不易涣散，能更好地把注意力集中到难度大的视觉任务和脑力劳动上，增进人的内向性。这种环境适合需要久坐、对眼睛和脑力工作要求高的场所，如办公室、研究室和精细的装配车间等。

（二）视觉功效舒适光环境要素

（1）视觉功效　视觉功效是人借助视觉器官完成一定视觉作业的能力。通常用完成作业的速度和精度来评定视觉功效。除了人的因素外，在客观上，它既取决于作业对象的大小、形状、位置、作业细节与背景的亮度对比等作业本身固有的特性，也与照明密切相关。在一定范围内，随着照明的改善，视觉功效会有显著的提高。关于视觉功效的研究，通常在控制识别时间的条件下，对视角、照度和亮度对比同视觉功效之间进行实验研究，为制定合理的光环境设计标准提供视觉方面的依据。

（2）舒适光环境要素与评价标准　什么样的光环境能够满足视觉的要求，是确定设计标准的依据。良好光环境的基本要素可以通过使用者的意见和反映得到。为了建立人对光环境的主观评价与客观评价之间的对应关系，世界各国的科学工作者进行了大量的研究工作。通过大量视觉功效的心理物理实验，找出了评价光环境质量的客观标准，为制定光环境设计标准提供了依据。舒适光环境要素主要包括以下方面。

① 适当的照度或亮度水平。研究人员曾对办公室和车间等工作场所，在各种照度条件下感到满意的人数百分比进行过大量调查，发现随着照度的增加，感到满意的人数百分比也在增加，满意人数最大百分比的照度在 1500～3000lx 之间；照度超过此数值后，对照度满意的人数反而减少，这说明照度或亮度要适量。物体的亮度取决于照度，照度过大，会使物体过亮，容易引起视觉疲劳和眼睛灵敏度的下降。不同工作性质的场所对照度值的要求不同，适宜的照度应当是在某具体工作条件下，大多数人都感觉比较满意且保证工作效率和精度均较高的照度值。

② 合理的照度分布。光环境控制中规定照度的平面称为参考面，人们的工作面往往就是参考面，通常假定工作面是由室内墙面限定的距地面高 0.70～0.80m 的水平面。原则上，任何照明装置都不会在参考面上获得绝对均匀的照度值。考虑到人眼的明暗视觉适应过程，参考面上的照度应当尽可能均匀，否则很容易引起视觉疲劳。一般认为空间内照度最大值、最小值与平均值相差不超过 1/6 是可以接受的。

③ 舒适的亮度分布。人眼的视野是非常宽的。在工作房间里，除了视看的对象外，工作面、天棚、墙面、窗户和灯具等都会进入人眼的视野，这些物体的亮度水平和亮度对比构成人眼周围视野的适应亮度。如果它们与中心视野内的工作对象亮度相差过大，就会加重眼睛瞬时适应的负担，或者产生眩光，降低视觉功效。此外，房间主要表面的平均亮度，形成房间明亮程度的总印象，其亮度分布使人产生不同的心理感受。因此，舒适并且有利于提高工作效率的光环境还应当具有合理的亮度分布。

④ 宜人的光色。光源的颜色质量常用两个性质不同的术语来表征，即光源的表观颜色（色表）和显色性。光源的表观颜色（色表）是决定照明空间色调气氛的重要因素，常用色品坐标、颜色温度（简称色温）和相关色温等参数来表示。光源对物体颜色呈现的程度称为显色性，也就是颜色的逼真程度，显色性高的光源对颜色的再现较好。显色性是指不同光谱的光源照射在同一颜色的物体上时所呈现不同颜色的特性；通常用显色指数（Ra）来表示光源的显色性。光源的显色指数越高，其显色性能越好。

光源的表观颜色（色表）和显色性，都取决于光源的光谱组成，但不同光谱组成的光源，可能具有相同的表观颜色（色表），而其显色性却大不相同。同样，表观颜色（色表）完全不同的光源，也可能具有相等的显色性。因此，光源的颜色质量必须用这两个性质不同的术语来表征，缺一不可。

⑤ 避免眩光干扰。当视野内出现高亮度或过大的亮度对比时，会引起视觉上的不舒适、厌烦或视觉疲劳，这种高亮度或过大的亮度对比称为眩光，这是评价光环境舒适性的一个重要指标。当这种高亮度或过大的亮度对比被人眼直接看到时，称为"直接眩光"；如果是从视野内的光滑面反射到人的眼睛，则称为"反射眩光"或"间接眩光"。由于反射面的光学性能和眼睛所处的位置不同，反射出的光源的亮度大小和分布不同，"反射眩光"对人的影响也不同。光泽的表面能够将光源的图像清楚地反映出来，且这一眩光落在工作面上，而不

在视看对象上，这种"反射眩光"的机理和效应与"直接眩光"相似。

如果光泽的表面反射出光源的亮度较低，且不能清楚地看到光源的图像，而是落在了视看对象上，并使观看目标的亮度对比度下降，从而减少了能见度，这种眩光呈光幕反射或模糊反射，如在灯光下看光滑的彩图时，总会有一个亮斑影响观看。根据眩光对视觉的影响程度，可以分为"失能眩光"和"不舒适眩光"。"失能眩光"的出现会导致视力下降，甚至丧失视力。"不舒适眩光"的存在使人感到不舒服，影响注意力的集中，时间长了会增加视觉疲劳，但一般不会影响视力。对室内光环境来说，遇到的基本上都是不舒适的眩光。

⑥ 光的方向性。在光的照射下，室内空间结构特征、人和物都清晰而自然地显示出来，这样的光环境给人的感受就生动。一般来说，照明光线的方向性不能太强，否则会出现生硬门阴影，令人心情不愉快；但光线也不能过分漫射，以致被照射物体没有立体感。因此，光的方向性应根据光照物体的实际来确定。

三、建筑的天然采光

为实现城市的可持续发展战略，节能减排就成为了建筑设计中的关键任务。如果把节能的观念与建筑采光的设计有机地结合起来，不仅能够减少成本、绿化环境，还能使建筑拥有更安全、舒适、自然的采光环境。从而促进居住者身心健康的发展，保障城市化进程的和谐发展，真正实现无污染的设计理念。

与人工照明相比，天然采光可以节省能源，削减建筑能耗峰值；太阳是一个取之不尽、用之不竭的绿色能源，最大限度地利用天然光，不但可以节省照明用电，还减少了环境污染；天然采光可以舒缓神经、舒畅心情，提高工作效率。据此，建筑光环境采光设计应当从两方面进行评价，即是否实现建筑节能和是否改善建筑内部环境的质量。

1. 天然光与人工光的视觉效果

利用电能做功，产生可见光的光源叫电光源。电光源的发明有力促进了电力装置的建设。电光源的转换效率高，电能供给稳定，控制和使用方便，安全可靠，并可方便地用仪表计数耗能，故在其问世后一百多年中很快得到了普及。它不仅成为人类日常生活的必需品，而且在工业、农业、交通运输以及国防和科学研究中，都发挥着重要作用。但是，单纯依赖电光源对于绿色建筑的节能来讲，电光源的耗能巨大，不符合当今建筑节能的要求。

在人类的生产、生活与进化过程中，天然光是长期依赖的唯一光源，人的眼睛已习惯在天然光下视看物体，在天然光下比人工光下有更高的灵敏度，尤其在低照度下或视看小的物体时，这种视觉区别更加显著。充分利用天然光，节约照明用电，对我国实现可持续发展战略具有重要意义，同时具有巨大的生态效益、环境效益和社会效益。虽然天然采光有很多优点，但也存在一些不足之处，因此在运用中要注意天然光的控制与调节，以尽量克服由天然采光带来的不利影响。

2. 我国光气候的分区

在科学技术和经济发展等因素的影响下，人们对建筑采购节能设计的要求越来越高，同时，由于我国疆域面积辽阔，不同地区的气候特征和环境状况相差悬殊，因此以地域气候和环境为基础的建筑采光节能设计方式也会有所不同。从建筑设计策略的角度研究不同的区域性气候特征，探讨适合地区的节能气候设计策略，对建筑节能具有重要的意义。

影响室外地面照度的气象因素主要有太阳高度角、云、日照率等。我国的地域辽阔，同一时刻南北方的太阳高度角相差很大。从日照率看来，由北和西北往东南方向逐渐减少，以四川盆地一带为最低。从云量看来，自北向南逐渐增多，以四川盆地最多；从云状看来，南方以低云为主，向北逐渐以高云和中云为主。以上这些均充分说明，南方以天空扩散光照度较大，北方以太阳直射光为主，并且南北方室外平均照度差异比较大。如果在采光设计中采用同一标准值，显然是不合理的。为此，在采光设计标准中将全国划分为五个光气候区，各地区取不同的室外临界照度值。这样，在保证一定室内照度的情况下，各地区有不同的采光系数标准。在进行建筑采光设计时，要根据建筑物所处的光气候区，按照现行的《建筑采光设计标准》（GB 50033—2013）中的相关规定进行。

3. 不同采光口形式及其对室内光环境影响

与人工光相比，自然光是天然的绿色能源，有利于建筑物的节能，同时也有利于人的视觉健康。如何在建筑物的空间内合理地利用自然光，是建筑物光环境研究中的一个大课题，其中采光口的形式及其对室内光环境的影响是重要研究内容。

建筑物按照采光口所处的位置不同，可分为侧窗采光和天窗采光两类，最常见的采光口形式是侧窗，它可以用于任何有外墙的建筑物。但由于它的照射范围有限，所以一般只用于进深不大的房间采光。任何有屋顶的室内空间均可采用天窗采光，由于天窗位于屋顶部，在开窗形式、面积、位置等方面受到的限制比较少。如果同时采用侧窗采光和天窗采光方式时，则称为混合采光。

（1）侧窗采光　侧窗采光的采光口可以设置在墙体的两侧墙上，通过侧窗的光线有强烈的方向性，有利于形成阴影，对观看立体物件特别适宜，并可以直接看到外界景物，视野比较宽阔，可满足建筑通透感的要求，所以得到较普遍的应用。根据多数人体的高度，侧窗窗台的高度通常为1m左右。有时，为了获得更多的可用墙面或提高房间深处的照度及其他需要，也可以将窗台的高度提高到2m以上靠近天花板处，这种窗口称为高侧窗。在高大车间、厂房、展览馆、体育场馆等建筑中，高侧窗是一种常见的采光口形式。

（2）天窗采光　在建筑物的顶部设置的采光口称为天窗。利用天窗采光的方式称为天窗采光或顶部采光，一般常用于大型工业厂房和大厅房间。这些房间面积大，侧窗采光不能满足视觉的要求，则需要用顶部采光来补充。天窗采光与侧窗采光相比，具有以下特点：采光效率比较高，一般约为侧窗的 8 倍；具有较好的照度均匀性；由于在建筑物的最上部，一般很少受到室外的遮挡。按照使用要求的不同，天窗又可分为多种形式，如矩形天窗、锯齿形天窗、平天窗、横向天窗和井式天窗等。

四、建筑的人工照明

照明就是利用各种光源照亮工作和生活场所或个别物体的措施。利用人工光源的称"人工照明"，照明的首要目的是创造良好的可见度和舒适愉快的环境。天然光虽然具有很多优点，但它的应用往往受到时间、地点和其他因素的限制。建筑物内不仅需要在白天进行采光，而且在夜间更需要采光，单纯采用天然采光是不能满足建筑物内采光要求的，因此必须采用人工照明。

人工照明的目的是按照人的生理、心理和社会的需求，创造一个人为的良好光环境。人工照明主要可分为工作照明（或功能性照明）和装饰照明（或艺术性照明）。功能性照明主要着眼于满足人们生活上、生理上和工作上的实际需要，具有明显的实用性目的；艺术性照明主要满足人们心理上、精神上和社会上的观赏需要，具有明显的艺术性目的。在考虑人工照明时，既要确定光源、灯具、安装功率和解决照明质量等问题，还需要同时考虑相应的供电线路和设备问题。

（一）照明方式

在进行照明设计中，照明方式的选择对光质量、照明经济性和建筑艺术风格都有重要影响。合理的照明方式应当既符合建筑的使用要求，又要和建筑结构形式相协调。正常使用的照明系统，按其灯具的布置方式不同，可分为一般照明、分区一般照明、局部照明和混合照明 4 种照明方式。不同照明方式及照度分布如图 9-1 所示。

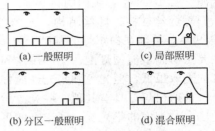

(a) 一般照明　(c) 局部照明

(b) 分区一般照明　(d) 混合照明

图 9-1　不同照明方式及照度分布

（1）一般照明　在工作场所内不考虑特殊的局部需要，以照亮整个工作面为目的的照明方式称为一般照明方式。采用一般照明方式时，灯具均匀分布在被照面的上空，在工作面形成均匀的照度。这种照明方式适合用于工作人员的视看对象位置频繁变换的场所，以及对光的投射方向没有特殊要求，或在工作面内没有特别需要提高视度的工作点，或工作点很密的场合。但当工作精度较高，要求的照度很高或房间高度较大时，单独采用一般照明方式，就会造成灯具过多、功率过大，导致投资和使用费太高，不符合绿色建筑节能的要求。

（2）分区一般照明　在同一房间内由于使用功能不同，各功能区所需要的照度值也不相同。采光设计时先对房间按使用功能进行分区，再对每一分区进行一般照明布置，这种照明方式称为分区一般照明。例如，在一些大型的厂房内，会有工作区与交通区的照度差别，不同的工段或工种也有照度差异；在开敞式办公室内，有办公区和休息区之别，两个区域对照度和光色的要求均不相同。在以上这种情况下，分区一般照明不仅可以满足各区域的功能需求，而且还达到了节能的目的。

（3）局部照明　为了实现某一指定点的高照度要求，在较小的范围或有限的空间内，采用距离视看对象近的灯具，来满足该点照明要求的照明方式称为局部照明。例如，车间内的车床灯、商店里的点射灯，以及表现色的台灯等均属于局部照明。由于这种照明方式的灯具靠近工作面，所以可以在少耗费电能的条件下获得较高的照度。为了避免直接眩光，局部照明灯具通常都具有较大的保护角，照射范围非常有限。由于这个原因，在大空间使用局部照明时，整个环境得不到必要的照度，造成工作面与周围环境之间的亮度对比过大，人的眼睛一离开工作面就处于黑暗之中，容易引起视觉的疲劳，因而是不适宜的。

（4）混合照明　工作面上的照度由一般照明和局部照明合成的照明方式，称为混合照明方式。为了保证工作面与周围环境的亮度比不致过大，获得较好的视觉舒适性，一般照明提供的照度占总照度的比例不能太小。在工厂车间内，一般照明提供的照度占总照度的比例应不小于 10%，并且不得小于 20lx。在办公室中，一般照明提供的照度占总照度的比例在 35%~50% 时比较合适。混合照明是一种分工合理的照明方式，在工作区需要很高照度的情况下，常常是一种经济的照明方法。这种照明方式适合用于要求高照度或要求有一定投光方向，或者工作面上的固定工作点分布稀疏的场所。

（二）人工光源

天然光源给予了我们美丽的白昼，而人工光源则丰富了我们浪漫的黑夜。现代人工光源体系是随着科学技术的发展而处于不断丰富、发展和演变之中。从早期的火光、烛光、油脂光源灯，到后来的白炽灯、荧光灯，以及现在的稀有气体光源（氙气、氖气等）和 LED 灯，都是科学技术发展的结果。我们相信，在未来的日子里人工光源体系还会不断地丰富和发展。

人工光源按其发光的机理不同，可分为热辐射光源和气体放电光源。热辐射光源是靠通电加热钨丝，使其处于炽热状态而发光；气体放电光源是靠放电产生的气体离子发光。下面简单介绍几种常用光源的构造和发光原理。

1. 热辐射光源

（1）普通白炽灯　普通白炽灯将灯丝通电加热到白炽状态，利用热辐射发出可见光的电光源。自 1879 年，美国的科学家 T. A. 爱迪生制成了碳化纤维（即碳丝）白炽灯以来，经人们对灯丝材料、灯丝结构、充填气体的不断改进，普通白炽灯的发光效率也相应提高。1959 年，美国在白炽灯的基础上发展了体积和衰光极小的卤钨灯。普通白炽灯的发展趋势主要是研制节能型灯泡。不同用途和要求的普通白炽灯，其结构和部件不尽相同。普通白炽灯的光效虽低，但光色和集光性能好，是产量最大、应用最广泛的电光源。

普通白炽灯具有其他一些光源所不具备的优点：无频闪现象，适用于不允许有频闪现象的场合；高度的集光性，便于光的再分配；良好的调光性，有利于光的调节；开关频繁程度对其寿命影响很小，适用于频繁开关的场所；结构简单，体积较小，价格便宜，使用方便。基于以上一系列优点，所以普通白炽灯仍然是一种广泛应用的光源。

（2）卤钨灯　卤钨灯是填充气体内含有部分卤族元素或卤化物的充气白炽灯。在普通白炽灯中，灯丝的高温造成钨的蒸发，蒸发的钨沉淀在玻璃壳上，产生灯泡玻壳发黑的现象。1959 年时，发明了卤钨灯，利用卤钨循环的原理消除了这一发黑的现象，并将灯的发光效率提高到 20lm/W 以上，使用寿命延长到 1500h 左右。

卤钨循环必须在高温下进行，要求灯泡内保持高温，因此卤钨灯要比普通白炽灯体积小得多。碘钨灯呈管状，使用时灯管必须水平放置，以免卤素在一端积聚。卤钨灯分为主高压卤钨灯（可直接接入 220～240V 电源）及低电压卤钨灯（需配相应的变压器）两种，低电压卤钨灯具有相对更长的寿命，安全性能等优点。

2. 气体放电光源

（1）荧光灯　荧光灯又可分为传统型荧光灯和无极荧光灯。

① 传统型荧光灯。传统型荧光灯内装有两个灯丝，灯丝上涂有电子发射材料三元碳酸盐（碳酸钡、碳酸锶和碳酸钙），俗称电子粉。在交流电压作用下，灯丝交替地作为阴极和阳极，灯管内壁涂有荧光粉，管内充有 400～500Pa 压力的氩气和少量的汞。通电后，液态汞蒸发成压力为 0.8Pa 的汞蒸气，在电场作用下，汞原子不断从原始状态被激发成激发态，继而自发跃迁到基态，并辐射出波长 253.7nm 和 185nm 的紫外线（主峰值波长是 253.7nm，约占全部辐射能的 70%～80%；次峰值波长是 185nm，约占全部辐射能的 10%），以释放多余的能量。荧光粉吸收紫外线的辐射能后发出可见光。根据所用荧光粉不同，发出的光线也不同，这就是荧光灯可做成白色和各种彩色的缘由。由于荧光灯所消耗的电能大部分用于产生紫外线，因此，荧光灯的发光效率远比白炽灯和卤钨灯高，属于节能电光源。

② 无极荧光灯。无极荧光灯即无极灯，它取消了对传统荧光灯的灯丝和电极，利用电磁耦合的原理，使汞原子从原始状态激发成激发态，其发光原理和传统荧光灯相似，具有使用寿命长、光效率高、显色性好等优点。无极荧光灯由高频发生器、耦合器和灯泡三部分组成。它是通过高频发生器的电磁场以感应的方式耦合到灯内，使灯泡内的气体雪崩电离，形成等离子体。等离子受激原子返回基态时辐射出紫外线。灯泡内壁的荧光粉受到紫外线激发产生可见光。

（2）荧光高压汞灯　荧光高压汞灯是玻壳内表面涂有荧光粉的高压汞蒸气放电灯，柔和的白色灯光，由于结构简单，低成本，低维修费用，可直接取代普通白炽灯，已被广泛应用于街道、广场、车站、码头和厂房等场所的照明。荧光高压汞灯具有光效长（可达 50lm/W）、寿命长（可达 5000h）、省电经济等优点；但荧光高压汞灯显色性差，主要发绿色光和蓝色光，在这种灯的照射下，物体都增加了绿色和蓝色调，使人不能正确分辨颜色，所以这种灯只适于广场、街道和不需要认真分辨颜色的大面积的照明场所。

另外，自镇流高压汞灯，由于该产品不需要外接镇流器，所以使用非常方便。其光效率是白炽灯的 2 倍，使用寿命是白炽灯的 10 倍，而且经济实惠，被广泛应用于室内外的工业照明，庭院照明，街区照明等领域。

(3) 低压钠灯　低压钠灯是利用低压钠蒸气放电发光的电光源，在它的玻璃外壳内涂以红外线反射膜，是光衰较小和发光效率最高的电光源，其光效最高可达 300lm/W，市售产品一般也可达 140lm/W。由于低压钠灯发出的是单色黄光，所以在它的照射下物体基本没有颜色感，可用于对光色没有很高要求的场所，但它的"透雾性"表现得非常出色，特别适合于高速铁路、高速公路、市政道路、公园、航道、庭院、灯塔、机场跑道的照明，能使人清晰地看到色差比较小的物体。低压钠灯可以获得很高的能见度和节能效果，也是替代高压汞灯节约用电的一种高效灯种，其应用场所也在不断扩大。

(4) 高压钠灯　高压钠灯启动后，在初始阶段是汞蒸气和氙气的低气压放电。这时候，灯泡工作电压很低，电流很大；随着放电过程的继续进行，电弧温度渐渐上升，汞、钠蒸气压由放电管最冷端温度所决定，当放电管冷端温度达到稳定，放电便趋向稳定，灯泡的光通量、工作电压、工作电流和功率也处于正常工作状态。高压钠灯使用时发出金白色光，具有发光效率高、耗电较少、寿命较长、透雾能力强和不锈蚀等优点。这种灯广泛应用于道路、高速公路、机场、码头、船坞、车站、广场、街道交汇处、工矿企业、公园、庭院照明及植物栽培。高显色高压钠灯主要应用于体育馆、展览厅、娱乐场、百货商店和宾馆等场所照明。

第二节　绿色照明的现行标准

绿色照明是美国国家环保局于 20 世纪 90 年代初提出的概念。完整的绿色照明内涵包含高效节能、环保、安全、舒适等 4 项指标，不可或缺。高效节能意味着以消耗较少的电能获得足够的照明，从而明显减少电厂大气污染物的排放，达到环保的目的。安全、舒适指的是光照清晰、柔和及不产生紫外线、眩光等有害光照，不产生光污染。

一、绿色照明的基本内涵

国内外实施绿色照明的实践证明，真正的绿色照明是通过科学的照明设计，采用效率高、寿命长、安全可靠和性能稳定的照明电器产品（包括电光源、灯具、灯用电器附件、配线器材、调光控制设备、控光器件等），充分利用天然的光源，改善提高人们工作、学习、生活条件和质量，从而创造一个高效、舒适、安全、经济、有益的光环境，并充分体现现代文明的照明系统。

1991 年 1 月美国环保局（EPA）首先提出实施"绿色照明"和推进"绿色照明工程"的概念，很快得到联合国的支持和许多发达国家和发展中国家的重视，世界上许多国家也先后制定了"绿色照明"计划，并积极采取相应的政策和技术措施，均取得了良好的社会经济和节能环保效益。1993 年 11 月，中国国家经贸委开始启动绿色照明工程，并于 1996 年联合国家计委、科技部、建设部等 13 个单位，共同组织实施了"中国绿色照明工程"。为了进一步推动中国绿色照明工程的开展，2001 年国家经贸委与联合国开发计划署（UNDP）和全球环境基金（GEF）共同实施了"中国绿色照明工程促进项目"，取得了十分可喜的成果。经过多年的深入研究和实践，人们逐渐对绿色照明有了更深层次的理解，为推广建筑"绿色照明"打下了良好的基础。

(1) 绿色照明工程要求人们不要局限于节能这一认识，要提高到节约能源、保护环境的高度，这样影响更广泛，更深远。绿色照明工程不只是个经济效益问题，更是一项着眼于资源利用和环境保护的重大课题。通过照明节电减少发电量，进而降低燃煤量（我国 70% 左右的发电量还是依赖燃煤获得），减少二氧化硫、氮氧化物等有害气体以及二氧化碳等温室气体的排放，有助于解决世界面临的环境与发展课题。

（2）绿色照明工程要求的照明节能，已经不完全是传统意义的节能，这在中国"绿色照明工程实施方案"宗旨中已经有清楚的描述，即满足照明质量和视觉环境条件的更高要求。因此，照明节能的实现不能靠降低照明标准，而是依靠充分运用现代科技手段，对照明工程设计水平、方位以及照明器材效率的提高。

（3）高效照明器材是照明节能的重要基础，但照明器材不只是光源，光源是首要因素，已经为人们认识，但不唯一的，灯具和电气附件（如镇流器）的效率，对于照明节能的影响也是不可忽视的，这点往往不为人们所注意，比如一台带漫射罩的灯具，或一台带格栅的直管形荧光灯具，高效优质产品比低质产品的效率可以高出 50%～100%，足以见其节能效果，对于实施绿色照明要求起着一定的作用。此外，运行维护管理也有不可忽视的作用。

（4）实施绿色照明工程，不能简单地理解为提供高效节能照明器材。高效器材是重要的物质基础，但是还应有正确合理的照明工程设计。绿色照明工程设计是统管全局的，对能否实施绿色照明要求起着决定作用。

（5）高效光源是照明节能的首要因素，必须重视推广应用高效光源。但是有人把推广高效光源简单地理解为推广节能灯（而这里的节能灯是专指紧凑型荧光灯），这是很不全面的。因为光源种类很多，有不少高效者应予推广。就能量转换效率而言，有和紧凑型荧光灯光效相当的（如直管荧光灯），有比其光效更高的（如高压钠灯，金属卤化物灯），这些高效光源各有其特点和优点，各有其适用场所，决非简单地用一类节能光源能代替的。根据应用场所条件不同，至少有三类高效光源应予推广使用。

（6）高效照明工具光导照明系统，由采光罩、光导管和漫射器三部分组成。其照明原理是通过采光罩高效采集室外自然光线，并导入系统内重新分配，经过特殊制作的光导管传输和强化后，由系统底部的漫射器把自然光均匀高效的照射到场馆内部，从而打破了"照明完全依靠电力"的观念。

二、绿色照明标准

（一）绿色照明产品能效标准

按照物理学的观点，能效是指在能源的利用中，发挥作用的能源量与实际消耗的能源量之比。从消费角度看，能效是指为终端用户提供的服务与所消耗的总能源量之比。所谓"提高能效"，是指用更少的能源投入提供同等的能源服务。现代意义的节约能源并不是减少使用能源，降低生活品质，而应该是提高能效，降低能源消耗，也就是"该用则用、能省则省"。

"能效"一词来源于国外，是"能源利用效率"的简称。能效与能耗是两个不同的概念。能效即能源利用效率，它反映了产品利用能源的效率质量特性，它评价的是单位能源所产生的输出或做功，是评价产品用能性能的一种较为科学的方法；能耗是指用能产品在使用时，对能源消耗量大小进行评价的指标。单位能耗是反映能源消费水平和节能降耗状况的主要指标，一次能源供应总量与国内生产总值（GDP）的比率，是一个能源利用效率指标。该指标说明一个国家经济活动中对能源的利用程度，反映经济结构和能源利用效率的变化。

使用能效，可以更客观的反映产品的用能情况，利用它可以更科学地进行产品之间能源利用性能的对比。能效标准即能源利用效率标准，是对用能产品的能源利用效率水平或在一定时间内能源消耗水平进行规定的标准，能效标准具有较高的社会效益和经济效益，我国已颁布实施了多项用能产品的能效标准，涉及家用电器、照明器具和交通工具等。通过实施能效标准，可以不断提高家用电器的能源利用率，用较少的能源来维持或提高现有的生活水平和工作效率，同时有利于保护环境和保障国家能源供需的平衡。

在国际上，能效标准已成为许多国家能源宏观管理的政策手段。国家可以通过能效标准的制定、实施、修订，来调节社会节能总量或用能总量。我国能效标准中的能效限定值是强制性的，能效等级可能今后也会成为强制性的。其中能效限定值是国家允许产品的最低能效值，低于该值的产品则是属于国力明令淘汰的产品；能效等级是指在一种耗能产品的能效值分布范围内，根据若干个从高到低的能效值划分出不同的区域，每个能效值区域为一个能效等级。

1977年，我国开始了电气产品能效标准的研究工作，并于1999年11月1日正式发布我国第一个照明产品能效标准《管形荧光灯镇流器能效限定值及节能评价值》（GB 17896—1999），并于2012年5月1日重新进行修订发布。之后，我国加快了照明产品能效标准的研究和制定工作，先后组织有关人员研究制定了自镇流荧光灯、双端荧光灯、高压钠灯、金属卤化物灯、高压钠灯镇流器、金属卤化物灯镇流器、单端荧光灯等产品的能效标准。到目前为止，我国已正式发布的电气产品能效标准已达11项，在数量和质量两个方面我国电气品能效标准研究水平已位居世界前列。我国已制定的电气照明产品能效标准见表9-2。

表 9-2　我国已制定的电气照明产品能效标准

序号	标准编号	标准名称	发布日期	实施日期
1	GB 17896—2012	管形荧光灯镇流器能效限定值及能效等级	2012-05-01	2012-09-01
2	GB 19043—2003	普通照明用双端荧光灯能效限定值及能效等级	2003-03-17	2003-09-01
3	GB 19044—2003	普通照明用自镇流荧光灯能效限定值及能效等级	2003-03-17	2003-09-01
4	GB 19415—2003	单端荧光灯能效限定值及节能评价值	2003-11-27	2004-06-01
5	GB 19573—2004	高压钠灯能效限定值及能效等级	2004-08-17	2005-02-01
6	GB 19574—2004	高压钠灯用镇流器能效限定值及节能评价值	2004-08-17	2005-02-01
7	GB 20053—2006	金属卤化物灯镇流器能效限定值及能效等级	2006-01-09	2006-07-01
8	GB 20054—2006	金属卤化物灯能效限定值及能效等级	2006-01-09	2006-07-01
9	GB 20052—2006	三相配电变压器能效限定值及节能评价值	2006-01-09	2006-07-01
10	GB 18613—2012	中小型三相异步电动机能效限定值及能效等级	2012-05-11	2012-09-01
11	GB 21518—2008	交流接触器能效限定值及能效等级	2008-04-01	2008-11-01

我国的电气照明产品能效等级均分为3级。1级最高，是国际先进水平，目前市场上只有少数产品能够达到；2级是国内先进、高效产品，也是节能的评价值，达到2级及以上的产品经过认证可以取得节能认证标志；3级以下为淘汰产品，禁止在市场上出售，也是能效限定值。

（二）照明工程设计测量标准

节约能源、保护环境、提高照明品质，这是实施绿色照明的宗旨。节约能源的前提是要满足人们正常的视觉需求，也就是要满足照明设计标准的要求，不应当一味地强调节能而降低照明的照度和质量等要求。我国工程建设的标准体系建立的比较完善，不同的照明场所都已经制订或正在制订相应的设计、测量标准，我国的照明设计和测量标准见表9-3。这些标准均是针对人们的视觉工作需求而制订的，具有一定的科学性和可行性，并尽量和国际标准接轨，这样才具有一定的先进性。

表 9-3 我国的照明设计和测量标准

序号	标准编号	标准名称	发布日期	实施日期
1	GB 50033—2013	建筑采光设计标准	2012-12-25	2013-05-01
2	GB 50034—2013	建筑照明设计标准	2013-11-29	2014-06-01
3	GB 50582—2010	室外工作场所照明设计标准	2010-05-31	2010-12-01
4	GB/T 50668—2011	节能建筑评价标准	2003-11-27	2004-06-01
5	JGJ/T 119—2008	建筑照明术语标准	2008-11-23	2009-06-01
6	CJJ 45—2006	城市道路照明设计标准	2006-12-19	2007-07-01
7	JGJ 153—2007	体育场馆照明设计及检测标准	2007-03-17	2007-09-01
8	JGJ/T163—2008	城市夜景照明设计规范	2008-11-04	2009-05-01
9	GB/T 23863—2009	博物馆照明设计标准	2009-05-04	2009-12-01
10	GB 5700—2008	照明测量方法	2008-07-16	2009-01-01
11	GB 5699—2008	采光测量方法	2008-07-16	2009-01-01
12	GB 50411—2007	建筑节能工程施工质量验收规范	2007-01-16	2007-10-01
13	JGJ 16—2008	民用建筑电气设计规范	2008-01-31	2008-08-01

第三节 绿色建筑的照明设计

我国最新颁布的国家标准《建筑采光设计标准》（GB 50033—2013）和《建筑照明设计标准》（GB 50034—2013），为建筑采光和照明的设计人员明确绿色照明设计提供了依据，绿色照明的宗旨是节约电能、保护环境、提高照明质量，保证经济效益。在实现绿色照明的过程中，照明工程设计是其重要的内容之一，它不仅涉及照明器材的选用、照度标准、照明方式及保证照明质量等内容，还应考虑到照明光源的光线进入人的眼睛，最后引起光的感觉这一复杂的物理、生理和心理过程。因此，在绿色照明的前提下，照明工程设计是一个系统的设计，应当考虑到照明系统的总效率，这不仅包括到照明系统的照明效率，也包括照明使用者的生理和心理效率。

工程实践充分证明，在绿色照明设计中，只有关注到照明系统的总效率，才可以创造出高效、经济、舒适、安全、可靠、有益环境和改善人们生活质量，提高工作效率，保护人民身心健康的照明环境。绿色照明设计的具体内容和设计原则主要包括以下方面。

一、天然光的利用

天然光作为人类生存的必不可少的元素，其作用一直为人们所重视。尤其是在现代社会，人们已深入地了解到天然光在人们的日常生活中，对人的生理及心理所产生的巨大影响，以及其为人类社会发展做出的贡献。因此，如何充分利用天然光，为人们创造一个良好的生活环境，并为人类的可持续发展做出贡献，已成为一个重要的研究课题。而在建筑领域，如何利用天然采光进行建筑照明，从而为使用者创造良好的视觉环境，并减少建筑的能源消耗，已成为建筑师关注的焦点，建筑照明充分利用天然光，已经成为进行绿色照明设计的一个重要理念。

充分利用天然光，尽量节约电能，应从被动地利用天然光向积极地利用天然光发展。如在采暖与采光的综合平衡条件下考虑技术和经济的可行性，尽量利用开侧窗或顶部天窗采光或者中庭采光，使白天在尽可能多的时间利用天然采光。在一些情况下也可以利用各种导光采光设备实现天然光照明，如镜面反射采光法、导光管导光采光法、光纤导光采光法、棱镜传光采光法和光伏效应间接采光照明法等。

1. 镜面反射采光法

所谓镜面反射采光法就是利用平面或曲面镜的反射面，将阳光经一次或多次反射，将光线送到室内需要照明的部位。这类采光法通常有两种做法：一是将平面或曲面反光镜和采光窗的遮阳设施结合为一体，既反光又遮阳；二是将平面或曲面反光镜安装在跟踪太阳的装置上，作为定日镜，经过它一次或是二次反射，将光线送到室内需采光的区域。

2. 导光管导光采光法

用导光管导光的采光方法的具体做法随系统设备形式、使用场所的不同而变化。整个系统由七部分组成，实际上可归纳为阳光采集、阳光传送和阳光照射三部分。阳光收集器主要由定日镜、聚光镜和反射镜三大部分组成；阳光传送的方法很多，归纳起来主要有空中传送、镜面传送、导光管传送、光纤传送等；阳光照射部分使用的材料有漫射板、透光棱镜或特制投光材料等，使导光管出来的光线具有不同配光分布，设计时应根据照明场所的要求选用相应的配光材料。

3. 光纤导光采光法

光纤导光采光法就是利用光纤将阳光传送到建筑室内需要采光部位的方法。这种方法是结合太阳跟踪，透镜聚焦等一系列专利技术，在焦点处大幅度提升太阳光亮度，通过高透光率的光导纤维将光线引到需要采光的地方（光纤系统示意见图9-2）。光纤导光采光的设想早已提出，而在工程上大量应用则是近10多年的事。

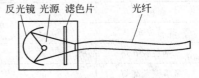

图9-2 光纤系统示意

光纤导光采光的核心是导光纤维（简称光纤），在光学技术上又称光波导，是一种传导光的材料。这种材料是利用光的全反射原理拉制的光纤，它具有线径细（一般只有几十个微米，而$1\mu m=10^{-6}m$，比人的头发丝还要细）、质量轻、寿命长、可绕性好、抗电磁干扰、不怕水、耐化学腐蚀、光纤原料丰富、光纤生产能耗低，特别经光纤传导出的光线基本上具有无紫外和红外辐射线等一系列优点，以致在建筑照明与采光、工业照明、飞机与汽车照明以及景观装饰照明等许多领域中推广应用，成效十分显著。

4. 棱镜传光采光法

棱镜传光采光的主要原理是旋转两个平板棱镜，产生四次光的折射。受光面总是把直射光控制在垂直方向。这种控制机构的原理是当太阳方位角、高度角有变化时，使各平板棱镜在水平面上旋转。当太阳位置处于最低状态时，两块棱镜使用在同一方向上，使折射角的角度加大，光线射入量增多。另外，当太阳高度角变大时，有必要减少折射角度。在这种情况下，在各棱镜方向上给予适当的调节，也就是设定适当的旋转角度，使各棱镜的折射光被抵消一部分。

当太阳高度最大时，把两个棱镜控制在相互相反的方向。根据太阳位置的变化，给予两个平板棱镜以最佳旋转角。范围内的直射阳光在垂直方向加以控制。被采集的光线在配光板上进行漫射照射。为实现跟踪太阳的目的，对时间、纬度和经度进行数据的设定，操作是利用无线遥控器来进行的。驱动和控制用电是由太阳能蓄电池来供应，而不需要市电供电。

5. 光伏效应间接采光照明法

光伏效应间接采光照明法（简称光伏采光照明法），就是利用太阳能电池的光电特性，先将光转化为电，而后将电再转化为光进行照明，而不是直接利用自然采光的照明方法。其具有以下优点：①节能环保；②供电方式简单、规模不影响发电效率；③寿命长，维护管理简便，可实现无人操作；④相对综合成本低，节约投资；⑤安装不受地域限制，规模可按需确定。太阳能电池供电特别适用于解决无电的山区、沙漠、海上及高空区域的用电问题，应用领域广。总之，在地下空间设计中，应尽可能多地考虑自然光线的引入。在条件允许的情况下，采用被动式采光法，充分利用自然光线；在条件相对较差的情况下，利用现有技术手段，采用主动采光法，将自然光通过孔道、导管、光纤等传递到隔绝的地下空间中。充分满足工作、生活在地下空间的人们对自然的渴望。

二、照明器材的选用

1. 使用高效光源

照明所用的光源种类很多，有不少高效光源应予推广。这些高效光源各有其特点和优点，各有其适用的场所，在设计中应根据具体条件选择适用的灯具。各种电光源的光效、显色指数、色温和平均寿命等技术指标见表9-4。

表9-4 各种电光源的技术指标

光源种类	光效/(lm/W)	显色指数/Ra	色温/K	平均寿命/h
普通照明	15	100	2800	1000
卤钨灯	25	100	3000	2000～5000
普通荧光灯	70	70	全系列	10000
三基色荧光灯	93	80～98	全系列	12000
紧凑型荧光灯	60	85	全系列	8000
高压汞灯	50	45	3300～4300	6000
金属卤化物灯	75～95	65～92	3000/4500/5600	6000～20000
高压钠灯	100～200	23/60/85	1950/2200/2500	24000
低压钠灯	200		1750	28000
高频无极灯	55～70	85	3000～4000	40000～80000
发光二极管(LED)	70～100	全彩	全系列	20000～30000

由表9-4可知，低压钠灯的光效排序第一，国内几乎不生产，主要用于道路照明；第二是高压钠灯，主要用于室外照明；第三是金属卤化物灯，室内外均可应用，一般低功率用于室内层高较低的房间；而大功率的应用于体育场馆，以及建筑夜景照明等；第四是荧光灯，在荧光灯中以三基色荧光灯的光效最高；高压汞灯的光效较低，卤钨灯和普通照明白炽灯的光效更低。

在不同的场所进行照明设计时，应选择适当的光源，其具体的技术措施如下。

（1）尽量减少普通照明白炽灯的使用量　白炽灯因其安装和使用方便，价格低廉，目前在国际上及我国其生产量和使用量仍占照明光源的首位，但因其光效低、能耗大、寿命短，应尽量减少其使用量。在一些场所应禁止使用白炽灯，无特殊需要不应采用100W以上的大功率白炽灯。如确实需采用，宜采用光效稍高的双螺旋灯丝白炽灯、充气白炽灯、涂反射层白炽灯或小功率的高敏卤钨灯（光效比白炽灯提高1倍）。

（2）使用细管径 T8 荧光灯和紧凑型荧光灯 荧光灯的光效较高、使用寿命长、节约电能。目前应重点推广细管径（26mm）T8 荧光灯和各种形状的紧凑型荧光灯，以代替粗管径（38mm）荧光灯和白炽灯，在有条件时，可采用更节约电能的 T5（16mm）的荧光灯。

（3）减少高压汞灯的使用量 因这种灯光效较低、显色性差，不是很节能的电光源，特别是不应随意使用能耗大的自镇流高压汞灯。

（4）使用推广高光效、长寿命的高压钠灯和金属卤化物灯 钠灯的光效可达 120lm/W 以上，使用寿命可达 12000h 以上，而金属卤化物灯的光效可达 90lm/W，使用寿命可达 10000h。特别适用于工业厂房照明、道路照明以及大型公共建筑照明。

在进行照明设计中，应根据使用场所、建筑性质、视觉要求、照明的数量和质量要求来选择光源。照明设计中，主要应考虑光源的光效、光色、寿命、启动性能、工作的可靠性、稳定性及价格因素等。各种电光源的适用场所及举例见表9-5。

表 9-5 各种电光源的适用场所及举例

光源名称	适用场所	举例
白炽灯	（1）照明开关频繁，要求瞬时启动或要避免频闪效应场所； （2）识别颜色要求较高或艺术需要的场所； （3）局部照明，应急照明； （4）需要进行调光的场所； （5）需要防止电磁波干扰的场所	住宅、旅馆、饭馆、美术馆、博物馆、剧场、办公室、层高较低及照明度要求也较低的厂房、仓库及小型建筑等
卤钨灯	（1）照度要求较高，显色性要求较高，且无振动的场所； （2）要求频闪效应小的场所； （3）需要调光的场所	剧场、体育馆、展览馆、大礼堂、装配车间、精密机械加工车间
荧光灯	（1）悬挂高度较低要求照度又较高者（100lx 以上）的场所； （2）识别颜色要求较高的场所； （3）在无天然采光和天然采光不足而人们需长期停留场所	住宅、旅馆、饭馆、商店、办公室、阅览室、学校、医院、层高较低及照明度要求较高的厂房、理化计量室、精密产品装配、控制室等
荧光高压汞灯	（1）照度要求较高，但对光色无特殊要求的场所； （2）有振动的场所（自镇流式高压汞灯不适用）	大中型厂房、仓库、动力站房、露天堆场及作业场地、厂区道路或城市一般道路等
金属卤化物灯	高大厂房，要求照度较高，且光色较好的场所	大型精密产品总装车间、体育馆或体育场等
高压钠灯	（1）高大厂房，照度要求较高，但对光色无特殊要求的场所； （2）有振动的场所； （3）多烟尘的场所	铸钢车间、铸铁车间、冶金车间、机加工车间、露天工作场地、厂区或城市主要道路、广场或港口等
发光二极管（LED）	（1）需要颜色变化的场所； （2）需要进行调光的场所； （3）需要局部照明的场所； （4）需要低压照明的场所	夜景、博物馆、商场、旅馆、特种专卖店等

2. 使用高效灯具

选择合理的灯具配光可使光的利用率大大提高，从而达到最大节能的效果。灯具的配光应符合照明场所的功能和房间体形的要求，如在学校和办公室宜采用宽配光的灯具。在高大（高度 6m 以上）的工业厂房宜采用窄配光的深照型灯具。在不高的房间采用广照型或余弦型配光灯具。房间的体形特征用室空间比（RCR）来表示，根据 RCR 选择灯具配光形式可由表 9-6 确定。

表 9-6 室空间比与灯具配光形式的选择

室空间比（RCR）	灯具的最大允许距高比 L/H	选择的灯具配光
1～3（宽而矮的房间）	1.5～2.5	宽配光
3～6（中等宽和高的房间）	0.8～1.5	中配光
6～10（窄而高的房间）	0.5～1.0	窄配光

要保证灯具的发光效率节约电能，在进行设计时灯具的选择应做到以下几点。

（1）在满足眩光限制要求的条件下，应优先选用开启式直接型照明灯具，不宜采用带漫射透光罩的包合式灯具和装有格栅的灯具。

（2）灯具所发出的光的利用率要高，即灯具的利用系数高。灯具的利用系数取决于灯具的效率、配光形状、房间各表面的颜色装修和反射比以及房间的形体。在一般情况下，灯具的效率高，其利用系数也高。

（3）选用高光量维持率的灯具。因为灯具在使用过程中，由于灯具中的光源的光通量随着光源点燃时间的增长，其发出的光通量下降，同时灯具的反射面由于受到尘土和污渍的污染，其反射比在下降，从而导致反射光通量的下降，这些都会使灯具的效率降低，造成能源的浪费。

3. 合理布置灯具

在房间中进行灯具布置时，可以分为均匀布置和非均匀布置两种形式。灯具在房间均匀布置时，一般应采用正方形、矩形、菱形的布置形式。其布置是否达到规定的均匀度，取决于灯具的间距 L 和灯具的悬挂高度 H（灯具至工作面的垂直距离），即 L/H。L/H 值越小，则照度均匀度越好，但用灯多、用电多、投资大、不经济；L/H 值大，则不能保证照度的均匀度。各类灯具的距高比（L/H）应符合下列要求：窄配光为 0.5 左右；中配光为 0.7～1.0；宽配光为 1.0～1.5；半间接型为 2.0～3.0；间接型为 3.0～5.0。

为了使整个房间有较好的亮度分布，还应注意灯具与顶棚的距离。当采用均漫射配光的灯具时，灯具与顶棚的距离和顶棚与工作面的距离之比宜在 0.2～0.5 之间。当靠墙处有工作面时，靠墙的灯具距墙不大于 0.75m；当靠墙处无工作面时，靠墙的灯具距墙不大于（0.4～0.6）L（灯间距）。

在高大的厂房内，为节能并提高垂直照度也可采用顶灯与壁灯相结合的布灯方式，但不应只设置壁灯而不装顶灯，以避免空间亮度明暗不均，不利于视觉适应。对于大型公共建筑，如大厅、商店等，有时也不采用单一的均匀布灯方式，以形成活泼多样的照明，同时也可以节约电能。

4. 采用节能镇流器

日光灯线路上用来产生瞬间高压来启动日光灯，启动后并限制日光灯电流的装置称为镇流器。镇流器分为电子镇流器和电感镇流器。电感式镇流器利用启辉器使电感镇流器中电流突然中断，产生很高的反电势，与外电源叠加后，将灯管点亮；灯管启动以后，电感又起限制电流的作用，避免灯管中电流过大，所以就有了"镇流"的名称。电子式镇流器将 220V 交流电，经整流、逆变成高频电流，直接点亮灯管。由于频率高，所以有效地消除了灯管的频闪现象，而且即开即亮，没有启辉的过程。

普通电感镇流器价格较低、寿命较长，但具有自身功耗大、系统功率因数低、启发电流大、温度比较高、在市电电源下有频闪效应等缺点。表 9-7 中列出了常用各种镇流器的功率比较，从表中可以看出，普通电感镇流器的功率大于节能型电感镇流器和电子式镇流器。国产 40W 荧光灯用镇流器对比见表 9-8。

表 9-7　常用各种镇流器的功率比较

灯的功率/W	镇流器功率占灯功率的百分比/%		
	普通电感镇流器	节能型电感镇流器	电子式镇流器
20 以下	40～50	20～30	<10
30	30～40	<15	<10
40	22～25	<12	<10
100	15～20	<11	<10
150	15～18	<12	<10
250	14～18	<10	<10
400	12～14	<9	5～10
1000 以上	10～11	<8	5～10

表 9-8　国产 40W 荧光灯用镇流器对比

比较对象	普通电感镇流器	节能型电感镇流器	电子式镇流器
自身功耗/W	8～9(10%～15%)	<5(5%～10%)	3～5(5%～10%)
光效比	1	1	1.15(1)
价格比	1	1.4～1.7	3～7(2～5)
重量比	1	1.5 左右	0.3 左右
寿命(年)	10	10	5～10
可靠性	较好	好	差
电磁干扰(EMI)或无线电干扰(RFI)	几乎不存在	几乎不存在	存在
抗瞬变电涌能力	好	好	差
灯光闪烁度	差	差	好
系统功率因数	0.5～0.6	0.5～0.6(不补偿)	0.9 以上

从表 9-8 中可以看出，节能型电感镇流器和电子式镇流器的自身功耗均比普通电感镇流器小，价格上普通电感镇流器比节能型电感镇流器和电子式镇流器均便宜。但节能型电感镇流器有很大的优越性，虽然其价格稍微高些，但寿命长和可靠性好，适合于目前我国经济技术水平，但目前产量不大，应用多。所以应大力推广节能型电感镇流器，同时有条件的也可采用更节能的电子式镇流器。

三、照明标准的选择

根据视觉工作的需要规定的各类环境中必需的照度标准，是建筑照明设计和照明维护管理的依据。合理制定照明标准对提高劳动生产率、改善劳动卫生条件和保证安全生产起很大作用。许多技术先进的国家均制定照明标准，如联邦德国的 DIN5034、日本的 JISZ9110、中国的《工业企业照明设计标准》(GB 50034—1992) 等。

国际照明委员会在《描述照明参量对视功能影响的分析模型》报告中提出了根据视觉效能确定照明标准的统一方法。视觉效能与识别对象的尺寸、识别对象与背景的亮度对比、识别对象本身的亮度等有关。由于亮度的现场测量和计算都较复杂，因此照明标准中规定了工作面上识别对象所需的最低照度值，即照度标准值。当识别对象尺寸较小时，识别对象与背景的亮度对比度对视觉效能影响较大，为此照明标准中又规定按亮度对比度大小取不同照度标准值；当识别对象尺寸较大时，亮度对比度的影响较小，因此在照明标准中未做规定。

凡符合下列条件之一时，参考平面或作业面的照度值应提高一级：①当眼睛至识别对象的距离大于 500mm 时；②连续长时间紧张的视觉作业，对视觉器官有影响时；③识别对象在活动面上，识别时间短促而辨认困难时；④视觉作业对操作安全有特殊要求时；⑤识别对象的反射比小时或低对比时；⑥当作业精度要求较高，且产生差错造成很大损失时；⑦工作人员年龄偏大，长时间持续的视觉工作时；⑧建筑标准要求较高时。

凡符合下列条件之一时，参考平面或作业面的照度值应降价一级：①进行临时工作时；②当工作精度和识别速度无关紧要时；③当反射比或亮度对比特别高时；④建筑标准要求较低时；⑤能源比较紧张的地区。

四、照明方式的选择

照明方式是指照明设备按其安装部位或光的分布而构成的基本制式。就安装部位而言，有一般照明（包括分区一般照明）、局部照明和混合照明等。按光的分布和照明效果可分为直接照明和间接照明。选择合理的照明方式，对改善照明质量、提高经济效益和节约能源等有重要作用，并且还关系到建筑装修的整体艺术效果。不同照明方式的设计原则如下。

（1）当照明场所要求高照度，宜选用混合照明的方式，利用作业旁边的局部照明，达到高照度、低能耗的要求，则可比一般照明节约大量电能。

（2）当工位置密集时，则可采用单独的一般照明方式，但照度不宜太高，一般最高不宜超过 500lx。

（3）如果工作位置的密集不同，或者为一条生产线时，可采用分区一般照明的方式，对于工作可采用较高的照度，而交通区或走道可采用较低的照度，可以节约大量的电能，但工作区与非工作区的照度比不宜大于 3∶1。

（4）在一个工作场所内不应只设局部照明，例如在高大的厂房，在高处采用一般照明方式，而在墙壁或柱子上装灯的方式，也可达到节能的目的，或者在有一般照明的情况下把照明灯具安装在家具上或设备上，也是一种照明节能方式。

五、照明环境的设计

紧张的生活节奏唤起了人们对照明环境的关注。测试结果充分表明，防眩光、适宜的亮度比等是视觉舒适性的基本要素，应是各类环境照明的基本考虑，而具有上射光线、足够的功率、基本的高度和合理的摆放位置等，则是提供舒适照明环境的要件。

照明环境的设计要求包括恰当的照度、亮度分布，良好的眩光控制及光线方向控制，以及光源色和显色性等方面的内容。

（一）恰当的照度和亮度分布

在工作和生活环境中，如果视野内的照度不均匀，将会引起视觉不适应，因此要求工作面上的照度要均匀，而工作面的照度与周围环境的照度也不应相差太悬殊，照明节能一定要保证有良好的照度均匀度。照度均匀度可用工作面上的最低照度与平均照度之比来评价。建筑照明设计标准中对不同照明方式和规定的一般照明的照度均匀度不宜小于 0.70。采用分区一般照明时，房间的通道和其他非工作区域，一般照明的照度值不宜低于工作面照度值的1/5。局部照明与一般照明共用时，工作面上一般照明的照度值宜为总照度值的 1/3～1/5。

在体育场地内主要摄像方向上，垂直照度最小值与最大值之比不宜小于 0.40；平均垂直照度与平均水平照度之比不宜小于 0.25；场地水平照度最小值与最大值之比不宜小于0.50；体育场所观众席的垂直照度不宜小于场地垂直照度的 0.25。在办公室、阅览室等长时间连续工作的房间，其室内各表面的照度比应符合下列规定：顶棚为 0.25～0.90，地面为 0.40～0.80，地面为 0.70～1.00。照度比系指该表面的照度与工作面一般照明的照度之比。规定照度比的目的是使房间各表面有良好的照度分布，创造良好的视觉环境。为达到要求的照度均匀，灯具的安装间距不应大于所选灯具的最大允许距高比（L/H）。

在工作视野内有合适的亮度分布是舒适视觉环境的重要条件。如果视野内各表面之间的亮度差别太大，且视线在不同亮度之间频繁变化，则可导致视觉疲劳。一般被观察物体的亮度应高于其邻近环境的亮度 3 倍时，则视觉比较舒适，且有良好的清晰度，同时也应将观测物体与邻近环境的反射比控制在 0.30～0.50 之间。为了保证室内有良好的亮度比，减少灯同其周围及顶棚之间的亮度对比，顶棚的反射比宜为 0.70～0.80，墙面的反射比宜为 0.50～0.70，地面的反射比宜为 0.20～0.40。此外，适当地增加工作对象与其背景的亮度对比，比单纯提高工作面上的照度能更有效地提高视觉功效，且较为经济、节约电能。

（二）对照明眩光的控制

在照明设计中需要控制的眩光分为直接眩光和反射眩光两种，直接眩光是由光源和灯具的高亮度直接引起的眩光，而反射眩光是通过光线照到反射比高的表面，特别是由抛光金属一类的镜面反射而引起的。

控制直接眩光主要是采取措施控制光源在 γ 角为 45°～90°范围内的亮度。主要有两种措施：选择适当的透光材料，可以采用漫射材料或表面做成一定几何形状、不透光材料制成的灯罩，将亮度光源遮蔽，尤其要严格控制 γ 角为 45°～85°部分的亮度；控制遮光角部分的角度小于规定的遮光角。建筑照明设计标准中对直接型灯具最小遮光角的规定见表 9-9。

表 9-9　灯具的最小遮光角

灯亮度/(kcd/m²)	最小遮光角/(°)	灯亮度/(kcd/m²)	最小遮光角/(°)
1～20	10	50～500	20
20～50	15	≥500	30

（三）光线的方向控制

由于光照射到物体的方向不同，所以在物体上产生的阴影、反射状况和亮度分布不同，可以给人们的视觉和心理带来不同的感受。

阴影对人们的主观感受的影响可以分为两种情况。第一种为当在工作面上产手和身体的阴影时，会使对象的亮度和亮度对比降低，影响人们的主观感受。为了防止这种现象的发生，可将灯具制作成扩散性的，并在布置上加以注意。第二种是为了表现立体物体的立体感，需要适当的阴影，以提高其可见度。为此，光线不能从几个方向来照射，而是由一个方向来照射实现的。当立体物体的明亮部分同最暗部分的亮度比为 2：1 以下时，容易形成呆板的感觉，形成 10：1 的亮度比时，则印象强烈，最理想的是 3：1 的亮度比。材料是靠产生小的阴影来表现物体的粗糙和凹凸等质感，通常用安装从斜向来的定向光照射时，可强调材质感。

灯具的光照射到光亮的表面上反射到人眼方向上可产生反射眩光。它有两种形式：一种是光幕反射，它可使视觉工作对象的对比降低；另一种是视觉工作对象旁的反射眩光。防止和减少光幕反射和反射眩光的措施是：①合理安排工作人员的工作位置和光源的位置，不应使光源在工作面上产生的反射光射向工作人员的眼睛，如果不能满足上述要求时，则可采用投光方向合适的局部照明；②工作面宜为低光泽度和漫反射的材料；③可采用大面积和任亮度灯具，采用无光泽饰面的顶棚、墙壁和地面，顶棚上宜安设带有上射光的灯具，以提高顶棚的亮度。

（四）光色和显色性的控制

不同色温的光源，令人产生不同的冷暖感觉，这种与光源的色刺激有关的主观表现称为色表，室内照明光源的色表及其相关色温与人的主观感受的一般关系见表 9-10，光源的色表分组和适用场所见表 9-11。

表 9-10 对照度和色温的一般感受

照度/lx	对光源色的感受		
	暖	中间	冷
≤500 500～1000 1000～2000 2000～3000 ≥3000	愉快 ↑ 刺激 ↓ 不自然	中间 ↑ 愉快 ↓ 刺激	冷 ↑ 中间 ↓ 愉快

表 9-11 光源的色表分组和适用场所

色表分组	色表特征	相关色温/K	适用场所
Ⅰ	暖	<3300	客房、卧室等
Ⅱ	中间	3300～5300	办公室、图书馆等
Ⅲ	冷	>5300	高照度水平或白天需要补充自然光的房间，热加工车间

六、照明配电和照明控制

照明系统设计包括各功能分区的照明光源和灯具的选择，确定灯具布置方案和开关的类型，计算照明的照度，照明负荷的计算及导线的布置与选择，选择照明配电箱、保护和控制设备，确定插座的布置方案和型号，确定应急照明的设置方案。

（一）电压质量

照明灯端的电压如果偏离灯具的额定电压，将导致电流、输入功率及输出光通量的变化，并引起使用寿命的更大改变。为了节约电能，保证照明稳定，应尽量稳定照明电压，降低电压偏移和波动。为了节能和保持照度的稳定，各类光源的电压偏移，不宜高于其额定电压的 105％，也不宜低于其额定电压的下列数值：①室内一般工作场所为 95％；②室外的露天工作场地、道路等为 90％；③应急照明或用特低电压供电的照明为 90％；④远离变电所、视觉要求较低的小面积室内工作场所为 90％。

同时，电压波动过大、过频，将损害光源使用寿命，导致照度的波动，应当予以限制。提高电压质量的技术措施主要有：①照明负起大、视觉要求较高的场所，宜采用照明专用配电变压器；②照明与电力负荷合用配电变压器时，照明不应与大功率冲击性负荷（如电焊机、吊车等）共用变压器；③照明与电力负荷合用配电变压器时，照明应由独立的馈电线供电；④当高压侧电压偏移较大、照明视觉要求较高时，配电变压器宜采用自动有载调压变压器；⑤视觉要求高的场所，可在照明馈电线路设自动稳压和调压装置；⑥提高配电线路的功率因数，一般不宜小于 0.90；⑦降低配电干线和分支线的阻抗，采用铜芯导线或电缆，适当加大导体的截面积。

（二）配电系统

将电力系统中从降压配电变电站（高压配电变电站）出口到用户端的这一段系统称为配电系统。配电系统是由多种配电设备（或元件）和配电设施所组成的变换电压和直接向终端用户分配电能的一个电力网络系统。照明负荷电流在配电变压器和配电线路中会产生电能损耗，因此，合理地选择变压器参数和导体材料与截面，是实现照明节能的有效方法之一。

要降低照明配电变压器的有功电能损耗，一般可采取以下措施：①选用节能型变压器，使负载损耗 ΔP 和空载损耗 ΔP_0 最小；②适当选择大一些变压器容量 S，以降低变压器负载率（S_j/S），从而降低变压器的负载损耗，建议变压器负载率取 $0.60\sim0.75$ 为宜，负载率太高，会增加损耗，负载率太小，将加大变压器的费用；③提高功率因数，功率因数过低，将大大增加无功功率，而使变压器的计算负荷 S_j 增大，从而加大了负载损耗，功率因数 0.45 时比功率因数 0.90 时的负载损耗要增加很多倍，因此建议功率因数应提高到 0.90 以上。

要降低照明配电线路的电能损耗，一般可采取如下措施。

（1）室内照明配电线路的长度尽量缩短，配电线路导体应选用铜芯导线，铜的电阻率较低，一般仅为铝的 60%。

（2）合理选用并适当加大导体截面，以降低电阻，减少能耗。选择导体时应注意：①导线、电缆的载流量应大于该照明线路的计算电流；②应满足线路各种保护要求；③应使各段线路电压损失之和小于允许值，以保证灯端电压不低于规定值；④为了改善电压质量，降低线路的损耗，在符合上述条件的基础上，还要适当加大截面，留有必要的余地。

（3）提高照明线路的功率因数，从而减少照明线路上的能耗。

（三）照明控制

照明控制技术是随着建筑和照明技术的发展而发展的，在实施绿色照明工程的过程中，照明控制是一项非常重要的内容。照明控制系统方案是多种多样的，有单一功能的，也有多种功能的，但它们都以节能为中心，综合其他一种或多种目的而设置。

1. 照明控制的类型

按照控制系统的控制功能和作用范围，照明控制系统一般可分为点（灯）控制型、区域控制型和网络控制型。

（1）点（灯）控制型 点（灯）控制就是指可以直接对某盏灯进行控制的系统或设备，早期的照明控制系统和家庭照明控制系统及普通的室内照明控制系统基本上都采用点（灯）控制方式，这种控制方式具有简单，仅使用一些电器开关、导线及组合就可以完成灯的控制功能，是目前使用最为广泛和最基本的照明控制系统，是照明控制系统的基本单元。

（2）区域控制型 区域控制型照明控制系统，是指能在某个区域范围内完成照明控制的照明控制系统，特点是可以对整个控制区域范围内的所有灯具按不同的功能要求进行直接或间接的控制。由于照明控制系统在设计时基本上是按回路容量进行的，即按照每回路进行分别控制的，所以又叫作路（线）控型照明控制系统。

（3）网络控制型 网络控制型照明控制系统通过计算机网络技术将许多局部小区域内的照明设备进行联网，从而由一个控制中心进行统一控制的照明控制系统，在照明控制中心内，由计算机控制系统对控制区域内的照明设备进行统一的控制管理。

2. 照明控制的内容

照明控制的主要内容包括控制、调节、稳定和检测。

（1）控制就是对照明光源亮度及色调进行的调节。通过改变电光源的输入电压，可实现对光源点亮、熄灭、亮度的调节和控制。照明控制方式分为手动照明控制、半自动照明控制和自动照明控制两大类，其中自动照明控制有时钟控制、光控制和红外线控制等，另外还有微电脑实施智能控制。

（2）调节是指通过调节照明的电压，调节光源功率、调节频率等方式，以调节灯的光通输出。

（3）稳定是指通过稳定灯的输入电压，以达到光线的稳定。

（4）检测是指监视照明系统的运行状态，测量照明的各种参数。通过照明控制可以实现显著的节能效果、延长光源寿命、改善工作环境、提高照明质量、实现多种照明效果。

除了介绍的上述内容外，在绿色照明的设计过程中，还应注意防治频闪效应、限制谐波，以实现照明节能并为人们提供舒适、健康的照明环境。

第四节　绿色照明系统效益分析

随着科学技术的发展和社会的进步，人们对居住条件和生活环境的要求不断提高，对照明产品的需求也逐年增长。与此同时，人们的能源节约和环境保护意识也在逐渐加强。绿色环保建筑照明系统的应用已经成为一种社会发展趋势，也是照明产业最亟待解决的问题。

在对绿色照明系统进行设计时，除了要对照明系统的组成和布置进行分析和比较外，还应对其经济效益情况进行分析和论证，以便选择既有高照明质量，又有很好的经济效益的高效照明方案，实现"节电、省钱、环保、健康"，使得社会效益和经济效益达到最佳。由此可见，对绿色照明系统进行经济效益分析是非常必要的。绿色照明经济效益的分析，应从全寿命周期的角度进行考虑，重点研究基于全寿命周期的寿命周期成本（LCC）方法在绿色照明工程经济分析中的应用。

一、寿命周期成本（LCC）方法概述

在当前各领域、各地区、各部门、各企业，坚持科学发展观，转变经济增长方式，发展循环经济，建设资源节约型、环境友好型社会的进程中，分析探讨寿命周期成本的基本内涵、评价理论方法及应用推广具有重要意义。

（一）寿命周期成本的定义

寿命周期成本的定义界定寿命周期成本（LCC）概念的提出，源于美英国家有关部门关于有形资产设置费与维护费及其比例变化的调查结果。20世纪50年代，美国调查有形资产的维护费为其设置费的10倍以上，为有形资产预算费的25％以上。20世纪60年代，英国调查制造业一年维护费用多达5.5亿英镑以上。上述事实表明，有形资产的建设者（方）为减少投资而只想方设法减少有形资产设置成本，却大大增加了有形资产使用维护成本。

很显然，只考虑有形资产考虑的做法，已不符合现代经济学的基本原理和可持续发展的基本思想。况且，有形资产的使用维护费用在其开发设计阶段就已基本确定了。正确而科学的观念和做法是不仅在开发设计阶段就考虑有形资产的使用维护问题，而且要将设置费用与维护费用综合起来加以权衡分析，即考虑有形资产的整个寿命周期成本。

因此，美国弗吉尼亚州立大学教授、美国后勤学会副会长B·S·布兰查德首先将寿命周期成本定义为：有形资产在其寿命周期内，包括开发研究费、制造安装费、运行维护费及

报废回收费在内的总费用。之后，美国预算局、国防部相继界定了寿命周期成本的基本内涵和组成内容。英国为追求有形资产寿命周期成本的经济性，创立的设备综合工程学综合运用管理、财务、工程技术与其他措施，以使有形资产寿命周期成本最小化。日本设备工程师协会成立寿命周期成本委员会，借鉴美英法，结合本国实际，界定寿命周期成本的基本涵义与构成内容。

我国建设工程造价协会组织编写的工程造价工程师教材中也对寿命周期成本进行界定；我国在《价值工程基本术语和一般工作程序》（GB 8223—1987）中，也确定价值工程中的成本是指产品或工程的寿命周期成本。另外，也有学者将有形资产或产品策划开发、设计、制造等过程发生的，由生产者承担的成本称为狭义寿命周期成本，而把包括上述设置建设生产过程发生的成本与消费者购入后发生的使用维护成本，以及报废发生的成本在内的全寿命周期成本称为广义寿命周期成本。

广义 LCC 是从产品和工程项目生产、流通、交换、消费各环节组成的全过程与消费者角度而定义的，这一定义符合经济学基本原理，符合节约型社会根本宗旨，符合科学发展观基本思想、符合可持续发展基本要求。

（二）寿命周期成本的内容

从 LCC 方法定义的阐释中可以看出，该方法同样适用于绿色照明系统全寿命周期的成本核算。寿命周期包括初始化成本和未来成本，在工程寿命周期成本中，不仅包括资金意义上的成本，还应包括环境成本、社会成本等。其包括的具体内容如下。

（1）初始化成本　初始化成本是在设施获得之前将要发生的成本，即建造成本，也就是我国所说的工程造价，包括资金投资成本，购买和安装成本。

（2）未来成本　从设施开始运营到设施拆除期间所发生的成本，包括能源成本、运行成本、维护和修理成本、替换成本、剩余值（任何专售和处置成本）。

（3）运行成本　运行成本是年度成本，例如维护和修理成本，包括在设施运行过程中的成本。这些成本与建筑物的功能和保管服务有关。

（4）维护和修理成本　维护和修理成本之间有着明显的不同。维护成本是和设施维护有关的时间进度计划成本；修理成本是未曾预料到的支出，是为了延长建筑物的生命而不是替换这个系统所必需的。维护和修理成本应当被当年成本来对待。

（5）替换成本　替换成本是对要求维护一个设施的正常运行的主要建筑系统的部件可以预料的支出。替换成本是由于替换一个达到其使用寿命终点的建筑物系统或部件而产生的。

（6）剩余值　剩余值是一个系统在全寿命周期成本分析期末的纯价值。剩余值可以是正值，也可以是负值。

不同的成本在系统全寿命周期的不同时间占有不同的比例，所以在绿色照均系统中应当运用更科学的方法计算全寿命周期内的经济成本。项目在寿命周期不同阶段成本发生情况如图 9-3 所示。

二、绿色照明系统全寿命周期成本因素分析

要寻找影响照明系统生命周期成本的关键因素，要从全生命周期成本的构成开始分析。生命周期成本被定义为 3 个范畴：初投资成本（建设成本）、年运行和维护成本、年固定成本。照明系统寿命周期成本分析如图 9-4 所示。

图 9-4 中照明系统的初始化成本费包括光源的费用、灯具的费用和配电安装人工费用及安装配件费用。未来成本中固定投资成本主要是指设备系统的年折旧费用。照明设备与其他

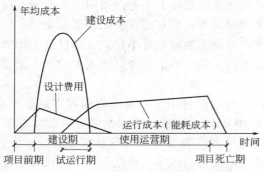

图 9-3　项目在寿命周期不同阶段成本发生情况

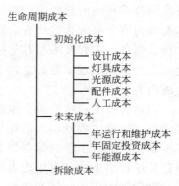

图 9-4　照明系统寿命周期成本分析

机电设备一样，在使用过程中会有一定的损耗，通过设备损耗的情况可以估算出设备的耐用年限，从而确定出设备的折旧年数和折旧率。所谓折旧率就是指在预设的折旧年份内，每年分摊到设备投资成本的百分数。年运行和维护费用包括年光源费和年系统维护费用，年系统维护费用又包括更改光源人工费和灯具清洁维护费两部分。年能源成本指的是照明系统的年用电量。

照明系统的用电量由系统的总功率和系统的点亮时间有关，系统的总功率由光源和镇流器的功率以及光源的总数决定。年平均点灯时间需要根据照明系统的性质、设计场所的功能特征等因素决定。拆除成本包括系统拆除成本、废弃物处理成本，并扣除回收利用材料和构件的价值。

全寿命周期成本不仅包括以上所述的货币成本，还包括环境成本和社会成本。环境成本是指工程产品系列在其全寿命周期内对于环境的潜在和显在的不利影响，照明系统对于环境的影响可能是正面的，也可能是负面的，前者表现为某种形式的收益，后者则体现为某种形式的成本。社会成本是指工程产品从项目构思、产品建成投入使用，直至报废不堪再用全过程中对社会的不利影响。在绿色照明系统中，由于目前环境成本和社会成本很难进行量化，所以目前暂不考虑。

三、绿色照明系统寿命周期成本估价的目标

项目全寿命周期管理起源于英国人 A. Gordon 在 1964 年提出的"全寿命周期成本管理"理论。工程实践也充分证明，建筑物的前期决策、勘察设计、施工、使用维修乃至拆除各个阶段的管理相互关联而又相互制约，从而构成一个全寿命管理系统，为保证和延长建筑物的实际使用年限，必须根据其全寿命周期来进行成本估价和制定质量安全管理制度。

寿命周期成本估价在绿色照明系统中的主要应用，是确定方案在寿命周期内的费用，并据此对设计方案进行评价和选择。借用英国皇家特许测量协会在《建筑的寿命周期成本估价》文献中对寿命周期成本估价的目标定义，绿色照明系统寿命周期成本估价的目标可定义为：使得投资选择权能够被更有效的估价；考虑所有成本而不只是初始化成本的影响；帮助整个照明系统和项目进行有效的管理。

将寿命周期成本估价的方法应用于绿色照明系统，有利于绿色照明工程可持续性的发展，有助于规划设计者对绿色照明系统经济性的认识，从全寿命周期成本的角度综合考虑投入和产出，从而有利于绿色照明工程的推广。

四、绿色照明系统的全寿命周期成本分析

寿命周期成本分析又称寿命周期成本评价，是为了使用户所用的系统具有经济的寿命周

期成本，在系统的开发阶段将寿命成本作为设计参数，而对系统进行彻底的分析比较时做出的决策的方法。

　　绿色照明系统的全寿命周期成本指的是工程项目前期的决策、设计、投标、招标、施工、工程验收直到建筑的拆除阶段等过程中所发生的一系列成本，即建筑的研发费用、设备的安装费用、后期的运行维护费用以及拆除安置费用。按照建筑阶段的费用，绿色照明系统的全寿命周期成本包括工程的决策设计成本、照明系统成本、使用和维护成本以及回收和处理成本四大部分；如果从社会学角度来看，绿色照明系统的全寿命周期成本包括企业的付出成本、消费者的付出成本以及社会成本三个部分。

（一）绿色照明系统的决策设计成本

　　绿色照明系统的决策设计成本包括项目建议书的提出，对照明系统的布局选择、勘查和研究期间发生的费用。绿色照明系统决策设计阶段的准备对建筑整体的影响非常大，不仅影响建筑的后续使用情况，还影响绿色照明系统在建设过程中的费用以及经济效益，决策设计阶段准备完善，就可以为整个项目节约资金。虽然照明系统的决策设计阶段所花费的成本在整个寿命周期中的成本比重不大，但是决策设计阶段影响其他阶段的成本。

（二）绿色照明系统的建筑成本

　　绿色照明系统的建筑成本即在建筑的施工过程中所发生的各项费用，包括物料的采购成本、照明系统设备的采购成本、人工工资成本、管理成本以及其他成本。施工过程是绿色照明系统最为重要的阶段，在本质上影响着照明系统的质量，施工阶段所花费的成本也是最高的，在照明系统施工阶段，会有物料的消耗、设备的消耗以及人工成本和税费的消耗。在这个阶段，国家政策、设备价格、物料的价格波动以及市场需求等，都影响着绿色照明系统的全寿命周期成本。

（三）绿色照明系统的使用和维护成本

　　绿色照明系统的使用和维护成本即绿色建筑在后期的使用过程中，居民需要付出的人力、物力和财力，包括照明系统中的设备维护成本、能源消耗成本等多方面。一般情况下，绿色照明系统的使用周期相对较长，其使用和维护成本在整个全寿命周期成本中占比较大。

（四）绿色照明系统的回收处理成本

　　当绿色照明系统在使用过程中达到使用年限后，就需要对其废弃的物料进行处理，这个过程中产生的费用就是绿色照明系统的回收处理成本。废弃物料处理手段不同，对环境以及社会产生的影响不同，所产生的成本也不同。

第十章

绿色建筑材料系统及技术

20 世纪 90 年代，可持续发展成为许多国家的选择。在此背景下，绿色建筑的概念逐渐深入人心。随着绿色建筑产品逐渐成为建筑市场上的主角，消费者对建筑材料提出了安全、健康、低碳、高性能等要求。因此推广应用绿色建筑技术，使用无公害、无污染、无放射性的绿色建筑材料，是全球建筑业今后发展的必然趋势。

第一节　绿色建筑对建筑材料的要求

绿色建筑就是有效利用资源的建筑，即节能、环保、舒适、健康的建筑。绿色建筑选择建筑材料应遵循以下两个原则：一个是尽量使用 3R（Reduce、Reuse、Recycle，即可重复使用、可循环使用、可再生使用）材料；另一个是选用无毒、无害、不污染环境、对人体健康有益的材料和产品，最好是有国家环境保护标志的材料和产品。

一、绿色建筑与建筑材料的关系

建筑材料是各类建筑工程的物质基础，在一般情况下，材料费用占工程总投资的50％～60％。建筑材料发展史充分证明，建筑材料的发展赋予了建筑物以时代的特性和风格；建筑设计理论不断进步和施工技术的革新，不但受到建筑材料发展的制约，同时也受到其发展的推动。因此，建筑材料的正确、节约、合理使用是建筑工程设计和施工中的一项重要工作。

建筑材料行业是建筑工程的基础，其所带动的产业规模和就业人数在各行业首屈一指，近年来又成为实行节能减排和发展低碳经济环保的重要领域。建筑材料的可持续使用与人居环境的质量息息相关，建筑材料作为建筑的载体，其本身是现代绿色建筑的发展及绿色建筑材料的可持续发展。历史的经验教训告诉我们：建筑的不可持续发展，通常是因为建筑材料在生产和使用过程中的高能耗、高资源消耗和环境污染而造成的。

随着材料科学和材料工业的不断发展，各种类型的建筑材料不断涌现，建筑材料在工程建设中占有极其重要的地位，它集材料工艺、造型设计、美学艺术、工程经济、节能环保于一体，在选择建筑材料时，尤其要特别注意经济性、实用性、坚固性和美化性的统一，以满足不同建筑工程的各项功能要求。工程实践充分证明，建筑材料的性能、规格、品种、质量等，不仅直接影响工程的质量、装饰效果、使用功能和使用寿命，而且直接关系到工程造价、人身健康、经济效益和社会效益。因此，了解建筑材料的基本性质、特点和适用范围，科学合理地选择建筑材料，具有非常重要的意义。

绿色建筑工程的实践证明，"没有好的建材，建筑永远成不了精品"。即使有再开阔的思路，再玄妙的设计，建筑也必须通过材料这个载体来实现的。绿色建筑是"绿色"建筑设计、施工和建材的集成，对材料的选用很大程度上决定了建筑的"绿色"程度。只有发展绿色建筑材料，才能促进绿色建筑业的发展，建筑材料绿色化是实现绿色建筑的基础。绿色建筑节能技术的实现有赖于建筑材料所具有的节能性，要使建筑节能技术按照国家标准的规定进行推广和应用，必须依靠绿色建筑材料的发展才能实现。

二、绿色建筑材料的基本概念

所谓绿色建筑材料是指在原料选取、产品制造、使用及废弃物处理等各环节，能源消耗少，对生态环境无害或危害极少，并对人类健康有利、可提高人类生活的卫生质量且与环境相协调的建筑材料。简单地讲，绿色建筑材料是指具有优异的质量、使用性能和环境协调性的建筑材料。

绿色建筑材料的性能必须符合或优于该产品的国家标准；在其生产过程中必须全部采用符合国家规定允许使用的原、燃材料，并尽量少用天然原、燃材料，同时排出的废气、废液、废渣、烟尘、粉尘等的数量、成分达到或严于国家允许的排放标准；在其使用过程中达到或优于国家规定的无毒、无害标准，并在组合成建筑部品时不会引发污染和安全隐患；其使用后的废弃物对人体、大气、水质、土壤等造成较小的污染，并能在一定程度上可再资源化和重复使用。

提高建筑材料的环境保护质量，从污染源上减少对室内环境质量的危害是解决室内空气质量、保证人体健康等问题的最根本措施。使用高绿色度的具有改善居室生态环境和保健功能的建筑材料，从源头上对污染源进行有效控制具有非常重要的意义。国外绿色建筑选材的新趋向是：返璞归真、贴近自然，尽量利用自然材料或健康无害化材料，尽量利用废弃物生产的材料，从源头上防止和减少污染。这些观点已被我国的建筑设计师们认可并采纳，在一些绿色建筑中逐渐实施。

（一）绿色建筑材料的基本特征

绿色建筑材料又称为生态建筑材料、环保建筑材料和健康建筑材料等。绿色建筑材料与传统的建筑材料相比，具有以下 7 个方面的基本特征。

（1）绿色建筑材料是以相对低的资源和能源消耗、环境污染作为代价，生产出高性能的建筑材料。

（2）绿色建筑材料生产应尽可能少用天然资源，而应大量使用尾矿、废渣、废液、垃圾等废弃物。

（3）产品的设计是以改善生产环境、提高生活质量为宗旨，即产品不仅不损害人体健康，还应有益于人体健康，产品具有多功能化，如抗菌、灭菌、防毒、除臭、隔热、阻燃、防火、调温、调湿、消磁、防射线和抗静电等。

（4）产品可循环或回收及再利用，不产生污染环境的废弃物，在可能的情况下选用废弃的建筑材料，如旧建筑物拆除的木材、五金和玻璃等，以减轻建筑垃圾处理的压力。

（5）在产品生产过程中不使用甲醛、卤化物溶剂或芳香族烃类化合物，产品中不含汞、铅、铬和镉等重金属及其化合物。

（6）建筑材料能够大幅度地减少建筑能耗，如具有轻质、高强、防水、保温、隔热和隔声等功能的新型墙体材料。

（7）避免在使用过程中会释放污染物的材料，并将材料的包装减少到最低程度。

（二）绿色建筑材料的基本类型

根据绿色建筑材料的基本概念与特征，国际上将绿色建筑材料分为基本型、节能型、环保型、特殊环境型、安全舒适型和保健功能型 6 种类型。

（1）基本型建筑材料 基本型建筑材料是指满足能使用性能要求和对人体健康无害的材料，这是绿色建筑材料的最基本要求。在建筑材料的生产及配置过程中，不得超标使用对人体有害的化学物质，产品中也不能含有过量的有害物质，如甲醛、氡气和 VOCs 等。

（2）节能型建筑材料 节能型建筑材料是指在生产过程中，能够明显地降低对传统能源和资源消耗的产品。因为节省能源和资源，使人类已经探明的有限的能源和资源得以延长使用年限。这本身就是对生态环境做出了贡献，也符合可持续发展战略的要求。同时降低能源和资源消耗，也就降低了危害生态环境的污染物产生量，从而减少了治理的工作量。生产中常用的方法如采用免烧或者低温合成，以及提高热效率、降低热损失和充分利用原料等新工艺、新技术和新型设备，此外还包括采用新开发的原材料和新型清洁能源生产的产品。

（3）环保型建筑材料 环保型建筑材料是指在建材行业中利用新工艺、新技术，对其他工业生产的废弃物或者经过无害化处理的人类生活垃圾加以利用而生产出的建材产品。例如：使用工业废渣或者生活垃圾生产水泥，使用电厂粉煤灰等工业废弃物生产墙体材料等。

（4）特殊环境型建筑材料 特殊环境型建筑材料是指能够适应恶劣环境需要的特殊功能的建材产品，如能够适用于海洋、江河、地下、沙漠、沼泽等特殊环境的建材产品。这类产品通常都具有超高的强度、抗腐蚀、耐久性能好等特点。我国开采海底石油、建设长江三峡大坝等宏伟工程都需要这类建材产品。产品寿命的延长和功能的改善，都是对资源的节省和对环境的改善。比如使用寿命增加一倍，等于生产同类产品的资源和能源节省了 1 倍，对环境的污染也减少了 1 倍。相比较而言，长寿命的建材比短寿命的建材就更增加了一分"绿色"的成分。

（5）安全舒适型建筑材料 安全舒适型建筑材料是指具有轻质、高强、防火、防水、保温、隔热、隔声、调温、调光、无毒、无害等性能的建材产品。这类产品纠正了传统建材仅重视建筑结构和装饰性能，而忽视安全舒适方面功能的倾向，因而此类建材非常适用于室内装饰装修。

（6）保健功能型建筑材料 保健功能型建筑材料是指具有保护和促进人类健康功能的建材产品，如具有消毒、防臭、灭菌、防霉、抗静电、防辐射、吸附二氧化碳等对人体有害的气体等功能。这类产品是室内装饰装修材料中的新秀，也是值得今后大力开发、生产和推广使用的新型建材产品。

三、绿色建筑对建筑材料的基本要求

各类建筑物反映了人和社会环境、自然环境的关系，为了使这些关系融洽和谐，进而促进人类文明的提升和环境效益，非常有必要发展绿色建筑材料。建筑物的功能是通过合理选择建筑材料和施工来完成的，绿色建筑的内涵大多需通过建筑材料来体现。长期以来，建筑材料主要依据对其力学功能要求进行开发，结构材料主要要求高强度、高耐久性等；而装饰材料则要求装饰功能和造型美学性。

21 世纪的建筑材料要求在建筑材料的设计、制造工艺等方面，要从人类健康生存的长远利益出发，为实施绿色建筑长远规划，开发和使用绿色建筑材料，以满足人类社会的可持续发展目标。绿色建筑对建筑材料的基本要求主要包括资源消耗方面、能源消耗方面、环境影响方面、室内环境质量方面、材料本地化方面、建材回收利用方面、现行国家标准对材料选择要求等。

（一）资源消耗方面的要求

绿色建筑对建筑材料在资源消耗方面的要求是：①尽可能地少用不可再回收利用的建筑

材料；②尽量选用耐久性好的建筑材料，以便使建筑物有较长的使用寿命；③尽量使用和占用较少的不可再生资源生产的建筑材料；④尽量选用可再生利用、可降解的建筑材料；⑤尽量使用各种废弃物生产的建筑材料，降低建筑材料生产过程中天然和矿产资的消耗。

（二）能源消耗方面的要求

绿色建筑对建筑材料在能源消耗方面的要求是：①尽可能使用生产过程中能耗低的建筑材料；②尽可能使用可以减少建筑能耗的建筑材料；③使用能充分利用绿色能源的建筑材料，降低建筑材料在生产过程中的能源消耗，保护生态环境。

（三）环境影响方面的要求

绿色建筑对建筑材料在环境影响方面的要求是：①选用的建筑材料在生产过程中的二氧化碳排放量较低，对环境的影响比较小；②建筑材料在生产和使用中对大气污染的程度低；③对于生态环境产生的负荷低，降低建筑材料对自然环境的污染，保护生态环境。

（四）室内环境质量方面的要求

绿色建筑对建筑材料在室内环境质量方面的要求是：①最佳地利用和改善现有的市政基地设施，尽可能选用有益于室内环境的建筑材料；②选用的建筑材料能提供优质的空气质量、热舒适、照明、声学和美学特征的室内环境，使居住环境健康舒适；③选用的建筑材料应具有很高的利用率，减少废料的产生。

（五）建筑材料本地化方面的要求

绿色建筑对建筑材料在本地化方面的要求是：鼓励使用当地生产的建筑材料，提高就地取材制成的建筑产品所占的比例。建材本地化是减少运输过程的资源、能源消耗，降低环境污染的重要手段之一。对建筑材料本地化的要求，应当符合现行国家标准《绿色建筑评价标准》（GB/T 50378—2006）中规定。

（六）建材回收利用方面的要求

建筑是能源及材料消耗的重要组成部分，随着环境的日益恶化和资源日益减少，保持建筑材料的可持续发展，提高能耗、资源的综合利用率，已成为当今社会关注的课题。在人为拆除旧建筑或由于自然灾害造成建筑物损坏的过程中，会产生大量的废砖和混凝土废块、木材及金属废料等建筑废弃物，例如汶川大地震据估算将产生超过 $5 \times 10^8 t$ 的建筑垃圾。

如果能将其大部分作为建筑材料使用，成为一种可循环的建筑资源，不仅能够保护环境、降低对环境的影响，而且还可以节省大量的建设资金和资源。目前，从再利用的工艺角度，旧建筑材料的再利用主要包括直接再利用与再生利用两种方式。其中，直接再利用是指在保持材料原型的基础上，通过简单的处理，即可将废旧材料直接用于建筑再利用的方式。

（七）现行国家标准对材料选择要求

绿色建筑对于建筑材料选择的要求，在我国现行国家标准《绿色建筑评价标准》（GB/T 50378—2006）中有明确规定。

（1）室内装饰装修材料满足相应产品质量国家或行业标准；其中材料中有害物质含量满足《室内装饰装修材料有害物质限量》GB18580～GB18588 和《建筑材料放射性核素限量》（GB 6566—2010）的要求。

（2）采用集约化生产的建筑材料、构件和部品，减少现场加工。

（3）建筑材料就地取材，至少 20％（按价值计）的建筑材料产于距施工现场 500km 范围内。

(4) 使用耐久性好的建筑材料，如高强度钢、高性能混凝土、高性能混凝土外加剂等。

(5) 将建筑施工、旧建筑拆除和场地清理时产生的固体废弃物中可循环利用、可再生利用的建筑材料分离回收和再利用。在保证安全和不污染环境的情况下，可再利用的材料（按价值计）占总建筑材料的 5%；可再循环材料（按价值计）占所用总建筑材料的 10%。

(6) 在保证性能的前提下，优先使用利用工业或生活废弃物生产的建筑材料。

(7) 使用可改善室内空气质量的功能性装饰装修材料。

(8) 结构施工与装修工程一次施工到位，避免重复装修与材料浪费。

(9) 采用高性能、低材耗、耐久性好的新型建筑结构体系。

四、我国绿色建筑材料的发展途径

有关统计数据显示，我国建筑材料工业每年消耗原材料 50×10^8 t，消耗煤炭 2.3×10^8 t，约占全国能源总消耗的 15.8%，废气排放量 1.096×10^8 m³。水泥、石灰与传统墙体材料等，排放一氧化碳约为 6.6×10^8 t，占全国工业一氧化碳排放量的 40% 左右。如果继续按照之前粗放型的模式发展，建筑材料工业将会给生态环境带来更大的影响。与此同时，根据我国近期规划目标，未来 3 年内我国将新建绿色建筑 10×10^8 m²；到 2015 年末，20% 的城镇新建建筑要达到绿色建筑标准。显然，绿色建材将成为建材工业转型升级和绿色建筑国家战略的必然选择，有着巨大的潜在市场。由此可见，大力发展绿色建筑材料是我国经济发展中的一项重要任务。

(1) 强化宣传工作 利用各种宣传工具（广播、电视、报纸、书刊等）和各种宣传形式（如学术报告会、技术交流会、信息发布会、政策研讨会、产品展示会以及绿色材料识别标志和企业形象设计等），广泛宣传绿色建材的知识和重大意义，强化全民族的绿色意识，以转变人们的价值观念，促进绿色材料的推广和应用。

(2) 建立并完善标准认证体系 目前，我国具有较完整、配套的产品标准和相关的技术标准（国家标准、行业标准、地方标准和企业标准），这是组织生产、开展营销活动的依据。但现在还缺少专门绿色准则的标准，将绿色建材纳入规范管理体系。国外发达国家为促进绿色建材的发展，都是从制定、实施建材产品环保"绿色"标志认证制度入手的。借鉴国外经验，建议由中国建材工业协会、国家环保总局牵头，协同建设、化工、冶金等有关部门，成立国家绿色建材标志认证委员会，负责制定、实施环保"绿色"标志认证工作。

(3) 对旧设备、旧技术进行改造 我们应研究开发大型化、高科技的生产技术、绿色生产技术和设备，关停或合并那些高能耗、小规模、污染严重的企业，合理配备资源，优化组合，使现代化的绿色建材产品在技术上成为可能。

(4) 加强信息工作 要充分发挥信息的导向作用，建立健全信息库和网络，不断提高信息服务的质量，为从事绿色建筑材料的单位提供及时、准确、系统的信息，以促进我国绿色建材更快更好的发展。

(5) 以综合利用为重点 材料的生产过程均会产生"三废"。对于工业废渣的处理是一个迫切而又艰难的问题。经济地处理这些废弃物，有效地使用再生资源，已成为世界大多数国家普遍关注的问题。在选用材料时，应提倡使用那些可以循环使用、重复使用、再生使用的材料（即 3R 材料），以减少资源的浪费。

(6) 加强法制建设，建立绿色建材市场 制定相关产业政策和配套法规。对符合绿色标准的产品，要求由国家绿色建材标志认证委员会发给"绿色"标志证书，方可在市场上流通。利用行政手段和经济杠杆，借助强有力的政策、法规，是实现绿色目标的重要保证。绿色建材跨越建材、建工、化工、冶金、轻工、农林、煤炭等部门，为了加强其发展，做好协调工作，应成立有关部门参加的国家绿色建材协调领导小组，进行综合协调指导、政策法规制定、质量检查监督、技术信息服务、培育和规范市场等工作，以引导绿色建材的健康发展。

　　绿色建材是 21 世纪我国建材工业发展的必由之路。我们要以战略的眼光、时代的紧迫感和历史责任感，加快绿色建材工业的发展，用健康、安全、舒适、美观的绿色建筑物，造福于社会，造福于人民。人类只有一个"地球村"，生命也只有一次，拥有一个生态平衡的"绿色"地球，是人类共同的愿望。

第二节　绿色建筑材料评价体系与方法

　　随着社会经济和城市化的发展，生态、环保、可持续发展的思想日益得到认可，给 21 世纪人类的生活与环境带来不可抗拒的改变。可持续发展是从环境和资源角度出发提出的关于人类社会长期发展的思想和战略，这一思想反映到建筑学领域即体现为一种关注环境的建筑设计和技术策略，或称之绿色建筑学。从上世纪初开始，早期的绿色建筑研究主要集中在建筑技术探索，着眼点是建筑节能，研究侧重于新型建筑材料研制、建筑构造改良和再生能源利用等方面。

　　20 世纪 80 年代中期，绿色建筑理论研究和实践在一些国家展开，新能源技术、绿色建材技术、建筑节能技术、废弃物和污染物处理技术等被综合运用于单个建筑物。进入 20 世纪 90 年代，"绿色"思想开始为人们普遍接受，世界各国的绿色建筑研究进入了一个新时期，建筑师突破专业局限，与其他学科专家广泛合作，绿色建筑研究逐步由建筑个体上升到体系方面的思考。绿色建材是绿色建筑的基础，它对绿色建筑的发展和效果起着重要的作用。将绿色建筑的研究、生产和高效利用能源技术和各种新的绿色建筑技术的研究密切结合起来是未来建筑的发展趋势。

　　长期以来，传统建材耗能高、污染大、生产效率低的问题目渐突出，并从各个方面制约着建筑材料工业的发展。20 世纪 80 年代末，国外率先提出了"绿色建材"的概念。20 世纪 90 年代以后，随着我国国民经济的飞速发展，以及由此带来的城市化、住宅商品化、家庭装饰装修热，绿色建材也开始为我国建筑材料工业界和居民所接受。我国绿色建材市场尚处于起步阶段，发展程度低，在发展中还存在着不少的问题。绿色产品的评价缺乏完善的检测技术和统一的评价标准，绿色建材论证体系缺乏原则性和权威性，市场准入制度不健全，市场管理落后，这是导致国内目前建材市场鱼龙混杂，商业性炒作迭起的根本深层次原因。

　　工程实践充分证明，绿色建筑材料评价体系便是绿色建筑发展不可或缺的内容，与绿色建筑相比，绿色建筑建材评估是 20 世纪 90 年代以来刚刚发展起来的一项研究。绿色建筑材料评价体系是应用在绿色建材整体寿命周期内的一套明确的评价系统，以一定的准则来衡量建筑在整个阶段达到的"绿色"程度，同时通过确立一系列的指标体系，为各个方面提供具体清晰的条例以指导和鉴定绿色建材的实践。对于绿色建筑材料的评价研究是随着绿色建筑设计方式的不断进步，以及绿色建材实例的不断涌现而逐步形成发展的。各国逐渐建立相应的标准和测试方法，并对符合健康要求的材料发放环境标志。

　　我国目前市场上有关绿色建材的评估标准，大致是根据 ISO 14000 体系认证、环境标志产品认证、国家相关安全标准体系来确定的。现有的绿色建材评价方法为单因子评价法、复合类指标评价法以及 LCA 评价法。我国的绿色建筑理论和实践还处于起步阶段，对评估工作的研究也是刚刚开始，有关建筑材料绿色性能的评价办法，主要见于绿色奥运建筑研究课题组的《绿色奥运建筑评估体系》和中国建筑材料科学研究院的《中国绿色建材评估体系》所提出的绿色建材评价体系。由于种种条件的限制，这一评价体系的内容主要参考了美国LEED体系，还没有根据我国的实际国情形成自己的评估架构。如何顺应全球可持续发展的潮流，因地制宜制定中国的绿色建材综合评估体系，是摆在我们面前的一个新兴的课题。

一、绿色建筑材料的评价体系

实施绿色建筑的主要途径之一是开发和使用绿色建筑材料，使得建筑与人和环境的关系和谐融洽。21世纪的建筑材料要求在建筑材料的设计、制造工艺和对建筑材料评价等方面，要从人类健康生存的长远利益出发，为实施绿色建筑长远规划，开发和使用绿色建筑材料，以满足人类社会的可持续发展目标。可持续发展已经受到全球的重视，环境价值观正在形成，应该将环境价值观尽快渗入到各科学技术领域。材料科学的发展推动了人类社会的发展，是人类文明的物质基础，每种材料的问世都会引起人们日常生活的巨大变化。随着绿色建筑与绿色建材工业的发展，对人类生活和环境的改善将会越来越显著。

绿色建筑材料评价体系的问题评价体系是评定绿色建筑材料首先要考虑的问题。目前国内主要存在以下几类评价体系。一是单因子评价法，即根据单一因素及影响因素确定其是否为绿色建材。一般用于卫生类建筑材料的评价，包括放射性强度、有害物质的含量等。例如对室内墙体涂料中有害物质限量（甲醛、重金属、苯类化合物等）做出具体数位的规定，符合规定的就认定为绿色建筑材料，不符合规定的则为非绿色。二是复合类评价指标，主要由挥发物总含量、人体感觉试验、防火等级和综合利用等指标构成。在这类指标中，如果有其中某一项指标不合要求，并不一定将其排除出绿色建筑材料范围，而是根据多项指标给出综合判定，最终给出其体的评价，确定其是否为绿色建筑材料。

大量的研究结果表明，与人体健康直接相关的室内空气污染，主要来自室内墙面、地面装饰材料以及门窗和家具的制作材料等。这些材料中VOCs、苯、甲醛和重金属等的含量及放射性强度均会对人体健康造成损害，其损害程度不仅与这些有害物质有关，而且与其散发特性即散失时间有关，因此绿色建筑材料测试与评价指标应综合考虑建材中各种有害物质含量及散发特性，并选择科学的测试方法，确定明确的可量化的评价指标。

根据绿色建筑材料的定义和特点，绿色建筑材料应满足4个目标，即基本目标、环保目标、健康目标和安全目标。基本目标包括功能、质量、寿命和经济性；环保目标要求从环境角度考核建筑材料生产、运输、废弃等各环节对环境的影响；健康目标考虑到建筑材料作为一类特殊材料与人类生活密切相关，使用过程中必须对人类健康无毒无害；安全目标包括耐燃性和燃烧释放气体的安全性。围绕以上4个目标制定绿色建筑材料的评价指标，可概括为产品质量指标、环境负荷指标、人体健康指标和安全指标。量化这些指标并分析其对不同类建材的权重，利用ISO 14000系列标准规范的评价方法作出绿色度的评价。

我国现阶段的绿色建筑材料评价体系是从材料寿命周期出发，采用数理统计的方法，从资源、能源、环境、使用性能、技术经济、环境负荷及再生利用性能等方法进行综合评价。评价指标主要有产品质量指标、环境负荷指标、人体健康指标和安全指标等。目前，我国有关绿色建筑材料的评价标准大致根据以下3个方面确定。

（1）ISO 14000体系认证　ISO 14000是国际标准化组织（ISO）第207技术委员会（TC207）从1993年开始制定的一系列环境管理国际标准，它包含了环境管理体系（EMS）、环境行为体系（EPE）、环境管理（EM）、寿命周期评价（LCA）、产品标准中环境因素（SAPS）等国际环境管理领域的研究与实践的焦点问题，共包括100个标准号，统称为ISO 14000系列标准。ISO 14000系列标准向各国政府及各类组织提供统一、一致的环境管理体系及产品的国际标准和严格、规范的审核认证办法。

（2）环境标志产品认证　环境标志产品认证是国内最权威的绿色产品、环保产品认证，又被称作十环认证，代表官方对产品的质量和环保性能的认可，由环保部指定中环联合（北京）认证中心（环保部环境认证中心）为唯一认证机构，通过文件审核、现场检查、样品检测三个阶段的多准则审核来确定产品是否可以达到国家环境保护标准的要求。

环境标志产品技术要求规定，获得环境标志的产品必须是质量优、环境行为优的双优产品，二者相辅相成，共同决定了环境标志产品双优特性这一基本特征。环境标志产品认证具有权威性，但只是产品性能标准和环境标准的简单结合，难以在通过认证的产品中定量评价哪种性能指标和安全性更好。

（3）国家相关安全标准体系　对于建筑材料的健康和安全问题，我国政府十分重视。2001年12月29日，国家质量监督检验检疫总局和国家标准化管理委员会联合发布了《室内装饰装修材料有害物质限量》等10项国家标准，这10项强制性国家标准包括人造板及其制品、内墙涂料、溶剂型木器涂料、胶黏剂、地毯及地毯用胶黏剂、壁纸、木家具、聚氯乙烯卷材地板、混凝土外加剂、建筑材料放射性核元素等。

以上3种评价体系在评价建筑材料的过程中，内容上各有所侧重，很难以一种体系对绿色建材进行定量分析和全面综合评价。国际上公认用ISO 14000体系认证中全寿命周期理论评价材料的环境负荷性能是最好的，能够通过确定和定量化的研究能量和资源利用，及由此造成的废弃物的环境排放来对产品进行综合、整体、全面的评价。

二、绿色建筑材料的评价方法

目前，我国绿色建筑材料的研究尚处于发展的初级阶段，虽然市场上出现了各种各样的所谓的"绿色建材"，但没有一个是通过认真科学的评价而确定的，因此在我国急需建立一个比较完整科学的绿色建材评价体系。建立这个评价体系本身不是目的，而是通过绿色建材评价体系的建立，改变人们的观念和生活习惯，协助政府制订相关政策，促进和引导材料向着性能优良、环境协调、提高人类生活质量的方向发展，这才是我们探索绿色建材评价体系的根本目的。

（一）绿色建筑材料的评价方法

生命周期评价法是评价环境负荷的一种重要方法，但其在评价范围、评价方法上也有局限性：①LCA所做的假设与选择可能带有主观性，同时受假设的限制，可能不适用所有潜在的影响；②研究的准确性可能受到数据的质量和有效性的限制；③由于影响评估所用的清单数据缺少空间和时间尺度，使影响结果产生不确定性。目前LCA作为产品环境管理的重要支持工具，需要产品从原材料的开采、生产制造、使用和废弃处理的整个生命周期的环境负荷数据的支持，由于很多数据缺乏公开性、透明性和准确性，因此LCA数据的可获得性较差；同时LCA数据的地域性很强，不同国家和地域的环境标准差异，数据缺乏通用性；因此，LCA评价实施者很难获得全面的、最新的、精确的和适应性强的数据。

材料评价的发展LCA评价体系的创立，从根本上为我们全面客观地对材料进行评价指明了方向。在应用LCA进行全寿评价时，不同的研究人员根据不同情况采用了不同的方式，进而发展出不同的评价方法。有的采用了权重系数综合评价法，有的采用的是线性规划法，有的采用了逆矩阵法等等；在环境质量评价时使用了指数评价模型（包括单因子和多因子法）、分级聚类模型（包括积分值法，即M值法、W值法、模糊评价法）等，进行了有益探索。由于在进行LCA评估时的复杂性，有的采用了定量评估法，有的采用了定性评估

法，有的采用了定性评估和定量评估相结合的方法。

（二）绿色材料评价体系的构建原则

我国绿色建材产品评价体系和评价方法的研究，应遵循科学性和实用性相结合的原则。建立绿色建材产品评价体系要有高度的科学性、实用性和可操作性。指导思想应符合 ISO 9000 和 ISO 14000 的基本思想，同时兼顾我国建筑材料的发展水平，应适合我国的国情和建材行业的实际情况，并能激励建材行业生产技术水平的不断提高。为了使评价体系能反映我国建材产品的真实情况，在建立绿色建材产品评价体系时贯彻以下的构建原则。

（1）符合本国实际情况　要针对我国自身的地域、经济、社会及技术水平现状，根据实际需要建立具有本国特色的绿色建材产品评价体系，既要考虑对最终产品进行检测评估，同时又要过程控制。在具体指标设立时，应考虑建材行业的具体情况和现有水平，如能耗水平、环境污染排放水平等，不能只盲目靠近国际先进水平。

（2）符合国家的产业政策　评价的产品必须是国家产业政策允许生产的，且必须符合国家制定的产业调控方针、相关产业政策及标准。

（3）指标科学性和实用性　建立绿色建材产品评价体系并非单纯的理论探索，它是能发挥实际作用的体系，如果没有实用性和可操作性，建立评价体系就毫无意义。建材品种繁多，不可能用一个简单的指标来规范，要经过大量的调研，掌握相关资料，分门别类制定实用性和操作性较强的评价指标，指标须具有明确的物理意义、测试方法标准，统计计算方法规范，以保证评价的科学性、真实性和客观性。

（4）产品选择性和适用性　从理论上讲，绿色建材产品评价的范围应针对所有的建材产品，但是考虑到目前我国建材工业的发展水平和在绿色建材产品评价方面的工作基础，首先选择建筑材料中应用范围广泛、产量大、能耗相对较高、对环境影响大的产品，以及人们最为关心的建筑装饰装修材料进行绿色化评价，逐步过渡到对所有的建筑材料进行绿色化评价。

（5）动态性和等级制　随着材料科学技术的发展和人们环境意识的提高，绿色建材的评价范围和评价指标也应根据发展的不同阶段相应地发展和完善，能够综合反映绿色建材的发展趋势和现状特点。同时在各阶段应针对不同对象及生产水平分成若干等级，便于管理。

（6）指标针对性和可量化性　绿色建材产品评价指标应包括建材产品整个生命周期各个环节对环境及人类健康的影响，但鉴于当前的生产力水平和人们的物质生活水平以及管理体制方面的因素，绿色建材产品指标选择了直接影响环境和人体健康的相关指标。

第三节　绿色建筑材料制备与应用技术

我国正处于工业化、城镇化、信息化和农业现代化快速发展的历史时期，人口、资源、环境的压力日益凸显。根据我国的实际情况，建设绿色生态城区、加快发展绿色建筑，不仅是转变我国建筑业发展方式和城乡建设模式的重大问题，也直接关系群众的切身利益和国家的长远利益。因此，发展节能绿色建筑材料与应用技术，实现建筑节能、环保、成本等综合性能最优化，是满足我国节能减排、发展低碳经济的迫切需要。

为推动绿色建筑和绿色建材制备与应用技术的健康发展，在我国的《"十二五"绿色建筑和绿色生态城区发展规划》中明确指出提高自主创新和研发能力，推动绿色技术产业化，加快产业基地建设，培育相关设备和产品产业，建立配套服务体系，促进住宅产业化发展。

一是加强绿色建筑技术的研发、试验、集成、应用，提高自主创新能力和技术集成能力，建设一批重点实验室、工程技术创新中心，重点支持绿色建筑新材料、新技术的发展。二是推动绿色建筑产业化，以产业基地为载体，推广技术含量高、规模效益好的绿色建材，并培育绿色建筑相关的工程机械、电子装备等产业。三是加强咨询、规划、设计、施工、评估、测评等企业和机构人员教育和培训。四是大力推进住宅产业化，积极推广适合工业化生产的新型建筑体系，加快形成预制装配式混凝土、钢结构等工业化建筑体系，尽快完成住宅建筑与部品模数协调标准的编制，促进工业化和标准化体系的形成，实现住宅部品通用化，加快建设集设计、生产、施工于一体的工业化基地建设。大力推广住宅全装修，推行新建住宅一次装修到位或菜单式装修，促进个性化装修和产业化装修相统一，对绿色建筑的住宅项目，进行住宅性能评定。五是促进可再生能源建筑的一体化应用，鼓励有条件的地区对适合本地区资源条件及建筑利用条件的可再生能源技术进行强制推广，提高可再生能源建筑应用示范城市的绿色建筑的建设比例，积极发展太阳能采暖等综合利用方式，大力推进工业余热应用于居民采暖，推动可再生能源在建筑领域的高水平应用。六是促进建筑垃圾综合利用，积极推进地级以上城市全面开展建筑垃圾资源化利用，各级住房城乡建设部门要系统推行建筑垃圾收集、运输、处理、再利用等各项工作，加快建筑垃圾资源化利用技术、装备研发推广，实行建筑垃圾集中处理和分级利用，建立专门的建筑垃圾集中处理基地。

一、水泥材料的绿色化

在建筑工程中所用的胶凝材料，可分为水硬性胶凝材料和非水硬性胶凝材料。按照其硬化条件的不同，可分为气硬性胶凝材料和水硬性胶凝材料。水硬性胶凝材料是指能与水发生化学反应凝结和硬化，且在水下也能够凝结和硬化并保持和发展其强度的胶凝材料，水泥是一种典型的水硬性胶凝材料。

（一）高性能水泥的定义与用途

水泥基材料是用量最大的人造材料，在今后数十年甚至上百年内仍然无可替代。目前，我国水泥年产量已超过 20 亿吨，随着国民经济的持续发展，大规模基础设施建设还将持续多年，对水泥的需求量仍将有大幅度的增长。但是，水泥生产消耗大量的石灰石、黏土、煤等不可再生的资源，排放数以亿计的 CO_2、SO_2 和 NO_x 等废气及粉尘，对环境造成严重污染。数量扩张型的水泥工业发展模式将使我国能源、资源和环境不堪重负。此外，社会发展对水泥性能提出更高的要求：施工性更好、水化热更高、体积更稳定、耐腐蚀性和耐久性更好。因此，降低消耗、提高性能是水泥工业发展的方向，以减少量的高性能水泥达到较大量低质水泥的使用效果是水泥科学与技术研究的主要目标。

另一方面，我国每年排放各类固态工业废弃物 $10 \times 10^8 t$ 以上，相当大的部分具有潜在的活性或胶凝性，但是利用率很低。这些废弃物堆积如山，造成极大的环境污染，同时也是巨大的资源浪费。这就迫切需要水泥工业在降低自身造成的环境负荷的同时，能够成为大量消纳其他工业排放的废弃物、清洁环境的绿色产业。

上述问题引起了政府和科技界的高度重视，国家科技部于 2002 年在国家重点寄出研究发展计划（"973"计划）中批准了"水泥低能耗制备与高效应用的基础研究"项目，开展水泥和水泥基材料高性能化涉及的关键科学问题的研究，由此为制备具有高的强度、优异的耐久性和较低环境负荷的高性能水泥材料打下良好的科学基础。

高性能水泥是由高胶凝性的水泥熟料和经过高度活化的辅助胶凝组分构成。在适宜的配料方案和烧成制度下，可以制成 28d 抗压强度大于 70MPa 的高阿利特（C_3S 含量 65％～

70％）硅酸盐水泥熟料，除了本身具有很高的强度外，还对辅助胶凝材料有较强而持续的激发作用。采取不同方式对煤矸石和粉煤灰工业废渣进行活化并复合，形成辅助胶凝组分，并与水泥熟料组成高强度、高性能水泥体系。

该项研究成果是国内近年来水泥领域基础研究的最高水平，对于水泥和混凝土科学技术研究具有重要的参考价值，对水泥生产和应用具有实际指导作用。这种高性能水泥是我国建材领域的原创技术，可大幅度提高水泥基材料的性能，包括强度和耐久性，用较少的水泥熟料生产较大量的水泥，充分利用工业废渣的潜在胶凝性，使其在水泥混凝土的利用从单纯的增加产量为目的，转化为既降低环境负荷又使之作为高性能水泥中不可缺少的性能调节组分。这种高性能水泥将成为我国 21 世纪水泥工业的发展方向，它将使水泥熟料产量降低，生产能耗下降，资源消耗减少和环境负荷减轻，同时又使水泥强度和耐久性大幅度提高，大力发展高性能水泥工业，走向以高性能提高替代数量增长的绿色发展模式。

（二）水泥生产中的环境负荷

改革开放以来，随着经济建设规模的扩大，我国水泥工业快速发展，从 1985 年开始我国水泥产量已连续 29 年居世界第 1 位，目前产量占世界总产量的近 50％。2013 年，我国水泥年产量达到 $24.14 \times 10^8 t$，水泥工业年消耗石灰石 $18.5 \times 10^8 \sim 21.01 \times 10^8 t$、黏土 $2.91 \times 10^8 t$，标准煤 $2.55 \times 10^8 t$；排放二氧化碳约 $16.35 \times 10^8 t$，占全国二氧化碳排放量的 20％左右；排放粉尘约 $1362 \times 10^4 t$，占全国工业粉尘总排放量的 27％以上。

水泥生产在循环经济系统中凸现两个方面的矛盾：一方面是传统水泥工业消耗大量的能源和资源，带来严重的环境污染；另一方面是大量可再生利用的其他工业废弃物被不合理地处理，造成资源和能源浪费及严重的环境污染。

1. 水泥生产的资源、能源消耗和资本投入

水泥制造业是资源密集型的产业，当大量生产水泥时，必然要受到资源和能源的制约。生产水泥熟料的主要原料是相对优质的石灰石。从数量上讲，我国符合水泥生产要求的石灰石并不少，但与众多人口、正在大规模建设的需要相比，却显得十分贫乏。同时，作为生产水泥用的煤炭和电力也是制约因素。

石灰石资源是生产水泥的主要原料，是水泥工业的"粮食"，石灰石资源是不可再生的。根据 2007 年的统计，我国已探明石灰石远景储量 $542 \times 10^8 t$，可开采储量 $318 \times 10^8 t$，按现有水泥生产规模计算，仅可生产 25 年左右。有关专家预测，未来 20 年。我国水泥工业将面临石灰石资源危机。

煤炭是生产水泥的主要燃料。2000 年～2013 年水泥工业煤炭年消耗量为 $1 \times 10^8 t$ 左右，占全年原煤生产量的 8.5％左右，而我国煤灰储采比已经不足百年，水泥生产也面临着能源的危机。由于水泥生产设备的大型化和占地面积大等因素的影响，水泥厂的投资巨大。

2. 水泥生产对环境造成严重污染

水泥工业一直被看成对环境污染源，在水泥生产的过程中主要的生态问题是烟尘和粉尘。烟尘中一般含有硫氮、碳的氧化物等有毒气体和粉尘。粉尘颗粒 $>10\mu m$ 的，称为落尘。颗粒 $<10\mu m$ 的称为飘尘，其中相当大一部分比细菌还小，尤其是直径在 $0.5\sim5\mu m$ 的飘尘，不能为人的鼻毛所阻滞和呼吸道黏液所排除，可以直接到达肺泡，被血液带到全身。同时，生产水泥时排放的大量 CO_2 是环境代价最高的"温室气体"。水泥熟料生产污染物排放情况见表 10-1。

表 10-1　水泥熟料生产污染物排放情况　　　　　　　　　单位：10^4 t

排放物名称	1995 年	2000 年	2010 年
粉尘	1050	1380	2010
二氧化碳（CO_2）	36000	44000	61000
二氧化硫（SO_2）	45.0	59.0	78.4
氮氧化合物	92	120	160

水泥生产粉尘排放量占全国工业生产粉尘排放量的 27.1％，二氧化碳排放量占全国工业生产排放量的 21.8％，二氧化硫排放量占全国工业生产排放量的 4.85％。水泥工业是造成温室效应的 CO_2 和形成酸雨的 SO_2 及其 NO_x 的排放大户。从 1997 年到 2010 年，地球大气层将因我国的水泥生产而增加 CO_2 积累量 60 亿吨之多，对人类环境将造成严重的危害。因此，水泥工业不仅在中国，在全世界也必须走优质、低耗、高效益、环境相容的可持续发展道路。

水泥生产因为生产过程中会产生大量废屑、粉尘和各种有害气体而被认为是高污染行业，环境保护工作尤为任重道远。要想实现水泥生产的可持续发展，在生产过程中减少对环境的污染，在生产过程中就应该时刻注意树立环保意识，在每一个生产环节都充分考虑环境因素。水泥工业对环境的污染主要为粉尘污染和排放气体引起的大气污染，它关系到人类的生存环境。水泥工业要成为可持续发展的行业，必须将环境保护放在重要位置。为此，我国再次修订了国家标准《水泥工业大气污染物排放标准》（GB 4915—2013）、《水泥窑协同处置固体废物污染控制标准》（GB 30485—2013），并已于 2014 年 3 月 1 日起实施，对水泥厂建设、生产和排放标准提出了更高的要求。

（三）水泥绿色生产的途径

21 世纪我国水泥工业发展的重点为用现代化干法水泥制备技术，合理调整企业规模结构、行业技术和产品结构，强化节能、环保及资源利用，进一步提高和改善产品实物质量和使用功能。总结国内外水泥生产的经验，提高水泥的绿色制造应在以下几个方面开展工作。

1. 研究开发大型新型水泥技术

"十一五"期间，我国水泥工业在新型干法、水泥预分解窑节能煅烧工艺、大型原料均化、节能粉磨、自动控制和环境保护等方面，从设计、装备制造到工程总承包都接近或达到了世界先进水平，成套装备和技术出口到包括欧美等 50 多个国家，并已经得到业主的广泛、高度认同。"十二五"期间，我国水泥工业已经从高速增长向产业结构调整、提升行业集中度等深层次调整转变的阶段。因此，研究开发大型新型水泥生产技术，提高水泥工业整体技术装备水平，减少污染物的排放，降低能源和资源的消耗，仍然是水泥工业重点研究课题。在这方面可采取如下技术措施。

（1）低品位矿山经合理搭配开采与均化，生产高强优质水泥熟料，可以节约高品位原料，使资源得到充分利用。此外，原料进入场地后，通过在线快速分析进行前馈控制，大大简化了厂内预均化与生料均化，既保证生料质地，又可节省投资。

（2）推广应用新型烧成体系，这种体系具有如下技术：①高效、低阻预热预分解技术，无烟煤、劣质煤及替代燃料煅烧技术研究，以工业废弃物代替原生矿物资源烧制水泥熟料技术；②低温余热发电技术与装备；③预分解短窑技术开发；④高效冷却机的研究；⑤使用垃圾的焚烧灰和下水道污泥的脱水干粉作为主要原料生产水泥的新技术；⑥利用回转窑温度高，热惯量大、工况稳定，气、料流在窑内滞留时间长以及窑内高温气体湍流强烈等优点，消解可燃性废料及化工、医疗行业排出的危险性废弃物；⑦研制开发新型多通道燃料燃烧器，进一步减少低温一次风量，更便于窑内火焰及温度的合理控制，有利于低质燃料及二次燃料利用，亦可以减少氮氧化合物（NO_x）的生成量。

2. 研究开发特种和新品种水泥

特种水泥和新品种水泥的种类多样，为满足各类工程建设的不同需要提供了更可能。对于提高有特殊要求的工程施工质量、降低能耗、减少污染、替代稀缺资源等大有裨益。从目前特种水泥新品种的性能、添加料、用途等情况，可以大致将特种水泥研发方向确定为以下五个：一是常用水泥性能的改进；二是特殊性能水泥的开发；三是生态水泥研究；四是水泥替代其他材料研究；五是工艺水泥研究。

研究开发特种和新品种水泥，加强废弃物的综合利用，扩大和改进水泥应用范围和使用功能。特种和新品种水泥的研究开发，主要通过熟料矿物及水泥材料组成的优化匹配、利用工业及城市废弃物和低品位原料等，实现水泥性能与功能的合理调节及环境负荷的大幅度降低。重点发展方向主要包括以下 4 个方面。

（1）具有反映控制能力、结构控制能力、环境调节功能和智能功能的特殊水泥。

（2）以节能、降耗、环保和提高水泥性能为主导的环境负荷减少型和环境共存型改性水泥体系及新型高性能水泥体系。

（3）先进水泥基材料。利用材料的复合与优化技术，如 DSP、MDF 类超高强水泥基材料，实现水泥基材料的高致密化和性能的突变，达到抗压强度 300～800MPa，抗折强度 75～150MPa。

（4）以工业废弃物替代原生矿物材料，如用矿渣、火山灰等烧制水泥熟料，或以粉煤灰、石灰石粉、矿渣作为混合料磨制混合水泥，这样可减少普通硅酸盐水泥的用量，减少石灰石等天然资源的用量，节省烧制水泥所消耗的能量，降低二氧化碳的排放量。

3. 大力发展高性能混凝土

主要围绕进一步改善混凝土的工作性能、力学性能和耐久性能，进而提高混凝土工程的安全性能，延长工程的使用寿命，对作为混凝土中最主要的胶凝材料——水泥的高性能化进行研究开发，同时对作为混凝土第 5 组分的高效化学外加剂和第 6 组分的新型高活性矿物掺和料进行重点研究开发。

通过对特种和新品种水泥体系的研究开发，进一步拓宽水泥及其制品的应用领域，提高水泥应用性能；并通过对混凝土新型高活性矿物掺合料和高效化学外加剂的研发和应用，大幅度改善水泥混凝土的施工性能、强度和耐久性。

二、混凝土的绿色化

混凝土是建筑工程中应用最广、用量最大的建筑材料之一，任何一个现代建筑工程都离不开混凝土。混凝土广泛应用于工业与民用建筑工程、水利工程、交通工程、地下工程、港口工程和国防工程等，是世界上用量最大的人工建筑材料。

（一）绿色高性能混凝土的定义

我国混凝土专家认为：绿色高性能混凝土（简称 GHPC）是在高强混凝土（简称 HSC）的基础上发展起来的，高性能混凝土必须是流动性好的、可泵性能好的混凝土，以保证施工的密实性，确保混凝土质量；高性能混凝土一般需要控制坍落度的损失，以保证施工要求的工作度；耐久性是高性能混凝土的最重要技术指标。

根据混凝土技术的不断发展和结构对混凝土性能的需求，现代高性能混凝土的定义可简单概括为：GHPC 是一种新型高技术混凝土，是在大幅度提高普通混凝土性能的基础上，采用现代混凝土技术，选用优质的原材料，在严格的质量管理条件下制成的高质量混凝土。它除了必须满足普通混凝土的一些常规性能外，还必须达到高强度、高流动性、高体积稳定性、高环保性和优异耐久性的混凝土。

根据《高性能混凝土应用技术规程》（CECS 207：2006）中的规定，采用常规材料和生产工艺，能保证混凝土结构所要求的各项力学性能，并具有高耐久性、高工作性和高体积稳定性的混凝土，称为绿色高性能混凝土。混凝土的耐久性系指混凝土在所处工作环境下，长期抵抗内、外部劣化因素的作用，仍能维持其应有结构性能的能力。混凝土的工作性系指混凝土宜于施工操作、满足施工要求的性能总称。混凝土的体积稳定性系指混凝土达到初凝后，能够抵抗收缩或膨胀而保持原有体积的性能。

（二）绿色高性能混凝土的特点

（1）所使用的水泥必须为绿色水泥（简称 GC），砂石料的开采应以不破坏环境为前提。绿色水泥工业是指将资源利用率和二次能源回收率均提高到最高水平，并能够循环利用其他工业的废渣和废料，技术装备上强化了环境保护的技术和措施，水泥除了全面实行质量管理体之外，还真正实行全面环境保护的保证体系，废渣和废气等废弃物的排放几乎为零。

（2）最大限度地节约水泥用量，从而减少水泥生产过程中所排放的二氧化硫、二氧化碳等有毒气体，以保护自然环境。

（3）掺加更多的经过加工处理的工业废渣。如将磨细矿渣、优质粉煤灰、硅灰等作为活性掺和料，以节约水泥熟料、保护环境，并改善混凝土的耐久性。

（4）大量应用以工业废液尤其是以黑色纸浆废液为原料改性制造的减水剂，以及在此基础上研制的其他复合外加剂，以助于处理其他工业企业难以处置的液体排放物。

（5）集中搅拌混凝土和大力发展预拌混凝土，消除现场搅拌混凝土所产生的废料、粉尘和废水，并加强对废液和废料的使用。

（6）发挥高性能混凝土的优势，通过提高强度、减小结构截面积、结构体积等方法，以减少混凝土的用量，从而节约水泥、砂石的用量；通过大幅度地提高混凝土的耐久性，延长结构物的使用寿命，进一步减少维修和重建的费用。

（7）对拆除的废弃混凝土可进行循环利用，大力发展再生混凝土。

（三）绿色高性能混凝土的分类

随着科学技术的快速发展，高性能混凝土的种类也在不断增长。目前，在工程中常用的有：环境友好型生态混凝土、再生骨料混凝土、粉煤灰高性能混凝土、减轻环境负荷混凝土。

（1）环境友好型生态混凝土　所谓环境友好型生态混凝土是指在混凝土的生产、使用直至解体全过程中，能够降低环境负荷的混凝土。目前，相关的技术途径主要有以下 3 条。①降低混凝土生产过程中的环境负担。这种技术途径主要通过固体废弃物的再生利用来实现，这种混凝土有利于解决废弃物处理、石灰石资源和有效利用能源的问题，成品为废弃物再生混凝土。②降低混凝土在使用过程中的环境负荷。这种途径主要通过提高混凝土的耐久性，或者通过加强设计、搞好管理来提高建筑物的寿命。延长了混凝土建筑物的使用寿命，就相当于节省了资源和能源，减少了 CO_2 的排放量。③通过提高性能来改善混凝土的环境影响。这种技术途径是通过改善混凝土的性能来降低其环境负担。

（2）再生骨料混凝土　再生骨料混凝土（RAC）简称再生混凝土，它是指将废弃混凝土块经过破碎、清洗、分级后，按一定比例与级配混合，部分或全部代替砂石等天然骨料

（主要是粗骨料）配制而成的新的混凝土。相对于再生混凝土而言，把用来生产再生骨料的原始混凝土称为基体混凝土。再生混凝土按骨料的组合形式可以有以下几种：骨料全部为再生骨料；粗骨料为再生骨料、细骨料为天然砂；粗骨料为天然碎石或卵石、细骨料为再生骨料；再生骨料替代部分粗骨料或细骨料。目前利用再生骨料配制再生混凝土，已被看作发展绿色混凝土的主要措施之一。

（3）粉煤灰高性能混凝土　高性能混凝土是近年发展起来的一种新材料，是混凝土技术进入高科技时代的产物。高性能混凝土具有高工作性、高强度和高耐久性，通常需要使用矿物掺合料和化学外加剂。粉煤灰含有大量活性成分，将优质粉煤灰应用于高性能混凝土中，不但能部分代替水泥，而且能提高混凝土的力学性能。在现代砼工程中，粉煤灰已经为高性能混凝土的一个重要组分。工程实践证明，在大量掺入粉煤灰情况下配制出的高性能混凝土，将带来更大的经济效益和环境效益。

（4）减轻环境负荷混凝土　所谓减轻环境负荷型混凝土，是指在混凝土的生产、使用直到解体全过程中，能够减轻给地球环境造成的负担。常见的此类混凝土如下：节能型混凝土、混合材料混凝土、利废环保型混凝土、免振自密实混凝土、高耐久性混凝土、人造轻骨料混凝土等。其中最常用的有节能型混凝土和利废环保型混凝土。

（四）混凝土生产绿色化的主要途径

100多年来，混凝土作为用量最大的结构工程材料，为人来建造现代化社会的物质文明立下了汗马功劳。同时，混凝土的生产与使用消耗了大量的矿产资源，大量的能源，也给地球环境带来了不可忽视的副作用。作为当今最大宗的人造材料，水泥混凝土实现了绿色化生产，对节约资源、能源和人保护环境具有特别重大的意义。混凝土生产绿色化的途径主要表现在以下方面。

（1）降低水泥用量，开发新的水泥品种。改变水泥品种，降低单方混凝土中的水泥用量，将大大减少由于混凝土需求量越来越大带来的温室气体排放和粉尘污染。从配制绿色混凝土的角度考虑，就应这尽量提高胶凝材料中矿物掺合料（粉煤灰、磨细矿渣、天然沸石粉、硅粉等）的活性和掺加比例，尽量减少水泥的用量。另外，调整水泥产业结构、提高水泥质量、提高水泥品种方面还有很多工作可做，如生产环保型胶凝材料。

（2）大量利用工业废渣，减少自然资源和能源的消耗。固体废渣的利用，建筑业占主导作用，如粉煤灰和煤矸石在我国年产量近 $3\times10^8\sim4\times10^8$ t，虽然可以开展其他领域的综合利用，但数量有限，只有用于水泥混凝土中才有可能解决问题。要减少因水泥生产而排放的 CO_2、SO_2，唯一有效的措施是充分利用工业废渣。高性能混凝土能够科学地大量使用矿物掺和料，既能提高混凝土性能，又可减少对增加熟料水泥产量的需求；既可减少燃烧熟料时 CO_2 的排放，又因大量利用粉煤灰、矿渣及其他工业废料而有利于保护环境。

另一方面水泥厂也应生产高掺量混合材的水泥以适应各种工程的需要。此外，生产出掺量达到 $50\%\sim60\%$ 的高掺量粉煤灰混凝土，可能是我国建材行业既要保持熟料总量不变，而又能满足经济快速增长的需求的最有效途径。

（3）使用人造骨料、海砂、再生骨料等多种代用骨料，保护天然资源。近些年来，由于混凝土用量越来越大，混凝土的骨料资源出现了严重危机，因此必须开发新的混凝土骨料，并且要实现资源的可循环利用。

人造骨料就是以一些天然材料或工业废渣、城市垃圾、下水道污泥为原材料制得的混凝土骨料。可以用来生产人造骨料的工业废料很多，高炉矿渣、电炉氧化矿渣、铜渣、粉煤灰等。除此之外，还有粉煤灰陶粒、黏土页岩陶粒等人造轻骨料。使用轻骨料还可制造轻质混凝土材料，减轻建筑物的自重，提高建筑物的保温隔热性能，减少建筑能耗。

用海砂取代山砂和河砂作混凝土的细骨料，是解决混凝土细骨料资源问题的有效办法。海砂的资源很丰富，但是海砂中含有盐分、氯离子，容易使钢筋锈蚀，硫酸根离子对混凝土也有很强的侵蚀作用。此外，海砂颗粒较细，且粒度分布均一，很难形成级配；有些海砂混有较多的贝壳类轻物质。目前已经开发一些对海砂中盐分的处理方法，例如散水自然清洗法、机械清洗法、自然放置法。对于海砂的级配问题，主要采取掺入粗碎砂的办法进行调整，使之满足级配要求。

一般将废混凝土经过清洗、破碎分级，按一定比例相互配合后得到的骨料称为再生骨料。由于利用废弃的混凝土，需要一系列加工和分离处理，成本较高，所以我国废弃混凝土利用进程较慢。但是废弃混凝土的利用从保护环境、节省资源的角度有重要的社会效益。人造骨料、海砂、再生骨料是配置绿色混凝土的重要原料。

（4）使用绿色混凝土外加剂，防止室内环境污染，保护人体健康。混凝土外加剂在现代混凝土材料和技术中起着重要作用，选择优质的混凝土外加剂可以提高混凝土的强度、改善混凝土的性能、节省生产能耗、保护环境等。它在高性能混凝土、预拌混凝土中扮演着重要的角色，并促进了混凝土新技术的发展。

要实现混凝土绿色化，在外加剂方面也要下工夫，要使用无毒、无污染的混凝土外加剂，并开发新型高效能减水剂，提高混凝土质量，配置了绿色混凝土。同时，大量应用以工业废液生产的外加剂，帮助其他工业消化处液体排放物，促进废物利用。

（5）注重混凝土的工作性，节省人力，减少振捣，降低环境噪声。良好的工作性是使混凝土质量均匀、获得高性能的前提。没有良好的工作性就不可能有良好的耐久性。良好的工作性可使施工操作方便而加快施工进度，改善劳动条件，有利于环境保护。工作性的提高会使混凝土的填充性、自流平性和均匀性得以提高，并为混凝土的生产和施工走向机械化、自动化提供可能性。

（6）推广商品混凝土技术，减少环境污染。商品混凝土采用集中生产与统一供应，能为采用新技术与新材料，实行严格质量控制，改进施工方法，保证工程质量创造有利的条件，在质量、效率、需求、能耗、环保等方面，具有无可比拟的合理性，与可持续发展有着密切的联系。国内外的实践表明：采用商品混凝土一般可以提高劳动生产率一倍以上，节约水泥 $10\% \sim 15\%$，降低工程成本 5％左右，同时可以保证工程质量，节约施工用地，减少粉尘污染，实现文明施工，具有明显的经济效益、社会效益和环境效益。

（7）促进废混凝土的再生循环，保护生态环境。我国每年从旧建筑物上拆下来的建筑垃圾中的废混凝土就有 $1360 \times 10^4 t$，加上每年新建房屋产生 $4000 \times 10^4 t$ 的建筑垃圾所产生的废混凝土，其巨大处理费用和由此引发的环境问题也十分突出。因此，将废弃混凝土用来再生循环生产混凝土对节省能源和资源，保护生态环境具有重要意义。

开发和应用再生混凝土，一方面可大量利用废弃的混凝土，经处理后作为循环再生骨料来替代天然骨料，从而减少建筑业对天然骨料的消耗；另一方面，还可在其配制过程中掺入一定量的粉煤灰等工业矿渣，这又充分利用了工业废渣；同时再生混凝土的开发应用还从根本上解决了天然骨料日益匮乏及大量混凝土废弃物造成生态环境日益恶化等问题，保证了人类社会的可持续发展。目前再生骨料主要用于配制中低强度的混凝土。

（8）大力推广高性能混凝土。高性能混凝土是一种新型高技术混凝土，相比普通混凝土在性能上有了较大的提高。高性能混凝土在配制上的特点是低水胶比、掺加足够数量的矿物掺和料和高效外加剂。高性能混凝土是混凝土可持续发展的出路，是水泥基材料发展方向，是对传统混凝土的重大突破，在节能、节料、工程经济、劳动保护以及环境等方面都具有重要意义，是一种环保型、集约型的新型材料，可称为"绿色混凝土"。

（9）加强混凝土绿色化生产的系统研究，建立混凝土绿色度量化评价体系。加强混凝土从原材料选择、配合比设计、试验标准、施工规范等的系统研究，在研究的基础上建立混凝土绿色度量化评价体系。混凝土的绿色度是混凝土生产过程与环境、资源、能源的协调程度。绿色度量化评价体系应做到科学，符合实际，且表达方式上做到通俗化、简单易懂，能为广大的工程设计、生产和施工人员所接受和理解，使其能在实践中很好地应用，指导推广混凝土绿色化生产。

（五）绿色高性能混凝土尚需进行的工作

绿色高性能混凝土是未来混凝土工业的发展方向，它在我国的推广应用需要建立在一定的技术基础之上，这涉及水泥，化工，机械等行业，需要相关行业的共同努力。虽然目前已取得了一些进展，GHPC的性能正随着科研向亚微观、微观深入和大量工程实践而不断提高，但还有很多需进行的工作。

（1）大力发展以先进生产工艺为基础的高强度水泥　由于高性能混凝土的首要条件是混凝土高强度，所以高强度水泥是实现绿色高能混凝土的重要基础。

（2）加大低钙水泥等水泥新品种的研究　混凝土的耐久性与其碱性的强弱有明显的关系，碱性高时，耐久性较差。而混凝土的碱性强弱和水泥中氧化钙含量密切相关，故低钙水泥具有较好的耐久性。

（3）加大对超细水泥的研究　对普通水泥进行超细粉磨不仅可提高水泥强度，还使其具有优良的水泥浆喷灌性能，可用于特殊工程的浇注和堵塞渗漏，喷涂等。

（4）完全循环利用混凝土的研究和生产。

（5）扩大废渣和天然矿物材料的应用　具有潜在水硬性的工业废渣和天然矿物在绿色高性能混凝土中的应用有十分广阔的前景，然而工业废渣和天然矿物在绿色高性能混凝土中的应用会给混凝土带来负效应而且存在一个超细粉磨问题，阻碍了绿色高性能混凝土的发展。故必须发展高细粉磨技术和活性激发技术，保证绿色高性能混凝土的高性能。

（6）绿色高性能混凝土生产技术优化和性能的提高　主要包括：严格原材料管理，使用优质原材料；配比设计和生产管理计算机化；设计、试验、生产、施工各环节密切配合；增加品种，改进性能，实现混凝土的功能化和生态化；加大再生混凝土的应用研究工作。

（7）加强绿色高性能混凝土的研究　其中也包括：加强对高强混凝土收缩性能和缝隙控制的研究；加强对高强混凝土脆性和徐变的研究；加大绿色高能混凝土的亚微观与微观结构的研究；加强有关标准、规范和检验方法的研究。

三、墙体材料的绿色化

新型墙体材料是集轻质、高强、节能为一体的绿色高性能墙体材料，它可以很好地解决墙体材料生产和应用中资源、能源、环境协调发展的问题，是我国墙体材料发展的方向。近年来，我国新型墙体材料发展迅速，取得了可喜的成绩。新型墙体材料是我国墙体材料发展的新方向，它充分利用废弃物，减少环境污染，节约能源和自然资源，保护生态环境和保证人类社会的可持续发展，具有良好的经济效益、社会效益和环境效益。

（一）绿色墙体材料的特点和标志

（1）绿色墙体材料的特点　绿色墙体材料主要应具备以下4个特点：①制造绿色墙体材料尽可能少用天然资源，降低能耗并大量使用废弃物作为原料；②采用不污染环境的生产工艺制造墙体材料；③产品不仅不损害人体健康，而且应有益于人体健康；④产品达到其使用寿命后，可再生利用。

（2）绿色墙体材料的标志　绿色墙体材料的主要标志如下。①节约资源，制造绿色墙体材料的原料尽可能少用或不用天然资源，而应多用或全用工业、农业或其他渠道的废弃物。②节约能耗，既节约建筑材料生产的能耗，又节约建筑物的使用能耗。③节约土地，既不毁地取土作为原料，又可增加建筑物的使用效果。④可清洁生产，在生产过程中不排放或很少排放废渣、废水、废气，大幅度减少噪声，实现较高的自动化程度。⑤具有多功能性，对外墙材料与内墙材料既有相同的、又有不同的功能要求。外墙材料：要求轻质、高强、高抗冲击、防火、抗震、保温、隔声、抗渗、美观和耐候等。内墙材料：要求轻质、有一定强度、抗冲击、防火、有一定隔音性、杀菌、防霉、调湿、无放射性、可灵活隔断安装和易拆卸等。⑥可再生循环利用，而不污染环境。

（二）鉴别绿色墙体材料的要素

从绿色墙体材料的特色和主要标志可以看出，绿色墙体材料是指在产品的原材料采集、加工制造过程、产品使用过程和其寿命终止后的再生利用4个过程均符合环保要求的一类材料。通常，生产企业和消费者往往比较关注的是使用过程的环境保护，而对原材料来源、生产过程及回收再利用等方面注意不够。随着人们对绿色环保建材认识水平的提高，在新产品的开发中，一定要理解绿色建材的内涵和实质。对于墙体材料而言，鉴别其是否是绿色材料主要从以下4点要素考虑。

（1）生产所用的主要原材料是否利废，主要原材料使用一次性资源是否最少，这是鉴别其是否是绿色材料主要要素。

（2）生产工艺中所产生的废水、废液、废渣、废气是否符合环境保护的要求，同时要考察生产加工制造中能耗的大小。

（3）使用过程中是否健康、卫生、安全。主要考察材料在使用中的有机挥发物质、甲醛、重金属、放射性物质和石棉含量，以及保温隔热、隔声等性能指标，不同的建筑材料有各自不同的要求。

（4）资源的回收利用。从环境保护的角度还要考察该材料在其寿命终结之后，即废弃之后不能造成二次污染并可能被再利用。新型墙体材料大多数可以再利用，一般不会产生二次污染。

（三）实现墙体材料绿色化的途径和方法

（1）利用工业废渣代替黏土制造空心砖或实心砖。近年我国工业废渣年排放量近 $10 \times 10^8 t$，累计总量已达 $66 \times 10^8 t$，利用率仅 40% 左右。绝大部分废渣、如煤矸石、页岩、粉煤灰、矿渣等均可用以代替部分或全部黏土制造空心砖或实心砖。生产相当于 1000 亿块实心黏土砖的新型墙材，1 年可消纳工业废渣 $7000 \times 10^4 t$、节约耕地 3 万亩、节约生产能耗 $100 \times 10^4 t$ 标煤。利用工业废渣制造空心砖，若孔洞率为 36%，较之生产实心黏土砖可降低能耗 30% 左右。

我国是世界上粉煤灰排放量最大的国家，仅电力工业的年粉煤灰排放量已逾 $1 \times 10^8 t$，目前利用率仅 36% 左右，主要用以筑路、回填、作水泥和混凝土的掺合料等。在用粉煤灰制造墙体材料方面尚未完全打开局面，近年有些制砖厂已在用粉煤灰代替 30%～50% 黏土制造烧结粉煤灰黏土砖方面取得成功。根据国外经验，若在混合料中掺以合适的增塑剂，并相应地改进成型设备与调整工艺、则完全有可能用粉煤灰代替 80%～90% 的黏土制烧结砖。

（2）用工业废渣代替部分水并使用轻集料制造混凝土空心砌块。混凝土空心砌块具有自重轻、施工方便、提高工效与造价较低等优点，是一种较适合中国国情的可持续发展的墙体材料。这种墙体在使用中出现的热、渗、裂等问题，是可以通过提高产品质量，采取有效的墙体构造措施予以解决的。

混凝土砌块在建筑施工方法上与黏土砖相似，在产品生产方面还具有原材料来源广泛、可以避免毁田烧砖并能消纳部分工业废料、生产能耗较低、对环境的污染程度小、产品质量容易控制等优点。砌块建筑具有安全、美观、耐久、使用面积较大、施工速度快、建筑造价与维护费用低等综合特色。

（3）发展用蒸压法制造的各类墙体材料。其主要优点是：可少用或不用水泥，以石灰或电石泥代替全部或部分水泥，并掺和相当量的硅质材料，如石英砂（可用风化石英砂、河道沉积砂等）、粉煤灰与矿渣等；与蒸养制品相比。可使生产周期由 $14\sim28d$ 缩短至 $2\sim3d$；制品的某些性能优于蒸养制品、如高强度、低于缩率等。

（4）用工业副产品化学石膏代替天然石膏生产石膏墙体材料。利用各种废料生产石膏砌块是今后发展的趋势，在提高石膏砌块各种技术性能和使用功能的同时，降低制造成本。保护和改善了生态环境。如在石膏砌块内掺加膨胀珍珠岩、超轻陶粒等轻集料，或在改用α型高强石膏的同时掺入大比例的粉煤灰，或掺加炉渣等废料以提高产品强度及降低成本，或掺加水泥及采用玻璃纤维增强，或在烟气脱硫石膏中掺加粉煤灰及激发剂以提高制品耐水性。

（5）发展符合节能、轻质、多功能与施工便捷等要求的建筑板材。建筑板材既可用作住宅建筑与公用建筑的灵活隔断，又可用作框架轻板建筑的外墙，有极为广阔的应用领域。我国今后每年竣工的住宅建筑为 $10\times10^8 m^2$，仅以内隔墙的需求量计，约为 $4\times10^8 m^2$，故建筑板材的发展在很大程度上将以面向住宅建筑作为市场导向。

（四）绿色墙体材料的发展前景

随着我国经济建设的高速发展，特别是城市化进程的加快，国家已经开始重视我们所生存的环境，意识到节约能源和资源的重要性，这为新型墙体材料提供了良好的发展机遇和新的挑战。绿色高性能墙体材料是今后我国墙体材料的发展方向，研究开发绿色墙体材料是建材研究的重要课题之一。因此，我们应合理利用资源，使绿色墙体材料向纵深方向发展，不断开发多功能的新型绿色墙体材料，使产品系列化与配套化，提高能源、资源的综合利用率，提高绿色墙材的生产技术水平和绿色化程度，使墙体材料向大型化、高强化、轻质化、配筋化、节能化和多功能化的绿色高性能方向发展。

四、建筑木材的绿色化

（一）建筑木材工业生产与生态环境

木材是人类社会最早使用的材料，也是直到现在还一直被广泛使用的优秀生态材料。我国是少林国家，森林资源非常宝贵，而取材于森林的木材是各项基础建设和人们生活生产十分重要的一种材料，与我们的生存息息相关。随着现代工业和科学技术的发展，木材的用途也越来越广泛，木材并没有因现代材料的出现而被取代或冷落，但是我们也必须看到随着大规模的商业性的采伐利用，对森林进行采伐时只追求经济利益和商业价值，忽略了生态效益，有的地方过量采伐，资源枯竭，破坏了森林生态平衡。

木材工业主要是指以木材和废弃物为主要原料，通过各种化学药剂处理或机械加工方式制成木制品的过程。木材工业生产的产品种类繁多，由于加工方式的不同，在大多数木制品的生产过程中，都会产生不同性质的污染物，如空气污染、粉尘污染、水污染、废渣污染、噪声污染等生态环境污染，有的甚至对生态环境造成严重破坏，并且很难再修复。在近30年中，林业和木材工业在许多国家的经济中发挥了重大作用。木制品的生产给当地经济和市场的发展带来了好处，但同时由于毁林开荒、非法采伐、过度采伐等极大地减少了森林资源。

木材工业中废弃物包括林地残材、加工厂废料、旧建筑物拆除木材、新建筑物施工废材、室内装修废物、废包装等。尤其是在人造板的生产中，很容易产生水污染、大气污染和其他污染。①一般木材工业废水中都含有木材可溶物、胶黏剂、酚类、甲醛液体和其他的防腐剂、废油等。②人造板工业中大量使用酚醛、脲醛、三聚氰胺甲醛树脂，在热压、陈放和使用会释放大量游离甲醛挥发物，污染室内及大气环境。③在装饰工艺生产上使用的各类高分子合成材料和在生产、使用中挥发出的有毒、刺激性物质，会污染环境。④在木材防腐处理中的化学药剂都有一定的毒性，有的还为剧毒，生产的废水含酚、苯等有毒物质。木材染色工艺中的染料品种繁多，也有些毒性。当然，还有其他一些处理也会给环境带来污染。

（二）建筑木材的分类与特性

木材是人类使用最早的建筑材料之一，我国在使用木材方面历史悠久、成果辉煌，是世界各国的楷模。木材作为建筑材料具有许多优良性能，如轻质高强、容易加工、导热性低、导电性差，有很好的弹性和塑性，能承受冲击和振动荷载的作用，在干燥环境或长期置于水中均有很好的耐久性，有的木材具有美丽的天然花纹，易于着色和油漆，给人以淳朴、古雅、亲切的质感，是极好的装饰装修材料，有其独特的功能和价值。

1. 建筑木材的分类

由于地球划分的地带不同，所以气候条件有很大的差异，木材的树种较多。单总体上从外观可将木材分为针叶树木和阔叶树木两大类。针叶树木，材质较均匀，木质较软而易于加工，这类木材表观密度和胀缩变形比较小，耐腐蚀性较强，是建筑工程中的主要用材，多用作承重构件。阔叶树木，材质较硬、较难加工，其表观密度较大，胀缩、翘曲变形较大，比较容易开裂。建筑工程中常用于尺寸较小的构件，有些树种具有天然而美丽的纹理，适于作内部装修、家具及胶合板等。

2. 建筑木材的特性

（1）建筑木材的优点 ①易于加工。用简单的工具就可以加工，经过锯、铣、刨、钻等工序就可以做成各式各样的轮廓，还可以使用各种金属零件及胶黏剂进行结合装配。若加以蒸煮工艺，木材还可以进行弯曲、压缩成型。②热绝缘与电绝缘特性。气干材是良好的热绝缘与电绝缘材料，建筑中常作保温、隔热材料，民用品中用于炊具把柄。③强重比高。强重比高表示该种材料质轻而强度高。木质资源材料的强重比较其他材料高。但木材是有机各向异性材料，顺纹方向与横纹方向的力学性质有很大差别。木材的顺纹抗拉和抗压强度均较高，但横纹抗拉和抗压强度较低。木材强度还因树种而异，并受木材缺陷、荷载作用时间、含水率及温度等因素的影响。④环境友好性。木材加工耗能少，环境污染小；同时具有可降解、可回收利用和可再生性。⑤室内湿度的良好调节特性。当室内环境湿度和温度变化时，木材靠自身的吸湿和解吸作用，可直接缓和室内的湿度变化，有利于人身健康和物品保存。⑥安全预警性和能量吸收性。木材是弹塑性体，在损坏时往往有一定的先兆，如长期使用的房梁会发生弯曲或裂纹，给人即将破坏的预警。木材具有吸收能量的作用，如铁道上使用的木枕可缓冲颠簸。⑦对紫外线的吸收和对红外线的反射作用。这也是木材给人温暖感的原因。⑧良好的声学性质。木材具有良好的声振动特性，常被运用在声学建筑环境和乐器中。

（2）建筑木材的缺点 ①变异性大。不同树种、产地、气候、部位的木材性质均不一样。②具有湿胀、干缩性。木材含水率在纤维饱和点一下变动时，其尺寸也随之变化。由于木材的各向异性，使其在各个方向上的湿胀干缩率存在着差异，从而造成木质材料的几何形体不稳定性，有时可能导致木材发生开裂、翘曲等缺陷。③易腐朽或遭虫蛀。木材中的有机成分和少量矿物常被一些菌虫当做食物加以侵害，结果使木材出现腐朽特征或虫蛀孔洞，极大地降低木材的使用价值和强度。④木材易于燃烧。木材是碳素材料，受热至一定温度时可放出可燃性气体和焦油，因而具有一定的可燃性。但通过阻燃处理可降低木材的燃烧性，减少火灾发生的可能性和燃烧程度，提高人身安全系数。⑤具有天然缺陷。自然生长的木材会产生如节疤、斜纹、油眼、内应力等天然缺陷，降低材料的使用性。

（三）建筑木材的绿色化生产

目前，世界各国的木材生产工艺尽管有所区别，但可以归纳为原料软化、干燥、半成品加工和储存、施胶、成型、预压、热压、后期加工、深度加工等。木材的绿色化生产侧重于对某些工艺进行改造，以先进的和自动化程度高的工艺流程，降低木材工艺的污染和对环境的压力，并在后期使用过程中不会造成二次污染。

（1）前处理　不同原料的软化方法由木材性质所决定。原材料和使用目的等决定使用高温或低温软化方法。木材主要成分的软化温度在干、湿状态下是不同的，在高温高压状态下、木素、半纤维素发生软化，随着温度升高，发生降解导致强度下降。应尽量缩短高温阶段的时间，并适当延长低温软化时间。利用液态氨、氨气、氨水、微波加热技术和微波氨水进行木材软化。

（2）生产过程　木材干燥是保证木制品质量的关键技术，干燥能耗量最大，约占总能耗的60%～70%。木材的干燥方法很多，常规干燥法因湿气随热风排入大气，能源利用率低，干燥成本高；红外及远红外辐射干燥，热量比较集中，干燥质量好；真空干燥缩短时间，干燥效果好；微波干燥投资和成本较高；真空微波干燥综合两者的优点。

木材干燥加工新技术包括真空高频干燥技术、真空过热蒸汽干燥技术、负压干燥技术、喷蒸热压技术和大片刨花传送式干燥技术。

（3）产品成型　成品加工过程由传统的数控镂铣机械雕刻法、模压法、电热燃烧雕刻法发展为激光雕刻法。激光有效地雕刻木材、胶合板和刨花板，在成型过程中没有锯屑，没有工具磨损与噪声，加工的边缘没有撕切和绒毛。后处理过程如木材防腐、防白蚁、阻燃、染色漂风等，基本上依赖化学处理，会对人体造成危害。因此应以含磷、氮、硼等化合物作代替品，开发生物防腐技术，使用低毒防腐剂，使木制品便于处理，避免给环境带来负面影响。抑制甲醛散发的后期处理可采用化学处理和封闭处理。开发安全、对环境无害的防变色技术以代替苯酚。

（4）人造板生产工艺的现代化　人造板生产过程中首推无胶胶合工艺。根据表面处理手段不同，无胶胶合人造板的方法大致可归纳为：氧化结合法、自由基引发法、酸催化缩聚法、碱溶液活化法、天然物质转化法。其中天然物质转化法最有发展前景。

绿色生态工艺侧重于研究木材与环境的友好协调性，用全周期分析法跟踪木材产品使用的全过程，包括生产、加工和其他活动给环境带来的负担，寻找其客观规律。生产中尽量达到4R原则，即应用再生资源、熵减、再利用和再回收利用。

（四）绿色建筑木材的清洁生产

清洁生产是指将综合预防的环境保护策略持续应用于生产过程和产品中，以期减少对人类和环境的风险。清洁生产从本质上来说，就是对生产过程与产品采取整体预防的环境策略，减少或者消除它们对人类及环境的可能危害，同时充分满足人类需要，使社会经济效益最大化的一种生产模式。

清洁生产有两个含义：一是在木材的寿命周期中，木材制造阶段往往是对生态环境影响最大或比较大的阶段，所以用清洁的能源、原材料，通过先进的生产工艺和科学管理，生产出对人类和环境危害最小的木制品，对降低木材寿命周期的环境负载起着重要的作用；二是要改变生产观念，生产的终极目标是保护人类与环境，提高企业自身的经济效益。

清洁生产内涵的核心是实行源头消减和对产品生产实施全过程控制。它的最终完善必须通过技术改造来达到，因为清洁生产是一个相对的概念，通过企业管理和实施低费清洁生产方案后，其清洁生产达到某一程度，但其工艺水平还处在一个较低层次上，要使清洁生产达到更高一个层次，必须在工艺技术改造中或对某一关键部位进行较高投资的技术改造，不仅关系到提高原材料的转化系数，而且关系到如何降低污染物的排放量和排放浓度与毒性问题。

清洁生产方案的实施是否能够达到预期目的，还需要对其进行评价。首先是技术评价，对技术安全性、先进性、可靠性，产品质量的保证性，技术的成熟程度和设备的要求，操作控制的难易等加以评判。然后进行经济评价，估算开发和应用清洁生产技术过程中投入的各项费用和所节约的费用以及各种附加的效益，以确定该清洁生产技术在经济上的可赢利性和可承受性。评价时采用动态分析和静态分析，其深度和广度根据项目规模及其损益程度而定。

五、建筑石材的绿色化

石材是人类历史上应用最早的建筑材料。由于天然石材具有很高的抗压强度、良好的耐磨性和耐久性，经加工后表面花纹美观、色泽艳丽、富于装饰性，资源分布广泛、蕴藏量十分丰富，便于就地取材，一直在建筑上得到广泛应用。所以研究建筑石材的开发应用与绿色化有着深远的意义。

（一）建筑石材的定义与用途

建筑石材是指主要用建筑工程砌筑或装饰的天然石材和人造石材。建筑石材的定义，可由 CNS11318/A1041 建筑用天然石材词汇一般名词中的解释来了解，其解说如下："建筑用天然石经挑选、剪裁或切锯成特定或规定之形状尺寸，且该建筑石材之表面或多面可用机器磨光修饰，亦可全无表面修饰。"

人类的发展史同时也是人类利用石材的历史。从旧石器时代到新石器时代，从原始人类将石材用作谋生的手段而打造了石斧、石凿，居住在石洞中，到将石材用在建筑上作为建筑装饰材料，作为人类历史上永久的艺术品，在人类的发展史上几乎将石材的应用发挥到了极致。天然石材是一种有悠久历史的建筑装饰材料，它不仅具有较高的强度、硬度、耐久性、耐磨性等优良性能，而且经过表面处理后可获得优良的装饰性，对建筑物起着保护和装饰的双重作用。

石材是人类发展史上最早使用的建筑材料，它以坚固耐用之特性及天然丽质之美，不断营造着人类的和谐生活空间，在古今中外建筑史上谱写了雄伟篇章。石材塑造的建筑能给人带来深厚凝重的文化感、历史感，同时能够凸显建筑物的品味，因此备受众多知名建筑设计师的青睐。

（二）建筑石材的分类

从传统的概念上来讲，建筑石材从形态上一般可分规格石材和碎石两种。规格石材又可分为板材、荒料、砌块、异型材等；砌块又可分为细料石、粗料石、块石和片石。碎石又可分为卵石、石米、石粉。

从石材的形成过程不同，可分为沉积岩、岩浆岩、变质岩石材；从石材的化学成分不同，可分为碳酸盐类石材和硅酸盐类石材；从工艺和商业不同，可分为大理石、花岗岩和板石；从石材的硬度不同，可分为硬石材、中硬石材和软石材；从石材使用基本方式不同，可分为干挂石材、铺贴石材、砌块及异型材。

除了以上天然石材外，出于废物利用、节约石材、改善性能和艺术创造等目的而发明了各种人造石材。人造石材是以不饱和聚酯树脂为黏结剂，配以天然大理石或方解石、白云石、硅砂、玻璃粉等无机物粉料，以及适量的阻燃剂、颜色等，经配料混合、瓷铸、振动压缩、挤压等方法成型固化制成的一类石材产品。

（三）实现建筑石材绿色化的途径

随着科学技术的进步，社会的快速发展，环境保护和维护生态平衡的重要性，已经引起全人类的密切关注。绿色建筑材料已成为世界各国 21 世纪建筑材料工业发展的战略重点。作为传统和应用最广泛的自然建材资源，制备绿色化的建筑石材，应当更多地从石材的生产、应用和回收等方面考虑。

（1）建筑石材勘查的绿色化　要保证石材勘查的绿色化，必须依靠专业的地质队伍以充分了解区域地质情况。首先对区域地的石材矿藏进行普查，掌握石材的花色品种、荒料块度、开采条件、交通水平、放射性水平等。然后通过详查以掌握矿体的变化规律、分布状态、岩石结构的构造、矿物成分、化学组成、放射水平及分布，有针对性地进行性能测试，测算实际成荒率，探明开采技术条件，进行技术经济或可行性分析。石料的储量至少要达到 C 级，以便为下一步的开采打下基础，从而提高荒料的出材率。石材放射性水平的高低是石材绿色化的重要标志，以充分考虑其应用安全性。

（2）建筑石材开采的绿色化　石材开采中荒料的出材率和产生的矿渣的有效合理利用是评判石材开采绿色化的重要指标。在石矿开采中，必须采用先进的工艺及设备进行分离、分割、整形、吊装运输及石渣清理等生产，如以节理、裂隙尤其是主要节理、裂隙的产状和方向为切割、开矿等的依据，采矿爆破必须采用控制（预裂）爆破，如无声爆破等。为了提高石材的荒料率，应充分利用矿床的内在因素选择最佳开采方案，使用先进的开沟技术、分离技术、解体技术等。

（3）建筑石材加工的绿色化　石材加工的绿色化指标包括加工工艺流程是否先进，加工过程中所用的设备是否先进，如大板锯切加工设备。目前国外所用的如框架锯机、多绳式金刚石串珠锯以及装有带形或链形刀具的石材大板加工设备都可以做到加工尺寸大，效率高，寿命长。在薄板锯切加工设备方面，有五柱双梁式多锯片双向切机、"3 合"多锯片双向切机等。出材率的高低、对锯切过程中产生的下脚料的利用均是衡量石材加工的绿色化的重要指标。研磨工艺和设备的先进性、切割中噪声的控制也是石材加工绿色化的评价内容之一。目前国外研磨工艺在石材大板磨抛加工设备研制发展的动向如平稳摆动磨头、减磨材料等，降低噪声方面的新手段有哑声锯片、细缝锯片、双层锯片等。

（4）建筑石材应用的绿色化　为保证使用石材的安全性，消费者在建材市场选购石材和陶瓷产品时，要向经销商索要产品放射性检测报告，要注意报告是否为原件、报告中商家名称和所购品名是否相符，另外还有检测结果类别（A、B、C）。对商家没有检测报告的石材和瓷砖，最好先请专家用先进仪器进行放射性检测，然后再决定是否购买。对于已经装修完的房间，可请专家到现场检测，如果放射性指标过高，必须立即采取措施，进行更换。

业内人士认为，虽然石材放射性存在一些问题，但"问题石材"多为红色系列、棕色系列的花岗石，天然大理石和一些其他色系的花岗石还是可以放心使用的。在选用石材时，应结合不同的应用环境或场合，按使用要求分别衡量各个石材品种，以保证其在建筑中的适用性。如需要耐气候性较好的外墙应选花岗石，需要耐磨性较好的地面应选硬度较大的花岗石等，在石材的使用过程中也应注意正确的保养，以提高其使用寿命和装饰效果。

（5）石材的废弃处置与回收　石材在废弃后是否有切实可行的回收利用手段是石材绿色化的重要标志。例如，将废石生产人造大理石、做建筑工程用石、做雕刻工艺品、生产石米、做化工原料、做涂料有原料、制成小块饰材等。

六、化学建材的绿色化

（一）化学建筑材料的定义

化学建筑材料包括合成建筑材料和建筑用化学品（用以改善材料性能和施工性能的各种建筑化学品）之类的化学材料。这种材料目前主要包括新型建筑装饰、装修、防水、密封、胶粘、保温隔热、吸声材料、聚合物混凝土及混凝土外加剂等。化学建筑材料一般具有轻质、高强、防腐蚀、不霉、不蛀、隔热、隔声、防水、保温、色泽鲜艳、造型美观、节约能源、节约木材等各种功能。这种建材是继钢材、木材、水泥之后兴起的第四大类建筑材料。

（二）化学建材的种类及应用范围

化学建材主要包括建筑塑料、防水密封材料、建筑涂料、建筑胶黏剂和混凝土外加剂。

（1）建筑塑料　建筑塑料是当代主要的化学合成建筑材料，是化学建材主要产品门类。

建筑塑料的分类：按塑料受热后性能不同，可分为热塑性塑料和热固性塑料；按应用范围不同，可分为通用塑料和工程塑料。

建筑塑料的加工方法有挤出成型、注射成型、压制成型、压延成型和吹塑成型，其他成型方法还有真空成型、滚塑成型、热成型、喷涂成型和二次加工成型等。

常用的建筑塑料制品有：塑料门窗、塑料管材、塑料地面材料、塑料板材、墙面塑料装饰材料、玻璃纤维增强塑料。

（2）防水密封材料　目前在建筑工程中常用的防水材料主要有防水卷材、防水油膏和防水涂料。

防水卷材包括以纸板、织物、纤维毡或金属箔等为胎基，浸涂沥青制成的各种有胎卷材和以橡胶或其他高分子聚合物为原料制成的各种无胎卷材。防水卷材的种类很多，如普通原纸胎基油毡和油纸、三元乙丙橡胶防水卷材、聚氯乙烯耐低温油毡等。

防水油膏包括聚硫密封油膏、聚氯乙烯胶泥、丙烯酸密封油膏等。建筑防水油膏主要用于建筑物、道路等接缝密封，尤其是地下建筑的堵渗漏，管道及水库缝隙的密封等。

防水涂料可分为水乳型再生橡胶沥青防水涂料、SBS改性沥青乳液防水涂料、聚丙烯酸酯防水涂料、氯丁橡胶沥青防水涂料和聚氨酯防水涂料等。

（3）建筑涂料　涂料是指应用于建筑表面而能结成坚韧保护膜的物料的总称。建筑涂料是涂料中的一个重要门类，在我国一般用建筑物的内墙、外墙、屋顶、地面和卫生间的涂料统称为建筑涂料。

建筑涂料有很多分类方法。按建筑部位不同，可分为内墙涂料、外墙涂料、地面涂料、屋顶涂料等；按涂料本身功能不同，可分为防水涂料、防霉涂料、防潮涂料、防污染涂料、防射线涂料、防声波干扰涂料、杀菌涂料、芳香涂料等。建筑涂料具有装饰功能、保护功能和居住品质改进功能。

（4）建筑胶黏剂　建筑胶黏剂是指能将相同或不同品种的建筑材料相互黏合，并赋予胶层一定机械强度的物质。它广泛用于建筑施工中的地面、墙面装修、玻璃密封、防水防腐、保温保冷、新旧混凝土连接、结构加固修补以及新型建筑材料的生产。

建筑胶黏剂成分复杂、品种繁多。从外观形态上分，有溶液、乳液、糊膏状、粉状和固体状等类型；从溶液性质上分，有溶剂型、水基型和无溶剂型；从使用角度上分，有能承受较高荷载的结构胶和用于非主要受力的非结构胶，还有特殊用途的专用胶、导电胶、耐高低温胶、水下黏结胶等；从胶黏剂主要成分不同，可分为无机和有机胶黏剂。

（5）混凝土外加剂　在混凝土拌制过程中掺入的，用以改善混凝土性能，一般情况下掺量不超过水泥质量5%的材料，称为混凝土的外加剂。按主要功能分为4类：①改善混凝土拌和物和易性能的外加剂，包括各种减水剂、引气剂和泵送剂等；②调节混凝土凝结时间、硬化性能的外加剂，包括缓凝剂、早强剂和速凝剂等；③改善混凝土耐久性的外加剂，包括引气剂、防水剂和阻锈剂等；④改善混凝土其他性能的外加剂，包括加气剂、膨胀剂、防冻剂、着色剂、防水剂和泵送剂等。

（三）化学建材绿色化的途径

由于化学建筑材料是高分子的合成材料，其老化性能和组成成分中是否含有对人体健康有害物质等问题，一直为人们所担心，而绿色建筑对这些指标的要求更高。目前我国化学建筑材料产品重点要解决以下4个方面的问题。

（1）尽量降低木材工业用胶黏剂的游离甲醛含量，研究开发非甲醛系木材用胶黏剂，以有效解决人造木板甲醛含量超标现象。

（2）选用低毒溶剂替代传统的苯系列有机溶剂，这样既能保持水性产品不能代替的溶剂产品的优良特性（如高光泽、干燥时间短），又能减少对施工人员的危害和大气污染。

（3）研究开发功能性建筑涂料，以满足绿色建筑的功能要求，如防火隔声涂料、外墙隔热涂料、屋顶隔热涂料、抗菌涂料、防霉涂料等。

（4）研究改善和提高化学建筑材料产品耐久性、抗冲击性、耐玷污性等技术。

七、建筑卫生陶瓷绿色化

传统的陶瓷行业是高能耗、高污染和资源消耗型的行业，资源和能源过度消耗，对环境的严重污染，必然是改革的重点领域，节能减排将是陶瓷产业的大势所趋。我国是陶瓷生产大国，自改革开放以来，随着城市化进程的加快，建筑卫生陶瓷迅速发展，为推动国民经济和提高人民生活质量作出重要贡献，已经成为世界建筑卫生陶瓷第一生产大国和消费大国。

（一）绿色建筑卫生陶瓷的概念

自改革开放以来，我国建筑卫生陶瓷工业取得巨大变化和发展，从求数量向求质量和创品牌发展。在进入"十一五"后，我国陶瓷发展的主题是"绿色环保"。所谓绿色建筑卫生陶瓷是指在原料选取、产品制造、使用或再循环以及废料处理等环节中对地球环境负荷最小和有利于人类健康的建筑陶瓷。

建筑陶瓷以资源节约为导向，倡导生产使用低质原料，减少消耗高档原料、能源和水源用量，加大利用工业废料、废渣和污泥等原料生产的陶瓷砖、红坯砖和透水砖等产品。卫生陶瓷将更强调节水型、卫生型和多功能型。

（二）绿色建筑卫生陶瓷的实现途径

我国是世界人口大国，也是世界上最大的建筑卫生陶瓷产品生产和消费大国，走可持续发展道路、推行节能减排政策是建筑卫生陶瓷行业发展的必然选择。建筑卫生行业是陶瓷工业的重要组成部分，也是建筑材料行业的重要组成部分。建筑材料行业是我国节能减排的重点行业，所以，开发、生产和使用绿色建筑卫生陶瓷产品、实现建筑卫生陶瓷行业的节能减排具有非常重要的意义。绿色建筑卫生陶瓷的实现途径主要包括以下方面。

（1）矿物原料的有效综合利用　普通陶瓷的主要原料是天然矿物资源。据有关统计资料表明：我国陶瓷工业每年消耗的黏土、长石、石英等天然矿物的总量，按 2013 年计算，已达到 1.3×10^8 t 以上。目前，优质的黏土（如优质高岭土、黑泥、优质长石）资源面临枯竭的危险。因此，减少原料消耗，综合利用废料，对于陶瓷工业的可持续发展可谓意义重大。

（2）陶瓷工业窑炉燃烧清洁化　陶瓷工业窑炉相当长一段时间采用重油和煤作为燃料，重油、煤等的燃料燃烧后废气污染大气。为避免污染产品需用隔焰窑，其烧成热耗是用清洁燃料的明焰窑的 2～12 倍，燃耗大而且窑内温差大、成品率低，造成原料消耗量大。因此使用清洁燃料是陶瓷工业节能减排的基础。

天然气、液化气是理想的清洁燃料。建筑卫生陶瓷使用这些清洁燃料烧制收到良好的效果。与低效益高污染的煤相比，天然气是一种优质、高效、清洁的能源，其主要成分为甲烷基本不含硫，具有无色、无臭、无毒、无腐蚀性热值高，燃烧效率高、燃烧排放废气污染物少等特点，经济评价和环境评价最好，被人们称为"绿色燃料"。天然气作为工业燃料较之其他燃料从质量、输送使用、环境保护、减少大气污染等方面有着无法比拟的优越性。

（3）陶瓷生产大力推广节能工艺　众所周知，我国陶瓷产业为高投入、高能耗、高污染、低产出的"三高一低"的传统产业，必然会成为改革的重点。因此，陶瓷生产大力推广节能工艺，成为每个陶瓷企业都必须严肃面对及思考的问题。目前，我国在陶瓷生产中大力推广的节能工艺主要有：干法制粉工艺、陶瓷砖塑性挤压成形工艺、陶瓷砖一次烧成工艺、卫生陶瓷高压注浆工艺等。

（4）生产过程的绿色化重点　建筑卫生陶瓷在生产过程的绿色化重点是：①陶瓷矿产资源的合理开发综合利用；②推行清洁生产与管理；③淘汰落后的生产工艺和设备，开发推广节能、节水、节约原料、高效的生产技术及设备等。

（三）绿色建筑卫生陶瓷的发展趋势

（1）充分满足建筑工业化、建筑节能、绿色建筑和新型城镇化建设的功能需求、技术需求和政策需求。

（2）大量采用基材粗质、劣质材料或工业废料、建筑废物，经加工细选生产建筑卫生陶瓷产品。

（3）工业窑炉采用气凝胶超级绝热材料进行保温，表面温度维持在日常温度以下，有效节约烧结能源。

（4）开发纳米级孔隙、热导率在 $0.030W/(m \cdot K)$ 以下的发泡陶瓷板材，以适应建筑节能和绿色建筑的外墙、屋面、楼地面保温隔热工程需求。

（5）开发具有与保温隔热托架相结合的节能屋面陶瓷瓦，满足建筑防水、防风、节能、装饰等功能需求。

（6）积极开发门窗专用陶瓷框料用材，制作门窗副框，满足精细安装和装饰以及减小空气渗透的功能需求，以开启陶瓷产品新的市场需求。

（7）开发新一代节能减排生产工艺方法和技术。思路是里粗外细，提高强度，表面平整光洁，耐冲击和摩擦；同时开发新一代施釉技术和材料，最大限度地节材、降耗，提高产品的成品率和合格优等率。

（8）大力开发具有高可靠性、耐长久使用、可防漏电功能、价格合理或低廉的坐便器人体卫生冲洗设备，争取在 5 年时间内在城镇居民家庭普遍推广使用。

（9）大力开发节水型卫浴器具，确保其节水率满足绿色建筑标准不低于 8% 的规定指标。

（10）大力开发自动化、智能化、信息化生产设备和技术，减少或代替人工工艺，以确保产品质量，提高生产效率，降低资源和能源消耗。

（11）加快推广无铅铜在卫浴水嘴产品中的应用，同时开发其他可靠的适用材料和技术。

（12）大力开发多规格、多型号、多档次的卫生陶瓷产品，以满足不同使用空间尺寸、不同使用对象的实际需求。

（13）积极推广住宅建筑卫生间、厨房同层排水技术，满足住户对卫浴、厨盆、地漏等个性化布局需求，同时减少吊顶装修，提高防水质量，方便维修维护。

（14）重视开发农村市场。生产价廉物美的建筑陶瓷和卫浴产品，以满足农民建房和装饰装修日益增大的需求，有效改善农村居民的如厕和卫生条件。

八、建筑玻璃的绿色化

近年来，由于我国经济高速发展，建筑业拉动和环保与节能的需求，促进了我国玻璃工业的快速发展。进入 21 世纪以来，玻璃生产成为历史上增长最快的时期。到 2013 年，全国共有 256 条浮法玻璃生产线，平板玻璃的年产量达到 10.8 亿重量箱，已连续 24 年居世界第一，占全球总产量的 50％以上。据统计，在我国建筑能耗占社会总能耗的 30％，而在建筑能耗中，通过门窗造成的能耗占建筑总能耗的 50％左右，因此，提高玻璃的节能性能，已经成为实现建筑节能的关键所在。

（一）绿色建筑玻璃的概念

现代建材工业技术的迅猛发展，使建筑玻璃的新品种不断涌现，使玻璃既具有装饰性，又具有功能性，为现代建筑设计和装饰设计提供了广阔的选择范围，已成为建筑装饰工程中一种重要的装饰材料。建筑玻璃是体现建筑绿色度的重要内容。应用于绿色建筑中的玻璃除了具有普通的功能外，还需要满足保温、隔热、隔声、安全等新的功能和要求。

绿色建筑玻璃不是单一的节能，而是一个全系统、全生产加工过程和全寿命的节能降耗，减少对环境的负荷，提供人类安全、健康、舒适的工作与生活空间的一种建筑部品，从而达到建筑节能、舒适与环境三者平衡优化和可持续发展。

（二）常用的绿色建筑玻璃

（1）中空玻璃　中空玻璃又称隔热玻璃，是由两层或两层以上的平板玻璃、热反射玻璃、吸热玻璃、夹丝玻璃、钢化玻璃、镀膜反射玻璃、压花玻璃、彩色玻璃等组合在一起，四周用高强度、高气密性复合胶黏剂将两片或多片玻璃与铝合金框架、橡胶条、玻璃条黏结密封，同时在中间填充干燥的空气或惰性气体，也可以涂以各种颜色和不同性能的薄膜。

（2）镀膜玻璃　镀膜玻璃是在玻璃表面涂镀一层或多层金属、合金或金属化合物薄膜，以改变玻璃的光学性能，满足某种特定要求。阳光控制镀膜玻璃是对波长范围 350～1800mm 的太阳光具有一定控制作用的镀膜玻璃。

（3）低辐射镀膜玻璃　低辐射镀膜玻璃又称低辐射玻璃、"Low-E"玻璃，是一种对波长范围 $4.5～25\mu m$ 的远红外线有较高反射比的镀膜玻璃。低辐射镀膜玻璃还可以复合阳光控制功能，称为阳光控制低辐射玻璃。

（4）贴膜玻璃　贴膜玻璃是指平板玻璃表面贴多层聚酯薄膜的平板玻璃。这种玻璃能改善玻璃的性能和强度，使玻璃具有节能、隔热、保温、防爆、防紫外线、美化外观、遮蔽私密、安全等多种功能。

（5）真空玻璃　真空玻璃是将两片平板玻璃四周密闭起来，将其间隙抽成真空并密封排气孔，两片玻璃之间的间隙为 0.1～0.2mm，通过真空玻璃的传导、对流和辐射方式散失的热降到最低。真空玻璃是多种学科、多种技术、多种工艺协作配合的成果。

（三）绿色建筑玻璃的发展前景

随着我国建筑业迅猛发展，带来了资源的大量消耗以及环境的污染，玻璃在其中占有核心部分，而绿色建筑玻璃具有高节能、高环保的特点，能有效减少对环境造成的伤害，使得利用和研究新型绿色节能环保的建筑玻璃迫在眉睫。

据世界银行有关资料显示：2000 年到 2020 年是我国民用建筑发展中后期，预计到 2020 年后，将近一半的民用建筑都是在 2000 年建起的，玻璃行业也出现了供大于求的现象。然而，建筑节能玻璃在我国应用时间不长，大多数人对玻璃的性能还不是很了解，在选择的时候有一定的盲从性，等到新型绿色玻璃慢慢走进人们的生活，被人们所熟知之后，将成为不可或缺的部分。而且随着科技水平的提高，及多种性能于一身的高性能玻璃将会逐步发展壮大起来，由此可见，未来的玻璃行业将向着绿色并且高性能的方向发展。

第四节　绿色建筑材料发展现状与趋势

随着人们对资源环境的重视，绿色建筑的理念逐渐深入人心。建筑材料是建筑的载体，只有采用绿色建材以及相关技术手段，才能构建绿色建筑，实现节约能源、保护环境的目标。

一、绿色建筑材料发展的现状

日本、美国及西欧等发达国家都投入很大力量研究与开发绿色建材。国际大型建材生产企业早就对绿色建材的生产给予了高度重视并进行了大量的工作。为了绿色建材的发展 1978 年德国发布了第一个环境标志"蓝天使"，使 7500 多种产品得到认证。美国环保局（EPA）和加州大学设置了室内空气研究计划，研究和制订了评价建筑材料释放 VOC 的理论基础，确定了测试建筑材料释放 VOC 的体系和方法，提出了预测建筑材料影响室内空气质量的数学模型。1988 年加拿大开始环境标志计划，至今已经有 14 个类别的 800 多种产品被授予环境标志。丹麦、挪威推出了"健康建材"（HMB）标准，国家法律规定：对于所出售的涂料等建材产品，在使用说明书上除了标出产品质量标准外，还必须标出健康指标。瑞典也积极推动和发展绿色建材，并已正式实施新的建筑法规，规定用于室内的建筑材料必须实行安全标签制，并制订了有机化合物室内空气浓度指标限值。另外芬兰、冰岛等国家于 1989 年实施了统一的北欧环境标志。1988 年日本开展环境标志工作，至今已经有 2500 多种环保产品，十分重视绿色建材的发展。

改革开放以来，随着我国经济、社会的快速发展和生活水平日益提高，人们对住宅的质量与环保要求越来越高，使绿色建材的研究、开发及使用越来越深入和广泛。建筑与装饰材料的"绿色化"是人类对建筑材料这一古老的领域的新要求，也是建筑材料可持续发展的必由之路。我国的环境标志是于 1993 年 10 月公布的，1994 年 5 月 17 日中国环境标志产品认证委员会在北京宣告成立。1994 年在 6 类 18 种产品中首先实行环境标志，水性涂料是建材第一批实行环境标志的产品。1998 年 5 月，国家科技部、自然基金委员会和 863 计划新材料专家组联合召开了"生态环境材料讨论会"，确定"生态环境材料"应是同时具有满意的使用性能和优良的环境协调性，并能够改善环境的材料。我国"绿色建材"的发展虽然取得了一些成果，但仍处于初级阶段，今后要继续朝着节约资源、节省能源、健康、安全、环保的方向发展，开发越来越多的、物美价廉的绿色建材产品，提高人类居住环境的质量，保证我国社会的可持续发展。

二、绿色建筑材料的发展趋势

在社会发展的过程中，人类不断开采地球上的资源后，自然资源必然越来越少，人类在积极寻找新资源的同时，目前最紧迫的应是考虑合理配置现有资源和再生循环利用问题，走既能满足当代社会发展需求，又不致危害未来社会的发展之路，做到发展与环境的统一，眼前与长远的结合。

（一）资源节约型绿色建筑材料

我国土地总面积居世界第三位，但由于人口众多，土地资源十分紧张，人均土地面积不到世界人均值的1/3，而建筑材料的生产是消耗土地资源最多的行业之一。建筑材料在生产和使用过程中，排放的大量的工业废渣、尾矿及垃圾，这不仅浪费了大量的资源，而且导致了严重的环境污染，对人类的生存产生严重的威胁。建筑材料的制造离不开矿产资源的消耗，某些地区过度开采，导致局部环境及生物多样性遭到破坏。资源节约型绿色建材一方面可以通过实施节省资源，尽量减少对现有能源、资源的使用来实现；另一方面也可采用原材料替代的方法来实现。原材料替代主要是指建筑材料生产原料充分使用各种工业废渣、工业固体废弃物、城市生活垃圾等代替原材料，通过技术措施使所得产品仍具有理想的使用功能，如在水泥、混凝土中掺入粉煤灰、尾矿渣，利用煤渣、煤矸石和粉煤灰为原料生产绿色墙体材料等，这样不仅减少了环境污染，而且变废为宝，节约土地资源。

（二）能源节约型绿色建筑材料

节能型绿色建筑材料不仅要优化材料本身制造工艺，降低产品生产过程中的能耗，而且应保证在使用过程中有助于降低建筑物的能耗。降低使用能耗包括降低运输能耗，即尽量使用当地的绿色建筑材料，另一方面要采用有助于建筑物使用过程中的能耗降低的材料，如采用保温隔热型墙体材料或节能玻璃等。

建筑是消耗能源的大户，建筑能耗与建筑材料的性能有密切的关系，因此，要解决建筑高能耗问题，开展绿色建筑材料的研究和推广是十分有效的措施。①要研究开发高效低能耗的生产工艺技术，如在水泥生产中采用新法烧成、超细粉磨、免烧低温烧成、高效保温技术等降低环境负荷的新技术，大幅度提高劳动生产率，节约能源。②要研究和推广使用低能耗的新型建筑材料，如混凝土空心砖、加气混凝土、石膏建筑制品、玻璃纤维增强水泥等。③发展用农业废弃物生产有机、无机人造板，可用棉秆、麻秆、蔗渣、芦苇、稻草、麦秸等作增强材料，用有机合成树脂作为胶黏剂生产隔墙板，也可用某些植物纤维作增强材料，用无机胶黏剂生产隔墙板。这些隔墙板的特点是原材料广泛、生产能耗低、表观密度小、导热系数低、保温性能好。用这些建筑材料建造房屋，一方面，充分利用资源，消除废弃物对环境造成的污染，实现环境友好；另一方面，这些材料具有较好坏保温隔热性能，可以降低房屋使用时的能耗，实现生态循环和可持续发展。

（三）环球友好型绿色建筑材料

环球友好型绿色建筑材料是指在生产时不使用有毒有害原料，在生产过程中无废液、废渣和废气排放，或废弃物可以被其他产业消化，使用时对人体和环境无毒无害，在材料寿命周期结束后可以被重复使用等。人们采用各种生产方式从环境中获得资源和能源，并把它们转变成为可供建筑使用的材料，同时向环境排放出大量的废气、废渣和废水等，对环境造成严重的危害。传统的建筑材料生产，物质的转变往往是单方向的，生产出的产品供建筑使用，而排出的废弃物并未采取措施处理，直接污染环境。环球友好型绿色建筑材料，则采用清洁新技术、新工艺进行生产，在生产和使用的同时必须考虑与环境友好，这不仅要充分考虑到生产过程污染少，对环境无危害，而且要考虑到建筑材料本身的再生和循环使用，使建筑材料在整个生产和使用周期内，对环境的污染减少到最低，对人体健康无害。

（四）功能复合型绿色建筑材料

建筑材料多功能化是当今绿色建筑材料发展的重要方向。绿色建筑材料在使用过程中具有净化、治理修复环境的功能，在其使用过程中不形成一次污染，其本身易于回收和再生。这些绿色建筑材料产品，具有抗菌。防菌、除臭、隔热、阻燃、防火、调温、消磁、防射线和抗静电等性能。使用这些产品可以使建筑物具有净化和治理环境的功能，或者对人类具有保健作用，如以某些重金属离子以硅酸盐等无机盐为载体的抗菌剂，添加到陶瓷釉料中，既能保持原来陶瓷制品功能，同时又增加了杀菌、抗菌功能，灭菌率可达到99％以上。这样的绿色建材可用于食堂、酒店、医院等建筑内装修，达到净化环境、防治疾病发生和传播作用；也可以在内墙涂料中添加各种功能性材料，增加建筑物内墙的功能性，如加入远红外材料，在常温下能发射出 $8\sim18\mu m$ 波长的远红外线，可促进人体微循环，加快人体的新陈代谢。

第五节　装修材料污染物质检测与控制

由于有些装修材料用不同成分的物质制成，市场装修材料的质量良莠不齐，有些装修材料有害物质含量没有得到有效控制，给室内空气带来一定程度的污染，甚至使人诱发各种疾病，严重影响人民群众身心健康。因此，加强对室内建筑装修材料的检测与控制，是建筑装饰工程施工中的一项重要任务。

一、人造板的污染物质检测与控制

（一）人造板及其制品有害物质国家控制标准

由于人造板材是人们利用天然木材和其加工中的边角废料，经过机械加工而成的板材。所以在其加工过程中，要使用脲醛树脂胶。这种胶具有胶接强度高、不易开胶的特点，是目前生产各种人造板普遍使用的黏合剂。但是脲醛树脂胶中含有一定的甲醛，会形成游离甲醛释放到空气中，是人造板中的主要污染物质。

甲醛是具有强烈刺激性的气体，是一种挥发性有机化合物，对人体健康影响严重。1955年，甲醛被国际癌症研究机构（IARC）确定为可疑致癌物。

根据我国现行国家标准《室内装饰装修材料　人造板及其制品中甲醛释放限量》（GB 18580—2001）中的要求，室内装饰装修用人造板及其制品，其甲醛释放量试验方法及限量值应符合表 10-2 中的规定。

表 10-2　人造板及其制品甲醛释放量试验方法及限量值

产品名称	试验方法	限量值	使用范围	限量标志[①]
中密度纤维板、高密度纤维板、刨花板、定向刨花板等	穿孔萃取法	≤9mg/100g	可直接用于室内	E_1
		≤30mg/100g	必须饰面处理后才允许用于室内	E_2
胶合板、装饰单面贴面胶合板、细木工板等	干燥器法	≤1.5mg/L	可直接用于室内	E_1
		≤5.0mg/L	必须饰面处理后才允许用于室内	E_2

续表

产品名称	试验方法	限量值	使用范围	限量标志①
饰面人造板（包括浸渍纸层压木质地板、实木复合地板、竹地板、浸渍胶膜纸饰面人造板等）	气候箱法②	≤0.12mg/L	可直接用于室内	E₁
	干燥器法	≤1.5mg/L		

① E₁ 为可直接用于室内的人造板材，E₂ 为必须饰面处理后才允许用于室内的人造板材；② 仲裁时采用气候箱法。

（二）人造板及其制品中甲醛释放量检测方法

根据我国现行国家标准《室内装饰装修材料　人造板及其制品中甲醛释放限量》（GB 18580—2001）中的规定，人造板及其制品中甲醛释放量检测方法，主要有穿孔萃取法、干燥器法和气候箱法。

1. 穿孔萃取法

（1）穿孔萃取法的原理。穿孔萃取法是把游离甲醛从板材中全部分离出来，它主要分为两个过程。首先将溶剂甲醛与试件共热，通过液-固萃取使甲醛从板材中溶解出来，然后将溶有甲醛的甲苯通过穿孔器与水进行液-液萃取，把甲醛转溶于水中。根据板材中甲醛含量大小，采用碘量法（高浓度）或光度法（低浓度）测定甲醛水溶液的含量。

（2）穿孔萃取法的操作

① 仪器校验。先将仪器安装并固定在铁座上。采用套式恒温器加热烧瓶，将 500mL 甲苯加入到容积 1000mL、具有标准磨口的圆底烧瓶中，另将 100mL 甲苯及 1000mL 蒸馏水加入萃取管内，然后开始蒸馏。调节加热器使回流速度保持为 30mL/min，回流时萃取管中液体温度不得超过 40℃，若温度超过 40℃，必须采取降温措施以保证甲醛在水中的溶解。

② 溶液配制。穿孔萃取法中的溶液配制种类很多，要求也比较紧，应分别按下列方法进行配制。

a. 硫酸（1:1，体积配比）。量取 1 体积硫酸（$\rho = 1.84$g/mL），在搅拌下缓慢倒入 1 体积蒸馏水中，搅拌均匀，冷却后放置在细口瓶中。

b. 硫酸（1mol/L）。量取约 54mL 硫酸（$\rho = 1.84$g/mL），在搅拌下缓慢倒入适量的蒸馏水中，搅拌均匀，冷却后放置在 1L 容量瓶中，加蒸馏稀释至刻度，并摇均匀。

c. 氢氧化钠（1mol/L）。称取 40g 氢氧化钠溶于 600mL 新蒸沸而冷却后的蒸馏水中，待全部溶解后加蒸馏水至 1000mL，储于小口的塑料瓶中。

d. 淀粉指示剂（0.5%）。称取 1g 可溶性淀粉，加入 10mL 的蒸馏水中，搅拌下注入 200mL 沸水中，再微沸 2min，放置待用（要注意：此试剂要在使用前配制）。

e. 硫代硫酸钠 [$c(Na_2S_2O_3) = 0.1$mol/L] 标准溶液配制。在感量 0.01g 的天平上称取 26g 硫代硫酸钠放入 500mL 烧杯中，加入新煮沸并已冷却的蒸馏水至完全溶解后，加入 0.05g 碳酸钠（防止分解）及 0.01g 碘化汞（防止发霉），然后再用新煮沸并已冷却的蒸馏水稀释成 1L，盛于棕色细口瓶中，摇均匀，静置 8～10 天再进行标定。

标定：称取在 120℃ 下烘至恒重的重铬酸钾（$K_2Cr_2O_7$）0.10～0.15g，精确至 0.0001g，然后置于 500mL 碘价瓶中，加 25mL 蒸馏水，摇动使之溶解，再加入 2g 碘化钾及 5mL 盐酸（$\rho = 1.19$g/mL），立即塞上瓶塞，液封瓶口，摇匀于暗处放置 10min，再加蒸馏水 150mL，用待标定的硫代酸钠滴定到呈草绿色，加入淀粉指示剂 3mL，继续滴定至突变为亮绿色为止，记下硫代硫酸钠的用量为 V。

硫代硫酸钠标准溶液的含量（mol/L），由式（10-1）进行计算：

$$c(Na_2S_2O_3) = G/(V/1000 \times 49.04) = G/V \times 0.04904 \tag{10-1}$$

式中，$c(Na_2S_2O_3)$ 为硫代硫酸钠标准溶液的含量，mol/L；V 为硫代硫酸钠滴定耗用量，mL；G 为重铬酸钾重量，g；49.04 为重铬酸钾（$1/6K_2Cr_2O_7$）摩尔质量（g/mol）。

f. 硫代硫酸钠 $[c(Na_2S_2O_3)=0.01mol/L]$ 标准溶液配制。根据公式 $cV=c_稀 V_稀$，计算配制 0.01mol/L 硫代硫酸钠标准溶液需用多少体积已知摩尔浓度（0.1mol/L）硫代硫酸钠标准溶液去稀释（保留小数点后二位），然后即从滴定管中精确放出计算所需的体积 0.1mol/L 硫代硫酸钠标准溶液（精确至 0.01mL），于 1L 容量瓶中，加水稀释到刻度，摇匀。

g. 碘 $[c(I_2/2)=0.1mol/L]$ 标准溶液配制。在感量 0.01g 的天平上称取碘 13g 及碘化钾 30g，同置于洗净的玻璃研钵内，加少量蒸馏水磨至碘完全溶解。也可以将碘化钾溶于少量的蒸馏水中，然后在不断搅拌下加入碘，使其完全溶解后转至 1L 的棕色容量瓶中，用蒸馏水稀释到刻度，将其摇均匀，储存于暗处。

h. 碘 $[c(I_2/2)=0.01mol/L]$ 标准溶液配制。用移液管吸取 0.1mol/L 标准碘溶液 100mL 于 1L 的棕色容量瓶中，用蒸馏水稀释到刻度，将其摇均匀，储存于暗处。

标定：此溶液不作预先标定。使用时，借助与试液同时进行的空白试验以硫代硫酸钠（0.01mol/L）标准溶液标定之。

i. 乙酰丙酮（$CH_3COCH_2COCH_3$，体积百分数 0.4%）溶液配制。用移液管吸取 4mL 乙酰丙酮于 1L 棕色容量瓶中，并加蒸馏水稀释到刻度，将其摇均匀，储存于暗处。

j. 乙酸铵（CH_3COONH_4，质量百分数 20%）溶液配制。在感量 0.01g 的天平上称取 20g 乙酸铵于 500mL 烧杯中，加蒸馏水完全溶解后，转至 1L 棕色容量瓶中，并加蒸馏水稀释到刻度，将其摇均匀，储存于暗处。

③ 试件含水率测定。在测定甲醛释放量的同时必须将余下试件进行测定其含水率。在感量 0.01g 的天平上称取 50g 试件两份，测定试件含水率 H。

④ 萃取的具体操作。关上萃取管底部的活塞，加入 1L 蒸馏水，同时加 100mL 蒸馏水于有液封装置的三角烧瓶中。倒 600mL 甲苯于圆底烧瓶中，并加入 105~110g 的试件精确至 0.01g（M_0），安装妥当，保证每个接口紧密而不漏气，可涂上凡士林或"活塞油脂"，打开冷却水，然后进行加热，使甲苯沸腾开始回流，记下第一滴甲苯冷却下来的准确时间，继续回流 2h。在此期间保持 30mL/5min 恒定回流速度，这样，既可以防止液封三角烧瓶中的水，虹吸回到萃取管中，还可以使穿孔器中的甲苯液柱保持一定的高度，使冷凝下来的带有甲醇的甲苯从孔器的底部穿孔而出并溶于水中。甲苯因相对密度小于 1，会浮到水面之上，可通过萃取管的小虹吸管而返回到烧瓶中。液-固萃取过程持续 2h 为止。

在整个加热萃取过程中，均须有专有看管以免发生意外事故。在萃取结束时，移开加热器，让仪器迅速冷却，此时三角烧瓶中的液-液封水会通过冷凝管回到萃取管中，起到了洗涤仪器上半部的作用。

萃取管的水面不能超过最高水位线，以免甲醇吸收水溶液通过小虹吸管进入烧瓶。为了防止上述现象，可将萃取管中吸收液转移一部分入 2000mL 容量瓶，再向锥形瓶加入 200mL 蒸馏水，直到此系统中压力达到平衡。

开启萃取管部的活塞，将甲醇吸收液全部转到 2000mL 容量瓶中，再加两份 200mL 蒸馏水到三角烧瓶中，并让它虹吸回流到萃取管中，合并转移到 2000mL 容量瓶中。

将容量瓶用蒸馏水稀释到刻度，若有少量甲苯混入，可用漏管吸除后再定容、摇匀、待定量。在萃取过程中若有漏气或停电间断，此项试验须重新进行。试验用过的甲苯属易燃品应妥善处理，有条件的话亦可重蒸脱水，进行回收使用。

⑤ 甲醛含量的定量操作

A. 碘量法的具体操作。

a. 从 2000mL 容量瓶中，准确收取 100mL 萃取液 V_2 于 500mL 碘量瓶中，从滴定管中精确加入 0.01mL 碘标准液 50mL，立刻倒入 1mol/L 氢氧化钠流液 20mL，加塞液封摇匀，静置暗处 15min，然后加入 1∶1 硫酸 10mL，即以 0.01mol/L 硫代硫酸钠滴定到棕色褪尽至淡黄色，加 0.5% 淀粉指示剂 1mL，继续滴定到溶液变成无色为止。

记录 0.01mol/L 硫代硫酸钠标准液的用量为 V_1。与此同时量取 100mL 蒸馏水代替试液于碘价瓶中用同样方法进行空白试验，并记录 0.01mol/L 硫代硫酸钠标准的用量为 V_0，每种吸收液须滴定两次，平等结果所用的 0.01mol/L 硫代硫酸钠标准液的量，相差不得超过 0.25mL，否则需要新吸样滴定。

如果板材中甲醛释放量高，则滴定时吸取的萃取样液可以减半，但须加蒸馏水补充到 100mL 进行滴定。

b. 甲醛释放量计算。板材中甲醛释放量 E 可按式（10-2）计算，精确至 0.1mg。

$$E = [(V_0 - V_1) \times c \times (100 + H) \times 3 \times 10^4] / M_0 V_2 \tag{10-2}$$

式中，E 为每 100g 试样释放甲醛的毫克数，mg/100g；H 为试件的含水率，%；M_0 为用于萃取试验的试件质量，g；V_2 为滴定时取用甲醛萃取液的体积，mL；V_1 为滴定试液所耗用的硫代硫酸钠标准溶液的体积，mL；V_0 为滴定空白液所耗用的硫代硫酸钠标准溶液的体积，mL；c 为硫代硫酸钠标准溶液的含量，mol/L。

B. 光度法的具体操作。

a. 标准曲线。标准曲线是根据甲醛溶液绘制的，其含量用碘量法测定（甲醛溶液标准曲线如图 10-1 所示），标准曲线至少每周检查一次。

甲醛溶液标定。把大约 2.5g 的甲醛溶液（含量 35%~40%）移至 1000mL 容量瓶中，并用蒸馏水稀释至刻度。甲醛溶液含量按下述方法进行标定：

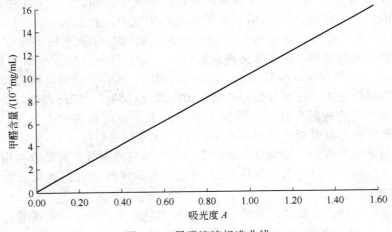

图 10-1　甲醛溶液标准曲线

量取 20mL 甲醛溶液与 25mL 碘标准溶液（0.1mol/L），10mL 氢氧化钠标准溶液（1mol/L）于 100mL 带塞三角烧瓶中混合。静置暗处 15min 后，把 1mol/L 硫酸溶液 15mL 加入混合液中。多余的碘用 0.1mol/L 硫代硫酸钠溶液滴定，滴定接近终点时，加入几滴 0.5% 淀粉指示剂，继续滴定到溶液变为无色为止。同时用 20mL 蒸馏水进行平行试验。甲醛溶液含量可按式（10-3）进行计算。

$$c_1(\text{HCHO}) = (V_0 - V_1) \times 15 \times c_2 \times 1000 / 20 \tag{10-3}$$

式中，c_1 为甲醛溶液的含量，mg/L；V_1 为滴定试液所耗用的硫代硫酸钠标准溶液的体积，mL；V_0 为滴定空白液所耗用的硫代硫酸钠标准溶液的体积，mL；c_2 为硫代硫酸钠溶液的含量，mol/L；15 为甲醛（1/2CH$_2$O）摩尔质量，g/mol。

甲醛校定溶液。按照 b. 中确定的甲醛溶液含量，计算含有甲醛 15mg 的甲醛溶液体积。用移液管移取该体积的甲醛溶液到 1000mL 容量瓶中，并用蒸馏水稀释到刻度，则 1mL 校正溶液中含有 15μg 甲醛。

标准曲线的绘制。把 0、5mL、10mL、20mL、50mL 和 100mL 的甲醛校定溶液分别移加到 100mL 容量瓶中，并用蒸馏水稀释到刻度。然后分别取出 10mL 溶液，进行光度测量分析。根据甲醛含量（0～0.015mg/mL 之间）吸光情况绘制标准曲线。斜率由标准曲线计算确定，保留四位有效数字。

b. 量取 10mL 乙酰丙酮（体积分数 0.4%）和 10mL 乙酸铵溶液（质量分数 20%）于 50mL 带塞三角烧瓶中，再准确吸取 10mL 萃取液到该烧瓶中。塞上瓶塞，摇晃均匀，再放到（40±2)℃的恒温水浴锅中加热 15min，然后把这种绿黄色的溶液静置暗处。冷却至室温（18～28℃）。在分光光度计上 412nm 处，以蒸馏水作为对比溶液，将其调零。用厚度为 0.5cm 的比色皿测定萃取溶液的吸光度 A_s。同时用蒸馏水代替萃取液进行空白试验，确定空白值 A_b。

c. 甲醛释放量计算。板材中甲醛释放量 E 可按式（10-4）计算，精确至 0.1mg。

$$E = [(A_s - A_b) \times f \times (100 + H) \times V] / M_0 \tag{10-4}$$

式中，E 为每 100g 试样释放甲醛的毫克数，mg/100g；H 为试件的含水率，%；M_0 为用于萃取试验的试件质量，g；V 为容量瓶的体积，2000mL；A_s 为萃取液的吸光度；A_b 为蒸馏水的吸光度；f 为标准曲线的斜率，mg/mL。

⑥ 一张板材的甲醛释放量。一张板材的甲醛释放量，应是同一张板材内两个甲醛释放量的算术平均值，精确至 0.1mg。

2. 干燥器法

（1）干燥器法的原理。利用干燥器法测定甲醛释放量基于以下两个步骤：第一步，收集甲醛—在干燥器底部放置盛有蒸馏水的结晶皿，在其上方固定的金属支架上放置试样，释放出甲醛被蒸馏水吸收作为试样溶液；第二步，测定甲醛浓度用分光光度计测定试样溶液的吸光度，由预先绘制的标准曲线求得甲醛的含量。

（2）干燥器法的操作

① 测试准备。按照现行国家标准《室内装饰装修材料 人造板及其制品中甲醛释放限量》（GB 18580—2001）中干燥器法的要求，准备测试所用的仪器、试剂、试件和溶液。其中溶液配制与穿孔萃取法相同。

② 操作步骤。

a. 甲醛的收集。干燥器法甲醛测定装置如图 10-2 所示。在直径为 240mm（容积 9～11L）的干燥器底部放置直径为 120mm、高度为 60mm 的结晶皿，在结晶皿内加入 300mL 蒸馏水。在干燥器上部放置金属支架，如图 10-3 所示。金属支架上固定试件，试件之间互不接触。测定装置应当在（20±2)℃下放置 24h，蒸馏水吸收从试件释放出来的甲醛，此溶液作为待测定溶液。

b. 甲醛含量的测定方法。量取 10mL 乙酰丙酮（体积分数 0.4%）和 10mL 乙酸铵溶液（质量分数 20%）于 50mL 带塞三角烧瓶中，再准确吸取 10mL 萃取液到该烧瓶中。塞上瓶塞，摇晃均匀，再放到（40±2)℃的恒温水浴锅中加热 15min，然后把这种绿黄色的溶液静置暗处。冷却至室温（18～28℃，约 1h）。在分光光度计上 412nm 处，以蒸馏水作为对比

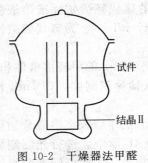

图 10-2　干燥器法甲醛
测定装置

溶液，将其调零。用厚度为 0.5cm 的比色皿测定萃取溶液的吸光度 A_s。同时用蒸馏水代替萃取液进行空白试验，确定空白值 A_b。

c. 标准曲线绘制。干燥器法的标准曲线绘制与穿孔萃取法相同。

d. 甲醛含量计算。甲醛溶液的含量可按式（10-5）计算，精确至 0.1mg/mL。

$$c = f(A_s - A_b) \tag{10-5}$$

式中，c 为甲醛溶液的含量，mg/mL；A_s 为待测液的吸光度；A_b 为蒸馏水的吸光度；f 为标准曲线的斜率，mg/mL。

③ 一张板材的甲醛释放量。一张板材的甲醛释放量，应是同一张板材内两个甲醛释放量的算术平均值，精确至 0.1mg/mL。

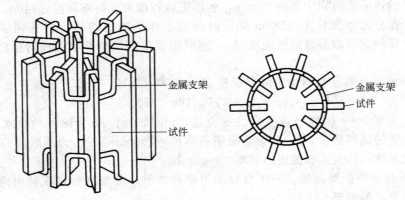

金属支架

试件

金属支架
试件

图 10-3　干燥器试件夹示意

3. 气候箱法

（1）气候箱法的基本原理　将 $1m^2$ 表面积的样品放入温度、相对湿度、空气流速和空气置换率控制在一定值的气候箱内。甲醛从样品中释放出来，与箱内空气混合，定期抽取箱内空气，将抽出的空气通过盛有蒸馏水的吸收瓶，空气中的甲醛全部溶入水中；测定吸收液中的甲醛量及抽取的空气体积，计算出每立方米空气中的甲醛量，以 mg/m^3 表示。抽气是周期性的，直到气候箱内空气中的甲醛浓度达到稳定状态为止。

（2）气候箱法的试验设备

① 气候箱。容积为 $1m^3$，箱体内表面应为惰性材料，不会吸附甲醛。箱内应有空气循环系统以维持箱内空气充分混合及试样表面的空气速度为 $0.1\sim0.3m/s$。箱体上应有调节空气流量的空气入口和空气出口装置。空气置换率维持在 $(1.0\pm0.05)h^{-1}$ 要保证箱体的密封性。进入气候箱内的空气甲醛含量应在 $0.006mg/m^3$ 以下。

② 温度和相对湿度调节系统。气候箱应能保持箱内的温度为 $(23\pm0.5)℃$，相对湿度为 $(45\pm3)\%$。

③ 空气抽样系统。空气抽样系统主要包括：抽样管、两个 100mL 的吸收瓶、硅胶干燥器、气体抽样泵、气体流量计、气体计量表。

（3）气候箱法的试样标准　气候箱法所用的试样表面积为 $1m^2$ ［双面计，长度为 $(1000\pm2)mm$，宽度为 $(5\pm2)mm$，1 块；或长度为 $(500\pm2)mm$，宽度为 $(500\pm2)mm$，2 块］，有带榫舌的突出部分应去掉，四边用不含甲醛的铝胶带密封。

（4）气候箱法的试验条件　采用气候箱法测定板材中的甲醛含量时，气候箱内应保持下列条件：①温度为（23±0.5)℃；②相对湿度为（45±3)％；③承载率为（1.0±0.02)m²/m³；④空气置换率为（1.0±0.05)h⁻¹；⑤试样表面空气流速为 0.1~0.3m/s。

（5）气候箱法的试验程序　试样在气候箱的中心垂直放置，表面与空气流动方向平行。气候箱检测持续时间至少为 10d，从第 7 天开始测定。甲醛释放量的测定每天 1 次，直至达到稳定状态为止。最后 2 次测定结果的差异小于 5％时，即认为已达到稳定状态，将最后 2 次测定结果的平均值即为最终测定值。如果在 28 天内仍未达到稳定状态，则用第 28 天的测定值作为稳定状态时甲醛释放量测定值。

进行空气取样和分析时，先将空气抽样系统与气候箱的空气出口相连接。2 个吸收瓶中各加入 25mL 蒸馏水，开动抽气泵，抽气速度控制在 2L/min 左右，每次至少抽取 100L 空气。每瓶吸收液各取 10mL 移至 50mL 容量瓶中，再加入 10mL 乙酰丙酮溶液和 10mL 乙酸胺溶液，将容量瓶放至 40℃ 的水浴中加热 15min，然后将溶液静置暗处冷却至室温。

在分光光度计的 412nm 处测定吸光度。与此同时，要用 10mL 蒸馏水和 10mL 乙酰丙酮溶液、10mL 乙酸胺溶液平行测定空白值。吸收液的吸光度测定值与空白吸光度测定值之差乘以校正曲线的斜率，再乘以吸收液的体积，即为每个吸收瓶中的甲醛量。2 个吸收瓶的甲醛量相加，即求得甲醛的总量。甲醛总量除以抽取空气的体积，即为每立方米空气中的甲醛浓度值以 mg/m³ 表示。

由于空气计量表显示的是检测室温度下抽取的空气体积，而并不是气候箱内 23℃ 时空气体积。因此，空气样品的体积应通过气体方程式校正到标准温度 23℃ 时体积。分光光度计校正曲线和校正曲线的斜率确定，应按穿孔萃取法中的要求进行。

（6）气候箱法的抽样要求　按照试验方法中规定的样品数量，在同一地点、同一类别、同一规格的人造板及其制品中随机抽取 3 份，并立即用不会释放或吸附甲醛的包装材料将样品密封后待测。在生产企业抽取样品时，必须在生产企业成品库内标识合格的产品中抽取样品。在经销企业抽取样品时，必须在经销现场或经销企业的成品库内标识合格的产品中抽取样品。在施工或使用现场抽取样品时，必须在同一地点的同一种产品内随机抽取。

（7）判定规则与复验规则　在随机抽取的 3 份样品中，任取一份样品按本标准的规定检测甲醛释放量，如测定结果达到本标准的规定要求，则判定为合格。如测定结果不符合本标准的规定要求，则对另外 2 份样品再进行测定。如 2 份样品均达到本标准的规定要求，则判定为合格；如 2 份样品中只有 1 份样品达到规定要求，或者 2 份样品均不符合本标准的规定要求，则判定为不合格。

（8）气候箱法的检验报告　气候箱法的检验报告主要包括以下几个方面。

① 气候箱法的检验报告的内容应包括产品名称、规格、类别、等级、生产日期、检验依据标准。

② 检验结果和结论及样品的含水率。

③ 在检验过程中出现的异常情况，其他有必要说明的问题。

④ 人造板及其制品应标明产品名称、产品标准编号、商标、生产企业名称、详细地址、产品原产地、产品规格、产品型号、产品等级甲醛释放量限量标识。

二、溶剂型木器涂料的污染物质检测与控制

溶剂型木器涂料是指涂敷于物体表面与基体材料很好黏结并形成完整而坚韧保护膜的物体。溶剂型木器涂料的漆膜硬度高，具有耐磨性、耐腐蚀性、耐低温、溶解力强、挥发速度适中等特点，是目前建筑业常用的装饰装修材料。

（一）溶剂型木器涂料的有害物质及危害

用于室内装饰装修的溶剂型木器涂料大部分以有机物作为溶剂。二甲苯系溶剂由于具有溶解力强、挥发速度适中等特点，是目前涂料业常用的溶剂。聚氨酯树脂涂料是综合性能优异并广泛应用的品种，在室内木器涂料中占有很重要的位置。由于目前国内许多中小企业受生产技术落后及生产条件的限制，致使其产品中游离甲苯二异氰酸酯（TDI）含量偏高。

综合考虑木器涂料的类型、组成及性质。在施工以及使用过程中能够造成室内空气质量下降，以及有可能影响人体健康的有害物质主要为挥发性有机化合物、苯、甲苯和二甲苯、游离甲苯二异氰酸酯以及可溶性铅、镉、铬和汞等重金属。

（1）挥发性有机化合物　挥发性有机化合物（VOCs）不但会对环境质量产生污染，而且还能够加大室内有机污染物的负荷，严重时会引起人的头痛、咽喉痛，危害人体健康。

根据涂料中挥发性有机化合物的挥发性能，按照涂膜状态可把挥发过程简单分为两个阶段：第一阶段为"湿"阶段，此阶段内挥发速率极快，在数小时内即可挥发出总量的90%以上；第二阶段为"干"阶段，此阶段内挥发速率会大大降低。由于挥发性有机化合物的这一挥发性能，施工后的涂膜经7d养护后，挥发出的有机化合物极少。因此，只要适当控制施工到居住使用时间，并在此时间内保证室内通风良好，挥发性有机化合物对室内空气的影响及对人体的危害降到最低限度。

（2）苯、甲苯和二甲苯　苯已被国际癌症研究中心确认为高毒致癌物质，主要影响人体的造血系统、神经系统、对皮肤也有刺激作用，所以对其含量应严加控制。甲苯和二甲苯对人体的危害，主要是影响中枢神经系统，对呼吸道和皮肤产生刺激作用，二者的化学性质相似，在涂料中常相互取代使用，对人体的危害呈相加作用，所以对涂料中的甲苯和二甲苯含量可进行总量控制。

目前涂料生产企业已很少用苯作为溶剂使用，木器涂料中苯主要是作为杂质由甲苯和二甲苯带入的，苯含量的高低与甲苯和二甲苯的生产工艺有关。

（3）游离甲苯二异氰酸酯　游离甲苯二异氰酸酯（TDI）是一种毒性很强的吸入性毒物，在人体中具有积聚性和潜伏性，还是一种黏膜刺激物质，对眼和呼吸系统具有很强的刺激作用，会引起致敏性哮喘，严重者会引起窒息等，因此对游离甲苯二异氰酸酯的含量应严加控制。聚氨酯树脂涂料在施工及涂膜养护的过程中，会逐渐释放出游离甲苯二异氰酸酯（TDI），对于人体健康造成较大危害，因此，对用于室内装修的聚氨酯树脂涂料，应严格控制其游离甲苯二异氰酸酯（TDI）含量。

（4）可溶性铅、镉、铬和汞等重金属　铅、镉、铬和汞等重金属是常见的有毒污染物，其可溶物对人体有明显的危害，过量的铅能损害神经、造血和生殖系统，尤其对儿童的危害更大，可影响儿童生长发育和智力发育，因此铅污染的控制已成为世界性关注热点和发展趋势。长期吸入镉尘可损害肾或肺功能，皮肤长期接触铬化合物会引起接触性皮炎或湿疹，汞慢性中毒主要影响中枢神经系统等。

涂料中的重金属主要来自着色颜料，如红丹、铅铬黄、铅白等。此外，由于无机颜料通常是从天然矿物质中提炼，并经过一系列化学物理反应而制成，因此难免夹带微量的重金属污染物。木器涂料中有毒重金属对人体的影响，主要是通过木器在使用过程中干漆膜与人体长期接触，如果误入口中，其可溶物将对人体造成危害。

（二）溶剂型木器涂料有害物控制标准

根据现行国家标准《室内装饰装修材料　溶剂型木器涂料中有害物质限量》（GB 18581—2009）中的规定，溶剂型木器涂料中有害物质限量应符合表10-3中的要求。

表 10-3 溶剂型木器涂料中有害物质限量

项目	限量值				
	聚氨酯类涂料		硝基类涂料	醇酸类涂料	腻子
	面漆	底漆			
挥发性有机化合物含量①(VOCs)/(g/L)	光泽(60°)≥80,580 光泽(60°)<80,670	≤670	≤720	≤500	≤550
苯含量①/%	≤0.30				
甲苯、二甲苯、乙苯含量①总和/%	≤30		≤30	≤5	≤30
游离二异氰酸酯(TDI、HDI)含量总和②/%	≤0.40				≤0.40④
甲醇含量①/%	—		≤0.30		≤0.30⑤
卤代烃含量①·③/%	0.10				
可溶性重金属含量(限色漆、腻子和醇酸清漆)/(mg/kg)	铅 Pb	≤90			
	镉 Cd	≤75			
	铬 Cr	≤60			
	汞 Hg	≤60			

① 按产品明示的施工配比混合后测定，如稀释剂的使用量为某一范围时，应按照产品施工配比规定的最大稀释比例混合后进行测定。

② 如果聚氨酯类涂料和腻子规定了稀释比例或由双组分或多组分组成时，应先测定固化剂（含游离二异氰酸酯预聚物）中的含量，再按产品明示的施工配比计算混合后涂料中的含量，如稀释剂的使用量为某一范围时，应按照产品施工配比规定的最小稀释比例进行计算。

③ 包括二氯甲烷、1,1-二氯乙烷、1,2-二氯乙烷、三氯甲烷、1,1,2-三氯乙烷、四氯化碳。

④ 限聚氨酯类腻子。

⑤ 限硝基类腻子。

（三）溶剂型木器涂料有害物检测方法

1. 挥发性有机化合物含量的检测

（1）挥发性有机化合物含量的检测原理　试样经气相色谱法测试，如未检测出沸点大于250℃的有机化合物，则所测试的挥发性含量即为产品的 VOCs 含量；如检测出沸点大于250℃的有机化合物，则对试样中沸点大于250℃的有机化合物，进行定性鉴定和定量分析，从挥发物含量中扣除试样中沸点大于250℃的有机化合物的含量，即为产品的 VOCs 含量。

（2）挥发性有机化合物含量的检测准备　在采用气相色谱法测试前，首先应按照现行国家标准《室内装饰装修材料　溶剂型木器涂料中有害物质限量》（GB 18581—2009）中的规定，做好检测的一切准备工作，主要包括：材料和试剂、仪器设备、气相色谱测试条件等。

（3）挥发性有机化合物含量的检测步骤

① 密度。按产品明示的施工配合比制备混合试样，搅拌均匀后，按《色漆和清漆密度的测定 比重瓶法》（GB/T 6750—2007）中的规定测定试样的密度，试验温度为（23±2）℃。

② 挥发物含量。按产品明示的施工配合比制备混合试样，搅拌均匀后，按《色漆、清漆和塑料　不挥发物含量的测定》（GB/T 1725—2007）中的规定，测定试样的不挥发物含量，单位为 g/g。

③ 光泽。聚氨酯类涂料的涂膜光泽，按《色漆和清漆　不含金属颜料的色漆漆膜的 20°、60°和85°镜面光泽的测定》(GB/T 9754—2007) 的规定进行，按产品明示的施工配合比制备混合试样，搅拌均匀后，用槽深（100±2）μm 的湿膜制备器在平板玻璃上制备样板，对清漆应使用黑玻璃或背面预涂无光黑漆的平板玻璃作底材，在温度为（23±2）℃和相对湿度为（50±5）%的条件下干燥样板 48h 后，用 60°镜面光泽计测试。

④ 挥发性有机化合物（VOCs）含量。

A. 试样中不含沸点大于 250℃的挥发性有机化合物的（VOCs）含量的测定。如试样经定性分析未发现沸点大于 250℃的有机化合物，可按式（10-6）计算试样的 VOCs 含量：

$$\rho(VOCs) = \omega \times \rho_s \times 1000 \tag{10-6}$$

式中，$\rho(VOCs)$ 为试样的 VOCs 含量，g/L；ω 为试样中挥发物含量的质量分数，g/g；ρ_s 为试样的密度，g/mL。

B. 试样中含沸点大于 250℃的有机化合物的（VOCs）含量的测定。

a. 色谱仪参数优化。按照现行标准（GB 18581—2009）中 A.4 规定的色谱测试条件，每次都应该使用已知的校准化合物对仪器进行最优化处理，使仪器的灵敏度、稳定性和分离效果处于最佳状态。

进样量和分流比应相匹配，以免超出色谱柱的容量，并在仪器检测器的线性范围内。

b. 定性分析。将标记物注入色谱仪中，测定其在二甲基硅氧烷毛细柱上的保留时间，以便按照有机化合物 VOCs 的定义确定色谱图中的积分起点。

按产品明示的施工配合比制备混合试样，搅拌均匀后，称取约 2g 的样品，用适量的稀释剂稀释试剂，用进样器取 1.0μL 混合均匀的试样注入色谱仪，记录色谱图，并对每种保留时间高于标记物的化合物进行定性鉴定。优先选用的方法是气相色谱仪和质量选择检测器或 FT-IR 光谱仪联用，并使用（GB 18581—2009）中给出的气相色谱测试条件。

c. 校准。按照现行标准（GB 18581—2009）中规定的方法进行校准样品配制，并测定和计算每种化合物的相对校正因子。如果出现未能定性的色谱峰或者校准用的有机化合物未商品化，则假设其相对于邻苯二甲酸二甲酯的校正因子 1.0。

d. 试样测试。

（a）试样的配制：按产品明示的施工配合比制备混合试样，搅拌均匀后，称取约 2g（精确至 0.1mg）的样品，以及被测物相同数量级的内标物于配样瓶中，加入适量稀释溶剂于同一配样瓶中稀释试件，密封配样瓶并摇匀。（对聚氨酯类涂料制备好混合试样后应尽快测试）。

（b）按校准时的最优化条件设定仪器参数。

（c）将标记物注入气相色谱仪中，记录其在二甲基硅氧烷毛细柱上的保留时间，以便按照有机化合物 VOCs 的定义确定色谱图中的积分起点。

（d）将 1.0μL 混合均匀的试样注入色谱仪，记录色谱图，并计算各种保留时间高于标记物的化合物峰面积，然后用式（10-7）分别计算试样中所含的各种沸点大于 250℃的有机化合物的质量分数：

$$\omega_i = m_{is} A_i R_i / m_i A_{is} \tag{10-7}$$

式中，ω_i 为试样中所含的各种沸点大于 250℃的有机化合物 i 的质量分数，g/g；m_{is} 为内标物的质量，g；A_i 为被测化合物 i 的峰面积；R_i 为被测化合物 i 的相对校正因子；m_i 为试样的质量，g；A_{is} 为内标物的峰面积。

（e）试样中沸点大于 250℃的有机化合物的含量，可按式（10-8）计算：

$$\omega_0 = \sum \omega_i \tag{10-8}$$

式中，ω_0 为试样中沸点大于 250℃ 的有机化合物的含量，g/g。

（f）试样中沸点小于或等于 250℃ 的有机化合物 VOCs 的含量，可按式（10-9）计算：

$$\rho(VOCs) = (\omega - \omega_0) \times \rho_s \times 1000 \tag{10-9}$$

式中，$\rho(VOCs)$ 为试样中沸点小于或等于 250℃ 的有机化合物 VOCs 的含量，g/L；ω 为试样中挥发物含量的质量分数，g/g；ρ_s 为试样的密度，g/mL；1000 为转换因子。

⑤ 精密度。精密度要求包括重复性和再现性。重复性：同一操作者 2 次测定结果的相对偏差应小于 5%；再现性：不同实验室间测试结果的相对偏差应小于 10%。

2. 苯、甲苯、二甲苯、乙苯和甲醇含量的检测

（1）苯、甲苯、二甲苯、乙苯和甲醇含量的检测原理　以上物质含量检测的原理是：试样经稀释后直接注入气相色谱仪中，经色谱柱分离后，用氢火焰离子化检测器检测，以内标法定量。

（2）苯、甲苯、二甲苯、乙苯和甲醇含量的检测准备　在采用气相色谱法测试前，首先应按照现行国家标准《室内装饰装修材料　溶剂型木器涂料中有害物质限量》（GB 18581—2009）中的规定，做好检测的一切准备工作，主要包括材料和试剂、仪器设备、气相色谱测试条件等。

（3）苯、甲苯、二甲苯、乙苯和甲醇含量的检测步骤

① 色谱仪参数优化。按照现行标准（GB 18581—2009）中 B.4 规定的色谱测试条件，每次都应该使用已知的校准化合物对仪器进行最优化处理，使仪器的灵敏度、稳定性和分离效果处于最佳状态。

② 定性分析。按照现行标准（GB 18581—2009）中 B.5.1 的规定使仪器参数最优化。将 1.0L 含 B.2.6 所示被测化合物的标准混合溶液注入色谱仪中，记录被测化合物的保留时间。

按产品明示的施工配合比制备混合试样，搅拌均匀后，称取约 2g 的样品，用适量的稀释剂稀释试样，用进样器取 1.0μL 混合均匀的试样注入色谱仪，记录色谱图，并与经 B.5.2.2 测定的被测化合物的保留时间对比确定是否存在被测化合物。（对聚氨酯类涂料制备好混合试样后应尽快测试）。

③ 校准。

A. 校准试样的配制：分别称取一定量（精确至 0.1mg）B.2.6 中的各种校准化合物于配样瓶（B.3.3）中，称取的质量与待测试样中所含的各种化合物的含量应在同一数量级；再称取与待测化合物相同数量级的内标物（B.2.5）于同一配样瓶中，用适量的稀释溶剂（B.2.7）稀释混合物，密封配样瓶并摇匀。

B. 相对校正因子的测试：在与测试试样相同的色谱测试条件下，按 B.5.1 的规定优化仪器参数。将适量的校准混合物注入气相色谱仪中，记录色谱图，按式（10-10）分别计算每种化合物的相对校正因子：

$$R_i = m_{ci}A_{is}/m_{is}A_{ci} \tag{10-10}$$

式中，R_i 为化合物 i 的相对校正因子；m_{ci} 为校准化合物中化合物 i 的质量，g；A_{is} 为内标物的峰面积；m_{is} 为校化合物中内标物的质量，g；A_{ci} 为化合物 i 的峰面积。

④ 试样的测试。

A. 试样的配制：按产品明示的施工配合比制备混合试样，搅拌均匀后，称取约 2g 的样品（精确至 0.1mg）以及与被测化合物相同数量级的内标物（B.2.5）于一配样瓶（B.3.3）中，加入适量的稀释溶剂（B.2.7）于一配样瓶稀释试样，密封配样瓶并摇匀。（对聚氨酯类涂料制备好混合试样后应尽快测试）。

B. 按校准时的最优化条件设定仪器参数。

C. 将 $1.0\mu L$ 按 B.4.1 配制的试样注入气相色谱仪，记录色谱图，然后用式（10-11）分别计算试样中所含被测化合物（苯、甲苯、二甲苯、乙苯和甲醇）的含量：

$$\omega_i = m_{is}A_iR_i/m_iA_{is} \times 100 \tag{10-11}$$

式中，ω_i 为试样中被测化合物 i 的质量分数，%；m_{is} 为内标物的质量，g；A_i 为被测化合物 i 的峰面积；R_i 为被测化合物 i 的相对校正因子；m_i 为试样的质量，g；A_{is} 为内标物的峰面积。

⑤ 精密度。精密度要求包括重复性和再现性。重复性：同一操作者 2 次测定结果的相对偏差应小于 5%；再现性：不同实验室间测试结果的相对偏差应小于 10%。

3. 卤代烃含量检测

（1）卤代烃含量检测的原理 试样经稀释后直接注入气相色谱仪中，二氯甲烷、二氯乙烷、三氯甲烷、三氯乙烷、四氯化碳经毛细管色谱柱与其他组分完全分离后，用电子捕获检测器检测，以内标法定量。

（2）卤代烃含量的检测准备 在采用气相色谱法测试前，首先应按照现行国家标准《室内装饰装修材料 溶剂型木器涂料中有害物质限量》（GB 18581—2009）中的规定，做好检测的一切准备工作，主要包括：材料和试剂、仪器设备、气相色谱测试条件等。

（3）卤代烃含量的检测步骤

① 色谱仪参数优化。按照现行标准（GB 18581—2009）中 C.4 规定的色谱测试分析条件，每次都应该使用已知的校准化合物对仪器进行最优化处理，使仪器的灵敏度、稳定性和分离效果处于最佳状态。

进样量和分流比应相匹配，以免超出色谱柱的容量，并在仪器检测器的线性范围内。

② 定性分析。按照现行标准（GB 18581—2009）中 C.5.1 的规定使仪器参数最优化。将 $0.2\mu L$ 含 C.2.4 所示被测化合物的标准混合溶液注入色谱仪，记录被测化合物的保留时间。

按产品明示的施工配合比制备混合试样，搅拌均匀后，称取约 2g 的样品，用适量的稀释剂（C.2.5）稀释试样，用进样器（C.3.2）取 $0.2\mu L$ 混合均匀的试样注入色谱仪，记录色谱图，并与经 C.5.2.2 测定的被测化合物的保留时间对比确定是否存在被测化合物。

③ 校准。

A. 校准试样的配制：分别称取一定量（精确至 0.1mg）C.2.4 中的各种校准化合物于配样瓶（C.3.3）中，称取的质量与待测试样中所含的各种化合物的含量应在同一数量级；再称取与待测化合物相同数量级的内标物（C.2.3）于同一配样瓶中，用适量的稀释溶剂（C.2.5）稀释混合物（其稀释浓度应在仪器检测器线性范围内，若超过应加大稀释倍数或逐级多次稀释），密封配样瓶并摇匀。

B. 相对校正因子的测试：在与测试试样相同的色谱测试条件下，按 C.5.1 的规定优化仪器参数。将适量的校准混合物注入气相色谱仪中，记录色谱图，按式（10-12）分别计算每种化合物的相对校正因子：

$$R_i = m_{ci}A_{is}/m_{is}A_{ci} \tag{10-12}$$

式中，R_i 为化合物 i 的相对校正因子；m_{ci} 为校准化合物中化合物 i 的质量，g；A_{is} 为内标物的峰面积；m_{is} 为校化合物中内标物的质量，g；A_{ci} 为化合物 i 的峰面积。

④ 试样的测试。

A. 试样的配制：按产品明示的施工配合比制备混合试样，搅拌均匀后，称取约 2g 的样品（精确至 0.1mg）以及与被测化合物相同数量级的内标物（C.2.3）于同一配样瓶（C.3.3）中，加入适量的稀释溶剂（C.2.5）于同一配样瓶稀释试样，密封配样瓶并摇匀。（对聚氨酯类涂料制备好混合试样后应尽快测试）。

B. 按校准时的最优化条件设定仪器参数。

C. 将 0.2μL 按 C.5.4.1 配制的试样注入气相色谱仪，记录色谱图，然后用式（10-13）分别计算试样中所含被测化合物（二氯甲烷、1,1-二氯乙烷、1,2-二氯乙烷、三氯甲烷、1,1,2-三氯乙烷、四氯化碳）的含量：

$$\omega_i = m_{is} A_i R_i / m_i A_{is} \times 100 \qquad (10\text{-}13)$$

式中，ω_i 为试样中被测化合物 i 的质量分数，%；m_{is} 为内标物的质量，g；A_i 为被测化合物 i 的峰面积；R_i 为被测化合物 i 的相对校正因子；m_i 为试样的质量，g；A_{is} 为内标物的峰面积。

⑤ 计算卤代烃含量。根据式（11-13）分别计算试样中所含被测化合物（二氯甲烷、1,1-二氯乙烷、1,2-二氯乙烷、三氯甲烷、1,1,2-三氯乙烷、四氯化碳）的含量，用式（10-14）计算试样卤代烃含量：

$$\omega = \sum \omega_i \qquad (10\text{-}14)$$

式中，ω 为计算试样卤代烃含量的质量分数，%；ω_i 为试样中被测化合物 i 的质量分数，%。

⑥ 精密度。精密度要求包括重复性和再现性。重复性：同一操作者 2 次测定结果的相对偏差应小于 5%；再现性：不同实验室间测试结果的相对偏差应小于 10%。

三、内墙涂料的污染物质检测与控制

内墙涂料是用于内墙和顶棚的一种装饰涂料，它的主要功能是装饰及保护内墙的墙面及顶棚。建筑内墙涂料的分类目前我国尚无国家标准。按其主要成膜物质的化学成分，主要可分为有机涂料、无机涂料、无机-有机复合涂料。有机涂料常用的有溶剂型涂料、水溶性涂料和乳胶涂料。按构成涂膜的主要成膜物质分类，建筑内墙涂料可分为聚乙烯醇系建筑涂料、丙烯酸系建筑涂料、氯化橡胶建筑涂料、聚氨酯建筑涂料、水玻璃及硅溶胶建筑涂料等。

（一）内墙涂料中有害物质限量

涂料是现代社会中的第二大污染源。因此，人们越来越重视涂料对环境的污染问题。内墙涂料在施工以及使用过程中能够造成室内空气质量下降以及有可能影响人体健康的有害物质主要为挥发性有机化合物、游离甲醛、可溶性铅、镉、铬和汞等重金属，以及苯、甲苯和二甲苯。在现行国家标准《室内装饰装修材料　内墙涂料中有害物质限量》（GB 18582—2008）中，规定了室内装饰装修用水性墙面涂料（包括面漆和底漆）和水性墙面腻子中对人体有害物质容许限量的要求、试验方法、检验规则、包装标志、涂饰安全及防护。本标准适用于各类室内装饰装修用水性墙面涂料和水性墙面腻子。

内墙涂料中有害物质限量应符合表 10-4 中的规定。

表 10-4　内墙涂料中有害物质限量

项　　目	限量值	
	水性墙面涂料①	水性墙面腻子②
挥发性有机化合物含量（VOCs）	≤120g/L	≤15g/kg
苯、甲苯、乙苯、二甲苯总和/(mg/kg)	≤300	

续表

项　目		限量值	
		水性墙面涂料①	水性墙面腻子②
游离甲醛/(mg/kg)		≤100	
可溶性重金属/(mg/kg)	铅 Pb	≤90	
	镉 Cd	≤75	
	铬 Cr	≤60	
	汞 Hg	≤60	

① 涂料产品所有项目均不考虑稀释配比。

② 膏状腻子所有项目均不考虑稀释配比，粉状的腻子除了可溶性重金属项目直接测试粉体外，其余3项按产品规定的配比将粉体与水或胶黏剂等其他液体混合后测试。如配比为某一范围时，应按照水用量最小、胶黏剂等其他液体用量最大的配比混合后测试。

（二）内墙涂料的污染物质检测与控制

1. 内墙涂料的污染物质检测方法与范围

内墙涂料的挥发性有机化合物及苯、甲苯、乙苯和二甲苯总和含量的测试，可采用气相色谱法。本方法规定了水性墙面涂料和水性墙面腻子中挥发性有机化合物VOCs及苯、甲苯、乙苯和二甲苯总和含量的测试方法。本方法适用于VOCs含量的质量分数大于等于0.1、且小于等于15的涂料及其原料的测试。

2. 内墙涂料的污染物质检测原理与准备

（1）检测的原理　试样经稀释后，通过气相色谱分析技术使样品中各种挥发性有机化合物分离，定性鉴定被测化合物后，用内标法测试其含量。

（2）检测的准备　在采用气相色谱法测试前，首先应按照现行国家标准《室内装饰装修材料　内墙涂料中有害物质限量》（GB 18582—2008）中的规定，做好检测的一切准备工作，主要包括：材料和试剂、仪器设备、气相色谱测试条件等。

3. 内墙涂料的污染物质检测的基本步骤

（1）内墙涂料密度的测定　内墙涂料的密度应按照《色漆和清漆　密度的测定　比重瓶法》（GB/T 6750—2007）中的规定进行。

（2）内墙涂料水分含量测定　内墙涂料水分含量测试应按照《室内装饰装修材料　内墙涂料中有害物质限量》（GB 18582—2008）中附录B的规定进行。

（3）挥发性有机化合物及苯、甲苯、乙苯和二甲苯总和含量测定

① 色谱仪参数优化。按A.5中的色谱条件每次都应该使用已知的校准化合物对其进行最优化处理使仪器的灵敏度、稳定性和分离效果处于最佳状态。

② 定性分析。定性鉴定试样中有无A.3.6中的校准化合物。优先选用的方法是气相色谱仪与质量选择检测器（A.4.1.3.2）或FT-IR光谱仪（A.4.1.3.3）联用，并使用A.5中给出的气相色谱测试条件。也可利用气相色谱仪采用火焰离子化检测器（FID）（A.4.1.3.1）和（A.4.1.4）中的色谱柱，并使用A.5中给出的气相色谱测试条件，分别记录A.3.6中校准化合物在两根色谱柱（所选择的两根柱子的极性差别应尽可能大，例如6%腈丙苯基/9%4-聚二甲基硅氧烷毛细管柱和聚乙二醇毛细管柱）上的色谱图；在相同的色谱测试条件下，对被测试样做出色谱图后对比定性。

③ 校准

a. 校准样品的配制分别称取一定量（精确至0.1mg）A.6.3.2鉴定出的各种校准化合

物于配样瓶（A.4.3）中，称取的质量与待测试样中各自的含量应在同一数量级；再称取与待测化合物相同数量级的内标物（A.3.5）于同一配样瓶（A.4.3）中，用稀释溶剂（A.3.7）稀释混合物，密封配样瓶（A.4.3）并摇匀。

b. 相对校正因子的测试。在与测试试样相同的色谱测试条件下，按 A.6.3.1 的规定优化仪器参数。将适当数量的校准化合物注入气相色谱仪中，记录色谱图。按式（10-15）分别计算每种化合物的相对校正因子：

$$R_i = m_{ci}A_{is}/m_{is}A_{ci} \tag{10-15}$$

式中，R_i 为化合物 i 的相对校正因子；m_{ci} 为校准混合物中化合物 i 的质量，g；m_{is} 为校准混合物中内标物的质量，g；A_{is} 为内标物的峰面积；A_{ci} 为化合物 i 的峰面积。

R_i 值取两次测试结果的平均值，其相对偏差应小于 5％，保留 3 位有效数字。

c. 若出现 A.3.6 中校准化合物之外的未知化合物色谱峰则假设其相对于异丁醇的校正因子为 1.0。

④ 试样的测试

a. 试样的配制：称取搅拌均匀后的试样 1g（精确至 0.1mg）以及与被测物质量近似相等的内标物（A.3.5）于配样瓶（A.4.3）中，加入 10mL 稀释溶剂（A.3.7）稀释试样，密封配样瓶（A.4.3）并摇匀。

b. 按校准时的最优化条件设定仪器参数。

c. 将标记物（A.3.8）注入气相色谱仪中，记录其在聚二甲基硅氧烷毛细管柱或 6％腈丙苯基/94％聚二甲基硅氧烷毛细管柱上的保留时间，以便按 A.3.1 给出的 VOC 定义确定色谱图中的积分终点。

d. 将 1μl 按 A.6.3.4.1 配制的试样注入气相色谱仪中，记录色谱图并记录各种保留时间低于标记物的化合物峰面积（除稀释溶剂外），然后按式（10-16）分别计算试样中所含的各种化合物的质量分数：

$$m_i = m_{is}A_iR_i/m_sA_{is}\times100 \tag{10-16}$$

式中，m_i 为测试试样中被测化合物 i 的质量分数，g/g；m_{is} 为内标物的质量，g；A_i 为被测化合物 i 的峰面积；R_i 为被测化合物 i 的相对校正因子；m_s 为测试试样的质量，g；A_{is} 为内标物的峰面积。

平行测试两次 m_i 值取两次测试结果的平均值。

⑤ VOCs 含量计算

a. 腻子产品可按式（10-17）计算 VOCs 含量：

$$VOCs = \sum m_i \times 1000 \tag{10-17}$$

式中，VOCs 为腻子产品的 VOCs 含量，g/kg；m_i 为测试试样中被测化合物 i 的质量分数，g/g；1000 为转换因子。

b. 内墙涂料产品可按式（10-18）计算 VOCs 含量：

$$VOCs = \sum m_i \times \rho_s \times 1000/1 - \rho_s \times m_w/\rho_w \tag{10-18}$$

式中，VOCs 为内墙涂料产品的 VOCs 含量，g/L；m_i 为测试试样中被测化合物 i 的质量分数，g/g；ρ_s 为试样的密度，g/mL；m_w 为测试试样中水的质量分数，g/g；ρ_w 为水的密度，g/mL。

⑥ 精密度。精密度要求包括重复性和再现性。重复性：同一操作者 2 次测定结果的相对偏差应小于 10％；再现性：不同实验室间测试结果的相对偏差应小于 20％。

（4）内墙涂料中游离甲醛的测定

① 涂料中游离甲醛的测定原理。采用蒸馏的方法将样品中的游离甲醛蒸出。在 pH＝6

的乙酸-乙酸铵缓冲溶液中，馏分中的甲醛与乙酰丙酮在加热的条件下反应生成稳定的黄色络合物，冷却后在波长 412nm 处进行吸光度测试，根据标准工作曲线，计算试样中游离甲醛的含量。

② 涂料中游离甲醛的测定准备。在采用蒸馏的方法测试前，首先应按照现行国家标准《室内装饰装修材料 内墙涂料中有害物质限量》（GB 18582—2008）中的规定，做好检测的一切准备工作，主要包括试剂配制、仪器设备等。

③ 涂料中游离甲醛的试验步骤

a. 标准工作曲线的绘制。取数支具塞刻度试管（C.3.2），分别移入 0.00、0.20mL、0.50mL、1.00mL、3.00mL、5.00mL、8.00mL 甲醛标准稀释液（C.2.13），加水稀释至刻度，加入 2.5mL 乙酰丙酮溶液（C.2.4），摇匀。在 60℃ 恒温水浴中加热 30min，取出后冷却至室温，用 10mm 比色皿（以水为参比）在紫外可见光光度计（C.3.6）上于 412nm 波长处测试吸光度。以具塞刻度试管中的甲醛质量（μg）为横坐标，相应的吸光度（A）为纵坐标，绘制标准工作曲线。

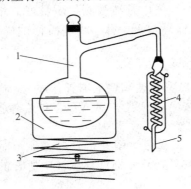

图 10-4　蒸馏装置示意
1—蒸馏瓶；2—加热装置；3—升降台；
4—冷凝管；5—连接接收装置

b. 游离甲醛含量的测试。称取搅拌均匀后的试样 2g（精确至 1mg），置于 50mL 的容量瓶中，加水摇匀，稀释至刻度。再用移液管移取 10mL 容量瓶中的试样水溶液，置于预先加入 10mL 水的蒸馏瓶（C.3.1）中，在馏分接收器（C.3.2）中预先加入适量的水，浸没馏分出口，馏分接收器（C.3.2）的外部用冰水浴冷却，蒸馏装置示意如图 10-4 所示。加热蒸馏，使试样蒸馏接近干，取下馏分接收器（C.3.2），用水稀释至刻度，待测。

如果待测试样在水中不易分散，则直接称取搅拌均匀后的试样 0.4g（精确至 1mg），置于已预先加入 20mL 水的蒸馏瓶中，轻轻摇匀，再进行蒸馏过程的操作。

在已定容的馏分接收器（C.3.2）中加入 2.5mL 乙酰丙酮溶液（C.2.4），摇匀。在 60℃ 恒温水浴中加热 30min，取出后冷却至室温，用 10mm 比色皿（以水为参比）在紫外可见光光度计（C.3.6）上于 412nm 波长处测试吸光度。同时在相同条件下做空白样（水），测得空白样的吸光度。

将试样的吸光度减去空白吸光度，在标准工作曲线上可查得相应的甲醛含量。如果试验溶液中的甲醛含量超过标准工作曲线的最高点，需重新蒸馏试样，并适当稀释后再进行试验。

c. 游离甲醛含量计算。涂料中游离甲醛含量可按式（10-19）计算：

$$C = mf/W \tag{10-19}$$

式中，C 为游离甲醛含量，mg/kg；m 为从标准工作曲线上查得的甲醛含量，μg；f 为稀释因子；W 为样品的质量，g。

④ 涂料中游离甲醛测试精密度要求。涂料中游离甲醛测试精密度的要求，主要包括重复性和再现性。

a. 重复性。当测试结果不大于 100mg/kg 时，同一操作者 2 次测定结果的相对偏差不应大于 10mg/kg；当测试结果大于 100mg/kg 时，同一操作者 2 次测定结果的相对偏差不应大于 5%。

b. 再现性。当测试结果不大于 100mg/kg 时，不同实验室间测试结果的相对偏差应不大于 20mg/kg；当测试结果大于 100mg/kg 时，不同实验室间测试结果的相对偏差应不大于 10%。

(5) 可溶性铅、镉、铬、汞元素含量的测试

① 可溶性重金属测试的原理。用 0.07mol/L 盐酸溶液制成的涂料干膜，用火焰原子吸收光谱法测试试验溶液中铅、镉、铬元素含量，用氢化物发生原子吸收光谱法测试试验溶液中汞元素含量。

② 可溶性重金属的测定准备。在采用原子吸收光谱法测试前，首先应按照现行国家标准《室内装饰装修材料 内墙涂料中有害物质限量》(GB 18582—2008) 中的规定，做好检测的一切准备工作，主要包括试剂配制、仪器等。

③ 可溶性重金属测试的步骤。可溶性重金属测试主要包括涂膜制备、样品处理、标准参比溶液配制、测试、结果计算。

a. 涂膜制备。将待测样品搅拌均匀后。按涂料产品规定的比例（稀释剂无须加入）混合各组分样品，搅拌均匀后，在玻璃板或聚四氟乙烯板（需用硝酸溶液 (D.2.3) 浸泡 24h，然后用水清洗并干燥）上制成厚度适宜的涂膜。待完全干燥（自干漆若烘干，温度不得超过 60℃）后，取下涂膜，在室温下用粉碎设备 (D.3.3) 将其粉碎，并用不锈钢金属筛 (D.3.4) 过筛后待处理。

b. 样品处理。称取粉碎、过筛后的样品 0.5g（精确至 0.1mg）置于化学容器 (D.3.11) 中，用移液管 (D.3.10) 加入 25mL 盐酸溶液 (D.2.1)。在搅拌器 (D.3.6) 上搅拌 1min 后，用酸度计 (D.3.7) 测其酸度。如果 pH 值大于 1.5，用盐酸 (D.2.2) 调节 pH 值在 1.0～1.5 之间。再在室温下连续搅拌 1h，然后放置 1h。接着立即用微孔滤膜 (D.3.8) 过滤。过滤后的滤液应避光保存并应在 1d 内完成元素分析测试。若滤液在进行元素分析测试前的保存时间超过 1d，应用盐酸 (D.2.2) 加以稳定，使保存的溶液浓度 c (HCl) 约为 1mol/L。

注：如改变试样的称样量，则应加入盐酸溶液 (D.2.1) 体积应调整为试样量的 50 倍。在整个提取期间，应调节搅拌器的速度，以保持始终处于悬浮状态，同时应尽量避免溅出。

c. 标准参比溶液配制。选用合适的容量瓶 (D.3.9) 和移液管 (D.3.10)，用盐酸溶液 (D.2.1) 逐级稀释铅、镉、铬、汞标准溶液 (D.2.4)，配制下列系列标准参比溶液（也可根据仪器及测试样品的情况确定标准参比溶液的浓度范围）。铅 (mg/L)：0.0, 2.5, 5.0, 10.0, 20.0, 30.0。镉 (mg/L)：0.0, 0.1, 0.2, 0.5, 1.0。铬 (mg/L)：0.0, 1.0, 2.0, 3.0, 5.0。汞 (μg/L)：0.0, 10.0, 20.0, 30.0, 40.0（系列标准参比溶液应在使用的当天配制）。

d. 测试。用火焰原子吸收光谱仪 (D.3.1) 及氢化物发生原子吸收光谱仪 (D.3.2) 分别测试系列标准参比溶液的吸光度，仪器会以吸光度值对应浓度自动绘制出工作曲线。同时测定试验溶液的吸光度。根据工作曲线和试验溶液的吸光度，仪器自动给出试验溶液中待测元素的浓度值。

如果试验溶液中被测元素的浓度超出工作曲线最高点，则应对试验溶液用盐酸溶液 (D.2.1) 进行适当稀释后再测试。如果两次测试结果（浓度值）的相对偏差大于 10%，需按 D.4 试验步骤重做。

e. 结果计算。涂料试样中的可溶性铅、镉、铬、汞元素含量，可按式 (10-20) 计算：

$$C = 25F(A_1 - A_0)/m \tag{10-20}$$

式中，C 为可溶性铅、镉、铬、汞元素含量，mg/kg；25 为萃取的盐酸体积，mL；F 为稀释因子；A_1 为 0.07mol 或 1mol 盐酸溶液空白浓度，μg/mL；A_0 为从标准工作曲线上测得的试验溶液（铅、镉、铬、汞）的浓度，μg/mL；m 为称取的样品质量，g。

④ 可溶性重金属测试精密度要求。可溶性重金属测试精密度的要求包括重复性和再现

性。重复性：同一操作者 2 次测定结果的相对偏差应小于 20%；再现性：不同实验室间测试结果的相对偏差应小于 33%。

四、胶黏剂的污染物质检测与控制

胶黏剂是指通过界面的黏附和内聚等作用，能使两种或两种以上的制件或材料连接在一起的天然的或合成的、有机的或无机的一类物质，统称为胶黏剂。胶黏剂的分类方法很多，按应用方法可分为热固型、热熔型、室温固化型、压敏型等；按应用对象于分为结构型、非结构型或特种胶；按形态可分为水溶型、水乳型、溶剂型及各种固态型等。

（一）胶黏剂的主要有害物质及其危害

胶黏剂中的溶剂用于降低胶黏剂的黏度，使胶黏剂具有良好的浸透力，改进工艺性能。常用的溶剂有苯、焦油苯、甲苯、二甲苯、汽油、丙酮、乙酸丁酯等，其中挥发性有机化合物、苯、甲苯、二甲苯、甲醛和甲苯二异氰酸酯的毒性较大，对人体健康危害严重。

（1）挥发性有机化合物　挥发性有机化合物（VOCs）在胶黏剂中存在较多，如溶剂型胶黏剂中的有机溶剂，三醛胶（酚醛、脲醛、三聚氰胺甲醛）中的游离甲醛，不饱和聚酯胶黏剂中的苯乙烯，丙烯酸酯乳液胶黏剂中的未反应单体，改性丙烯酸酯快固结构胶黏剂中的甲基丙烯酸甲酯，聚氨酯胶黏剂中的多异氰酸酯，α-氰基丙烯酸酯胶黏剂中的 SO_2，4115 建筑胶中的甲醇、丙烯酸酯乳液中的增稠剂氨水等。

以上这些易挥发性的物质排放到大气中，对于环境危害很大，而且有些发生光化作用，产生臭氧，低层空间的臭氧污染大气，影响生物的生长和人类的健康，有些卤代烃溶剂则是破坏大气臭氧层的物质。有些芳香烃溶剂毒性很大，甚至有致癌性。

（2）苯　苯的蒸气具有芳香味，却对人又强烈的毒性，吸入和经皮肤吸收都可中毒，使人眩晕、头痛、乏力、严重时因呼吸中枢痉挛而死亡。苯已被列为致癌物质，长期接触有可能引发膀胱癌。

（3）甲苯　甲苯具有较大毒性，对皮肤和黏膜刺激性大，对神经系统作用比苯强，长期接触有引起膀胱癌的可能。但甲苯能被氧化成苯甲酸，与甘氨酸生成马尿酸排出，故对血液并无毒害。短期内吸入较高浓度甲苯可出现眼及上呼吸道明显的刺激症状、眼结膜及眼部充血、头晕、头痛、四肢无力等症状。

（4）二甲苯　二甲苯对眼及上呼吸道黏膜有刺激作用，高浓度时对中枢神经系统有麻醉作用。短期内吸入较高浓度二甲苯可出现眼及上呼吸道明显的刺激症状、眼结膜及咽部充血、头晕、头痛、恶心、呕吐、胸闷、四肢无力、意识模糊、步态蹒跚。工业用二甲苯中常含有苯等杂质。

（5）甲醛　甲醛具有强烈的致癌和促癌作用。大量文献记载，甲醛对人体健康的影响主要表现在嗅觉异常、刺激、致敏、肺功能异常、肝功能异常和免疫功能异常等方面。

（6）游离甲苯二异氰酸酯（TDI）　游离甲苯二异氰酸酯在装修中主要存在于油漆之中，超出标准的游离 TDI 会对人体造成伤害，主要是致敏和刺激作用，出现眼睛疼痛、流泪、结膜充血、咳嗽、胸闷、气急、哮喘、红色丘疹、斑丘疹、接触性致敏性等症状。

（二）室内装修用胶黏剂有害物质限量

按现行国家标准《室内装饰装修材料　胶黏剂中有害物质限量》（GB 18583—2008）中的规定，室内装饰装修用的胶黏剂可分为溶剂型、水基型和本体型三类，对它们各自有害物质的限量并有明确规定。

溶剂型胶黏剂中的有害物质的限量见表 10-5，水基型胶黏剂中的有害物质的限量见表

10-6，本体型胶黏剂中的有害物质的限量见表 10-7。

表 10-5　溶剂型胶黏剂中的有害物质的限量

项目	指标			
	氯丁橡胶胶黏剂	SBS 胶黏剂	聚氨酯类胶黏剂	其他胶黏剂
游离甲醛/(g/kg)	≤0.50		—	—
苯/(g/kg)	≤5.0			
甲苯+二甲苯/(g/kg)	≤200	≤150	≤150	≤150
甲苯二乙氰酸酯/(g/kg)	—		≤10	
二氯甲烷/(g/kg)	总量≤5.0	≤50	—	≤50
1,2-二氯甲烷/(g/kg)		总量≤5.0		
1,2,2-三氯甲烷/(g/kg)				
三氯乙烯/(g/kg)				
总挥发性有机物/(g/L)	≤700	≤650	≤700	≤700

注：若产品规定了稀释比例或产品有双组分或多组分组成时，应分别测定稀释剂和各组分中的含量，再按产品规定的配比计算混合后的总量。如稀释剂的使用量为某一范围时，应按推荐的最大稀释量进行计算。

表 10-6　水基型胶黏剂中的有害物质的限量

项目	指标				
	缩甲醛类胶黏剂	聚乙酸乙烯酯胶黏剂	橡胶类胶黏剂	聚氨酯类胶黏剂	其他胶黏剂
游离甲醛/(g/kg)	≤1.0	≤1.0	≤1.0	—	≤1.0
苯/(g/kg)	≤0.20				
甲苯+二甲苯/(g/kg)	≤10				
总挥发性有机物/(g/L)	≤350	≤110	≤250	≤100	≤350

表 10-7　本体型胶黏剂中的有害物质的限量

项目	指标
总挥发性有机物/(g/L)	≤100

（三）胶黏剂中有害物质的检测方法

1. 游离甲醛的检测方法（乙酰丙酮分光光度法）

（1）胶黏剂中游离甲醛的检测原理　水基型胶黏剂用水溶解，而溶剂型胶黏剂先用乙酸乙酯溶解后，再加水溶解。在酸性条件下将溶解于水中的游离甲醛随水蒸出。在 pH＝6 的乙酸-乙酸铵缓冲溶液中，馏出液中甲醛与乙酰丙酮作用，在沸水浴条件下迅速生成稳定的黄色化合物，冷却后在波长 415nm 处测其吸光度。根据标准曲线，计算试样中的游离甲醛含量。

本方法规定了室内建筑装饰装修用胶黏剂中游离甲醛含量的测定方法，及游离甲醛含量大于 0.005g/kg 的室内建筑装饰装修用胶黏剂。

（2）胶黏剂中游离甲醛的检测准备　在采用乙酰丙酮分光光度法进行胶黏剂中游离甲醛测试前，首先应按照现行国家标准《室内装饰装修材料胶黏剂中有害物质限量》（GB 18583—2008）中附录 A 的规定，做好检测前的一切准备工作，主要包括试剂配制、仪器等。

（3）胶黏剂中游离甲醛的检测步骤

① 标准曲线的绘制。按照表 10-8 所列甲醛标准储备液的体积，分别加入 6 只 25mL 容量瓶（A.4.3）5mL，加乙酰丙酮溶液（A.3.3.1），用水稀释至刻度，混合均匀，置于沸水中加热 3min，取出冷却至室温，用 1cm 的吸收池，以空白溶液为参比，于波长 415nm 处测定吸光度，以吸光度 A 为纵坐标，以甲醛浓度 c（$\mu g/mL$）为横坐标，绘制标准曲线，或用最小二乘法计算其回归方程。

表 10-8　标准溶液的体积与对应的甲醛浓度

甲醛标准溶液/mL	对应的甲醛质量浓度/($\mu g/mL$)	甲醛标准溶液/mL	对应的甲醛质量浓度/($\mu g/mL$)
10.00	4.0	2.50	1.0
7.50	3.0	1.25	0.5
5.00	2.0	0[1]	0[1]

① 为空白溶液。

② 样品测定。样品测定分为水基型胶黏剂和溶剂型胶黏剂。

a. 水基型胶黏剂。称取 5.0g 试样（精确到 0.1mg），置于 500mL 的蒸馏烧瓶中，加入 250mL 水将其溶解，再加入 5mL 磷酸，摇匀。

装好蒸馏装置，蒸至馏出液为 200mL，停止蒸馏。如蒸馏过程发生沸溢现象，应减少称样量，重新试验。将馏出液转移到 250mL 的容量瓶中，用水稀释至刻度。取 10mL 馏出液于 25mL 容量瓶中，加 5mL 乙酰丙酮溶液，用水稀释至刻度，摇匀。将其置于沸水中煮 3min，取出冷却至室温，然后测其吸光度。

b. 溶剂型胶黏剂。称取 5.0g 试样（精确到 0.1mg），置于 500mL 的蒸馏烧瓶中，加入 20mL 乙酸乙酯溶解样品，然后再加入 250mL 水将其溶解，摇匀。

装好蒸馏装置，蒸至馏出液为 200mL，停止蒸馏。将馏出液转移到 250mL 的容量瓶中，用水稀释至刻度。取 10mL 馏出液于 25mL 容量瓶中，加 5mL 乙酰丙酮溶液，用水稀释至刻度，摇匀。将其置于沸水中煮 3min，取出冷却至室温，然后测其吸光度。

（4）胶黏剂中游离甲醛的检测结果　直接可以从标准曲线上读出试样溶液中甲醛的浓度。试样中游离甲醛含量 X 可用式（10-21）计算：

$$X = (c_t - c_b)Vf/1000m \qquad (10\text{-}21)$$

式中，X 为胶黏剂中游离甲醛的含量，g/kg；c_t 为从标准曲线上读取的试样溶液中甲醛浓度，$\mu g/mL$；c_b 为从标准曲线上读取的空白溶液中甲醛浓度，$\mu g/mL$；V 为馏出液定容后的体积，mL；f 为试样溶液的稀释因子；m 为试样的质量，g。

2. 苯含量的检测方法（气相色谱法）

（1）胶黏剂中苯含量的检测原理　试样用适当的溶剂稀释后，直接用微量注射器将稀释后的试样溶液注入进样装置，并被载气带入色谱柱，在色谱柱内被分离成相应的组分，用氢火焰离子化检测器检测并记录色谱图，用外标法计算试样溶液中苯的含量。

本方法规定了室内建筑装饰装修用胶黏剂中苯含量的测定方法，适用于苯含量在 0.02g/kg 以上的室内建筑装饰装修用胶黏剂。

（2）胶黏剂中苯含量的检测准备　在采用气相色谱法进行胶黏剂中苯含量测试前，首先应按照现行国家标准《室内装饰装修材料胶黏剂中有害物质限量》（GB 18583—2008）中附录 B 的规定，做好检测前的一切准备工作，主要包括试剂配制、仪器等。

（3）胶黏剂中苯含量的分析步骤　称取 0.2～0.3g（精确至 0.1mg）的试样，置于 50mL 的容量瓶中，用乙酸乙酯稀释至刻度，摇匀。用微量注射器抽取 1μL 进样，测其峰面积。若试样溶液的峰面积大于最大浓度的峰面积，用移液管准确移取 V 体积的试样溶液于50mL 的容量瓶中，用乙酸乙酯稀释至刻度，摇匀后再测。

（4）苯和系列苯标准溶液的配制

① 苯标准溶液的配制（1.0mg/mL）。称取 0.1g（精确至 0.1mg）苯，置于 50mL 的容量瓶中，用乙酸乙酯稀释至刻度，摇匀。

② 系列苯标准溶液的配制。按表 10-9 中所列苯溶液的体积，分别加到 6 个 25mL 的容量瓶中，用乙酸乙酯稀释至刻度，摇匀。

表 10-9　系列苯标准溶液的体积与对应的苯浓度

移取的体积/mL	对应的苯质量浓度/(μg/mL)	移取的体积/mL	对应的苯质量浓度/(μg/mL)
15.00	600	2.50	100
10.00	400	1.00	40
5.00	200	0.50	20

③ 系列标准溶液峰面积的测定。开启气相色谱仪，对色谱条件进行设定，待基线稳定后，用微注射器取 1μL 标准溶液进样，测定其峰面积，每一标准溶液进样五次，取其平均值。

④ 标准曲线的绘制。以峰面积 A 为纵坐标，以相应质量浓度 c（μg/mL）为横坐标，即得标准曲线。

（5）胶黏剂中苯含量的检测结果。直接可以从标准曲线上读出试样溶液中苯的浓度。试样中苯含量 X_1 可用式（10-22）计算：

$$X_1 = c_t V f / 1000m \tag{10-22}$$

式中，X_1 为胶黏剂中苯的含量，g/kg；c_t 为从标准曲线上读取的试样溶液中苯浓度，μg/mL；V 为试样溶液的体积，mL；f 为试样的稀释因子；m 为试样的质量，g。

3. 胶黏剂中甲苯、二甲苯含量的检测方法（气相色谱法）

（1）胶黏剂中甲苯和二甲苯含量的检测原理　试样用适当的溶剂稀释后，直接用微量注射器将稀释后的试样溶液注入进样装置，并被载气带入色谱柱，在色谱柱内被分离成相应的组分，用氢火焰离子化检测器检测并记录色谱图，用外标法计算试样溶液中甲苯和二甲苯的含量。

本方法规定了室内建筑装饰装修用胶黏剂中甲苯、二甲苯含量的测定方法，适用于甲苯含量在 0.02g/kg 以上的室内建筑装饰装修用胶黏剂，也适用于二甲苯含量在 0.02g/kg 以上的室内建筑装饰装修用胶黏剂。

（2）胶黏剂中甲苯和二甲苯含量的检测准备　在采用气相色谱法进行胶黏剂中甲苯、二甲苯含量测试前，首先应当按照现行国家标准《室内装饰装修材料胶黏剂中有害物质限量》（GB 18583—2008）中附录 C 的规定，做好检测前的一切准备工作，主要包括：试剂配制、仪器等。

（3）胶黏剂中甲苯和二甲苯含量的分析步骤　称取 0.2～0.3g（精确至 0.1mg）的试样，置于 50mL 的容量瓶中，用乙酸乙酯稀释至刻度，摇匀。用微量注射器抽取 1μL 进样，测其峰面积。若试样溶液的峰面积大于最大浓度的峰面积，用移液管准确移取 V 体积的试样溶液于 50mL 的容量瓶中，用乙酸乙酯稀释至刻度，摇匀后再测。

（4）胶黏剂中甲苯和二甲苯标准溶液的配制

① 甲苯、间二甲苯和对二甲苯、邻二甲苯标准溶液的配制（1.0mg/mL、1.0mg/mL、

1.0mg/mL）。分别称取 0.1g（精确至 0.1mg）甲苯、0.1g 间二甲苯和对二甲苯、0.1g 邻二甲苯，置于 100mL 的容量瓶中，用乙酸乙酯稀释至刻度，摇匀。

② 系列苯标准溶液的配制。按表 10-10 中所列苯溶液的体积，分别加到 6 个 25mL 的容量瓶中，用乙酸乙酯稀释至刻度，摇匀。

表 10-10   标准溶液的体积与对应的浓度

移取的体积 /mL	对应的甲苯浓度 /(μg/mL)	对应的间二甲苯和对二甲苯浓度/(μg/mL)	对应的邻二甲苯浓度 /(μg/mL)
15.00	600	600	600
10.00	400	400	400
5.00	200	200	200
2.50	100	100	100
1.00	40	40	40
0.50	20	20	20

（5）系列标准溶液峰面积的测定   开启气相色谱仪，对色谱条件进行设定，待基线稳定后，用微注射器取 1μL 标准溶液进样，测定其峰面积，每一标准溶液进样五次，取其平均值。

（6）标准曲线的绘制   以峰面积 A 为纵坐标，以相应质量浓度 c（μg/mL）为横坐标，即得标准曲线。

（7）胶黏剂中甲苯和二甲苯含量的检测结果   直接可以从标准曲线上读出试样溶液中甲苯或二甲苯的浓度。试样中甲苯或二甲苯含量 X_2 可用式（10-23）计算：

$$X_2 = c_t V f / 1000 m \tag{10-23}$$

式中，X_2 为胶黏剂中甲苯或二甲苯的含量，g/kg；c_t 为从标准曲线上读取的试样溶液中甲苯或二甲苯浓度，μg/mL；V 为试样溶液的体积，mL；f 为试样的稀释因子；m 为试样的质量，g。

4. 聚氨酯胶黏剂中游离甲苯二异氰酸酯含量的检测方法（气相色谱法）

（1）聚氨酯胶黏剂中游离甲苯二异氰酸酯含量的检测原理   试样用适当的溶剂稀释后，加入正十四烷作内标物。稀释后的试样溶液注入进样装置，并被载气带入色谱柱。在色谱柱内被分离成相应的组分，用氢火焰离子化检测器检测并记录色谱图，用外标法计算试样溶液中游离甲苯二异氰酸酯的含量。

（2）聚氨酯胶黏剂中游离甲苯二异氰酸酯含量的检测准备   在采用气相色谱法进行胶黏剂中游离甲苯二异氰酸酯含量测试前，首先应按照现行国家标准《室内装饰装修材料胶黏剂中有害物质限量》（GB 18583—2008）中附录 D 的规定，做好检测前的一切准备工作，主要包括试剂配制、仪器等。

（3）聚氨酯胶黏剂中游离甲苯二异氰酸酯含量的分析步骤

① 内标溶液的配制。称取 0.2g（精确到 0.1mg）正十四烷于 25mL 的容量瓶中，用除水的乙酸乙酯稀释至刻度，摇匀。

② 相对质量校正因子的测定。称取 0.2～0.3g 甲苯二异氰酸酯于 50mL 容量瓶中，加入 5mL 内标物，用适量的乙酸乙酯稀释，取 1μL 进样，测定甲苯二异氰酸酯和正十四烷的色谱峰面积。根据式（10-24）计算相对质量校正因子，相对质量校正因子的计算公式为：

$$f = W_i A_s / W_s A_i \tag{10-24}$$

式中，f 为相对质量校正因子；W_i 为甲苯二异氰酸酯的质量，g；A_s 为所加内标物的峰面积；W_s 为所加内标物的质量，g；A_i 为甲苯二异氰酸酯的峰面积。

③ 试样溶液的制备及测定。称取 2~3g 样品于 50mL 容量瓶中，加入 5mL 内标物，用适量的乙酸乙酯稀释，取 1μL 进样，测定试样溶液中甲苯二异氰酸酯和正十四烷的色谱峰面积。

（4）聚氨酯胶黏剂中游离甲苯二异氰酸酯含量的检测结果。试样中游离甲苯二异氰酸酯含量 X_3 可按式（10-25）计算：

$$X_3 = 1000 f W_s A_i / W_i A_s \tag{10-25}$$

式中，X_3 为试样中游离甲苯二异氰酸酯含量，g/kg；f 为相对质量校正因子；W_i 为待测试样的质量，g；A_s 为所加内标物的峰面积；W_s 为所加内标物的质量，g；A_i 为待测试样的峰面积。

5. 胶黏剂中总挥发性有机物（TVOC）含量的检测方法

（1）胶黏剂中总挥发性有机物含量的检测原理　将适量的胶黏剂置于恒定温度的鼓风干燥箱中，在规定的时间内，测定胶黏剂总挥发物的含量。用卡尔·费休法测定其中水分的含量。胶黏剂总挥发物含量扣除其中水分的量，即得胶黏剂中总挥发性有机物的含量。本方法适用于室内建筑装饰装修用胶黏剂中总挥发性有机物含量的测定。

（2）胶黏剂中总挥发性有机物含量的检测准备　在采用卡尔·费休法进行胶黏剂中总挥发性有机物（TVOC）含量测试前，首先应按照现行国家标准《室内装饰装修材料　胶黏剂中有害物质限量》（GB 18583—2008）中附录 F 的规定，做好检测前的一切准备工作，主要包括：试剂配制、仪器等。

（3）胶黏剂中总挥发性有机物含量的试验步骤

① 测定水的响应因子 R。在同一具塞玻璃瓶中称 0.2g 左右的蒸馏水和 0.2g 左右的异丙醇（精确至 0.1mg），加入 2mL 的 N,N-二甲基甲酰胺，混合均匀。用微量注射器进 1μL 的标准混合液，记录其色谱图。水的响应因子 R 可按式（10-26）计算：

$$R = m_i A_1 / m_1 A_i \tag{10-26}$$

式中，R 为水的响应因子；m_i 为异丙醇的质量，g；A_1 为水峰面积；m_1 为水的质量，g；A_i 为异丙醇峰面积。

如果异丙醇和二甲基甲酰胺不是无水试剂，则以同样的异丙醇和二甲基甲酰胺（混合液），但不加水作为空白，记录空白的水峰面积。此水的响应因子 R 可按式（10-27）计算：

$$R = m_i (A_1 - B) / m_1 A_i \tag{10-27}$$

式中，B 为空白中水的峰面积；其他符号含义同式（10-26）。

② 样品分析。称取搅拌均匀后的试样 0.6g 和 0.2g 的异丙醇（精确至 0.1mg），加入到具塞玻璃瓶中，再加入 2mL 的 N,N-二甲基甲酰胺，盖上瓶塞，同时准备一个不加试样的异丙醇和 N,N-二甲基甲酰胺，作为空白试样。用力摇动装有试样的小瓶 15min，放置 5min 使其沉淀，也可使用低速离心机使其沉淀。吸取 1μL 试样瓶中的上部清液，注入色谱仪中，并记录其色谱图。并按式（10-28）计算试样中水的质量分数：

$$\omega = 100 \times m_i (A_1 - B) / R m_p A_i \tag{10-28}$$

式中，ω 为试样中水的质量分数；R 为响应因子；m_p 为试样质量，g；其他符号含义同式（10-26）。

（4）胶黏剂中总挥发性有机物含量的检测结果

胶黏剂中总挥发性有机物（TVOC）含量 X_4 可按式（10-29）计算：

$$X_4 = (W_总 - W_水) \rho \times 100 \tag{10-29}$$

式中，X_4 为胶黏剂中总挥发性有机物含量，g/L；$W_总$ 为总挥发物含量质量分数；$W_水$ 为水分含量质量分数；ρ 为试样的密度，g/mL。

6. 胶黏剂中卤代烃含量的检测方法（气相色谱法）

（1）胶黏剂中卤代烃含量的检测原理　试样用适当的溶剂稀释后，直接用微量注射器将稀释后的试样溶液注入进样装置，并被载气带入色谱柱，在色谱柱内被分离成相应的组分，用氢火焰离子化检测器检测并记录色谱图，用外标法计算试样溶液中待测组分的含量。

（2）胶黏剂中卤代烃含量的检测原理　在采用气相色谱法进行胶黏剂中卤代烃含量测试前，首先应按照现行国家标准《室内装饰装修材料胶黏剂中有害物质限量》（GB 18583—2008）中附录 E 的规定，做好检测前的一切准备工作，主要包括试剂配制、仪器、测定条件等。

（3）胶黏剂中卤代烃含量的分析步骤　称取 0.2～0.3g（精确至 0.1mg）的试样，置于 50mL 的容量瓶中，用乙酸乙酯稀释至刻度，摇匀。用微量注射器抽取 1μL 进样，测其峰面积。若试样溶液的峰面积大于表 10-11 中最大浓度的峰面积，用移液管准确移取 V 体积的试样溶液于 50mL 的容量瓶中，用乙酸乙酯稀释至刻度，摇匀后再测。

表 10-11　系列标准溶液的体积与相应的质量浓度

移取的体积 /mL	二氯甲烷的质量浓度 /(μg/mL)	1,2-二氯乙烷的质量浓度/(μg/mL)	1,1,2-三氯乙烷的质量浓度/(μg/mL)	三氯乙烯的质量浓度 /(μg/mL)
25.0	500	500	500	500
10.0	200	200	200	200
5.0	100	100	100	100
2.5	50	50	50	50
1.0	20	20	20	20
0.5	10	10	10	10

（4）胶黏剂中卤代烃含量的溶液配制

① 标准溶液（10mg/mL）配制。分别称取 1.0g（精确至 0.0001g）的二氯甲烷、1,2-二氯乙烷、1,1,2-三氯乙烷和三氯乙烯，分别置于 100mL 的容量瓶中，用乙酸乙酯稀释至刻度，摇匀即得二氯甲烷、1,2-二氯乙烷、1,1,2-三氯乙烷和三氯乙烯浓度为 100μg/mL 的标准溶液。

② 标准溶液（500μg/mL）配制。分别称取适量体积的二氯甲烷、1,2-二氯乙烷、1,1,2-三氯乙烷和三氯乙烯，分别置于 100mL 的容量瓶中，用乙酸乙酯稀释至刻度，摇匀，即得二氯甲烷、1,2-二氯乙烷、1,1,2-三氯乙烷和三氯乙烯浓度为 500μg/mL 的标准溶液。

③ 系列标准溶液配制。按表 10-11 中所列标准溶液的体积，分别置于 6 个 25mL 的容量瓶中，用乙酸乙酯稀释至刻度，摇匀。

④ 系列标准溶液峰面积的测定。开启气相色谱仪，对色谱条件进行设定，待基线稳定后，用微注射器取 1μL 标准溶液进样，测定其峰面积，每一标准溶液进样 5 次，取其平均值。

⑤ 标准曲线的绘制。以峰面积 A 为纵坐标，以相应标准溶液质量浓度 ρ(μg/mL) 为横坐标，即得标准曲线。

（5）胶黏剂中卤代烃含量的测定结果　直接从标准曲线上读取或根据回归方程计算出试样溶液中待测组分的质量浓度。试样溶液中待测组分含量可按式（10-30）计算：

$$X_5 = \rho_t V f / 1000m \tag{10-30}$$

式中，X_5 为试样溶液中待测组分含量，g/kg；ρ_t 为试样溶液中待测组分的质量浓度，μg/mL；V 为试样溶液的体积，mL；f 为试样溶液的稀释倍数；m 为试样的质量，g。

五、壁纸的污染物质检测与控制

壁纸是一种应用相当广泛的室内装饰材料，在欧美、东南亚、日本等发达国家和地区得到相当程度的普及。壁纸具有色彩多样、图案丰富、制作灵活、豪华气派、安全环保、施工方便、价格适宜等多种其他室内装饰材料所无法比拟的特点，所以深受人们的喜爱。制造壁纸的材料很多，大体上可分为纸类、纺织物类、玻璃纤维类和塑料类。

（一）壁纸主要有害物质及危害

消费者在选用壁纸作为室内墙面装饰材料时，既要注意具有良好的装饰性，又要特别注意对人体健康的影响。国内外应用实践证明，由于壁纸中含有一些有毒物质，也会造成室内环境的污染，必然会影响人体的健康。

测试结果表明，壁纸在美化居住环境的同时，对居室内的空气质量也会造成不良影响。壁纸装饰对室内空气质量的影响主要来自两个方面：一是壁纸本身的有害物质造成的影响；二是壁纸在施工中由于使用的胶黏剂和施工工艺造成的室内环境污染。

1. 壁纸生产加工过程的污染

壁纸在生产加工的过程中，由于原材料、工艺配方等方面的原因，可能残留铅、钡、氯乙烯、甲醛等有害物质，这些有害物质不能有效控制，将会造成室内空气污染，严重威胁居住者的身体健康。其中甲醛、氯乙烯单体等挥发性有机化合物刺激人的眼睛和呼吸道，造成肝、肺、免疫功能异常；壁纸上残留的铅、镉、钡等金属元素，其可溶性将对人体皮肤、神经、内脏造成危害，尤其是对儿童身体和智力发育有较大影响。因此，人们在享受壁纸给我们生活带来温馨与舒适时，对它的内在质量安全问题也应备加关注。

国家质量监督检验检疫总局，在 2001 年 12 月 10 日颁布了《室内装饰装修材料　壁纸中有害物质限量》（GB 18585—2001）强制性国家标准，对壁纸中钡、镉、铬、铅、砷、汞、硒、锑、氯乙烯单体、甲醛等 10 项有害物质提出限量要求。

2. 壁纸粘贴施工和使用过程的污染

壁纸粘贴到墙面上所用的材料是胶黏剂，因此胶黏剂的选择也直接关系着居室的空气质量和壁纸的铺贴质量。在选择壁纸的胶黏剂时应考虑其环保性能如何。壁纸胶黏剂在生产过程中，为了使产品有良好的浸透力，通常采用了大量的挥发性有机溶剂，因此在壁纸粘贴施工过程中，有可能释放出甲醛、苯、甲苯、二甲苯、挥发性有机化合物等有害物质。

由于壁纸中的成分不同，对室内空气环境的影响也不同。天然纺织物墙纸尤其是纯羊毛壁纸中的织物碎片是一种致敏源，很容易污染室内空气。塑料壁纸由于其美观、价廉、耐用、易清洗、施工方便等优点，发展非常迅速。但在塑料壁纸的使用过程中，由于其中含有未被聚合的单体以及塑料老化分解，可向室内释放大量的有机物，如甲醛、氯乙烯、苯、甲苯、二甲苯、乙苯等，严重污染室内空气。如果房间的门窗紧闭，室内污染的空气得不到室外新鲜空气的置换，这些有机物会聚集起来，久而久之，就会使居民健康受到损害。

（二）壁纸有害物质及控制标准

根据国家现行标准《室内装饰装修材料　壁纸中有害物质限量》（GB 18585—2001）中

的要求，壁纸中的有害物质限量值应符合表 10-12 中的规定。

表 10-12　壁纸中的有害物质限量值　　　　　　　　单位：mg/kg

有害物质名称		限量值	有害物质名称		限量值
重金属(或其他)元素	钡	≤1000	重金属(或其他)元素	砷	≤8
	镉	≤25		汞	≤20
	铬	≤60		硒	≤165
	铅	≤90		锑	≤20
氯乙烯单体		≤1.0	甲醛		≤120

（三）壁纸有害物质检测方法

1. 壁纸试样的准备工作

壁纸试样的准备工作，主要包括试样的采取、制备和预处理。在试样的准备过程中，应按照以下要求进行。

（1）以同一品种、同一配方、同一工艺的壁纸为一批，每批量不多于 5000m²。

（2）以批为单位进行随机抽样，每批至少抽取 5 卷壁纸，并保持非聚氯乙烯塑料薄膜的密封包装，放置于阴暗处待检。

（3）距壁纸端部 1m 以外每隔 1m 切取 1m 长、全幅宽的样品若干张。

（4）在样品上均匀切取（30±1）mm 宽、（50±1）mm 长的试样若干，试样的宽度方向应与卷筒壁纸的纵向相一致。从所有样品上切取至少 150 个长方形试样。

（5）通过目测法选取 70 个涂层最多或者颜色最深的长方形试样，按照《纸、纸板和纸浆试样处理和试验的标准大气条件》（GB/T 10739—2002）中的要求进行试样处理。处理后，其中的 50 个试样用于测定甲醛含量；另 20 个试样分为两组，每组各 10 个，分别切成约 6mm×6mm 的正方形，一组用于测定重金属（或其他）元素，另一组用于测定氯乙烯单体的含量。

2. 壁纸中重金属（或其他）元素含量的测定

（1）壁纸中重金属（或其他）元素含量的测定原理　在规定的条件下，将试件中的可溶性有害元素萃取出来，测定萃取液中重金属（或其他）元素的含量。

（2）壁纸中重金属（或其他）元素含量的测定准备　在进行壁纸中重金属（或其他）元素含量的测定前，应按照国家现行标准《室内装饰装修材料　壁纸中有害物质限量》（GB 18585—2001）中的要求做好准备工作，主要包括试剂和仪器。

3. 壁纸中重金属（或其他）元素含量的测定步骤

（1）萃取方法　精确称取 1g（准确至 0.0001g）小正方形试样放入容积为 100mL 的玻璃容器中，然后加入（50±0.1）mL 的 0.07mol/L 盐酸，摇荡 1min，测定溶液的 pH 值。如果 pH＞1.5，边摇荡边逐滴加入 2mol/L 盐酸，直至 pH＝1.0～1.5。

把容器放在磁力搅拌器上，一并放入（37±2）℃的烘箱中，并在此温度下搅拌（60±2）min，然后取走搅拌器，再在（37±2）℃的烘箱中静置（60±2）min，立即用带 0.45μm 的微孔膜过滤溶液。收集过滤溶液，留待测定重金属（或其他）元素的含量。

（2）可以采用下列两种方法进行测定：原子吸收分光光度法；ICP 感耦等离子体原子发射分光光度法。仲裁时按原子吸收分光光度法进行。

4. 壁纸中重金属（或其他）元素含量的结果计算

可按式（10-31）计算每种重金属（或其他）元素在试样中的含量，以 mg/kg 表示。

$$R=50C/m \tag{10-31}$$

式中，R 为被测试样的重金属（或其他）元素的含量，mg/kg；C 为重金属（或其他）元素在萃取液中的含量，mg/L；m 为试样的质量，g。

测试结果需经式（10-32）修正后作为分析结果报出，并修约至小数后第 3 位。

$$R_1=R(1-T) \tag{10-32}$$

式中，R_1 为修正后被测试样的重金属（或其他）元素的含量，mg/kg；R 为被测试样的重金属（或其他）元素的含量，mg/kg；T 为修正因子，不同重金属（或其他）元素的修正因子见表 10-13。

表 10-13　不同重金属（或其他）元素的修正因子

元素	锑	砷	钡	镉	铬	铅	汞	硒
修正因子（T）	0.60	0.60	0.30	0.30	0.30	0.30	0.50	0.60

（四）壁纸中甲醛含量的测定

1. 壁纸中甲醛含量的测定原理

将试样悬挂于装有 40℃蒸馏水的密封容器中，经过 24h 被水吸收，测定蒸馏水中的甲醛含量。在 24h 内，被水吸收的甲醛用乙酰丙酮为试剂的空白溶液作参照，进行光度测定。

2. 壁纸中甲醛含量的测定准备

在进行壁纸中重金属（或其他）元素含量的测定前，应按照国家现行标准《室内装饰装修材料　壁纸中有害物质限量》（GB 18585—2001）中的要求做好准备工作，主要包括试剂、仪器和标准溶液配制（如碘溶液、硫代硫酸钠溶液、氢氧化钠溶液、硫酸溶液、淀粉溶液）。

3. 壁纸中甲醛含量的溶液配制

甲醛标准溶液的配制包括甲醛标准溶液 A 和甲醛标准溶液 B，然后再制成甲醛系列校准溶液。

（1）甲醛标准溶液 A　将 1mL 甲醛溶液置于容量瓶中，用水稀释至 1000mL，并按以下步骤进行标定：吸取 20mL 稀释后的甲醛标准溶液 A，与 25mL 碘溶液和 10mL 氢氧化钠溶液混合。放在暗处保存 15min，再加入 15mL 硫酸溶液。用硫代硫酸钠溶液反滴定过量的碘，接近滴定终点时，加几滴淀粉溶液作为指示剂。用 20mL 水进行空白平行试验，并按式（10-33）计算甲醛溶液 A 的含量：

$$c=(V_0-V)\times c'\times 1000/20\times 15 \tag{10-33}$$

式中，c 为甲醛溶液 A 的含量，mg/L；V_0 为空白样耗用硫代硫酸钠溶液的体积，mL；V 为试样耗用硫代硫酸钠溶液的体积，mL；c' 为硫代硫酸钠溶液的含量，mol/L。

（2）甲醛标准溶液 B　按照标准溶液 A 的含量，计算出含 15mg 甲醛所需标准溶液 A 的体积。用微量滴定管量取此体积的甲醛标准溶液 A 至容量瓶中，加水稀释至 1000mL。1mL 这样的溶液含 15μg 的甲醛溶液。

（3）甲醛系列校准溶液　按照表 10-14 中的规定，在 6 个盛有甲醛标准溶液 B 的 100mL 容量瓶中加入不同的水进行稀释，从而制成甲醛系列校准溶液，使甲醛含量范围为 0～15μg/mL。

表 10-14　甲醛系列校准溶液

加入标准溶液 B 的体积/mL	加入水的体积/mL	甲醛含量/(μg/mL)	加入标准溶液 B 的体积/mL	加入水的体积/mL	甲醛含量/(μg/mL)
0	100	0	60	40	9
20	80	3	80	20	12
40	60	6	100	0	15

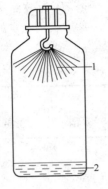

图 10-5　试样布置示意
1—50 张壁纸试样；
2—50mL 蒸馏水

4. 壁纸中甲醛含量的测定步骤

（1）将 50 张长方形试样悬挂在 1000mL 广口瓶盖的吊钩上，使试样的装饰涂面分别相对，保持试样不接触广口瓶壁和液面，并称重。如果试样太厚，吊钩上挂不下 50 张试样，应最大限度地往上挂，并统计张数和称重。试样布置如图 10-5 所示。

（2）用 50mL 的移液管将 50mL 水加入 1000mL 的广口瓶中，拧紧瓶盖密封。并将广口瓶移入（40±2）℃的烘箱中保持 24h。

（3）在烘箱中 24h 后，将试样从广口瓶中移出，打开瓶盖并取出试样。

（4）用移液管从广口瓶中吸取 10mL 吸收水，放入一个 50mL 的容量瓶中。再用移液管分别吸取 10mL 各种甲醛校准溶液，分别放入各个 50mL 的容量瓶中。

（5）在每个容量瓶中分别加入 10mL 乙酰丙酮溶液和 10mL 醋酸胺溶液，盖紧瓶盖并摇晃。

（6）将各个容量瓶放在（40±2）℃的水浴中加热 15min 后，从水浴中移出并放至暗处，在室温下冷却 1h。

（7）参照水的空白试验，用分光光度计测量在 410～415nm 波长时容量瓶中溶液的最大吸光度；或参照水的空白试验。用光程长为 10mm 的石英样品池测量波长 500～510nm 时容量瓶中溶液的荧光值。

（8）按照以上试验的相同步骤做一平行空白试验。

（9）绘制与甲醛校准溶液含量相对应的吸光度或荧光值的曲线图，并根据吸光度或荧光值从曲线图上读取样品释放出的甲醛含量。

5. 壁纸中甲醛含量的结果计算

用曲线图上读取的样品的甲醛含量值减去平行空白试验中甲醛的含量值，即为光谱测量结果 C。按式（10-34）计算试样在 24h 内释放出的甲醛量，以 mg/kg 表示，修约至整数。

$$G = 50C/m \qquad (10\text{-}34)$$

式中，G 为从壁纸上释放出的甲醛量，mg/kg；C 为经空白试验校正的光谱测量结果，μg/mL；m 为挂在吊钩上的试样质量，g。

（五）　壁纸中氯乙烯单体含量的测定

本法是用液上气相色谱法测定聚氯乙烯（PVC）树脂中残留氯乙烯单体（RVCM）含量的方法，适用于氯乙烯（VC）均聚物、共聚物树脂及其制品中残留氯乙烯单体的测定。本方法最低检出量为 0.5mg/kg。

1. 壁纸中氯乙烯单体含量的测定原理

将试样溶解在合适的溶剂中，用液上气相色谱法测定氯乙烯单体的含量。

2. 壁纸中氯乙烯单体含量的测定准备

在进行壁纸中氯乙烯单体含量的测定前，应按照国家现行标准《室内装饰装修材料　壁纸中有害物质限量》（GB 18585—2001）中的要求做好准备工作，主要包括试剂及材料、样品的储存和保管、仪器设备、制定安全措施等。

3. 氯乙烯标准气和标准样的配制方法

（1）标准气的配制　在样品瓶中，放几颗玻璃珠后，盖紧密封，在分析天平上称重（精确到 0.1mg）。用注射器从氯乙烯容器中取出 5mL 气体（取气时注射器先用氯乙烯气体洗两次）注入瓶中，再称重（精确到 0.1mg）。该气体含量 C_1 约为 $400\mu g/mL$。可按式（10-35）计算：

$$C_1 = (W_2 - W_1)/(V_1 + V_2) \times 10^6 \tag{10-35}$$

式中，W_1 为放进玻璃珠的样品瓶重量，g；W_2 为放进玻璃珠的样品瓶注入了 5mL 氯乙烯气后的重量，g；V_1 为样品瓶的体积，mL；V_2 为加入氯乙烯的体积，mL。

（2）标准样的配制　在两个系列各 3 个样品瓶中，用微量注射器分别准确地注入 3mL 的 DMAC（N,N-二甲基乙酰胺），再分别准确地注入 $0.5\mu L$、$5\mu L$、$50\mu L$ 标准气摇匀待用。每个标准样中氯乙烯单体（VCM）的含量（μg）可按式（10-36）计算：

$$VCM = C_1 V \tag{10-36}$$

式中，C_1 为标准气含量，$\mu g/mL$；V 为加入标准气的体积，mL。

4. 壁纸中氯乙烯单体含量的分析步骤

（1）试样溶液的制备

① 在分析天平上称取两份已充分混合均匀的试样 $0.3 \sim 0.5g$（精确到 0.1mg），置于样品瓶中，再放入一根直径 2mm、长 25mm 镀锌的铁丝，立即盖紧。

② 将上述样品瓶放在电磁搅拌器上，在缓慢搅拌下，用注射器准确地注入 3mL 的 DMAC（N,N-二甲基乙酰胺），使试样溶解。

（2）试样的平衡

① 把标准样和试样一起在恒温器（70 ± 1）℃中放置 30min 以上，使氯乙在气液两相中达到平衡。

② 依次从平衡后的标准样和试样瓶中，用注射器迅速取出 1mL 上部气体，注入色谱仪中分析（当试样含量低时，可取 $2 \sim 3mL$ 气体，但要确保有一个含量相近的标准样，并取相同量的气体，在仪器同一灵敏度下分析），记录氯乙烯的峰面积（或峰高）。

注射器要预先恒温到与样品相同的温度。

5. 壁纸中氯乙烯单体含量的结果表示

试样中残留氯乙烯单位（RVCM）的含量（mg/kg），可按式（10-37）计算：

$$RVCM = A_1 C_1 V / A_2 W \tag{10-37}$$

式中，A_1 为试样中氯乙烯的峰面积（或峰高），cm 或 mm；A_2 为与试样含量相近的标准样的峰面积（或峰高），cm 或 mm；C_1 为标准气的含量，$\mu g/mL$；V 为与试样含量相近的标准样的体积，mL；W 为试样的质量，g。

6. 壁纸中氯乙烯单体含量的试验报告

试验报告应包括下列内容：①注明采用本标准的方法；②测试材料的完整标志；③所使用的色谱柱及工作条件；④两个平行试验的结果及其算术平均值；⑤试验人员及日期。

六、聚氯乙烯卷材地板的污染物质检测与控制

聚氯乙烯卷材地板俗称为地板革，是在室内应用比较广泛的地板材料，不仅具有木制地

板的较好弹性、保暖舒适的特点，又具有石材、地砖防潮防湿的优点，而且还具有拼装简单、花色新颖、价格较低等特点，受到消费者的欢迎。

（一）聚氯乙烯卷材地板的主要有物质及危害

聚氯乙烯卷材地板产品中的有害物质为氯乙烯单体、可溶性重金属和挥发性有机化合物。

（1）氯乙烯对人体健康的影响　氯乙烯在常温下是一种无色、有芳香气味的气体，是一种活性较低的高分子化合物，可向室内释放出氯乙烯有害物质，可造成室内人员闻到不舒服的气味，出现眼结膜刺激、接触性皮炎、过敏等症状，甚至更加严重的后果。聚氯乙烯卷材地板中氯乙烯单体含量的高低，所用的原料是关键。

（2）铅的有害物质及对人体健康的影响　铅广泛存在于生活环境中，人可通过饮水、空气、食物和吸烟等途径将铅摄入体内。环境中的铅主要从消化道、呼吸道和皮肤进入人体内。在正常情况下，进入人体内的铅仅有5%～10%被人体吸收，而90%以上随着粪便排出。当人体摄入的铅量大于排出体外的铅量时，铅就会在体内产生蓄积，从而影响人体的生理功能，甚至引起各种病理变化。体内的铅除随粪便排出外，还能从尿中排出。因此，尿铅是反映近期接触铅水平的敏感指标。

铅中毒主要损害造血、神经系统和肾脏等。血液红细胞和血红蛋白减少引起的贫血，是急性和慢性铅中毒的早期表现，也是长期低水平接触铅的主要临床表现。铅中毒时可出现非对称性脑下垂、脑肿胀或水肿。急性铅中毒可引起明显的中毒性肾病。慢性铅中毒可引起高血压和肾脏损害。小儿发生铅中毒时X射线照片上可见骨骼密度增加带。慢性铅中毒还可引起女性月经异常，新生儿低体重，婴儿发育迟缓和智力低下，男性精子数量减少、畸形和活动能力减弱。

（3）镉的有害物质及对人体健康的影响　镉为银白色结晶体或白色粉末，有光泽，质地软，富有延展性，在热盐酸中缓慢溶解，在空气中缓慢氧化，并覆盖一层氧化镉膜。镉蒸气和镉盐对人体均有毒害。当室外受到镉污染的空气通过门窗或缝隙进入室内时，就会造成室内镉污染。在室内吸烟时，烟气中的镉也可造成室内空气污染。

镉污染对人体健康有较大的影响。室内环境的镉长期通过空气、饮水及食物进入人体中，可导致慢性镉中毒。慢性镉中毒患者尿中镉含量升高，出现贫血、蛋白尿、嗅觉失灵、牙齿和颈部出现釉质黄色镉环等，随后可出现肾功能减退和肺气肿等。慢性镉中毒还可以引起钙代谢失调，导致骨软化和骨质疏松，易发生骨折，有时咳嗽或打喷嚏也能引起骨折。大量吸入含镉的烟尘、蒸气或误服镉剂，可导致急性镉中毒，中毒症状可在吸入镉4～6h出现，最初表现为口干、头痛、呼吸困难、恶心、呕吐和腹泻等。初期常常被误诊为流感而延误治疗。误服镉引起的急性镉中毒，主要表现为急性发作性恶心、呕吐和腹泻，严重时可继发心、肺功能紊乱和心室震颤，甚至导致死亡。

（4）挥发性有机化合物对人体健康的影响　挥发性有机化合物的主要成分为胶黏剂、稀释剂的残留物，增塑剂、稳定剂中易挥发物质和油墨中的混合溶剂在印刷层的少量残留物。挥发性有机物对环境产生污染，危害人体健康，其主要来源是增塑剂。

室内空气中挥发性有机化合物浓度过高时很容易引起急性中毒，轻者会出现头痛、头晕、咳嗽、恶心、呕吐、或呈酩醉状；重者会出现肝中毒甚至很快昏迷，有的还可能有生命危险。长期居住在挥发性有机化合物污染的室内，可引起慢性中毒，损害肝脏和神经系统、引起全身无力、瞌睡、皮肤瘙痒等。有的还可能引起内分泌失调、影响性功能；苯和二甲苯还能损害系统，以至引发白血病。经国外医学研究在证实，生活在挥发性有机化合物污染环境中的妊妇，造成胎儿畸形的几率远远高于常人，并且有可能对孩子今后的智力发育造成影响。

涂敷法生产的聚氯乙烯卷材地板，要经过200℃以上的高温进行发泡，质量好的增塑剂和溶剂在这样的高温下残留的很少，对人体健康的危害就小；压延法生产的聚氯乙烯卷材地板，没有经过这样的高温且不发泡，所以挥发性有机化合物的残留比较多，对人体健康的危害就大。

（二）聚氯乙烯卷材地板的有害物质控制标准

根据现行国家标准《室内装饰装修材料 聚氯乙烯卷材地板中有害物质限量》（GB 18586—2001）中的要求，本标准适用于以聚氯乙烯树脂为主要原料并加入适当助剂，用涂敷、压延、复合工艺生产的发泡或不发泡的、有基材或无基材的聚氯乙烯卷材地板，也适用于聚氯乙烯复合铺炕革、聚氯乙烯车用地板。聚氯乙烯卷材地板中有害物质限量应符合以下规定：

（1）氯乙烯单体限量 卷材地板聚氯乙烯层中氯乙烯单体含量应不大于5mg/kg。

（2）可溶性重金属限量 卷材地板中不得使用铅盐助剂；作为杂质，卷材地板中可溶性铅含量应不大于$20mg/m^2$。卷材地板中可溶性镉含量应不大于$20mg/m^2$。

（3）挥发物的限量 卷材地板中挥发物的限量应符合表10-15中的要求。

表 10-15 卷材地板中挥发物的限量

发泡类卷材地板中挥发物的限量/(g/m^2)		非发泡类卷材地板中挥发物的限量/(g/m^2)	
玻璃纤维基材	其他基材	玻璃纤维基材	其他基材
≤75	≤35	≤40	≤10

（三）聚氯乙烯卷材地板的有害物质检测方法

1. 可溶性重金属含量的测定

（1）可溶性重金属含量的测定准备 在进行可溶性重金属含量的测定前，应按照现行国家标准《室内装饰装修材料 聚氯乙烯卷材地板中有害物质限量》（GB 18586—2001）中的要求做好准备工作，主要包括仪器、试剂和溶液、仪器条件等。

（2）可溶性重金属标准曲线的绘制 可溶性重金属标准曲线的绘制，主要包括铅标准曲线绘制和镉标准曲线绘制。

① 铅标准曲线绘制。称取1.598g硝酸铅，用20mL盐酸$c(HCl)=0.07mol/L$溶解，移入1000mL容量瓶中，用去离子水稀释至刻度，充分摇匀（1mL溶液含有1mg铅）。分别移取0、2.0mL、4.0mL、6.0mL、8.0mL于100mL容量瓶中，用去离子水稀释至刻度，配成含铅量为0、$20\mu g/mL$、$40\mu g/mL$、$60\mu g/mL$、$80\mu g/mL$的标准溶液。

取$10\mu L$标准溶液进样，用石墨炉原子吸收分光光度计测定其吸光度值，以标准溶液铅浓度为横坐标，以相应吸光度值减去空白试验溶液吸光度值为纵坐标，绘制标准曲线。

② 镉标准曲线绘制。称取1.000g镉（准确至1mg）的规定纯度的水溶性镉盐于1000mL容量瓶中，用盐酸溶液$c(HCl)=0.07mol/L$溶解，稀释至刻度，充分摇匀（1mL此标准溶液含有1mg镉）。分别移取0、2.0mL、4.0mL、6.0mL、8.0mL于100mL容量瓶中，用去离子水稀释至刻度，配成含镉量为0、$20\mu g/mL$、$40\mu g/mL$、$60\mu g/mL$、$80\mu g/mL$的标准溶液。

取$10\mu g/mL$标准溶液进样，用石墨炉原子吸收分光光度计测定其吸光度值，以标准溶液镉浓度为横坐标，以相应吸光度值减去空白试验溶液吸光度值为纵坐标，绘制标准曲线。

（3）可溶性重金属试样的测定方法　按标准曲线绘制的操作步骤，测定试样浸泡液的吸光度，代入标准曲线求得试样浸泡液中可溶性铅、可溶性镉的含量。

（4）可溶性重金属含量的结果计算

$$x_1 = 1000 \times (a_1 - a_0) \times V_2/V_1 \tag{10-38}$$

式中，x_1 为试样中重金属含量，mg/m^2；a_1 为从标准曲线上查得的试样浸泡液重金属含量，mg/mL；a_0 为空白溶液重金属含量含量，mg/mL；V_1 为试样浸泡液实际进样体积，mL；V_2 为试样浸泡液总体积，mL。

以 2 个试样的算术平均值表示，保留 2 位有效数字。

2. 挥发性有机化合物含量的测定

（1）按照现行国家标准《室内装饰装修材料　聚氯乙烯卷材地板中有害物质限量》（GB 18586—2001）中的要求准备好仪器和设备。

（2）使卷材地板处于平展状态，沿产品宽度方向均匀裁取形状为 $100mm \times 100mm$ 的试样 3 块，试样按《塑料试样状态调节和试验的标准环境》（GB/T 2918—1998）中 23/50 2 级环境条件进行 24h 状态调节。

（3）将试样进行称重（精确至 0.0001g）。调节电热鼓风干燥箱至（100 ± 2）℃，将试样水平置于金属网或多孔板上，试样间隔至少 25mm，鼓风以保持空气循环。试样不能受加热元件的直接辐射。

（4）经过 6h±10min 后取出试样，将试样在《塑料试样状态调节和试验的标准环境》（GB/T 2918—1998）中 23/50 2 级环境条件放置 24h 后称量（精确至 0.0001g）。

（5）卷材的挥发性有机化合物含量按式（10-39）计算：

$$x_2 = (m_1 - m_2)/S \tag{10-39}$$

式中，x_2 为挥发物的含量，mg/m^2；m_1 为试样在试验前的质量，g；m_2 为试样在试验后的质量，g；S 为试样的面积，m^2。

以 3 个试样的算术平均值表示，保留 2 位有效数字。

3. 氯乙烯单体含量的测定

从试样的聚氯乙烯层切取 0.3～0.5g，按照《聚氯乙烯树脂中残留氯乙烯单体含量测定方法》（GB/T 4615—1984）中的规定测定氯乙烯单体含量。

4. 聚氯乙烯卷材地板检验规则

（1）同一配方、工艺、规格、花色型号的聚氯乙烯卷材地板，以 $5000m^2$ 为一批，不足此数量者也为一批。

（2）本标准所列的全部技术要求内容均为型式检验项目。

① 在正常生产的情况下，每年至少进行一次型式检验。

② 有下列情况之一时，应进行型式检验：a. 新产品的试制定型时；b. 生产工艺及其原料有较大改变时；c. 产品长期停产后，恢复生产时。

（3）所有项目的检验结果均达到本标准规定要求时，判定该产品为检验合格；若有一项检验结果未达到本标准规定要求时，判定该产品为检验不合格。

七、地毯、地毯衬垫及地毯胶黏剂污染物质与控制

地毯是以棉、麻、毛、丝、草等天然纤维或化学合成纤维类原料，经手工或机械工艺进行编结、裁绒或纺织而成的地面敷设物。它是世界范围内具有悠久历史传统的工艺美术品类之一。主要覆盖于住宅、宾馆、体育馆、展览厅、车辆、船舶、飞机等建筑室内的地面，有减少噪声、隔热和装饰效果。

（一）地毯、地毯衬垫及地毯胶黏剂的有害物质及危害

地毯是一种有着悠久历史的室内装饰品。据我国《周礼》记载，早在战国时代就已开始使用。传统的地毯是以动物为原材料，手工编织而成的，这种地毯较为昂贵，通常用于高级宾馆、贵宾室等公共场所。目前常用的地毯都是用化学纤维为原料编织而成的。用于编织地毯的化学纤维有聚丙烯酰胺纤维（锦纶）、聚酯纤维（涤纶）、聚丙烯纤维（丙纶）、聚丙烯腈纤维（腈纶）以及黏胶纤维等。地毯在使用时会对室内空气造成不良的影响。

1. 释放和滋生有害气体及物质

测试结果表明，化纤地毯可向空气中释放甲醛以及其他一些有机化学物质，如丙烯腈、丙烯等。地毯的另外一种危害是其吸附能力很强，能吸附许多有害气体（如甲醛）、灰尘及病原微生物等，尤其纯毛地毯是尘螨的理想滋生和隐藏场所。国外专家研究证明，室内铺设地毯与居民癌症的发生有一定的关系，经调查证实这主要是与地毯吸附了由胶底鞋带入的致癌性多环芳烃有关。

2. 地毯的毛线可引起皮肤过敏

纯羊毛地毯的细毛绒是一种致敏源，在利用过程中由于不时摩擦使细毛绒达到一定然程度的破坏，释放出的细毛绒可引起皮肤过敏，甚至引起哮喘等疾病。

3. 背衬材料可挥发大量污染物

地毯的背衬材料是采用胶结力很强的丁苯胶乳、天然胶乳等水溶性橡胶作为胶黏剂黏合而成的。这些合成胶黏剂对周围空气的污染是比较严重的。在使用的过程中，胶黏剂会挥发出大量的有机污染物，污染物主要有：酚、甲酚、甲醛、乙醛、苯乙烯、甲苯、乙苯、丙酮、二异氰酸盐、乙烯醋酸酯、环氧氯丙烷等，其中以苯、苯系物污染为主。

（二）地毯、地毯衬垫及地毯胶黏剂的有害物质的标准

根据现行国家标准《室内装饰装修材料　地毯、地毯衬垫及地毯胶黏剂有害物质释放限量》（GB 18587—2001）中的规定，地毯、地毯衬垫及地毯胶黏剂有害物质释放限量应分别符合表 10-16、表 10-17 和表 10-18 的要求。有害物质的分析方法见表 10-19。

表 10-16　地毯有害物质释放限量

序号	有害物质测试项目	释放限量/[mg/(m² · h)]	
		A 级	B 级
1	总挥发性有机化合物（TVOC）	≤0.500	≤0.600
2	甲醛	≤0.050	≤0.050
3	苯乙烯	≤0.400	≤0.500
4	4-苯基环己烯	≤0.050	≤0.050

注：A 级为环保产品；B 级为有害物质释放量合格产品。

表 10-17　地毯衬垫有害物质释放限量

序号	有害物质测试项目	释放限量/[mg/(m² · h)]	
		A 级	B 级
1	总挥发性有机化合物（TVOC）	≤1.000	≤1.200
2	甲醛	≤0.050	≤0.050
3	丁基羟基甲苯	≤0.030	≤0.030
4	4-苯基环己烯	≤0.050	≤0.050

注：A 级为环保产品；B 级为有害物质释放量合格产品。

表 10-18　地毯胶黏剂有害物质释放限量

序号	有害物质测试项目	释放限量/[mg/(m² · h)]	
		A 级	B 级
1	总挥发性有机化合物（TVOC）	≤10.000	≤12.000
2	甲醛	≤0.050	≤0.050
3	2-乙基己醇	≤3.000	≤3.500

注：A 级为环保产品；B 级为有害物质释放量合格产品。

表 10-19　有害物质的分析方法

有害物质	分析方法
总挥发有机化合物（TVOC）	ISO/DIS 16000-6：1999 ISO 16017-1：2000 气相色谱法
4-苯基环己烯（4-PCH）	
丁基羟基甲苯（BHT）	
2-乙基乙醇	
甲醛（HCHO）	GB/T 15516—1995 乙酰丙酮分光光度法 GB/T 18204.26—2000 酚试剂分光光度法
苯乙烯	GB/T 16052—1995 气相色谱法

（三）地毯、地毯衬垫及地毯胶黏剂的有害物质的检测

1. 小型环境试验舱法

（1）小型环境试验舱　小型环境试验舱由密封舱、空气过滤器、空气温湿度调节控制及监控系统、空气气流、流量调节控制装置、空气采样系统等部分组成，如图 10-6 所示。它是模拟室内的环境，在一定的试验条件下（温度、湿度、空气流速和空气交换率等），将试样暴露在舱内，持续一定时间后，采集舱内有害气体。

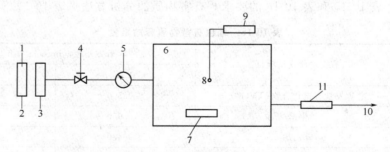

图 10-6　小型环境试验舱组成示意

1—空气进气口；2—空气过滤器；3—空气温湿度调节系统；4—空气气流调节器；5—空气流量调节器；
6—密封舱；7—气流速度和空气循环的控制装置；8—温度和湿度传感器；
9—温度和湿度监测系统；10—排气口；11—空气取样的集气管

（2）小型环境试验舱内试验条件　小型环境试验舱法的试验条件，主要包括空气温度、空气相对湿度、空气交换率和空气流速等方面。具体的试验条件应达到如下要求：空气温度（23±1）℃、空气相对湿度（50±5）%、空气交换率 $1.0h^{-1}$、空气流速 0.1~0.3m/s。

（3）试验取样、包装和试样准备

① 取样。a. 试验所用的样品应从常规方式生产、下机不超过 30d，经检验合格包装的产品中抽取；b. 在成卷的产品中取样时，至少距离端部 2m 以上，从中间截取至少 1m² 的

样品两块；c. 拼块地毯应从成批产品中随机抽取一箱；地毯胶黏剂应从成批产品中随机抽取一桶。

② 包装。a. 沿着卷装地毯生产方向将样品卷成卷，用绳紧固样品并包裹在不透气的惰性包装袋内；b. 从选取样品到装进包装袋内，时间不应超过 1h，并且应立即发送实验室；c. 样品外包装标记应详细标注产品类型、生产日期、生产批号和生产企业名称。

③ 试样。a. 为保证地毯样品试验的准确性，受检试样到达实验室后应尽快进行检验；b. 地毯和地毯衬垫试样应距样品边缘至少 100mm 处，按要求的面积数量截取一块试样，其材料/舱负荷比为 $0.4m^2/m^3$；c. 拼块地毯应当在包装箱的中间部位取试样，这样可具有代表性；d. 地毯胶黏剂试样。将胶黏剂涂在模拟板（玻璃板或不锈钢钢板）上，其材料/舱负荷比为 $0.01m^2/m^3$，涂层密度（mg/cm^2）按照生产厂家的使用说明进行。

（4）小型环境试验舱法试验程序

① 试验舱的准备。试验舱的准备工作主要包括以下几个方面：a. 试验前舱的清洗，首先用碱性清洗剂清洗试验舱的内壁，再用去离子水或蒸馏水擦洗两次，然后进行干燥净化；b. 在试验条件下向环境试验舱内通入净化处理后的清洁空气；c. 在试验开始前，舱内的监测试验条件，如温湿度、气流速度、气密性、舱内空气本底含量，应低于分析方法的检出限；d. 受检试样应将地毯面向上平铺在舱底，使空气气流均匀地从试样表面通过。

② 试验时间终点。试验时试样在舱内试验条件下排放持续时间为 24h。

2. 测试结果计算

根据现行国家标准《室内装饰装修材料 地毯、地毯衬垫及地毯胶黏剂有害物质释放限量》（GB 18587—2001）中的规定，地毯、地毯衬垫及地毯胶黏剂的有害物质，可按式（10-40）计算：

$$EF = C_s(N/L) \tag{10-40}$$

式中，EF 为舱释放量，$mg/(m^2 \cdot h)$；C_s 为舱浓度，mg/m^3；N 为舱空气交换率，h^{-1}；L 为材料/舱负荷比，m^2/m^3。

（四）地毯、地毯衬垫及地毯胶黏剂的有害物质的控制

由于地毯的使用范围非常广泛，它具有调节室内环境、具有较好的吸声性和绝热性，能保持室内环境的安静和温暖的优点，同时又存在耐污及藏污性，主要对尘土砂粒等固体污染物有很强的藏污性。因此，地毯在使用中不可避免地会释放出材料本身存在的有害物质，地毯、地毯衬垫及地毯胶黏剂的有害物质的控制是一个值得引起重视的问题。

1. 防止室内空气中苯的危害

在进行室内装饰装修设计中，应尽量采用符合现行国家标准和污染少的装修材料，这是降低室内空气中苯含量的根本。如选用正规厂家生产的地毯、涂料和油漆；选用无污染或者少污染的水性材料；同时还要提醒注意对胶黏剂的选择。

2. 努力保持室内空气的净化

保持室内空气的净化这是清除室内有害气体的有效办法，可选用确有效果的室内空气净化器和空气换气装置，或者在室外空气好的时候打开门窗通风，有利于室内有害气体的散发和排出。对于室内空气的净化，主要可运用新风净化方式和净化产品净化方式。

3. 运用活性炭净化室内空气

以活性炭和分子筛为主要材料，此类产品具有无毒、无味、无腐蚀、无公害的特点。由于所用材料的孔径与空气中异味有极强的亲和力，属于纯物理吸附，无化学反应。放入需要

净化的房间、家具橱柜中或者冰箱内，能有效驱除家庭、办公室、新购置家具带来的有害气体和异味。活性炭具有较好的吸附性能和催化性能，它不溶于水和其他溶剂，具有物理和化学上的稳定性。除了高温下同臭氧、氯、重铬酸盐等强氧化剂反应外，在实际使用条件下极为稳定。由于活性炭作为吸附剂的优异特性，所以广泛用于室内空气净化。

4. 用绿色植物净化室内空气

大量研究结果证明，有些植物在进行光合作用时不仅可以吸收二氧化碳，而且还可以吸收其他含碳物质，其中包括对人体有害的挥发性有机化合物。中国室内装饰协会室内环境监测中心研究发现，某些观赏植物不但能够美化居室，而且能够净化室内空气。监测人员曾经在 $1.5m^3$ 的环境舱里进行甲醛净化效果试验，结果发现48h后，与对比舱的甲醛浓度相差4倍。研究还发现，如在室内每 $10m^2$ 放置一盆 $1.2 \sim 1.5m$ 高的绿色植物，就能有效地吸附二氧化碳、一氧化碳、苯、甲醛等有害气体，有利于人体健康。

八、混凝土外加剂的污染物质检测与控制

根据现行国家标准《混凝土外加剂定义、分类、命名与术语》（GB 8075—2005）中的规定，在混凝土拌制过程中掺入的，用以改善混凝土性能，一般情况下掺量不超过水泥质量5%（特殊情况除外）的材料，称为混凝土的外加剂。

（一）混凝土外加剂的主要有害物质及危害

氨气是一种无色而具有强烈刺激性气味的气体。这是一种碱性物质，常附着在皮肤粘膜和眼结膜上，对所接触的组织都有较强的腐蚀和刺激作用。它可以吸收组织中的水分，使组织蛋白变性，并使组织脂肪皂化，破坏细胞膜的溶解度极高。

科学实验证明，氨气对人体的上呼吸道、皮肤有刺激和腐蚀作用，能减弱人体对疾病的抵抗力。短期内吸入大量的氨气后，可出现流泪、咽病、声音嘶哑、咳嗽、痰液带血丝、胸闷、呼吸困难、可伴有头晕、头痛、恶心、呕吐、乏力等，严重时可发生肺水肿、成人呼吸道窘迫综合征等，并可通过三叉神经末梢的反射作用，而引起心脏停搏和呼吸停止。即使空气中低浓度的氨，也能造成对人体健康的危害和影响。国内外有关资料均报道，室内氨气污染与甲醛、苯、氡、TVOC已成为五大隐形杀手，对人类居住环境构成了极大的威胁。

（二）混凝土外加剂的有害物质控制标准

（1）根据现行国家标准《混凝土外加剂中释放氨的限量》（GB 18588—2001）中的规定，混凝土外加剂中释放氨的量应不大于 0.10%（质量分数）。

（2）混凝土外加剂中氨释放量的检测方法，应按国家标准《混凝土外加剂中释放氨的限量》（GB 18588—2001）附录A中的规定进行。

（3）取样和留样。在同一编号的外加剂中随机抽取 1kg 样品，将其混合均匀后分为两份，一份密封保存3个月，另一份作为试样样品。

（4）检验规则

① 国家标准《混凝土外加剂中释放氨的限量》中所列技术要求内容为型式检验项目。在正常生产情况下，每年至少进行一次型式检验。在下列情况之一时，应进行型式检验：新产品的试制定型时；产品异地生产时；生产工艺及其原材料有较大改变时。

② 试验结果的判定。试验结果符合国家标准《混凝土外加剂中释放氨的限量》（GB 18588—2001）中的规定，即混凝土外加剂中释放氨的量应不大于 0.10%（质量分数）时判为合格。

（三）混凝土外加剂的有害物质检测方法

1. 混凝土外加剂的有害物质检测原理

混凝土外加剂的有害物质（氨）检测采用蒸馏后滴定法，其检测原理是：从碱性溶液中蒸馏出氨，用过量硫酸标准溶液吸收，以甲基红-亚甲基蓝混合指示剂为指示剂，用氢氧化钠标准滴定溶液滴定过量的硫酸。

2. 混凝土外加剂的有害物质检测准备

按照国家标准《混凝土外加剂中释放氨的限量》（GB 18588—2001）附录 A 中的规定做好检测前准备工作，主要包括检测中所用的试剂和仪器等。

3. 混凝土外加剂的有害物质分析步骤

（1）试样的处理　固体试样需在干燥器中放置 24h 后测定，液体试样可直接称量。将试样搅拌均匀，分别称取两份各 5g 的试料，精确至 0.001g，放入 2 个 300mL 的烧杯中，加水溶解。如果试料中有不溶物，采用下述②的步骤。

① 可水溶的试料。在盛有试料的 300mL 烧杯中中加入水，移入 500mL 玻璃蒸馏器中，控制总体积 200mL，备蒸馏。

② 含有可能保留有氨的水不溶物的试料。在盛有试料的 300mL 烧杯中中加入 20mL 水和 10mL 盐酸溶液，搅拌均匀，放置 20min 后过滤，收集滤液至 500mL 玻璃蒸馏器中，控制总体积 200mL，备蒸馏。

（2）蒸馏　在备蒸馏的溶液中加入数粒氢氧化钠，以广泛试纸试验，调整溶液 pH＞12，加入几粒防爆玻璃珠。

准确移取 20mL 硫酸标准溶液 250mL 量筒中，加入 3～4 滴混合指示剂，将蒸馏器馏出液出口玻璃管插入量筒底部硫酸溶液中。

在检查蒸馏器连接无误并确保密封后，加热蒸馏。收集蒸馏液达 180mL 后停止加热，卸下蒸馏瓶，用水冲洗冷凝管，并将洗涤液收集在量筒中。

（3）滴定　将量筒中溶液移入 300mL 烧杯中，洗涤量筒，将洗涤液并入烧杯。用氢氧化钠标准滴定溶液回滴过量的硫酸标准溶液，直至指示剂由亮紫色变为灰绿色，消耗氢氧化钠标准滴定溶液的体积为 V_1。

（4）空白试验　在测定的同时，按同样的分析步骤、试剂和用量，不加试料进行平行操作，测定空白试验氢氧化钠标准滴定溶液消耗体积（V_2）。

4. 混凝土外加剂的有害物质检测计算

混凝土外加剂样品中释放氨的量，以氨（NH_3）质量分数表示，可用式（10-41）计算：

$$X = (V_2 - V_1)c \times 0.01703/m \times 100 \tag{10-41}$$

式中，X 为混凝土外加剂样品中释放氨的量，%；V_2 为空白试验消耗氢氧化钠标准溶液体积的数值，mL；V_1 为滴定试料溶液消耗氢氧化钠标准溶液体积的数值，mL；c 为氢氧化钠标准溶液浓度的准确数值，mol/L；0.01703 为与 1.00mL 氢氧化钠标准溶液 $[c(NaOH)=1.000mol/L]$ 相当的以克表示的氨的质量；m 为试料质量的数值，g。

取两次平行测定结果的算术平均值作为测定结果。两次平行测定结果的绝对值大于 0.01% 时应重新进行测定。

（四）混凝土外加剂有害物质的控制

（1）在冬季混凝土施工时，应严格限制使用含尿素的防冻剂　为避免室内氨污染，北京市建委专门下发文件，从 2000 年 3 月 1 日起，严格限制含尿素防冻剂的使用。

（2）室内装修应尽量少用人工合成板型材，如胶合板、纤维板等，应选用无害材料，特别是涂料（如油漆、内墙涂料、黏合剂等）应选择低毒性材料。

（3）了解室内氨污染的情况　由于氨气是从墙体中释放出来的，室内墙体的面积会影响室内氨的含量，不同结构的房间室内空气中氨污染的程度也不同。居住者应了解房间里的情况，根据房间污染情况合理安排使用功能，如污染严重的房间尽量不要做卧室。

（4）在条件允许时，可多开窗户通风，以尽量减少室内空气的污染程度　我国已研制出一种空气新风机，可以在不影响室内温度和不受室外天气影响的情况下，进行室内有害气体的排除。

（5）选用有效的空气净化器　空气净化器又称"空气清洁器"、空气清新机，是指能够吸附、分解或转化各种空气污染物，有效提高空气清洁度的产品，以清除室内空气污染的家用和商用空气净化器为主。使用空气净化器是国际公认的改善室内空气质量的方法之一。

（6）采用光催化和冷触媒技术，运用封闭、氧化处理、空气吸附等方法，可以有效地降低室内氨污染　光催化技术是一种利用新型的复合纳米高科技功能材料的技术，光催化氧化可在室温下将水、空气和土壤中有机污染物完全氧化成无毒、无害的物质。

冷触媒是一种新型空气净化材料，能在常温条件下起催化反应，在常温常压下使多种有害有味气体分解成无害无味物质，由单纯的物理吸附转变为化学吸附，边吸附边分解，去除甲醛、苯、二甲苯、甲苯、TVOC 等有害气体，生成水和二氧化碳，在催化反应过程中，冷触媒本身并不直接参与反应，反应后冷触媒不变化不丢失，长期发挥作用。

（7）吸附净化法　吸附净化法是将污染空气通过吸附剂层，使污染物被吸附剂所捕捉从而达到净化空气的目的。优点是选择性好，对低浓度物质清除效率高，且设备简单，操作方便，适合挥发性有机化合物、放射性气体氡、尼古丁、焦油等的净化。对于甲醛、氨气、二氧化硫、一氧化碳、氮氧化合物、氢氰酸等宜采用化学吸附。

吸附剂一般有活性炭、沸石、分子筛、硅胶等，在室内空气净化中目前使用较广的是活性炭。它吸附能力强、化学稳定性好、机械强度较高、来源十分广泛。此外，经过改性处理的活性炭和分子筛也达到比较广泛的应用，且效果良好。

九、天然石材的污染物质检测与控制

天然石材是一种有悠久历史的建筑装饰材料，这种石材不仅具有较高的强度、硬度、耐久性、耐磨性等优良性能，而且经过表面处理后可获得优良的装饰性，对建筑物起着保护和装饰的双重作用。

（一）天然石材的主要有害物质及危害

根据现行国家标准《建筑材料放射性核素限量》（GB 6566—2010）中的规定，天然石材放射性核素对人体的危害有体内辐射与体外辐射之分。大量试验结果表明，建筑装饰装修材料中的放射性污染主要是氡的污染，是国家目前室内环境标准中主要控制污染物之一。

体内辐射主要来自于放射性辐射在空气中的衰变，是核放射出电离辐射后，以食物、水、大气为媒介，摄入人体后自发衰变，形成的一种放射性物质氡及其子体，被人吸入肺中，对人的呼吸系统造成危害。体外辐射主要是指天然石材中的放射性核素在衰变过程中，放射出电离辐射 α、β、γ 射线直接照射人体，然后在人体内产生一种生物效应，对人体内的造血器官、神经系统、生殖系统和消化系统造成损伤。

1. 氡的污染与危害

近年来，随着世界各国经济的飞速发展、人们生活水平的快速提高和工作条件的改善，人们对工作及居住环境的空气质量，特别是室内氡及其衰变子体对人体健康影响的关心程度日益增加，在防氡降氡措施等方面开展了大量的工作，认识到吸入氡及其子体产物后会对健康造成严重的危害。

氡普遍存在于人类生活的空间之中，由于人们80％以上的时间工作、生活在室内，所以室内氡的含量水平对人体健康的影响至关重要。氡是世界卫生组织（WHO）公布的19种主要致癌物质之一，是目前仅次于香烟引起人类肺癌的第二大元凶。室内氡的危害问题已成为公众关注的敏感话题，也成为环境科学、地球化学、环境卫生学等学科中的研究热点。

（1）氡（Rn）的性质　氡是无色、无味的惰性放射性元素，化学性质不活泼，却具有很强的迁移活动性；原子序数为86，密度为9.72g/L（0℃），它位于元素周期表第6周期零族；易扩散，能溶于水和许多液体（如石油、酒精、甲苯等），极易溶于血液和脂肪。在人体温度条件下，氡极易进入人体组织。

（2）辐射的种类　根据作用方式的不同，又可将辐射分为电离辐射和非电离辐射。

电离辐射又称高能辐射，它与物质相互作用时，不仅能引起分子或原子的激发，而且能引起强烈的电离作用。电离辐射又可分为天然放射性和人工放射性。

非电离辐射一般不能引起物质分子的电离辐射，只能引起分子的振动、转动或电子能级状态的改变，如电磁波、微波、超声波。在一般情况下，人体接受辐射的剂量大部分来自天然辐射。

（3）室内环球中氡的来源　室内环境中的氡主要有来源有房基土壤和岩石、建筑材料和室内装饰材料、生活用水、室外空气、天然气的燃烧。

① 房基土壤和岩石。土壤和岩石是氡的最主要来源。土壤和岩石中都含有一定量的镭，镭衰变释放出氡气。土壤中氡的平均浓度在7000～8000Bq/m³之间，比地面空气高1000倍左右，因此氡不可避免地要释放在大气中。

建筑物周围和地基土壤中的氡气可以通过扩散或渗透进入室内，进入室内的通路可以是板面缝隙以及穿过板面的各种管线周围的缝隙。扩散和渗透的机制是不同的，影响因素也不同。前者主要涉及与扩散通道相关的因素，如岩石或土壤的氡浓度、空隙度、地面的密致程度等。后者则由气象因素产生的压差引起，如气压、风向、风速、湿度等，同时还受到土壤的空隙度、密度、房间的设计结构、建筑质量等因素的影响。

研究和测试结果表明，室内60％的氡来自建筑物地基和周围土壤。土壤中的氡污染主要对三层楼以下的建筑物产生影响。为了有效地控制氡进入室内，有人提出了氡易出区或受影响地区的概念。瑞士将土壤中氡浓度超过50000Bq/m³的地区定为高危险地区，将土壤中氡浓度超过10000～50000Bq/m³的地区定为中危险地区。对于高中危险区，在修建房屋时应注意加厚或加固混凝土地基，从源头上阻止氡污染进入室内。

② 建筑材料。随着住房装修热的兴起，建筑、装修材料正逐渐成为室内氡污染的主要来源。建筑、装饰材料通常含有不同程度的镭，尤其是采用含镭较多的工业废渣或副产品制成的建筑、装饰材料含镭量较高，镭经过衰变产生的氡可通过扩散进入室内。如采用工业废渣的煤渣砖、矿渣水泥，磷酸盐矿石生产磷酸的副产品磷石膏，铁矾土生产矾的废渣红泥砖，采用锆英砂为乳浊剂的瓷砖、彩釉地砖等。最近的研究结果表明，一些高氡发射率的材料（如发泡混凝土、轻质混凝土）也可以导致室内氡浓度增高。

建筑、装饰材料的氡析出能力除了与其含镭量有关外，还与其孔隙率、颗粒大小、孔隙的几何形状及含水量有关。对于高层楼房，室内氡主要来源于建筑、装饰材料。建筑材料中的放射性核素含量直接影响室内氡的浓度。

③ 室外空气。在开阔大气中，放射性惰性气体元素氡产生以后，通过分子扩散或渗流

离开其母体所在的岩石或土壤进入大气环境，并随大气物质在各种气象因素作用下运移和分布。室外空气进入室内的主要途径是室内外空气交换。室内外空气交换将一些室外环境空气中的氡带到室内，在某些情况下，室外空气中的氡是室内氡的一个重要来源。

室外空气中氡的含量一般都比较低，进入室内后不会增加室内的氡浓度。但是一些特殊地带铀矿山、温泉附近的局部区域的氡浓度会比较高，通过空气流动氡可以从户外进入室内，并在室内积聚。

④ 生活用水。氡在水中是可溶的，当含氡的水暴露于空气时，大部分氡将从水中释放出来。通常由家庭用水引起的室内氡增加仅占很小的部分。水对室内氡浓度的影响取决于室内用水中氡含量、用水量和用水方式。研究证明，水中氡浓度达到 $104Bg/m^3$ 时就会成为室内的重要氡源。当使水的温度上升或使水暴露在空气中的表面积增大或暴露时间延长时，水中氡释放到空气中的数量也相应增加。淋浴等都能使水中的氡最大限度的释放出来。

我国地热水资源非常丰富，随着开采技术的提高，地热水已广泛用于发电、集中供热、纺织印染、水产养殖、理疗、公众洗浴等方面。地热水的开发利用带来了明显的经济效益，但产生的辐射问题也应引起重视。使用地热水的地区，室内氡浓度会大大增加。抽样检测结构表明，使用地热水房间的氡浓度比使用前提高了 4.6～6.0 倍。

⑤ 天然气的燃烧。天然气中的氡变化很大，有的根本测不出含有氡，有的则高达 $2000Bq/m^3$，天然气在室内燃烧时其中的氡可释放到室内环境中，如果室内使用天然气，再加上房间通风不好，则天然气可能成为室内氡的主要来源。

我国许多城市已实现燃气管道化，天然气在燃烧的过程中，氡气会全部释放到室内。进入室内的氡与天然气中的氡含量和用量有关。据测定，燃气热水器可相当于 6 个燃气炉的用气量，而且多数热水器无专用排废气设备，所以在使用时应注意通风，防止氡气的污染。

据报道，按世界平均水平计算，来源于建筑物地基和周围土壤的氡约占室内氡的60.4%，来自建筑材料和室外空气的氡分别占 19.5% 和 17.8%。北京地区调查结果表明，室内氡约有 56.3%，20.5% 和 20.5% 分别来自地基岩石、建筑材料和室外空气，来自燃料和用水的氡合起来约占 3%。在一般情况下，以上所述氡源的进氡率大小依次为：房基及周围土壤＞建筑材料＞室外空气＞天然气＞生活用水，但是这个排序也是相对的，不同地区也有不同的排序。

室内氡浓度水平的高低，主要取决于房屋地基地质结构和建筑、装修材料中镭含量的高低、房屋的密闭性、室内外空气的交换率、气象条件等方面。空气中不同来源的氡的比进入速率和室内浓度见表 10-20。

表 10-20 空气中不同来源的氡的比进入速率和室内浓度

氡的来源	比进入速率/[Bq/(m³·h)]		室内浓度/(Bq/m³)	
	平均值	范围	平均值	范围
砖和混凝土房屋	2～20	1～50	3～30	0.7～100
木制房屋	<1	0.05～1	<1	0.03～2
土壤	1～40	0.5～200	2～60	0.5～500
室外空气	2～5	0.01～15	3～7	1～10
其他来源(水、天然气)	≤0.1	0.01～10	≤0.1	0.01～10
所有来源	6～60	2～200	10～100	2～500

2. 氡对人体健康的危害

天然石材具有放射性危害，它对人体健康的危害主要有两个方面，即体内辐射和体外辐射。体内辐射主要来自于放射性辐射在空气中的衰变，从而形成的一种放射性物质氡及其子体。氡是自然界唯一的天然放射性气体，氡在作用于人体的同时会很快衰变成人体能吸收的核素，进入人体的呼吸系统造成辐射损伤，诱发肺癌。体外辐射主要是指天然石材中的辐射体直接照射人体后产生一种生物效果，会对人体内的造血器官、神经系统、生殖系统和消化系统造成损伤。

常温下氡及子体在空气中能形成放射性气溶胶而污染空气，由于它无色无味，很容易被人们忽视，但它却容易被呼吸系统截留，并在局部区域不断累积。长期吸入高浓度氡最终可诱发肺癌。氡对人类的健康危害主要表现为确定性效应和随机效应。

（1）确定性效应表现为：在高浓度氡的暴露下，机体出现血细胞的变化。氡对人体脂肪有很高的亲和力，特别是氡与神经系统结合后，危害更大。

（2）随机效应主要表现为肿瘤的发生。由于氡是放射性气体，当人们吸入体内后，氡衰变产生的阿尔法粒子可在人的呼吸系统造成辐射损伤，诱发肺癌。专家研究表明，氡是除吸烟以外引起肺癌的第十大因素，世界卫生组织（WHO）的国际癌症研究中心（IARC）以动物实验证实了氡是当前认识到的 19 种主要的环境致癌物质之一。

从 20 世纪 60 年代末期首次发现室内氡的危害至今，经科学研究发现，氡对人体的辐射伤害占人体一生中所受到的全部辐射伤害的 55％以上，其诱发肺癌的潜伏期大多都在 15 年以上，世界上有 1/5 的肺癌患者与氡有关。据美国国家安全委员会估计，美国每年因为氡而残废的人数高达 30000 人！据不完全统计，我国每年因氡致肺癌为 50000 例以上。

（二）天然石材有害物质国家控制标准

根据现行国家标准《建筑材料放射性核素限量》（GB 6566—2010）中的规定，天然石材有害物质控制标准应符合下列要求。

1. 建筑主体材料

（1）当建筑主体材料中天然放射性核素镭-226、钍-232、钾-40 的放射性比活度同时满足 $I_{Ra} \leqslant 1.0$ 和 $I_r \leqslant 1.0$ 时，其产销与适用范围不受限制。

（2）对于空心率大于 25％的建筑主体材料，其天然放射性核素镭-226、钍-232、钾-40 的放射性比活度同时满足 $I_{Ra} \leqslant 1.0$ 和 $I_r \leqslant 1.3$ 时，其产销与适用范围不受限制。

2. 建筑装修材料

按照《建筑材料放射性核素限量》（GB 6566—2010）中的规定，根据装修材料放射性水平大小，可划分为 A 类装修材料、B 类装修材料和 C 类装修材料。

（1）A 类装修材料　装修材料中天然放射性核素镭-226、钍-232、钾-40 的放射性比活度同时满足 $I_{Ra} \leqslant 1.0$ 和 $I_r \leqslant 1.3$ 要求的为 A 类装修材料。A 类装修材料其产销与适用范围不受限制。

（2）B 类装修材料　不满足 A 类装修材料要求，但放射性比活度同时满足 $I_{Ra} \leqslant 1.3$ 和 $I_r \leqslant 1.9$ 要求的为 B 类装修材料。B 类装修材料不可用于 I 类民用建筑的内饰面，但可用于 II 类民用建筑物、工业建筑内饰面及其他一切建筑物的外饰面。

（3）C 类装修材料　不满足 A、B 类装修材料要求，但放射性比活度同时满足 $I_{Ra} \leqslant 2.8$ 为 C 类装修材料。C 类装修材料只可用建筑物的外饰面及室外其他用途。

国家最新颁布的标准《住宅设计规范》（GB 50096—2011）中规定，住宅室内氡的浓度不得大于 200Bq/m³。

（三）天然石材有害物质检测方法

根据现行国家标准《建筑材料放射性核素限量》（GB 6566—2010）中的规定，天然石材有害物质检测采用低本底多道 γ 能谱仪。在检测中可按照以下步骤进行。

1. 取样与制样

（1）取样　随机抽取样品两份，每份不少于 3kg。一份密封保存，另一份作为检验样品。

（2）制样　将检验样品破碎，磨细至粒径不大于 0.16mm。将其放入与标准样品几何形态一致的样品盒中，称重（精确至 1g）、密封、待测。

2. 样品的测量

当检验样品中天然放射性衰变链基本达到平衡后，在与标准样品测量条件相同情况下，采用低本底多道 γ 能谱仪对其进行镭-226、钍-232、钾-40 比活度测量。

3. 进行计算

（1）内照射指数计算　内照射指数可按式（10-42）进行计算：

$$I_{Ra} = C_{Ra}/200 \tag{10-42}$$

式中，I_{Ra} 为内照射指数；C_{Ra} 为建筑材料中天然放射性核素镭-226 的放射性比活度，Bq/kg；200 为仅考虑内照射情况下，本标准规定的建筑材料中天然放射性核素镭-226 的放射性比活度限量，Bq/kg。计算结果修约后保留一位小数。

（2）外照射指数计算。外照射指数可按式（10-43）进行计算：

$$I_r = C_{Ra}/370 + C_{Th}/260 + C_K/4200 \tag{10-43}$$

式中　I_r 为内照射指数；C_{Ra}、C_{Th}、C_K 分别为建筑材料中天然放射性核素镭-226、钍-232、钾-40 的放射性比活度，Bq/kg；370、260、4200 分别为仅考虑外照射情况下，本标准规定的建筑材料中天然放射性核素镭-226、钍-232、钾-40 在其各自独立存在时的放射性比活度限量，Bq/kg。计算结果修约后保留一位小数。

4. 测定不确定度

当样品中天然放射性核素镭-226、钍-232、钾-40 的放射性比活度之和大于 37Bq/kg 时，本标准规定的试验方法要术测量不确定度（扩展因子 $K=1$）不大于 20%。

5. 其他方面要求

（1）使用废渣生产建筑材料产品时，其产品放射性水平应满足现行国家标准《建筑材料放射性核素限量》（GB 6566—2010）中的要求。

（2）当企业生产更换原料来源或配比时，必须预先进行放射性核素比活度检验，以保证产品满足现行国家标准《建筑材料放射性核素限量》（GB 6566—2010）中的要求。

（3）进行花岗石矿床勘查时，必须用采用《建筑材料放射性核素限量》（GB 6566—2010）中规定的装修材料分类控制值，对花岗石矿床进行放射性水平的预评价。

（4）装修材料生产企业要按照《建筑材料放射性核素限量》（GB 6566—2010）的要求，在其产品包装或说明书中注明其放射性水平类别。

（5）各企业进行产品销售时，应持具有资质的检测机构出具的、符合《建筑材料放射性核素限量》（GB 6566—2010）中规定的天然放射性核素检验报告。

（四）天然石材有害物质控制措施

目前，居室中氡的浓度通常以 200Bq/m³ 为单位来表示，我国家颁布的标准《住宅设计规范》（GB 50096—2011）中规定，住宅室内氡的浓度不得大于 200Bq/m³。这个值应理解为对给定的室内空气在规定的布点取样条件下，在一年的不同时期进行测量，再对所得到的相对平衡值进行平均，所得出的氡的放射性活度值如果小于 200，那么这个室内空气中的氡含量是符合标准的，否则就是超标。对于超标的情况应采取有效措施进行控制和治理。

1. 室内环境中放射性氡的净化措施

（1）由于室内环境中的氡污染与房屋建筑结构和使用材料有关，消费者在购房时要查看房屋的室内环境检测报告，也可以请有关机构做室内环境氡污染测试。

（2）消费者进行家庭装饰装修时，尽量按照国家标准选用低放射性的建筑和装饰材料。特别是注意尽量选择放射性低的天然石材和合格的瓷砖，同时注意材料的合理搭配，防止放射性材料过多造成的室内环境氡污染。

（3）地下室和一楼以及室内氡含量比较高的房间在装饰装修中更要注意填平、密封地板和墙上的所有裂缝，这种做法可以有效减少氡的析出。

（4）经常进行室内通风换气，这是降低室内氡浓度的有效方法。测试结果表明，房屋门窗关闭或全开，室内氡的浓度可相差 2～5 倍之多。在不通风时，室内氡浓度达 200Bq/m³ 以上，当通风率为每小时 2 次时，室内氡浓度即下降至 30Bq/m³ 左右，一间氡浓度在 151Bq/m³ 的房间，开窗通风 1 小时后，室内氡浓度就降为 48Bq/m³。此外，开窗可明显降低室内氡浓度，一般可降低 1～2 倍。

（5）已经入住的房屋，如果认为有氡气超标的可能，可以委托有资质的室内环境检测单位进行检测，如果发现有氡污染问题，可以在专家的指导下，选择空气净化器，由于氡污染是以氡子体的形态在室内空气中，采用一些具有高效过滤装置的空气净化器，可以起到降低室内环境中的氡污染的作用。

2. 天然石材中有害物质的控制措施

随着我国国民经济的快速发展，城乡居民生活水平不断提高，用于室内装饰装修的各种材料越来越多，其污染问题也越来越多地引起人们的高度重视，在治理室内装饰装修污染方面也取得了巨大进步，但存在的问题仍然很多。因此，在利用天然石材作为装饰装修材料时，可采取以下有效控制措施。

（1）防止放射性辐射危害的方法　根据测试结果证明，绝大多数天然石材的放射性辐射强度都比较小，占全部天然石材的 85% 左右，即属于我国 1993 年颁布的《天然石材产品放射防护分类控制标准》中的"A"类产品，对人体没有危害。只有少量含某些特殊成分的天然石材，其放射性辐射强度比较大，占全部天然石材的 15% 左右，即属于我国 1993 年颁布的《天然石材产品放射防护分类控制标准》中的"B"类和"C"类产品，对人体有一定的危害。

（2）利用天然石材时的注意事项

① 在确定室内外装修方案时，要注意合理选用石材的品种，最好不要在居室内大面积使用一种建筑材料。

② 在石材市场上选购产品时，要向经销商索要产品放射性合格证，要根据天然石材的放射等级进行选择。

③ 选择天然石材要注意掌握一些选择方法和标准。例如，在正常的情况下，石材的放射性可从颜色来判断，其放射性从高到低依次为红色、绿色、肉红色、灰白色、白色、黑色。花岗石的放射性一般都高于大理石。

④ 根据室内装饰装修的不同要求，合理选用天然石材的品格、规格。大理石花纹美观，装饰性很好，但质地比较松软，一般适合用做各种台面；花岗石质地坚硬、耐磨性好，适合用做地面材料，但要注意其放射性是否符合要求。

⑤ 如果对市场上供应的天然石材放射性指标不清楚或有怀疑，最科学有效的方法是请专家用先进的仪器进行石材的放射性检测。现在各地的室内环境检测部分和单位，可以提供

这种检测服务，将样品送到室内环境检测中心检测，对于已经装修完的房间，可以请专家到现场进行氡浓度检测。

十、室内纺织品的污染物质检测与控制

纺织品是在织机上由相互垂直的两个系统的纱线，按照一定的规律交织而成，也就是经纬线按照一定的规律相互沉浮，使织物表面形成一定的纹路和花纹的织物组织。对纺织制品的质量与性能用物理的和化学的方法，依照相关的标准进行定性或定量的检验测试，并做出检测报告，称为纺织品检测。

（一）室内纺织品的主要有害物质及危害

1. 纺织品禁用的有害染料

随着各国对环境和生态保护要求的不断提高，纺织品禁用染料的范围不断扩大。许多国家和地区已连续发布禁用偶氮染料法规。纺织品中是否含有偶氮染料更是生态纺织品检测中的一项重要内容。欧盟国家对偶氮染料的使用提出了相当苛刻的要求。对于我们这样一个纺织品出口大国，这一举措无异于扼住我们经济的喉咙，滞缓了我国发展的步伐，不利于我国现代化的建设。为了跨过"绿色壁垒"这一道高得不能再高的门槛，我国于2005年1月1日正式实施的国家强制性标准《国家纺织品基本安全技术规范》（GB 18401—2003）中也将可分解芳香胺的检测作为其中的重要检测项目。

（1）偶氮染料　偶氮染料是现染料市场中品种数量上最多的一种染料，由染料分子中含有偶氮基而得名，其生产过程中最主要的化学过程为重氮化与偶合反应，其反应过程并受多种反应条件的影响。偶氮染料在应用上具有因合成工艺简单、成本低廉、染色性能突出等优点，但是其会发生还原反应形成致癌的芳香胺化合物，因此部分偶氮染料遭到禁用。

（2）致癌染料　致癌染料是指未经还原等化学变化即能诱发人体癌变的染料。目前已知的可致癌芳香胺有23种，由这些芳香胺合成的染料有200多类。专家指出，这类染料具有非可溶性，用水洗是不掉的，使用了这类有毒染料的服装在与人体接触的过程中，染料不可避免地会被皮肤吸收，通过还原反应和活性作用，使人体内细胞的DNA发生结构和功能改变，从而诱发癌症。

（3）致敏染料　纺织品中的致敏染料是指某些会引起人体或动物的皮肤、黏膜或呼吸道过敏的染料。为了降低生产成本及增加出口竞争力，目前国内部分纺织印染企业在生产过程中会使用到分散染料，这些染料主要用于醋酯、聚酯（涤纶）、聚酰胺（锦纶）纤维的染色过程中。然而，部分过敏体质的人群在穿着这类使用了致敏染料的服装后，会导致皮肤过敏现象的产生。

（4）可萃取重金属　使用金属络合染料是纺织品中重金属污染的重要来源，而天然植物纤维在生长过程中，也可能从土壤或空气中吸收重金属，此外，在染料加工和纺织品印染加工的过程中，也可能带入一部分重金属。

重金属对人体的累积毒性是相当严重的。当受影响的器官中重金属积累到某一程度时，便会对人体健康造成无法逆转的巨大损害。此种情况对儿童尤为严重，因为儿童对重金属的吸收能力远远高于成人。重金属包括 Sb、As、Pb、Cd、Cr、Co、Cu、Ni 和 Hg 等。

（5）游离甲醛含量　甲醛作为常用交联剂而广泛应用于纯纺或混纺产品中（包括部分真丝产品）。甲醛的使用范围还包括树脂整理剂、固色剂、防水剂、柔软剂、黏合剂等，涉及面非常广。甲醛对人体呼吸道和皮肤产生强烈的刺激，引发呼吸道炎症和皮肤炎。此外，甲醛对皮肤是强刺激剂，同时也是多种过敏症的引发剂。

含有甲醛的纺织品在穿着或使用过程中，部分游离甲醛会释放出来，对人体健康会造成很大损害，各国在现行标准或法规中均对纺织品的游离甲醛含量作了严格的规定。

（6）pH 值　pH 值是衡量水体酸碱度的一个值，亦称氢离子浓度指数、酸碱值，是溶液中氢离子活度的一种标度，也就是通常意义上溶液酸碱程度的衡量标准。人体皮肤表面呈微酸性以防止病菌的侵入，因此纺织品的 pH 应在微酸性和中性之间有利于人体的保护。

（7）防霉防腐剂　防霉防腐剂主要作用是抑制微生物的生长和繁殖，以延长产品的保存时间，抑制物质霉烂和腐败的药剂。含氯酚、五氯苯酚是纺织品、皮革制品和木材、浆料传统采用的防霉防腐剂，对人体具有致畸性和致癌性。

（8）含氯有机载体　研究结果表明，这些含氯芳香族化合物对室内环境是有害的，对人体有潜在的致畸性和致癌性。最新的生态纺织品标准又将含氯苯（包括一氯邻苯基苯酚、甲基二氯基苯氧基醋酸酯、二氯化苯、三氯化苯等）列入了监控的范围。

（9）杀虫剂　天然植物纤维（如棉花），在种植中会用到多种农药，如各种杀虫剂、除草剂、落叶剂、杀菌剂等。有一部分会被纤维吸收，虽然纺织品加工过程中绝大部分被吸收的农药会被去除，但仍有可能有部分会残留在最终产品上。这些农药对人体的毒性强弱不一，且与在纺织品上的残留量有关，其中有些极易经皮肤为人体所吸收，且对人体有相当的毒性。

（10）色牢度　生态纺织品标准中选择四种色牢度指标作为监控内容，而这几种色牢度与人体穿着或使用纺织品直接相关。这四种色牢度为水渍、汗渍、耐磨和唾液及汗渍。婴儿所用的纺织品的唾液及汗渍色牢度尤为重要，因为婴幼儿可透过唾液和汗渍吸收染料。

（11）气味　气味是一种溶解于空气中的化学物，普遍处于能够被人类嗅觉系统感应，气味分为使人愉快及使人不快两种。如果纺织品上出现浓度过大的气味（如霉味、恶臭味、鱼腥味或其他异味），都表明纺织品上有过量的化学残留，有可能对健康造成危害。因此，室内所用的纺织品仅允许有微量的气味存在。

（12）有机锡化合物　有机锡化合物是锡和碳元素直接结合所形成的金属有机化合物，主要来自纺织品生产过程中添加的防腐剂和增塑剂。有机锡化合物对生物体的主要损害为：中枢神经系统会造成脑白质水肿、细胞能量利用中氧化磷酸化过程受障、胸腺和淋巴系统的抑制作用、细胞免疫性受妨害、激素分泌抑制引起糖尿病和高血脂病等。

（13）PVC 肽酸盐软胶添加剂　此类软胶添加剂，或称增塑剂，在纺织品种主要是出现在现在进行 PU 和 PVC 涂层整理的产品上。经科学试验和测试证明，PVC 肽酸盐软胶添加剂是一种对人体健康有危害的物质。

2. 纺织品有害物质对人体的危害

所谓纺织品中有毒有害物质是指人们在穿着和使用纺织品的过程中，在一定条件下产生的可能对人体危害的物质。对于纺织品中的有毒有害物质含量的控制各国都非常重视。德国于 1994 年就出台标准禁止纺织品中使用分解芳香胺染料，欧盟也于 2003 年实施了《关于禁止使用偶氮类染料指令》。目前，在德国一旦发现纺织品中含可分解芳香胺染料，整批货物都将会罚扣，并对生产厂家进行刑事起诉。

我国既是纺织品生产大国，同时也是纺织品进口大国，对纺织品中的有毒有害物质含量更加重视。早在 2001 年就颁布了强制性国家标准《甲醛含量的限定》，2003 年出台首个纺织品强制性标准《国家纺织品产品基本安全技术规范》（GB 18401—2003），2009 年又出了推荐性国家标准《生态纺织品技术要求》（GB/T 18885—2009）。

对于纺织品安全方面的控制指标，有关专家表示，可分解芳香胺致癌性远比甲醛厉害，因为甲醛有刺激性气味，很容易分辨，且易溶于水，消费者买回纺织品后，一般用清水洗一下就可去除大部分甲醛，但可分解芳香胺染料从纺织品外观无法分解，只有通过技术检验才能发现，但是很难将其消除，通过皮肤接触就可吸收致癌。

（1）皮肤吸收扩散可改变DNA　据了解，可分解芳香胺主要来自纺织品中的偶氮染料，偶氮染料在与人体长期接触的过程中，其有害成分很容易被皮肤吸收扩散，在特殊条件下可产生20多种致癌芳香胺，经过活化作用而改变人体的DNA结构，引起病变和诱发癌症。

甲醛是纺织品后整理过程中的重要助剂，为了使纺织品能达到防皱、防缩、阻燃等效果，或为了保持印花、染色的耐久性，以及改善手感，都需要添加甲醛。消费者在使用甲醛含量超标的纺织品后，轻者会发生皮肤过敏，出现红肿、发痒等症状，重者会连续咳嗽，继而引发气管炎等病症。

色牢度的好与差，也直接涉及人体的健康安全，色牢度差的产品遇到雨水、汗水都会造成颜料脱落褪色，其中染料分子和重金属离子等都可能通过皮肤被人体吸收而危害人体健康，加之人的汗水和唾液会把染料还原成有害物质，通过人体皮肤吸收后可致癌。

（2）可分解芳香胺毒性远超甲醛　可分解芳香胺染料因色泽多样、制造简单、价格低廉，而被很多中小纺织品企业运用到面料的制作上，这类染料在与人的皮肤接触后，可引发人类恶性肿瘤物质，导致膀胱癌、输尿管癌、肾盂癌等恶性疾病。2005年1月1日，我国首个纺织品强制性标准《国家纺织品产品基本安全技术规范》正式实施，首次以国家强制性标准的形式明确提出纺织品安全生态环保要求，将能致癌的有毒有害物质可分解芳香胺列入监控范围，明确规定"禁止生产、销售、进口含有可分解芳香胺染料的纺织产品"。

国家纺织品服装产品质量监督检验中心工程师张鹏指出："23种可致癌芳香胺中联苯胺的致癌毒性是最强的"。联苯胺不仅可导致膀胱癌、输尿管癌、肾盂癌，而且其潜伏期可以长达20年。据大量医学调查结果表明，经常接触联苯胺的人膀胱癌的发病率是正常人群发病率的28倍。

（二）室内纺织品有害物质国家控制标准

在现行的国家标准《国家纺织产品基本安全技术规范》（GB 18401—2010）中，对纺织品有害物质提出了强制性控制标准。本规范为保证纺织产品对人体健康无害而提出的最基本的要求。新版《国家纺织产品基本安全技术规范》（GB 18401—2010）相对于GB 18401—2003来说，覆盖面更广，相关的有毒有害物质控制更加严格，比如在可分解致癌芳香胺清单中首次将4-氨基偶氮苯列入其中。

1. 产品的分类

（1）产品分为3类。A类：婴幼儿用品。B类：直接接触皮肤的产品。C类：非直接接触皮肤的产品。

（2）需用户再加工后方可使用的产品（例如面料、绒线）根据最终用途归类。

2. 产品技术要求

（1）纺织产品的基本安全技术要求见表10-21。

（2）婴幼儿用品应符合A类产品的技术要求，直接接触皮肤的产品至少应符合B类产品的技术要求，非直接接触皮肤的产品至少应符合C类产品的技术要求，其中窗帘等悬挂类装饰产品不考核耐汗渍色牢度。

（3）婴幼儿用品必须在使用说明上标明"婴幼儿用品"字样。其他产品应在使用说明上标明所符合的安全技术要求类别（例如A类、B类或C类）。产品按件标注一种类别。

注：一般适于身高100cm及以下婴幼儿使用的产品可作为婴幼儿纺织产品。

3. 试验方法

①甲醛含量的测定按GB/T 2912.1—2009执行。②pH值的测定按GB/T 7573—2009执

表 10-21 纺织产品的基本安全技术要求

项 目		A 类	B 类	C 类
甲醛含量/(mg/kg)		≤20	≤75	≤300
pH 值①		4.0～7.5	4.0～8.5	4.0～9.0
色牢度②(级)	耐水(变色、沾色)	≥3～$	≥3	≥3
	耐酸汗渍(变色、沾色)	≥3～4	≥3	≥3
	耐碱汗渍(变色、沾色)	≥3～4	≥3	≥3
	耐干摩擦	≥4	≥3	≥3
	耐唾液(变色、沾色)	≥4	—	—
异味		无		
可分解芳香染料③		禁用		

① 后续加工工艺中必须要经过湿处理的非最终产品，pH 值可放宽大至 4.0～10.5。

② 对需经洗涤褪色工艺的非最终产品、本色及漂白产品不要求；扎染等传统的手工着色产品不要求；耐唾液色牢度仅考核婴幼儿纺织产品。

③ 致癌芳香胺清单见《国家纺织产品基本安全技术规范》(GB 18401—2010) 附录 C，限量值≤20mg/kg。

行。③耐水色牢度的测定按 GB/T 5713—1997 执行。④耐酸碱汗渍色牢度的测定按 GB/T 3922—2013 执行。⑤耐干摩擦色牢度的测定按 GB/T 3920—2008 执行。⑥耐唾液色牢度的测定按照 GB/T 18886—2002 执行。⑦异味的检测采用嗅觉法，操作者应是经过训练和考核的专业人员。⑧可分解芳香胺染料按 GB/T 17592—2011 和 GB/T 23344—2009 执行。

注：一般先按 GB/T 17592—2006 检测，当检出苯胺和（或）1,4 苯二胺时，再按 GB/T 23344—2009 检测。

4. 检验规则

（1）从每批产品中按品种、颜色随机抽取有代表性样品，每个品种和每个颜色抽取 1 个样品。

（2）布匹至少距布端 2m 取样，样品尺寸为长度不小于 0.5m 的整幅宽；服装或制品的取样数量应满足试验需要。

（3）样品抽取后密封放置，不应进行任何处理。相关试验的取样方法参见《国家纺织产品基本安全技术规范》(GB 18401—2010) 附录 D 的取样说明。

（4）根据产品类型（安全要求类别）对照表 11-20 评定，如果样品测试结果全部符合表 10-31 的要求（含有 2 种及以上组件的产品，每种组件均符合表 11-20 的要求），则该样品的基本安全性能能合格，否则为不合格。对直接接触皮肤类和非直接接触皮肤类产品，重量不超过整件制品的 1％的小型组件可不要求。

（5）如果抽取样品全部合格，则判定该批产品的基本安全性能合格。如果有不合格样品，则判定该样品所代表的品种或颜色的产品不合格。

5. 实施监督

（1）依据《中华人民共和国标准化法》及《中华人民共和国标准化法实施条例》的有关规定，从事纺织产品科研、生产、经营的单位和个人，必须严格执行本技术规范。不符合本技术规范的产品禁止生产、销售和进口。

（2）依据《中华人民共和国标准化法》及《中华人民共和国标准化法实施条例》的有关规定，国家机关、企事业单位及全体公民均有权检举、申诉、投诉违反本技术规范的行为。

（3）依据《中华人民共和国产品质量法》的有关规定，国家对纺织产品质量实施以抽查为主要方式的监督检查制度。

（4）本技术规范如涉及产品认证等工作按国家有关法律、法规的规定执行。

6. 法律责任

对违反本技术规范的行为，依据《中华人民共和国标准化法》、《中华人民共和国产品质量法》等有关法律、法规的规定处罚。

（三）室内纺织品有害物质的检测方法

1. 室内纺织品有害物质甲醛的测定

纺织品中甲醛含量是纺织品众多性能指标中最重要指标之一，我国现已出台并实行的测试纺织品甲醛含量的标准有 3 个：GB/T 2912.1—2009（水萃取法）、GB/T 2912.2—2009（蒸汽吸收法）和 GB/T 2912.3—2009（高效液相色谱法）（以下简称"水萃取法"、"蒸汽吸收法"和"高效液相色谱法"）。"水萃取法"和"蒸汽吸收法"都是利用吸光光度法来测定甲醛含量，不同之处是所采用的甲醛萃取方法不同；"水萃取法"采用水溶液中萃取甲醛，而"蒸汽吸收法"用水面上悬挂织物释放甲醛然后水吸收的方法。"高效液相色谱法"引用了前两种方法的预处理方法提取织物的甲醛，然后把甲醛转化成甲醛的衍生物，通过利用高效液相色谱仪测试甲醛的衍生物来测试织物中的甲醛含量。

目前，在我国大多数纺织标准中，测试纺织品中甲醛含量都要求采用"水萃取法"，此方法快捷、方便，在日常检测中得到了更广泛的应用。因此室内纺织品有害物质甲醛的测定，应符合现行国家标准《纺织品　甲醛的测定　第1部分：游离和水解的甲醛（水萃取法）》(GB/T 2912.1—2009) 中的规定。

（1）水萃取法甲醛测定原理　经过精确称量的试样，在 40℃ 水浴中萃取一定时间，从织物上萃取的甲醛被水吸收，然后萃取液用乙酰丙酮显色，显色液用分光光度计比色测定其甲醛的含量。

（2）水萃取法甲醛测定准备　在正式进行测试前，应按照现行国家标准《纺织品　甲醛的测定　第1部分：游离和水解的甲醛（水萃取法）》(GB/T 2912.1—2009) 中的规定做好准备工作，主要包括试剂（乙酰丙酮试剂、甲醛溶液、双甲酮乙醇溶液）和设备（容量瓶、碘量瓶、刻度移液管、分光光度计、试管和试管架、量筒、恒温水浴锅、天平、玻璃漏斗式滤器等）。

（3）甲醛标准溶液配制和标定　①约 $1500\mu g/mL$ 甲醛原液的制备。用水稀释 3.8mL 甲醛溶液至 1L，用标准方法测甲醛原液浓度。记录该标准原液的精确浓度，该原液可储存 28d，用以制备标准稀释液。②稀释。用 1g 试验样品和 100mL 水进行稀释，试验样品中对应的甲醛浓度将是标准溶液中精确浓度的 100 倍。③标准溶液（S2）的制备。在容量瓶中将 10mL 按以上准备的滴定过的标准原液（含甲醛 1.5mL）用水稀释至 200mL，此溶液含甲醛 75mg/L。④校正溶液的制备。根据标准溶液（S2）的制备校正溶液。在 500mL 的容量瓶中用水稀释下列所示溶液中至少 5 种溶液：1mLS2 至 500mL；2mLS2 至 500mL；5mLS2 至 500mL；10mLS2 至 500mL；15mLS2 至 500mL；20mLS2 至 500mL；30mLS2 至 500mL；40mLS2 至 500mL。

计算工作曲线 $y=a+bx$，此曲线用于所有测量数值，如果试验样品中甲醛含量高于 500mg/kg，应稀释样品溶液。如果要使校正溶液中的甲醛浓度与织物试验溶液中的浓度相同，需进行双重稀释。如果每千克织物中含有 20mg 甲醛，用 100mL 水萃取 1.0g 样品溶液中含有 $20\mu g$ 甲醛，以此类推，则 1mL 试验溶液中的甲醛含量为 $0.2\mu g$。

（4）水萃取法试样准备工作　样品不需要进行调湿，因为与调湿有关的干度和湿度可影响样品中甲醛的含量，所以在测试前要把样品储存进一个密封的容器中。可以把样品放入聚乙烯袋中储存，外部再包上铝箔，这样储存可以预防甲醛通过包袋的气孔向外散发。此外，如果直接接触催化剂及其他留在整理过的未清洗织物上的化合物会和铝箔发生反应。

将剪碎后的试样 1g（精确至 10mg），分别放入 250mL 带塞子的碘量瓶中，加入 100mL 水，盖紧盖子，放入（40±2）℃的水浴中（60±5）min，每 5min 摇晃瓶子一次，用过滤器过滤至另一个碘量瓶甲。如果甲醛含量太低，可增加试样至 2.5g，以确保测试的准确性。

如果出现异议，则使用一调湿过的相同样品来计算一个校正系数，用于校正试验中所用试样。从样品上剪下的试验样品，要立即进行称量，并在调湿后再次称量，用这些数值计算出校正系数，用于计算样品溶液中使用的试样调湿后的质量。

（5）水萃取法测定操作程序　①用单标移液管吸取 5mL 过滤后的样品溶液和 5mL 标准甲醛溶液放入不同的试管中，分别加入 5mL 乙酰丙酮溶液摇晃均匀。②首先把试管放在（40±2）℃的水浴中显色（30±5）min，然后将试管取出，常温下放置（30±5）min，用 5mL 蒸馏水加等体积的乙酰丙酮作空白对照，用 10mm 的吸收池在分光光度计 412nm 波长处测定吸光度。③如预期从织物上萃取的甲醛含量超过 500mg/kg，或试验采用 5∶5 比例，计算值超过 500mg/kg 时，稀释萃取液使之吸光度在工作曲线范围中（在计算结果时，要考虑到稀释因素）。④考虑到样品溶液的不纯或褪色，取 5mL 样品溶液放入另一试管，加入 5mL 的水代替乙酰丙酮，用与②相同的方法处理及测量此溶液的吸光度，用水进行对照。⑤做 3 个平行试验。试验中应注意：将已显现出的黄色暴露于阳光下一定时间会造成褪色，如果显色后，在强烈阳光下试管读数有明显延迟，则需要采取措施保护试管，如用不含甲醛的遮盖物遮盖试管。否则如果需要延迟读数，颜色可稳定一段时间（至少过夜）。⑥如果怀疑吸收不是来自于甲醛，而是使用例如有颜色的试剂，用双甲酮进行一次确认试验。

（6）测定结果的计算与表示。各试验样品应用式（10-44）来校正样品吸光度：

$$A=A_s-A_b-A_d \qquad (10-44)$$

式中，A 为校正吸光度；A_s 为试验样品中测得的吸光度；A_b 为空白试剂中测得的吸光度；A_d 为空白样品中测得的吸光度（仅用于变色或玷污的情况下）。

用校正后的吸光度数值，通过工作曲线查得甲醛含量，用 μg/mL 表示。再用式（10-45）计算从每一样品中萃取的甲醛含量：

$$F=100c/m \qquad (10-45)$$

式中，F 为从织物样品中萃取的甲醛含量，mg/kg；c 为读自工作曲线上的萃取液中的甲醛浓度，mg/L；m 为试样的质量，g。

计算 3 次试验结果的平均值作为织物样品中萃取的甲醛含量。

（7）水萃取法试验报告内容。甲醛的测定水萃取法试验报告内容主要包括：①试验采用的现行标准名称；②来样日期、试验前的储存方法及试验日期；③试验样品的说明和包装方法；④试验样品的总量和校正系数；⑤工作曲线的范围；⑥从样品中萃取的甲醛含量（mg/kg）；⑦指定程序产生的误差。

2. 纺织品异味的采集方法

（1）样品的采集

① 排气筒内恶臭气体样品的采集。对于以排气管道（筒）排放的恶臭气体，应采取正确方法采集臭气样品。当排气温度较高时，应对采样导管予以水冷却或空气冷却，使进入采样袋的气体温度接近常温。采样时应根据排气状况的调查结果，确定采样的时机和充气速度，保证采集的气体样品具有代表性。在正式采样前，用被测气体冲洗采样袋 3 次。

② 环境臭气样品的采集。

a. 采样瓶的真空处理。在实验室内，用真空排气处理系统将采样瓶排气至瓶内压力接近 -1.0×10^5 Pa。

b. 采样及样品的保存。采样时打开采样瓶塞，使样品气体充入采样瓶内至常压后盖好瓶盖，避光运回实验室，并在 24h 内进行测定。

（2）样品的测定

① 排放源臭气样品的稀释及测定。对于以采样袋和采样瓶采集的有组织和无组织排放的高浓度臭气样品，应按以下方法进行稀释和测定。

a. 采集气体样品的采样瓶运回实验室后，取下瓶上的大塞并迅速从该瓶口装入带通气管瓶塞的 10L 聚酯衬袋。用注射器由采样瓶小塞处抽取瓶内气体配制供嗅辨的气袋，室内空气经大塞通气管进入衬袋保持瓶内压力不变。

b. 由 6 名嗅辨员组成嗅辨小组，在无臭室内做好嗅辨的准备。嗅辨员当天不能携带和使用有气味的香味及化妆品，不能食用有刺激性气味的食物。患感冒或嗅觉器官不适的嗅辨员，不能参加当天的测定。

c. 高浓度臭气样品的稀释梯度见表 10-22。

表 10-22　高浓度臭气样品的稀释梯度

在 3L 无臭袋中注入样品的量/mL	100	30	10	3	1	0.3	0.03	0.01	…
稀释倍数	30	100	300	1000	3000	10000	100000	300000	…

d. 样品初始稀释倍数的确定。由配气员（必须是嗅觉检测合格者）首先对采集样品在 3L 无臭袋内按上述稀释梯度配制几个不同稀释倍数的样品，进行嗅辨尝试，从中选择一个 1/4È 能明显嗅出气味又不强烈刺激的样品，以样品的稀释倍数作为配制小组嗅辨样品的初始稀释倍数。

e. 配气员将 18 只 3L 无臭袋分成 6 组，每一组中的 3 只袋上分别标 1、2、3 号，将其中的一只按正确的初始稀释倍数定量注入取自采样瓶或采样袋中样品后充满清洁空气，其余两只袋仅充满清洁空气，然后将 6 组气袋分发给 6 名嗅辨员进行嗅辨。

f. 6 名嗅辨员对于分发的 3 只气袋分别取下通气管上的塞子，对 3 只气袋中的气体进行嗅辨比较，从中挑出有味的气袋。全员嗅辨结束后，进行下级稀释倍数实验。如果有人嗅辨出现错误时，即终止该人的嗅辨，当有 5 名嗅辨员回答出现错误时实验全部终止。

② 环境臭气样品的稀释及测定。对于以采样瓶采集的环境臭气样品，应按以下方法进行稀释和测定。

a. 采集气体样品的采样瓶运回实验室后，取下瓶上的大塞并迅速从该瓶口装入带通气管瓶塞的 10L 聚酯衬袋。用注射器由采样瓶小塞处抽取瓶内气体配制供嗅辨的气袋，室内空气经大塞通气管进入衬袋保持瓶内压力不变。

b. 由 6 名嗅辨员组成嗅辨小组，在无臭室内做好嗅辨的准备。嗅辨员当天不能携带和使用有气味的香味及化妆品，不能食用有刺激性气味的食物。患感冒或嗅觉器官不适的嗅辨员，不能参加当天的测定。

c. 环境臭气样品的浓度较低，其逐级稀释倍数可选择 10 倍。其他配气操作同"（1）排放源臭气样品的稀释及测定"中的第⑤项。

d. 将以上嗅辨实验重复进行 3 次。

e. 实验主持人将 6 名嗅辨员的 15 个嗅辨结果代入式（10-46）进行计算，可求出小组平均正解率 M：

$$M=(1.00\times a+0.33\times b+0\times c)/n \tag{10-46}$$

式中，M 为小组平均正解率；a 为答案正确的人数；b 为答案不明的人数；c 为答案错误的人数；n 为解答总数（18 人次）；1.00，0.33，0 为统计权重系数。

f. 正解率分析与 M 值比较实验。

（a）当 M 值大于 0.58 时，则继续按 10 倍梯度扩大对臭气样品的稀释倍数，并重复以上③～⑤的实验步骤和计算，直至得出 M_1 和 M_2。

（b）当 M_1 为某一稀释倍数的平均正解率小于 1 且大于 0.58 的数值，M_2 为某一稀释倍数的平均正解率小于 0.58 的数值。

（c）当第一级 10 倍稀释样品的平均正解率小于或等于 0.58 时，不继续对样品稀释嗅辨，其样品臭气浓度以"<10"或"-10"表示。

③ 测定结果计算

A. 污染源臭气测定结果计算

a. 将嗅辨员每次嗅辨结果汇总至答案登记表，每人每次所得的正确答案以"○"表示，不正确答案以"×"表。

b. 以式（10-47）计算个人嗅阈值 X_i

$$X_i=(\lg a_1+\lg a_2)/2 \tag{10-47}$$

式中，X_i 为个人嗅阈值；a_1 为一个人正解最大稀释倍数；a_2 为一个人误解稀释倍数。

c. 舍去小组个人嗅阈值中最大和最小值后，计算小组算术平均阈值（x）。

d. 用式（10-48）进行样品臭气浓度计算（y）

$$y=10^x \tag{10-48}$$

式中，y 为样品臭气浓度；x 为小组算术平均阈值。

B. 环境臭气测定结果计算。根据测试求得的 M_1 和 M_2 值计算环境臭气样品的臭气浓度。

$$Y=t_1\times 10^{\alpha\cdot\beta} \tag{10-49}$$

$$\alpha=(M_1-0.58)/(M_1-M_2);\ \beta=\lg(t_2/t_1)$$

式中，Y 为臭气浓度；t_1 为小组平均正解率为 M_1 时的稀释倍数；t_2 为小组平均正解率为 M_2 时的稀释倍数。

④ 精密度和准确度。本方法的重复性标准偏差为 2.4，重复性相对标准偏差为 5.6%，再现性标准偏差为 2.7，再现性相对标准偏差为 6.3%。本方法回收率置信范围为（105±9.3）%，平均嗅阈值为 $3.4\times10^{-4}\,\mathrm{mg/m^3}$。

⑤ 注意事项。a. 采用此方法实验中使用的标准恶臭气体样品妥善保管，严防泄漏造成恶臭污染，经嗅辨后的样品袋不得在嗅辨室内排气。b. 要通过专门的技术培训，使嗅辨员了解典型恶臭物质的气味特性，提高对各种臭气的嗅辨能力。c. 稀释臭气样品所需的无臭清洁气体由本标准 4.3 条的空气净化器提供。与空气净化效果有关的通气速度、活性炭充填量、活性炭使用更换周期等均根据嗅辨员对净化气体有无气味的嗅辨检验结果来决定。与供气口连接的气袋充气管内径要稍大于气体净化器供气管外径，即保证气袋定量充满清洁空气，又可防止充气过量、过压导致气袋破裂。d. 可采用无油空气泵向空气净化器供气，严禁使用含油或其他散发气味的供气设备。

3. 纺织品水萃取液 pH 值的测定

pH 值作为重要的安全性能指标一直是各监管机构重点检测的质量指标，同时也是频繁出现不合格的指标。最新国家标准《纺织品　水萃取液 pH 值的测定》（GB/T 7573—2009）中对测定原理、试剂和仪器、样品处理、电极选取、pH 计校准、测量时间、试验条件、测试方法均有具体规定。

（1）测定原理　纺织品水萃取液 pH 值的测定原理是：在室温条件下，用带有玻璃电极的 pH 值计测定纺织品水萃取液的 pH 值。

（2）测定准备　在正式测定前，应按照现行国家标准《纺织品　水萃取液 pH 值的测定》（GB/T 7573—2009）中的规定做好准备工作，包括试剂准备、仪器准备和试样准备。

（3）操作程序

① 水萃取液的制备。称取质量为（2±0.05）g 的试样 3 份，分别放入三角烧瓶中，加入 100mL 三级水或去离子水，摇动烧瓶以使试样润湿，然后在振荡机上振荡 1h。

② 水萃取液 pH 值的测定。测定步骤可选择①使用摩尔顿型电极系统操作步骤或②使用浸没式电极系统操作步骤中的一种，如果电极系统不同于本标准所规定的类型，可采取类似的步骤。全部试验必须在相同的温度下进行，该温度应接近室温并不得高于室温 5℃。

A. 使用摩尔顿型电极系统操作步骤。a. 在室温条件下标定 pH 计。b. 用三级水或去离子水冲洗电极，直至所显示的 pH 值稳定为止。此试验步骤将需要相当数量的三级水或去离子水。c. 将第 1 份萃取液倒烧杯，注意应使玻璃电极的玻璃泡全部浸于液面下，盖上烧瓶。电极稳定 3min 后读取 pH 值。倒掉烧杯中的溶液，重新注入第 1 份萃取液，盖上烧瓶，电极稳定 1min 后记录 pH 值。重复以上操作，直至 pH 值达到最稳定值，倒掉第 1 份萃取值。d. 不清洗电极，将第 2 份萃取液倒入烧杯内，电极的玻璃泡应浸于液面以下，立即记录 pH 值。倒掉旧液，重新注入第 2 份萃取液，读取 pH 值。重复以上操作，直至 pH 值达到最稳定值。精确至最邻近的 0.1 并记录该值，倒掉第 2 份萃取液。e. 按照 d 的步骤测定第 3 份萃取液的 pH 值。

B. 使用浸没式电极系统操作步骤。a. 在室温条件下标定 pH 计，其 pH 值应接近待测溶液，测定前用它标定 pH 计。b. 冲洗电极直至显示的 pH 值在 5min 内变化不超过 0.05，如果超过，则需要更换玻璃或参比电极。c. 将第 1 份萃取液倒入烧杯中，立即将电极浸入液面下至少 1cm，用一玻璃棒搅动萃取液，直至 pH 值达到最稳定值。d. 将第 2 份萃取液倒入烧杯中，不用冲洗电极，直接将其浸入液面下至少 1cm，静置直到 pH 值达到最稳定值，精确至最邻近的 0.1 并记录该值。e. 按照 d 的步骤测定第 3 份萃取液的 pH 值。

注：所谓最稳定值，对碱性萃取液（即 pH>7）是指其 pH 最高值，对酸性萃取液（即 pH<7）是指其 pH 最低值。

（4）结果计算和表示　以第 2 份、第 3 份水萃取液测得的 pH 值的平均值为最终结果，精确到 0.10。

第十一章

绿色建筑设施设备设计选型

建筑设施设备指安装在建筑物内为人们居住、生活、工作提供便利、舒适、安全等条件的设施设备。绿色建筑的设施设备，则更进一步保证绿色建筑节能、环保、安全、健康等"绿色"功能顺利地运行实现。同时，建筑设施设备自身节能环保的实现，也是绿色建筑节能环保目标体系中的重要组成部分。

通过对国家现行标准《绿色建筑评价标准》（GB/T 50378—2006）的详细解读，对绿色建筑的设计过程、组成元素、设计方法和相关规范有深入的了解，了解到如何通过建筑设计实现节能环保的"绿色"效益。根据《绿色建筑评价标准》中的要求，对现行建筑设施设备的设计选型进行绿色化指导，实现其绿色功能运作与节能环保效益的同步实现。

第一节　给排水设施设备的设计选型

建筑给排水系统属于建筑设备工程，是建筑安装工程中的重要组成部分。随着建筑物的高度日益增高和人们生活水平的不断提高，对给排水的可靠性及材料设备选择等方面有很多要求。工地实践也充分表明，建筑给排水设施设备的设计选型如何，将直接关系到建设项目的使用状况，其对建设项目的社会效益、经济效益有非常重要的影响。

一、绿色建筑给水设施设备的分类与组成

（一）绿色建筑给水设施设备的分类

给水系统是指给水的取水、输水、水质处理和配水等设施以一定的方式组合成的总体。是指通过管道及辅助设备，按照建筑物和用户的生产，生活和消防的需要有组织的输送到用水地点的网络。根据建筑给水设施设备的用途不同，可以分为生活给水系统、生产给水系统和消防给水系统三类。

1. 生活给水系统

生活给水，一般是指卫生间盥洗、冲洗卫生器具、沐浴，洗衣、厨房洗涤、烹调用水和浇洒道路、广场、清扫、冲洗汽车及绿化等用水。生活用水的水质，应符合国家规定的饮用水水质标准。生活用水按水温，水质的不同又分为：冷水系统、饮水系统和热水系统。

（1）冷水系统　一般将直接用城市自来水或其他自备水源作为生活用水的给水系统时，叫作冷水系统。

（2）饮水系统　当人们有喝生水的习惯，需要提高饮用水水质标准时，在旅馆的卫生间、厨房或高级公寓、高级住宅的厨房，常需设置单独的"饮用水"管道系统。其用水经过深度处理和再消毒后供应，以确保饮水卫生。经深度处理的饮用水成本较高，因此，为了降

低成本和节约用水，可采用分质供水的办法，而独立设"饮用水"系统。饮用水系统又分为开水和冷饮水系统等。

（3）热水系统 在生活给水系统的用水户中，如卫生间、洗衣房和厨房等，要求供应一定温度的热水，需要单独设置管道系统，即热水系统。

2. 生产给水系统

为工业企业生产方面用水所设置的给水系统均称生产给水系统，主要指供生产设备冷却，产品、原料洗涤，锅炉用水和各类产品制造过程中所需的生产用水。因各种生产的工艺不同，生产给水系统种类繁多。生产用水对水质、水量、水压以及安全方面的要求，由于生产工艺不同，所以它们的差异很大。

3. 消防给水系统

消防给水系统是指供层数较多的民用建筑、大型公共建筑及某些生产车间的消防设备用水系统。消防用水对水质要求不高，但必须按建筑防火规范保证有足够的水量与水压。建筑消防给水系统是建筑给水系统的一个重要组成部分，与生活、生产给水系统相比又有其特殊性，其可分为按建筑层数或高度不同分类、按供水范围不同分类、按灭火方式不同分类。

（1）按建筑层数或高度不同分类 按建筑层数或高度可分为低层建筑消防给水系统和高层建筑消防给水系统。10层以下的住宅和建筑高度不超过24m的其他民用消防给水系统称为低层建筑消防给水系统，其主要作用是扑灭初期火灾，防止火势蔓延。10层及10层以上的住宅或建筑高度超过24m的其他民用建筑和工业建筑的消防给水系统称为高层建筑消防给水系统。高层建筑消防给水系统要立足与自救。

（2）按供水范围不同分类 按供水范围不同可分为独立消防给水系统和区域集中消防给水系统。每栋建筑单独设置的消防给水系统为独立消防给水系统，适用于分散建设的高层建筑。

（3）按灭火方式不同分类 按灭火方式不同可分为消火栓给水系统和自动喷水灭火系统 消火栓给水系统由人操纵水枪灭火，系统简单，工程造价低。自动喷水灭火系统工程造价较高，主要用于消防要求高、火灾危险性大的建筑。

根据建筑的具体情况，有时将上述三类基本给水系统或其中两类基本系统合并成：生活-生产-消防给水系统，生活-消防给水系统；生产-消防给水系统。

（二）绿色建筑给水设施设备的组成

绿色建筑内部的给水系统主要由引入管、水表节点、给水管道、用水设备和配水装置、给水附件及增压和贮水设施设备组成。①引入管：建筑（小区）总进水管。②水表节点：水表及前后的阀门、泄水装置。③管道系统：给水干管、立管和支管。④配水装置和用水设备：各类配水龙头及生产、消防设备。⑤给水附件：起调节和控制作用的各类阀门。⑥增压和储水设备：包括水泵、水箱和气压储水设备。

二、建筑给水设施设备选型的原则及要求

建筑给水设施设备的用途不同，可以分为生活给水系统、生产给水系统和消防给水系统，由于以上三类给水系统的用途不同，所以对水压、水质、水量的要求也不相同，在建筑给水设施设备的选型时，一定要根据不同的给水系统的不同用途进行。绿色建筑设施设备的选型，针对不同的用途给出了相应的评价标准，因此在建筑给水设施设备的选型过程中要遵循以下原则和要求。

（1）给水系统要完善，水质要根据用途不同达到相应国家或行业规定的标准，并且水压

要稳定可靠。

（2）为实现节约和合理用水的目的，用水要分户、分用途设置计量仪表，并采取有效措施避免管网出现渗漏。

（3）选用的给水设施设备要具有节水性能，住宅建筑设备的节水率不低于 8％，公共建筑设备的节水率不低于 15％。

（4）生产性给水设施和消防性给水设施要满足非传统水源的供给要求。

（5）绿化用水、景观用水等非饮用水用非传统水源，绿化灌溉选用可以微灌、喷灌、滴灌、渗灌等高效节水的灌溉方式，设备的节水率与传统方法相比要降低 10％。

（6）管材、管道附件及设备等供水设施的选取和运行，不应对供水造成二次污染，选用的设备要能有效地防止和检测管道渗漏。

（7）公共建筑的一些用水设备（如游泳池等），要选用技术先进的循环水处理设备，并采用节水和卫生换水方式。

（8）绿色建筑给水设施设备的选择，要符合《建筑给水排水设计规范》（GB 50015—2009）中的相关技术规范；生活给水系统的设施设备的选择，要符合《生活饮用水卫生标准》（GB 5749—2012）中的要求。

三、建筑给水设施设备的选型方法

（一）给水管材、管件及连接设备选择

目前我国市场上存在约 20 种的给水管材，主要包括金属类管材（不锈钢管、铸铁管、镀锌钢管、铜管、铜塑管、铝塑管、涂塑钢管等）、衬塑管（凯撒管、衬塑不锈钢管、衬塑钢管等）、塑料类管材（聚丙烯管、硬聚氯乙烯管等）。它们的价格以金属类最贵，其次是衬塑管，最经济的是塑料管。管材是建筑给水系统连接设备，由于管材的选择直接涉及到用水安全，因此管材的选择一定要遵循安全无害的原则。由于钢管易产生锈蚀、结垢和滋生细菌，且使用寿命较短，所以世界上许多国家已明文规定不准使用镀锌钢管，我国已开始推广应用塑料或复合管。

新建、改建和扩建的城市管道（直径小于 400mm）和住宅小区室外给水管道，应选择硬聚氯乙烯、聚乙烯塑料管，大口径的供水管道可以选择钢塑复合门管；新建、改建住宅室内给水管道、热水管道和供暖管道，应优先选择铝塑复合管、交联聚乙烯等新型管材，淘汰传统的镀锌钢管。绿色建筑给水管材的选择，必须遵守《建筑给水排水设计规范》（GB 50015—2009）中第 3.4.1～3.4.3 条的相关规定。

建筑给水管件和连接设备的选择，通常和建筑给水管材相同，它们的选择原则和方法与管材的选择是一致的。

（二）建筑给水管道附件的选择

建筑给水附件是指给水管道上的配水龙头和调节水量、水压、控制水流方向、水位和保证设备仪表检修用的各种阀门，即安装在管道和设备上的启闭和调节装置的总称，分为配水附件和控制附件两类。绿色建筑设计中的配水附件和控制附件的选择，既要满足节水节材的要求，还要满足用水安全的要求。节水就是要保证这些配水附件无渗透，关闭紧密；节材就是要保证质量，达到一定的使用年限。

常用的控制附件种类很多，包括截止阀、闸阀、蝶阀、球阀、旋塞阀、止回阀等。阀门的选择应符合《建筑给水排水设计规范》（GB 50015—2009）中第 3.4.4 条的规定："给水管道上使用的各类阀门的材质，应耐腐蚀和耐压。根据管径大小和所承受压力的等级及使用

温度，可采用全铜、全不锈钢、铁壳铜芯和全塑阀门等"。

（三）给水系统计量水表的选择

水表是测量水流量的仪表，大多是水的累计流量测量，一般可分为容积式和速度式两类，有的分为旋翼式和螺翼式两种。水表的选择首先要满足节水、精确和使用安全要求，要不漏水且无污染；另外水表的选择还要根据管径的大小，要因材制宜；水表的口径宜与给水管道接口的管径一致；用水量均匀的生活给水系统的水表，应以给水设计流量选定水表的常用流量；用水量不均匀的生活给水系统的水表，应以给水设计流量选定水表的过载流量。在消防时除生活用水外，还需通过消防流量的水表，应以生活用水的设计流量叠加消防流量进行校核，校核流量不应大于水表的过载流量。当管径大于 50mm 时，要选用螺翼式水表。

（四）给水系统水泵装置的选择

水泵是输送液体或使液体增压的机械，水泵性能的技术参数有流量、吸程、扬程、轴功率、效率等；根据不同的工作原理可分为容积水泵、叶片泵等类型。容积泵是利用其工作室容积的变化来传递能量；叶片泵是利用回转叶片与水的相互作用来传递能量，有离心泵、轴流泵和混流泵等类型。

建筑给水系统的水泵装置由水泵和水泵房组成。当建筑内部水泵抽水量大，不允许直接从室外管网抽水时，还要建造蓄水池。现在建筑给水系统中一般采用离心式水泵，离心式水泵的选择要满足低能高效的原则，同时要保证用水安全，减少二次污染。

水泵的选择要满足下列要求：应根据管网水力计算进行选择水泵，水泵应在其高效区内运行；居住小区的加压泵站，当给水管网无调节设施时，宜采用调速泵组或额定转速泵编组运行供水。泵组的最大出水量不应小于小区给水设计流量，并以消防工况进行校核；建筑物内采用高位水箱调节生活用水系统时，水泵的最大出水量不应小于最大小时用水量；生活给水系统采用调速泵组供水时，应按设计秒流量选择水泵，调速泵在额定转速时的工作点，应位于水泵高效区的末端。

（五）给水系统水箱装置的选择

在建筑给水系统中，需要增压、稳压、减压或者需要一定储存水量时需要设置水箱。水箱一般用钢板、钢筋混凝土、玻璃钢等材料制作而成。钢板水箱易产生锈蚀，难以保证用水安全；钢筋混凝土水箱造价较低，使用寿命长，但自重比较大，与管道衔接不好，易出现漏水；工程实际中一般常用玻璃钢水箱，这种水箱质量轻、强度高、耐腐蚀，安装方便，也能保证用水安全。

水箱的设置要满足下列要求：水塔、水池、水箱等构筑物应设进水管、出水管、溢流管、泄水管和泄水装置；其水箱设置和管道布置应符合《建筑给水排水设计规范》（GB 50015—2009）中第 3.2.9、3.2.10、3.2.12 和 3.2.13 条有关防止水质污染的规定。

（六）系统气压给水设备的选择

气压给水设备是利用密闭罐中压缩空气的压力变化，进行储存、调节和压送水量的装置，在给水系统中主要起增压和水量调节的作用，相当于水塔和高水位箱。气压给水设备是一种常见的增压稳压设备，包括气压水罐、稳压泵和一些附件。按气压水罐工作形式分为补气式、胶囊式消防气压给水设备；按是否设有消防泵组，分为设有消防泵组的普通消防气压给水设备和不设消防泵组的应急消防气压给水设备。

气压给水设备的选择应符合下列规定：气压罐内的最低工作压力，应满足管网最不利处的配水点所需要的水压；气压水罐内的最高工作压力，不得使管网最大水压处配水点的水压大于 0.55MPa；水泵（或泵组）的流量不应小于给水系统最大小时用水量的 1.2 倍。

四、绿色建筑排水设施设备的分类与组成

（一）绿色建筑排水设施设备的分类

根据所接纳排除的污废水性质不同，建筑排水系统可分为生产废水系统、生活污水系统和雨水系统三类。

（1）生产废水系统　生产废水系统排除工艺生产过程中产生的污废水。为便于污废水的处理和综合利用，按污染程度可分为生产污水排水系统和生产废水排水系统。生产污水污染较重，需要经过处理，达到排放标准后排放；生产废水污染较轻，如机械设备冷却水，生产废水可作为杂用水水源，也可经过简单处理后（如降温）回用或排入水体。

（2）生活污水系统　生活污水系统排除居住建筑、公共建筑及工厂生活间的污（废）水。有时，由于污（废）水处理、卫生条件或杂用水水源的需要，把生活排水系统又进一步分为排除冲洗便器的生活污水排水系统和排除盥洗、洗涤废水的生活废水排水系统。生活废水经过处理后，可作为杂用水，用来冲洗厕所、浇洒绿地和道路、冲洗汽车等。

（3）雨水系统　雨水系统收集降落到多跨工业厂房、大屋面建筑和高层建筑屋面上的雨雪水。

（二）绿色建筑排水设施设备的组成

建筑室内排水系统主要是迅速地把污水排到室外，并能同时将管道内有有毒有害气体排出，从而保证室内环境卫生。完整的建筑排水系统基本由卫生器具、排水管道、通气管道、清通设备、抽升设备和污水处理局部构筑物部分组成。

五、建筑排水设施设备选型的原则及要求

（1）实施分质排水　分质排水主要可以分为优质杂排水、杂排水、生活污水和海水冲厕水，依据收集、再生与排放的不同目的而分别设置排水系统。有效地实施分质排水，充分利用优质杂排水、杂排水作为再生水资源，也是解决城市水资源短缺的问题。

（2）绿色建筑应设置独立的雨水排水系统，设置雨水储存池，提高非传统水源的利用率。

（3）绿色建筑排水设施的选择应符合《建筑给水排水设计规范》（GB 50015—2009）的相关技术要求和《绿色建筑评价标准》（GB/T 50378—2006）的相关规定。

六、建筑排水设施设备的选型方法

（1）排水方式的选择　建筑内部的排水方式可分为分流制和合流制两种，分别称为建筑内部分流排水和建筑内部合流排水。建筑内部分流排水是指居住建筑和公共建筑的粪便污水和生活废水、工业建筑中的生产污水和生产废水各自由单独的排水系统排出；建筑内部合流排水是指居住建筑和公共建筑的粪便污水和生活废水、工业建筑中的生产污水和生产废水由一套排水系统排出。由于《绿色建筑评价标准》（GB/T 50378—2006）要求绿色建筑实施分质排水，所以不但室内排水要选择内部分流制，还要设置单独的雨水排放系统和收集系统。

（2）卫生器具的选择　卫生器具是建筑内部排水系统的重要组成部分，随着建筑标准的提高，特别是绿色建筑的诞生，不但对卫生器具的功能要求和质量要求有所提高，还对卫生器具的节水和人性化要求有所提高。卫生器具一般采用不透水、无气孔、表面光滑、耐腐蚀、耐冷热、便于清洁、有一定强度的材料，如陶瓷、塑料、不锈钢、复合材料等。卫生器具主要包括便溺器具、洗漱器具、洗涤器具等。卫生器具的选择应遵循以下原则和方法：

①应选择冲洗力强、节水消声、便于控制、使用方便的卫生器具；②民用建筑选用的卫生器具节水率不得低于8%，公共建筑选用的卫生器具节水率不得低于25%；③卫生器具的材质和要求，均应符合现行的有关产品标准的规定；④大便器选用应根据使用对象、设置场所、建筑标准等因素确定，且均应选用节水型大便器；公共场所设置小便器时，应采用延时自闭式冲洗阀或自动冲洗装置；公共场所的洗手盆宜采用限流节水型装置；⑤构造内无存水弯的卫生器具与生活污水管道或其他可能产生有害气体的排水管道连接时，必须在排水口以下设存水弯。存水弯的水封深度不得小于50mm；⑥医疗卫生机构内门诊、病房、化验室、试验室等处，不在同一房间内的卫生器具不得共用存水弯。

（3）排水管道的选择　排水管道的选择关系到排水是否畅通的问题，主要包括管材选择与管径的选择。常用的排水管材主要有钢管、铸铁管、塑料管和复合管等，管材的选择应遵循以下原则：①居住小区内的排水管道，宜采用埋地排水塑料管、承插式混凝土管或钢筋混凝土管；当居住小区内设有生活污水处理装置时，生活排水管道应采用埋地排水塑料管；②建筑物内部排水管道，应采用建筑排水塑料管及管件或柔性接口机制排水铸铁管及相应管件；③当排水的温度大于40℃时，应采用金属排水管或耐热塑料排水管。

卫生器具排水管的管径应符合《建筑给水排水设计规范》（GB 50015—2009）的规定。

（4）地漏设备的选择　地漏是一种特殊的排水装置，一般设置在经常有水溅落的地面、有水需要排除的地面和需要清洗的地面（如厕所、淋浴间、卫生间等）。地漏分为普通地漏、多通道地漏、存水盒地漏、双杯式地漏和防回流地漏等，现在还出现了防臭地漏。

地漏的选择应符合下列要求：应优先采用直通式地漏；卫生标准要求高或非经常使用地漏排水的场所，应设置密封地漏；食堂、厨房和公共浴室等排水，宜设置网框式地漏。地漏管径的选择应符合《建筑给水排水设计规范》（GB 50015—2009）的相关规定。

（5）排水通气管选择　绿色建筑要尽可能迅速安全的将污废水排出室外，将管道内散发的有毒有害气体排放到屋顶上方的大气中去，满足卫生的要求，同时为了减少气气的波动幅度，防止水封破坏，补充新鲜空气防止管道腐蚀，延长管道寿命，必须设置通气管。通气管的选型需要满足下列条件：①当通气立管的长度在50m以上时，其通气管的管径应与排水立管的管径相同；②当通气立管的长度小于等于50m时，且两根及两根以上排水立管同时与一根通气立管相连，应以最大一根排水立管按《建筑给水排水设计规范》中表4.6.11确定通气立管的管径，且管径不宜小于其余任何一根排水立管的管径；③结合通气管的管径不宜小于通气立管的管径；④伸顶通气管的管径与排水立管的管径相同。但在最冷月平均气温低于-13℃的地区，应在室内平顶或吊顶以下0.3m处将管径放大一级；⑤当两根或两根以上污水立管的通气管汇合连接时，汇合通气管的断面积应为最大一根通气管的断面积加其余通气管断面积之和的0.25倍；⑥通气管的管材，一般可采用塑料管、柔性接口排水铸铁管等。

（6）提升设备的选择　排水系统的提升设备包括污水集水池和污水泵两个部分，其中污水集水池要满足以下要求：①集水池有效容积不宜大于最大一台污水泵5min的出水量；②集水池除了满足有效容积外，还应满足水泵设置、水位控制、格栅等安装、检查要求；③集水池设计最低水位，应满足水泵吸水的要求；④集水池如果设置在室内地下室时，池盖应密封，并设置通气管系；室内有敞开的集水池时，应设置强制通风装置；⑤集水池底应有不小于0.05坡度坡向泵位。集水坑的深度及其平面尺寸，应按水泵的类型而确定；⑥集水池底宜设置自冲管和水位指示装置，必要时应设置超警戒水位报警装置；⑦生活排水调节池的有效容积不得大于6h生活排水平均小时流量。

污水泵的选择和设置要满足以下要求：①集水池不能设置事故排出管时，污水泵应有不间断的动力供应能力；②污水水泵的启闭，应设置自动控制装置，多台水泵可并联、交替或分段投入运行；③居住小区污水水泵的流量应按小区最大小时生活排水流量选定；建筑物内的污水水泵的流量应按生活排水设计秒流量选定。当有排水量调节时，可按生活排水最大小时流量选定；④水泵扬程应按提升高度、管路系统水头损失、另附加 2～3m 流出水头计算。

（7）雨水排水设施设备的选择　绿色建筑特别强调对非传统水源的利用，其中就包括了对于雨水的利用，因此绿色建筑雨水排水设施设备的选型应遵循以下原则和方法：①雨水排水设施设备选择要便于雨水迅速排除。②设置独的雨水收集系统（如雨水箱或雨水池），其规模按照建筑非传统水源使用量来确定，只使用雨水作为非传统水源的建筑，雨水使用量应占总用水量的 10%～60%，具体可参照《绿色建筑评价标准》（GB/T 50378—2006）中的评价等级确定。③雨水池或雨水箱要防腐耐用，并保证用水质量。④雨水管的管径选择应遵照《建筑给水排水设计规范》（GB 50015—2009）的相关规定。⑤雨水排水管材选用应符合下列规定：重力流排水系统多层建筑宜采用建筑排水塑料管，高层建筑宜采用承压塑料管、金属管；压力流排水系统多层建筑宜采用内壁较光滑的带内衬的承压排水铸铁管、承压塑料管和钢塑复合管等，其管材工作压力应大于建筑物净高度产生的净水压。用于压流排水的塑料管，其管材抗坏变形外压力应大于 0.15MPa；小区雨水排水系统可选用埋地塑料管、混凝土管或钢筋混凝土管、铸铁管等。⑥雨水净化设备。处理后的雨水要达到雨水二次使用的相关要求。⑦雨水提升设备要满足《公共建筑节能设计标准》（GB 50189—2005）中的相关要求。

第二节　强弱电设施设备的设计选型

一、建筑强电系统的组成

绿色建筑的强电系统主要由供电系统、输电系统、配电系统和用电系统四大部分组成。其中供电系统包括城市供电和自身供电两个方面；输电系统主要是指导线的配置；配电系统包括变电室、配电箱和配电柜；用电系统主要是指家用电器中的照明灯具、电热水器、取暖器、冰箱、电视机、空调、音响设备等用电器设备。

二、强电设施设备选型原则和要求

强电设施设备是建筑的主要用电设备，无论从安全角度，还是从节能的角度，强电设施设备的选择都应当慎重。为了保证绿色建筑强电设施设备能安全、有效地运行，在进行选型中必须遵循以下原则和要求。

（1）强电设施设备的选型必须遵守《绿色建筑评价标准》（GB/T 50378—2006）相关节能规定和《住宅建筑电气设计规范》（JGJ 42—2011）等建筑电工设计的相关技术规范要求。

（2）供电系统设计必须认真执行国家的技术经济政策，并应做到供电系统要完善、保障人身安全、供电可靠、电压稳定、电能质量合格、技术先进和经济合理。

（3）用电要分户、分用途设置计量仪表，并采取有效措施避免电力线破损。

（4）用电设备要高效节能，在保证相同的室内环境参数条件下，与未采取节能措施前相比，全年采暖、通风、空调调节和照明的总能耗应减少 50%。公共建筑的照明设计应符合国家现行标准《建筑照明设计标准》（GB 50034—2013）中的有关规定。

（5）用电设备的选择应根据建筑所需的相应负荷进行计算。

（6）绿色建筑应当有自己的独立供电系统，一般应有太阳能、风能和生物能发电系统，且以上发电系统的能源占总用电量的5%以上。

三、强电设施设备的选型

强电设施设备的选型主要是指供电设备、输电设备、变配电设备和用电设备的选型。

1. 供电设备的选型

除了城市供电以外，绿色建筑应自带供电设备，主要有柴油发电机、燃气发电机、太阳能电池板、风能发电机和生物发电机等。供电设备的选择应注意以下几个方面。

（1）一些大型的公共建筑和高层建筑，为了满足备用电量的要求而需要使用柴油发电机的，应保证机房的通风和隔噪减震要求。

（2）如果选择使用燃气发电机，应采用分布式热电冷联供技术和回收燃气余热的燃气热泵技术，提高能源的综合利用率。

（3）太阳能和风能的使用要能够满足基本的照明和弱电设备的需要，要选用高效稳定的太阳能和风能设备。

（4）生物发电要选用高效的发酵设备和发电设备，做到最大化利用。

（5）太阳能、风能和生物能发电设备均属于绿色可再生资源的发电设备，三者可以配合使用，提高能源的利用率；可再生资源的使用应占建筑总能耗的5%以上。

2. 输电设备的选型

建筑工程的输电设备通常是指输电导线，常用的导线按材料不同，可分为铝线、铜线、铁线和混合材料导线等。导线选择得合理与否，直接影响到有色金属的消耗量与线路投资，以及电力网的安全经济运行。导线的选择首先要满足建筑用电要求，导线的输电负荷应大于建筑用电负荷；其次选择导电性能好、发热较小、强度较高的导线；再次导线外皮的绝缘性能好，耐久耐腐蚀，室外导线还应耐高温和耐低温。总之，导线和电缆界面的选择必须满足安全、可靠和经济的条件。

3. 变配电设备的选型

变配电设备担负着接受电能、变换电压、分配电能的任务，常用的有变压器、配电柜和低压配电箱。变配电设备的选型应满足以下要求。

（1）变配电设备的选型应符合建筑电工设计的相关技术规范要求。

（2）变压器的选择首先要调查用电地方的电源电压，用户的实际用电负荷和所在地方的条件；然后参照变压器铭牌标示的技术数据逐一选择，一般应从变压器容量、电压、电流及环境条件综合考虑，其中容量选择应根据用户用电设备的容量、性质和使用时间来确定所需的负荷量，以此来选择变压器容量。

（3）配电柜和低压配电箱应选择使用方便、安全可靠、发热量小、散热好的设备。

4. 用电设备的选型

建筑强电的用电设备的种类很多，常见的有照明灯具、洗衣机、微波炉、电热水器、取暖器、冰箱、电视机、空调、音响设备等。在进行用电设备选型时，对绿色建筑的绿色化和人性化两个方面作出如下选择要求。

（1）所有选择的用电设备必须符合《绿色建筑评价标准》（GB/T 50378—2006）中的相关等级要求。

（2）公共场所和部位的照明采用高效光源和高效灯具，并采取其他节能控制措施，其照明功率密度应符合《建筑照明设计标准》（GB 50034—2013）中的规定。在自然采光的区域设定时或光电控制的照明系统。

（3）空调采暖系统的冷热源机组能效比应符合国家和地方公共建筑节能标准有关规定。

（4）当设计采用集中空调（含户式中央空调）系统时，所选用的冷水机组或单元式空调机组的性能系数（能效比）应符合国家标准《公共建筑节能设计标准》（GB 50189—2005）中的有关规定值。

（5）选用效率高的用能设备，如选用高效节能电梯、集中采暖系统热水循环水泵的耗电输热比、集中空调系统风机单位风量耗功率和冷热水输送能效比应符合《公共建筑节能设计标准》（GB 50189—2005）中的规定。

四、建筑弱电系统的组成

所谓弱电，是针对建筑物的动力、照明用电而言的。弱电系统则完成建筑物内部和内部及内部和外部间的信息传递与交换。弱电一般是指直流电路或音频、视频线路、网络线路、电话线路，直流电压一般在 24V 以内。家用电器中的电话、电脑、电视机的信号输入（有线电视线路）、音响设备（输出端线路）等用电器均为弱电电气设备。

建筑弱电系统工程是一个复杂的系统工程，是多种技术的集成和多门学科的综合，是智能建筑的重要组成部分，智能建筑弱电系统有 3A、5A 之分。3A 是指智能建筑弱电系统由建筑设备自动化系统（简称 BAS）、通信自动化系统（简称 CAS）和办公自动化系统（简称 OAS）三个系统组成。5A 是指智能建筑弱电系统由建筑设备自动化系统（BAS）、通信自动化系统（CAS）、办公自动化系统（OAS）、消防自动化系统（简称 FAS）和安全防范自动化系统（简称 SAS）五个系统组成。

五、弱电设施设备选型原则和要求

（1）弱电设施设备的选型应符合《绿色建筑评价标准》（GB/T 50378—2006）中要求：楼宇自控系统功能完善，各子系统均能实现自动检测与控制。

（2）弱电设施设备的选择要便于操作和使用，并满足人性化的要求。

（3）弱电设施设备的选用要保证其使用的可靠性和安全性。

（4）广播等音像系统要选择噪声很小的设备，满足《民用建筑隔声设计规范》（GB 50118—2010）中室内允许噪声标准一级要求。

（5）无线电设备等带有辐射的电子设备，其辐射值应在安全范围以内。

（6）建筑弱电系统应选择集成智能设备，能够实现建筑智能化管理。

六、建筑弱电设施设备的选型

（一）建筑设备自动化系统

建筑设备自动化系统是智能建筑不可缺少的一部分，将建筑物（或者建筑群）内的电力、照明、空调、运输、保安、广播等设备以集中监视、控制和管理为目的而构成的一个综合系统。它的目的是使建筑物成为安全、健康、舒适、温馨的生活环境和高效的工作环境，并能保证系统运行的经济性和管理的智能化。建筑设备自动化系统设备的选型应符合下列要求。

（1）自动监视并控制各种机电设备的起、停，显示或打印当前运转状态。

（2）自动检测、显示、打印各种机电设备的运行参数及其变化趋势或历史数据。

（3）根据外界条件、环境因素、负载变化情况自动调节各种设备，使之始终运行于最佳状态。

（4）监测并及时处理各种意外、突发事件。

（5）实现对大楼内各种机电设备的统一管理、协调控制。

（6）能源管理　能源管理是指水、电、气等的计量收费、实现能源管理自动化。

（7）设备管理　设备管理主要包括设备档案、设备运行报表和设备维修管理等。

（二）通信自动化系统

通信自动化系统是保证建筑物内语音、数据、图像传输的基础，同时与外部通信网（如电话公网、数据网、计算机网、卫星以及广电网）相连，与世界各地互通信息。智能建筑作为信息社会的节点，其信息通信系统已成为不可缺少的组成部分。通信自动化系统设备的选型应符合下列要求。

（1）智能建筑中的通信系统应具有对于来自建筑物内外各种不同信息进行收集、处理、存储、传输和检索的能力。

（2）能为用户提供包括语音、图像、数据乃至多媒体等信息的本地和远程传输的完备通讯手段和最快、最有效的信息服务。

（三）办公自动化系统

办公自动化是指办公人员利用现代科学技术的最新成果，借助先进的办公设备，实现办公活动科学化、自动化，其目的是通过实现办公处理业务的自动化，最大限度地提高办公效率，改进办公质量，改善办公环境和条件，辅助决策，减少或避免各种差错和弊端，缩短办公处理周期，并用科学的管理方法，借助各种先进技术，提高管理和决策的科学化水平。办公自动化系统设备的选型应符合下列要求。

（1）办公自动化系统是利用技术的手段提高办公的效率，进而实现办公自动化处理的系统，所选用设备应实现这一目标。

（2）采用 Internet/Intranet 技术，基于工作流的概念，使内部人员方便快捷地共享信息，高效地协同工作。

（3）改变过去复杂、低效的手工办公方式，实现迅速、全方位的信息采集、信息处理，为企业的管理和决策提供科学的依据。

（四）消防自动化系统

消防自动化系统也称为火灾自动报警系统，一般由触发器件、火灾报警装置、火灾警报装置和消防电源四部分组成，复杂的消防自动化系统还包括消防联动控制装置。

（1）触发器件　在火灾自动报警系统中，自动或手动产生火灾报警信号的器件称为触发器件。触发器件主要包括火灾探测器和手动报警装置。按火灾参数的不同，火灾探测器可分为感温火灾探测器、感烟火灾探测器、感火火灾探测器、可燃气体火灾探测器和复合火灾探测器五种。近年来还出现了模拟量火灾探测器，这种火灾探测器报警准确，智能化程度高，是报警系统技术进步的重要标志。

火灾探测器的选择应遵循以下原则：①针对不同类型的火灾选择不同的火灾探测器，做到因材适用；②应当按国家现行标准的有关规定合理选择火灾探测器；③火灾探测器要选择质量安全、性能可靠的产品，保证在特定的环境中能正常起到监控作用；④应选择报警准确和智能化的火灾探测器，提高报警的精度、自动化和智能化水平。

（2）火灾报警装置　在火灾自动报警系统中，用以接受、显示和传递火灾报警信号，并能发出控制信号和具有其他辅助功能的控制指示设备称为火灾报警装置。火灾报警控制器按其用途不同，可分为区域火灾报警控制器、集中火灾报警控制器、通用火灾报警控制器三种类型。近年来，随着技术的发展和总线制、模拟量、智能化火灾探测报警系统的逐渐运用，火灾报警控制器已发展为若干种，统称为火灾报警控制器。绿色建筑火灾报警控制器的选择应满足准确性、安全性、可靠性和智能化的要求。

（3）火灾警报装置 在火灾自动报警系统中，用以发出区别于环境声、光的火灾警报信号的装置称为火灾警报装置。警报装置主要是指警铃、声光装置，是在火灾发生时，发出声音和光来提醒人们知道火灾已经发生。火灾警报器是一种最基本的火灾警报装置，通常与火灾报警控制器组合在一起，它以声、光音响方式向报警区域发出火灾警报信号，以警示人们采取安全疏散、灭火救灾措施。

（4）消防电源 消防电源适用于当建筑物发生火灾时，其作为疏散照明和其他重要的一级供电负荷提供集中供电，在交流市电正常时，由交流市电经过互投装置给重要负载供电，当交流市电断电后，互投装置将立即投切至逆变器供电，供电时间由蓄电池的容量决定，当交流市电的电压恢复时应急电源将恢复为市电供电。

（五）安全防范自动化系统

安全防范自动化系统是一个提供多层次、全方位、立体化、科学的安全防范和服务的系统。绿色建筑为了满足人性化要求，必须安装建筑安全防范自动化系统。建筑安全防范自动化系统大致包括入侵报警子系统、电视监视子系统、出入口控制系统、巡更子系统、停车场管理系统和楼宇保安对讲系统等。

（1）入侵报警子系统 入侵报警子系统利用传感器技术和电子信息技术探测并指示非法进入或试图非法进入设防区域（包括主观判断面临被劫持或遭抢劫或其他危急情况时，故意触发紧急报警装置）的行为、处理报警信息、发出报警信息的电子系统或网络。

入侵报警子系统的选型应遵循下列原则：①要便于布防和撤防，因为正常工作时需要布防，下班时需要撤防，这些都要求很方便地进行操作；②要满足布防后的需要延时要求；③要选择防破坏性强的系统，如果遭到破坏应有自动报警功能。

（2）电视监视子系统 电视监视子系统是安全防范体系中的一个重要组成部分，可以通过遥控摄像机监视场所的一切情况，可与入侵报警子系统联动运行，从而形成强大的防范能力。电视监视子系统包括摄像、传输、控制、显示和记录系统。

电视监视子系统的选型应遵循下列原则：①全套设备要性能优越、经济适用、防破坏性强；②摄像机的选择根据实际需要分辨率和灵敏度，选择黑白或彩色摄像机，黑暗地方的监视要配备红外光源；③镜头的选择主要是依据观察的视野和宽度变化范围，同时兼顾选用的CCD的尺寸；④传输系统根据实际情况选用电缆或无线传输。

（3）出入口控制系统 出入口控制系统也称为禁管制系统，主要由读卡机、出口按钮、报警传感器、报警喇叭、控制器、数据通信处理器等组成。系统对重要通道、要害部门的人员进出进行集中管理和控制，配合电磁门可自动控制门的开/关，并可记录、打印出人人员的身份、出人时间、状态等信息。常用的读卡机卡片有磁码卡、铁码片、感应式卡、智能卡和生物辨识系统等。

选择读卡机卡片时应满足以下原则：①满足智能化和人性化的要求，要根据《绿色建筑评价标准》（GB/T 50378—2006）的不同等级要求进行选择；②卡片要方便人的使用。自动化门的选择要满足节能要求，质量可靠，使用耐久；③计算机管理系统除了完成所有要求的功能外，还应有美观、直观的人机界面，使工作人员便于操作。

（4）巡更子系统 巡更子系统是技术防范与人工防范的结合，巡更系统的作用是要求保安值班人员能够按照预先随机设定的路线，顺序地对各巡更点进行巡视，同时也保护巡更人员的安全。这是在巡更的基础上添加现代智能化技术，加入巡检线路导航系统，可实现巡检地点、人员、事件等显示，便于管理者管理。

巡更系统是一种对门禁系统的灵活运用。它主要应用于大厦、厂区、库房和野外设备、管线等有固定巡更作业要求的行业中。它的工作目的是帮助各单位的领导或管理人员利用本系统来完成对巡更人员和巡更工作记录，进行有效的监督和管理，同时系统还可以对一定时期的线路巡更工作情况做详细记录。

（5）停车场管理系统　停车场管理系统是通过计算机、网络设备、车道管理设备搭建的一套对停车场车辆出入、场内车流引导、收取停车费进行管理的网络系统。是专业车场管理公司必备的工具。它通过采集记录车辆出入记录、场内位置，实现车辆出入和场内车辆的动态和静态的综合管理。系统一般以射频感应卡为载体，通过感应卡记录车辆进出信息，通过管理软件完成收费策略实现，收费账务管理，车道设备控制等功能。

全自动停车场管理系统应包括车库入口引导控制器、入口验读控制器、车牌识别器、车库状态采集器、泊位调度控制器、车库照明控制器、出口验读控制器、出口收费控制器。所有的控制设备是停车场系统的关键设备，是车辆与系统之间数据交互的界面，也是实现友好的用户体验关键设备。停车场管理系统选择应符合《建筑节能设计标准》中的相关规定。

（6）楼宇保安对讲系统　楼宇保安对讲系统是在各单元口安装防盗门，小区总控中心的管理员总机、楼宇出入口的对讲主机、电控锁、闭门器及用户家中的可视对讲分机通过专用网络组成。以实现访客与住户对讲，住户可遥控开启防盗门，各单元梯口访客再通过对讲主机呼叫住户，对方同意后方可进入楼内，从而限制了非法人员进入。同时，若住户在家发生抢劫或突发疾病，可通过该系统通知保安人员以得到及时的支援和处理。

第三节　暖通空调设施设备的设计选型

近年来，随着社会经济的快速发展和城市化建设进程的不断加快，人民生活水平不断提高的同时，也对环境设备配置的健康性、舒适性提出了更高的要求，尤其是暖通设计中的空调系统设计显得更加重要。

一、供暖设施设备的基本组成

冬季室外温度较低，室内外温差比较大，室内热量散失较多，温度下降比较严重。为了使人们有一个温暖、适宜的工作和生活环境，就必须向室内供给一定的一般热量，保持一定的舒适温度，这套提供热量的设备称为供暖设备。简单地讲，供暖设施设备是指为使人们生活或进行生产的空间保持在适宜的热状态而设置的供热设施。供暖系统由热源、热循环系统、散热设备三部分组成。一般来说，供暖设备包括锅炉、换热器、散热器、水泵、伸缩器、膨胀水箱、集气罐、疏水器、减压阀和安全阀等10部分，从而构成一套完整的供热系统。

传统的供暖热源是燃烧燃料或用电热元件产热。随着化石燃料（煤、石油等）来源日趋紧张，回收工业生产排放的余热和收集并利用大自然中存在的热已成为很受重视的供暖热源。正确地选择供暖设备也对供暖节能很有意义。例如不经常使用的房屋采用蒸汽或热风供暖，冷风渗入量大的房屋采用辐射供暖等。重视热媒输送管道及其附件的维修，可以减少供暖管道的无益热耗。供暖设备的运行调节可以消灭供暖过热的浪费现象。利用工业余热作为供暖热源可以大量节约供暖能源。按照用热量分户收取供暖费，可以促进用户关心节能。

二、供暖设施设备选型原则和要求

供暖设备是建筑三大设备之一，也是建筑的主要能源消耗设备之一，供暖设备的选型如何不仅直接关系到供暖效果，而且也关系到经济效益和管理难易，因此绿色建筑供暖设备的选择必须满足以下原则和要求。

（1）供暖设备是消耗能量的主要设备，各种建筑供热设备的选择必须遵循低能耗、高效率的原则。

（2）选用效率高的用能设备，集中采暖系统热水循环水泵的耗电输热比应符合《公共建筑节能设计标准》（GB 50189—2005）中的规定。

（3）设置集中采暖和（或）集中空调系统的住宅，应采用能量回收系统（装置）。

（4）采暖和（或）空调的能耗不应高于国家和地方建筑节能标准规定值的80%。

（5）建筑采暖与空调热源的选择，应符合《公共建筑节能设计标准》（GB 50189—2005）中第5.4.2条的规定。

（6）建筑所需蒸汽或生活热水应选用余热或废热利用等方式提供。

（7）在条件允许的情况下，宜采用太阳能、地热、风能等可再生能源利用技术。

三、供暖设施设备的选型

供暖设施设备承载着供热末端的散热功能。选择相匹配、适合的且兼顾考虑到初始投资及将来售后服务，对于业主方来说是非常至关重要的。供暖设施设备的选型主要包括：热源的选择、换热器的选择、散热器的选择、水泵的选择、膨胀水箱的选择、集气罐和自动排气阀的选择、补偿器的选择、平衡阀的选择、其他部件的选择。

（1）热源的选择 供暖用的热源种类很多，常用的热源是锅炉，锅炉根据所用燃料不同，分为燃气锅炉和燃煤锅炉；随着太阳能技术的发展，太阳能供热将逐渐成为一个主要的热源，这种热源具有清洁、环保、可持续等特点；地热和生物热也是逐渐被人们研发和使用的热源之一，这类热源和太阳能一样，不仅清洁、环保，而且可以再生，是纯绿色化的热源之一。无论使用哪一种热源，必须遵守以下要求和原则。

① 根据建筑的热负荷选择适合建筑需要的锅炉容量和供热量，建筑的热负荷的计算参照《民用建筑采暖通风与空气调节设计规范》（GB 50736—2012）和《采暖通风与空气调节设计规范》（GB 50019—2003）中的规定。

② 选择低能耗、高效率的设备；锅炉的额定热效率应符合下列规定：a.燃煤蒸汽、热水锅炉为78%；b.燃油、燃气蒸汽、热水锅炉为89%。

③ 锅炉的性能要安全可靠、设备的耐久性能好、运行污染小，运行后的排放物要符合国家标准。

④ 选用的热源设备要有二次循环系统，对废渣废气进行二次利用。

⑤ 绿色建筑要求使用清洁高效的能源，因此要积极推广使用太阳能、生物能和地热等可再生的热源。

⑥ 燃油、燃气或燃煤锅炉的选择应符合下列规定：锅炉房单台锅炉的容量，应确保在最大热负荷和低谷热负荷时都能高效运行；应充分利用锅炉产生的多种余热。

（2）换热器的选择 换热器是一种在不同温度的两种或两种以上流体间实现物料之间热量传递的节能设备。用于建筑的换热器的种类很多，按其工作原理不同，可分为表面式换热器、混合式换热器和回热式换热器三类。表面式换热器是两种流体隔着一层金属壁换热，常用的有壳管式、肋片式和板式三种；混合式换热器是冷热两种流体混合进行换热；回热式换热器通过一个巨大的具有较大储热能力的换热面进行交换，它运行简单可靠，凝结水可以循环利用，减少了水处理的费用，采用的高温水送水可以减少循环水量，减少投资，同时也可以根据室外温度来调节室内供热，避免室内温度过高。

　　换热器的选择要满足以下要求：要满足经济节约的要求，减少水量和投资；遵循循环利用的原则，要求水可以循环利用或作为其他用；要满足人性化要求，可以根据需要调节室温。

　　（3）散热器的选择　散热器是供暖系统中的热负荷设备，负责将热媒携带的热量传递给空气，达到供暖的目的，散热器大多数都由钢或铁铸造，具有多种形式，常用的有柱形散热器、翼形散热器和钢串片对流散热器等。根据《采暖通风与空气调节设计规范》（GB 50019—2003）中第 4.3.1 条的规定，散热器的选择应符合下列要求。

　　① 散热器的工作压力，应满足系统的工作压力的要求，并符合国家现行有关产品标准的规定。

　　② 民用建筑宜采用外形美观、易于清扫的散热器；放散粉尘或防尘要求较高的工业建筑，应采用易清扫的散热器。

　　③ 具有腐蚀性气体的工业建筑或相对湿度较大的房间，应采用耐腐蚀的散热器。

　　④ 采用钢制散热器时，应采用闭式系统，并满足产品对水质的要求，在非采暖季节采暖系统应充水进行保养。

　　⑤ 蒸汽采暖系统不应采用钢制柱形散热器、板形散热器和扁管散热器。

　　⑥ 采用铝制散热器时，应选用内防腐的铝制散热器，并满足产品对水质的要求。

　　⑦ 安装热量表和恒温阀的热水采暖系统，不宜采用水流通道内含有粘沙的铸铁等散热器。

　　（4）水泵的选择　建筑供暖系统中常用的水泵是离心式水泵。水泵的选择首先必须满足公共建筑节能设计标准，要选择低能高效的设备，要求水泵漏水小。集中热水采暖系统热水循环水泵的耗电输热比（EHR），应符合《民用建筑节能设计标准》（JGJ 26—1995）和《公共建筑节能设计标准》（GB 50189—2005）中的规定。

　　（5）膨胀水箱的选择　膨胀水箱是热水采暖系统和中央空调水路系统中的重要部件，它的作用是收容和补偿系统中水的胀缩量。一般都将膨胀水箱设在系统的最高点，通常都接在循环水泵（中央空调冷冻水循环水泵）吸水口附近的回水干管上。膨胀水箱的选择要符合下列标准和原则。

　　① 膨胀水箱的水容积选择应根据供暖系统的温度和水容积来确定，通常情况下按照系统水容积的 0.34%～0.43% 来选择。具体的选型也可查阅《暖通空调系统设计手册》。

　　② 膨胀水箱的接管（溢水管、排水管、循环管、膨胀管和信号管）的管径应根据膨胀水箱的型号进行选择。

　　③ 从绿色建筑使用安全和节约材料方面讲，膨胀水箱质量要安全可靠、经久耐用。

　　④ 系统中的水要循环使用，其水质应满足相关使用规定。

　　（6）集气罐和自动排气阀的选择　集气罐和自动排气阀用于供暖系统中空气的排除，排气干管顺坡设置时要放大管径，集气管接出的排气管径一般应用 DN15mm；当集气罐安装高度不受限制时，宜选用立式；在较大的供暖系统中，为了方便管理要选择自动排气阀。

　　（7）补偿器的选择　补偿器习惯上也叫膨胀节或伸缩节，属于一种补偿元件。由构成其工作主体的波纹管和端管、支架、法兰、导管等附件组成。利用其工作主体波纹管的有效伸缩变形，以吸收管线、导管、容器等由热胀冷缩等原因而产生的尺寸变化。

　　供暖系统要根据管道增长量选择合适的补偿器，增长量的计委参照相对应的技术规范；有条件时可以采用自然弯曲代替补偿器，以减少成本；地方狭小时可采用套管补偿器和波纹管补偿器，但应选择补偿能力大，又耐腐蚀的补偿器。

　　（8）平衡阀的选择　平衡阀是在水力工况下起到动态、静态平衡调节功能的阀门。平衡阀是绿色建筑节能设计中的重要部件，它能有效地保证管网内热力平衡，消除个别建筑室内温度过高或过低的弊病，可以节煤、节电15%以上。要根据热力网内流量选择适合的平衡阀，流量的计算参照相对应的技术规范；所选用的平衡阀要安全可靠、不漏水；平衡阀要安装在需要的位置，以避免浪费。

（9）其他部件的选择　其他部件的选择包括分水器、集水器和分气缸的选择，这些是供热系统中的重要附件，在系统中起流量分配、平衡及汇集后集中运输的作用。分水器、集水器和分气缸应当严格按照国家标准图选择制作，并且要保温性能良好的设备。

四、建筑通风设施设备的组成

通风又称换气，是用机械或自然的方法向室内空间送入足够的新鲜空气，同时把室内不符合卫生要求的污浊空气排出，使室内空气满足卫生要求和生产过程需要。建筑中完成通风工作的各项设施，统称通风设备。

通风是改善室内空气质量的一种常用方法，包括从室内排出污染空气和向室内补充新鲜空气两个方面，称为排风和送风。通风系统就是为实现排风和送风的一系列设备和装置的总和。自然通风系统一般不需要设置设备，机械通风的主要设备有风机、风管和风道、风阀、风口和除尘设备。

五、通风设施设备选型原则和要求

通风设施设备是保证绿色建筑内部空气质量良好的重要设备，是建筑绿色化的重要评价指标，因此，在进行通风设施设备选型时应遵循下列原则和要求。

（1）能采用自然通风的建筑，应尽量避免采用机械通风；需要采用机械通风的建筑，装置的选择应符合相应的节能标准和技术规范。自然通风设计要遵守《采暖通风与空气调节设计规范》（GB 50019—2003）中第5.2节的规定。

（2）使用时间、温度、湿度等要求条件不同的空气调节区，不应划分在同一个空气调节风系统中。

（3）房间面积或空间较大、人员较多，或有必要集中进行温度、湿度控制的空气调节区，其空气调节风系统宜采用全空气调节系统，不宜采用风机盘管系统。

（4）设计全空气调节系统并当功能上无特殊要求时，应采用单风管送风方式。

（5）建筑物内设有集中排风系统且符合下列条件之一时，宜设置排风热回收装置：①排风热回收装置（全热和显热）的额定热回收效率不应低于60%；②送风量大于或等于3000m³/h的直流式空气调节系统，且新风与排风的温度差大于或等于81℃；③设计新风量大于或等于4000m³/h的直流式空气调节系统，且新风与排风的温度差大于或等于80℃；④设有独立新风和排风的系统。

（6）当有条件时，空气调节送风宜采用通风效率高、空气的置换通风型送风模式。

（7）通风设备的安装和其他配套装置的选择，应符合国家标准《公共建筑节能设计标准》（GB 50189—2005）中的相关规定。

六、通风设施设备的选型

通风设施设备的选型，主要包括风机的选择、风管的选择、风阀的选择、风口的选择、净化设备的选择。

（1）风机的选择　风机是通风系统中为空气流动提供动力，以克服输送过程中阻力损失的机械设备，在建筑通风工程中通常使用离心风机和轴流风机。风机的选择应符合下列规定。

① 风机的单位风量耗功率不应大于表 11-1 中的规定。

表 11-1　风机的单位风量耗功率限值　　　　　单位：W/(m³·h)

系统类型	办公建筑		商业、旅馆建筑	
	粗效过滤	粗、中效过滤	粗效过滤	粗、中效过滤
两管制定风量系统	0.42	0.48	0.46	0.52
四管制定风量系统	0.47	0.53	0.51	0.58
两管制变风量系统	0.58	0.64	0.62	0.68
四管制变风量系统	0.63	0.69	0.67	0.74
普通机械通风系统	0.32			

注：1. 普通机械通风系统中不包括厨房等需要特定过滤装置的房间的通风系统。

　　2. 严寒地区增设预热盘管时，单位风量耗功率可增加 0.035[W/(m³·h)]。

　　3. 当空气调节机组内采用湿膜加湿方法时，单位风量耗功率可增加 0.053[W/(m³·h)]。

② 应选择噪声小的风机，避免产生噪声污染，风机要质量可靠，使用年限长久。

(2) 风管的选择　绿色建筑风管的选择，主要是选择风管的质量、形式、大小和材料，通风管的选择必须符合下列规定。

① 通风、空气调节系统的风管，宜采用圆形或长短边之比不大于 4 的矩形截面，其最大长短边之比不应超过 10。风管的截面尺寸，宜按国家现行标准《通风与空调工程质量验收规范》(GB 50243—2002) 中的规定执行。

② 除尘系统的风管，宜采用明设的圆形钢制风管，其接头和接缝应严密、平滑。

③ 通风设备、风管及配件等，应根据其所处的环境和输送的气体或粉尘的温度、腐蚀性等，采用防腐材料制作或采取相应的防腐措施。

④ 与通风机等振动设备连接的风管，应装设挠性接头。

⑤ 对于排除有害气体或含有粉尘的通风系统，其风管的排风口宜采用锥形的风帽或防雨的风帽。

⑥ 风管的安装和其他附属部件的要求，必须满足《民用建筑采暖通风与空气调节设计规范》(GB 50019—2011) 中的规定。

(3) 风阀的选择　风阀是工业厂房民用建筑的通风、空气调节及空气净化工程中不可缺少的中央空调末端配件，一般用在空调、通风系统管道中，用来调节支管的风量，也可用于新风与回风的混合调节。风阀可以分为一次调节阀、开关阀和自动调节阀等，自动调节阀多采用顺开式多叶调节阀和密封对开调节阀。要根据实际用途选择风阀，风阀选择要和风管相一致，选择性能良好、质量优越的产品。

(4) 风口的选择　通风系统的风口分为进气口和排气口两种。在选择风口时应注意如下事项：进气口的选择应根据风量和分风的需要来确定；同时为了保证绿色建筑的美观，风口的选择也应美观大方；风口是灰尘累积的地方，为了保证空气的质量，风口要便于清洗。

(5) 净化设备的选择　净化设备主要是为了送风和排风过程中，除去空气中的尘埃杂质，保证送入室内的空气干净和减低排除气体污染的一种设施。除尘设备的种类很多，主要有挡板式除尘器、旋风式除尘器、袋式除尘器和喷淋塔式除尘器四种。除尘器的选择，应根据下列因素并通过技术经济比较确定。

① 含尘气体的化学成分、腐蚀性、爆炸性、温度、湿度、露点、气体量和含尘浓度；粉尘气体的化学成分、密度、粒径分布、腐蚀性、亲水性、磨琢度、比电阻、黏结性、纤维性、可燃性、爆炸性等。

② 净化后气体的容许排放浓度。

③ 除尘器的压力损失和除尘效率。

④ 粉尘的回收价值及回收利用的形式。

⑤ 除尘器的设备费、运行费、使用寿命、场地布置及外部水、电源条件等。

⑥ 净化设备系统维护管理的繁简程度。

七、空调设施设备的基本组成

绿色建筑是 21 世纪建筑行业的发展方向，这要求空调系统尽量采用太阳能、地热、风能、生物能等自然能源驱动。在我国，这些自然能源都有充足的储量，因此绿色建筑中的空调应用技术显得非常重要。

绿色建筑要满足人性化的要求，要健康舒适，要有适宜的温度、湿度等，这就需要一套能够对空气进行加热、冷却、加湿、减湿、过滤和输送的设备装置，这就是所说的建筑空调设备。空调系统和以上所讲的采暖通风系统一样，是绿色建筑的核心环境工程设备之一，它主要由冷热源系统、空气处理系统、能量输送分配系统和自动控制系统四个子系统组成的。

空调系统按照设备设置情况不同，可分为集中式空调、独立式空调和半集中式空调三种类型。家用空调一般采用独立式空调，公共建筑一般采用集中式空调和半集中式空调。

八、空调设施设备选型原则和要求

空气调节与采暖的冷热源，宜采用集中设置的冷（热）水机组或供热、换热设备。机组或设备的选择应根据建筑规模、使用特征，结合当地的能源结构及其价格政策、环保规定等按下列原则经综合论证后确定。

(1) 具有城市、区域供热或工厂余热时，宜选其作为采暖或空调的热源。

(2) 具有热电厂的地区，宜推广利用电厂余热的供热、供冷技术。

(3) 具有充足的天然气供应的地区，宜推广应用分布式热电冷联供和燃气空气调节技术，实现电力和天然气的削峰填谷，提高能源的综合利用率。

(4) 具有多种能源（如热、电、天然气等）的地区，宜采用复合式能源供冷、供热技术。

(5) 具有天然水资源或地热源可供利用时，宜采用水（地）源热泵供冷、供热技术。

九、空调设施设备的选型

空调设施设备的选型，主要包括空调机组的选型、空气加湿和减湿设备的选型、空气净化处理设备的选型、空气输送和分配设备的选型。

(1) 空调机组的选型　在空气调节系统中，空气的处理是由空气处理设备或空气调节机组来完成。空气处理设备要对空气进行加热、冷却、除湿、净化、消声等处理。空调机组按照安装方式不同，可分为卧式组合空调机组、吊装式空调机组和柜式空调机组。现阶段在实际中常用的有：组合式空调机组、整体式空调机组、风机盘管机组、水/空气热泵空调机组、电机驱动压缩机的蒸气压缩循环冷水（热泵）机组、蒸汽热水型溴化锂吸收式冷水机组、直燃型溴化锂吸收式冷（温）水机组等。空调机组的选型应注意遵循以下原则。

① 电机驱动压缩机的蒸气压缩循环冷水（热泵）机组，在额定制冷工况和规定条件下，性能系数（COP）不应低于表 11-2 中的规定。

② 蒸气压缩循环冷水（热泵）机组的综合部分负荷性能系数（IPLV），应符合表 11-3 中的规定。水冷式电动蒸气压缩循环冷水（热泵）机组的综合部分负荷性能系数，应按《公共建筑节能设计标准》（GB 50189—2005）中的第 5.4.7 条计算。

表 11-2　冷水（热泵）机组制冷性能系数（COP）

机组类型		额定制冷量/kW	性能系数
水冷	活塞/涡旋式	<528	3.80
		528~1163	4.00
		>1163	4.20
	螺杆式	<528	4.10
		528~1163	4.30
		>1163	4.60
	离心式	<528	4.40
		528~1163	4.70
		>1163	5.10
风冷或蒸发冷却	活塞/涡旋式	≤50	2.40
		>50	2.60
	螺杆式	≤50	2.60
		>50	2.80

表 11-3　冷水（热泵）机组的综合部分负荷性能系数

机组类型		额定制冷量/kW	综合部分负荷性能系数
水冷	螺杆式	<528	4.47
		528~1163	4.81
		>1163	5.13
	离心式	<528	4.49
		528~1163	4.88
		>1163	5.42

③ 名义制冷大于 7100W、采用电机驱动压缩机的单元式空气调节机、风管送风式和屋顶式空气调节机组时，在名义制冷工况和规定条件下，其能效比（EER）应符合表 11-4 的规定。

表 11-4　单元式机组能效比

机组类型		能效比
风冷式	不接风管	2.60
	接风管	2.30
水冷式	不接风管	3.00
	接风管	2.70

④ 蒸汽、热水型溴化锂吸收式冷水机组、直燃型溴化锂吸收式冷（温）水机组，应选用能量调节装置灵敏、可靠的机型。在名义工况下的性能参数应符合表 11-5 的规定。

（2）空气加湿和减湿设备的选型　为了满足室内空间的空气湿度的特殊要求，必须对空气进行加湿和减湿处理，这就需要选择空气加湿和减湿设备，主要包括空气加湿处理设备和减湿处理设备。其中空气加湿处理设备包括蒸汽加湿设备、水蒸发加湿器和电加湿器；减湿处理设备包括冷却减湿器、固体吸湿剂和液体吸湿剂三种。空气加湿和减湿设备的选型必须遵照节能高效的原则，吸湿剂的选择要无害无毒。

（3）空气净化处理设备的选型　空气净化处理，就是通过空气过滤及净化设备去除空气中的悬浮尘埃。其中主要的空气净化处理设备就是空气过滤器。空气过滤器按照工作原理不

表 11-5　溴化锂吸收式机组的性能参数

机型	名义工况			性能参数		
	冷(温)水进/出口温度/℃	冷却水进/出口温度/℃	蒸汽压力/MPa	单位制冷量蒸汽耗量/[kg/(kW·h)]	性能参数/(W/W)	
					制冷	供热
蒸汽双效	18/13	30/35		≤1.40		
	12/7			≤1.31		
				≤1.28		
直燃	供冷 12/7	30/35			≥1.10	
	供热出口 60					≥0.90

注：直燃机的性能系数为：制冷量(供热量)/[加热源消耗量(以低位热量计)+电力消耗量(折算成一次能)]。

同，可分为金属网格浸油过滤器、干式纤维过滤器和静电过滤器等。空气净化处理设备直接影响到空气的质量，在进行选择必须满足以下原则：设备的选择要根据实际情况，选择最实用的除尘设备；选择可以多次重复使用的格网材料，最大限度的节约材料；除尘设备中的吸尘设备要便于清洗。

（4）空气输送和分配设备的选型　空气调节系统中的输送与分配是利用通风机、送回风管及空气分配器和空气诱导器来实现。风管用的材料应表面光洁、质量较轻，要方便加工和安装，并有足够的强度和刚度，并且有较强的抗腐蚀性。常用的风管材料有薄钢板、铝合金板或镀锌薄钢板。空气调节风管绝热层的最小热阻应符合相关规定。需要保冷管道的要设置绝热层、隔气层和保护层；风机的选择要根据室内送风量来选择，同时要选择节能高效的设备，能效比要符合《公共建筑节能设计标准》（GB 50189—2005）相关条文规定；空气分配器和空气诱导器的选择首先要美观实用，其次要便于清洗。

第四节　人防消防设施设备的设计选型

人防工程是指为保障战时人员与物资掩蔽、人民防空指挥、医疗救护而单独修建的地下防护建筑，以及结合地面建筑修建的战时可用于防空的地下室。人防工程是防备敌人突然袭击，有效地掩蔽人员和物资，保存战争潜力的重要设施。

一、人防工程设施设备系统的组成

人防工程是为了在战争发生时能够提供短时间的庇护场所，为确保在这个系统中的人员正常生活和工作，应当具有一套完整的生命线工程，其主要的设施设备和地面建筑一样，包括排水设施设备、消防设施设备、通风排风设备、电力照明设备等。

人防工程通常由人员生活设施和防护设施两部分组成。其中防护设施是人防工程的特殊设施，人防工程依靠这些设施达到各种防护要求，起到防护作用。

（1）工程的密闭设施　主要由防护密闭门、密闭门、防毒通道和洗消间组成。它的作用是阻止染毒空气进入工程内。防护密闭门还能防冲击波，既能起到防护作用，又能起到密闭作用。两个相邻密闭门之间的空间称作防毒通道，能降低漏入毒剂浓度，便于人员进出。

（2）滤毒通风设施　主要由滤尘器、滤毒器和风机、管道等设备组成。滤尘器和滤毒器分别起到滤除烟尘、毒雾和吸附毒剂蒸气的作用，过滤出来的空气由风机通过管道送入人防工程内室。

（3）洗消设施　包括洗消间、消毒药品、洗消器材等。用于对进入人员进行局部或全身洗消，以避免人员将毒剂带入内室，保障内室安全。

除以上三种设施外，人防工程中还有防化报警和监测化验器材，主要用于发现外界空气是否染毒，监测工程内气体成分变化情况和人员受放射性照射情况等。

二、人防设施设备选型原则和要求

人防工程和地面建筑工程不同的是，人防工程真正使用的时期非常特殊，一般在城市发生空隙、战乱时才启用，因此人防工程不但需要一整套的生命线系统工程，而且这些生命线工程所采用的设施设备都有特殊的要求：①所有设施设备的选择必须满足相应的人防工程设计规范的有关规定；②绿色化的人防工程设施设备不但要保证使用安全，还应提高使用效率和节能，从节能角度应符合《公共建筑节能设计标准》（GB 50189—2005）中的有关规定；③人防设备的使用时期比较特殊，所有的人防设备都应具有一定的防火、防潮、防冲击波的能力，通风设备的抗冲击波压力应符合表 11-6 的要求；④人防设备按要求设计备用系统，以防止突发事件的发生。

表 11-6　防护通风设备抗冲击波的允许压力值　　　　　　　　单位：MPa

设备名称	允许压力
经过加固的油网粗过滤器	0.05
密闭阀门、离心风机、YF 型自动排气阀门、柴油发电机自吸空气管	0.05
泡沫塑料过滤器	0.04
滤毒器、纸除尘器	0.03
非增压发电机排烟管	0.30
防爆超压排气活门	0.30～0.60

三、人防设施设备的选型

人民防空工程是一种隐蔽性的地下工程，其系统是一个非常复杂、完整的生命线系统工程，包括了地面建筑中几乎所有的设施设备。由于在绿色建筑评价标准中没有针对人防设施设备的明确要求，其设施设备的选择除按照《人民防空地下室设计规范》（GB 50038—2005）、《人民防空工程设计防火规范》（GB 50098—2009）等规范的有关规定外，其余设施设备均可以参照地面建筑设施设备的要求进行选择。

人防设施设备的选型，主要包括人防通风设备的选型、人防排烟设备的选型、人防给排水设备的选型、人防照明设备的选型。

1. 人防通风设备的选型

战时防护通风系统应具备和满足清洁式、过滤式通风和隔绝式通风三种通风方式的要求。当战争来临时，在人员进入防空地下室，出入口部的防护密封门等关闭后，为了保障人员在防护体内长期生活和工作，在外界空气遭到污染并带有毒剂时，将外界新风先通过除尘器除尘埃，再经过过滤吸收毒剂，达到呼吸标准后向防护体内送风的过程称为过滤式通风；而当敌方施放化学或生物武器后，外界毒剂尚未判明之前或外界毒剂浓度过大时，以及更换过滤吸收设备时或过滤吸收设备失效后，在以上任一情形出现时必须使防空地下室与外界空气隔绝，此时所进行的通风就是隔绝式通风。

人防通风设备选型的主要内容应包括送风机、粗过滤器、过滤吸收器以及防爆波（防核爆冲击波）活门的选择，根据《人民防空地下室设计规范》（GB 50038—2005）、《人民防空工程设计防火规范》（GB 50098—2009）中的相关规定，人防通风设备的选择应满足下列规定：

（1）风机的选型　风机首先要节能高效，其次要安全可靠，应当选用非燃性材料制作的风机，另外风机的选择应满足建筑室内新风量的要求。风机供应的新风量要求见表 11-7。

表 11-7　风机供应的新风量要求

工程或房间类别	新风量/（m³/h）	工程或房间类别	新风量/（m³/h）
旅馆客房、会议室、医院病房	≥30	一般办公室、餐厅、阅览室、图书馆	≥20
舞厅、文娱活动室	≥25	影剧院、商场（店）	≥15

（2）通风管的选型　首先，通风管应当选用非燃材料制作。但接触腐蚀性气体的风管及柔性接头，可采用难燃材料制作；其次，风管和设备的保温材料应采用非燃材料；消声、过滤材料及胶黏剂应采用非燃材料或难燃材料。

（3）防火阀的选型　防火阀的温度熔断器与火灾探测器等联动的自动关闭装置等一经动作，在发生火灾时防火阀应能顺气流方向自行严密关闭。温度熔断器的作用温度宜为 70℃。

（4）防爆波活门的选型　排风系统相对于防护送风系统，设备较少，管道简单，设备的选型主要是防爆波活门；自动排气阀门或防爆超压自动排气活门的选择计算。防爆波活门的确定与送风系统相同，但应注意，如果平时通风与战时通风合用消波设施时，应选用门式防爆波活门。门式防爆波活门的参数见表 11-8。

表 11-8　门式防爆波活门的参数

型号	门框尺寸/mm	悬板开启风量/（m³/h）	门开启风量/（m³/h）	防核爆冲击波压力/Pa
MH900-1	500×800	900	11000	$9.80×10^4$
MH900-3	500×800	900	11000	$2.94×10^5$
MH800-1	500×800	1800	11000	$9.80×10^4$
MH800-3	500×800	1800	11000	$2.94×10^5$
MH600-1	500×800	3600	11000	$9.80×10^4$
MH600-3	500×800	3600	11000	$2.94×10^5$

（5）过滤吸收器的选择　所选用的过滤吸收器应符合下列要求：滤毒通风的新风量应满足表 11-9 的要求，且应满足最小防毒通道换气量的要求。在人防工程中一般常选用四桶式 300 型过滤吸收器，四桶式 300 型过滤吸收器的性能见表 11-9。

表 11-9　四桶式 300 型过滤吸收器的性能

型号	炭层厚/cm	装药种类	防毒时间（氯化氢 2mg/L）/h	气流压力损失/Pa	油雾透过系数	质量/kg	抗冲击波压力/Pa	外形尺寸/mm
LD-300-2 四桶式	6.0	13♯	3	<400	0.001%	<95	$2.94×10^4$	526×526×765
	6.0	19♯	4	<650	0.001%	<100	$2.94×10^4$	
LD-300-1 四桶无边式	4.5	13♯	1	<400	0.001%	<75	$2.94×10^4$	490×490×720
	4.5	19♯	2	<650	0.001%	<80	$2.94×10^4$	

（6）密闭阀的选型　人防工程中常用的密闭阀参数见表 11-10。

表 11-10　常用的密闭阀参数

手动密闭阀		手动电动两用密闭阀	
公称直径 DN/mm	允许通过风量/(m³/h)	公称直径 DN/mm	允许通过风量/(m³/h)
150	<600	200	<1100
200	<1100	300	<2500
300	<2500	400	<4500
400	<4500	600	<11000
500	<7000	800	<18000
600	<11000	1000	<28000
700	<13500	1200	<50000
800	<18000		
900	<22000		

（7）自动排气阀的选型　人防工程中常用的自动排气阀性能参数见表 11-11。

表 11-11　自动排气阀性能参数

型号	直径/mm	排风量/(m³/h)	重锤启动压力调节范围/Pa
YF 型	$d=150$	80～280	30～100
YF 型	$d=200$	120～500	30～100
PS 型	$d=250$	200～800	30～100

2. 人防排烟设备的选型

根据我国现行标准中的规定，人防工程下列部位应设置机械排烟设施：①建筑面积大于 $50m^2$，且经常有人停留或可燃物较多的房间、大厅和丙、丁类生产车间；②总长度大于 20m 的疏散走道；③电影放映间、舞台等。人防工程的排烟设备的选型，主要包括进风管、排烟风机和排烟口。

（1）进风管　进风管要求有爆波能力，为此一般均采用 2mm 厚的钢板焊制而成。清洁通风风管、密闭阀、滤毒通风风管均应按要求选择大小，管道出机房时应设防火阀，并与风机连锁。同时由于地下室夏季比较潮水，其送风管宜采用玻璃钢制品。

（2）排烟风机　在人防工程排烟设备的选型中，当走道或房间采用机械排烟时，排烟风机的风量计算应符合《人民防空工程设计防火规范》（GB 50098—2009）中的相关要求；排风机要节能高效，满足公共建筑节能设计规范的相关要求；排烟风机与排烟口应设有联动装置，当任何一个排烟口开启时，排烟风机应自动启动；排烟风机的入口处，应设置当烟气温度超过 280℃时能自动关闭的防火阀，并与排烟风机连锁。

（3）排烟口　根据《人民防空工程设计防火规范》中第 5.1.5 条规定：走道或房间采用自然排烟时，其排烟口的总面积（当利用采光窗并排烟时为窗口排烟的有效面积）不应小于该防烟分区面积的 2%，排烟口、排烟阀门、排烟管道必须用非燃材料制成。

3. 人防给排水设备的选型

人防给排水系统是人防工程中重要的生命线系统，人防设施的给水设备的选择必须遵守以下原则：人防的给排水设施的选择首先必须满足《人民防空工程设计防火规范》（GB 50098—2009）中的相关要求；人防给排水设施的能耗设施满足相应的能耗要求；人防给排水设施要有一定的防火、防冲击波的能力。

4. 人防照明设备的选型

人防工程多数处于地下，室内环境与地面工程有很大不同。人防工程内潮湿场所应采用防潮型的灯具；柴油发电机的油库、蓄电池室等房间应采用密闭型的灯具。

四、消防设施系统的主要组成

消防是城市安全和防灾体系的重要组成部分，是保障城市生存和健康发展的基础设施之一。因此，自动灭火系统和消防联动系统在消防安全管理中具有十分重要的地位和作用，人们对消防系统的研究和设计越来越重视。消防设施系统主要由火灾自动报警系统、灭火及消防联动系统组成。

火灾自动报警系统是由触发装置、火灾报警装置、联动输出装置以及具有其他辅助功能装置组成的，它具有能在火灾初期，将燃烧产生的烟雾、热量、火焰等物理量，通过火灾探测器变成电信号，传输到火灾报警控制器，并同时以声或光的形式通知着火层及上下邻层疏散，控制器记录火灾发生的部位、时间等，使人们能够及时发现火灾，并及时采取有效措施，扑灭初期的火灾，最大限度地减少因火灾造成的生命和财产的损失，是人们同火灾进行斗争的有力工具。

灭火及消防联动系统主要包括灭火装置、减灭装置、避难应急装置和广播通信装置四部分组成。灭火装置又由消火栓给水系统、自动喷水灭火系统和其他常用灭火系统组成；减灭装置主要是防火门和防火卷帘；避难应急装置包括切断电源装置、应急照明、应急疏散门和应急电梯等；广播通信装置包括消防广播和消防专用电话。

五、消防设施设备选型原则和要求

（1）绿色建筑内部所有的消防设施的布置和选择，必须严格遵守《建筑设计防火规范》（GB 50016—2006）中的相关规定。

（2）灭火系统设施设备的选型，要根据建筑本身的防火要求来确定。

（3）要根据建筑的防火面积来选择相应消防能力的消防设备。

（4）要选择节水高效的消防设备，满足绿色建筑的节水、节材和节能的要求。

（5）所选择的消防设备均要满足一定耐火性能的要求。

（6）一些需要人力手动操作的消防设备，要求动作简单、操作方便。

六、消防设施设备的选型

消防设施是保证建筑物消防安全和人员疏散安全的重要设施，是现代建筑的重要组成部分。其对保护建筑起到了重要的作用，有效地保护了公民的生命安全和国家财产的安全。消防设施设备的选型，主要包括消防给水设备的选型、消火栓系统设备的选型、自动灭火装置的选型、减灭装置的选型、避难及广播通信装置的选型。

1. 消防给水设备的选型

消防给水设备的选择，主要包括水源、水压的选择等。根据绿色建筑的节水要求，绿色建筑消防水源应当采用非传统水源；绿色建筑的消防给水量和水压，应当根据建筑用途及其重要性、火灾特性和火灾危险性等综合因素确定；消防水池和水泵的选择，应符合建筑消防标准和建筑节能相关标准的要求。

2. 消火栓系统设备的选型

采用消火栓灭火是最常用的灭火方式，它由蓄水池、加压送水装置（水泵）及室内消火栓等主要设备构成，这些设备的电气控制包括水池的水位控制、消防用水和加压水泵的启动。水位控制应能显示出水位的变化情况和高、低水位报警及控制水泵的开停。室内消火栓系统由水枪、水龙带、消火栓、消防管道等组成。为保证喷水枪在灭火时具有足够的水压，需要采用加压设备。常用的加压设备有消防水泵和气压给水装置两种。

绿色建筑使用的是非传统水源，必须设置水箱和消防水泵。消火栓设备的规格见表11-12。

表 11-12　消火栓设备的规格

项目		每支水枪流量/(L/s)	消火栓口径/mm	水龙带直径/mm	水龙带长度/m	直流水枪口径/mm
室内消火栓		≥5.0	65	65	≤25	19
		<5.0	50	50		13 或 16
消防卷盘		0.2～1.26	25	19(胶管)	20～40	6～8

3. 自动灭火装置的选型

自动灭火装置主要由探测器、灭火器、数字化温度控制报警器和通讯模块四部分组成。可以通过装置内的数字通讯模块，针对防火区域内的实时温度变化、警报状态及灭火器信息进行远程监测和控制，不仅可以远程监视自动灭火装置的各种状态，而且可以掌握防火区域内的实时变化，火灾发生时能够最大限度地减少生命和财产损失。

自动灭火装置按喷头的开闭形式不同，可分为闭式自动喷水灭火系统和开式自动喷水灭火系统。闭式自动喷水灭火系统有湿式、干式、干湿式和预作用自灭火系统；开式自动喷水灭火系统有雨淋喷水、水幕和水喷雾灭火系统。除此之外还有二氧化碳灭火系统、泡沫灭火系统、干粉灭火系统和移动灭火器等多种类型，各种类型自动灭火系统的适用范围如表11-13所列。灭火系统的选择首先要根据实际需要而选择设定，总的应遵循经济适用的原则。

表 11-13　各种类型自动灭火系统的适用范围

系统类型			适用范围
自动喷水灭火系统	闭式系统	湿式自动喷水灭火系统	因管网及喷头内充水,适用于环境温度4～70℃的建筑物内
		干式自动喷水灭火系统	系统报警后充水,适宜于温度低于4℃或高于70℃的建筑物内
		干湿式自动喷水灭火系统	结合干式和湿式两系统的优点,环境温度4～70℃时为湿式,温度低于4℃及高于70℃时自动转化为干式
		预作用自动喷水灭火系统	系统雨淋报警阀后,管网充低压空气和氮气。当有火情时,系统可在短时间内(3s)由干式变为湿式系统,减少误报
	开式系统	雨淋喷水灭火系统	适用于严重危险级的建筑物和构筑物内
		水幕灭火系统	可以起到冷却、阻火、防火带的作用,适用于建筑需要保护或防火隔断部位
		水喷雾灭火系统	喷雾起到冷却、窒息、冲击乳化和稀释作用,适合在飞机制造厂、电器设备厂和石油化工等场所

4. 减灭装置的选型

减灭装置的选型，主要包括排烟装置的选型、防火门和防火卷帘的选择。

（1）排烟装置的选型　排烟装置的选型应满足下列要求。

① 排烟风机的全压力应满足排烟系统最不利环路的要求，其排烟量应当考虑10%～20%的漏风量。

② 排烟风机应能在280℃的环境条件下连续工作不少于30min，且在排烟风机入口处的总管上，应设置当烟气温度超过280℃时能自行关闭的排烟防火阀，该阀应与排烟风机连锁，当该阀关闭时排烟风机应能停止运转，当排烟风机及系统中设置有软接头时，该软接头

应能在 280℃ 的环境条件下连续工作不少于 30min。

③ 排烟风机可采用离心风机或排烟专用的轴流风机；且机械排烟系统的排烟量应遵循《建筑设计防火规范》（GB 50016—2006）中的相关规定。

（2）防火门和防火卷帘的选择　防火门和防火卷帘的选择应注意以下方面：①防火卷帘的耐火极限时间不应低于 3.00h，防火卷帘的性能应符合《门和卷帘耐火试验方法》（GB 7633—2008）中的相关规定。②防火卷帘应具有良好的防烟性能。

5. 避难及广播通信装置的选型

避难及广播通信装置的选型应遵循以下原则：切断电源装置、应急照明、应急疏散门和应急电梯等应急避难装置要安全可靠，保证火灾情况发生时能够安全正常的工作；消防广播和消防专用电话要保证在火灾发生时能够正常使用。特别是在绿色建筑中的应急设施要杜绝不正常情况的发生。

第五节　燃气、电梯、通信设施设备的设计选型

一、燃气设施系统的组成

绿色建筑的燃气系统一般是指室内燃气系统，一个完整的室内燃气系统包括供气系统、输气设备和用气设备三大部分。其中通常所说的供气系统有城市管道供气、瓶装供气，绿色建筑鼓励并要求采用非传统气源；输气设备是指输气管道和仪表等；用气设备通常包括燃气灶具、燃气热水器、燃气发电机等。

二、燃气设施设备选型原则和要求

燃气系统是纯粹消耗能源的系统，也是绿色建筑重要的能源系统，特别是对于民用建筑来说，燃气系统是满足居民生活需求的主要能源之一，因此，燃气设施设备的选型要遵守以下原则：①选择清洁高效的气源，以免造成环境污染和不必要的浪费；②要尽量使用非传统气源（如沼气等）；③燃气用具要节能高效，安全可靠；④输送管道、燃气表要根据用气负荷来选择，要保证使用安全，不出现漏气。

三、电梯设施设备的选型

电梯是建筑内部垂直交通运输工具的总称。目前，电梯按照用途不同可以分为乘客电梯、货运电梯、医用电梯、杂物电梯、观光电梯、车辆电梯、船舶电梯、建筑施工电梯和其他类型的电梯；按运行速度不同可以分为低速电梯、中速电梯、高速电梯和超高速电梯。

电梯作为建筑内部的一种重要的垂直交通运输工具，绿色建筑在选择电梯时应遵循以下原则：①绿色建筑选择的电梯必须高效节能。《绿色建筑评价标准》中明确了绿色建筑要求节能，必须选择效率高的用能设备；②绿色建筑选用的电梯要安全舒适，有良好的照明和通风；③绿色建筑内的电梯要有良好可靠的应急系统。

四、通信设施设备的选型

通信网络系统是保证建筑物内的语音、数据、图像能够顺利传输的基础，它同时与外部通信网络如公共电话网、数据通信网、计算机网络、卫星通信网络及广播电视网相连，与世界各地互通信息，向建筑物提供各种信息的网络。其中包括程控电话系统、广播电视卫星系统、视频会议系统、卫星通信系统等。绿色建筑通信设施设备应满足下列原则。

（1）绿色建筑内部的通信设备必须是高效节能的。尽管目前在工程设施规划中把通信设施列入弱电系统中，在具体选型时还是必须满足节能的要求。

（2）常用的一些通信设备有很多是用重金属制作的，严重危害人的身体健康，因此，绿色建筑内的通信工具制作的材料应是无害的。

（3）电子设备发展非常迅速，但人们很担心电子设备的负影响，因为日常使用的电子设备有很强的电磁辐射，对人体健康损伤较大，因此，绿色建筑内部的通信设备应是低辐射的环保设备。

（4）要保证通信网络的安全，切实有效的防止病毒入侵和网络窃听。

（5）绿色建筑内的各种通信系统，应做到根据发展可以实时升级，通信设备应当选择先进智能化的系统。

第六节　其他系统设施设备的选型

在上述各节中主要讲述了绿色建筑中传统常用设施设备的选型原则和方法，其实，这些设施设备只是绿色建筑中的主要设施设备，由于我国的绿色建筑还有很多东西需要进一步完善，所以以上介绍的并不是所有的设施设备。一些绿色建筑发展相对比较成熟的国家（如英国、德国、日本等），它们的绿色建筑设施设备还包含了太阳能系统、水资源循环利用系统、能源循环系统和建筑智能系统等。

一、能源循环系统设备的选择

温家宝同志在 2013 年的政府工作报告中指出："要大力推进能源资源节约和循环利用，重点抓好工业、交通、建筑、公共机构等领域节能，控制能源消费总量，降低能耗、物耗和二氧化碳排放强度。"这是我国在今后经济建设中的工作重点和努力方向。

众所周知，太阳能、风能、地热能和生物能等是属于清洁、绿色、可持续和可循环利用的能源，这些能源通过供应、转换、输送和消耗从而达到能源循环的目的。因此，一个简单的能源循环系统是由能源供应系统、转换系统、输送系统和消耗系统组成的。常见的能源循环系统包括太阳能循环系统、风能循环系统、地热能循环系统和生物能循环系统等。

尽管采用非传统能源就可以节约能源，但在未来的发展过程中，高效利用非传统的资源也是绿色建筑追求的目标，因此在能源循环设备的选择上应遵循以下原则。

（1）能源收集系统和转化系统也要达到高效，这样不但可以节约材料，同时也可以最大限度地满足建筑能耗的要求。

（2）能源的转换系统要高效，收集同样的自然能源，也要通过高效的转换设备，尽可能多地转换为建筑运行所需要的能源。

（3）选择的能源循环设备中的传输设备，要减少能量的流失和消耗。

（4）选择的能源循环设备应当高效节能，真正成为绿色建筑的重要组成部分。

（5）选择的能源循环设备要和建筑密切结合，不能破坏建筑的风貌，不要影响建筑的美观和使用功能。

二、建筑智能系统设备的选择

智能是人类大脑的较高级活动的体现，它至少应具备自动地获取和应用知识的能力、思维与推理的能力、问题求解的能力和自动学习的能力。建筑智能化系统是指以建筑为平台，兼备建筑设备、办公自动化及通信网络三大系统，集结构、系统、服务、管理及它们之间最优化组合，向人们提供一个安全、高效、舒适、便利的综合服务环境。

建筑智能化系统，利用现代通信技术、信息技术、计算机网络技术、监控技术等，通过对建筑和建筑设备的自动检测与优化控制、信息资源的优化管理，实现对建筑物的智能控制与管理，以满足用户对建筑物的监控、管理和信息共享的需求，从而使智能建筑具有安全、舒适、高效和环保的特点，达到投资合理、适应信息社会需要的目标。

建筑智能化系统设备选择应遵循以下原则：①节能高效，这是绿色建筑对任何设备选择最基本的要求；②安全可靠，这里主要是指信息安全和设备正常运行；③方便快捷，使用要方便，组成简单明了，便于系统维护。

第十二章

绿色建筑能源系统及技术

近些年来，随着可持续发展观念的深入人心，很多国家的政府都在大力提倡发展绿色建筑和智能建筑。随着经济的迅猛发展及人们环保意识的提高，绿色建筑、智能建筑和住宅环境质量越来越受到更多人的重视。在可持续发展成为全世界所追求的目标时，建筑行业也在关注能源以及环保的可持续发展问题。在中国，建筑能耗占总能耗的 25％ 以上，且呈递增的趋势，因此开展建筑节能工作有巨大潜力。建筑能耗不仅仅影响国家能源供应，而且能源使用效率的高低影响环境，也就是说，建筑节能和居住环境是两个相互关联、相互影响的问题。

第一节　绿色建筑节能系统及技术

绿色建筑是指在建筑的全寿命周期内，最大限度地节约资源（节能、节地、节水、节材），保护环境和减少污染，为人们提供健康，适用和高效的使用空间，与自然和谐共生的建筑。所谓"绿色建筑"中的"绿色"，并不是指一般意义的立体绿化、屋顶花园和城市绿化，而是代表一种概念或象征，指建筑对环境无害，能充分利用环境自然资源，并且在不破坏环境基本生态平衡条件下建造的一种有益于人类生存的建筑，又可称为可持续发展建筑、生态建筑、回归大自然建筑、节能环保建筑等。

在创建节约型社会的倡导下，绿色建筑中的节能无疑是当前建筑界，工程界，学术界和企业界最热门的话题之一。绿色建筑是一种理念，并不是特指某种建筑类型，而是适用于所有的建筑。所谓"居住、生活和活动的空间"不仅包括与百姓休戚相关的住宅、写字楼、办公楼等，也包括商场、超市、政府大楼、学校、医院、体育场等建筑。我们衡量一栋建筑是否绿色与它的建筑类型无关。绿色建筑的基本内涵可归纳为：减轻建筑对环境的负荷，即节约能源及资源；提供安全、健康、舒适性良好的生活空间；与自然环境亲和，做到人及建筑与环境的和谐共处、永续发展。

所谓的节能，实质上是指通过合适的工程控制技术与材料的选择达到节省能源的目的，随着国际能源危机的加剧，对占据社会总能耗近 1/3 的建筑进行节能设计势在必行。全面的建筑节能，就是建筑全寿命过程中每一个环节节能的总和，是指建筑在选址、规划、设计、建造和使用过程中，通过采用节能型的建筑材料、产品和设备，执行建筑节能标准，加强建筑物所使用的节能设备的运行管理，合理设计建筑围护结构的热工性能，提高采暖、制冷、照明、通风、给排水和管道系统的运行效率，以及利用可再生能源，在保证建筑物使用功能和室内热环境质量的前提下，降低建筑能源消耗，合理、有效地利用能源。

根据国内外的经验，绿色建筑节能系统及技术主要包括优化建筑环境、选用节能设备、应用节能技术、加强监督管理、循环利用能源等方面。

一、优化建筑环境

在经济腾飞、科技发展、信息化时代的今天，人们对于身边的环境要求越来越高，对关乎自己生活的细节关注日益紧密，建筑工程对人文自然环境的影响也越来越受到工程技术人员及科研团队的广泛关注。建筑工程最主要是影响到周边的自然环境、城市的人文环境和对环境保护，必须建筑设计同环境设计的同步化去优化建筑同环境的关系，实现建筑创作同生态环境协调可持续的发展。

众多建筑工程测试证明，良好的建筑环境是实现建筑节能的先决条件，充分利用外部环境和自然资源是建筑节能行之有效的方法。对于绿色公共建筑，其总平面设计的原则是冬季能获得足够的日照，并避开北方来的寒冷主导风向，夏季室内能利用自然通风，防止太阳辐射与暴风雨的袭击。建筑总平面设计应考虑诸多方面的因素，会受到社会历史文化、地形、城市规划、道路、环境等各种条件的制约，在设计的初期应权衡各因素之间的相互关系，通过综合分析，优化相关规划设计，尽可能提高建筑物在夏天的自然通风和冬季的采光效果，保持人体的舒适性。

绿色居住和公共建筑对于围护结构的隔热保温等方面也有相关要求。围护结构热工性能指标应符合《严寒和寒冷地区居住建筑节能设计标准》（JGJ 26—2010）和《公共建筑节能设计标准》（GB 50189—2005）中的规定。此外，建筑外窗设计也应符合相关规范，按照有关要求，可开启的建筑外窗面积不应小于建筑外窗总面积的 30%，建筑幕墙应具有可开启部分或设有通气换气装置。

为了保证建筑的节能，抵御夏季和冬季室外空气过多地向室内渗漏，造成室内环境不良。绿色建筑对外窗的气密性能有较高的要求。按照现行标准的规定，建筑外窗的气密性不得低于国家标准《建筑外门窗气密、水密、抗风压性能分级及检测方法》（GB 7106—2008）中的要求，即在 10Pa 压差下，每小时每米缝的空气渗透量在 $0.5 \sim 1.5 m^3$ 之间和每小时每平方米面积的空气渗透量在 $1.5 \sim 4.5 m^3$ 之间。

二、选用节能设备

随着社会经济发展、人民生活水平不断提高，建筑能耗持续上升。其原因，一是建筑面积增加；二是居民家用设备快速增长，建筑照明条件也日益改善；三是人们对建筑热舒适性要求越来越高，空调制冷面积不断扩大，时间也在延长，能源消耗随之增加。目前普遍认为建筑中选用节能设备是实现建筑节能途径中潜力最大、最为直接有效的方式，是缓解能源紧张、解决社会经济发展与能源供应不足这对矛盾的最有效措施之一。因此，选用节能设备和采取建筑节能技术措施，不仅能改善室内热环境、减少空调耗能量，还能减少空调机排放的废热废气等改善大气环境，且对削减用电高峰负荷意义重大。

建筑设备包括建筑电气、供暖、通风、空调、消防、给排水、楼宇自动化等。建筑内的能耗设备主要包括空调、照明、热水供应设备等。南方地区空调系统和照明系统的耗能在大多数的民用建筑能耗中占主要份额，空调系统的能耗更达到建筑能耗 40%～60%，因此建筑设备是否节能已成为建筑节能的主要控制对象。

建筑设备的节能设计，必须依据当地具体的气候条件，首先保证室内热环境质量，同时，还要提高采暖、通风、空调和照明系统的能源利用效率，以实现国家的节能目标、可持续发展战略和能源发展战略。在进行建筑节能设计和选用节能设备时应注意以下方面。

（1）合适、合理地降低设计参数　合适、合理的降低设计参数，并不是消极被动地以牺牲人类的舒适、健康为前提。空调的设计参数，夏季空调温度可适当提高一点如 25～26℃、冬季的供暖温度可适当低一点。

（2）建筑设备规模要合理　建筑设备系统功率大小的选择应适当。如果功率选择过大，设备常是部分负荷而非满负荷运行，导致设备工作效率低下或闲置，造成不必要的浪费。如果功率选择过小，达不到满意的舒适度，势必要改造、改建，也是一种浪费。建筑物的供冷范围和外界热扰量基本是固定的，出现变化的主要是人员热扰和设备热扰，因此选择空调系统时主要考虑这些因素。同时，还应考虑随着社会经济的发展，新电气产品不断涌现，应注意在使用周期内所留容量能够满足发展的需求。

（3）建筑设备设计与选用应综合考虑　建筑设备之间的热量有时起到节能作用，但是有时候则是冷热抵消。如夏季照明设备所散发的能量将直接转化为房间热扰，消耗更多冷量。而冬天的照明设备所散发的热量将增加室内温度，减少供热量。所以，在满足合理的照度下，宜采用光通量高的节能灯，并能达到冬夏季节能要求的照明灯具。

（4）建筑能源管理系统自动化　建筑能源管理系统是建立在建筑自动化系统（BAS）的平台之上，是以节能和能源的有效利用为目标来控制建筑设备的运行。它针对现代楼宇能源管理的需要，通过现场总线把大楼中的功率因数、温度、流量等能耗数据采集到上位管理系统，将全楼的水、电力、燃料等的用量由计算机集中处理，实现动态显示、报表生成。并根据这些数据实现系统的优化管理，最大限度地提高能源的利用效率。BAS 系统造价相当于建筑物总投资的 0.5%～1%，年运行费用节约率约为 10%，一般 4～5 年可回收全部费用。

（5）建筑物空调方式及设备的选择，应根据当地资源情况，充分考虑节能、环保、合理等因素，通过经济技术性分析后确定。

三、应用节能技术

绿色建筑首先强调是节约能源、保护环境、保持生态平衡，体现可持续发展的战略思想。为了节约能源就需要在绿色建筑中采用自动化、智能化技术。利用智能系统的"智慧"，最大限度地减少能源消耗。

（1）空调、通风、冷冻、采暖智能系统　空调机组系统是通过监测室内温、湿度参数，根据设定值，经 DDC 计算以控制水阀开度，控制空调机组启停达到保持舒适性环境和节能目的，同时检测各设备状态报警以便及时检修。送排风系统根据各区域新风、室内 CO_2 含量来设定送排风的定时启停，以保证新风量同时又节能的目的。冷冻站系统是利用温感探测器原理及压力探测器原理，控制关系，进行自动启停，根据供回水温度、流量、压力等参数计算系统冷量，控制机组运行以达到节能目的。采暖智能系统是利用温感探测器原理来完成控制，采暖系统通过热交换器为中央空调提供热水，监控系统的主要任务为控制热交换过程以保证要求的热水温度和流量。根据热水给、回水温度差及总流量判断用户热负荷状况，确定热交换器开启台数及阀门大小，保证热源的合理使用，达到最佳的节能及运行效果。

（2）智能遮阳板控制系统　是利用亮度传感器控制遮阳电机，在全自动的模式下该遮阳系统能自动根据阳光的照射角度、光线的强弱、风力的大小、天气的好坏等因素自动调节遮阳板的开启和转动角度，以及自己判断是否关闭。该系统可以保护建筑物及其使用者免受阳光直射，在夏天可以遮蔽阳光，阻截光线来避免过多热量透过窗户，降低室内温度；在冬天可以利用阳光给室内加热，提高室内的热舒适度，调节内部空间光照需求，从而达到环保和节省空调运作费用的目的。

（3）智能照明系统　是利用照明接触器、传感器技术，在建筑物内外安置高效节能灯具，根据实际的照明需要，智能地选取高、中、低档照度水平。这样可以达到良好的节能效果，节约和控制用电，延长灯具寿命，提高管理水平，实现多种照明效果，改善工作环境，提高工作效率。采用智能照明控制系统后，可以对自然光进行调节，加强自然光对建筑光环境有利的作用，可以节约电能。

（4）智能电梯群控系统 是利用智能化的电梯群控算法，由微机控制系统统一管理建筑物中多部电梯的召唤和指令信号，根据系统设定的优化目标和建筑物中的实际交通状况产生最优决策的控制系统。电梯群控系统能够有效地改善客流调度及运输效果，改变原先由于电梯的单独控制而造成的楼层分布不均、资源浪费、电梯损耗不均匀等状况。

四、加强监督管理

住房城乡建设部在关于落实《国务院关于印发"十二五"节能减排综合性工作方案的通知》的实施方案中，要求各级住房城乡建设主管部门要充分认识住房城乡建设领域节能减排工作的重要性和紧迫性，树立高度的政治责任感和使命感，创新工作机制，加强与相关部门配合，扎扎实实地开展工作，确保完成节能减排工作任务，实现建筑节能减排"十二五"规划目标。这些要求充分说明，在实现绿色建筑节能中，加强监督管理是一项十分重要的工作。

为贯彻落实《国务院关于印发"十二五"节能减排综合性工作方案的通知》，努力提高建筑能效水平和综合节能能力，推进节能减排和"两型"社会建设。在加强建筑节能监督管理方面应做好通知如下工作。

1. 加强组织领导，健全监督管理机制

（1）建筑节能是贯彻可持续发展战略的重要举措，是全面落实科学发展观，实现资源、环境与经济协调发展的客观要求，是建设资源节约型、环境友好型社会的重要组成部分。各地、各部门要高度重视，在各级政府的统一领导下，进一步加强协调配合，形成齐抓共管的工作机制。

（2）各级住房城乡建设、城乡规划、房地产管理部门要将加强建筑节能监管作为重点工作，明确工作职责，落实工作责任，充分发挥部门职能作用，建立工作联动、闭合管理、上下联动、监管有效，省、市、县三位一体的长效监管机制，确保建筑节能法规规定和强制性标准得到贯彻执行。

（3）强化建筑节能涉及的规划、设计、施工、监理、检测、验收等方面工作，严格执行建筑节能法规规定和强制性标准，政府投资新建的公共建筑应选择应用一种以上可再生能源，具备太阳能集热条件的新建12层及以下住宅（含商住楼）应选择应用太阳能热水系统的规定，国家机关办公建筑和大型公共建筑应严格执行《关于加强国家机关办公建筑和大型公共建筑节能管理工作的实施意见》。

（4）各级住房城乡建设管理部门应组织相关职能部门定期或不定期地开展建筑节能工作巡查和专项执法检查，对建设单位、设计单位、施工单位、监理单位及施工图审查机构、检测机构违反建筑节能法规规定和强制性标准的行为及时予以纠正，并视情节给予处罚，列入不良记录。对使用国家或省明令淘汰的、质量不合格的、达不到建筑节能标准的建筑工程，依照有关规定进行查处，对严重违法违规行为从严从重处罚，并公开曝光。

2. 加强市场准入管理，规范建设业主行为

（1）建设单位应按照建筑节能法规规定和强制性标准，委托具有相应资质的单位进行建筑工程设计、施工图审查、工程施工、建设监理、质量检测，并在施工现场的显著位置公布建筑节能相关信息。

（2）施工图审查合格后，建设单位应及时按照建筑节能设计专项审查备案要求向住房城乡建设管理部门办理备案手续。经建筑节能专项审查取得施工图审查合格书的工程，不得擅自修改审查合格的设计文件，当设计变更涉及建筑节能时，应将修改后的设计文件送原施工图审查机构重新审查，且不得降低原设计的建筑节能水平，并办理备案。

（3）建设单位不得明示或者暗示设计单位、施工单位降低建筑节能标准，不得明示或者暗示施工单位使用不符合建筑节能性能要求的墙体材料、保温材料、门窗部品、采暖空调系统、照明设备等。按照合同约定由建设单位采购的有关建筑材料和设备，建设单位应当保证其符合建筑节能设计要求；不得明示或暗示监理单位将不合格的建筑节能材料和分部分项工程予以通过；不得明示或者暗示检测机构出具虚假检测报告，不得篡改或者伪造检测报告；对涉及建筑节能的各类新产品、新设备、新材料、新工艺，如尚无国家和地方标准，应当按规定组织专家进行评审、鉴定及备案后选用。

（4）严格执行 12 层以下新建居住建筑应用太阳能热水系统和政府投资的公共建筑应用一种以上可再生能源的规定，因特殊条件拟不采用太阳能热水系统的项目，应当向工程所在地住房城乡建设管理部门提出书面申请；新建、改建国家机关办公建筑和大型公共建筑应严格执行《湖北省国家机关办公建筑和大型公共建筑用能计量设计暂行规定》（鄂建〔2009〕82 号），设计、安装用能分项计量装置；国家机关办公建筑、大型公共建筑、省级以上建筑节能示范工程和绿色建筑示范工程、财政支持实施节能改造的建筑，应对建筑的能源利用效率进行测评和标识，并按照国家有关规定将测评结果予以公布，接受社会监督。

（5）房地产开发项目应向购买人明示所售商品房的能源消耗指标、节能措施和保护要求、保温工程保修期等信息，在商品房买卖合同、住宅质量保证书、住宅使用说明书中予以载明，并在销售现场显著位置予以公布。

（6）建筑节能分部分项工程完工后，建设单位应组织或委托监理单位进行专项验收，对是否符合建筑节能强制性标准进行查验，并在验收报告中注明建筑节能的实施内容。对不符合建筑节能强制性标准的工程，应责成施工单位整改，并不得出具验收合格报告。凡建筑节能未组织专项验收或验收不合格的工程，不得组织工程竣工验收。竣工验收合格后应及时向住房城乡建设管理部门申请办理竣工验收备案手续。

3. 加强工程设计管理，提升建筑节能设计水平

（1）设计单位应严格执行《夏热冬冷地区居住建筑节能设计标准》、《公共建筑节能设计标准》、《民用建筑绿色设计规范》等国家、行业和地方标准，按照《全国民用建筑工程设计技术措施——节能专篇》和《国家建筑标准设计节能系列图集》，进行建筑节能专项设计，编制建筑节能设计专篇。

（2）建筑节能设计专篇中应明确建筑的体型系数、建筑节能主要技术参数及指标，屋面、墙体、门窗、分户墙、架空楼板、楼板和地面的节能构造做法、保温材料性能指标，用能系统的设计选型及性能指标，建筑节能工程使用材料的燃烧性能等级及防火构造。建筑节能设计专篇、建筑节能计算书、设计图纸等相关内容应一致。

（3）设计单位应将建筑节能纳入质量管理的重点内容，建立健全建筑节能设计内部校审制度，提高建筑节能技术、材料（部品）和设施、设备系统在建筑中应用水平。建筑工程设计应按功能要求合理组合空间造型，充分考虑建筑体形、窗墙比、围护结构、冷热桥处理等对建筑节能的影响，确定冷（热）源的形式和设备性能。建筑设计人员要严格执行建筑节能标准，学习、掌握、选择建筑节能新技术，加强对绿色建筑、可再生能源建筑应用一体化研究，因地制宜采用经济、适用、可行的节能设计，严格执行国家和省禁止使用实心黏土砖的政策，积极选用新型墙体材料。

（4）设计文件中有关建筑节能的计算参数和构造做法必须真实，与施工图纸的设计选用一致，不得提供虚假设计参数和构造做法。涉及建筑节能的设计变更应符合建筑节能设计标准的要求，并按照施工图设计文件和建筑节能的有关标准进行验收。设计文件中可再生能源建筑应用、墙体保温体系的防火隔离带等有关建筑节能的做法和构造处理必须达到相应的设计深度，并在设计交底时予以明确告知。

（5）施工图审查机构应严格按照国家和地方颁布的建筑节能法规规定和强制性标准进行建筑节能专项审查。审查内容包括建筑热工计算书、节能设计主要技术措施，以及相关节能材料、产品的技术参数等。对建筑节能计算书不全或不符合要求、无建筑节能节点构造或构造措施不符合要求、未对建筑节能进行表述或表述不清、达不到建筑节能设计深度、不符合建筑节能强制性标准的设计文件，施工图审查机构一律不得审查通过，不得出具施工图审查合格书。

（6）施工图审查机构应及时向住房城乡建设部门报送施工图设计文件审查备案材料，包括施工图设计文件节能专项审查情况汇总表、审查情况记录表、建筑节能法规、标准、规范执行情况以及设计单位和注册人员违反建筑节能强制性标准的情况。

4. 加强施工现场管理，确保建筑节能工程质量

（1）施工单位应严格按照审查合格的施工图设计文件、建筑节能法规规定和强制性标准的要求，编制建筑节能专项施工技术方案，经施工单位技术负责人审核、项目总监理工程师审批后方可实施。

（2）施工单位应严格按图施工，不得擅自修改设计文件，并加强分包管理，确保建筑节能工程施工质量。对进场的材料、产品、设备和建筑构配件进行查验，确保其与产品说明书、产品标识以及材料、产品检验报告相一致，同时符合施工图设计文件对材料、产品、设备和建筑构配件及建筑节能相关技术指标的要求，并按照规定见证取样，送具有相应资质的检测单位进行检验，检验合格的方可使用。特别要加强新型墙体材料和外保温材料施工质量控制和防火安全监管。不符合设计要求及有关标准、国家和省明令禁止使用与淘汰的材料和设备，严禁使用。

（3）加强建筑节能分部分项工程施工过程质量控制，重点加强对易产生热桥和热工缺陷等重要部位的质量控制，保证符合设计要求和建筑节能标准。建筑工程采暖、通风与空调、电气等系统安装完毕后应按建筑节能技术标准要求进行调试，调试结果应当符合设计和建筑节能标准要求。按照《建筑节能工程施工质量验收规范》（GB 50411—2007）的规定做好隐蔽工程验收，形成文字记录和必要的图像资料。建筑节能工程在保修范围和保修期限内发生质量问题的，施工单位应当履行保修义务。

（4）工程监理单位应严格按照审查合格的施工图设计文件、建筑节能法规规定和强制性标准的要求，针对工程的特点制定符合建筑节能质量要求的监理规划及监理实施细则，对建筑节能的重点部位和关键工序实施旁站监理。具体内容包括建筑节能质量控制点、质量要求、验收程序以及建筑节能工程专业旁站监理方案。

（5）总监理工程师应对建筑节能专项施工技术方案进行审查并签字认可。专业监理工程师应对进场材料和设备进行检查验收，对须现场抽样复验的材料和设备实行见证取样送检，对检测报告进行审核。对施工现场不符合设计要求及有关标准、国家和省明令禁止使用与淘汰的材料和设备，存在的建筑节能质量问题和隐患，应当书面通知责任单位改正，并及时报告工程所在地工程质量监督机构。

（6）项目监理部和专业监理工程师应对结构基层的处理、保温层的厚度和保温层的抹灰、粘贴、挂装与铺设施工、门窗及幕墙施工、易产生热桥和热工缺陷的关键部位和工序施工以及墙体、屋面等保温工程隐蔽前的施工实施旁站监理，并做好监理日志。

（7）建筑节能设计文件需要变更的，工程监理单位应督促建设单位送原施工图审查机构重新审查，未经审查或审查不合格的设计文件不得使用；发现施工单位有违反建筑节能法规规定和强制性标准行为时，应及时签发整改通知单并对整改情况复查，对拒不整改的，应及时向住房城乡建设管理部门报告。工程监理单位应按规定主持建筑节能的检验批、分部分项工程的质量验收，并在《建筑节能分部工程质量评估报告》中载明对建筑节能实施情况的检查内容和检查结论。

（8）工程质量检测机构应按照相关技术标准和检验规程实施建筑节能检测工作，并出具合法检测报告。严禁检测机构出具虚假报告和不具备资质的检测机构出具检测报告。对弄虚作假、伪造检测报告的，一经发现，严肃查处。对在建筑节能检测中发现的不符合要求的材料和产品，应及时书面通报建设单位并上报工程所在地住房城乡建设管理部门或工程质量监督机构。

5. 加强监督管理，认真履行监管职责

（1）城乡规划管理部门应结合城市建设规划，依据有关法规和技术标准，对建筑工程的规划设计方案依法进行规划审查，不符合建筑节能法规规定和强制性标准的工程，不得颁发建设工程规划许可证。

（2）住房和城乡建设管理部门应加强建筑节能设计与施工阶段监管。对没有编制建筑节能设计专篇，未通过建筑节能专项审查的工程，违反可再生能源建筑应用规定的工程，未按要求设计用能分项计量装置的国家机关办公建筑和大型公共建筑工程，不得颁发施工许可证；对没有编制建筑节能专项施工技术方案或施工方案未经审核审批、未针对工程特点制定监理规划及监理实施细则、旁站监理方案、设计变更后未报送审查或审查未通过的工程，应责成有关单位限期整改；对拒不整改或在规定期限未整改到位的工程，实施行政处罚直至责令停工整顿。督促建设单位在施工现场主要入口显著位置，公布所建工程建筑节能信息。对竣工验收资料进行审核，重点核查建筑节能专项验收备案表与设计图纸、计算书的一致性。对不符合建筑节能法规规定和强制性标准要求，未设计安装可再生能源应用系统工程、未设计安装用能分项计量装置的新建国家机关办公建筑和大型公共建筑工程、达不到建筑节能强制性标准的工程，不予办理竣工验收备案手续并责成建设单位限期整改。

（3）房地产市场管理部门应督促房地产开发企业，在销售商品房时，按照国家规定在商品房买卖合同和住宅质量保证书、住宅使用说明书中载明所销售房屋的能源消耗指标、节能措施和保护要求、保温隔热工程保修期等信息，并在销售现场显著位置予以公布。

（4）建设工程质量监督机构应将建筑节能施工质量作为监督重点，实施专项质量监督。督促参建各方责任主体履行建筑节能工程质量责任和义务；督促施工企业和监理单位编制建筑节能施工和监理专项方案，严格按照审查合格的施工图设计文件和审查批准的施工和监理专项方案组织施工与监理；督促施工企业、监理企业对进入施工现场的建筑节能材料、产品、设备进行查验并按照规定见证取样，送具有相应资质的检测单位进行检验，不符合设计文件和强制性标准要求的，严禁使用；督促施工企业加强施工过程质量控制，外保温材料防火安全管理；督促建设单位及时组织建筑节能工程分部分项工程验收。

（5）建筑节能和墙材革新管理机构承担本级建筑节能与墙体材料革新领导小组的日常工作，受住房城乡建设管理部门委托组织相关机构对建筑节能标准执行情况实施监督检查；负责绿色建筑、可再生能源建筑应用、既有建筑节能改造、公共建筑节能监管体系建设及建筑节能示范工程的日常管理；协助有关部门加强对建筑节能材料生产、销售、使用等环节的监督管理，对应用于工程的墙体材料、保温材料、节能门窗等实施备案管理；对本地工程中使用的墙体材料和节能材料是否符合相关技术标准进行抽查，在工程砌体结构隐蔽前对实心黏土砖使用情况实施核验。

五、循环利用能源

在日常生活和生产中，能源是必不可少的，如平时的照明和做饭等都需要能源，因此能源是人类赖以生存和发展的基础，是国民经济发展的命脉。过去，人们主要使用的能源是被称为化石能源的煤、石油和天然气，它们在使用后不能再生，因此也被称为一次能源。而其他一些能源，如水能、生物质能、风能、地热能、海洋能、太阳能和氢能等在使用后还能再产生，因而被称为可再生能源。

目前随着国际能源环境的恶化，国内的节能减排工作的压力日趋严重，人们在追求高质量的生活水平中面临的最大的挑战，是节能减排、可再生能源的循环使用和低碳生活。我们在对生活水平追求提高的同时，千万不能把地球上的有限资源用尽、不能透支后代享有的资源，为此全社会都要大力提倡节能减排、低碳生活。2010 年上海世博会给我们展示的是美好城市、美好生活的理念，在节能减排、低碳生活方面已经起到了一个很好的示范作用。

从长远的观点来看，开发新能源已成为迫在眉睫的任务。其中，太阳能、生物质能及氢能的资源最为丰富。太阳能是最有吸引力的能源，因为太阳能资源丰富，是一种取之不尽、用之不竭的能源。这是由于太阳内部不停地进行热核反应，释放出巨大的能量，辐射到地球上的能量只占其辐射总能的 1/22 亿。而且，太阳能可多途径利用，如太阳能热水器、太阳能电池，还可以从水和生物质中光催化制取氢气等。另外，太阳能的利用基本上没有污染，是一种清洁能源。但太阳能利用有不少问题。首先，太阳能不能连续使用，只能白天利用。太阳能分布不均匀，夏天多，冬天少。其次，由于太阳辐照的功率密度低，仅仅 $1kW/m^2$，使其占地面积大。第三，太阳能不能储存，不能运输，因此需要运输能量的载体，如白天有太阳时，把一部分以电的形式存在蓄电池中，或制成氢储存或运输。第四，目前，太阳能利用的成本较高，妨碍了大规模的应用。最后，许多太阳能利用的一些技术还没成熟。还需大力研发。

生物质能也是一种很有吸引力的能源，因为与太阳能相似，首先，生物质来源较丰富，地球上每年生长的生物质总量约 $(1440\sim1800)\times10^8t$（干重），相当于目前世界总能耗的 10 倍。其次，生物质能也可多途径利用，如生物质能直接燃烧发电，能转换成气体或液体燃料，如沼气、甲醇、乙醇等，也可从油料植物中提取植物油，经酯化得生物柴油等。生物质能也是一种清洁能源，因为生物质能利用的主要污染物为 CO_2，但排出的 CO_2 在植物生长时又被吸收，因此，生物质能的利用对环境污染较小。但是，生物质能的利用也有一些问题，首先，能利用的生物质资源较少，因相当大的部分的生物质要作为人们衣食所消耗，还有的作为饲料，另一部分转化为非能源产品如建材和纸张等。其次，生物质资源分散，生物质的能量密度低，因此，大面积收集成本高，经济的收集半径在 50km 以内，难以集中处理，只适合建立小型、分散的生物质能利用系统，但小型系统的能量转换效率较低。

近年来，氢能的利用受到广泛重视。这是由于氢能有很多优点，首先，氢的发热量高，是汽油发热量的 3 倍。其次，氢的储量非常丰富，据估计它构成了宇宙质量的 75%。第三，氢燃烧后生成水，而从水中又能制取氢，如此反复可以循环使用，又没有污染。最后，氢能利用的形式也多，既可以通过燃烧产生热能，在热力发动机中产生机械功，又可以作为燃料用于燃料电池。但氢的利用也有一些问题，如制氢技术和储氢技术还没有完善，因此，氢的价格还比较高。作为氢能利用的主要技术，燃料电池还没有商品化。另外，氢容易泄漏，泄漏的氢会在大气形成水雾，使气候发生变化。

在各种新能源中，太阳能、生物质能和氢能都是资源丰富、循环可再生利用和清洁的新能源。通过对利用这些新能源的情况分析，可提出一个综合利用这些新能源的方案。通过技术的进展，将来可用太阳能从生物质或水中制氢，氢可作燃料电池的燃料来发电或通过燃烧发热作能源。由生物质制氢时产生的 CO_2 和用燃料电池时产生的水可作植物通过光合作用生长所需的物质，形成太阳能、生物质能和氢能的综合循环和清洁利用的体系。如这种循环体系能形成，世界将不必再为能源担忧。

第二节　绿色建筑太阳能利用及技术

当前，随着煤、石油等石化燃料的日益消耗，环境污染日益严重，人们急需找到传统石化燃料的替代品。太阳能作为一种巨大、清洁、普遍的可再生能源，将有望在能源方面成为21世纪人类构建和谐社会的可靠保障。太阳内部进行着由氢聚变成氦的原子核反应，其每秒钟所释放的能量，相当于爆炸几百亿颗百万吨级的氢弹所放出的能量。这些能量不断向宇宙空间辐射，它比全世界利用的各种能源所产生的总能量还多一万多倍。

太阳以电磁波的形式向宇宙辐射能量，称为太阳辐射能，简称太阳能。地球表面每平方米年辐射太阳能相当于200t标准煤的发热量，而且太阳能是清洁、无污染、可再生的自然资源。太阳能取之不尽、用之不竭，充分开发利用太阳能不仅可以有效缓解人类能源短缺的状况，还可以有效地解决因过度使用常规能源所带来的生态环境污染问题。我国幅员辽阔，纬度适中，太阳能资源十分丰富，平均每年日照时间超过2000h，太阳能辐射年总量每平方米大于5018MJ的地区，占全国总面积的 2/3 以上，太阳能利用技术有着广阔的发展前景。

一、太阳能的转换形式

太阳能是一种辐射能，最显著的特点是具有即时性，必须即时转换成其他形式能量才能利用和储存。将太阳能转换成不同形式的能量需要不同的能量转换器，集热器通过吸收面可以将太阳能转换成热能，利用光伏效应太阳电池可以将太阳能转换成电能，通过光合作用植物可以将太阳能转换成生物质能等。原则上，太阳能可以直接或间接转换成任何形式的能量，但转换次数越多，最终太阳能转换的效率便越低。

（一）太阳能-热能转换

黑色吸收面吸收太阳辐射，可以将太阳能转换成热能，其吸收性能好，但辐射热损失大，所以黑色吸收面不是理想的太阳能吸收面。选择性吸收面具有高的太阳吸收比和低的发射比，吸收太阳辐射的性能好，且辐射热损失小，是比较理想的太阳能吸收面。这种吸收面由选择性吸收材料制成，简称为选择性涂层。它是在20世纪40年代提出的，1955年达到实用要求，20世纪70年代以后研制成许多新型选择性涂层并进行批量生产和推广应用，目前已研制成上百种选择性涂层。我国自20世纪70年代开始研制选择性涂层，取得了许多成果，并在太阳集热器上广泛使用，效果十分显著。

（二）太阳能-电能转换

电能是一种高品位能量，利用、传输和分配都比较方便。将太阳能转换为电能是大规模利用太阳能的重要技术基础，世界各国都十分重视，其转换途径很多，有光电直接转换，有光热电间接转换等。世界上，1941年出现有关硅太阳电池报道，1954年研制成效率达6%

的单晶硅太阳电池，1958 年太阳电池应用于卫星供电。在 20 世纪 70 年代以前，由于太阳电池效率低，售价昂贵，主要应用在空间。20 世纪 70 年代以后，对太阳电池材料、结构和工艺进行了广泛研究，在提高效率和降低成本方面取得较大进展，地面应用规模逐渐扩大，但从大规模利用太阳能而言，与常规的发电相比其成本仍然太高。

（三）太阳能-氢能转换

氢能是一种高品位能源。太阳能可以通过分解水或其他途径转换成氢能，即太阳能制氢，其主要方法如下。

（1）太阳能电解水制氢　电解水制氢是目前应用较广且比较成熟的方法，效率较高（75%～85%），但耗电大，用常规电制氢，从能量利用而言得不偿失。所以，只有当太阳能发电的成本大幅度下降后，才能实现大规模电解水制氢。

（2）太阳能热分解水制氢　将水或水蒸气加热到 3000K 以上，水中的氢和氧便能分解。这种方法制氢效率高，但需要高倍聚光器才能获得如此高的温度，一般不采用这种方法制氢。

（3）太阳能热化学循环制氢　为了降低太阳能直接热分解水制氢要求的高温，发展了一种热化学循环制氢方法，即在水中加入一种或几种中间物，然后加热到较低温度，经历不同的反应阶段，最终将水分解成氢和氧，而中间物不消耗，可循环使用。热化学循环分解的温度大致为 900～1200K，这是普通旋转抛物面镜聚光器比较容易达到的温度，其分解水的效率在 17.5%～75.5%。存在的主要问题是中间物的还原，即使按 99.9%～99.99% 还原，也还要做 0.1%～0.01% 的补充，这将影响氢的价格，并造成环境污染。

（4）太阳能光化学分解水制氢　这一制氢过程与上述热化学循环制氢有相似之处，在水中添加某种光敏物质作催化剂，增加对阳光中长波光能的吸收，利用光化学反应制氢。日本有人利用碘对光的敏感性，设计了一套包括光化学、热电反应的综合制氢流程，每小时可产氢 97 升，效率达 10% 左右。

（5）太阳能光电化学电池分解水制氢　1972 年，日本本多健一等利用 n 型二氧化钛半导体电极作阳极，而以铂黑作阴极，制成太阳能光电化学电池，在太阳光照射下，阴极产生氢气，阳极产生氧气，两电极用导线连接便有电流通过，即光电化学电池在太阳光的照射下同时实现了分解水制氢、制氧和获得电能。这一实验结果引起世界各国科学家高度重视，认为是太阳能技术上的一次突破。但是，光电化学电池制氢效率很低，仅0.4%，只能吸收太阳光中的紫外光和近紫外光，且电极易受腐蚀，性能不稳定，所以至今尚未达到实用要求。

（6）太阳光络合催化分解水制氢　从 1972 年以来，科学家发现三联吡啶钌络合物的激发态具有电子转移能力，并从络合催化电荷转移反应，提出利用这一过程进行光解水制氢。这种络合物是一种催化剂，它的作用是吸收光能、产生电荷分离、电荷转移和集结，并通过一系列偶联过程，最终使水分解为氢和氧。太阳光络合催化分解水制氢，这是今后发展的方向。但是络合催化分解水制氢尚不成熟，研究工作正在继续进行。

（7）生物光合作用制氢　40 多年前发现绿藻在无氧条件下，经太阳光照射可以放出氢气；10 多年前又发现，蓝绿藻等许多藻类在无氧环境中适应一段时间，在一定条件下都有光合放氢作用。目前，由于对光合作用和藻类放氢机理了解还不够，藻类放氢的效率很低，要实现工程化产氢还有相当大的距离。据估计，如藻类光合作用产氢效率提高到 10%，则每天每平方米藻类可产氢 9 克分子，用 5 万平方公里接受的太阳能，通过光合放氢工程即可满足美国的全部燃料需要。

（四）太阳能-生物质能转换

通过植物的光合作用，太阳能把二氧化碳和水合成有机物（生物质能）并放出氧气。光合作用是地球上最大规模转换太阳能的过程，现代人类所用燃料是远古和当今光合作用固定的太阳能，目前，光合作用机理尚不完全清楚，能量转换效率一般只有百分之几，今后对其机理的研究具有重大的理论意义和实际意义。

（五）太阳能-机械能转换

在 20 世纪初期，俄国物理学家实验证明光具有压力。20 世纪 20 年代，前苏联物理学家提出，利用在宇宙空间中巨大的太阳帆，在阳光的压力作用下可推动宇宙飞船前进，将太阳能直接转换成机械能。科学家估计，在未来 10～20 年内太阳帆设想可以实现。通常，太阳能转换为机械能，需要通过中间过程进行间接转换。

二、被动式太阳光利用

所谓被动式太阳能技术就是充分利用建筑本身的自然潜能，对建筑周围环境、遮阳、通风，以及能量储存中体现太阳能的被动利用。建筑的布局和形态、建造材料、使用人群，以及建筑的绿化和环境就组成了一个建筑的生态系统，它同时也会受到系统外的诸如城市的经济、地理以及太阳光环境等因素的影响，从建造开始到拆除的全过程就是这个系统的生命周期。这种理念是太阳能应用在技术层面之上带给我们对于建筑设计的进一步思考。

（一）被动式太阳能建筑及热利用技术

被动式太阳能建筑，是通过建筑设计手段和简单技术的合理运用，可以利用太阳能为房间提供相当部分的采暖能量，降低通风和照明的能耗，具有结构简单、造价低、施工方便等优点，已经在美国、德国等发达国家得到了较多推广应用，已发展到较高水平。我国是太阳能资源丰富的国家之一，太阳能作为一种可再生的清洁能源，在建筑中的利用受到关注。我国自 20 世纪 70 年代开始，建设了一批被动式太阳能建筑，取得了良好效果。近年来我国的被动式太阳能建筑得到了长足的发展，各地相继探索建设了一批新型的被动式太阳能建筑，开发了一系列新型被动式太阳能利用技术。

1. 被动式太阳能建筑发展概况

太阳能建筑是把太阳能的辐射热收集利用与建筑的能源消耗相结合的一种建筑类型。一般是通过建筑朝向的适宜布局、周围环境的合理利用、内部空间的优化组合和外部形体的适当处理等方式，对太阳能进行有效地集取、储存、转化和分配，这就是使用太阳能的过程。早期人类的建造活动中，就非常注重利用太阳辐射来控制、调节建筑的室内热环境，并且经历着由感性到理性、由低效到高效的历程。

公元前 4 世纪，古希腊科学家亚里士多德（Aristotle）就曾经提出：房屋"北面窗户要小，南面窗户要大，并且要有水平伸出的檐，冬季暖和，夏天可以遮阳"；1000 年前的美洲阿那萨齐族（Anasazi）印第安人，利用石头和泥土在北美西南沙漠陡峭的大峡谷处建造了自然调节式住宅。由于位于山谷向阳面的自然突出物下方，夏天可以遮挡阳光，冬季低角度的阳光可以从遮挡物的下面照射进来提供采暖，并可利用岩石储热夜间散热，这些建筑现象都蕴藏着朴素的太阳能热利用的思想。

最早有记载的太阳能建筑试验实施于 1881 年，由美国马萨诸塞州的莫尔斯（E. S. Morse）教授进行。他使用"表面涂黑的材料装在玻璃下面，玻璃固定在建筑向阳的一面，墙上设有洞，整个设计使得房间里的冷空气从瓦的下边排出房间，然后在玻璃与瓦之间被加热上升的气层在顶部重新压迫进入房间"。1933 年，美国现代太阳能建筑的先驱—威廉·科克和乔治

·科克兄弟，为芝加哥世博会设计建造了一栋发展中心，无意中建成被动式太阳能建筑，受到很大启发，科克兄弟于 1940 年在伊利诺伊州设计建成了一幢太阳能住宅，这是美国第一栋实用的被动式建筑—被动式太阳房。在他们以后所设计的 300 多幢房屋中，都实施了被动式太阳能建筑采暖的内容。

在太阳能建筑的发展历程中，特朗勃墙（即集热蓄热墙）的出现是一个重要成功研究成果，它是利用热工原理与建筑材料的巧妙结合形成热能的收集及转换体系。在此期间，大批具有远见卓识的专业人士从事于被动式太阳能建筑的研究和实践，直至 20 世纪 80 年代，太阳能建筑在世界范围内进入实用阶段。尤其是在美国，无论是对太阳能建筑的研究、设计优化，还是对材料、房屋部件结构的产品开发和应用，或是商业运作的房地产开发模式等方面，都在世界范围内均处于领先地位，形成了完整的太阳能建筑产业化体系。

在理论领域 19 世纪 80 年代初，由著名的新墨西哥州洛斯阿拉莫斯科学实验室编制出版了《被动式太阳房设计手册》。在实践领域比较著名的示范建筑有：普林斯顿的凯尔布住宅（新泽西州，窗、附加阳光间和集热蓄热墙的组合式太阳房），科拉尔斯的贝尔住宅（新墨西哥州，水墙集取太阳能）等，这些太阳能建筑均有较高的热能转化率和供给率。

我国有丰富的太阳能资源，在长期的生产与生活实践中，许多地区积累了丰富的太阳能热利用经验。例如，北方农村的传统住宅多数为南北朝向、南向多窗而北向少窗，并采用厚墙、厚屋顶等构造形式，这些建筑形式特征和构造措施与现代被动式太阳能建筑的设计原则相一致。再例如，我国陕北地区黄土高原的窑洞，也是很好的被动式太阳能建筑的实例。值得注意的是，过去认为我国东北地区纬度高、气候严寒，加之太阳能源密度较小，不适宜发展太阳能建筑，事实上这是错误的。由于东北地区建筑的外围护结构保温比较好，采暖供煤标准高，因此采取较少投资的太阳能建筑技术措施就能取得较为明显的供暖效果。

虽然我国在太阳能建筑理论与实践方面起步较晚，但发展非常迅速。1977 年，甘肃省民勤县重兴中学建成我国第一栋试验性太阳能建筑，1997～1987 年的 10 年间我国建成了实验性太阳房和被动式太阳房采暖示范建筑近 400 栋，总的建筑面积近 $10m^2$，分布于北京、天津、甘肃、青海、河北、山东、内蒙古、新疆、辽宁、西藏、宁夏、河南、陕西等省、市、自治区。这些太阳房的建筑类型，包括农村住宅、学校、办公楼、商店、宾馆、医院、邮电局、公路道班房和城市住宅等，几乎覆盖了除工业用建筑物以外的所有民用建筑。

1979 年，清华大学建造了太阳能实验室和建立了实验装置，开始对多种集热装置的性能、参数，不同蓄热形式的性能以及直射式集热墙、水墙、暖房等综合效果进行了研究，并建立了数学模型，开始了太阳房的理论研究工作。1983 年清华大学编制了可用于计算直接受益式、蓄热墙式以及组合式的被动式太阳房模拟计算程序 WDPEN 及 PHSP，这些模型运用差分法求解集热墙的不稳定导热问题。在此基础上，2004 年编制了 DEST-S 程序计算太阳房的热工性能。2006 年，西安建筑科技大学刘加平与香港城市大学 Joseh C. Lam 等利用生物气候法，将热舒适区与室外气象参数结合起来，对中国代表不同气候分区的 18 个城市利用被动式采暖、蒸发冷却、自然通风等被动式节能技术的应用潜力进行分析。其分析结果对于各地制定适宜建筑节能技术有重要指导意义，但分析中侧重了气象数据与热舒适性的关系，没有充分考虑建筑热工、人们衣着、活动量等边界条件对结果的影响。2006 年，西安建筑科技大学高庆龙利用动态能耗模拟软件 DOE-2 对建筑热工参数进行逐次模拟分析计算，给出了建筑热工设计参数与建筑能耗关系曲线图，并结合经济分析给出了不同气候区内不同形式太阳房设计参数推荐值，并提出相对极限传热系数的概念，并以拉萨为例对建造零辅助热源太阳能建筑进行了可行性研究分析。2008 年西南交通大学王磊结合西藏军区太阳能采暖工程的设计，利用 Energy Plus 能耗模拟、现场测试与实验方法，分析了建筑热质对被动太阳房室内热环境的影响。给出了不同日照率和太阳辐射强度下被动太阳房动态设计图表，对西藏地区可实现全被动太阳能采暖的潜力进行了评价。首次提出了基于月平均辐射强度的采暖负荷修正模型和高太阳辐射强度地区不宜推荐大规模采用地板辐射采暖的结论。

近20年来，我国被动式太阳房的研究工作已取得了很大成绩。在光热转换方面，截至2007年底，中国太阳能热水器产量达 $2300 \times 10^4 \, m^2$，总保有量达 $1.08 \times 10^8 \, m^2$，占世界的55%，成为全球太阳能热水器生产和使用第一大国，且拥有完全自主知识产权，技术居国际领先水平。这种迹象表明，我国正在向太阳能时代迈进。为了促进太阳能热水系统的推广应用，国家制定的可再生能源发展规划明确提出了太阳能热水系统发展目标，2010年太阳能热水系统运行保有量要达到 $1.5 \times 10^8 \, m^2$，2020年要达到 $3.0 \times 10^8 \, m^2$。

2. 存在问题及发展前景

随着人民生活水平的不断提高，对于舒适的建筑室内环境的要求越来越高，导致建筑供暖和供冷的能耗日益增长。西方发达国家建筑用能已占全国总能耗的30%～40%，对社会可持续发展形成严重的威胁。在这种严峻的形势下，太阳能无疑是一种非常宝贵的可再生能源。作为世界上能量消耗最大的国家，美国先后通过了《太阳能供暖降温房屋的建筑条例》和《节约能源房屋建筑法规》等鼓励新能源利用的法律文件，同时在经济上采取有效的鼓励机制。我国于2005年制定了《中华人民共和国可再生能源法》，2010年出版了《中华人民共和国可再生能源法释义》，鼓励建筑产业对可再生能源太阳能的利用。

但是，太阳能作为一种能源在太阳能建筑的利用过程中也存在着不足。一方面是太阳能能源自身的客观缺陷。一是低密度。太阳辐射尽管波及全球，但入射功率却很小。正午垂直于太阳光方向所接受的太阳能在海平面上的标准峰值强度只有 $1 \, kW/m^2$。因此要保证利用效率就需要较大面积的太阳能收集设备，这带来一系列材料、土地、前期投资等问题。二是不稳定。就某一固定点而言，太阳的入射角与方位角每时每刻发生着变化，一天内太阳辐射量浮动也很大，其强度受各种因素（如季节、地点、气候等）的影响不能维持常量。另一方面是对太阳能建筑一体化设计的主观意识的匮乏。如何使得太阳能构件产品在保证功能性的前提下与建筑完美结合，在建筑构件化的基础上做到模数化、系列化及多元化，并促进太阳能设备多元化产品的开发，将是建筑学领域及相关太阳能热利用领域的共同命题。

随着可持续发展战略在世界范围内的实施，太阳能的开发利用将被推到新的高度。至本世纪中叶，世界范围内的能源问题、环境问题的最终解决，将依靠可再生洁净能源特别是太阳能的开发利用。随着越来越多的国家和有识之士的重视，太阳能的利用技术也有望在短期内获得较大进展。

（1）提高太阳能热利用效率有望获得突破　目前，世界范围内许多国家都在进行新型高效集热器的研制，一些特殊材料也开始应用于太阳能的储热，利用相变材料储存热能就是其中之一。相变储能就是利用太阳能或低峰谷电能加热相变物质，使其吸收能量发生相变（如从固态变为液态），把太阳能储存起来。在没有太阳的时间里，又从液态回复到固态，并释放出热能，相变储能是针对物质的潜热储存提出来的，对于温度波动小的采暖循环过程，相变储能非常高效。开发更为高效的相变材料将会成为未来提高太阳能热利用效率研究的重要课题。

（2）太阳能建筑将得到普及　太阳能建筑集成已成为国际新的技术领域，将有无限广阔的前景。太阳能建筑不仅要求有高性能的太阳能部件，同时要求高效的功能材料和专用部件。如隔热材料、透光材料、储能材料、智能窗（变色玻璃）、透明隔热材料等，这些都是未来技术开发的内容。

（3）新型太阳能电池开发技术可望获得重大突破　光伏技术的发展，近期将以高效晶体硅电池为主，然后逐步过渡到薄膜太阳能电池和各种新型太阳能光电池的发展。薄膜太阳能电池以及各种新硅太阳能电池具有生产材料廉价、生产成本低等特点，随着研发投入的加大，必将促使其中一、二种获得突破，正如专家断言，只要有一、二种新型电池取得突破就会使光电池局面得到极大的改善。

（4）太阳能光电制氢产业将得到大力发展　随着光电化学及光伏技术和各种半导体电极试验的发展，使得太阳能制氢成为氢能产业的最佳选择。氢能具有质量轻、热值高、爆发力强、品质纯净、储存便捷等许多优点。随着太阳能制氢技术的发展，用氢能取代烃类化合物能源将是本世纪的一个重要发展趋势。

（5）空间太阳能电站显示出良好的发展前景　随着人类航天技术以及微波输电技术的进一步发展，空间太阳能电站的设想可望得到实现。由于空间太阳能电站不受天气、气候条件的制约，其发展显示出美好的前景，是人类大规模利用太阳能的另一条有效途径。

（二）日照规律及其与建筑的关系

建筑日照是根据阳光直射原理和日照标准，研究日照和建筑的关系以及日照在建筑中的应用，是建筑光学中的重要课题。研究建筑日照的目的是充分利用阳光以满足室内光环境和卫生要求，同时防止室内过热。阳光可以满足建筑采光的需求；在幼儿园、疗养院、医院的病房和住宅中，充足的直射阳光还有杀菌和促进人体健康等作用，在冬季又可提高室内气温。太阳能建筑还要利用太阳能作为能源。

太阳日照规律是进行任何建筑设计时必须要考虑的环境因素之一。为使太阳能利用效率最大化的同时能够获得舒适的室内热环境，这就要求一方面合理地设置太阳能收集体系，使太阳能建筑在冬季尽可能多地接收到太阳辐射热；另一方面还应减少太阳在运行过程中对室内热环境稳定性产生的不利影响，控制建筑围护结构的热损失，这两方面相辅相成。

（三）被动式太阳能建筑的成功关键

被动式太阳能建筑是指不需要专门的集热器、热交换器、水泵或风机等主动式太阳能采暖系统中所必需的设备，侧重通过合理布置建筑方位，加强围护结构的保温隔热措施，控制材料的热工性能等方法，利用传导、对流、辐射等自然交换的方式，使建筑物尽可能多地吸收、储存、释放热量，以达到控制室内舒适度的建筑类型。相比较而言，被动式太阳能建筑对于建筑师有着更加广阔的创作空间。

根据测定可知，在普通建筑的设计中，从南向窗户获得太阳热能约占采暖负荷的1/10。如果进一步扩大南向窗户的面积、改善围护结构热工性能、在室内设置必要的储热体，这种情形下的建筑也可被视为一幢无源太阳能建筑。因此，被动式太阳能建筑和普通建筑并没有绝对界限。但是，两者在有意识地利用太阳能及节能效益方面存在着显著区别。从本质上讲，被动式太阳能建筑和普通建筑的基本功能，都是抵御自然界各种不利的气候因素及外来危险因素的影响，为人们的生产和生活提供良好的室内空间环境。所不同的是，太阳能建筑有意识地利用太阳辐射的能量，以调节和控制室内的热环境，集热部件与建筑构件往往高度集成。更重要的是，被动式太阳能建筑是一个动态地集热、蓄热和耗热的建筑综合体，如图12-1所示。太阳光通过玻璃并被室内空间的材料所吸收，并向各个方向辐射热能，由于类似于玻璃的选择性媒介具有透过"短波"而不透过"长波"红外线的特殊性能，这些材料再次辐射而产生的热能就不易通过玻璃扩散到外部。这种获取热量的过程称为"温室效应"，也是被动式太阳能建筑最基本的工作原理。

工程实践经验证明，被动式太阳能建筑的成功关键主要在于建筑布局、采集体系、储存体系、热利用体系、保温隔热体系。

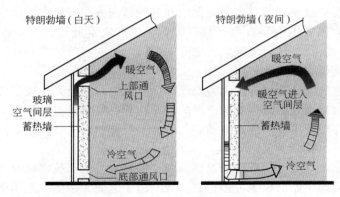

图 12-1　被动式太阳能建筑运行原理示意

1. 建筑布局

在进行太阳能建筑的总体布局时，不仅应当考虑充分利用太阳能资源，而且要同时协调建筑（群）形式、使用功能和集热方式三者之间的关系。建筑平面布置及其集热面应向当地最有利的朝向，一般应考虑正南向±15°以内。至于办公、教室等以白天使用为主的建筑（群）在南偏东 15°以内为宜。在某些气候条件下，为了兼顾防止夏季过热，集热面倾角呈90°设置。要避免周围地形、地物（包括附近建筑物）对太阳能建筑南向，以及东、西各朝向 15°范围内的遮阳。另外，建筑主体还应避开附近污染源对集热部件透光面的污染，避免将太阳房设在附近污染源的下风向。

太阳能建筑的体形对于太阳能利用起着重要作用。因此，要避免产生建筑本身的自遮挡，如建筑物形体上的凸处在最冷月份对集热面的遮扫；对夏热地区的太阳能建筑还要兼顾夏季的遮阳要求，尽量减少夏季过多的阳光射入房内。以阳台为例，一般南立面上的阳台在夏季能起到很好的遮阳作用，但冬季很难达到完全不遮挡阳光。因此，在冬季寒冷而夏季温和的地区南向立面上不宜设阳台，或者尽量缩小阳台的伸出宽度。

在进行建筑布局时，应特别避免凹阳台在太阳房中的应用，因为它在水平向度及垂直向度均不利于对太阳能的采集。太阳能建筑的体形应当趋于简洁，以正方形或接近正方形为宜。要利用温度分区原理，按不同功能用房对温度的需求程度，合理组织建筑功能空间布局：主要使用空间尽量朝南布置；对于没有严格温度要求的房间、过道等，可以布置在北面或外侧。对于采用自然调节措施的太阳能建筑，层高一般不宜过高。当太阳能建筑的层高一定时，进深过大则整栋建筑的节能率会降低，当建筑进深不超过层高的 2.5 倍时，可以获得比较满意的太阳能热利用效率。

2. 采集体系

太阳能采集体系的作用就是收集太阳能的热量，主要有 2 种采集方式：①建筑物本身构件，如南向窗户、加玻璃罩的集热器、玻璃温室等；②集热器，与建筑物有机结合或相对独立于建筑物。

太阳能建筑的集热件通常采用玻璃，这是因为玻璃能通过短波（太阳辐射热），而不能透过长波（常温和低温物体表面热辐射），这种获取热量的过程称为"温室效应"，玻璃窗就形成了"温室效应"的前提条件。另外，要注意设计或选用便于清扫及维护管理方便的集热光面，水平集热面比垂直透光面容易积尘和难于清扫，如果使用不当会使透光的水平集热面在冬季逐渐变成主要的失热面。南向窗户太阳辐射的采集体系如图 12-2 所示。

3. 储存体系

蓄热也是太阳能热利用的关键问题，加强建筑物的蓄热性能是改善被动式太阳能建筑热

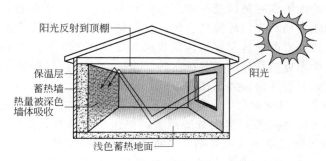

图 12-2 南向窗户太阳辐射的采集体系

工性能的有效措施之一。在有日照的时，如果室内蓄热因素蓄热性能好、热容量大，则吸热体可以吸收和储存一部分多余的热能；当无日照时，又能逐渐地向室内放出热量。因此蓄热体可以减小室温的波动，也减少了向室外的散热。根据一项对寒冷地区某住宅模型进行模拟计算结果表明，由于混凝土的蓄热性优于木材，所以采用混凝土地板时，室内的温度波动比采用木地板时要小得多。

蓄热体一般可分为两类：①利用热容量随着温度变化而变化的显热材料，如水、石子、混凝土等；②利用其熔解热（凝固热）以及其熔点前后显热的潜热类材料，如芒硝或冰等。应用于太阳能建筑的蓄热体应具有以下特性：蓄热成本低（包括蓄热材料和储存容器）；单位容积的蓄热量大；化学性能稳定、无毒、无操作危险，废弃时不会造成公害；资源丰富，可就地取材；易于吸热和放热。太阳光蓄热和放热体系（热岩层）如图 12-3 所示。

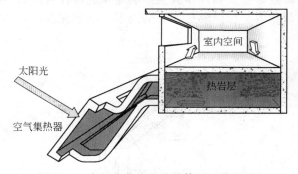

图 12-3 太阳光蓄热和放热体系（热岩层）

4. 热利用体系

太阳能建筑对于通过各种途径进入室内的热量均应当充分利用，以便使太阳能建筑运行效率发挥到最大。主要使用空间宜布置在建筑的南面，辅助房间宜布置在建筑的北面；同时，应解决好使用空间进深和蓄热问题。为了保证南向主要房间达到较高的太阳能供暖率，其进深一般不应大于层高的 1.5 倍，这样可保证集热面积与房间面积之比不小于 30%。为了减小太阳能建筑室内温度的波动，可选择蓄热性能好的重质墙作为室内空间的分隔墙。

在直接受益式的太阳房中，楼板和地面都应该考虑其蓄热性。因为地面受太阳照射的时间长、照射的面积大，所以对于底层的地面还应适当加厚其蓄热层。此外，在集热方式和集热部件的选择上，还需要综合考虑房间的使用特点。例如，主要在晚上使用的房间，应优先选用蓄热性能较好的集热系统，以使房间在晚间有较高的室温；而主要在白天使用的房间，应优先选用升温较快，并能保持室温波动较小的集热系统。

5. 保温隔热体系

一个良好的绝热外围护结构是太阳能建筑成功与否至关重要的前提。为使室内环境达到冬暖夏凉的舒适度，必须考虑冬季尽量减少室内的热损失，夏季尽量减少太阳辐射和从室外传入室内的热量。因此，加强围护结构的保温隔热与气密性是最有效的方法。同时，为了减少辅助性采暖和制冷时的能源消耗量，外围护结构保温隔热也是不可缺少的。需要引起注意的是，夏季进入室内的太阳辐射热以及室内产生的热量过多，如果不进行充分的排出热量，保温隔热的围护结构就会加重室内环境的恶化。这种情况下可以通过设置遮阳、加强通风等措施，以防止热量滞留在室内，这与谋求建筑物的高隔热性和气密性并不矛盾。

建筑物的围护结构主要包括外墙、基础、外门窗、门斗等，这些部位的保温隔热对于被动式太阳能建筑的节能起着非常重要的作用。

（1）外墙　2010年，国家颁布了《夏热冬冷地区居住建筑节能设计标准》，其中一个最重要的技术指标就是要通过一系列建筑节能措施，把建筑物的节能降耗量从原来的30%提高到50%，以缓解我国能耗量过大的矛盾，从而保证我国国民经济可持续发展战略顺利实施。实现建筑节能50%的目标，其中23%～25%是通过提高建筑围护结构墙体保温隔热性能来实现的。由此可见，外墙是耗能的薄弱环节，是实施建筑节能的重要措施。

墙体的保温隔热一般采用附加保温层的做法。围护结构保温层厚度在一定数值范围内越大其传热损失越小，其位置宜在外围护结构的外表面，以减少结露现象改善室内人体舒适感。在热容量大的墙体室外一侧进行隔热（外保温），可以使混凝土等热容量大的墙体作为蓄热体使用；也可以形成夹芯结构，在围护结构层间进行保温处理。外围护结构保温体系如图12-4所示。

（2）基础　对于被动式太阳能建筑而言，基础是一个热量损失的损失的部位，但常常被人们所忽视。在特定的气候条件下，建筑基础的热交换过大会直接影响被动式太阳能建筑的采暖效率。所以，作为太阳能建筑的设计者，必须考虑结构基础的稳定性、节能效率、材料的使用等与保温隔热相关的因素。基础保温与隔热措施如图12-5所示。

图12-4　外围护结构保温体系

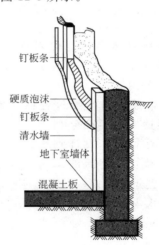

图12-5　基础保温与隔热措施

（3）外门窗　门窗是围护结构保温的薄弱环节，从对建筑能耗组成的分析中，人们发现通过房屋外窗所损失的能量是十分严重的，是影响建筑热环境和造成能耗过高的主要原因。传统建筑中，通过窗的传热量占建筑总能耗20%以上；在节能建筑中，墙体采用保温材料热阻增大以后，窗的热损失占建筑总能耗的比例更大。因此，确定被动式太阳能建筑中的各个朝向应采用适宜的窗墙比，是一项非常重要的任务。在《夏热冬冷地区居住建筑节能设计标准》中，对这一地区不同朝向窗墙比的限制也各有区别，目的是根据节能要求及建筑气候条件、朝向，在满足采光和通风条件下，确定适宜的窗墙比。

窗户本身就是建筑围护结构中的薄弱环节，这对于提高建筑长期的运行效率至关重要。因此，应当采用高气密性的节能门窗，以及如中空玻璃、Low-E玻璃、镀膜玻璃等作为透光性材料，如果能配合遮阳系统则效果更佳。窗户的保温与隔热措施如图 12-6 所示。

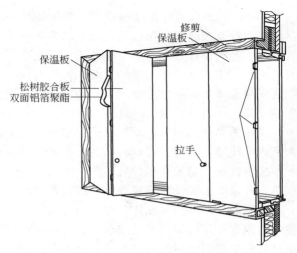

（4）门斗　除加强对门窗保温隔热措施外，出入口的开启可能会使大量的冷（热）空气进入室内，造成室内热环境的破坏。通常的办法是设置门斗，以防止冷（热）空气的渗透。门斗是在建筑物出入口设置的起分隔、挡风、御寒等作用的建筑过渡空间。门斗不可直通对室内热环境要求较高的主要使用空间。当出入口在南向并通向主要使用空间时可将出入口扩大为阳光间。特别在严寒地区应设置供冬季使用的辅助出入口通向辅助房间或过道，以避免出入口的开启引起主要功能房间室温的波动。

图 12-6　窗户的保温与隔热措施

特别应当注意的是，以上各个关键要素不是独立的，它们之间相互关联、相互配合，共同组成太阳能建筑的围护结构系统，以实现被动式太阳能建筑采暖或降温的目标。这种关联特征所形成的系统属性贯穿整个太阳能建筑的设计与建造过程。

（四）被动式太阳能建筑的设计要点

传统意义上的太阳能建筑指经设计能直接利用太阳能进行采暖或空调的建筑。比较成熟的是通过太阳能的光热利用，在冬季对室内空气进行加热的太阳能采暖建筑，一般分为主动式和被动式两大类。全方位的被动设计理念指不采用特殊的机械设备，而是利用辐射、对流和传导使热能自然流经建筑物，并通过建筑物本身的性能控制热能流向，从而得到采暖或制冷的效果。其显著的特征是，建筑物本身作为系统的组成部件，不但反映了当地的气候特点，而且在适应自然环境的同时充分利用了自然环境的潜能，目的是全面解决建筑设计固有的问题。在进行被动式太阳能建筑设计中应掌握以下设计要点。

（1）基地选择与场地规划　我们知道，地形、地貌与接受阳光照射的情况密切相关，建筑物的基地选择应在向阳的平地或坡地上，以争取尽量多的日照，为建筑单体的热环境设计和太阳能技术的应用创造有利的条件。建筑物不宜布置在山谷、洼地、沟底等凹形场地中，建筑基地中的沟槽应处理得当。要使被动式太阳能建筑获得采暖所需的足够的阳光，首先要考虑当地的太阳辐射量和太阳的方位角。一般来说太阳辐射量越大，被动式太阳能建筑的采暖效果越好。

除了建筑单体需要考虑基地的选择和规划外，建筑组团的相对位置如果能够合理的布局，也可以在取得良好的日照的同时利用建筑阴影达到夏季遮阳的目的。总的来说，优化建筑布局可以提高组团内的风环境质量。

（2）正确的选择建筑物的朝向　建筑物的朝向应把夏季和冬季综合起来考虑冬季可以利用太阳能采暖并有效防止冷风侵袭夏季可以利用阴影和空气流动降低建筑物表面和室内的温度。为了尽可能多地接受太阳的热，被动式太阳能建筑的朝向应位于正南方向±10°度以内，建筑长轴设为东西方向，这样可从南向获得最多的太阳辐射热。在南向坡地上建造被动式太阳能建筑可以提高太阳的采暖的效果。因为南向坡地可以接受更多的太阳辐射，而且有利的抵御北向冷风对建筑的侵袭。

（3）门窗的设置　由于被动式太阳能建筑中门窗是主要的集热构件，所以在北半球集热门窗必须设置在南向，东、西墙面上的非集热窗尽量减少，否则会使夏季过热。

（4）合理设计日照间距　被动式太阳能建筑充分得热的条件就是保持一定的日照间距，但是间距太大又会造成用地的浪费。常规建筑一般按照冬至日正午的太阳高度角确定日照间距这就会造成冬至前后持续较长时间的日照遮挡。因此太阳能建筑日照间距应保证冬至日正午前后共 5 小时的日照，并且在 9:00～15:00 之间没有较大的遮挡。

（5）适当的遮阳　对于被动式太阳能建筑来说，在非采暖季过多的太阳光通过南向窗射入室内，使得白天的室温过高，这种状况可以通过设置遮阳设施加以缓解。遮阳设计通常是一种折中方案，遮阳板过长会在春季遮挡，过短又会在秋季使室内进入过多阳光，导致室内过热。所以要求设计师们采取折中的方案设计遮阳板的尺寸。

（6）数量足够的蓄热体　在被动式调节的建筑中蓄热体是在非常重要的组成部分，它能使室内温度在年周期内波动较小。任何能够吸收和储存热量的密实材料都可以。蓄热体通过储存热量来控制房间的温度波动，但如果蓄热体数量设置不足会导致昼夜温差大、室内舒适度下降；蓄热体数量如果设置过多，其蓄热功能力提高不明显，只能是一种资源浪费，所以设计时应掌握好蓄热体的设置数量。

（7）设置防风屏障以减少热能损失　冬季防风不仅能够提高户外空间的舒适度，同时也能减少建筑由冷风渗透引起的热损失。在冬季风向处利用地形或周边建筑物、构筑物及常绿植物，为建筑物竖起一道风屏障，可避免冷风的直接侵袭，有效减少建筑物冬季的热损失。适当布置防风林的高度、密度与间距会收到很好的挡风效果。

（8）均衡得热　为使室内均衡得热，创造良好的热环境，设计者经常采用矩形或者正方形平面，有温度需要的房间一般布置在南向，反之热量需求较少的房间沿北向布置。这些房间的热量主要来源于被太阳加热的南向房间之间的热交换。

（五）太阳能建筑的设计原则

（1）合理的建筑平面设计　在进行平面设计时要考虑到建筑的采暖、降温、采光等多方面的要求。既要满足主要房间能在冬季直接获取太阳能量，又要实现夏季的自然通风（最好是对流通风）降温，还要最大限度地利用自然采光，降低人工照明的能耗，改善住宅室内光环境，满足生理和心理上的健康需求。

（2）适宜的建筑体形设计　建筑平面形状凹凸，形体越复杂，建筑外表面积越大，能耗损失越多。同时也要注意在组团设计中，建筑形体与周边日照的关系，尽量实现冬季向阳、夏季遮阳的效果。

（3）热工性能良好的围护结构设计　加强建筑的保温隔热，这是现代建筑充分利用太阳能的前提条件，同时也有利于创造舒适健康的室内热环境。

（六）被动式太阳能建筑典型系统

被动式太阳能建筑是通过建筑设计手段和简单技术的合理运用，可以利用太阳能为房间提供相当部分的采暖能量，降低通风和照明的能耗，具有结构简单、造价较低、施工方便等优点，已经在美国、德国等发达国家得到了较多推广应用，已发展到较高水平。我国是太阳能资源极其丰富的国家之一，太阳能作为一种可再生的清洁能源，近年来在各类建筑中的利用受到关注。

根据被动式太阳能建筑热利用的方式不同，可分为以下 4 种类型：①直接受益式，即利用南向墙体直接照射的太阳房，如图 12-7（a）、（b）所示；②集热蓄热墙式，即利用南向墙体进行集热蓄热，如图 12-7（c）、（d）所示；③附加阳光间式，即"温室"与以上两种相结合的方式，如图 12-7(e)、（f）所示；④对流环路式，即利用热虹吸作用加热循环，如图 12-7(g)、（h）所示。

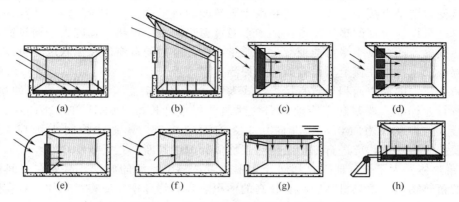

图 12-7 被动式太阳能建筑典型系统

1. 直接受益式

（1）工作原理 直接受益式是被动式太阳建筑中最简单也是最常用的一种。它是利用南窗直接接受太阳能辐射。太阳辐射通过窗户直接射到室内地面、墙壁及其他物体上，使它们表面温度升高，通过自然对流换热，用部分能量加热室内空气，另一部分能量则储存在地面、墙壁等物体内部，使室内温度维持到一定水平。太阳能这种集热蓄热放热的全过程就足直接受益式太阳房的工作原理，如图 12-8 所示。

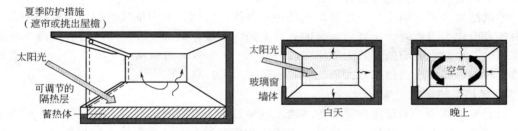

图 12-8 直接受益式太阳能房工作原理示意

直接受益式系统中的南窗在有太阳辐射时起着集取太阳辐射能的作用，而在无太阳辐射的时候则成为散热表面，因此在直接受益系统中，南窗尽量加大的同时，应配置有效的保温隔热措施，如保温窗帘等。由于直接受益式被动式太阳建筑热效率较高，但室温波动较大，因此，使用于白天要求升温快的房间或只是白天使用的房间，如教室、办公室、住宅的起居室等。如果窗户有较好的保温措施，也可以用于住宅的卧室等房间。

（2）关键技术 直接受益式太阳能采暖系统中，最主要的一类集热构件是南向玻璃窗，称为直接受益窗。要求此受益窗密封性能良好，为防止夏季过量的阳光直射应配有保温窗帘。另一类主要构件是蓄热体，包括室内的地面、墙壁、屋顶和家具等。建筑的围护结构应有良好的保温隔热措施，以防止室内的热量散失。

① 直接受益窗。直接受益窗是被动式太阳能住宅是使用最广的一种方式，具有构造简单，易于制作、安装和日常的管理与维修；与建筑功能配合紧密，便于建筑立面处理，有利于设备与建筑一体化设计等优点。其是利用地板和侧墙蓄热，就是房间本身就是一个集热储热体，在日照阶段，太阳光透过南向玻璃窗进入室内，地面和墙体吸收热量，表面温度升高，所吸收的热量一部分以对流的方式供给室内空气，另一部分以辐射的方式与其他围护结

构内表面进行热交换，第三部分则由地板和墙体的导热作用将热量传入内部储存起来。当没有日照时，被吸收的热量释放出来，主要加热室内空气，维持室温，其余传递到室外。

直接受益窗是直接受益式太阳房获取太阳热能的重要途径，它既是得热的部件又是失热的部件。一个设计合理的集热窗应保证冬季通过窗户的太阳得热量，能大于通过窗户向室外散发的热损失，而在夏季尽可能地减少日照量。改善直接受益窗的保温状况，可以增加窗户的玻璃层数，也可以在窗上增设夜间活动保温窗帘（板）。

为防止过大的窗户面积导致直接受益式太阳房室温波动变大，应选择适当的窗户面积。根据规行行业标准《严寒和寒冷地区居住建筑节能设计标准》（JGJ 26—2010）中的规定，窗墙比最大值控制在南向 0.50、北向 0.30、东西向 0.35，窗地比控制在 0.16 较为合适。如果需要扩大窗墙比，应进行维护结构热工性能的权衡判断。

② 蓄热体。为了充分地吸收和储存太阳热量，减少室温的波动，需要在房间内配置足够数量的蓄热物质。蓄热材料应具有较高的体积热容和热导率，应将蓄热体配置在阳光能够直接照射到的区域，并且不能在蓄热体表面覆盖任何影响其蓄热性能的物品。砖石、混凝土、水等都是较好的蓄热材料。例如，重型结构的房屋通常所用的墙体厚度大于等于240mm，地面厚度大于等于50mm。蓄热体表面积与玻璃面积之比大于或等于3时，地面所起的蓄热作用较大，此时地面的厚度增至100mm比较有利。

③ 房间内表面的有效太阳能吸收系数（α_a）。直接受益式太阳房房间表面的有效太阳能吸收系数 α_a 是指太阳房内墙壁、顶棚和地面所吸收的日射量 S_n 与透过南向窗户玻璃的日射量 S_{or} 比值。其大小与玻璃的反射系数、房间内壁、板的吸收系数及南向窗户面积与房间内隔壁、板表面积的比例等因素有关。

测试结果表明，墙面、顶棚和地面的色彩对提高房间的太阳能吸收起决定性作用。当房间内各表面均为深色时，房间内表面的有效太阳能吸收系数 α_a 为 0.88；当房间内各表面均为浅色时，房间内表面的有效太阳能吸收系数 α_a 为 0.67；当房间内地面深色，其他表面均为浅色时，房间内表面的有效太阳能吸收系数 α_a 为 0.83。

2. 集热蓄热墙式

（1）工作原理　利用南向集热蓄热墙吸收穿过透光性材料的热量，通过传导、辐射及对流等方式送至室内，这种用实体墙进行太阳能收集和蓄存的方法也称为特朗勃墙系统。通常利用南立面的外墙表面涂以高吸收系的深色涂料，并以密封的玻璃盖进行覆盖，墙体材质应该具有致大的体积热容量和导热系数。

集热蓄热墙的形式有实体式集热蓄热墙、花格式集热蓄热墙、水墙式集热蓄热墙、相变材料集热蓄热墙、快速集热蓄热墙等。其中实体式集热蓄热墙在南向实体墙外覆盖玻璃罩盖，并在墙的上下侧开有通风孔，其工作原理如图12-9所示。

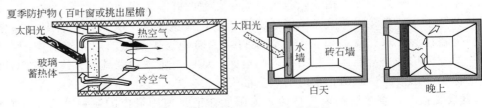

图 12-9　蓄热墙式系统工作原理

被集热墙吸收的太阳辐射热可通过两种途径传入室内：其一，通过墙体热传导，把热量从墙体外表面传到墙体内表面，再经由墙体内表面通过对流及辐射将热量传入室内使用空间；其二，加热的夹层空气通过和房间空气之间的对流将热量传给房间，类似对流环路系统。夏季关闭集热墙上部的通风口，打开北墙调节窗和南墙玻璃盖层上通向室外的排气窗，利用夹层的"烟囱"效应，将室内热空气抽出达到降温的目的。相对于直接受益式太阳房，由于集热蓄热墙具有较好的蓄热能力，室温波动较小且舒适感较好。

（2）关键技术　集热蓄热墙式太阳能建筑的关键技术主要包括：集热蓄热墙的集热效率、墙体材料及厚度、通风口的设置及大小、玻璃层数与外墙涂层。

① 集热蓄热墙的集热效率。集热蓄热墙收集太阳能的能力可用集热效率（即集热蓄热墙与玻璃盖层表面接受辐射量的比值）η 来表示，当集热蓄热墙盖层玻璃的光学性能一定时，集热蓄热墙的墙体厚度、通风口设置及大小、盖层玻璃层数及墙面涂层材料等因素，对于集热蓄热墙的集热效率至关重要。

② 墙体材料及厚度。实体墙式集热蓄热墙应采用具有较大体积热容量及热导率的重型材料，常用的砖、混凝土、土坯等都适宜做实体墙式集热蓄热墙。在条件一定的情况下，集热蓄热墙墙体的厚度对其集热效率、蓄热量、墙体内表面的最高温度及其出现的时间有直接的影响。墙体越厚，蓄热量越大，通过墙体的温度波幅衰减越大，时间也越长。

③ 通风口的设置及大小。有通风口的实体墙式集热墙的集热效率比无风口时高很多，适用于不同地域。对于较温暖地区或太阳辐射资源好、气温日差较大的地区，采用无风口集热蓄热墙既可避免白天房间过热，又可提高夜间室温，减小室温的波动。对于寒冷地区，利用有风口的集热蓄热墙，其集热效率高，补热量较少，可实现更多节能。当空气夹层的宽度为 30～150mm 时，其集热效率可随风口面积与空气夹层的横断面积比值的增加略有增加，合适的面积比为 0.8～1.0。减小风口与夹层横断面的面积比，集热蓄热墙的集热效率随之降低，直至风口的面积为零，此时集热效率最低，室温波动最小。

④ 玻璃层数与外墙涂层。玻璃层数越少，透过玻璃的太阳辐射越多，玻璃的层数不宜大于 3 层，在我国一般采用 2 层，甚至在温和地区可采用单层。夜间在集热蓄热墙外加设保温板可有效地减少热损失、提高集热效率。据测试，单层玻璃加夜间保温层的集热蓄热墙集热效率与双层玻璃相差很少。为保证采集效果，外墙应采用吸收系数高的深色无光涂层，一般可采用黑色、墨绿色、暗蓝色等。

3. 附加阳光间式

工程实践证明，附加阳光间对于建筑节能的作用比较大。它是在建筑南侧增加一个南侧有大面积玻璃围护结构的空间。这个空间在冬季白天能得到大量的太阳热，并加热室内空气，提高室内温度；在冬季夜晚，虽然此空间散热较大，但因为此空间并非居住空间，所以不会影响室内温度。

在夏季，阳光间内的空气温度高，通过阳光间上方的通风口向外流动，使得整个房屋的空气流动，形成良好的通风环境。因此，增加附加阳光间有利于建筑节能。但也要看到，因为附加阳光间的主要作用是冬季采暖保温，而南方地区对采暖要求并不高，而对于隔热、遮阳、通风的要求比较高，所以南方地区不建议采用附加阳光间。

（1）工作原理　附加阳光间式被动太阳房是集热蓄热墙系统的一种发展，将玻璃与墙之间的空气夹层加宽，形成一个可以使用的空间—附加阳光间。这种系统其前部阳光间的工作原理和直接受益式系统相同，后部房间的采暖方式则雷同于集热蓄热墙式。附加阳光间是一种设置在房屋南部直接获取太阳辐射热的得热措施，适用于广泛的气候区划，尤其是适用于寒冷地区效果较为明显。

阳光透过南向和屋面的玻璃后转换为聚集的热量被吸热体表面吸收。一部分热量用来加热阳光间，另一部分热量传递到室内使用空间。阳光间既可单独设置，也可以与其他太阳能系统联合使用。附加阳光间在为室内空间供暖的同时，还可成为室内功能空间的外延，其运行的基本原理是基于上述的"温室效应",并在特定的环境之下将"温室效应"效果强化。一般情况下由于其室内环境温度在白天高于室外环境温度,所以既可以在白天通过对流经门窗供给房间以太阳热能,又可在夜间作为缓冲区以减少热损失。

(2)关键技术　附加阳光间式太阳能建筑的关键技术主要包括玻璃层数与保温装置、门窗的开孔率、重质材料、内表面颜色、遮阳与排热措施。

① 玻璃层数与保温装置。阳光间集热面的玻璃层数和夜间保温装置的选择,与当地冬季采暖度日值和辐照量大小以及玻璃和夜间保温装置等的经济性有关。通常,在采暖度日数值小、辐照量大的地区,宜采用单层玻璃加夜间保温装置;在采暖度日值大、辐照量小的地区,宜采用双层玻璃加夜间保温装置。

② 门窗的开孔率。附加阳光间和其相邻房间之间的公共墙上的门窗开孔率,不宜小于公共墙总面积的12%。一般阳光间太阳房公共墙上门窗面积之和,通常在墙体总面积20%～25%之间,其有效热量基本上均可进入室内,同时又有适当的蓄热效果。公共墙除门窗外宜用重质材料构成,如用砖砌体其厚度可在120～370mm之间选择。

③ 重质材料。阳光间内应设置一定数量的重质材料,以控制室内环境温度变化。重质材料应主要设在公共墙及阳光间地面,其面积与透光面积之比不宜小于3:1。如阳光间由轻质材料构成,为防止室内使用空间白天过热夜间过冷,应用保温隔热墙作为分隔墙,将阳光间和房间分开。

④ 内表面颜色。阳光间不透光围护结构的内界面,主要是接受阳光照射较多的公共墙体表面和地面,宜采用阳光吸收系数大和长波发射率小的颜色,以减少反射损失和长波辐射热损失。

⑤ 遮阳与排热措施。为防止附加阳光间夏季过热给室内带来的不良影响,透光屋顶一般需考虑热空气的排出。集热窗中应有一定数量的可开启的窗扇以便夏季排热。当房间设有北窗时,可利用横贯公共室内空间及阳光间南外窗的穿堂风进行排热处理。

4. 对流环路式

对流环路式集热墙是在南墙设置空气集热器,或在墙体外表面和其玻璃罩盖之间,紧贴墙体外表面敷设保温层及其保护层,利用墙体上下通风口和室内进行空气对流循环加热的采暖形式。对流环路式集热墙与集热蓄热墙相比,接受阳光后升温较快,白天向室内供热较多,较适合于白天使用的房间,如学校教室、办公室、医院门诊部等建筑物。对流环路式是以上几种方式中唯一在太阳不照射时不损失热量的方式。对流环路式仅次于直接受益式,是全世界广泛采用的一种太阳能采暖方式,但目前国内采用较少。

(1)工作原理　对流环路系统建筑物的围护结构为两层壁面,在壁面之间形成封闭的空气层,依靠"热虹吸"作用产生对流环路机制,将各部位的空气层相连形成循环。壁面间的空气在对流循环的过程中不断被加热,使壁面材料储热或在热空气流经部位设计一定的储热体,在室内温度需要时释放热量,从而满足室内温度要求及稳定性的目的。

对流环路式系统可以在墙体、楼板、屋面、地面上应用,也可用于双层玻璃间形成"集气集热器"。相比较而言,对流环路式系统初次投资较大,施工比较复杂,技术要求较高,但利用太阳能采暖效果非常好,并且还能兼起保温隔热作用。对流环路式系统工作原理如图12-10所示。

(2)关键技术　对流环路式太阳能建筑的关键技术主要包括集热面、风口和隔热。

① 集热面。对流环路式系统需设置向阳的集热面,其垂直高度一般应大于1.8m,使集热面内空气层中的空气有足够的向上流速,以获得良好的"热虹吸"效果;空气层宽度一般取100～200mm。

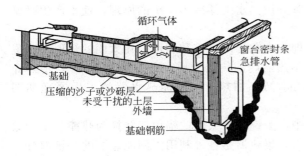

图 12-10 对流环路式系统工作原理

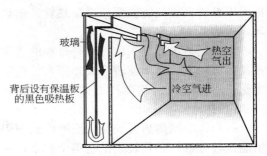

图 12-11 防止反向对流的"U"形管集热器

② 风口。在对流循环的过程中，如果室内需要被加热的双层壁体内的空气，可以通过风口来进行控制，风口设置防逆流装置利用风闸的开合来控制室温。

③ 隔热。对流环路在夏季会给室内条件造成一定的不良影响，这时可以设计相应的对流环路阻绝板，将对流终止，如设置有效防止反向对流的"U"形管集热器，夏季时可将室内上部的风口关闭。这时静止的空气间层是很好的隔热体系，这对夏热冬冷地区尤其重要。防止反向对流的"U"形管集热器如图 12-11 所示。

三、太阳能热水器应用及建筑一体化

太阳能热水器把太阳光能转化为热能，将水从低温度加热到高温度，以满足人们在生活、生产中的热水使用。太阳能热水器是在太阳能热利用中最为普遍的一种热水系统。据中国太阳能协会的统计数据表明，中国太阳能热水器的集热面积已居世界第一。近年来，我国太阳能热水器行业持续保持健康发展。中商情报网研究数据表明，2012 年中国太阳能热水器产量约为 $4968 \times 10^4 m^2$，实现销售收入 400 多亿元人民币，全行业提供就业机会 30 多万个，以 2012 年全国太阳能热水器保有量 $2 \times 10^8 m^2$ 测算，每年可节能 $3000 \times 10^4 t$ 标准煤，减少二氧化碳排放 $7470 \times 10^4 t$，具有良好的经济效益、社会效益和环境效益。预计 2015 年，全国住宅用太阳能热水器普及率将达到 20％～30％。太阳能热利用产业已纳入国家新能源发展战略，太阳能热水器应用及建筑一体化将成为未来建筑的主流。

中国太阳能热利用产业经过二十多年的历程，特别是近十多年的发展表明：中国太阳能热利用的科学技术进步，开发出具有自主知识产权的全玻璃真空太阳能集热管和新型平板集热器的核心技术，推动在八大应用领域的技术进步，充分体现了科技向生产力转化，是第一生产力；以市场为导向，在城市、农村和国际三大市场普遍推广太阳能热水系统，满足广大民众洗浴等生活用热水的需求；近年来又向工程、采暖空调、工农业生产和中高温四大市场扩展，大力推广太阳能热力系统实现节能减排；科技和市场是中国太阳能热利用产业升级和发展的强大动力，现代的企业制度、经营管理和工艺装备不断促进产业升级，中国式太阳能热利用产业发展模式正在形成和发展，为产业积极、有序和持续发展奠定了牢固基础；中国是太阳能热利用生产和应用大国，正向强国迈进；中国太阳能热利用产业一定为惠及民生、节能减排和建设美丽中国不断做出新的更大的贡献。

（一）太阳能热水器系统与设计

1. 系统基本组成及构造

太阳能热水器按结构形式分为真空管式太阳能热水器和平板式太阳能热水器，真空管式太阳能热水器为主，占据国内 95％的市场份额。真空管式家用太阳能热水器是由集热管、传热介质、管道、储水箱四部分组成，有些还包括循环水泵、支架、控制系统等相关附件，

把太阳能转换成热能主要依靠集热管。集热管利用热水上浮冷水下沉的原理，使水产生微循环而达到所需热水。

太阳能热水器（系统）运行过程的实质即为太阳能的转移和利用。在太阳的辐射下，集热器将所吸收的太阳能转换成热能，传递给集热器内的传热介质（最常见的是水），传热介质受热后通过特定的循环方式将贮水箱中的水循环加热。太阳能热水器的工作原理如图12-12所示。

（1）太阳能集热器　在太阳能的热利用中，关键是将太阳的辐射能转换为热能。由于太阳能比较分散，必须设法把它集中起来，所以，集热器是各种利用太阳能装置的关键部分。

① 太阳能集热器的类别。太阳能集热器是组成各种太阳能热利用系统的关键部件，主要可分为平板型和真空管型两大类，这两类基本太阳能集热器热流原理如图12-13所示。

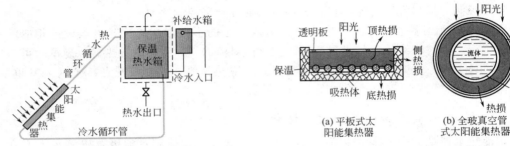

图 12-12　太阳能热水器的工作原理　　　　图 12-13　两类基本太阳能集热器热流原理

目前，用液体作为传热介质的太阳能热水系统元件构成方式见表12-1。

表 12-1　太阳能热水系统元件构成方式

名称	系统元件连接方式	优点	缺点
闷晒式	集热器和储热水箱合为一体	构造联结简单可靠,热量流程最短	不易于与建筑一体化整合
整体式	集热器和储热水箱紧密结合	热量流程较短,热效率较高	不易于与建筑一体化整合
分离式	集热器和储热水箱分离	易于与建筑高度一体化	管线设置较长,热流程较长

② 太阳能集热器构造及工作原理。太阳能集热器应能有效地吸收太阳能，同时尽可能地减少热损失，一般可分为平板式、热管式、真空管式三种类型。

平板式太阳能集热器是专门为高层、小高层住宅配套设计开发，弥补了传统的太阳能热水器由于先天不足无法实现与建筑及环境完美结合的遗憾，这一开发真正体现了太阳能与建筑及环境一体化的完美结合。集热器造型简洁，线条流畅，科学合理用料，精工制作，美观大方，与建筑完美结合，是高层、小高层等现代高档住宅的首选。

热管式太阳能集热器。由热管、集热板、透明盖板，保温层、换热器、壳体、支架组成，换热器内有涡漩发生源，热管一端紧贴在换热器上面，另一端紧贴在集热板上面，在集热板上面设有1～2层透明盖板，集热板下面设有保温层，换热器外面设有保温层。具有采用热管集热，换热器不用开孔，不存在泄漏等问题，换热器内设有涡漩发生源，强化传热，传热效果好，具有不易结垢，阻力小，不怕冻，结构简单，成本低，运行可靠等特点。

真空管式集热器是在平板集热器基础上发展起来的新型集热装置。按照吸热体的材料分类，可分为玻璃吸热体真空管（或称为全玻璃真空管）集热器和金属吸热体（玻璃—金属）真空管集热器两大类。

热管式真空管集热器是我国自己开发成功的一种金属吸热体真空管，于20世纪90年代中期投入市场。热管式真空管综合应用了真空技术、热管技术、玻璃-金属封接技术和磁控溅射涂层技术，不仅使太阳能集热器能够全年运行，而且提高了工作温度、承压能力和系统可靠性，使太阳能热利用进入中高温领域。

（2）太阳能热水器（系统）水箱　太阳能热水器储水箱是太阳能热水器的关键部件，其中通气管使水箱和大气相通，出水管放出热水，储水箱的容量大小由热水用户的需要确定。家用太阳能热水器容量一般不超过600kg，对于大系统的水箱，其容量可达5～10t。太阳能热水器的取水方式有放水法、顶水法和浮球法三种。

2. 热水系统原理与选用

太阳能热水系统是指由冷水进口到热水出口这一整套利用太阳能加热的装置，系统效率的高低与太阳能集热器的效率有着直接关系。但是，集热器并不是影响整个系统性能好坏的唯一因素。系统的构成形式、管道的管径和走向、水箱的位姿和保温措施等，都会影响太阳能热水系统的工作性能。因此，必须对整个太阳能热水系统进行最优化地选择或设计。

一般来说，太阳能热水系统按照循环制动方式不同，可分为自然循环、光电控制直接强制循环、定时器控制直接强制循环、温差控制间接强制循环、温差控制间接强制循环回排、双回路等系统类型。以自然循环系统为例，自然循环热水系统也称为温差循环或热虹吸太阳能热水系统。其工作原理是：工质水在集热器中吸收太阳能后水温增高，沿着循环管道上升进入水箱。处于储水箱底部和下降管道中的冷水，由于比重较大而流到最低位置的集热器下方。由此，系统在无需任何外力的作用下，周而复始地进行循环，直至因水的温差造成的重力压差平衡为止。

在自然循环热水系统中，系统的热虹吸作用压力大小，主要取决于水头 h 的大小。一般而言，不论水箱的容积和中心距多少，水箱的底部都应略高于集热器的上集管，这样可以保证当夜晚集热器散热时，水箱内的热水不致产生逆向流动而散热降温。在自然循环热水系统中，管道的流量大小，除了取决于 h 值和集热器进出口水温之外，还与系统的管道布局有很大关系，应采取遵循以下原则。①等程原则：保证各集热器沿程水的阻力相等，避免某些集热器因管道过长、水阻力过大而造成集热器组"短路"。②"一短三大"原则：系统中热水集管的长度应当最短，热水集管要大半径转弯、大坡升爬升、大管径集热，这样可有效地减少散热损失，减少水的阻力。直缓原则：在管道系统中，冷水集管应走直线，转弯应缓慢，避免由于转弯角度大于90°产生阻塞现象。

总之，太阳能热水系统的选取与优化足太阳能建筑设计的重点考虑的对象之一，设计者不仅要考虑集热器的一体化措施等方面的内容，而且还要结合建筑功能及其对热水供应方式的需求、环境、气候、太阳能资源、能耗、施工条件等诸因素，结合太阳能热水系统的性能、造价，进行综合技术经济比较后酌情选定。太阳能建筑热水系统设计选用见表12-2。

（二）太阳能热水器与建筑一体化设计

能源问题已经成为制约世界经济增长的一个主要问题，不可再生能源的日益枯竭导致世界性能源危机。作为能源消耗的大户，建筑领域的能源改革就显得更加重要。国外建筑界在太阳能一体化设计方面已经走在了前面，随着西方技术、文化的涌入，国内外人员的交流、课程和项目的合作等，都会对我国在太阳能建筑一体化设计方面产生影响和良好的示范作用。当今，我国建筑太阳能一体化发展已经迈出了巨大的步伐，在光热转换、光电转换等一体化设计领域有了长足的进步，随着国内相关激励机制和政策的逐步完善，将会有更加光明

表 12-2　太阳能建筑热水系统设计选用表

建筑物类型		居住建筑			公共建筑		
		低层	多层	高层	宾馆、医院	游泳馆	公共浴室
太阳能热水系统类型	**集热与供热水范围**　集中供热水系统	√	√	√	√		√
	集中-分散供热水系统	√	√	—			
	分散供热水系统	√					
	系统运行方式　自然循环系统	√	√	—	√		√
	强制循环系统	√	√	√	√	√	√
	直流式系统	—	√	√	√	√	√
	集热器内传热介质　直接系统	√	√	√	√		
	间接系统		√	√	√		
	辅助能源安装位置　内置加热系统	√	√	—			
	外置加热系统	√	√	√	√		√
	辅助能源启动方式　全日自动启动系统	√	√	√	√	—	
	定时自动启动系统	√	√	√	—	√	√
	按需手动启动系统	√	—	—		√	√

注：表中"√"为适合，"—"为不适合。

的前景。

1. 太阳能建筑一体化设计思想与设计原则

太阳能作为一种免费、清洁的能源，太阳能与建筑的结合即建筑一体化，在建设中越发显现其不可替代的地位，并成为建设中的一个最新亮点。太阳能与建筑一体化是将太阳能利用设施与建筑有机结合，利用太阳能集热器替代屋顶覆盖层或替代屋顶保温层，既消除了太阳能对建筑物形象的影响，又避免了重复投资，降低了成本。太阳能与建筑一体化是未来太阳能技术发展的方向。

太阳能利用与建筑一体化的设计思想，是由美国太阳能协会创始人施蒂文·斯特朗20多年前所倡导的，其主体思想是将能把太阳能转化为电能的半导体材料直接镶嵌在墙壁的外表面和屋顶上，取代在屋顶上安装笨重的太阳能收集装置，从而实现太阳能利用与建筑的一体化，并通过所产生的电能来驱动室内的用电设备实现室内的采暖、照明、制冷等。

对于太阳能热水系统与建筑一体化而言，其关键之处在于将太阳能热水系统元件作为建筑的构成因素与建筑整体有机结合，保持建筑统一和谐的外观，并与周围环境、建筑风格等相协调，从而达到建筑构造合理、设备高效和造价经济的设计目标。要实现太阳能集热器件与建筑深层次的结合，设计师应当从设计的初始阶段就将太阳能热水系统中的"元件"作为建筑构成元素加以考虑，将各个"元件"根据其最佳的运行机理有机地融入建筑之中。首先，太阳能利用与建筑结合的理想方式应该是"集热元件"与"储热元件"分体放置。"集热元件"的尺度、色彩应与建筑外观相协调，或可以作为建筑的功能性、装饰性的表现元素融入建筑主体中；"储热元件"可置于相对隐蔽的阁楼、楼梯间或地下室内。其次，必须兼顾系统内在的工作效率，保持良好的循环。最后，太阳能"集热元件"应实现标准化、系列化、构件化、成品化的目标，以便于大规模地应用与日常更新及维修。

太阳能建筑一体化设计应当遵循以下三个原则。

（1）节能效用性　充分利用太阳能热水系统所收集获得的太阳能（某些情况下可与辅助能源相互配合），根据当地适宜的太阳能资源、气候条件、经济实力等因素，设计合理的集热系统和适宜的集热器面积、配备匹配的储热水容积，选择完备的控制系统，并确保辅助热源与太阳能的平稳转换，使得太阳能热水系统实现最优化的能源消耗动态比例，这也是太阳能建筑一体化整合的根本目的。

（2）功能适用性　太阳能建筑一体化的整合，特别是对于建筑的构件、部件与热水器元件的一体化设计，一方面要满足作为建筑构件的使用功能，即具有遮风、避雨、防护、遮阳等基本的建筑功能属性；另一方面应根据居民的用水习惯、卫生器具位置等，确定合理的热水供应系统。太阳能建筑一体化构成整合，只有从以上两个方面同时实现适用性目标，才能形成真正意义上的满足功能需求。

（3）建筑适配性　一体化构件与建筑主体首先选择合理的安装形式，实现标准化、系列化、构件化、成品化的目标，便于今后更换设备和部件。

以上三个设计原则表明，太阳能热水系统与建筑的一体化设计，应当由建筑师、专业人士和太阳能热水系统生产设计部门相互配合共同完成。要求在概念上、技术上相互融合渗透、集成一体，形成新的建筑概念和设计方法。

2. 太阳能建筑一体化常见体系

随着我国太阳能热水器产业的发展，加强太阳能热水系统与建筑一体化的建设，促进产业技术进步和产品更新，适应太阳能热水系统的合理充分利用，已成为当今太阳能产业发展的关键。实践已充分证明，太阳能热水系统与建筑一体化是构架中国太阳能热水器市场的重要举措。推广使用太阳能热水器具有十分广阔的前景，特别是在太阳能建筑一体化的领域，广大设计研究人员，要利用建筑节能的强劲东风，掌握好建筑与太阳能热水系统一体化设计，很好地将太阳能与建筑屋面等围护结构有机地结合起来，这样既可以节省屋面保温层，又能提供充足的热水，是一项利国利民的工作。

在太阳能建筑一体化的设计中，经过多年的实践和总结，太阳能建筑一体化的常见体系有场地一体化体系、屋面一体化体系、墙面一体化体系、阳台一体化体系4种。

（1）场地一体化体系　对于太阳能建筑一体化设计而言，首先应当考虑各种场地规划要素和当地气候特征，为确保获得太阳光的辐射，其中保证建筑物的合理朝向、充足的日照和避免被遮挡最为关键。因此，规划设计过程中将太阳能热水系统作为一项重要的前期设计因素，与建筑物朝向、房屋间距、建筑密度、建筑布局、道路布置、绿化规划和空间环境等相关条件综合考虑，进行一体化设计。这些要素与建筑物所处建筑气候分区、当地人们的生活习性、审美情趣和社会经济发展水平密切相关。在具体设计中应当注重以下4个方面的综合衡量。

① 太阳能集热器的类别应与系统使用所在地的太阳能资源情况和外部气候条件相适应，在保证系统稳定运行的前提下，选择适宜、经济的集器类型及系统组织，满足全天有不少于4h的日照时数要求。

② 在场地太阳能热水系统一体化构成中，建筑小品、建筑单体和建筑群体均应与太阳能热水系统紧密结合，主要朝向宜为南北向。

③ 太阳能热水系统的集热器与建筑整合的优先部位，包括建筑屋面、阳台和墙面等。应当确保这些部位不被遮挡；同时避免凹凸不规则的平面和体形为"L"形、"E"形的平

面，以减少安装太阳能集热器的部位受建筑形体或构件自身的遮挡影响。

④ 建筑物周围的环境景观与绿化种植也应避免对投射到太阳能集热器构件的阳光造成遮挡，以保证太阳能集热器的集热效率。

（2）屋面一体化体系　屋面是建筑物的重要组成构件之一，其接受的阳光最为充足、日照时间最为长久，遮挡也相对比较少。因此，屋面与太阳能的集热器一体化整合有着独特的优势。集热器在屋面的合理设置，可起到丰富建筑屋顶轮廓线的作用，这也更加要求集热器与屋面进行合理的一体化设计，从而达到形式与内容的统一。

对于有一定坡度的屋面，太阳能集热器"元件"无论是嵌入屋面还是架设于屋面之上，其坡度宜与屋面的坡度一致。而屋面坡度又取决于太阳能集热器接收阳光的最佳倾角，尤其对于循环式太阳能热水系统的集热器来说，需要进行一定的倾角处理。所以，集热器与坡屋顶结构进行一体化设计既符合其运行机理，又能够反映出建筑的形式逻辑。此外，可以充分利用坡屋顶下面的吊顶空间容纳水平管线、储水箱等。当太阳能集热器自身作为屋面板时，应保证承重、保温、隔热和防水等基本要求。集热器附着式安装示意如图 12-14 所示。

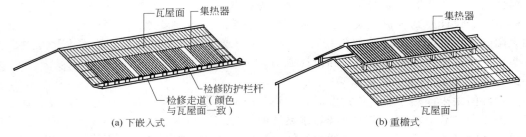

(a) 下嵌入式　　　　　　　　　　　　　　　　(b) 重檐式

图 12-14　集热器附着式安装示意

坡屋面设置集热器有 4 种方式：①附着式，太阳能集热器附着于建筑向阳坡屋面，储热水箱置于室内或阁楼内；②嵌入式，将太阳能集热器镶嵌于坡屋面内，与建筑坡屋面有机整合；外观、色彩与建筑相协调，且不影响建筑屋面排水、隔热等功能；③屋脊支架式，将整体式家用型太阳能热水器整齐安装于屋脊上，可用于单户或集体大面积供热；④支架式，在坡屋顶预先做好支架，在支架上安装太阳能集热器。坡屋顶嵌入式安装是目前太阳能与建筑结合一体化较理想的安装方式。

对于没有坡度的平屋顶，集热器或支架与屋顶结构连接构造更加易于解决，问题在于如何使集热器获得合适的倾角，实现最大化利用日照。一般是通过支架和基座固定在屋面上，以满足集热器的方位、倾角、间距等要求。单个集热器可按几何形式排列整齐，各种类型的集热器的有排列也可丰富建筑的轮廓。

太阳能集热器与平屋面一体化构成方式主要有以下两种。

① 倾斜支架：为使集热器获得良好的日照立体角，一般在平屋顶上布置合适倾角的支架，把与水箱分离的太阳能集热器元件整齐排放在支架上，可以为平屋顶增添美好的造型。这种一体化构成方式也可用于大规模供热工程。

② 平改坡支架式：预先将人字形支架固定于平屋顶或在平屋顶上安装合适倾角的附加坡屋面，再将太阳能集热器元件排列于支架或附加坡屋面上，保温水箱置于平屋顶与支架所构成的三角形空间内。

平屋面分体式集热器的整体式布置如图 12-15 所示，平屋面整体式集热器的分体式布置如图 12-16 所示。

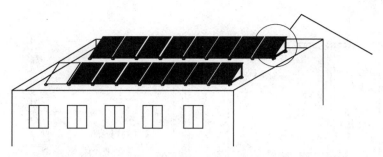

图 12-15 平屋面分体式集热器的整体式布置

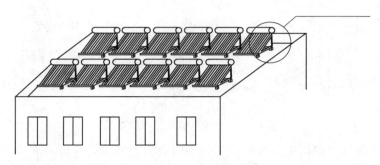

图 12-16 平屋面整体式集热器的分体式布置

（3）墙面一体化体系 高层建筑的热水使用终端数量比较多，其屋顶面积对于集热器的布置显然非常困难，这就需要利用高层建筑的向阳墙壁安装太阳能集热器。特别在太阳能保证率较高的日照资源丰富地区，太阳能集热器与墙面的集成组合越来越趋于成熟；集热器点状布置可增添建筑物的细部线条，而从上往下连片集热器可集中提供整栋楼的热水供应。太阳能集热器与墙体一体化构成，应优先选择东、南、西三个方向，其北面的使用终端可由东、西储热水箱供热。

在通常情况下，墙体与太阳能集热器一体化设计需要注意以下几个方面：①外墙应考虑一定的宽度，以保证集热器的安装；②集热器宜与墙面装饰材料的色彩、分格相互协调一致；③高层建筑的太阳能热水系统，一般情况下5～6层作为一个自然循环单元，也可以每户作为一个自然单元；④还应注意防止墙体变形、裂缝等不利因素，根据实际情况采取必要的技术措施。墙面安装集热器的方式如图 12-17 所示。

（4）阳台一体化体系 阳台作为建筑最外侧的南向构件之一，具有接受的日照时间长、热量收集大等特点，是太阳能集热器元件集成理想的部位。尤其是高层建筑由于屋顶面积较少，除了墙面可以利用外，集热器与阳台构件的一体化整合可以解决部分问题。一般系统采用分体式安装，即集热器安装于阳台，水箱置于阳台或卫生间内。系统管线短、热损失小，集热器等甚至可以直接构成阳台栏板、栏杆，成为符合人体尺寸的功能性构件，易与建筑实现一体化目标。太阳能集热器与阳台有效整合方式，可分为嵌入式和外挂式两种类型。

① 嵌入式。集热器与阳台的嵌入式，与坡屋顶的嵌入式类似，即将太阳能集热器嵌入封闭式阳台构件的外表面，与阳台构件的形式充分整合，实现高度一体化，甚至集热器还可以作为阳台栏板或围护构件布设于阳台上。嵌入式集热器与阳台一体化构成如图 12-18 所示。

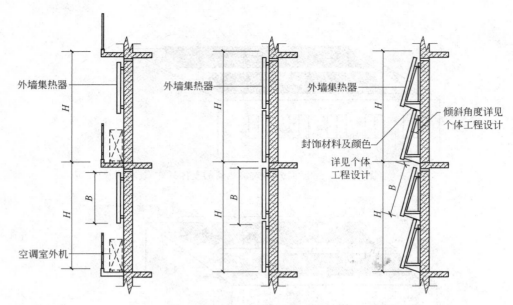

图 12-17 墙面安装集热器的方式

② 外挂式。即将太阳能集热器倾斜悬挂于阳台适当部位，按固定式或活动式两种方式结合。固定式太阳能一体化系统的集热器元件在安装后，用户无法改变其位置或角度，因此要求在安装前应将集热器元件确定如最佳的角度，以期实现入射阳光的最大化收益，并形成有序美观的立面。例如低纬度地区，由于太阳能高度角较大，为接收到较多的日照，构成阳台栏板的太阳能集热器元件应当有适当的倾角。

活动式太阳能一体化系统是指集热器可由用户控制，在支架的滑轨上进行滑动，不同季节可调整集热器倾角和方位，使其达到最佳的集热效果，具有一定的交互性。外挂式集热器与阳台一体化构成如图 12-19 所示。

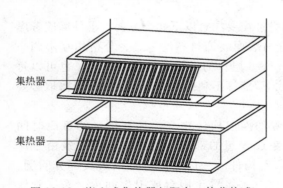

图 12-18 嵌入式集热器与阳台一体化构成

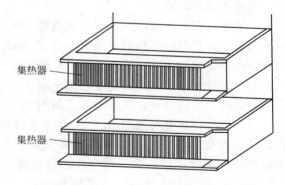

图 12-19 外挂式集热器与阳台一体化构成

虽然热水器集热元件理论上可部分取代扶手栏杆增加建筑外观的多样化，但必须注意要满足其刚度、强度及防护等功能要求。比如，阳台作为人经常活动的半室外场所空间，作为阳台栏板的集热器需要考虑微观的人体尺度；低层、多层住宅的阳台栏杆净高应不低 1.05m；中、高层住宅的阳台栏杆净高应不低 1.10m。此外，与阳台一体化构成的集热器还可以充分吸收太阳光，减少阳台围护对阳光的反射，减少热岛效应的发生，从而提高人居环境质量。

（5）一体化的太阳能建筑与其他构件　除了将集热器等设置在建筑屋面、阳台栏板、建筑外墙等部位以外，太阳能集热器还可以与女儿墙、挑檐、遮阳板、雨篷、凸窗台等能充分接收阳光的建筑构件合理结合。有时甚至在某些情况下，太阳能集热器自身兼有承担建筑围护体系的功能而直接作为建筑构件，如屋面板、阳台栏板或墙板等。此时集热器可被理解为该建筑构件功能的外延，应当具有一定的承载、保温、隔热、防水等能力。此外，应采取可靠的技术措施与建筑主体合理结合，在挑檐、入口处设雨篷或进行绿化种植等安全防护设施，避免集热器跨越建筑主体结构的伸缩缝、沉降缝和抗震缝等。

太阳能建筑可以凸显独特的风格，表现出一种理性的、高科技和绿色的美。按太阳能热水系统与建筑的结合方式和显露程度，可分为隐藏式和显露式两种形式。将太阳能构件进行隐藏、遮挡、淡化，称为隐蔽式太阳能一体化建筑。反之，经过将太阳能外露元件与建筑造型进行有机地结合，甚至采取夸张地表现，这些在建筑上明显带有凸显太阳能构件的表现方法称为显露式太阳能一体化建筑，通常情况下建筑集热构件的整合兼有以上两者属性。

四、太阳能光伏发电系统

太阳能光伏发电是将太阳能直接转化为电能的发电方式，以光伏电池板作为光电转化装置，将太阳光辐射能量转化为电能，是太阳能的一次转化。通常，只有光伏电池板不能直接应用来给负载供电，所以还需要一些必要的外围设备、线路、支架等来构成完整的光伏发电系统，其中光伏电池板是电力来源，可以看成是太阳能发电机，其余部分统称为平衡器件。

（一）太阳能光伏发电系统

太阳能光伏发电是一种零排放的清洁能源，也是一种能够规模应用的现实能源，可用来进行独立发电和并网发电。以其转换效率高、无污染，不受地域限制、维护方便，使用寿命长等诸多优点，广泛应用于航天、通讯、军事、交通、城市建设，民用设施等诸多领域。

太阳能光伏发电系统是利用太阳电池半导体材料的光伏效应，将太阳光辐射能直接转换为电能的一种新型发电系统，有独立运行和并网运行两种方式。独立运行的光伏发电系统需要有蓄电池作为储能装置，主要用于无电网的边远地区和人口分散地区，整个系统造价很高；在有公共电网的地区，光伏发电系统与电网连接并网运行，省去蓄电池，不仅可以大幅度降低造价，而且具有更高的发电效率和更好的环保性能。

日常所使用的电能主要是通过传统电网由集中的大型发电机所产生的电力，并通过远距离的输电线路传输提供。目前，电力公司直接为终端用户提供的是频率和电压都相对稳定的交变电力。

光伏发电系统作为可再生能源，在并入电网时由于其相对大型集中式发电系统，具有随机性、间歇性和布局分散的特点，属于分布式的发电电源。理论上，这种分散的发电系统可以作为集中发电网的补充。分散式发电系统的另一个特点是功率相对较小，可以利用存在于建筑和用户附近的光伏能源形式就近并网发电，能够有效地利用当地的资源。这样，发电和消耗的过程都可以在当地进行。因此，在接入电网时，逆变器输出的交流电首先应满足电网对电能质量的要求，同时对电网以及负载安全具有保护功能，为避免对电网带来的冲击，多选用在用户端的接入点接入电网。

由于用于建筑光伏系统的分布式电源相对减少了由电压等级的交换、输电线路的电力分配系统造成的损耗，系统的整体效率就会相应增加，光伏电源系统的这种分散特征非常适合这种分散供电策略。根据当地的不同条件，在具体实施时可以选择将光伏电站连接到适宜的公用电网点并网发电，或安装与公共电网分离的离网系统组成独立的电网。

为了最大限度地应用这种分布特征的新能源，很多国家提出了微电网的概念。微电网是指由分布式电源、储能装置、能量转换装置、相关负荷和监控、保护装置汇集而成的小型发配电系统。微电网是一种新型网络结构，是一组微电源、负荷、储能系统和控制装置构成的系统单元。微电网是一个能够实现自我控制、保护和管理的自治系统，既可以与外部电网并网运行，也可以孤立运行。

依据和电网的关系，光伏发电系统可以分为独立式发电系统、并网式发电系统及具备以上两种特征构成微电网系统的一部分。独立式发电系统不与电网连接，并网式发电系统直接与电网连接，微电网系与在不与电网连接或与电网连接的情况下都能运行。

单体光伏组件的直流端电压一般只有几十次，输出的电流比较小，输出的能量无法满足一个发电机组单元的需要，这时就将额定电流相同的光伏组件通过串联方式组合在一起，组成光伏组串，然后由光伏组串并联构成光伏阵列。光伏阵列可以根据实际设计和需要，调整组件的数量，使其达到所需要的值。一般户用发电系统容量较小，几十瓦到几千瓦，光伏发电站的容量相对比较大，几十千瓦级到兆瓦级；户用发电系统可以是独立发电系统、并网发电系统或微电网系统，光伏发电站多为并网发电系统。

一套基本的太阳能发电系统是由太阳电池板、充电控制器、逆变器和蓄电池构成，下面对各部分的功能做一个简单的介绍。

（1）太阳电池板　太阳电池板的作用是将太阳辐射能直接转换成直流电，供负载使用或存贮于蓄电池内备用。一般根据用户需要，将若干太阳电池板按一定方式连接，组成太阳能电池方阵，再配上适当的支架及接线盒组成。

（2）充电控制器　在不同类型的光伏发电系统中，充电控制器不尽相同，其功能多少及复杂程度差别很大，这需根据系统的要求及重要程度来确定。充电控制器主要由电子元器件、仪表、继电器、开关等组成。在太阳能系统中，充电控制器的基本作用是为蓄电池提供最佳的充电电流和电压，快速、平稳、高效地为蓄电池充电，并在充电过程中减少损耗、尽量延长蓄电池的使用寿命；同时保护蓄电池，避免过充电和过放电现象的发生。如果用户使用直流负载，通过充电控制器还能为负载提供稳定的直流电。

（3）逆变器　逆变器的作用就是将太阳能电池方阵和蓄电池提供的低压直流电逆变成220伏交流电，供给交流负载使用。

（4）蓄电池组蓄电池组是将太阳电池方阵发出直流电储能起来，供负载使用　在光伏发电系统中，蓄电池处于浮充放电状态，夏天日照量大，除了供给负载用电外，还对蓄电池充电；在冬天日照量少，这部分储存的电能逐步放出。白天太阳能电池方阵给蓄电池充电，（同时方阵还要给负载用电），晚上负载用电全部由蓄电池供给。因此，要求蓄电池的自放电要小，而且充电效率要高。同时还要考虑价格和使用是否方便等因素。常用的蓄电池有铅酸蓄电池和硅胶蓄电池，要求较高的场合也有价格比较昂贵的镍镉蓄电池。

（二）独立式与并网式光伏发电系统

独立式光伏发电系统与并网式光伏发电系统本质的区别在于是否多公共电网相连接。所以独立式光伏发电系统适合在偏远的无电网设施地区或用户经常迁移的情况下使用。

1. 独立式光伏发电系统

独立太阳能光伏发电系统是指太阳能光伏发电不与电网连接的发电方式，典型特征为需要用蓄电池来存储夜晚用电的光伏发电系统能量。独立太阳能光伏发电系统在民用范围内主要用于边远的乡村，如家庭系统、村级太阳能光伏电站；在工业范围内主要用于电讯、卫星广播电视、太阳能水泵，在具备风力发电和小水电的地区还可以组成混合发电系统，如风力发电/太阳能发电互补系统等。

并网太阳能光伏发电系统是指太阳能光伏发电连接到国家电网的发电的方式，成为电网的补充，典型特征为不需要蓄电池。民用太阳能光伏发电系统多以家庭为单位，商业用途主要为企业、政府大楼、公共设施、安全设施、夜景美化景观照明系统等的供电，工业用途如太阳能农场等。

在独立式光伏发电系统中，其关键部分是系统控制器，系统控制器的基本功能类似于电压调整器，主要用于防止蓄电池被太阳电池方阵过充电和被负载过放电。控制器主要有四种类型：旁路控制器、串联控制器、多阶控制器和脉冲控制器。

典型的直流独立光伏发电系统是太阳能路灯系统，白天光伏组件在阳光照射下通过系统控制器对蓄电池进行充电，当蓄电池充电完成后系统控制器直接将光伏组件和蓄电池断开，防止蓄电池过量充电；晚上蓄电池通过系统控制器对负载进行供电，当天亮或蓄电池放电至预先设定的放电深度后，系统控制器将蓄电池和负载断开，停止向负载供电。在独立式光伏发电系统中，有一个很重要的元件是防反充二极管，防止在充电时光伏组件的电压低于蓄电池电压时，蓄电池对光伏阵列逆向放电。

交流独立光伏发电系统工作原理与直流系统基本相同，前端结构相同，由于负载为交流负载，蓄电池放电时通过逆变器将直流电变为交流电对负载供电。交直流混合独立光伏发电系统中有直流和交流两种负载，因此系统控制器控制两套放电系统的工作。在蓄电池数量较多的储能系统中，由于蓄电池个体之间的差异，在充电和放电过程中会引起各蓄电池的不均衡，从而造成整个储能系统的寿命缩短。因此，在此类储能系统中可以考虑引入蓄电池能量管理系统，通过监测每一个单体蓄电池的各项参数，并对异常蓄电池进行能量平衡，从而会延长整个储能系统的寿命。

根据负载的用途也可以采用无储能装置并且不与电网连接的系统形式，即有光照时系统工作，无光照时系统停机。近年来，光伏发电的成本大幅度下降，而储能装置在总成本中所占比例上升，致使在特殊情况下设计人员在系统设计时，省去了储能装置中的光伏扬水系统。光伏扬水系统是用来自太阳的持久能源驱动水的势能转换的新能源电力设备，主要由太阳电池阵列、扬水逆变器及水泵构成，可省掉蓄电池之类的储能装置，以蓄水替代蓄电，直接驱动水泵扬水，可靠性较高，同时大幅降低系统的建设和维护成本。

2. 并网式光伏发电系统

光伏并网发电系统具有如下几个典型特征：①光伏发电系统的输出受光照、温度等环境因素的影响，输出功率会呈现较大的变化，特别是天气多变时，其发电功率呈现较为明显的随机性与不可控性；②由于光伏发电系统造价相对较高，为了实现太阳能资源利用的最大化，系统多采用最大功率点跟踪（MPPT）技术，并且要求电网能最大限度地吸收利用光伏电能；③为达到高效利用太阳能的目的，光伏发电系统并网时通常使并网电流和并网点电压同相，即系统仅提供有功功率。

并网式光伏发电是目前应用最广泛的发电方式，其设备主要由光伏阵列、并网逆变器及相应的辅助设备构成。工作时，并网逆变器将光伏阵列发出的直流电转化为满足电网接入质量的交流电并入到电网中。由于其不需要储能这一环节，既提高了光伏发电的能量利用率，又节省了储能装置所带来的高成本，使光伏发电的普及成为可能。

由于并网式光伏发电需要接入电网，所以用户在和电网连接时需要输出电能和输入电能两套计量线路系统。因此，并网式光伏发电系统可分为有储能装置并网式光伏发电系统（图

12-20）和无储能装置并网式光伏发电系统（图 12-21）。

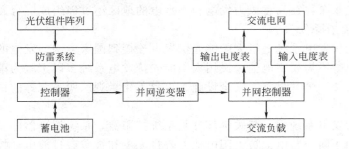

图 12-20　有储能装置并网式光伏发电系统

　　在一些特殊的系统中，光伏发电系统所发电力主要以自用为目的，采用系统不并入公共电网（与电网连接），不足的能量部分从公共电网获得的连接形式，这类系统称为准并网发电系统。该系统中的关键设备为防逆流装置，该装置加装在系统与电网的连接点处，通过检测逆向电流调节光伏系统的发电功率，达到防止光伏系统的能量向电网逆流的目的。其主要用于隧道、地下室、地下廊道照明等负载功率比较稳定，白天也需要消耗电能的情况下。准并网发电系统如图 12-22 所示。

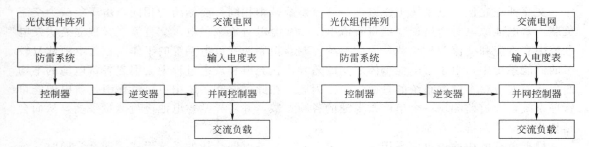

图 12-21　无储能装置并网式光伏发电系统　　　　　　图 12-22　准并网发电系统

　　光伏电站是太阳能发电应用的主要形式之一，在人口密度较低、土地资源相对充沛，阳光资源丰富的沙漠或戈壁地区有很好的实用性，其系统容量小到几百千瓦，大到兆瓦级。在大型光伏电站中，多采用固定式支架进行光伏组件的安装。除此之外，也有的光伏电站采用太阳能追踪式支架，运用计算机联动控制的方式，使每一块光伏组件每时每刻都得到当前光照条件下最大的发电量，这样可以使光伏电站得到比固定式安装多 10%～30% 的能量。大型光伏电站多采用集中式或组串式并网逆变器，其一般具有控制、最大功率点追踪、电网检测、防孤岛效应、断电保护等功能。

3. 光伏阵列最大功率点跟踪

　　如何进一步提高太阳能电池的转换效率，如何充分利用光伏阵列转换的能量，一直是光伏发电系统研究的重要方向。太阳能光伏发电系统的最大功率点跟踪控制，就是其中一个重要的研究课题。最大功率点跟踪（MPPT）是太阳能并网发电中的一项重要的关键技术，它是指为充分利用太阳能，控制改变太阳能电池阵列的输出电压或电流的方法。

　　最大功率点跟踪是当前较为广泛的一种光伏阵列功率点控制方式。这种控制方式实时改变系统的工作状态，以跟踪光伏阵列的最大功率点，实现系统的最大功率输出。光伏阵列输出特性具有非线性特征，其输出受光照强度、环境温度和工作点电压等因素影响。在一定的光照强度和环境温度下，太阳电池可以工作在不同的输出电压，但只有在某一输出电压值时，太阳电池的输出功率才能达到最大值，这时太阳电池的工作点就达到了输出功率的最大

点 P_m。常用的光伏电池 I-U 曲线如图 12-23 所示。

在光伏发电系统中，要提高系统的整体效率，一个重要的途径就是实时调整光伏电池的工作点，使之始终工作在最大功率点附近。由光伏发电原理可知，光伏电池的输出特性和温度存在着很大的关系；开路电压随温度的升高而降低，短路电流随温度的升高而略有增大，最大功率随温度的升高而下降。所以温度的变化对光伏发电系统的发电效率和最大功率点有着很大影响。

最大功率点跟踪（MPPT）的原理如图 12-24 所示。假定图中曲线 1 和曲线 2 为不同光照强度下的光伏阵列输出曲线，A 点和 B 点分别为相应的最大功率输出点；假定某时刻系统运行在 A 点。当外界条件发生变化，此时光伏阵列的输出特性曲线由曲线 1 下降到曲线 2。如果此时保持负载 1 不变，系统将运行在 A' 点，这样就偏离了相应条件下的最大功率点。为了继续追踪最大功率点，应当将系统的负载特性曲线由负载 1 调整到负载 2，以使系统运行在新的最大功率点 B。相反，如果系统的工作条件由曲线 2 上升到曲线 1，相应的工作点由 B 调整到 B'，应该相应调整负载 2 到负载 1，使系统重新工作在新条件下的最大功率点 A。

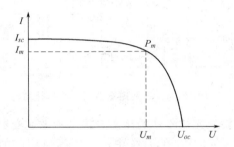

图 12-23　常用的光伏电池 I-U 曲线

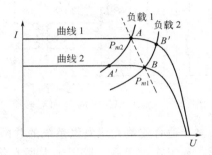

图 12-24　最大功率点跟踪的原理

4. 并网发电系统并网逆变器

由于建筑的多样性，势必导致太阳能电池板安装的多样性，为了使太阳能的转换效率最高同时又兼顾建筑的外形美观，这就要求并网逆变器的多样化，来实现最佳方式的太阳能转换。并网逆变器是太阳能并网发电系统的关键部件，它的主要功能是把来自光伏阵列的直流电转换为交流电，并传输出电网。当并网逆变器与电网连接后，通过采集电网信息与电网同步，把并网逆变器输出电与电网电压的相位差进行调整，以实现与电网电能的匹配。

并网发电系统的逆变器，按照输出的相数不同，可分为单相逆变器和三相逆变器；按照逆变器内部回路方式不同，可分为工频变压器绝缘逆变器、高频变压器绝缘逆变器、无变压器逆变器。按照光伏阵列的接入方式不同，可分为集中逆变器、组串逆变器，多组串逆变器和微型组件逆变器。

工频变压器绝缘方式具有良好的抗雷击和消除尖波的功能，并网性能非常好，但由于采用了工频变压器，因而设备比较笨重、成本较高；采用高频变压器绝缘方式的逆变器体积小、重量轻、成本低，但控制比较复杂；采用无变压器方式的逆变器体积小、质量轻、成本低、可靠性好，但与电网之间没有绝缘。

并网发电系统的逆变器主要由最大功率点跟踪（MPPT）模块、逆变器和并网保护器三部分组成。首先，光伏阵列发出的直流电接入到最大功率点跟踪（MPPT）模块中，实现光伏阵列的最大功率点跟踪，保证系统运行在最大能量输出状态。之后，逆变器将直流电转换为与电网的电压、电流相匹配的交流电。最后，交流电通过并网保护器馈入公用电网。

　　并网发电系统逆变器的最大功率点跟踪（MPPT）技术，现在流行的主要为 DC-DC 变换方式，控制电路通过实时计算光伏阵列的最大功率点，得到该功率点处的电压值，通过 DC-DC 变换实现直流输入端电压的调节，达到最大功率点跟踪的目的。逆变电路主要由脉冲宽度调制（PWM）方式控制全桥逆变电路中的开关管，将直流电变换为适合电网的交流电。

　　多数逆变器的并网保护器为工频变压器，这样就消除了电流中的高次谐波，并且实现了与电网的隔离，使并网更加安全可靠。但是，由于变压器的效率不可能达到 100％，这就造成了逆变器整体效率的降低。当前，国外的逆变器厂商普遍采用无变压器的并网方式，在交流侧加入开关式的并网保护器，当控制电路检测到并网异常后，主动脱离电网实现并网保护功能。实现 MPPT 的 DC-DC 转换如图 12-25 所示，并网逆变器主电路拓扑结构如图 12-26 所示。

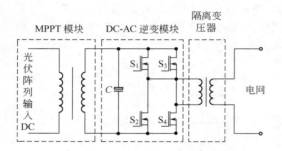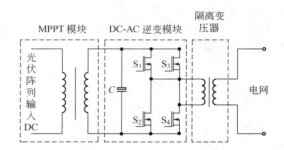

图 12-25　实现 MPPT 的 DC-DC 转换　　　　　图 12-26　并网逆变器主电路拓扑结构

　　对于适合建筑光伏发电系统的并网逆变器，主要从光伏阵列的接入方式来考虑逆变器的选择。集中式逆变器一般用于大型光伏发电站（>200kW）的系统中，电压等何相同的光伏组串，通过并联的方式连接到同一台集中式逆变器的直流输入端。其最大特点是系统的功率高、成本低。但受光伏组串的匹配性和组件部分遮挡的影响，可能导致整个光伏发电系统的效率和电产能下降。同时整个光伏发电系统的可靠性会受到某一单元工作状态不良的影响。最新的研究方向是运用空间矢量的调制控制，以及开发新的逆变器的拓扑结构，以获得部分负载情况下的高效率。

　　组串式逆变器已成为目前国际市场上应用较多的逆变器。组串式逆变器基于模块化概念设计，每个光伏组串（1~5kW）通过一个逆变器，在直流端进行最大功率点跟踪，在交流端并联，接入电网。在许多大型光伏电厂使用了组串式逆变器，其优点是不受组串间模块差异和部分光伏组件被遮挡的影响，同时也减少了光伏组件最佳工作点与逆变不匹配的情况，从而增加了发电量。技术上的这些优势增加了系统的可靠以生和能量的产出效益。同时，在逆变器间引入"主-从"的概念，使得当单个光伏组串产生的电能不能使单个逆变器工作的情况下，将多个光伏组串并联在一起，让其中的一个或几个逆变器工作，从而产出更多的电能。目前，由于无变压器式组串逆变器具有成本低、质量轻、效率高等优势，已得到广泛的应用。

　　多组串式逆变器吸取了集中逆变器和组串逆变器的优点，可广泛应用于多种容量级别的光伏发电站。在多组串式逆变器中，包含了不同的单独最大功率点跟踪器，这些直流电通过一个普通的逆变器转换为交流电，连接到电网上。光伏组串的不同额定值（如不同的额定功率、每个组串不同的组件数、组件的不同生产厂家等）、不同尺寸的光伏组件、不同方向的组串、不同的倾角或受不同的阴影影响，都可以被连在一个共同的逆变器上，同时每一组串却工作在它们各自的最大功率点处。同时，直流电缆长度减少，将局部组件受遮挡而带来的影响和由于组串间的差异而引起的损失减到最小。

微型组件逆变器是将单个或少量的光伏组件与单个逆变器相连，同时每个组件有单独的最大功率点跟踪，这样组件与逆变器更加集成化，特别适合于解决建筑光伏组件安装的差异问题，这种差异性会造成一个组串以及组串间的电流的动态不一致，而引起系统效率低下。最后，逆变器在交流侧并联接入电网，单个组件的遮挡或损坏不对其他组件的正常工作造成影响。这种组件逆变器通常用于总功率较小的光伏发电系统中，总效率略低于组串逆变器，但在系统的电气连接中具有一定的优势。其优点是：消除了组件差异对系统发电带来的影响，应用更加灵活，更容易完成光伏系统的集成。其缺点是：逆变器单位功率的价格更贵，寿命和组件不同步，维修和改换难度比较大，逆变效率难以超越其他形式的逆变器。

（三）光伏发电系统的太阳电池组件产品

太阳能光伏发电系统是通过太阳电池吸收阳光，将太阳的光直接变成电能输出。但是单体太阳电池由于输出电压太低，输出电流不合适，其本身容易破碎、易被腐蚀、易受环境影响等原因，不能直接作为电源使用。作电源必须将若干单体电池串、并联连接和严密封装成组件。太阳能电池组件也称为太阳能电池组件，不仅是太阳能发电系统中的核心部分，也是太阳能发电系统中最重要的部分。其作用是将太阳能转化为电能，或送往蓄电池中存储起来，或推动负载工作。太阳能电池组件的质量和成本将直接决定整个系统的质量和成本。

光伏组件的种类繁多，工程中实用的光伏组件主要有：晶体硅电池光伏组件和薄膜电池光伏组件。晶体硅电池光伏组件按其电池种类不同，可分为单晶硅电池光伏组件和多晶硅电池光伏组件；按其组件结构不同，可分为不透光的标准光伏组件和透光的标准光伏组件。不透光的标准光伏组件主要用于光伏发电站，透光的标准光伏组件主要作为建筑材料与建筑集成，实现光伏建筑一体化。

薄膜电池光伏组件主要有刚性衬底薄膜电池组件和柔性衬底薄膜电池组件。多数薄膜电池都可以做成刚性或柔性组件，刚性组件多数都制成夹层玻璃形式作建筑材料，柔性组件一般是非常薄的不锈钢或铜带作基层材料，加以封装材料进行层压合成，由于其可以弯曲，在一定程度上可折叠，可以应用在一些需要曲面安装或要求携带方便的地方。

1. 晶体硅太阳电池

在种类繁多的光伏组件中，晶体硅太阳电池光伏组件约占市场的80%以上，单晶体硅太阳电池和多晶体硅太阳电池统称为晶体硅太阳电池。其封装材料与工艺也不尽相同，主要可分为环氧树脂胶封装、层压封装、硅胶封装等。环氧树脂胶封装和硅胶封装主要用来生产小型组件，成本比较低，但寿命较短。目前用得最多的是层压封装，这种封装方式适合大面积电池片的工业化封装。

单晶硅太阳电池的光电转换效率为17%左右，最高的达到24%，这是目前所有种类的太阳能电池中光电转换效率最高的，但制作成本很大，以至于它还不能被大量广泛和普遍地使用。由于单晶硅一般采用钢化玻璃以及防水树脂进行封装，因此其坚固耐用，目前厂商一般都提供25年的质量保证。

单晶硅具有规则的晶体结构，它的每个原子都理想地排列在预先注定的位置，因此单晶硅的理论和技术能迅速地应用于晶体材料，表现出可预测和均匀的行为特性。但由于单晶硅材料的制造过程必须极其细致而缓慢，所以价格较为昂贵。由于多晶硅的制造工艺没有单晶硅那么严格，所以价格比较便宜。但是由于晶界的存在阻碍了载流子迁移，而且在禁带中产生了额外的能级，造成了有效的电子空穴复合点和P-N结短路，因此降低了电池的性能。

（1）常规组件

① 光伏组件的封装结构。以晶体硅标准光伏组件为例，通过串联得到的太阳电池位于钢化玻璃和 TPT（聚氟乙烯复合膜）背板之间，中间通过 EVA（乙烯和醋酸乙烯酯的共聚物）黏合为一体，然后用密封胶将铝合金边框装在层压件的边上，从背面引出光伏组件的正负极于接线盒内，最后再从接线盒引出光伏组件的连接线。夹层玻璃光伏组件与标准光伏组件的差别是 TPT 背板由玻璃取代，接线盒多用密封胶安装在组件边缘，导线从组件边缘引

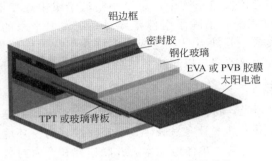

图 12-27　晶体硅标准光伏组件的结构

出。夹层玻璃组件如果用来做幕墙或天窗时，为了实现保温和增强组件机械强度，多数加工成中空结构，为满足建筑玻璃的安全要求，两层玻璃与中间的电池一般采用 PVB（聚乙烯醇缩丁醛树脂）进行黏结。晶体硅标准光伏组件的结构如图 12-27 所示。

② 光伏组件的封装材料。标准光伏组件的面层封装材料通常采用低铁钢化玻璃，这种玻璃具有光透过率高、抗冲击能力强、使用寿命长等特点，其透光率可达 90% 以上，同时能耐紫外线辐射。玻璃表面经过绒面或镀膜处理后，可以达到减少反射增加透射的效果，并且减少玻璃表面造成的光污染。

黏结剂是固定太阳电池和保证上下盖板密合的关键材料，通常采用 EVA 胶膜，其具有对可见光高透光性、抗紫外线老化性能，具有一定的弹性，常温下无黏性，便于裁剪，层压后可以产生永久的黏合密封。背板材料在标准光伏组件中一般用 TPT，夹层玻璃光伏组件用钢化玻璃。TPT 复合膜具有耐老化、耐腐蚀、气密性好、强度高、与黏结材料结合牢固、层压温度下不发生任何变化等优点，能对电池起到很好的保护作用和支撑作用，成为最理想的光伏组件背板材料。在夹层玻璃光伏组件中背板采用钢化玻璃，其除了具有保护作用和支撑作用，还可以透光，成为建筑光伏一体化材料最好的选择。标准光伏组件一般有边框，以保护组件和方便组件与组件方阵支架的连接固定。边框与黏结剂构成对组件边缘的密封，主要的边框材料为铝合金或不锈钢。除此之外，光伏组件的生产还需要电池连接条、电极接线盒、焊锡等材料。

③ 光伏组件的电气特性。太阳能是一种低密度的平面能源，实际应用中需要大面积的光伏组件方阵来采集。单块光伏组件的输出电压不高，需要用一定数量的光伏组件经过串联构成方阵，这就需要对光伏组件的电气特性进行必要的了解。

太阳电池与普通电池的区别在于短路电流和最大功率点的存在。以晶体硅标准组件为例，现在单晶体硅太阳电池和多晶体硅太阳电池中通用的电池片有 $125mm \times 125mm$ 和 $156mm \times 156mm$ 两种规格。其开路电压是由 P-N 结的内建电动势决定的，晶体硅太阳电池的开路电压一般为 0.6V 左右；短路电流与太阳电池的面积和效率有关，面积越大，效率越高，短路电流越大。转化效率为 16% 的晶体硅太阳电池，规格为 $156mm \times 156mm$，短路电流可达到 8A 以上；规格为 $125mm \times 125mm$，短路电流可达到 5A 以上。最大功率点处，晶体硅电池的输出电压一般为 $0.48 \sim 0.50V$，最佳工作电流比相应的短路电流略有下降。

光伏组件的工作温度范围是 $-40 \sim 80℃$，而且电池的性能随着温度的变化而改变。当温度升高时，电池中载流子的活动增强，电流密度有所上升，同时内建电动势略有下降，一般约为 $-2mV/℃$。同时考虑电流的上升和电压的下降，峰值功率的温度系数为 $-0.4\%/K \sim -0.5\%/K$，这就是正午的时候光伏组件的发电功率大，但开路电压和发电功率却比较低的

原因。

在一定条件下，一串联支路中被遮蔽的太阳电池组件，将被当作负载消耗其他有光照的太阳电池组件所产生的能量。被遮蔽的太阳电池组件此时会发热，这就是热斑效应。这种效应能严重的破坏太阳电池。有光照的太阳电池所产生的部分能量，都可能被遮蔽的电池所消耗。为了防止太阳电池由于热斑效应而遭受破坏，最好在太阳电池组件的正负极间并联一个旁路二极管，以避免光照组件所产生的能量被受遮蔽的组件所消耗。

旁路二极管的作用就是当光伏组件受到局部遮挡或电池内部出现故障时将问题在电池旁路消除掉，以免造成整个组件效率下降，并防止其出现热斑效应，对光伏组件和光伏方阵起着极大的保护作用。以 36 片太阳电池串联的晶体硅标准组件为例，光伏组件接线盒的内部结构如图 12-28 所示，光伏组件的等效电路如图 12-29 所示。

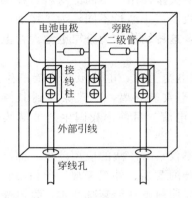

图 12-28　光伏组件接线盒的内部结构

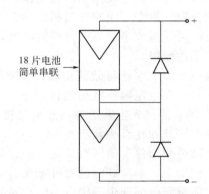

图 12-29　光伏组件的等效电路示意

（2）夹胶玻璃组件　太阳电池不但可以用来发电还可以用来遮阳，主要将常规组件背面的 TPT 换成玻璃，并且通过调整太阳电池的多少或在组件中所占的面积，就能实现光伏组件作为建筑材料既用来发电，又用来调整建筑玻璃的采光比和控制建筑的得热性能。为了让光伏组件直接代替建筑玻璃，表现出良好的保温绝热性能，通常将光伏组件加工为中空玻璃结构或双中室玻璃结构。晶体硅中空玻璃组件的结构如图 12-30 所示。

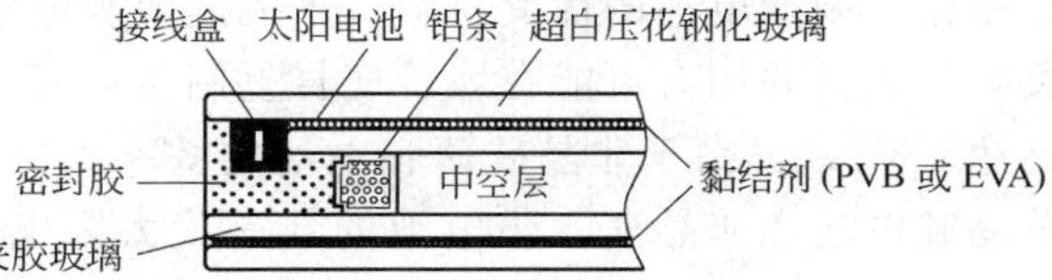

为了使该组件能更好地作为建筑元素融入建筑中去，并且表现出很好的外观一致性，通常可省去铝合金边框，并且将接线盒镶嵌在组件的内部，输出导线从组件的边上引出。对于这种组件，由于其没有铝合金边框来方便固定和安装，所以其安装结构需要从组件的特点来专门设计，既要实现组件的牢固固定，又要方便组件之间的电气连接，并且要保持建筑外形的美观。

图 12-30　晶体硅中空玻璃组件结构

2. 薄膜电池

薄膜电池顾名思义就是将一层薄膜制备成太阳能电池，其用硅量极少，更容易降低成本，同时它既是一种高效能源产品，又是一种新型建筑材料，更容易与建筑完美结合。在国际市场硅原材料持续紧张的背景下，薄膜太阳电池已成为国际光伏市场发展的新趋势和新热点。目前已经能进行产业化大规模生产的薄膜电池主要有 3 种：硅基薄膜太阳能电池、铜铟镓硒薄膜太阳能电池、碲化镉薄膜太阳能电池。薄膜电池之所以材料用量很少，是由于其制造工艺决定的。无论采用什么设备，薄膜电池的制造都是镀膜的过程。薄膜电池的结构示意如图 12-31 所示。

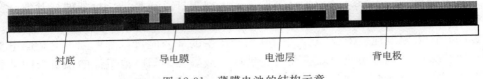

衬底　　　　　导电膜　　　　电池层　　　　背电极

图 12-31　薄膜电池的结构示意

从图 12-33 中可以看出，薄膜电池主要由衬底、导电膜、电池层和背电极构成。其中衬底材料主要有玻璃、不锈钢、塑料等，玻璃材料主要用来做非晶硅薄膜电池、多晶硅薄膜电池的刚性衬底，不锈钢或塑料材料主要做柔性衬底。导电膜主要材料用的是二氧化硅，由于其制作相对容易、成本较低、性能优良，在薄膜电池中大量使用。不同的材料可以得到不同性能的电池层。由于不同的材料制成的电池对阳光吸收的截止波长不同，为了增加电池对阳光的吸收，可以做成多层不同材料的电池叠加的结构，这种结构称为叠层电池。背电极材料一般多采用铝或银。

薄膜电池发电原理与晶硅相似，当太阳光照射到电池上时，电池吸收光能产生光生电子—空穴对，在电池内建电场的作用下，光生电子和空穴被分离，空穴漂移到 P 侧，电子漂移到 N 侧，形成光生电动势，外电路接通时，产生电流。目前，我国生产的薄膜电池主要有硅薄膜组件和化合物薄膜组件。

（1）硅薄膜组件　根据有关资料，硅基薄膜电池不仅具有广阔的应用前景，而且具有大规模生产的潜力。非晶硅电池对可见光的吸收比晶体硅的要强、外观美观、价格便宜、高温性能好、能量回收周期短等优点；但在安装初期，强光照射下性能衰减严重，发电能力与晶体硅电池相差甚远。为了克服非晶硅电池效率较低、稳定性差等缺点，近年来出现了微晶硅薄膜电池、多晶硅薄膜电池等。

微晶硅薄膜是介于非晶硅和单晶硅之间的一种混合相无序半导体材料，是由几十到几百纳米的晶硅颗粒镶嵌在非晶硅薄膜中所组成的，它兼备了非晶硅和单晶硅材料的优点，被认为是制作太阳能电池的优良材料。多晶硅薄膜电池由于所使用的硅量远较单晶硅少，又无效率衰减问题，并用有可能在廉价底材上制备，其成本预期要远低于体单晶硅电池，实验室效率已达 18%，远高于非晶硅薄膜电池的效率。因此，多晶硅薄膜电池被认为是最有可能替代单晶硅电池和非晶硅薄膜电池的新一代太阳电池，现在已经成为国际太阳能领域的研究热点。

（2）化合物薄膜组件　在太阳能发电中常见的化合物薄膜组件主要有碲化镉（CdTe）薄膜电池、铜铟镓硒（CIGS）薄膜电池等。

①碲化镉（CdTe）薄膜电池。2011 年以来，全球光伏产业在经历高速发展后，带来的是产能严重过剩，多晶硅价格暴跌，大批晶硅太阳能电池企业破产。在上述背景下，高效而廉价的碲化镉（CdTe）薄膜太阳能电池因其本身所固有的良好材料性能和自身实践，而被越来越多的投资者所关注，有可能成为未来光伏电池的主流产品之一。碲化镉薄膜太阳能电池具有工艺简单、易规模化生产、性能稳定、成本低、效率高等优势。

②铜铟镓硒（CIGS）薄膜电池。CIGS 薄膜太阳电池自 20 世纪 70 年代起步以来，就受到人们的普遍重视，发展非常迅速，已成为国际光伏界的研究热点，很有希望成为未来光伏电池的主流产品。CIGS 薄膜太阳电池具有禁带宽度可调整范围大、光吸收率高、制造成本低、抗辐射能力强、转换效率高、电池性能稳定、无衰退性等优点，适合各种地面和空间应用，尤其适用于航空领域。

目前，在薄膜太阳能电池市场中，以碲化镉（CdTe）薄膜太阳能电池产量最大，其市场占有率在 2009 年达到峰值；排名第二的是铜铟镓硒（CIGS）薄膜太阳能电池。根据德国弗朗霍夫（Fraunhofer）研究所数据显示，2011 年全球薄膜太阳能电池的产量约为 3383MW，其中碲化镉（CdTe）、铜铟镓硒（CIGS）及非晶硅（a-Si）等薄膜电池的产量分别约为 2081MW、694MW、608MW，所占比例分别为 61.5%、20.5%、18.0%。由此可见，在薄膜太阳能电池市场中，化合物薄膜组件是今后发展的主流，具有广阔的发展前景。

五、光伏建筑一体化

光伏与建筑的结合有两种方式。一种是建筑与光伏系统的结合，把封装好的光伏组件平板或曲面板安装在居民住宅或建筑物的屋顶上，建筑物作为光伏阵列载体，起支撑作用，然后光伏阵列再与逆变器、蓄电池、控制器、负载等装置相连。建筑与光伏系统相结合是一种常用的光伏建筑一体化形式，特别是与建筑屋面的结合。现在应用较多的是在已建的建筑上，加装太阳能光伏发电系统，称之为建筑与光伏系统相结合，简称为 BAPV（Building Attachced Photo-Voltaics）。

另一种是建筑与光伏组件相结合。建筑与光伏组件相结合是光伏建筑一体化的一种高级形式，它对光伏组件的要求较高。光伏组件不仅要满足光伏发电的功能要求，同时还要兼顾建筑的基本功能要求。一般的建筑物外围护表面采用涂料、装饰瓷砖或幕墙玻璃，目的是保护和装饰建筑物。如果用光伏组件代替部分建材，即用光伏组件来用作建材，也可用作建筑物的屋顶、外墙和窗户等外围护结构，主要以建筑的幕墙、玻璃窗、采光顶等形式应用，并将成为主流形式，业界称为建筑与光伏组件一体化，简称为 BIPV（Building Integrated Photo-Voltaics）。

（一）建筑与光伏系统的结合

与建筑相结合的光伏系统，可以作为独立电源供电或者以并网的方式供电。当光伏建筑一体化系统参与并网时，可以不需要蓄电池，但需要与电网连入的装置，而并网发电是当今光伏应用的新趋势。将光伏组件安装在建筑物上，引出端经过控制器及逆变器与公共电网连接，需要由光伏阵列及电网并联向用户供电，这就组成了户用并网光伏系统。由于不需要蓄电池，大大降低了造价。

光伏系统与建筑物相结合的形式主要包括与建筑屋顶相结合以及与建筑墙体相结合等。

1. 光伏系统与建筑屋顶相结合

将建筑屋顶作为光伏阵列的安装位置有其特有的优势，日照条件好，不容易受到遮挡，可以充分接受太阳辐射，光伏系统可以紧贴建筑屋顶结构安装，减少风力的不利影响。并且，太阳组件可替代保温隔热层遮挡屋顶。此外，与建筑屋顶一体化的面积光伏组件由于综合使用材料，不但节约了成本，单位面积上的太阳能转换设施的价格也可以大大降低，有效地利用了屋面的符合功能。

2. 光伏系统与建筑墙体相结合

对于多、高层建筑来说，建筑外墙是与太阳光接触面积最大的外表面。为了合理地利用墙面收集太阳能，可采用各种墙体构造和材料。将光伏系统置于有建筑墙体上，不仅可以利用太阳能产生电力，满足建筑的需求，而且还能有效减低建筑墙体的温度，从而降低建筑物室内空调冷负荷

（二）建筑与光伏组件的结合

建筑与光伏组件的结合是指将光伏组件与建筑材料进行集成化，光伏组件以一种建筑材

料的形式出现，光伏阵列成为建筑不可分裂的一部分，如光伏玻璃幕墙、光伏瓦和光伏遮阳板装置等。

把光伏组件作为建筑材料所要求的几项条件，如坚固耐用、保温隔热、防水防潮、适当强度和刚度等性能，用光伏组件替代部分建筑材料，在将来随着应用面的扩大，光伏组件的生产规模也随之增大，则可从规模效益上降低光伏组件的成本，有利于光伏产品的推广应用，所以存在着巨大的潜在市场。

近几年来，随着全球光伏产业的迅猛发展，薄膜光伏电池市场前景看好，技术日臻成熟，光伏转换效率和稳定性不断提高。薄膜光伏电池的一个重要优点是适合做成与建筑物结合的光伏发电组件。如双层玻璃封装性的薄膜光伏电池组件，可以根据实际需要，制成不同的透光率，可以替代玻璃幕墙；而不锈钢和集合物衬底的柔性薄膜光伏电池，适用于建筑屋顶等需要造型的部分。一方面它具有漂亮的外观，能够发电；另一方面，用于薄膜光伏电池的透明导电薄膜，又能很好地阻挡外部红外线的进入和内部热能的散失，将成为建筑与光伏组件结合的主要方向之一。

1. 光伏组件与玻璃幕墙相结合

将光伏组件同玻璃幕墙集成化的光伏玻璃突破了传统玻璃幕墙的单一围护功能，把以前被当做有害因素而屏蔽在建筑物表面的太阳光，转化为能被人们利用的电能，同时这种复合材料部多占用建筑面积，而且优美的外观具有特殊的装饰效果，更赋予建筑物鲜明的时代特色和技术特色，已经成为光伏建筑一体化应用的一道亮丽风景线。

2. 光伏组件与遮阳板的结合

将光伏系统与遮阳装置构成多功能建筑构件，实现一物多用，既可以有效利用空间，为建筑物提供遮挡，又可以提供能源，在美学与功能两个方面都达到了完美的统一。

3. 光伏组件与屋顶瓦板相结合

光伏组件与屋顶相结合的另一种光伏系统就是太阳能瓦。太阳能瓦是太阳能光伏电池与屋顶瓦板结合形成一体化的产品，这一材料的创新之处，在于使太阳能与建筑达到真正意义上的一体化，该系统直接铺在屋顶上，不需要在屋顶上安装支架，太阳能瓦由光伏模块组成，光伏模板的形状、尺寸、铺装时的构造方法都与平板式的大片屋面瓦一样。

4. 光伏组件与窗户及采光顶相结合

光伏组件如果是用于窗户、采光顶等处，首先必须能够透光，也就是说既可以发电，又可采光。除此之外，还要考虑安全性、外观和施工简便等因素。

建筑与光伏组件一体化（BIPV），主要是在建筑设计的同时，就必须考虑到光伏组件作为建筑的某些替代材料，应用在整个建筑的建造过程中，形成建筑与光伏组件一体化设计。由于建筑作为主体，光伏组件作为建筑的组成部分，必须服从建筑的设计需要，其次为了能有效利用光伏发电，光伏组件的倾角和朝向问题也应当重点考虑。为了能满足建筑的外观和采光通风等方面的需要，还应主要考虑光伏组件的结构和外观问题。

（三）光伏组件的建筑元素化

光伏组件的建筑元素化，是光伏建筑一体化的重要内容，在某种意义上讲，关系到绿色建筑的功能是否符合设计要求，也关系到太阳能利用是否成功。其主要包括电池色差、透光性能、外形和尺寸、热工性能等方面。

1. 电池色差

以目前的生产工艺来看，各种太阳电池的颜色差异比较大，各厂家的同种材质电池的颜色也很不相同，即使是同一生产厂家，其不同批次、不同工艺的产品颜色也存在着差异，尤其是多晶硅太阳电池更为明显。根据有关规定，我国生产的光伏组件产品的主要颜色分别为：单晶硅太阳电池为黑蓝色，多晶硅太阳电池为蓝色，非晶硅薄膜太阳电池为棕色，碲化镉薄膜太阳电池为青色，铜铟镓硒薄膜太阳电池为藏青色。

太阳电池的颜色是能否充分反射和吸收太阳光线的关键，太阳电池的颜色主要是由材料所决定的。其中，单晶硅晶向排列一致，电池的颜色一致性较好；而多晶硅电池的颜色一致性较差。由于材料本身具有多晶向特点，电池的表面则存在颜色差异明显的花斑，该花斑可以通过制绒工艺和电泛表面的镀膜工艺进行改善。为了满足设计的需要，也可以定制特殊颜色的晶体硅电池组件。如需进一步改变晶体硅组件的颜色，可以采用彩色背板或彩色夹层的方法对电池组件的外观进行调节。

制作薄膜电池的材料和工艺不同，薄膜电池呈现不同的颜色。由于工艺控制方便，材料均匀性好，薄膜组件的一致性非常好。非晶硅薄膜电池主要以棕色为主，其颜色可以通过添加染色材料在一定范围内调节，从较浅色到棕红色都可以方便地实现。

2. 透光性能

太阳能各组件的生产厂家，以单位最大发电量而设计生产的常规组件，通常应满足《地面用晶体硅光伏组件—设计鉴定和定型》（IEC61215—2005）、《地面用薄膜光伏组件　设计鉴定和定型》（IEC61646—2008）、《光伏组件安全鉴定》（IEC61730—2004）中的要求。该类用量最大的常规组件通常称为标准组件。标准组件的封装是用面层为3.2mm的低铁超白玻璃，采用白色或黑色聚氟乙烯复合膜（TPT）。为了实现组件整体的一致性，采用黑色的太阳电池和黑色的TPT。由于黑色吸收光线的能力强，无光线反射，组件升温较快，组件效率比白色的TPT低，该封装的标准组件完全不透光；由于晶体硅电池片不透光，采用白色的TPT封装的电池片间的间隙部分会有微弱可见光透过，因此在迎光方向可以看到电池之间的缝隙。

在进行晶体硅电池与建筑一体化设计时，为了保证合理的采光能力，通常采用双层玻璃中间夹电池层来制作光伏组件。双层玻璃封装的晶体硅光伏组件，其透光能力可以通过调节电池片之间的间隙来控制，但这种间隙由于电池封装生产工艺的限制，通常在5～100mm之间，间隙过大容易引起组件在层压过程中的电池移位。当电池数量和排数确定后，如果需要进一步增加组件的遮光比，组件背面可以采用低透光率玻璃，或者玻璃之间的夹层采用低透光率胶膜等实现。

薄膜光伏组件的透光率通常以改变单体电池的大小和电池之间的距离来实现。以非晶硅组件为例，当单体电池较大，缝隙较小时，组件的透光率低，光学性能主要体现在反射上。当单位电池较小，缝隙相对较大时，透光率高，反射率高，光学性能体现为半透光半反射能力，并且可以有效减少可见光的短波部分的入射，在整个采光效果上，可以将直射光转化为散射光，使室内光线柔和明亮。

3. 外形和尺寸

光伏组件的外形可以根据需要设计成各种样式，不同的组件类型可以加工的组件样式也各有差别。常规晶体硅电池有边框结构、特殊要求的多边形边框结构、在民用住宅光伏系统中多应用的瓦片结构、双玻组件的无框结构、明框结构、隐框结构，以及带有一定弧度的曲面结构等；薄膜组件有常规双层玻璃边框结构、无框结构，柔性衬底的可卷曲结构等。

光伏组件的外形尺寸主要受3个方面的限制：①组件的电气性能要求；②生产工艺或设备要求；③安装现场对组件封装材料的安全限定。目前，用层压的方法生产的组件，晶体硅双层玻璃封装组件达到12m²，整体薄膜电池组件达到5.72m²，采用"三明治"结构，即在原夹胶光伏玻璃的基础上再采用增加外层钢化玻璃的方法，可以生产3m×4m的薄膜组件。

4. 热工性能

光伏玻璃组件由于在工作时会吸收大量的太阳光能，除被转化为电能的光子外，很大一部分都转化为内能，使电池的温度不断升高。因此，其作为建筑的外围构件使用时热工性能十分重要。光伏组件用作建筑材料时，主要为双层玻璃或多层玻璃结构，因此玻璃的性能在很大程度上决定了光伏组件的热工性能。

在进行光伏玻璃组件设计时，应主要考虑导热系数、遮阳系数、可见光透射率和可见光反射率。导热系数是表示的玻璃材料的导热能力，用来表示室内外温度不相等时，在单时间、单位温差、单位时间内玻璃传递的热量。遮阳系数是玻璃遮挡或抵御太阳光能的能力，表示玻璃实际太阳得热量与通过厚度为 3mm 厚标准玻璃的太阳得热量的比值。可见光透射率是指太阳光中可见光的辐照度与通过单位面积玻璃射入室内的可见光辐照度的比值。可见光反射率是指被物体表面反射的光通量与入射到物体表面的光通量的比值。

六、光伏发电技术在建筑上的应用

作为新能源之一的太阳能，利用太阳能发电即光伏发电技术的应用是目前发展最为迅速、并且前景最为看好的可再生能源产业之一。各国政府对光伏发电都十分重视，美国提出"太阳能先导计划"，意在降低太阳能光伏发电的成本，使其 2015 年达到商业化竞争的水平；日本也提出了在 2020 年达到 28GW 的光伏发电总量；欧洲光伏协会提出了"setfor2020"规划，规划在 2020 年让光伏发电做到商业化竞争。

通过各国政府对光伏发电的各种政策性支持，截止到 2010 年，全球光伏发电累计装机容量达到了 40GW；数据显示，截至 2012 年底，全球光伏发电累积装机容量达到 1.02 亿千瓦，比上年增长 44%；国际能源署预计，到 2050 年能够提供全球发电量的 11%。根据不完全统计，截至到 2013 年 12 月末，中国光伏发电新增装机容量达到 1066 万千瓦，光伏发电累计装机容量达到 1716 万千瓦。最近，有关专家提出"到 2015 年，国内的光伏装机容量目标将达到 10 个 GW（1000 万千瓦），到 2020 年，目标至少要到 50GW（5000 万千瓦）"的奋斗目标。由此可见，光伏发电技术在绿色建筑上的应用会越来越广泛。

（一）发电与系统设计

太阳能利用是世界新能源与可持续发展战略的重要组成部分，太阳能技术的应用的能能缓解能源紧张、减少污染和 CO_2 排放。利用太阳能减少建筑消耗和改善建筑物理环境建筑的一个重要的发展方向。太阳能光伏建筑一体化业将是 21 世纪最重要的新兴产业之一。光伏建筑一体化太阳能将成为功效最佳、价格最低廉的替代新能源，太阳能光伏建筑一体化发展任重道远。因此，研发太阳能在建筑中综合利用的技术，探究太阳能光伏发电技术与建筑的有机结合将具有积极而深远的意义。

太阳能光伏发电技术与建筑相结合具有重大的意义，它可以代替部分建筑材料作为建筑的外围护结构来设计，安装在建筑的表面既可以遮阳又可以发电，应用恰当还可以作为装饰元素融入建筑中。由于光伏发电的输出高峰在中午的一段时间内，这时正好是用电的高峰，对电网可以起到很好的调峰作用。

设计适当的光伏组件具有良好的隔热和遮阳效果，将光伏发电系统与建筑相结合，可以节省额外的土地，并且可以大规模应用城市中。可以对建筑进行就地发电，构成分布式电源，减少电力传输中的损失，改善电网的稳定性。

1. 光伏系统的环境因素

由于光伏系统的工作与周边环境存在着密切的关系，环境因素将直接决定光伏系统是否适合安装，因此，环境条件成为光伏建筑一体化项目规划设计首要考虑的因素。环境条件所包含的主要因素有以下几个方面。

（1）地理位置　地理位置主要由于建筑处的纬度差别，会带来光伏系统最佳安装倾角的差异，纬度越低，光伏系统最佳安装倾角越小。

（2）海拔高度　建筑的海拔高度直接影响大气的厚度，可以改变大气对太阳光的吸收，也影响光伏系统的电气设备的使用。

（3）气温　年平均气温、最高气温、最低气温与光伏系统的效率密切相关。由于太阳电池具有的负温度系数特性，当温度变化时将影响光伏系统的转化效率向相反的方向变化。

（4）降水　年降水量、降水频率、主要集中时间、持续时间与光伏系统能够接收到的光照时间有关，并且可以影响光伏组件的表面清洁度。例如在某地区，上午出现阴雨天较多而下午很少，在系统朝向选择时应考虑适当在下午多接收阳光的方向。

（5）日照　日照辐射量及直射光、散射光所占比例与光伏系统的发电量和安装倾角对系统的发电产出的影响有关。散射光所占总辐射比例越大，安装倾角对光伏发电的产出影响越小。

（6）风速　平均风速、最大风速主要影响光伏组件的结构、尺寸及系统散热情况带来的对系统效率影响。风速就是风的前进速度。相邻两地间的气压差越大，空气流动越快，风速越大，风的力量自然也就大。

（7）高大物体的影响　光伏系统附近高大物体（包括数量、高度等）的存在将造成阴影投射，严重影响光伏系统的发电产出，并且对光伏组件的局部遮挡可能引起热斑效应，对光伏系统带来安全隐患。并且高大物体会影响光伏系统周围的空气流动，影响光伏组件的散热，使光伏系统效率受到影响。

（8）落灰　光伏组件周边的扬尘情况决定组件表面的积灰情况，直接影响光伏组件表面的透光能力。另外，根据灰尘的种类和成分的不同，光伏组件的清洗方法也有差异。无机灰尘可直接用清水清洗去除，有机灰尘需要加入有机物清洗液进行去除，在降水较频繁或夜间容易结露地区，可在光伏组件表面镀有机物分解膜，可有效地改善光伏组件的自洁能力。

（9）大气情况　光伏组件的工作情况直接决定于所接收的太阳性能量，太阳光能量的传播与所经过的大气路径和大气成分有关。不同的气体分子或固体粒子，对不同波长的光线有不同的折射和散射能力，导致大气的光线透过率不同、透射光的光源不同，从而光伏发电系统电力输出也不同。

（10）雪载荷情况　雪载荷是指是否有积雪影响光伏系统的安装结构的强度要求。国际标准中要求光伏组件可以承受 5400Pa 压强的静载荷，在容易出现积雪的地区，光伏系统的支撑和安装结构应能承受足够的静载荷。

（11）风载荷情况　风载荷应指垂直于气流方向的平面所受的风的压力。国际标准中要求光伏组件至少可以承受 2400Pa 压强的风载荷，在风力较大的地区安装结构应适当加强。

由于光伏发电系统的引入，在进行建筑设计时，应充分考虑光伏系统的影响因素，采用合适红的光伏系统类型。光伏发电系统与建筑结合形式的集成程度见表 12-3。

2. 建筑与光伏系统一体化设计

建筑与光伏一体化设计是将先进的光伏发电技术应用到建筑的制冷、采暖、照明、家电、炊事等能耗活动中，使光伏元器件及系统与建筑物相互结合、融为一体，成为建筑物的有机组成部分。在进行建筑与光伏系统一体化设计时，应主要从以下四个方面着手来考虑光伏发电系统的设计。

表 12-3　光伏发电系统与建筑结合形式的集成程度

结合形式	光伏组件	建筑要求	集成程度
光伏采光顶	光伏玻璃组件	调节室内采光、遮风挡雨、发电	程度高
光伏屋顶	光伏屋面瓦、屋顶专用组件	与屋顶一体化、遮风挡雨、发电	程度高
光伏幕墙	光伏玻璃组件(遮光率可调)	造型美观、调节室内采光、遮风挡雨、发电	程度高
光伏遮阳板	光伏玻璃组件、普通组件	造型美观、调节室内采光、遮风挡雨、发电	程度较高
光伏窗户	光伏玻璃组件(遮光率可调)	造型美观、调节室内采光、遮阳、发电	程度高
光伏围护结构	光伏玻璃组件、普通组件	造型美观、调节室内采光、遮阳、发电	程度中
屋顶光伏方阵	普通光伏电池	造型美观、发电	程度低
墙面光伏方阵	普通光伏电池	造型美观、发电	程度低

（1）总容量的大小　在建筑与光伏系统一体化设计中，首先应根据建筑物可安装光伏组件的面积或实际需要安装的面积 A 来确定整个光伏发电系统的总容量。在通常情况下，晶体硅不透光光伏组件的单位面积功率 P 为 $100\sim160W/m^2$，双玻璃封装的半透明电池的单位面积功率 P 为 $60\sim130W/m^2$，薄膜光伏组件的单位面积功率比晶体硅略小 $40\sim80W/m^2$，由此可得到光伏发电系统容量为 $P\cdot A$。

（2）光伏组件的选择　根据建筑物外观需要或总容量需要，来选择合适的光伏组件。晶体硅光伏组件单位面积的功率较大，以发电功率下降到初始安装功率的80%计算，其有效发电寿命为 $20\sim25$ 年。电池与电池之间的距离较大，接缝比较明显，颜色通常为蓝色、灰色或黑色。电池基本不透光，组件的透光性可以由电池的间距来进行调整。非晶硅光伏组件单位面积的功率较小，电池之间没有接缝，透光率比较固定，一般在 $10\%\sim30\%$ 之间，颜色为棕灰色，也可以根据需求定制颜色，其使用寿命较短。当光伏组件作为采光玻璃时，应参照建筑标准《建筑玻璃　可见光透射比》（GB/T 2680—1994）中的规定。

（3）支撑结构的设计　支撑结构主要是根据建筑结构和最佳倾角进行确定的。坡屋顶主要依照屋顶倾角，在屋顶合适的位置打孔，将支撑支架固定在屋面上。平顶则仿照地面系统，首先在屋顶上预制安装支架的基础，然后在基础上面安装支撑结构。由于这种设计自由度比较大，可以将支架按照最佳倾角来设计。支撑结构一般都采用金属材料，为了防止雷击应设有接地装置，接地电阻不得超过 10Ω。

BIPV建筑主要考虑建筑的功能需要，比如窗户、遮光顶、采光篷、天窗、幕墙等，具体的应用方法类似玻璃，但要重点考虑光伏组件电源线的走线问题，在满足安全的基础上，尽量做到走线隐蔽和美观。

（4）并网系统的系统电气方案设计　应用于建筑的光伏并网系统，由于安装面积的限制，通常装机容量较小，并以低压并网系统为主。一个并网发电系统的总设计主要包括光伏组件的整列排布、光伏组件的串并联设计、直流端汇线箱/直流配电柜设计、交流端交流配电柜设计、逆变器选型、数据采集监控通讯和线路配线设计等方面。并网光伏发电系统最重要的一个部分是逆变器的选型，选型是否合理直接决定着整个系统的成败。首先根据系统的容量和分配情况，来确定逆变器的数量和额定功率；然后应根据逆变器的直流电压和电流输入范围，来决定光伏组件的串并联构成。

在一些特殊的设计中，可能由于建筑的光伏系统安装面不在同一平面上，同一时刻各光伏组件接收的能量不同，各组件的电流不同，如果组件还是简单的串联，将会造成系统效率的大大降低，此时需要仔细分析各组件的接收光的情况，尽量将受光状态相同或接近的组件串联在一起。如果差异问题还是无法解决，则应考虑采用组件逆变器，由于每块光伏组件都连接一个逆变器，每块组件都工作在最大功率点处，最大限度地消除了受光角不同带来的影响。这种解决方法在建筑物无法避免阴影影响的情况下尤为适用。

光伏组件直流汇线箱一般处于室外环境，具体位置应根据实际而定，其防护等级应达到IP65，内部应包含接线端子、防雷模块和直流断路器等，在有数据采集和控制要求的情况下，还应安装组串工作状态检测设备。在大型系统中，直流配电柜主要实现各汇线箱的汇流功能和直流侧集中开关功能，交流配电柜主要实现各路交流电的汇流和与电网连接的开关功能。线路设计主要考虑电流的大小和电压，各段电路应尽量实现线损失少且导线用料省。数据采集装置主要包括环境监测和逆变器工作情况监控。环境监测主要测量当地的日照情况、温度情况、组件的温度情况和风力风向等数据。最后这些数据连同逆变器的工作状态一起传送到数据处理终端输出显示。

3. 光伏发电技术与建筑结合注意事项

光伏发电技术应用在建筑上最为关键的问题，是如何使光伏发电系统和建筑完美地结合，既实现建筑能够最大限度地发出绿色电能，又可实现光伏发电系统使建筑的外观更美，更具有现代化的气息。在光伏发电技术与建筑结合方面，应注意以下事项。

（1）光伏发电系统应当首先服从建筑的需要，因此光伏系统结合形式应从建筑的设计出发，主要的结合形式应考虑遮阳板、屋顶、天井、幕墙等。

（2）根据建筑的外观和发电的需要选择类型合适的光伏组件。如晶体硅光伏组件光电转化效率高，弱光性差，其电池为蓝色或黑色，这种光伏组件的透光性较差，其透光率可以通过调节太阳电池的间距来实现；薄膜光伏组件光电转化效率较低，弱光性和温度性能均较好，其电池为棕黄色或棕黑色，透光性较好且均匀。

（3）根据需要安装光伏组件的面积确定支撑结构，如在平屋顶建筑上多采用最佳安装倾角的支架固定安装；坡屋顶多采用沿屋顶倾角铺设安装轨道进行安装，安装高度应保证光伏组件背面通风；光伏幕墙或光伏采光顶宜采用钢结构或铝合金框架安装。其中金属结构一定要与地有良好的连接，形成可靠的防雷设施。

（4）光伏发电系统的发电能力与光伏组件表面的透光率有密切的关系，如果光伏组件长时间积累大量的灰尘，致使光伏组件的发电能力严重下降。在经常降雨或夜晚有露水的地区，可以采用白洁玻璃表面的光伏组件，其可以自动清除有机污垢，但不能清除无机的污垢和灰尘。所以在建筑上安装光伏发电系统时最好同时安装配套的组件表面清洗装置。

根据以上所述的基本知识可知道，光伏发电系统的发电能力会随着光伏组件温度的升高而下降。为了尽量避免光伏组件的升温，应当保证光伏组件有良好的通风。应用在建筑上的光伏发电系统多为固定式安装，由于光伏组件的朝向不同，其发电能力也不同，因而光伏组件应尽量做到以最佳倾角安装，且不能受到周围建筑物或其他物体的遮挡。在进行方案设计时，还应充分考虑建成后光伏发电系统的各个部分的检修与定期维护的方便。

（二）多媒体光伏幕墙设计实例

北京净雅大酒店坐落于皇城心脉，地处王府井商业圈的繁华黄金地带，紧邻长安街，交通便利，地理位置优越。

（1）工程概况 该工程位于北京市某区；工程项目类型为多媒体光伏幕墙；光伏系统总安装面积为 $1960m^2$，装机容量为 79kW；建筑功能为餐饮中心；光伏系统朝向为正东；建筑设计单位为西蒙·季奥斯尔塔工作室（Simone Giostra）& Partners；照明和幕墙设计单位为奥雅纳工程顾问公司（ARUP）。

（2）气候特征　该工程的地理坐标为东经 116°23′20″，北纬 39°57′48″；海拔高程为 50m；气候类型为温带季风气候；年平均日照时间为 2780h。

（3）背景介绍　该多媒体光伏幕墙毗邻 2008 年北京奥运会场馆五棵松体育馆，为了迎接奥运会的到来，采用先进的节能减排和视觉技术，打造一项世界级的餐饮中心而立项建造的。太阳能多媒体幕墙是一项可再生能源和数字媒体技术的创新性项目，将两种先进技术有机结合应用在餐饮中心的建筑外立面上，将给人带来全新的理念和强烈的视觉冲击。

（4）建筑理念　多媒体光伏幕墙的设计主要诠释了能量与光的循环理念。白天，建筑接收太阳辐射，在利用光伏组件调节室内采光和得热的同时，将多余的辐射能量通过光—电转化技术变换为电能；夜间将白天接收的太阳辐射能通过电-光转化技术变换为光能，反馈到所需要的环境中，从而以可再生能源达到节能和美化的效果。

（5）项目设计特点　此多媒体光伏工程为安装在建筑外墙上的幕墙系统，长度为 58m，总高度为 34m，是目前世界上最大的彩色 LED 显示屏和中国第一套集成在玻璃幕墙的光电系统。该幕墙最大特点是实现了能源组织系统的自给自足，最大限度地节约了能源。墙体采用太阳能电池板和 LED 灯，白天，每块玻璃板后面加装的太阳能电池板将太阳能存储为电能，晚上，储存了足够电能的 LED 灯即可为外幕墙提供照明能源。

此外，该幕墙还与超大的液晶显示屏幕搭配，相较传统媒体正立面领域的高分辨率屏幕的商业应用，提供了一种极具艺术特色的交流形式。LED 灯光通过电脑控制，可在外幕墙表现出各种图像，这一智能模式极大地增加了建筑的艺术效果。LED 显示墙不仅是艺术、环保和科技的最完美结合体，同时，它还极富感染力的阐释并实践了北京 2008 奥运会"绿色"、"科技"与"人文"的理念。在奥运会期间，这块集科技创新与人文艺术的超大型环保多媒体幕墙，将播放一系列与奥运相关的节目。

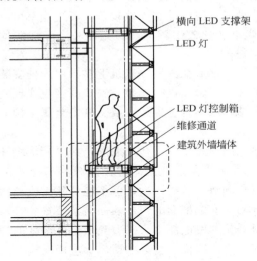

图 12-32　幕墙结构与建筑的连接

（6）幕墙设计过程　该幕墙的设计出发点是调节建筑的得热率，同时利用光伏发电系统将光能转化为电能，供夜间幕墙的亮化和美化使用。由于幕墙与建筑为分体式，中间夹层不仅与外界畅通，而且也可作为维修通道和控制箱安装，幕墙结构与建筑的连接如图 12-32 所示。

夏季，墙体可以自然通风，防止吸收过多的热量，节约了高温天气下建筑降温的能耗，并且有效改善了光伏系统的背散热，提高了光伏系统的发电效率。冬季，幕墙可以加热与建筑墙体之间的隔离空气层，增强建筑墙体的保温性能，阻止建筑墙体热量的过多散失，降低建筑取暖的能耗。幕墙玻璃采用驳接式安装在钢结构上，由于采用无框玻璃设计，不会对 LED 照明投射造成阴影的影响。

（7）照明系统设计　该多媒体幕墙是一面由 2292 个彩色（RGB）LED 发光点组成，面积相当于 2200m 的超大动态内容显示屏。超大的屏幕和特有的低分辨率增强了媒体的抽象视觉效果，相较传统媒体的高分辨率屏幕的商业应用，提供了具有艺术特色的交流形式。

（8）光伏系统设计过程　光伏系统设计需要与照明系统以及结构完装完美结合，在满足视觉效果的同时尽可能转化更多太阳辐射能量。因此，在光伏系统设计时，首先要满载多媒体屏幕表现力的基础上，符合结构安装的以下技术要求：①设计满足建筑造型要求、随机排布、多种功率密度的光伏组件；②光伏玻璃必须具备特定的透光率，以达到适当泛光性要求，具有多媒体的表现屏幕；③无边框的驳接结构，光伏组件必须具备好的密封性。

为了达到整个系统的运行稳定，光伏系统的高效转化，应采用无储能并网接入方式。逆变器采用对光伏组件所在区域进行分区逆变，最后再进行集中并网连接。

（9）光伏组件设计　由于玻璃幕墙的视觉效果及多媒体显示的要求，采用无太阳电池、低电池密度、高电池密度的设计，尺寸根据幕墙的玻璃分格和显示点阵进行相应划分为六种规格。由于幕墙显示系统要求除电池片外，不能存在其他的组件部分对光线造成遮挡，接线盒采用了在电池片背面的设计。为了方便各组件之间的连接与走线，组件的正负极采用分离式双接线盒。

（10）光伏组件串电路设计　由于光伏组件的分区比较多，不同样式的组件分布很复杂，首先需要对幕墙进行组件分区，采用多组串式逆变器进行分区逆变。组件所采用的电池一致性比较理想，每片组件内部的电池都采用串联方式，在组件连接时可以采用直接的串联。有功率输出的两种组件，建立高电池密度组件等于低电池密度组件功率的倍率关系，便于实现在同一系统中的组件电压平衡。

（11）幕墙的安装　光伏玻璃的种类和规格较多，安装前需要对组件进行详细的编号，根据横向和纵向的位置坐标，确定每一块组件的确切位置。在进行安装时，需要特别注意对组件安装孔的保护。组件安装采用自上而下的顺序进行，有功率组件采用每隔一行，进行倒置安装，这样可有利于节省电源线路长度，减少传输中的能量损失。所用电源线全部隐藏在金属桥架内，通过主体钢结构，暗敷至直流汇流箱和逆变器的安装位置。

（12）项目实际运行情况　在幕墙工程竣工后，于2008年4月正式投入运行，实际工作情况非常稳定，屏幕显示绚丽，取得了应有的新能源概念宣传和多媒体科技展示效果，为我国推广多媒体光伏幕墙积累了经验。

第三节　绿色建筑地源热泵利用及技术

随着经济的发展和人们生活水平的提高，公共建筑和住宅的供暖和空调已经成为普遍的要求。作为中国传统供热的燃煤锅炉不仅能源利用率低，而且还会给大气造成严重的污染，因此在一些城市中燃煤锅炉在被逐步淘汰，而燃油、燃气锅炉则运行费用很高。地源热泵就是一种在技术上和经济上都具有较大优势的解决供热和空调的替代方式。

一、地源热泵技术概述

地源热泵是一种利用地下浅层地热资源既能供热又能制冷的高效节能环保型空调系统。地源热泵通过输入少量的高品位能源（电能），即可实现能量从低温热源向高温热源的转移。在冬季，把土壤中的热量"取"出来，提高温度后供给室内用于采暖；在夏季，把室内的热量"取"出来释放到土壤中去，并且常年能保证地下温度的均衡。

（一）地源热泵的发展

地源热泵的名称最早出现在1912年瑞士的一份专利文献中，但真正意义的商业应用也就十几年的历史，但发展相当迅速。如美国，截止1985年全国共有14000套地源热泵，而1997年就安装了45000套，到目前为止已安装了400000套，而且每年以10％的速度稳步增长。在美国地源热泵空调系统占整个空调系统的 40％，是美国政府极力推广的节能、环保技术。1998 年美国能源部颁布法规，要求在全国联邦政府机构的建筑中推广应用地埋管土壤换热器地源热泵空调系统。为了表示支持这种技术，美国前总统布什在他的得克萨斯州的别墅中也安装了这种地源热泵空调系统。在中北欧的瑞士、瑞典、奥地利、丹麦等国家，地源热泵（土壤换热器）技术利用处于领先地位，地埋管土壤换热器热泵得到广泛的应用。

在我国，地源热泵的应用起步较晚，但发展潜力十分巨大。《中国地源热泵行业发展可行性分析报告前瞻》显示，我国地源热泵行业近几年来发展迅速，各地的地源热泵项目不断增加，这不仅得益于我国丰富的地热资源、相关技术的不断完善，还得益于来自节能减排的压力。我国地源热泵经过几十年的发展已经具有很大的市场，生产地源热泵的厂家有一百多家，国外先进地源热泵技术也逐渐向国内引进，无论是在规模上还是在质量上，都在逐渐接近世界先进水平行列。同时，国内已有多家学术机构建立起土壤源热泵实验台，主要开展对地下换热器和地面热泵设备长期联合运行的研究。

我国地源热泵技术的建筑应用面积已超过 $1.4 \times 10^8 m^2$，全国地源热泵系统年销售额超过 80 亿元，并以 20％ 以上的速度增长，单体地源热泵系统应用面积高达 $80 \times 10^4 m^2$。从地源热泵主机市场来看，2010 年，我国地源热泵主机市场规模约为 25 亿元，同比增长 31％ 左右，增幅为近年来最大，到 2011 年市场规模达到 31 亿元，同比增长 23％ 左右，2012 年市场规模增加至 33 亿元左右。

地源热泵系统的能量来源于地下能源，它不向外界排放废气、废水、废渣，是一种高效节能系统，完全符合我国能源和经济可持续发展的方向。同时，作为可再生清洁能源，地热能已纳入"十二五"能源规划。国家初步计划在未来 5 年，完成地源热泵供暖（制冷）面积 $3.5 \times 10^8 m^2$，按每平方米 200～300 元的投资强度，总投资金额可达 700 亿～1050 亿元。

我国城乡既有建筑总面积为 500 多亿平方米，城镇居住建筑面积约为 $105 \times 10^8 m^2$，其中能达到建筑节能标准的仅占 5％；同时，我国每年新增房屋建筑面积约 $20 \times 10^8 m^2$，预计到 2020 年底，中国新增的房屋面积将近 $300 \times 10^8 m^2$，建筑节能任务艰巨。地源热泵技术作为一种受国家政策支持的新型节能环保空调采暖技术将得到快速发展，从而推动地源热泵市场的快速发展，中国地源热泵市场前景看好。

（二）地源热泵技术的优点

（1）地源热泵技术属可再生能源利用技术　地源热泵是利用了地球表面浅层地热资源（通常小于 400m 深）作为冷热源，进行能量转换的供暖空调系统。地表浅层地热资源可以称之为地能，是指地表土壤、地下水或河流、湖泊中吸收太阳能、地热能而蕴藏的低温位热能。地表浅层是一个巨大的太阳能集热器，收集了 47％ 的太阳能量，比人类每年利用能量的 500 倍还多。它不受地域、资源等限制，真正是量大面广、无处不在。这种储存于地表浅层近乎无限的可再生能源，使得地能也成为清洁的可再生能源一种形式。

（2）地源热泵属经济有效的节能技术　地能或地表浅层地热资源的温度一年四季相对稳定，冬季比环境空气温度高，夏季比环境空气温度低，是很好的热泵热源和空调冷源，这种温度特性使得地源热泵比传统空调系统运行效率要高 40％，因此要节能和节省运行费用 40％ 左右。另外，地能温度较恒定的特性，使得热泵机组运行更可靠、稳定，也保证了系统的高效性和经济性。据美国环保署 EPA 估计，设计安装良好的地源热泵，平均来说可以节约用户 30％～40％ 的供热制冷空调的运行费用。

（3）地源热泵环境效益显著　地源热泵的污染物排放，与空气源热泵相比，相当于减少

40％以上，与电供暖相比，相当于减少70％以上，如果结合其他节能措施节能减排会更明显。虽然也采用制冷剂，但比常规空调装置减少25％的充灌量；属自含式系统，即该装置能在工厂车间内事先整装密封好，因此，制冷剂泄漏概率大为减少。该装置的运行没有任何污染，可以建造在居民区内，没有燃烧和排烟，也没有废弃物，不需要堆放燃料废物的地，且不用远距离输送热量。

（4）地源热泵一机多用，应用范围广　地源热泵系统可供暖、空调，还可供生活热水，一机多用，一套系统可以替换原来的锅炉加空调的两套装置或系统；可应用于宾馆、商场、办公楼、学校等建筑，更适合于别墅住宅的采暖、空调。

（5）城市污水处理厂的污水，其夏季温度比较低，而冬季温度比较高，十分适合作为热泵的低位热源，已经在许多工程中应用，污水源热泵也可以划入广义的地源热泵范畴，使城市污水得到进一步的利用。

（6）地源热泵空调系统维护费用低　在同等条件下，采用地源热泵系统的建筑物能够减少维护费用。地源热泵非常耐用，它的机械运动部件非常少，所有的部件不是埋在地下便是安装在室内，从而避免了室外的恶劣气候，其地下部分可保证50年，地上部分可保证30年，因此地源热泵是免维护空调，节省了维护费用，使用户的投资在3年左右即可收回。此外，机组使用寿命长，均在15年以上；机组紧凑、节省空间；自动控制程度高，可无人值守。

当然，与任何事物一样，地源热泵也不是十全十美的，如其应用会受到不同地区、不同用户及国家能源政策、燃料价格的影响；一次性投资及运行费用会随着用户的不同而有所不同；采用地下水的利用方式，会受到当地地下水资源的制约。

二、地源热泵系统的分类

地源热泵供热空调系统利用浅层地热能资源作为热泵的冷热源，按与浅层地热能的换热方式不同分为三种：地埋管换热、地下水换热和地表水换热。三种地源利用方式对应的热泵名称分别为土壤源热泵、地下水源热泵、地表水源热泵。地源热泵的组成与分类如图12-33所示。

（一）土壤源热泵

土壤源热泵是利用地下常温土壤温度相对稳定的特性，通过深埋于建筑物周围的管路系统与建筑物内部完成热交换的装置。冬季从土壤中取热，向建筑物供暖；夏季向土壤排热，为建筑物制冷。它以土壤作为热源、冷源，通过高效热泵机组向建筑物供热或供冷，从而实现系统与大地之间的换热。

土壤源热泵技术是利用地球表面浅层地热资源作为冷热源进行能量转换，而地表浅层是一个巨大的太阳能集热器，大约收集了47％的太阳能，相当于人类每年利用能量的500多倍，这种能量不受地域、资源等限制，真正是量大面广、无处不在。这是储存于地表浅层近乎无限的可再生能源，也是一种清洁能源。土壤源热泵系统既保持了地下水源热泵利用大地作为冷热源的优点，同时又不需要抽取地下水作为传热的介质，保护了地下水环境不受破坏，是一种可持续发展的建筑节能新技术。

另外，由于土壤源热泵中，地下埋管与土壤的换热主要依靠热传导的换热方式，因此相对于地表水和地下水的水源热泵，其换热效率比较低，需要打孔钻井的数量较多，面积也较大，因此初期的投资比较高。土壤源热泵中的地下埋管装置称为地埋管换热器，形式包括水平式和垂直式（图12-34）。水平式埋管系统是指利用地表浅层（<10m）的位置，铺入水平

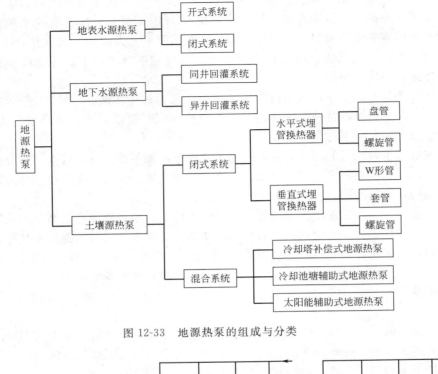

图 12-33　地源热泵的组成与分类

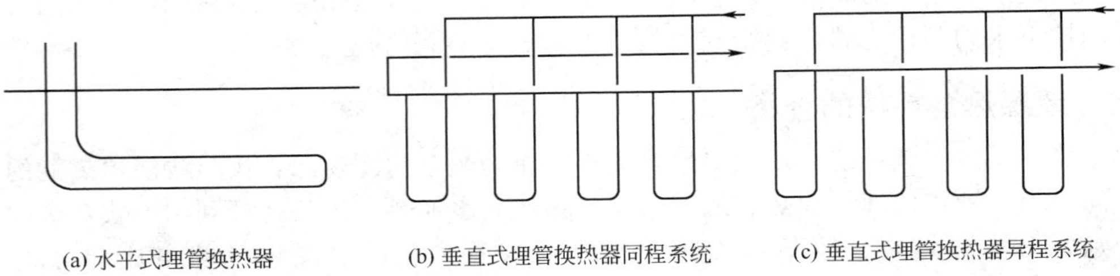

图 12-34　土壤源热泵的埋管方式

换热管，其施工方便，但由于地温变化较大的原因，换热效率较低，占地面积较大。垂直式埋管系统指在地面上竖直方向打深约 $30\sim100m$ 的井，打井深井取决于土质和建筑界面的情况，将换热管竖直埋入地下，实现换热管中的水和土壤的热交换。

（二）地下水源热泵

地下水源热泵是地源热泵的一个分支。这项技术起始于 1912 年，瑞士 Zoelly 提出了"地热源热泵"的概念。1948 年，第一台地下水源热泵系统在美国俄勒冈州波特兰市的联邦大厦投入了运行。在其后的几十年中，地下水源热泵得到了更为广泛的应用。美国在过去的 10 年内，地下水源热泵的年增长率为 12%，现在大约有 500000 套（每套相当于 12kW）地下水源热泵在运行，每年大约有 50000 套地下水源热泵在安装。我国地下水源热泵从 1997 年开始学习和引进欧洲产品，目前也出现了大规模的地下水源热泵采暖工程项目。

地下水源热泵系统以地下水作为热泵机组的低温热源，因此需要有丰富和稳定的地下水资源作为先决条件。地下水源热泵系统的经济性和地下水层的深度有很大的关系。如果地下水位较深，不仅打井的费用较高，而且运行中水泵耗电量增加，将大大降低系统的效率。地下水资源是紧缺的、宝贵的资源，对地下水资源的浪费或污染是不允许的。因此，地下水源热泵系统必须采取可靠的回灌措施，确保置换冷量或热量的地下水 100％ 回灌到原来含水层。

　　在近 20 年来，地下水源热泵技术在西欧逐渐发展成熟，并于本世纪迅速推广到国内。但是地下水源热泵系统的实际推广应用还面临一系列问题，其中地下水回灌问题是困扰我国地下水源热泵发展的瓶颈。目前，常见的地下水回灌模式包括同井回灌和异井回灌两种。同井回灌是指抽取水与回灌水在同一个井中完成；异井回灌是指抽取水与回灌水在不同的井中完成。地下水两种回灌模式如图 12-35 所示。

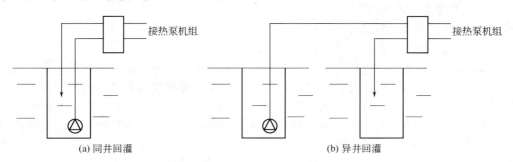

图 12-35　地下水两种回灌模式

　　进入 21 世纪后，地下水源热泵系统在我国的发展十分迅速，其应用日益广泛。目前，有的部门和地区制定实施了一系列优惠政策和措施，使地下水源热泵系统的应用更为广泛。在这种形势下，我们更应该注意到地下水的双重性，它不仅是地下水源热泵优良的能，而且是一种宝贵的资源，是人类赖以生存的最重要的基本物质之一。没有水，人类无法生存和发展。因此，保护地下水资源、合理地开发和利用地下水资源走可持续发展之路，使人类社会与自然环境协调发展，利在当代，功在千秋。

（三）地表水源热泵

　　地表水指的是暴露在地表上面面的江、湖、河、海这些水体的总称，在地表水源热泵系统中使用的地表水源主要是指流经城市的江河水、城市附近的湖泊水和沿海城市的海水。地表水源热泵就是以这些地表水为热泵装置的热源，夏季以地表水源作为冷却水使用向建筑物供冷的能源系统，冬天从中取热向建筑物供热。简单地说，地表水水源热泵，是一种典型的使用从水井、或河流中抽取的水为热源（或冷源）的热泵系统。

　　与地表水进行热交换的地源热泵系统，根据传热介质是否与大气相通，水源热泵机组与地表水的不同连接方式，可将地表水水源热泵分为两个类型：闭式地表水换热系统（也称为闭式环路系统）和开式地表水换热系统（也称为开式环路系统）。闭式地表水换热系统是将封闭的换热盘管按照特点的排列方法放入具有一定深度的地表水体中，传热介质通过换热管管壁与地表水进行热交换的系统。开式地表水换热系统是地表水在循环泵的驱动下，经处理直接流经水源热泵机组或通过中间换热器进行热交换系统。地表水取水的形式如图 12-36 所示。

　　闭式地表水换热系统将地表水与管路内的循环水相隔离，保证了地表水的水质不影响管路系统，防止了管路系统的阻塞，也省掉了额外的地表水处理过程，但换热管外表面有可能因地表水水质状况产生不同程度的垢结，从而会影

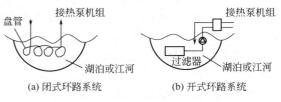

图 12-36　地表水取水的形式

响换热效率。

地表水在循环泵的驱动下，经水质处理后直接流经水源热泵机组或通过中间换热器进行热交换的系统，其中地表水直接流经水源热泵机组的称为开式直接连接系统；地方水通过中间换热器进行热交换的系统称为开式间接连接系统。开式直接连接系统适用于地表水水质较好的工程，还需要进行除砂、除藻、除悬浮物等必要的处理。

三、地源热泵系统的特点

（一）土壤源热泵系统的特点

1. 土壤源热泵系统的优点

与空气热源泵相比，土壤源热泵系统具有以下优点。

（1）资源可再生利用　从热力学原理上讲，土壤不仅是一种比环境空气更好的热泵系统的冷热源。而且土壤源热泵系统不会把热量、水蒸气及细菌等排入大气环境，符合当前可持续发展的战略要求。通常土壤源热泵消耗 1kW 的能量，用户可以得到 4kW 以上的热量或冷量，这多出来的能量就是来自土壤的能源。另外，地能温度较恒定的特性，使得热泵机组运行更可靠、稳定，也保证了系统的高效性和经济性。据美国环保署 EPA 估计，设计安装良好的土壤源热泵，平均来说可以节约用户 30％～40％ 的供热制冷空调的运行费用。高效的土壤源热泵机组，平均产生 1 吨的冷量仅需 0.88kW 的电力消耗，其耗电量仅为普通冷水机组加锅炉系统的 30％～60％。

（2）运行费用低　与传统空调系统相比，每年运行费用可节约 40％ 左右。采用土壤源热泵系统，由于土壤的温度较高，土壤源热泵可以比风冷热泵具有更高的效率和更好的可靠性，其热源温度全年较为稳定，一般为 10～25℃。而且土壤源热泵系统可用于供暖、空调，还可提供生活热水，一套系统可以替换原来的锅炉、空调制冷装置或系统，一机多用；不仅适用于宾馆、商场、办公楼、学校等建筑，更适合于别墅住宅的供热和空调。此外，机组使用寿命长，均在 20 年左右；机组紧凑、节省空间；维护费用低；自动化控制程度高，可无人值守。土壤源热泵中的热源不是指地热田中的热气或热水，而是指一般的常温土壤，所以对地下热源没有非凡要求，可在中国绝大部分地区应用。

（3）绿色环保　土壤源热泵系统利用地球表面浅层地热资源，没有燃烧，没有排烟及废弃物，无任何污染，符合绿色环保的要求。经测定土壤源热泵的污染物排放，与空气源热泵相比，相当于减少 40％ 以上，与电供暖相比，相当于减少 70％ 以上，假如结合其他节能措施节能会更明显。虽然也采用制冷剂，但比常规空调装置减少 25％ 的充灌量；土壤源热泵系统属自含式系统，即该装置能在工厂车间内事先整装密封好，因此，制冷剂泄漏概率大为减少。该装置的运行没有任何污染，可以建造在居民区内，安装在绿地、停车场下。由于没有废弃物，不需要堆放燃料废物的场地，且不用远距离输送热量。土壤源热泵系统没有冷却塔和其他室外设备，没有中心空调集中占地问题，节省了空间和地皮，为开发商带来额外利润，产生附加经济效益，并改善了建筑物的外部形象。

（4）自动化程度高　机组内部及机组与系统均可实现自动化控制，可根据室外温度变化及室内温度要求控制机组的启停，以达到最佳节能效果，同时也节省了人力物力；可自主调节机组和任意调机，投资者可按需要调整供给时间及温度，完全自主；一机多用，即可供暖，又可制冷，在制冷时产生的余热还可提供生活生产热水或为游泳池加热，最大限度地利用了能源。

2. 土壤源热泵系统的缺点

（1）埋地换热器受土壤性能影响较大，土壤的热工性能、能量平衡、土壤中的传湿对传热有较大影响。

（2）连续运行时热泵的冷凝温度和蒸发温度受土壤温度的变化发生波动。

（3）土壤导热系数较小，换热量较小。经验表明，其持续吸热速率一般为 $25W/m^2$，所以当供热量一定时，换热盘管占地面积较大，埋管的敷设无论是水平开挖布置还是钻孔垂直安装，都会增加土建费用。

（二）地下水源热泵系统的特点

近年来，地下水源热泵系统在我国得到了广泛应用。相对于传统的供暖供冷方式及空气源热泵，地下水源热泵系统具有如下特点。

（1）地下水源热泵系统属于可再生能源利用技术　地表土壤和水体不仅是一个巨大的太阳能集热器，而且是一个巨大的动态能量平衡系统。地表的土壤和水体自然地保持能量接受和发散的相对平衡。这使得利用储存于其中的近乎无限的太阳能成为可能。所以说地下水源热泵利用的是清洁的可再生能源。

（2）可以实现一机三用　水源热泵空调系统可供暖制冷一套系统可以替换原来的锅炉加空调的两套装置或系统另外采用热回收技术机组内置独立的热回收回路用于回收制冷时的废热独立加热生活热水可提供卫生生活热水 $45\sim50℃$ 从而实现一机多用。

（3）高效节能　因为井水温度夏季低于环境空气温度、冬季高于环境温度且全年基本稳定一般为 $10\sim25℃$ 因而机组无论制冷或制热都非常稳定且效率不受气温影响。

水源热泵机组节能表现如下在夏季运行时 COP（能效比）达 $5.2\sim6.0$，制冷效果因不受气温影响，其装机容量可以低于常规冷水机组 $10\%\sim20\%$；配套设备功率降低 20% 左右。冬季制热效率 COP 为 $4.2\sim5.0$。据美国环保署 EPA 估计设计安装良好的水源热泵机组在夏季比常规制冷机组节约运行费用 20%，冬季比电、油锅炉节约费用 70%，比集中供热节约 50%，比燃气锅炉、风源机组节约费用 $30\%\sim40\%$。

（4）绿色环保　水源热泵是以水作为传热介质与大地进行热交换，不需要消耗地下水资源，不会对地下水质产生污染，系统运行过程中，无燃烧，无渗漏，无任何固态、液态或气态污染物排放，也不排放造成温室效应的二氧化碳（CO_2）等，可以称为 21 世纪的"绿色空调技术"。

（5）运行稳定、机组寿命长　水体温度一年四季相对稳定，其波动的范围远远小于空气的变动，是很好的空调热源和空调冷源，热泵承受的动荷载小，磨损较轻，制冷、供暖更为平稳，降低了停、开机的频率，使机组运行更可靠、稳定，也保证了系统的高效性和经济性，而且自动控制程度高，热泵寿命可长达 20 年左右。

（6）应用领域广　除了从土壤或地下水提取能量，水源热泵机组还可以从工业废水、污水、湖水、海水等介质中提取能量，能发挥独特的作用，因而能广泛应用在民用建筑采暖、冷暖空调、工业企业冷冻、冷藏、冷却和加热等领域。

（三）地表水源热泵系统的特点和分类

1. 地表水源热泵系统的特点

（1）地表水的温度变化比较大，其变化主要体现在：①地表水的水温随着全年各个季节的不同而发生变化；②地表水的水温随着水源的不同深度而发生变化。水体温度变化范围介于土壤温度与室外大气温度之间。地表水源热泵的效率大致也介于地源热泵和空气源热泵之间。地表水源热泵的一些特点与空气源热泵相似，例如夏季要求供冷负荷最大时，对应的冷凝温度最高；冬季要求热负荷最大时，对应的蒸发温度最低。许多地区地表水源热泵空调系统也需设置辅助热源，辅助热源有燃气锅炉或燃油锅炉等。

（2）闭式地表水源热泵系统相对于开式地表水源热泵系统，具有如下特点：①闭式环路内的循环介质（水或添加防冻剂的水溶液）清洁，可以避免系统内的堵塞现象；②闭式环路系统中的循环水泵，只需要克服系统的流动阻力；③由于闭式环路内的循环介质与地表水之间的换热要求，循环介质的温度一般要比地表水的温度低 2～7℃，因此将会引起水源热泵的机组性能降低，即机组的 EER 或 COP 略有下降。

（3）要注意和防止地表水源热泵系统的腐蚀、生长藻类等问题，以避免频繁的清洗而造成系统的运行中断和较高的清洗费用。

2. 地表水源热泵系统的分类

根据地表水的水源不同，地表水源热泵系统主要分为淡水源热泵系统、污水源热泵系统和海水源热泵系统。

（1）淡水源热泵系统　以江水、湖水、河水、水库水等地表水体作为低位热源的地表水系统称为淡水源热泵系统。原则上，只要地表水在冬季不结冰，均可作为冬季低位热源使用。

淡水源热泵系统与地下水和地埋管系统相比，地表水系统可以节省打井的费用。因此在条件适宜的项目中，采用淡水源热泵系统有较大的优势。利用淡水地表水作为地源热泵系统的低位热源时，应注意以下几个关键问题。

① 应掌握水源温度的长期（全年）变化规律，根据不同的水源条件和温度变化情况，进行详细的水源侧换热计算，采用不同的换热方式和系统配置。

② 系统设计时应注意对水质的要求和处理，防止出现换热、管路的腐蚀等问题，同时考虑长期运行时换热效率下降对系统的影响。

③ 在进行淡水源热泵系统设计时，应注意拟建空调建筑与水源的距离。如果距离过长，则会使输送能耗过大造成系统整体效率下降。

④ 在进行淡水源热泵系统设计时，应注意地表水源热泵系统长期运行对河流、湖泊等水源的环境影响。

（2）污水源热泵系统　污水源热泵系统由通过水源水管路和冷热水管路的水源系统、热泵系统、末端系统等部分相连接组成。根据原生污水是否直接进热泵机组蒸发器或者冷凝器可以将该系统分为直接利用和间接利用两种方式。直接利用方式是指将污水中的热量通过热泵回收后输送到采暖空调建筑物；间接利用方式是指污水先通过热交换器进行热交换后，再把污水中的热量通过热泵进行回收输送到采暖空调建筑物。

污水源热泵系统是利用污水（生活废水、工业废水、矿井水、河湖海水、工业设备冷却水、生产工艺排放的废水），通过污水换热器与中介水进行换热，中介水进入热泵主机，主机消耗少量的电能，在冬天将水资源中的低品质能量"汲取"出来，经管网供给室内采暖系统、生活热水系统；夏天将室内的热量带走，并释放到污水中，给室内制冷并制取生活热水。

城市污水是一种优良的低位热源，具有以下优点：①城市污水的夏天温度低于室外温度，而冬季高于室外温度，污水水温的变化较室外空气温度变化小，因而污水源热泵的运行工况比空气热泵的运行工况要稳定；②城市污水的出水量巨大，同时供热规模也较大，节能效果非常显著；③城市污水的再利用不仅对节能有很大作用，而且对环境保护也非常有益。

（3）海水源热泵系统　海水源热泵技术是利用地球表面浅层水源（海水）吸收的太阳能和地热能而形成的低温低位热能资源，并采用热泵原理，通过少量的高位电能输入，实现低位热能向高位热能转移的一种技术。

海水源热泵机组工作原理就是以海水作为提取和储存能量的基本"源体"，它借助压缩机系统，消耗少量电能，在冬季把存于海水中的低品位能量"取"出来，给建筑物供热；夏季则把建筑物内的能量"取"出来释放到海水中，以达到调节室内温度的目的。这种机组的最大优势在于对资源的高效利用，首先它虽然以海水为"源体"，但不消耗海水，也不对海水造成污染；其次它的热效率高，消耗 1kW 的电能，可以获得 3～4kW 的热量或冷量，从根本上改变了传统的能源利用方式。

海水源热泵系统是以海水为冷热源的热泵系统。以海水作为冷热源时，室外温度对海水温度的影响缓慢，与当地空气的最高和最低温度存在差别，这对热泵的工作非常有利。夏季，海水作为冷却水使用，不再需要冷却塔，由于海水的温度低于室外空气温度，可降低热泵的冷凝温度，这样会大大提高机组的 COP 值，据测算冷却水温度降低 1℃，机组制冷系数提高 2%～3%左右。冬季，海水通过蒸发器，提取海水中的热量供给建筑物使用，海水的温度高于室外空气温度，可提高热泵的蒸发温度。

工程实践证明，海水温度是海水源热泵技术应用成败的关键。利用海水直接供冷要求海水的温度应在 12℃ 以下。目前，国外采用海水源热泵技术供热时，要求海水的最低温度不得低于 2℃，且海水的温度越高，热泵机组的制热系数越大，供热效率越高。不同的海水温度在供热系统设计上也存在差异，直接影响到工程投资和运行费用。海水含盐量高，对系统中的设备具有较强的腐蚀性，海水源热泵系统的防腐蚀问题也必须引起高度重视。

四、地源热泵应用注意事项

地源热泵是利用地下的土壤或水温相对稳定的特性，通过消耗一定的电能，在夏天将室内的余热转移到低位热源中，达到制冷的目的；在冬天把低位热源中的热量转移到室内，达到供暖的目的。根据其发展趋势，在不久的将来它可以取代锅炉或市政管网等传统的供暖方式和中央空调系统。

（一）土壤源热泵应用存在问题

经过近些年来的实践，在地源热泵应用方面已积累了比较丰富的经验。土壤源热泵系统主要是在现场测试、设计方法等方面存在一些问题，应引起足够的注意。

（1）现场测试的注意事项 土壤源热泵系统的现场测试存在的问题，主要是没有相关的国家标准作为测试的依据，表现在以下方面：①如果按照单位延米换热量进行系统设计，测试过程模拟土壤源热泵系统的工况条件没有统一标准；②在某一特定工况条下，测试所得的单位延米换热量的数据如何进行修正，使其与设计工况对应；③实测过程中测试仪器的制热及制冷功率、地埋管换热器内的水流速度等参数，测试仪表的准确度等均没有统一规定。

（2）设计方法的注意事项 当前，土壤源热泵系统的地埋管换热器的设计有两种方法，即动态负荷模拟法和单位延米换热量法，其中动态负荷模拟法，能够较全面的还原土壤源热泵系统实际运行的工况，是一种比较精确的设计方法，但是计算过程较为烦琐，不便于设计人员使用；随着计算机应用技术的发展，可以通过使用模拟计算软件来解决。

单位延米换热量法，简便易行，易于为设计人员使用。存在的主要问题是没有准确的对单位延米换热量的修正方法，实验时所对应的地埋管的进出水温度和换热量不能换算到设计工况，使得设计状态难以准确控制。同时由于不能获得整个夏季和冬季地埋管换热器的进出水温，无法对所设计的地埋管系统的运行效率做出判断，地源热泵的节能性则无法得到保障。

（二）地表水源热泵应用存在问题

根据我国已有的地表水源热泵工程的运行情况来看，主要存在的技术问题有如下几点。

（1）进水温度过低，机组保护停机　就目前水源热泵系统在我国的实际运行来看，夏季制冷工况较为良好，冬季由于地表水温度偏低，所以冬季供热时普遍存在大流量，小温差，热水出水温度低的问题。冬季，特别是北方地区，地表水温度很低，甚至结冰。这种温度很低的水源进入系统换热后温度进一步降低，如果换热温差过大，就会出现冰冻堵塞或者胀裂管道的危险，从而影响整个系统的运行。为防止这种故障的发生，热泵系统一般都会设置进水温度保护装置，当水温低于设定值时，机组保护停机，水温恢复到设定值以上时，机组重新开机。如果水温反复变化，水源热泵机组就会出现频繁的开、停机，严重影响了机组寿命。此时可采取加辅助热源的方式保证系统正常运行。辅助热源有锅炉、电加热和太阳能等。也可设置蓄水箱，用夜间低谷电价加热蓄水箱中的水，用于白天的进水加温后对系统实现供热。

（2）结垢、腐蚀与微生物大量繁殖的问题　为实现水质较差的地表水源热泵的应用，只能对地表水做粗效预处理，以解决污物对流通断面的阻塞问题，地表水依然含有大量小尺度污物、溶解性化合物及各种微生物，是一种固液两相、固相多组分流体，其流动换热问题，目前的研究尚未深入，相关的理论模型与计算方法并不成熟，这是地表水源热泵可靠应用的基础理论问题。

解决这一问题的有效途径是对进水进行水质处理，对含砂量较大的水体，进行水质处理之前，要先用旋流除砂器或沉降法去除泥砂，水质处理方法有化学处理法、静电处理法、磁化处理法、离子交换法、高频电子法等。在实际工程应用中，对水质要进行分析，根据不同的水质选择合适的水处理方法。除了水处理以外，还可以针对不同的水质选择不同的管材，以提高管道中的水流速度等方法，来阻止结垢、腐蚀和微生物大量繁殖三大危害的发生。

（3）水处理不当，引发二次污染　自然水体一般都含有各种各样的杂质，这些水源在进入热泵系统前要进行处理。目前空调水处理很多是用投放磷系化合物的方法，在运行过程中，如果出现泄露、不经处理排放，含磷物质就会进入自然水体，磷本身就是富含营养的物质，它能使水中的植物迅速生长并消耗掉水中的氧气，导致水中动物因缺氧而死亡。二次污染对环境的影响不容忽视，在空调水处理时，要尽量避免使用化学方法。即使使用化学方法，排放物也要经过处理达到排放标准才能排放。

（4）安装管理不当，损坏换热盘管　地表水源热泵闭式系统主要的换热装置是浸在水中的换热盘管。这些换热盘管如果放置在公共水域中，很容易遭到人为的破坏，导致盘管变形或破裂。如果水域中水流速度过大，也会导致盘管变形或破裂。换热盘管变形会影响换热效果，导致机组出力不足。如果破裂，闭环系统中的防冻液就会泄漏出来，不仅影响了系统的正常运行，还会造成环境污染。因此，工程实际使用中可以在放置盘管的地方设置警示牌，并且把换热盘管放置在流速适当的地方，从而削减水流速度过大带来的负面影响。

（5）取水、排水口位置不当，机组运行效率降低　地表水源热泵制冷时，经过换热的水再次排放到水体中，如果取水口和排水口设置位置不当，排出的水还没有经过充分的自然冷却又从取水口进入系统，无疑降低了热泵的效率，制热工况也是这样。通常情况下，取排水口的布置原则是上游深层取水，一定距离处下游浅层排水，在水库、池塘水体中，取水口和排水口之间的距离最好要大于100m，保证排水再次进入取水口之前温度能最大限度地恢复。在工程建设之前，要用CFD软件对系统工况进行模拟，选择最佳的取水和排水口位置。

（三）地下水源热泵应用存在问题

我国工作者对地下水源热泵运行中出现的问题做了很多详细的调查和分析，主要有以下四类：回灌阻塞问题、腐蚀与水质问题、井水泵功耗过高和运行管理问题。

1. 回灌阻塞问题

地下水属于一种地质资源，如无可靠的回灌，将会引发严重的后果。地下水大量开采引起的地面沉降、地裂缝、地面塌陷等地质问题日渐显著。地面沉淀除了对地面的建筑设施产生破坏作用外，对于沿海临河地区还会产生海水倒灌、河床升高等其他环境问题。

对于地下水源热泵系统，若严格按照政府的要求实行地下水 100% 回灌到原含水层的话，总体来说地下水的供补是平衡的，局部的地下水位的变化也远小于没有回灌的情况，所以一般不会因抽灌地下水而产生地面沉降。但现在在国内的实际使用过程中，由于地质及成井工艺的问题，回灌堵塞问题时有发生，有可能出现地下水直接地表排放的情况。而一旦出现地质环境问题，往往是灾难性和无法恢复弥补的。回灌井堵塞和溢出是大多数地下水源热泵系统都会出现的问题。回灌经验表明，真空回灌时，对于第四纪松散沉积层来说，颗粒细的含水层的回灌量一般为开采量的 1/3～1/2，而颗粒粗的含水层则约为 1/2～2/3。回灌井堵塞的原因和处理措施大致可以归纳为下面 6 种情况。

（1）悬浮物堵塞 注入水中的悬浮物含量过高会堵塞多孔介质的孔隙，从而使井的回灌能力不断减小直到无法回灌，这是回灌井堵塞中最常见的情况。因此通过预处理控制回灌井中悬浮物的含量是防止回灌井堵塞的首要方法。在回灌灰岩含水层的情况下，控制悬浮物在 30mg/L 以内是一个普遍认可的标准。

（2）微生物的生长 注入水中的或当地的微生物可能在适宜的条件下在回灌井周围迅速繁殖，形成一层生物膜堵塞介质，从而降低了含水层的导水能力。通过去除水中的有机质或者进行预消毒杀死微生物可以防止生物膜的形成。在采用氯进行消毒的情况下，典型的余氯值为 1～5mg/L。

（3）化学沉淀 当注入水中与含水层介质或地下水不相容时，可能会引起某些化学反应，这不仅可以形成化学沉淀堵塞水的回灌，甚至可能因新生成的化学物质而影响水质。在富含碳酸盐地区可以通过加酸来控制水的 pH 值，以防止化学沉淀的生成。

（4）气泡阻塞 回灌入井时，在一定的流动情况下，水中可能挟带大量气泡，同时水中的溶解性气体可能因温度、压力的变化而释放出来。此外，也可能因生化反应而生成气体物质，最典型的如反硝化反应会生成氮气和氮氧化物。气泡的生成在浅水含水层中并不成问题，因为气泡可自行溢出；但在承压含水层中，除防止注入水挟带气泡之外，对其他原因产生的气体应进行特殊处理。

（5）黏粒膨胀和扩散 这是报道最多的因化学反应产生的堵塞。具体原因是水中的离子和含水层中黏土颗粒上的阳离子发生交换，这种交换会导致黏粒的膨胀和扩散。由这种原因引起的堵塞，可以通过注入适量 NaCl 或 CaCl$_2$ 等氯盐来解决。

（6）含水层细颗粒重组 当回灌井又兼作抽水井时，反复的抽水和回灌可能引起存在于井壁周围细颗粒介质的重组，这种堵塞一旦形成则很难进行处理。因此，在这种情况下回灌井兼作抽水井的频率不宜太高。

2. 腐蚀与水质问题

现在国内地下水源热泵的地下水回路都不是严格意义上的密封系统，回灌过程中的回扬、水回路中产生的负压和沉砂池，都会使外界的空气与地下水接触，导致地下水氧化。地下水氧化会产生一系列的水文地质问题，如地质化学变化、地质生物变化。另外，目前国内的地下水回路材料基本上不作严格的防腐处理，地下水经过系统后，水质也会受到一定的影响。这些问题直接表现为管路系统中的管路、换热器和滤水管的生物结垢和无机物沉淀，造成系统效率的降低和井的堵塞。更可怕的是，以上这些现象也会在含水层中发生，对地下水质和含水层产生不利的影响。

腐蚀和生锈是早期地下水源热泵遇到的普遍问题之一。地下水的水质是引起腐蚀的根源因素。因此，国内学者对地下水的水质问题进行了分析，对地下水水质的基本要求是：澄清、水质稳定、不腐蚀、不滋生微生物或生物、不结垢等。地下水对水源热泵机组的有害成分有：铁、锰、钙、镁、二氧化碳、溶解氧、氯离子等。当潜水泵采取双位控制时，应加设止回阀，以免停泵时水倒空，氧气进入系统腐蚀设备，一般不推荐采用化学处理，一是费用昂贵，二是会改变地下水水质。

3. 井水泵功耗过高

井水泵的功耗在地下水源热泵系统能耗中占有很大的比重，在不良的设计中井水泵的功耗可以占总能耗的 25% 或更多，使系统整体性能系数降低，因此有必要对系统井水泵的选择和控制多加注意。常用的潜水泵控制方法有设置双限温度的双位控制、变频控制和多井台数控制，一般多推荐采用变频控制。在设计时应根据抽水井数、系统形式和初投资综合选用适合的控制方式。

4. 系统的运行管理

运行管理是任何一个暖通空调系统的重要组成部分，对于地下水源热泵这种特殊系统更是关键因素。在系统验收调试完成，交付使用前，应对运行管理人员进行培训。培训内容应该包括系统的运行原理，各种实际运行中可能出现的工况和操作办法。

第四节　绿色建筑空气冷热资源利用及技术

我国大部分地区四季分明、昼夜交替，室外空气随着季节和昼夜变化，具有不同的温度，同时空气无时无刻地存在，成为取之不尽、用之不竭的自然资源，因此可以作为建筑冷热资源而利用。夏季，把建筑内多余的热量排向室外空气；冬季，从室外空气中提取热量送往建筑物内；过渡季节，把新鲜的空气直接送到室内，从而为人们的生产及生活创造一个舒适健康的建筑室内环境。能源和环保是人类社会实现可持续发展的必备要素，空气作为一种自然界中的可再生能源，对其科学应用完全符合社会可持续发展的要求。

一、空气的基本特性

空气对于我们人类和动植物来说都是不可缺少的，如果没有空气地球上的生物就无法生存。由于常规下的空气是空气和水蒸气混合而成，所以我们通常所说的室外空气实际上是湿空气。干空气的成分主要是氮、氧、氩及其他微量气体，多数成分比较稳定，少数随着季节变化有所变动，但从总体上可以看作一个稳定的混合物。水蒸气在湿空气中的含量较少，但会随季节和地区不同而变化，其变化直接影响到空气的物理性质。

（一）描述空气的基本物理参数

描述空气的基本物理参数主要有压力、温度、含湿量、相对湿度和比焓。在空气压力一定时，其他的四个物理参数是独立的，只要知道其中任意两个物理参数，就能确定空气的状态，从而也可以确定其余的两个物理参数。

湿空气的压力即指通常所说的大气压力。湿空气由干空气和水蒸气组成，湿空气的压力应等于干空气的分压力与水蒸气的分压力之和。水蒸气的分压力大小，反映了湿空气中水蒸气含量的多少，水蒸气的分压力越大，则说明空气中的含水分越多。

空气温度也就是气温，是表示空气冷热程度的物理量。空气温度的高低对人体的热舒适感影响较大，因此，温度是衡量空气环境对人和生产是否合适的一个非常重要的参数。空气中的热量主要来源于太阳辐射，太阳辐射到达地面后，一部分被反射，一部分被地面吸收，使地面增热；地面再通过辐射、传导和对流把热传给空气，这是空气中热量的主要来源。

含湿量是指在湿空气中，与 1kg 干空气同时并存的水蒸气量称为含湿量，用符号 d 表示，单位为 g/kg。大气压力一定时，空气中的含湿量仅与水蒸气分压力有关，水蒸气分压力越大，含湿量就越大。含湿量可以确切地表示湿空气中实际含有水蒸气量的多少。

相对湿度是指湿空气中的水蒸气分压力与同温度下饱和水蒸气分压力之比，表示湿空气中水蒸气接近饱和含量的程度，也就是湿空气接近饱和的程度。相对湿度的高低对人体的舒适和健康及工业产品的质量都会产生较大的影响，是空气调节中的一个重要参数。

空气中的焓值是指空气中含有的总热量，通常以干空气的单位质量为基准，称作比焓。湿空气的比焓是指 1kg 干空气的焓和与它相对应的水蒸气的焓的总和。在工程上，我们可以根据一定质量的空气在处理过程中比焓的变化，来判定空气是得到热量还是失去了热量。空气的比焓增加表示空气中得到热量；空气的比焓减小表示空气中失去了热量。

（二）空气焓湿图及热湿变化过程

确定湿空气的状态及其变化过程，经常要用到湿空气的焓湿图。湿空气的焓湿图上的状态点只有两个独立参数，所以湿度图常在一定总压力下，再选定两个独立参数为坐标制作。采用的坐标可以有各种选择，常见的有以含湿量和干球温度为坐标的 d-t 图和以焓和含湿量为坐标的 h-d 图。各种湿度图的制作原理和应用方法基本相同，我国应用较多的焓湿图，即 h-d 图。h-d 图以焓 h 为纵坐标，以含湿量 d 为横坐标。

湿空气的状态变化基本过程有加热、干式冷却、等焓加湿、等焓减湿、等温加湿和冷却干燥过程。这些状态变化如何实现及在焓湿图上的过程表示，见图 12-37。

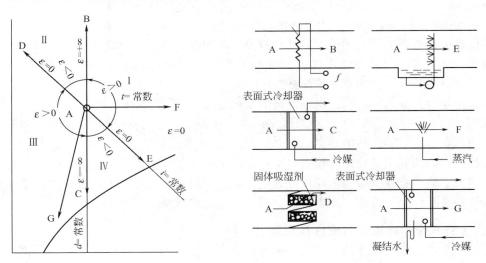

图 12-37 湿空气状态变化基本过程图

（1）加热过程（A→B） 利用以热水、水蒸气等作热媒的表面式换热器或电阻丝、电热管等电热设备，通过热表面加热湿空气，空气则会温度升高，焓值增大，而空气中的含湿量不变，这一处理过程的热湿比为 $\varepsilon = +\infty$。

（2）干式冷却过程（A→C） 利用以冷水或其他流体作冷媒的表面式冷却器冷却湿空气，当其表面温度高于湿空气的露点温度而又低于其干球温度时，空气即发生降温、减焓而含湿量不变的干式冷却过程，这一处理过程的热湿比为 $\varepsilon=-\infty$。

(3) 等焓加湿过程（A→E）　利用喷水室对湿空气进行循环喷淋，水滴及其表面饱和空气层的温度的温度，将稳定于被处理空气的湿球温度，此时空气经历了降温、含湿量增加而焓值不变的过程，因此该过程又称为绝热加湿过程，这一处理过程的热湿比为 $\varepsilon=0$。

(4) 等焓减湿过程（A→D）　利用固体吸湿剂（如硅胶、分子筛、氯化钙等）处理空气时，空气中的水蒸气被吸湿剂吸附，含湿量降低后，而吸附时放出的凝结热又重新返回到空气中，故吸附前后空气的焓值基本不变，因此，被处理的空气经历的过程是等焓减湿过程，这一处理过程的热湿比为 $\varepsilon=0$。

(5) 等温加湿过程（A→F）　利用干式蒸气加湿器或电加湿器，将水蒸气直接喷入被处理的空气中，达到对空气加湿的效果。该过程的热湿比 ε 值等于水蒸气的焓值，大致与等温线平行，因此该过程被认为可实现等温加湿。

(6) 冷却干燥过程（A→G）　利用喷水室或表面式冷却器冷却空气，当水滴或换热表面温度低于被处理空气的露点温度时，空气将出现凝结、降温、焓值降低，该过即为冷却干燥过程，这一处理过程的热湿比为 $\varepsilon>0$。

二、空气作为冷热源的评价

（一）空气作为冷热源的容量及品位评价

容量是指冷热源在确定时间内能够提供的冷量或热量。空气作为冷热源，其容量随着室外环境温度及被冷却介质的不同而不同。在较为不利的室外环境条件下（取蒸发温度为 -5℃，冷凝温度为 40~45℃），被冷却（加热）的介质是空气时，在单位时间内，消耗 1kW 的电能，空气可以提供 5~6kW 左右的冷热量；被冷却（加热）的介质是水时，在单位时间内，消耗 1kW 的电能，空气可以提供 6~7kW 左右的冷热量（取蒸发温度为 5℃，冷凝温度为 40~45℃）。因此，空气作为冷热源，其容量较大。

品位是指冷热源的可利用程度，品位越高，利用越容易。以建筑物室内空间舒适温度为基准温度，热源温度与基准温度之差为热源品位，基准温度与冷源温度之差为冷源品位。2002 年，国家制定了《室内空气质量标准》（GB/T 18883—2002），规定冬季采暖标准为 16~24℃，符合这个标准的室内温度就是舒适的室内温度。《夏热冬冷地区居住建筑节能设计标准》（JGJ 134—2010）规定，"冬季采暖室内热环境卧室、起居室设计温度取 16~18℃"。

但是，在冬季需要供热的地区，室外空气的温度都是低于 16℃ 的，因此作为热源，空气是负品位，必须利用品位提升设备（空气源热泵）才能应用。作为冷源，空气的品位随着季节不同而不同，过渡季节为零品位或者正品位，可以通过通风技术直接应用；夏季为负品位，需要通过品位提升技术（如空气源空调）才能应用。

（二）空气作为冷热源可靠性及稳定性评价

可靠性是指冷热源存在的时间，一般可以分为 3 类：Ⅰ类任何时间都存在；Ⅱ类在确定的时间存在；Ⅲ类存在的时间不确定。自然界中的空气、阳光和水是人类生存的基本条件，只要人类存在，空气就会存在。因此，空气作为冷热源，其可靠性属于Ⅰ类，即可靠性极高。

稳定性是指冷热源的容量和品位随时间的变化，一般可以分为 2 类：Ⅰ类不随使用时间变化，保持某一定值；Ⅱ类随使用时间变化。空气作为冷热源的容量不随使用时间而变化，但是品位会随使用时间而变化，且大部分使用时间是负品位，因此，空气作为冷热源的稳定性属于Ⅱ类。

（三）空气作为冷热源的环境友好性评价

环境友好性是指冷热源对环境的影响程度。空气作为建筑冷热源，对室外环境的影响主要表现为空气源设备在运行时产生的噪声问题，以及夏季的冷凝排放问题。噪声问题随着设备技术水平的提高及安装的规范化，现在已基本得到解决。

众多文献表明，夏季空气源空调冷凝热的排放是造成城市热岛效应的其中一个原因，但冷凝热究竟对城市热岛效应有多大影响？目前国内外还没有这方面的研究。但文献通过建立城市箱体模型，计算了城市住宅空调器的使用引起的室外空气温度上升值，并根据有关城市的数据计算得出住宅空调全天使用，会导致该市空气温度上升 0.20～2.56℃。同时，其研究结果还表明，室外空气温度上升的程度，取决于开启空调温度、空调外同时使用系数及城市主导风向的平均速度，其中主导风向的平均速度又是主要影响因素。室外空气温度上升值随风速变化曲线，如图 12-38 所示。但该模型没有考虑地面及建筑物的蓄热及放热作用，具有一定的局限件。因此，空气源空调夏季排放的冷凝热是否会对城市热岛效应有一定贡献，还值得商榷。

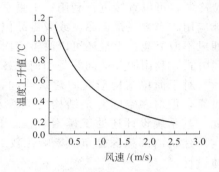

图 12-38　室外空气温度上升值
随风速变化曲线

但是，空调冷凝热排放会引起空调机组附近的室外空气温度升高，如果该空调机组的附近也有空调机组运行，必然会产生相互干扰，影响各自的运行效率。对于高密度建筑群及安装分体式空调器的高层建筑，这种现象尤为显著。要从根本上解决空气源空调冷凝热对室外环境的不利影响，最有效的办法是对冷凝热进行回收利用，尽量减少其向环境中的排放量。

总的来说，空气作为建筑冷热源，对室外环境不会产生除冷凝热以外的其他污染，其噪声水平也可以进行有效地控制，因此，其环境友好性良好。

（四）空气作为冷热源其他几个特性评价

对于空气作为冷热源除了进行以上评价外，还应当对其持续性、可再生性及易获得性进行评价。

持续性是指在建筑全寿命周期内，冷热源的容量和品位是否持续满足要求，可以分为以下 2 类：Ⅰ类建筑全寿命周期可满足要求；Ⅱ类建筑不能保证全寿命周期满足要求。测试结果表明，空气作为冷热源，其容量和品位在建筑全寿命周期均可满足要求，因此，空气作为冷热源持续性好。

可再生性是指冷热源的容量和品位衰竭后，其自我恢复的能力。空气无时无刻无地不存在，且具有良好的流动性，因此，空气作为冷热源的可再生性良好。

易获得性是指从冷热源向建筑空间提供冷热量的技术难易程度、设备要求、输送距离等。利用空气作为冷热源，空气即取自建筑物外空气环境，其输送距离比较短，利用技术主要包括通风技术和空气源空调技术，应用设备有通风机及空气源热泵。通风技术主要有自然通风和机械通风，其中机械通风已比较成熟；自然通风应用历史悠久，在简单的单体建筑中比较容易应用，而对于复杂的现代高层建筑或建筑群，还不能有效地应用。空气源空调技术在气候适宜的地区较为成熟，系统组成比较简单，年运行时间较长。目前，研究的热点是进一步提高设备的性能及与建筑的协调性；而在气候条件不适宜的地区，技术尚不完善，尤其是低温运行技术及除霜技术还在研究之中，系统的能效比较低。

三、空气作为冷热源的关键技术问题及技术措施

在空气作为建筑冷热源应用于建筑时，会遇到这样或那样的技术难题，这些技术难题必须采取相应的技术措施加以解决。根据工程实践证明，空气作为冷热源的关键技术问题有：空气作为建筑冷热源品位问题，供冷热能力与建筑需求规律相反，冬季在一定气象条件下热泵易结霜，设备运行过程在室外造成噪声问题，空气源空调系统的协调性问题。

（一）空气作为建筑冷热源品位问题

空气作为建筑冷热源的品位随着季节不同而不同。在过渡季节，空气是正品位或者零品位冷源，可以直接进行利用；供暖季节及供冷季节，空气是负品位冷热源，需要品位提升才能应用。当空气是正品位或者零品位冷源时，利用空气的关键技术就是自然通风技术。自然通风不但节能，而且还可以改善室内热环境，提高室内空气品质，是一种具有极大潜力的通风方式，利用的关键问题是如何在各种建筑中有效组织自然通风。

对于简单结构形式的建筑空间，尤其单个房间建筑，其自然通风设计已相对成熟和可靠，但对多空间复杂结构的建筑及高密度的建筑群，自然通风理论研究还未成熟，因此，其系统设计还处于摸索阶段。自然通风受室外宏观与微观气候、建筑内外布局与结构及建筑内部热源分布的影响比较大，所以其设计是将气候、环境与建筑融为一体的整体设计。

自然通风设计思路一般可以参考以下步骤进行：①考察宏观气候，即地区气候自然通风的潜力；②考察微观气候，即建筑所在区域气候自然通风的潜力；③考虑建筑布局、建筑朝向、建筑间距、建筑内部空间构造、建筑开口面积与位置等建筑材料，与建筑设计师共同确定建筑方案和自然通风方案；④进行自然通风设备选取及控制系统设计。

当空气是负品位冷热源时，利用空气的关键技术是空气源热泵技术。空气源热泵技术是冬季从室外空气中提取热量，提升温度后，为建筑物解决供暖和生活热水的热量供应；夏季从室外空气中提取冷量，降低温度后，为建筑物实现空间供冷需求。在我国目前的煤电效率极低的情况下，采用空气源热泵技术，只要其能效比大于3，就应当是比较节省一次能源的供冷供热技术。如果是水力发电，其效率是煤电的3倍，能源利用效率更高各种供暖方式能量利用系数如下：电能采暖为 0.33，锅炉采暖为 0.70，电动热泵为 0.99。

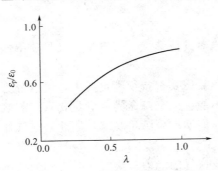

图 12-39　集中式空气源热泵系统运行车效比与设备能效比之比随工作时间变化曲线

但这只是从一次能源利用的角度，考虑到空气源热泵设备这一步，而没有考虑空气源热泵的系统效率。对于房间空调器来说，系统效率几乎等于设备效率，就目前标准来看，发达国家房间空调的平均额定能效比大多数在 4.0 以上，国内产品的额定能效比为 2.4～3.4。我国于 2009 年实行新的能效比限定值，整体式房间空调器为 2.9，分体式房间空调器为 3.0。对于单元式空气源热泵来说，目前其额定能效比为 2.5～3.3。单元式及集中式空气源热泵，机组效率并不等于系统效率，系统效率还涉及系统的设计、安装、运行负荷及维护等方面，只有在负荷较大甚至接近满负荷时，系统运行能效比才比较高。集中式空气源热泵系统运行能效比与设备能效比之比随工作时间变化曲线，如图 12-39 所示。某单元式及集中式空气源热泵运行能效比的变化见表 12-4。

表 12-4　某单元式及集中式空气源热泵运行能效比的变化

系统能效比 室外温度/℃	系统负荷率/%				
	0.66	0.50	0.40	0.30	0.20
35	2.66	2.62	2.58	2.50	2.40
29	2.93	2.88	2.83	2.76	2.60
25	3.15	3.09	3.04	2.95	2.78

（二）供冷热能力与建筑需求规律相反

空气作为建筑冷热源间接应用时，其关键问题之一就是冷热源的供冷供热能力与建筑需求的规律恰好相反。夏季，随着室外空气温度的升高，建筑物所需冷量逐渐增加，室外空气温度越高，建筑物所需冷量也越大，而此时室外空气中所蕴含的冷量越低，从而形成了强烈的供求矛盾。冬季，随着室外空气温度的降低，建筑物所需热量逐渐增加，室外空气温度越低，建筑物所需热量也越大，而此时室外空气中所蕴含的热量越低，同样也形成了强烈的供求矛盾。解决这一问题的技术主要有蓄能技术、辅助冷热源技术及提高空气源热泵低温适应性技术。

1. 蓄能技术

蓄能技术是 20 世纪 90 年代以来在国内兴起的一门实用综合技术，由于可以对电网的电力起到移峰填谷的作用，有利于整个社会的优化资源配置；同时，由于峰谷电价的差额，使用户的运行电费大幅下降。蓄能空调，就是利用蓄能设备在空调系统不需要能量或用能量小的时间内将能量储存起来，在空调系统需求量大的时间将这部分能量释放出来。根据使用对象和储存温度的高低，可以分为蓄冷和蓄热。

蓄能技术具有以下特点。

（1）巨大的社会效益　蓄能技术能够移峰填谷，平衡电网峰谷差，因此可以减少新建电厂投资，提高现有发电设备和输变电设备的使用率；减少能源使用（特别是对于火力发电）引起的环境污染，充分利用有限的不可再生资源，有利于生态平衡，同时，提高了电网的运行安全性。

（2）明显的用户效益　①利用分时电价政策，可以大幅度节省运行费用；②可以减少空调主机的装机容量和功率，可充分提高设备利用率；③可以减少一次电力初投资费用；④在运行管理上具有更大的灵活性和更广的适应性。

（3）蓄能技术的缺点　①除需要增加蓄能设备外，还必须占用一定空间以设置蓄能设备；②系统运行时间大大延长，夜间也要运行，从而增加了系统管理上的难度。

2. 辅助冷热源技术

采用辅助冷热源技术是另一种解决技术。辅助冷热源有加热器（如电加热器、直燃式加热器）、小型锅炉及水源热泵。研究结果表明，用电加热器作为空气源热泵辅助热源，也远比整个冬季全部直接采用电采暖效率高。空气源热泵与水源热泵联合运行也是一种成功的技术，即利用空气源热泵冷热水机组提供 10～20℃ 的水作为水源热泵的低位热源，由水源热泵向室内供暖，从而组成双级热泵系统。双级热泵系统的能流如图 12-40 所示。

经计算，在我国北方的大部分城市，冬季空

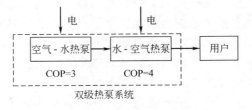

图 12-40　双级热泵系统的能流

气源热泵冷热水机组可以正常运行提供10～20℃的水给水源热泵，而自身的压缩比不超过8。同时，空气源热泵的供热性能系数平均为3，水-空气源热泵供热性能系数平均为4，如果不考虑其他损失，由空气源热泵冷热水机组与水-空气源热泵机组组成的双级热泵系统的供热性能系数可达到2.0。

3. 提高空气源热泵低温适应性技术

提高空气源热泵低温适应性能也是解决此问题的技术之一。空气源热泵在寒冷地区的低温环境中应用时，随着室外空气温度的降低，不但制热量迅速下降不能满足建筑物采暖需要，而且还会出现压缩机压比越来越大，排气温度不断升高，润滑油黏度急剧降低，机组频繁启停，无法正常工作的不适应状况，因此，只有通过改进空气源热泵系统，提高对室外低温空气的适应性，才能解决空气作为热源的供热与建筑需热的矛盾。

目前，解决这一问题的技术措施主要有：通过双级压缩（包括准二级压缩）、复叠循环来降低压缩比；采用变频压缩机在制热时加大制冷剂的循环量；用电加热气液分离器及到压缩机之间的吸气管路，提高蒸发温度和蒸发压力；双级压缩变频空气源热泵技术等。

（三）冬季在一定气象条件下热泵易结霜

空气作为建筑冷热源间接应用时，关键的问题就在冬季一定气象条件下空气源热泵易产生结霜。冬季，当空气源热泵室外换热器盘管表面温度低于0℃时，在盘管的表面会结霜。结霜后，随着盘管表面霜层的增厚，空气流通面积会减小，造成空气流动阻力增大，从而使风机流量减小；同时，霜层增厚加大了盘管表面和空气的换热热阻，恶化了传热效果，导致蒸发器表面温度和蒸发温度下降，严重时热泵不能正常工作。因此，研究热泵结霜的气象条件以及除霜技术措施是非常必要的。

冬季，室外空气干球温度和相对湿度共同作用决定空气源热泵的运行工况。日本学者对不同空气源热泵机组进行试验，拟合出空气源热泵结霜的室外气象参数范围。我国一些学者理论及实验研究表明，室外温度≥-3℃，相对湿度≥60%，蒸发器会结霜；在室外相对湿度≥65%时，室外温度在0～3℃时结霜最严重。

此外，空气源热泵能效比随霜层厚度增加呈上凸曲线变化（图12-41），而霜层厚度随室外空气温度变化呈开口向下的上凸曲线变化（图12-42）。空气源热泵只有在能效比大于3时才能称为节能运行。综上所述，可以得出空气源热泵冬季运行时结霜的气象条件：Ⅰ区—不结霜区相对湿度大于65%，室外温度大于5℃及小于-12.8℃，空气源热泵不结霜；Ⅱ区—结霜可以忽略区室外温度-12.8℃<t<5℃，相对湿度小于等于65%，空气源热泵可能结霜，但可以忽略结霜对空气源热泵性能的影响；Ⅲ区—结霜区相对湿度大于65%，室外温度-5℃<t<5℃，空气源热泵出现结霜；Ⅳ区—严重结霜区相对湿度大于75%，室外温度-12.8℃<t<5℃，空气源热泵结霜较为严重，能效比低于3；尤其是室外温度在0℃，相对湿度大于80%时结霜最严重。

霜层的形成和增厚使得流经空气侧换热器的空气的流动阻力增大、空气流量减小，使得换热器换热效果下降；在结霜的后期，由于空气流量急剧减小，换热器换热效果迅速恶化，进而整个系统的性能迅速下降。霜层的阻塞作用使得空气流量减小，是系统性能下降的最主要原因。霜层的形成增加了空气侧换热器的传热热阻，霜层的绝热效应使得换热器的换热效果下降。要想消除空气源热泵结霜的影响，必须对空气源热泵采取除霜处理，目前空气源热泵的除霜方法主要有以下几种。

（1）逆循环除霜 一种是在室外蒸发器盘管上安装温度传感器，通过检测室外盘管温度来判断是否结霜。另一种是通过检测冷凝器盘管温度与室温（或水温）的差值来判断室外蒸

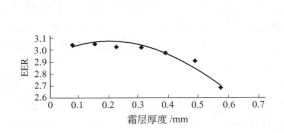

图 12-41　空气源热泵能效比随
霜层厚度变化曲线

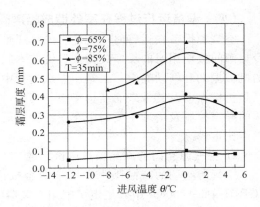

图 12-42　霜层厚度随进风温度及
相对湿度变化曲线

发器是否结霜，即当室外蒸发器结霜后，其换热效率降低，导致冷凝器换热量下降，盘管温度下降，当检测到冷凝器盘管温度与室温（或水温）的差值低于一定值时，可以判断室外换热器结霜较严重。

除霜时启动换向除霜程序，四通换向阀动作，改变制冷剂的流向，让机组由制热运行状态转为制冷运行状态，压缩机排出的高温气体通过四通阀切换至室外换热器中进行融霜，当室外盘管温度上升到某一温度值时结束除霜。

此种除霜方式，会影响到空气能热泵热水器的供水，即在除霜期间，无法为用户提供有效水温的热水，同时，经过除霜后，原有的热水温度会降低，从能量角度讲，这种除霜过程的损失相当于两倍除霜时间的停机，经测算会使机组的供热量下降 10% 左右；并且，四通阀频繁换向会影响其可靠性及寿命。

（2）热气旁通除霜　热气旁通除霜是指不改变制冷剂的流向，机组在除霜过程中保持制热工作状态不变，压缩机排出的高温气体直接旁通一部分至室外换热器中，通过排气热量进行融霜。此种除霜方式所需的热量只来自压缩机的输入功率，因此避免了逆循环除霜的缺点。但当霜层太厚时，融霜时间比较长，排气过热和排气温度过低，从而会危及压缩机的安全运行。同时，在除霜过程中，因压缩机的排气量减少，会影响加热热水的效果，无法满足正常热水量的需求。不过，这种除霜方法用于房间空调器及小型空气源热泵效果还是可以的。

（3）热气旁通显热除霜　热气旁通显热除霜与热气旁通除霜不同，它们两者的主要区别是，采用热气旁通显热除霜时，压缩机的高温排气通过旁通回路进入电子膨胀阀，经过等焓节流后进入室外换热器，在室外换热器中只进行显热交换而不进行冷凝。这种除霜方法同样避免了逆循环除霜的缺点，同时改进了热气旁通除霜时气液分离器积聚液体过多的问题，但这种除霜方法至今还没有真正用于实际工程中。

以上的各种除霜方法各有利弊，一些新型的除霜方式也已有了较深入的研究，为我们打开了新思路，但多数研究仍停留在理论上研究上，尚未经过实践的检验，但通过不懈的努力，空气能热泵热水器冬季除霜的问题定能够迎刃而解。

此外，通过改变室外换热器表面的性质，来抑制结霜也是除霜技术措施的一种。普通室外换热器的表面是亲水性的高能表面，当室外温度降低时，冷空气在表面易形成水膜，进而形成致密的霜层。而在换热器的表面涂以疏水性的材料（如车蜡、硅脂、硅油等），使其变成疏水性的表面后，不仅可以推迟结霜，而且结霜比较稀疏，比较容易除去。

（四）设备运行过程在室外造成噪声问题

空气源设备在运行时，无论室内机还是室外机都会给环境带来噪声影响，空气作为建筑冷热源间接应用时的噪声成为其关键技术问题。噪声来源主要三部分：一是风机运转中产生的机械振动和气动噪声；二是压缩机运行中产生的振动及通过振动传递到结构产生的噪声；三是机械振动及其带来的结构噪声。其中，室外机的噪声影响大于室内机，因此，空气源空调的噪声控制及治理主要集中在室外机，而在室外机的噪声中，由轴流风机产生的空气动力噪声比重较高。

1. 空气源空调的产品噪声评价标准

空气源空调的产品噪声由以下两个标准评价：一是《家用和类似用途电器噪声限值》（GB 19606—2004）中，规定了家用空调器的噪声限值，见表12-5；二是《蒸气压缩循环冷水（热泵）机组　第2部分：户用及类似用途的冷水（热泵）机组》（GB/T 18430.2—2008）中，规定了制冷量不大于50kW的空气源冷水（热泵）机组的噪声限值，见表12-6。制冷量大于50kW的空气源冷水（热泵）机组的噪声限值没有规定。

表 12-5　家用空调器的噪声限值（声压级）　　　　　　　单位：dB

额定制冷量 /kW	室内机		室外机	
	整体式	分体式	整体式	分体式
<2.5	52	40	57	52
2.5～4.5	55	45	60	55
4.5～7.1	60	50	65	60
7.1～14	—	55	—	65
14～28	—	63	—	68

表 12-6　制冷量不大于50kW的空气源冷水（热泵）机组的噪声限值

名义制冷量 /kW	空气源冷水(热泵)机组的噪声限值（声压级）/dB(A)	名义制冷量 /kW	空气源冷水(热泵)机组的噪声限值（声压级）/dB(A)
≤8	65	16.0～31.5	69
8～16	67	31.5～50.0	71

建筑内外的环境允许噪声评价标准，由《民用建筑隔声设计规范》（GB 50118—2010）和《工业企业厂界环境噪声排放标准》（GB 12348—2008）确定，分别见表12-7、表12-8。

空气源空调的噪声可以从两个方面进行控制：一是提高设备本身的噪声控制水平；二是提高设备的安装水平。

对于房间空调器，目前国内大部分家用分体式空调器产品室内机的噪声水平比较低，基本可以满足民用建筑一般房间的要求。同时，针对特殊房间的要求（如卧室），舒适的睡眠环境则需要25dB（A）以下的听觉感受，因此国内部分生产厂家已开发出卧室专用的睡眠空调，其噪声水平一般在22～24dB（A）。房间空调器的安装可依据《房间空气调节器安装规范》（GB 17790—1999）中的要求执行。

对于大型空气源空调，噪声实测一般为73～85dB（A），有的甚至超过90dB（A）。噪声主要有以下特点：噪声特性均为连续频谱，噪声频谱变化比较平缓，低中频噪声较高，高频噪声变化较快；噪声辐射面积大；噪声是开放性的，主要从热泵的两侧和顶部向外辐射，辐射面积和影响范围大，衰减比较慢。有研究结果表明，在热泵两侧3m范围内噪声基本上无

表 12-7　民用建筑房间的噪声限值

建筑类别		噪声限值/dB(A)
住宅	卧室、书房	40～50
	起居室	45～50
学校	有特殊要求的房间	≤40
	一般教室	≤50
	无特殊要求的房间	≤55
医院	病房、医护人员休息室	40～50
	门诊室	55～60
	手术室	45～50
	听力测试室	25～30
旅馆	客房	35～55
	会议室、多功能室	40～50
	办公室	45～55
	餐厅、宴会厅	50～60

表 12-8　工业企业厂界环境噪声排放标准

建筑类别	适用范围	等效声级/dB(A)	
		昼间	夜间
Ⅰ	居住、文教机关为主的区域	55	45
Ⅱ	居住、商业、工业混杂区及商业中心区	60	50
Ⅲ	工业区	65	55
Ⅳ	交通干线道路两侧区域	70	55

衰减，在热泵长度以内距离衰减率为 3dB(A)。

2. 空气源空调的噪声控制基本途径

采用工程技术措施控制噪声源的声输出，控制噪声的传播和接收，以得到人们所要求的声学环境，即为噪声控制。空气源空调的噪声控制基本途径主要有以下几个方面。

（1）降低压缩机和轴流排风的噪声，这是降低空气源空调噪声的积极有效途径，由制造商改进和提高生产水平来实现。

（2）在确定空气源空调时，要优先选用噪声低、振动小的机组，以不需要采取降噪措施或仅采取简单处理措施为前提。

（3）空调机组安装注意事项。在进行空调机组安装时，为控制机组所产生的噪声，应注意如下事项。

① 机组空间距离及间距。机组尽可能安装在主楼的屋面上，其噪声对主楼本身及周围环境影响小；如需要安装在裙房屋面上，应与周围可能受影响的建筑物保持一定距离，这个距离应通过有关公式计算确定。

② 机组上部不应有任何遮挡物，以保证排风的通畅，对减少机组噪声有很大作用。

③ 防止固体噪声传播。机组和水泵的底座及进出水管处，需要安装减振装置，同时，水系统的主干管，需要安装振吊架或支架，防止机组和水泵振动通过楼板或水管等固体传到生活环境中。

3. 空气源空调的噪声治理主要措施

空气源空调机组安装运行后，一旦出现对周围环境造成噪声影响，则必须采取有效措施进行降噪治理。根据噪声的具体情况，可参考以下治理措施。

（1）对机组进行隔声处理。如将压缩机设置在隔声罩内；适量降低排风机的转速；或者将机组封闭在隔声装置内。

（2）对机组的进风和排风处设置消声装置，即安装合适的消声器。消声器是允许气流通过，却又能阻止或减小声音传播的一种器件，是消除空气动力性噪声的重要措施。消声器能够阻挡声波的传播，允许气流通过，是控制噪声的有效工具。

（五）空气源空调系统的协调性问题

空气作为建筑冷热源间接应用时，与空气源空调系统的协调性就是一个关键技术问题和技术措施。空气源空调系统的协调性是指空气源设备与空调系统、建筑内部、建筑外观能否配合得当、和谐一致。在空调工程中，空调系统由冷热源设备、输配系统及末端设备构成，其中设备能效比固然非常重要，但系统的能效比才是衡量设备和系统是否协调的标准，才是判定一个空调工程是否真正节能最重要的指标。

1. 空气源空调系统设计能效比

空调系统能效比是指在空调系统正常运行状态下对空调机组的输入功率、输出冷量进行测试，计算得到空调机组的能效比。空调系统能效比包括设计能效比和运行能效比。其中设计能效比用于规范设计节能，是判断设计阶段空调系统是否节能的重要依据；运行能效比是指运行过程中空调系统实际供冷（热）量与空调设备实际耗电量的比值，对于判断在实际运行过程中，空调系统是否节能具有十分重要的意义。

在系统设计能效比中，冷热源的设计能效比对系统设计能效比的影响最大，因此，详细进行设计负荷计算、选用能效比高的冷热源主机并合理匹配主机容量，是提高空调系统设计能效比的关键。有关人员对采用空气源设备作为空调系统冷热源的大量工程进行统计分析，给出了系统设计能效比（见表 12-9），可供同类工程设计时参考。

表 12-9　空气源空调系统设计能效比

冷热源设备类型	系统设计能效比		服务对象	样本来源
	夏季	冬季		
空气源热泵冷热水机组	1.79～2.48	—	商场类建筑	某城市
	1.80～3.60	1.20～3.40	办公类建筑	某城市
多联机	1.90～3.30	0.70～2.10	办公类建筑	某城市
	2.54～2.69	采用其他热源	办公类建筑	某城市

2. 提高系统协调性的主要途径

空气源空调与建筑内部及建筑外观的协调性，是指空气源空调室内、外设备能够正常高效运行，建筑内部及建筑外观不需要花费任何费用，或者只需要花费较少的费用来装饰空气源设备，空调与建筑达到技术与艺术、功能与美观的完美结合。影响建筑内部美观性的空气源设备有室内机、明装的风机盘管、送风机、排风机及各种风口和管道等。影响建筑外观的空气源设备有空调室外机、空气源热泵、冷热水机组、屋顶空调机、外墙排风机、新风口、排风口及各种室外管道等。提高空气源空调与建筑内部及建筑外观协调性的途径主要如下。

（1）提高明装设备的美观性　近些年来，空调室内机外观美化和创新的速度比较快，从形式上，已从单一的挂壁式发展为柜式、天花板嵌入式、座吊两用式、落地窗台式、风管式等，其共同特点是追求超薄、高效、气流分布均匀；从外观上，以往单调、呆板的白色面板，已逐步被五彩斑斓的彩色面板所代替，尤其是房间空调器的室内机，用户不需要再花费任何费用进行装饰，与室内的装修极容易协调，实现空调功能的同时彰显了生活的品位。

与室内机较快的发展速度相比，空调室外机发展比较缓慢，多年来在外观上变化不大，因此，开发美观大方、小巧玲珑、价格低廉、性能良好的室外机，在人民生活水平不断提高、不断追求建筑美观性的今天，显得格外重要、十分迫切。

（2）考虑与建筑风格的协调性　对于要求不高的普通建筑，应尽可能把空调室外机布置在次要立面或屋顶上，并且要排列整齐有序，避免出现立面杂乱无章；尽可能统一外立面上风口的尺寸和形状，必要时可进行适当的装饰，使其颜色与建筑风格相协调；一些位于重要地段的建筑物，可以结合建筑立面、阳台和窗台设计，将空调室外机掩蔽起来，同时还可以起到丰富建筑立面的效果。但是，需要注意的是，不同的建筑物有不同的美观性要求，应根据具体建筑的设计风格进行空气源空调的美观性设计，加强与建筑设计专业人员的沟通，才能实现与建筑的协调，从而提高建筑的品位。

对于我国许多著名的古建筑，现代空调如果不加任何改变而进入建筑物，必然会显得极为生硬，与建筑风格格格不入。因此，适用于此类建筑的空调尤其要考虑与建筑风格的协调，例如室内机的形状可以考虑采用古代橱柜的形式，面板可以考虑采用中国传统的吉祥图案或传说或寓言故事，室外机可以考虑改成面板颜色或加设外罩，与古建筑常采用红墙碧瓦相呼应，从而使空调与建筑真正融为一体，在满足使用价值的基础上增加欣赏价值和艺术价值。

关于空气源空调与建筑协调性的评价，目前我国还没有统一的标准，一般多采用主观性较强的专家评审评价法，这种评价方法是一种定性评价，涉及人为因素、欣赏水平、艺术观点、评价角度等方法，得出的结论并不一定符合实际，有待进一步探讨。现在，有的专家提出一种定量评价方法—装饰费用法，该方法采用美观性装饰所需费用作为空调方案美观性的评价指标，在达到具体建筑美观性要求的前提下，装饰费用较少的设计方案其美观性较好。这种评价方法比较客观、简单，并且可以实现美观性评价与经济性评价的相互融合。

四、空气作为冷热源应用条件、范围及方式

（一）空气作为冷热源应用条件

空气作为建筑的冷热资源，最重要的应用条件就是气候条件。直接应用时主要利用空气作为建筑的冷资源，需要的气候条件是室外空气处于人体热舒适温度范围，其应用时间主要分布在过渡季节及夏季的夜间时段。常规空调条件下，人体热舒适温度范围为18～26℃，称为静止热舒适温度范围；同时，研究结果表明，即使室外气温高于26℃，但只要在30～31℃之间，人在自然通风的状态下仍然感到舒适，这就足所谓的动态（非静态）热舒适，则动态热舒适温度的范围为18～31℃。

据《中国建筑热环境分析专用气象数据集》中介绍，在我国绝大多数地区，过渡季节室外气温的静止热舒适小时数约占2000～3500h，动态热舒适小时数约为3000～5800h。对于住宅建筑，室内的发热量较少，这段时间完全可以通过直接应用室外空气冷资源消除室内负荷，从而改善室内热环境。由此可见，人们实际上可直接利用室外空气冷热资源的舒适小时数非常长。我国不同城市室外气温舒适时间如图12-43所示。

间接应用空气作为建筑的冷资源，需要品位提升设备，此时的应用气候条件包含两个层次的含义，首先是设备基本运行气候条件，是指在冬、夏季设备能够正常运行的室外环境温度、湿度边界条件；其次是设备节能运行气候条件，是指设备在冬、夏季都能够节能运行的

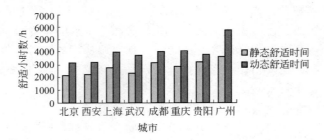

图 12-43　我国不同城市室外气温舒适时间

室外环境温度、湿度边界条件，所谓节能，是指设备运行能效比大于等于 3.0。

基本运行条件在我国现行标准中有明确规定。《房间空气调节器》（GB/T 7725—2004）中规定，房间空调器的工作环境的干球温度为 −7～52℃；《蒸气压缩循环冷水（热泵）机组　第 2 部分：户用及类似用途的冷水（热泵）机组》（GB/T 18430.2—2008）中规定，其他容量的空调机能够正常工作的环境温度：干球温度为 −(7±1)～(43±1)℃，湿球温度为 −(8±0.5)～(15.5±0.5)℃。但在近些年的实际应用和研究中，基本运行条件的下限有下降的趋势。国内有的单位开发出在室外 −12℃ 的条件下仍可以正常运行、COP 达到 2.3 左右的低温空气热泵。有的资料提出一种双级压缩交频空气源热泵系统，理论和试验研究表明该系统可以在室外 −12℃ 的低温环境中正常运行，COP 高于 2.0。

节能运行条件目前在国家现行标准中还没有规定，但标准里规定了空气作为建筑冷源时额定制冷工况下的节能运行能效比。在《房间空气调节器能效限定值及能源效率等级》（GB 12021.3—2010）中规定，整体式空调器能效比限定值为 2.90；分体式空调器能效比限定值为 3.00～3.20。在《单元式空气调节机能源效率限定值及能效等级》（GB 19576—2004）中规定，单元式空气调节机的节能运行能效比应大于等于 2.7。在《冷水机组能源效率限定值及能效等级》（GB 19577—2004）中规定，风冷式冷水机组的节能运行能效比应大于等于 3.0。关于空气作为建筑热源节能运行的能效比，在《公共建筑节能设计标准》（GB 50189—2005）中规定：当冬季运行性能系数低于 1.8 时不宜采用。

（1）社会条件。空气作为建筑冷热资源，其应用应符合当地的社会文化风俗及生活习惯。建筑的最高境界是达到"天人合一"，即与自然环境和谐一致，最大限度地利用自然赋予人类的各种可再生能源资源，同时对自然环境产生最小限度的不利影响。空气作为建筑可利用的一种环保、廉价的可再生能源，其应用完全符合社会可持续发展的要求。同时，人类在长时间的发展中，经历了抵御自然、脱离自然及回归自然的不同阶段，充分认识到了人、建筑、自然环境的和谐，才是健康舒适的生存理念和生活方式，空气作为建筑冷热资源，不论其直接应用（如通风技术）还是间接应用（如热泵技术），都符合人们向往自然的生活习惯。

（2）建筑条件。空气作为建筑冷热资源利用时，需要的建筑条件也包括两个方面含义：一方面是直接应用时的建筑条件，即通风建筑条件，指如何合理利用建筑条件充分实现通风效果；另一方面是间接应用时的建筑条件，指如何在实现利用空气冷热资源后达到设备与建筑的完美协调。

建筑物内的通风尤其是住宅建筑内仍通风十分必要，合理的通风不仅会改善建筑内的湿热环境，而且会节省建筑运行能耗。通风建筑条件主要是指自然通风所需要的建筑条件，自然通风效果与建筑形体及结构等条件有着密切的关系；而机械通风主要是依靠外力进行通风，对建筑没有特殊要求。

　　自然通风根据通风原理不同，可分为风压通风、热压通风及风压和热压相结合通风。通风的原理不同，所需要的建筑条件也不同。风压通风是利用建筑迎风面和背风面的压力差实现的通风，通常所说的"穿堂风"就是典型的风压通风。热压通风是利用建筑内外空气温度差和进出风口高度差形成的空气压差而实现的通风，即通常所说的"烟囱效应"，温度差和高度差越大，则热压作用越强。风压和热压综合作用的自然通风，并不是简单的线性叠加，其机理还在探索之中，两者何时相互加强、何时相互削弱目前尚不十分清楚。表 12-10 列出了能够较好利用风压通风和热压通风而需要的建筑条件。

表 12-10　通风所需要的建筑条件

通风原理优化建筑条件	风压通风	热压通风
建筑群布局方式	行列式（错列式、斜列式）和自由式	
建筑间距	应该适当避开前面建筑物的涡流区，涡流区长度由风向投射角①决定	
建筑朝向	尽量使建筑纵轴垂直所在地区夏季的主导风向	
屋顶	采用翼型屋顶形成高压区和低压区，在屋面结构层上部设置架空隔热层	
建筑物开口	进出风口宜相对错开布置，气流在室内的路线会较长 进风口面积宜大于出风口面积，室内流场较均匀 开口宽度为开间宽度的 1/3～2/3，开口大小为地板面积的15%～25%时，通风效果最佳	
建筑室内空间	房间功能的合理使用，室外空气宜首先进入人员长期停留的房间，如住宅的卧室和客厅等 室外空气进入建筑内的气流通道上，应避免出现喉部 外门窗上的防蚊纱窗应保持清洁	
建筑竖井		中庭和风塔
特朗勃墙、太阳烟囱		利用太阳能作为动力，通过热压原理实现自然通风

　　① 风向投射角：风向与建筑外墙面法线的夹角。风向投射角越大，建筑背面的涡流区长度越短。

　　空气作为建筑冷热资源间接应用时，所需的建筑条件可以从两个方面来理解：一是设备的安装位置应能保证设备的正常高效运行；二是设备的安装位置应能达到与整体建筑的协调。设备的安装位置随设备容量不同而不同，房间空调器通常安装在建筑的外墙立面上，单元式空调机一般安装在阳台上或庭院中，而大型空气源空调机组一般安装于建筑的屋顶上，单元式空调机和大型空气源空调机组与建筑的协调性较好，而房间空调器与建筑的协调性矛盾近年来在城市环境中比较突出。

　　房间空调器的安装位置及安装面，在《房间空气调节器安装规范》（GB 17790—1999）中规定：空调器的安装位置应尽量避开自然条件恶劣（如油烟重、风沙大、阳光直射或有高温热源）的地方，尽量安装在维护、检修方便和通风合理的地方。空调器的安装面应坚固结实，具有足够的承载能力。安装面为建筑物的墙壁或屋顶时，必须是实心砖、混凝土或与其强度等效的安装面，其结构、材质应符合建筑规范的有关要求；建筑物预留有空调器安装面时，必须采用足够强度的钢筋混凝土结构件，其承重能力不应低于实际所承重的重量，并应充分考虑空调器安装后的通风、噪声及市容等要求；安装面为木质、空心砖、金属、非金属等结构或安装表面装饰层过厚其强度明显不足时，应当采取相应的加固、支撑和减震措施，以防止影响空调器的正常运行或导致安全危险。同时，空调器的安装寿命应不低于产品的使用年限。

房间空调器要实现与建筑的协调，主要应当从以下几个方面着手：①把空调器的设计纳入到建筑设计中，由电气设备工程师按最不利情况估算住户的可能最大空调器容量；②统一规划空调器室外机的安装位置及安装条件，由电气设备工程师和建筑师协作完成，既要考虑到室外机的进排风分流、噪声、不长时间受阳光直射、冷凝水集中排放等问题，又要考虑到建筑外立面的美观与协调问题。

（二）空气作为冷热源应用范围

根据以上对气候应用条件分析，空气作为建筑冷热源直接应用时，适用于我国绝大部分地区过渡季节及夜间时段。

空气作为建筑冷热源间接应用时，其原则性的应用范围即标准中规定的应用范围，在《公共建筑节能设计标准》（GB 50189—2005）中规定：较适用于夏热冬冷地区的中、小型公共建筑；夏热冬暖地区应用时，应以热负荷选型，不足冷量可由水冷机组提供，意味着在该地区应用时冷量有可能不足；寒冷地区应用时，当冬季运行性能系数低于 1.8 时不宜采用。

在实际研究和应用中，有的专家通过建立风冷热泵数学模型，计算出了在 45℃ 的出水温度时，空气—水热泵机组在我国运行时的干工况和结霜工况的分界线：拉萨—兰州—太原—石家庄—济南，此分界线以北区域的空气源热泵运行时，机组不会出现结霜，分界线以南区域的空气源热泵运行时，机组都存在不同程度的结霜。有的研究通过计算平均结霜除霜损失系数，认为该系数越大，空气源热泵应用越不经济，据此我国使用空气源热泵的地区分为以下 4 类：①低温结霜区，如北京、济南、郑州、西安、兰州等城市；②轻霜区，如桂林、重庆、成都等城市；③一般结霜区，如武汉、上海、杭州、南京、南京等城市；④重霜区，如长沙等城市。

同时，近年来随着空气源热泵低温适应性技术的不断研究与进展，空气作为建筑冷热资源应用范围向北扩展的趋势已十分明显。由于北方寒冷地区的气候特点是冬季供暖时间较长，但温度特别低的持续时间相对比较短，空气源热泵要想不依靠辅助热源满足该地区的采暖需要，同时还要满足夏季供冷需要，要求机组必须在 −15℃ 左右的环境中可靠、高效地运行。根据空气源热泵在北方部分地区的实测结果来看，在室外环境温度为 −15℃ 时，机组的制热性能系数仍有 1.88，空气源热泵可以不依赖辅助热源在中小型办公建筑应用，在商业建筑应用时要配置辅助热源。对于住宅建筑还有待于进一步研究和测定。

（三）空气作为冷热源应用方式

空气作为建筑冷热资源的应用方式，主要有直接应用和间接应用两种。直接应用是指不需要任何品位提升设备而直接把室外空气引入到室内，主要利用室外空气的冷量，这类应用方式通常称为通风。室内通风可以起列降温、降湿和净化建筑内空气的作用。根据是否完全需要外力，通风又可分为自然通风、机械通风及机械辅助式自然通风三种利用方式。完全不需要外力，直接把室外新鲜的空气引入到建筑内的称为自然通风；完全依靠外力，把空气送入建筑内的称为机械通风；部分依靠外力进行通风的方式称为机械辅助式自然通风。

间接应用是指依靠品位提升设备，把室外空气的热量或冷量提升之后转移到建筑室内。这类应用方式所依靠的品位提升设备通常是空气源空调机组。根据设备功能不同，可分为空气源单冷空调器、空气源热泵空调器。根据设备容量不同，可分为房间空调器、单元式空调机和中央空调。根据输配系统的介质不同，可分为冷剂系统（房间空调器、VRV 系统）、水系统（空气源热泵冷热水系统）、风系统（空气源热泵全空气系统）。

第五节　绿色建筑风能资源利用及技术

　　可再生能源主要包括太阳能、风能、水能、生物质能、地热能和海洋能等。随着全球能源、环境危机的日益加剧，可再生、绿色能源如太阳能、风能的开发势在必行。风能是一种无污染、可再生的清洁能源。风能利用则是将风运动时所具有的动能转化为其他形式的能。由于其具有无环境污染、开发利用便捷、成本很低、不会产生对自然生态的破坏等优点，风能的开发利用受到了世界各国普遍关注。在风力资源丰富地区，探讨在建筑密集的城区或者利用建筑物的集结作用进行风力发电和风能利用，成为目前国际上的前沿课题。

　　建筑中风能的利用主要有两个方面：风力发电、自然通风与被动式降温。其中，风力发电是风能利用的重要形式。自 1890 年丹麦政府制订风力发电计划，并于 1891 年建成世界上第一台风力发电机以来，风力发电技术经历了一个多世纪的发展，已逐步走向成熟并得以广泛推广。世界上很多国家，尤其是发达国家对风电的开发给予了高度重视。我国从 20 世纪 80 年代起就一直积极发展风电，并把大力开发风电列入了国家"十一五"规划。

　　目前，安装风力发电机组的地区，多位于旷野、沙漠或近海等区域，发出的电能经能源公司输送到市中心，增加了电成本。随着现代化和城市化的发展，一方面，城市的建筑越来越多、越来越高，建筑环境中的风能越来越大；另一方面，城市和建筑所需消耗的能源越来越多，环境危机、电力紧缺问题日益严重，开发新的可再生清洁能源势在必行。这使得研究建筑环境中的风能发电利用技术成为必要和可能。

　　与传统的风能利用形式相比，建筑环境中的风能利用具有免于输送的优点，所产生的电能可以直接用于建筑本身，为绿色建筑的发展提供了一种新思路。国内外科技人员围绕这一新思路进行了许多研究和工程尝试，并取得了初步成果。

一、建筑环境中的风能特点和利用形式

（一）建筑环境中的风能特点

　　大气边界层中的自然风遇到地面建筑物时，一部分被建筑物阻挡而绕行，从而使建筑物周围的风场产生了很大的变化。随着现代化和城市化的发展，建筑环境中的风场变化越来越大。尤其是建筑物高度和密度比较大的城市，由于其下垫面具有较大的粗糙度，可引起更强的机械湍流，其局部风场的变化也将明显加强。

　　与郊区和偏远地区相比，城区的来流风具有速度低、紊流度大等特点，且风力相对较小。然而，由于建筑物的影响，城市也能制造局部的大风。高层建筑屋顶上经常会出现一个较大的风速区，即"屋顶小急流"，建筑物的开洞部位也会有明显的穿堂风；城市街道中以及两栋大楼之间的通道，由于"夹道效应"，在无大风时可制造局部大风。同时需要注意的是，风在爬升高层建筑顶部和穿越两侧以后，在建筑物的周围会形成涡流区。涡流区风场不均匀，又无规则，还会发生随机变化，有时甚至会造成风害。因此，要利用建筑环境中的风能，准确了解其风力分布特点是首要条件。

（二）建筑环境中的风能利用形式

　　建筑环境中的风能利用形式可分为：以适应地域风环境为主的被动式利用—自然通风和排气；以转换地域风能为其他能源形式的主动式利用——风力发电。主要研究建筑环境中的风力发电，即在建筑物上安装风力发电机，所产生的电能直接供给建筑本身，这样可减少电能在输配线路上的投资与损耗，有利于发展绿色建筑或者零能耗建筑。

在建筑中利用风力发电，通常是对高层或者超高层建筑来说的。通常，风机在风速2.7m/s的情况下能够产生电能，在25m/s时达到额定功率，保证持续发电的风速为40m/s。因此，在高层或者超高层建筑中利用风能不是不可能，但必须根据当地的平均年风速、风向、风力资源进行充分了解。再加上高层建筑离地面高，顶部的风力资源相对于底部来说是十分充足的，提供了一个利用风力发电的很好条件。由此可见，高层建筑顶部修建风力发电机组具有一定的可行性。但在设计高层建筑时，应该把顶部风力发电机组的荷载给考虑进去，否则会对高层建筑造成结构上的损坏，甚至出现倒塌。

建筑环境中风力发电的供电模式有：独立运行模式—风力发电机输出的电能经蓄电池储能，再供应用户使用；与其他发电方式互补运行模式—风力-柴油机组互补发电方式、风力-太阳能光伏发电方式、风力-燃料电池发电方式；与电网联合供电模式—采用小型风力发电机供电，以满足建筑的用电需求，电网作为备用电源供电。当风力机在发电高峰时，产生的多余电量送到电网出售，使得用户有一定的收益。当风力机发电量不足时，可从电网取电。这种模式免去了蓄电池等设备，后期的维修费用也相对比较少，使得系统成本大幅度下调，经济性远大于其他两种模式。

利用风能的方式进行自然通风，就是让室内的空气流通，同时在夏天的时候，可以带走室内的热量，有助于室内降温。这种方式我们平时生活中经常在使用，也就不会很机械地想到这也是一种风能利用方式。因为，自然通风比利用电器设备通风产生的效果好，同时电器设备还会消耗电能，间接产生空气的污染。

二、建筑环境中的风能利用研究

1998年，欧洲委员会开展了"Wind Energy in the Built Environmcntent"（WEBE）的研究项目，第一次将风能发电引进城市建筑中。之后，国内外学者对建筑环境中风能的利用技术进行了研究。研究主要着眼于建筑风环境模拟、建筑风力集中器研究、适宜建筑环境的风力发电机研究以及建筑环境风力发电效益评估等方面。

（一）建筑风环境模拟

建筑风环境的研究是建筑风能利用技术的一个重要环节。建筑风环境的研究方法主要有：现场实测、风洞试验和CFD（Computational Fluid Dynamcs）数值模拟。由于现场实测无法在建筑建造之前进行，也就无法为设计者提供参考，因此局限性很大，一般作为评定其他方法准确与否的标准。目前，建筑风环境的研究主要是通过CFD数值模拟和风洞试验相结合的方法进行。

早在20世纪70年代，就有学者利用风洞试验对建筑的风环境进行了研究。风环境中CFD数值模拟方法兴起于20世纪80年代。起初的研究多为单体建筑，采用的湍流模型也是比较简单的标准k-ε双方程模型的RANS方法。随着计算机的发展，很多更准确的模型被提出，模拟的建筑也从单体建筑发展到多体建筑和群体建筑。

（二）建筑风力集中器研究

建筑风力集中器主要研究建筑对风能的强化和集结效应。与郊外、近海相比，建筑环境中的风场有紊流加剧、风速降低的特点。为提高建筑环境中的风能利用效率，对建筑环境进行规划，对建筑进行特定的形体和结构设计，解决风场构筑、风力强化和集中是该研究的关键问题。

国内外学者结合本地的气候特征和建筑类型，分析了各类建筑对风能的集结效果及其影响因素，提出了许多有利于风能强化和集中的模型，其中最有代表性的是Sander Mertens。

根据建筑中安装风力机位置提出的 Duser 型、Flatplate 型、BluffBody 型 3 种基本空气动力学集中器模型，我国学者分别称之为扩散体型、平板型和非流线体型。其中非流线体型风力集中器建筑型式是将风力涡轮机放置在建筑物屋顶上，利用建筑物屋顶较大的风速，进行风力发电；平板型风力集中器建筑型式，是在一个平板型建筑物中间的空洞内放置风力涡轮机，利用空洞聚集加强的风，驱动风力发电机；扩散体型风力集中器建筑型式则是在两个建筑之间的风道内放置一个或多个风力涡轮机，利用风道内聚集的风进行风力发电。

此外，英国科学家 Derek Taylor 建造了屋顶风能系统，利用屋顶对风力的强化效应在房顶上安装垂直或水平轴风力机。1999 年到 2001 年，在 WEBE 的资助下，英国学者对扩散体型进行了较为深入的研究，利用 CFD 数值模拟和风洞试验相结合的方法，分析评价了不同建筑形式的风能利用效果。最后指出，横截面为肾形和回飞棒形的扩散型建筑物，其风通道内风能利用效果最好，并建造了扩散型集中器模型。2001～2002 年，荷兰 Delft 技术大学和荷兰能源研究中心开展了"Wind energy solutions for the built envirment"的研究项目，建造了平板型集中器模型建筑。2003 年，SanderMertens 利用 CFD 数值模拟的方法，详细分析了非流线体型集结风能的效率，并指出风力机的最佳安装位置。2004 年，Ken-ichiAbe、Yuji Ohya 使用软件模拟分析了一种具有折边的扩散体建筑周围的流场，分析研究了此种建筑形式对风能强化和集结效果，并指出其最佳风能集结位置。

我国有关建筑环境中风能利用的研究才刚刚起步。苑安民、田思进介绍了高层建筑群的"风能增大效应"及计算方法，提出了建筑"风洞"和"风坝"概念，为城市如何提高风能利用的建筑设计和改造，提供了一种新思路。中国香港学者 Lin Lu、Ka Yan Ip 利用数值分析的方法，研究了单个建筑、两个建筑和多个建筑的风环境，分析了建筑屋顶形状对风能利用的影响。2006 年至今，以陈宝明为代表的山东建筑大学的学者们，结合我国济南市的气候特征，利用 CFD 和风洞试验相结合的方式，以 3 种基本建筑集中器型式为基础，研究分析了多种建筑形式的风能集结效果及其影响因素，并指出了风能集结的最佳位置。

（三）适宜风力发电机研究

建筑环境中的风力发电机不同于传统的风力发电机。鉴于建筑风环境中舒适度以及结构抗风设计的要求，建筑对风能的强化和集结效应受到了一定的限制。如何提高建筑环境中风能利用效率，其风力发电机的设计也是至关重要的。

考虑到建筑环境中风能的特点，大型风力发电机的运用受到了一定限制。开发研究适宜建筑环境的小型风力发电机成为当前的一个热门话题。建筑环境中风力发电机的研究，主要着眼于增大发电功率、减少噪音和振动以及安全美观性等几个方面。风力机的发电功率与风速的三次方和风力发电机的风能利用效率成正比，因此增大风速和提高风力发电机的风能利用效率成为了关键的技术。

目前，可用于建筑环境中的风力机有水平轴风力机（HAWT）、垂直轴风力机（VAWT）和建筑增强型风力机（BAWT）。其中，水平轴风力机的应用最广泛。相比于水平轴风力机，垂直轴风力机具有安装维修方便、叶片设计简单、造价成本低等特点，任何方向来风都能利用发电，且噪声也比较小。建筑增强型风力机是将风力机与建筑相结合，利用建筑对风能的强化和集结作用，从而提高发电效率。

Sander Mertens 等通过研究得出：安装在建筑中的风力机，只有当其转子的直径不大于建筑直径的 15% 或有垂直轴时，才能充分利用风能。同时分析了不同类型的风力机在建筑中的特性，并从提高风力机发电性能及减少风力机噪音和振动等方面，对建筑中的风力机进行了优化设计，针对顶部安装形式，提出了若干种可应用于建筑环境中的风力发电机模型。

2006 年，Emma Dayan 较为详尽地阐述了在建筑环境中利用风能的 3 种风力机（HAWT、VAWT 和 BAWT）的现有研究技术。苏格兰的斯特拉思克莱德大学（Strathclyde University）研究了一种应用于中高层建筑的管道式风力发电机。2009 年，Bill Holdsworth 系统总结了建筑中小型风力机的研究成果，阐述了其研究技术、发展障碍和发电效益，并提出了小型风力机的发展思路。

我国小型风力发电机的研究始于 20 世纪 80 年代，主要是解决偏远地区农牧民供电问题的方案，关于建筑环境中风力发电机的研究几乎空白。进入 21 世纪以来，我国在建筑环境中风力发电机方面，无论是理论还是实践都取得了长足的进步，获得了突飞猛进的发展，积累了许多宝贵的经验，为我国在此领域中的推广应用打下了良好的基础。

（四）建筑环境中风力发电效益评估研究

一种技术能否推广，其效益的评估是十分重要的。相比传统的供电模式，建筑环境中风力发电的成本如何？1998 年，WEBE 项目研究得出：无论是新设计的或是翻新改进的装有风力涡轮机的建筑物，必须有至少 20％的用电来自风能发电，以保证它们的安装成本是合算的。

关于建筑环境中风能利用的效益，国外有些学者已经做出了具体的研究。2007 年 A. D. Peacock 等学者，根据英国当地气候条件，对屋顶安装小型风力机的发电功率进行了研究，分析其可行性，同时指出了小型风力发电机可以减少二氧化碳的排放量。2009 年，新西兰学者 N. M ithraratne 以新西兰为例，研究了屋顶安装型式从风力机制造到安装维护，再到最后的废物处理整个过程的能耗和二氧化碳等温室气体的排放量，最后与集中式风力发电模式相比，得出屋顶风力发电模式的净能耗和二氧化碳的排放量都比较小的结论。

由于建筑环境中风场的变化较大，再加上风力机发电效率、运行性能等不定因素，风力发电效益的评估均是建立在多种假设的基础上分析的，其准确性还需进一步提高。

（五）建筑环境风力发电技术有待解决的问题

建筑环境风能发电技术包括风场、建筑结构和风力发电系统三大要素，只有这三大要素协同工作才能保证建筑环境风能的有效利用。由于该技术涉及结构工程、风工程、机电工程、空气动力学、建筑技术、环境学等多个学科领域，因此其研究具有普遍意义。自欧盟委员会将风力发电引入城市建筑中以来，国内外学者做了很多研究，但至今仍然存在许多问题。为推广建筑环境中的风力发电技术，如下问题有待进一步解决。

（1）风场模拟准确性的提高　风力涡轮机布置位置的选择直接影响发电效率，选择的位置应尽可能使风力发电效率最高，同时还应该避免涡流区，对结构造成的负面影响最小，这需要提高对建筑风场模拟的准确度，提出更精确的湍流模型。无论是何种风能利用形式，在未加入风力涡轮机前，其附近风场已较为复杂，而涡轮机叶片的转动又能进一步改变风场，以上两者耦合，无疑增加了风场模拟的难度，也给高层建筑设计中的风荷载分析，必然造成了一定的麻烦。

（2）建筑风环境中舒适度的研究　在研究建筑环境中风能利用当中，大部分学者在模拟风环境时，主要着眼于建筑对风能的强化和集结作用，却忽略了对舒适度的研究。由于人对风速、风加速度以及风速比的承受能力有限，所以对建筑风能强化和集结的研究，必须建立在满足舒适度的要求上。

（3）结构安全性和可靠性的研究　传统的结构设计以减小风作用为目标，但在风能利用建筑中，为提高风能利用效率，要求风速尽可能大，这对结构抗风提出了新的要求。在风能正面墙工程中，双塔楼的间距可达数十米，跨度较大，支承结构除承受涡轮机自重外，还需承受涡轮机的振动及风振，荷载形态较为复杂。另外它与双子楼连接的节点也是研究重点，一方面必须令其足够牢固，另一方面需尽可能降低外部动荷载对建筑的影响。风力发电楼层要求在立面上开洞，洞的尺寸也可达十几米，乃至数十米；另外还需承受上部楼层的荷载，并且在洞口处，风压较大，受力较为复杂，采用何种结构还需做进一步的研究。

（4）适宜建筑环境风力发电机的设计　高层建筑中的风力发电与传统的风力发电有所区别，尤其是风力发电机形式，不宜采用传统的风力涡轮机。风力涡轮机叶片中出现任何轻微的不平衡，都会被离心力放大，使涡轮机在叶片转动时产生摇动。另外如果涡轮机的转动与周围构件如承重梁的谐和共振频率相匹配，大楼本身也会振动，一方面会将噪声放大，另一方面对建筑结构、舒适度会产生不利影响。目前，针对涡轮机的设计主要是使其适应建筑环境风场，提高发电效率、降低噪声、减少涡轮机振动。

（5）建筑环境中风能利用效益的评估技术研究　由于建筑风环境的不稳定，以及测量技术的限制，目前还无法准确地计算出风力发电机的发电功率，也就无法正确评估建筑环境中风能利用的效益。

第十三章

既有建筑的绿色生态改造设计

据有关统计资料显示，在我国建筑能耗占全社会的能耗的 30％的比例，与工业耗能、交通耗能并称我国三大"能耗大户"，并且随着建筑面积的增加，人们对居住环境要求的提高，建筑能耗刚性需求的上升趋势难以扭转，成为我国节能减排中迫切需要解决的问题。在城市建筑工程中，构成能源消耗大军的不仅仅只是每天拔地而起的新建筑，更多的是林立于城市中的既有建筑。因而既有建筑的节能改造成为了建筑行业进行能耗减负的重头戏。

近年来，在节能减排、低碳等观念的提倡下，节能标准在新建筑中得到了广泛推广。据统计，我国新建建筑节能标准执行率在设计阶段从 2005 年的 53％增长到了 2013 年的 99％，在施工阶段从 21％上升到了 90％以上。许多绿色新建筑在创新科技节能技术的打造下成为了城市中的"绿色地标"，而在即将开幕的上海世博会中的建筑设计与建设中，更是充分开发太阳能技术，采用清洁能源，应用节能设备，使得这些世博建筑以节能环保的面容展现于世界人们眼前，充分体现了以绿色让城市生活更美好的理念。

尽管新建筑的节能绿色化在我国的推广已初显成效，但绿色建筑的重点难点还在于我国目前既有的 $400 \times 10^8 \mathrm{m}^2$ 建筑的节能改造中。在我国既有建筑中，95％都是高耗能建筑。以上海为例，上海现有各类既有建筑 5 亿多平方米，既有居住建筑 $3 \times 10^8 \mathrm{m}^2$，占 60％左右；既有公共建筑约有 $2 \times 10^8 \mathrm{m}^2$，其中公共楼、商场、宾馆以及综合楼所占比例达到了 70％，这些都是耗能大户。在房地产开发过程中，建筑采暖、空调、通风、照明以及装饰建材生产制造等诸多方面都有能耗参与，造成巨大的碳排放。

在建筑耗能构成中，采暖耗能占据了第一位，而我国单位面积采暖能耗相当于气候条件相近的发达国家的 2～3 倍。因而既有建筑的节能改造迫在眉睫。既有建筑相比新建筑，其节能改造节能潜力更大，取得效果更快，因此从既有建筑入手是启动绿色建筑之路的方向。既有建筑的高耗能现状，使之成为建筑行业节能改造的重头戏，而政府的政策支持、业主的观念转变以及先进的节能创新技术等，共同打造了建筑绿色转变的生态链。以节能照明技术为代表的创新科技，将在绿色建筑的推广中成为建筑绿色升级的重要支点，启动城市发展的绿色未来。

第一节　既有建筑室外物理环境控制与改善

近年来，我国快速城市化进程有力地推动了建设浪潮，在促进社会经济发展的同时，也必然导致诸多的城市环境问题。首先，由于新建和既有建筑的密集，建筑高度大小不同，必然增加了自然风阻；更严重的是由于规划设计不当，导致城市中的风速偏小，甚至形成无风区或涡旋区，使得城区内的污染空气不能正常排除，危害居民的身体健康。其次，建设用地侵占大量的农田、山林、河湖等调节微气候的生态基质，而城市建设又增加了大量人工热源，混凝土不透水下垫层越来越多，加上城市通风不畅，热岛效应加剧。第三，随着道路网扩展与机动机密度加大，交通噪声的声级和影响范围都在不断扩大，同时城市建设中产生超标的施工噪声，人口密度增加和人们社会活动的频繁，也导致了生活和商业性的噪声也日渐严重。

由于城市物理环境与人的生理、心理健康休戚相关，是最能体现舒适度、人性化等感官特点的环境要素，而城市规划与物理环境又有极为密切的关系，良好的规划设计能通过对城市形态的控制和空间资源的优化配置，在设计之初即可以最小的代价实现物理环境质量的改善，不仅提高城市环境的舒适与健康程度，而且还为微观建设单元的节能减排提供有利条件。

一、室外风环境的控制与改善

室外环境中风的状况直接影响着人们的生活，而风环境的状况不仅仅与当地气候和既有建筑密度有关，还与建筑物的地形、建筑形态、建筑物布局、建筑朝向、植被及相邻建筑形态等因素有关。如果在既有建筑改造设计的初期就对建筑物周围风环境进行分析，并对规划设计方案进行优化，将有效地改善建筑物周围的风环境，创造舒适的室外活动空间。

在中国，人们在建筑物选址的过程中考虑室外风环境已经有上千年的历史了，尹弘基在关于中国风水起源的研究文章中认为，中国风水是由居住在具有各种各样地形的山脉、丘陵地带的人们，在具有多种多样气候条件的区域中发展起来的。风水学说中的很多选择吉地的原则，都直接反映了当时在选择建筑用地的过程中对自然界风环境的认识和利用。在建筑物的高度普遍较低时，室外风环境主要是由当地的气候条件、地形状况等决定的，而高层建筑出现后，由于建筑物对风的阻塞作用的加强，而引起风在建筑物附近发生风速、风向的变化，这时建筑物的布局、大小对建筑物周围风环境有着重要的影响。

实测和试验结果表明，风的流动不仅会影响建筑内部的冷暖及建筑内外气候环境，室外风还会影响室外人员的活动及人体的舒适性。如果建筑物布局不合理会导致居住区局部气候恶化。高层建筑由于单体设计和群体布局不当，而导致强风卷刮物体撞碎玻璃的报道屡见不鲜。在某些情况下，高速风会转向地面，对建筑周围的行人造成不舒适，甚至导致危险。

近年来，随着生活水平的日益提高，物质文明和精神文明需求的不断增加，人们对生活质量的要求也越来越高了。住宅是人们最重要的生活空间，它的舒适性是衡量人们生活质量最重要的标志之一。住宅小区作为城市不断扩大、人口日趋密集的现代人居环境形式，其相关环境状况的优劣被越来越多的人所认识与关注，且随着"绿色生态住宅小区"口号的提出，住宅小区已不仅仅满足其居住功能，同时还强调了居住者的健康性和舒适性、资源的节约性、环境质量优越性等，因此创造一个舒适的居住环境是人们提高生活水平的需要，是社会不断进步、科技不断发展的必然。

在住宅区的各种环境中，与人们的生活最紧密的就是住宅小区的风环境和热环境，然而良好的室外风环境对小区室外的热环境有非常直接的影响，同时良好的室外风环境也为室内自然通风提供了基础，因此良好的室外风环境对住宅小区非常重要。良好的室外风环境，不仅意味着在冬季风速太大时，不会在住区内出现人们举步维艰的情况，还应该在炎热夏季有利于室内自然通风，促进夏季建筑物的散热，使室内凉爽舒适、空气洁净，并改善建筑物周围的微气候。

大量的既有建筑物在设计时没有考虑室外风环境状况。但是，对于既有建筑物来说，其地形、建筑物布局、建筑朝向、建筑间距、建筑形态及相邻的建筑形态等均已固定，一般都很难加以改变,主要可以通过种植灌木、乔木、人造地势或设置构筑物等设置风障,可分散风力或按照期望的方向分流风力、降低风速,合适的树木高度和排列可以疏导地面通风气流,如在不是很高的既有建筑单体和既有建筑群的北侧栽植高大的常绿树木,可以阻挡控制冬季强风。绿化树木改善风环境如图13-1。

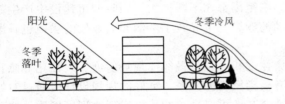

图 13-1　绿化树木改善风环境

风环境优化设计方法很多,常用的有风洞模型实验或计算机数值模拟。风洞模型实验指在风洞中安置飞行器或其他物体模型,研究气体流动及其与模型的相互作用,以了解实际飞行器或其他物体的空气动力学特性的一种空气动力实验方法。这种方法周期较长,价格昂贵,结果比较可靠,但难以直接应用于室外空气环境的改善设计和分析。

对既有建筑进行风环境优先改善,采用计算机数值模拟是较好的方法,一般采用CFD软件。CFD软件是计算流体力学简称,这是20世纪60年代起伴随计算机技术迅速崛起的学科。经过半个世纪的迅猛发展,这门学科已相当成熟,成熟的一个重要标志是近十几年来,各种CFD通用性软件包陆续出现,成为商品化软件,为工业界广泛接受,性能日趋完善,应用范围不断扩大。至今,CFD技术的应用早已超越传统的流体力学和流体工程的范畴,如航空、航天、船舶、动力、水利等领域,并迅速扩展到化工、核能、冶金、建筑、环境等许多相关领域中。

在既有建筑风环境优先设计中,利用CFD软件(如Fluent、Phoenics等)可进行整体风场的评估,包括气流场、温度场与浓度场的模拟,通过构建3D数值解析模型,在模型中布置树木、构筑物等,通过模拟分析及方案的调整优化,确定合理的种植植物及布置,设计出合理的建筑风环境。计算机数值模拟相比于模型实验的方法,具有周期较短、价格低廉的优势,同时还可用形象、直接的方式展示结果,便于非专业人士通过形象的流场图和动画,来了解小区内气流流动的情况。此外,通过模拟建筑外环境的风流动情况,还可进一步指导建筑内部的自然通风设计等。

二、室外热环境的控制与改善

热环境是指由太阳辐射、气温、周围物体表面温度、相对湿度与气流速度等物理因素组成的作用于人,影响人的冷热感和身体健康的环境。室外热环境是指作用在外围护结构上的一切热物理量的总称,是由太阳辐射、大气温度、空气湿度、风、降水等因素综合组成的一种热环境。建筑物所在地的室外热环境通过外围护结构将直接影响室内环境,为使所设计的建筑能创造良好的室内热环境,必须了解当地室外热环境的变化规律及特征,以此作为建筑热工设计的依据。

室外热环境除受建筑物本身布局、建筑朝向等方面的影响外,还受所处地形、坡度、建筑群的布局、绿地植被状况、土壤类别、材料表面性质、环境景观等影响。各种影响因素下的温度、湿度、风向、风速、蒸发量、太阳辐射量等形成建筑周围微气候状况。微气候状况影响室外人的活动及人体舒适性,也影响住区的热岛强度。

微气候的调节和室外热环境的改善有助于提高室外人体的舒适性,对于居住区域,也有助于降低热岛效应,改善室外环境。建筑周围绿地植被、地面材料、环境景观等对室外热环境有较大的影响。既有建筑和既有居住区一般人口密度较大,人均占有绿地率比较低。对于既有建筑,可因地制宜,通过增加绿地植被、设置景观水体、更换地面材料等措施来改善建筑物的室外环境。设计时也可采用 CFD 软件等进行温度场等模拟，结合既有建筑的实际情况设计绿地和景观等。

（一）增加绿地植被

城市绿化是城市建设的一个重要组成部分，作为改善城市热环境最经济、最有效的手段之一，绿化对室外热环境的作用，表现在改善区域微气候、缓解城市热岛效应、平衡城市生态系统和提高城市居民生活环境质量等多个方面。

图 13-2　绿化植物调节局部微气候

绿化植物是调节室外热环境，提供健康居住环境的重要因素。测试结果表明：植物在夏季能够把约 20％ 的太阳辐射反射到天空，并通过光合作用吸收约 35％ 的辐射热；植物的蒸腾作也能吸收掉部分热量。绿化植物调节局部微气候如图 13-2 所示。合适的绿化植物可以提供较好的遮阳效果，如落叶乔木、茂盛的枝叶可以阻挡夏季阳光，降低微环境的温度，并且冬季阳光又会透过稀疏的枝条射入室内。墙壁的垂直绿化和屋顶绿化可以有效阻隔室外的热辐射，增加室外的绿化面积，可以有效改善室外热环境。

（二）设置景观水体

景观水体是指天然形成或人工建造的，给人以美感的城市、乡村及旅游景点的水体，如大小湖泊、人工湖、城市河道等。景观水体的蒸发也能也能吸收掉一部分热量，在炎热的夏季可以降低微环境温度，改善室外热环境。水体也具有一定的热稳定性，会造成昼夜间水体和周边区域空气温差的波动，从而导致两者之间产生热风压，形成空气的流动，夏季可降温及缓解热岛效应；冬季还可以利用水面反射，适当增加建筑立面日照得热。在有条件的情况下，既有建筑改造时可增加室外景观水体。在降雨充沛的地区，进行区域水景改善的同时，还可以结合绿地和雨水回收利用，在建筑（特别是大型公共建筑）的南侧设置喷泉、水池、水面、露天游泳池等，这样有利于在夏季降低室外环境温度，调节空气的湿度，形成良好的局部微气候环境，并且对室内环境的改善起着重要作用。

城市中的景观水体，是城市景观的重要组成部分，不仅可以增加城市景观的异质性，而且还可以起到改善城市微环境的作用。在进行景观水体设计时，可借鉴景观生态规划与设计原则，从以下几方面考虑。

（1）整体优化原则　景观水体是一系列生态系统组成的，具有一定结构与功能的整体，在景观水体设计时，应把景观和植物种植作为一个整体单位来思考和管理。除了水面种植水生植物外，还要注重水池、湖塘岸边耐湿乔灌木的配置。尤其要注意落叶树种的栽植，尽量减少水边植物的代谢产物，以达到整体最佳状态，实现优化利用。

（2）多样性原则　景观多样性是描述生态镶嵌式结构的拼块的复杂性、多样性。自然环境的差异会促成植物种类的多样性而实现景观的多样性。景观的多样性还包括垂直空间环境差异而形成的景观镶嵌的复杂程度。这种多样性，往往通过不同生物学特性的植物配置来实现。还可通过多种风格的水景园、专类园的营造来实现。

（3）景观个性原则　每个景观都具有与其他景观不同的个性特征，即不同的景观具有不同的结构与功能，这是地域分异客观规律的要求。根据不同的立地条件、不同的周边环境，选用适宜的水生植物，结合瀑布、叠水、喷泉以及游鱼、水鸟、涉禽等动态景观，将会呈现各具特色又丰富多彩的水体景观。

（4）遗留地保护原则　即保护自然遗留地内的有价值的水体和景观植物，尤其是富有地方特色或具有特定意义的水体和植物，应当充分加以利用和保护。

（5）综合性原则　景观是自然与文化生活系统的载体，景观生态规划需要运用多学科知识，综合多种因素，满足人类各方面的需求。水生植物景观不仅要具有观赏和美化环境的功能，其丰富的种类和用途还可作为科学普及、增长知识的活教材。

（三）更换地面材料

室外地面材料的应用对室外热环境有很大的影响。不同的材料热容性相差很多，在吸收同样的热量下升高的温度也不相同。例如木质地面和石质地面相比，在接受同等时间强度的日光辐射条件下，木质地面升高的温度明显低于石材地面。工程实践证明，在既有建筑和既有居住区中，有选择地更换原来不合理的地面材料，或增加合适的涂面材料，会在一定程度上调节室外热环境。

2004年，日本国土交通省下属的土木研究所最近和民间建筑公司合作，共同开发出使沥青路面温度下降的建筑材料，这有助于控制城市"热岛效应"。由于这种特殊材料反射太阳光的能力强，因此将这种材料涂在路面上后，路面积蓄的热量较少。在炎热的夏天，一般路面温度会高达60℃左右。试验结果表明，涂过这种材料的路面温度比普通路面大约低15℃。据土木研究所科研人员介绍，这种建筑材料可直接涂在路面上，不仅不会出现与路面剥离的现象，而且施工时间短，造价也不高。

增加透水地面能够使雨水迅速渗入地表，有效地补充地下水，缓解城市热岛效应，保护城市自然水系不受破坏，具有很强的环保价值。同时，它解决了普通路面容易积水的问题，提高行走的安全性和舒适性，对于改善人居环境也具有重要意义。透水地面具有比传统混凝土更高的强度和耐久性，能满足结构物力学性能、使用功能以及使用年限的要求；具有与自然环境的协调性，减轻对地球和生态环境的负荷，实现非再生型资源可循环性使用；具有良好的使用功能，能为人类构筑温和、舒适、便捷的生活环境。

透水地面包括自然裸露地面、公共绿地、绿化地面和镂空面积不小于40%的镂空铺地等。可采用室外铺设绿化、透水地砖等透水性铺装，用于改造既有传统不透水地面铺装。对于人行道、自行车道等受压不大的地方，可采用透水性地砖；对于自行车和汽车停车场，可选用有孔的植草土砖；在不适合直接采用透水地面的地方，如硬质路面（混凝土）等处，可以结合雨水回收利用系统，将雨水回收后进行回渗。

三、室外光环境的控制与改善

光环境是物理环境中一个组成部分，它和湿环境、热环境、视觉环境等并列。对建筑物来说，光环境是由光照射与其内外空间所形成的环境，因此光环境形成一个系统，包括室外光环境和室内光环境。室外光环境是在室外空间由光照射而形成的环境，其功能是要满足物理、生理（视觉）、心理、美学、社会（指建筑节能、绿色照明）等方面的要求。室内光环境是室内空间由光照射而形成的环境，其功能是要满足物理、生理、心理、人体功效学及美学等方面的要求。

在正常情况下，人的眼睛由于瞳孔的调节作用，对一定范围内的光辐射都能适应。但当光辐射增加至一定量时，将会对人的生活和生产环境以及身体健康产生不良影响，这种不良影响称为光污染。建筑室外光环境污染主要来自建筑物外墙，最典型的就是玻璃幕墙。玻璃幕墙的光污染是指高层建筑的幕墙上采用了涂膜玻璃或镀膜玻璃，当直射日光和天空光照射到玻璃表面时由于玻璃的镜面反射而产生的反射炫光。光污染不仅影响人们正常的休息，还会影响街道上行驶的车辆及行人的安全。

有关研究资料表明，玻璃幕墙在阳光下，具有聚光和反光的特性；一般镜面玻璃的反光率在 82%～92%，镜面不锈钢板的反光率可达 96%，是毛面石材、面砖等外墙装饰材料反光率的 10 倍以上。反射下来的光束足以破坏人眼视网膜上的感光细胞，影响人的视力，使人感到不适、眩晕，甚至引起短时间失明等症状。据来自我国某些大中城市的信息，因为"光污染"引发的道路交通事故呈上升趋势，各地涉及"光污染"的投诉事件也在不断增多。而建筑物镜面玻璃的反射光比阳光照射更强烈，大大超过了人体所能承受的范围。夏日将阳光反射到居室中，强烈的刺目光线最易破坏室内原有的良好气氛，也使室温平均升高 5℃左右。长时间在白色光亮污染环境下工作和生活的人，容易导致视力下降，引起头晕恶心、食欲减退、情绪低落等类似神经衰弱的症状，使人的正常生理及心理发生变化，长期下去会诱发某些慢性病。

在既有建筑改造中，应根据建筑的实际情况，采取合理的技术措施，选择合适的外墙饰面材料，避免出现眩光污染，改善建筑室外的光环境，营造良好的室外光环境。尽管玻璃幕墙建筑可能会出现光污染等危害，但并不是说玻璃幕墙就不要做了，而是该怎样做好的问题。许多产生光污染的玻璃幕墙是由不科学的设计和施工造成的。目前有关幕墙的工程技术规范已经发行设计、施工皆有法可依。根据工程实践经验，既有建筑光环境控制与改善可采取如下措施。

（1）合理限制玻璃幕墙的使用　玻璃幕墙过于集中，是玻璃幕墙产生光污染的主要原因之一，因此，应从环境、气候、功能和规划要求出发，合理限制玻璃幕墙的使用，避免玻璃幕墙的无序分布和高度集中。欧美一些国家早在 20 世纪 80 年代末，就开始限制在建筑物外部装修使用玻璃幕墙，不少发达国家或地区甚至明文限制使用釉面砖和马赛克装饰外墙。在发现玻璃幕墙存在的诸多安全隐患和不够环保之后，美国出台《节约能源法》对玻璃玻璃使用提出限制；德国禁止使用大面积玻璃幕墙。

根据国内外的经验，对玻璃幕墙的使用应采取如下限制和技术措施：①城市干道两侧和居住区及居民集中活动区，学校周围不应采用玻璃幕墙，防止反射光进入室内；②限制玻璃幕墙安装位置，沿街首层外墙不宜采用玻璃幕墙；大片玻璃幕墙可采用隔断、直条、中间加分隔的方式，对玻璃幕墙进行水平或垂直分隔；避免采用曲面幕墙，减少外凸式幕墙对临街道路的光反射现象和内凹式幕墙由于反射光聚焦引起的火灾。

（2）开发新型玻璃材料　玻璃幕墙作为建筑围护结构是由金属框和玻璃组成的。因此，要根据玻璃的一些参数慎重地选择玻璃幕墙所使用的玻璃类型，选用具有减少炫光性能的玻璃。这些参数包括建造地点的光气候参数，对可见光的透射数、反射系数，对日光的透射系数、反射系数和吸收系数、热透射系数、热膨胀系数，以及厚度、最大尺寸、重量、抗风力等。众所周知，玻璃对于光具有透射、吸收和反射特性。玻璃幕墙就根据这些特性采用了不同类型的玻璃。用于玻璃幕墙的玻璃一般有透明玻璃、着色玻璃、吸热玻璃、涂膜玻璃、镀膜玻璃、夹层玻璃和光化学玻璃等。

通过新型玻璃材料的研究、开发和使用，或对现有玻璃加以处理能够减少定向反射光，同时又不增加室内的热效应，这是一种最为简捷有效的解决光反射问题的方法。现在玻璃幕墙提倡采用低辐射玻璃（即 Low-E 玻璃），这种玻璃具有较高。

（3）加强规划控制管理　城市建筑群的布局欠妥，特别是玻璃幕墙过于集中，反映了城市规划缺乏管理。城市规划管理部门要从宏观上对使用玻璃幕墙进行控制，要从环境、气候、功能和规划要求出发，实施总量控制和管理。

具体来说，在制订城市主要干道规划时，首先应当制订临街的光环境规划，限制玻璃幕墙的广泛分布和过于集中，尤其注意避免在并列和相对的建筑物上全部采用玻璃幕墙。在周围环境开阔而且景观优美的地段，对于商业、贸易、旅游、娱乐建筑可以全部建造玻璃幕墙，但也要考虑适当的建筑间距，并且要控制这一地段玻璃幕墙分布的总量。绝大多数的大型建筑物包括宾馆、酒店、餐厅、文娱场所等可以采用局部玻璃幕墙。例如在建筑底层采用不反射光的石材墙或铝塑墙。

上海市建设委员会关于建设工程中使用玻璃幕墙有如下规定：建筑物使用玻璃幕墙面积不得超过外墙建筑面积的40%（其中包括窗玻璃）。这个规定不仅考虑了城市功能、环境效益和经济效益等因素，而且还可相应地减少光污染。对于住宅、公寓、宿舍、医院等建筑，根据它们的功能要求和节能政策，不宜采用玻璃幕墙。至于办公建筑，由于采用了大面积玻璃窗，已经能够满足室内光环境的要求，建议不再采用玻璃幕墙。

（4）合理选择幕墙的材质　幕墙材料选择是幕墙工程中极为重要的一环。它不仅决定整个工程的总造价，而且关系到整个工程的档次、使用寿命、外观效果。合理地使用材料至关重要，好的材料堆砌在一起并不一定能产生好的效果，只有巧妙地、合理地发挥各种材料的特性才能产生极佳地效益。

采用玻璃幕墙的建筑，外观的效果非常重要。玻璃幕墙的选型是建筑设计的重要内容，设计者不仅要考虑立面的新颖、美观，而且要考虑建筑的使用功能、造价、环境、能耗、施工条件等诸多因素。在不降低材料品质的前提下，尽量采用国产优质产品。

幕墙的材质从单一的玻璃发展到钢板、铝板、合金板、大理石板、陶瓷烧结板等。工程实践证明，将玻璃幕墙和钢、铝、合金等材质的幕墙组合在一起，经过合理的设计，不但可使高层建筑更加美观，还可有效地减少幕墙反光带来的光污染。

（5）加强绿化　对玻璃幕墙光环境的控制与改善，可采用在路边或玻璃幕墙周围种植高大树冠的树木，将平面绿化改为立体绿化，以种植的树木遮挡反射光照射，可有效地防止玻璃幕墙引起的有害反射，从而改善和调节采光环境。同时，尽量减少地面的硬质覆盖（如混凝土路面、砖石路面等），加大绿化的面积。

四、室外声环境的控制与改善

由于人口的迅猛增长，城市用地的严重不足，导致现代城市不可避免地走建筑密集发展的道路，高层建筑更是构成现代大、中城市整体形象的主要元素。城市环境噪声污染已经成为干扰人们正常生活的主要环境问题之一。噪声污染、空气污染、水污染和垃圾污染被称为城市环境四大污染，被世界卫生组织列入环境杀手的黑名单。噪声污染不但会引起神经系统功能的紊乱、精神障碍，对心血管、视力等均会造成损伤，对人们工作和生活造成干扰，还会引起邻里之间的纠纷，给正常生活带来很多烦恼。噪声对临街建筑的影响最大。

在城市各种噪声干扰中，交通噪声居于首位，其危害最大，数量最多。城市化高速发展中城市干道与车流量大幅度增长，有很大一部分是临街甚至临近城市干道的建筑，外部的车流量大，噪声污染严重，噪声级常常在70dB以上，在这种环境中会干扰人间的谈话，造成心烦意乱，精神不集中，影响工作效率，甚至发生事故。

城市噪声对高层建筑的影响，绝大多数的人普遍认为楼层越高，噪声值会越低，噪声污染越轻。在城市的实际环境中，尤其在市中心高层建筑密集区，城市环境噪声由于密集布局建筑物的阻挡，同时各高层建筑之间硬质外装饰材料对声音的来回反射，难以衰减。城市平面形成一个较为稳定的面声源，严重影响和污染了城市较高空间区域的声环境质量。高层建筑在各个城市蓬勃发展的同时，随着科学技术的飞跃发展和人们对提高生活质量的不断追求，人们越来越重视建筑声环境的设计和建设。

对于既有建筑，可以根据实际情况，采取绿化隔声带和设置声屏障等阻挡措施，来减小环境噪声，改善室外声环境。

（一）绿化隔声带

在既有建筑的适宜位置，采用种植灌木丛或者多层森林带构成茂密的绿化带，能起到有效的隔声作用，在主要声频段内能达到平均降噪量 0.15～0.18dB/m 的效果。一般第一个 30m 宽稠密风景林衰减 5dB(A)，第二个 30m 也可衰减 5dB(A)，取值的大小与树种、林带结构和密度等因素有关。不过最大衰减量一般不超过 10dB(A)。虽然绿化隔声带的隔声有限，但结合城市干道的绿化设置对临近城市干道的建筑降噪还是有一定的帮助。

（二）设置声屏障

在声源和接收者之间插入一个设施，使声波传播有一个显著的附加衰减，从而减弱接收者所在的一定区域内的噪声影响，这样的设施就称为声屏障。声波在传播过程中，遇到声屏障时就会发生反射、透射和绕射三种现象。通常我们认为屏障能够阻止直达声的传播，并使透射声有足够的衰减，而透射声的影响可以忽略不计。因此，声屏障的隔声效果一般可采用减噪量表示，它反映了声屏障上述两种屏蔽透声的本领。

根据声屏障的应用环境不同，声屏障可分为交通隔声屏障、设备噪声衰减隔声屏障、工业厂房隔声屏障、城市景气声屏障、居民区降噪声屏障等。按照声屏障所用材料不同，声屏障可分为金属声屏障（如金属百叶、金属筛网孔）、混凝土声屏障（如轻质混凝土、高强混凝土）、PC声屏障、玻璃钢声屏障等。

声屏障的减噪量与噪声的高度，以及声源与接收点之间的距离等因素有关。声屏障的减噪效果与噪声的频率成分关系很大，对大于 2000Hz 的高频声要比 800～1000Hz 的中频声的减噪效果好，但对于 25Hz 左右的低频声，则由于声波波长比较长而很容易从屏障的上方绕射过去，因此低频声的减噪效果较差。声屏障的高度一般在 1～5m 之间，覆盖有效区域的平均降噪达 10～15dB(A)，最高可达 20dB(A)。一般来讲，声屏障越高，或离声屏障越远，降噪的效果就越好。声屏障的高度，可根据声源与接收点之间的距离设计。为了使声屏障的减噪效果更好，应尽量使声屏障靠近声源或接收点。

第二节　既有建筑围护结构节能综合改造

随着科学的进步，既有建筑的改造方法和措施也在不断进步，选择一个好的方法进行改造可谓事半功倍。既有建筑情况较复杂，建筑的年代不尽相同，因此改造的方法和措施也要因物而异，根据建筑的特点来制定相应的改造措施。

围护结构是指建筑物及房间各面的围护物，分为透明和不透明两种类型。不透明围护结构有墙、屋面、地板、顶棚等；透明围护结构有窗户、天窗、阳台、玻璃隔断等。按是否与室外空气直接接触，又可分为外围护结构和内围护结构。在不需特别加以指明的情况下，围护结构通常是指外围护结构，包括外墙、屋面、窗户、外门以及不采暖楼梯间的隔墙和户门等。

一、围护结构节能改造的一般规定

（1）在改造中不应该破坏原有的结构体系并尽量减少墙体和屋面增重的荷载尽量不损坏除门窗以外的室内装修装饰不影响围护结构隔热、防水等其他物理性能在不影响建筑使用功能的基础上适当考虑外立面的装饰效果。

（2）在对围护结构进行改造前应进行勘查勘查时应具备的资料包括房屋地形图及设计图纸房屋装修改造资料历年修缮资料等其他必要的资料。查勘的内容包括荷载及使用条件的变化重要结构构件的安全性评价地面受到冻害、析盐、侵蚀损坏及结露情况屋顶及墙面裂缝、渗漏状况门窗翘曲变形等状况。

（3）在进行围护结构节能改造设计时，应从下列两项中选取一项作为控制指标：即《严寒和寒冷地区居住建筑节能设计标准》（JGJ 26—2010）中规定的不同地区采暖居住建筑各部分围护结构的传热系数限值，或者通过围护结构单位建筑面积的耗热量指标限值。

二、既有建筑外墙节能改造

在既有建筑中，外围护结构的热损耗较大，外围护结构中墙体又占了很大份额。因此建筑墙体改革与墙体节能技术的发展是建筑节能技术的一个重要环节，发展外墙保温技术及节能材料是建筑节能的主要实现方式。

利用新技术对原建筑外墙进行高水平的保温隔热，是既有建筑节能改造的主要措施。外墙外保温系统所具备的保温隔热功能是建筑节能的关键技术，这种技术可以有效解决既有建筑冬夏两季室内外温差而造成的能源损失问题。它代表了我国节能保温技术的发展方向。作为主要承重用的单一材料墙体，往往难以同时满足较高的绝热（保温、隔热）要求，因而在节能的前提下，复合墙体越来越成为当代墙体的主流。复合墙一般用砖或钢筋混凝土作承重墙，并与绝热材料复合，或者用钢或钢筋混凝土框架结构，用薄壁材料中间夹绝热材料作墙体。将绝热材料复合在承重墙内侧简便易行，是目前用的较为广泛的方法。

在满足承重要求的前提下，墙体可适当减薄，绝热材料强度往往较低，需设覆面层防护。有些在保温层内设空气层，则有保温及隔汽之效，此种墙体称为内保温复合墙体。内保温复合墙体的保温结构一般为干作业施工，能够充分发挥高效保温材料作用，但需解决在采暖期因水蒸气通过外围护结构向外渗透而使保温材料受潮，而且要解决个别部位形成的热桥所导致的表面结露问题。

与其他建筑节能技术相比较，外墙外保温不会产生"热桥"现象，具有良好的建筑节能效果。所谓热桥以往又称为"冷桥"，现在统一称为热桥。热桥是指处在外墙和屋面等围护结构中的钢筋混凝土和金属梁、柱、肋等部位。因这些部位传热能力强，热流比较密集，内表面温度较低，故称为热桥。常见的热桥有处在外墙周边的钢筋混凝土圈梁、门窗过梁或钢框架梁、柱以及金属玻璃幕墙中和金属窗中的金属框和框料等。

近年来，有关科研院校及部分生产企业研制出集保温与装饰于一体的建筑外墙保温装饰板、高耐久性发泡陶瓷保温板、高性能建筑反射隔热涂料等隔热产品和材料，并开发了相关的应用技术。这些隔热产品和材料及其应用技术，在新建建筑的外墙保温工程中已开始发挥重要的作用，同样也适用于既有建筑的外墙节能改造。

1. 采用建筑外墙保温装饰板的节能改造

外墙保温装饰板是将保温板、增强板、表面装饰材料、锚固结构件，以一定的方式在工厂按一定模数生产出成品的集保温、装饰一体的复合板。外墙保温装饰板是一种工业化生产的大幅面挂式墙板，它不仅外墙保温功能与外墙装饰功能于一体，而且在现场采用干法安装在建筑物外墙的表面。

保温装饰板中的保温层可由挤塑聚苯乙烯泡沫板（XPS）、可发性聚苯乙烯板（EPS）、聚氨酯板（PU）、酚醛发泡板、轻质无机保温板中的一种构成。面层可由无机板材或金属板材构成，面层板材与保温材料采用高性能的环氧结构胶黏结。表面装饰材料可由装饰性、耐候性、耐腐蚀性、耐玷污性优良的氟碳色漆、氟碳金属漆、仿石漆等中的一种构成，可达到铝塑板幕墙的外观效果，或直接采用铝塑板、铝板作为装饰面板。

保温装饰板外将常规外墙保温装饰系统的工地现场作业变为工厂化流水线作业，从而使系统质量更加稳定和可靠，施工更加方便快捷。粘贴加上侧边机械锚固，使安装固定安全可靠。外饰面采用氟碳色漆、氟碳金属漆、仿石漆，可以使其达到幕墙的装饰效果，成为独具特色的"保温幕墙"。保温装饰板外墙外保温系统基本构造如图 13-3 所示。

2. 采用高耐久性发泡陶瓷保温板的节能改造

发泡陶瓷保温板是采用陶瓷工业废物—废陶瓷和陶土尾矿，配以适量的发泡添加剂，经湿法粉碎、干燥造粒，颗粒粉料直接进入窑炉进行烧制，在 1150～1250℃ 的高温下熔融自然发泡，形成均匀分布的密闭气孔的具有三维空间网架蜂窝结构的高气孔率的无机多孔陶瓷体。这种保温板具有孔隙率大、隔热保温、质量较轻、强度较高、不变形收缩、可加工性好、不吸水、不燃烧、高耐久性、与水泥制品高度相容等优点。发泡陶瓷保温板是以其整体均匀分布的闭口气孔发挥隔热保温功能，防火等级为 A1 级。

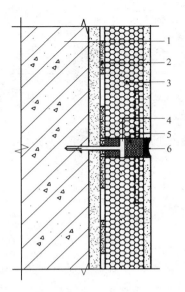

图 13-3　保温装饰板外墙外
保温系统基本构造
1—硬质墙体；2—黏结砂浆；
3—Ⅰ型保温装饰板；4—锚固件；
5—聚乙烯泡沫条；6—密封胶

用于建筑物外墙保温隔热工程的发泡陶瓷保温板主要性能指标应符合表 13-1 的要求。

表 13-1　发泡陶瓷保温板主要性能指标

序号	项目名称	单位	性能指标	备注
1	干密度	kg/m³	≤280	
2	热导率	W/(m·K)	≤0.10	
3	蓄热系数	W/(m²·K)	≥1.60	计算指标
4	抗拉强度	MPa	≥0.25	
5	吸水率(V/V)	%	≤2.00	
6	燃烧性能		A 级	

发泡陶瓷保温板外墙外保温技术，主要适合我国夏热冬冷、夏热冬暖地区新建建筑外墙保温和既有建筑节能改造。发泡陶瓷保温板外墙外保温系统具有如下优点：①保温板的各组成材料均为无机材料，耐高温、不燃、防火；②耐久性较好，不老化；③能与水泥砂浆、混凝土等材料很好地黏结，采用普通水下砂浆就能很好地黏结、抹面，无需采用聚合物黏结砂浆、抹面砂浆、增强网，施工工序少，系统抗裂、防渗，质量通病少；④吸水率极低，与水泥砂浆、饰面砖黏结牢固，外贴饰面砖系统安全、可靠；⑤与建筑物同寿命，全寿命周期内不需要再增加费用进行维修、改造，最大限度地节约资源和费用，综合成本低；⑥施工工序少，施工便捷。

对于既有建筑的节能改造，发泡陶瓷保温板采用粘贴的方式，每层还设置支托使保温系

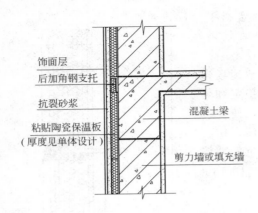

饰面层
后加角钢支托
抗裂砂浆
粘贴陶瓷保温板
（厚度见单体设计）
混凝土梁
剪力墙或填充墙

图 13-4　节能改造中发泡陶瓷
保温板保温处理构造

统更加稳定和可靠，节能改造中发泡陶瓷保温板保温处理构造如图 13-4 所示。发泡陶瓷保温板外墙外保温系统在无锡市某大酒店的节能改造中得到成功应用，该工程外墙为干挂石材幕墙系统，防火要求比较高，设计要求保温材料性能需达到 A 级。

3. 采用高性能建筑反射隔热涂料的节能改造

建筑反射隔热涂料又称太阳热反射隔热涂料，是集反射、辐射与空心微珠隔热与一体的新型降温隔热涂料。这种涂料是在特种涂料树脂中填充具有强力热反射性能的填充料，从而形成具有热反射能力的功能性涂料。建筑反射隔热涂料热反射率高，又能自动进行热量辐射散热降温，把物体表面的热量辐射到太空中去，降低物体的温度，同时在漆中放入导热系数极低的空心微珠隔绝热能的传递，三大功效保证了涂刷漆的物体降温，确保了物体内部空间能保持持久恒温的状态。建筑反射隔热涂料通过对红外线和可见光高度反射及有效发射远红外散热的方式，抑制材料表层吸收日照能量造成的温度上升而达到隔热目的。2007 年出台的国家标准要求建筑反射隔热涂料太阳反射比大于 85%，半球发射率大于 83%。

建筑反射隔热涂料适用于房屋/楼宇顶面、外墙面，可采用喷涂、滚涂、刷涂等方式，适合于水泥结构、石棉瓦、塑料瓦、玻璃、锌铁瓦等材料表面的施工。这种涂料对夏热冬暖及夏热冬冷地区的外墙隔热有明显作用，尤其适用于夏热冬暖地区。对夏热冬冷地区建筑节能效果视冬夏季日照量变化，如夏季日照强烈则节能效果显著。

建筑反射隔热涂料构造主要由墙面腻子、底涂层、反射隔热涂料面漆层及有关辅助材料组成，其具体构造如图 13-5 所示。在进行热工计算时，建筑外墙反射隔热涂料的节能效果可采用等效热阻计算值来体现。一般在夏热冬冷地区，等效热阻可取 $0.10 \sim 0.20 \mathrm{m}^2 \cdot \mathrm{K/W}$。建筑反射隔热涂料既是隔热材料又是一种外装饰材料，用于节能改造满足节能的同时，还可达到外立面翻新的目的。对于夏热冬暖及夏热冬冷地区的大部分砖混结构的既有居住建筑，仅增加建筑反射隔热涂料基本就能满足节能的要求，具有造价较低、施工便捷等优点。

4. 外墙节能改造采取有效的防火措施

在外墙外保温系统中，大部分采用挤塑聚苯乙烯泡沫板（XPS）、可发性聚苯乙烯板（EPS）、聚氨酯（PU）等作为保温材料，这些保温材料大部分为 B2 级材料，防火性能比较差。近年来，由外墙外保温引发的火灾时有发生，外保温的防火安全问题已经成为业内关注的焦点。在进行外墙节能改造时也应采取有效的防火措施，一般可采用 A 级保温材料做外墙保温系统或设置防火隔离带。

目前，可应用的既满足外墙保温隔热要求、又满足防火要求的 A 级材料极少，且价格比较昂贵。国外主要采用岩棉板做防火外保温系统，采用岩棉条做防火隔离带，对岩棉板和岩棉条的要求比较高。在夏热冬冷地区也可采用防火、耐久的发泡

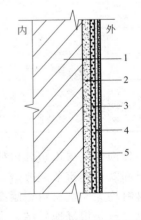

内　外
1
2
3
4
5

图 13-5　建筑反射隔热涂料
系统基本构造
1—基层（混凝土墙及各种
砌体墙）；2—水泥砂浆找平层；
3—墙面腻子；4—底涂层；
5—建筑反射隔热涂料面漆

陶瓷保温板作为防火隔离带材料，结合外保温系统进行设置。发泡陶瓷保温板防火隔离带基本构造如图 13-6 所示。

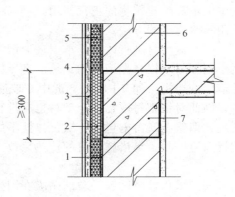

图 13-6　发泡陶瓷保温板防火
隔离带基本构造
1—粘贴砂浆；2—发泡陶瓷保温板；
3—抹面砂浆层（含增强网）；
4—外饰面层；5—保温系统保温材料；
6—基层墙体；7—楼层梁

三、既有建筑门窗节能改造

建筑外门窗是建筑物中极其重要的围护构件，它承担了采光、通风、防噪、防尘、保温、夏季隔热、冬季得热、美化建筑等多项任务。外门窗设置不合理或功能单一、老化，就会导致能耗大、室内热舒适性不好、空气质量差、声环境不良、光环境不符合要求等问题，严重影响正常使用。我国既有建筑外门窗大部分为单层玻璃窗，有木窗、钢窗、铝合金窗、PVC 塑料窗等，普遍存在保温性能差、气密性差、外观陈旧等缺陷，难以满足建筑节能的要求。

由于在建筑外围护结构中，门窗存在着保温隔热能力的强弱、门窗缝隙中冷风渗透等问题，这是建筑外门窗耗能较大、造成能源浪费的主要问题。因此，既有建筑门窗的改造是既有建筑节能改造的重点之一。既有建筑外门窗节能改造的方法主要有以下几种。

（1）改善窗户保温效果　增加窗玻璃层数，在内外层玻璃之间形成密闭的空气层，可大大改善窗户的保温效能。双层窗的传热系数比单层窗降低将近1/2，三层窗传热系数比双层窗又降低近1/3。窗上加贴透明聚酯膜，节能效果也比较明显。密封中空双层玻璃构件是国际上流行的第二代产品，我国目前已引进并建成了为数不少的生产线。这种产品由于密封空间内装有一定量的干燥剂，在寒冷冬季时，空气内的玻璃表面温度虽然较低，但仍然可不低于其中干燥空气的露点温度。这样就避免了玻璃表面结霜，并保证了窗户的洁净和透明度。因其中是密闭、静止的空气层，使热工性能处于较佳而又稳定的状态。

（2）减少冷风渗透　我国多数门窗、特别是钢窗的气密性太差，在风压和热压的作用下，冬季室外冷空气通过门窗、缝隙进入室内增加供暖能耗。除提高门窗制作质量外，加设密闭条是提高门窗气密性的重要手段。密闭条应弹性良好，镶嵌牢固严密、经久耐用、价格适中，并要根据门窗具体情况分别采用不同的门窗密闭条。

（3）更换节能门窗　既有建筑外窗大部分都是不节能的单层玻璃窗，目前在门窗节能改造中，对外窗的改造大多是采用全部更换的方法，特别是对于使用年代长久、维护较差的外窗，其变形严重、气密性差、外观陈旧，利用价值已经很小，一般可采用彻底更换。可替代的节能窗有中空玻璃塑料窗、中空玻璃断热铝合金窗、Low-E 中空玻璃塑料窗、Low-E 中空玻璃断热铝合金窗等，这些节能窗的技术已经比较成熟，并大量用于工程中。

（4）更换节能玻璃　如果门窗主体结构还很好，可在原有单层玻璃塑料窗上将单层玻璃改为中空玻璃、放置密封条等，这样可使外窗传热系数大大降低，气密性得到改善。如一般的单层玻璃窗可以改造成为 5＋9A＋5 的中空玻璃窗，传热系数由原来的 4.7W/（m² · K）降低到 2.7～3.2W/（m² · K），气密性达到 3～4 级。单层玻璃窗改造适合于单层玻璃钢窗、铝合金窗和塑料窗，要求既有外窗的窗框有足够的厚度，以便能布置中空玻璃。

这种改造保留了原来外窗的利用价值，延长了窗的使用寿命，节约改造资金，实现环保节能。在改造中不动原来的结构，不用敲墙打洞，不产生建筑垃圾，施工方便，工期较短，基本上不影响建筑物的正常使用。可以将中空玻璃在工厂制作好，运至现场直接进行安装，采用流水施工的方法。

（5）对型材进行改造　单层玻璃钢窗或单层铝合金窗，也可以改造成为中空玻璃窗，但由于钢型材或铝合金型材均是热的良导体，仅对玻璃进行更换改造，保温性能往往不一定满足节能的要求。如 5+9A+5 的中空玻璃钢窗或铝合金窗的传热系数在 $3.9W/(m^2 \cdot K)$ 左右，因此对钢型材或铝合金型材也应进行改造。改造措施为对钢型材或铝合金型材进行包塑处理，即给金属窗框包上一层传热性不好的塑料。通过型材改造、单层玻璃改为中空玻璃、放置双道密封条等措施，窗的传热系数大大降低，气密性大幅度提高，能够满足门窗节能的要求。

（6）采用玻璃贴膜　玻璃贴膜在国外已经相当普及，而在我国的建筑中使用率还很低。贴在玻璃表面的薄膜，能起到隔热、保温、阻紫、防眩光、装饰、保护隐私、安全防爆等作用。玻璃贴膜夏季可以阻挡 45%～85% 的太阳直射热量进入室内，冬季可以减少 30% 以上热量散失；当玻璃破碎时，碎片能够紧紧粘贴在玻璃贴膜表面，保持原来形状，不飞溅，不变形；同时玻璃贴膜能够耐受高达 500℃ 以上的高温，能够有效防止火灾的引起，避免对人体的伤害，质量较好的玻璃贴膜可以阻挡眩光和 99% 的紫外线。对于既有的普通中空玻璃窗，贴膜是简单易行、行之有效的遮阳改造措施。

四、既有建筑屋面节能改造

既有建筑屋面节能改造措施主要有：倒置式保温屋面、喷涂聚氨酯保温屋面、平屋面改为坡屋面和屋顶绿化等方法。

1. 倒置式保温屋面节能改造

现行国家标准《屋面工程技术规范》（GB 50345—2012）中明确规定，倒置式屋面就是"将憎水性保温材料设置在防水层上的屋面"，又称为"倒置式保温屋面"，其构造层依次为保温层、防水层、结构层。这种屋面对采用的保温材料有特殊的要求，应当使用具有吸湿性低、而耐气候性强的憎水材料作为保温层（如聚苯乙烯泡沫塑料板），并在保温层上加设钢筋混凝土、卵石、砖等较重的覆盖层。倒置式保温屋面的保温层及其保护层常见做法有如下几种类型。

（1）采用发泡聚苯乙烯水泥隔热砖用水泥砂浆直接粘贴于防水层上。优点是构造简单，造价低，在上海万里住宅小区已试用，效果很好。缺点是使用过程中会有自然损坏，维修时需要凿开，且易损坏防水层。发泡聚苯乙烯虽然密度、导热系数和吸水率均较小，且价格便宜，但使用寿命相对有限，不能与建筑物寿命同步。

（2）采用挤塑聚苯乙烯保温隔热板（以下简称保温板）直接铺设于防水层上，上做配筋细石混凝土，如需美观，还可再做水泥砂浆粉光、粘贴缸砖或广场砖等。这种做法适用于上人屋面，经久耐用，缺点是不便维修。

（3）采用保温板直接铺设于防水层，再敷设纤维织物一层，上铺卵石或天然石块或预制混凝土块。优点是施工简便，经久耐用，方便维修。

2. 聚氨酯硬泡体保温屋面节能改造

聚氨酯硬泡体是一种具有隔热与防水功能的新型高分子合成材料，其热导率低，仅 $0.018～0.024W/(m \cdot K)$，相当于膨胀聚苯乙烯泡沫塑料的 50%，是目前所有保温材料中热导率最低的。该材料的泡孔结构由无数个微小的闭孔所组成，这些微孔互不相通，因此该材料在理论上不吸水、不透水，带表皮的喷涂聚氨酯硬泡体保温材料的吸水率为零。这种既保温又防水的材料，应用在屋顶和墙体上，可代替传统的防水层和保温层，具有一材双用之功效。而且该材料的热工性能好，还具有耐老化、化学稳定性好、耐温不熔化、与建筑物基面黏结性能好等优点。

喷涂聚氨酯硬泡体是指现场使用专用的喷涂设备，使异氰酸酯、多元醇（组合聚醚或聚酯）、发泡剂等添加剂，按一定比例从喷枪口喷出后瞬间均匀混合，反应之后迅速发泡，在外墙基层上或屋面上发泡形成连续无接缝的聚氨酯硬质泡沫体。喷涂聚氨酯硬泡体屋面由于其综合了保温隔热、防水、轻质、抗侵蚀、耐老化、施工方便、力学性能好、工序较少、工期较短等特点，既适用于墙体，又适用于屋面，因而具有越来越明显的市场优势，在欧、美、日等工业发达国家和我国香港地区及大陆地区均已获得广泛应用，市场增长率保持在3％～5％，美国 2005 年市场增长率为 5.6％。

为尽快推广应用聚氨酯硬泡体屋面，我国颁发了《硬泡聚氨酯保温防水工程技术规范》（GB 50404—2007）和《聚氨酯硬泡体屋面防水保温工程技术规程》（JG/T 001—2002）。

3. "平改坡"屋面的节能改造

在建筑结构许可条件下，将现有低层或多层平顶楼房改建成坡形屋面，并对外立面进行修整，达到改善住宅性能和建筑物外观视觉效果的房屋修缮行为即"平改坡"。坡顶一般采用双坡、四坡等不同形式，在视线上考虑平视、俯视、仰视不同的视觉效果；一般高度在2～3m 之间，当坡形屋面角度低于 32°时，不影响周围的日照时间和面积。

目前许多建于 20 世纪 70～80 年代的低层或多层平顶建筑，顶层房间普遍存在漏雨、冬冷、夏热的问题。实践证明，坡屋顶与平屋顶相比具有通风好、冬季能够保温、夏季使房间更凉爽的优点。再有，"平改坡"与危改等既有建筑改造模式相比，具有投资少、施工周期短、见效快等明显优点。

实施"平改坡"首先要由有关部门对楼体的结构进行安全鉴定，根据鉴定结果"量体裁衣"；然后，在材料上尽量选择轻型建材，以减轻坡屋顶的重量。例如选用轻钢龙骨结构、多彩瓦、油毡瓦的重量，只相当于传统建材的 30％左右，施工工期一般是 3 个月。在一些具备条件的坡屋顶上再加一层，既经济又达到了建筑节能的要求。

实施"平改坡"的既有建筑不仅解决屋顶漏水问题，造型比较美观，而且节能效果显著，与平屋顶相比，室内温度冬天提高了约 3～4℃，夏天降低了约 4～5℃。夏季空调的费用和冬季采暖的费用都降低了很多。更为重要的是，夏季可实现自然通风和自然采光，室内空气始终新鲜、舒适。例如在"平改坡"工程中设计为冬季利用太阳能供暖系统进行采暖，用新风系统供给室内新鲜、暖和的被太阳加热的空气，寒冷的冬季也让人们享受到绿色的空气，实现冬暖夏凉，室内空气始终舒适、宜人，不仅有一个舒适的生活环境，而且还能节约大量的供热燃料。

4. 采用屋顶绿化的节能改造

屋顶绿化作为一种不占用地面土地的绿化形式，其应用越来越广泛。它的价值不仅在于能为城市增添绿色，而且能减少建筑材料屋顶的辐射热，减弱城市的热岛效应。如果能很好地加以利用和推广，形成城市的空中绿化系统，对城市环境的改善作用是不可估量的。

绿化屋面是指不与地面自然土壤相连接的各类建筑物屋顶绿化，即采用堆土屋面进行种植绿化。这种屋顶节能技术利用绿色植物具有的光合作用能力，针对太阳辐射的情况，在屋面种植合适的植物。种植绿色植物不仅可以避免太阳光直接照射屋面，起到遮光隔热的效果，而且由于植物本身对太阳光的吸收利用、转化和蒸腾作用，大大降低了屋顶的室外综合温度；绿化屋面利用植物培植基质材料的热阻与热惰性，还可以降低内表面温度，从而减轻对顶楼层的热传导，起到隔热保温的作用。

绿化屋面可以增加城市绿地面积，改善城市的热环境，降低城市热岛效应。绿化屋面有利于吸收空气中的有害物质，减轻大气中的污染，增加大气中的氧气含量，有利于改善居住生态环境，美化城市景观，达到与环境协调、共存、发展的目的。实践证明，绿化屋面不仅要满足绿色植物生长的要求，而且最重要的是还要具有排水和防水的功能，所以绿化屋面应根据实际进行合理设计。

（1）绿化屋面的主要构造组成　绿化屋面的主要构造层包括基质层、排水层和蓄水层、防止根系穿损的保护层与防水密封层。

① 基质层。基质层也称为植物生长层，其主要功能是满足植物的正常生长要求。为了降低屋顶的荷载总值，一般采用一种比天然土壤轻得多的混合土壤，主要是由耕作土壤、腐殖质、有机肥料及其他复合成分等组成。按照种植植物的方式和结构层的厚度，绿化屋面可分为粗放绿化和强化绿化。

粗放绿化，管理方便，投资较少。植物生长层比较薄，在这一层下面几乎没有排水层和蓄水层，因此只能种一些要求生长条件不高的植物，低矮和抗旱的植物种类。如果屋顶不带坡度，选种的植物应在一定期限之内耐潮湿。这是一种比较简单的绿化方法。

强化绿化，对植物的品种要求严格，要求选种的植物有草类、乔木和灌木等，它们对屋顶结构的要求不一样，其基质层的厚度需要根据植物生长性能要求确定。尽管不同植物对基质层的厚度要求不同，但它们的共同点是要求肥沃的基质层。

② 排水层和蓄水层。绿化屋面的排水层和蓄水层多采用砂砾，并在该层中铺有膨胀黏土、浮石粒或泡沫塑料排水板等。其主要功能是调节屋顶绿化层中的含水量，适合植物正常生长。排水层和蓄水层的厚度，不仅受当地年降水量的影响，还需根据种植绿化植物生长性能的要求进行设置，一般为 30～60mm。

③ 防止根系穿损的保护层与防水密封层。在一般情况下，植物的根系具有较强的穿透能力。为了防止植物根系穿损屋面的防水密封层，或将根系对屋面防水密封层的损害减少到最低程度，一般需要在排水层与密封层之间设一层抗穿透层，或将密封层表面设一层抗穿透薄膜，与密封层共同作为屋顶的复合式密封层。设计中的一般做法是：在结构基层上先做一层 20mm 厚 1∶3 水泥砂浆找平层，再做一层聚氨酯防水涂料或铺贴一层氯丁橡胶共混卷材，作为防水层。同时为了减少紫外线对密封材料的辐射，延长其使用寿命，还应在密封材料上加铺一层 30～50mm 厚的砾石层，有时也可抹 30mm 厚的水泥砂浆。

绿化屋面与传统保温隔热屋面不同，其需要日常维修与管理。但粗放绿化屋面基本上不需要维护与管理，这是因为栽种的植物都比较低矮，一般不需要剪枝，干枯和落叶则可变成腐殖质肥料。如果是强化绿化，将绿化屋顶作为休息场所，种植花卉和其他观赏性植物，就需要定期浇水、施肥等维护与管理工作，应当把浇水管道埋入基质层中，设置必要的自动喷淋或手动浇水设备。另外，还应经常检查排水设施的运作情况，尤其是落水口是否处于良好的工作状态，必要时应进行疏通与维修。

（2）轻型屋面绿化技术　随着城市规模的扩大，城市土地被高密度利用，在已建成城区开拓地面绿化空间几乎成为不可能，人们逐步将注意力转移到了尚未被利用的屋顶上，利用屋顶这块"空地"来开展绿化。但由于承重不够、屋面渗漏、养护困难三大难题，一直困扰着屋顶绿化的发展，轻型屋面绿化技术的开发成熟和推广应用，使这一愿望成为了现实。

轻型屋面绿化是在现有屋顶面层上，铺设专用的结构层，再铺设厚度不超过 50mm 的专用基质，种植佛甲草、黄花万年草、卧茎佛甲草、白边佛甲草等特定植物。轻型屋面绿化技术较常规屋顶绿化相比，具有以下明显优点：土层比较薄，荷载比较轻；施工很简单，成本比较低；能保护屋面，改善微环境；种类比较多，景观很丰富；适用范围广，使用寿命长；养护较简单，管理费用低。实践充分证明，只要简单的日常维护，便能长久维持生态和景观效果，特别适用于既有建筑的节能和绿色改造，具有广阔的应用前景。

五、既有建筑楼板节能改造

既有建筑需要节能的楼板主要包括与室外空气直接接触的外挑楼板、架空楼板、地下室顶板等。我国的大部分既有建筑的外挑楼板、架空楼板、地下室顶板一般都无保温措施，在进行既有建筑楼板节能改造设计时，应注意以下几个方面。

（1）楼地面的节能技术可根据底面是不接触室外空气的层间楼板与底面接触室外空气的架空或外挑楼板和底层地面，采用不同的节能技术。保温系统组成材料的防火及卫生指标应符合现行相关标准的规定。

（2）层间楼板可采取保温层直接设置在楼板上表面或楼板底面，也可采取铺设木格栅（空铺）或无木格栅的实铺木地板。

（3）在楼板上面的保温层，宜采用硬质挤塑聚苯板、泡沫玻璃保温板等板材或强度符合地面要求的保温砂浆等材料，其厚度应满足建筑节能设计标准的要求。

（4）在楼板底面的保温层，宜采用强度较高的保温砂浆抹灰，其厚度应应满足建筑节能设计标准的要求。

（5）铺设木格栅的空铺木地板，宜在木格栅间嵌填板状保温材料，使楼板层的保温和隔声性能更好。

根据我国近些年对既有建筑楼板节能改造的设计和施工经验，常见的楼板节能改造措施主要包括保温砂浆楼板板底保温、楼板板底粘贴泡沫塑料（如 EPS、XPS、PU 等）保温板、楼板板底现场喷涂聚氨酯硬泡体等。根据地下室顶板位于室内的情况，在进行节能改造时应充分考虑室内防火。

保温砂浆楼板板底保温施工便捷，工程造价较低，但这种保温材料的热导率比较高，一般为 0.06～0.08W/(m·K)，对于保温性能要求较高的楼板。很难达到其要求。粘贴泡沫塑料保温板保温的做法，技术成熟、适用性好、应用范围广，但存在耐久性差、防火性能不良、易产生脱落等缺点。板底现场喷涂聚氨酯硬泡体保温是一种较好的做法，聚氨酯具有优良的隔热保温性能，集保温与防水于一体，质量比较轻、黏结强度大、抗裂性能好，在着火的环境下碳化，火焰传播速度相对比较慢。

六、既有建筑外遮阳节能

众所周知，建筑是由围护结构包括墙体、屋面、门窗、地面等围合起来的空间。这一空间热环境的优势取决于室外自然气候和围护结构的保温隔热性能的高低。因此，改善建筑围护结构的热工性能，是改善室内热环境的首要问题。而采用建筑外遮阳是减少外界环境对室内热环境影响的建筑手段之一。建筑外遮阳的作用是降低建筑的制冷负荷，在创造舒适健康的室内外环境同时，也为建筑提供了更多的表现形式，使建筑物更富有更强的生命力。

外遮阳按照系统可调性能不同，可分为固定式遮阳、活动式遮阳两种。固定式遮阳系统一般是作为结构构件（如阳台、挑檐、雨棚、空调挑板等）或与结构构件固定连接形式，包括水平遮阳、垂直遮阳和综合遮阳，该类遮阳系统应与建筑一体化，既达到遮阳效果又美观，所以用新建建筑较为方便。活动式遮阳系统包括可调节遮阳系统（如活动式百叶外遮阳、生态幕墙百叶帘和翼形遮阳板等）和可收缩遮阳系统（如可折叠布篷、外遮阳卷帘、户外天棚卷帘等）两大类，但有时可调节遮阳系统也具有可收缩遮阳系统的功能。活动外遮阳可根据室内外环境控制要求进行自由调节，安装方便，装拆简单。夏天可根据需要启用外遮阳装置，遮挡太阳辐射热，降低空调的负荷，改善室内的热环境和光环境；冬天可收起外遮阳，让阳光与热辐射透过窗户进入室内，减少室内的采暖负荷并保证采光。

既有建筑利用外遮阳的节能改造，宜采用活动外遮阳。常见的活动外遮阳系统有活动式百叶帘外遮阳、外遮阳卷帘、遮阳篷等。活动式百叶帘外遮阳可通过百叶窗角度调整控制入射光线，还能根据需求调节入室光线，同时减少阳光照射产生的热量进入室内，有助于保持室内通风良好、光照均匀，提高建筑物的室内舒适度，可丰富现代建筑的立面造型。实践证明，增加活动式百叶帘外遮阳，是一种极佳的被动节能改造技术措施，宜优先选用。

很多城市对既有建筑利用遮阳的节能改造经验表明，利用垂直绿化遮阳在夏热地区也是一种很好的建筑节能措施。夏天茂密的绿叶能起到很好的遮阳效果，冬天叶落也不遮挡太阳光进入室内。在设计时可结合建筑的外立面改造进行。

（一）增加活动外遮阳

据有关资料介绍，在影响建筑能耗的围护部件中，外墙窗户的绝热性能最差，约占建筑围护部件总能耗的 30%～50%。炎热的夏季，太阳辐射透过窗户直接进入室内的热量，是造成室内过热或严重增加空调制冷负荷的主要原因。据统计，夏季因太阳辐射热透过玻璃窗射入室内而消耗的能量约占空调负荷的 20%～30%。因此，增强外窗的保温隔热性能，减少外窗的能耗，是提高建筑节能水平的重要环节，而增加活动外遮阳是既有建筑夏季隔热节能最有效的方法。

增加活动外遮阳主要是指活动式百叶外遮阳（简称遮阳百叶）。遮阳百叶一般安装在窗户外侧，主要适用于对隔热和防护要求较高的场合，达到遮阳的目的，在冬季还对窗户起到防护作用，避免寒风侵袭；另外，质地坚固的百叶窗还可替代防盗网。

工程实践证明，遮阳百叶的遮阳系数可达 0.2 以下，节能效果非常明显，安装在玻璃窗的外侧，通过电动、手动或风、光、雨、温度传感器，控制铝合金叶片的升降、翻转，实现对太阳辐射热量及入射光线自由调节和控制，使室内通风良好、光线均匀。铝合金外遮阳百叶帘具有高耐候性，能长期抵抗室外恶劣气候，经久耐用，外形美观。这种遮阳百叶可在工厂中制作好，在建筑节能改造现场直接安装，并可以采用流水作业，不影响建筑的正常使用，也不影响正常的生活和工作。

铝合金外遮阳百叶帘系统由铝合金罩盒、铝合金顶轨、铝合金帘片、铝合金轨道、驱动系统（电动和手动）等组成，一般在节能改造中不宜嵌装，宜采用明装方式安装。为了加强百叶帘的抗风能力，叶片两端采用钢丝绳导向装置支承。安装时在窗外墙面上用膨胀螺栓固定百叶帘悬吊架，再将百叶帘安装在悬吊架的内侧。将导向钢丝绳的上端固定在传动槽上，悬吊架及传动槽外侧安装彩色铝合金上部罩壳。窗下沿着墙面上设置下支架，作为钢丝绳下端的固定点，下支架外侧安装彩色铝合金下部罩壳。上、下部罩壳既可隐蔽传动槽，又可作为建筑物外立面的装饰线条。百叶帘采用电动机驱动，控制开关布置在便于操作的内墙面上。外遮阳百叶帘安装节点大样如图 13-7 所示。

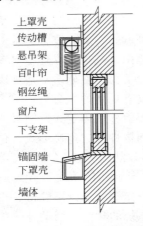

图 13-7 外遮阳百叶帘安装节点大样图

（二）用垂直绿化遮阳

垂直绿化是相对于地面绿化而言的，它利用檐、墙、杆、栏等栽植藤本植物、攀缘植物和垂吊植物，达到防护、绿化和美化的效果。建筑垂直绿化是垂直绿化的一种，指在建筑物外表面及室内垂直方向上进行的绿化。垂直绿化可以减缓墙体、屋内直接遭受自然的风化等作用，延长维护结构的使用寿命，改善维护结构保温隔热性能，节约能源。

建筑垂直绿化又称为建筑立面绿化，就是为了充分利用空间，在墙壁、阳台、窗台、屋顶、棚架等处栽种攀缘植物，以增加绿化覆盖率，改善居住环境。这种绿化方式夏天能充分利用植被在建筑物表面形成遮挡，有效地降低建筑物的夏季辐射得热；冬天植物叶落后，不再遮挡太阳光，不影响建筑获得太阳辐射热，是一种有效的被动式节能手段。建筑垂直绿化主要包括墙体绿化、屋顶绿化、阳台绿化、室内绿化及其他等多种形式。

建筑垂直绿化可减少阳光直接照射，降低室内的温度。绿色植物在夏季能起到降温增湿、调节微气候的作用。据测定，有紫藤棚遮阳的地方，光照强度仅为有阳光直射地方的 1/20 左右。浓密的紫藤枝叶像一层厚厚的绒毯，降低了太阳的辐射强度，同时也降低了温度。城市的墙面反射甚为强烈，进行墙面垂直绿化，墙面的温度可降低 2～7℃，室内的温度则会降低更多，特别是朝西的墙面绿化覆盖后降温效果更为显著。同时，墙面、棚面绿化覆盖后，空气的湿度还可以提高 10%～20%，这在炎热夏天大大有利于人们消除疲劳，增加室内外环境的舒适感。

进行垂直绿化的立地条件多数都比较差，所以选用的植物材料一般要求具有浅根性、耐贫瘠、耐干旱、耐水淹、对阳光有高度适应性等特点。例如，属于攀缘蔓性植物的有爬山虎、常春藤、牵牛、雷公藤、葡萄、紫藤、爬地柏等；属于阳性植物的有太阳花、五色草、景天、鸢尾、草莓等；属于阴性植物的有三叶草、玉簪、万年青、留兰香、虎耳草等。

不同气候条件的地区，对垂直绿化的设计要求不同。建筑垂直绿化的设计，一定要因地制宜、因地而异。通常在大门口处搭设棚架，再种植攀缘植物；或以绿篱、花篱或篱架上攀附各种植物来代替围墙。阳台和窗台可以摆花或栽植攀缘植物来绿化遮阳，墙面可用攀缘蔓生植物覆盖。

第三节　既有建筑室内物理环境控制与改善

20 世纪是一个生产力迅猛发展的时代，但同时也造成能源消耗成倍地增长，自然环境严重的破坏，走可持续发展之路，已经成为人类的共识。随着人们对生活质量要求的不断提高，室内的居住环境逐渐改善，然而这种改善是以惊人的能源浪费、环境的严重污染为代价的。进入 21 世纪后，如何在改善室内物理环境质量的同时，降低住宅能耗，减少环境污染，是摆在全社会面前的首要问题。

室内物理环境的主要内容包括有室内空气的冷热、室内采光照明、室内吸声隔声（概括为热、光、声）等室内物理现象、物理条件所形成的室内环境。这些物理现象和条件所形成的室内物理环境，与室内人体生理感受直接密切相连，同时也密切影响着人的心理感受，是建筑设计与室内设计共同关心的重要内容。既有建筑室内的物理环境控制与改善设计，主要包括室内空气环境控制与改善、室内热环境控制与改善、室内声环境控制与改善、室内光环境控制与改善等方面。

一、室内空气环境控制与改善

人的一生大约有 70%～90% 的时间是在室内度过的，室内空气环境对人们的生活和工作质量，以及公众的身体健康有着极为重要的影响。良好的室内空气环境能够为室内人员提供舒适的热湿环境和新鲜宜人高品质空气，而恶化的室内空气环境除不能满足人们对热舒适性的追求外，还会导致更为严重的空调病。因此，控制与改善室内空气环境显得尤为重要。

室内空气品质是室内建筑环境的重要组成部分，根据美国供热制冷空调工程师协会（ASHRAE）1998 年颁布的标准《满足可接受室内空气品质的通风》中兼顾了室内空气品质的主观和客观评价，给出的定义为：良好的室内空气品质应该是"空气中没有已知的污染物达到公认的权威机构所确定的有害物浓度标准，且处于这种空气中的绝大多数人（≥80％）对此没有表示不满意"。

室内空气污染是由于人类活动或自然过程引起某些物质进入室内空气环境，呈现足够的浓度，持续足够的时间，并因此危害了人体健康或室内环境。室内空气污染按其污染物特性不同，可分为化学污染：物理污染和生物污染。对既有建筑室内空气环境控制与改善措施主要包括控制污染源、建筑通风稀释和空气净化等措施。

（一）控制污染源

控制污染源就是在污染源调查的基础上，运用技术的、经济的、法律的以及其他管理手段和措施，对污染源进行监督，控制污染物的排放量，以改善环境质量。污染源控制的主要措施为：制定排污标准、控制污染物排放。

1. 制定排污标准

根据环境标准的要求，考虑到技术上可能和经济上合理，结合地区的环境特征，制定各种排放标准和指标，如污染物排放标准（或容许排放量）、单个设备排污控制指标、单位产量（或产值）排污控制指标、单位产量（或产值）用水量指标、燃料消耗指标、原材料消耗指标等等。这些标准和指标一经国家有关部门批准公布，即成为污染源控制的法律依据。我国已制定了《室内建筑装饰装修材料有害物质限量》，该标准限定了室内建筑装饰装修中一些有害物质含量和散发速率，对于建筑物在装饰装修材料使用方面进行一定限制。

2. 控制污染物排放

按照有关标准，控制污染源的排污量是改善环境质量的重要措施。通过调查确定污染源后加以监督，发现排放污染物超过标准的污染源，即对责任者实行经济制裁或法律制裁，以促使排污责任者削减排污量。另外，对于室内产生少量污染物的污染源，可采用局部排风的方法排出室外，如厨房烹饪可采用抽油烟机解决，厕所的异味可通过排气扇解决。

（二）建筑通风稀释

建筑通风是通过自然风或者通风设备向室内补充新鲜和清洁的空气，并带走潮湿污浊的空气或热量，稀释和排除室内气态污染物，是提高室内空气质量，改善室内热环境的重要手段。建筑通风包括自然通风和机械通风，自然通风不需要能耗，应优先考虑利用。既有建筑改善自然通风的措施有：合理设置和开启门窗、合理设置天井和开启天窗等，可结合室内热环境改善措施进行。

在采用空调或采暖条件下，为提高室内空气的质量，同时为了减少能耗，可以增加通风器。通风器可安装在外窗的顶部或下面、窗框上或窗扇上，在平常情况下，利用室内外的大气压差进行空气流通置换。当室内外空气压差微小时，通过启动一套加压装置来进行室内空气的强制流通置换。通风器具有安装快、体积小、能耗少、使用维护方便等特点，尤其适用于严寒和寒冷地区的采暖季节。

（三）空气净化

空气净化是采用各种物理或化学方法（如过滤、吸附、吸收、氧化还原等），将空气中的有害物清除或分解掉。空气净化是指对室内空气污染进行整治，通过空气净化可以提高室内空气质量，改善居住、办公条件，增进身心健康。目前的空气净化方法主要有空气过滤、吸附方法、紫外灯杀菌、静电吸附、纳米材料光催化、等离子放电催化、臭氧消毒灭菌、利用植物净化空气等。

（1）空气过滤　空气过滤是最常用的空气净化手段之一，其主要功能是净化处理空气中的颗粒污染物。

（2）吸附方法　吸附方法对于室内 VOCs 和其他污染物是一种比较有效而简单的消除技术，目前比较常用的吸附剂是活性炭物理吸附。活性炭包括粒状活性炭和活性炭纤维。与粒状活性炭相比，活性炭纤维吸附容量大，吸附或脱附速度快，再生容易，不易粉化，不会造成粉尘二次污染。对无机气体和有机气体都有很强的吸附能力。

（3）紫外灯杀菌　紫外灯杀菌是常用的空气中杀菌方法，在医院中已广泛应用。紫外光谱分为 UVA（320～400nm）、UVB（280～320nm）和 UVC（100～280nm），波长短的 UVC 杀菌能力较强。185nm 以下的辐射会产生臭氧。一般可将紫外灯安置在房间上部，不直接照射人。空气受热源加热向上运动，缓慢进入紫外辐照区，受辐照后的空气再下降到房间的人员活动区，在这一过程中，细菌和病毒不断被降低活性，直至被灭杀。

（4）臭氧消毒灭菌　臭氧消毒灭菌这种方法主要是利用交变高压电场，使得含氧气体产生电晕放电，电晕中的自由高能电子能够使得氧气转变为臭氧，但这种方法只能得到含有臭氧的混合气体，不能得到纯净的臭氧。由于其相对能耗较低，单机臭氧产量最大，因此目前被广泛应用。

（5）光催化技术　光催化技术是近年来发展起来的空气净化方法。光催化技术是一种利用新型的复合纳米高科技功能材料的技术。光催化的原理是：光催化剂纳米粒子在一定波长的光线照射下受激生成电子——空穴对，空穴分解催化剂表面吸附的水产生氢氧自由基，电子使其周围的氧还原成活性离子氧，从而具备极强的氧化—还原作用，将光催化剂表面的各种污染物摧毁。

（6）利用植物净化空气　绿色植物除了能够美化室内外环境外，还能改善室内空气的品质。美国宇航局的科学家威廉发现，绿色植物对居室和办公室的污控空气有很好的净化作用。他测试了几十种不同的绿色植物对几十种化学复合物的吸收能力，发现所测试的各种植物都能有效的降低室内污染物的浓度。在 24h 照明的条件下，芦荟吸收了 $1m^3$ 空气中所含的 90％的醛；90％的苯在常青藤中基本消失；龙舌兰则可吞食 70％的苯、50％的甲醛和 24％的三氯乙烯；吊兰能吞食 96％的 CO、86％的甲醛。

威廉又做了大量的实验证实，绿色植物吸入化学物质的能力，主要是来自于盆栽土壤中的微生物，而不主要是植物的叶子。与植物同时生长在土壤中的微生物在经历代代遗传后，其吸收化学物质的能力还会加强。所以可以说绿色植物是普通家庭都能用得起的空气净化器。

另外，有些植物还可以作为室内空气污染物的指示物，例如紫花苜蓿在 SO_2 浓度超过 $0.3×10^{-6}$ 时，接触一段时间，就会出现受害的症状，贴梗海棠在 0.5ppm 的臭氧中暴露 0.5h 就会有受害反应。香石竹、番茄在浓度为 $(0.05～0.1)×10^{-6}$ 的乙烯下几个小时，花萼就会发生异常现象。因此，利用植物对某些环境污染物进行检测是简单而灵敏的。

二、室内热环境控制与改善

室内热环境是指影响人体冷热感觉的环境因素。这些因素主要包括室内空气温度、空气湿度、气流速度以及人体与周围环境之间的辐射换热。适宜的室内热环境是指室内空气温度、湿度、气流速度以及环境热辐射适当，使人体易于保持热平衡从而感到舒适的室内环境条件。室内环境对人体的影响主要表现于冷热感觉，冷热感觉取决于人体新陈代谢产生的热量和人体向周围环境散发的热量之间的平衡关系。

室内热环境是建筑物理环境中最重要的内容，主要反映在空气环境的热湿特性中。建筑室内热湿环境形成的最主要原因是各种外扰和内扰的影响。外扰主要包括室外气候参数（如室外空气温湿度、风速、风向变化、邻室的温湿度等），均可通过围护结构的传热、传湿、空气渗透，使热量和水分进入室内，对室内热湿环境产生影响。内扰主要包括室内设备、照明、人员等室内热湿源。

我国的既有建筑绝大多数是不节能建筑，大量存在围护结构热工性能差、室内热舒适度差、采暖空调能耗较高等现象。当前既有建筑室内热环境质量普遍比较低，据有关人员对某市 182 户住宅室内热环境调查研究表明：住宅的平均建筑面积为 $68.8m^2$，平均居民数为 3.6 人/户，住宅的平均建成时间为 10.8 年，大多数住宅形状为长方形，建筑朝向为南北方向；这些被调查的住宅，如果没有空调和采暖设备，人们普遍感到难以忍受，严重影响人们的工作与生活；冬天的热舒适问题不如夏天严重，但当家中无供暖设备或未供暖时，仍有约 1/3 的居民感到身心受到很大影响。如果居民自己改善以上室内热环境，需要消耗大量的能源。

建筑内部的通风条件是决定人们健康、舒畅的重要因素之一。它通过空气更新和气流的生理作用对人体的生物感受起到直接的影响作用，并通过对室内气温、湿度及内表面温度的影响而起到间接的影响作用。通过近年来的工程实践，对于既有建筑室内热环境的改善，其措施主要包括围护结构的改造和设备系统的改造，主要通过改善围护结构的隔热保温性能、提高设备系统的利用效率等得以实现。

实践证明，建筑通风可对建筑进行制冷，降低室内空气温度，改善室内热环境，并有效提高室内空气质量。夏季在非高温日和过渡季节进行自然通风，调节室内的热舒适度；夜间以自然风对房间进行冷却，能有效减少空调的开启时间，达到节能的目的。自然通风是重要的被动式建筑节能技术手段，代表了生态、绿色的生活方式，应优先考虑利用。

改善自然通风的措施主要有合理设置和开启门窗、合理设置天井和开启天窗等，一般可结合围护结构的改造进行。门窗的合理设置和开启，能有效利用风压在建筑室内产生空气流动，从而形成通畅的"穿堂风"。合理设置天井或中庭、开启天窗，能利用热压形成"烟囱效应"，就是利用热空气上升的原理，在建筑上部设排风口可将污浊的热空气从室内排出，而室外新鲜的冷空气则从建筑底部被吸入，从而形成自然通风。既有建筑主要靠门窗的合理设置和开启改善自然通风，在进行门窗改造时应尽量增加外窗的可开启面积，使可开启面积不小于外窗面积的 30%。

三、室内声环境控制与改善

随着我国经济的快速发展，人们生活水平的提高，人们纷纷搬入多层或高层楼层，由此而产生的城市环境声污染已经成为干扰人们正常工作和生活的主要环境问题之一，因此住宅室内声环境控制与改善，已成为备受关注的住宅性能。世界卫生组织（WHO）认为，噪声不同程度地影响人的精神状态，噪声严重影响人们的生活质量，在一定意义上是影响人员健康的问题。噪声污染将成为 21 世纪环境污染控制的主要问题。

大量调查资料表明，对日常的起居生活室内噪声水平理想值应不大于 40dB（A），若超过 55dB（A）就会普遍地引起不满；对于睡眠理想应不大于 30dB（A），若超过 45dB（A）约有 50% 以上的人会感到受干扰。测试结果表明，噪声对临街建筑的影响最大，有些临街建筑噪声常常达到 70dB（A）以上，严重影响人的正常生活和身体健康。门窗是围护结构的薄弱环节，也为声的传播提供了便利条件，使室外噪声轻易地传到室内或缺乏隔绝外界噪声的能力，导致室内声环境受到破坏。另外，室内电梯、变压器、高楼中的水泵、中央空调设备等也会产生低频噪声污染，严重者会极大地影响正常的居住和工作等。

根据国内外的工程实践经验，既有建筑室内声环境的控制技术及方法有降低噪声源的噪声、传播途径降低噪声、采用遮蔽噪声措施等。

（一）降低来自声源噪声

人类活动噪声的来源可分为交通噪声、工业噪声、施工噪声和社会噪声等。交通工具（如汽车、火车等）是交通噪声的噪声源，对环境影响比较广，我国城市交通噪声中道路边的噪声白天大致在 70dB（A）以上。工厂噪声不仅直接对生产工人带来危害，而且对附近居民的影响也大，特别是城区的工厂与居民住宅交错区，振动和噪声严重影响居民正常生活。施工噪声有打桩机、地螺钻、铆枪、压缩机、破路机等机械产生的噪声，虽然施工噪声具有暂时性，但城建施工活动的总和很大。社会噪声和家庭生活噪声也普遍存在，如高音喇叭、家庭收音机等对邻居干扰的噪声。

降低声源的噪声，主要是通过对噪声源的控制、减振，达到对室内声环境的控制与改善的目的。降低声源噪声辐射是控制噪声最根本和有效的措施，但主要针对室内的噪声源。在声源处即使只是局部地减弱了辐射强度，也可以使控制中间传播途径中或接收处的噪声变得容易。可以通过改进结构设计、改进加工工艺、提高加工精度等措施来降低噪声的辐射，还可以采取吸声、隔声、减振等技术措施，以及安装消声器等控制声源的噪声辐射。

（二）传播途径降低噪声

如果在控制治理噪声源时效果不佳或是由于经济、技术上的原因而无法降低声源噪声时，就必须设法在噪声的传播途径上采取适当的措施。传播途径降低噪声，主要有吸声、隔声、消声、隔振四种措施。传播途径中的噪声控制有以下方法。

（1）利用"闹静分开"的方法降低噪声 如居民住宅区、医院、学校、宾馆等需要较高的安静环境，应与商业区、娱乐区、工业区分开布置。在工厂内应合理布置生产车间与办公室的位置，应考虑将噪声大的车间集中起来，安置在下风头，办公室、实验室等需要安静场所与车间分开，安置在上风头。噪声源尽量不要露天放置。

（2）利用地形和声源的指向性降低噪声 如果噪声源与需要安静的区域之间有山坡、深沟等地形地物时，可利用这些自然屏障减少噪声的干扰。另外，声源具有指向性，可利用其指向性使噪声指向有障碍物或对安静要求不高的区域。而医院、学校、居民住宅区、办公场所等需要安静的地区应尽量避开声源的指向，减少噪声的干扰。

（3）利用绿化降低环境噪声 采用植树、矮灌木、草坪，在光滑的墙壁上种植绿色植物等绿化手段，可减少噪声源对周边工厂企业、学校等噪声干扰，试验表明，绿色植物减弱噪声的效果与林带的宽度、高度、位置、配置方式及树木种类有密切关系。多条窄林带的隔声效果比只有一条宽林带好。林带的位置尽量靠近声源，这样降噪效果更好。林带应以乔木、灌木和草地结合，形成一个连续、密集的隔声带。树种一般选择树冠矮的乔木，阔叶树的吸声效果比针叶好，灌木丛的吸声效果更为显著。

（4）对于工业噪声而言，最有效的办法还是在噪声的传播途径上采用声学控制措施，包括吸声、隔声、隔振、消声等常用的噪声控制治理技术。

既有建筑外窗是降低噪声的薄弱环节。对于外窗降低噪声措施主要有采用中空玻璃、提高窗户密封性、窗框型材改造等。中空玻璃的隔声量要比单层普通玻璃大 5dB 左右。窗户密封胶条的好坏直接影响窗的隔声量，低档的胶条使用一段时间后会出现老化、龟裂、收缩等现象，胶条与窗之间产生裂缝，影响窗户的隔声效果，应及时进行更换。铝型材和钢型材的隔声效果较差，采用包塑的型材进行改造，除了可改善热工性能外，还能改善隔声效果。通过各种降低噪声措施，应使外窗隔声量达到 25～30dB，基本可满足相关标准的要求。

（三）采用遮蔽噪声措施

采用遮蔽噪声措施，就是主动在室内加入掩蔽噪声。遮蔽噪声效应也被称为"声学香水"，用它可以抑制干扰人们宁静气氛的声音，并可以提高工作效率。适当的遮蔽背景声具有无表达含义、响度不大、连续、无方位感等特点。低响度的空调通风系统噪声、轻微的背景音乐、隐约的语言声往往是很好的遮蔽背景声。在开敞式办公室或设计有绿化景观的公共建筑的门厅里，也可以利用通风和空调系统或水景的流水产生的使人易于接受的背景噪声，以掩蔽电话、办公用设备或较响的谈话声等不希望听到的噪声，创造一个适宜的声环境，同时也有助于提高谈话的私密性。

四、室内光环境控制与改善

光环境是建筑物理环境中一个重要组成部分，它和湿环境、热环境、视觉环境等并列。对建筑物来说，光环境是由光照射与其内外空间所形成的环境。因此光环境形成一个系统，包括室外光环境和室内光环境。室内光环境是室内空间由光照射而形成的环境，其功能是要满足物理、生理、心理、人体功效学及美学等方面的要求。在室内空间中光必须通过材料形成光环境，例如光通过透光、半透光或不透光材料形成相应的光环境。此外，材料表面的颜色、质感、光泽等也会形成相应的光环境。

建筑室内的采光包括自然采光和人工采光。自然采光与人工采光相比，具有照度均匀、持久性好、无污染等优点，能给人更理想、舒适、健康的室内环境。但是大部分既有公共建筑主要采用人工光源，没有充分利用自然光源，室内光环境不理想且耗能较大。如广州市办公室的照度大部分低于 70lx，多数办公室没有很好地利用自然光源，只采用日光灯作为照明设备；在使用空调的时候，为了减少太阳辐射，采用内窗帘，挡住太阳光的直射与漫射，从而就降低了照度。其他地区既有办公建筑也存在类似的情况。应根据建筑实际情况对透明围护结构及照明系统进行改造，充分利用自然光，营造良好的室内光环境。

既有建筑的室内光环境控制与改善措施主要有改善自然采光和改善人工照明两种。

（一）改善自然采光

天然采光能够改变光的强度、颜色和视觉，它不但可以减少照明用电，通过关闭或调节一部分照明设备，节约人工照明用电，同时还可以减少人工照明设备向室内的散热，减少空调的负荷。自然采光还可以营造一个动态的室内环境，形成比人工照明系统更为健康和兴奋的工作环境，开阔视野，放松神经，有益于室内人员身体和身心健康。但是如果设计不当，会影响视觉效果，并产生不舒服感，同时也会增加能耗。

既有建筑不同于新建建筑，它的自然采光受到原建筑设计的制约。既有建筑室内光环境控制的目的，一方面是通过最大限度地使用天然光源，而达到有效地减少照明能耗的目的；另一方面是避免在室内出现眩光，产生光污染干扰室内人员的工作生活。

既有建筑改造设计可以采用通用的 Ecotect 软件。Ecotect 软件是一个全面的技术性能分析辅助设计软件，提供了一种交互式的分析方法，只要输入一个简单的模型，就可以提供数字化的可视分析图，随着设计的深入，分析也越来越详细。Ecotect 软件可提供许多即时性分析，比如改变地面材质，就可以比较房间里声音的反射、混响时间、室内照度和内部温度等的变化；加一扇窗户，立刻就可以看到它所引起的室内热效应、室内光环境等的变化，甚至可以分析整栋建筑的投资。Ecotect 软件中的采光计算，采用的是国际照明委员会（CIE）全阴天模型，即最不利条件下的情况。

既有建筑改善自然采光的方法主要有采光口改造、遮阳百叶控制、反射镜控制、导光管与光导纤维等。

1. 采光口改造

采光口主要是指建筑围护结构的透明部分位置。分为侧向采光口（如外窗洞、透明幕墙位置）和顶部采光口（如天窗、天井）。采光口设置不合理会导致采光不足或过量、眩光、阳光辐射强烈、闷热等问题。采光口改造措施包括增加采光口、增加采光面积、改变采光口位置、改善采光构件等。

增加采光口是既有建筑改善自然采光一种最常用的措施。天津大学建筑馆的采光改造，就是增加采光口成功的案例。改造时增加了一个狭长反月形采光天井，解决了中庭加建中普遍存在的压抑、封闭等问题，创造了丰富而灵动的空间，并同时解决了采光和通风等问题，成为建筑馆中庭改造中点睛之作。

2. 遮阳百叶控制

遮阳百叶就其系统本身而言，从位置上分"外部遮阳"和"内部遮阳"，其中又可分为"活动式遮阳"和"固定式遮阳"。固定式外遮阳，比较成熟的常用的做法有四种：水平式、垂直式、综合式和挡板式。

一般来说，水平式遮阳板多应用于南向及北向，遮挡入射角较大的阳光；垂直遮阳有利于遮挡从两侧斜射而入射角较小的阳光；综合式遮阳板主要适用于南向、南偏东以及南偏西向，适用于遮挡入射角较小、从窗侧面斜射下来的阳光；挡板式遮阳适用于东、西朝向的窗口，遮挡太阳入射角较低、正射窗口的阳光。各种遮阳设施采用的材料一般为混凝土、钢铁、木材、塑料、铝合金、篷布等，由于铝合金材料具有轻质高强、耐久性、蓄热性以及较低的导热性，工艺也比较成熟，所以成为当前国内外遮阳设施的常用材料。活动式遮阳百叶，也称智能遮阳百叶，是目前比较先进的做法，在一些发达国家的生态建筑设计中有应用，目前我国应用极少。

计算机模拟结果表明，运用遮阳百叶帘后，窗口附近采光系数、照度和亮度变化明显，窗口处的采光照度大幅度下降，避免了射入室内的直射光线，大大减少眩光的发生，自然光线分布合理。测试结果表明，外窗采用遮阳百叶后，室内照度大部分时间在 $100lx$，室内的照度更加均匀，获得良好的光环境。

3. 反射镜控制

反射镜控制是采用采光搁板、棱镜组、反射高窗等对自然光进行合理的引导，以满足室内正常的采光要求。

从某种意义上讲，采光搁板是水平放置的导光管，它主要是为解决大进深房间内部的采光而设计的。它的入射口起聚光作用，一般由反射板或棱镜组成，设置在窗户的顶部；与其相连的传输管道截面为矩形或梯形，内表面具有高反射比的反射膜。这一部分通常设在房间吊顶的内部，尺寸大小可与管线、结构等相配合。为了提高房间内的照度均匀度，在靠近窗口的一段距离内，向下没有出口，而把光的出口开在房间内部，这样就不会使窗口附近的照度进一步增加。试验结果证明，配合侧窗采光，采光搁板能在一年中大多数时间提供充足（＞100lx）均匀的光照。如果房间开间较大，可并排地布置多套采光搁板系统。

棱镜是一种由两两相交但彼此均不平行的平面围成的透明物体，可用以分光、反射或使光束发生色散。用棱镜组进行光线多次反射，用一组传光棱镜将集光器收集的太阳光传送到需要采光的部位。采用棱镜组采光的方法在发达国家应用较多，如澳大利亚用这种方法把太阳光送到房间10m进深的部位进行照明；美国加州大学的伯克利实验室提出用棱镜组解决一座10层大楼的采光问题；英国已将这种方法用于解决地下和无窗建筑的采光等，都达到比较理想的采光效果。

反射高窗是在窗户的顶部安装一组镜面反射装置。阳光射到反射面上经过一次反射，到达房间内部的天花板，再利用天花板的漫反射作用，反射到房间的内部。反射高窗可以减少直射阳光的进入，充分利用天花板的漫反射作用，使整个房间的照度和均匀度均有所提高。太阳高度角随着季节和时间不断变化，而反射面在某个角度只适用于一种光线入射角，当入射角不恰当时，光线很难被反射到房间内部的天花板上，甚至有可能引起眩光，因此反射高窗的反射面的角度应当是可变的。

4. 导光管与光导纤维

导光管是把由采光装置收集的自然光导入室内的管道，一般为铝制结构，质量较轻。导光管可以按形状分为直导光管和弯管两种，弯管可以有不同的弯曲角度，弯曲角度变化范围为 $0 \sim 90°$。导光管内壁五层特殊膜确保了光线的高效传输性和稳定性。材料全反射率达到98%以上。由于光在导光管内传输时要经过多次反射，导光管的反射率越高，其光强剩余量也就越大，所以选用高反射率的材料制成的导光管，其传输效率也比较高。

光导纤维简称光纤，是一种由玻璃制成、能传输光线、结构特殊的玻璃纤维。也有少数是由合成树脂制成的高分子光导纤维。光导纤维是由两层折射率不同的玻璃组成。内层为光内芯，直径在几微米至几十微米，外层的直径 $0.1 \sim 0.2mm$。一般内芯玻璃的折射率比外层玻璃大1%。根据光的折射和全反射原理，当光线射到内芯和外层界面的角度大于产生全反射的临界角时，光线透不过界面，全部反射。光导纤维采光具有很多优点：单个光源可形成具备多个发光特性相同的发光点；光源很容易更换，也很易于维修；无紫外线和红外线光；可以制成很小尺寸；无电磁干扰、无电火花、无电击危险等。但是，由于目前光导纤维的制造成本较高，多用于特殊需要的技术中，在既有建筑采光改造中应用很少。

（二）改善人工照明

人工照明即"灯光照明"或"室内照明"，是指为创造夜间建筑物内外不同场所的光照环境，补充白昼因时间、气候、地点不同造成的采光不足，以满足工作、学习和生活的需求，而采取的人为措施。目前，我国照明用电量已占总用电量的 $7\% \sim 8\%$，因此，可以说照明节电已成为我国实现节能的重要方面。装修业内有关专家指出，节电是在保证照度的前提下，推广高效节能照明器具，提高电能利用率，减少用电量。

对于既有建筑改善人工照明，应满足室内光环境要求，应提倡采用"绿色照明"，采用效率高、寿命长、安全性好和性能稳定的照明电器产品，一般可采用以下措施。

（1）采用高效节能的电光源　随着电光源市场的不断扩大、产品和技术需求的逐步增长，电光源科技将主要向提高光源的发光效率、改善电光源的显色性、延长寿命、开发出体积小的高效节能光源等方面不断发展。

科学选用电光源是照明节电的首要问题。当前，国内生产的电光源的发光效率、寿命、显色性能均在不断提高，高效节能电光源不断涌现。电光源发光原理可分为两类，即热辐射电光源和气体放电光源。各种电光源的发光效率有较大差别，气体放电光源比热辐射电光源高得多。一般情况下，可逐步用气体放电光源替代热辐射电光源，并尽可能选用光效高的气体放电光源。采用高效节能的电光源，主要包括优先选用紧凑型荧光灯取代白炽灯和普通直管型荧光灯，推广应用高压钠灯、低压钠灯、金属卤化物灯、发光二极管-LED 等。

（2）采用高效节能照明灯具 照明灯具的作用已经不仅仅局限于照明，也是家居中的眼睛，更多的时候它起到的是装饰作用。因此，照明灯具的选择就要更加复杂得多，它不仅涉及安全省电，而且还会涉及材质、种类、风格品位等诸多因素。工程实践证明，一个好的照明灯具，可能成为装修的灵魂。

根据国际照明委员会（CIE）的建议，灯具按光通量在上下空间分布的比例分为直接型、半直接型、全漫射型、半间接型和间接型五类。对于既有建筑高效节能照明灯具，应选用配光合理、反射效率高、耐久性好的反射式灯具，选用与光源、电器附件协调配套的灯具。

（3）采用高效节能照明灯用电器附件 为保证不同类型电光源（白炽灯和气体放电灯）在电网电压下正常可靠工作而配置的电器件统称为灯用电器附件。按照工作原理不同，照明灯用电器附件可分为启动器、镇流器、电子镇流器和触发器。

对于既有建筑高效节能照明灯用电器附件，应选用节能电感镇流器和电子镇流器，取代传统的高能耗电感镇流器。电子镇流器通过高频化提高灯效率、无频闪、无噪声、自身的功耗很小。

（4）采用智能照明控制系统 智能照明控制系统是利用先进电磁调压及电子感应技术，对供电进行实时监控与跟踪，自动平滑地调节电路的电压和电流幅度，改善照明电路中不平衡负荷所带来的额外功耗，提高功率因素，降低灯具和线路的工作温度，达到优化供电目的的照明控制系统。

随着计算机技术、通信技术、自动控制技术、总线技术、信号检测技术和微电子技术的迅速发展和相互渗透，照明控制技术有了很大的发展，照明进入了智能化控制的时代。实现照明控制系统智能化的主要目的有两个：一是可以提高照明系统的控制和管理水平，减少照明系统的维护成本；二是可以节约能源，减少照明系统的运营成本。

随着照明系统应用场合的不断变化，应用情况也逐步复杂和丰富多彩，仅靠简单的开关控制已不能完成所需要的控制，所以要求照明控制也应随之发展和变化，以满足实际应用的需要。尤其是计算机技术、计算机网络技术、各种新型总线技术和自动化技术的发展，使得照明控制技术有了很大的改观。

第四节　既有建筑暖通空调的节能改造

国家发展和改革委员会有关负责人近日在解读《绿色建筑行动方案》时说，为节约能源资源，保护环境，"十二五"期间，我国将实施城镇新建建筑严格落实强制性节能标准，并对既有建筑节能改造为主要内容的一系列绿色建筑任务。为推进既有建筑节能改造，《绿色建筑行动方案》要求加快实施"节能暖房"工程、积极推动公共建筑节能改造、开展夏热冬冷和夏热冬暖地区居住建筑节能改造试点、创新既有建筑节能改造工作机制等。

前瞻产业研究院发布的《2013-2017 年中国智能建筑行业市场前景与投资战略规划分析报告》分析认为，目前，我国城乡既有建筑面积中达到节能标准的不到 5%。"十二五"期间，建筑节能建筑总面积累计将超过 $21.6 \times 10^8 \, m^2$，其中新建建筑面积 $16 \times 10^8 \, m^2$，既有建筑改造 $5.6 \times 10^8 \, m^2$。到 2020 年，全国达到节能标准的面积占比要达到 65%。按这个规划，我国至少有 130 多亿平方米建筑需要进行建筑节能改造。由此可见，我国既有建筑节能改造工作任重道远、十分艰巨。

近几年来，随着社会经济的快速发展及人们生活水平的提高，空调不仅已和人们的生产及生活有着更加密切的关系，而且暖通空调系统在建筑总能耗中已占据大部分。在建筑能耗中，暖通空调所消耗的能源是比较多的，但是它有着非常大的节能潜力，因此，为了使暖通空调的节能潜力在能源消耗中发挥其应有的作用，为了自然和人类社会的持续发展，应高度重视既有建筑暖通空调节能技术的改造。

一、采用高效热泵

作为一种自然现象，热量总是从高温端流向低温端。如同水泵的原理把水从低处提升到高处那样，人们可以用热泵技术从低温端抽吸到高温端。所以热泵实质上是一种热量提升装置，除泵本身消耗一部分能量，把环境介质中储存的能量加以挖掘，提高温位进行利用，而整个热泵装置所消耗的功，仅为供热量的 1/3 或更低，这就是采用热泵能够节能的关键所在。根据热泵的热源介质不同，热泵可分为空气源热泵和水源热泵。

空气源热泵是目前最先进的能源之一，空气源热泵工作原理有别于太阳能和地源热泵，空气源热泵和太阳能、地能一样都属于免费能源，是先进节能技术发展的产物，空气源热泵可以用于生活热水、空调、家用采暖等多个领域，已经成为高技术与高品位的生活象征。空气源热泵原理就是利用逆卡诺原理，以极少的电能，吸收空气中大量的低温热能，通过压缩机的压缩变为高温热能，是一种节能高效的热泵技术。

水源热泵是利用地球水所储藏的太阳能资源作为冷、热源，进行转换的空调技术。水源热泵可分为地源热泵和水环热泵。地源热泵包括地下水热泵、地表水（江、河、湖、海）热泵、土壤源热泵；利用自来水的水源热泵习惯上被称为水环热泵。水源热泵技术的工作原理就是：通过输入少量高品位能源（如电能），实现低温位热能向高温位转移。

二、空调输送系统变频改造

由于受气候条件、建筑使用情况等因素变化的影响，在实际运行的过程中，空调系统的实际负荷大多数都小于其设计负荷。大型公共建筑暖通空调系统的输送设备风机水泵的负荷，一般是根据满负荷工作需要量进行选型的。实际应用中的大部分时间并非工作于满负荷状态。因此空调运行过程中的变工况运行，对于暖通空调系统的节能运行有显著的效果。

经实际测试证明，在空调制冷的能耗中，大约 $40\%\sim50\%$ 由外围护结构传热所消耗，$30\%\sim40\%$ 为处理新风所消耗，$25\%\sim30\%$ 为空气和水输配所消耗。因此，对于大型公共建筑，有效的变风量（VAV）和变水量（VWV）技术的应用，能够有效降低建筑部分负荷下运行的时的输送能耗。对于既有建筑空调输送系统变频改造措施主要有：水泵变频控制改造和变风量控制改造。

（一）水泵变频控制改造

变频水泵是利用变频器来改变水泵的转速，来调节水泵的流量和压力，变频器上一般都有闭环控制功能，可以根据压力信号自动控制运行，达到恒压供水。实际上是根据监测空调末端运行负荷变化，控制末端水流量或末端的启闭，达到合理分配冷负荷的目的。同时，水泵根据整个水力管网流量或压力的变化，调整水泵的工作状态，达到节能的目的。

采用变频器直接控制风机、泵类负载是一种科学的控制方法，利用变频器内设置的控制调节软件，直接调节电动机的转速保持一定的水压和风压，从而满足空调输送系统要求的压力。当电机在额定转速的 80% 运行时，理论上其消耗的功率为额定功率的 51.2%，去除机械损耗、电机铜、铁损等影响，节能效率也接近 40%；同时，也可以实现水泵的闭环恒压控制，节能效率将会进一步提高。

（二）变风量控制改造

变风量系统（VAV 系统）20 世纪 60 年代诞生在美国，根据室内负荷变化或室内要求参数的变化，保持恒定送风温度，自动调节空调系统送风量，从而使室内参数达到要求的全空气空调系统。由于空调系统大部分时间在部分负荷下运行，所以，风量的减少带来了风机能耗的降低。VAV 系统追求以较少的能耗来满足室内空气环境的要求。

根据工程实践证明，变风量系统（VAV 系统）具有以下优点。

（1）由于 VAV 系统通过调节送入房间的风量来适应负荷的变化，同时在确定系统总风量时还可以考虑一定的同时使用情况，所以能够节约风机运行能耗和减少风机装机容量。有关文献介绍，VAV 系统与 CAV 系统相比大约可以节约风机耗能 30%～70%，对不同的建筑物同时使用系数可取 0.8 左右。

（2）系统的灵活性较好，易于改、扩建，尤其适用于格局多变的建筑，例如出租写字楼等。当室内参数改变或重新隔断时，可能只需要更换支管和末端装置，移动风口位置，甚至仅仅重新设定一下室内温控器。

（3）VAV 系统属于全空气系统，它具有全空气系统的一些优点，可以利用新风消除室内负荷，能够对负荷变化迅速响应，室内也没有风机盘管凝水问题和霉菌滋生问题。

虽然 VAV 系统有很多优点，但是伴随着 VAV 系统的诞生，大部分系统或多或少地也暴露出如下问题。从用户的角度看，存在的主要缺点有：缺少新风，室内人员感到憋闷；房间内正压或负压过大导致室外空气大量渗入，房门开启困难；影响室内气流组织；室内噪声偏大；系统运行不稳定；系统的初期投资比较大等。因此，当采用 VAV 系统时，应统筹性能和经济等因素，合理设计使用。

三、蓄冷蓄热技术

蓄冷技术，主要是指在电力负荷低谷时段，采用电动制冷机组制冷，利用水的潜热（或显热）以冰（或低温水）的形式将冷量贮存起来，在用电高峰时段将其释放，以满足建筑物的空调或生产工艺需冷量，从而实现电网移峰填谷的目的。

蓄热技术，是指在电网低谷时段运行电加热设备，对存放在蓄热罐中的蓄热介质进行加热，将电能转换成热能储存起来，在用电高峰期将其释放，以满足建筑物采暖或生活热水需热量，从而实现电网移峰填谷的目的。

推广蓄冷、蓄热技术与建筑物空调负荷以及环境温度关系极为密切。一般建筑物的空调投入使用时，空调冷负荷为设计负荷 50% 以下，运行时间超过全年总运行时间的 70%。即使是在一年当中最热的一天，也因为人们的作息习惯、工作状态以及设备运行状况变化等原因，使建筑物空调日负荷曲线与电网负荷曲线基本重合，成为电网峰谷负荷差大的原因。与此同时，随着经济社会的快速发展，空调的使用量越来越大，在我国的一些大型城市和经济比较发达的省份，空调用电负荷已经超过相应区域最大的用电负荷的 30%。此外，新能源在电源结构中所占比重正在日益增大，而许多新能源如太阳能等发电技术，在一天中往往间歇运行，也需要电能储存技术支持。蓄冷蓄热技术是电力需求侧最优秀的蓄能技术之一。

蓄冷蓄热双功能空调系统（图 13-8）初投资高于常规的空调系统。对于一些大型公共建筑，空调系统昼夜运行的空调负荷悬殊比较大，如果建筑所在地区的电力部门能提供优惠的政策和电价，且达到的投资补偿被业主接受，选用蓄冷蓄热的这种空调技术，是一种国

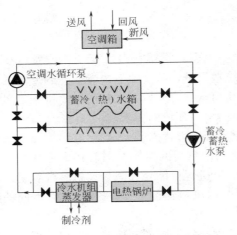

图 13-8　蓄冷蓄热双功能空调系统

家、业主都能受益的好方式。

四、新风系统节能技术

新风系统是空调的三大空气循环系统之一，即室内空气循环系统、室外空气循环系统和新风系统。新风系统的主要作用就是实现房间空气和室外空气之间的流通、换气，还有净化空气的作用。空调制冷能耗中 30%～40% 为处理新风所消耗，因此新风系统一直都是暖通空调系统节能的重点，新风节能成为建筑节能中一个重要的组成部分。

新风节能的主要方法有冷热回收技术、过渡季节通风技术、新风变频技术等。热回收技术是暖通空调领域比较成熟和先进的节能环保技术，可以最大限度回收废热，节省机组用电量，提供免费生活热水；直接减少向大气的废热排放量，尤其对于大型商场、超市和大会堂等建筑具有良好的经济性。过渡季节室外温度处于相对较低的温度范围内，此时若引入室外的空气，通过空气流动带走室内热量，将有效缩短空调设备运行时间，可以降低空调能耗。

五、空调末端节能改造

根据实践经验，对于空调末端节能改造的主要措施有采用低温辐射供冷系统、采用温湿独立控制空调系统。

（一）采用低温辐射供冷系统

辐射供冷是指降低围护结构内表面中一个或多个表面的温度，形成冷辐射面，依靠辐射面与人体、家具及围护结构其余表面的辐射热交换进行降温的技术方法。由于辐射供冷系统中辐射传热所占份额在 50% 以上，当采用辐射供冷系统时室内的温度可比传统空调系统降低 1～2℃。辐射供冷系统具有节能、舒适性强、污染性小等优点，但是也同时存在着结露、供冷能力有限、无新风等问题。

建筑室内的低温辐射供冷系统是指通过在竖直墙壁内、天花板或地板中安装盘管，利用墙体、天花板、地板材料的热容性（热惰性），同时利用水循环冷却的作用，从而达到控制室温的目的，维持室内温度在人体舒适度范围内的一种供冷系统。这种辐射供冷系统主要利用辐射方式来使房间达到舒适性要求。目前应用和研究相对比较成熟的系统有冷却顶板、地板供冷、空调墙系统等。

通常认为低温辐射供冷系统比常规空调系统节能 30%～40%，如美国劳伦斯·伯克利实验室，在使用美国全境各地气象参数对商用建筑进行模拟计算的基础上得到结论，辐射供冷的耗能量可以节省 30%。他们的一项研究结果表明，一个制冷量在 $20～60W/m^2$ 的置换通风以白冷却顶板与变风量系统相比，耗能量可节省 20%～50%；与定风量系统相比，耗能量可节省 40%～60%。泰国曼谷机场成功地运用了辐射供冷系统设计方案，由于采用地板辐射供冷可以大幅度降低玻璃穹顶的内表面温度，再辅以其他措施，每年可节能 $226kW·h/m^2$，该机场面积为 $550000m^2$，其一年的总节能量是相当可观的。

由于顶棚地板辐射供冷供暖需要辅助的新风系统调节湿度，并要求保证空气的质量，因此在采用辐射供暖空调的同时，也应采用温、湿独立控制空调系统。

（二）采用温湿独立控制空调系统

夏季，空调系统将担任除去室内的余热和余湿的任务，除此之外，还有改善室内空气质量的功能。目前的空调系统还存在着很多问题，例如温、湿度控制不独立，湿度控制不合理、夏季湿表面污染等。温、湿度独立控制空调系统是在空调应用方面进行的新的尝试，是其新形式之一，很多学者对该系统已经进行了比较全面而细致的理论研究，而且这个系统在工程节能方面也有很好的收效。

温、湿度独立控制空调系统是指在一个空调系统中，采用两种不同蒸发温度的冷源，用高温冷冻水取代传统空调系统中大部分由低温冷冻水承担的热湿负荷，这样可以提高综合制冷效率，进而达到节省能耗的目的。在温湿度独立控制空调中，高温冷源作为主冷源，它承担室内全部的显热负荷和部分的新风负荷，占空调系统总负荷的 50％ 以上；低温冷源作为辅助冷源，它承担室内全部的湿负荷和部分的新风负荷，占空调系统总负荷的 50％ 以下。

工程实践证明，采用两套独立的系统分别控制和调节室内湿度和温度，从而避免了常规系统中温湿度联合处理所带来的能源浪费和空气品质的降低；由新风来调节湿度，显热末端调节温度，可满足房间热湿比不断变化的要求，避免了室内湿度过高过低的现象。归纳起来，温、湿度独立控制空调系统具有如下优点。

（1）可以避免过多的能源消耗　从处理空气的过程我们可以知道，为了满足送风温差，一次回风系统需对空气进行再热，然后送入室内。这样的话，这部分加热的量需要用冷量来补偿。而温湿度独立控制空调系统就避免了送风再热，就节省了能耗。传统的空调系统中，显热负荷约占总负荷的比例为 50％～70％，潜热负荷约占总负荷的 30％～50％。原本可以采用高温冷源来承担，却与除湿共用 7℃ 冷冻水，造成了利用能源品位上的浪费，这种现象在湿热的地区表现得尤为突出；经过处理的空气，湿度可以满足要求，但会引起温度过低的情况发生，需要对空气再热处理，进而造成了能耗的进一步增加。

（2）温、湿度参数很容易实现　传统的空调系统不能对相对湿度进行有效的控制。夏季，传统的空调系统用同一设备对空气热湿处理，当室内热、湿负荷变化时，通常情况下，我们只能根据需要调整设备的能力来维持室内温度不变，这时，室内的相对湿度是变化的，因此，湿度得不到有效的控制，这种情况下的相对湿度不是过高就是过低，都会对人体产生不适。温、湿度独立控制空调系统通过对显热的系统处理来进行降温，温度参数很容易得到保证，精度要求也可以达到。

（3）空气品质良好　温、湿度独立控制空调系统的余热消除末端装置以干工况运行，冷凝水及湿表面不会在室内存在，该系统的新风机组也存在湿表面，而新风机组的处理风量很小，室外新风机组的微生物含量小，对于湿表面除菌的处理措施很灵活并很可靠。传统空调系统中，在夏季，由于除湿的需要，而在供冷季，风机盘管与新风机组中的表冷器、凝水盘甚至送风管道，基本都是潮湿的。这些表面就成为病菌等繁殖的最好场所。

（4）不需另设加湿装置　温、湿度独立控制空调系统能解决室内空气处理的显热和潜热与室内热湿负荷匹配的问题，而且在冬季不需要另外配备加湿装置。传统空调系统中，冬季没有蒸汽可用，一般常采用电热式等加湿方式，这会使得运行费用过高。如果采用湿膜加湿方式又会产生细菌污染空气等问题。

温、湿度独立控制空调系统作为新的空调形式，有着非常明显的节能优势。温、湿度独立控制空调系统，既可以有效地避免室内空气的交叉污染，也可以有效地阻断由于空调系统而导致的空气流通传播的疾病。目前，在能源消耗日益增加的环境下，温、湿度独立控制空调系统为营造既节能又舒适的室内空调环境，提供了一个有效可靠的解决方式，具有良好的应用前景。

六、智能控制与分项计量

（一）智能控制

智能控制是在无人干预的情况下能自主地驱动智能机器实现控制目标的自动控制技术。控制理论发展至今已有 100 多年的历史，经历了"经典控制理论"和"现代控制理论"的发展阶段，已进入"大系统理论"和"智能控制理论"阶段。智能控制理论的研究和应用是现代控制理论在深度和广度上的拓展。

我国在建筑节能领域已成功地应用智能控制。在建设部与科技部联合发布的《绿色建筑技术导则》中明确指出：建筑的智能化系统是建筑节能的重要手段，它能有效地调节控制能源的使用、降低建筑物各类设备的能耗、延长其使用寿命、提高利用效率、减少管理人员，从而获得更高的经济效益，保证建筑物的使用更加绿色环保、高效节能。

通过有关专家对建筑全寿命周期成本的分析表明，在建筑的建设过程中，规划成本大约占总成本的 2%，设计施工成本占 23%，而在运营使用过程中的成本占 75%。智能建筑技术的优势之一在于能帮助建筑管理者提高管理效率，降低建筑能耗和人工成本。同时空调负荷的运行是随着建筑内负荷和室外环境的变化而变化的。由于建筑物在运行中的不确定性和复杂性，设备运行人员对空调设备无法实现有效的节能运行管理。

根据国内外建筑管理经验表明，楼宇智能控制是指综合计算机、信息通信等方面的最先进技术，使建筑物内的电力、空调、照明、防灾、防盗、运输设备等协调工作，实现设备自动化系统、通信自动化系统、办公自动化系统、安全自动化系统、消防自动化系统、管理自动化系统，将这 6 种功能结合起来的建筑，外加结构化综合布线系统、结构化综合网络系统、智能楼宇综合信息管理自动化系统组成。

（1）设备自动化系统　设备自动化系统是指将建筑物或建筑群内的空调、电力、给排水、照明、送排风、电梯等设备或系统，以集中监视、控制和管理为目的，构成楼宇设备自动化系统。对于自有控制系统的设备系统，通过高价接口集中到楼宇设备自动化系统统一管理，对于分系统可做到只监视不控制。

（2）通信自动化系统　通信自动化系统是一个中枢神经系统，它包括以数字式程控交换机为该中心的通信系统，以及通过楼宇的结构化综合布线系统来实现计算机网络、卫星通信、闭路电视、可视电话、电视会议等系统的综合，从而达到楼宇内的信息沟通与共享。智能建筑的通信自动化系统主要有两个功能：一是支持各种形式的通信业务；二是能够集成不同类型的办公自动化系统和楼宇自动化系统，形成网络并进行统一管理。

（3）办公自动化系统　办公自动化系统是利用技术的手段提高办公的效率，进而实现办公自动化处理的系统，主要包括 INTERNET/INTRANET 系统、电视会议系统和多媒体信息互动系统。INTERNET 即国际互联网，又称因特网，是全球性的网络，是一种公用信息的载体，具有快捷性、普及性，是现今最流行、最受欢迎的传媒之一；INTRANET 是利用各项技术建立起来的企业内部信息网络。

电视会议系统是指两个或两个以上不同地方的个人或群体，通过传输线路及多媒体设备，将声音、影像及文件资料互传，实现即时且互动的沟通，以实现会议目的的系统设备。多媒体互动系统是通过捕捉设备（感应器）对目标影像（如参与者）进行捕捉拍摄，然后由影像分析系统分析，从而产生被捕捉物体的动作，该动作数据结合实时影像互动系统，使参与者与屏幕之间产生紧密结合的互动效果。

（4）安全自动化系统　建筑安全自动化系统包括闭路电视监控系统、保安防盗系统，以及出入口监控、巡更、停车场管理等一卡通系统。

（5）消防自动化系统　消防自动化系统是指将消防自动化技术运用到智能建筑消防的各个方面而形成的消防系统。智能建筑消防自动化系统由火灾信息自动探测报警、消防联动、火灾管理指挥网络等子系统组成。

智能建筑消防自动化系统是智能建筑系统的重要组成，也是建筑设备自动化系统的重要组成，它在智能建筑系统以及建筑设备自动化系统中都发挥着十分重要的作用。消防自动化技术的先进程度对智能建筑消防自动化系统的性能有较大的影响，先进的自动化技术才会产生高质量的消防自动化系统，而消防自动化系统的高质量可以在发生火灾时，挽救人民生命和财产安全免受或者少受损失。

（6）管理自动化系统　管理自动化系统是指由人与计算机技术设备和管理控制对象组成的人机系统，核心是管理信息系统。管理自动化采用多台计算机和智能终端构成计算机局部网络，运用系统工程的方法，实现最优控制与最优管理的目标。大量信息的快速处理和重复性的脑力劳动由计算机来完成，处理结果的分析、判断、决策等由人来完成，形成人、机结合的科学管理系统。

（二）分项计量

随着国家经济建设飞速发展，人民生活水平的不断提高，各类能源消耗量的不断增加给能源供给带来巨大压力；纵观整个能源消耗的情况，大、中型建筑等则是耗能的大户；为此国家要求建筑节能降耗的呼声也越来越高，相关政策法规应运而生。

在大力推广节能减排的阶段，要达到最快、最明显的节能效果，不单是应用安装节能灯具、电机变频、节水卫浴等设备节能手段，更需要有一套完善的建筑能耗分项计量系统来管理能源，量化能耗数据、掌握能耗动态信息、找出节能降耗着手点、对比节能效果差异、建立起一套完整的能源管理节能措施，加强能源管理水平，提高管理工作效率；利用能耗量化考核指标及能源按量收费等经济指标杠杆效应，促进用户的技能意识，达到整体节能的目的。

建筑能耗分项计量是结合先进的计算机技术及网络技术，结合研发的对应系统硬件设备，有机的融入"科学计量、合理收费、管理节能"的理念，为企业建立起水、电、气、空调能源消耗的自动采集、在线监测、准确统计、合理考评、有效管理的能源运营体系。

建筑能耗分项计量系统通过在建筑物、建筑群内安装分类和分项能耗计量装置，实时采集、监测、分析能耗数据。为建筑用能基准、能源生产和计划调度提供可靠依据，为物业管理部门优化建筑设备运行、加强能耗管理提供可分析的计量数据，同时为节能管理、能源审计、节能改造、节能量统计提供准确的数据依据，快速、有效的实现能耗计量、分析和节能决策。

第五节　既有建筑改造中可再生能源的利用

随着经济的快速发展和人们生活水平的不断提高，人们对能源的需求不断扩大，给现实社会带来两大难题：一是煤和石油的有限储藏量所产生的能源危机（按目前探明储量和开采能力测算，我国煤炭、石油、天然气的可采年限分别只有 80 年、15 年和 30 年，而世界平均水平分别是 230 年、45 年和 61 年）；二是以煤、石油的大量燃烧而排放的废气（CO_2 和 SO_2）所产生的环境污染和温室效应使人类的生存环境不断恶化。这两大问题迫使人们不得不开发和利用新的可再生能源。

可再生能源通常是指尚未大规模利用、正在积极研究开发的能源，是传统能源之外的各种能源形式，是直接或者间接地来自于太阳或地球内部所产生的热能。可再生能源包括了太阳能、风能、生物质能、地热能、水能和海洋能，以及由可再生能源衍生出来的生物燃料和氢所产生的能量，这类资源潜力大，环境污染低，可永续利用，是有利于人与自然和谐发展的重要能源，对于解决当今世界严重的环境污染问题和资源枯竭问题具有重要意义。所以，开发利用可再生能源成为世界能源可持续发展战略的重要组成部分。

20世纪70年代以来，可持续发展思想逐步形成国际社会共识，可再生能源开发利用受到世界各国的高度重视，许多国家将开发利用可再生能源作为能源战略的重要组成部分，提出了明确的可再生能源发展目标，制定了鼓励可再生能源发展的法律和政策，可再生能源的开发利用得到迅速发展。目前，我国既有建筑中可再生能源的利用主要有太阳能光热、光电、地水源热泵和污水源热泵等。

一、太阳能热水的应用

随着人们环保意识的不断提高，节约资源、绿色环保的太阳能热水系统在房屋建筑中得到广泛应用。太阳能热水系统有其他能源无法比拟的优势，它无污染、投资少、耗能低，太阳能在生活在有着广泛的应用，随着人们日益增长的物质文化需求，开发高品质的太阳能热水系统更是迫在眉睫。

太阳能光热在既有建筑中的应用主要体现在太阳能热水器与建筑一体化应用。太阳能热水设备由集热器、蓄热水箱、循环管道、支架、控制系统及相关附件组成，必要时还要增加辅助热源。要实现太阳能与建筑一体化，必须在建筑的设计阶段就应将太阳能热水设备的各个部件作为建筑物构件去设计，在立面造型、结构形式、给排水系统中通盘考虑。在外观上，实现太阳能热水系统与建筑完美结合，无论在屋顶、阳台、墙面或其他部位都要使太阳能集热器成为建筑的一部分，实现两者的协调统一；在结构上，妥善解决太阳能热水系统的安装问题，确保建筑物的承重、防水等功能不受影响，还应充分考虑太阳能集热器抵御强风、暴雪、冰雹等的能力；在管路布置上，合理布置太阳能热水系统物质循环管路和冷热水供应管路，减少热水管路的长度，而留出各种管路的接口、通道；在系统运行上，要求系统安全可靠、稳定、易于安装、维护，合理解决太阳能与辅助能源加热设备的匹配，实现系统的智能化和自动控制。

目前，太阳能在居住建筑和公共建筑中已大量应用。居住建筑主要用于生活用热水；而公共建筑中，太阳能热水可作为大楼热水的补充，用于厨房热水、洗澡热水或锅炉热水补充等。在既有建筑中太阳能光热利用的领域主要有利用太阳能供热水，发展太阳能采暖、太阳能制冷空调等，目前应用最多的是太阳能热水供应系统。现有的太阳能热水供应系统分为集中式与分散式。其中集中式所需补热量大，水循环系统耗能较高，其补热方式是目前有待继续深入研究的问题；分散式是目前在建筑上采用较多的，但其热水供应保障性有时较差，效率也有待提高。

二、太阳能光伏发电应用

随着现代工业的发展，全球能源危机和大气污染问题日益突出，太阳能作为理想的可再生能源受到了许多国家的重视。目前太阳能光伏发电技术正在迅速发展，应用的规模和范围也在不断地扩大，已成为当今世界新能源发电领域的一个研究热点。

太阳能光伏发电系统的应用类型有独立型系统、蓄电型系统和并网型系统3种。独立型系统结构比较简单，供电范围较小；蓄电型系统设备比较多，系统比较复杂，蓄电池要占一定空间，工程造价高；并网型系统是与城市电网并网，灵活性较好，工程造价低。

　　太阳能光伏与建筑一体化（BIPV）是应用太阳能发电的一种新概念，简单地讲就是将太阳能光伏发电方阵安装在建筑的围护结构外表面来提供电力。根据光伏方阵与建筑结合的方式不同，光伏建筑一体化可分为两大类：一类是光伏方阵与建筑的结合，另一类是光伏方阵与建筑的集成。在这两种方式中，光伏方阵与建筑的结合是一种常用的形式，特别是与建筑屋面的结合。由于光伏方阵与建筑的结合不占用额外的地面空间，是光伏发电系统在城市中广泛应用的最佳安装方式，因而备受关注。光伏方阵与建筑的集成是 BIPV 的一种高级形式，它对光伏组件的要求较高。光伏组件不仅要满足光伏发电的功能要求同时还要兼顾建筑的基本功能要求。

三、浅地层热泵的利用

　　浅地层热泵也称为地能，主要包括地下水、土壤或地表水等，这是一种利用地下浅层地热资源既可供热又可供冷的高效节能空调系统。浅地层热泵通过输入少量的高品位能源（如电能），实现低温位热能向高温位转移。地能分别在冬季作为热泵供暖的热源和夏季空调的冷源，即在冬季，把地能中的热量"取"出来，待提高温度后供给室内采暖；在夏季，把室内中的热量"取"出来，释放到地能中去。

　　在既有建筑中浅地层热泵的利用，主要包括地源热泵应用和水源热泵应用。

（一）地源热泵应用

　　地源热泵是一种先进的技术，它高效、节能、环保，有利于可持续发展。地源热泵技术利用地下的土壤、地表水、地下水温相对稳定的特性，通过消耗电能，在冬天把低位热源中的热量转移到需要供热或加温的地方，在夏天还可以将室内的余热转移到低位热源中，达到降温或制冷的目的。

　　地源热泵不需要人工的冷热源，可以取代锅炉或市政管网等传统的供暖方式和中央空调系统。冬季它代替锅炉从土壤、地下水或者地表水中取热，向建筑物供暖；夏季它可以代替普通空调向土壤、地下水或者地表水放热给建筑物制冷。同时，它还可供应生活用水，是一种有效利用能源的方式。

　　在既有建筑的地源热泵的实际应用中，地源热泵机组可利用大地土壤常年恒温的特点，将 35℃ 和 10℃ 的水与土壤进行换热，热泵循环的蒸发温度不受环境温度限制，从而提高了能效比。对于小型工程，地源热泵系统既有建筑改造，应考虑到建筑周围可用于打井的空地面积以及当地的地质构造情况，综合造价和节能效果进行节能改造。对于大型既有建筑的节能改造，不仅应在考虑以上问题的同时，而且要配合冷却塔使用减低地下冷热不均衡度，这样其节能效果会更佳。

（二）水源热泵应用

　　水源热泵是利用地球水所储藏的太阳能资源作为冷、热源，进行转换的空调技术。地球表面浅层水源（一般在 1000m 以内），如地下水、地表的河流、湖泊和海洋，吸收了太阳进入地球的相当的辐射能量，并且水源的温度一般都十分稳定。水源热泵技术的工作原理就是通过输入少量高品位能源（如电能）实现低温位热能向高温位转移。水体分别作为冬季热泵供暖的热源和夏季空调的冷源，即在夏季将建筑物中的热量"取"出来，释放到水体中去，由于水源温度低，所以可以高效地带走热量，以达到夏季给建筑物室内制冷的目的；而冬季，则是通过水源热泵机组，从水源中"提取"热能，送到建筑物中进行采暖。

　　水源热泵机组可利用的水体温度冬季为 12～22℃，水体温度比环境温度高，所以热泵循环的蒸发温度提高，能效比也提高。而夏季水体温度为 18～35℃，水体温度比环境温度低，所以制冷的冷凝温度降低，使得冷却效果好于风冷式和冷却塔机，从而使机组效率提高。水源热泵与常规空调技术相比，有以下优点。

（1）高效节能　水源热泵是目前空调系统中能效比（COP 值）最高的制冷、制热方式，理论计算可达到 7，实际运行为 4～6。水源热泵消耗 1kW·h 的电量，用户可以得到 4.3～5.0kW·h 的热量或 5.4～6.2kW·h 的冷量。与空气源热泵相比，其运行效率要高出 20%～60%，运行费用仅为普通中央空调的 40%～60%。

（2）可再生能源　水源热泵是利用了地球水体所储藏的太阳能资源作为热源，利用地球水体自然散热后的低温水作为冷源，进行能量转换的供暖空调系统。其中可以利用的水体，包括地下水或河流、地表的部分的河流和湖泊以及海洋。地表土壤和水体不仅是一个巨大的太阳能集热器，收集了 47% 的太阳辐射能量，比人类每年利用能量的 500 倍还多（地下的水体是通过土壤间接的接受太阳辐射能量），而且是一个巨大的动态能量平衡系统，地表的土壤和水体自然地保持能量接受和发散的相对的均衡。这使得利用储存于其中的近乎无限的太阳能或地能成为可能。所以说，水源热泵利用的是清洁的可再生能源的一种技术。

（3）节水省地　以地表水为冷热源，向其放出热量或吸收热量，不消耗水资源，不会对其造成污染；省去了锅炉房及附属煤场、储油房、冷却塔等设施，机房面积大大小于常规空调系统，节省建筑空间，也有利于建筑的美观。

（4）环保效益显著　水源热泵机组供热时省去了燃煤、燃气、燃油等锅炉房系统，无燃烧过程，避免了排烟、排污等污染；供冷时省去了冷却水塔，避免了冷却塔的噪声、霉菌污染及水耗。所以，水源热泵机组运行无任何污染，无燃烧、无排烟，不产生废渣、废水、废气和烟尘，不会产生城市热岛效应，对环境非常友好，是理想的绿色环保产品。

（5）应用范围广　水源热泵系统可供暖、空调，还可供生活热水，一机多用，一套系统可以替换原来的锅炉加空调的两套装置或系统。特别是对于同时有供热和供冷要求的建筑物，水源热泵有着明显的优点。不仅节省了大量能源，而且用一套设备可以同时满足供热和供冷的要求，减少了设备的初投资。其总投资额仅为传统空调系统的 60%，并且安装容易，安装工作量比传统空调系统少，安装工期短，更改安装也容易。水源热泵可应用于宾馆、商场、办公楼、学校等建筑，小型的水源热泵更适合于别墅、住宅小区的采暖、供冷。

（6）维护方便　水体的温度一年四季相对稳定，其波动的范围远远小于空气的变动，水体温度较恒定的特性，使得热泵机组运行更可靠、稳定，也保证了系统的高效性和经济性；采用全电脑控制，自动程度高。由于系统简单、机组部件少，运行稳定，因此维护费用低，使用寿命长。

（7）政策支持　国家十分重视可再生能源开发利用工作，《中华人民共和国可再生能源法》已于 2006 年 1 月 1 日起实施；同时，在《国家中长期科学和技术发展规划纲要》中，又把大力发展和规模化应用新能源和可再生能源作为能源领域的优先发展主题。从国家立法和发展战略的高度对可再生能源的发展应用予以强力推动。根据国家建设部政策规定，凡采用水源热泵空调技术的建筑物，通过向当地建委申报，可获得政府的政策性支持，减免建筑配套费用 140～200 元/m²。

（8）与锅炉（电、燃料）和空气源热泵的供热系统相比的优势体现在：与锅炉（电、燃料）和空气源热泵的供热系统相比，水源热泵具明显的优势。锅炉供热只能将 90%～98% 的电能或 70%～90% 的燃料内能转化为热量，供用户使用，因此地源热泵要比电锅炉加热节省 2/3 以上的电能，比燃料锅炉节省 1/2 以上的能量；由于水源热泵的热源温度全年较为稳定，一般为 10～25℃，其制冷、制热系数可达 3.5～4.4，与传统的空气源热泵相比要高出 40％左右，其运行费用为普通中央空调的 50％～60％。因此，近十几年来，水源热泵空调系统在北美及中、北欧等国家取得了较快的发展，尤其是来中国的水源热泵市场也日趋活跃，使该项技术得到了相当广泛的应用，成为一种有效的供热和供冷空调技术。

但水源热泵也有一些不足之处，既有建筑改造时受可利用的水源条件限制，受水层的地理结构的限制，受投资经济性的限制。虽然总体来说，水源热泵的运行效率较高、费用较低，但与传统的空调制冷取暖方式相比，在不同地区不同需求的条件下，水源热泵的投资经济性会有所不同。既有建筑可根据周围水体情况进行科学分析选择水源热泵。

［1］ 齐康，杨维菊主编．绿色建筑设计与技术．南京：东南大学出版社，2011.

［2］ 李百战主编．绿色建筑概论．北京：化学工业出版社，2007.

［3］ 宗敏编著．绿色建筑设计原理．北京：中国建筑工业出版社，2010.

［4］ 林宪德著．绿色建筑（第二版）．北京：中国建筑工业出版社，2011.

［5］ 中国城市科学研究会主编．绿色建筑（2012）．北京：中国建筑工业出版社，2012.

［6］ 中国城市科学研究会主编．绿色建筑（2011）．北京：中国建筑工业出版社，2011.

［7］ 中国城市科学研究会主编．绿色建筑（2010）．北京：中国建筑工业出版社，2010.

［8］ 王立红等．绿色住宅概论．北京：中国环境科学出版社，2003.

［9］ 石文星主编．建筑物综合环境性能评价体系—绿色设计工具．北京：中国建筑工业出版社，2005.

［10］ 林波荣．绿色建筑标准与住宅节能与环境设计．绿色建筑大会论文选登，2008.

［11］ 绿色奥运建筑课题组．绿色奥运建筑评估体系．北京：中国建筑工业出版社，2003.

［12］ 中华人民共和国国家标准《建筑工程绿色施工评价标准》（GB 50640—2010）．

［13］ 林芬淑，吴昊主编．建筑给排水．北京：机械工业出版社，2007.